Lehre – Sammlung – Objekt

OBJECT STUDIES IN ART HISTORY

Vol. 8

Edited by
Philippe Cordez & Joanna Olchawa

Henrike Stein

Lehre – Sammlung – Objekt

Das Mathematisch-Physikalische Kabinett des ehemaligen Jesuitenkollegs in Köln

DE GRUYTER

Gefördert durch den Kölner Gymnasial- und Stiftungsfonds und das Erzbistum Köln.

ISBN 978-3-68924-130-8
e-ISBN (PDF) 978-3-68924-008-0
DOI https://doi.org/10.1515/9783689240080

Library of Congress Control Number: 2024941922

Bibliografische Information der Deutschen Nationalbibliothek
Die Deutsche Nationalbibliothek verzeichnet diese Publikation in der Deutschen Nationalbibliografie; detaillierte bibliografische Daten sind im Internet über http://dnb.dnb.de abrufbar.

Einbandabbildung: Joseph-Aignan Sigaud de La Fond, *Donnerhäuschen*, spätes 18. Jahrhundert, Holz, Messing, 15,5 × 24 × 34 cm, Kölnisches Stadtmuseum, Mathematisch-Physikalisches Kabinett, L 203; Foto: © Rheinisches Bildarchiv Köln, Michael Albers, rba_d058186_01.
Covergestaltung: Katja Peters, Berlin
Satz: SatzBild GbR, Sabine Taube, Kieve
Druck und Bindung: Beltz Grafische Betriebe GmbH, Bad Langensalza

www.degruyter.com

Inhaltsverzeichnis

Danksagung

Bei dem vorliegenden Buch handelt es sich um eine leicht überarbeitete Fassung meiner 2023 an der Philosophischen Fakultät der Universität zu Köln angenommenen Dissertation.

Meiner Erstbetreuerin Professorin Gudrun Gersmann gilt mein erster Dank, durch die die Entstehung dieser Arbeit erst ermöglicht worden ist. 2018 hat meine wissenschaftliche Auseinandersetzung mit dem Mathematisch-Physikalischen Kabinett als Mitarbeiterin im Forschungsprojekt am Lehrstuhl für die Geschichte der Frühen Neuzeit der Universität zu Köln von Frau Gersmann begonnen, die ich ab 2019 als Doktorandin fortsetzte. Seitdem begleitete Frau Gersmann meine Dissertation mit großer Offenheit und steter Zuversicht. Für die Freiheit, interdisziplinäre Fragestellungen und digitale Methoden in meiner Dissertation vereinen zu können, und für ihre inhaltliche wie organisatorische Unterstützung bin ich Frau Gersmann sehr dankbar. Als Zweitbetreuerin unterstützte Professorin Ekaterini Kepetzis die Dissertation und brachte die Perspektive der Kunstgeschichte ein. Vor allem für die Möglichkeit, meine Dissertation mehrfach in ihrem digitalen Forschungskolloquium vorgestellt haben zu können, und die daraus erwachsenen intensiven Diskussionen und wichtigen Impulse bin ich sehr dankbar. Frau Kepetzis' Begeisterung für mein Projekt und ihre Offenheit gegenüber fachübergreifenden Forschungsansätzen waren eine wichtige Unterstützung für mich. Für die vielen Gespräche, Hilfestellungen und Anregungen sowie die steten Ermutigungen – gerade in der herausfordernden Zeit der Corona-Pandemie – bin ich Professorin Gersmann und Professorin Kepetzis von Herzen dankbar. Professor Karl-Joachim Hölkeskamp übernahm das Drittgutachten und begleitete die Endphase meiner Dissertation und die Defensio mit kritischem Wohlwollen, wofür ich ihm ebenfalls herzlich danke.

Die Dissertation entstand im Kontext eines vom Kölner Gymnasial- und Stiftungsfonds geförderten Projektverbunds mit dem Ziel der Erschließung, Erforschung und Kontextualisierung der ehemaligen Kölner Jesuitensammlungen. In dem am Kölner Lehrstuhl für die Geschichte der Frühen Neuzeit im Rahmen des Schwerpunktes „Kulturelles Erbe um 1800: Sammler, Sammlungen und Rezeption" durchgeführten Forschungsprojekt war ich seit 2019 als Wissenschaftliche Mitarbeiterin und Doktorandin tätig. Ich möchte dem gesamten Lehrstuhl-Team für die sehr gute und produktive Zusammenarbeit und die schöne Zeit danken: Professorin Gudrun Gersmann, Christine Schmitt,

Dr. Sebastian Schlinkheider, Vanessa Skowronek, Kim Opgenoorth, Dr. Elisabeth Schläwe, Christian Maiwald, Lea Janßen, Jérôme Lenzen, Johanna Gesenhoff und Alexander Goebbels.

Mein besonderer Dank gilt dem Kölner Gymnasial- und Stiftungsfonds – namentlich Sabine Junker und Andreas Buschmann –, der nicht nur den Projektverbund zu den ehemaligen jesuitischen Sammlungen und damit die Erstellung meiner Dissertation finanziert, sondern auch meine Veröffentlichung bei De Gruyter finanziell unterstützt hat. Auch den Mitarbeiter:innen des Kölnischen Stadtmuseums – vor allem Stefan Lewejohann und Rita Wagner – sei herzlich für die Unterstützung des Projekts und den produktiven Austausch gedankt. Beim Rheinischen Bildarchiv Köln bedanke ich mich für die Möglichkeit, meine Forschungsdaten in der Datenbank *kulturelles-erbe-koeln.de* veröffentlichen zu können.

Darüber hinaus danke ich Professorin Susanne Wittekind, die unter anderem den Vorsitz bei meiner Defensio übernommen hat, ebenso wie Professor Koenraad van Cleempoel, Dr. Lotte Kosthorst, Elisa Ludwig, Professor Peter Orth, Björn Raffelsiefer, Christine Schmitt, Dr. Claudius Stein, Dr. Oliver Zauzig, Professorin Cornelia Weber und der Forschungsgruppe AGRIPPINA für die inhaltliche Unterstützung, den Austausch und fachliche Ratschläge während der Doktorarbeitszeit. Besonders danken möchte ich meinen Freund:innen Simon Grigo, Elisa Hänel, Christin Kupitz, Dr. Sebastian Schlinkheider und Vanessa Skowronek für die stete Unterstützung und die Begleitung meines Projekts.

Die Publikation des Buches ermöglichten die großzügigen Förderungen des Kölner Gymnasial- und Stiftungsfonds und des Erzbistums Köln. An meine Schwestern Anna Stein und Sophia Stein sowie an Vanessa Skowronek geht mein tiefer Dank für das akribische Lektorat und Korrektorat meines Manuskripts. Dr. habil. Philippe Cordez und Dr. Joanna Olchawa danke ich zudem für die Aufnahme meiner Dissertation in die Reihe *Object Studies in Art History* und den Austausch vor der Publikation. Für die abschließende professionelle Betreuung des Buches danke ich Dr. Anja Weisenseel und David Fesser vom De Gruyter-Verlag.

Meiner Familie, meinen Eltern Beate und Franz-Josef Stein und meinen Schwestern danke ich für ihre uneingeschränkte Unterstützung und das Vertrauen. Meinem Mann Fabian Niehaus gilt mein größter Dank für all seine Zeit und die große Geduld, den inhaltlichen Austausch, die technische Beratung und die oft so wichtige Perspektive von außen; für das stete Fördern und Fordern und die Begleitung auf dem Weg zu diesem Buch.

Einleitung

> „Die Patres der vormaligen Gesellschaft haben nebst einem Observatorium, ein mit allen wesentlichen dazu gehörigen Instrumenten wohl versehenes Musaeum von unerdenklichen Jahren her sammt einem guten Vorrathe an ältern sowohl als neuern Mathematischen Büchern mit vielen Kosten errichtet. [...] Damit aber die Naturlehre auf eine begreifliche und gründliche Art der studirenden Jugend möge beygebracht werden, sind die Physikalischen Instrumenten allerdings unentbehrlich. Die Patres haben sich die Mühe gegeben, einen ansehnlichen Vorrath davon, sammt den dazu erforderlichen besten Autoren anzuschaffen. Man wird kein Physikalisch Fach anweisen, wozu nicht die gehörigen wesentliche Instrumenten, um damit die Probe über die Lehrsätze zu machen, mögen vorgezeiget werden."[1]

Mit diesem Gutachten aus dem Jahr 1774 beschrieb der Kölner Jesuit Heinrich Frings (1718–1780) die Einrichtung des Mathematisch-Physikalischen Kabinetts (*Musaeum mathematicum*) und der Sternwarte (*Observatorium*) in jesuitischer Zeit und die Notwendigkeit des Einsatzes dieser mathematischen und vor allem physikalischen Instrumente in der Lehre. Daneben befanden sich im Jesuitenkolleg in der Kölner Marzellenstraße im 18. Jahrhundert weitere Sammlungen von Büchern, Porträts, Grafiken, Münzen, Antiquitäten und Naturalien, die heute als Kulturelles Erbe der Kölner Jesuiten bezeichnet werden und sich in verschiedenen musealen und kulturellen Institutionen Kölns befinden. Die naturwissenschaftliche Lehrsammlung, die zu Beginn des 19. Jahrhunderts weit über 1.000 Instrumente beinhaltete, umfasst heute noch rund 150 Objekte und wird im Kölnischen Stadtmuseum bewahrt (Abb. 1).[2]

1 HAStK, Best. 150 (Universität), A 1000, fol. 5v.

2 Der heutige Objektbestand des Mathematisch-Physikalischen Kabinetts mit Abbildungen ist digital abrufbar unter: https://www.kulturelles-erbe-koeln.de/gallery/encoded/eJzjYBJy52JLTy1OzC0RMnRKLS5JzEtR8A72tVLwTSzJSM1NLMksTs7QLcioLM7MTswBcVKLFbwTkzLzUktKpJgd_VyUmEtysrUYAIB9GCM [zuletzt aufgerufen am 06.04.2024]. Die Forschungsdaten wurden auf Basis der Informationen aus dem Kölnischen Stadtmuseum im Rahmen des Dissertationsprojekts erweitert und aktualisiert. Im Verlauf dieses Buches wird immer wieder in den Fußnoten auf die Datenbank verwiesen.

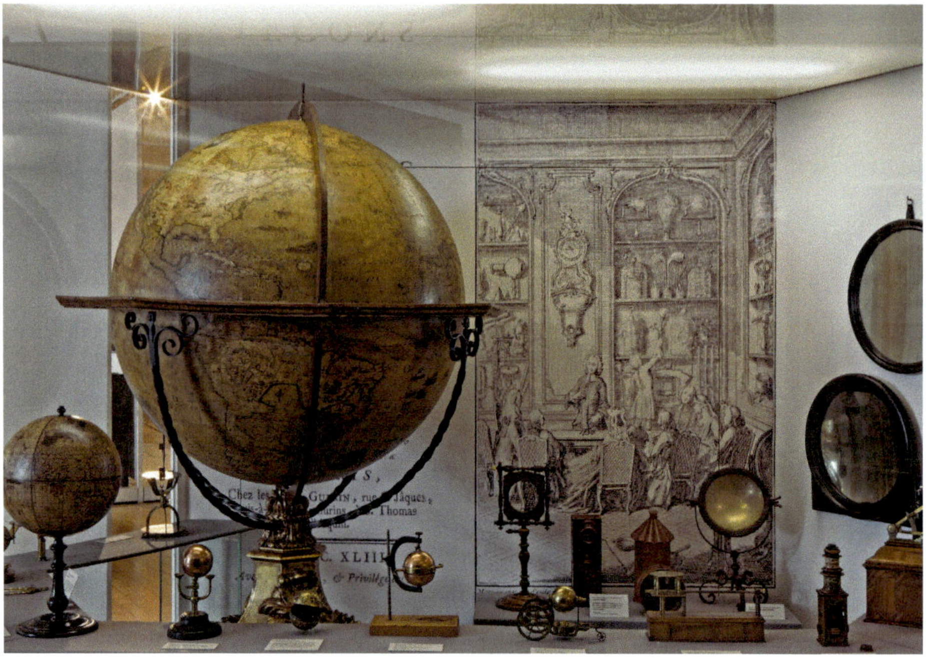

1 Erdglobus Vincenzo Maria Coronellis und weitere Objekte des Mathematisch-Physikalischen Kabinetts in der ehemaligen Dauerausstellung des Kölnischen Stadtmuseums im Zeughaus bis 2017

Das Mathematisch-Physikalische Kabinett[3] und die anderen Kölner Jesuitensammlungen entwickelten sich im 17. und 18. Jahrhundert im Jesuitenkolleg und im jesuitisch geleiteten Gymnasium Tricoronatum, waren jedoch auch institutionell in die Artistenfakultät und damit in die alte Kölner Universität eingebunden und wurden in den philosophischen Vorlesungen als Lehrmaterialien verwendet. Nach der Aufhebung

3 Die Bezeichnung „Kabinett" kann historisch einen (kleinen) Sammlungsraum oder auch ein Möbel, einen Kabinettschrank, bezeichnen, wobei der Begriff „Mathematisch-Physikalisches Kabinett" (oder nur „Kabinett") in dieser Publikation den zu Beginn des 18. Jahrhunderts eingerichteten Sammlungsraum und die mathematisch-physikalische Instrumentensammlung als solche zugleich meint. In jesuitischer und reichsstädtischer Zeit war der Begriff *„Musaeum mathematicum"* gebräuchlich, während in französischer Zeit die Bezeichnungen *„Cabinet"* oder „Sammlung" verwendet wurden. Oliver Zauzig weist 2021 auf die vielen verschiedenen Begrifflichkeiten bei der Untersuchung Physikalischer Kabinette hin und versammelt die sprachlich-reflexive Forschungsliteratur und mögliche Definitionen: Zauzig, Oliver: Vom wissenschaftlichen Apparat zum Sammelsurium. Universitäre physikalische Kabinette des 18. Jahrhunderts im Schatten der Sammlung von Georg Christoph Lichtenberg, in: Schmidt-Funke, Julia Annette/Berg, Gunhild/Mulsow, Martin (Hg.): Das Schloss als Hörsaal. Ludwig Christian Lichtenbergs „Vorlesung über die Naturlehre" und die residenzstädtische Wissensproduktion um 1800, Stuttgart 2021, S. 297–318, hier S. 299–304. In dieser Arbeit wird der Begriff des wissenschaftlichen „Instruments" als Hilfsmittel für Beobachtungen oder Experimente eher unscharf verwendet, der die Bandbreite der in der Sammlung vorhandenen Objekte umfassen soll.

des Jesuitenordens 1773 gingen die Sammlungen zunächst an die Freie Reichsstadt Köln und dienten weiterhin als Lehrmittel im Kontext der Universität. Mit dem Einmarsch der französischen Truppen in Köln wurden die Sammlungen im Zuge des französischen „Kunstraubs" empfindlich dezimiert, wobei das Mathematisch-Physikalische Kabinett in der Kölner Marzellenstraße verblieb. Es wurde sogar durch eine gezielte und gewichtige Ankaufs- und Instandsetzungsstrategie des Mathematik-, Physik- und Chemieprofessors Christian Kramp (1760–1828) ausgebaut und weiterhin in der Lehre in den französischen Kölner Bildungseinrichtungen verwendet. „Wir haben nunmehr eine der vollständigsten Sammlungen, die in der Republique anzutreffen [ist]"[4], verkündete Kramp 1799. Und ein weiterer prägender Akteur der Sammlungsgeschichte, der berühmte Physiker Georg Simon Ohm (1789–1854), der ab 1817 bis 1826 in Köln wirkte, schwärmte vor Amtsantritt als Mathematik- und Physikprofessor in Köln: „Der Apparat, schön vortrefflich!"[5]

Das Ziel dieses Buches ist es, das Mathematisch-Physikalische Kabinett im 17., 18. und frühen 19. Jahrhundert in Bezug auf die Lehre, die Sammlung und die Objekte zu untersuchen. Im Fokus stehen die Entwicklung und Ausgestaltung anschaulicher und experimenteller Lehrpraktiken, die Sammlungsgeschichte und die Bestandsentwicklung sowie die Objekte selbst, wobei das Kabinett in lokale und überregionale Kontexte eingeordnet wird. Der Untersuchungszeitraum umfasst demnach mehrere Jahrhunderte, wobei die Anfänge im 17. Jahrhundert zu finden sind und die französische Zeit den Abschluss bildet. Parallel dazu verlief eine übergreifende wissenschaftshistorische und epistemologische Entwicklung von einer aristotelisch-scholastischen Naturphilosophie zu einer auf Experimenten und Beobachtungen fußenden Physik und Mathematik. Wie sich diese Entwicklung im Kölner Gymnasium Tricoronatum und den (französischen) Nachfolgeinstitutionen allgemein vollzog, anhand welcher Praktiken sie sich konkret in der Lehre, der Sammlung und den Objekten niederschlug und wie die Entwicklung aktiv mitgestaltet wurde, soll in dieser Publikation untersucht werden. Dass Sammlungen und Objekte in diesem epistemologischen Prozess eine wichtige und wirkmächtige Rolle einnahmen, wird am Beispiel des Mathematisch-Physikalischen Kabinetts aufgezeigt.

4 Brief Christian Kramps an Carl Friedrich Hindenburg vom 20. Floréal VII (9. Mai 1799). Zitiert nach Hindenburg, Carl Friedrich: Auszüge aus Briefen, verschiedene Nachrichten und Anzeigen. Aus einem Brief von Herrn Dr. Kramp an den Herausgeber, in: Archiv der reinen und angewandten Mathematik 9 (1799), S. 223–234, hier S. 232.

5 Brief Georg Simon Ohms an seinen Kollegen Franz Göller vom 30. September 1817. Zitiert nach Schnippenkötter, Josef: Ohm in Köln. Beiträge zur Geschichte der Mathematik und Physik zu Beginn des 19. Jahrhunderts, in: Kölnischer Geschichtsverein, Universität zu Köln und Staatliches Dreikönigs-Gymnasium Köln (Hg.): Georg Simon Ohm als Lehrer und Forscher in Köln, 1817 bis 1826. Festschrift zur 150. Wiederkehr seines Geburtstages, Köln 1939, S. 63–172, hier S. 94f.

> „Ausgehend von dem oft als *Scientific Revolution* betitelten Aufschwung empirischer Wissenspraktiken im 17. Jahrhundert widmete man sich auch an den Universitäten des Alten Reichs ab der Wende zum 18. Jahrhundert vermehrt dem Experimentieren, Sezieren und Beobachten, wofür eine entsprechende Ausstattung mit wissenschaftlichen Instrumenten und Sammlungen benötigt wurde."[6]

Universitäre Sammlungen, historische wissenschaftliche Einrichtungen, Sammlungen, Museen, Labore, Bibliotheken, Botanische Gärten und Objekte – diese sogenannten „Wissensdinge"[7] und „Wisseneinrichtungen" nehmen in den letzten Jahren einen großen Raum in der (wissenschafts-)historischen und kulturgeschichtlichen Forschung ein und werden sowohl mit viel Begeisterung bearbeitet und (digital und analog) miteinander in Beziehung gesetzt als auch in vielen Fällen mit externen Forschungsgeldern gefördert. Zentren dieser wissenschaftlichen Auseinandersetzungen mit Wissensdingen und -einrichtungen bildeten sich in der jüngeren Vergangenheit beispielsweise in Berlin mit der Koordinierungsstelle für wissenschaftliche Universitätssammlungen in Deutschland[8] oder zuletzt auch mit dem *Humboldt Labor* im Jahr 2022 eröffneten *Humboldt Forum,* in dem „zahlreiche Objekte aus der faszinierenden Welt der Universitätssammlungen und der Wissenschaftsgeschichte" Eingang gefunden haben.[9] Daneben eröffnete ebenfalls 2022 das *Forum Wissen* in Göttingen und lädt zum Entdecken

6 Müller, Miriam: Der sammelnde Professor. Wissensdinge an Universitäten des Alten Reichs im 18. Jahrhundert, Stuttgart 2020, S. 9f. Vgl. dazu auch S. 9–102. Siehe außerdem und übergreifend zur „Scientific Revolution" und der Rolle wissenschaftlicher Instrumente im „Paradigmenwechsel" wissenschaftlicher Revolutionen: Hellyer, Marcus (Hg.): The Scientific Revolution. The Essential Readings, Malden 2003; Gorman, Michael John: The Scientific Counter-Revolution. The Jesuits and the Invention of Modern Science, London 2020; Turner, Anthony John: Early Scientific Instruments. Europe 1400–1800, London 1987. Siehe dazu auch Kuhn, Thomas S.: Die Struktur wissenschaftlicher Revolutionen, 2. Aufl., Frankfurt am Main 1970.

7 Der Begriff „Wissensdinge" wird in dieser Publikation gemäß der Verwendung in Miriam Müllers 2020 erschienenen Buch zu den „Wissensdingen an Universitäten des Alten Reichs im 18. Jahrhundert" benutzt: „Die materiellen Gegenstände, die für diese Wissenspraktiken verwendet wurden, sollen hier als Wissensdinge bezeichnet werden. [...] Hierunter [werden] materielle Dinge verstanden, denen zeitgenössisch zugeschrieben wurde, ein inhärentes Wissen über ihre eigene Natur zu enthalten sowie dieses erschließbar und vermittelbar machen zu können. Dazu gehören beispielsweise Pflanzen, Gesteinsproben, menschliche und tierische Körper, chemische Stoffe und historische Artefakte wie Münzen oder antike Kunstwerke. [...]. Auch wissenschaftliche Instrumente in Disziplinen wie der Physik oder Chemie sollen hier dazu gerechnet werden, da sie Phänomene reproduzieren und vermittelbar machen konnten, die ansonsten unsichtbar blieben, wie beispielsweise die Erzeugung eines Vakuums mithilfe einer Luftpumpe. [...] Kommen viele solcher Wissensdinge zusammen, ist von einer Sammlung die Rede. Ebensolche *arrangements* [oder Sammlungen], die bedeutsam für die hier besprochenen Wissenspraktiken waren, sind universitäre Einrichtungen wie botanische Gärten, chemische Labore, anatomische Theater oder Sternwarten. Allerdings waren diese Ansammlungen von Wissensdingen infrastrukturell an einen Ort gebunden." Müller 2020, S. 17–19. Der Begriff „Wisseneinrichtung" wird äquivalent für die speziellen Orte der Wissensdinge eingeführt.

8 Vgl. dazu die Definition von „Universitätssammlungen" der langjährigen Leiterin der Koordinierungsstelle in Berlin Cornelia Weber: Weber, Cornelia: Universitätssammlungen, in: Leibniz-Institut für Europäische Geschichte (IEG) (Hg.): Europäische Geschichte Online (EGO), Mainz 2012, http://www.ieg-ego.eu/weberc-2012-de [zuletzt aufgerufen am 28.01.2024]. Vgl. dazu auch https://wissenschaftliche-sammlungen.de/de [zuletzt aufgerufen am 03.02.2024].

9 Vgl. https://www.humboldt-labor.de/de/labor/mission [zuletzt aufgerufen am 03.02.2024].

von Universitätssammlungen ein, wobei auch die Sammlungs- und Objektforschung in Göttingen seit Jahren aktiv betrieben wird.[10] Außerdem findet in den letzten Jahren an der Ludwig-Maximilians-Universität in München vermehrt Forschung zu universitären Sammlungen und zu dem Austausch mit klösterlichen Sammlungen in einem geografisch breiteren Umfeld statt.[11] Dies sind nur drei Beispiele aus der großen und deutschlandweit agierenden „Szene" von zu Universitätssammlungen Forschenden und anderen Akteuren, von denen die Göttinger und Münchener Forschungen im Rahmen dieser Arbeit besondere Berücksichtigung finden werden.[12]

Auch die Kölner Universität verfügt über eine Vielzahl verschiedener wissenschaftlicher Sammlungen, die im Zuge des 100-jährigen Jubiläums der neuen Universität 2019 zu ihren „Schätzen" gezählt und beispielhaft im Jubiläumsband benannt wurden. Dazu gehören demnach „jene Objekte, an denen sich Denken manifestiert und entzündet: Wissensdinge, Rätselobjekte oder Belege, Manifestationen von Kultur und/oder Natur [...]. Immer schon waren Universitäten auch Orte des Sammelns – von Büchern, Präparaten, Kunstwerken, Instrumenten und Werkzeugen."[13] Das Mathematisch-Physikalische Kabinett und die Sammlungen der anderen Wissensdinge wurden zwar von den Jesuiten angelegt, als Lehrsammlungen des Gymnasium Tricoronatum wurden sie jedoch auch im Rahmen der Lehre in der Kölner Artistenfakultät und damit in der

10 Vgl. dazu die bereits genannte Arbeit Miriam Müllers, die an der Universität Göttingen entstanden ist: Müller 2020. Auch Müller betont den „Enthusiasmus, mit dem sich in den letzten Jahren der Bedeutung von Wissensdingen für die Universitäten gewidmet wurde". Ebd., S. 233. Siehe außerdem die Arbeiten zu den historischen physikalischen Sammlungen, die in dieser Arbeit in Kapitel IV besondere Berücksichtigung finden: Zauzig, Oliver: Die königliche Modellkammer der Georg-August-Universität Göttingen. Analyse der historischen Praxis einer universitären Lehrsammlung unter Einbeziehung der heute noch vorhandenen Objekte, Humboldt-Universität zu Berlin 2022, https://doi.org/10.18452/24676 [zuletzt aufgerufen am 16.03.2024]; Meyerhöfer, Dietrich: Johann Friedrich von Uffenbach. Sammler – Stifter – Wissenschaftler, Georg-August-Universität Göttingen 2020, http://dx.doi.org/10.53846/goediss-7957 [zuletzt aufgerufen am 16.03.2024]. Zu den Universitätssammlungen Göttingens generell siehe Präsidentin der Georg-August-Universität Göttingen (Hg.): Die Sammlungen, Museen und Gärten der Universität Göttingen, Göttingen 2013. Das „Forum Wissen" bietet unter anderem ein „Sammlungsschaufenster" zu ausgewählten Wissensdingen der Universitätssammlungen: https://www.forum-wissen.de/ [zuletzt aufgerufen am 03.02.2024]

11 Vgl. Weigand, Katharina/Stein, Claudius (Hg.): Die Sammlungen der Ludwig-Maximilians-Universität München gestern und heute. Eine vergleichende Bestandsaufnahme 1573–2016, München 2019; Stein, Claudius: Die Kunstkammern der Universität Ingolstadt. Schenkungen des Domherrn Johann Egolph von Knöringen und des Jesuiten Ferdinand Orban, München 2018; Maget Dominicé, Antoinette/Stein, Claudius/Wolf, Niklas (Hg.): Lehr- und Schausammlungen im Wandel: Archive, Displays, Objekte, Heidelberg 2021, https://doi.org/10.11588/arthistoricum.908 [zuletzt aufgerufen am 28.01.2024].

12 Vgl. dazu das Kapitel „Das Kabinett im Kontext".

13 Marx, Peter W./Neuhausen, Hubertus: Nicht nur Perlen der Weisheit: Schätze der Universität zu Köln, in: Dies. (Hg.): Schätze der Universität zu Köln, Köln 2019, S. 12–17, hier S. 13.

alten Universität verwendet. Dadurch gehören die jesuitischen Sammlungen und das Kabinett zu den ältesten Kölner Universitätssammlungen.[14]

2018 hat sich in Köln ein weiteres Zentrum der wissenschaftlichen Auseinandersetzungen mit universitären Wissensdingen und Wissenseinrichtungen gebildet, das als ein großes Gesamtprojekt zur Erforschung, digitalen Zusammenführung und wissenschaftskommunikativen Präsentation der ehemaligen Kölner Jesuitensammlungen angelegt ist und vom Kölner Gymnasial- und Stiftungsfonds als Eigentümer der Sammlungen gefördert wird. In unabhängigen Teilprojekten werden die einzelnen jesuitischen Sammlungen seitdem bearbeitet: Das Wallraf-Richartz-Museum arbeitete zum Beispiel die Sammlungsgeschichte und Zusammensetzung der jesuitischen Zeichnungen in einer Ausstellung auf,[15] während die Universitäts- und Stadtbibliothek Köln die Provenienzen der ehemaligen Jesuitenbibliothek erforscht und in einem eigenen digitalen Jesuitenportal präsentiert.[16]

Der Kölner Lehrstuhl für die Geschichte der Frühen Neuzeit von Professorin Gudrun Gersmann befasst sich seit 2018 mit der Erforschung und digitalen Dokumentation des Mathematisch-Physikalischen Kabinetts, mit der digitalen Präsentation und Vermittlung des jesuitischen Sammlungszusammenhangs sowie mit den Umbrüchen im Kölner Bildungswesen um 1800.[17] Diese Publikation ist als Teil des am Lehrstuhl angesiedelten Projekts entstanden und steht im Zusammenhang des größeren Vorhabens der Erforschung der ehemaligen Kölner Jesuitensammlungen.

14 Das Mathematisch-Physikalische Kabinett wurde seit 2019 auf der jährlich stattfindenden Tagung für Universitätssammlungen und im Rahmen des „Jungen Forums für Sammlungs- und Objektforschung" präsentiert, wodurch sowohl die Sammlung als auch das Forschungsprojekt über Köln hinaus bekannter geworden ist. Vgl. Stein, Henrike: Das Physikalische Kabinett der Kölner Jesuiten. Von der universitären Lehrsammlung zum digitalen Transfer. Ein Pilotprojekt, in: Keller-Drescher, Lioba/Kluth, Eckhard (Hg.): Tagungsband „Transferzonen – Universität | Sammlung | Öffentlichkeit" der 11. Sammlungstagung, Münster 2021, S. 189–200; Stein, Henrike: Das Physikalische Kabinett der Kölner Jesuiten. Neue Perspektiven auf eine alte Sammlung, in: Seidl, Ernst/Steinheimer, Frank/Weber, Cornelia (Hg.): Eine Frage der Perspektive. Objekte als Vermittler von Wissenschaft, Berlin 2021.

15 Vgl. Wir Glauben Kunst. Bildermacht und Glaubensfragen: Meisterzeichnungen aus der Kölner Jesuiten-Sammlung ‚Col.'. Ausst. Kat. Wallraf-Richartz-Museum & Fondation Corboud, Köln 2019, hg. von Thomas Ketelsen/Ricarda Hüpel, Köln 2019.

16 Vgl. dazu Universitäts- und Stadtbibliothek Köln: „Jesuitensammlung Köln", https://jesuitensammlung.ub.uni-koeln.de/ [zuletzt aufgerufen am 03.02.2024].

17 Siehe dazu die Online-Publikationen auf MAP-Lab: Gersmann, Gudrun (Hg.): Das Physikalische Kabinett – Von der jesuitischen Lehrsammlung zum kulturellen Erbe, https://dx.doi.org/10.18716/map/00004, mapublishing 2019, https://kabinett.mapublishing-lab.uni-koeln.de/ [zuletzt aufgerufen am 28.01.2024]; Schläwe, Elisabeth (Hg.): Umbrüche im Kölner Bildungswesen: Quellen zur napoleonischen und preußischen Zeit (1801–1825), https://dx.doi.org/10.18716/map/00007, mapublishing 2021, https://umbrueche.mapublishing-lab.uni-koeln.de/neue-herausforderungen [zuletzt aufgerufen am 28.01.2024]; Gersmann, Gudrun (Hg.): Bücher, Bilder, Lehrobjekte: Die Sammlungen der ehemaligen Kölner Jesuiten, https://dx.doi.org/10.18716/map/00008, mapublishing 2021, https://jesuiten.mapublishing-lab.uni-koeln.de/ [zuletzt aufgerufen am 28.01.2024].

Sie stellt das Mathematisch-Physikalische Kabinett in den Fokus, folgt auf bestehende Monografien zur jesuitischen Grafiksammlung[18] und entstand parallel zu einer weiteren Dissertation zur Jesuitenbibliothek im 17. Jahrhundert und der Rolle des Buchs als pädagogisches Mittel. Im vorliegenden Buch zum Mathematisch-Physikalischen Kabinett werden die naturwissenschaftlichen und -historischen Wissenseinrichtungen wie die Sternwarte, das chemische Laboratorium, die Apotheke und die Naturaliensammlung genauso mitbedacht und kontextualisierend betrachtet, wie auch das jesuitische Museum mit den Grafiken, Antiquitäten und Münzen sowie die Jesuitenbibliothek in die Untersuchung einfließen. Die Arbeit reiht sich demzufolge in eine hochaktuelle und lebendige Forschungslandschaft ein, sowohl innerhalb Kölns als auch deutschlandweit.

Die Publikation zielt auf die Untersuchung des Mathematisch-Physikalischen Kabinetts vom 17. bis ins 20. Jahrhundert in Bezug auf die Lehre, die Sammlung und die Objekte ab. Dafür wird ein methodischer Rahmen aus der Wissenschaftsgeschichte angewendet, in dem die Analyse im Hinblick auf die Faktoren Lehre – Sammlung – Objekt zum einen parallel erfolgt und zum anderen einzelne Objekte anhand eines Vier-Stufen-Modells untersucht werden, das wiederum Verbindungen zur Ebene der Lehre und der Sammlung zulässt. Auf Basis dieses Analysemodells wurde eine eigene Datenbank zum Mathematisch-Physikalischen Kabinett erstellt, welche neben den heute erhaltenen Objekten auch die historischen Objektbestände anhand der Inventare dokumentiert und kontextualisiert sowie außerdem eine Liste wichtiger Akteure umfasste. Diese Forschungsdaten sind in die Kölner Datenbank *kulturelles-erbe-koeln.de* des Rheinischen Bildarchivs übertragen worden, in der der komplette Objektbestand digital sichtbar ist.[19]

Das Kabinett wird im Untersuchungszeitraum als genuine Lehrsammlung aufgefasst, was grundlegend für das Verständnis und die Analyse der Sammlung, ihrer konkreten Nutzung und der Wissens- sowie Lehrpraktiken ist. Auf den Anfängen des Sammelns, den Akteuren und der frühen Nutzung in der Lehre liegt dabei ein besonderes Augenmerk, weil für das 17. Jahrhundert bislang nur wenig konkrete Forschungsergebnisse vorliegen. Bei der Analyse der jesuitischen Sammlungsgeschichte werden ihre Entstehung und Praktiken des Erwerbs, der Erweiterung und der Etablierung im 18. Jahrhundert und die Bedeutung einzelner Protagonisten geschildert. Dabei ist auch die Kölner Position in jesuitischen Netzwerken der (Natur-)Wissenschaft zu eruieren. Inwiefern

18 Vgl. Spengler, Dietmar: Spiritualia et pictura. Die Graphische Sammlung des ehemaligen Jesuitenkollegs in Köln. Die Druckgraphik, Köln 2003; Schwaighofer, Claudia-Alexandra: col. – „ENVOI de COLOGNE". Die Graphische Sammlung des ehemaligen Kölner Jesuitenkollegs in Paris, unveröffentlichtes Manuskript, München 2011; Ausst. Kat. Köln 2019.

19 Siehe https://www.kulturelles-erbe-koeln.de/gallery/encoded/eJzjYBJy52JLTy1OzC0RMnRKLS5JzEtR8A72tVLwTSzJSM1NLMksTs7QLcioLM7MTswBcVKLFbwTkzLzUktKpJgd_VyUmEtysrUYAIB9GCM [zuletzt aufgerufen am 07.04.2024]. Im Verlauf dieser Arbeit wird immer wieder in den Fußnoten auf die Datenbank verwiesen.

und wie die Sammlung und die Objekte konkret in die Lehre am Gymnasium Tricoronatum und den Nachfolgeinstitutionen eingebunden wurden, wird detailliert dargelegt.

In reichsstädtischer und vor allem in französischer Zeit ist das Kabinett veränderten Rahmenbedingungen, erweiterten Nutzungs- und Lehrkontexten ausgesetzt, die ausführlich beleuchtet und eingeordnet werden. Anhand der Analyse der drei Sammlungsinventare von 1773, 1799 und 1801 wird diese Entwicklung auch im Objektbestand nachvollzogen. Welche Spezifika sich in der Sammlung und in der Einbindung der Objekte in die Lehre in französischer Zeit ausbildeten und anhand welcher Schlüsselfiguren die Sammlung entscheidend weiterentwickelt wurde, wird herausgearbeitet. Dabei wird das Kabinett stets in die lokalen Zusammenhänge eingeordnet und vor dem Hintergrund der Kölner Universitätsgeschichte der „späten" Frühen Neuzeit, die gemeinhin als konservativ und rückständig gilt,[20] in Bezug auf die Naturwissenschaften, Wissenseinrichtungen und den Umgang mit Wissensdingen als progressiv und fortschrittlich charakterisiert.

Des Weiteren erfolgt eine überregionale Kontextualisierung des Mathematisch-Physikalischen Kabinetts mit Sammlungen ausgewählter Jesuitenkollegien in Rom und Ingolstadt sowie der protestantischen Universität in Göttingen in Bezug auf die Lehre, die Sammlung und die Objekte. Durch die Fokussierung auf die Entwicklung von anschaulichen und experimentellen Lehrpraktiken, der Sammlungs- und Bestandsgeschichte und auf einzelne Objekte bei gleichzeitiger Weitung des Blicks nach außen durch die Kontextualisierung wird das stadtgeschichtliche Thema um die Bereiche der Wissenschaftsgeschichte, der Objekt- und Sammlungsforschung sowie der Kunstgeschichte erweitert.

Die Grundlagen dieses Buches werden im Folgenden mit der Reflexion des Forschungsstands und der Darstellung der benutzten Quellen gelegt. Es folgt eine historische Einführung zum Bildungsort in der Marzellenstraße, in der sich die jesuitischen Sammlungen teils bis ins 20. Jahrhundert hinein befanden. Die methodischen Überlegungen zur Sammlungs- und Objektdokumentation und zum Analysemodell des Lissabonner Werkzeugkastens bilden die Basis für den Hauptteil.

Die Arbeit gliedert sich in vier Hauptkapitel: Zunächst erfolgt eine detaillierte Analyse der Sammlungsgeschichte von den Anfängen im 17. Jahrhundert bis zur französischen Zeit Anfang des 19. Jahrhunderts, woran sich ein Ausblick auf die Entwicklung der Sammlung im 19. und 20. Jahrhundert bis zur Übergabe in das Kölnische Stadtmuseum im Jahr 1938 anschließt. Dabei wird der Untersuchungszeitraum chronologisch in die

20 Vgl. Schwerhoff, Gerd: Köln im Ancien Régime. 1686–1794, Köln 2017 (Geschichte der Stadt Köln 7), S. 456–463. Einen gewichtigen Anteil daran hatten auch die konservativen jesuitischen Theologen. Das Gymnasium Tricoronatum war in Bezug auf die Naturwissenschaften fortschrittlich, während das Bild im Bereich der Theologie differenzierter ausfällt. Vgl. dazu zum Beispiel auch Schmidt, Siegfried: Das Gymnasium Tricoronatum unter der Regentschaft der Kölner Jesuiten, in: Die Anfänge der Gesellschaft Jesu und das erste Jesuitenkolleg in Köln. Ausst. Kat. Erzbischöfliche Diözesan- und Dombibliothek Köln in Zusammenarbeit mit der deutschen Provinz der Jesuiten, Köln 2006, hg. von Heinz Finger, Köln 2006, S. 71–186; Meuthen, Erich: Kölner Universitätsgeschichte, Bd. 1: Die alte Universität, Köln 1988, S. 263–391.

jesuitische Sammlungsphase, die einen Schwerpunkt in der Arbeit bildet, die reichsstädtische und die französische Sammlungsphase gegliedert, wobei letztere auf dem Kulturellen Erbe der Jesuiten aufbauen. Neben der zeitlichen Periodisierung der Sammlungsgeschichte sind viele der Unterkapitel nach den prägenden Professoren der Mathematik in jesuitischer Zeit strukturiert, ebenso wie in französischer Zeit, in der Christian Kramp, Professor der (Experimental-)Physik, Mathematik und Chemie, die Sammlung richtungsweisend weiterentwickelt hat. Georg Simon Ohms Wirken in Köln zu Beginn der preußischen Regierungszeit markiert einen Höhepunkt der Nutzung des Kabinetts in Lehre und Forschung.

Nach der Sammlungsgeschichte folgt die exemplarische Analyse ausgewählter Objekte und ihrer Einbindung in Lehre und Sammlung und die Darstellung singulärer und generischer Objektspezifika. Die Objektanalysen umfassen ein großes Astrolabium, ein Globenpaar, eine Sonnenuhr, eine Auswahl des 47 Stück umfassenden Bestands von Anamorphosen (Abb. 2) und ein Donnerhäuschen. Damit sind die naturwissenschaftlichen Bereiche Astronomie, Kosmologie, Geografie, Gnomonik, Optik und Elektrizität abgedeckt, was auch Schwerpunkte der heutigen Sammlung sind. Im letzten Kapitel wird der Kontext des Kölner Kabinetts erweitert und der Blick auf andere mathematisch-physikalische Sammlungen in Rom, Ingolstadt und Göttingen geworfen, was zur Bewusstwerdung von übergreifenden Zusammenhängen und lokalen Spezifika beiträgt und das Kabinett überregional verortet.

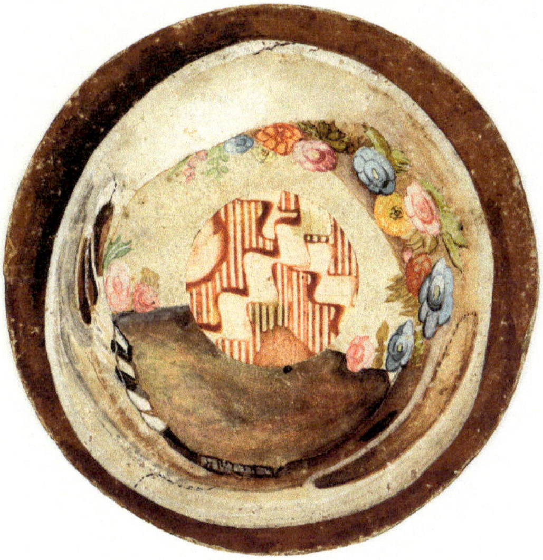

2 Anamorphose eines Totenkopfs aus dem Bestand verschiedener Zerrbilder des Mathematisch-Physikalischen Kabinetts, 18. Jahrhundert, Aquarell und Tusche(?) auf Pappe, Kölnisches Stadtmuseum, Mathematisch-Physikalisches Kabinett, L 231-8

Das Kabinett: Forschungsstand

„Eine Geschichte des Kölnischen Physikalischen Kabinetts gibt es noch nicht."[21] An dieser Feststellung aus dem Jahr 1939 hat sich bis heute durchaus etwas geändert, gibt es doch verschiedene, in erster Linie stadt- und bildungshistorisch intendierte Arbeiten, die in das Kabinett eingeflossen sind oder die sich mit verschiedenen thematischen Schwerpunkten beschäftigten. Das Gymnasium Tricoronatum und seine Schulgeschichte ist beispielsweise in unterschiedlichen Werken, die meist im Kontext von Jubiläen entstanden, dargelegt worden und auch in der Universitätsgeschichtsschreibung fand die Sammlung am Rande Erwähnung. Eine Monografie zur wechselvollen (Sammlungs-) Geschichte des Mathematisch-Physikalischen Kabinetts gibt es hingegen bis dato noch nicht.

Das bereits aus dem Jahr 1931 stammende, umfangreiche Werk über das Gymnasium Tricoronatum von Josef Kuckhoff,[22] der selbst als Studienrat und Professor am Dreikönigsgymnasium tätig war, und die Festschrift zur 400-Jahr-Feier des Dreikönigsgymnasiums[23] von 1952 zeigen das Kabinett im Kontext der (jesuitischen) Schulgeschichte, wobei vor allem Kuckhoffs „Geschichte des Gymnasium Tricoronatum" wegen der Quellendichte und der detaillierten Schilderung von den Anfängen als Burse bis in die französische Zeit elementar für die historische Beschäftigung mit dem Kabinett ist. Besondere Objekte werden zwar benannt, aber nicht im Detail erläutert. Klaus Pabst[24] skizziert im zweiten Band der zum Jubiläum 1988 erschienenen Kölner Universitätsgeschichte des 19. und 20. Jahrhunderts die französische Phase des Mathematisch-Physikalischen Kabinetts. Dabei beleuchtet er die Übernahme der naturwissenschaftlichen Objekte in die Zentralschule und anschließend in die Sekundärschule zweiten Grades und stellt die günstigen Bedingungen heraus, unter denen die Sammlung nach 1800 quantitativ und qualitativ erweitert wurde. Dadurch sei es, wie Pabst schrieb, zu einem der am besten ausgestatteten Kabinette in Frankreich und nach 1814 auch in Deutschland geworden.[25] Im Jubiläumsband des Kölner Gymnasial- und Stiftungsfonds 2000 wurde die Geschichte der Sammlung bis 1938 zusammen mit den anderen Kulturgütern

21 Schnippenkötter 1939, S. 313, Fußnote 4.

22 Vgl. Kuckhoff, Josef: Die Geschichte des Gymnasium Tricoronatum: Ein Querschnitt durch die Geschichte der Jugenderziehung in Köln vom 15. bis zum 18. Jahrhundert, Köln 1931.

23 Vgl. Dreikönigsgymnasium Köln (Hg.): Tricoronatum. Festschrift zur 400-Jahr-Feier des Dreikönigsgymnasiums, Köln 1952.

24 Vgl. Pabst, Klaus: Der Kölner Universitätsgedanke zwischen Französischer Revolution und Preussischer Reaktion (1794–1818), in: Heimbüchel, Bernd/Ders. (Hg.): Kölner Universitätsgeschichte, Bd. 2: Das 19. und 20. Jahrhundert, Köln 1988, S. 1–100. Zur französischen Zeit siehe überdies Pabst, Klaus: Das Ende der freien Reichsstadt Köln. Gesellschaftliche und bildungspolitische Umbrüche in der Franzosenzeit, in: Kölner Gymnasial- und Stiftungsfonds (Hg.): Bildung stiften, Köln 2000, S. 40–57.

25 Pabst 2000, S. 39.

der Jesuiten, vor allem der grafischen Sammlung, beschrieben.[26] Hervorzuheben ist außerdem der umfangreiche und differenziert-kritische Aufsatz Siegfried Schmidts zum „Gymnasium Tricoronatum unter der Regentschaft der Kölner Jesuiten", der die oftmals zu positiv gefärbte, ältere stadthistorische Forschung hinterfragt und zum Beispiel die überregionale Rolle des Kölner Jesuitenkollegs relativiert.[27]

Grundlegend und unabdingbar für die Beschäftigung mit dem Mathematisch-Physikalischen Kabinett sind die Veröffentlichungen des ehemaligen Oberbibliotheksrats der Universitäts- und Stadtbibliothek Köln, Gunter Quarg, aus den 1990er-Jahren, die infolge des Universitätsjubiläums 1988 entstanden sind. In der Monografie zur Naturkunde und den Naturwissenschaften an der alten Kölner Universität[28] aus dem Jahr 1996 untersucht Quarg die (historischen) naturwissenschaftlichen Disziplinen Mathematik, Physik, Medizin, Chemie und Naturgeschichte. Er erörtert sie sowohl im Kontext der jeweiligen Fakultät beziehungsweise der Gymnasien als auch im erweiterten wissenschaftsgeschichtlichen Zusammenhang, wobei er auch die naturwissenschaftliche Lehre der ehemaligen Kölner Jesuiten und das Kabinett einbezieht und positiv herausstellt. Des Weiteren ist die Sammlung in mehreren Aufsätzen Quargs aus den 1990er-Jahren zentraler Gegenstand,[29] in denen er sowohl die Geschichte des Kabinetts als auch dessen Lehrfunktion herausgearbeitet und mit den Inventaren von 1774 und 1801 wichtige archivalische Quellen ediert und analysiert hat. Neben den historischen Zusammenhängen stellt er in seinen Veröffentlichungen auch einzelne Objekte des Kabinetts heraus,

26 Vgl. Bellot, Christoph: Für Auge und Verstand. Grafische Sammlung und physikalisches Kabinett des ehemaligen Kölner Jesuitenkollegs, in: Kölner Gymnasial- und Stiftungsfonds (Hg.): Bildung stiften, Köln 2000, S. 120–147. Auch die Geschichte der ehemaligen jesuitischen Büchersammlung und Handschriften wurde in demselben Band dargelegt. Schmitz, Wolfgang: Die Kölner Gymnasialbibliothek. Buchbestände und Handschriften aus sechs Jahrhunderten, in: Kölner Gymnasial- und Stiftungsfonds (Hg.): Bildung stiften, Köln 2000, S. 84–93. Der Jubiläumsband ist generell grundlegend für die Auseinandersetzung mit der Geschichte des Kölner Gymnasial- und Stiftungsfonds, die eng mit der Kölner Schul- und Bildungsgeschichte sowie mit den ehemaligen jesuitischen Sammlungen und deren Entwicklungsgeschichte(n) zusammenhängt. Ahrendt, Tanja: 200 Jahre Kölner Gymnasial- und Stiftungsfonds. Die zentrale Verwaltung der Studienstiftungen und des alten Schulvermögens, in: Kölner Gymnasial- und Stiftungsfonds (Hg.): Bildung stiften, Köln 2000, S. 58–83; Tewes, Götz-Rüdiger: Das höhere Bildungswesen im alten Köln. Zu den Bursen und Gymnasien der alten Kölner Universität, in: Kölner Gymnasial- und Stiftungsfonds (Hg.): Bildung stiften, Köln 2000, S. 8–33.

27 Siehe Schmidt 2006.

28 Vgl. Quarg, Gunter: Naturkunde und Naturwissenschaften an der alten Kölner Universität, Köln 1996.

29 Vgl. Quarg, Gunter: Die Sammlungen des Kölner Jesuitenkollegiums nach der Aufhebung des Ordens 1773, in: Jahrbuch des Kölnischen Geschichtsvereins 62 (1991), S. 153–173; Quarg, Gunter: Das Physikalische Kabinett und der Physik-Unterricht in Köln von der Gründung der Ecole Centrale 1799 bis zum Ende der Franzosenzeit 1814, in: Jahrbuch des Kölnischen Geschichtsvereins 65 (1994), S. 113–136; Quarg, Gunter: Ein Inventar des Kölner Physikalischen Kabinetts aus dem Jahre 1801, in: Jahrbuch des Kölnischen Geschichtsvereins 66 (1995), S. 81–83; Quarg, Gunter: Naturwissenschaftliche Sammlungen in Köln, in: Lust und Verlust. Kölner Sammler zwischen Trikolore und Preußenadler. Ausst. Kat. Josef-Haubrich-Kunsthalle, Bd. 1, Köln 1995–1996, hg. von Hiltrud Kier/Frank Günter Zehnder, Köln 1995, S. 315–321.

ordnet diese wenn möglich den frühen Inventaren und somit einem Erwerbungs- beziehungsweise Entstehungskontext zu und beschreibt die (didaktischen) Funktionen.[30] Quargs Texte bilden eine Basis dieser Publikation.

Eine Station im Kontext der wissenschaftlichen Aufarbeitung des Mathematisch-Physikalischen Kabinetts in der zweiten Hälfte des 20. Jahrhunderts war das Universitätsjubiläum im Jahr 1988. Neben den bereits beschriebenen grundlegenden Forschungsarbeiten von Gunter Quarg wurden einzelne Objekte des Kabinetts untersucht und in Aufsätzen und Sammelbänden veröffentlicht.[31] Eine nennenswerte Sonderausstellung, bei der fast 20 Instrumente präsentiert worden sind, war die Schau „Lust und Verlust. Kölner Sammler zwischen Trikolore und Preußenadler" von 1995/1996. Der Katalog zur Sonderausstellung – „ein kaleidoskopisches Kompendium der Kölner Kultur- und Geistesgeschichte"[32] – räumte den verschiedenen Sammlungen aus dem ehemaligen jesuitischen Besitz Platz ein und zeigte sie im Kontext einzelner Kölner Stifter- und Sammlerpersönlichkeiten. In der Josef-Haubrich-Kunsthalle wurden die Objekte in einem der Kabinetträume inszeniert. Dazu waren auch die Möbel der Sammlung – der Nussbaumtisch und die Rokoko-Regale – aufgestellt, um dem Erscheinungsbild des historischen Kabinetts möglichst nahe zu kommen. Durch die Ergänzung um Lehrbücher, didaktische Schriften und Schaubilder versuchten die Kurator:innen zudem, die Atmosphäre eines Studierzimmers hervorzurufen.[33]

Eine andere museale Strategie verfolgte hingegen die Dauerausstellung des Kölnischen Stadtmuseums, die 1984 nach Umbaumaßnahmen wiedereröffnet und bis 2017 im Zeughaus gezeigt wurde. Die Präsentation ausgewählter Einzelstücke aus Kulturgeschichte und Technik stand im Vordergrund, die Erläuterung und Kontextualisierung der Instrumente wurde nicht priorisiert. Im Hintergrund der Ausstellungsstücke waren Abbildungen von Grafiken oder Stichen angebracht, welche den Besuchenden eine Vorstellung der ursprünglichen Funktionen der Objekte geben sollten. In dieser Kategorie der Dauerausstellung wurden sowohl die Instrumente des Mathematisch-Physikalischen Kabinetts der Kölner Jesuiten als auch Objekte anderer Provenienzen gezeigt, wie zum Beispiel die Globen des Medebacher Kartografen Caspar Vopel, die zum Teil aus Ferdinand Franz Wallrafs Sammlung stammen.[34] Aktuell sind keine Objekte des Mathematisch-Physikalischen Kabinetts ausgestellt. Dies zeigt, dass das gemäß der historischen Einordnung lokal und regional höchst bedeutende Kabinett des ehemaligen

30 Vgl. Quarg 1994.
31 Vgl. Quarg 1996b, S. 127–129.
32 Beer, Manuela: Buchbesprechung: Hiltrud Kier/Frank Günter Zehnder (Hg.): Lust und Verlust. Kölner Sammler zwischen Trikolore und Preußenadler, in: Geschichte in Köln 41 (1997), S. 141–143, hier S. 143.
33 Siehe Lust und Verlust. Kölner Sammler zwischen Trikolore und Preußenadler. Ausst. Kat. Josef-Haubrich-Kunsthalle, Bd. 1, Köln 1995–1996, hg. von Hiltrud Kier/Frank Günter Zehnder, Köln 1995.
34 Vgl. Steuer, Heiko: Physikalisches Kabinett, in: Kölnisches Stadtmuseum (Hg.): Kölnisches Stadtmuseum. Auswahlkatalog, Köln 1984, S. 279–283.

Kölner Jesuitenkollegs nicht als eigenständige Sammlung präsentiert und somit auch nicht als solche wahrgenommen wird. Dieser Befund änderte sich seit dem Start der verschiedenen Projekte zu den jesuitischen Sammlungen, die seit 2018 vom Kölner Gymnasial- und Stiftungsfonds gefördert wurden, wird das Kabinett doch im Digitalen als Einheit sichtbar.

Auch die anderen Kölner Jesuitensammlungen sind durch die digitale Aufbereitung und Zusammenführung nun als Sammlungszusammenhang erkennbar. Die Druckgrafiken und Zeichnungen wurden überdies bereits im Rahmen von Monografien und Ausstellungskatalogen in der Forschung aufbereitet, wobei die Arbeiten Dietmar Spenglers hervorzuheben sind, weil dieser die Grafiken auch in den Kontext der anderen kollegseigenen Sammlungen setzt.[35] Die ehemalige jesuitische Bibliothek wurde in Aufsätzen vor allem zur Gymnasialbibliothek thematisiert und ist Hauptgegenstand in einem Dissertationsprojekt von Simon Grigo.[36] Zwar nicht als Lehrsammlung, sondern im Kontext repräsentativer Porträtmalerei hingen im Jesuitenkolleg und im Gymnasium Tricoronatum Porträts von Rektoren oder Stiftern, daneben möglicherweise auch Gemälde religiöser Thematiken. Heute haben sich über 20 Porträts erhalten, die nachweislich aus dem Tricoronatum stammen. Als Teil der Gemäldesammlung des Kölnischen Stadtmuseums wurden sie in diesem Kontext wissenschaftlich dokumentiert und erfasst.[37] Neben den bereits genannten Sammlungen befanden sich im Jesuitenkolleg

35 Vgl. Ausst. Kat. Köln 2019; Spengler 2003; Spengler, Dietmar: Die Graphische Sammlung des ehemaligen Jesuitenkollegs in Köln, in: Lust und Verlust. Kölner Sammler zwischen Trikolore und Preußenadler. Ausst. Kat. Josef-Haubrich-Kunsthalle, Bd. 1, Köln 1995–1996, hg. von Hiltrud Kier/Frank Günter Zehnder, Köln 1995, S. 37–43; Spengler, Dietmar: …apportés de Cologne. Zeichnungen und Graphiken aus der ehemaligen Kölner Jesuitensammlung in Paris wiederentdeckt, in: Kölner Museums-Bulletin: Berichte und Forschungen aus den Museen der Stadt Köln (1993), S. 18–28; Schwaighofer 2011; Schwaighofer, Claudia-Alexandra: Die druckgraphische Sammlung des ehemaligen Kölner Jesuitenkollegs, in: Castor, Markus A. [u. a.] (Hg.): Druckgraphik. Zwischen Reproduktion und Invention, Berlin/München 2010, S. 393–402. Als Einstieg eignet sich überdies Stein, Henrike: Druckgraphik- und Zeichnungssammlung, in: Gersmann, Gudrun (Hg.): Bücher, Bilder, Lehrobjekte: Die Sammlungen der ehemaligen Kölner Jesuiten, https://dx.doi.org/10.18716/map/00008, mapublishing 2021, https://jesuiten.mapublishing-lab.uni-koeln.de/sammlungen/graphiksammlung [zuletzt aufgerufen am 28.01.2024].

36 Zum Einstieg vgl. Grigo, Simon: Büchersammlung, in: Gersmann, Gudrun (Hg.): Bücher, Bilder, Lehrobjekte: Die Sammlungen der ehemaligen Kölner Jesuiten, https://dx.doi.org/10.18716/map/00008, mapublishing 2021, https://jesuiten.mapublishing-lab.uni-koeln.de/sammlungen/buechersammlung [zuletzt aufgerufen am 28.01.2024]. Siehe außerdem Schmitz 2000; Blum, Hans: Die Kölner Gymnasialbibliothek, in: Dreikönigsgymnasium Köln (Hg.): Tricoronatum. Festschrift zur 400-Jahr-Feier des Dreikönigsgymnasiums, Köln 1952, S. 122–125.

37 Vgl. einführend Skowronek, Vanessa: Porträtsammlung, in: Gersmann, Gudrun (Hg.): Bücher, Bilder, Lehrobjekte: Die Sammlungen der ehemaligen Kölner Jesuiten, https://dx.doi.org/10.18716/map/00008, mapublishing 2021, https://jesuiten.mapublishing-lab.uni-koeln.de/portraetsammlung [zuletzt aufgerufen am 28.01.2024]; Wagner, Rita: „Hier van Godt allein die Ehre". Die Porträts des Kölner Gymnasial- und Stiftungsfonds, in: Kölner Gymnasial- und Stiftungsfonds (Hg.): Bildung stiften, Köln 2000, S. 100–119. Siehe den Bestand in Schäfke, Werner (Hg.): Kölnischer Bildersaal. Die Gemälde im Bestand des Kölnischen Stadtmuseums einschließlich der Sammlung Porz und des Kölner Gymnasial- und Stiftungsfonds, bearbeitet von Rita Wagner, Köln 2016.

zudem Münzen, Antiken und eine umfangreiche Kollektion von Naturalien, die jedoch bislang aufgrund der dünnen Quellenlage nur bedingt erforscht werden konnten. Auf Basis der vorhandenen Erkenntnisse[38] wird in dieser Arbeit der Versuch unternommen, diese anderen Sammlungen neu zu beleuchten und sie in einen Gesamtzusammenhang mit dem Mathematisch-Physikalischen Kabinett zu stellen.

Über Köln hinaus ist das Mathematisch-Physikalische Kabinett als frühe jesuitische Lehrsammlung und eine der ältesten Universitätssammlungen heute vergleichsweise unbekannt. Nur wenige repräsentative Objekte des Kabinetts sind bislang von der (stadtgeschichtlichen) Forschung untersucht worden und finden außerhalb Kölns allenfalls Erwähnung, wobei nur einzelne Objekte genauer aufgeführt sind.[39] In der äußerst umfangreichen Forschungsliteratur zu den Jesuiten, zur jesuitischen Lehre und den Naturwissenschaften findet man das Kölner Jesuitenkolleg und das Gymnasium Tricoronatum vermehrt, jedoch steht vor allem der historische Kontext im Fokus; auf die praktische Gestaltung der Lehre, die Methodiken und die dazugehörenden, didaktischen Mittel – das Mathematisch-Physikalische Kabinett, die Grafiken, Bücher, Münzen und Naturalien – ist meist nicht verwiesen.[40] In der internationalen und überblicksartigen Jesuitenforschung wird lediglich der Standort des Jesuitenkollegs in Köln als erste Ordensniederlassung nördlich der Alpen genannt. Darüber hinaus spielt die Institution eine geringe Rolle, vor allem in der umfangreichen Literatur zur jesuitischen Mathematik.[41]

Die (mathematisch-naturwissenschaftlichen) Sammlungen einzelner jesuitischer Bildungsstätten und Ordensniederlassungen sind insbesondere Themen der Bildungs-

38 Vgl. Spengler 2003, S. 22–25; Quarg 1995e; Bellot 2000, S. 120–125.

39 Vgl. Zinner, Ernst: Deutsche und niederländische astronomische Instrumente des 11.–18. Jahrhunderts, München 1967, S. 521, 572 und S. 608; Turner 1987, S. 190–201; Kern, Ralf: Wissenschaftliche Instrumente in ihrer Zeit. Vom Compendium zum Einzelinstrument, 17. Jahrhundert, 6 Bde., Bd. 2, Köln 2010, S. 249; Bobinger, Maximilian: Alt-Augsburger Kompassmacher. Sonnen-, Mond- und Sternuhren, astronomische und mathematische Geräte, Räderuhren, Augsburg 1966, S. 378.

40 Vgl. Hengst, Karl: Jesuiten an Universitäten und Jesuitenuniversitäten. Zur Geschichte der Universitäten in der Oberdeutschen und Rheinischen Provinz der Gesellschaft Jesu im Zeitalter der konfessionellen Auseinandersetzung, Paderborn/München 1981, S. 99–109; Friedrich, Markus: Die Jesuiten. Aufstieg, Niedergang, Neubeginn, München 2018.

41 Vgl. Casalini, Cristiano: Rise, Character, and Development of Jesuit Education: Teaching the World, in: Županov, Ines (Hg.): The Oxford Handbook of the Jesuits, New York 2018, S. 152–176; Gatto, Romano: Jesuit Mathematics, in: Županov, Ines (Hg.): The Oxford Handbook of the Jesuits, New York 2018, S. 637–669; Carolino, Luís Miguel: Astronomy, Cosmology and the Jesuit Discipline, 1540–1758, in: Županov, Ines (Hg.): The Oxford Handbook of the Jesuits, New York 2018, S. 670–707; Feldhay, Rivka: The Cultural Field of Jesuit Science, in: O'Malley, John W. [u. a.] (Hg.): The Jesuits. Cultures, Sciences, and the Arts 1540–1773, Toronto 2000, S. 107–130. Im Sammelband wird vor allem die Jesuitenkirche St. Mariä Himmelfahrt behandelt. Harris, Steven J.: Les chaires de mathématiques, in: Giard, Luce (Hg.): Les Jésuites à la Renaissance. Système éducatif et production du savoir, Paris 1995, S. 239–262; Romano, Antonella: La contre-réforme mathématique. Constitution et diffusion d'une culture mathématique jésuite à la Renaissance (1540–1640), Rom 1999; Romano, Antonella: Teaching Mathematics in Jesuit Schools: Programs, Course Content, and Classroom Practices, in: O'Malley, John [u. a.] (Hg.): The Jesuits II: Cultures, Sciences, and the Arts, 1540–1773, Toronto 2006, S. 355–370.

oder Stadtgeschichte. Wenngleich jesuitisches Sammeln naturwissenschaftlicher und mathematisch-physikalischer Objekte weit verbreitet war, wurden die Spezifika bislang nur in Ansätzen als übergreifendes Phänomen oder mit vergleichenden Fragestellungen erforscht und vor allem in mehr oder weniger umfangreichen Einzeluntersuchungen zu ausgewählten Jesuitenkollegien verhandelt. Eine Ausnahme bildet hier das *Musaeum Kircherianum* in Rom,[42] das als übergreifendes Beispiel und einflussreiches Vorbild für andere Kollegien sowohl in Einzelstudien als auch kontextualisierend oder vergleichend herangezogen wird, und auch das Museum des Ingolstädter Jesuiten Ferdinand Orban ist vergleichsweise gut erforscht. In Bezug auf die (jesuitische) Wissenschaftsgeschichte sind die Forschungen Paula Findlens, Steven Harris', Marcus Hellyers oder Dagmar Mroziks hervorzuheben, die jesuitisches Sammeln mathematisch-naturwissenschaftlicher Objekte und deren Anwendung in der Lehre zumindest thematisieren, wobei das Kölner Jesuitenkolleg und das Mathematisch-Physikalische Kabinett hier ebenfalls keine Nennung erfährt.[43]

Historische Forschung zu Physikalischen Kabinetten aus höfisch-repräsentativen, universitären oder bürgerlichen Kontexten mehrte sich seit den 1980er-Jahren, als der *Practical Turn* den Fokus auf die Praktiken der Wissenschaften und damit einhergehend

42 Vgl. vor allem den Reprint des Sammlungskatalogs „Musaeum Celeberrimum" von 1678 mit einer wissenschaftlichen Einführung und Kontextualisierung sowie einer Vita Athanasius Kirchers, der eine kurze Zeit 1622/23 auch in Köln verbrachte, was aber keine nennenswerte Wirkung entfaltete: Athanasius Kircher. Musaeum Celeberrimum (1678). Mit einer wissenschaftlichen Einleitung von Tina Asmussen, Lucas Burkart und Hole Rößler und einem kommentierten Autoren- und Stellenregister von Frank Böhling, Hildesheim/Zürich/New York 2019; Mayer-Deutsch, Angela: Das Musaeum Kircherianum. Kontemplative Momente, historische Rekonstruktion, Zürich 2010; Mayer-Deutsch, Angela: The Ideal Museum Kircherianum and the Ignatian Exercitia spiritualia" in: Schramm, Helmar/Schwarte, Ludger/Lazardzig, Jan (Hg.): Instruments in Art and Science. On the Architectonics of Cultural Boundaries in the 17th Century, Berlin 2008, S. 235–256. Hervorzuheben ist die Monografie Paula Findlens, die das *Musaeum Kircherianum* und jesuitisches Sammeln generell im Kontext der frühneuzeitlichen Sammlungskultur in Italien und der sozialen, kommunikativen und wissenshistorischen Spezifika erläutert: Findlen, Paula: Possessing Nature. Museums, Collecting, and Scientific Culture in Early Modern Italy, Berkeley [u. a.] 1994.

43 Vgl. Lelková, Iva/Findlen, Paula/Sutherland, Suzanne: Kircher's Bohemia: Jesuit Networks and Habsburg Patronage in the Seventeenth Century, in: Erudition and the Republic of Letters 5/2 (2020), S. 163–206; Findlen, Paula: The Last Man who Knew Everything…or Did He?: Athanasius Kircher S. J. (1602–1680), in: Dies. (Hg.): Athanasius Kircher: The Last Man who Knew Everything, New York 2004, S. 1–50; Findlen, Paula: Scientific Spectacle in Baroque Rome: Athanasius Kircher and the Roman College, in: Feingold, Mordechai (Hg.): Jesuit Science and the Republic of Letters, Cambridge/London 2003, S. 225–284; Findlen 1994. Siehe hier vor allem die Kapitel „Locating the Museum" und „Economies of Exchange". Harris, Steven J.: Confession-Building, Long-Distance Networks, and the Organization of Jesuit Science, in: Early Science and Medicine. Jesuits and the Knowledge of Nature 1/3 (1996), S. 287–318; Hellyer, Marcus: Jesuit Physics in Eighteenth-Century Germany: Some Important Continuities, in: O'Malley, John [u. a.] (Hg.): The Jesuits I: Cultures, Sciences, and the Arts, 1540–1775, Toronto 2000, S. 538–554; Hellyer, Marcus: Catholic Physics. Jesuit Natural Philosophy in Early Modern Germany, Notre Dame 2005; Hellyer 2003; Mrozik, Dagmar: The Jesuit Science Network: A Digital Prosopography on Jesuit Scholars in the Early Modern Sciences, Bergische Universität Wuppertal 2018, urn:nbn:de:hbz:468-20181211-142016-1 [zuletzt aufgerufen am 16.03.2024]. Eine dazugehörige Datenbank wissenschaftlich tätiger Jesuiten ist leider nicht mehr online abrufbar.

auch auf Sammlungen und Objekte legte. Materielle Praxeologie[44] und vor allem der *material turn*[45] brachten eine weitere Gewichtung und eine Neubewertung von Objekten auch in der (wissenschafts-)historischen Forschung mit sich.

> „Die Neuausrichtung der Materialitätsforschung fokussiert stattdessen auf die materielle Beschaffenheit von Dingen und Artefakten und deren Potential in je spezifischen Kontexten. Mit dieser Neufokussierung verabschiedete sich die Dingforschung nicht nur von der Vorstellung, dass Dingen und Artefakten aufgrund ihrer Materialität eine essentialistische, vordiskursive und atemporale Bedeutung zu eigen ist, sondern auch davon, „that objects merely symbolize or represent aspects of a pre-existing culture or identity". Entsprechend gewann die Frage nach der Bedeutung von Dingen und Artefakten in sozialen Beziehungen an Relevanz. Damit wurde zugleich auf den polyvalenten Charakter von Dingen und Artefakten aufmerksam gemacht, abhängig von spezifischen Gebrauchskontexten, Umgangsweisen, Traditionen und situativen Bedeutungszuschreibungen."[46]

Als eine besondere Herausforderung bei der Erforschung Physikalischer Kabinette im Sinne der materiellen Kultur stellt Oliver Zauzig in seinen Veröffentlichungen[47] heraus,

44 „Praxeologische Arbeiten betonen in Abgrenzung zu strukturanalytischen oder akteursorientierten handlungstheoretischen Ansätzen den materiellen, also körperlichen und dinglichen sowie performativen Charakter sozialen Handelns. Praxistheorien gehen bei allen Unterschieden davon aus, dass erst im Vollzug sozialer Praktiken Bedeutungen hervorgebracht, soziale Positionierungen beansprucht, beglaubigt oder verworfen und Beziehungen hergestellt werden. Artefakte spielen in der Performanz sozialer Praktiken eine zentrale Rolle, indem sie Verhaltensweisen ermöglichen oder begrenzen. Die Materialität sozialer Praktiken und die ‚Sozialität von Artefakten' sind in Praxissoziologien vielfach betont worden und in ihrer Relevanz unumstritten." Freist, Dagmar: Materielle Praktiken in der Frühen Neuzeit. Einführung, in: Brendecke, Arndt (Hg.): Praktiken der Frühen Neuzeit. Akteure – Handlungen – Artefakte, Köln 2015, S. 267–274, hier S. 268. Siehe dazu auch Müller 2020.

45 Aus der umfangreichen Forschungsliteratur zum material turn siehe die lesenswerte Zusammenfassung im Kontext von wissenschaftlicher Sammlung und Museum von Bräunlein, Peter J.: Material Turn, in: Georg-August-Universität Göttingen (Hg.): Dinge des Wissens. Die Sammlungen, Museen und Gärten der Universität Göttingen, Göttingen 2012, S. 30–44.

46 Freist 2015, S. 268. Die Frühneuzeithistorikerin Dagmar Freist fasst 2015 die historische Materialitätsforschung zusammen und skizziert die Relevanz von Artefakten für die historische Praxeologie: „Ein praxeologischer Blick auf frühneuzeitliche Phänomene rückt schließlich die Materialität der Überlieferung in ein neues Licht. Soziale und kulturelle Praktiken zurückliegender Epochen werden beobachtbar in jeweils spezifischen Materialisierungen – etwa in Form von Briefen, Tagebüchern, Notizen, Bildern oder Dingen. Zugleich sind diese Artefakte das Ergebnis bestimmter Praktiken, etwa des Schreibens, der religiösen Praxis, des Reisens, des Erinnerns oder des Sammelns." S. 268. Besondere Erwähnung verdienen an dieser Stelle die Arbeiten des französischen Soziologen und Philosophen Bruno Latour, der mit der Akteur-Netzwerk-Theorie eine Grundlage für die Untersuchung sozialer Praktiken zwischen verschiedensten Akteuren oder Entitäten legte, die in der Wissenschaftsgeschichte und Sammlungsforschung breite Rezeption fand, und dabei auch (wissenschaftlichen) Objekten eine eigene Wirkmächtigkeit und performative Wirkung in sozialen und wissenschaftlichen Prozessen zusprach. Wissenschaftliche Erkenntnis entsteht demnach durch die Verknüpfung einzelner, gleichwertiger Akteure und Entitäten zu Netzwerken. Zur Bedeutung von Objekten, aber auch Praktiken und Räumen in der Wissenschaftsgeschichte siehe zum Beispiel folgende Arbeiten Latour, Bruno: Science in Action. How to Follow Scientists and Engineers Through Society, Cambridge 1987; Latour, Bruno/Woolgar, Steve: Laboratory Life. The Social Construction of Scientific Facts, Beverly Hills 1979.

47 Vgl. Zauzig 2021, S. 298–304. Oliver Zauzig skizziert den Forschungsstand der (wissenschafts-)geschichtlichen Auseinandersetzung mit Physikalischen Kabinetten zusammen und nimmt eine detaillierte Begriffseinordnung vor. Zauzig 2022.

„dass sich in vielen Fällen die Instrumente und Geräte nicht erhalten haben. Doch auch Vorlesungsskripte und Mitschriften sind selten. Instrumente und Geräte auf der einen und Schriftüberlieferungen auf der anderen Seite könnten uns vieles über historische Prozesse der Wissensgenerierung und Wissensvermittlung verraten, die als alltägliches und somit selbstverständliches Tun selten zum Gegenstand schriftlicher Überlieferung wurden. Das gilt für die universitäre wie auch für höfische Forschung und Lehre gleichermaßen."[48]

Diese Tatsache hat weitreichende Konsequenzen für die Forschung und betrifft auch das Kölner Kabinett, von dem nur rund ein Zehntel des Anfang des 19. Jahrhunderts vorhandenen Sammlungsbestands heute erhalten ist. Die Rekonstruktion von Physikalischen Kabinetten passiert demnach nicht nur über die Objekte selbst, sondern auch über archivalische Dokumente wie Inventare, Lehrmaterial oder andere Sekundärquellen, aus denen die ursprünglichen Zusammenhänge mehr oder weniger gut erschlossen werden können. Dabei gibt es eine große Bandbreite zwischen heute in Gänze verlorenen Sammlungen, die oft an Universitäten oder im privaten Bereich angesiedelt waren, und gut erforschten und erhaltenen Physikalischen Kabinetten wie beispielsweise den ehemaligen höfischen Kabinetten in Kassel oder London, dem Mathematisch-Physikalischen Salon in Dresden oder Sammlungen in Utrecht, Leiden, Prag, Madrid oder Florenz. Sowohl Einzelwerke zu den großen naturwissenschaftlichen Sammlungen,[49] Überblicksarbeiten über das europäische Phänomen Physikalischer Kabinette unterschiedlicher Nutzungen als auch Sammelbände mit Einzelstudien sind entstanden, wobei auch in diesen Kontexten das Kölner Mathematisch-Physikalische Kabinett keine Erwähnung findet.[50]

48 Zauzig 2021, S. 298f. Zauzig spricht in diesem Kontext von naturwissenschaftlichen Instrumenten, Geräten und Apparaten als „stille Begleiter des Forschungs- und Lehrbetriebs", die, lange Zeit als Lehrmittel randständig behandelt, erst in den letzten Jahrzehnten an Bedeutung in der wissenschafts- und universitätshistorischen Forschung gewonnen hätten.

49 Siehe zum Beispiel Korey, Michael (Hg.): Die Geometrie der Macht, die Macht der Geometrie. Mathematische Instrumente und fürstliche Mechanik um 1600 aus dem Mathematisch-Physikalischen Salon, München/Berlin 2007; Weltenglanz. Der Mathematisch-Physikalische Salon Dresden zu Gast im Maximilianmuseum Augsburg. Ausst. Kat. Maximilianmuseum, Augsburg 2009, hg. von Peter Plaßmeyer, Berlin 2009; Mackensen, Ludolf von: Die naturwissenschaftlich-technische Sammlung. Geschichte, Bedeutung und Ausstellung in der Kasseler Orangerie, Kassel 1991; Morton, Alan Q./Weiss, Jane A.: Public & Private Science. The King George III Collection, Oxford 1993.

50 Siehe zum Beispiel den Sammelband mit Aufsätzen zu Sammlungen aus England, Portugal, Italien, Polen, Schweden und den Niederlanden: Bennett, Jim/Talas, Sofia (Hg.): Cabinets of Experimental Philosophy in Eighteenth-Century Europe, Leiden 2013. Im vierbändigen Werk zu wissenschaftlichen Instrumenten ordnet Ralf Kern die Objekte in ihre Entstehungs- und Nutzungskontexte sowie in (wissenschafts-)geschichtliche Entwicklungen ein: Kern: Wissenschaftliche Instrumente 2; Kern, Ralf: Wissenschaftliche Instrumente in ihrer Zeit. Streben nach Genauigkeit in Zeit und Raum, 18. Jahrhundert, 6 Bde., Bd. 3, Köln 2010; Turner 1987; Strano, Giorgio [u. a.] (Hg.): European Collections of Scientific Instruments, 1550–1750, Leiden 2009. Zuletzt sei auf den wegweisenden Sammelband zur „Geschichte des Sammelns" verwiesen, aus dem einige Aufsätze für diese Arbeit herangezogen wurden: Grote, Andreas (Hg.): Macrocosmos in Microcosmo. Die Welt in der Stube. Zur Geschichte des Sammelns 1450–1800, Wiesbaden 1994.

Quellenkorpus: Archivalien, Bücher, Bilder und Objekte

Neben der Forschungsliteratur basiert diese Publikation auf umfangreichem archivalischen Quellenmaterial, der Auswertung von Bildern, im Jesuitenkolleg vorhandenen (Lehr-)Büchern und der Untersuchung der Objekte selbst. Archivalien zur Kölner Stadtgeschichte stammen in erster Linie aus dem Historischen Archiv der Stadt Köln (HAStK), dem Archiv des Erzbistums Köln (AEK) und dem Landesarchiv Nordrhein-Westfalen (LAV), wobei die jesuitische Sammlungsphase um Quellenmaterial aus den jesuitischen Archiven in Rom, dem Generalarchiv der Gesellschaft Jesu (ARSI) und dem Historischen Archiv der päpstlichen Universität Gregoriana (APUG), ergänzt wurde. Die Jesuitica[51] aus dem Kölner Stadtarchiv finden sich in Bestand 223 und konnten teils im Original, teils im Mikrofilmdigitalisat eingesehen werden. Ein Beispiel für die nach wie vor herausfordernde Arbeitssituation im Stadtarchiv ist die Akte mit dem jesuitischen Inventar von 1774[52], die zunächst als verschollen galt. Eine Abschrift der vollständigen Aufstellung konnte im Archiv des Erzbistums neu ermittelt und für diese Studie herangezogen werden[53], bevor die Akte im Stadtarchiv Ende des Jahres 2022 wieder identifiziert und im Original eingesehen werden konnte.[54] Neben dem jesuitischen Inventar wurden die *Litterae Annuae* und *Historia* des Jesuitenkollegs ausgewertet, daneben das Nekrolog,

51 Vgl. zum Stand der Jesuitica im Historischen Archiv der Stadt Köln Bergerfurth, Yvonne: Jesuitica im Historischen Archiv der Stadt Köln, in: Geschichte in Köln 57 (2010), S. 39–56. Yvonne Bergerfurth fasste 2010 den Forschungsstand zu den naturwissenschaftlichen Sammlungen des Jesuitenkollegs folgendermaßen zusammen: „Im sogenannten »Natural Zimmer oder Museum antiquitatum et rerum curiosarum« der Kölner Jesuiten wurden unter anderem Münz- und Mineraliensammlungen aufbewahrt. Während die überwiegend antiken und mittelalterlichen Münzen zwar bis in die 1780er-Jahre gesammelt wurden, dann aber in der französischen Zeit verschwanden, überstand das Mineralienkabinett das 19. Jahrhundert, um dann aber im Zweiten Weltkrieg bei der Zerstörung des Naturkunde-Museums im Stapelhaus, in das es gebracht worden war, verloren zu gehen. Da von beiden Sammlungen keine Kataloge existieren, sind weitere Kenntnisse nicht zu erwarten. Anders verhält es sich mit der physikalischen Sammlung, auch mathematisch-physikalisches Kabinett genannt. Hierbei handelt es sich um wertvolle Instrumente des „Museum mathematicum", welche die Bedürfnisse des naturwissenschaftlichen Unterrichts befriedigten und zur Zeit der Auflösung des Ordens 1773 auf modernstem Stand der Zeit waren. Es gab auch mathematische Bücher, die später zum Teil ihren Weg in die Gymnasialbibliothek fanden. In der französischen Zeit erfuhr die Sammlung sogar eine Erweiterung, was für deren Qualität und Wertschätzung spricht. Inventarisiert wurden die Stücke 1774 und 1912. 1927 befanden sich viele der Stücke noch im Dreikönigsgymnasium, bis sie der Kölner Gymnasial- und Stiftungsfonds dann an das Kölnische Stadtmuseum überwies, wo sie sich noch heute befinden. Einschränkend muss allerdings gesagt werden, dass die meisten der 1774 inventarisierten Instrumente heute verloren sind, und sich daher unter den Instrumenten im Stadtmuseum nur noch wenige Jesuitica befinden." (S. 43)
Sowohl für das Mathematisch-Physikalische Kabinett als auch am Rande für die Naturaliensammlung nimmt sich diese Publikation das Ziel, die Sammlungs-, Nutzungs- und Bestandsgeschichte neu zu schreiben.

52 HAStK, Best. 40 (Kirchensachen), A 17.

53 AEK, Monasteria, Generalia: Jesuiten, fol. 169v–172r.

54 HAStK, Best. 40, A 17. An dieser Stelle sei den Mitarbeitenden des Historischen Archivs der Stadt Köln, allen voran Björn Raffelsiefer, herzlich gedankt, die die Erstellung dieser Publikation stets mit viel Fachwissen, großer Hilfsbereitschaft und Flexibilität begleitet haben.

Rechnungen, Urkunden und das archivalische Lehrmaterial wie naturwissenschaftliche Handschriften, wobei auch der Bestand 150 Universität im Hinblick auf die Lehre im Gymnasium Tricoronatum von großer Bedeutung ist. Eine der wohl wichtigsten Akten für die *benefactores* des Kollegs, die in der älteren Forschung als *Benefactores bibliothecae collegii soc. Jesu Coloniensis ab incendio anni 1621* aufgeführt wird, ist nicht mehr vorhanden beziehungsweise im Laufe der Zeit verloren gegangen.

Eine besondere Quellengattung sind die *Litterae Annuae*, die Jahresberichte des Jesuitenkollegs, die wichtige Informationen des Jahres zum Kolleg und den Mitgliedern, dem Gymnasium Tricoronatum und auch zu besonderen Ereignissen in der Stadt enthielten. Dabei wurden meist zuerst die (Zahl der) Mitglieder und Schüler der Kölner Niederlassung genannt, woran sich die Würdigung der Verstorbenen anschloss. Gegen Ende des jeweiligen Jahresberichts sind Einzelheiten zur Lehre oder dem Gymnasium zu finden, während stets am Ende die besondere Erwähnung der *benefactores* erfolgte. Die *Litterae Annuae* wurden in jedem Jesuitenkolleg verfasst und zirkulierten zunächst innerhalb der Provinz, bevor der Provinzial sie teils über weitere Schaltstellen nach Rom in die Ordenszentrale versandte. Funktional standen die Jahresberichte zwischen faktischen Ereignisberichten der letzten Monate, religiösen Erbauungstexten und Repräsentationsfläche zur „Image-Pflege" des jeweiligen Kollegs, und zwar sowohl bilateral zum Ordenszentrum als auch multilateral zwischen den Kollegien.

> „Altogether, these highly complex practices of circulating this correspondence on the global as well on the regional level demonstrate the importance that was placed on the distribution of information within the order. [...] The Jesuit communities were part of an effective network that circulated relevant information and was structured by one universal and several regional information hubs. Elaborated mechanisms were established to guarantee at least a certain degree of valid and up-to-date knowledge about the Society for most of its members."[55]

Die erbauliche Intention der Jahresberichte bestand auch in der positiven Beeinflussung unter den Kollegien, die sich gegenseitig durch ihr Handeln und ihre Taten sowohl im Ordensleben, aber auch in der Lehre oder im Alltag zum besten jesuitischen Verhalten Vorbilder sein sollten. „With the genre of *litterae annuae*, edification was meant to be achieved *through*, not *beyond* or *outside* every-day Jesuit life. Realistic, historical facts and events–according to early modern standards–comprise the bulk of the letters."[56] Die *Litterae Annuae* waren und sind somit eine wichtige Informationsquelle, auch innerhalb des Ordens, jedoch müssen subjektive und lokale Färbungen und verschiedene Intentionen bei der Auswertung mitbedacht werden.

55 Friedrich, Markus: Circulating and Compiling the Litterae Annuae. Towards a History of the Jesuit System of Communication, in: Archivum historicum Societatis Iesu 77/153 (2008), S. 3–40, hier S. 20. Markus Friedrich fasst Entwicklung, Mechanismen, Zusammenstellung und wissensgeschichtliche Bedeutung der *Litterae Annuae* prägnant zusammen und verweist auf die Bedeutung der *Litterae Annuae* für den Erfolg des Ordens und seine „image-politics" (S. 24).

56 Ebd., S. 9.

Im Historischen Archiv der Stadt Köln sind die *Litterae Annuae* nicht vollständig erhalten und umfassen grob den Zeitraum von 1552 bis 1660 und von 1675 bis 1754, wobei auch einzelne Jahrgänge fehlen.[57] Fehlende Jahresberichte konnten teilweise aus den *Historia*, den historischen Berichten, teilweise aus dem Archiv der Deutschen Provinz der Jesuiten in München,[58] oder vor allem aus Bänden im *Archivum Romanum Societatis Iesu*, dem Generalarchiv der Gesellschaft Jesu in Rom, aus dem Bestand *Rhenania Inferiora* ergänzt werden. Im Gegensatz zu den „sauberen" Abschriften in Rom zeichnen sich die Kölner Versionen allerdings, trotz schwererer Lesbarkeit, durch individuelle Eintragungen aus: In den *Litterae Annuae* der Jahre 1675 bis 1754 finden sich Randnotizen Hermann Joseph Hartzheims mit kurzen Stichworten oder auch längeren Anekdoten, daneben auch Zusätze zur Strukturierung und nachträgliche Ergänzungen, was weitere interessante Informationen liefert und außerdem Bedeutungsveränderungen dokumentiert.

Für die städtische und französische Sammlungsphase wurden Akten des Historischen Archivs der Stadt Köln, allen voran aus den Beständen 150 Universität und 350 Französische Verwaltung, herangezogen und um Archivmaterial aus dem Landeshauptarchiv Koblenz als historischem Ort des Provinzialschulkollegiums in preußischer Zeit und aus den *Archives Nationales* in Paris ergänzt. Der Kölner Bestand 351 zur Verwaltung des Schulvermögens ist aufgrund des Einsturzes nach wie vor nicht nutzbar.

Grundlegend für die Erforschung der Sammlungs- und Bestandsgeschichte sind vor diesem Hintergrund die Inventare aus den verschiedenen Archiven: Nach dem bereits genannten jesuitischen Inventar von 1774, das sich sowohl im Historischen Archiv der Stadt Köln als auch in einer Abschrift im Archiv des Erzbistums befindet,[59] wurden sieben weitere Inventare bereits im Zuge des Forschungsprojekts am Kölner Lehrstuhl für Geschichte der Frühen Neuzeit teils neu ermittelt und veröffentlicht.[60] Besondere Bedeutung hat die Aufstellung des heutigen Objektbestands aus dem Kölnischen Stadtmuseum von 1938,[61] bildet sie doch den Ausgangspunkt der heutigen Sammlungs- und Objektanalyse. Daneben werden schwerpunktmäßig die Dokumentation des *Cabinet de Physique* aus Straßburg[62] und vor allem das umfangreiche Inventar des *Cabinet de Mathématique et de Physique*[63] aus dem Jahr 1801 für die Sammlungsgeschichte aus-

57 Vgl. vor allem HAStK, Best. 223 (Jesuiten), A 12; HAStK, Best. 223 (Jesuiten), A 9; HAStK, Best. 223 (Jesuiten), A 11.
58 Archiv der Deutschen Provinz der Jesuiten, Abt. 41 (Schriftgut verschiedener Provenienz (vor 1773)), Nr. 11 Köln (Tricoronatum).
59 HAStK, Best. 40, A 17; AEK, Monasteria, Generalia: Jesuiten.
60 Vgl. dazu die Digitalisate mit dazugehöriger Transkription in Gersmann 2019.
61 Kölnisches Stadtmuseum, Verzeichnis der Leihgaben für das Haus der Rheinischen Heimat, Köln. Gegenstände aus dem Dreikönigsgymnasium in Köln (Jesuitensammlung) vom 3. November 1938 (Handakten Kölnisches Stadtmuseum).
62 Landeshauptarchiv Koblenz, Best. 241, 015 Regierungskommissar Rudler, Nr. 701, S. 239–258.
63 Landesarchiv NRW, Abteilung Rheinland, AA 0633 Roerdepartement, Nr. 108, fol. 14r–32r.

gewertet, wobei auch die Inventare der Jahre 1829, 1845/64, 1912 und 1927 aus dem Historischen Archiv der Stadt Köln[64] vor allem in den Objektanalysen benutzt werden.

Zusätzlich zu den archivalischen Beständen werden ebenso die Bücher aus der ehemaligen Jesuitenbibliothek beziehungsweise der Bibliothek der französischen Bildungseinrichtungen exemplarisch in die Analyse eingebunden, weil sie zum einen Hinweise auf den vorhandenen Wissensstand in Bezug auf mathematisch-naturwissenschaftliche Themen geben und zum anderen als Objekte Aussagen über die Nutzungen (im Unterrichtskontext), die Aufstellung im Jesuitenkolleg und die Provenienzen ermöglichen.[65] Des Weiteren werden verschiedene Bilder in die Untersuchung mit einbezogen, wobei es sich vor allem um Titelblätter, Druckgrafiken und gedruckte Schaubilder (*figura*) aus mathematischen (Lehr-)Büchern sowie Zeichnungen und Malereien aus Handschriften handelt; daneben aber auch um kartografische Bilder oder historische Aufnahmen des ehemaligen Jesuitenkollegs. Besonders das Anschauungsmaterial in Büchern und Handschriften ist dabei von großem Interesse, weil es zum einen Hinweise auf Objektnutzungen gibt und zum anderen zeigt, wie Wissen mithilfe von Instrumenten erzeugt und anhand von wissenschaftlichen Schaubildern, aber auch durch symbolische und allegorische Bilder weitergegeben wurde. Dabei können in den Bildern sowohl epistemologische als auch ästhetische Ansprüche erkannt werden.

Wissensbilder sind somit ergänzend zu den (möglicherweise) vorhandenen Wissensdingen zu denken und auszuwerten, wobei im Falle der Manuskripte und selbst gefertigter Objekte auch Interdependenzen zwischen Wissensding und Bild herausgearbeitet werden. Vor dem Hintergrund der epistemologischen Entwicklung der Mathematik und der Physik in der Frühen Neuzeit generell und im Mathematisch-Physikalischen Kabinett in Köln im Speziellen, in der sich das Beobachten von und Experimentieren mit Instrumenten als Mittel der Wissenserzeugung und -legitimierung herausbildeten und dafür neue Räume, wissenschaftliche Einrichtungen, Sammlungen und Labore

64 HAStK, Best. 155A (Gymnasial- und Stiftungsfonds (GStF) – Akten), A 361 (Zwei Inventare des sogenannten Physikalischen Kabinetts des Gymnasiums); HAStK, Best. 155A (Gymnasial- und Stiftungsfonds (GStF) – Akten), A 361 (Zwei Inventare des sogenannten Physikalischen Kabinetts des Gymnasiums), unpaginiert; HAStK, Best. 560 (Dreikönigsgymnasium 1815–1972), A 651, fol. 31r–35r; HAStK, Best. 560 (Dreikönigsgymnasium 1815–1972), A 681, fol. 1r–5v.

65 Bei der Einbeziehung der Bücher in die Untersuchung wird zum einen auf das 2020 gelaunchte Jesuitenportal der Universitäts- und Stadtbibliothek Köln zurückgegriffen, in dem die als jesuitisch identifizierten Bücher aus der Kölner Gymnasialbibliothek recherchiert und deren Provenienzmerkmale eingesehen werden können: Universitäts- und Stadtbibliothek Köln: „Jesuitensammlung Köln". Zur Gymnasialbibliothek siehe außerdem Schmitz 2000. Zum anderen wird für die Rekonstruktion des historischen Bücherbestands auf drei Kataloge der Jesuitenbibliothek zurückgegriffen, die sich im Historischen Archiv der Stadt Köln und in der USB befinden *Catalogus Novus Et Auctior Bibliothecae Maioris Collegii Societatis Iesu Coloniae* 1725. USB-USB-Signatur 5P83. Der Katalog ist online einsehbar unter https://www.ub.uni-koeln.de/cdm/ref/collection/jesuiten/id/2388 [zuletzt aufgerufen am 03.02.2024]. HAStK, Best. 223 (Jesuiten), A 35, Catalogus generalis totius bibliothecae collegii Col. S. J. anno 1628; HAStK, Best. 223 (Jesuiten), A 36, Catalogus generalis totius bibliothecae collegii Col. S. J. anno 1634. Aus der französischen Zeit liegt kein Katalog der Bibliothek der Zentralschule oder der Sekundärschule zweiten Grades vor.

entstanden, werden Archivalien, Bücher, Bilder und die Instrumente selbst zu historischen Zeugnissen dieser Entwicklungsstufen, die in der Publikation als Quellen herangezogen werden.

Bildungsort Marzellenstraße: Eine historische Einführung

Die Entstehung des Mathematisch-Physikalischen Kabinetts geht in das 17. Jahrhundert zurück. Bis heute durchlief die Sammlung viele schulische und städtische Institutionen und entwickelte sich von einer Lehrsammlung zu einer Museumssammlung. Der zentrale Ort der Objekte war jedoch stets die Marzellenstraße nördlich des Kölner Domes. Hier befanden sich die Ordensniederlassung der Jesuiten und seit 1598 das aus der mittelalterlichen Kuckaner-Burse entstandene Gymnasium Tricoronatum, das 1556 von den Jesuiten übernommen worden war. Das Dreikönigsgymnasium als Nachfolgeinstitution des Tricoronatums verließ erst im Jahr 1911 die Marzellenstraße und zog an den Thürmchenswall um. Wenige Jahre später, Ende der 1920er-Jahre, gingen auch die Restbestände des Mathematisch-Physikalischen Kabinetts an das Historische Museum Kölns über und verließen die Marzellenstraße endgültig.

Die Marzellenstraße kann als ein bedeutender historischer Bildungsort in Köln bezeichnet werden, war sie doch Standort der verschiedenen historischen Schul- und Bildungsinstitutionen, die in dieser Arbeit eine Rolle spielen werden: dem Gymnasium Tricoronatum mit Nachfolgeinstitutionen, dem Jesuitenkolleg, aber auch der französischen Zentral- und später Sekundärschule zweiten Grades. Aus der mittelalterlichen Kuckaner-Burse, die 1450 als Teil der Artistenfakultät am Eigelstein gegründet worden war, entwickelte sich Mitte des 16. Jahrhunderts ein Gymnasium. Die Bursen als privatwirtschaftlich organisierte Gemeinschaften von Magistern und Schülern waren ein wichtiger Bestandteil der alten Kölner Universität.[66] Nachdem die Kuckaner-Burse in personelle und wirtschaftliche Schwierigkeiten geraten war, stellte der Rat der Stadt Köln ein neues Gebäude in der Maximinenstraße bereit und setzte den Universitätsprofessor, Theologen und Humanisten Johannes Leichius (1527–1584) als neuen Regenten ein. Als Zeichen der städtischen Zugehörigkeit wurde das Stadtwappen mit den drei Kronen über dem Eingang der neuen *„Bursa Trium Coronarum“* – des Tricoronatums – angebracht. Leichius bildete die alte Burse strukturell und inhaltlich zum Humanistischen um: In Klassen wurden die sprachliche Gymnasialbildung (Latein und Griechisch) und das universitäre Grundstudium im philosophischen Sinne miteinander verbunden. So entstand 1552 das erste humanistische Gymnasium in Köln.[67] Die Übernahme dieses

66 Vgl. Tewes 2000, S. 9; Meuthen 1988, S. 91–100. Zur Kuckaner-Burse vgl. Kuckhoff 1931a, S. 1–22; Tewes, Götz-Rüdiger: Die Bursen der Kölner Artisten-Fakultät bis zur Mitte des 16. Jahrhunderts, Köln 1993.

67 Vgl. Tewes 2000, S. 28–30; Valentini, Laura: Die Bursen und die alte Universität, in: Gersmann, Gudrun/Grohé, Stefan (Hg.): Ferdinand Franz Wallraf (1748–1824) – Eine Spurensuche in Köln, https://dx.doi.org/10.18716/map/00001, mapublishing 2016, https://wallraf.mapublishing-lab.uni-koeln.de/wallraf-

auf Klassen aufbauenden Systems durch die anderen ehemaligen Bursen, die Gymnasien Montanum und Laurentianum, folgte im Verlauf des 16. Jahrhunderts. Die drei Gymnasien Montanum, Laurentianum und das Tricoronatum bildeten in der Folge die Artistenfakultät der alten Kölner Universität bis zu deren Aufhebung im Jahr 1798.[68]

Bereits im Jahr 1552 unterrichtete an diesem neu entstandenen Gymnasium Tricoronatum der junge Kölner und Sohn des Bürgermeisters Johannes Rethius (1532–1576), der schon als Student an der ehemaligen Burse eingeschrieben gewesen war. Rethius war zudem Mitglied in dem noch jungen Jesuitenorden, der in Köln 1544 seine erste Niederlassung nördlich der Alpen gegründet hatte.[69] Zu den frühen jesuitischen Akteuren in Köln gehörten unter anderem der Gefährte des Ordensgründers Ignatius von Loyolas, Peter Faber (1506–1546), der erste Jesuit auf deutschem Boden, der gegen große Widerstände seitens der Kirche und des Rats der Stadt Köln und mit Unterstützung durch Johannes Gropper den Jesuitenorden aufzubauen versuchte, und der aus Löwen stammende Jesuit Leonhard Kessel (1518–1574).[70] Besonders Leonhard Kessel nahm eine Schlüsselposition ein, hatte er doch eine erste Gemeinschaft Gleichgesinnter initiiert, aus der sich die Kölner Jesuitenniederlassung formte, von der Kessel der erste Superior wurde. In seiner Wohnung in der Stolkgasse übte er Seelsorge aus, hörte Beichten und führte auch die *exercitia spiritualia* nach Ignatius von Loyola durch; und dies mit Erfolg. Bis 1556 bestand die Gemeinschaft aus rund 40 Personen, von denen viele Studierende der alten Kölner Universität waren. Dazu gehörte auch Johannes Rethius. Bezeichnend ist jedoch, dass zunächst weder Kessel noch Rethius ihre Zugehörigkeit zum Jesuitenorden öffentlich machten. Kessel sandte die Novizen des Jesuitenordens, auch Johannes Rethius, zur Ordensausbildung nach Rom, obwohl er selbst die Gründung eines offiziellen Kollegs mit Ausbildungsmöglichkeiten anstrebte. Dafür fehlten allerdings Ressourcen und Voraussetzungen. In

in-koeln/alte-universitaet/die-bursen-und-die-alte-universitaet [zuletzt aufgerufen am 28.01.2024]; Kuckhoff 1931a, S. 43–87.

68 Vgl. Meuthen, Erich: Die Artesfakultät der alten Kölner Universität, in: Zimmermann, Albert (Hg.): Die Kölner Universität im Mittelalter. Geistige Wurzeln und soziale Wirklichkeit, Berlin [u. a.] 1989, S. 366–393.

69 Vgl. Hengst 1981, S. 53–72. Zum Gymnasium Tricoronatum vgl. zudem ebd., S. 99–109.

70 Zu den schwierigen Anfängen der Jesuiten in Köln vgl. Finger, Heinz: Weltkirche, Ortskirche von Köln und Jesuitenorden im Todesjahr des hl. Ignatius, in: Die Anfänge der Gesellschaft Jesu und das erste Jesuitenkolleg in Köln. Ausst. Kat. Erzbischöfliche Diözesan- und Dombibliothek Köln in Zusammenarbeit mit der deutschen Provinz der Jesuiten, Köln 2006, hg. von Heinz Finger, Köln 2006, S. 59–70; Trippen, Norbert: Die Förderer der ersten Jesuiten in Köln: Johannes Gropper und die Kartäuser, in: Die Anfänge der Gesellschaft Jesu und das erste Jesuitenkolleg in Köln. Ausst. Kat. Erzbischöfliche Diözesan- und Dombibliothek Köln in Zusammenarbeit mit der deutschen Provinz der Jesuiten, Köln 2006, hg. von Heinz Finger, S. 35–38; Hengst 1981, S. 81–85; Lewejohann, Stefan: ‚Cöllen wär von Ketzerey nunmehr gantz eingenohmen.' Die Jesuiten im Köln des 17. Jahrhunderts, in: Ders. (Hg.): Köln in unheiligen Zeiten. Die Stadt im dreißigjährigen Krieg, Köln 2014, S. 185–192, hier S. 185.

Kessels Wohnung fanden jedoch neben den geistlichen Tätigkeiten auch erste Bildungsaktivitäten in Form von Ergänzungsunterricht statt.[71]

Ein Schritt zur beginnenden Festigung des Jesuitenordens in Köln erfolgte im Jahr 1556, als Leichius sein Regentenamt am Gymnasium Tricoronatum nach längeren Schwierigkeiten mit der Universität und dem Rat – vor allem wegen seines Konfessionswechsels – verlor. Rethius, der sich zeitgleich gemeinsam mit dem Jesuiten Franz Coster (1531–1619) in Rom befand, erbat die Bewilligung Ignatius von Loyolas, eine eigene Bildungsanstalt in Köln einzurichten. Obgleich nicht alle Voraussetzungen erfüllt waren, erhielten Rethius und Coster aus der Ordenszentrale den Auftrag, das Tricoronatum zu übernehmen. Nach geschickten Verhandlungen mit dem Kölner Rat und der Universität erhielt schließlich Rethius als Person die befristete Leitung über das Gymnasium in der Maximinenstraße, die nach zwei Jahren evaluiert werden sollte. Diese Fristen wurden verlängert, bis die faktische Leitung des Gymnasium Tricoronatum allmählich an den Jesuitenorden überging. Formal und rechtlich allerdings gehörte es bis zur Aufhebung des Ordens zur Stadt Köln und der Universität. Besonders die ersten Jahre und Jahrzehnte des Gymnasiums waren

> „im wesentlichen von Konflikten bestimmt. [...] Es sollte noch eine geraume Zeit dauern, bis es Rethius und seinen Nachfolgern gelang, die unterschiedlichen Erwartungen und Forderungen, die von Seiten des Ordens, der Stadt und der Universität an die Schule herangetragen wurden, auszugleichen bzw. in Einklang zu bringen und diese endgültig in der Stadt Köln zu etablieren."[72]

Unter den Jesuiten sollte sich das Tricoronatum in der Folge zu einer bedeutenden historischen Bildungsstätte Kölns entwickeln.[73] Doch zunächst war die Einrichtung des Gymnasiums schwer, stand es doch zwischen den Anforderungen der jesuitischen Ordenszentrale und denen der Universität, die die zur Artistenfakultät gehörenden Einrichtungen in gleicher Weise strukturiert haben wollte. Die Unterrichtsinhalte und das Curriculum wurden von Rethius auf Grundlage der jesuitischen Studienordnung des Collegium Romanum von 1558 aufgebaut.[74] Bis zum Ende des Jahrhunderts wurde diese

71 Vgl. Virnich, Therese: Leonhard Kessel, der erste Obere der Kölner Jesuiten-Niederlassung (1544–1574), in: Annalen des Historischen Vereins für den Niederrhein 90 (1911), S. 1–37, hier S. 1–19; Schmidt 2006, S. 71–82 Auf diese eher private und inoffzielle (Bildungs-)Einrichtung der Jesuiten im Haus von Leonhard Kessel verweist wahrscheinlich Markus Friedrich, wenn er von der Gründung einer Jesuitenschule im Jahr 1549 schreibt. Vgl. Friedrich 2018, S. 287.

72 Schmidt 2006, S. 82. Vgl. ebd., S. 71–83; Friedrich 2018, S. 290; Hengst 1981, S. 53–72; Kuckhoff, Josef: Johannes Rethius. Der Organisator des katholischen Schulwesens in Deutschland im 16. Jahrhundert, Düsseldorf 1929.

73 Vgl. dazu zum Beispiel Schwerhoff 2017, S. 304–317; Tewes 2000, S. 31f.; Lewejohann 2014, S. 189.

74 Vgl. Schmidt 2006, S. 84. Schmidt umschreibt die Forschungsdiskussion über die Eigenständigkeit und die Einflussnahme der Entwicklung der Kölner Jesuitenpädagogik unter Rethius und seinen Nachfolgern im 16. Jahrhundert. Kuckhoff betont 1931 noch, „wo die Quellen für Lehrpläne und Methoden beim Tricoronatum als älteste Jesuitenschule in Deutschland, die begründet wurde, als überhaupt im Jesuitenorden noch keine Erfahrung auf dem Gebiete des Unterrichtswesens vorlagen, zu suchen sind". Kuckhoff 1931a, S. 160f. Vgl. ebd., S. 160–189. Meuthen hingegen konstatiert 1988, dass die Bedeutung der Kölner Jesuiten und Rethius' in Person auf das jesuitische Unterrichtswesen in Deutschland deutlich überschätzt worden seien. Nur die Lehrpläne der süddeutschen Kollegien

jesuitische Studienordnung diskutiert, erweitert und 1569, 1586 sowie 1591 in neuen Versionen verbreitet, bis im Jahr 1599 die finale *Ratio atque Institutio Studiorum Societatis Iesu* veröffentlicht und für die Lehre aller Jesuitenkollegien verbindlich wurde.[75] In Köln bereitete vor allem die Konkurrenzsituation mit den anderen Gymnasien Montanum und Laurentianum Probleme, denn die Universität wollte sich nicht auf (jesuitische) Umstrukturierungen einlassen. „Fast von selbst gelangte das Tricoronatum in die aktive Rolle eines ‚Neuerers', während die anderen beiden Bursen und die Universität als ganzes eine defensive, im wesentlichen auf das Bewahren des althergebrachten Studienkonzepts ausgerichtete Haltung einnahmen."[76] Erst ab den 1570er-Jahren, als sich die Jesuiten und ihre Positionen in Köln mehr und mehr gefestigt hatten, wurde an der Universität über das jesuitische Lehrkonzept ernsthaft verhandelt. Das Ergebnis war die Grundlage der jesuitischen Studienordnung für die gesamte Artistenfakultät, also die Gymnasien Tricoronatum, Montanum und Laurentianum, bereits ab 1577. Mit der *Concordantia trium Gymnasiorum* vom 12. März 1593 wurde diese Einigung endgültig beschlossen.[77] Stark ansteigende Schülerzahlen zum Ende des 16. Jahrhunderts waren ein Anzeichen für den Erfolg der jesuitischen Lehre in Köln und eine Bekräftigung der Ausweitung des jesuitischen Systems auf die Artistenfakultät.[78]

Das Lehrangebot am Gymnasium Tricoronatum war grundsätzlich in fünf untere und drei obere Klassen geteilt, wobei es in den unteren Klassen im Wesentlichen um das Lateinstudium ging und die oberen Klassen den sogenannten philosophischen Kurs der Artistenfakultät als obligatorische Vorbereitung für ein Studium der Theologie, Medizin oder Rechtswissenschaften umfassten. Die Klientel der Schüler und Studenten war sehr heterogen, wenngleich ein großer Teil aus dem städtischen Bürger- und dem Beamtentum stammte. Der Adel machte einen vergleichsweise geringen Anteil

hätten Auswirkungen entfaltet. Vgl. Meuthen 1988, S. 298–305. Schmidt selbst kommt zu dem Urteil, dass die große Bedeutung Kölns für die jesuitische Pädagogik als „Legende" der lokalen Historiographie gerne verbreitet worden sei. Schmidt 2006, S. 82. Dieser Einschätzung ist zu folgen, spielt das Gymnasium Tricoronatum doch in überblicksartiger Literatur zu den Jesuiten und dem Bildungswesen keine besondere Rolle, vgl. Casalini 2018. Markus Friedrich nennt das Kölner Kolleg mit Schule lediglich als eine der ersten Ordensniederlassungen, die wichtig für den Einstieg der Jesuiten ins Bildungswesen gewesen seien. Vgl. Friedrich 2018, S. 286–293.

75 Vgl. Pavur, Claude: The "Ratio Studiorum": The Official Plan for Jesuit Education. Trans. and Annotated by Claude Pavur S. J., Saint Louis 2005; Pavur, Claude: In the School of Ignatius. Studious Zeal and Devoted Learning, Chestnut Hill 2019. In der Kölner Jesuitenbibliothek haben sich bis heute zwei Ausgaben der Ratio Studiorum von Claudio Acquaviva erhalten. Siehe Acquaviva, Claudio (Hg.): Ratio Atq.// Institvtio// Stvdiorvm// Societatis// Iesv, Mainz: Lippius, 1600. USB-Signatur GBIV791; Acquaviva, Claudio (Hg.): Ratio atque institutio studiorum Societatis Jesu, Rom: Colleg. Rom. eiusd. Societ., 1606. USB-Signatur GBIV223. Vgl. außerdem Schmidt 2006, S. 110–113; Friedrich 2018, S. 284–293; Duminuco, Vincent (Hg.): The Jesuit Ratio Studiorum of 1599: 400th Anniversary Perspectives, New York 2021.

76 Schmidt 2006, S. 84.

77 Vgl. ebd., S. 84f.; Schilling, Lothar: Die Anfänge der Kölner Jesuitenstudien, in: Geschichte in Köln 23 (1988), S. 119–158, hier S. 143–153; Tewes 2000, S. 30.

78 Vgl. Meuthen, Erich: Kleine Kölner Universitätsgeschichte, Köln 1998.

aus,[79] während sozial schwächere Schüler zwischenzeitlich öfter das Tricoronatum als die anderen Gymnasien besuchten.[80] Jeder Klasse stand eine Lehrperson vor, die den kompletten Lerninhalt vermittelte. Fachlehrer gab es zunächst nur vereinzelt – zum Beispiel in der Mathematik –, im 18. Jahrhundert dann vermehrt. Der Unterricht war kostenlos und beinhaltete ein lateinisches Curriculum. Die lineare Laufbahn begann mit drei grammatischen Klassen. *Etymologia* und *Syntax* umfassten das Erlernen der lateinischen Sprache anhand von klassischen antiken Texten, wie Ciceros Briefen. Die Klassen der *Humanitas* und *Poetica* erweiterten das Schriftkorpus um Texte römischer und auch griechischer Autoren wie Caesar, Sallust, Vergil, Ovid oder Lukan, Aesop und Aristoteles. Die *Rhetorica* hatte die Auseinandersetzung mit ciceronianischen Reden und auch das Verfassen eigener Reden in Latein zum Inhalt. In dieser Stufe begannen auch die *disputationes*, die öffentlichen Vorträge des erlernten Stoffes zum Wettstreit, die jedoch vor allem in den höheren Klassen absolviert wurden. Die oberen Klassen umfassten die *Physica (Prima)*, *Logica (Secunda)* und die *Metaphysica*. Dieser philosophische Kurs beinhaltete zunächst vor allem das Studium der aristotelischen Schriften der Logik und der Naturwissenschaften.[81] Die *Physica* umfasste zudem den Unterricht in Geografie und Astronomie. Ebenfalls wurde die Mathematik in den oberen Klassen gelehrt. Die 1599 eingeführte *Ratio Studiorum* sah sogar eine obligatorische Professur der Mathematik in den Jesuitenschulen vor.[82] Für die Vermittlung des naturwissenschaftlichen Lehrstoffes waren die oberen Klassen maßgeblich. Im Verlauf des 17. und besonders im 18. Jahrhundert wurde der Anteil von Naturwissenschaften und Mathematik erhöht.

79 Friedrich 2018, S. 297. Siegfried Schmidt weist darauf hin, dass es innerhalb Kölns nicht zu einer klaren Bevorzugung des Gymnasium Tricoronatum gegenüber den anderen Gymnasien gekommen sei. Vgl. Schmidt 2006, S. 103–106. Vielmehr war zum Beispiel das Gymnasium Montanum vor allem bei der stadtbürgerlichen Elite der Kölner Patrizierfamilien beliebt. Auch die Regenten des Montanums stammten im 17. und 18. Jahrhundert größtenteils aus den gesellschaftlich und politisch führenden Familien Kölns. Vgl. dazu Fellmann, Dorothea: Das Gymnasium Montanum in Köln 1550–1798, Köln/Weimar/Wien 1999, S. 124–132. Fellmann betont weiter auch die Eigenständigkeit des Montanums: „Das Montanum, zunehmend finanziell abgesichert durch Stiftungen, konnte sich zuletzt deshalb so lange behaupten, weil es bei Fragen der Unterrichtsgestaltung auf einvernehmliche Regelungen mit anderen Gymnasien setzte und beharrlich einen Kurs zwischen Anlehnung an jesuitische Konzepte und Wahrung eines eigenen Profils verfolgte." Ebd., S. 220–222.

80 Vgl. Meuthen 1988, S. 347–351.

81 Vgl. Schmidt 2006, S. 110–126. Vgl. zu den Disputationen besonders Kuckhoff 1931a, S. 168–169; Meuthen 1988, S. 144–145; Schmidt 2006, S. 122–124. Schmidt beschreibt die Disputationen folgendermaßen: „Die in der mittelalterlichen Hochscholastik entwickelte disputatio kam in besonderer Weise einem Wissenschaftsverständnis zugute, das auf immer wieder neu vorzunehmende, argumentative Bestätigung des einmal für ‚wahr' Erkannten ausgerichtet war: Ein Erkenntnisfortschritt, der auf empirischen oder experimentellen Untersuchungen basierte, aus denen dann Hypothesen oder Theorien abgeleitet wurden, war diesem Verständnis hingegen fremd." Ebd. Inwiefern diese Feststellung auch auf die naturwissenschaftlichen Disputationen anhand von Objekten im 18. Jahrhundert zutrifft, wird in dieser Arbeit erörtert.

82 Vgl. Quarg 1996b, S. 23–25; Mrozik 2018, S. 41–58; Hengst 1981, S. 66–72.

In den unteren Klassen gab es folglich erst im 18. Jahrhundert Mathematikunterricht.[83] Nach der *Secunda* konnte das Bakkalaureat erworben werden. Am Abschluss der *Metaphysica* wurde das *Licentiatum*, die Lizenz, erreicht, womit ein Eintritt in das Studium der Theologie, Medizin oder Rechtswissenschaften möglich war.[84]

Bereits in den ersten Jahren nach Übernahme des Gymnasium Tricoronatum durch die Jesuiten stiegen die Schülerzahlen stark an. 1558 umfassten sie bereits 400 Schüler, wozu 80 jesuitische Konviktoren kamen, denn der Orden hatte noch kein eigenes Gebäude. Bis Anfang der 1580er-Jahre befanden sich demnach Tricoronatum und Ordenskonvikt in einem Häuserkomplex in der Maximinenstraße, was räumlich und auch organisatorisch nicht optimal war. Der Umzug des Gymnasium Tricoronatum in die Marzellenstraße erfolgte schließlich 1582, als der Jesuitenorden das ehemalige *Collegium Swolgianum* und das benachbarte Grundstück des ehemaligen Achatiusklosters im Westen der Marzellenstraße kaufen konnte. Anfang des 17. Jahrhunderts erwarben sie zudem das Grundstück gegenüber, östlich der Marzellenstraße. Die Jesuiten besaßen folglich ein Areal zu beiden Seiten der Marzellenstraße, auf dem sie 1598 ein neues, größeres Schulgebäude und ab 1618 ein Kolleggebäude mit Kirche errichten sollten.[85] Dieser Ort wurde in den kommenden Jahrzehnten und Jahrhunderten nicht nur zu einem zentralen Kölner Ort der Bildung und auch Religion, sondern er war auch Zeichen des wachsenden Selbstbewusstseins und des Selbstverständnisses des Kölner Jesuitenordens.[86] Die Jesuiten hatten es folglich erreicht, innerhalb eines knappen halben Jahrhunderts, erst kurz nach Ordensgründung, eine mittelalterliche Burse der Universität zu übernehmen und diese so erfolgreich in ein humanistisches Gymnasium auf Basis der jesuitischen Studienordnung zu überführen, dass sie nicht nur regen Zulauf und Erfolg generierten, sondern auch die Strukturen der Artistenfakultät reformierten und erneuerten. Diesen Aufstieg in Köln erörterte Siegfried Schmidt 2006 passend:

83 Vgl. Kuckhoff 1931a, S. 595; Brill, Franz: Das optisch-physikalische Kabinett des Tricoronatums, in: Dreikönigsgymnasium Köln (Hg.): Tricoronatum. Festschrift zur 400-Jahr-Feier des Dreikönigsgymnasiums, Köln 1952, S. 118–121, hier S. 120.

84 Vgl. Hengst 1981, S. 99–109. Siehe vor allem das Schaubild auf S. 109; Valentini 2016.

85 Vgl. Kuckhoff 1931a, S. 203. Die umfangreichen Baumaßnahmen waren einzig durch die Förderung und finanzielle Unterstützung der Wittelsbacher Kurfürsten und Erzbischöfe Ernst von Bayern und Ferdinand von Bayern ab 1584 bis Mitte des 17. Jahrhunderts möglich. Vgl. Schmidt 2006, S. 88–90; Knopp, Gisbert: Avita fide – zur wittelsbachschen Hausmacht- und Kirchenpolitik am Ende des 16. und in der ersten Hälfte des 17. Jahrhunderts, in: Hilger, Hans-Peter/Mainzer, Udo (Hg.): Die Jesuitenkirche St. Mariae Himmelfahrt in Köln. Dokumentation und Beiträge zum Abschluß ihrer Wiederherstellung 1980, Düsseldorf 1982, S. 135–154; Lewejohann 2014. Zur Baugeschichte mit historischen Fotografien und Grundrissen vgl. Clemen, Paul (Hg.): Die Kunstdenkmäler der Stadt Köln. Band II: Die kirchlichen Denkmäler der Stadt Köln: St. Gereon – St. Johann Baptist – Die Marienkirchen – Groß St. Martin, Düsseldorf 1911 (Die Kunstdenkmäler der Rheinprovinz 7/1, S. 125–176.

86 Zu den Baumaßnahmen und Bauten in der Marzellenstraße vgl. Schmidt 2006, S. 91–99; Vogts, Hans: Die Bauten des Gymnasium Tricoronatum, in: Klinkenberg, Josef (Hg.): Das Marzellen Gymnasium in Köln 1450–1911. Bilder aus seiner Geschichte. Festschrift dem Gymnasium anlässlich seiner Übersiedlung gewidmet von den ehemaligen Schülern, Köln 1911, S. 269–285; Kuckhoff 1931a, S. 223–243, S. 458–468 und S. 557–564.

> „Es ist schon bemerkenswert, wie der Jesuitenorden in der alten Reichsstadt Köln in der zweiten Hälfte des 16. Jahrhunderts innerhalb von wenigen Jahrzehnten Fuß fassen konnte und sich von einem allenfalls geduldeten, aber letztlich weithin unbeliebten Außenseiter zum Vorreiter gymnasialer Bildung fest in der Stadt etablieren konnte; [...] Dieser Erfolg ist konkret sicher durch das Handeln von Johann Rethius und anderer Kölner Jesuiten der Anfangszeit, die mit Geschick und Beharrlichkeit ihre Ziele und Ideale verfolgten, erzielt worden. Auf einer Metaebene kann dieser Erfolg aber auch anders verstanden werden: er ist letztlich das Ergebnis des Aufeinandertreffens einer in der frühen Neuzeit global agierenden Gemeinschaft mit einer lokal verwurzelten städtischen Elite. Hier eine dynamische kirchliche Großorganisation mit klaren hierarchischen Strukturen, dank der Visitationspraxis und des modern anmutenden Berichtswesens stets gut informierten Entscheidungsinstanzen und – was ihre gesellschaftliche Rolle angelangt – einer klaren „Vision", dort die Angehörigen lokaler, selbstbewusster und an der Tradition bzw. am Erhalt des Bestehenden orientierter Familienverbände, die allein schon zur Sicherung eigener Macht stets besonders um die Pflege ihrer Beziehungsnetze bemüht sein müssen."[87]

Das 17. Jahrhundert begann für das Gymnasium Tricoronatum mit weiterem Erfolg, was sich in der Etablierung der *Ratio studiorum*, in (relativ) konstanten Schülerzahlen und auch vor allem in den beschriebenen neuen Baumaßnahmen zeigte. Während des Baus der repräsentativen barocken Kirche St. Mariä Himmelfahrt durch Christoph Wamser (1575–1649) mit dem angrenzenden Kolleggebäude in den 1620er-Jahren verfügte das Gymnasium Tricoronatum über rund 800 Schüler. Die alte Kirche und weitere Räume im Achatiuskloster gegenüber, die zu der Zeit als Teile des Gymnasiums gebraucht wurden, beschädigte im Jahr 1621 ein Brand schwer. Vor allem die Zerstörung der Bibliothek und der Verlust des alten Bücherbestands sind aus heutiger Sicht ein wichtiges Ereignis für die Sammlungsgeschichte, wurde doch die Jesuitenbibliothek nach dem Brand völlig neu aufgebaut und befand sich ab 1634 im Kollegneubau im barock gestalteten Flügel östlich des Innenhofs. Die beiden Flügelbauten des Kolleggebäudes wurden jedoch erst im Jahr 1689 finalisiert und 1715 erneut umgebaut.[88]

Das Gymnasialgebäude war vom Brand nicht betroffen. Ab 1627 wurden hier Renovierungsarbeiten vorgenommen, wie Reparaturen an Fenstern und Böden oder dem Einbau einer neuen Heizung. Für diese Zeit sind außerdem die Anschaffung erster Gemälde und Bilder für die Klassenräume und die Aula belegt, von denen einige 1636 aus Antwerpen erworben worden sind.[89] Da das Gymnasialgebäude dennoch deutlich zu klein war – die Schülerzahlen des 17. Jahrhunderts schwankten zwischen 700 und einem Höchstwert von bis zu 1.160 Schülern, der 1659 erreicht wurde[90] – und durch den Brand 1621 Freifläche entstanden war, wurde ab 1672 ein Neubau des Gymnasiums begonnen. Aus dem Jahr 1682 hat sich ein Brief des damaligen Regenten Ignatius Duraeus (1631–1706) erhalten, der einen Grundriss des geplanten Baus an den Generalvikar nach

87 Schmidt 2006, S. 88f.

88 Vgl. Clemen 1911, S. 166–169. Siehe vor allem den Grundriss des Jesuitenkollegs nach einer Zeichnung des 17. Jahrhunderts auf S. 166.

89 Vgl. Vogts 1911, S. 274. Hans Vogts gibt leider keine entsprechenden Archivquellen in seinem Aufsatz an.

90 Vgl. Kuckhoff 1931a, S. 132 und S. 315; Schmidt 2006, S. 115.

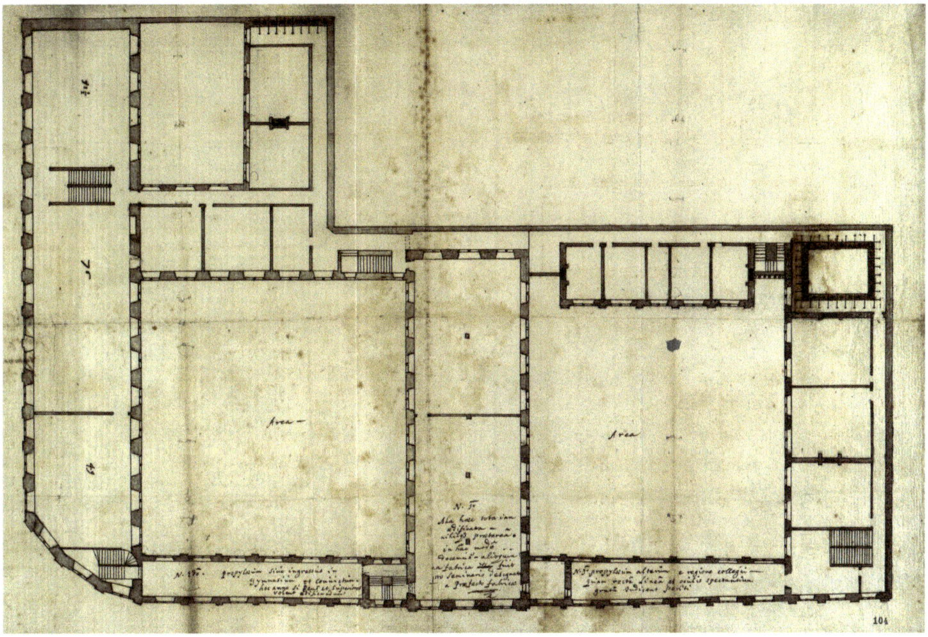

3 *Gymnasium Tricoronatum Köln, Grundriss des Neubaus*, um 1682, in: Archivum Romanum Societatis Iesu, Manuscripta Antiquae Societatis, Rhen. Inf. 75, Fundat. I, fol. 104

Rom geschickt hatte (Abb. 3). In einem Bauteil wurde bereits Unterricht vorgenommen.[91] Das fertige Gebäude in der Marzellenstraße war senkrecht zur Straße nach Norden hin ausgerichtet. Ein großer Schulhof mit einer Mariensäule lag vor dem Gymnasium, eingefasst von einer Mauer.[92] Gegenüber des Gymnasiums, östlich der Marzellenstraße, stand die barocke Kirche St. Mariä Himmelfahrt, die ab 1629 in Nutzung, jedoch erst 1678 geweiht worden war, mit dem angrenzenden Kollegstrakt.[93]

Während sich also die Gebäudesituation in der Marzellenstraße im Verlauf des 17. Jahrhunderts stark zum Positiven veränderte, steigerte sich auch die allgemeine Bedeutung und der Einfluss der Jesuiten als Orden der Katholischen Reform in Köln

91 ARSI, Manuscripta Antiquae Societatis, Rhen. Inf. 75 Fundat. I, fol. 104 und 108r–110v.

92 Vgl. Vogts 1911, S. 273–275; Schmidt 2006, S. 91–99; Kuckhoff 1931a, S. 458–468.

93 Zur Baugeschichte der Jesuitenkirche St. Mariä Himmelfahrt vgl. zum Beispiel Hilger, Hans-Peter/ Mainzer, Udo (Hg.): Die Jesuitenkirche St. Mariae Himmelfahrt in Köln. Dokumentation und Beiträge zum Abschluß ihrer Wiederherstellung 1980, Düsseldorf 1982. Darin besonders Hilger, Hans Peter: Die ehemalige Jesuitenkirche St. Mariae Himmelfahrt in Köln, in: Ders./Mainzer, Udo (Hg.): Die Jesuitenkirche St. Mariae Himmelfahrt in Köln. Dokumentation und Beiträge zum Abschluß ihrer Wiederherstellung 1980, Düsseldorf 1982, S. 9–30. Vgl. außerdem Bellot, Christoph: Köln, ehemalige Jesuitenkirche St. Mariae Himmelfahrt, Lindenberg 2015 (Kleine Kunstführer); o. A.: Jesuitenkolleg St. Mariä Himmelfahrt | Objektansicht, in: KuLaDig, Kultur.Landschaft.Digital, https://www.kuladig.de/Objektansicht/O-15191-20110822-2 [zuletzt aufgerufen am 03.02.2024].

zunehmend. Vor allem im Hinblick auf die Volksmission hatten die jesuitischen Katechesen nach Petrus Canisius einen großen Stellenwert, waren sie doch durch Gesänge, Katechismusspiele oder beispielhafte Erzählungen sowie materielle Anreize besonders gefragt, sowohl bei den Katechismusschülern als auch bei der einfachen Bevölkerung. Außerdem spielten die verschiedenen Sodalitäten des Jesuitenordens bei der Glaubensverbreitung eine entscheidende Rolle. Die Bürgersodalität, die 1608 gegründet wurde, war eine der wichtigsten.[94] Und auch in der Schulbildung vergrößerten die Jesuiten ihren Einfluss, indem sie das eigentlich private Elementarschulwesen mit Lehrpersonal aus jesuitischen Studenten und Schülern der oberen Klassen besetzten und auf diese Weise auch die Mädchenschulen der Stadt formten.[95] Daneben betrieben die Jesuiten ab 1676 das sogenannte Xaverianische Konvikt, das wie ein Internat funktionierte und größtenteils zur Erziehung und zusätzlichen Förderung adliger Schüler diente. Es war baulich mit dem Gymnasialgebäude verbunden.[96] Die Schülerzahlen am Gymnasium Tricoronatum stiegen zwischenzeitlich auf über 1.000 Personen an.

Dennoch können auch negative Phasen in der Schulgeschichte des 17. Jahrhunderts ausgemacht werden. Neben den schwierigen äußeren Bedingungen, wozu die Pestausbrüche[97] und die Auswirkungen des Dreißigjährigen Krieges[98] zählten, kamen auch die Herausforderungen durch die Konkurrenzsituation mit den anderen Kölner Gymnasien Montanum und Laurentianum, aber auch mit anderen katholischen Gymnasien des Rheinlands, hinzu. Nach den Reformen des 16. Jahrhunderts am Montanum und Laurentianum stellten diese eine große Konkurrenz für die Jesuitenschule innerhalb Kölns dar, wurden sie doch oft von den traditionellen Kölner Familien bevorzugt und verfügten damit auch über ein größeres Stiftungsvermögen.[99] Es gab teilweise Rivalitäten sowohl zwischen den Lehrpersonen als auch unter den Schülern und Studenten, die, wie Kuckhoff lebhaft schilderte, auch in Gewalt übergingen.[100] Überdies differenzierte sich das (katholische) Schulangebot im Rheinland immer weiter aus und neben Köln wurden

94 Vgl. Lewejohann 2014, S. 186–189. Zu den Bruderschaften und Sodalitäten der Kölner Jesuiten siehe besonders Bergerfurth, Yvonne: Die Bruderschaften der Kölner Jesuiten 1576 bis 1773, Siegburg 2018. Zur Rolle des Tricoronatums in der reformkatholischen Volksbildung und in der religiösen Erziehung vgl. Schmidt 2006, S. 147–157.

95 Vgl. Lewejohann 2014, S. 189f.

96 Vgl. Kuckhoff 1931a, S. 572–588. Bereits in den 1560er-Jahren hatte es ein Ordenskonvikt gegeben, das allerdings aus wirtschaftlichen Gründen 1588 geschlossen worden war. Durch die baulichen Veränderungen der 1670er-Jahre wurde eine Inbetriebnahme des neuen Xaverianischen Konvikts dann wieder möglich. Bis zu 10 % der Schüler des Gymnasium Tricoronatum lebten im Konvikt. Schmidt 2006, S. 125f. Zur Bedeutung des Xaverianischen Konvikts für die naturwissenschaftliche Lehre vgl. das Kapitel I.3.4.2 „Die Sammlungen und Wissenseinrichtungen der Kölner Jesuiten".

97 Vgl. Kuckhoff 1931a, S. 305–308.

98 Vgl. ebd., S. 301–305.

99 Vgl. Fellmann 1999, S. 124–132; Schmidt 2006, S. 99–110.

100 Vgl. Kuckhoff 1931a, S. 419–427 und S. 477–485. Kuckhoff berichtet vor allem von blutigen Schlägereien zwischen den Schülern und Studenten.

auch in anderen Städten wie Neuss, Münstereifel, Düsseldorf oder Düren Jesuitenkollegien mit höheren Schulen gegründet.[101]

Aber auch innere Faktoren trugen zu negativen Tendenzen bei. Das jesuitische Lehrsystem sah eine rege Wanderschaft beziehungsweise Versetzung der jesuitischen Lehrenden vor, die teils aus Rom, teils vom Provinzial an verschiedene Stand- und Bildungsorte des Ordens versetzt werden konnten. So kam es durch Wegberufungen von fähigen und versierten Lehrenden vor allem nach Süddeutschland zu Einschränkungen in Köln.[102] Tatsächlich gab es in Köln eben keine Jesuitenuniversität – wie in anderen Orten wie Paderborn, Ingolstadt oder Dillingen –, wodurch sich weniger (wissenschaftliche) Aufstiegschancen boten. Mit der Zunahme des Fachunterrichts im 18. Jahrhundert erweiterten sich jedoch die (Lehr-)Möglichkeiten.[103] Generell hing die (Lehr-)Situation stark zusammen mit einzelnen Persönlichkeiten, vor allem den Regenten des Tricoronatums und Rektoren des Kollegs, deren Ämter meist in einer Person gebündelt waren. Als prägende Figuren für das 17. und beginnende 18. Jahrhundert sind hier Adam Kasen (1583–1653) und Paul Aler (1654–1727) herauszustellen.[104]

101 Vgl. Kistenich, Johannes: Geistliche Orden und öffentliches Schulwesen im Rheinland 1250–1750, in: Rutz, Andreas (Hg.): Das Rheinland als Schul- und Bildungslandschaft (1250–1750), Köln 2010, S. 119–152, hier S. 132–133, 138–151 und vor allem S. 144. Kistenich weist darauf hin, dass „abweichend von der älteren Forschungsmeinung, die von einer generellen Dominanz oder gar ‚Monopolstellung' der Jesuiten auf dem Sektor des katholischen, insbesondere höheren Schulwesens ausging, [sich] im Nordwesten des Alten Reichs, also einem Gebiet von den südlichen, habsburgischen Niederlanden, über das Rheinland bis nach Westfalen, eine bedeutende Aktivität der Bettelorden im öffentlichen Schulwesen der Frühneuzeit beobachten [lässt]." Ebd. S. 151. Dies sorgte für eine zusätzliche Verschärfung der Konkurrenzsituation in Köln. Zur Rolle des Tricoronatums bzw. der prägenden Personen im Netzwerk jesuitischer Bildungs- und Erziehungsarbeit vgl. Schmidt 2006, S. 136–147.

102 Vgl. Meuthen 1988, S. 372; Schmidt 2006, S. 101–103.

103 Vgl. Schmidt 2006, S. 132f. Für das 17. Jahrhundert lassen sich einige „große Namen" unter den Schülern des Tricoronatums finden. „Gleichwohl blieben nur wenige bedeutende Jesuitengelehrte für längere Zeit in Köln und trugen zur wissenschaftlichen Prägung des Tricoronatum bei. In den meisten Fällen haben diese zwar in Köln studiert, ihre Wirksamkeit dann aber außerhalb Kölns entfaltet." Ebd. Beispiele dafür sind Friedrich Spee von Langenfeld, Johann Adam Schall von Bell oder auch Athanasius Kircher.

104 Vgl. ebd., S. 130–132. Zu Beginn des 17. Jahrhunderts gab es eine hohe Fluktuation unter den Regenten, sodass keine übermäßig einflussreichen Wirkungszeiten der Personen herausgestellt werden können. Zu nennen ist dennoch Goswin Nickel (1582–1664), der 1620 bis 1621 Regent war, bevor er Ordensprovinzial der Rheinischen Provinz und ab 1652 10. General des Jesuitenordens wurde. Der aus Utrecht stammende Adam Kasen (1583–1653) bestimmte hingegen als Regent und Rektor das zweite Viertel des 17. Jahrhunderts, da er zwischen 1626 und 1648 und dann noch einmal zwischen 1650 und 1653 den Jesuiten in Köln und ihrer Schule vorstand. In diese Zeit fällt zum Beispiel das noch zu thematisierende 100jährige Ordensjubiläum und die dazu ausgerichteten Feierlichkeiten. In der zweiten Jahrhunderthälfte gab es wieder einen häufigen Wechsel der Regenten. Die Zeit des Jahrhundertwechsels und die ersten Jahre des 18. Jahrhunderts prägte der Regent Paul Aler (1654–1727), der als streitbare Person beschrieben wird, sich aber stark für die Interessen der Jesuiten innerhalb der Universität und im Besonderen für das Theater und die Musik einsetzte und auch selbst (philosophische) Lehrbücher verfasste. Vgl. dazu außerdem Kuckhoff 1931a, S. XXVII–XXXIV. Kuckhoff führt die Regenten, Subregenten und Studienpräfekten auf. Zu Kasen vgl. ebd., S. 298–299, zu Paul Aler siehe die Kapitel „Das Zeitalter Alers" und „Das Theater

Diese negativen Tendenzen führten das Gymnasium Tricoronatum in den ersten Jahrzehnten des 18. Jahrhunderts in eine Krise, die sich besonders in sinkenden Schülerzahlen ausdrückte. 1728 besuchten beispielsweise nur 565 Schüler das Gymnasium, davon 232 die unteren Klassen. Außerdem basierte das Curriculum weiterhin auf der *Ratio studiorum* von 1599, was zu einem generellen Problem der jesuitischen Lehre in allen Kollegien wurde. Neue didaktische Inhalte und methodische Herangehensweisen, letztlich die Errungenschaften der Aufklärung, wurden im 18. Jahrhundert generell kaum in den Lehrplan aufgenommen und dadurch auch nicht flächendeckend umgesetzt. Eine besondere Diskrepanz bestand zwischen der Pädagogik der Aufklärung nach John Locke (1632–1704), Voltaire (1694–1778) oder Jean-Jacques Rousseau (1712–1778) und dem Erziehungs- und Bildungsmodell der Jesuiten, die die Entwicklungen nur bedingt rezipierten und daher vermehrt als rückständig und wenig nützlich angesehen wurden.

> „Zwar waren die Gemeinsamkeiten ihrer Unterrichtspraxis mit den Vorstellungen der Aufklärer in der Realität oft größer als unterstellt, doch den seitens der Aufklärer proklamierten pädagogischen Kulturwandel hin zu einer kindgerechteren, natürlicheren und nützlicheren Erziehung konnten die Ordensleute weder inhaltlich noch formal vollständig nachvollziehen."[105]

Auch im Hinblick auf die Naturwissenschaften war es lokal extrem verschieden, wie Neuerungen und Entwicklungen in die Lehre integriert wurden. In Köln scheint dies verhältnismäßig früh passiert zu sein, was noch zu zeigen ist. Die Einrichtung des *Musaeum mathematicum* am Anfang des 18. Jahrhunderts als eigener Raum für die mathematisch-naturwissenschaftlichen Objekte und Fachbücher ist ein wichtiges Indiz dafür.[106]

Nach der Regentschaft Paul Alers, die 1713 endete, gab es einen regen Wechsel an Regenten, bevor der Kölner Hermann Joseph Hartzheim ab 1727 die Geschicke des Gymnasiums zunächst als Subregent und ab 1735 bis 1759 als Regent leitete. Hartzheim gehört neben Rethius, Kasen und Aler zu den prägenden Persönlichkeiten der Schulgeschichte in jesuitischer Zeit. Eine der frühen Herausforderungen bestand darin, das Gymnasialgebäude nach einem großen Brand im November des Jahres 1727 wieder aufzubauen. Durch eine temporäre Verlegung der Klassen ins Kolleggebäude konnte der Unterrichtsbetrieb ohne sehr große Beeinträchtigungen weitergeführt werden und auch der Neubau wurde schnell in Angriff genommen. Der Architekt des neuen Gebäudes war

am Tricoronatum seit Paul Aler", ebd., S. 458–536. Siehe zum ersten deutschen Jesuitengeneral Goswin Nickel Nieveler, Peter: Goswin Nickel aus Koslar, 1582–1664. 10. Generaloberer der Gesellschaft Jesu (1652–1664), Koslar 2014; Groß, Konrad: Goswin Nickel SJ (1582–1664). Skizzen zu Leben und Werk. Zum 400jährigen Ordenseintritt und zum 340jährigen Todestag, in: Analecta Coloniensia. Jahrbuch der Diözesan- und Dombibliothek Köln 4 (2005), S. 270–285. Zu Paul Aler siehe Fritz, Alfons: Paulus Aler, in: Klinkenberg, Josef (Hg.): Das Marzellen Gymnasium in Köln 1450–1911. Bilder aus seiner Geschichte. Festschrift dem Gymnasium anlässlich seiner Übersiedlung gewidmet von den ehemaligen Schülern, Köln 1911, S. 123–139.

105 Friedrich 2018, S. 306. Zu den Gemeinsamkeiten siehe zum Beispiel Snyders, Georges: La pédagogie en France aux XVIIe et XVIIIe siècles, Paris 1964, S. 417.

106 Vgl. HAStK, Best. 223, A 12, fol. 267r.

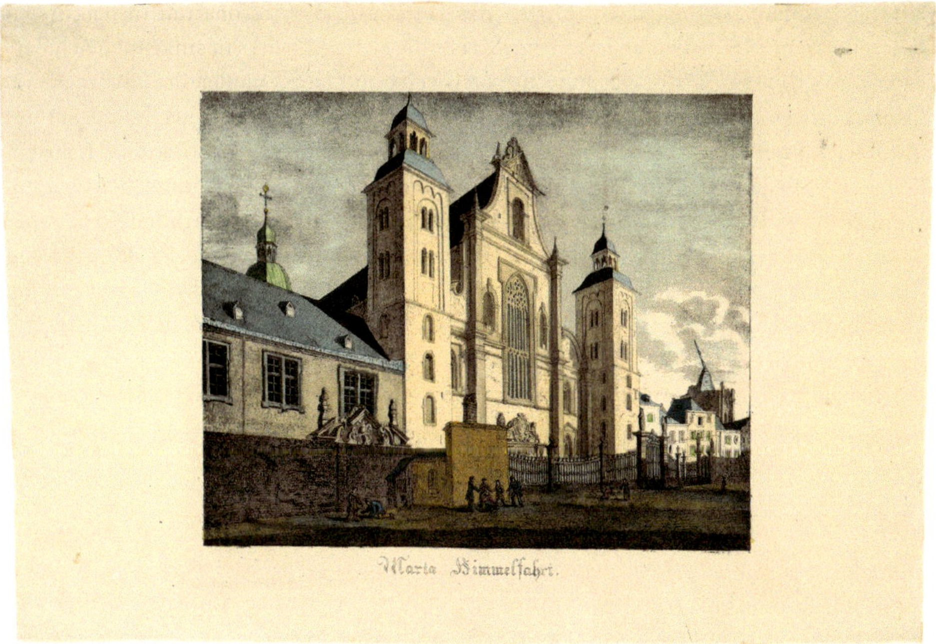

4 Anton Wünsch, *St. Mariä Himmelfahrt*, 1827, Lithografie, Kölnisches Stadtmuseum, Graphische Sammlung

Johann Conrad Schlaun (1695–1773), der den Jesuiten wahrscheinlich vom Kölner Kurfürsten Clemens August I. von Bayern empfohlen worden war. Der symmetrische und dreiflüglige Bau stand von da an parallel zur Fassade der Kirche mit angrenzendem Kolleg. Vor dem Gebäude wurde ein großer Schulhof angelegt, der von einem kunstvollen Gitter mit jesuitischen Heiligenfiguren eingespannt wurde. Die Bauarbeiten waren 1740 abgeschlossen, wobei der Nordflügel des Gebäudes unvollendet blieb. Bereits ab 1729 war es jedoch möglich gewesen, im neuen Gymnasium Unterricht abzuhalten. Das neu entstandene Bauensemble mit der Kirche St. Mariä Himmelfahrt, dem Kolleg und dem Gymnasium Tricoronatum verbesserte noch einmal die räumliche Präsenz der Jesuiten in der Marzellenstraße (Abb. 4).[107]

Neben den äußeren Verbesserungen des Schulgebäudes wurden auch die inneren Angelegenheiten der Schule verändert und modernisiert. Hartzheim förderte zunächst seinen Interessen entsprechend den Unterricht der Geschichte. Denn Hartzheim war nicht nur als Dozent und (Sub-)Regent am Tricoronatum tätig, sondern er war auch Wissenschaftler beziehungsweise Historiograf. Sein bis heute (als Quelle) wichtigstes Werk

107 Zur Baugeschichte des neuen Gymnasialbaues vgl. Schmidt 2006, S. 94–99; Kuckhoff 1931a, S. 557–563. Die Kosten für den neuen Schulbau mussten die Jesuiten selbst tragen. Sachzuwendungen kamen vonseiten der Stadt Köln. Vogts 1911, S. 277–284.

ist die berühmte *Bibliotheca Coloniensis* von 1757. Am Tricoronatum hatte ein eigener Fachunterricht in Geschichte bislang nicht existiert. Geschichte war als Teil der Altertumskunde oder als Kirchengeschichte in der Theologie gelehrt worden. 1728 führten die Jesuiten schließlich den Fachunterricht in Geschichte in den oberen Klassen ein, worauf die Einrichtung der ersten Professur für Geschichte an der alten Universität 1732 folgte.[108] Dies entfaltete Vorbildwirkung für die anderen rheinischen Jesuitenkollegien. Außer der Geschichte trieb Hartzheim auch die sogenannten Hilfswissenschaften der Geschichte voran, wie die Handschriftenkunde und die Numismatik. Hartzheim hat sich auch um das Archiv des Jesuitenkollegs verdient gemacht, dessen generelle Aufwertung mit der zunehmenden Historisierung der Wissenschaft einherging. Passend zur Numismatik legte Hartzheim persönlich im Jahr 1752 eine Sammlung griechisch-, römisch-antiker und anderer Münzen an, die im *Musaeum antiquitatum et rerum naturalium tum artificalium curiosorum* aufbewahrt wurde. Denn Hartzheim war selbst ebenfalls wissenschaftlich auf dem Gebiet der Numismatik tätig und veröffentlichte 1754 eine eigene Münzgeschichte.[109] Zudem verbesserte er den Unterricht des Griechischen.[110] Eine grundlegende Neuerung war die Einführung eines Deutschunterrichtes im Jahr 1752 für die oberen Klassen.[111]

Daneben gilt Hartzheim als Förderer der Mathematik und der Naturwissenschaften und hat sich auch um die Erweiterung der Sammlungen und *Musaea* verdient gemacht. Die Entwicklungen der Naturwissenschaften und Mathematik am Tricoronatum und die wichtigen Schritte, organisatorischen Weichenstellungen und die Rolle Hartzheims und anderer prägender jesuitischer Persönlichkeiten wird ausführlich in Kapitel I.3.4

108 Vgl. zur Geschichte an der alten Kölner Universität Meuthen 1988, S. 379–383; Kemp, Jacob: Das Studium der Geschichte an der Kölner Universität I, in: Jahrbuch des Kölnischen Geschichtsvereins 1 (1912), S. 52–78; Kemp, Jacob: Das Studium der Geschichte an der Kölner Universität II, in: Jahrbuch des Kölnischen Geschichtsvereins 2 (1913), S. 53–74; Hömig, Herbert: Jean Ignace Roderique und die Anfänge der Geschichtswissenschaft an der Kölner Universität, in: Annalen des Historischen Vereins für den Niederrhein 180 (1978), S. 146–168. Sowohl die Einrichtung des Geschichtsunterrichts bei den Jesuiten 1728 als auch das Zustandekommen der ersten Geschichtsprofessur und die Übernahme durch Jean Ignace Roderique werden im Kapitel zum *Musaeum Hartzheimianum* geschildert und kontextualisiert.

109 Siehe Hartzheim, Hermann Joseph: Historia Rei Nummariae Coloniensis, Et Dissertationes De Eadem: Pars prima, De Nummis Archiepiscoporum Coloniensium, Pars Secunda, De Nummis Ducum Juliacensium & Montensium, & Agnatorum Genti Juliacensi, Pars Tertia. De Nummis Civitatis Coloniensis, Köln: Krakamp & Simon, 1754, http://services.ub.uni-koeln.de/cdm/ref/collection/rheinmono/id/860841 [zuletzt aufgerufen am 24.03.2024]. Zur Einordnung der Münzen in den Kontext der jesuitischen Sammlungen siehe das Kapitel I.3.4.2 „Die Sammlungen und Wissenseinrichtungen der Kölner Jesuiten".

110 Vgl. Kuckhoff 1931a, S. 592–593.

111 Vgl. Meuthen 1988, S. 384. Meuthen zitiert aus dem Jahresbericht der Kölner Jesuiten und übersetzt: „Für die deutsche Grammatik bestehen dieselben Vorschriften wie für das Lateinische und Griechische. Es wird die richtige Aussprache und Schreibart der Wörter gelehrt, so wie sie an Ort und Stelle üblich ist, ebenso ihre Ableitung, Flexion und Konjugation, wie auch der Satzbau, d. h. alles, was man in den Fremdsprachen unter den Kunstausdrücken Prosodie, Orthographie, Etymologie und Syntax erfasst." Ebd.

thematisiert. Ein weiterer wesentlicher Punkt war, dass Hartzheim noch als Subregent 1729 vom Provinzial mit der Erarbeitung von Vorschlägen für neue Schul- und Lehrbücher und der Absprache mit den anderen Kollegien des Niederrheins beauftragt wurde. Eine Neuerung war die Teilung in Lehrstoff und Lektüre.[112] Der Kölner Verlag und Buchdrucker Birckmann-Mylius hatte seit Ende des 17. Jahrhunderts ein Monopol auf Erstellung und Vertrieb der Schulbücher der niederrheinischen Ordensprovinz, woran die Kölner Jesuiten mitverdienten. Die Einführung der neuen Schulbücher in der Ordensprovinz dauerte bis in die 1760er-Jahre an.[113]

> „Bis in die erste Hälfte des 18. Jahrhunderts hat sich an den Lehrplänen und Lehraufgaben des Tricoronatums, wie sie seit dem Sieg der Ratio studiorum bestanden, nichts geändert. Dann aber pochte die neue Zeit mächtig an die Pforten der alten Jesuitenschulen. Das Tricoronatum kann es sich zur Ehre anrechnen, daß es frühzeitig und so bald wie möglich den neuen Forderungen nachkam."[114]

Zu diesem Schluss kommt Kuckhoff 1931. Wie frühzeitig im Vergleich mit anderen Institutionen in Köln und darüber hinaus und auf welche Art und Weise im Detail Neuerungen in Köln umgesetzt worden sind, wird in dieser Arbeit zu klären sein. Außerdem resümiert Kuckhoff gegen Ende seines Buchs über das Tricoronatum: „Das 18. Jahrhundert brachte alle deutschen Jesuitenschulen in Gärung: die neue Zeit kündigte sich an und verlange nicht nur formale Geistesschulung, sondern auch reale Wissensgrundlagen. Wir haben gesehen, wie das Tricoronatum diesen Forderungen gerecht werden wollte."[115]

Doch im großen Zusammenhang der Ordensgeschichte und der bestehenden und sich vor allem im 18. Jahrhundert verschärfenden Gegner- und Feindschaften gegen die Jesuiten konnten sie den Ansprüchen an Neuerungen im Bildungs- und Erziehungswesen nicht gerecht werden. Für die Aufklärer wurden die Jesuiten zunehmend zum Inbegriff von Rückständigkeit sowie Obskurantismus. Außerdem war der Jesuitenorden sowohl lokal in den Städten und Reichen als auch global in den Kolonien in den Augen vieler zu mächtig und einflussreich geworden – auch in Bezug auf das Bildungswesen – und stand wegen der Treue zum Papst im Konflikt mit europäischen Monarchien. Das jesuitische Bildungswesen war freilich nur einer der Faktoren, weshalb der Jesuitenorden 1773 aufgelöst wurde.[116]

112 Ein Entwurf ist im Kölner Archiv erhalten, vgl. HAStK, Best. 150 (Universität), A 1050.
113 Vgl. Kuckhoff 1931a, S. 604–608.
114 Ebd., S. 588.
115 Ebd., S. 606f.
116 Vgl. Friedrich 2018, S. 524–565. Die schrittweise Aufhebung des Jesuitenordens begann bereits 1759 in Portugal und Brasilien, in den Jahren 1762 und 1767 in Frankreich, Spanien und einigen Fürstentümern Italiens. Einen Antijesuitismus gab es bereits seit Gründung des Ordens im 16. Jahrhundert. Er entwickelte sich parallel zum Aufstieg und zur Verbreitung des Ordens und manifestierte sich nicht nur in der Kirche und Theologie, sondern auch in der Politik und vor allem in der Literatur. Markus Friedrich gibt verschiedene Beispiele der antijesuitischen Literatur aus unterschiedlichen Ländern und (zeitlichen) Kontexten und zeigt die Mechanismen und Einflussmöglichkeiten auf. „Diese jahrhundertelange Debatte stellt trotz oder gerade wegen ihrer zum

Am 21. Juni dieses Jahres 1773 änderte sich auch die Situation in der Kölner Marzellenstraße grundlegend. Nach der Aufhebung des Jesuitenordens durch Papst Clemens XIV. endete die Leitung des Gymnasium Tricoronatum durch die Jesuiten.[117] Die folgenden Monate und Jahre waren von (schul-)politischen und juristischen Auseinandersetzungen bestimmt. Eine zentrale Person von (ex-)jesuitischer Seite war Heinrich Frings (1718–1780), der letzte jesuitische Regent des Gymnasium Tricoronatum. Im Oktober des Jahres 1774 konnte schließlich der Rechtsstreit zwischen der Stadt Köln und dem Erzbischof vor dem kaiserlichen Reichshofrat zugunsten Kölns entschieden werden. Es dauerte jedoch noch bis zum Jahr 1777, bis sich die Parteien final einig wurden.[118] Das ex-jesuitische Schulvermögen – zu dem auch die Sammlungen gehörten – sollte für den Unterhalt des Tricoronatums als städtische Schule bestehen bleiben. Davon ausgenommen waren das Stiftungsvermögen und die Pensionszahlungen. Der Unterricht am Gymnasium Tricoronatum konnte bereits im November des Jahres 1774 wieder aufgenommen werden, nachdem Heinrich Frings mit der Stadt Köln die Übernahme der ehemals jesuitischen Lehrkräfte an die neue städtische Schule und deren Bezahlung verhandelt hatte. Die ehemaligen Ordensbrüder konnten demnach weiter als Lehrer und Professoren tätig sein.[119]

In dieser Phase der Schulgeschichte war das Gymnasium Tricoronatum folglich *de iure* und *de facto* eine städtische Schule sowie ein Teil der Artistenfakultät. Ebenfalls wurde 1780 ein ehemaliger Jesuit neuer Regent des Gymnasiums, Johann Matthias Carrich (1735–1813). Er leitete das Tricoronatum bis zur Schließung im Jahr 1798. In dieser Zeit gab es vermehrt Reformbestrebungen des Kölner Schul- und Universitätssystems und der Lehre, die vor allem durch äußeren Druck der benachbarten, neu eröffneten kurfürstlichen Universität in Bonn angestoßen[120] und besonders von einzelnen Personen vorangebracht wurden: Hier ist wiederum Heinrich Frings zu nennen, der bereits

Teil enormen Realitätsferne ein beeindruckendes Beispiel für die Erfindung von gesellschaftlichen Vorurteilen in gesamteuropäischem, ja globalem Maßstab dar. Wichtige Texte zirkulierten schnell und wurden übersetzt. Man borgte Argumente und fügte Taten der Ordensmänner aus allen möglichen Weltgegenden zu einem Bild zusammen. Die antijesuitische Literatur war, bei aller lokalen Verankerung einzelner Stränge, ein internationales Phänomen, genauso wie der Orden selbst. Es gab ein allen Jesuitenfeinden leicht zugängliches Reservoir an Vorbildern und Anknüpfungspunkten, aus dem sich die meisten Autoren freizügig bedienten. Entsprechend stereotyp und vorhersehbar waren die allermeisten Texte dieses Genres auch." Ebd., S. 536f. Siehe dazu auch Vogel, Christine: Der Untergang der Gesellschaft Jesu als europäisches Medienereignis (1758–1773). Publizistische Debatten im Spannungsfeld von Aufklärung und Gegenaufklärung, Mainz 2006.

117 Vgl. Schwerhoff 2017, S. 313–317.

118 Vgl. dazu Kuckhoff, Josef: Kurfürst Max Friedrich und der Streit um den Besitz des Kölner Jesuitenkollegs (1773–1777), in: Annalen des Historischen Vereins für den Niederrhein 118/1 (1931), S. 72–104.

119 Vgl. Schmidt 2006, S. 169–172; Kuckhoff 1931a, S. 619–640; Meuthen 1988, S. 372. Zu Heinrich Frings vgl. vor allem Frings, Käthe: Henricus Frings. Der letzte Jesuiten-Regent am Tricoronatum, Köln 1952.

120 Vgl. Quarg 1996b, S. 6–18; Fiegenbaum, Thea: Die Konkurrenz der Städte Köln und Bonn um eine Universität, in: Gersmann, Gudrun/Grohé, Stefan (Hg.): Ferdinand Franz Wallraf (1748–1824) – Eine Spurensuche in Köln, https://dx.doi.org/10.18716/map/00001, mapublishing 2016, http://wallraf.

1773 nach der Aufhebung des Ordens in seinem Gutachten Reformen des Bildungssystems vorgeschlagen hatte.[121] Daneben formierten sich in der medizinischen Fakultät um den Professor Johann Georg Menn (1730–1781) Reformideen. Eine wichtige Figur war zudem Ferdinand Franz Wallraf (1748–1824), dessen Reformvorschlag allerdings nicht umgesetzt wurde.[122] Jedoch konnten doch einige Neuerungen erreicht werden: Der Professor für Mathematik und Physik am Tricoronatum und Leiter des Mathematisch-Physikalischen Kabinetts, Jacob Heyder, gab beispielsweise ab 1786 Vorlesungen der Experimentalphysik für die gesamte Artistenfakultät.[123]

Weitere Zäsuren trafen die Schulgeschichte des Gymnasium Tricoronatum in den 1790er-Jahren, nachdem die Franzosen die linksrheinischen Gebiete und auch die Stadt Köln im Oktober 1794 eingenommen hatten.[124] Bereits kurz nach Einmarsch der Franzosen kamen die französischen Kunstkommissare aus Paris, die seit 1792 die besetzten Gebiete systematisch nach Kunst-, Kulturobjekten und Schriftgut und Büchern durchsuchten und das Kulturgut nach Paris in den Louvre brachten. Im Kölner Jesuitenkolleg durchkämmten die französischen Beamten die Schul- und Kollegsbibliotheken und die Museen und Studierzimmer der ehemaligen Jesuiten und transportierten einen großen Teil der jesuitischen Sammlungen über Belgien nach Paris. Dazu gehörten vor allem die Sammlungen des sogenannten Naturalzimmers – die reiche Sammlung an Drucken, Kupferstichen und Handzeichnungen, Antiken, Medaillen, Münzen, naturgeschichtliche Objekte und botanische Proben – und Bücher und Manuskripte der Bibliothek. Teile davon befinden sich bis heute in Paris. Die Geschichte des französischen „Kunstraubs" in Köln und im ehemaligen Jesuitenkolleg ist sowohl durch Quellen als auch durch Sekundärliteratur gut nachzuvollziehen.[125] Im Gegensatz zu den anderen jesuitischen

mapublishing-lab.uni-koeln.de/wallraf-in-koeln/bildungswesen-im-umbruch/konkurrenz-der-staedte-koeln-und-bonn-um-eine-universitaet/ [zuletzt aufgerufen am 27.01.2024].

121 Vgl. Quarg 1996b, S. 15–18; HAStK, Best. 150, A 1000.

122 Vgl. Ennen, Leonard: Zeitbilder aus der neueren Geschichte der Stadt Köln mit besonderer Rücksicht auf Ferdinand Franz Wallraf, Köln: DuMont-Schauberg, 1857, S. 96–127. Vor allem aus den Gymnasien, aber auch aus den Fakultäten gab es erheblichen Widerstand. Der Regent des Tricoronatum, Johann Matthias Carrich, lehnte die Vorschläge Wallrafs ebenso entschieden ab. Nebelung, Alexandra: Wallrafs Konzept für eine Schulreform von 1786, in: Gersmann, Gudrun/ Grohé, Stefan (Hg.): Ferdinand Franz Wallraf (1748–1824) – Eine Spurensuche in Köln, https://dx.doi.org/10.18716/map/00001, mapublishing 2016, http://wallraf.mapublishing-lab.uni-koeln.de/wallraf-in-koeln/alte-universitaet/wallrafs-konzept-fuer-eine-schulreform/ [zuletzt aufgerufen am 28.01.2024]; Kuckhoff 1931a, S. 650.

123 Vgl. Quarg 1996b, S. 6–18 und S. 118–120.

124 Zur Geschichte der sogenannten „Franzosenzeit" in Köln siehe zum Beispiel Müller, Klaus: Köln von der französischen zur preußischen Herrschaft. 1794–1815, Köln 2005 (Geschichte der Stadt Köln 8). Siehe im Speziellen zur Bildung in der französischen Zeit Limper, Wilhelm: Das Gymnasium in der Zeit der Franzosenherrschaft, in: Dreikönigsgymnasium Köln (Hg.): Tricoronatum. Festschrift zur 400-Jahr-Feier des Dreikönigsgymnasiums, Köln 1952, S. 41–48; Damesme, Nathalie: Öffentliche Schulverwaltung in der Stadt Köln von 1794–1814, Köln/Weimar/Wien 2003.

125 Siehe vor allem Savoy, Bénédicte: Kunstraub. Napoleons Konfiszierungen in Deutschland und die europäischen Folgen, Wien/Köln/Weimar 2011, S. 25–64; Schwaighofer 2011, S. 73–197. Vgl.

Sammlungen blieb das Mathematisch-Physikalische Kabinett von den Franzosen unangetastet und wurde zu einem wichtigen Bestandteil der neuen Institution der *École Centrale*, die im Winter des Jahres 1798 eröffnet werden sollte.

Die Schließung der alten Kölner Universität und der dazugehörenden Gymnasien am 28. April des Jahres 1798 zählt zu den einschneidenden Ereignissen nicht nur der Geschichte des Tricoronatums, sondern auch der Kölner Stadtgeschichte generell. Schließlich sollte die traditionsreiche, 1388 gegründete Kölner Universität trotz vieler, letztlich vergeblicher Bemühungen zu Beginn des 19. Jahrhunderts erst im Jahr 1919 wiedereröffnet werden. Im Gebäude des ehemaligen Jesuitenkollegs in der Marzellenstraße folgte die Einrichtung einer Zentralschule nach französischem Vorbild.[126] Die *Écoles Centrales* unterschieden sich wesentlich vom vorherigen Kölner Schulsystem. In Bezug auf die Naturwissenschaften ist beispielsweise eine deutliche Aufwertung der entsprechenden Fächer und von wissenschaftlichen Sammlungen auszumachen.[127]

Zur Verwaltung des Vermögens der Zentralschule – der Sammlungen und des Stiftungsfonds – wurde am 20. Juli 1800 eine sogenannte *Commission administrative* gegründet, die im Laufe der Zeit verschiedene Namen trug und durch viele personelle Veränderungen geprägt war. Die Einrichtung dieser Verwaltungskommission gilt als Gründung des heutigen Kölner Gymnasial- und Stiftungsfonds, der die Aufgaben bis heute wahrnimmt.[128]

Bereits in den Jahren 1803 bis 1805 gab es erneut bildungspolitische Umwälzungen. Im Zuge der Zentralisierung und Neustrukturierung des französischen Bildungssystems unter dem zukünftigen Kaiser Napoleon Bonaparte wurden die Zentralschulen geschlossen und ein neues System von Primär- und Sekundärschulen wurde eingeführt.[129] Im ehemaligen Laurentianer Gymnasium am Minoritenkloster und in der Straße An der Rechtschule entstand 1803 eine Sekundärschule, an die jedoch nicht alle Professoren übernommen werden konnten. Eine höhere Bildungsanstalt in Form eines Lyzeums, das mit dem Anspruch der Zentralschule vergleichbar war, bekam nicht Köln, sondern Mainz und Bonn.[130] Nach enormer Eigeninitiative der städtischen Vertreter und der

dazu auch Napoleon und Europa. Traum und Trauma. Ausst. Kat. Kunst- und Ausstellungshalle der Bundesrepublik Deutschland, Bonn 2010–2011, hg. von Bénédicte Savoy und Yann Potin, München 2010. Darin zum Beispiel die Einleitung Bénédicte Savoys, das Essay zu „Kunstbeute und Archivraub" von Yann Potin und das Katalogkapitel zu „Objekte der Begierde".

126 Pabst 2000; Damesme 2003, S. 313–331.

127 Damesme 2003, S. 13–17.

128 Vgl. Kölner Gymnasial- und Stiftungsfonds (Hg.): Bildung stiften – Kölner Gymnasial- und Stiftungsfonds. Anlässlich des 200-jährigen Jubiläums des Kölner Gymnasial- und Stiftungsfonds, Köln 2000; Schläwe, Elisabeth: Neue Herausforderungen – Schulwesen nach französischem Vorbild, in: Dies. (Hg.): Umbrüche im Kölner Bildungswesen: Quellen zur napoleonischen und preußischen Zeit (1801–1825), https://dx.doi.org/10.18716/map/00007, mapublishing 2021, https://umbrueche.mapublishing-lab.uni-koeln.de/neue-herausforderungen [zuletzt aufgerufen am 28.01.2024].

129 Vgl. Damesme 2003, S. 93–101.

130 Vgl. ebd., S. 113–128.

Verwaltungskommission konnte die Genehmigung Napoleons einer weiteren kommunalen Sekundärschule *zweiten Grades* erwirkt werden, die 1805 wiederum im ehemaligen Jesuitenkolleg eröffnet wurde.[131] Diese Neuregelung des Bildungswesens ist in dem sogenannten Brumaire-Dekret Napoleons vom 22. Brumaire XIV (13. November 1805) dokumentiert.[132] Somit konnte die Geschichte des Bildungsortes Marzellenstraße nach kurzer Unterbrechung fortgesetzt werden.

Mit dem Beginn der preußischen Regierungszeit richtete die neue Schulverwaltung – geleitet vom zuständigen preußischen Provinzialschulkollegium in Koblenz – ab 1815 wieder ein katholisches Gymnasium ein: das Königliche katholische Gymnasium an Marzellen. Das sogenannte Marzellengymnasium zog in das ehemalige Gymnasialgebäude ein, nachdem dies zwischen 1828 und 1831 von dem Stadtbaumeister Johann Peter Weyer (1794–1864) erneuert worden war und eine neue Fassade erhalten hatte.[133] Im ehemaligen Jesuitenkolleg befanden sich nach wie vor die Sammlungszimmer, Vorlesungssäle und die Bibliothek. Im Jahr 1828 zog das erzbischöfliche Priesterseminar[134] gegen den Willen des Verwaltungsrats des Schul- und Stiftungsfonds in die Räumlichkeiten des ehemaligen Jesuitenkollegs ein. Das Mathematisch-Physikalische Kabinett und die anderen Schulräume wurden in den westlichen Teil des Kollegs verlegt, sodass sich die Einrichtungen das Gebäude folglich teilen mussten. Das Kabinett erhielt einen neuen Raum mit angrenzendem Lehr- und Hörsaal.[135] Im März des Jahres 1845 brach ein Feuer im Marzellengymnasium aus, das die Schule stark beschädigte.

Das Marzellengymnasium bestand bis ins 20. Jahrhundert fort, das Schulgebäude in der gleichnamigen Straße wurde jedoch zunehmend zu klein. 1911 zog die Schule schließlich an den Thürmchenswall um und hieß seitdem Dreikönigsgymnasium. Das ehemalige Gymnasialgebäude in der Marzellenstraße wurde schließlich 1912 abgerissen.[136] Das Dreikönigsgymnasium sitzt seit 1977 im Kölner Stadtteil Bilderstöckchen und gilt als Kölns ältestes Gymnasium. Einen großen Teil seiner Geschichte hat die Schule in der Marzellenstraße verbracht, die bereits nach Abschluss dieser historischen

131 Vgl. ebd., S. 125–131; Schläwe 2021a.

132 Siehe HAStK, Best. 155A (Gymnasial- und Stiftungsfonds (GStF) – Akten), A348/3 (Öffentlicher Unterricht, 1800–1814). Zum Digitalisat mit Transkription von Elisabeth Schläwe 2021: https://umbrueche.mapublishing-lab.uni-koeln.de/neue-aufgabe/brumaire-dekret-1805 [zuletzt aufgerufen am 28.01.2024].

133 Vgl. Klinkenberg, Josef: Zur Geschichte des Marzellengymnasiums, in: Ders. (Hg.): Das Marzellen Gymnasium in Köln 1450–1911. Bilder aus seiner Geschichte. Festschrift dem Gymnasium anlässlich seiner Übersiedlung gewidmet von den ehemaligen Schülern, Köln 1911, S. 11–21, hier S. 11.

134 Zur Geschichte des Kölner Priesterseminars siehe zum Beispiel Trippen, Norbert (Hg.): Das Kölner Priesterseminar im 19. und 20. Jahrhundert. Festschrift zur Feier des 250jährigen Bestehens am 29. Juni 1988, Köln 1988; Tekath, Karl-Heinz: 250 Jahre Kölner Priesterseminar: 1738–1988, in: 250 Jahre Kölner Priesterseminar. Ausst. Kat. Dom- und Diözesanbibliothek zu Köln, Köln 1988, hg. vom Erzbischöfliches Priesterseminar Köln, Köln 1988.

135 Vgl. Schnippenkötter 1939, S. 168–172; Ahrendt 2000, S. 71f.

136 Vgl. Vogts 1911.

Einführung als ein besonderer, maßgeblicher und immer wieder tonangebender Bildungsort der Kölner Stadtgeschichte charakterisiert werden kann.

Lehre, Sammlung, Objekt: Methodische Überlegungen

Nach der Schilderung des historischen Kontextes und des Bildungsortes in der Marzellenstraße werden im Folgenden methodische Überlegungen geschildert. An die Erläuterung der Dokumentation der Sammlung- und Objektgeschichte schließt sich die Beschreibung des Lissabonner Werkzeugkastens an, einem wissenschaftshistorischen Projekt, das als methodisches Vorbild in dieser Publikation verwendet wird.

Dokumentation der Sammlungs- und Objektgeschichte

Das Mathematisch-Physikalische Kabinett durchlief eine wechselvolle Geschichte, die sich auch in ihrer Genese, Entwicklung und quantitativer und qualitativer Zusammensetzung zeigt. Aussagekräftige Dokumente dafür sind die acht erhaltenen Inventare: Am Ende der jesuitischen Zeit im Jahr 1774, als das erste Inventar angelegt wurde, befanden sich rund 300 Objekte in der Sammlung, wobei die Zahl aufgrund der summarischen Listung eine grobe Schätzung bleibt.[137] Nach dem systematischen Aufbau und der Bestandspflege in französischer Zeit waren Anfang des 19. Jahrhunderts weit über 1.000 Einzelobjekte in der Sammlung enthalten.

Nach dieser Hochzeit des Kabinetts ist ein Bestandsverlust im Verlauf des 19. Jahrhunderts anhand von zwei Inventaren gut dokumentiert. Die beiden Listen wurden in den Jahren 1829 und 1845 angelegt. Das zweite Dokument enthält zudem eine Revision des Bestands aus dem Jahr 1861 oder 1863.[138] Das Verzeichnis von 1829 nannte die noch vorhandenen Instrumente und führte neue Nummern auf, da bereits einige Objekte fehlten. Darüber hinaus wurde schon bei rund zwei Dritteln der Instrumente ein Schaden festgestellt oder ihre Unbrauchbarkeit notiert.[139] Insgesamt befanden sich noch um die 550 Instrumente im Kabinett. Ein Teil davon wurde 1830 bei einem Dublettenverkauf an die Höhere Bürgerschule in Köln veräußert.[140] Im März des Jahres 1845 brach

137 Vgl. AEK, Monasteria, Generalia: Jesuiten. Siehe das vollständige Inventar von 1774 in: Gersmann 2019, https://kabinett.mapublishing-lab.uni-koeln.de/inventare/inventar-1774 [zuletzt aufgerufen am 07.04.2024]. Vgl. hier und im Folgenden die acht publizierten Inventare der Sammlungsgeschichte in: https://kabinett.mapublishing-lab.uni-koeln.de/inventare [zuletzt aufgerufen am 07.04.2024].

138 Vgl. HAStK, Best. 155A, A 361, S. 43. Beide Jahreszahlen finden sich im Dokument. Die Zahl 1861 steht auf dem Titelblatt und ist daher wahrscheinlicher.

139 Vgl. HAStK, Best. 155A, A 361.

140 Vgl. HAStK, Best. 155A, A 361, S. 43. Vgl. zur Höheren Bürgerschule, später Realgymnasium an der Kreuzgasse, in dem ein Physikalisches Kabinett aufgebaut wurde, Städtisches Gymnasium und Realgymnasium in der Kreuzgasse zu Köln (Hg.): Städtisches Gymnasium und Realgymnasium in der Kreuzgasse zu Köln. 1828–1928. Festschrift zur Jahrhundertfeier der Anstalt 13. bis 15. Oktober 1928, Köln 1928.

ein Feuer im Marzellengymnasium aus, das die Schule stark beschädigte. Das Kabinett konnte rechtzeitig geräumt werden. Im selben Jahr kurz vor dem Brand war eine Revision des Instrumentenbestands von 1829 vorgenommen worden. Nach dem Unglück und der Wiederaufstellung der Instrumente in der Schule im Jahr 1864 erfolgte eine erneute Revision der Bestände. Nur drei Instrumente wiesen laut Verzeichnis einen Brandschaden auf.[141] Auch wenn Teile des Kabinetts ihre fortschrittliche Funktionalität und Bedeutung vor dem Hintergrund der technischen Weiterentwicklungen und Spezialisierungen der Naturwissenschaften im 19. Jahrhundert eingebüßt hatten, fanden dennoch Reparaturen und Anpassungen an der Sammlung und an einzelnen Instrumenten statt. Zudem gab es neue Anschaffungen zeitgemäßer Instrumente. Diese Ankäufe aus einem dafür vorgesehenen Etat und einzelne Schenkungen sind ab 1839 in den Jahresberichten des Königlichen Katholischen Gymnasiums an Marzellen aufgeführt. Dort werden die Anschaffungen für die „Physikalisch-naturhistorische Sammlung" neben den Ankäufen für die Bibliothek aufgeführt. Gerade zum Ende des 19. Jahrhunderts ist ein Anstieg der Ankäufe zu verzeichnen. Die Objekte stammen aus den Bereichen Chemie und Physik. Zugänge zur naturhistorischen Sammlung wurden separat aufgeführt, wobei es sich meist um Schenkungen handelte. Für einzelne Objekte ist die Verwendung im Unterricht belegt. Interessant ist, dass keines dieser Instrumente in den Inventaren des 20. Jahrhunderts aufgeführt ist und sich demnach auch nicht im heutigen Objektbestand befindet.

Dies liegt vor allem darin begründet, dass die Sammlung des Marzellengymnasiums zu Beginn des neuen Jahrhunderts einen Funktionswechsel erlebte. Vor dem Hintergrund der Genese von Technikmuseen in Deutschland um die Jahrhundertwende wandelten sich naturwissenschaftliche Instrumente und Geräte zu Museums- und Ausstellungsobjekten.[142] Neben diesem Prozess der Musealisierung gab es einen räumlichen Wechsel. Das Dreikönigsgymnasium zog im Jahr 1911 an den Thürmchenswall. In diesem Zuge wurde auch der Objektbestand revidiert. Im Jahr 1912 wurden zwei Listen angefertigt, in denen die unbrauchbaren Objekte aufgeführt sind, wobei einige Instrumente schon vor 1912 aussortiert wurden. Die offizielle, maschinenschriftliche Liste umfasst rund 130 Instrumente.[143] In einem Brief vom 20. September 1912 ist eine Anfrage der Stadt Köln an das Dreikönigsgymnasium erhalten, „ob die ministerielle Genehmigung zum Ankauf der Instrumente des alten Jesuiten-Gymnasiums inzwischen eingetroffen"[144] sei. Hier scheint also die offizielle Übergabe der alten physikalischen Instrumente aus dem Dreikönigsgymnasium an die Stadt Köln vorbereitet worden zu sein, die schließlich im Jahr 1927 vollzogen wurde. Das bedeutet aber auch, dass eine Sammlung an naturwissenschaftlichen Instrumenten der Physik und Chemie im Gymnasium verblieben ist. Im

141 Vgl. HAStK, Best. 155A, A 361.

142 Vgl. Kift, Dagmar/Schmidt, Martin: Technik- und Industriemuseen, in: Walz, Markus (Hg.): Handbuch Museum. Geschichte, Aufgaben, Perspektiven, Stuttgart 2016, S. 123–128, hier S. 124.

143 Vgl. HAStK, Best. 560, A 651, fol. 31r–35r.

144 Ebd., fol. 36r.

Jahr 1938 verfasste die Abteilung für höhere Schulen der Rheinprovinz in Koblenz ein Schreiben an die höheren Schulen mit der Aufforderung der Sichtung ihrer naturwissenschaftlichen Sammlungen und der Identifikation von „geschichtlich wertvolle[n], für den Unterricht aber wertlose[n] Apparate[n]" und Vorschlägen, wie mit diesen umgegangen werde. Das Dreikönigsgymnasium führt in einer Rücksendung 19 Objekte verschiedener Fachbereiche auf, die sich noch in der Schule befänden. Diese sollten in Zukunft im Gymnasialgebäude auf- und ausgestellt werden.[145] Bis heute hat sich davon nichts erhalten. Die Übergabe des alten Mathematisch-Physikalischen Kabinetts an das Historische Museum ist in einem Inventar von 1927 dokumentiert, das 133 Objekte beinhaltet.[146] Das offizielle Dokument aus dem Jahr 1938 führt 103 Instrumente auf.[147] Der quantitative Objektbestand der Sammlung war folglich in den Jahrhunderten seit der Gründung sehr heterogen. Bis heute hat sich nur ein kleiner Teil des ursprünglich deutlich umfangreicheren Mathematisch-Physikalischen Kabinetts in Köln erhalten.

Die vorhandenen rund 110 Instrumente bilden jedoch die verschiedenen Facetten des historischen Kabinetts gut ab und lassen sich unterschiedlichen Fachbereichen wie Astronomie, Geografie, Kartografie, Gnomonik, Optik, Mechanik, Elektrik, Geodäsie, Meteorologie, Magnetismus und Pyrologie zuordnen. Sie befinden sich heute als Dauerleihgabe im Kölnischen Stadtmuseum.[148] Schon in jesuitischer Zeit waren Objekte aus diesen Bereichen in der Sammlung vertreten. Während der Professor für Mathematik und Leiter des Mathematisch-Physikalischen Kabinetts, Johann Linzenich, 1774 bei seiner Beschreibung der mathematischen Räumlichkeiten und Instrumente keine inhaltliche Kategorisierung, sondern eine Auflistung nach Räumen und Schränken vornahm, sind im französischen Inventar von 1801 Gruppen von Instrumenten beschrieben. Der damalige Leiter des Kabinetts und Professor für Mathematik, Physik und Chemie, Christian Kramp, ordnete die Objekte verschiedenen Kategorien zu: Aerometrie, Akustik, Mechanik, Meteorologie, Geometrie, Astronomie, Elektrizität, Optik, Magnetismus, Gasologie, Pyrologie und Hydrostatik.[149] Daneben unterscheiden sich die Objekte in ihrer jeweiligen Funktion, Herstellung und Provenienz. Da sie bisher lediglich in

145 Vgl. HAStK, Best. 560 (Dreikönigsgymnasium 1815–1972), A 240, fol. 3r–6v. In der Rücksendung des Dreikönigsgymnasiums wird festgehalten, dass „[d]ie der Anstalt gehörenden geschichtlich wertvollen, für den Unterricht aber wertlosen Apparate […] als Leihgabe dem Rheinischen Museum in Köln überwiesen worden [sind]. Außer diesen befinden sich noch folgende Apparate von weit geringerem Wert in Besitz der Schule. Eine Überprüfung dieser Stücke hat ergeben, daß diese auch nicht ohne geschichtliche Bedeutung sind. 1] 3 alte Gewichtssätze 2) 1 Reibungselektrisiermaschine 3] 1 Spiegelteleskop 4) 2 Magdeburger Halbkugeln 5] 2 Holzgestelle mit Aufhängevorrichtung 6) 1 Walzenelektrisiermaschine 7] 1 Rutorte aus Messing 8) 2 Kupferringe mit Zodiakus (Spiegelschrift) 9] 1 ‚Goldwaage' 10) 1 Luftpumpe 11] 4 Magnete." Fol. 3r.

146 Vgl. Verzeichnis der Leihgaben 1938, S. 5v.

147 Vgl. ebd.

148 Vgl. Mrozik 2018, S. 21f. Heutige wissenschaftliche Disziplinen unterscheiden sich in ihrer Begriffsdefinition von den frühneuzeitlichen Bereichen eines Faches. In der Frühen Neuzeit konnten Disziplinen inhaltlich unterschieden werden, nicht aber auf institutioneller Ebene.

149 Vgl. LAV NRW, R, AA 0633, Nr. 108, hier fol. 33r. Diese Zuordnung basiert im Wesentlichen auf der Unterteilung des Straßburger *Cabinet de Physique* von Jakob Ludwig Schürer, mit dem Kramp

Auswahl, unzureichend analysiert und wenig in den Kontext der Geschichte des Mathematisch-Physikalischen Kabinetts eingebettet betrachtet wurden, nehmen die Objekte einen besonderen Stellenwert in dieser Arbeit ein.

Aus diesem Grund wird die Arbeit ergänzt durch einen vollständigen Katalog der erhaltenen Objekte und eine Identifikation und Zuordnung der Instrumente in den verschiedenen Inventaren – sofern möglich. Als Grundlage dafür dienten die Daten des Mathematisch-Physikalischen Kabinetts in der zentralen Datenbank für das Kölner Kulturerbe des Rheinischen Bildarchivs, *kulturelles-erbe-koeln.de*, die im Rahmen des Forschungsprojekts am Kölner Lehrstuhl für die Geschichte der Frühen Neuzeit im Jahr 2019 überarbeitet und auf Basis der Karteikarten aus dem Kölnischen Stadtmuseum ergänzt wurden.[150] Außerdem konnten fast alle Objekte im Depot des Kölnischen Stadtmuseums eingesehen und untersucht werden. Nur bei einzelnen Instrumenten – darunter die drei Globen und zwei Sonnenuhren – war eine Ansicht im Original nicht möglich, weshalb die Analyse mithilfe von fotografischen Abbildungen und Vergleichsobjekten erfolgte. Aufbauend auf den Daten aus 2019, der Analyse der Instrumente und den empirischen Untersuchungen erfolgte die Erstellung eines eigenen digitalen Objektkatalogs. Für die Sicherstellung der langfristigen Erreichbarkeit und die institutionelle Anbindung wurden die Forschungsdaten nach Abschluss der Dissertation in die RBA-Datenbank *kulturelles-erbe-koeln.de* überführt und stehen dort öffentlich zugänglich.[151]

Neben den Basisdaten zu Material, Maßen und (möglichen) Datierungen wurden weiterführende Informationen zur stilistischen Herkunft, zur Funktionalität, zum Forschungsstand und zum Zustand aufgenommen und aktualisiert. Ein wichtiger neuer Aspekt im Katalog sind die weiterführenden objektbiografischen Daten. Damit ist vor allem die Provenienzgeschichte gemeint, die in mehreren Kategorien aufgeführt wird: Die aktuellen Daten zu Herstellungsort und -zeit werden ergänzt durch den Zugang und Verlauf der Objekte innerhalb der Sammlungsgeschichte des Mathematisch-Physikalischen Kabinetts. Diese Daten wurden aus den insgesamt acht erhaltenen Inventaren der Sammlung generiert. Während einige Objekte sich genau identifizieren lassen und ihr Weg klar nachgezeichnet werden kann, bleibt die Zuordnung bei vielen Objekten schwierig, da sich teils mehrere ähnliche Objekte in der Sammlung befunden haben, oder aber weil die Bezeichnung nicht exakt genug ist. Die Daten zur Objektbiografie werden mit der digitalen Publikation zum Physikalischen Kabinett des Kölner Lehrstuhls für

zuvor an der Straßburger Universität zusammengearbeitet hatte und das er 1799 für Köln erworben und in die hiesige Sammlung integriert hatte.

150 Vgl. Das Mathematisch-Physikalische Kabinett, in: https://www.kulturelles-erbe-koeln.de/ [zuletzt aufgerufen am 03.02.2024].

151 Siehe https://www.kulturelles-erbe-koeln.de/gallery/encoded/eJzjYBJy52JLTy1OzC0RMnRKLS5JzEtR8A72tVLwTSzJSM1NLMksTs7QLcioLM7MTswBcVKLFbwTkzLzUktKpJgd_VyUmEtysrUYAIB9GCM [zuletzt aufgerufen am 25.03.2024]. Im Verlauf dieser Arbeit wird immer wieder in den Fußnoten auf die Datenbank und einzelne Objekte verwiesen. Daher wird die parallele Ansicht des Buches und der Abbildungen und Forschungsdaten in der Datenbank empfohlen.

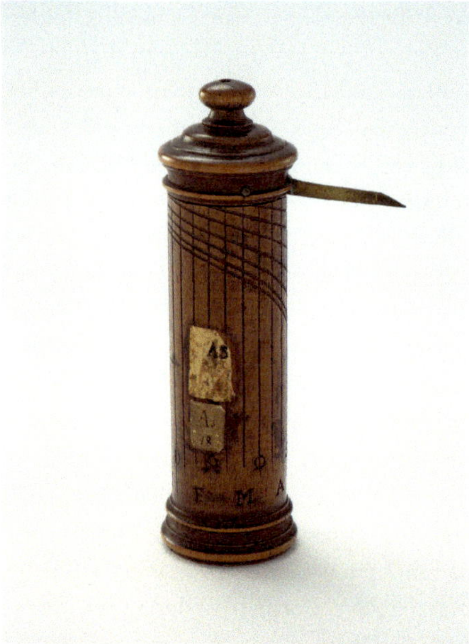

5 *Säulensonnenuhr*, 18. Jahrhundert, Holz, Messing, 11 × 3 cm, Kölnisches Stadtmuseum, Mathematisch-Physikalisches Kabinett, L 218

Geschichte der Frühen Neuzeit verknüpft, in der alle acht Inventare als Digitalisate und mit Transkriptionen veröffentlicht wurden.[152]

Ein wichtiger Indikator dabei waren drei verschiedene Aufkleber beziehungsweise Etiketten, die bei den Untersuchungen für diese Publikation neu entdeckt und den Inventaren zugeordnet werden konnten. Auch wenn nicht alle (untersuchten) Instrumente einen solchen Marker tragen, konnten sie drei verschiedenen Inventaren zugeordnet werden, was eine eindeutige Identifikation der Instrumente mit Etikett möglich machte. Das früheste Etikett stammt aus der Zeit der Erstellung des Inventars von 1801. Es ist ein geklebtes Papier, auf dem das Fachgebiet oben mit einem oder zwei Großbuchstaben angegeben wurde (zum Beispiel „AS" für „Astronomie" plus Nummer). Dies passierte vermutlich per Stempel. Darunter sind handschriftlich die Nummern vermerkt. Der zweite Marker wurde dem Inventar von 1845 zugeordnet. Fachgebiet und Nummer sind in diesem Fall jeweils handschriftlich aufgetragen. Die Fachgebiete sind zudem mit dem jeweiligen Wortbeginn abgekürzt verzeichnet, was beispielsweise auf einer kleinen hölzernen Säulensonnenuhr gut zu erkennen ist (Abb. 5).[153] Der dritte Aufkleber wurde im Jahr 1927 im Zuge der Übergabe der Objekte an das Historische Museum angebracht. Er ähnelt einer Briefmarke und trägt eine blaue Umrandung, in die mit

152 Siehe dazu https://kabinett.mapublishing-lab.uni-koeln.de/inventare [zuletzt aufgerufen am 25.03.2024]. Im Verlauf dieses Buches wird immer wieder direkt auf einzelne Inventare verlinkt.

153 Siehe dazu den Objektdatensatz zur Sonnenuhr L 218: https://www.kulturelles-erbe-koeln.de/documents/obj/05748698; und zur Weltzeitbestimmungskarte L 235: https://www.kulturelles-erbe-koeln.de/documents/obj/05075393 [zuletzt aufgerufen am 25.03.2024].

blauem Stift eine Nummer eingetragen wurde. Informationen zum Fachgebiet fehlen hier, da das Übergabedokument von 1927 keine Kategorien enthält, sondern die Instrumente lediglich gelistet wurden. Über die Inventare und Etiketten hinaus wurde über weiteres Quellenmaterial – Testamente, Jahresberichte, Briefe – und natürlich über das Objekt selbst versucht, die Herkunft der Objekte vor oder bei Eintritt ins Kabinett zu rekonstruieren. Dabei wird auch eine Unterscheidung zwischen einem selbst gefertigten Objekt eines Lehrers oder Studenten oder einem durch Kauf, Schenkung oder Stiftung zugeführten Objekt vorgenommen. Die so gesammelten Daten und ihre Dokumentation in *kulturelles-erbe-koeln.de* bilden die Grundlage für weiterführende Analysen, die in dieser Arbeit auf verschiedene Weise vorgenommen werden. Durch die Verknüpfung mit den publizierten Inventaren ist eine detaillierte Auswertung möglich.

Lehre, Sammlung, Objekt – das sind folglich die zentralen Faktoren dieser Untersuchung und zugleich ihre Leitlinien. Lehre, Sammlung und Objekt bilden drei parallele Analyseebenen, die sich wechselseitig bedingen. Eine Metaebene nimmt dabei die Lehre ein. Wie geschildert wurde, bestimmt sie die Hauptfunktion der Sammlung. Die Lehranstalt bietet die räumlichen Voraussetzungen für Entstehung und Entwicklung, während die Lehrenden und die Lernenden zu den Hauptakteuren gehören. Auf der Sammlungsebene werden die Geschichte, Entwicklung und Zusammensetzung herausgearbeitet. Als weitere Akteure sind hier die Personen zu nennen, die das Sammeln organisiert, durchgeführt und dokumentiert haben, wobei sich der Personenkreis mit dem der Lehrenden überschneidet. Die Objektebene ist schließlich zweigeteilt: Zum einen werden einzelne Objekte oder Cluster von Instrumenten beispielhaft bei der Analyse der Lehre und der Sammlung herangezogen. Zum anderen erfolgen in einem eigenen Kapitel fünf Fallstudien zu ausgewählten Objekten, die eine besondere Stellung innerhalb der Sammlung einnehmen. Die drei Analyseebenen eröffnen einen multiperspektivischen Zugang zum Mathematisch-Physikalischen Kabinett.[154] Der methodische Rahmen dafür wird im Folgenden geschildert.

Der Lissabonner Werkzeugkasten als Vorbild

Als Vorbild für die parallele Analyse verschiedener thematischer Ebenen wird ein wissenschaftshistorisches Konzept aus dem Jahr 2012 herangezogen, das von den Sammlungsforschenden Marta C. Lourenço und Samuel Gessner entwickelt wurde.[155] In einem 2012 erschienenen Paper erläutern sie die Bedeutung der Objekt- und Sammlungsforschung und das Potenzial des *material turn* für die wissenschaftshistorische Forschung und für die Arbeit an wissenschaftshistorischen Museen. Eine umfassende

154 Vgl. Stein 2021a.
155 Vgl. Lourenço, Marta C./Gessner, Samuel: Documenting Collections: Cornerstones for More History of Science in Museums, in: Science & Education. Contributions from History, Philosophy and Sociology of Science and Mathematics 23/4 (2012), S. 727–745.

Dokumentation sei demnach zentral für weitere (interdisziplinäre) Forschungsvorhaben und Projekte zwischen den Institutionen. Dokumentation meint hier nicht die reine Listung objektbezogener *hard facts*, sondern auch weiterführende Informationen zum Beispiel zur Objektgeschichte vor Eintritt ins Museum oder zum Sammlungskontext. Als Quellen für diese Informationen benennen die Autor:innen das Objekt selbst als Primärquelle[156] sowie Forschungsliteratur, archivalische Quellen und spezifisches Sammlungswissen, das beispielsweise die verantwortlichen Personen in den Museen haben, die sich über einen (sehr) langen Zeitraum mit dem Material beschäftigen. Dieses weite Verständnis von Objekt- und Sammlungsdokumentation ist sowohl intellektuell als auch zeitlich sehr anspruchsvoll. „Doing it [gemeint ist die Dokumentation] well requires an understanding of the lives objects live."[157] Für die praktische Umsetzung dieser Anforderungen in Museen und Einrichtungen und für die Arbeit von Sammlungsleitenden und auch Sammlungs- und Objektforschenden haben sie einen konzeptuellen und methodischen Rahmen entworfen, den *Lissabonner Werkzeugkasten*, mit dem sowohl Sammlungen als auch individuelle Objekte dokumentiert und analysiert werden können. Vorausgegangen ist diesem Paper ein Forschungsprojekt, das Lourenço und Gessner zwischen 2008 und 2012 gemeinsam mit Forschenden unter anderem der Universität Lissabon durchgeführt haben. Gegenstand des Projekts war die Dokumentation eines naturwissenschaftlichen Sammlungskonvoluts des 16. bis 19. Jahrhunderts aus dem königlichen Kontext in Portugal.[158]

Sowohl in Bezug auf Inhalt und Ziel des Forschungsprojekts als auch in Bezug auf die Arbeit zwischen den Institutionen Universität und Museum passt die Arbeit von Lourenço und Gessner sehr gut zu den Forschungen über das Mathematisch-Physikalische Kabinett. Die Geschichte und Zusammensetzung der portugiesischen Sammlung weist große Parallelen zur Kölner Sammlung auf. Zudem sollen auch im Lissabonner Projekt die Sammlungs- und die Objektebene gemeinsam dokumentiert und analysiert werden. Vor der Darlegung des Konzepts nennen die Autor:innen drei Lebensphasen, die wissenschaftliche Objekte normalerweise durchlaufen. Die erste Phase ist die normale Nutzungszeit (*regular use*) des Objekts im jeweiligen Kontext, zum Beispiel in einer Institution. Wichtig ist, dass sie eine konkrete Funktion haben. Die zweite Phase umschreibt einen Verfallsprozess: Das Objekt ist technisch überholt oder stark abgenutzt, sodass

156 „Historians have always been interested in museums and collections. In recent years however, they have also been increasingly using objects as primary sources for research. This is excellent news both for history and for museums. The study of historical objects brings new perspectives to both local and global narratives in the history of science, technology and medicine. Objects can provide important insights into the development of experimental inquiry, theoretical speculation, research and teaching practices, technical application and innovation, interactions between instrument-makers, laboratory staff and scientists, as well as broader historical, social and political contexts." Ebd., S. 727f.

157 Ebd., S. 730.

158 Vgl. Lourenço/Gessner 2012. Siehe dazu zum Beispiel die Website des Centro Interuniversitário de História das Ciências e da Tecnologia (CIUHCT) der Universität Lissabon: https://ciuhct.org/en/research/on-the-instruments-trail [zuletzt aufgerufen am 03.02.2024].

es an (funktionaler) Bedeutung verliert und eingelagert und ersetzt wird. Es verbleibt jedoch noch in der Sammlung. Diese Phase wird als *the limbo* bezeichnet. In der dritten Phase dann folgt die *elimination*. Das Objekt wird als nutzlos angesehen und verlässt deswegen die Institution. „Their ultimate destination is the trash – or a museum collection."[159]

Dieser bewusst drastisch formulierte Schritt umschreibt den Funktionswandel, den wissenschaftlich und didaktisch genutzte Instrumente bei ihrer Musealisierung vollziehen. Sie sind nicht länger Geräte *in Gebrauch*, sondern Museums*objekte* vermeintlich im Wortsinn. Etymologisch sind Objekte von dem handelnden Subjekt separiert und inaktiv.[160] Freilich sind diese Stationen nicht bei allen Objekten identisch. Sie verlaufen immer individuell. Wichtig ist, dass die Objekte in diesen Phasen mit verschiedenen Arten von Informationen angereichert werden, die von dem jeweiligen Kontext beeinflusst sind: mit spezifischen Dokumenten, Inventaren, Bedienungsanleitungen oder Lehr- und Forschungsmaterial. Nach Eintritt ins Museum können Informationen wie charakteristische Nutzungsspuren zum Beispiel durch Reinigung verloren gehen. Die drei Phasen lassen sich auch beim Mathematisch-Physikalischen Kabinett identifizieren und unter anderem anhand der Inventare nachvollziehen. Während die Inventare von 1774 und 1801, in der ersten Phase der regulären Nutzung also, sehr detailliert und umfangreich erarbeitet und auch formal sorgfältig erstellt sind, wurde das Inventar, das 1927 bei Übergabe ins Kölnische Stadtmuseum, also bei der Schwelle von der zweiten in die dritte Phase, angefertigt wurde, in einem formlosen Heft erstellt. Zudem sind die Bezeichnungen der Objekte sehr einfach und rein deskriptiv, woraus sich ein geringes bis nicht vorhandenes Verständnis der Instrumente herauslesen lässt.[161]

Das naturwissenschaftliche Sammlungskonvolut, das Gegenstand des Lissabonner Projekts ist, umfasst 120 Instrumente, die alle aus königlicher Provenienz stammen. Circa 40 davon liegen im National Museum of Natural History and Science der Universität Lissabon, die anderen in Museen in Portugal oder auch Brasilien. Es handelt sich um 120 sehr unterschiedliche Instrumente, die in fünf historischen Kabinetten verschiedener königlicher Generationen untergebracht waren. Sie befanden sich an unterschiedlichen Orten in Portugal und Brasilien, unter anderem in einer weiterführenden Schule in Lissabon. Zur Sammlung gehören beispielsweise Teleskope, Globen, Sonnenuhren und Mikroskope.[162] „The project's aim is to research the history of these instruments – how and why they were acquired, used and dispersed – using them as main primary sources and therefore as our main windows into the past."[163] Darüber hinaus zielt die

159 Ebd., S. 730.
160 Vgl. Cordez, Philippe: Werkzeuge und Instrumente in Kunstgeschichte und Technikanthropologie, in: Ders./Krüger, Matthias (Hg.): Werkzeuge und Instrumente, Berlin 2012, S. 1–19, hier S. 2.
161 Vgl. HAStK, Best. 560, A 681.
162 Siehe dazu Lourenço, Marta C.: Royal Cabinets of Physics in Portugal and Brazil: An Exploratory Study, in: Opuscula Musealia 19 (2011), S. 71–85.
163 Lourenço/Gessner 2012, S. 733.

Dokumentation der Sammlung und der Objekte auch auf eine Kontextualisierung und Einordnung in die Wissenschaftsgeschichte Portugals und Brasiliens ab. Die wissenschaftliche Grundlage dafür und für die Erstellung des Lissabonner Werkzeugkastens bildete die umfangreiche Forschungsliteratur zur *material culture* und der Objekt- und Sammlungsforschung der letzten Jahrzehnte. Lourenço und Gessner führen die vielen Forschungsarbeiten unterschiedlicher Fachdisziplinen detailliert auf.[164]

Der Lissabonner Werkzeugkasten: Sammlungsebene

Der Lissabonner Werkzeugkasten umfasst eine Sammlungsebene und eine Objektebene, die durch ein exploratives Modell bestimmt ist. Der Zugang zur Sammlungsebene passiert über die Untersuchung der Sammlungsgeschichte in drei Schritten: Zuerst erfolgt die Dokumentation des Sammlungsbestands (aktuell und historisch) und die Charakterisierung zeitlicher Phasen. Im Falle des untersuchten Sammlungskonvoluts sind dies die fünf historischen Kabinette, denen die Instrumente zeitlich zugeordnet werden. Dabei werden auch Schätzungen über die ursprüngliche quantitative Zusammensetzung der jeweiligen Sammlung getroffen. Im zweiten Schritt werden Forschungsfragen über die Kabinette entwickelt und formuliert, die fünf verschiedene Punkte beinhalten, die allerdings jeweils angepasst werden können und sollen:

- Physische Details des Kabinetts, wie Ort, Anzahl der Räume, Ausstattung
- Aufgabe und Ziel, wie Lehre, Studium oder Unterhaltung
- Entwicklung des Sammlungsbestands: Ankäufe, Schenkungen, Stiftungen
- Benutzte Instrumente
- Akteure und Institutionen

Der dritte Schritt nimmt den größeren (ereignis-)geschichtlichen und politischen Kontext in den Blick und zielt auf die Identifikation wichtiger (äußerer) Einflüsse ab. Diese *critical points* sind im Falle des untersuchten Sammlungskonvoluts zum Beispiel das Erdbeben in Lissabon von 1755 oder der Umzug der königlichen Familie von Lissabon nach Rio im Jahr 1807, der durch Napoleons Einnahme Portugals ausgelöst wurde. Zur Übersicht empfehlen die Autor:innen, eine Zeitleiste zu erstellen, in der wichtige Entwicklungslinien, politische Phasen und die *critical points* übersichtlich festgehalten werden können. Diese drei Schritte ermöglichen eine strukturierte Untersuchung der Sammlungsgeschichte unter Einbezug materieller und archivalischer Quellen.[165]

Die Schritte lassen sich sehr gut auf das Mathematisch-Physikalische Kabinett übertragen, das ebenfalls stark durch die äußeren Umstände, wie die verschiedenen politischen Systeme, geprägt wurde. Das Kabinett durchlief sehr unterschiedliche schulische Institutionen: das jesuitisch geführte Gymnasium Tricoronatum, das städtische Gymnasium, die französischen Bildungsinstitutionen – die Zentralschule und die Sekundär-

164 Vgl. ebd.
165 Vgl. ebd., S. 34f.

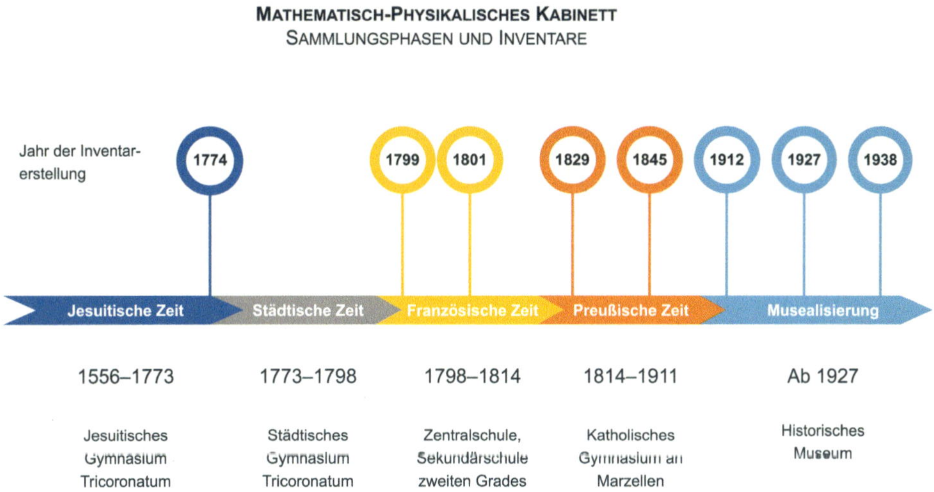

6 Zeitleiste des Mathematisch-Physikalischen Kabinetts

schule zweiten Grades – sowie das preußische Katholische Gymnasium an Marzellen. Nach Auslagerung aus dem Dreikönigsgymnasium verließ das Kabinett schließlich den schulischen Kontext und gelangte in das Historische Museum der Stadt Köln. In dieser Arbeit wird ein Fokus auf drei charakteristische Sammlungsphasen gelegt, die genauer untersucht werden: die jesuitische Phase bis 1774, die städtische Episode und die französische Zeit ab 1794. Anhand von Inventaren und Quellen können die Objekte den jeweiligen Sammlungsphasen zugeordnet oder zugeschrieben werden. Auch gab es viele *critical points*, welche die Sammlungsgeschichte entscheidend beeinflussten, wie die Auflösung des Jesuitenordens im Jahr 1773 oder die Einnahme Kölns durch die Franzosen ab 1794. Wiederum zeigt sich, dass sich der Lissabonner Werkzeugkasten in besonderem Maße für die Analyse des Kölner Kabinetts eignet. In einer Zeitleiste für das Mathematisch-Physikalische Kabinett (Abb. 6) können Sammlungsphasen und Inventare übersichtlich angesehen werden.

Die Forschungsfragen nach Ort, Zeit, Funktionen und Nutzung der Sammlung sowie nach wichtigen Akteuren und Institutionen werden in den Kapiteln der einzelnen Sammlungsphasen jeweils neu formuliert und beantwortet. Ergänzt sind die fünf aufgeführten Punkte durch kontextualisierende und komparatistische Aspekte, sowohl innerhalb der Sammlungsphasen als auch außerhalb mit anderen Sammlungen.

Der Lissabonner Werkzeugkasten: Objektebene

Neben der Sammlungsebene umfasst der Lissabonner Werkzeugkasten eine Objektebene, in der einzelne Objekte anhand eines selbst entwickelten Modells analysiert werden. Die Basis dafür stammt von Edward McClung Fleming aus dem Jahr 1974.

Flemings sogenanntes *Winterthur Modell* enthielt die beiden Dimensionen Zeit und Klassifikation und vereinte darin die Analyse verschiedener Materialien: dem Objekt selbst, Archivmaterial, Schrift- und Bildquellen.[166] Darauf aufbauend erstellte Samuel Gessner ein analytisches Modell, das Forschungsfragen an naturwissenschaftliche Instrumente in vier Schritte unterteilt: in die Dimensionen Zeit (hier in diachron und synchron) und Ähnlichkeit beziehungsweise Klassifizierung des Objekts (hier in singulär und generisch). Im Modell sind diese vier Schritte in vier Rechtecken untergebracht, die in Schreibrichtung abgearbeitet werden. In diesen vier Schritten sollen zunächst die singulären Aspekte eines Objekts zu einer bestimmten Zeit untersucht werden, woran sich die Übertragung auf die Objektgruppe, die generischen Aspekte, anschließt. Singuläre Aspekte sind zum Beispiel die materielle Beschreibung oder der Zustand. Auf der generischen Ebene wird zum Beispiel nach dem ursprünglichen Gebrauch solcher Instrumente gefragt. Im dritten Schritt erfolgt die Objektbiografie des singulären Instruments, die in diachroner Perspektive vorgenommen wird. Die Herstellung, Provenienz oder objektspezifische Funktionsänderungen werden hier untersucht. Der letzte Schritt nimmt die Analyse der Objektgruppe in diachroner Perspektive in den Blick. Dadurch wird eine breite Kontextualisierung ermöglicht, die zum Beispiel historische oder typologische Hintergründe miteinschließt. Das Modell strukturiert demnach die Objektanalyse und bezieht sich dabei speziell auf naturwissenschaftliche Objekte der Frühen Neuzeit. Im Detail ist es jedoch so offen angelegt, dass neben der Arbeit am Objekt auch verschiedene Quellen einbezogen werden können, wie Forschungsliteratur, Archiv- und Bildmaterial. Vor allem durch die diachrone Betrachtung und die generische Einordnung des Instruments bietet das Modell viele Anknüpfungspunkte für Vergleiche mit anderen Objekten und Sammlungen.[167]

Das Lissabonner Modell nach Gessner bildet den Rahmen für die fünf Fallstudien zu ausgewählten Objekten in Kapitel III. Das Modell wird dafür mit eigenen Analyseschwerpunkten befüllt, die sich auf das Mathematisch-Physikalische Kabinett beziehen (Abb. 7). Im ersten Schritt *Materielle Beschreibung* wird das Instrument selbst untersucht. Äußere Merkmale wie Form, Material, Farbe oder Maße, (In-/Auf-)Schrift, Gebrauchsspuren, Spuren der Musealisierung (zum Beispiel Aufkleber und Etiketten) werden erfasst. Darüber hinaus erfolgt die Zuschreibung zu einer/m Hersteller:in, die Datierung und eine stilistische Einordnung. Der zweite Schritt *Funktionsweise* weitet den Blick auf die Gruppe von Objekten: Wie wird beziehungsweise wurde die Objektgruppe bezeichnet, welche Entwicklungsgeschichte hatte diese Objektgruppe und welcher Wissensstand manifestiert sich dort? Welche primäre Funktionsweise hatte sie inne? In der zweiten Zeile des Modells folgt der dritte Schritt, die *Objektbiografie*. Sie bildet den Kern der Fallstudien, weil sich hier die Verknüpfung von Objekt- und Sammlungsebene

166 Vgl. Fleming, Edward McClung: Artifact Study: A Proposed Model, in: Winterthur Portfolio 9 (1974), S. 153–173.

167 Vgl. Lourenço/Gessner 2012, S. 737–741; Stein 2021a.

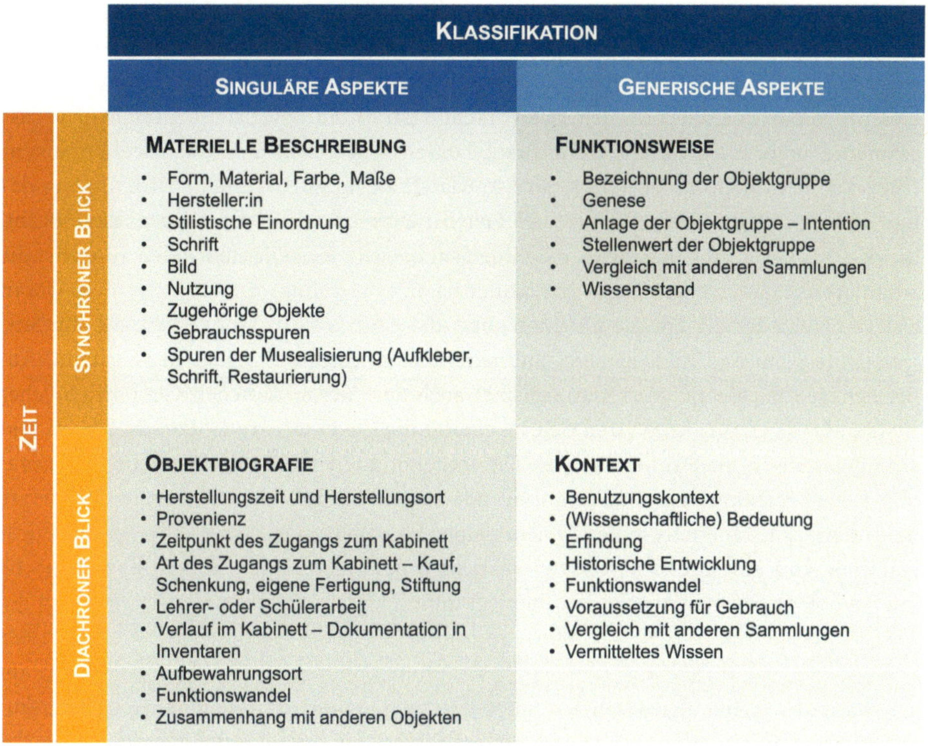

7 Analysediagramm für das Mathematisch-Physikalische Kabinett, nach Samuel Gessners Lissabonner Modell, 2012

im Besonderen widerspiegelt. Das kulturwissenschaftliche Konzept der Objektbiografie beinhaltet keine strengen methodischen Vorgaben, sondern bietet einen offenen Ansatz, mit dem Objektgeschichten analysiert werden können. Die Vorgeschichte der Instrumente, also die Zeit, bevor sie ins Kölner Kabinett gelangt sind, ist von besonderem Interesse, weil darüber bislang nur wenig bekannt ist. Der Herstellungskontext und die Provenienz der Objekte sind folglich Ausgangspunkte der Objektbiografie. Daran schließt sich die Untersuchung des Instruments im Kabinett an: Wann ist es in die Sammlung gekommen und warum? Wurde das Objekt gekauft, geschenkt oder möglicherweise selbst gefertigt? Gab es bestimmte Motive oder spezifische Ansprüche, die zur Aufnahme geführt haben? Anhand der Inventare kann dann der Verlauf in der Sammlung dargelegt werden, über den auch eine veränderte Bewertung der Objekte und ein Funktionswandel abgelesen werden kann.

Objektbiografien wurden und werden von vielen unterschiedlichen Disziplinen auf verschiedenste Objekte der materiellen Kultur angewandt, wobei auch Kritik am Konzept geäußert wurde.[168] Die diachrone Betrachtung von Objekten ermöglicht neue Konnotationen und semantische Verschiebungen. Dadurch werden sich verändernde Nutzungs-, Präsentations- und Bedeutungszusammenhänge sichtbarer. Um solche Veränderungen und (intendierte) Umdeutungen richtig analysieren und bewerten zu können, bedarf es einer soliden historischen Einbettung.[169] Diese historische Basis wird bereits in den Hauptkapiteln I und II zur Sammlungsgeschichte gelegt. Außerdem erfolgt eine weitere historische Einordnung im vierten Schritt. Dieser umfasst den *Kontext* der Objektgruppe, das heißt zum Beispiel den Benutzungskontext, die (wissenschaftliche oder wissenshistorische) Bedeutung und ihre historische Entwicklung. In diachroner Perspektive fallen verschiedene Bedeutungsebenen auf, welche die Objekte innehatten, die von dem jeweiligen Kontext, den Personen und ihren Intentionen abhingen. In welchen *Netzwerken* die Objekte zu den Personen aber auch zu Institutionen oder anderen Sammlungen standen, soll ebenso im vierten Schritt untersucht werden.[170] Objekte waren und sind Wissensträger. Das (spezifische) Wissen, die Methodik, mit der dieser Wissensstand gelehrt wurde, und auch die Veränderungen, sind Teil des Kontextes. Dabei ist zu hinterfragen, inwiefern die Objekte selbst Handlungspotenziale entfalteten und in den Kontexten gewirkt haben. Der vierte Schritt des Lissabonner Modells bietet folglich

168 Siehe zum Beispiel Boschung, Dietrich/Kreuz, Patric-Alexander/Kienlin, Tobias (Hg.): Biography of Objects. Aspekte eines kulturhistorischen Konzepts, Paderborn 2015. Zur Kritik vgl. vor allem Hahn, Hans Peter: Dinge sind Fragmente und Assemblagen, in: Boschung, Dietrich/Kreuz, Patric-Alexander/Kienlin, Tobias (Hg.): Biography of Objects. Aspekte eines kulturhistorischen Konzepts, Paderborn 2015, S. 11–34: Der Ethnologe Hans Peter Hahn formuliert Kritik am Konzept der Objektbiografie: Das metaphorische Bild der Biografie erwecke den Anschein, dass die Objekte einen klaren Anfangs- und Endpunkt ihres *Lebens* hätten, was bei den meisten materiellen Zeugnissen nicht der Fall sei (Stichwort: Provenienz). Darüber hinaus sei die Idee *einer* Biografie zu vereinfacht und verkürzt, da Materielles oft durch Fragmentierung verändert oder in Assemblagen erweitert worden sei; ein Objekt habe keine DNA. Hahn schlägt dagegen den Begriff des Itinerars vor. Ein Stationenverzeichnis mache die Veränderung der Dinge deutlicher und gebe keinen Endpunkt vor. In diesem Buch wird das Konzept der Objektbiografie dennoch verwendet: Auch wenn bei den Objekten des Kabinetts in vielen Fällen keine eindeutigen Informationen zur Entstehungszeit vorliegen, kann eine Datierung anhand historischer oder stilistischer Argumente vorgenommen werden. Ebenso kann als Anfangspunkt die Aufnahme in das Kabinett gelten, die teilweise durch Quellen oder Inventare belegt ist. Im Allgemeinen kann man bei der Objektgruppe der naturwissenschaftlichen Instrumente von einer *Lebensdauer* sprechen, da sie Gebrauchsobjekte in Lehre und Forschung waren. Dies belegt der Rückgang an historischen Instrumenten im 19. Jahrhundert infolge von Unbrauchbarkeit durch Abnutzung und Zerstörung. Ein Teil der Sammlung ist heute in einem restauratorisch relativ schlechten Zustand. Zudem sind diejenigen Objekte, die im Kölnischen Stadtmuseum ausgestellt waren, momentan nicht sichtbar und in Depots eingelagert. Dies bedeutet gewiss nicht den Endpunkt der Objekte, die *Lebensbeschreibungen* ausgewählter Stücke sollen jedoch symbolisch die Existenz des Mathematisch-Physikalischen Kabinetts in Köln aufzeigen.

169 Vgl. dazu im selben Morphomata-Band den Aufsatz der Kunsthistorikerin Susanne Wittekind: Wittekind, Susanne: Versuch einer kunsthistorischen Objektbiographie, in: Boschung, Dietrich/Kreuz, Patric-Alexander/Kienlin, Tobias (Hg.): Biography of Objects. Aspekte eines kulturhistorischen Konzepts, Paderborn 2015, S. 143–172.

170 Vgl. Hahn, Hans Peter: Materielle Kultur? Fragestellungen, Entwicklungen, Potenziale, in: MEMO 5 (2019): Perspektiven auf Materielle Kultur. 50 Jahre Institut für Realienkunde des Mittelalters und der frühen Neuzeit (2019), S. 5–19, hier S. 12f.

eine ganze Reihe von Möglichkeiten der Kontextualisierung. Der geweitete Blick in diesem letzten Analyseschritt ebnet den Weg für die kontextualisierende Betrachtung von Sammlung und Objekten in Kapitel IV dieser Arbeit.

Wie geschildert wurde, bietet der wissenschaftsgeschichtliche Lissabonner Werkzeugkasten eine strukturierte Herangehensweise für die Analyse von Sammlungsebene und Objektebene. Das Vier-Stufen-Modell ermöglicht eine strukturierte Objektanalyse, welche die zwei Dimensionen Zeit (chronologische Dichotomie) und Ähnlichkeit (Klassifizierungsdichotomie) umspannt und demnach viele unterschiedliche Kontexte für das Kabinett eröffnet. In den Kapiteln I und II dieser Arbeit wird zunächst die Sammlungsebene untersucht, wobei die Sammlungsgeschichte, die Lehre, der Objektbestand und Beispielobjekte einbezogen werden. Dies bildet eine historische Basis für die Analyse spezifischer Instrumente in den Fallstudien. Die Wissensdinge nehmen folglich einen großen Stellenwert in der Publikation ein und werden durch archivalische Quellen – insbesondere Inventare und Lehrmaterial –, Bücher oder Bilder ergänzt. Durch die intensive Beschäftigung mit den Instrumenten sollen neue Erkenntnisse und neue Perspektiven auf die Sammlungsgeschichte des Mathematisch-Physikalischen Kabinetts Kölns im 17., 18. und frühen 19. Jahrhundert generiert werden.[171]

171 Vgl. Stein 2021a; Lourenço/Gessner 2012, S. 735–745.

I. Die jesuitische Sammlungsphase

1. Sammlungen im Kontext der jesuitischen Bildung und Pädagogik

Der Jesuitenorden ist gemeinhin als Schulorden bekannt, weil die Jesuiten vielerorts prägende Akteure der Bildung[1] in Universität und Schule waren, auch wenn diese Ausrichtung bei der Gründung der *Societatis Iesu* nicht vorgesehen war. Auf die erste Jesuitenschule in Messina auf Sizilien folgten schnell weitere Kollegien und Bildungseinrichtungen in ganz Europa. Wie geschildert wurde, gilt das Kölner Kolleg als erste Gründung nördlich der Alpen. Das Collegium Romanum, das römische Jesuitenkolleg, wurde in der Folge zu „einer Art allgemein vorbildhafter Mustereinrichtung"[2] ausgerichtet. Bereits die erste Studienordnung von 1558 nahm man sich in Köln als Vorbild und auch die weiteren Versionen der folgenden Jahrzehnte wurden in der Ordenszentrale in Rom entwickelt und in den Kollegien angewandt. Die Veröffentlichung der finalen und für die Lehre aller Jesuitenkollegien verbindlichen *Ratio studiorum* erfolgte 1599. Hier wurden Regeln und Vorgaben sowohl für den Aufbau von Kollegien als auch für die Gestaltung des Unterrichts und der Lehrinhalte gegeben. Aufgeteilt waren diese Vorgaben nach den jesuitischen Akteuren der Schulen, den Provinzialen, Rektoren, den Professoren der unterschiedlichen Fächer und den sonstigen schulischen Ämtern. Die starke Übernahme von Bildungsaufgaben, die bei den Jesuiten stets mit der religiösen Erziehung und Prägung einherging, ist vor allem im Kontext der Katholischen Reform zu verstehen. Neben den (zentral-)organisatorischen und didaktischen Richtlinien für Kollegien und Lehre etablierte sich zudem eine spezifische jesuitische Pädagogik,[3] die auch als „Pedagogy of Persuasion"[4] bezeichnet und bereits

1 Bildung meint hier die „untrennbare Einheit von Unterricht und Erziehung". Rekus, Jürgen/Mikhail, Thomas: Neues schulpädagogisches Wörterbuch, Weinheim 2013, S. 37. Bildung umfasst folglich sowohl das institutionelle Bildungswesen und die didaktischen und organisatorischen Spezifika als auch die jesuitisch-religiöse Erziehung im Sinne des Ordens.

2 Friedrich 2018, S. 287.

3 Pädagogik meint hier sowohl ein theoretisches Konzept als auch eine methodische Unterrichts- und Erziehungspraxis. Vgl. dazu Rekus/Mikhail 2013, S. 254.

4 O'Keefe, Joseph M.: The Pedagogy of Persuasion: The Culture of the University of Pont-à-Mousson, in: Paedagogica Historica 34/2 (1998), S. 421–442.

von Ignatius von Loyola maßgeblich geprägt wurde.[5] Veranschaulichung, Medieneinsatz, Spiel und Wettstreit sind zentrale Begriffe und auch Methoden dieser jesuitischen Pädagogik. „For the Jesuits of the Counter-Reformation, pedagogy was not an end in itself; it existed in order to persuade students, faculty, nobles, clergy and the general public to embrace Roman Catholicism and a life of high moral standards."[6] Wichtige Bestandteile der Pädagogik waren Bilder, Disputationen, Theaterspiele und ferner Objekte und Sammlungen.

Bilder aller Art – Schaubilder, religiöse Bilder, künstlerische Bilder, allegorische und symbolische Bilder, Embleme – hatten im Jesuitenorden einen großen Stellenwert. Ihnen kam dabei eine doppelte Funktion zu: die Repräsentation des Ordens im Sinne der Katholischen Reform sowohl nach außen als auch nach innen. Schon der Ordensgründer Ignatius von Loyola hatte die Wirkmacht von (religiösen) Bildern vor Augen und griff damit auf die philosophische Vorstellung des Aristoteles zurück, in der das Sehen als Basis für Erkenntnis und Verständnis bestimmt wurde: Bei den „Geistlichen Übungen",[7] den Exerzitien oder im Gebet solle man sich die Geschichten, Personen und Szenen im Geist vorstellen. Bilder dienten als Hilfsmittel für diese Imagination zur Kontemplation und Meditation und damit letztlich zur Stärkung des Glaubens. (Religiöse) Darstellungen fungierten demnach als Vorbilder für das eigene Handeln, den Glauben und die Moral und Tugenden. Dementsprechend empfahl bereits Ignatius, in der Lehre der Theologie und des Glaubens religiöse Bilder als Anschauungsmaterial zu benutzen.[8] Die Vorstellungskraft der Schüler sollte durch Bilder ergänzt und gestärkt werden. Um die Bildbotschaften religiöser Darstellungen zu untermauern, wurden sie teilweise durch (Bibel-)Text ergänzt. Das Anschauungsmaterial galt als aussagekräftiges und überzeugendes Mittel der Bildpädagogik und zielte auf das Ideal der christlichen Lehre, die *perfecta religiosa* ab. Zudem nutzte man Bilder für Andachts- und Meditationszwecke in den Kollegskirchen.[9] Ein zentrales Instrument der jesuitischen Bildpädagogik waren Embleme, also sinnbildliche Darstellungen in Kombination von Text und Bild.[10] Ein weiteres darstellendes Medium der Veranschaulichung war das Jesuitentheater.[11] Es

5 Siehe Funiok, Rüdiger/Schöndorf, Harald (Hg.): Ignatius von Loyola und die Pädagogik der Jesuiten: Ein Modell für Schule und Persönlichkeitsbildung, Donauwörth 2000.

6 O'Keefe 1998, S. 442.

7 Vgl. dazu zum Beispiel Kessler, Stephan: Die ‚Geistlichen Übungen' des Ignatius von Loyola und die Studienordnung der Jesuiten: Pädagogik aus den Exerzitien, in: Funiok, Rüdiger/Schöndorf, Harald (Hg.): Ignatius von Loyola und die Pädagogik der Jesuiten: Ein Modell für Schule und Persönlichkeitsbildung, Donauwörth 2000, S. 44–53.

8 Vgl. Spengler 2003, S. 89–202.

9 Vgl. ebd., S. 291–368.

10 Vgl. Porteman, Karel: The Use of the Visual in Classical Jesuit Teaching and Education, in: Paedagogica Historica 36/1 (2000), S. 178–196; Porteman, Karel: Emblematic Exhibitions (affixiones) at the Brussels Jesuit College (1630–1685). A Study of the Commemorative Manuscripts (Royal Library, Brussels), Turnhout 1996. Im Exkurs zur Jahrhundertfeier des Jesuitenordens 1640 werden beispielhaft Kölner Embleme in die Interpretation mit aufgenommen; Friedrich 2018, S. 300–302.

11 Siehe zum Beispiel Wolf, Christof: Jesuitentheater in Deutschland, in: Funiok, Rüdiger/Schöndorf, Harald (Hg.): Ignatius von Loyola und die Pädagogik der Jesuiten: Ein Modell für Schule und Persönlichkeitsbildung, Donauwörth 2000, S. 172–199. Zum Jesuitentheater im Kölner Kolleg vgl.

fungierte als pädagogischer Hybrid zwischen den Zielsetzungen der moralischen und tugendhaften Unterweisung, der Vermittlung der klassisch-antiken Inhalte und dem Spaß am Spiel und Ausdruck. Das Theater war eine besonders anschauliche, leicht verständliche und spielerische Methode der pädagogischen Belehrung. Bei den jesuitischen Disputationen als öffentliche, ritualisierte sowie performative Streitgespräche zwischen Respondenten und Opponenten zeigte sich der Wettstreit als Motivation und Anreiz zum Lernen.[12] Diese „mehr oder weniger subtilen, durch Kontrolle, Wettstreit und Imitation geleiteten pädagogischen Strategien"[13] waren Teil der Bildung und religiösen Erziehung der Jesuiten.

> „[Sie] blieben dennoch nicht bei der Vermittlung von religiösen Inhalten und humanistischem Wissen. Ihr Streben nach umfassender Persönlichkeitsbildung ging über das Innenleben der Knaben und Jugendlichen hinaus. Sie sollten auch und gerade zu sozial überzeugenden Vertretern einer neuen christlichen Kultur erzogen werden. So wurde die humanistisch-religiöse Bildung ergänzt oder überhöht durch die Vermittlung des kompletten Sets an sozialen Verhaltensformen. Die Jesuiten wollten ihre Schüler einerseits zu gebildeten, frommen und handlungsbereiten Individuen erziehen, sie aber zugleich in eine breiter verstandene christliche Gesellschaft hinein sozialisieren. [...] Es ging darum, christliche Mitglieder einer – im jesuitischen Sinne – christlichen Gesellschaft heranzubilden. [...]."[14]

Zu einem weiteren Medium und einem wichtigen und konstituierenden Bestandteil dieser spezifischen jesuitischen Pädagogik entwickelten sich im 17. Jahrhundert auch Objekte und Sammlungen. Das Vorbild dafür kam erneut aus dem Collegium Romanum, wo sich bereits Ende des 16. Jahrhunderts erste Sammlungstätigkeiten und das Arbeiten mit Objekten feststellen lassen. Jesuitische Naturforscher und Wissenschaftler wie Christoph Clavius (1538–1612), Christoph Grienberger (1561–1636) und Athanasius Kircher (1602–1680) legten in Rom die didaktische und methodische Basis für die jesuitische Lehre mit Objekten und Sammlungen. Dazu gehörte ein mathematisches Museum mit Lehrmaterialien, theoretischen Schriften und mathematischen Instrumenten in Clavius' Zimmer, mit denen erste Experimente durchgeführt wurden.[15] Als der

Werz, Joachim: Bernhard von Clairvaux auf der Bühne der Jesuiten: Edition und Übersetzung der „Divi Bernardi Tragicomœdia" aus dem Kölner Gymnasium Tricoronatum, Münster 2021, S. 11–104; Kuckhoff 1931a, S. 499–536.

12 Zur frühneuzeitlichen Disputationspraxis, die freilich kein jesuitisches Alleinstellungsmerkmal ist, siehe zum Beispiel Füssel, Marian: Die Praxis der Disputation. Heuristische Zugänge und theoretische Deutungsangebote, in: Gindhart, Marion/Marti, Hanspeter/Seidel, Robert (Hg.): Frühneuzeitliche Disputationen. Polyvalente Produktionsapparate gelehrten Wissens, Köln/Weimar/Wien 2016, S. 27–48; Gindhart, Marion/Kunder, Ursula (Hg.): Disputatio. 1200–1800. Form, Funktion und Wirkung eines Leitmediums universitärer Wissenskultur, Berlin 2010; Marti, Hanspeter: Die Disputationsschriften – Speicher logifizierten Wissens, in: Grunert, Frank/Syndikus, Anette (Hg.): Wissensspeicher der Frühen Neuzeit. Formen und Funktionen, Berlin/Boston 2015, S. 203–242.

13 Friedrich 2018, S. 301.

14 Ebd., S. 303f. Zur Kritik an der Jesuitenpädagogik in der Zeit der Aufklärung vgl. zum Beispiel ebd., S. 303–306.

15 Vgl. Udías, Augustín: Jesuit Contribution to Science: A History, Cham/Heidelberg/New York 2015, S. 29–32; Gorman, Michael John: Mathematics and Modesty in the Society of Jesus: The Problems

deutsche Jesuit Athanasius Kircher[16] in den 1630er-Jahren nach Rom kam, knüpfte er daran an. 1651 gilt offiziell als Jahr der Gründung des *Musaeum Kircherianum*. Grundlage und Ausgangspunkt dieser Genese jesuitischer Museen und Sammlungen sind in der ausgeprägten wissenschaftlichen Kultur im Italien der Renaissance und des Barock zu finden, in dem Museen und Sammlungen nicht nur wissenschaftliche, sondern auch soziale, kommunikative, repräsentative, kulturelle, religiöse, politische, letztlich performative Räume waren.[17]

Als Leiter trug Kircher mithilfe von Stiftern und auf Basis von Schenkungen eine umfangreiche Sammlung zusammen: Bücher und Schriftgut, Antiken, Porträts, Grafiken, Zeichnungen, Münzen, Medaillen, historische und ethnografische Objekte, Naturalien, Kuriositäten sowie eine Vielzahl an naturwissenschaftlichen Instrumenten. Dazu gehörten zudem eine Bibliothek, Laboratorien und ein Botanischer Garten. Daneben fertigte er eigene aufwendige Apparaturen an und betätigte sich intensiv auf dem Feld der Forschung und Veröffentlichung. Das *Musaeum Kircherianum* als jesuitische Sammlung zählt sicherlich zu den berühmtesten Kunstkammern[18] des 17. Jahrhunderts. Die ersten großen, die Sammlung konstituierenden Schenkungen waren die Antikensammlung

of Christoph Grienberger, in: Feingold, Mordechai (Hg.): The New Science and Jesuit Science: Seventeenth Century Perspectives, Dordrecht 2003, S. 1–120, hier S. 45–53.

16 Zu Biografie und Werdegang Kirchers vgl. Findlen 2004.

17 Vgl. dazu vor allem Findlen 1994.

18 Aus der umfangreichen Literatur zur Kunstkammer siehe in diesem Kontext Collet, Dominik: Die Welt in der Stube. Exotische Objekte in europäischen Kunstkammern zwischen projektiver Ethnographie und ‚New Science' (1650–1720), Göttingen 2007, S. 28–34; Siegel, Steffen: Die ‚gantz accurate' Kunstkammer. Visuelle Konstruktion und Normierung eines Repräsentationsraums in der Frühen Neuzeit" in: Schneider, Pablo/Bredekamp, Horst (Hg.): Visuelle Argumentationen. Die Mysterien der Repräsentation und die Berechenbarkeit der Welt, München 2006, S. 157–182; Bredekamp, Horst: Antikensehnsucht und Maschinenglauben: Die Geschichte der Kunstkammer und die Zukunft der Kunstgeschichte, Berlin 2007; Schramm, Helmar/Schwarte, Ludger/Lazardzig, Jan (Hg.): Kunstkammer — Laboratorium — Bühne. Schauplätze des Wissens im 17. Jahrhundert, Berlin/New York 2003; vor allem Leinkauf, Thomas: ‚Mundus combinatus' und ‚ars combinatoria' als geistesgeschichtlicher Hintergrund des Museum Kircherianum in Rom, in: Grote, Andreas (Hg.): Macrocosmos in Microcosmo. Die Welt in der Stube. Zur Geschichte des Sammelns 1450–1800, Wiesbaden 1994, S. 535–554, hier S. 539 und S. 543–547; Asmussen, Tina: Scientia Kircheriana: Die Fabrikation von Wissen bei Athanasius Kircher, Affalterbach 2016. Arthur MacGregor fasst 1994 in seinem Beitrag „[d]ie besonderen Eigenschaften der ‚Kunstkammer'" zusammen, indem er eine Vielzahl verschiedener Kunstkammern aus ganz Europa benennt und vergleichend beschreibt, und zwar unter den Kategorien der (im weitesten Sinne) höfischen oder fürstlichen Kunstkammer, der Sammlungen von Gelehrten oder akademischen Institutionen sowie der Privatsammlungen oder auch bürgerlichen Sammlungen, siehe MacGregor, Arthur: Die besonderen Eigenschaften der ‚Kunstkammer', in: Grote, Andreas (Hg.): Macrocosmos in Microcosmo. Die Welt in der Stube. Zur Geschichte des Sammelns 1450–1800, Wiesbaden 1994, S. 61–106; Pomian, Krzysztof: Sammlungen — eine historische Typologie, in: Grote, Andreas (Hg.): Macrocosmos in Microcosmo. Die Welt in der Stube. Zur Geschichte des Sammelns 1450 bis 1800, Wiesbaden 1994, S. 107–126. Krzysztof Pomian weitet den Blick seiner historischen sowie chronologischen Typologie auf den Begriff der „Sammlungen". Von der mittelalterlichen Schatzkammer, über die Wiederkehr der Privatsammlungen, dem goldenen Zeitalter der Privatsammlungen, den Privatsammlungen und öffentlichen Sammlungen sowie den Privatsammlungen im Zeitalter der Museen umreißt er „Haupttypen von Sammlungen, denen wir in der europäischen Geschichte begegnen […]". (S. 122). Die jesuitischen

des römischen Patriziers und Beamten Alfonso Donino und die Medaillensammlung des Bauherren Papst Gregor XIII.[19] Besonders war hierbei die Auflage Doninos, seine Objekte „öffentlich zugänglich zu halten und im Unterricht der Jesuitenschule einzusetzen".[20]

Auf dieser Basis legte Kircher die Sammlung an, die im Italien und Rom des 16. und 17. Jahrhunderts nur eine vieler gelehrter Sammlungen sowohl von weltlichen und geistlichen Akteuren als auch von Bürgern war. Tina Asmussen verweist in diesem Kontext auf die vielfältigen Funktionen des Sammelns als Ausdruck des guten Geschmacks, als Zeichen des eigenen Selbstverständnisses, des kulturellen Kapitals und der Repräsentation des sozialen Stands sowie in Rom im Besonderen als „Mechanismus zur Verwandlung von Wissen in Macht" und zur Präsentation der „intellektuelle[n] Vormachtstellung des päpstlichen Rom".[21]

> „Gerade Athanasius Kircher verstand sich bestens darauf, das im Kolleg zusammenkommende Wissen gemäß den Vorstellungen und dem Geschmack der römischen Oberschicht zu präsentieren und dabei stets auch die religiöse, politische und symbolische Hegemonie des Papsttums und den Anspruch der Jesuiten auf eine intellektuelle und missionarische Vormachtstellung zu betonen."[22]

Trotz einiger Analogien zu fürstlichen oder höfischen Sammlungen gibt es zentrale Unterschiede: „So spiegelte die Sammlung zum Beispiel auch den Stellenwert des Kollegs als (Aus-)Bildungsinstitution wider; das Ordensmuseum funktionierte somit immer auch als Laboratorium, d. h. als Ort des Wissens und der Forschung."[23] Das *Musaeum Kircherianum* war demnach eine Lehrsammlung: konstituiert in einer akademischen Institution, geprägt von Gelehrten, eingebettet in einen intellektuellen sowie religiösen Rahmen.[24] Ein bestimmendes Ideal dieser Kunstkammer des römischen Kollegs war es, den universalen (wissenschaftlichen) Makrokosmos in einem Mikrokosmos abzubilden. Die göttliche Ordnung sollte diesem irdischen Kosmos und jedem einzelnen Objekt der

Sammlungen des 17. Jahrhunderts und das *Musaeum Kircherianum* fallen in die Zeit des „goldenen Zeitalters" von gelehrten Sammlungen.

19 Vgl. dazu Mayer-Deutsch 2010, S. 79–89.

20 Asmussen 2016, S. 38; Bartola, Alberto: Alle Origini del Museo del Collegio Romano, in: Nuncius (2004), S. 297–356.

21 Asmussen 2016, S. 38f. Paula Findlen betont überdies die sozial-repräsentative Komponente der jesuitischen Sammlungen und Museen und das Potenzial der Reproduktion: „Graduating from the Jesuit colleges, they attended universities and joined academies, further cementing their place in patrician male culture. By the seventeenth century, most Jesuit colleges had museums, less famous perhaps than the one at the Roman College, the showpiece of the Jesuit educational system, but nonetheless evident. Observing and participating in the scientific culture that grew up around these museums, young patricians were primed to create galleries in their own palaces, in imitation of the practices they had learned to value at school and seen in the homes of older men who had been their mentors. The formation of the Jesuit colleges, scientific societies, and museums reinvigorated the republic of letters, giving new meaning to the associations of honorable men." Findlen 1994, S. 99.

22 Asmussen 2016, S. 39. Vgl. dazu auch Findlen 1994, S. 97–108.

23 Asmussen 2016, S. 39.

24 Vgl. MacGregor 1994, S. 82 und S. 86–88.

Sammlung inhärent sein.[25] Denn dem jesuitischen Verständnis nach, das vor allem in den Exerzitien nach Ignatius praktiziert wurde, spiegelte sich

> „der Abstieg Gottes zum Menschen [...] in fast allen irdischen Phänomenen, die im Grunde nur die göttliche Schöpfung imitierten [...]. Aufgabe des Menschen war daher die aktive Kontemplation dieses Spiegels. Diese Ignatianische Maxime, die Kircher in seinem gesamten Tun exemplifizierte, beschreibt Ignatius' früher Wegbegleiter Jeronimo Nadal, S. J. folgendermaßen: In allen Dingen, Handlungen und Gesprächen kontemplierte er die Präsenz Gottes und erfuhr die Realität geistlicher Dinge, sodass er sozusagen ein Kontemplativer in Aktion war (eine Sache, die er so ausdrückte: Gott muss in allem gefunden werden)."[26]

Angela Mayer-Deutsch deutet Kirchers Kunstkammer, die Objekte, seine selbst hergestellten Apparaturen und Schriften sowie das inhärente Verständnis dieser jesuitischen Wissenschaft weiter folgendermaßen:

> „In diesem Sinne ist Kirchers wissenschaftliche Methode prinzipiell metaphysisch. Der konstante und bewusste Einsatz von Bildern und Schriftbildern, die aktive Kontemplation und das Training der Wahrnehmung durch visuelle Täuschungen und Irritationen im Werk sowie die Praxis der zahlreichen experimentellen Demonstrationen diente, so die These, der Glaubensfestigung oder der Konversion im Sinne der Persuasion für ein bestimmtes Weltbild. Es ging in dieser Kunstkammer nicht nur um Repräsentation, Belehrung, Unterhaltung und Verblüffen, um Zivilisierung und Frömmigkeitsübung der Besucher aus aller Welt(sicht), sondern – und das war das Besondere – um die Praxis kontemplativer Bild und Objektbetrachtung: Ad majorem Dei Gloriam."[27]

Kircher schuf folglich im *Musaeum Kircherianum* nicht nur einen neuen Ort für Objekte und Sammlungen, sondern auch ein neues Konzept spezifisch jesuitischer Wissenschaft. „Das höchste Ziel von Kirchers metaphysischer, neue experimentelle Methoden integrierender Wissenschaftskonzeption [ist es, dass] über eine bestimmte Form der Wissenschaft (*ars*) Gott (*natura*) erkannt und gepriesen wird."[28] Objekt und Sammlung als Entitäten des *Musaeum Kircherianum* – sowie das Betrachten und Arbeiten mit den Objekten und das Durchschreiten und Wahrnehmen des Sammlungsraumes und der inhärenten Ordnung – werden dabei ebenso als Instrumente zur Kontemplation und zur Stärkung des Glaubens begriffen. Somit fungierten sie analog zu Bildern und Theaterspielen; und

25 Vgl. Grote, Andreas: Vorrede – Das Objekt als Symbol, in: Ders. (Hg.): Macrocosmos in Microcosmo. Die Welt in der Stube. Zur Geschichte des Sammelns 1450–1800, Wiesbaden 1994, S. 11–20, hier S. 11; Mayer-Deutsch 2010, S. 79–89. „Die Kunst- und Wunderkammern waren daher zweifellos signifikanter Ausdruck einer mentalen Konstante ihrer Zeit: dem Bewußtsein, daß die Welt, als aus schöpferischer geordneter Intention eines Gottes hervorgegangener Kosmos, sich innerweltlich selbst noch einmal spiegeln können lassen müsse, um den Menschen ihre, der Welt, zu Gott hinleitende, anagogische und konversionale imago-Funktion in einem der Kapazität seines sensuellen wie intellektuellen Vermögens zugänglichen Kleinformat evident machen zu können. Der Mensch, selbst schon, gemäß alter Tradition, eine kleine Welt, stellte sich so einen Mikrokosmos seiner Erfahrung und seines Wissens von Welt gegenüber, von dem er begründet annehmen konnte, daß er in starker, konstitutiver Analogie mit seiner normativen Vorgabe, dem Makrokosmos, verbunden war." Leinkauf 1994, S. 535f. Findlen 1994, S. 78–93.

26 Mayer-Deutsch 2010, S. 63.

27 Ebd., S. 76. Vgl. dazu auch Leinkauf 1994, S. 539 und S. 543–547.

28 Mayer-Deutsch 2010, S. 53.

nahmen einen vergleichbaren Stellenwert zur Bildenden Kunst ein.[29] Folglich können und sollen Sammlungen und Objekte ebenso als Medien der jesuitischen Pädagogik gedeutet werden. Darüber hinaus waren die Museen auch Orte der Kommunikation, des wissenschaftlichen Austauschs und der sozialen Repräsentation verschiedener Akteure.[30]

Denn das *Musaeum Kircherianum* war nicht nur ein Ort der Wissenschaft, sondern auch der Lehre. Anders als die Bibliotheken, die bereits seit den Veröffentlichungen der *Ratio studiorum* in den Kollegien verbindlich vorgeschrieben waren,[31] entwickelten sich (Lehr-)Sammlungen in den meisten Jesuitenkollegien erst im 17. Jahrhundert. Das *Musaeum Kircherianum* wurde auch in dieser Hinsicht zu einer „vorbildhaften Mustereinrichtung“[32] für die Jesuitenkollegien, auch wenn es lokal unterschiedliche Einrichtungen mit individuellen Schwerpunkten gab. In Bezug auf die aristotelische Naturphilosophie, die eine (naturwissenschaftlich-philosophische) Grundlage des jesuitischen Curriculums bildete, verweist Paula Findlen auf den spezifischen „Barocken Aristotelismus“, der zeitgenössische Erkenntnisse und Erfahrungen rezipierte und den Kircher durch seine Wissenschaft und das Museum maßgeblich geprägt und damit für andere Jesuitenkollegien gedanklich zugänglich gemacht habe.[33] Inwiefern die römische Sammlung Vorbild für die Kölner Niederlassung wurde, wird in Kapitel IV zu zeigen sein. Einen bildlichen Eindruck des *Musaeum Kircherianum* kann das Titelblatt (Abb. 8) der 1678 von Kirchers Assistenten Georgius de Sepibus herausgegebenen Beschreibung

29 Friedrich 2018, S. 355–393; Spengler 2003, S. 203–290.

30 Siehe dazu vor allem Findlen 1994, S. 97–108 und S. 291–392. Findlen beschreibt kommunikative und sozialhistorische Prozesse in frühneuzeitlichen italienischen Sammlungen und deren Akteure, wobei auch die jesuitischen Sammlungen und Museen, vor allem das *Musaeum Kircherianum*, immer wieder herangezogen werden. So betont sie beispielsweise die Bedeutung des Sammelns als soziales Distinktionsmerkmal, das kommunikative „zur Schau stellen“ der naturwissenschaftlichen Instrumente bei repräsentativen Besuchen von Museen und die personelle Überschneidung zwischen den Akteuren der Museen der Jesuitenkollegien (vor allem der Studenten oder auch der Besucher) und der Mitglieder akademischer Gesellschaften, zum Beispiel in Rom oder Florenz.

31 Vgl. zum Beispiel Acquaviva 1606; Pavur 2005.

32 Friedrich 2018, S. 287.

33 „Baroque Aristotelianism [...] measured the teachings of Aristotle against a vaster field of ancient, pristine truths held up to the mirror of experience. [B]y the end of the Renaissance, Aristotelianism had become a porous sponge that absorbed variety of different philosophies. Not least of these were hermeticism and natural magic. They appeared in the pedagogical programs instituted in the Jesuit classrooms and in the research of scholars such as Kircher. Naturalists who had begun with the quest for the authentic Aristotle, as a means of reviving his philosophy of nature, now found themselves reinventing Aristotle in light of the alternative natural philosophies that the wholesale excavation of antiquity had brought to light. By the time the Ratio studiorum, the Jesuit manual of pedagogy, appeared in 1599, it reflected these modifications. Advising the professor of philosophy, the Society of Jesus counseled, ‚In matters of any importance let him not depart from Aristotle unless something occurs which is foreign to doctrine or which academies everywhere approve of; much more so if it is opposed to orthodox faith.‘ Thus, the jesuits advocated a philosophical ‚orthodoxy‘ that allowed ample room for other forms of knowledge to enter, either for reasons of faith or due to the consensus of the community of Catholic natural philosophers. The ambivalent authority of Aristotle led Kircher to diverge significantly from the Greek philosopher's definition of knowledge.“ Findlen 1994, S. 83.

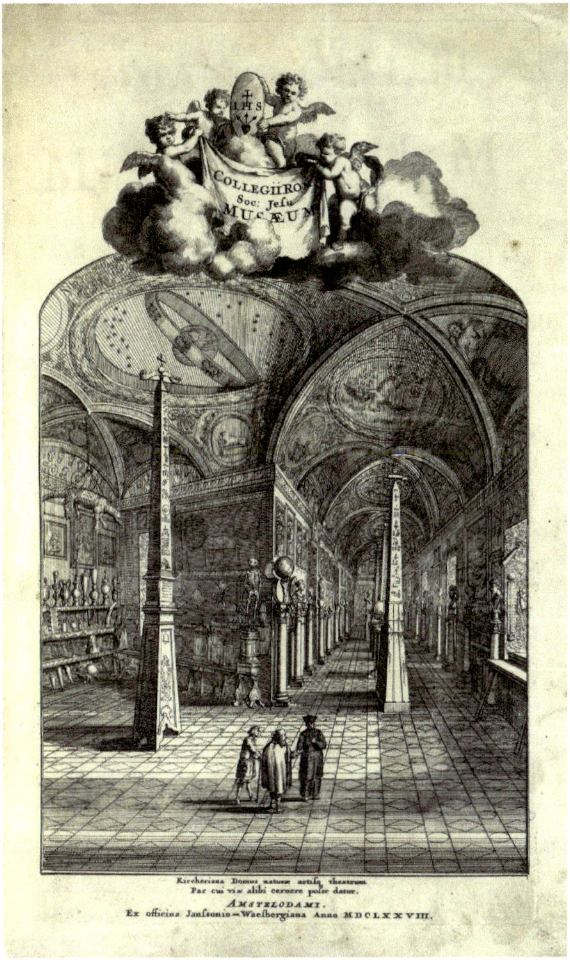

8 Titelblatt des *Musaeum Kircherianum*, 1678, in: Sepibus, Georgius de: *Romani Collegii Societatis Iesu Musaeum Celeberrimum*, Amsterdam: Jansson-Waesberg, 1678, Getty Research Institute

des *Musaeum celeberrimum* geben. Der Stich zeigt das *Musaeum* im Collegium Romanum in einem großzügigen und länglichen Raum, in dem Sammlungsstücke und Bilder an den Wänden angebracht und im Gang aufgestellt sind. Im Zentrum stehen drei Personen: Kircher selbst, mit der Hand auf dem Herz,[34] und zwei Besuchende, denen das *Musaeum* präsentiert wird.[35] Obwohl die einzelnen Museumsobjekte Kirchers nicht in Gänze angegeben werden können, weil die Quellenlage dünn ist und es (vermutlich) kein Inventar aus dem 17. Jahrhundert gibt, beschreibt de Sepibus 1678 ausgewählte Stücke

34 Zum Herz als Fokus der Kontemplation vgl. Mayer-Deutsch 2010, S. 56–67.

35 Zu den Besuchen im *Musaeum Kircherianum* siehe zum Beispiel ebd., S. 79 und S. 88f.; Asmussen 2016, S. 39–63; Findlen 1994, S. 86 und 115–121.

und die Anlage der Sammlung.[36] Diese befand sich in der zweiten Hälfte des 17. Jahrhunderts wohl in der Galerie, im zweiten Stock im Norden des Innenhofes des Collegium Romanum, neben der Bibliothek. Die Objekte sollen in der „Galerie" auf relativ engem Raum in Klassen eingeteilt, aber auch in eleganter Verschiedenheit vermischt (*eleganti varietate permixta*), untergebracht worden sein. Die mathematischen Instrumente standen in und auf Regalen oder auch auf schmalen Tischen. Globen und andere geografische und astronomische Besonderheiten waren auf Sockeln positioniert. Zwei große Globen befanden sich zudem in der Bibliothek. An den Wänden hingen naturwissenschaftliche Schautafeln und Grafiken. Nach Kirchers Tod übernahm erst 1698 der Wissenschaftler Filippo Bonanni (1658–1725) die Galerie. Er ließ ein kurzes Inventar anfertigen, systematisierte die Sammlung neu und brachte sie in neuen Räumen in ca. 70 Schränken und 15 Kisten unter. 1709, vor der Wiedereröffnung der Museumsräume (1718), legte Bonanni den Katalog *Musaeum Kircherianum* an.[37] Aus diesen Schriften lassen sich konkrete Objekte und deren Aufstellung und Ordnung teilweise rekonstruieren.[38] Nach der üblichen Einteilung einer Kunstkammer in *Artificialia, Naturalia* und *Scientifica* fällt auf, dass wenige Kunstobjekte vorhanden waren. Dagegen gab es eine sehr große Zahl an Instrumenten, Apparaten und Maschinen, was eine wissenschaftliche Ausrichtung der (Lehr-)Sammlung nahelegt. Nach Mayer-Deutschs Rekonstruktion ist in Kirchers Kunstkammer, die dem Ideal der Universalwissenschaft nachging,[39] jedoch keine eindeutige Systematik auszumachen, sondern eine Vermischung von Konzepten.[40]

Das *Musaeum Kircherianum* war folglich ein ganz eigener jesuitisch-wissenschaftlicher und metaphysischer Mikrokosmos mit dem Anspruch, den universalen Makrokosmos und die göttliche Ordnung abzubilden. Darüber hinaus repräsentierte die Sammlung die jesuitische Wissenskultur, die vom Ordenszentrum sowohl in das direkte Umfeld Roms sowie in das globale Jesuitennetzwerk ausstrahlte als auch durch

36 Vgl. Sepibus, Georgius de: Romani Collegii Societatis Iesu Musaeum Celeberrimum. Cuius magnum Antiquariae rei, statuarum, imaginum, picturarumque partem ex Legato Alphonsi Donini, S. P. Q. R. A. Secretis, Munifica Liberalitate relictum, Amsterdam: Jansson-Waesberg, 1678, Titelblatt; Mayer-Deutsch 2010, S. 94f. und S. 196–201.

37 Vgl. Bonanni, Filippo: Musaeum Kircherianum, sive, Musaeum a P. Athanasio Kirchero in Collegio Romano Societatis Jesu, Rom: Typis Georgii Plachi Caelaturam, 1709.

38 Vgl. zu den Schriften als Quellen Mayer-Deutsch 2010, S. 107–115. Die Rekonstruktion der vollständigen Sammlung findet sich auf den S. 117–185 und die der Instrumente auf S. 165–185.

39 Zum Anspruch der Universalwissenschaft bei Kircher und im *Musaeum Kircherianum* vgl. Leinkauf 1994, S. 536–547. „Der unifikative, kollektive und konservierende Grundimpuls der Universalwissenschaft ist Ausdruck eines letztlich theologisch-metaphysisch begründeten Wissenschaftsverständnisses, in dem die ‚Weisheit' die diversifizierende und distinguierende Leistung der intellektuellen rationalen Erkenntnisoperationen immer in einen Bezugsrahmen zurückbindet, der diese varietas als Explikation einer (göttlichen) Einheit verstehen läßt." Ebd., S. 537.

40 Vgl. Mayer-Deutsch 2010, S. 186–194. „Die zu konstatierenden Ordnungskriterien oszillieren also zwischen der Zuordnung zu selten auf ein Kapitel beschränkten einzelnen Objektgruppen (Gemälde, Obelisken, Luzernen, Musikinstrumente), einzelnen Kategorien (antiquitas, rarum, peregrinus), traditionellen, klassischen Systemen (Elemente, Stufenmodell) und dem alles verbindenden Spiel von ars, natura und techné".

Kommunikation und Austausch von Wissen und Objekten wieder in die Sammlung zurückwirkte.[41] Die Sammlung war demnach ein Ort mit vielen Funktionen: Kontemplation, Veranschaulichung, Wissensvermittlung, Wissenserzeugung, Kommunikation sowie Repräsentation. Außerdem wirkte sie spirituell, inhaltlich und konzeptionell vorbildhaft für den Umgang mit Sammlungen im Kontext der jesuitischen Bildung und Pädagogik, was im Kapitel IV erörtert wird.

2. Die Anfänge des Kabinetts: Das 17. Jahrhundert

Die Anfänge der Sammlungstätigkeiten und der Anschaffung erster Objekte im Kölner Jesuitenkolleg fallen ebenso in das 17. Jahrhundert, auch wenn die Ursprünge der Bibliothek und damit der jesuitischen Büchersammlung bereits im 16. Jahrhundert liegen. Für das Mathematisch-Physikalische Kabinett gibt die bisherige Forschungsliteratur an, dass es „schon in der Mitte des 17. Jahrhunderts eine umfangreiche Sammlung von physikalischen und astronomischen Instrumenten gegeben haben"[42] muss, ohne konkrete Objekte oder Belege anzuführen. Einzig Franz Brill datiert 1952 die Anschaffung von physikalischen Apparaten in das erste Viertel des 17. Jahrhunderts mit Hinweis auf praktische Experimente, die durchgeführt worden seien. Als Beleg verweist er auf zwei Instrumente, die Mathematikschüler 1640 angefertigt und öffentlich ausgestellt hätten: ein perspektivischer Guckkasten und eine hydraulische Uhr.[43] In der Tat wurden 1640 im Kontext des 100-jährigen Jubiläums der Gründung des Jesuitenordens Apparaturen von den Mathematikern erstellt. Sie sind die frühesten dokumentierten mathematischen Objekte, die im Lehrkontext entstanden sind. Daher werden sie in einem ausführlichen Exkurs zur „Jahrhundertfeier des Jesuitenordens 1640" beschrieben und kontextualisiert. Des Weiteren ist Ziel dieses Kapitels, auf Spurensuche nach den Anfängen des Sammelns und den frühen Anschaffungen oder Nutzungen von Objekten im 17. Jahrhundert zu gehen. Denn mindestens 20 der rund 100 erhaltenen Objekte stammen aus

41 Vgl. ebd., S. 79–89; Grote 1994b, S. 11; Leinkauf 1994, S. 539 und S. 543–547; Asmussen 2016, S. 38–47. Tina Asmussen betont die soziale und räumliche Einbindung und Überlagerung der Sammlung mit dem römischen Stadtraum und die Entstehung eines elastischen Wissensraumes: „Das Museum als Ort des wissenschaftlichen Austauschs und der Zurschaustellung von Wissen bildete zusammen mit der jesuitischen Institution des Collegio Romano und dem städtischen Raum mit seinen vielen Höfen, Akademien und Salons einen elastischen Wissensraum, in dem sich unterschiedliche Wissenspraktiken verdichteten und sich zeitgenössische Diskurse von Wissenschaft und Wissenskultur manifestierten. Städtischer Raum, Kolleg und Museum sowie auch Hofkultur und religiöse Institutionen sind folglich nicht als räumlich voneinander getrennte Bereiche zu betrachten, sondern als sich überlagernde Felder. In diesem elastischen Wissensraum kam dem jesuitischen Museum als Verdichtungsort von Kommunikation eine wichtige Bedeutung zu: Es bot ein Forum für die Kommunikation über Sammlungsobjekte und für den Austausch von Geschenken zur Etablierung neuer oder zur Pflege bereits bestehender Patronageverhältnisse. Es fungierte somit als Ort von (sozialem) Austausch und sozialer Reproduktion." Ebd., S. 39f. Siehe dazu vor allem Findlen 1994.

42 Kuckhoff 1931a, S. 595. Vgl. ebenso Quarg 1996b, S. 122; Bellot 2000, S. 114f.

43 Vgl. Brill 1952, S. 119.

dem 15., 16. oder 17. Jahrhundert. Dazu werden sowohl wichtige Akteure wie die Mathematikprofessoren in die Spurensuche mit einbezogen als auch nach Gebrauchskontexten wie Experimenten, Beobachtungen und der mathematischen Lehre sowie nach ihrer Unterbringung gesucht. Archivalische Quellen dafür sind in erster Linie die Akten des Jesuitenkollegs: Jahresberichte, Lehrdokumente sowie im Besonderen die Handschriften des mathematischen Unterrichts. Darüber hinaus bieten ausgewählte Korrespondenzen und die Objekte selbst Hinweise.

Der Beginn des Sammelns und die frühen Anschaffungen mathematischer und physikalischer Instrumente müssen zudem vor dem Hintergrund des allgemeinen Bedeutungsgewinns der Mathematik und Naturwissenschaften im Laufe des 17. Jahrhunderts sowohl auf quantitativer als auch qualitativer Ebene analysiert werden. Auch der Anteil jener Fächer innerhalb der (jesuitischen) Lehre der Oberklassen nahm im Verlauf des Jahrhunderts zu. Die Stelle des Mathematikprofessors war nicht nur durch die *Ratio studiorum* in den Kollegien verpflichtend, sondern der Mathematiker galt zudem bereits im 17. Jahrhundert als Fachlehrer, der über mehrere Jahre lehren konnte, und somit nicht an den obligatorischen Wechsel von Lehrkräften wie in den anderen Fächern gebunden war.[44] Die Mathematikprofessoren unterrichteten jeweils ein halbes Jahr in der *Logica* und der *Physica*: Im zweiten Halbjahr der *Logica* über den Sommer wurden Arithmetik, Geometrie, Messkunde und Elemente nach Euklid gelehrt, während ab November nach dem Herbstexamen Astronomie (unter anderem nach Sacrobosco), Geografie und Optik auf dem Lehrplan standen. Es gab auch gemeinsame mathematische Vorlesungen für Logiker und Physiker, die in der Aula des Gymnasiums stattfanden. Zudem wurden bereits im 17. Jahrhundert mathematisch-physikalische Demonstrationen abgehalten, einmal durch die Logiker, zweimal durch die Physiker. In den unteren Klassen war Mathematik im Lehrplan noch nicht vorgesehen.[45]

Die bahnbrechenden Entdeckungen auf den Gebieten der Astronomie und Geografie, wichtige Erfindungen in der Physik und neue Erkenntnisse über Mensch und Natur veränderten im 17. Jahrhundert die Welt und das menschliche Denken. Nikolaus Kopernikus, Galileo Galilei oder Isaac Newton sind dabei nur ausgewählte Wissenschaftler, deren Errungenschaften die Neuzeit bis heute prägen.[46] Im Gymnasium Tricoronatum wurden diese neuen Erkenntnisse verfolgt und teilweise auch in die Lehre integriert. Jedoch standen die Jesuiten didaktisch und wissenschaftlich zwischen zwei Polen: der traditionellen Naturphilosophie nach Aristoteles und zeitgenössischen, progessiven Positionen

44 Vgl. Udías 2015, S. 1–50; Quarg 1996b, S. 25. In den übrigen Fächern setzte sich der Fachunterricht erst im 18. Jahrhundert allmählich durch.

45 Vgl. Kuckhoff 1931a, S. 346–349 und S. 418.

46 Vgl. dazu zum Beispiel Cohen, Floris: Die zweite Erschaffung der Welt. Wie die moderne Naturwissenschaft entstand, Frankfurt am Main 2010; Gorman 2020; Hellyer 2003; Fischer, Klaus: Die neue Ordnung des Wissens. Experiment – Erfahrung – Beweis – Theorie, in: Dülmen, Richard van/Rauschenbach, Sina (Hg.): Macht des Wissens. Die Entstehung der modernen Wissensgesellschaft, Köln 2004, S. 155–185.

nach Kopernikus, Galilei oder Newton, gegen die es teilweise religiös bedingte Vorbehalte sowie Zensuren gab.[47] Die Kölner Jesuiten griffen vor allem auf Wissen und Bücher ordenseigener Mathematiker und Naturforscher wie Christoph Clavius, Athanasius Kircher, Pierre Gassendi oder Giovanni Battista Riccioli sowie auf Standardlehrbücher von europäischen Universitäten zurück. Dabei können in Köln jedoch jesuitische Spezifika und individuelle Umsetzungen und Kontextualisierungen ausgemacht werden, vor allem in den Handschriften. In den folgenden Kapiteln wird exemplarisch aufgezeigt, auf welche Weise dieses mathematische Wissen sowie neue wissenschaftliche Positionen im Kölner Kolleg und der jesuitischen Lehre aufgenommen und reflektiert wurden und welche wichtige Rolle die Objekte darin einnahmen.

2.1 Die mathematische Lehre am Beispiel des Johann Grothaus

Eine prägende Figur für die Sammlungsgeschichte des 17. Jahrhunderts war der aus Beckum im Münsterland stammende Johann Grothaus (1601–1668), der von 1634 mit Unterbrechungen bis 1658 Professor der Mathematik am Gymnasium Tricoronatum in Köln war. Er studierte an der Paderborner Jesuitenuniversität und trat 1621 in den Orden ein. In den Jahren 1624 und 1625 stand er in engem Kontakt zum Jesuiten Friedrich Spee (1591–1635), dessen Logik- und Physikvorlesungen er in Paderborn besucht hatte. Während der Seelsorgetätigkeiten des 20 Jahre älteren jesuitischen Professors, Schriftstellers und Priesters an den Höfen und Adelshäusern des Paderborner Umlandes 1625 wählte er Grothaus als seinen Sozius. In diesem Jahr besuchte Grothaus zum ersten Mal den Hof zu Neuhaus, an dem er ab 1661 als Beichtvater und Hofhistoriograf Ferdinand von Fürstenbergs (1626–1683) tätig sein sollte.[48] Nach Grothaus' ersten eigenen Lehrtätigkeiten in Münster und Paderborn wurde er schließlich Professor der Mathematik in Köln von 1634 mit Unterbrechungen bis 1658. Möglich war diese lange Lehrzeit durch den Sonderstatus der Mathematikprofessoren als Fachlehrer.[49]

Johann Grothaus war allerdings nicht nur in der Mathematik versiert, sondern auch auf den Gebieten der Theologie, Chronologie und Geschichte. Er hatte bereits 1639 eine Chronik der Bischöfe Westfalens zusammengetragen, bevor er in Köln gemeinsam mit dem Kölner Jesuiten, Theologen und Kirchenhistoriker Hermann Crombach (1598–1680) und den Historiografen Johannes und Aegidius Gelen weitere historische und

47 Siehe dazu zum Beispiel Wallace, William A.: Galileo, the Jesuits and the Medieval Aristotle, London 1991; Friedrich 2018, S. 306–320 und S. 341–355; Quarg 1996b, S. 51–55 und S. 91–100; Gorman 2020.

48 Vgl. Sobiech, Frank: Friedrich Spee als Gefängnisseelsorger und die Neuhäuser Drostenfamilie Oeynhausen, in: Neuwöhner, Andreas/Wolfram, Lars (Hg.): Leben am Hof zu Neuhaus. Biografische Skizzen zur Hofkultur einer fürstbischöflichen Residenz, Paderborn 2021, S. 87–104.

49 Vgl. Quarg 1996b, S. 25.

archivarische Arbeiten vorantrieb.[50] Ende der 1650er-Jahre verließ Grothaus vermutlich nach einer Versetzung Köln und siedelte erneut nach Paderborn über. Hier beschäftigte er sich eingehend mit den Paderborner Archiven und den verschiedenen Quellensammlungen zur Landes- und Regionalgeschichte. Bereits während seiner Kölner Zeit hatte Grothaus Ferdinand von Fürstenberg kennengelernt und sich mit ihm auch über (geschichts-)wissenschaftliche Themen ausgetauscht. Ferdinand von Fürstenberg war bekanntlich besonders interessiert an und auch versiert in verschiedenen Wissenschaften und veröffentlichte selbst zum Beispiel altphilologische und historiografische Werke. Ab 1652 war er auf Einladung Fabio Chigis, des apostolischen Nuntius bei den Friedensverhandlungen des Dreißigjährigen Krieges und späteren Papstes Alexander VII., in Rom und tauchte in das Gelehrtenleben und -netzwerk der katholischen Hauptstadt ein. Johann Grothaus schickte ihm aus Paderborn Archivmaterial und Abschriften nach Rom, damit von Fürstenberg dort seine wissenschaftlichen Studien zur westfälischen Geschichte verfolgen konnte. Nachdem Ferdinand von Fürstenberg, aus Rom zurückgekehrt, 1661 Fürstbischof von Paderborn wurde, ernannte er Grothaus schließlich zu seinem Beichtvater. Grothaus lebte daher ab 1661 bis zu seinem Lebensende 1668 am Hof in Neuhaus. Hier betätigte er sich auch als Hofhistoriograf und erforschte besonders die Geschichte Westfalens und Paderborns. In diesen Ämtern nahm er zum Beispiel auch am Reichstag in Regensburg teil, auf dem über die flächendeckende Einführung des Gregorianischen Kalenders verhandelt wurde. Dabei soll Grothaus mit seinen Kenntnissen und jahrelangen Erfahrungen auf den Gebieten der Mathematik, Chronologie und Geschichte zwar überzeugend gewesen sein, jedoch dauerte es bis zu einer flächendeckenden Kalenderreform auch in den protestantischen Gebieten noch bis zur Jahrhundertwende.[51] Ein weiteres Beispiel für die wissenschaftliche Ausrichtung des Neuhauser Hofes und die Aktivitäten Ferdinand von Fürstenbergs ist seine intensive Korrespondenztätigkeit mit verschiedenen Gelehrten der Zeit, von denen der Austausch mit Gottfried Wilhelm Leibniz hervorzuheben ist.[52]

Während seiner Kölner Zeit 1634 bis 1658 lehrte Johann Grothaus die mathematischen Inhalte.[53] Seine Lehrtätigkeit fällt in die lange Phase der Leitung des Tricoronatums durch Adam Kasen (1583–1653), der von 1625 bis 1653 die Geschicke der Schule lenkte.

50 Siehe dazu auch Bergerhausen, Hans-Wolfgang: Köln in einem eisernen Zeitalter. 1610–1686, Köln 2010 (Geschichte der Stadt Köln 6), S. 252–262, vor allem S. 256; Hartzheim, Hermann Joseph: Bibliotheca Coloniensis, Köln: Odendall, 1747, S. 177f.

51 Vgl. Nordhoff, Josef Bernhard: Grothus, Johannes, in: Allgemeine Deutsche Biographie 9 (1879), S. 766–767, https://www.deutsche-biographie.de/pnd136142257.html#adbcontent [zuletzt aufgerufen am 28.01.2024]. Zur Einführung des Gregorianischen Kalenders im Alten Reich vgl. Koller, Edith: Strittige Zeiten. Kalenderreformen im Alten Reich 1582–1700, Berlin/Boston 2014; Habermann, Katharina (Hg.): Die Kalenderbriefe des Georg Albrecht Hamberger im Kontext der Kalenderreform von 1700, Göttingen 2012.

52 Vgl. dazu Lauert, Markus: Gottfried Wilhelm Leibniz: Zu Besuch bei Ferdinand von Fürstenberg, in: Neuwöhner, Andreas/Wolfram, Lars (Hg.): Leben am Hof zu Neuhaus. Biografische Skizzen zur Hofkultur einer fürstbischöflichen Residenz, Paderborn 2021, S. 163–184.

53 Vgl. Kuckhoff 1931a, S. 347.

„Vor allem unter seiner Ägide setzte das Tricoronatum mit der Einführung bzw. zeitgemäßen Verwissenschaftlichung des Unterrichts in Mathematik, Arithmetik, Geometrie, Physik, Optik und Geografie sowie der Anschaffung physikalischer Apparate, der Einrichtung eines kleinen pharmazeutisch-chemischen Laboratoriums und der Anlage eines botanischen Gartens bemerkenswerte Akzente. Im 1676 von den Jesuiten gegründeten Xaverianischen Konvikt für adelige und reiche Schüler fanden die neuen Fachrichtungen schließlich eine besondere Pflegestätte."[54]

Auch wenn die genannten Punkte sich nicht auf genaue Jahreszahlen oder auf die konkrete Initiative einzelner Personen zurückführen lassen, scheint Johann Grothaus doch den mathematischen Unterricht sehr geprägt und als langjähriger Professor der Mathematik einen wesentlichen Einfluss auf die Entwicklungen des Faches genommen zu haben. Dies ist anhand mehrerer Faktoren zu erklären. Zum einen haben sich umfangreiche Handschriften und Dokumente erhalten, die Grothaus' mathematische Vorlesungen und Inhalte dokumentieren, und zum anderen fällt in seine Lehrtätigkeit die Jahrhundertfeier des Jesuitenordens 1640, die in Köln wie auch in anderen Ordensniederlassungen gefeiert und aufwendig inszeniert worden ist. Dies ist ebenso in Bezug auf die Mathematik und die Naturwissenschaften bedeutend, denn während des Festjahres wurden von den Kölner Mathematikern eigens erstellte Apparaturen in der Kirche St. Mariä Himmelfahrt ausgestellt, die als die ersten dokumentierten mathematischen Objekte des Kölner Kollegs bezeichnet werden können. Sie haben sich nicht erhalten, sind allerdings durch mehrere Federzeichnungen in den Kölner Archivquellen sehr gut dokumentiert. Außerdem hat sich Grothaus auch um die Pflege und den Ausbau der jesuitischen Bibliothek verdient gemacht. Der früheste erhaltene Bibliothekskatalog wurde 1628 vom Bibliothekar Heinrich Elverich angelegt und dann ab 1635 von seinem Nachfolger Johannes Crusius weitergeführt. Ab Oktober des Jahres 1642 setzte Johann Grothaus die Arbeit fort, den Katalog weiter aktuell zu halten.[55] Grothaus kann somit als Bibliothekar der Jahre 1642 bis 1658 bezeichnet werden. Wahrscheinlich ist, dass neben der Sortierung der Bibliothek mit diesem Amt auch der Erwerb der Bücher verbunden war. Im Folgenden werden Grothaus' mathematische Aktivitäten in Köln in mehreren Schritten geschildert: Anhand von jesuitischen Handschriften zur Mathematik aus dem 17. Jahrhundert können der mathematische Unterricht beziehungsweise die Lehrinhalte Mitte des 17. Jahrhunderts beschrieben und kontextualisiert werden. Des Weiteren geben vorhandene Briefwechsel mit dem in Rom tätigen Jesuiten Athanasius Kircher Hinweise auf Grothaus' wissenschaftliche Aktivitäten, wodurch sich auch Rückschlüsse auf das Kölner Kolleg ziehen lassen. Im Anschluss werden Grothaus' bibliothekarische Tätigkeiten beleuchtet, die Hinweise darauf geben, wo sich die frühen mathematischen Instrumente befunden haben könnten. In einem umfangreichen Exkurs in einem eigenen Kapitel werden zudem die Feierlichkeiten zum hundertjährigen Jubiläum des Jesuitenordens in Köln behandelt, wobei der Fokus auf den Objekten liegt, die sowohl

54 Bergerhausen 2010, S. 226f.
55 Vgl. HAStK, Best. 223, A 35, Catalogus generalis bibliothecae 1628, fol. 1r.

in einen breiteren wissenschaftlichen Kontext gestellt als auch an die mathematische Lehre Grothaus' in Köln zurückgebunden werden sollen.

2.1.1 Handschriften: Bildwissenschaftliche und wissensallegorische Analyse

Die Inhalte des mathematischen Unterrichts von Johann Grothaus sind in einer Aufführung der Bücher enthalten, die im Schuljahr 1641/1642 am Gymnasium Tricoronatum gelehrt wurden. Unter der Mathematik sind die meisten Werke aufgeführt: *Arithmetica, Elementa Euclidis, Geometria Practica, Sphaera Ioannis de Sacro Bosco, Geographia, Horologia Scioterica, Theorica Planetarum, Optica.*[56] Dieses Programm deckt sich mit den Inhalten einer besonders reich verzierten Handschrift von 1641, die sehr aufwendig mit farbigen Zeichnungen, Malereien, kartografischen Einklebungen und vielen Randnotizen versehen ist.[57] Dabei handelt es sich um das Werk *Praxeis matheseos traditae a R. P. Joanne Grothaus. Excerptae a me Philippo Pfingsthorn,* das 1641 in Köln entstanden ist. Laut Titel ist es eine Vorlesungsmitschrift Philipp Pfingsthorns aus dem Studienjahr 1639/40, eines Studenten Grothaus', der 1623 in Köln geboren wurde. Sein Vater war der Bürgermeister Gerhard Pfingsthorn (gestorben 1658), der selbst bis 1608 das Tricoronatum besucht hatte und von den Jesuiten sehr geschätzt worden war. Seine Söhne hatte er ebenfalls zum Tricoronatum geschickt. Einer von ihnen wurde später Jesuit: Philipp Pfingsthorn. Nach seiner Zeit am Tricoronatum studierte er Theologie am *Collegium Germanicum* in Rom, bevor er 1652 in den Jesuitenorden eintrat. Nach seinem Tod 1701 erhielt das Kölner Jesuitenkolleg 11.000 Gulden aus seinem Erbe.[58]

Der Einband der Handschrift von 1641 hat sich nicht erhalten. Der Schnitt und die Textur der Seiten zeigen jedoch, dass das Werk nicht Teil der *Bibliotheca Maior* war. Die Schrift ist in verschiedene Gebiete der Mathematik unterteilt, die wiederum in Kapitel gegliedert sind: *Arithmetica, Arithmetica iocosa, Geometria, Tractatus Geometricus Practicus, Tractatus Astronomicus, Astronomia, Computus Ecclesiasticus sive doctrina de tempore, Introductio ad Computum Ecclesiasticum, Geographia, Horologia, Architectura.* Jedes dieser Kapitel beginnt mit einem eigenen aufwendig gestalteten Titelblatt mit Titelkartusche, allegorischem und symbolischem Schmuck und Figuren. Im Folgenden soll die Handschrift vor allem bildwissenschaftlich und wissensallegorisch analysiert werden. Dabei stehen die verschiedenen Funktionen der Bilder im Vordergrund des Interesses. Wie gezeigt werden wird, können diese illustrativ, veranschaulichend, argumentativ, epistemologisch und (kunsthistorisch) bezugsreich sowie symbolisch, allegorisch oder rein künstlerisch sein, wobei sich die Funktionen überschneiden. Es handelt sich demnach nur selten um wissenschaftliche Bilder nach einer Definition Gottfried Böhms

56 Vgl. HAStK, Best. 150 (Universität), A 1048.

57 Vgl. HAStK, Best. 7020 (Handschriften (W*)), 441. Siehe hier wie im Folgenden die vollständig digitalisierte Handschrift in: https://historischesarchivkoeln.de/document/Vz_FC41227F-9FCE-4975-8CFE-5F9B52F566F2 [zuletzt aufgerufen am 07.04.2024].

58 Vgl. Kuckhoff 1931a, S. 218. Zu Philipp Pfingsthorn vgl. HAStK, Best. 223, A 12, fol. 74v–75v.

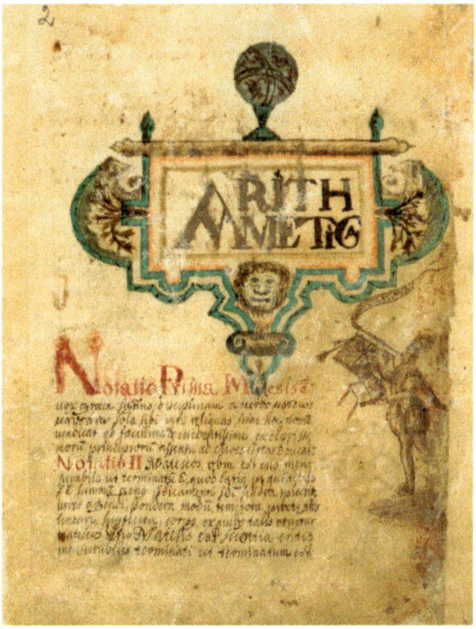

9 Titelblatt der *Arithmetica*, in: *Praxeis Matheseos traditae a R. P. Joanne Grothaus. Excerptae a me Philippo Pfingsthorn*, 1641, Historisches Archiv der Stadt Köln, Best. 7020 (Handschriften (W*)), 441, fol. 2r

von 1999 – eindeutig, sachlich, instrumental[59] –, sondern um multifunktionale und kulturell und kontextuell bestimmte Bilder der Wissenschaftsgeschichte. Die Funktionen der exemplarischen Bilder sollen im Folgenden in ihrem inhaltlichen Kontext erfasst und analysiert werden.

Das erste Traktat der Arithmetik (Abb. 9) beinhaltet Zeichnungen verschiedener Rechentafeln, zum Beispiel einer Pythagoreischen Tafel oder anderen Tafeln zum Multiplizieren von Zahlen. Daran schließt sich die *Arithmetica iocosa* an, ein Kapitel zu scherzhaften Aufgaben der Arithmetik, die durch Zeichnungen bebildert sind. Darin können frühe Formen der sogenannten „Unterhaltungsmathematik"[60] erkannt werden, die im 18. Jahrhundert beliebt wurde. Zudem zeigen diese spielerischen und scherzhaften Aufgaben, dass der mathematische Unterricht auch bei den Jesuiten nicht immer ernst zuging und sie vielmehr zeitgenössische Trends in ihre Lehre aufnahmen.

59 Vgl. Böhm, Gottfried: Bilder als Instrumente der Erkenntnis, in: Huber, Jörg/Heller, Martin (Hg.): Konstruktionen, Sichtbarkeiten, Zürich 1999, S. 215–228, S. 215–228, hier S. 226f. Böhm versucht hier, wissenschaftliche Bilder von Bildern der Kunst definitorisch zu trennen. Wissenschaftliche Bilder hätten 1. „ihren Zweck notwendigerweise außer sich selbst. Sie sind Instrumente. 2. Sie beabsichtigen Eindeutigkeit […]. 3. Sie sind Bilder zum Verbrauch […]. 4. Ästhetische Kriterien wie Anspielungsreichtum, Metaphorizität, visuelle Dichte oder Selbstreferenz sind kaum im Spiel". Ebd. Vgl. Zittel, Claus: Trügerische Evidenz. Bild-Lektüren in wissenschaftlichen Werken der Frühen Neuzeit, in: Grenzbereiche des Lesens: Kulturwissenschaftliche Beiträge (2005), S. 1–32, hier S. 1f., urn:nbn:de:hebis:30-7426 [zuletzt aufgerufen am 28.01.2024].

60 Zur „Unterhaltungsmathematik" am Ende des 18. Jahrhunderts Stafford, Barbara Maria: Kunstvolle Wissenschaft. Aufklärung, Unterhaltung und der Niedergang der visuellen Bildung, Amsterdam/Dresden 1994.

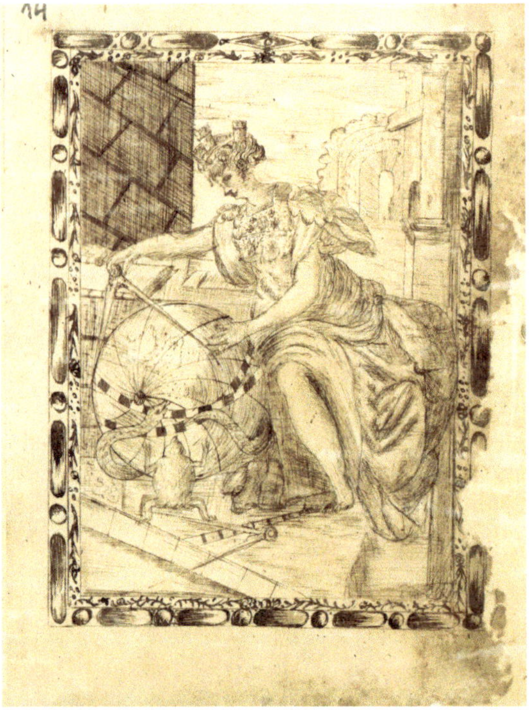

10 Allegorie der *Geometria*, in: *Praxeis Matheseos*, 1641, HAStK, Best. 7020 (Handschriften (W*)), 441, fol. 14r

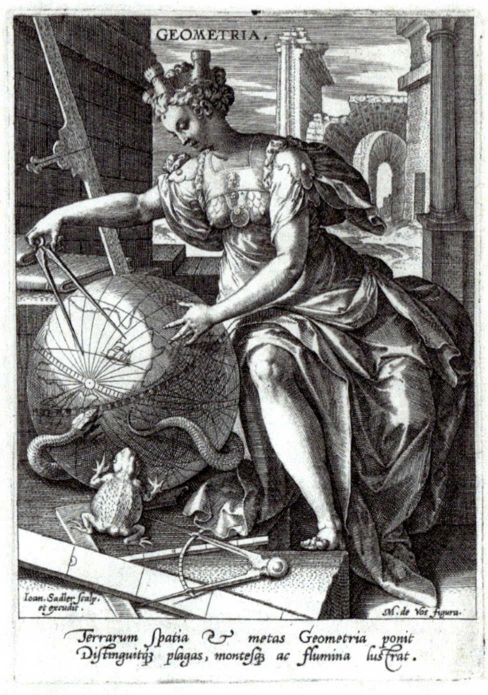

11 Johann Sadeler nach Marten de Vos, *Geometria*, aus der Serie *Die Sieben freien Künste*, 1560–1600, Kupferstich, 15 × 10,6 cm, Rijksmuseum Amsterdam, P-P-OB-7493

Das nächste Traktat zur Geometrie beginnt mit einer Zeichnung der allegorischen Figur der *Geometria* (Abb. 10). Eindeutiges Vorbild für diese Zeichnung war die Darstellung der *Geometria*, die Johann Sadeler nach Marten de Vos zwischen 1560 und 1600 gestochen hatte (Abb. 11).[61] Die Ikonografie ist beinahe identisch, wobei die Qualität der Zeichnung geringer ist und die einzelnen Motive weniger detailliert ausgearbeitet sind. Die Figur sitzt zentral im Bild und arbeitet mit einem Zirkel auf einem Erdglobus. Dieser wird von einer Schlange umringt, ein Frosch scheint an ihm emporzukriechen. Davor auf dem Boden liegen weitere geometrische und trigonometrische Instrumente wie ein Zirkel und ein Lineal. Die Zeichnung der *Geometria* fungiert wie ein Frontispiz zu dem dazugehörigen geometrischen Kapitel. Diese aufwendige Einleitung der Vorlesungsinhalte zur Geometrie mit einem berühmten ikonografischen Verweis auf Marten de Vos

61 Johann Sadeler hielt sich in der Zeit zwischen 1580 und 1587 in Köln auf. Bekannte hier gefertigte Blätter haben jedoch religiöse, fürstlich oder heraldische Themen. Vgl. Merlo, Johann Jakob: Kölnische Künstler in alter und neuer Zeit, Düsseldorf 1895, Sp. 746–750.

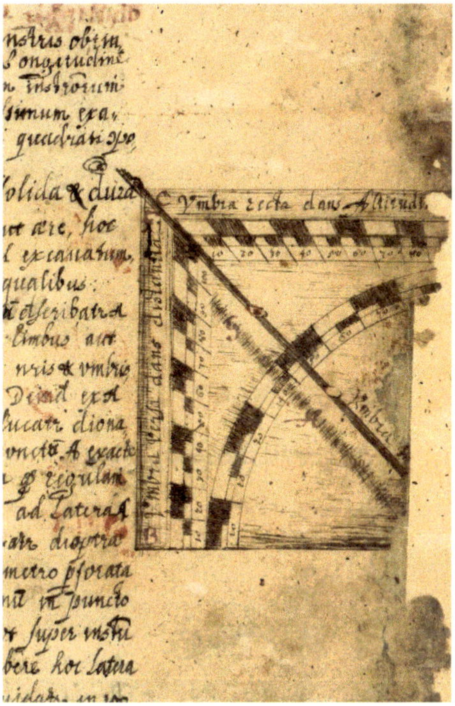

12 Zeichnung eines Quadranten, in: *Praxeis Matheseos*, 1641, HAStK, Best. 7020 (Handschriften (W*)), 441, fol. 20r

offenbart den Bildgebrauch der Jesuiten und die Verbindung von Kunst, Buchkunst und Mathematik.

Ein eigenes Traktat zur praktischen Geometrie schließt daran an, worin wiederum einzelne Instrumente zur Messung von Höhen und Entfernungen als Randzeichnungen eingebracht sind (Abb. 12). Der Inhalt betrifft die Geodäsie, also die Landvermessung. Dargestellt ist zum Beispiel eine Art Quadrant, mit dessen Hilfe die Höhenwinkel bestimmt werden konnten, um so mit Mitteln der Trigonometrie die Höhenangabe zu errechnen. Das Kapitel zur praktischen Geometrie wird durch 15 Bilder ergänzt, in denen die Höhenmessung in verschiedenen Szenen gezeigt ist. Diese Zeichnungen gehen über das rein Illustrative hinaus. Es handelt sich um szenische Darstellungen oder Land- beziehungsweise Stadtansichten, zum Beispiel eine Abbildung von Jerusalem, die am Felsendom und am Berg Golgatha im linken Bildteil zu erkennen ist (Abb. 13). Im Bildzentrum vor der Stadt steht ein Turm, dessen Höhe mithilfe zweier Instrumente am rechten Bildteil bestimmt wird. Die aufwendigen Zeichnungen beinhalten jahreszeitliche Darstellungen. Ein Vorbild konnte leider nicht ermittelt werden. Die Nutzung von Bildern in Handschriften und Büchern zur (praktischen und theoretischen) Geometrie diente dazu, konkrete Anwendungen aufzuzeigen und zudem das Verständnis für die Vermessungsmethoden zu erhöhen. Beispiele aus Büchern finden sich in der Schrift *Geometria practica nova* des Altdorfer Mathematikprofessors Daniel Schwenter von

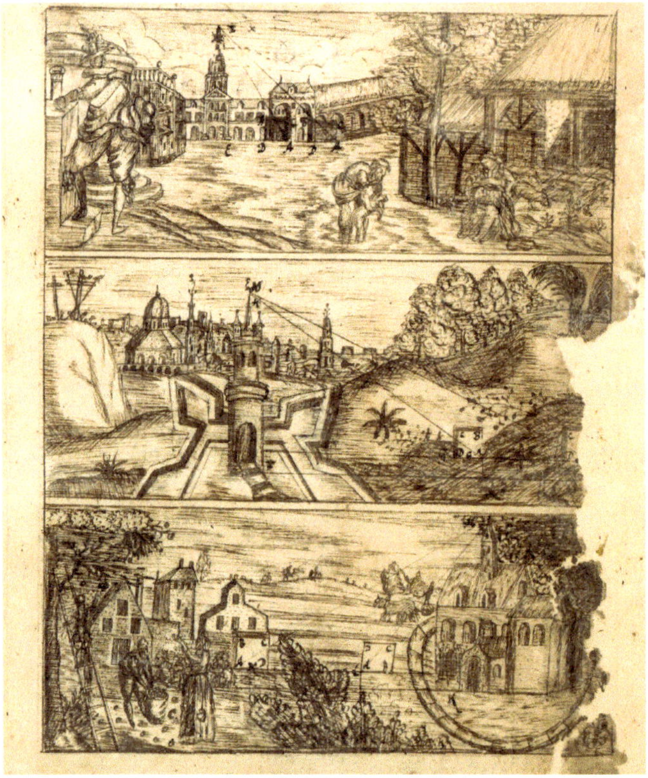

13 Szenische Darstellungen mit Vermessungsinstrumenten, in: *Praxeis Matheseos*, 1641, HAStK, Best. 7020 (Handschriften (W*)), 441, fol. 25r

1618, dessen drei Bände 1623 für die Jesuitenbibliothek angekauft worden sind.[62] Auch in anderen jesuitischen Handschriften des 17. Jahrhunderts sind solche Zeichnungen zu finden. Eine mathematisch-astronomische Sammelhandschrift aus dem 17. Jahrhundert enthält ein Buch zur Geometrie mit Darstellungen von Kirchtürmen und anderen Gebäuden, deren Höhe mit unterschiedlichen Methoden gemessen wird. Daraus hervorzuheben ist ein Bild, das stark an den Kölner Bayenturm erinnert. Dies könnte ein Hinweis auf praktische Vermessungskurse außerhalb des Gymnasiums im Kölner Stadtgebiet sein (Abb. 14). Die Vermutung liegt nahe, dass auch diese Handschrift von Johann Grothaus stammt oder in seinem mathematischen Unterricht entstanden sein könnte.[63]

62 Vgl. Schwenter, Daniel: Geometriae Practicae Novae, 3 Bde., Nürnberg: Halbmayer, 1618. Die drei Bände mit der USB-Signatur N3/14 standen in der Bibliotheca Maior. Siehe dazu zum Beispiel auch Mährle, Wolfgang: Academia Norica: Wissenschaft und Bildung an der Nürnberger Hohen Schule in Altdorf (1575–1623), Stuttgart 2000, S. 375–378; Minow, Helmut (Hg.): Geometria Practica. Vermessungstechnische Lehrbücher aus drei Jahrhunderten. Eine illustrierte Bibliographie, Wiesbaden 1991, S. 38–46.

63 Vgl. HAStK, Best. 7004 (Handschriften (GB quart)), 157, fol. 33v. Das Kapitel zur Geometrie beginnt auf fol. 24r. Die Handschrift kann als Farbdigitalisat im Historischen Archiv der Stadt Köln ange-

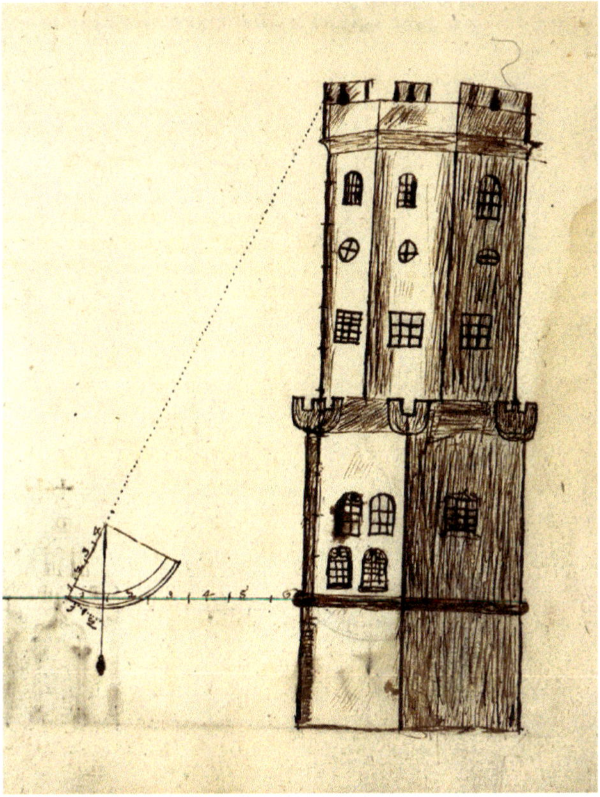

14 Zeichnung eines Vermessungsinstruments mit Kölner Bayenturm, 17. Jahrhundert, in: Mathematisch-astronomische Sammelhandschrift, HAStK, Best. 7004 (Handschriften (GB quart)), 157, fol. 33v

Auch im Collegium Romanum befinden sich viele Traktate und Handschriften zur Geometrie und Trigonometrie mit ganz ähnlichen Zeichnungen, was parallele Wissens- und Lehrpraktiken in Köln und Rom offenbar werden lässt.[64]

Das nächste Kapitel der Handschrift ist ein *Tractatus Astronomicus*, der wiederum ein Frontispiz aufweist. Dargestellt ist die allegorische Figur der *Astronomia* (Abb. 15), die erneut einen Stich Johann Sadelers nach Marten de Vos zum Vorbild hatte (Abb. 16). Die geflügelte Allegorie der Astronomie sitzt im Bildzentrum, ihr Kopf ist von Sternen umgeben. Mit ihrer rechten Hand scheint sie ein Visierinstrument zu halten und in den Sternenhimmel zu sehen. Die linke Hand markiert einen Punkt – wahrscheinlich die Position eines Sternes – auf dem vor ihr befindlichen Himmelsglobus. Zu Füßen der Figur liegen verschiedene Bücher und zwei Sonnen- und Sternenuhren zur Bestimmung der Uhrzeit. Die Bücher könnten Verweise auf gängige Sternenkataloge sein, die zur

sehen werden: http://historischesarchivkoeln.de/archive.xhtml?id=Vz++++++00051052HupElko#Vz______00051052HupElko [zuletzt aufgerufen am 03.02.2024].

64 Vgl. APUG, Fondo Curio, 2052; APUG, Curia, Fondo Curio, 1651 Brec (VII). Der „Tractatus de altitudinis, longitudinis, latitudinis, et Procrendi et totam mensuris" stammt aus dem Jahr 1630. Vgl. dazu das kontextualisierende Kapitel IV zum römischen *„Musaeum Kircherianum"*.

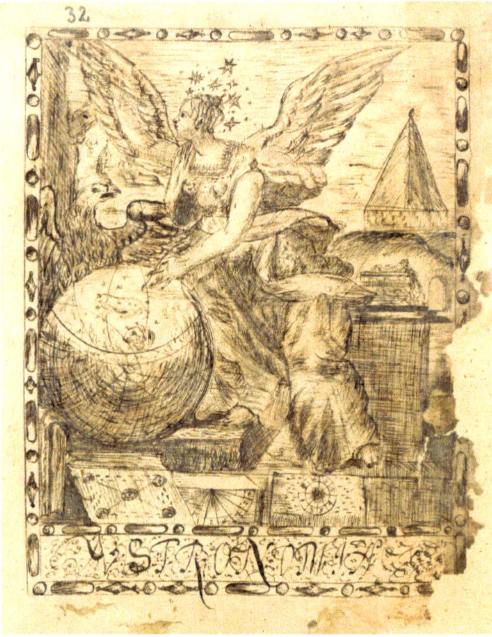

15 Allegorie der *Astronomia*, in: *Praxeis Matheseos*, 1641, Historisches Archiv der Stadt Köln, Best. 7020 (Handschriften (W*)), 441, fol. 32r

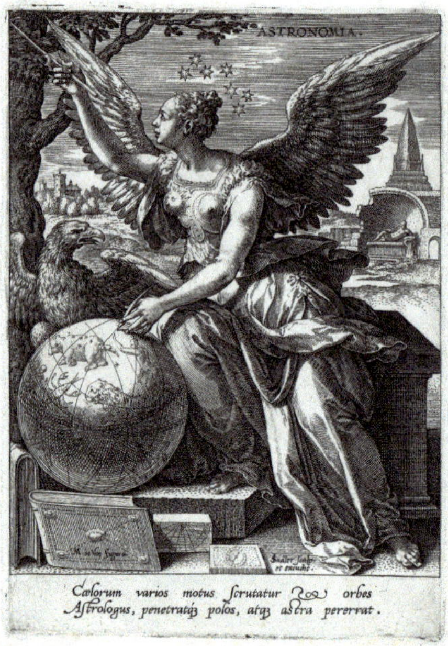

16 Johann Sadeler nach Marten de Vos, *Astronomia*, aus der Serie *Die Sieben freien Künste*, 1560–1600, Kupferstich, 15 × 10,6 cm, Rijksmuseum Amsterdam, RP-P-OB-7494

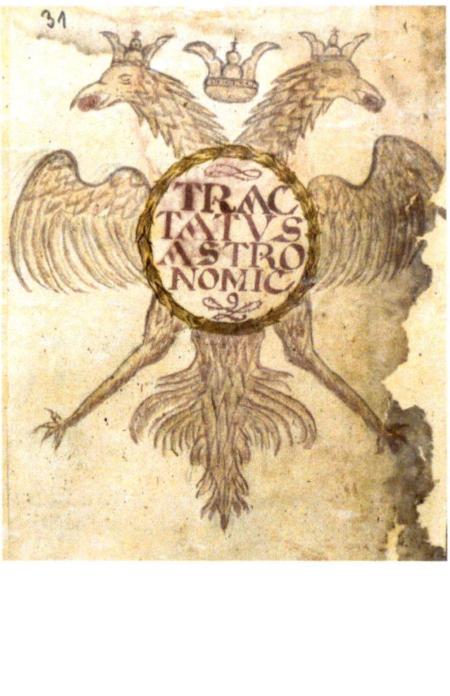

17 Titelblatt des *Tractatus Astronomicus*, in: *Praxeis Matheseos*, 1641, HAStK, Best. 7020 (Handschriften (W*)), 441, fol. 31r

Herstellung von Globen, aber auch von astronomischen Instrumenten wie Astrolabien genutzt worden sind.

Das Titelblatt des *Tractatus Astronomicus* wird von einem doppelköpfigen Adler mit einer dritten Krone in der Mitte hinterfangen, was ein Verweis auf den Kaiser des Heiligen Römischen Reichs ist (Abb. 17). Es beinhaltet wichtige Grundsätze der theoretischen und auch praktischen Astronomie. Anhand von Zeichnungen und Schaubildern werden Positionen über das geozentrische und heliozentrische Weltbild dargestellt: Das geozentrische Weltbild nach dem antiken Astronomen und Geografen Ptolemäus, das erstellte Modell des dänischen Astronomen Tycho Brahe (1546–1602) und auch das heliozentrische Weltbild nach Nikolaus Kopernikus (1473–1543) sind gezeigt; zudem das Modell des Jesuiten Christoph Clavius. Es fehlt eine Darstellung des Sonnensystems nach Johannes Kepler (1571–1630), der schließlich die elliptischen Umlaufbahnen der Planeten entdeckt und somit die Funktionsweise des heliozentrischen Weltbildes erklärt hatte (fol. 33r–42r). Grothaus bevorzugte an dieser Stelle das geozentrische Weltbild nach Tycho Brahe,[65] während das Modell nach Nikolaus Kopernikus „zu Recht von der Kirche verurteilt" worden sei.[66] Daran anschließend wird die Ekliptik genauer thematisiert, die die Ebene bezeichnet, auf der die Erde mit Mond sowie die Planeten um die Sonne kreisen. Von außen erscheint die Ekliptik des Sonnensystems wie eine Ebene. Von der Erde aus kann man sie sich wie eine imaginäre Linie am Himmel vorstellen, auf der sich im zeitlichen Verlauf die Sonne und die Planeten bewegen. Auch die Sternbilder liegen in einem engen, ca. 20 Grad breiten Bereich um die Ekliptik, der Zodiak oder auch Tierkreis genannt wird. Diese astronomischen Phänomene werden mithilfe von Schaubildern und Zeichnungen veranschaulicht. Auf fol. 43r befindet sich beispielsweise ein haptisches Schaubild des Zodiaks mit Zeichnungen der Tierkreiszeichen und ihrer Benennung. Über diese konnten die Lesenden einen kleinen goldenen Zeiger bewegen, an dessen Ende sich eine Sonne befindet, um die jährliche Bewegung der Sonne zu demonstrieren (Abb. 18).

Als weitere Veranschaulichung für die Bewegung von Himmelskörpern werden Zeichnungen von Armillarsphären beigegeben. Die Armillarsphäre ist ein dreidimensionales Instrument zur Darstellung der Bewegung von Himmelskörpern um die Erde. Für das 18. Jahrhundert ist die Existenz einer Armillarsphäre im Kölner Jesuitenkolleg belegt,[67] für das 17. Jahrhundert hingegen konnte wahrscheinlich nur auf perspektivische Zeichnungen und Druckgrafiken oder plane Schaubilder dieses Instruments zurückgegriffen

65 Vgl. Quarg 1996b, S. 56; Zinner, Ernst: Entstehung und Ausbreitung der Coppernicanischen Lehre, Erlangen 1943, S. 379.

66 Vgl. HAStK, Best. 7020, 441, fol. 39v–40r. „Hoc systema [nach Nikolaus Kopernikus] merito damnata est ab Ecclesia […]". Ebd., fol. 39v.

67 Vgl. Kuckhoff 1931a, S. 596. Im Jesuitenkolleg befand sich wahrscheinlich ab den 1720er-Jahren eine selbst gebaute Armillarsphäre von Johannes Antweiler.

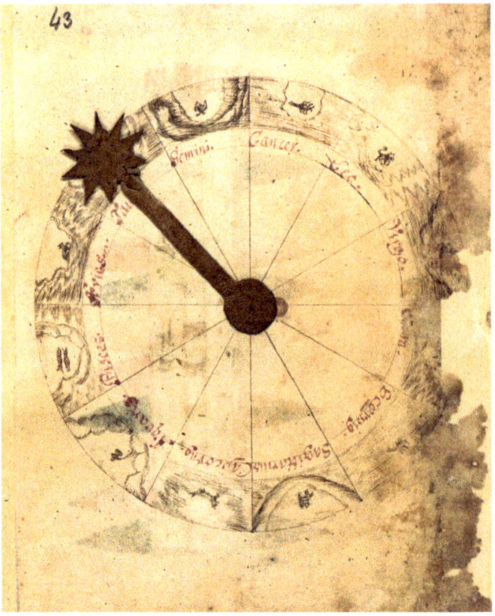

18 Zeichnung eines Tierkreises mit aufgeklebtem Zeiger, in: *Praxeis Matheseos*, 1641, HAStK, Best. 7020 (Handschriften (W*)), 441, fol. 43r

werden, die in mehreren jesuitischen Handschriften vorkommen.[68] Auch in der Vorlesungsmitschrift von Grothaus' mathematischem Unterricht kommen schematische Zeichnungen vor (fol. 45v–46r). Darüber hinaus gibt es in der Schrift aber auch eine perspektivisch und farblich markante Darstellung einer Armillarsphäre, die von einer Rosenranke umgeben ist und so in einen ästhetischen Rahmen gebracht wird (Abb. 19). Die farbige Zeichnung zeigt alle Bestandteile des Instruments: Im Mittelpunkt befindet sich die Erde – Instrument und Bilder sind also Ausdruck einer geozentrischen Weltvorstellung, was jedoch nicht zwangsläufig heißt, dass das heliozentrische Weltbild verleugnet oder verneint wurde! –, die von den imaginären Bahnen der Himmelskörper umgeben ist. Die Ekliptik mit Zodiak in Rot mit Tierkreiszeichen ist am auffälligsten, daneben sind der Äquator, die Wendekreise (südlicher Wendekreis des Steinbocks und nördlicher Wendekreis des Krebses) und der arktische und antarktische Polarkreis gezeigt. Die Bahnen werden von einer 360 Grad-Skala umfangen. Zwischen ihnen sind kleine Punkte vermutlich als Sterne angebracht. Interessant ist, dass die Zeichnung in doppelter Ausführung, zunächst als einfache Zeichnung und dann in Farbe, übereinander in das Buch eingeklebt ist, was wohl einen dreidimensionalen Charakter erzeugen sollte. Auf den folgenden Seiten werden die Berechnungen von Polhöhen mithilfe von Quadranten und Winkelmessinstrumenten geschildert. Die Berechnung war zentral

68 Vgl. HAStK, Best. 7008 (Handschriften (GB oktav)), 81, fol. 4r; HAStK, Best. 7004, 157, fol. 49r–49v; HAStK, Best. 7008 (Handschriften (GB oktav)), 179, fol. 56r.

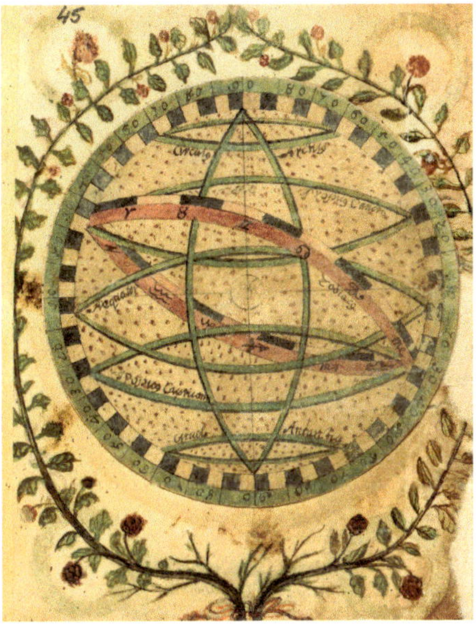

19 Zeichnung einer Armillarsphäre, in: *Praxeis Matheseos*, 1641, HAStK, Best. 7020 (Handschriften (W*)), 441, fol. 45r

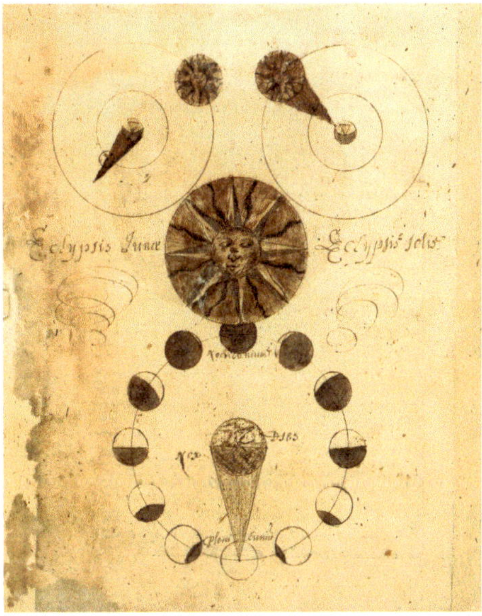

20 Zeichnung von Sonnen- und Mondfinsternissen, in: *Praxeis Matheseos*, 1641, HAStK, Best. 7020 (Handschriften (W*)), 441, fol. 57v

zum Beispiel für die Bestimmung der Uhrzeiten mit einer Sonnenuhr. Es schließen sich Zeichnungen zum Verständnis von Sonnen- und Mondfinsternissen an (Abb. 20).[69]

Als separates Kapitel innerhalb des astronomischen Traktats ist der *Computus Ecclesiasticus* zu verstehen, in dem die chronologische, kalendarische Berechnung des kirchlichen Festkalenders geschildert wird.[70] Dabei ging es vor allem um die Bestimmung des Osterdatums. In diesem Kapitel befindet sich unter anderem ein kirchlicher Festkalender mit Hochfesten der Heiligen sowie mit astronomischen Hinweisen zum Beispiel auf die Sternzeichen (*Pars Prima Computi Ecclesiastici*). Oberhalb dieser tabellarischen Auflistung stehen Zeichnungen der einzelnen Monate, welche für die Jahreszeiten typische Szenen des Landlebens und der Landwirtschaft zeigen, die zudem um passende symbolische Motive erweitert wurden. Teil zwei und drei des Traktats widmen sich dem Sonnen- und dem Mondzyklus, wobei es um die zeitliche Berechnung und Vorhersage der Ostertermine der vorausgegangenen und der kommenden Jahrzehnte und Jahrhunderte geht. Der Wechsel vom Julianischen zum Gregorianischen Kalender hatte eine neue Berechnung nötig gemacht. Neben anderen hatte zum Beispiel der jesuitische Mathematiker Christoph Clavius bereits kurz nach der Reform 1582 mehrere Bücher zur neuen Kalenderberechnung und zum *Computus ecclesiasticus* veröffentlicht.

69 Vgl. HAStK, Best. 7020, 441, fol. 57v.
70 Vgl. ebd., fol. 59r–89v.

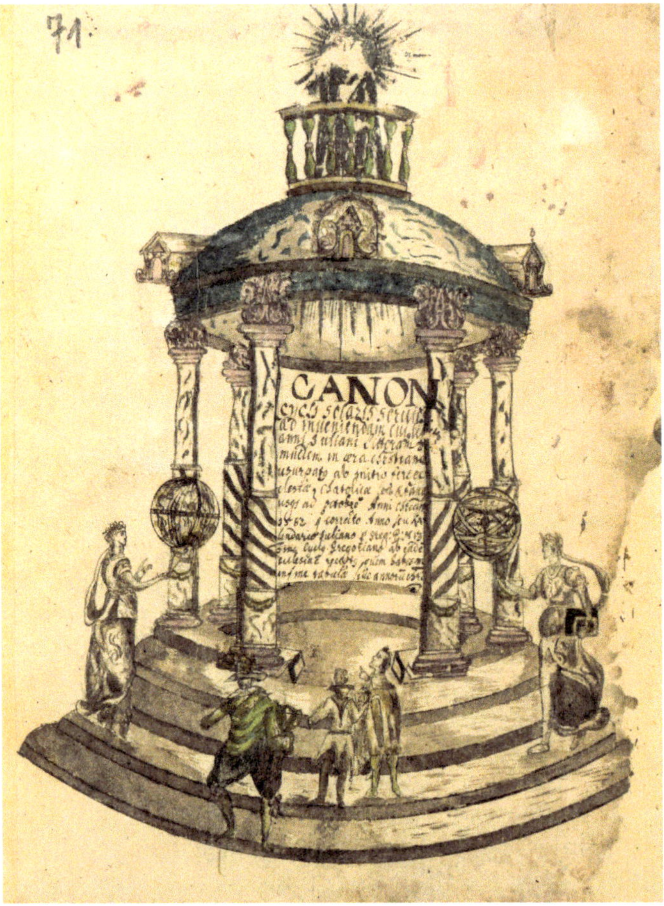

21 *Canon Cyclis Solaris*, in: *Praxeis Matheseos*, 1641, HAStK, Best. 7020 (Handschriften (W*)), 441, fol. 71r

Besonders interessant ist eine Zeichnung zum eigenen Kapitel des Sonnenzyklus, die als Titelblatt fungiert (Abb. 21). Die Überschrift *Canon Cyclis Solaris* ist eingefasst in einen architektonischen Rahmen, der an einen runden Säulentempel erinnert. Auf einem breiten Unterbau mit vier Stufen steht ein Rundtempel mit sechs Säulen korinthischer Ordnung, deren Säulenschäfte mit verschiedenen Mustern des gezeichneten Marmors und kleinen Girlanden verziert sind. Das blaue Säulendach wird von einer Balustrade abgeschlossen, die eine ebenfalls blaue strahlende Kugel umringt, bei der es sich vermutlich um die Sonne handelt. Auf dem Stufensockel sind mehrere Figuren dargestellt. Drei Rückenfiguren in zeitgenössischer Kleidung stehen in der Mitte; eine weist mit einer deiktischen Geste auf die Titelworte. An den äußeren Rändern befinden sich zwei allegorische Figuren mit antik anmutenden Gewändern. Die eine präsentiert einen Himmelsglobus, die andere eine Armillarsphäre. Bei den Figuren könnte es sich um die Allegorien der Astrologie und der Astronomie handeln.

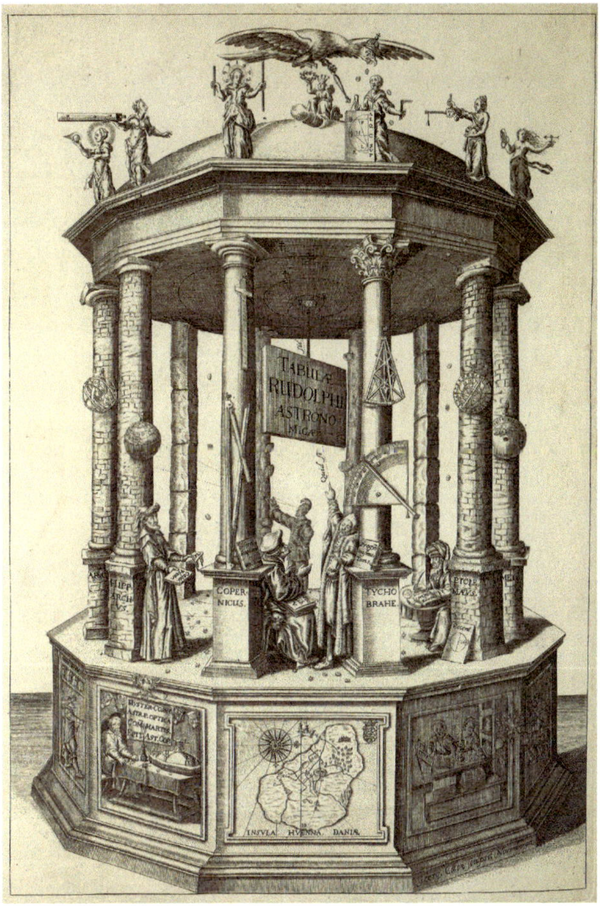

22 Georg Celer, Frontispiz der *Tabulae Rudolphinae*, 1627, in: Kepler, Johannes: *Tabulae Rudolphinae*, Ulm 1627, München, Bayerische Staatsbibliothek, Rar. 441

Das farbig gezeichnete Titelblatt erinnert sowohl thematisch als auch ikonografisch an die Rudolphinischen Tafeln Johannes Keplers von 1627 (Abb. 22); einem Buch mit einer Sammlung von Tabellen und Regeln für mathematische Berechnungen und zur Vorhersage von Planetenkonstellationen, die als Grundlage zur zeitlichen Bestimmung bestimmter Ereignisse, wie Sonnen- oder Mondfinsternissen, aber auch von Osterfestberechnungen diente. Mit dem Werk beauftragte Kaiser Rudolf II. seine Hofmathematiker Tycho Brahe und Johannes Kepler. Es konnte jedoch erst 1627 nach dem Tod Brahes (bereits 1601) und auch Rudolfs II. (1612) fertiggestellt werden. Das berühmte Frontispiz der *Tabulae Rudolphinae,* das der Nürnberger Stecher Georg Celer nach Keplers Vorgaben erstellte, zeigt ebenfalls eine Tempelarchitektur, allerdings keinen Rundtempel, sondern einen eckigen Tempel mit zwölf Säulen. In und auf diesem Tempel wird die Geschichte der Astronomie sowohl anhand von symbolischen und allegorischen Motiven als auch durch die personelle Darstellung bedeutender Astronomen wie

Ptolemäus, Nikolaus Kopernikus oder Tycho Brahe präsentiert. Dem Titelblatt nachgestellt ist ein Gedicht, in dem die Ikonografie zusätzlich erklärt wird. Jedem Astronomen ist eine Säule gewidmet, an der für diesen typische Werke und Instrumente wie ein Sextant, ein Astrolabium, ein Quadrant, ein Himmelsglobus und eine Armillarsphäre angebracht sind. Der Sockel zeigt die Vorarbeit und die Entstehung des Werks, während auf dem Säulendach der Reichsadler als kaiserliches Symbol, die Muse der Astronomie Urania und verschiedene Personifikationen der Wissenschaften wiederum mit Instrumenten als Attribute stehen. Das sind von links nach rechts *Physica lucis, Optica, Logarithmica, Doctrina Triangulorum, Stathmica* und *Magnetica*. Das Gedicht verweist zudem darauf, dass sich auf der nicht sichtbaren Rückseite des polygonalen Daches die weiteren Figuren *Geographia, Hydrographia, Computus, Chronologia, Mensoria Altitudinum, Geometria* und *Archetypica* befänden, die sich die Lesenden allerdings hinzudenken sollten.[71]

Die im Figurenprogramm dargestellten Wissenschaften decken sich überwiegend mit den Themen, die auch Johann Grothaus ab 1634 im Kölner Gymnasium Tricoronatum lehrte und die folglich Eingang in seine Handschriften und Vorlesungsmitschriften fanden. Das Buch *Tabulae Rudolphinae* kann in den beiden frühen Bibliothekskatalogen von 1628 und 1634 trotz späterer Nachtragungen nicht nachgewiesen werden,[72] im Katalog von 1725 findet sich eine Ausgabe von 1627.[73] Es ist dennoch davon auszugehen, dass Grothaus das so wichtige Werk Keplers bereits aus seinen Lehrtätigkeiten in Münster und Paderborn kannte und dass er es eventuell selbst besessen hat, zumal die Kölner Bibliothek außerdem mehrere Bücher Keplers beinhaltete. Wie die Handschrift *Praxeis matheseos traditae a R. P. Joanne Grothaus. Excerptae a me Philippo Pfingsthorn* eindrücklich zeigt, ging es Grothaus jedoch nicht ausschließlich um mathematische Inhalte, sondern auch um die Verknüpfung mit ikonografischen und allegorischen Bildern, die sicherlich zur Verständlichkeit des Stoffes beitragen sollten, aber eben auch Zitate berühmter ikonografischer Vorbilder Johann Sadelers, Marten de Vos' sowie Johannes Keplers beziehungsweise Georg Celers waren. Die parallele Vermittlung mathematisch-astronomischer Inhalte und eines spezifischen wissensallegorischen Bildgedächtnisses kann als Charakteristikum herausgestellt werden. Auch beim Titelblatt der Rudolphinischen Tafeln handelte es sich um eine ikonografische Besonderheit, denn die Zusammenstellung von astronomisch-historischen und allegorischen Inhalten war eine neue Bildkomposition Keplers. Außerdem sollte es noch bis zur Mitte des 17. Jahrhunderts dauern, bis astronomischen Traktaten vermehrt Titelkupfer beigefügt

71 Vgl. zur kunsthistorischen und wissenschaftsallegorischen Genese des Titelbildes Arnulf, Arwed: Das Titelbild der Tabulae Rudolphinae des Johannes Kepler. Zu Entwurf, Ausführung, dichterischer Erläuterung und Vorbildern einer Wissenschaftsallegorie, in: Zeitschrift des Deutschen Vereins für Kunstwissenschaft 54/55 (2000–2001) (2003), S. 176–198.

72 Vgl. HAStK, Best. 223, A 35, Catalogus generalis bibliothecae 1628, fol. 268v; HAStK, Best. 223, A 36, Catalogus bibliothecae 1634, fol. 221r.

73 Vgl. Catalogus Novus Bibliothecae 1725, S. 376. Die vorhandene Ausgabe von 1627 aus der Gymnasialbibliothek Köln mit der USB-Signatur N4/89 gehört wegen fehlender Provenienzmerkmale wohl nicht zur ehemaligen Jesuitenbibliothek.

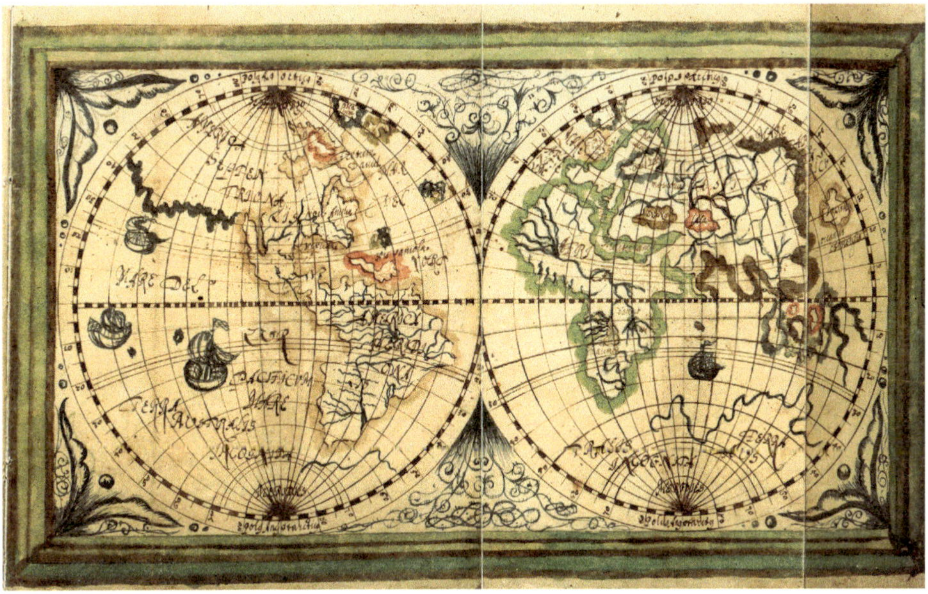

23 Weltkarte I, in: *Praxeis Matheseos*, 1641, HAStK, Best. 7020 (Handschriften (W*)), 441, fol. 90r

wurden.[74] Auch Grothaus beziehungsweise sein Schüler Philipp Pfingsthorn schufen folglich auf Basis des berühmten Vorbildes in der Handschrift eine eigene Bildkomposition zum *Canon Cyclis solaris*.

Nach dem sehr umfangreichen *Tractatus Astronomicus* folgt ein Kapitel zur Geografie, das durch mehrere farbige Zeichnungen verschiedener Karten besticht. Gewissermaßen als Frontispiz fungiert eine farbige Weltkarte auf Basis einer äquatorständigen Azimutalprojektion, die zwei Hemisphären zeigt. Sie ist eingefasst in einen grünen Rahmen. Neben farblich umrandeten Kontinenten und den Bezeichnungen der Länder und Meere befinden sich einzelne Zeichnungen von Schiffen auf den Ozeanen als Zeichen der großen Entdecker-, Handels- sowie Missionsrouten (Abb. 23). Im Kapitel findet sich beispielsweise eine Tabelle mit den Uhrzeiten an verschiedenen Orten der Welt, die die Uhrzeit *Coloniae* als Ausgangspunkt nimmt. Sie ist vergleichbar mit einer Darstellung im Jubiläumsband zur Jahrhundertfeier, die im Exkurs zur Jahrhundertfeier des Jesuitenordens thematisiert wird.[75]

In einem eigenen Abschnitt wird die Geografie definiert als „Beschreibung der verschiedenen Länder und ihrer räumlichen Darstellung". Auch dazu gibt es eine architektonische Rahmung: In einer mehrteiligen Ädikula wird der Titel *Geographia* im Zentrum hervorgehoben (Abb. 24). Die architektonische Rahmung besteht aus jeweils zwei

74 Vgl. Arnulf 2003, S. 198.
75 Vgl. HAStK, Best. 150 (Universität), A 1061, fol. 341r.

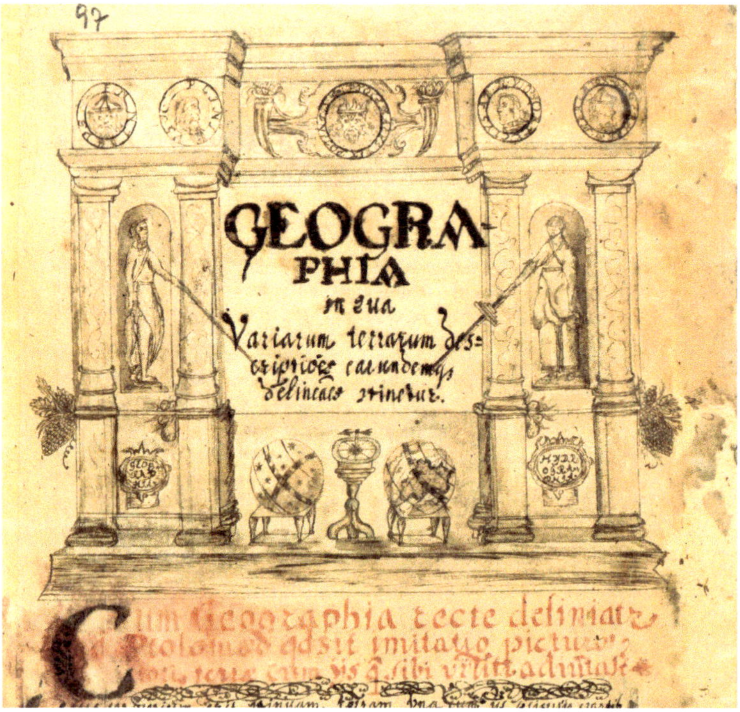

24 *Geographia*, in: *Praxeis Matheseos*, 1641, HAStK, Best. 7020 (Handschriften (W*)), 441, fol. 97r

Säulen mit hohen quadratischen Sockeln, die eine Rundbogennische, in der eine Figur steht, hervorheben. Sie stehen wiederum auf einer breiten Basis. Die vier Säulen tragen ein Gebälk, das ebenso hoch wie die Säulensockel ist und dadurch einen ausgewogenen Abschluss der Architektur bildet.

Die Rahmung kann in drei Ebenen geteilt werden: In der unteren Sockelebene sind rechts und links jeweils zwischen den quadratischen Sockeln Kartuschen angebracht, in denen links *Geographia* und rechts *Hydrographia* zu lesen ist. Im Zentrum stehen drei Instrumente: ein Himmelsglobus, ein Erdglobus und in deren Mitte ein Kompass. Die mittlere Ebene zeigt den Titel *Geographia*, der von den beiden bereits genannten, vermutlich allegorischen Figuren in Nischen gerahmt wird. Beide halten jeweils ein langes Instrument in ihren Händen, mit denen sie auf den Titel deuten. Dabei handelt es sich um Instrumente zur Vermessung und Navigation; einen Jakobsstab rechts und vermutlich einen langen Zirkel oder einen Zeigestab links. Die obere Ebene umfasst das Gebälk mit einem Fries, in dem fünf runde Darstellungen antiker und frühneuzeitlicher Wissenschaftler angebracht sind, jeweils mit Porträt und Benennung. Die linke Spalte zeigt den Naturwissenschaftler Plinius den Älteren sowie vermutlich den römisch-antiken

Poetiker Ennius, während rechts die Geografen und Kartografen Abraham Ortelius und Gerhard Mercator mit dem typischen zeitgenössischen Hut zu sehen sind. Ortelius hatte 1570 den ersten Atlas – *Theatrum Orbis Terrarum* – herausgegeben.[76] Mercator ist ebenfalls für seine Atlanten sowie für Globen und Erdkarten berühmt, die auf der winkeltreuen Mercator-Projektion beruhten und damit besonders für die Seefahrt geeignet waren. Im mittleren Medaillon ist der antike Astronom Ptolemäus gezeigt, der als *Ptolemaius Rex Potentis*, also als König der Mächtigen oder auch besonders Fähigen, bezeichnet wird. Damit ist seine Bedeutung für die Entwicklung der Astronomie, Geografie und Kartografie sowohl durch die verbale Krönung als auch durch die architektonische Krönung im oberen Zentrum doppelt ins Bild gesetzt.

Im folgenden Kapitel der Handschrift werden verschiedene Methoden beschrieben, um astronomische, geografische und kartografische Messungen vorzunehmen. Darunter findet sich eine große Zeichnung eines Quadranten, die von einer wachsenden Rose flankiert wird (Abb. 25). Nach diesem Abschnitt eröffnet eine weitere gezeichnete Weltkarte mit zwei Hemisphären sowie allegorischen Figuren und Darstellungen der Jahreszeitenikonografie ein weiteres Buch im Buch, bei dem es sich um einen *Typus Orbis Terrarum* handelt, einer zeitgenössischen Bezeichnung für Weltkarten, die zuerst

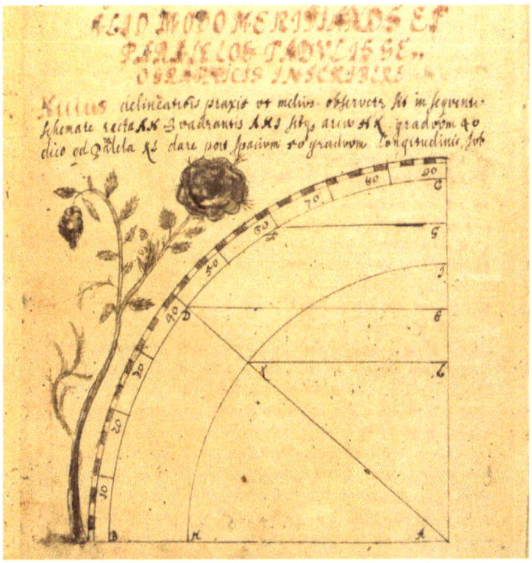

25 Zeichnung eines Quadranten mit Rose, in: *Praxeis Matheseos*, 1641, HAStK, Best. 7020 (Handschriften (W*)), 441, fol. 100v

76 Vgl. zu Ortelius Typus Orbis Terrarum zum Beispiel Bérard, Julien: Kommunikation, Wissensproduktion und Kartographie. Abraham Ortelius und die Kartenproduktion im Antwerpen des späten 16. Jahrhunderts, Baden-Baden 2020; Büttner, Nils: Die Erfindung der Landschaft. Kosmographie und Landschaftskunst im Zeitalter Bruegels, Göttingen 2000, S. 47–60; Imhof, Dirk: Ein Theater der Welt. Atlaskartographie in den Niederlanden des 16. Jahrhunderts, in: Weltvermesser. Das Goldene Zeitalter der Kartographie. Ausst. Kat. Weserrenaissance-Museum Schloss Brake, Lemgo 2015, hg. von Michael Bischoff/Vera Lüpkes/Rolf Schönlau, Dresden 2015, S. 60–75; Bischoff, Michael: Weltenträger, Kontinente, Land und Meer. Zur Ikonographie der gestochenen Titelblätter frühneuzeitlicher Atlanten, in: Bischoff, Michael/Lüpkes, Vera/Crom, Wolfgang (Hg.): Kartographie der Frühen Neuzeit. Weltbilder und Wirkungen, Marburg 2015, S. 193–209.

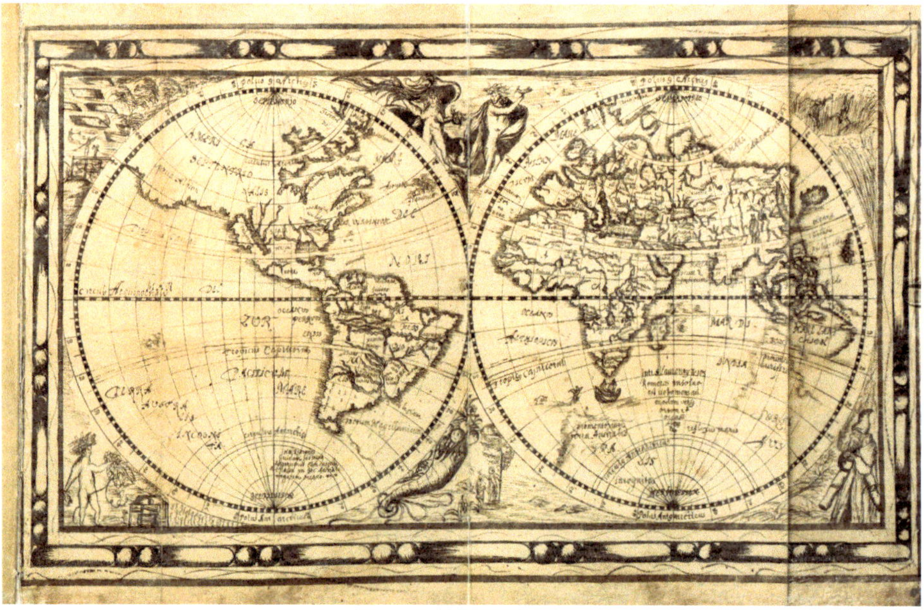

26 Weltkarte II, in: *Praxeis Matheseos*, 1641, HAStK, Best. 7020 (Handschriften (W*)), 441, fol. 102r

im Atlas von Abraham Ortelius 1570 verwendet wurde. Interessant ist der Vergleich der beiden Weltkarten (Abb. 23 und Abb. 26):

Die erste Zeichnung ist farblich ausgestaltet und hat eine ornamentale Rahmung. Einzelne Schiffe und die in Blau eingezeichneten Flussverläufe sind als Wissenselemente eingesetzt, die eine ordnende und eine ästhetische Funktion innehaben. Darin kann das Prinzip des *horror vacui* erkannt werden, das, übertragen aus der Bildenden Kunst, auf die Kartografie angewandt wurde. Leere Stellen auf Karten, zum Beispiel durch fehlendes Wissen entstanden, wurden demnach mit topografischen, nautischen oder symbolischen Elementen gefüllt.[77] Abraham Ortelius, auf den im Buch verwiesen wird, und seine Karten sind für einen sachlicheren Stil bekannt, in dem derartige Elemente eher wenig vorkamen. „Die Sparsamkeit, mit welcher Ortelius sie einsetzte, kann als typisch für seinen Stil gelten, der sich durch seine Schlichtheit und Übersichtlichkeit von anderen Kartografen unterscheidet."[78] Die erste Weltkarte der Handschrift beziehungsweise die Vorlage dafür werden daher diesem schlichteren Stil zugeordnet, der sich allgemein in das Antwerpen des auslaufenden 16. Jahrhunderts verorten lässt, das nicht nur ein Handelszentrum und eine der größten Städte Europas war, sondern auch ein Zentrum der Kartografie.[79]

77 Vgl. Bérard 2020, S. 291–303.
78 Ebd., S. 294.
79 Vgl. dazu zum Beispiel Büttner 2000, S. 57–61; Imhof 2015; Bérard 2020.

Ende des 16. und im 17. Jahrhundert kam es vor allem aus politischen und konfessionellen Gründen – Eroberung Antwerpens durch die Spanier, Achtzigjähriger Krieg, Sperrung der Schelde – zu einer Verschiebung dieses Zentrums nach Amsterdam.[80] In der kartografischen Produktion des 17. Jahrhunderts ist daraufhin eine weitere Ästhetisierung von Kartenwerken zu erkennen. Karten und Globen wurden vermehrt mit allegorischen Motiven ausgestattet. Zudem gewannen Elemente der Topografie, der Nautik sowie der Ethnografie an Bedeutung. Diese wurden deutlich detaillierter ausgestaltet und nahmen mehr Raum ein; auch aufgrund von kommerziellen Gründen. Im gleichen Zuge wandelte sich auch die Käuferschaft, die zunehmend gesellschaftlich breiter wurde. Kartenwerke richteten sich nicht mehr nur an spezialisierte Personen aus Wissenschaft und Seefahrt[81] und sie wurden auch nicht mehr ausschließlich als mathematisch-geografische Karten angesehen, sondern sollten auch breiteres Wissen über die Topografie, Ethnografie und Geschichte der Länder vermitteln und durch allegorische Figuren von beispielsweise Jahreszeiten, den vier Elementen oder Kontinenten in einen größeren, auch bildgeschichtlichen Kontext gestellt werden.[82]

Der zweiten Zeichnung der Weltkarte wird ein Vorbild dieses Kartentypus aus dem beginnenden 17. Jahrhundert zugeordnet (Abb. 26). Sie ist unter anderem wegen der fehlenden Farbigkeit deutlich von der ersten zu unterscheiden: Die kartografischen Informationen und die Umrisse der Länder und Kontinente sind sehr viel detaillierter gezeigt und werden zudem benannt. Auch hier finden sich Flussverläufe, einzelne Bergketten und darüber hinaus Schiffe und Meerestiere als ortsspezifische Motive. Der größte Unterschied liegt allerdings in der Rahmung, die bei der zweiten Karte aus Allegorien der vier Jahreszeiten besteht, die sowohl in Form von Figuren als auch landwirtschaftlichen Darstellungen und Symbolen wie dem Füllhorn in die Karte gesetzt wurden. Die beiden Weltkarten in der Handschrift spiegeln die kartografische Entwicklung der letzten Jahrzehnte, woraus zu folgern ist, dass diese auch Thema in den Vorlesungen Johann Grothaus' war.

Die zweite Weltkarte bildet gewissermaßen den Anfang des *Typus Orbis Terrarum*. In den ersten beschreibenden Sätzen wird auf Gerhard Mercator verwiesen, eine „Koryphäe

80 Vgl. Krogt, Peter van der: Das Goldene Zeitalter der niederländischen Kartographie, in: Weltvermesser. Das Goldene Zeitalter der Kartographie. Ausst. Kat. Weserrenaissance-Museum Schloss Brake, Lemgo 2015, hg. von Michael Bischoff/Vera Lüpkes/Rolf Schönlau, Dresden 2015, S. 76–89; Koller, Ariane: Weltbilder und die Ästhetik der Geographie. Die Offizin Blaeu und die niederländische Kartographie der Frühen Neuzeit, Affalterbach 2014, S. 47–82.

81 Bérard 2020, S. 296–303.

82 Vgl. dazu vor allem Koller 2014a, S. 10–14, S. 36–42, S. 137–166 und S. 244–254; Büttner 2000, S. 61–71; Krzysztof Pomian setzt diese Art von allegorischen Motiven in Beziehung mit den Kunst- und Wunderkammern und dem darin innewohnenden „Ausdruck einer enzyclopädischen Wißbegier, die daraufzielt, die ganze Schöpfung der Erkenntnis zu öffnen, den Makrokosmos in den Mikrokosmos zu projizieren, das gesamte Universum in den Raum eines Studios zu fassen, das hierzu durch seine Architektur und mehr noch durch seine Ausschmückung besonders geeignet ist". Pomian 1994, S. 113. In den allegorischen Topoi und Bildern drücke sich diese „ganzheitliche, kosmische Sicht" aus.

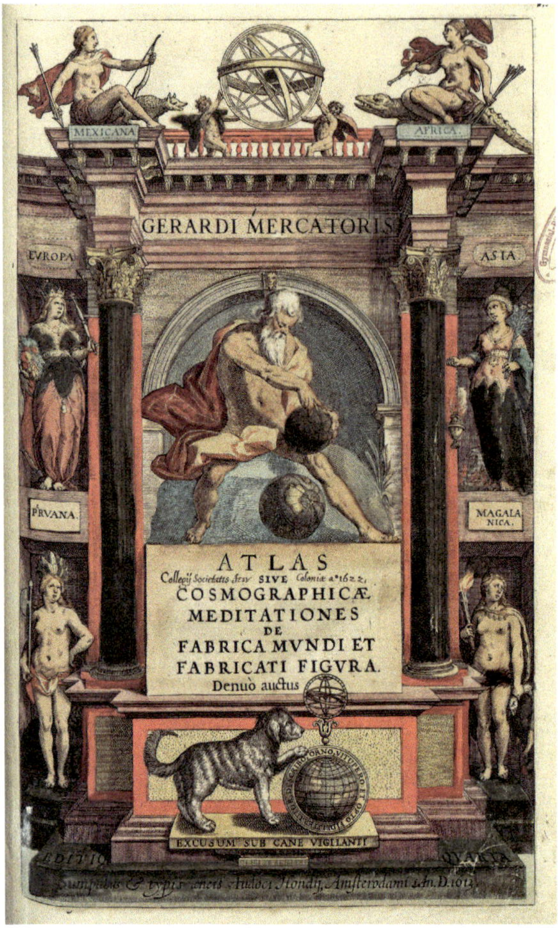

27 Titelblatt des Mercator-Atlas, in: Mercator, Gerhard: *Atlas sive cosmographicae meditationes de fabrica mundi et fabricati figura*, Amsterdam: Hondius, 1613, Universitäts- und Stadtbibliothek Köln, GBXI21+E

unter den Geographen". Sein *Atlas, sive Cosmographicae Meditationes de Fabrica Mundi et fabricati figura*, der von dem flämischen Kartografen und Verleger Jodocus Hondius (1563–1612) um Karten erweitert und 1613 neu herausgegeben worden war, befand sich seit 1622 – direkt nach Wiederaufbau der Bibliothek – im Jesuitenkolleg.[83] Daneben gab es in der Bibliothek auch einen *Atlas minor* von Mercator und Abraham Ortelius' *Theatrum Orbis Terrarum* in einer großen Ausgabe von 1570.[84] Das Buch gehörte zur Hauptbibliothek. Auf dem Titelkupfer befindet sich neben dem Provenienzeintrag des Kölner Kollegs eine für die Jesuiten typische schwarze Zensur der allegorischen Figur

83 Vgl. Mercator, Gerhard: Atlas sive cosmographicae meditationes de fabrica mundi et fabricati figura, Amsterdam: Hondius, 1613. Das Werk trägt heute die USB-Signatur GBXI21+E. Es wurde vollständig digitalisiert: https://www.ub.uni-koeln.de/cdm/ref/collection/mono17/id/12971 [zuletzt aufgerufen am 03.02.2024]. HAStK, Best. 223, A 35, Catalogus generalis bibliothecae 1628, fol. 251v.

84 HAStK, Best. 223, A 35, Catalogus generalis bibliothecae 1628, fol. 251v.

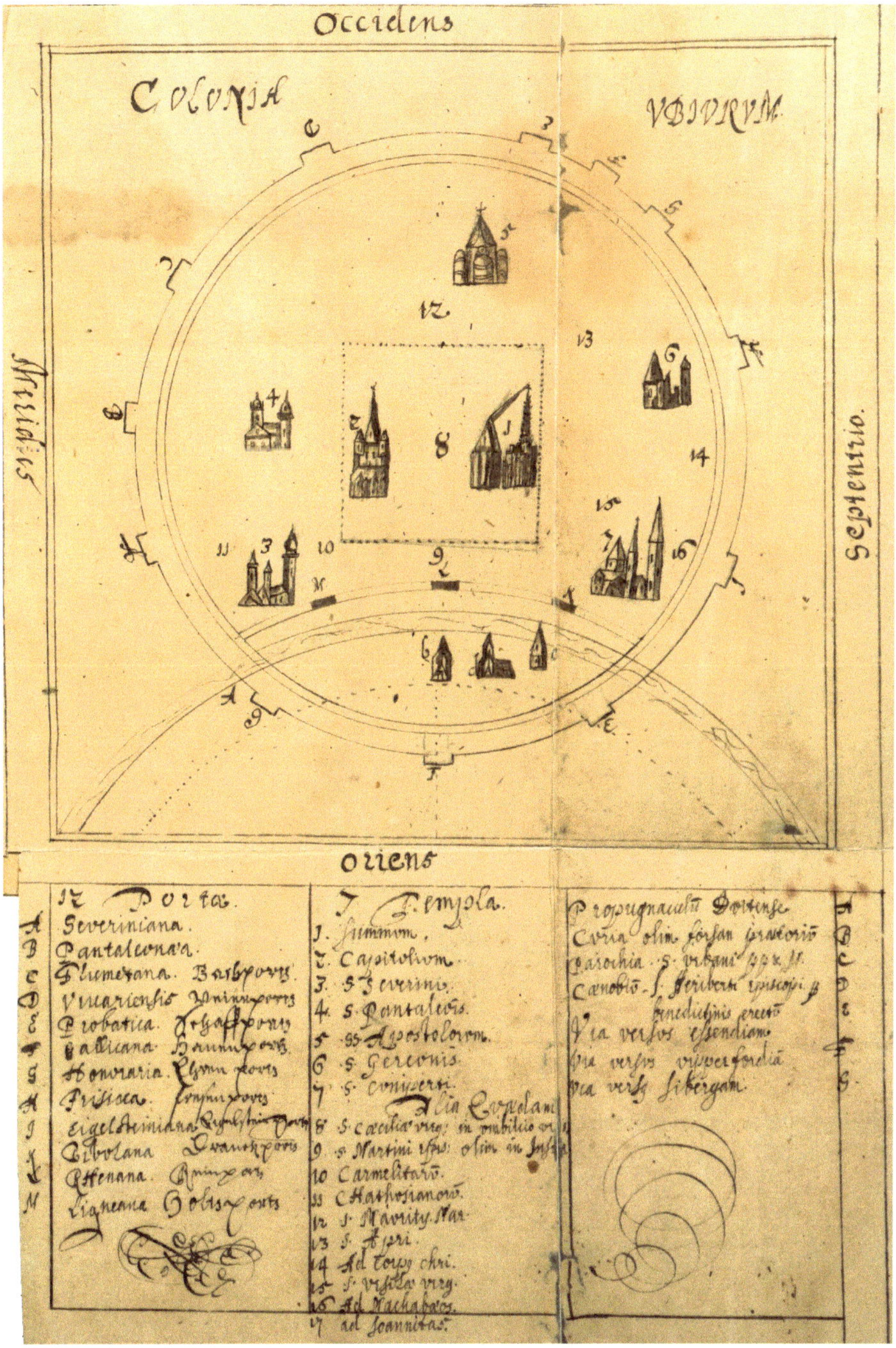

28 *Colonia Ubiorum*, in: *Praxeis Matheseos*, 1641, HAStK, Best. 7020 (Handschriften (W*)), 441, fol. 105r

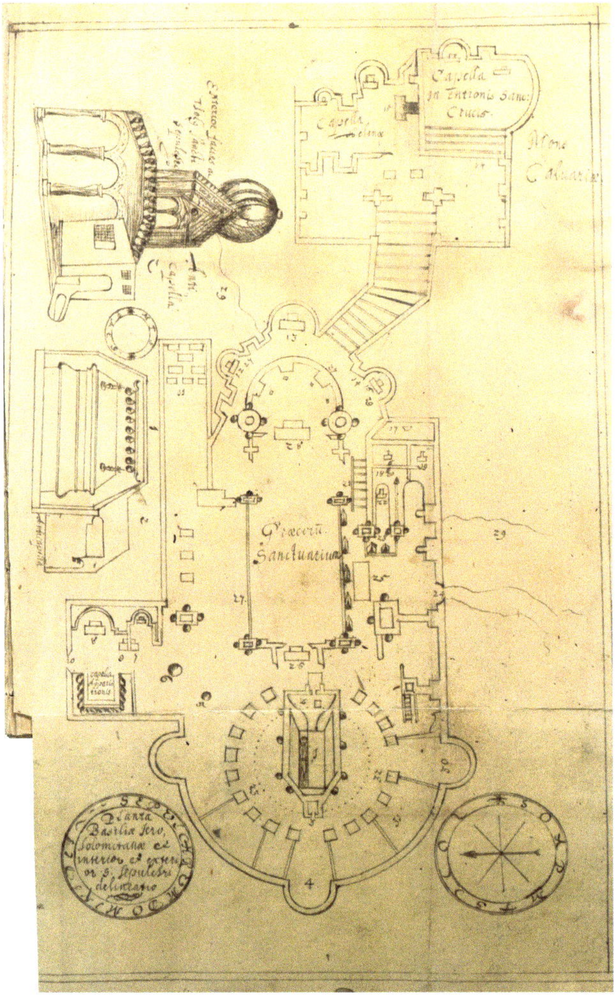

29 Grund- und Aufriss der Grabeskirche in Jerusalem, in: *Praxeis Matheseos*, 1641, HAStK, Best. 7020 (Handschriften (W*)), 441, fol. 111r

der *Magalanica*, die gemäß der Unwissenheit über den Kontinent und der vermeintlichen „Wildheit" und „Exotik" in der Ikonografie der Kontinente nackt dargestellt wird. Die Jesuiten übermalten den Intimbereich der allegorischen Frauenfigur, um das Werk bedenkenlos in ihre Bibliothek stellen zu können (Abb. 27).

Nach der Einleitung zum *Typis Orbis Terrarum* werden auf den folgenden Seiten nacheinander Kontinente und Länder aufgezählt und sowohl geografisch als auch historisch beschrieben. Beigefügt sind kleine Zeichnungen von Länderkarten, welche die Positionen der Kontinente oder die typografischen Beschaffenheiten sowie Städte der Länder zeigen. Von *Colonia Ubiorum* gibt es eine Spezialkarte, auf der neben dem Verlauf des Rheins die bedeutenden Kirchen Kölns als Miniaturen und eine vereinfachte kreisrunde Darstellung der Stadtmauer mit den Stadttoren abgebildet sind. Der Dom als *Templum*

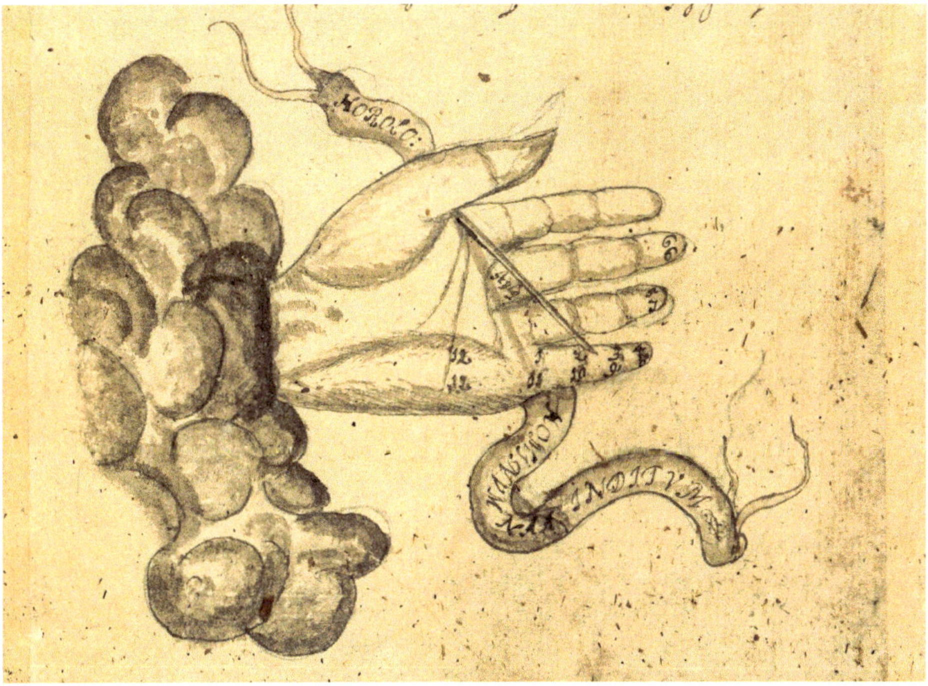

30 Hand-Sonnenuhr, in: *Praxeis Matheseos,* 1641, HAStK, Best. 7020 (Handschriften (W*)), 441, fol. 119r

Summum ist als Dombaustelle mit Kran zu sehen (Abb. 28). Eine weitere Spezialkarte schließt sich an die Präsentation der Länder Europas, hinter Portugal und am Ende des *Typus Orbis Terrarum,* an: Die Grabes- und Auferstehungskirche in Jerusalem wird in einem detaillierten Grundriss geschildert, dessen Legende zusätzliche Informationen enthält. Zudem gibt es einen Aufriss der Grabeskirche (Abb. 29). Die beiden Spezialkarten legen innerhalb dieses *Typus Orbis Terrarum* den Fokus auf kirchlich-religiöse Besonderheiten. Köln wird durch den dargestellten Reichtum an Kirchen als Hochburg und als (bildliche) Festung des Katholizismus präsentiert. Die detaillierte Darstellung der Grabes- und Auferstehungskirche Jerusalems am Ende der Beschreibung der Welt kann als Verweis oder sogar als Ausblick auf Pilgerreisen gedeutet werden. Geografisches Wissen beinhaltet demzufolge auch die Kenntnis der katholischen Zentren Köln und Jerusalem.

Das nächste Kapitel der Handschrift befasst sich mit der *Horologica,* der Lehre von der Sonnenuhr. Es folgt eine Reihe von Zeichnungen verschiedener Sonnenuhren, die jeweils von aufwendig gestalteten Kartuschen gerahmt werden. Außerdem ist beispielsweise beschrieben, wie mithilfe eines kleinen Stabes in der Hand die Uhrzeit bestimmt werden kann. Dabei wird die Hand nach Osten ausgerichtet und das Stäbchen wird zwischen Daumen und Handballen gehalten, sodass es einen Schatten auf die Handfläche wirft

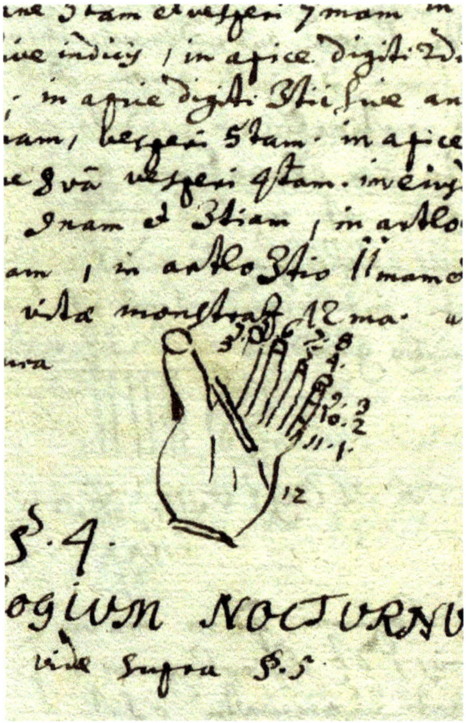

31 Hand-Sonnenuhr, in: Handschrift zur Optik, Anfang 18. Jahrhundert, HAStK, Best. 7008 (Handschriften (GB oktav)), 81, fol. 20v

(Abb. 30). An den Fingergelenken ist die Zeit abzulesen. Eine ähnliche, wenngleich viel einfachere Zeichnung einer *Horologium Pauperum*, einer Sonnenuhr für arme Menschen, ist ebenfalls in einer weiteren jesuitischen Handschrift zur Gnomonik aus dem 17. Jahrhundert erhalten (Abb. 31).[85] Den Abschluss der aufwendigen Vorlesungsmitschrift bildet ein Abschnitt über die Architektur, worin es vor allem um den Festungsbau (*Architectura bellica*) geht.

Die Analyse mit einem bild- und wissensallegorischen Schwerpunkt weist die Handschrift als besonderes Zeugnis des mathematischen Unterrichts des Jahres 1641 aus. Rein optisch unterscheidet sie sich stark von vergleichbaren jesuitischen Handschriften aus dem 17. Jahrhundert, die deutlich einfacher gebunden und ausgestaltet waren. Die Erklärung ist wohl im Entstehungskontext des *Praxeis Matheseos* zu finden. Diese Handschrift ist nicht, wie die anderen jesuitischen Schriften, vom Jesuitenkolleg über die Nachfolgeinstitutionen direkt ins Historische Archiv der Stadt Köln gelangt, sondern sie wurde 1961 von dem Freiherrn von Bönninghausen aus Privatbesitz für das Archiv angekauft.[86] Die Provenienz der Handschrift konnte nicht geklärt werden, sodass

85 Vgl. HAStK, Best. 7008, 81, fol. 20r–20v.

86 Vgl. Statistisches Amt der Stadt Köln (Hg.): Verwaltungsbericht der Stadt Köln 1961, Köln 1961, S. 118. Die Handschrift *Praxeis Matheseos* des Jesuiten Grothaus (17. Jahrhundert) wird unter den

offenbleibt, zu welchem (repräsentativen) Zweck oder in wessen Auftrag die Schrift entstanden ist und wann und warum sie das Jesuitenkolleg verlassen hat. In jedem Fall sind die Konzeption und die aufwendige bildliche Ausgestaltung als etwas Besonderes hervorzuheben. Eventuell ist die Schrift im Zusammenhang ihres Entstehungsjahres 1641 zu verstehen, weil zuvor das hundertjährige Jubiläum des Jesuitenordens gefeiert wurde, in welchem Kontext die Schrift begonnen worden sein könnte. Möglicherweise wollte Johann Grothaus unter Zuhilfenahme seines Studenten Philipp Pfingsthorn sich und seinen mathematischen Unterricht repräsentieren und mittels der Bilder verständlich und auch versiert darstellen.

Eine weitere Überlegung hängt mit der jesuitischen Bibliothek zusammen. Da der Bücherbestand durch einen Brand im Jahr 1621 zum großen Teil zerstört wurde und erst wiederaufgebaut werden musste, waren möglicherweise noch nicht genügend Bücher über bestimmte mathematische Bereiche vorhanden, was durch die aufwendige Handschrift auszugleichen versucht wurde.[87] Im Vergleich mit einer anderen jesuitischen Handschrift mit Fokus auf Gnomonik und Optik aus dem 17. Jahrhundert variieren sowohl das Schriftbild als auch die Zeichnungen in ihrer Machart.[88] Der Inhalt wurde schrittweise in das Buch geschrieben, es gibt Streichungen und Ergänzungen im Text und am Rand. Farbe kommt in dieser Schrift nicht vor und auch die Zeichnungen sind sehr einfach und schematisch gehalten. Außerdem sind gedruckte Blätter von Sonnenuhren, gnomonischen oder optischen Tabellen und Schaubildern in das Werk hineingeklebt, was zur Illustration diente, aber von dem Anspruch der eigenen Darstellung abweicht. Drucke beispielsweise von Sonnenuhren oder anderen Instrumenten waren oft in Büchern eingebracht, damit sie von den Lesenden ausgeschnitten und vor Ort in Handschriften oder für einfache Instrumente benutzt werden konnten.[89]

Neben der Vorlesungsmitschrift *Praxeis Matheseos* von 1641 hat sich eine weitere Handschrift von Johann Grothaus aus dem Jahr 1657, seinem letzten Jahr als Mathematikprofessor am Kölner Kolleg, erhalten. Die Schrift unterscheidet sich vollkommen von der farbigen Handschrift des Philipp Pfingsthorn. Es handelt sich um ein kleines, einfach gebundenes Lederbuch, das die Bereiche Mathematik, Arithmetik, geometrische Elemente, praktische Geometrie, Statik, Optik, Dioptrik, Perspektive und Katoptrik, Kosmografie, Sternenkunde, Armillarsphäre, Geografie und die Theorie der Planeten

Neuerwerbungen aufgeführt. Da von Bönninghausen ein westfälisches Adelsgeschlecht ist und Lothar Dietrich von Bönninghausen (1598–1657), Feldmarschallleutnant im dreißigjährigen Krieg, zeitgleich zu Johann Grothaus lebte und dieser ebenfalls in Westfalen in Paderborn, Münster und am Hof zu Neuhaus tätig war, könnte möglicherweise eine Verbindung zwischen den beiden existiert haben.

87 Vgl. HAStK, Best. 223, A 35, Catalogus generalis bibliothecae 1628. fol. 254r–283v. Der Bibliothekskatalog zeigt einige Leerstellen in mathematischen Bereichen.

88 Vgl. HAStK, Best. 7008, 81.

89 Vgl. Minow 1991, S. 89. Siehe dazu vor allem Karr Schmidt, Suzanne: Printed Scientific Objects, in: Altered and Adorned: Using Renaissance Prints in Daily Life, Ausst. Kat. The Art Institute of Chicago, Chicago 2011, hg. von dies./Kimberly Nichols, New Haven 2011, S. 73–92, hier S. 73–81.

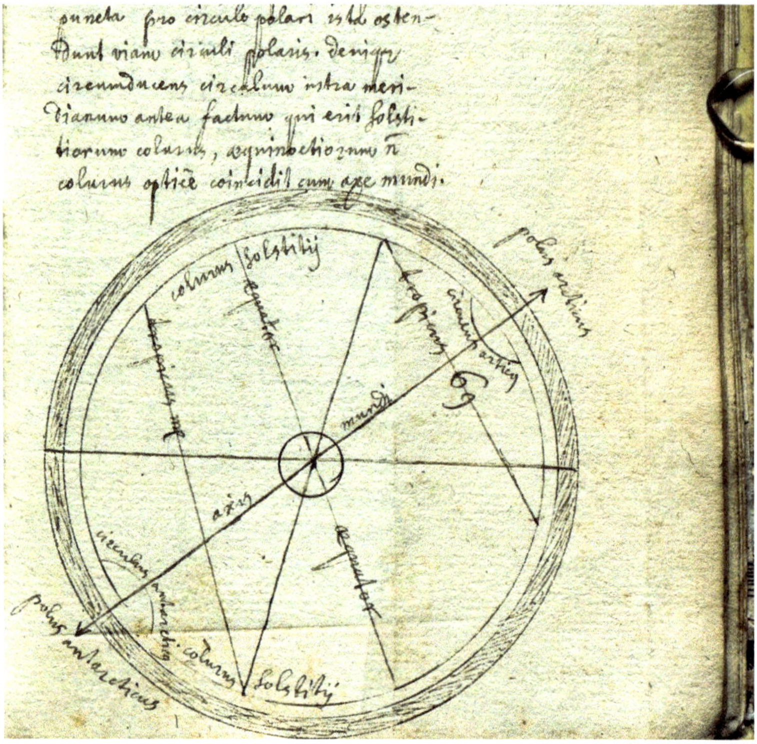

32 Zeichnung einer *Sphaera*, 1657, in: *Mathesis generalis tradita a r. p. Joanne Grothausen S. J.*, HAStK, Best. 7008 (Handschriften (GB oktav)), 179, fol. 56r

beinhaltet. Es sind Nachtragungen verschiedener Hände auszumachen. Zudem gibt es einfache Randzeichnungen zur Erklärung des Inhalts.[90] Die Gegenüberstellung zweier Zeichnungen aus dem Themenbereich Astronomie offenbart die unterschiedlichen Ansprüche der Handschriften gut (Abb. 32 und Abb. 33).

Laut der für das Schuljahr 1641/1642 erhaltenen Auflistung der Schulbücher wurde die sphärische Astronomie des Johannes de Sacrobosco (wahrscheinlich 1195–1256) verwendet.[91] Dieser mittelalterliche Mathematiker und Astronom hatte sein Werk *De Sphaera* mit Grundlagen zur Beobachtung des Sternenhimmels bereits zu Beginn des 13. Jahrhunderts für den Unterricht an der Pariser Universität verfasst. Es blieb nicht nur in Köln, sondern in allen europäischen Universitäten bis in das 17. Jahrhundert hinein ein Standardwerk für die Astronomie. Bereits in Sacroboscos Werk sind viele bildliche Darstellungen zu finden, die in der Folge immer wieder von anderen Autoren übernommen, leicht modifiziert und neu zusammengestellt wurden. Der Jesuit Christoph Clavius

90 Vgl. HAStK, Best. 7008, 179.
91 Vgl. HAStK, Best. 150, A 1048.

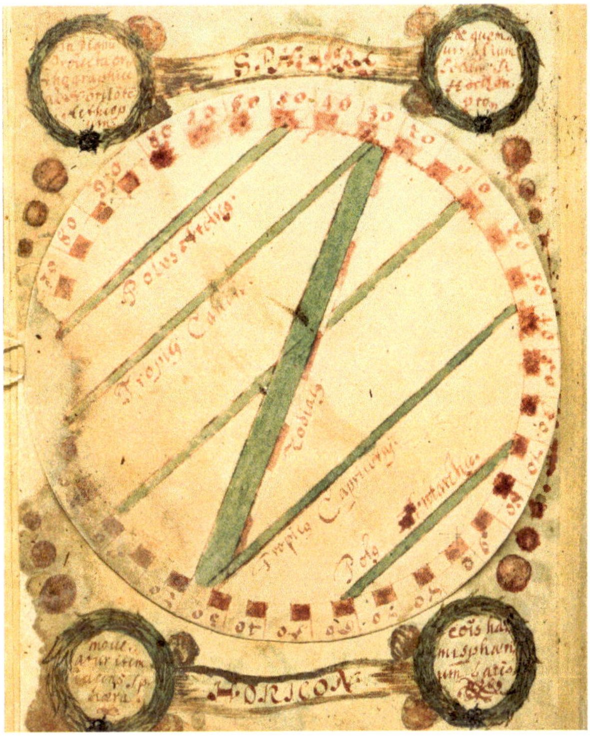

33 Zeichnung einer *Sphaera*, in: *Praxeis Matheseos*, 1641, HAStK, Best. 7020 (Handschriften (W*)), 441, fol. 45v

brachte mehrere kommentierte Versionen von Sacroboscos Werk heraus. Eine Ausgabe von 1610 wurde unmittelbar nach dem Brand für die Kölner Bibliothek angeschafft.[92] Bereits im 16. Jahrhundert gelangte neben Sacroboscos ein weiteres Standardwerk des Mathematikers Georg von Peuerbach (1423–1461) in die Bibliothek.[93] Auch Peuerbach arbeitete mit einer Vielzahl von illustrativen Bildern. „Neben *Sphaera* und der *Theoricae planetarum* gehörte der ‚Computus eccelsiasticus' zu dem an allen Universitäten vertretenen Kanon mathematisch-astronomischer Lehrschriften."[94] Um den *Computus* hatte sich wiederum der jesuitische Wissenschaftler Christoph Clavius sehr verdient gemacht.[95]

Die jesuitischen Handschriften des 17. Jahrhunderts kompilierten folglich mathematisches Wissen aus verschiedenen Büchern und übernahmen teils Bilder, fügten teils aber auch neue hinzu. Die Handschriften sind somit neue Zusammensetzungen dieses

92 Vgl. Sacrobosco, Johannes de [u. a.]: Sphaera Joannis de Sacrobosco emendata aucta et illustrata, Köln: Petrus Cholinus, 1610. USB-Signatur N2/33.

93 Vgl. Peuerbach, Georg von: Theoricae novae planetarum Georgii Purbachii Germani, Köln: Mylius, 1603. USB-Signatur N2/33.

94 Quarg 1996b, S. 47.

95 Vgl. ebd., S. 44–48.

Wissens, eigene Kompilationen, die um spezielle Kontexte und neue Erkenntnisse beziehungsweise Diskurse ergänzt wurden. Ein Ziel der Handschriften war die didaktische und methodische Aufbereitung des Wissens für den Unterricht und die Ordnung der Lehrinhalte, wobei auch den Bildern eine epistemologische Funktion zugeschrieben wird. In Grothaus' Schrift ist zudem das Bestreben zu erkennen, den Inhalt in eine repräsentative Form zu bringen und mit einem eigenen anspruchsvollen Bildprogramm mit kunsthistorischen Zitaten und allegorischem Schmuck anzureichern.

2.1.2 Korrespondenzen: Köln und Rom

Johann Grothaus ist nicht nur wegen seiner gut dokumentierten Lehre und seiner Rolle bei der Erstellung der ersten mathematischen Objekte des Kollegs interessant, sondern auch wegen seiner Netzwerke. Die frühe Verbindung zum Jesuiten Friedrich Spee und auch seine Position als Hofhistoriograf in Neuhaus wurden bereits genannt. Erhaltene Briefwechsel mit Athanasius Kircher, dem deutschen Jesuiten und Gelehrten am Collegium Romanum und dem Begründer des berühmten *Musaeum Kircherianum*, zeigen überdies, dass Grothaus als Kölner Mathematikprofessor auch überregional und zu naturwissenschaftlichen Themen korrespondierte. Kircher pflegte ein breites Korrespondentennetzwerk, das über Europa hinaus auch in die jesuitischen Missionsgebiete in Afrika, Südamerika und Asien reichte.[96] Unter den Korrespondenzpartnern waren Könige, Kaiser, Kurfürsten, Kirchenmänner, Päpste und Gelehrte. Kircher stellte seine wichtigen Briefe mit politischen, religiösen oder wissenschaftlichen Berühmtheiten auch als Objekte in seinem Museum aus. Kurz vor seinem Tod 1678 befanden sich dort zwölf Foliobände mit Korrespondenzen. Allein in Rom haben sich fast 2.300 Briefe erhalten, die zum überwiegenden Teil von Jesuiten stammen.[97] In einer speziellen Gruppe von Briefen geht es um naturwissenschaftliche und vor allem astronomische Inhalte. Jesuitische Gelehrte schickten Kircher regionale beziehungsweise lokale astronomische

96 Die Forschungsliteratur zu einem der berühmtesten jesuitischen Wissenschaftler und Sammler des 17. Jahrhunderts ist immens und differenziert. Zu Kirchers Korrespondenzen, vor allem zu (natur-)wissenschaftlichen Belangen, vgl. zum Beispiel Lelková/Findlen/Sutherland 2020; Saussy, Haun: Magnetic Language: Athanasius Kircher and Communication, in: Findlen, Paula (Hg.): Athanasius Kircher: The Last Man who Knew Everything, New York 2004, S. 263–282; Findlen 2004; Asmussen 2016; Fletcher, John Edward: A Study of the Life and Works of Athanasius Kircher, „Germanus Incredibilis". With a Selection of His Unpublished Correspondence and an Annotated Translation of His Autobiography, Leiden/Boston 2011, S. 195–460.

97 Vgl. Asmussen 2016, S. 65–67. „Die Präsenz von Kirchers Korrespondenz sowohl im Museum als auch in seinen Büchern macht deutlich, dass diese Briefe nicht nur ein Medium zum Austausch von Informationen oder zur Wissensakquirierung waren. Besonders die Forschung zur europäischen Gelehrtenkultur hat unter Rückbezug auf die Erkenntnisse von Marcel Mauss auf die Bedeutung von Brief und Objekt als wesentlichen Medien des gesellschaftlichen Austausches und der Reproduktion und Verstärkung sozialer Beziehungen hingewiesen. Paula Findlen bezeichnet den Austausch von Gaben als eine der Hauptformen der Kommunikation in der Frühen Neuzeit. Auch Briefe sind als Gaben im eigentlichen Sinne zu verstehen. Wie die anderen Museumsobjekte wurden sie ausgestellt, gezeigt und erläutert." Ebd., S. 67.

Beobachtungen und Daten, die Kircher dann kommentierte und auch in seine eigenen Forschungen und Buchprojekte mit aufnahm. Teilweise werden Briefauszüge zitiert oder aber die (internationalen) Korrespondenzen über die Naturwissenschaften werden von Kircher als Bezeugung des eigenen Expertenstatus herangezogen.[98] Zur Personengruppe der jesuitischen Gelehrten, die mit Kircher über Naturwissenschaften korrespondierte, gehörte auch Johann Grothaus.

Grothaus' und Kirchers erhaltene Briefe im *Archivio della Pontificia Università Gregoriana*[99] in Rom stammen aus den Jahren 1639, 1640, 1642 und 1648. Am 1. September 1639 schrieb Grothaus an Kircher[100] und berichtete über eine Reihe seltener Bücher in „fremden Sprachen" aus dem Jesuitenkolleg in Emmerich, die von dem Theologen, Humanisten und frühen Gelehrten der syrischen Sprache, Andreas Masius (1515–1573), stammten und die Grothaus im Kölner Kolleg zu begutachten schien. Andreas Masius hatte Hebräisch, Griechisch und Latein in Löwen studiert, bevor er als Gelehrter und kirchlicher Diplomat durch Europa reiste. Masius arbeitete zum Beispiel an der Erstellung der Antwerpener polyglotten Bibel (*Biblia Regia*) mit, die zwischen 1569 und 1572 von Christoph Plantin in mehreren Bänden gedruckt wurde. Überdies erstellte er die erste europäische Grammatik und ein Wörterbuch des Syrischen.[101] Über verschiedene Personen waren Bücher Masius' aus seiner Bibliothek im holländischen Ort Zevenaar ins Emmericher Jesuitenkolleg gekommen. Grothaus ordnet diese Bücher bereits der griechischen und den orientalischen Sprachen zu, sagt aber in seinem Brief an Kircher, dass es eines Experten bedürfe, der den Nutzen und den Gebrauch der Bücher einschätzen könne. Als Professor für Mathematik, Physik und für orientalische Sprachen, der Kircher seit 1633 am Collegium Romanum war, schien er Grothaus der geeignete Ansprechpartner für die Beurteilung der Bücher des Andreas Masius zu sein. Dieser Brief ist folglich ein Zeugnis Grothaus' wissenschaftlicher Interessen sowie seiner frühen bibliothekarischen Aktivitäten im Kölner Kolleg, die er jedoch erst in den 1640er-Jahren qua Amt ausführte.[102]

98 Ebd., S. 65f. Tina Asmussen führt ein Beispiel aus dem Werk *Oedipus Aegyptiacus* aus den frühen 1650er-Jahren an, in dessen Vorwort Caspar Schott auf berühmte Korrespondenzpartner Kirchers einging.

99 Die Briefe Kirchers aus dem APUG sind online durchsuchbar und stehen über eine ältere Software zum Download zur Verfügung. Kirchers Korrespondenzen sind Teil des Projekts „Mapping the Republic of Letters" der Stanford University. Vgl. Hotson, Howard/Lewis, Miranda: Mapping the Republic of Letters: The Correspondence of Athanasius Kircher', in: Early Modern Letters Online [EMLO], http://emlo-portal.bodleian.ox.ac.uk/collections/?catalogue=athanasius-kircher [zuletzt aufgerufen am 03.02.2024]. Im Historischen Archiv der Stadt Köln konnten keine Korrespondenzen der Jesuiten mit Kircher gefunden werden.

100 Brief Grothaus' an Kircher vom 1. September 1639: APUG, Epist. 557, fol. 390r–390v.

101 Vgl. Lossen, Max: Masius, Andreas, in: Allgemeine Deutsche Biographie 20 (1884), S. 559–562, https://www.deutsche-biographie.de/pnd118578685.html#adbcontent [zuletzt aufgerufen am 28.01.2024].

102 Vgl. dazu auch HAStK, Best. 223 (Jesuiten), A 17. Auf fol. 319r bis 375v finden sich Schreiben der Jahre 1641 bis 1650 des Bernhard von Mallinkrodt, Domherr in Münster, an Grothaus, die die Bibliotheken und Bibliotheksgut betreffen.

Über mathematische Themen tauschten sich die Mathematikprofessoren in den Jahren 1640 und 1642 aus. Am 1. März 1640 sendete Grothaus einen Brief aus Köln nach Rom,[103] der Auszüge aus einem Buch des niederländischen Mathematikers und Astronomen Adrian Metius (1571–1635) enthielt. Es handelte sich dabei um eine Abschrift des vierten Kapitels des Werks *Mensura geographica et usus globi terrestris* von 1624, das einen Abschnitt über *De arte navigandi institutionem* enthält. Darin befanden sich unter anderem Abschriften und Tabellen mit Kompassablesungen des niederländischen Gelehrten Hugo Grotius. Die Einträge der jesuitischen Bibliothekskataloge aus der Zeit führen drei Werke des Adrian Metius auf, *Mensura geographica et usus globi terrestris* ist allerdings nicht zu finden.[104] Vermutlich besaß Grothaus die Schrift in seiner Privatbibliothek. Die beiden Jesuiten Grothaus und Kircher tauschten sich über geografisch-magnetische Inhalte aus, denn Kircher bereitete zu der Zeit sein Buch zum Magnetismus vor, das er 1641 veröffentlichen sollte. Das inhaltliche Problem war die magnetische Deklination oder auch Missweisung, das heißt der Winkel zwischen der geografischen und magnetischen Nordrichtung. Diese Deklination, die wegen Unregelmäßigkeiten des Magnetfeldes der Erde und der unterschiedlichen Lage des geografischen und magnetischen Pols an jedem Ort anders ist, sollte durch Messungen bestimmt werden. Besonders wichtig war dies beispielsweise für die Navigation mit dem Kompass.

Grothaus war nur einer von insgesamt sechs Korrespondenzpartnern des Jahres 1640, mit denen sich Kircher über magnetische Themen austauschte und von denen er Daten oder Informationen von Beobachtungen erhielt. Dazu gehörten Aime Chezaud aus Aleppo, Jakob Imhofer aus Innsbruck, Marin Mersenne und Pierre Bourdin aus Paris, Antoine de Lalouvere aus Tournon und Johann Grothaus aus Köln.[105] Dies ist ein weiteres Beispiel für die internationale briefliche Vernetzung der Jesuiten allgemein und Kirchers im Besonderen und den Austausch von Wissen und Forschungsdaten, an dem auch der Kölner Mathematikprofessor Grothaus beteiligt war. In Kirchers Buch *Magnes* findet sich im Kapitel *Geographia Magnetica* eine Tabelle mit *Magnetischen Abweichungen, die von Mathematikern in Europa im Auftrag des Autors* [Kircher] *beobachtet wurden.* Darunter ist auch Johann Grothaus aus Köln genannt.[106] Eine Ausgabe der ersten Auflage kam 1656, noch während Grothaus in Köln Mathematik lehrte, in die jesuitische

103 Brief Grothaus' an Kircher vom 1. März 1640: APUG, Epist. 567, fol. 197r–198v. Im Archivio della Pontificia Università Gregoriana in Rom liegen Originale und Kopien der Briefe. Wichtige Briefe zum Themenfeld Magnetismus sind als *Epistolae de magnete et rebus naturalibus* zusammengestellt worden. APUG, Epist. 557, fol. 41r–44v.

104 Vgl. HAStK, Best. 223, A 35, Catalogus generalis bibliothecae 1628, fol. 271v; HAStK, Best. 223, A 36, Catalogus bibliothecae 1634, fol. 223r.

105 Vgl. Sander, Christoph: Magnes: Der Magnetstein und der Magnetismus in den Wissenschaften der Frühen Neuzeit, Leiden 2020, S. 447; Fletcher 2011, S. 222–225.

106 Kircher, Athanasius: Magnes sive de arte magnetica, Rom: H. Scheus, 1641, S. 453–454. USB-Signatur N5/25. Geographia Magnetica. Tabula III. Declinationum Magneticarum à Mathematicis per Europam ad instantiam Authoris observatarum.

Büchersammlung.[107] Der Provenienzvermerk *Collegii Societ. Jesu Coloniae 1656* lässt keine eindeutige personelle Zuordnung zu, jedoch wird vermutet, dass Johann Grothaus das Buch entweder selbst angeschafft oder sogar aus Rom von Kircher als Geschenk erhalten haben könnte. Kircher gab seinen Briefsendungen des Öfteren Bücher, kurze Widmungsgedichte oder auch Objekte als Geschenke dazu.[108]

Neben der Abschrift des Metius-Kapitels schreibt Grothaus in dem Brief vom 1. März 1640 des Weiteren über die mathematischen Praktiken in Köln. Er beschreibt seine Messungen der Deklination an verschiedenen Orten und bei unterschiedlichen Wetterbedingungen. Zu Beginn des Briefes beklagt er sich über die Brise der Frühjahrsmonate des Jahres 1640, die kein Experiment unter freiem Himmel erlaubt hätte („[...] sed aura hic Jan. et Feb. mense ea fuit, quae experimentum nullum libero coelo permisit, [...]"[109]). Bevor die Tage nicht wolkenlos seien, könne man kaum etwas beobachten, fährt Grothaus fort. („Coeterum quod attinet ad peculiarem et propriam Coloniae aliorumque vicinorum locorum declinationem vix aliquid ante sudos dies observari poterit, etsi maxime velimus."[110]). Bei seinen Beobachtungen benutzte er laut Brief Kompasse und Sonnenuhren, ein Fernrohr muss ebenfalls bereits um die Zeit vorhanden gewesen sein. Neben Grothaus führte gemäß des Inhalts auch der Jesuit Lubert Middendorf (1607–1648), ein „Liebhaber der Mathematik"[111] und Mathematikprofessor am Kölner Kolleg in den Jahren 1645 bis 1648, Beobachtungen durch. Allerdings unterschieden sich die Messergebnisse und auch die Methoden der beiden Professoren leicht. Des Weiteren beschreibt Grothaus, wie er die Messung der Deklination mit zwei verschiedenen Instrumenten durchführte: mit einem astronomischen Ring mit einem Durchmesser von 2,5 Zoll und einer Sonnenuhr mit einem Kompass.[112] Auf beide Beschreibungen treffen heute noch erhaltene Messing-Sonnenuhren zu. Im Inventar von 1774 sind außerdem *circuli solares* und ein *Instrumentum declinatorium* aufgeführt.

Neben dieser brieflichen Dokumentation von Himmelsbeobachtungen von Grothaus und Middendorf mit praktischen astronomischen und horologischen Instrumenten im Jahr 1640 gibt es ein weiteres Zeugnis derartiger Tätigkeiten in Form einer handschriftlichen Notiz in einem Buch. Im Werk *Institutio Astronomica* des Jesuiten Pierre Gassendi[113] gibt es einen eigenen Abschnitt zu vermeintlich neu entdeckten Sternen des Jupiters, die zwischen 1642 und 1643 in Köln (nicht von Jesuiten) beobachtet worden sein sollen. Gassendi stellt klar, dass es sich dabei mitnichten um neue Entdeckungen handelte,

107 Vgl. Kircher 1641. Das Buch wurde 1656 in die jesuitische Bibliotheca Maior unter Mathematici et Medici aufgenommen.

108 Vgl. Asmussen 2016, S. 65.

109 Brief Grothaus' an Kircher vom 1. März 1640: APUG, Epist. 557, fol. 41r; APUG, Epist. 567, fol. 197r.

110 Brief Grothaus' an Kircher vom 1. März 1640: APUG, Epist. 557, fol. 44r; APUG, Epist. 567, fol. 198r.

111 Brief Grothaus' an Kircher vom 1. März 1640: APUG, Epist. 557; APUG, Epist. 567, fol. 198r.

112 Brief Grothaus' an Kircher vom 1. März 1640: APUG, Epist. 557, fol. 44r–44v. APUG, Epist. 567, fol. 198r.

113 Gassendi, Pierre: Institutio astronomica iuxta hypotheses tam veterum quam Copernici et Tychonis, Den Haag: Vlacq, 1656. S. 266. USB-Signatur N 4/111.

sondern dass die Sterne identisch mit fünf bereits bekannten Fixsternen aus dem Sternbild des Wassermanns seien. Die Randnotiz bestätigt Gassendis These und beruft sich auf die eigenen Beobachtungen des Jesuiten Lubert Middendorf, die *in Collegio Soc. Iesu* stattgefunden hätten, um den Wahrheitsgehalt der Aussage zu bekräftigen. Das Buch kam bereits 1657 in die Kölner Jesuitenbibliothek. Ob es Middendorf selbst war oder auch Johann Grothaus, der diese handschriftliche Bemerkung vorgenommen hat, kann nicht bestimmt werden.[114] Quarg wies darauf hin, dass nicht gesagt würde „[o]b es für derartige Beobachtungen einen besonderen Raum gab [...]; sie fanden vielleicht unter freiem Himmel statt. Erst zu Beginn des 18. Jahrhunderts sind entsprechende Bauten nachweisbar".[115] Beide Quellen – Brief und Notiz – sind jedoch eindeutige Belege dafür, dass praktische Beobachtungen mit astronomischen und horologischen Instrumenten im Jesuitenkolleg unter freiem Himmel bereits um 1640 stattgefunden haben.

Nach Veröffentlichung von Kirchers *Magnes sive de Arte Magnetica* gab es eine starke Rezeption des Werks in jesuitischen Gelehrtenkreisen, die sich auch in seinen Korrespondenzen wiederfinden lässt. Neben anderen Jesuiten schickte auch Johann Grothaus Anmerkungen und Ergänzungen zu Kirchers Buch.[116] In einem Brief aus dem Jahr 1642[117] bedankte sich Grothaus zunächst für die Möglichkeit der Mitarbeit und Wirkung in Kirchers Buch, bevor er über zehn verschiedene Kritikpunkte aufführte, die Kircher in den nächsten Auflagen des Werks verbessern solle. Dabei geht es zum Beispiel um die Entdeckungsgeschichte des Kompasses,[118] um die *Horologium sciateritum mobile*, deren Entdeckung Grothaus anders als Kircher datiert und einem Johannes Goia von der Amalfiküste zuschreibt.[119] Außerdem hatte Kircher Grothaus gebeten, die Sonnenfinsternis des Jahres 1642 zu beobachten und sein Wissen mit ihm zu teilen. Dieser Brief zeigt somit die stetige wissenschaftliche Betätigung Grothaus' und damit auch die Teilnahme des Kölner Kollegs an der Zusammenstellung neuer mathematischer Erkenntnisse.

Einen letzten erhaltenen Brief vom 12. November 1648[120] verfasste Johann Grothaus mit der Absicht, Kircher nach numismatischen Stücken zu fragen, die besondere Bilder und Wörter aufweisen. Die Münzen oder Amulette („nummi") hat er zu dem Zweck in dem Brief abgezeichnet (Abb. 34). Es handelt sich dabei zum einen um eine goldene Münze oder ein Amulett und zum anderen um ein Stück, das wahrscheinlich aus schwarzer Kreide bestand und mit einer orientalischen Schrift beschrieben war. Grothaus stellt Vermutungen über die Herkunft der Münzen oder Amulette an, doch

114 Vgl. Quarg 1996b, S. 66.
115 Ebd.
116 Vgl. Sander 2020, S. 854f.
117 Brief Grothaus' an Kircher 1642: APUG, Epist. 567, fol. 79r–79v.
118 Vgl. Sander 2020, S. 854.
119 Zu dieser Amalfi-Sage im Kontext der frühneuzeitlichen Historiografie vgl. ebd., S. 375–378; Brief Grothaus' an Kircher von 1642: APUG, Epist. 567, fol. 79r–79v. Der von Grothaus genannte Kritikpunkt zum Kompass befindet sich laut Brief auf Seite 32 des *Magnes*.
120 Brief Grothaus' an Kircher vom 12. November 1648: APUG, Epist. 567, fol. 118r–118v.

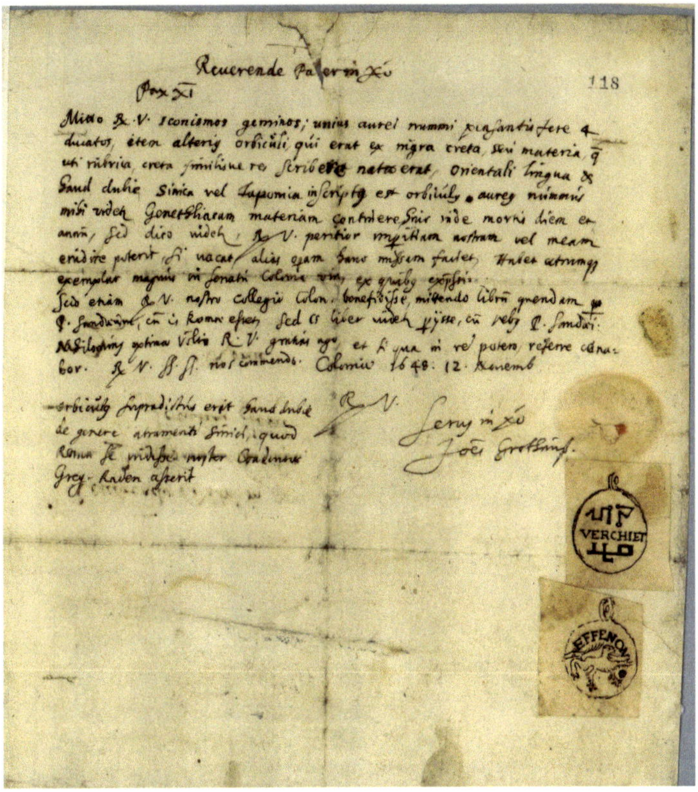

34 Brief Johann Grothaus' an Athanasius Kircher mit Abbildungen von Objekten, 1648, in: Archivio della Pontificia Università Gregoriana, Epist. 567, fol. 118r

er bittet den erfahreneren Kircher um dessen Hilfe. Nach Grothaus' Aussage besitze ein Mann des Kölner Senats große Exemplare beider Münzen. Weiter bedankt er sich dafür, dass Kircher dem Kölner Kolleg in der Vergangenheit Bücher des niederländisch-deutschen Jesuitenpaters und Theologen Maximilian Sandaeus (1578–1656) geschickt hatte, die allerdings heute nicht mehr erhalten sind. Athanasius Kircher war auch für numismatische Belange ein guter Ansprechpartner. In seiner römischen Sammlung befanden sich bereits Mitte des 17. Jahrhunderts verschiedene Münzen, die später auch in den Katalogen des *Musaeum Kircherianum* beschrieben werden. In erster Linie wird sich Grothaus jedoch wegen der orientalischen Schriftzeichen und Symboliken an ihn gewandt haben.[121] Die gleichen Exemplare sind in verschiedenen Münzkatalogen belegt

121 Vgl. zu Athanasius Kircher als Numismatiker zum Beispiel Kuhn-Forte, Brigitte: Antikensammlungen in Rom, in: „Außer Rom ist fast nichts schönes in der Welt". Römische Antikensammlungen im 18. Jahrhundert. Ausst. Kat. Winckelmann-Gesellschaft Wörlitz, Kulturstiftung Dessau-

und als selten ausgewiesen. Außerdem werden sie als Talisman oder Amulett bezeichnet.[122] Der Brief offenbart ein weiteres Betätigungsfeld Johann Grothaus', der sich neben mathematischen, historischen und theologischen Inhalten auch mit Münzen zu beschäftigen schien. Wegen des Hinweises auf den Kölner Ratsherren wird davon ausgegangen, dass sich die Münzen und Amulette nicht im Kolleg befunden haben, sondern Grothaus eventuell bezüglich der Herkunft und Bedeutung der Amulette um Rat gefragt wurde. Erst Mitte des 18. Jahrhunderts sollte Hermann Joseph Hartzheim eine eigene Münzsammlung im Naturalzimmer des Jesuitenkollegs anlegen.[123]

Die erhaltenen Briefe von Johann Grothaus an Athanasius Kircher verdeutlichen zweierlei: Sie verweisen zum einen auf die umfangreichen wissenschaftlichen Aktivitäten des Universalgelehrten Athanasius Kircher, auf dessen Kenntnisse, Erfahrungen sowie besonders auf dessen Netzwerk, in dem Grothaus ein aktives Mitglied war, das dieser im Gegenzug aber auch für eigene Fragestellungen nutzte. Zum anderen zeigen sie Grothaus' wissenschaftliche Tätigkeiten und Interessensfelder der 1640er-Jahre und offenbaren darüber hinaus die vielfältigen (Forschungs-)Themen, die im Jesuitenkolleg Mitte des 17. Jahrhunderts behandelt wurden. Neben Grothaus wird zudem ein weiterer mathematischer Akteur dieser Jahre genannt: Lubert Middendorf, „der die Mathematik liebt und sowohl theoretisch als auch praktisch vielseitig und ausgezeichnet ist".[124] Überdies sind die Briefe seltene schriftliche Belege für konkrete Experimente und Beobachtungen mit greifbaren Instrumenten, die sich in der Sammlungsgeschichte bis heute verfolgen lassen.

2.1.3 „Musaea et Libri": Grothaus als Bibliothekar

Wie zuvor am Beispiel des Mathematikprofessors Johann Grothaus aufgezeigt wurde, kamen mathematische Instrumente bereits vor Mitte des 17. Jahrhunderts sowohl in der Lehre des Kölner Jesuitenkollegs als auch in praktischen Experimenten und Beobachtungen zu Forschungszwecken zum Einsatz. Die Einrichtung eines eigenen Raumes für die Wissensdinge – das *Musaeum mathematicum* – ist erst zu Beginn des 18. Jahrhunderts

Wörlitz und Winckelmann-Museum Stendal, Wörlitz/Stendal 1998, hg. von Max Kunze, Mainz 1998, S. 30–66; Bartola 2004, S. 337; Mayer-Deutsch 2010, S. 117–130; Fletcher 2011, S. 181–194.

122 Vgl. Rothschild, Meyer Amschel: Verzeichnis einer Anzahl rarer Cabinetsthaler nach des Herrn von Maday vollständigen Thaler-Cabinet numerirt, wie auch eine Anzahl sehr rarer Gold- und Silber-Münzen und Medaillen, Gold und silberne römische, griechische, antique und heydnische Münzen, Paris: Michel Vascosan, 1550, S. 17; Wichmannshausen, Johann Georg Burckhardt von: Catalogus von theils alten raren Griechisch und Römischen Müntzen in Gold Silber und Erzt, o. O. 1746, S. 152; O. A.: Verzeichniß einer zahlreichen Sammlung schätzbarer Münzen und Medaillen aus Schweidnitz in Schlesien, welche zu Hamburg … öffentlich auctioniert werden sollen, Hamburg: Johann Philipp Christian Reuß, 1775, S. 356.

123 Vgl. dazu das Kapitel I.3.4.2 „Die Sammlungen und Wisseneinrichtungen der Kölner Jesuiten".

124 APUG, Epist. 557, fol. 44r; APUG, Epist. 567, fol. 198r.

im Kolleg nachzuweisen. Wo die frühen mathematischen Objekte im 17. Jahrhundert untergebracht waren, wird in diesem Kapitel ermittelt. Ausgangspunkt der Untersuchung sind Grothaus' bibliothekarische Tätigkeiten, die ebenfalls starke Bezüge zur Mathematik und zu den Instrumenten aufweisen. „*Musaea et Libri*"[125] stammt aus einem Eintrag Johann Grothaus' von 1658 aus dem jesuitischen Bibliothekskatalog. Grothaus rekurrierte hier auf die Beziehung zwischen Museen und Bibliotheken als Räume sowohl für die Unterbringung von Büchern, Objekten und Sammlungen als auch für das Studium.[126]

Bereits Quarg wies auf zwei Schriften hin, die Vorbild für die Aufstellung und Organisation von Objekten im Kolleg gewesen sein könnten: das bereits beschriebene *Musaeum Kircherianum* und ein weiteres *Museum*, das der französische Jesuit Claude Clément (1596–1642) in seinem 1635 erschienenen Werk *Musei, sive bibliothecae tam privatae quam publicae Extructio, Instructio, Cura, Usus* darstellte.[127] Clément verwies darin auf die von Philipp II. gegründete Bibliothek und die königlichen Sammlungen des Escorial, die in einem umfangreichen Anhang beschrieben wurden.[128] Er war vom spanischen Monarchen Philipp IV. zum Dozenten der Rhetorik an das *Colegio Imperial de Madrid*, das Jesuitenkolleg von Madrid, berufen worden, wodurch der französische Jesuit das Museum und die Bibliothek des Escorial kennengelernt hatte. Seine Abhandlung war damals weit verbreitet und wurde zu einer Richtlinie für die Organisation und Ausstattung vieler (jesuitischer) Bibliotheken.[129] Dass Clément die Sammlungen des Escorial auch in einen übergeordneten politisch-religiösen Kontext einordnete, macht Paula Findlen deutlich: „[M]useums also conveyed political and religious messages. Claude Clemens [...] described the Escorial as 'this Museum of Christendom'; attuned to the rhetoric of the Catholic Reformation, he proposed the creation of a structure that collected and ordered knowledge to control it." [130] In *Musei, sive bibliothecae* beschrieb Clément darüber hinaus nicht nur,

125 HAStK, Best. 223, A 35, Catalogus generalis bibliothecae 1628, fol. 2r.

126 Vgl. dazu wiederum das Vorbild Rom: Mayer-Deutsch 2010, S. 86.

127 Vgl. Quarg 1996b, S. 121f. Siehe dazu auch die Kontextualisierung der Sammlung in Kapitel IV.

128 Miguel Alonso, Aurora/Sánchez Manzano, María Asunción: La Biblioteca de El Escorial según la descripción del P. Claude Clement, S. J., in: Campos, Francisco Javier/Sevilla, Fernández de (Hg.): La ciencia en el Monasterio del Escorial, Madrid 1993, S. 617–648; Clément, Claude: Musei, sive bibliothecae tam privatae quam publicae extructio, instructio, cura, usus, libri IV, Lyon: Prost, 1635, S. 515–552; Cléments Werk ist nicht nur aus bibliothekswissenschaftlicher und sammlungsgeschichtlicher Hinsicht interessant, sondern auch oder wegen der detaillierten Beschreibung der Bibliothek und Sammlung des Escorial sowie wegen des Bildprogramms, das Clément entwarf und das die Bibliotheksnutzenden quasi ikonografisch zum richtigen Regal führen sollte. Es könnte vorbildhaft für die Ausmalung verschiedener Bibliotheken gewesen sein. Vgl. dazu Rovelstad, Mathilde V.: Claude Clement's Pictorial Catalog: A Seventeenth-Century Proposal for Physical Access and Literature Evaluation, in: The Library Quarterly: Information, Community, Policy 61/2 (1991), S. 174–187.

129 Vgl. Miguel Alonso/Sánchez Manzano 2019, S. 619–624.

130 Findlen 1994, S. 81.

„in welcher Ordnung die Bücher aufgestellt und welche Emblemata und Bilder den Bibliothekssaal schmücken sollen, wie die Sammlung zu verwalten und zu benutzen ist, sondern zählt auch auf, welche Sonderbestände zur Vervollkommnung des Museums noch wünschenswert sind:

I. Instrumenta mathematica
II. Numismata antiqua
III. Erudita rudera prisci temporis
IV. Quaedam naturae et artis miracula
V. Globus et sphaera in medio Bibliothecae ne deesto."[131]

Demnach durften mathematische Instrumente, antike Numismatika, also Medaillen und Münzen, antike Steine und Ausgrabungen, Wunderwerke der Natur und Kunst sowie Globen und Sphären zur Vervollkommnung einer Bibliothek nicht fehlen.

„Pertinent ad Bibliotheca perfectionem non solum boni libri omnis generis; verum etiam quaedam instrumenta & supellex, sine quibus libri vix satis intelligi possunt, nec quaedam scientiae comparari."

„Diese Dinge gehören zur Vollendung einer Bibliothek; nicht nur Bücher aller Art, sondern auch bestimmte Instrumente und Geräte, ohne die Bücher kaum zu verstehen und manche Wissenschaften nicht zu vergleichen sind."[132]

Was darüber hinaus zum Grundbestand an mathematischen Objekten gehören sollte, führte Clément am Beispiel der Escorial-Sammlung auf: Zur *Geometrica, Astronomica, Geographica, Optica, Catoprica, Dioptrica, Nautica, Gnomonica, Mechanica, Hydraulica & Spiritalia, Musica* und *Arithmetica* nannte er einzelne Typen von Instrumenten. Der quantitativ umfangreichste Bereich dabei war die *Astronomica*, in dem beispielsweise auch einzelne Astrolabien näher bestimmt wurden.[133] Die Kölner Jesuiten hatten Cléments Werk in ihrer Hauptbibliothek in der Gruppe der *Philologi*. Wie im nächsten Kapitel zu zeigen sein wird, lassen sich derartige mathematische Objekte oder Hinweise darauf bereits im 17. Jahrhundert auch in Köln finden.

Claude Cléments *Musei, sive bibliothecae tam privatae quam publicae Extructio, Instructio, Cura, Usus* war jedoch nicht nur in der jesuitischen Bibliothek vertreten, sondern es wurde auch im Bibliothekskatalog von 1628 in einem nachträglichen Eintrag aus dem Jahr 1658 erwähnt.[134] Der Autor des Eintrags war mit hoher Wahrscheinlichkeit Johann Grothaus, der seit 1642 für die Bibliothek zuständig war. Der Eintrag wurde 1658 vorgenommen, kurz bevor er das Kolleg verließ: Er richtete sich an seinen gelehrten Leser und reflektierte über die Aufgaben, die Ordnung sowie die Ausstattung der

131 Quarg 1996b, S. 122; In der zweiten Sektion des zweiten Bandes werden diese fünf Elemente als „andere ausgesuchte Dinge, um eine Bibliothek zu vervollständigen" aufgeführt. Vgl. Clément 1635, S. 376–389. Die USB-Signatur des Kölner Buchs ist GBI321+A.

132 Clément 1635, S. 376.

133 Vgl. ebd., S. 376–378.

134 Vgl. HAStK, Best. 223, A 35, Catalogus generalis bibliothecae 1628, S. 2r. An dieser Stelle sei herzlich Simon Grigo gedankt, der seine Dissertation zur jesuitischen Büchersammlung im 17. Jahrhundert bearbeitet. Der Austausch mit ihm und seine Expertise waren nicht nur bei der Erstellung dieses Kapitels, sondern auch bei der Analyse der Bibliothekskataloge sehr fruchtbar und hilfreich.

Bibliothek. Die Bibliothek sei seit Jahrhunderten ein Ort der Bücher und ihrer Ordnung, in der Männer exzellente Arbeit geleistet hätten. Aber wie es auch in anderen Bereichen passiert sei, ändere sich in der Auffassung von Bibliotheken und ihren Ordnungen etwas. Daher schlägt er in dem Eintrag verschiedene Einrichtungen der Bibliothek vor, auf Basis von Bibliotheksordnungen, die er bis 1658 erfassen konnte. Dies solle als Vorschlag verstanden werden. Laut Grothaus seien Bibliotheken dem Namen nach sowohl Museen als auch Bücher. Und auch in Museen würden Bücher nach einer bestimmten Ordnung, den Namen der Autoren oder der Bücher nach, aufgestellt. Über geeignete Orte, um Bücher zu ordnen und aufzustellen, habe bereits der französische Jesuit Claude Clément 1635 in seinem *Musei, sive bibliothecae tam privatae quam publicae Extructio, Instructio, Cura, Usus* geschrieben. Grothaus führte sechs Ordnungskriterien und Anforderungen an Bibliotheken nach Clément auf, die zum Beispiel die alphabetische Aufstellung, die Ordnung nach Material, Zeit sowie Ort betreffen. Darüber hinaus gebe es private, spezialisierte sowie auch öffentliche Bibliotheken.[135] Vor dem Hintergrund dieser sechs Punkte reflektiert Grothaus die Kölner Bibliothek und ihre Ordnung, wobei er nur auf die Punkte eins bis vier antwortet. Darin weist er wiederum auf verschiedene andere Ordnungssysteme hin, zum Beispiel auf eine Ordnung nach Material, die 1649 in Paris veröffentlicht wurde.[136] Unter dem vierten Kriterium der lokalen Aufstellung führte Grothaus detailliert auf, wie die Kölner Bibliothek sowohl räumlich als auch inhaltlich aufgeteilt werden könne oder vielmehr seiner Meinung nach sollte. Die ganze Bibliothek sollte in vier Teile gegliedert werden, die jeweils Lesepulte beinhalteten. Für die Bibliothekare wäre ein eigener Bereich vorhanden. In vier Abteilungen mit Regalen zu verschiedenen Seiten und Lesepulten sollten die unterschiedlichen Klassen von Büchern untergebracht sein. Die Bücher zur Mathematik, Technik und Mechanik müssten demnach gemeinsam mit denen der Künste in der zweiten Abteilung aufgestellt sein, worin außerdem Bücher über das Experimentieren, über Geschichte sowie über Philosophie und Metaphysik zu finden wären.[137] Interessant ist gerade, dass in der vierten Abteilung, der *Bibliotheca coronata*, neben jeweils einer Seite für philologische Werke und verbotene Bücher wie auch für Elogien und Gelehrtenwerke, auf einer eigenen dritten Seite „*Instrumenta et machina et rara vel antiquitates*" untergebracht sein sollten.[138] Der Ort für mathematische Instrumente, Maschinen und seltene oder alte Dinge (oder auch Schriften) war demnach im 17. Jahrhundert in der Bibliothek.

Auch wenn es sich bei diesem mutmaßlichen Eintrag von Johann Grothaus um „kostenlose Vorschläge"[139] gehandelt hat und auch die beschriebene Aufstellung der

135 Vgl. ebd.
136 Vgl. dazu die Einklebung mit ergänzenden Bemerkungen und Systematisierungen in HAStK, Best. 223, A 35, Catalogus generalis bibliothecae 1628, fol. 3v.
137 Vgl. ebd., S. 2r–3r.
138 Ebd., S. 3r.
139 Ebd., S. 2r. Der Hinweis auf Grothaus' bibliothekarische Funktion findet sich auf dem Titelblatt des Katalogs.

Bibliothek und die Platzierung der mathematischen Instrumente darin als Empfehlung zu lesen sind, lässt der Eintrag verschiedene Schlussfolgerungen zu: Er beleuchtet zum einen Grothaus' Tätigkeiten als Bibliothekar. 1642 hatte er die Arbeit aufgenommen und fortan den Bibliothekskatalog sowie die Ordnung nicht nur aktuell gehalten, sondern auch weitergedacht und -entwickelt. Zum anderen lässt sich auf Basis des Eintrags konstatieren, dass sich die Instrumente zu diesem Zeitpunkt in der Bibliothek befunden haben könnten, obgleich in einem anderen Ordnungssystem. Denn der Eintrag offenbart das Verständnis dieser Zeit, dass „Instrumenta et machina et rara vel antiquitates" als Teile der Bibliothek galten. Grothaus war Mathematikprofessor *und* Bibliothekar. Vor diesem Hintergrund ist es wahrscheinlich, dass er die vorhandenen Instrumente in der Bibliothek aufgestellt hat.

Neben diesem Eintrag aus dem Jahr 1658 sind auch innerhalb des Katalogs Grothaus' Spuren zu finden: Vor und nach der Klasse der philosophischen Bücher, unter die die mathematischen Werke traditionell fielen, ergänzte Grothaus Unterkategorien der Mathematik, deren „genaue Unterscheidung und Systematik" für Fachleute am besten geeignet war. Diese Unterkategorien beschrieb Grothaus in einer Unterklasse der *Mathematici*. Die Unterkategorien vor der Philosophie waren: *I. Mathesis Generalis, II. Aritmetici, III. Elementistae, IV. Geometriae practici, V. Statici, VI. Optici* (worunter auch *Catoptrica* und *Dioptrica* fallen), *VII. Phaenomenographi, IIX. Cosmographi, IX. Ouranographi, X. Scriptoris de Sphaera* und *XI. Geographia.*[140] Zwischen den medizinischen Büchern innerhalb der *Philosophi* und den *Humaniores* finden sich noch die Unterkategorien *XII. Theoricae planetarum, XII. Horologice, XIII. Cosmometrica* und *XIV. Calendarium et Computus ecclesiasticus.*[141] Daneben nennt Grothaus die Kategorie der *Mechanicae artes*, eine vielseitige Disziplin, die mit *machinas* operierten, welche wiederum durch die mathematischen Disziplinen entstanden seien. Darunter zählt er zum Beispiel die Bereiche *Teretica seu observatoria, Architectura, Nautica* oder *Hydraulica*, die sich auch in Grothaus' Tätigkeiten sowohl in den Handschriften als auch in Form seiner praktischen Beobachtungen und in der hydraulischen Maschine der Hundertjahrfeier finden lassen.[142] Auch wenn nur die mathematische Unterkategorie der *Geographia* Einträge von Büchern enthält[143] und die anderen Spalten bis heute leer sind, verweist diese detaillierte Unterscheidung auf Grothaus' mathematische Kenntnisse und seine Expertise auf dem Gebiet, die er in die Bibliothek zu übertragen suchte. Zudem handelte es sich nicht um Vorschläge, sondern er setzte diese Ordnung zumindest im Katalog auch um, was ihre Bedeutung für ihn unterstreicht. In dem anderen Bibliothekskatalog der

140 Vgl. HAStK, Best. 223, A 35, Catalogus generalis bibliothecae 1628, Auf fol. 272r–272v findet sich die Beschreibung. Die Nummern I bis XI sind vor den philosophischen Büchern einsortiert, fol. 254r–256v.

141 Vgl. ebd. Die Beschreibung findet sich auf fol. 272v. Die Unterkapitel sind auf fol. 287v bis 288v zu finden.

142 Vgl. ebd., fol. 272v.

143 Vgl. ebd., fol. 256v.

Zeit finden sich keine Ergänzungen von Grothaus und auch die mathematischen Bücher wurden nur in die Klasse der *Philosophi* integriert. Unter dem Nachfolger im Amt, dem Bibliothekar Kitzraed, wurde die Bibliothek später im Zuge des Neubaus des Kollegs neu geordnet. Inwiefern Grothaus' Vorschläge dabei wiederum umgesetzt wurden, kann leider nicht ermittelt werden.

Die Analyse der (mutmaßlichen) Inhalte von Johann Grothaus im Bibliothekskatalog von 1628 geben Einblicke in seine bibliothekarischen Tätigkeiten und zeigen, dass die mathematischen Instrumente Mitte des 17. Jahrhunderts als Teil der Bibliothek gesehen und folglich wahrscheinlich auch dort aufbewahrt würden – *Musaea et Libri*. Im Katalog wird Grothaus' Anspruch sichtbar, die Bibliothek nicht nur zu verwalten, sondern auch nachhaltig zu prägen – durch Neuordnung sowie Neuanschaffungen – und modernen Standards anzupassen. Auch die Analyse der Korrespondenzen mit Athanasius Kircher konnte exemplarisch zeigen, dass sich Grothaus mit anderen Bibliotheken und deren Beständen auseinandergesetzt hatte – auch mit dem Ziel, Bücher für die Kölner Niederlassung zu erwerben.

Nach diesem umfangreichen Kapitel auf den Spuren der ersten Instrumente im Kölner Kolleg kann resümiert werden, dass Johann Grothaus eine zentrale Person für den Beginn des Sammelns und für die frühe mathematische Wissenschaft in Köln war. Als Professor der Mathematik und Bibliothekar betätigte er sich wissenschaftlich und korrespondierte mit Gelehrten der Zeit. Mathematische Instrumente benutzte er sowohl zu Forschungszwecken als auch in der Lehre. Er ist damit eine der prägenden Figuren des Kölner Jesuitenkollegs zur Mitte des 17. Jahrhunderts, nicht nur, aber besonders in den Bereichen der theoretischen und praktischen Mathematik.

2.2 Exkurs: Die Jahrhundertfeier des Jesuitenordens 1640

Im Zuge des 100-jährigen Jubiläums der Gründung des Jesuitenordens im Jahr 1640 fanden in den Jesuitenkollegien Europas umfangreiche und in den Quellen gut dokumentierte Feierlichkeiten statt.[144] Dies ist auch in Köln der Fall. Vor allem für die Entwicklung des mathematischen und naturwissenschaftlichen Unterrichts in Köln ist dieses Ereignis von besonderer Wichtigkeit, da zu diesem feierlichen Anlass besondere Schülerarbeiten aller Klassen hergestellt und repräsentativ in der Kirche St. Mariä Himmelfahrt ausgestellt wurden. Dabei handelte es sich zum Beispiel um Gedichte, sprachliche Spielereien, Epigramme, Elogen, Dramen, Theaterstücke und auch um Objekte.

144 Vgl. Schwerhoff, Astrid: Jubeljahre und Freudenfeiern. Studien zum katholischen Jubiläum in der Frühen Neuzeit, Technische Universität Dresden 2020, https://nbn-resolving.org/urn:nbn:de:bsz:14-qucosa2-728816 [zuletzt aufgerufen am 16.03.2024]. Einen großen Teil in der Studie Astrid Schwerhoffs nehmen die Untersuchungen des hundertjährigen Gründungsjubiläums des Jesuitenordens 1639/1640 ein. Als beispielhafte Orte zieht sie Rom, Antwerpen und Köln heran, anhand deren die lokalen Umsetzungen der Feierlichkeiten detailliert beschrieben und auch kontextualisiert werden. Vgl. ebd., S. 67–157.

Letztere waren Apparaturen, die von den Mathematikern angefertigt wurden und deren Funktionalität verschiedene Bereiche wie die Optik, die Geografie, die Geometrie, die Hydraulik und die Astronomie beinhalteten. Sie sind die frühesten dokumentierten mathematischen Objekte, die im Lehrkontext entstanden sind und zeigen den Stellenwert der naturwissenschaftlichen Lehrinhalte: Die Mathematiker waren die einzigen, die Apparaturen herstellten und prominent in der Jesuitenkirche platzierten. Auch wenn ein großer Teil des Inhalts jesuitisch-christlich war und die Präsentation das Feiern und die Verherrlichung des Jesuitenordens beabsichtigte, spiegeln sie auch die fortschrittliche Lehre in Köln und den Umgang mit Objekten wider.[145]

Nach der offiziellen Gründung des Jesuitenordens in Rom im Jahr 1540 feierten die Jesuiten 100 Jahre später ein großes Jubiläum. Sie hatten im ersten Jahrhundert eine Erfolgsgeschichte geschrieben, sich auf vier Kontinenten angesiedelt, missioniert, reformiert und sich nicht zuletzt in der Bildungslandschaft (Europas) etabliert und an Einfluss gewonnen. Es gab durchaus auch Probleme und Vorbehalte gegen die Jesuiten, die vor allem regional oder lokal zu verschiedenen Herausforderungen führten, auf die reagiert werden musste. Das Jubiläum sollte ein Zeichen der Stärke des wachsenden Jesuitenordens sein und die Position der Jesuiten in den Regionen und Städten vergegenwärtigen und sichtbar machen. Dafür sollte das Jubiläum in allen Provinzen nach einem gemeinsamen Plan umgesetzt werden. Zuständig für die zentrale Konzeption der Feierlichkeiten war der langjährige Ordensgeneral Mutio Vitelleschi (1563–1645). Dieser hatte bereits Mitte des Jahres 1639 Briefe an alle Provinziale versandt, in denen genaue Vorgaben für die Ausgestaltung des Jubiläumsjahres vermerkt waren.[146] Vor allem die religiösen Festtage strukturierten das Jubiläum, lokal gab es jedoch auch unterschiedliche Schwerpunkte in der Umsetzung der Feierlichkeiten.

Auch im Kölner Jesuitenkolleg wurde das Ordensjubiläum in den Jahren 1639 und 1640 aufwendig geplant und festlich begangen. Das Jubiläum fiel in die politisch und historisch besonders heikle Phase des Dreißigjährigen Krieges. Köln entwickelte sich, unter anderem wegen seiner geografischen Lage, zunehmend zu einer politischen Drehscheibe, wo sich Vertreter des Reichs, Fürsten und Kurfürsten, und auch kirchliche Akteure aufhielten. Seit 1636 befand sich eine Delegation des Papstes unter der Leitung des außerordentlichen Legaten Kardinal Marzio Ginetti (1585–1671) in der Stadt. Zudem reiste der apostolische Nuntius des Papstes Fabio Chigi (1599–1667), der spätere Papst Alexander VII., nach Köln, der bei den Jesuiten in der Marzellenstraße wohnte. Beide Personen waren auch bei den Jubiläumsfeierlichkeiten im Kölner Jesuitenkolleg zu Besuch und beehrten die Jesuiten und die Schüler des Tricoronatums mit ihrer Anwesenheit unter anderem auch bei der Präsentation der Schülerarbeiten. Ihre Präsenz in Köln

145 Die Apparaturen sind bereits einige Male in der Sekundärliteratur erwähnt worden. Eine systematische Analyse und vor allem eine Kontextualisierung in die Kölner Lehre der Mathematik und in die Geschichte der Kölner Sammlungen ist bislang nicht passiert und soll im Folgenden geschehen. Vgl. Kuckhoff 1931a; Bergerhausen 2010, S. 226; Brill 1952, S. 119.

146 Vgl. Schwerhoff 2020, S. 68–75.

hatte jedoch weitreichendere, politische Gründe.[147] In den zeitgenössischen Berichten der Jesuiten werden die päpstlichen Vertreter immer wieder als Gäste der Jubiläumsfeierlichkeiten aufgeführt.[148] Weitere Teilnehmende der Feierlichkeiten waren die Kölner Jesuiten, Professoren, Lehrer, Studenten und Schüler sowie andere geladene Gäste und auch die Kölner Stadtbevölkerung. In den *Litterae Annuae* wird geschildert, dass sich in der Hauptfestwoche zu Beginn des August selbst die Bevölkerung des Landes auf den nicht ungefährlichen Weg nach Köln machte, um an den Ordensfeierlichkeiten teilzunehmen, genauso wie die Bevölkerung der Kölner Stadtteile.[149] Die Feierlichkeiten begannen bereits im Jahr 1639 und sind in den *Litterae Annuae* der Jahre 1639 und 1640 relativ detailliert geschildert.[150] Dafür war der 27. September, der Tag der Heiligen Cosmas und Damian, vorgesehen. In Köln scheint das Jubiläum bereits am Festtag des Heiligen Ignatius am 31. Juli begonnen worden zu sein. Im Jahresbericht sind die Organisation des Festjahres und die Vorbereitungen der Kirche und des Kollegs dokumentiert. Zum Beispiel wurden Planungen ausgewählter Schülerarbeiten sowie einzelne kirchliche Festtage, Hochämter, Vespern und Katechimus-Prozessionen festgehalten. Der Bericht des Jahres 1640 wird in den *Litterae Annuae* durch eine ungewöhnlich große Überschrift hervorgehoben, die im Layout auffällt und auf die Besonderheit des Jahres verweist.

Zum Programm des Jubiläumsjahres zählten unter anderem gemeinsame Gottesdienste, repräsentative Prozessionen, Theateraufführungen der Schüler und Studenten und vieles mehr. Außerdem sollten die Schüler des Gymnasium Tricoronatum eine eigene Festschrift erarbeiten.[151] Die traditionelle Ausstellung der Schülerarbeiten am Ende des Schuljahres richtete sich sowohl zeitlich als auch thematisch nach dem Jubiläum. Die Präsentationen fanden eigentlich traditionell in der Aula des Gymnasiums statt. Im Jahr 1640 verlagerte man diese in die Kollegkirche St. Mariä Himmelfahrt, die zwar seit 1629 in Benutzung, aber noch nicht vollständig eingerichtet war.[152]

Die seit dem Jahr 1639 vorbereiteten Schülerarbeiten, die zum Plan des Jubiläumsjahres gehörten, wurden von allen Klassen des Gymnasiums erstellt und hatten ein gemeinsames Thema: die Verdienste des Jesuitenordens und des Gründers Ignatius von Loyola. Während der Feierlichkeiten wurden verschiedene Schülerarbeiten ausgestellt, wie Epigramme, Epen, Elogen, Theaterstücke, Dramen und die sogenannten *Affixiones*

147 Vgl. Bergerhausen 2010, S. 81–101. Zu den politischen Rollen Fabio Chigis und Marzio Ginettis vgl. Repgen, Konrad: Dreißigjähriger Krieg und Westfälischer Friede. Studien und Quellen, Paderborn 2015.
148 Vgl. HAStK, Best. 223, A 19, fol. 375r.
149 Vgl. HAStK, Best. 223, A 12, fol. 384r–384v. Schwerhoff 2020, S. 131.
150 Vgl. HAStK, Best. 223, A 19, fol. 362r–385v.
151 Vgl. Annus secularis Societatis Iesu, adumbratus ex anno temporali a Gymnasio Tricoronato Ubiorum: Anno confirmatae Societatis centesimo, salutis humanae MDCXL, Köln 1640.
152 Vgl. Schwerhoff 2020, S. 122–133; HAStK, Best. 150, A 1061.

der Physiker und Mathematiker.[153] Die *Affixiones* (wörtlich Anheftungen) gehörten zur jesuitischen Bildungs- und Schulmethode und waren bereits in der *Ratio studiorum* von 1599 vorgegeben. Dabei handelt es sich um die Praxis der Erstellung von literarischen Texten und Emblemen (im Unterricht) mit dem Ziel der öffentlichen Ausstellung am Ende des Schuljahres oder zu Anlässen wie (religiösen) Festtagen oder Jubiläen. Vor allem die Emblemkunde und die Auseinandersetzung mit Emblemen waren zentrale didaktische und methodische Faktoren der jesuitischen Pädagogik und auch wichtige Bestandteile der *Propaganda fidei*. „The Jesuits more than anyone else integrated the emblem in education, and used it not just as a favourite exercise [of reading and designing emblems], but as a pedagogical crowning-piece to recommend their education system to the outside world."[154] Demzufolge wurden Embleme sowohl gelehrt als auch gelernt und selbst erstellt. Die Präsentation fand in eigenen Publikationen oder eben in Affixionen statt. Diese *Affixiones* waren in Köln äußerst beliebt und kamen auch beim Ordensjubiläum 1640 zum Einsatz.[155] Dabei wurden die Arbeiten der Oberklassen prominent am Eingang zur Jesuitenkirche St. Mariä Himmelfahrt platziert, wo sie durch die vielen Gottesdienste und Feiern viel Aufmerksamkeit bekamen. Im Jahr 1647 ließ der Regent des Tricoronatums, Adam Kasen, die Schülerarbeiten der einzelnen Klassen zusammenfassen und in einem Buch veröffentlichen. Das Buch befindet sich heute im Historischen Archiv der Stadt Köln und kann optisch der jesuitischen *Bibliotheca maior* zugeordnet werden: Die Schülerarbeiten sind in einem Schweinsledereinband mit Schließe eingefasst, der einen rot bemalten Schnitt aufweist. Auf dem Schnitt befindet sich eine Signatur „B" und der Titel des Werks, wobei es sich vor allem um eine Aufzählung der einzelnen Inhalte handelt (*Dramata, Declamationes, Affixiones*). Auf der Vorder- und Rückseite des Einbandes steht die Zeitangabe „Anno 1647". Im Inneren ist der Auflistung der einzelnen Schülerarbeiten eine *Synopsis huius tomi* vorangestellt. Unter den *Affixiones* finden sich die Physiker, die insgesamt 64 Epigramme über berühmte Jesuiten zusammengetragen haben, die in der Überschrift als „Philosophis" beschrieben werden,[156] zum Beispiel Claudio Aquaviva (1543–1615) oder auch Christoph Clavius (1538–1612).

153 Vgl. HAStK, Best. 150, A 1061. Die Schülerarbeiten wurden 1647 in einem Band vereint und gebunden. Der Titel lautet *Liber gymnasii trium coronatum societatis Jesu Colonia anno 1647.*

154 Porteman 2000, S. 180.

155 Vgl. Spengler 2003, S. 146–151. „Bereits in den ersten Jahrzehnten nach der Kölner Kollegsgründung ist eine rege *Affixio*-Tätigkeit zu verzeichnen. Zu Festtagen, Jubiläen und Versetzungsfeiern wurden die Arkaden des Kollegs und die Straßenfront der Schule mit bunt bemalten Gedichtzetteln, die im Poetik- und Rhetorikunterricht angefertigt worden waren, dekoriert. Anfang des 17. Jahrhunderts mußten am Tricoronatum gar Vorschriften zur emblematischen Ausgestaltung von Schülerarbeiten erlassen werden, weil die Verwendung von farbigen Tinten, Einfassungen und Bilderzier überhand nahm." Ebd., S. 146; Friedrich 2018, S. 300f.

156 Vgl. HAStK, Best. 150, A 1061, fol. 293r. Die Überschrift beginnt mit dem griechischen Wort ΠΑΝΕΓΗΡΙΣ und meint Lobgedichte. Somit werden die Epigramme als panegyrische Werke auf die Jesuiten klassifiziert.

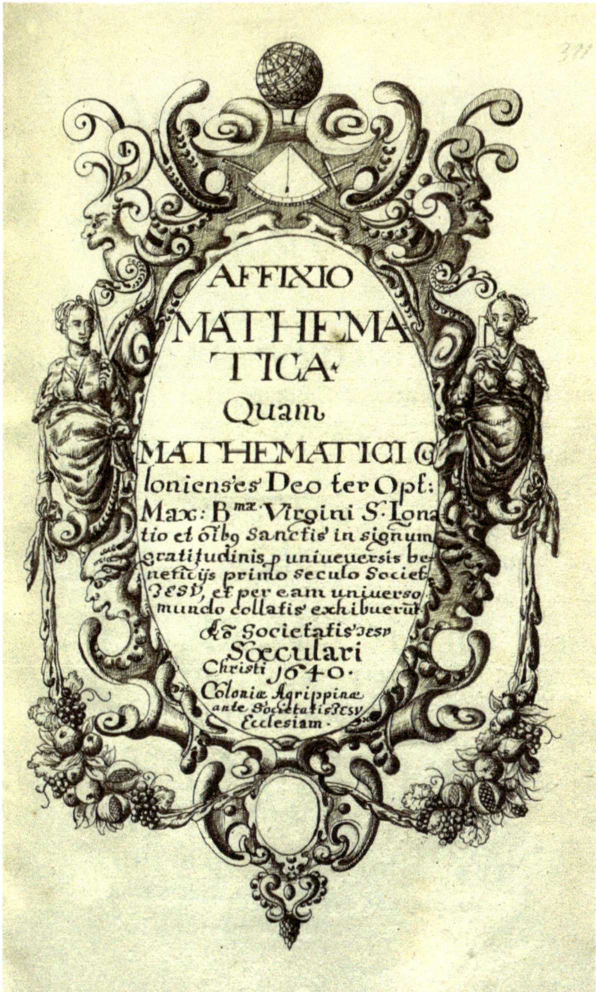

35 *Affixio mathematica*, in: *Liber gymnasii trium coronatum societatis Jesu Colonia anno 1647*, HAStK, Best. 150, A 1061, fol. 311r

Danach folgen die *Affixiones* der Mathematiker des Gymnasium Tricoronatum, die einen sehr großen Raum im Band einnehmen und aufwendig mit Federzeichnungen illustriert sind. Auch wenn er nicht namentlich erwähnt ist, spielte Johann Grothaus als damaliger Mathematikprofessor bei der Erstellung der *Affixiones* eine wichtige Rolle. Im Folgenden werden die *Affixiones* detailliert vorgestellt:[157] Eine reich verzierte Titelkartusche mit Emblemen kennzeichnet den Beginn der *Affixio mathematica* (Abb. 35).

157 Siehe die vollständigen *Affixiones* in: HAStK, Best. 150, A 1061, https://historischesarchivkoeln.de/document/Vz_80BB72E7-5EC1-4A74-B003-6297B4FD23EB [zuletzt aufgerufen am 07.04.2024].

„Quam Mathematici Colonienses Deo ter Opt. Max. Dmae Virgini S. Ignatio et omnibus sanctis in signum gratitudinis et universis beneficiis primo seculo Societatis Iesu, et per eam universo mundo collatis exhibuerunt. Anno Societatis Iesu Saecularo Christo 1640. Coloniae Agrippinae ante Societatis Iesu Ecclesiam."

„Die Mathematiker Kölns überreichen dem dreifaltigen Gott, der heiligen Jungfrau, dem Heiligen Ignatius und allen Heiligen dieses als Zeichen der Dankbarkeit sowohl für die Wohltaten für den Jesuitenorden im ersten Jahrhundert, die ihnen in der ganzen Welt zuteilwurden. Im christlichen Jahr des Jubiläums des Jesuitenordens 1640. In Köln vor der Kirche des Jesuitenordens."

Die Kartusche ist aufwendig mit Voluten, figurativen Elementen und Früchteranken gestaltet. Den oberen Abschluss bildet eine Erdkugel mit Koordinatennetz und nach links geneigter Erdachse. Unterhalb des Globus, unter zwei großen Voluten, sind drei mathematische Instrumente wie repräsentative Wappenschilde angebracht: ein sogenannter Jakobsstab (*Baculus Jacobi*), ein Winkelmessinstrument in Kreuzform aus der Seefahrt, ein Lineal und ein Quadrant mit Gradskala und einer Schnur mit einem Gewicht, vermutlich aus Blei oder Messing, dem Lot. Diese Instrumente wurden sowohl zur Navigation in der Seefahrt, in der Astronomie oder auch zur Landvermessung genutzt. Auf der Höhe der Überschrift *Affixio Mathematica* befinden sich zwei allegorische Figuren, die aus den Formen der Kartusche hinauszuwachsen scheinen. Ihre Blicke sind auf den Titel gerichtet. Die Allegorien sind weiblich und tragen antik anmutende Gewänder, die in Richtung Mitte geknotet sind. In den jeweils äußeren Händen halten die Figuren die Früchtegirlanden, welche die Kartusche nach unten hin abschließen. In der jeweils anderen Hand halten sie Messinstrumente: Die linke Figur hält einen Zirkel und die rechte Figur ein Winkelmaß, die beide auf Augenhöhe, unmittelbar neben dem Titel, zu präsentieren scheinen. Damit können sie als Allegorien der Geometrie und der Rechenkunst identifiziert werden.[158] Die mathematischen *Affixiones* sind in drei Teile geteilt: Der erste Teil ist ein Schaukasten, der in verschiedenen Perspektiven die Aufgaben des Jesuitenordens darstellt. In einem zweiten Teil werden die Namen berühmter Jesuiten und jesuitischer Märtyrer alphabetisch aufgeführt und durch einen Kalender des Jahrhunderts von 1640 bis 1740 erweitert. Die dritte Schülerarbeit ist ein *Speculum Cosmographicum*, ein kosmografischer Spiegel mit einer hydraulischen Uhr.

2.2.1 Perspektivischer Schaukasten

„Systema Personatum Catoptricum in quo Societatis Iesu praecipua ministeria Scenice exhibentur."[159] Bei diesem figurativ-katoptrischen System handelt es sich um einen perspektivischen Schaukasten, der die Geschichte des Jesuitenordens auf verschiedenen

158 HAStK, Best. 150, A 1061, fol. 311r. Vgl. Spengler 2003, S. 147.

159 HAStK, Best. 150, A 1061, fol. 312r–324v. Die einzelnen ikonografischen und baulichen Elemente des Schaukastens werden in Farbzeichnungen detailliert wiedergegeben.

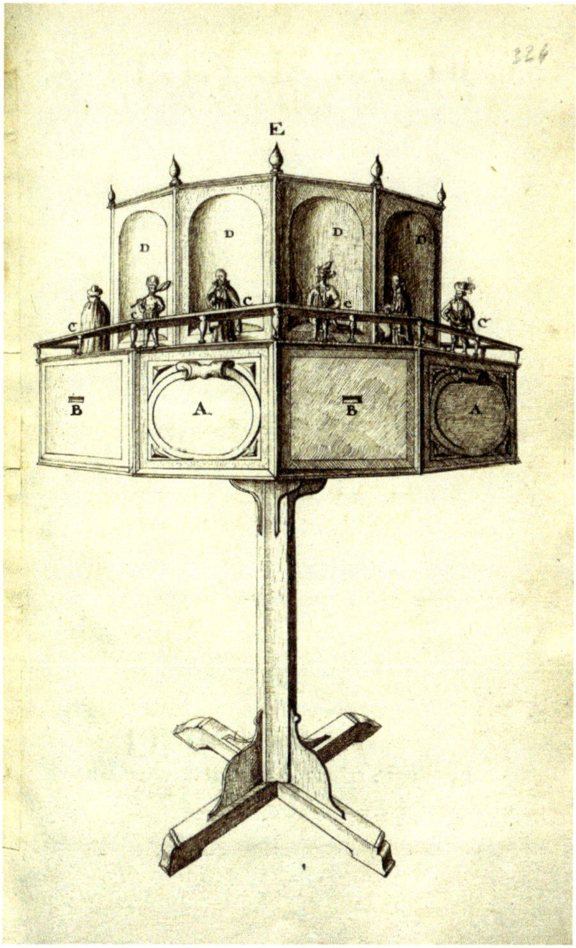

36 Perspektivischer Schaukasten, in: *Liber gymnasii trium coronatum societatis Jesu Colonia anno 1647*, HAStK, Best. 150, A 1061, fol. 324r

Ebenen und in unterschiedlichen Medien zeigte (Abb. 36).[160] Der Schaukasten stand am Eingang zur Kirche St. Mariä Himmelfahrt und war auf einem hölzernen Fuß angebracht, sodass er auf Augenhöhe betrachtet werden konnte. Das Ziel des mathematischen Objekts war es zum einen, die besonderen Dienste und die 100-jährige Geschichte des Jesuitenordens aufzuzeigen und zum anderen war der Schaukasten eine Demonstration der praktischen Fertigkeiten und des Wissens auf den Gebieten der Katoptrik, Optik und auch der Kunst. Auf dem hölzernen Fuß stand ein oktogonaler Schaukasten mit drei pyramidal aufgebauten Ebenen. Die unterste Ebene bestand aus acht rechteckigen Flächen, die alternierend verschiedene Funktionen und Darstellungen beinhalteten. Auf

160 Siehe die vollständigen *Affixiones* in: HAStK, Best. 150, A 1061, https://historischesarchivkoeln.de/document/Vz_80BB72E7-5EC1-4A74-B003-6297B4FD23EB [zuletzt aufgerufen am 07.04.2024].

den vier mit A gekennzeichneten Flächen waren bildliche Darstellungen der vier Jahreszeiten in ovalen Rahmungen angebracht: Die Federzeichnungen im Band der Schülerarbeiten zeigen die allegorischen Bilder des Frühlings, Sommers, Herbstes und Winters. Ob die Bilder auf den Schaukasten gemalt oder gezeichnet wurden, ist leider nicht überliefert. Es handelt sich um Personifizierungen der Jahreszeiten, die mit typischen Attributen ausgestattet und in landschaftliche Szenen eingebettet sind. Auf den jeweils anderen Flächen, die in den Zeichnungen ein B tragen, befand sich eine schlitzförmige Öffnung, durch die die Betrachtenden in den Schaukasten hineinschauen sollten. Im Inneren waren vier als *Scenographica* beschriebene Darstellungen zu sehen, die durch die bestimmte Anbringung von Spiegeln und durch katoptrische Reflexion in verschiedenen Perspektiven erblickt werden konnten und einen „ins Unendliche" vervielfältigten Eindruck gaben.[161] Inhaltlich korrespondierten die beiden Teile miteinander, was durch kurze Sätze über den Personifizierungen der Jahreszeiten deutlich wurde.

Das Motiv des Frühlings *Ver* war mit *Societas Iesu nascens et casta* überschrieben und bildete den Anfang der Reihe (Abb. 37). Der Frühling ist dargestellt als junge weibliche Allegorie, die in der linken Bildhälfte sitzt. Sie trägt einen Blumenkranz und stützt sich mit dem rechten Arm auf einem Blumenkorb ab, was sie zudem als Allegorie *Flora* kennzeichnet. Das Bündel Ähren (oder auch Blumen) in ihrer linken Hand verweist auf den Anbau von Getreide. In der rechten Bildhälfte erstreckt sich eine quadratische und symmetrische Gartenanlage, umgeben von einer hohen Hecke und einzelnen Bäumen. Der Garten könnte als Zeichen der Kultivierung und des Anbaus von Pflanzen gedeutet werden. Das Bild ließe sich auch auf das Anlegen, Wachsen und die Kultivierung eines Ordens übertragen. Außerdem erinnert die Kreuzform der Gartenanlage an den Kreuzgang einer Klosteranlage, in dessen Mittelpunkt ein (Lebens-)Baum steht. Diese Ikonografie passt zum Bibelvers aus dem Buch Jeremia, der im das Motiv umgebenden Rahmen niedergeschrieben ist. „Siehe, ich setze dich heute über Völker und Reiche, damit du ausreißen, zerbrechen, verstören und verderben sollst und aufbauen und einpflanzen." (Jer 1,10) Der Frühling korrespondierte mit der szenischen Darstellung der Gründung des Jesuitenordens und der Bestätigung durch Papst Paul III. 1540 in Rom im Inneren des Schaukastens.

Der Sommer *Aestas* gehörte zum Wachsen und zur Verbreitung des Ordens und war dementsprechend mit *Societas crescens et zelosa* überschrieben (Abb. 38). Die weibliche Allegorie sitzt in der rechten Bildecke, hat einen Blumenkranz auf dem Kopf und trägt einen üppigen Blumenkorb in ihrem rechten Arm, der aufgrund der Form des Flechtkorbes auch als Füllhorn mit Blumen und Früchten gedeutet werden könnte. In ihrer Linken hält sie eine Sichel empor. Zu ihren Füßen auf dem Boden liegen reife Früchte. Im

161 Kuckhoff berichtet 1931, dass zur internationalen Presseausstellung PRESSA in Köln 1928 versucht worden sei, den Schaukasten nachzubauen. Die Reflexion sei dabei nicht korrekt gewesen. Er befand sich wohl in der Abteilung der Schaukästen, konnte aber leider nicht in den Dokumentationen zur PRESSA gefunden werden. Kuckhoff 1931a, S. 348.

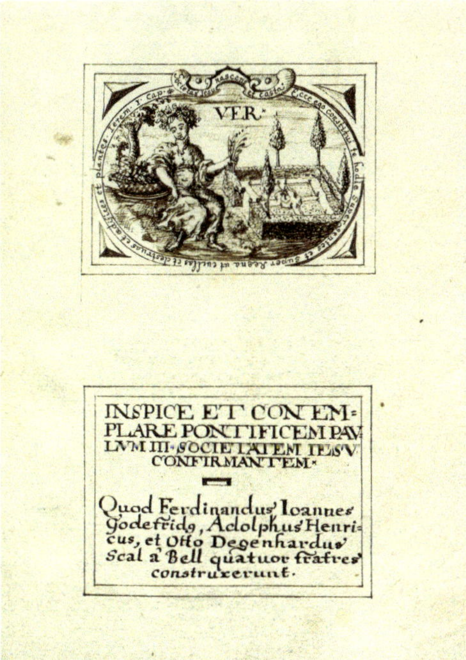

37 *Ver*, in: *Liber gymnasii trium coronatum societatis Jesu Colonia anno 1647*, HAStK, Best. 150, A 1061, fol. 314r

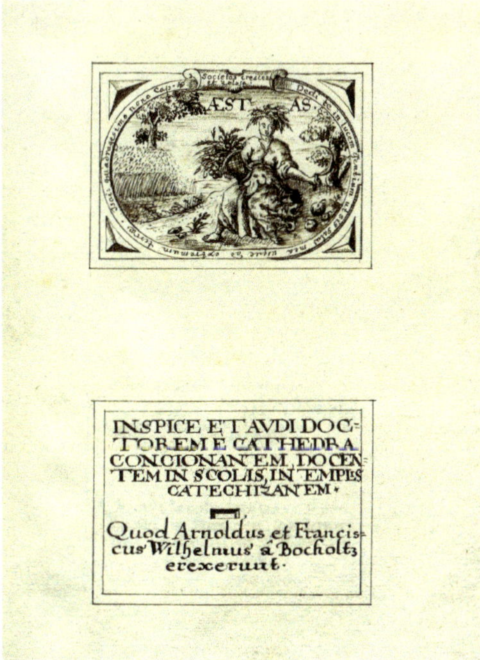

38 *Aestas*, in: *Liber gymnasii trium coronatum societatis Jesu Colonia anno 1647*, HAStK, Best. 150, A 1061, fol. 315r

linken Bildfeld repräsentiert ein blühendes Getreidefeld Wachstum und Fülle. Auch der Bibelvers aus dem Buch Jesaja verweist auf die wachsende Stärke des Ordens: „Ich habe dich auch zum Licht der Völker gemacht, damit du mein Heil bis ans Ende der Welt seiest." (Jes 49,6) Dazu passend zeigt die Szene im Inneren des Schaukastens verschiedene Wege, wie der Orden sich ausbreitete: über die Lehre, die Predigt und die Katechese.

Im Bild des Herbstes *Autumnus* kann die Personifikation als Gott des Weines, Dionysos bzw. Bacchus, gedeutet werden (Abb. 39): Die in ein leichtes Gewand gehüllte männliche Figur scheint auf einem Fass zu sitzen, aus dem Wein hinausströmt. Mit der rechten Hand hält sie ein Weinglas empor, die Linke trägt eine Karaffe für den Wein. Um die Figur herum wachsen Weinreben mit satten Trauben von Weinbeeren. Auch der Kopf des Weingottes ist mit einem Kranz aus Weintrauben und -blättern geschmückt. Das Motiv symbolisiert die Stärke und die Vollkommenheit des Jesuitenordens, was auch die Überschrift *Societas consummata in virtute et doctrina* ausdrückt.

Das Gegenstück im Inneren zeigt die verschiedenen kirchlichen Dienste des Jesuitenordens. Der Winter *Hiems* schließlich ist der typischen Jahreszeitenikonografie entsprechend als alter Mann in einem dicken Mantel dargestellt (Abb. 40). Am Rand der Szene steht ein karger Baum, in der Mitte lodert ein Feuer, dessen Rauch emporsteigt. So

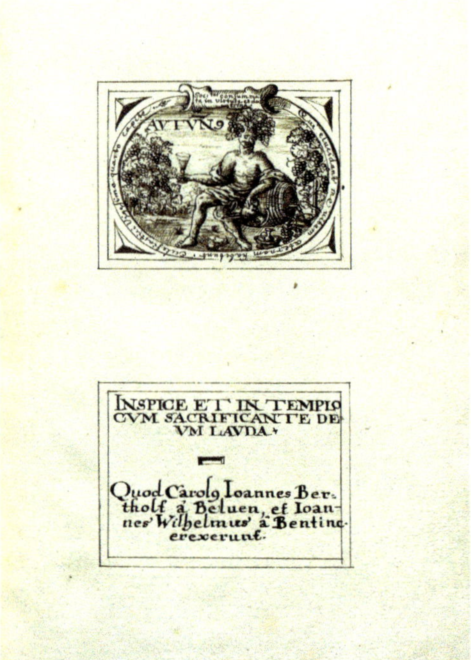

39 *Autumnus,* in: *Liber gymnasii trium coronatum societatis Jesu Colonia anno 1647,* HAStK, Best. 150, A 1061, fol. 316r

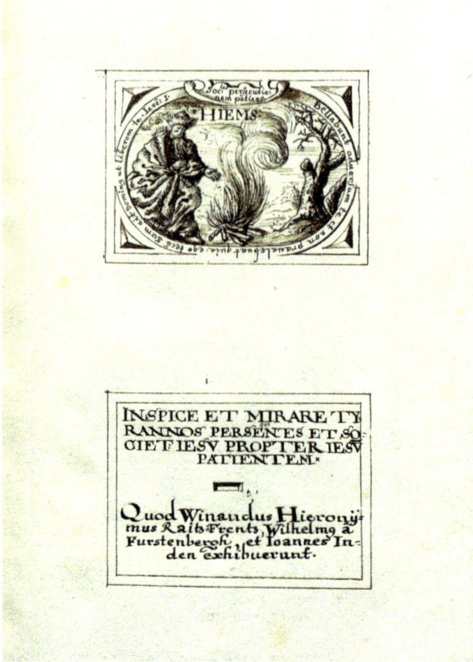

40 *Hiems,* in: *Liber gymnasii trium coronatum societatis Jesu Colonia anno 1647,* HAStK, Best. 150, A 1061, fol. 317r

wie der Winter für einen Rückgang der Fülle an Pflanzen und für eine entbehrungsreiche Zeit steht, wird auch die Gesellschaft Jesu in der vierten Szene im Inneren abgebildet: Mehrere Märtyrerszenen zeigen die vielfältigen Verfolgungen, die die Mitglieder des Ordens erleiden (*Societas persecutionem patiens*) mussten. Dementsprechend begleitet die Winterdarstellung ein Zitat eines Bibelverses aus dem Buch Jeremia: „Sie werden gegen dich kämpfen und werden nicht obsiegen; denn ich bin mit dir, spricht der Herr, und ich werde dich befreien.“ (Jer 1,19) Diese hoffnungsvolle Perspektive auf Besserung der Situation durch den Beistand Gottes steckt auch in der Ikonografie der vier Jahreszeiten, welche sich im natürlichen und gottgegebenen Verlauf der Zeit verändern, aber immer wieder zu Stärke und nach entbehrungsreichen Phasen wieder zu neuer Blüte aufsteigen. Diese „Wiedergeburt“ steht auch dem Orden nach Phasen der Verfolgungen bevor. Den Beginn dieses neuen Erstarkens markiert das Jubiläum der Jesuiten 1640. Der natürliche Verlauf der Jahreszeiten wird mit der Geschichte des Ordens in Verbindung gebracht, deren Verlauf somit ebenfalls als natürlich gegebene Entwicklung präsentiert wird. Die Ikonografie der vier Jahreszeiten beinhaltet zudem vier Lebensalter, die im Inneren des Kastens in den verschiedenen jesuitischen Figuren der Schüler, Studenten, Priester und Märtyrer manifestiert sind.

All diese ikonografischen und motivischen Bezüge zeigen das umfangreiche Bildverständnis und Wissen der Jesuiten um Symboliken und Allegorien. Motive der Jahreszeiten waren im 17. Jahrhundert weit verbreitet und wurden zum Beispiel auch in Kartenwerken oder (Reproduktions-)Grafiken verwendet. Bereits in der bildwissenschaftlichen und wissensallegorischen Analyse der Handschrift des mathematischen Unterrichts von Johann Grothaus im vorangegangenen Kapitel konnte aufgezeigt werden, dass jahreszeitliche Motive und Darstellungen im Kontext der Geografie und Kartografie und auch typischerweise für kirchliche Festkalender benutzt wurden.[162] Außerdem können die Darstellungen aus Emblembüchern abgeleitet sein. Der Darstellungstyp der Jahreszeiten durch eine zentrale Personifikation mit entsprechenden Attributen war um 1640 weit verbreitet, was die Aktualität des jesuitischen Bildgedächtnisses und dieser Präsentation zeigt. Ein Grund für diese ikonografische Entwicklung von narrativen Szenen der vier Jahreszeiten zu einer starken Betonung der Personifikation und auch einer Vereinheitlichung der allegorischen Elemente liegt in der Verbreitung und im Erfolg der *Iconologia* von Cesare Ripa, einer Art Handbuch zur Gestaltung derartiger Personifikationen, das zuerst 1593 veröffentlicht wurde und sich vor allem auf antike Vorgaben und (literarische) Quellen bezog.[163] Auch die Darstellung der *Kölner Jahreszeiten* folgen den Ausführungen Ripas.[164]

Ein Beispiel aus der Kartografie ist die Weltkarte *Nova Totius Terrarum Orbis Geographica Ac Hydrographica Tabula* von Willem Janszoon Blaeu (1571–1638), die dieser verlegt hatte, kurz nachdem er sich in Amsterdam niedergelassen und dort die einflussreiche Blaeu-Offizin gegründet hatte (Abb. 41). Es war die zweite Weltkarte, die Blaeu 1606 konzipierte und herausgab, und sollte eine der berühmtesten Weltkarten der Frühen Neuzeit werden, nicht zuletzt wegen ihrer künstlerischen und allegorischen Gestaltung. Die rechteckige Erddarstellung in Mercator-Projektion wird von 22 Bildfeldern umrahmt, in denen allegorische Darstellungen und Personifikationen zu sehen sind, die Grafiken von niederländischen Künstlern entlehnt sind. Dabei handelt es sich um die Allegorien der vier Jahreszeiten, der vier Elemente, der sieben Planeten und der sieben Weltwunder. Die Allegorien der vier Jahreszeiten sind vollfigurig in die rechteckigen Bildrahmen gesetzt. Blaeu übernahm die Ikonografie (wie auch bei den vier Elementen) von dem Haarlemer Künstler Hendrick Goltzius, dessen Stiefsohn und Schüler Jacob Matham den Zyklus 1589 gestochen hatte.[165] Die Weltkarte Blaeus dürfte in Köln und bei den Jesuiten bekannt gewesen sein. Bis heute hat sich im Mathematisch-Physikalischen

162 Vgl. HAStK, Best. 7020, 441. Die Handschrift wird im Kapitel zur „Bildwissenschaftlichen und wissensallegorische Analyse" ausführlich beschrieben und analysiert. Vgl. Pomian 1994, S. 113.

163 Vgl. Ripa, Cesare: Iconologia Overo Descrittione Di Diverse Imagini cauate dall'antichità, & di propria inuentione, Rom: Appresso Lepido Facij, 1603.

164 Vgl. ebd, S. 473–476, https://digi.ub.uni-heidelberg.de/diglit/ripa1603 [zuletzt aufgerufen am 15.03.2024].

165 Vgl. Koller 2014a, S. 137–147. Wie bereits angemerkt, verweist Pomian auf die Verbindung derartiger allegorischer Motive und Bildformen und der „ganzheitlichen, kosmischen Sicht", die in den Kunst- und Wunderkammern der Zeit Ausdruck findet. Pomian 1994, S. 113.

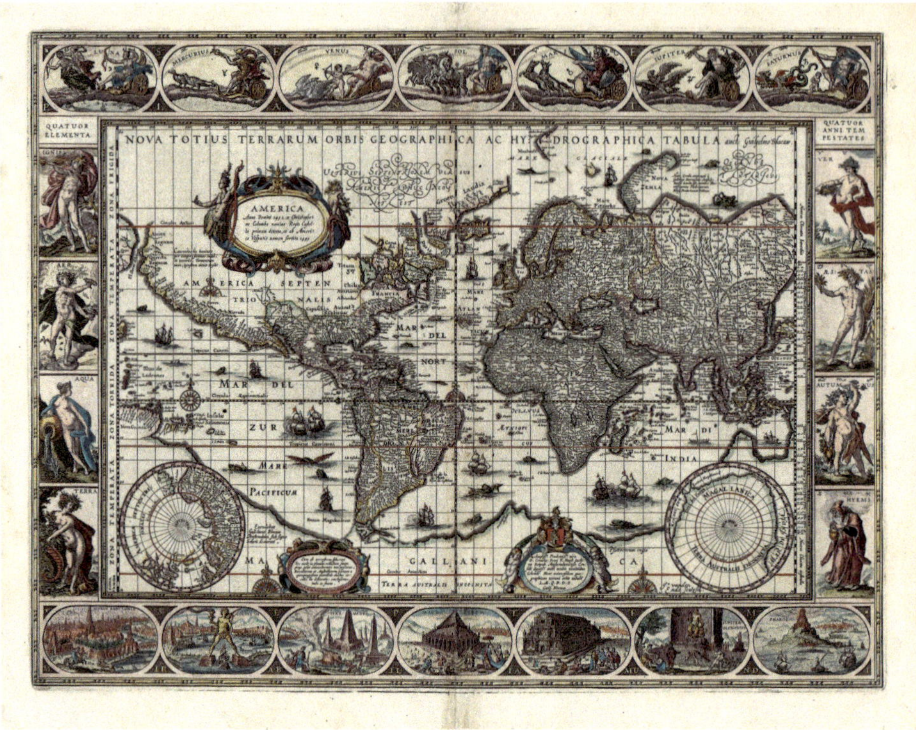

41 Willem Janszoon Blaeu, *Nova totius terrarum orbis geographica ac hydrographica tabula*, 1606, Kupferstich, Radierung, 41,3 × 54,5 cm, Rijksmuseum Amsterdam, RP-P-1958-66

Kabinett ein Himmelsglobus aus der Offizin Blaeu erhalten, und zwar einer der frühen Stücke Willem Blaeus aus dem Jahr 1602 (Abb. 42).[166] Der Himmelsglobus gehörte ursprünglich zu einem Globenpaar, bestehend aus Erd- und Himmelsglobus. Wie diese in das Kölner Jesuitenkolleg gekommen sind, konnte leider nicht ermittelt werden. Allerdings könnte es sich bereits im frühen 17. Jahrhundert in Köln befunden haben. Dafür spricht, dass Köln im 16. und 17. Jahrhundert eine der europäischen Hochburgen für die Produktion, den Druck und den Vertrieb von Atlanten, Karten- und Druckwerken aller Art und auch Globen war, gewissermaßen ein Kommunikationszentrum der Frühen Neuzeit.[167] Trotz dieser Vorbilder muss herausgestellt werden, dass keine direkte (künstlerische) Vorlage für die Umsetzung der vier Jahreszeiten auf dem Schaukasten ermittelt werden konnte, wie es etwa bei Blaeu der Fall ist.

166 Siehe den Objektdatensatz zu Blaeus Himmelsglobus L 265 in: https://www.kulturelles-erbe-koeln.de/documents/obj/05741341 [zuletzt aufgerufen am 07.04.2024].

167 Vgl. Chaix, Gérald: Köln im Zeitalter von Reformation und katholischer Reform. 1512/13–1610, Köln 2021 (Geschichte der Stadt Köln 5), S. 365–378.

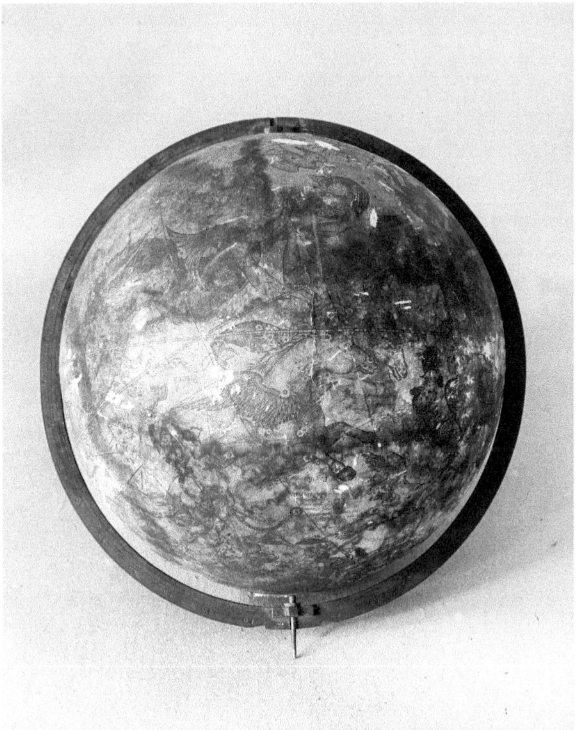

42 Willem Janszoon Blaeu, Himmelsglobus, 1602, Pappe, Papier, Messing, Durchmesser: 23,5 cm, Kölnisches Stadtmuseum, Mathematisch-Physikalisches Kabinett, L 265

Hinter den von außen mit B bezeichneten Flächen befanden sich im Inneren des Schaukastens die vier *Scenographica* aus der Geschichte des Jesuitenordens.[168] Der Blick durch einen Schlitz gab die narrativen Szenen im Inneren frei. Das Prinzip dieser katoptrischen Szenen basierte auf der Lehre von der Reflexion des Lichtes an spiegelnden Oberflächen. Die Katoptrik ist ein Teilgebiet der Optik, die um 1640 im Zuge der Mathematik gelehrt wurde. Durch die Anbringung von Spiegeln in einer bestimmten Position wurden die Figuren und das „Bühnenbild" in geplanter Weise gespiegelt. Aus heutiger Sicht bleiben nur die Federzeichnungen im Band der Schülerarbeiten von 1647, um sich den Aufbau des Schaukastens im Inneren vorstellen zu können. Erschwerend kommt hinzu, dass die Szenen im Buch im Schnitt dargestellt sind, und nicht etwa aus der Perspektive, die der Sehschlitz vorgibt. Ebenso ist auf der überlieferten Zeichnung nicht ersichtlich, wie die „Bühne" im Innenraum aufgebaut war, aus welchen Materialien sie bestand und ob es sich bei den Figuren um zwei- oder dreidimensionale Darstellungen handelte.

168 Zur besonderen Bedeutung der Zahl 4 siehe Naredi-Rainer, Paul von: Die Zahl 4 in Kunst, Architektur und Weltvorstellung, in: Greub, Thierry (Hg.): Das Bild der Jahreszeiten im Wandel der Kulturen und Zeiten, München 2013, S. 17–48.

Die Ikonografie, die Raumgestaltung und die Position der Spiegel im Innenraum sind allerdings gut dokumentiert: Die erste Szene, die äquivalent zum Frühling die Entstehung des Ordens zeigte, bestand aus einem Innenraum, der als päpstliche Kurie in Rom identifiziert wurde (Abb. 43). Auf der linken Seite sitzt Paul III. auf dem Papstthron, die rechte Hand zum Segensgestus erhoben. Vor ihm in der Mitte der Darstellung knien Ignatius von Loyola und seine neun frühen Gefährten, zu denen zum Beispiel Peter Faber, Franz Xaver oder Diego Laínez gehörten. Im Jahr 1537 kam die Gruppe nach Rom und stellte sich und ihre neu entwickelte Gemeinschaft in die Dienste des Papstes. Am 27. September 1540 bestätigte Papst Paul III. schließlich endgültig die Gesellschaft Jesu als Orden mit der Gründungsbulle *Regimini militantis ecclesiae.* Die Übergabe dieser besiegelten Urkunde an Ignatius von Loyola, diese Gründungsszene der Jesuiten, hält die Darstellung im Inneren des Schaukastens fest. Die übrigen Personen im Bild sind als Kardinäle beschrieben und auch anhand der Kleidung als solche zu identifizieren. Am Aufbau der Szene ist die Anordnung des Sichtschlitzes und des Spiegels interessant. Denn der „vergegenwärtigende Spiegel" befand sich laut Zeichnung direkt gegenüber des Sehschlitzes, auf den hinter dem Papstthron verwiesen wird. Die Betrachtenden konnten durch die Spiegelung also verschiedene Perspektiven des Innenraumes wahrnehmen: Sie blickten aus der Position hinter dem Papstthron direkt auf die frühen Jesuiten und einzelne Personen aus der Gemeinschaft, die durch das Bildgedächtnis sicher zu identifizieren waren, und zugleich sahen sie die Spiegelung des thronenden Papstes vor den Jesuiten.

In der zweiten Szenografie zum Erstarken und Wachsen der Jesuiten sind die wichtigsten Faktoren der Verbreitung des Ordens und seiner Einflussnahme auf die Gesellschaft zu sehen: die Lehre, die Predigt und die Katechese (Abb. 43). Die drei Tätigkeiten sind simultan dargestellt. In der vorderen Szene lehrt ein Jesuit von der Kathedra eine Gruppe Schüler, im rechten Bildteil predigt ein Jesuit von der Kanzel zu den sitzenden Schülern und zur stehenden Bevölkerung und links wird der Katechismusunterricht gezeigt. Die Figurenanordnung ist umgeben von einem sogenannten *Speculum Multiplicans in Infinitum,* von Spiegeln, die scheinbar bis zur Unendlichkeit vervielfältigen (B). Dieser Effekt hat vermutlich dazu geführt, dass einzelne Aufgabenbereiche der Jesuiten gut zu sehen waren und die dargestellten Figurengruppen respektive Zuhörende durch die Spiegelung mehrfach wiedergegeben wurden. Interessant ist, dass der Segensgestus, der zuvor in der Figur des Papstes vorgekommen ist, nun auch von den Jesuiten selbst verwendet wird. So werden sie motivisch, gestisch und auch optisch als Multiplikatoren des katholischen Glaubens im Sinne des Papstes dargestellt.

Die Tugendhaftigkeit und Stärke des Ordens wird in der dritten Szene im Inneren des Schaukastens durch eine religiöse Darstellung gezeigt (Abb. 44). Zu sehen ist der Schnitt eines Kirchenraumes, der durch zwei Arkaden mit Säulen mit korinthischen Kapitellen als dreischiffiger Bau erscheint. Unter dem linken Arkadenbogen befindet sich ein Altar, vor dem ein jesuitischer Priester steht. Im mittleren Bogen knien Gläubige, die ihre Hände zum Gebet erhoben haben. Der Kelch auf der Altarmensa und die betende Gemeinde legen nahe, dass es sich um die Darstellung der Eucharistiefeier handelt.

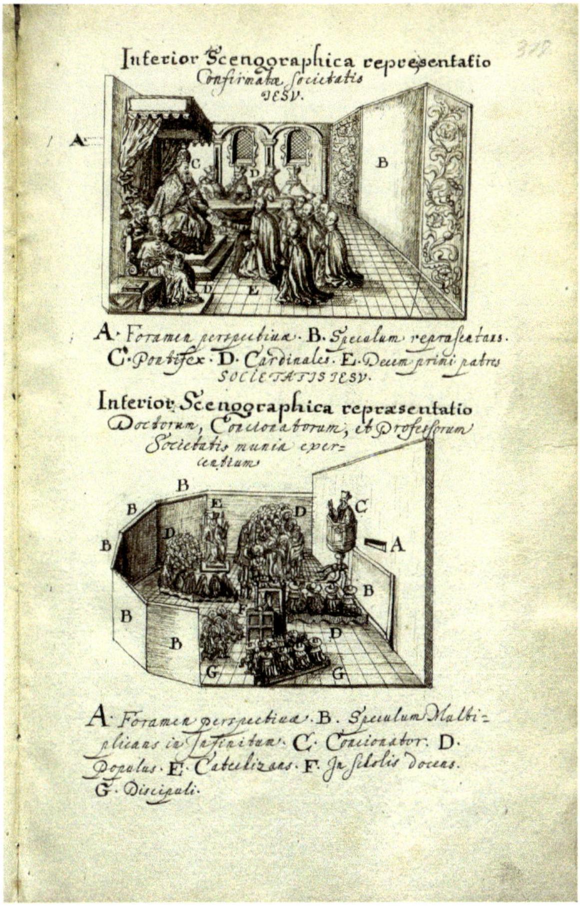

43 Szenografien der Ordensgründung und des Wachsens des Jesuitenordens, in: *Liber gymnasii trium coronatum societatis Jesu Colonia anno 1647*, HAStK, Best. 150, A 1061, fol. 318r

Neben dem Kelch befinden sich ein aufgeschlagenes Buch, zwei Kerzen und ein Kruzifix auf dem Altartisch. Das Retabel besteht aus einem Altarbild, das vermutlich Jesus Christus mit Heiligenschein zeigte. Durch den oberen Teil des Altares verlief der Sehschlitz, der den Blick in den Innenraum ermöglichte. Im rechten Bildteil, dem Altar und dem jesuitischen Priester gegenüberliegend, waren drei Spiegel senkrecht angebracht. Die Hineinblickenden nahmen auf diese Weise zwei verschiedene Perspektiven wahr: Sie blickten über die Schultern des Priesters in die Gesichter der gläubigen Gemeinde, der sie selbst zum großen Teil angehörten. Zugleich sahen sie die knienden Gläubigen in der Rückenansicht vor dem Altar mit Jesus Christus-Motiv und Priester bei der Feier der Eucharistie. Der jesuitische Priester ist sowohl liturgisch als auch ikonografisch die Verbindung zwischen den Gläubigen und Jesus Christus. Dies veranschaulichen die Arkaden: Der Priester wird zum Altar und Jesus Christus gesetzt, in den göttlichen Bereich, von dem die Gläubigen durch eine Säule getrennt sind. Der jesuitische Priester fungiert

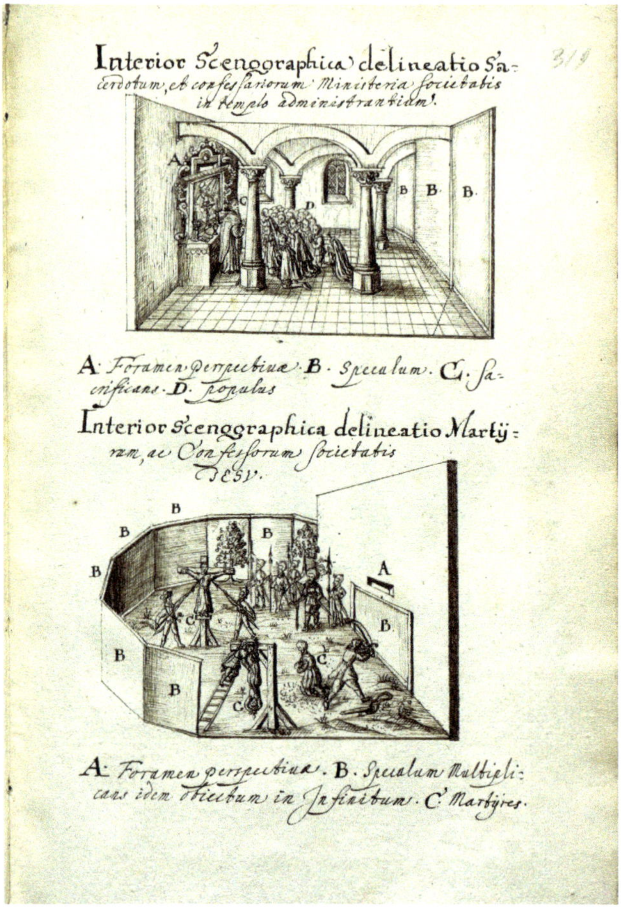

44 Szenografien der Glaubensstärke des Jesuitenordens und der jesuitischen Märtyrer, in: *Liber gymnasii trium coronatum societatis Jesu Colonia anno 1647,* HAStK, Best. 150, A 1061, fol. 319r

also als wichtiges Bindeglied zwischen der Gemeinde und Gott, was die (lokale) religiöse Bedeutung der Dienste des Jesuitenordens verdeutlicht.

In der letzten Szene wurden die Märtyrer des Jesuitenordens gezeigt, die auf der ganzen Welt für ihren Glauben gestorben sind (Abb. 44). Der Aufbau des Innenraumes ist ebenso eine Simultanszene und folgte dem Aufbau der zweiten Darstellung der Lehrer, Prediger und Katecheten. In einer durch Bäume angedeuteten Landschaft werden simultan drei verschiedene Hinrichtungen von jesuitischen Märtyrern gezeigt: eine Kreuzigung mit sie begleitenden Soldaten, eine Enthauptungsszene und ein mit dem Kopf nach unten an einem Galgen hängender Mann. Um die Figuren herum befindet sich die gleiche Konstruktion von Vervielfältigungsspiegeln. Die Märtyrerdarstellungen können als Zeichen der Opferbereitschaft und Standhaftigkeit des jesuitischen Glaubens gedeutet werden. Die komplette untere Ebene des Schaukastens mit den allegorischen Jahreszeitenbildern und der szenischen Ordensgeschichte war auch eine Selbstvergewis-

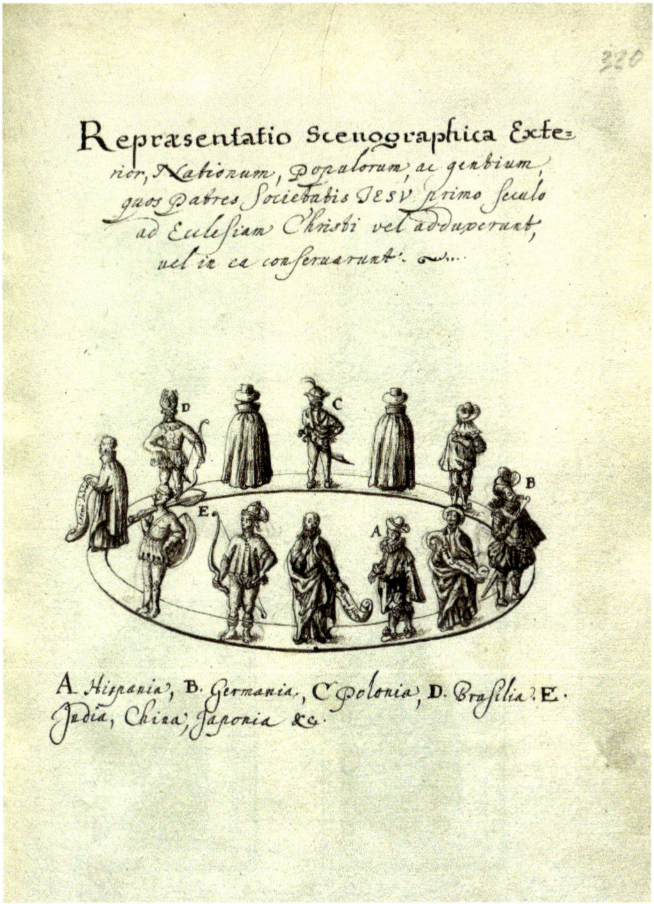

45 Personifikationen von Ländern und Völkern, in: *Liber gymnasii trium coronatum societatis Jesu Colonia anno 1647*, HAStK, Best. 150, A 1061, fol. 320r

serung des Jesuitenordens, dessen 100-jährige Geschichte von Verbreitung und steigendem (religiösen) Einfluss geprägt war, wenn auch nicht frei von grausamen Rückschlägen. Letztlich jedoch trugen diese Erfahrungen zur Glaubensstärkung und zum weiteren Erfolg der Gesellschaft Jesu in den kommenden Jahren und Jahrzehnten bei.

Auf die unterste Ebene des Schaukastens war ein weiterer, jedoch im Durchmesser kleinerer oktogonaler Kasten gesetzt. Dadurch entstand eine horizontale Fläche, um die eine Balustrade angebracht wurde. Hier standen zwölf Figuren, die verschiedene Länder, Bevölkerungen und indigene Gruppen symbolisierten, welche die Väter der Gesellschaft Jesu im ersten Jahrhundert missioniert hatten oder dazu gebracht hatten, ihrem Glauben treu zu bleiben (Abb. 45). Es handelt sich dabei um männliche Personifikationen der einzelnen Länder, die vor allem anhand der stereotypen Kleidung zu erkennen sind. Die Figur Spaniens (A) trägt zum Beispiel eine üppige Halskrause, die in der damaligen Zeit fester Bestandteil der spanischen und niederländischen Mode war. Germania (B) trägt eine Pluderhose und einen Hut mit üppiger Feder. Die Figur Polens ist nur in der Rückenansicht zu sehen. Die Gebiete – die österreichischen und spanischen Habsburgerreiche (Spanische Niederlande) und die deutschen Territorien – stehen für den Erhalt des katholischen Glaubens nach den konfessionellen Auseinandersetzungen, an dem die Jesuiten nach dieser Darstellung einen maßgeblichen Anteil gehabt hätten. Dazu kommen Figuren, die für die missionierten Gebiete Brasilien, Indien, China und Japan stehen. Ihr Aussehen und ihre Kleidung – nackte Haut, traditionell-ethnische Kleidung, Barfüßigkeit, Pfeil und Bogen – entsprechen zeitgenössischen Vorstellungen aus Reiseberichten und Enzyklopädien sowie Klischees über die „fremden" und vermeintlich „unzivilisierten" indigenen Gruppen, die demnach durch die Jesuiten zum wahren Glauben geführt worden seien. Neben den Darstellungen der Länder stehen jeweils jesuitische Ordensmänner, erkennbar an ihrer Ordenstracht, die mit Spruchbändern ausgestattet sind, die auf die Herkunft aus Deutschland, Spanien und Indien (z. B. *Veni Germania*) und damit auf den lokalen Einfluss der Jesuiten verweisen. Wahrscheinlich repräsentieren sie individuelle Jesuiten, die die Betrachtenden mit den einzelnen Regionen in Verbindung bringen konnten.

Die Figuren standen auf der mittleren Ebene vor einem oktogonalen Kasten, der ebenfalls acht senkrechte Flächen aufwies. Auf diesen Flächen waren acht Nischen zu sehen, die Jesus Christus, die heilige Maria und die ersten sechs Generäle des Jesuitenordens füllten. Unklar ist, ob es sich dabei um plastische Nischen mit dreidimensionalen Figuren gehandelt hat oder ob es derartige Malereien oder Zeichnungen waren. Jesus Christus wurde mit Reichsapfel als Erlöser der Welt dargestellt, umgeben von einem Bibelvers aus dem Evangelium nach Matthäus: „Kommet her zu mir alle, die ihr mühselig und beladen seid. Ich will euch erneuern." (Mt 11,28) Der heiligen Maria schloss sich die Reihe der Jesuitengeneräle an, von denen Ignatius von Loyola, der Gründer des Jesuitenordens, der erste war. Entsprechend seiner Heiligsprechung im Jahr 1622 wird er mit Heiligenschein dargestellt. Darauf folgen in chronologischer Reihenfolge Diego Laínez, Francisco de Borja, Everard Mercurian, Claudio Acquaviva und Mutio Vitelleschi. Die zweite Stufe des Schaukastens veranschaulicht den Erfolg der Jesuiten auf missionarischer und konfessioneller Ebene und setzt diesen in eine direkte, fast kausale Verbindung mit zentralen Personen aus dem Jesuitenorden sowie Jesus Christus und Maria (Abb. 46).

Der pyramidal aufgebaute Schaukasten wurde gekrönt von der Figur eines kreuztragenden Christus mit Dornenkrone und Heiligenschein (Abb. 47). *Ego vobis Romae propitius ero,* Ich werde euch in Rom gnädig sein, steht unter der Zeichnung Christi. Diese Verbindung von Motiv und Text verweist auf die Vision Ignatius von Loyolas in La Storta und lässt sich in der Kunstgeschichte sehr oft nachweisen: Als Ignatius von Loyola mit seinen frühen Gefährten Peter Faber und Diego Laínez im Jahr 1537 auf dem Weg nach Rom war, um sich dort dem Papst zu unterstellen und letztlich die *Gesellschaft Jesu* zu gründen, kehrten sie in der Kapelle von La Storta am Stadtrand von Rom zum Gebet ein. In dieser Kapelle soll Ignatius in einer Vision den kreuztragenden Jesus Christus

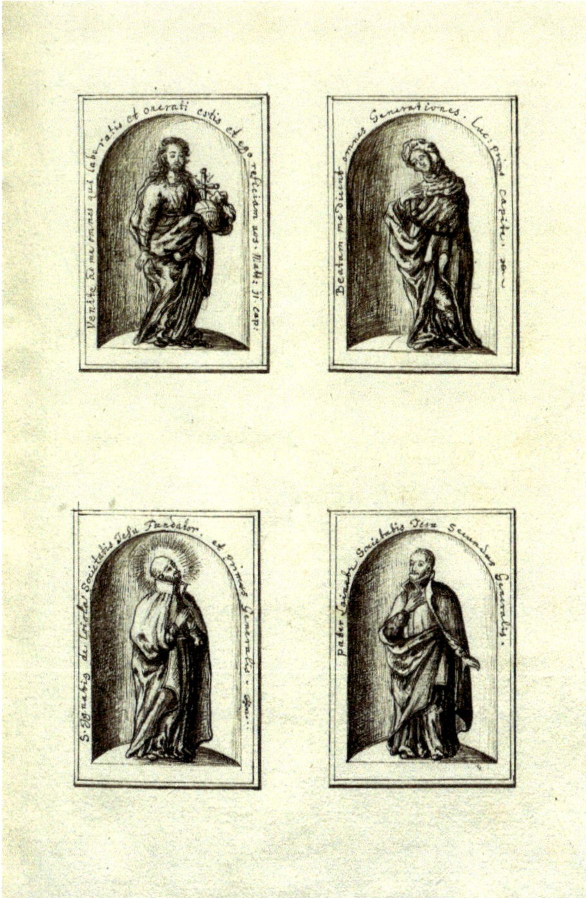

46 Jesus Christus, Maria und die ersten beiden Jesuitengeneräle Ignatius von Loyola und Diego Laínez, in: *Liber gymnasii trium coronatum societatis Jesu Colonia anno 1647*, HAStK, Best. 150, A 1061, fol. 321r

gesehen haben, der zu ihm gesagt habe: „Ich werde euch in Rom gnädig sein." In Rom bestätigte Papst Paul III. schließlich die Gesellschaft Jesu und die Gründung des neuen Ordens war vollbracht. Die Darstellung der Vision des Ignatius ist ein weit verbreiteter jesuitischer Bildtypus, der oft zusammen mit dem lateinischen Satz *Ego vobis Romae propitius ero* vorkommt. Er findet sich zum Beispiel in der römischen Jesuitenkirche Sant'Ignazio im berühmten illusionistischen Deckenfresko von Andrea Pozzo (1642–1709) und in einem Medaillon über dem Altarbild derselben Kirche, das die Vision von La Storta zeigt. Daneben gibt es zahlreiche andere Gemälde und Grafiken mit dieser Kombination aus Bild und Text.

Der katoptrische Schaukasten der Kölner Jesuiten scheint ein äußerst komplexes Objekt gewesen zu sein, sowohl wegen der optischen beziehungsweise katoptrischen Konstruktion als auch aufgrund der motivischen Fülle und der vielfältigen ikonografischen Verbindungen und symbolischen Verweise. Der Schaukasten ist ein sehr

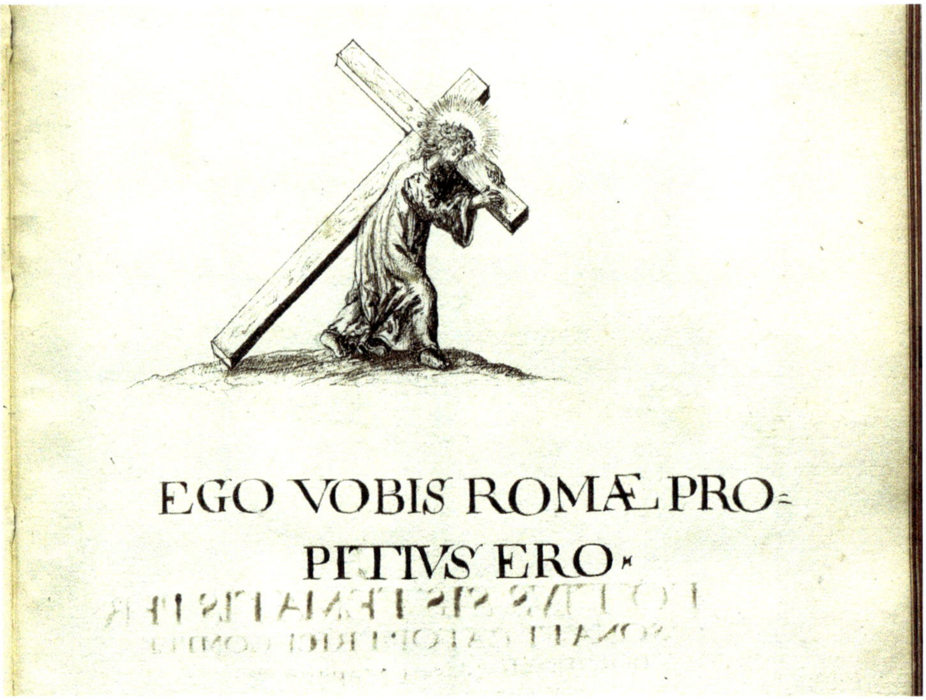

47 Kreuztragender Christus, in: *Liber gymnasii trium coronatum societatis Jesu Colonia anno 1647*, HAStK, Best. 150, A 1061, fol. 323r

eindrückliches Beispiel für das jesuitische Bildgedächtnis und auch für die oft beschriebene jesuitische Bildpropaganda. Zugleich zeigt das Objekt, wie die Naturwissenschaften, in diesem Fall die Katoptrik und Optik, mit in die jesuitischen Narrative aufgenommen worden sind und ein zusätzliches Mittel dieser Bildpropaganda wurden, ähnlich wie die Architektur. Eine zeitgenössische Bewertung des katoptrischen Schaukastens ist in den *Litterae Annuae* des Kölner Kollegs aus dem Jahr 1650 zu finden. Darin heißt es:

> „Neque hoco loco Mathematicorum industriam praeterire fas erit. Decu manam hi templi portam inter muros cancellosque ferreos, hinc quidem Horologio Hydraulico, inde laborioso Catoptrico opere sepserant, appensa in porta superliminari saeculari Societatis nostra tabula, opere non minus ad eruditionem quam oculorum et animique sanctam oblectationem nato."

> „Und man darf an dieser Stelle auch den Fleiß der Mathematiker nicht übergehen. Diese Männer von der Schönheit des Tempels hatten das Tor zwischen den eisernen Mauern und dem Chor eingeschlossen, auf der einen Seite tatsächlich durch eine hydraulische Uhr und auf der anderen Seite durch eine mühsame katoptrische Arbeit, die am Querbalken des Tores unserer Gesellschaft befestigt war, ein Werk nicht weniger zur Bildung/Unterweisung als für die heilige Freude der Augen und der Seele erschaffen."[169]

169 ARSI, Rhenania Inferior 50. *Litterae Annuae* 1640.

Eine ikonografische Parallele besteht zwischen dem jesuitischen Schaukasten, wie er im Band der Schülerarbeiten dokumentiert ist, und einer weiteren Publikation, die im Jahr des Ordensjubiläums von den Lehrern und Schülern des Tricoronatums herausgegeben wurde und dem Rat und Bürgermeister der Stadt Köln gewidmet war.[170] Inhalte dieses Buchs waren wiederum die Erzählung der 100-jährigen Ordensgeschichte und die Geschichte des jesuitischen Wirkens in Köln und der Welt anhand von Jahreszeiten. Das Werk ist in vier Kapitel untergliedert, die sich nach den Jahreszeiten richten, und teilt sich zudem in Monate ein. Jedem Kapitel ist erneut eine bildliche Darstellung der Jahreszeiten – ähnlich einem Emblem – vorangestellt. Die Kupferstiche stammen von dem Maler Johann Jacob Soentgens, gestochen hat sie der in Köln ansässige Künstler Johann Eckhard Löffler oder auch sein jüngerer Bruder Johann Heinrich Löffler.[171] Das Werk beginnt mit einem repräsentativen Kupfertitel, in dem bereits allegorische Elemente der Jahreszeiten vorkommen. In einer Ädikula mit Säulen, einer Balustrade und einem Rundbogenabschluss befindet sich der Titel des Buchs (Abb. 48). Die Form kann auch als Triumphbogen beschrieben werden. Auf den Elementen der Ädikula häufen sich allegorische und symbolische Motive, die auf die einzelnen Jahreszeiten verweisen. Sie werden zudem von acht Putti geschmückt. Vor dem Sockelgesims stehen zwei Körbe mit verschiedenen blühenden Blumen, vor allem Frühlingsblumen wie Tulpen. Zwischen diesen befindet sich eine brennende Feuerschale, an deren Flammen sich zwei Putti die Hände zu wärmen scheinen. Die Gegenstände verweisen auf die Allegorien des Frühlings und des Winters. Garben bilden die Säulen. Ihre Ähren ragen unter den Kapitellen hervor. Die bevorstehende Ernte ankündigend, ist in der rechten Säule eine Sichel zu sehen. Rankende Weinreben mit Blättern und Weintrauben halten die Garben zusammen und ranken an beiden Säulen empor bis zum Abschluss der Ädikula. Die Putti klettern an den Weinreben hinauf und greifen mit ihren Händen nach den saftigen Weinbeeren. Garben, Weinreben und -trauben verweisen in erster Linie auf den Sommer und den Herbst. Hinter den Säulen ist ein Weinbogen zu erkennen, an dem ebenfalls Äste des Weinstocks emporranken, die bis in den Rundbogen reichen. Auf den Kapitellen stehen zwei Putti, die jeweils ein üppig mit Blumen und Früchten gefülltes Füllhorn und eine kleine Sichel halten. In der Mitte des Bogens prangt eine Kartusche, die gewissermaßen den krönenden Abschluss der Ädikula bildet und von einer Früchtegirlande eingefasst ist. Darin befindet sich eine Sonne mit Gesicht in einem ovalen Rahmen. Die Sonne umgeben kurze lateinische Sätze, die deren Bedeutung für den Verlauf der Jahreszeiten

170 Vgl. Annus secularis Societatis Iesu 1640. Erstaunlicherweise ist der Band weder in der Universitäts- und Stadtbibliothek noch im Historischen Archiv der Stadt Köln erhalten. Für diese Arbeit wurde das Digitalisat einer Ausgabe aus dem Jesuitenkolleg in Namur in Belgien herangezogen: https://archive.org/details/annussecularisso00annu/mode/1up [zuletzt aufgerufen am 03.02.2024]. Ein weiteres Buch befindet sich zum Beispiel in der Zentralbibliothek Zürich, Re 404: https://doi.org/10.3931/e-rara-26127. Auf den nächsten Seiten werden die Embleme aus dem jesutischen Jubiläumsband analysiert. Die Abbildungen befinden sich in den aufgeführten Digitalisaten.

171 Vgl. Spengler 2003, S. 149f.

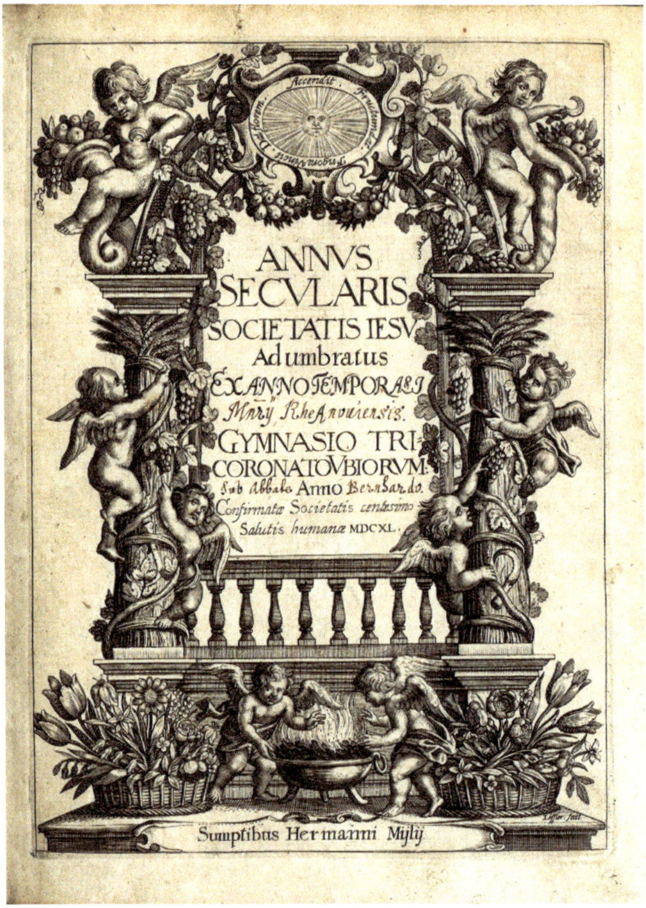

48 *Titelblatt*, in: *Annus secularis Societatis Iesu, adumbratus ex anno temporali a Gymnasio Tricoronato Ubiorum: Anno confirmatae Societatis centesimo, salutis humanae MDCXL*, Köln: Hermann Mylius, 1640, Zentralbibliothek Zürich, Re 404

zusammenfassen: *Accendit.* Sie macht Feuer; *Fructum dat.* Sie gibt Früchte; *Frigora Vincit.* Sie besiegt die Kälte; *Dat Florem.* Sie gibt Blumen. Die Sonne ist also das bestimmende Element der Jahreszeiten. All diese allegorischen und symbolischen Elemente kommen auch in den Darstellungen der vier Jahreszeiten auf dem Schaukasten vor.

Die Verbindung zwischen den Jahreszeiten und dem Jesuitenorden wird im nächsten Kupferstich des Buchs gezogen. Im Einführungskapitel *Introductio in Annum Secularem Societatis Iesu* ist der Stich eines Brunnens zu sehen, der in das Oval eines rechteckigen Rahmens gefasst ist.[172] An den Ecken des Rahmens befinden sich vier Knaben mit Flügeln, die als Windgötter Euros (Südostwind), Notos (Südwestwind), Zephyros (Nordwestwind) und Boreas (Nordwind) die vier Winde nach Himmelsrichtungen

172 Abbildung in: Annus secularis Societatis Iesu 1640, https://www.e-rara.ch/zuz/content/zoom/8423609 [zuletzt aufgerufen am 23.03.2024].

symbolisieren. Der Brunnen ist in eine Landschaft eingebettet, deren Flora – ein Blätter tragender und ein karger Baum, mehr oder weniger üppig bewachsene Weinreben, Blumen im Vordergrund – simultan auf unterschiedliche Jahreszeiten verweist. Der Brunnen selbst ist in drei Ebenen zu unterscheiden. Den Sockel, der das Brunnenbecken bildet, schmücken Früchtegirlanden und Wasserspeier in Form von menschlichen Köpfen und zwei fischähnlichen Kreaturen. In der mittleren Ebene stehen vier Figuren der Personifikationen der Jahreszeiten auf einzelnen Postamenten, die an ihren typischen Merkmalen zu erkennen sind. Alle vier halten einen Kelch in der Hand, durch den das Wasser des Brunnens von oben läuft. Auf ihren Köpfen tragen sie ein weiteres Podest, das repräsentativ unter anderem mit einem Engelskopf geschmückt ist. Auf einem weiteren Zierelement, das von einem Spruchband mit der Aufschrift *Totum irrigat Annum,* Es fließt das ganze Jahr, umgeben ist, liegt eine Kugel, auf der die Figur eines jungen Mannes in einem leichten Gewand und in Kontrapost-Haltung steht. Während seine linke Hand zu seinem Herz greift, zeigt die rechte Hand nach oben. Aus dieser deiktischen Geste entspringen drei kleine Pfeile in verschiedene Richtungen sowie das Symbol *IHS* des Jesuitenordens und ein Kreuz. Diese Symbole sind von einer Sonne mit ausladenden Strahlen umgeben. Aus diesen Elementen – dem Herz des personifizierten Jesuiten, dem IHS-Motiv und dem Balken des Kreuzes Jesu – entspringen vier Wasserstrahlen, die durch die Kelche der Jahreszeiten geleitet werden und in das Brunnenbecken fließen. Über die Wasserspeier des Sockels wird dieses Wasser in die umgebende Landschaft gelenkt und der Natur übergeben, in der sich die Jahreszeiten manifestieren. Die Sonne, die bereits im Kupfertitel als maßgebliches und bestimmendes Element für die Jahreszeiten herausgestellt wurde, taucht hier wieder auf und wird ikonografisch mit dem christlichen Jesuitenorden gleichgesetzt. Dieser wird ähnlich universal als bestimmendes und natürliches Element charakterisiert, das – der thematischen Positionierung des Kupferstichs im Buch entsprechend – in den letzten 100 Jahren historisch entstanden und gewachsen ist. Bei Betrachtung der motivischen Positionierung des Jesuiten in den Wolken, zwischen der Sonne und der Erde, die durch die Kugel repräsentiert wird, wird auch die religiöse Bedeutung des Jesuitenordens als Vermittler zwischen dem Irdischen und den Gläubigen und dem Himmlischen und Göttlichen versinnbildlicht. Die Darstellung des IHS-Symbols mit einem Sonnenkranz ist in der jesuitischen Ikonografie und Bildsprache dominierend und versinnbildlicht ebenso die Stärke und (globale und universale) Strahlkraft des Jesuitenordens. Auch das Motiv des Brunnens als Quelle gilt als Symbol von Leben und Unsterblichkeit.

Unter dem Kupferstich steht die lateinische Phrase *Ignem alii, modo nos FONTEM dicamus AMOREM. Errabit nemo, nam dat hic IGNIS AQUAS.* – Die anderen nennen das Feuer, lasst uns doch nur den BRUNNEN LIEBE nennen. Niemand wird sich täuschen, denn dieses FEUER [= Ignatius] gibt WASSER. Das Wort *Ignis,* Feuer, kann an dieser Stelle passenderweise mit dem Jesuitengründer Ignatius von Loyola und seiner wichtigen Rolle in der Geschichte des Ordens in Verbindung gebracht werden. Der Bezug zum lateinischen Wort *ignis* wird bereits im Rahmen der Schülerarbeiten in Lobgedichten vollzogen und panegyrisch gedeutet.[173]

Die vier Darstellungen der Jahreszeiten in dem Jubiläumsband, die im Folgenden kurz beschrieben werden, unterscheiden sich von denen auf dem Schaukasten: Sie befinden sich alle in Kartuschen, die mit figurativen und floralen Elementen, Putten, Füllhörnern und Früchtegirlanden geschmückt sind. Im Inneren sind den Jahreszeiten entsprechende Landschaftsszenen abgebildet. Der Frühling[174] wird als bergige Landschaft gezeigt, in deren Zentrum ein blühender Baum steht, der ein Spruchband mit der Aufschrift *His Alor Una Trubus*, Ich werde einzig ernährt durch diesen Stamm, trägt. Im linken Bildteil befindet sich eine musizierende Gruppe, bestehend aus sechs Frauen und Männern mit drei verschiedenen Streichinstrumenten, einer Querflöte, einer Trompete und einem Notenbuch. Der Himmel wird durch eine aufreißende Wolkendecke bestimmt, die den Regen verdrängt und im Zentrum die Sonne freigibt, deren Gesicht auf die frühlingshafte Szene hinabblickt.

In der Darstellung des Sommers[175] steht die Sonne mit Gesicht im Zenit und strahlt auf eine Blumenwiese herab. Am linken Bildrand ragt eine Sonnenblume empor, die sich in Richtung der Sonne zu strecken scheint. Zwei Vögel vervollständigen die Szenerie. Ein Paradiesvogel steigt zur Sonne auf. Der andere, ein Phönix, sitzt mit ausgestreckten Federn auf einem Felsen im rechten Bildteil, unter ihm ein brennendes Feuer. Das Spruchband mit der Aufschrift *Tria Dirigit Unus*, Einer lenkt drei, befindet sich in der Kartusche und bezieht sich auf die bestimmende Funktion der Sonne, die hier auch als Symbol Gottes gedeutet werden kann, zu dem sich sowohl die Sonnenblume ausrichtet als auch die Vögel hinwenden.

Die Landschaft des Herbstes[176] beinhaltet im Zentrum einen Baum, unter dem ein Mann steht und eine Laute spielt. Vom Klang angezogen zu sein scheinen die Bewohner des umliegenden Waldes, die sich um ihn sammeln, zum Beispiel ein Wildschwein, ein Hirsch und ein Hase. Rechts von dieser Szene ist ein Mann mit einem Jagdhorn zu sehen, der von mehreren Hunden umgeben ist. Die Jagd wird hier also als typische Aktivität im Herbst gezeigt. Am linken vorderen Bildrand sitzt der Weingott Dionysos beziehungsweise Bacchus vor einer Weinrebe mit Trauben. Er hält ein Füllhorn in der einen Hand und deutet mit der anderen auf die Szenerie. Das Spruchband zitiert in diesem Fall aus dem Evangelium nach Matthäus: *Ex Fructibus eorum cognoscetis eos*, An ihren Früchten sollt ihr sie erkennen (Mt. 7,20).

173 Zur Kritik des Kölner Jesuiten, Lehrer und Literaten Jakob Masen (1606–1681) an der Festschrift vgl. Dimler, G. Richard: Jakob Masen's Critique of the Imago Primi Saeculi, in: Manning, John/Vaeck, Marc van (Hg.): The Jesuits and the Emblem Tradition, Turnhout 1999, S. 279–295.

174 Abbildung in: Annus secularis Societatis Iesu 1640, https://www.e-rara.ch/zuz/content/zoom/8423623 [zuletzt aufgerufen am 23.03.2024].

175 Abbildung in: Ebd., https://www.e-rara.ch/zuz/content/zoom/8423705 [zuletzt aufgerufen am 23.03.2024].

176 Abbildung in: Ebd., https://www.e-rara.ch/zuz/content/zoom/8423787 [zuletzt aufgerufen am 23.03.2024].

Ein Baum steht ebenfalls im Zentrum der winterlichen Landschaft.[177] Allerdings ist er der Jahreszeit entsprechend völlig karg dargestellt, genauso wie die ihn umgebende Natur. Von der rechten Bildseite nähert sich ein Wildschwein und scheint mit seinen Zähnen in die Baumrinde zu schneiden. Die Wildschweinjagd zählt zu den typisch winterlichen Tätigkeiten in Jahreszeitendarstellungen. Ein Wasservogel sitzt auf einer kleinen Insel in einem Nest inmitten eines Gewässers. Drei Spruchbänder umrahmen die oval eingefasste winterliche Landschaftsszene und setzen das Motiv in einen jahreszeitlichen Kontext: *Nec Hiems turbare, nec aeolus ausit.* Weder der Winter stört, noch Aiolus (Windgott) wagte es zu stören; *Denti, non dente nocet.* Er schadet dem Zahn, nicht durch den Zahn; *Uberius Caesa repullulant.* Sie schlagen durch den Schnitt fruchtbarer wieder aus. Durch die vermeintlichen Zerstörungen im Zuge des Winters – dargestellt ist der Wildverbiss – bleibt die Natur intakt und kann im Frühling wieder erblühen.

Die Kupferstiche der vier Jahreszeiten im Jubiläumsband des Gymnasium Tricoronatum sind in ihrer Form und (landschaftlichen) Ikonografie etwas komplexer als die Bilder auf dem Schaukasten, die vor allem die Personifikationen und Allegorien hervorgehoben haben. Dies kann zum einen mit der Zielgruppe – Rat und Bürgermeister der Stadt Köln – zusammenhängen oder zum anderen mit dem Medium des Buchs, das langsamer und sukzessive gelesen wird. Die Motive am Schaukasten sollten für die Betrachtenden unmittelbarer zu entschlüsseln sein, um sich auf die Szenen des Jesuitenordens im Inneren zu konzentrieren und diese miteinander in Verbindung zu bringen. Die Fokussierung auf die Ikonografie der Jahreszeiten beim jesuitischen Ordensjubiläum 1640 ist so vielseitig und vielschichtig wie erstaunlich und zeigt die intensive Auseinandersetzung mit den Motiven und die kreative Übertragung und Aneignung der Bilder und Symboliken auf den Jesuitenorden und seine Geschichte.

Schwerhoff beschreibt in ihrer Arbeit zu den „Studien zum katholischen Jubiläum der Frühen Neuzeit" auch die jesuitischen Ordensfeierlichkeiten zum 100-jährigen Jubiläum der Städte Antwerpen und Rom, aus denen keine vergleichbaren Objekte überliefert sind. Auch eigene Recherchen konnten keine ähnlichen Schülerarbeiten ermitteln. Das Jahrhundertjubiläum des Jesuitenordens in Rom wurde selbstredend mindestens ebenso feierlich begangen und aufwendig gestaltet und inszeniert wie in Köln,[178] in den entsprechenden Quellen haben sich jedoch keine Hinweise auf mathematische Apparaturen oder überhaupt auf eigens hergestellte Objekte finden können.[179] Eine Beschreibung über eine Auswahl an Erfindungen zur Dekoration des Atriums des Collegium Romanum führt verschiedene Dekorationen auf, nennt jedoch keine Schülerarbeiten oder Objekte. Das Collegium Romanum war für die Jahrhundertfeier 1639/1640 aufwendig geschmückt und durch Statuen erweitert worden. Für den Innenhof und das Portal

177 Abbildung in: Ebd., https://www.e-rara.ch/zuz/content/zoom/8423919 [zuletzt aufgerufen am 23.03.2024].

178 Vgl. Schwerhoff 2020, S. 128f.; HAStK, Best. 223, A 12, fol. 382r; HAStK, Best. 150, A 1061.

179 Vgl. Schwerhoff 2020, S. 75–76 und S. 133–157.

waren insgesamt 19 Statuen aus Bronze und Stuck angefertigt worden. Die Figuren von Papst Urban VIII. in der Mitte, Gregor XIII. rechts daneben und auf der anderen Seite Gregor XV., die für das Kolleg von besonderer Bedeutung waren, wurden so platziert, dass diese direkt bei Betreten des Kollegs in den Bögen der Architektur sichtbar und erkennbar wurden. Die anderen Bögen füllten Statuen unterschiedlicher Geistes- und Naturwissenschaften – wobei es sich wahrscheinlich um Personifikationen handelte. Dazu gehörten *Grammatica, Oratoria, Poetica, Historia, Dialettica, Physica, Geometria, Aritmetica, Astronomia, Geografia, Perspettiva, Mecanica, Etica, Metaphysica, Theologia prattica, Theologia spirit.*[180] Ebenso wie in Köln entstand auch in Antwerpen 1640 eine umfangreiche Festschrift, das berühmte Werk *Imago primi saeculi*, das sich nicht zuletzt durch seine künstlerischen und professionell gefertigten Embleme auszeichnet.[181] Diese Embleme hatten einen jesuitischen Inhalt und bezogen sich auf die Historie und Religiosität des Ordens.[182] In der Art der Kölner Schülerarbeiten wurde eine Auswahl der Embleme in Farbe auf große Tafeln übertragen und in der Ordenskirche des Antwerpener Jesuitenkollegs ausgestellt, wo sie von der Öffentlichkeit und den Gästen der Feierlichkeiten angesehen werden konnten. Diese Tafeln werden ebenso als *Affixiones* bezeichnet. Die Funktionen der Embleme und Affixionen sowohl im Lehr- und Lernkontext als auch im Kontext der Feierlichkeiten sind die gleichen wie in Köln.[183] Im Vergleich sind die Affixionen aus dem Jesuitenkolleg in Brüssel beispielsweise berühmt, weil für ihre Erstellung auch professionelle Künstler beauftragt wurden.[184] Die Besonderheit der Kölner *Affixiones* waren jedoch die Fertigung durch Studenten des Tricoronatum, ihre Verbindung zur Mathematik sowie die Herstellung von eigenen Objekten. In Bezug auf die ikonografische Ausgestaltung zeigen sie außerdem die „praktische Anwendung der aus der Bildanschauung resultierenden Kenntnisse" der Jesuiten.[185] Über die Präsentation der Kupferstiche aus dem Kölner Jubiläumsband hinaus ist über das Buch nichts bekannt.

180 Vgl. ARSI, Epp. NN. 115, S. 740–741. „Modus celebrandi Jubilaeum Societatis anno centesimo a confirmata Societato. Anweisungen des Ordensgenerals Mutio Vitelleschis über die Begehung des Ordensjubiläums (o. D., vermutlich 1639). Schwerhoff fügt in ihrem Anhang zwei Fotografien der Quelle bei. Schwerhoff 2020, S. 339f.

181 Vgl. ARSI, Collegium Romanum 150-I, fol. 206r–217v. *„Saggio d'alcune inventioni per ornar l'atrio del Collegio Romano nel prossimo anno secolare della Compagnia di Giesù"*.

182 Bolland, Johannes [u. a.]: Imago primi Saeculi Societatis Iesu, Antwerpen: Plantin, 1640; Schwerhoff 2020, S. 77–110.

183 Vgl. Schwerhoff 2020, S. 79–81.

184 Vgl. Porteman 1996, S. 32–44; Spengler 2003, S. 147.

185 Spengler 2003, S. 147.

2.2.2 Hundertjähriger Kalender

Der zweite Teil der mathematischen Affixionen kann als ein jesuitischer hundertjähriger Kalender beschrieben werden, der aus zwei Erddarstellungen, einer Auflistung von berühmten Jesuiten und jesuitischen Märtyrern geordnet nach ihren jeweiligen Sterbemonaten und einem Kalenderrahmen bestand (Abb. 49).[186] Die Arbeit wird als *Diastema scenographica Virorum illustrium ac Martyrum Societatis Iesu* bezeichnet und bezieht sich auf den kommenden Zeitraum zwischen 1650 und 1750. Zu dieser Zeit werden die Todesdaten der aufgeführten Jesuiten, die seit Ordensgründung (als Märtyrer) verstorben sind, nach Monaten angegeben, sodass die Gläubigen ihnen im Kirchenjahr gedenken

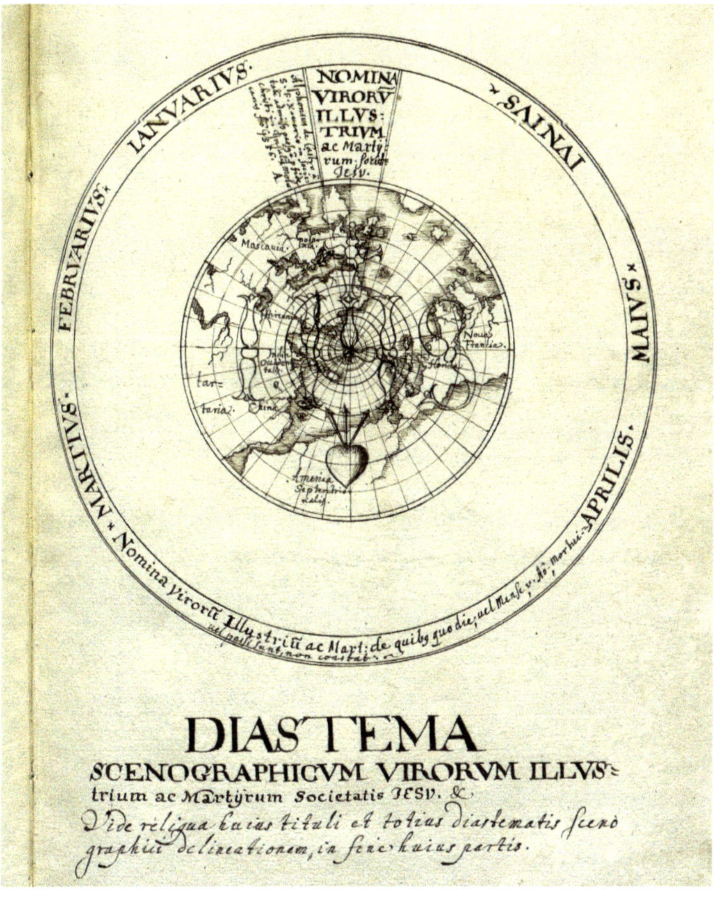

49 Hundertjähriger Kalender, *Diastema scenographica Virorum illustrium ac Martyrum Societatis Iesu*, in: *Liber gymnasii trium coronatum societatis Jesu Colonia anno 1647*, HAStK, Best. 150, A 1061, fol. 325r

186 Siehe die vollständigen *Affixiones* in: HAStK, Best. 150, A 1061, https://historischesarchivkoeln.de/document/Vz_80BB72E7-5EC1-4A74-B003-6297B4FD23EB [zuletzt aufgerufen am 07.04.2024].

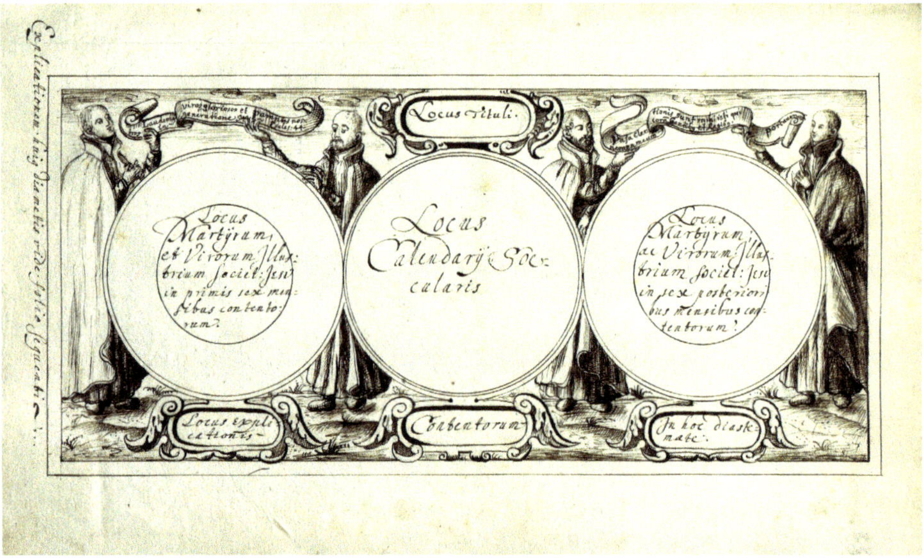

50 Ikonografischer Rahmen für den hundertjährigen Kalender, in: *Liber gymnasii trium coronatum societatis Jesu Colonia anno 1647*, HAStK, Best. 150, A 1061, fol. 332r

können. Im Buch der Schülerarbeiten beginnt der Hundertjährige Kalender mit einer gezeichneten Projektion der Erde, über die kunstvoll die Buchstaben IHS und ein krönendes Kreuz gesetzt wurden. Unter dem Ordenszeichen ist zudem ein Herz zu sehen, aus dem drei Pfeile hinausgehen und über die Erde zu weisen scheinen. Diese Motive – IHS-Zeichen, Kreuz, Herz mit Pfeilen – sind typische Ordenssymbole, die bereits im Kupferstich des Brunnens in der Festschrift vorkamen. Um den Erdkreis herum gibt es zwei weitere kreisförmige Ebenen, in denen zum einen die ersten sechs Monate des Jahres Januar bis Juni stehen und zum anderen die Namen der Jesuiten eingetragen werden können. Interessant ist die skizzenhafte Darstellung der Erde. Es handelt sich dabei um eine nicht flächentreue polständige Azimutalprojektion, die vom Südpol ausgeht. Die Darstellungsart der Azimutalprojektion bietet die Möglichkeit, die Erde auch zweidimensional in ihrer Kugelform zu zeigen. Vergleichbare polständige Azimutalprojektionen kamen auf anderen, auch jesuitischen Weltkarten zum Einsatz.[187] Allerdings zeigen

187 Vgl. Koller 2014a, S. 155–166. Hervorzuheben sind zwei polständige Azimutalprojektionen aus Sicht der Arktis und der Antarktis auf Joan Blaeus (1596–1673), Willem Blaeus Sohn, Weltkarte *Nova Totius Terrarum Orbis Tabula von* 1648. Der Hauptunterschied von Willem Blaeus Weltkarten ist, dass er die Welt in zwei Hemisphären teilt und in einer äquatorständigen Azimutalprojektion dargestellt wird, was die Kugelform stark hervorhebt. Zur Bedeutung der Karte vgl. ebd. Siehe auch vor allem die jesuitische Weltkarte des Schweizer Jesuiten Johann Baptist Cysat (1587–1657), der auch in Ingolstadt Mathematik gelehrt hatte: Höhener, Hans-Peter: Die jesuitische Weltkarte Johann Baptist Cysats von 1619, in: Cartographica Helvetica. Fachzeitschrift für Kartengeschichte 58. Missionskartographie (2019), S. 16–24, hier S. 18.

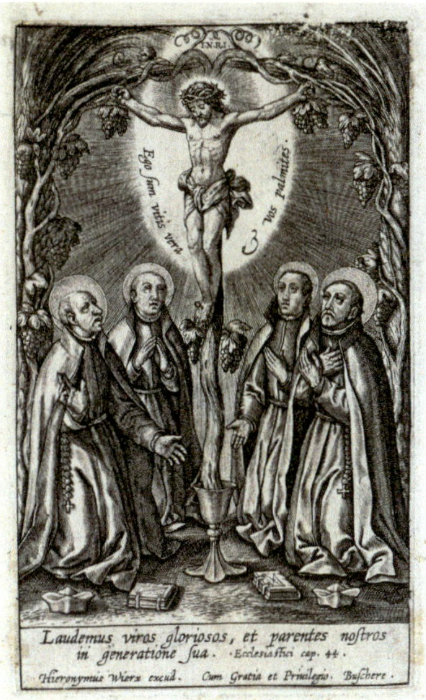

51 Hieronymus Wierix, *Christus am Kreuz verehrt von vier Jesuiten*, vor 1619, Kupferstich, 11,8 × 7,4 cm Wallraf-Richartz-Museum & Fondation Corboud, Graphische Sammlung, Inv.-Nr. 16630

diese meist entweder die Länder und Kontinente der Nordhalbkugel (Arktis) oder die der Südhalbkugel (Antarktis). Die jesuitische Projektion zeigt die Länder und Kontinente nicht flächentreu, sondern verzerrt, sodass die Südhalbkugel einen deutlich geringeren Anteil einnimmt. Die Länder und Kontinente der Nordhalbkugel hingegen nehmen den größeren Raum der Erdkarte ein, denn hier hatte sich der Jesuitenorden verbreitet: Zu den wichtigsten Gebieten der jesuitischen Mission gehörten Indien, China, Japan und Neufrankreich. Neben dieser mindestens ungewöhnlichen Art der Projektionen sind zudem Westen und Osten vertauscht. Im Anschluss an die erste Karte folgt die Auflistung der Jesuiten nach Todesdatum in den Monaten Januar bis Juni. Eine zweite, fast identische Erddarstellung leitet zur zweiten Hälfte des Jahres über. Im äußeren Kreis befinden sich dieses Mal die Monate Juli bis Dezember. Dementsprechend folgt eine Listung der Jesuiten, die in der zweiten Jahreshälfte gestorben sind. Durch die Verbindung zwischen der Erde und den berühmten Jesuiten wird auf die globale Ausbreitung und missionarische Arbeit des Jesuitenordens verwiesen, die den Glauben wörtlich über die Welt verbreitet haben.

Den Abschluss bildet eine rechteckige Darstellung, die die Elemente des Kalenders vereint (Abb. 50): Sie besteht aus einem rechteckigen Feld, in dem drei Kreise eingebracht sind. Die äußeren Kreise sind die Orte, an denen – den Erddarstellungen entsprechend – die Märtyrer und Jesuiten der ersten sechs beziehungsweise zweiten sechs Monate des Jahres aufgeführt werden sollen. Hinter den Kreisen stehen die Figuren von vier frühen Jesuiten. Es wird vermutet, dass es sich dabei um den Ordensgründer

Ignatius von Loyola, den jesuitischen Missionar Franz Xaver sowie die Jesuiten Aloysius Gonzaga und Stanislaus Kostka handelt. Die Präsentation der vier Jesuitenheiligen ist ein häufiges Motiv in der jesuitischen Bildkultur, das zum Beispiel auch in einem Stich des Künstlers Hieronymus Wierix verwendet wurde, in dem die Jesuiten den gekreuzigten Christus anbeten. Das Blatt befand sich (später) in der jesuitischen Grafiksammlung (Abb. 51).[188] Im ikonografischen Rahmen des Hundertjährigen Kalenders halten die Ordensmänner zwei Spruchbänder über die äußeren Kreise, also gleichsam über ihre verstorbenen Ordensbrüder: *Laudemus viros gloriosos et parentes nostros in generatione sua.* Wir loben die glorreichen Männer und unsere Väter in ihrer Generation (Eccli. 44,1 (*Biblia Sacra Vulgata*)). *Vasa Electionis sunt mihi isti qui portaverunt nomen meum cora Gentibus et Regibus.* Diese sind meine ausgewählten Werkzeuge, die meinen Namen trugen vor Stämme und Könige. (Apg. 9,14). Im mittleren Kreis war Platz für den Hundertjährigen Kalender vorgesehen, über den die Kirchenfeste der jesuitischen Märtyrer und Ordensmänner erinnert werden sollten.

2.2.3 *Speculum Cosmographicum* – Hydraulische Uhr

Die dritte und letzte *Affixio* der Kölner Mathematiker war ein *Speculum Cosmographicum*, eine selbst gebaute Apparatur, die aus einem sogenannten „kosmografischen Spiegel" mit Zifferblatt und Zeiger bestand und von einer hydraulischen Maschine betrieben werden konnte.[189] Es handelte sich dabei um eine hydraulische Uhr, welche die Ortszeit aller Jesuiten auf der Welt anzeigen konnte. Zum Objekt gehörte ein Kasten, in dessen Inneren sich ein mit Wasser betriebenes Gewinde und Gewichte befanden. An der rechten Außenwand des Holzkastens war der kosmografische Spiegel mit Zifferblatt angebracht, das 24 Stunden umfasste. Darunter befand sich eine Weltkarte, über die sich ein Doppelzeiger bewegte. Mithilfe von zugehörigen Tabellen und Karten konnten die Tätigkeiten der Jesuiten auf allen Teilen der Erde synchron angezeigt werden.

Die Zeichnung der Apparatur (Abb. 52), deren äußere Rahmung aus Holz bestand, zeigt eine hydraulische Konstruktion: Der Zeiger der Uhr wird über ein Gewinde betrieben, an dem Gewichte hängen. Darunter befindet sich ein hoher Kasten, in den Wasser mit einem Eimer gefüllt wird. Das Wasser beschwert das Gewicht und zieht so das Gewinde auf. Durch einen Abfluss wird das Wasser langsam in einen wiederum darunter befindlichen großen Behälter geleitet, wodurch sich das Gewicht langsam wieder nach oben bewegt und dadurch das Gewinde und die daran angeschlossene Uhr betreibt. In einer jesuitischen Handschrift aus dem 17. Jahrhundert werden ähnliche Maschinen beschrieben. Im Kapitel *De Spiritalibus* (zu Deutsch etwa „Über die nicht körperlichen

188 Siehe dazu auch Spengler, Dietmar: Die »Ars Jesuitica« der Gebrüder Wierix, in: Wallraf-Richartz-Jahrbuch, 57 (1996), S. 161–194.

189 Siehe die vollständigen *Affixiones* in: HAStK, Best. 150, A 1061, https://historischesarchivkoeln.de/document/Vz_80BB72E7-5EC1-4A74-B003-6297B4FD23EB [zuletzt aufgerufen am 07.04.2024].

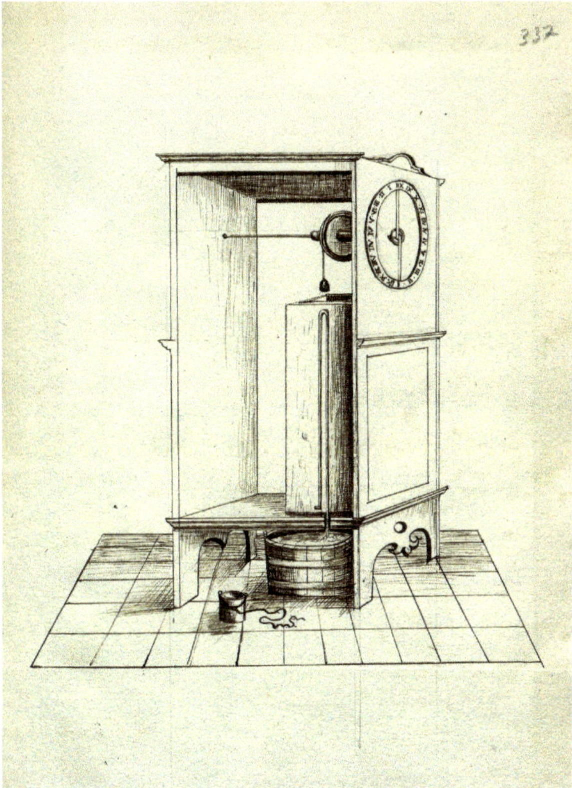

52 Hydraulischer Kasten, in: *Liber gymnasii trium coronatum societatis Jesu Colonia anno 1647*, HAStK, Best. 150, A 1061, fol. 337r

Dinge", womit Luft und Wasser gemeint sind) sind Figuren verschiedener Maschinen und Versuchsvorrichtungen zu sehen, die mit Luft oder Wasser betrieben werden. Unter *Problema VII. et ultimum. Machinam ex rotis construere quae ad aqua fluxum moveantur quamvis eas aquas non attingat* werden folglich Maschinen mit Zahnrädern beschrieben, die sich in Richtung des Wasserflusses bewegen, obwohl das Wasser sie nicht berührt. Darunter befindet sich auch eine Zeichnung eines sehr ähnlichen hydraulischen Kastens, mit dessen Funktion eine Uhr betrieben wird (Abb. 53).[190] Die verschiedenen Möglichkeiten der Konstruktion von Gewinden und der Bewegung von Maschinen durch Wasser und Luft wurden folglich im mathematischen Unterricht erlernt und erprobt und dann in der Herstellung einer eigenen Maschine für die Jahrhundertfeier angewendet. Hervorzuheben ist außerdem, dass die Apparatur den hydraulischen Mechanismus durch die offene Anlage des Holzkastens freilegt und damit ihre Funktionsweise gut sichtbar präsentiert. Die Technik diente also nicht nur als reiner Antrieb, sondern sie war ein

190 Vgl. HAStK, Best. 7004 (Handschriften (GB quart)), 116, fol. 44r–51v. Die Abbildung befindet sich auf fol. 49v der Kosmografisch-mathematischen Sammelhandschrift.

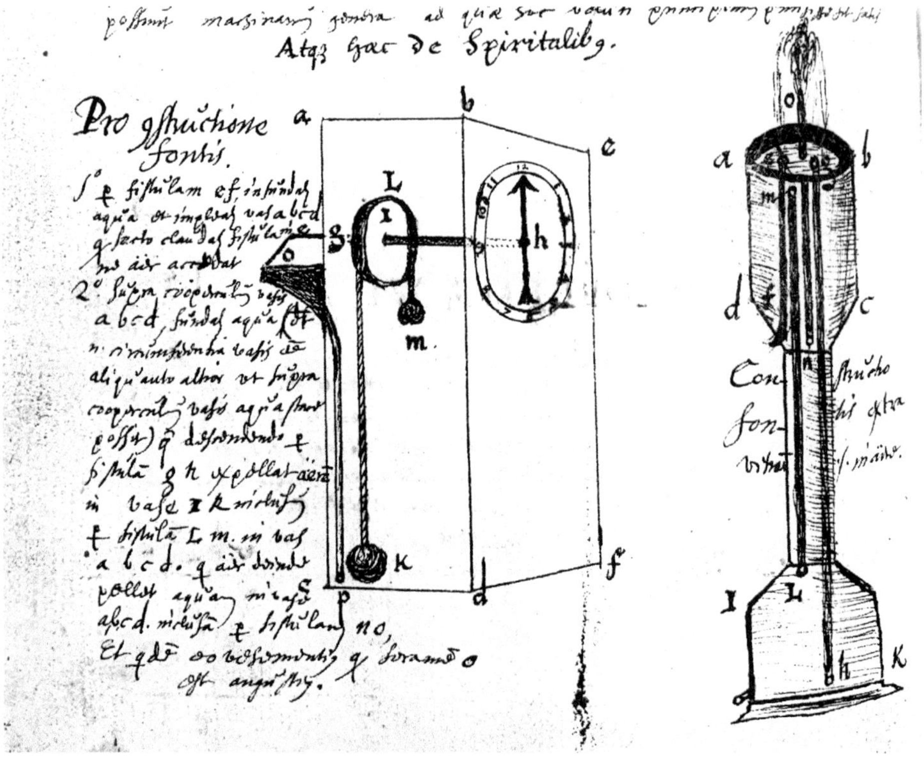

53 Hydraulischer Kasten, in: Kosmographisch-mathematische Sammelhandschrift, 17. Jahrhundert, HAStK, Best. 7004, 116, fol. 49v

wesentlicher Bestandteil des Objekts. Im jesuitischen Inventar von 1774 ist eine Reihe von hydraulischen Instrumenten aufgeführt, wobei die hydraulische Uhr des Jesuitenjubiläums nicht zu identifizieren ist. *Tertio, Machinae hydraulicae, uti sunt, fraterna caritas, fons obedientiae, fontes salientes denique varia varii generis ad experimenta facienda inserviantia, est et ibidem.*[191] Zu den verschiedenen Arten von Brunnen sind wiederum Zeichnungen in der Handschrift erhalten.[192]

An der Außenwand der Apparatur befand sich der eigentliche kosmografische Spiegel mit einem Zifferblatt, das 24 Stunden umfasste (Abb. 54). Dieser Stundenkreis wurde ergänzt durch einen kleineren Kreis im Inneren, auf dem die Monate und Tierkreiszeichen abgebildet waren. Ein beweglicher Doppelzeiger zeigte unter anderem die Klimazonen, die Breitengrade und die Anzahl der Reisetage bis zum jeweiligen Ort an. Unter dieser Konstruktion befand sich eine Weltkarte. Bei der Karte der Welt handelt es sich erneut

191 Vgl. AEK, Monasteria, Generalia: Jesuiten.
192 Vgl. HAStK, Best. 7004, 116 fol. 44r–51v.

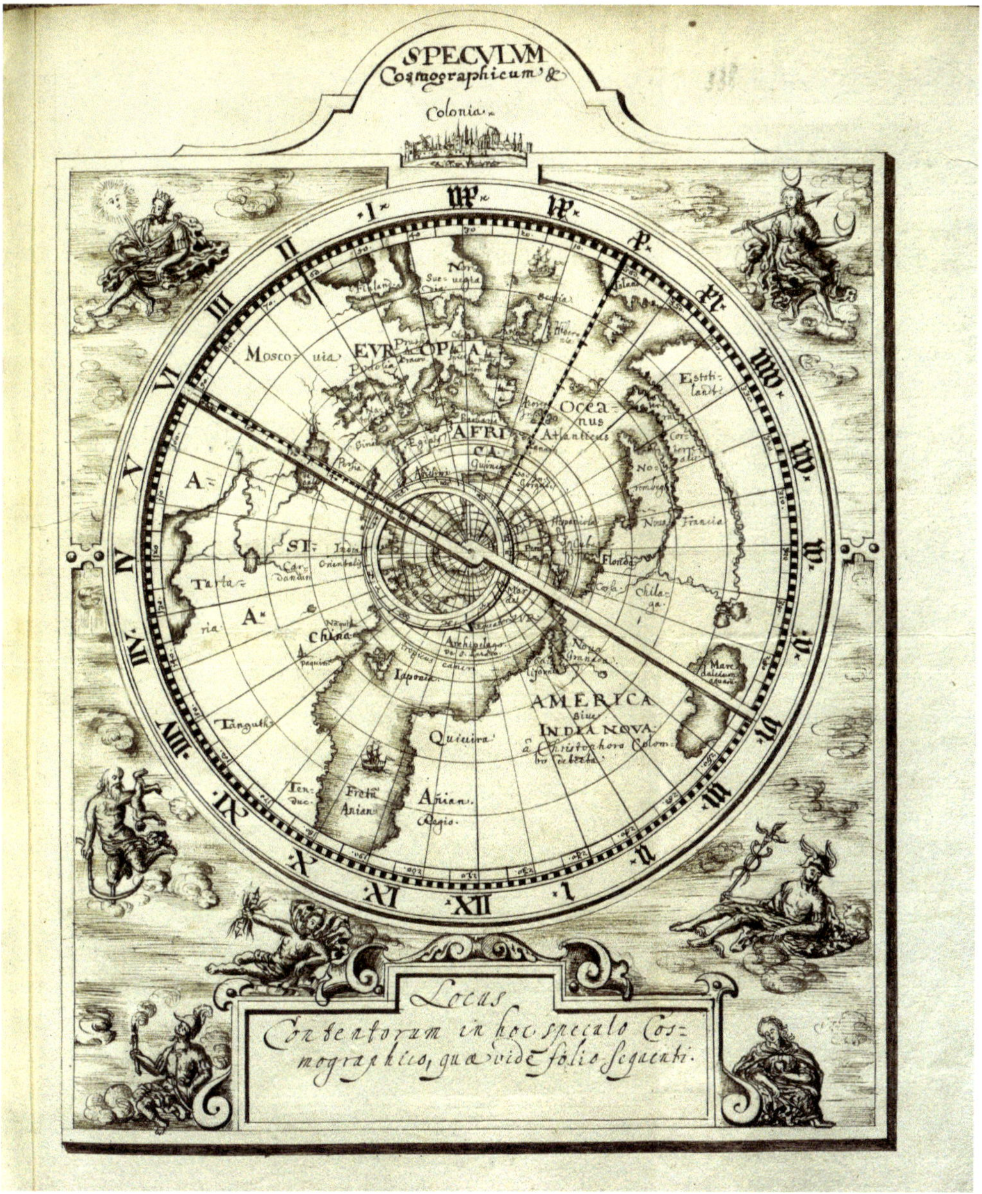

54 *Speculum Cosmographicum*, in: *Liber gymnasii trium coronatum societatis Jesu Colonia anno 1647*, HAStK, Best. 150, A 1061, fol. 338r

um eine nicht flächentreue polständige Azimutalprojektion, die ausgehend vom Südpol die Erde mit den Kontinenten zeigt.[193] In ihrer kartografischen Beschreibung ist diese Karte allerdings deutlich detaillierter als die des Hundertjährigen Kalenders. Wieder sind die Kontinente spiegelverkehrt dargestellt. Das Koordinatennetz überspannt den Kreis, der Äquator ist durch eine doppelte Linie hervorgehoben und ausgezeichnet. In Europa sind bestimmte Städte, in denen sich Jesuitenniederlassungen befanden, durch Symbole gekennzeichnet: Colonia, Paris, Lion, Speyer oder Krakau. An Ländern sind England, Schottland, Preußen, Podolien in der Ukraine, Finnland, Schweden und Norwegen bezeichnet. Auch die übrigen Kontinente und Länder sind differenziert beschrieben. *America sive India nova* wird zum Beispiel um *à Christophoro Colombo detecta* ergänzt. Auch die Meere sind benannt: *Fretu Anian*, die Straße von Anian oder auch Nordwestpassage, am unteren Rand der Karte ist durch ein Schiff ergänzt, ebenso wie das Meer zwischen Norwegen und Island. Der *Oceanus Atlanticus* ist mit einem Meerestier, wahrscheinlich einem Wal, verziert.

Die Darstellung der Erde wird von den *Septem Planetae* gerahmt; sieben Planeten, die in Form von antiken Göttern in einem mit Wolken gefüllten Raum gezeigt wurden: Der gekrönte Gott Sol befindet sich in der linken oberen Bildecke und hält sein Attribut, einen Sonnenstab, in den Händen. Ihm gegenüber scheint Luna in den Wolken zu sitzen, von einer Mondsichel bekrönt, eine andere hält sie in der Hand. Unterhalb der Karte stehen die restlichen fünf Götter, die eine mit Voluten verzierte Titelkartusche rahmen: Der Zeitgott Saturn hält eine Sense in der Hand sowie, dem griechischen Mythos entsprechend, eine Kindergestalt. Jupiter mit Blitzen in der Hand scheint sich an einer der Voluten anzulehnen, während der Kriegsgott Mars mit Rüstung und Schwert eine Fackel emporhält, was ein Verweis auf den Morgenstern Lucifer sein könnte. Im unteren rechten Bildteil schließen der Götterbote Merkur mit geflügeltem Helm und Schuhwerk und Venus mit Apfel und Pfeil die Reihe der Götter ab. Ihre Präsenz hat die Funktion, den Planeten Erde in den kosmologischen Zusammenhang des Universums zu setzen und ihn so als Teil eines großen Ganzen, einer kosmischen Ordnung zu zeigen. Die Jesuiten werden folglich als Teil dieser Ordnung präsentiert. Die Verwendung der *Septem Planetae* resultierte aus der Verbreitung der Motive sowohl in Druckgrafiken als auch in kartografischen Werken. Die 1606 zuerst verlegte Weltkarte *Nova Totius Terrarum Orbis Geographica Ac Hydrographica Tabula* von Willem Janszoon Blaeu aus der gleichnamigen Offizin beinhaltete neben der Darstellung der Erde sowohl Allegorien der Jahreszeiten als auch die *Septem Planetae* in der oberen Rahmenleiste (Abb. 41). Die spezifischen Darstellungen der Planeten konnten den Kupferstechern Jan Sadeler dem Älteren (nach Konzeption Marten de Vos'), Herman Janszoon Muller (nach Konzeption Maerten van Heemskercks) und Hendrick Goltzius zugeordnet werden.[194] Für die Kölner Figuren gelang es bisher nicht, direkte Vorbilder zu ermitteln.

193 Siehe dazu erneut die Weltkarte des Jesuiten Johann Baptist Cysat: Höhener 2019, S. 18.
194 Vgl. Koller 2014a, S. 137–143.

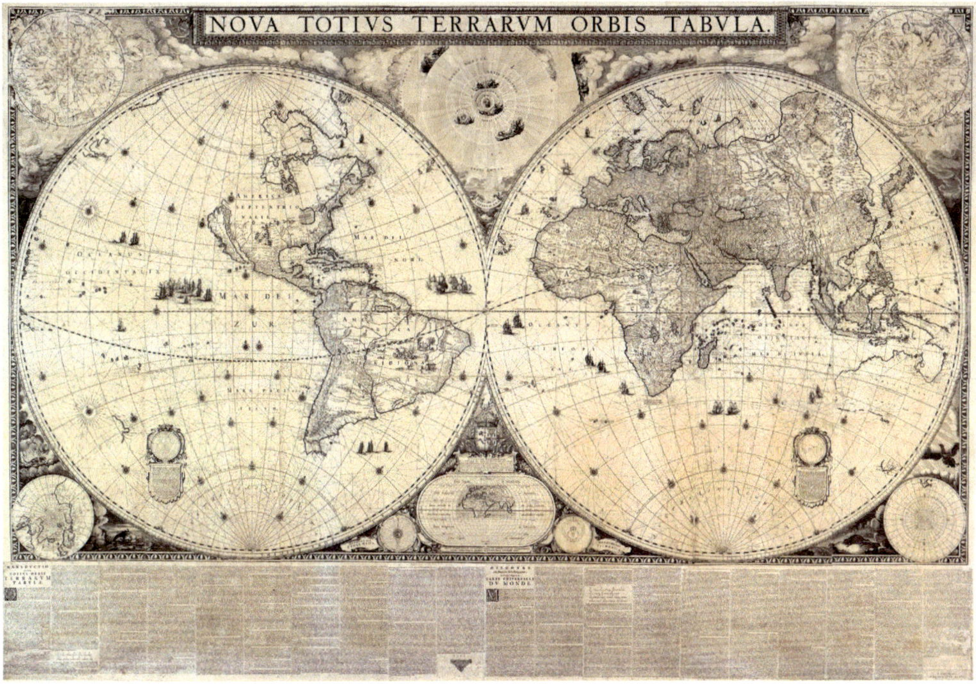

55 Joan Blaeu, *Nova Totius Terrarum Orbis Tabula*, 1648, Collection Het Scheepvaartmuseum/National Maritime Museum, Amsterdam, S.0864

Die Position des Erdkreises innerhalb der Planeten verweist auf eine zeitgenössische gelehrte Diskussion über das geozentrische und heliozentrische Weltbild. Die sieben Planeten und ihre ikonografische Darstellung resultieren aus dem geozentrischen Weltbild, in dem alle sichtbaren Himmelskörper, die sich vor dem Fixsternhimmel bewegten, zu den Planeten gezählt wurden. Mit der Durchsetzung des heliozentrischen Weltbildes veränderte sich nicht nur die Bezeichnung der Planeten (Sonne und Mond fielen heraus), sondern auch deren Positionierung. Ein Beispiel dafür ist die Weltkarte *Nova Totius Terrarum Orbis Tabula* Joan Blaeus (1596–1673) des Sohnes Willem Blaeus, die er 1648, also nur kurz nach der jesuitischen Hundertjahrfeier, verlegt hat (Abb. 55). Die Karte basiert auf einer äquatorständigen Azimutalprojektion und zeigt zwei Hemisphären, wodurch die Kugelform stark hervorgehoben wird. Dahingegen zeigten Willem Blaeus Weltkarten die Erde stets in der Mercator-Projektion in einem rechteckigen Feld. In den unteren beiden Ecken der Karte sind zudem zwei polständige Azimutalprojektionen aus Sicht der Arktis und der Antarktis abgebildet. Als Pendant dazu befinden sich in den oberen Ecken Darstellungen des nördlichen und südlichen Sternenhimmels. In der Mitte unter- und oberhalb der Hemisphären stellte Joan Blaeu den zeitgenössischen Gelehrtendiskurs um die Position der Erde im Weltall dar und brachte damit auch seine wissenschaftliche Position zum Ausdruck. In den unteren Zwickeln sind zwei Schaubilder abgebildet, die zum einen links das geozentrische Weltbild nach dem antiken Astronomen und Geografen Ptolemäus zeigten und zum anderen rechts das vorgeschlagene Modell des dänischen Astronomen Tycho Brahe (1546–1602). Dieser war Willem Blaeus Lehrer, der das heliozentrische Weltbild nach Nikolaus Kopernikus (1473–1543) zwar 1543 noch abgelehnt hatte, aber inhaltlich einen wesentlichen Schritt in Richtung Verständnis des Heliozentrismus gegangen war. Ein weiterer seiner Schüler, Johannes Kepler (1571–1630), entdeckte schließlich auf dieser Basis die elliptischen Umlaufbahnen der Planeten und erklärte somit die Funktionsweise des heliozentrischen Weltbildes. Die Theorie Keplers fand schließlich auch Abbildung in Joan Blaeus Weltkarte in den oberen mittleren Zwickeln. An diesem prominenten Platz zeigt Blaeu das Ergebnis des Diskurses und positioniert sich damit auch selbst. Die Darstellung ist deutlich größer und beinhaltet nicht nur eine schematische Wiedergabe, sondern nimmt auch die antiken Personifikationen der Planeten mit auf. Sie sind der Position der Planeten entsprechend auf ihren Umlaufbahnen abgebildet. Zu erkennen ist, dass Luna, der Mond, um die Erde kreist. Im Zentrum befindet sich Sol, der Sonnengott, der auf einem Thron sitzt und damit sowohl eine astronomisch-wissenschaftliche als auch ikonografische Innovation ist.[195]

Die Weltkarte des jesuitischen *Speculum Cosmographicum* zeigt hingegen, wie zentral die Erde in den kosmischen Zusammenhang eingebettet ist, was auf die Bevorzugung eines geozentrischen Weltbildes des Erstellers schließen lässt. In jesuitischen Handschriften zur Mathematik aus dem 17. Jahrhundert werden verschiedene Weltsysteme unter anderem nach Ptolemäus, Tycho Brahe, Nikolaus Kopernikus oder auch Christoph Clavius dargestellt und diskutiert. Das geozentrische Weltbild nach Tycho Brahe wird dabei 1640 vom Mathematikprofessor Johann Grothaus als das bevorzugte beschrieben, während das kopernikanische Modell zu Recht von der Kirche verurteilt sei.[196] In astronomischer Hinsicht liegt das Brahesche System dem kopernikanischen nahe. In einer anderen Handschrift aus dem 17. Jahrhundert wird die Abbildung eines heliozentrischen Weltbildes als besser und passender beschrieben als diejenigen Darstellungen anderer Systeme, was eine Präferenz nahelegt.[197]

Bedeutende Bücher, welche die gelehrte Diskussion über das geozentrische und heliozentrische Weltbild aus unterschiedlichen Perspektiven beleuchten, waren teilweise noch nicht in der Jesuitenbibliothek vorhanden, sondern wurden erst nach der Jahrhundertfeier angeschafft. Dazu gehören zum Beispiel der *Almagestum novum* des italienischen Jesuiten Giovanni Battista Riccioli (1598–1671) von 1651, das 1656 angeschafft worden ist.[198] Darin würdigt Riccioli zwar das kopernikanische System in mathematischer Hinsicht, er entwirft jedoch ein eigenes geozentrisches Modell, das – wie auf

195 Vgl. ebd., S. 155–166.
196 Vgl. HAStK, Best. 7020, 441, fol. 39v–40r.
197 Vgl. HAStK, Best. 7004, 157, fol. 40r.
198 Vgl. Riccioli, Giovanni Battista: Almagestum novum, Bonn: Victorius Benatius, 1651. Das zweibändige Werk wurde 1656 für die Kölner Bibliothek angeschafft. USB-Signatur N4/109. Zum be-

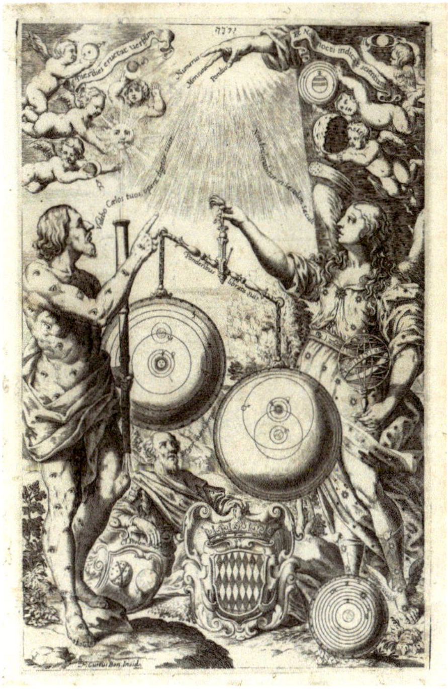

56 Francesco Curti, Titelblatt des *Almagestum Novum*, in: Riccioli, Giovanni Battista: *Almagestum novum*, Bonn: Victorius Benatius, 1651, The Metropolitan Museum of Art, New York, 59.608.27

dem berühmten Frontispiz zu sehen – schwerer wiegt (Abb. 56). 1657 wurden je eine Version von *De revolutionibus orbium coelestium* von Nikolaus Kopernikus[199] und *Institutio astronomica iuxta Hypotheses tam Veterum quam Copernici et Tychonis* des Jesuiten Pierre Gassendi[200] für die Jesuitenbibliothek angeschafft. Der am *Collège Royale* in Paris lehrende Franzose Gassendi (1592–1655) resümierte seinen Vergleich der Systeme Kopernikus' und Brahes damit, dass es nicht genug Beweise für die Richtigkeit eines Modells gebe, sondern dass beide hypothetisch blieben. Zudem bringt Gassendi eigene astronomische Beobachtungen der Sonne mit ein. Diese verschiedenen wissenschaftlichen Positionen sind wahrscheinlich in den mathematischen Unterricht eingeflossen, weil sie auch in jesuitischen Handschriften zu finden sind.[201] Eine weitere Handschrift zeigt im Kapitel über die Planetenkonstellationen zwei sehr schöne farbige Zeichnungen des ptolemäischen und des kopernikanischen Weltmodells (Abb. 57). Darauf folgen zwei farbige Zeichnungen von geozentrischen Weltbildern (Abb. 58), eines nach Tycho Brahe

rühmten Frontispiz vgl. Söderlund, Inga Elmqvist: Taking Possession of Astronomy. Frontispieces and illustrated Title Pages in 17th-Century Books on Astronomy, Stockholm 2010, S. 184–187.

199 Vgl. Copernicus, Nicolaus: Astronomia instaurata. De revolutionibus orbium coelestium, hg. von Nicolaus Mulerius, Amsterdam: Willem Jansz Blaeu, 1617. USB-Signatur N4/72.

200 Vgl. Gassendi 1656. USB-Signatur N4/111.

201 Vgl. Quarg 1996b, S. 54–56.

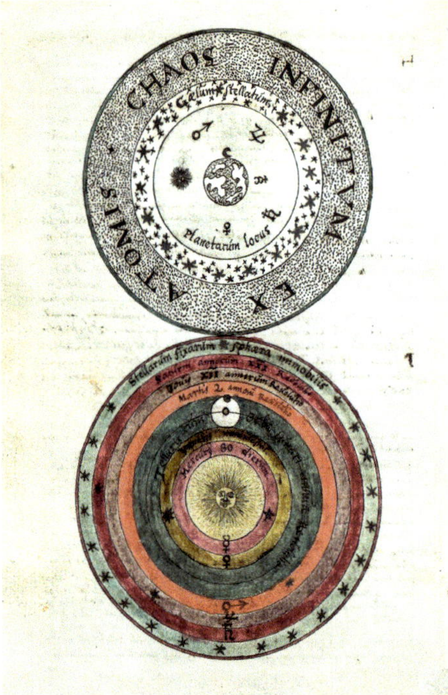

57 Schaubilder eines ptolemäischen und des kopernikanisches Weltbildes, in: Kosmographisch-mathematische Sammelhandschrift, 17. Jahrhundert, HAStK, Best. 7004, 116, fol. 2v

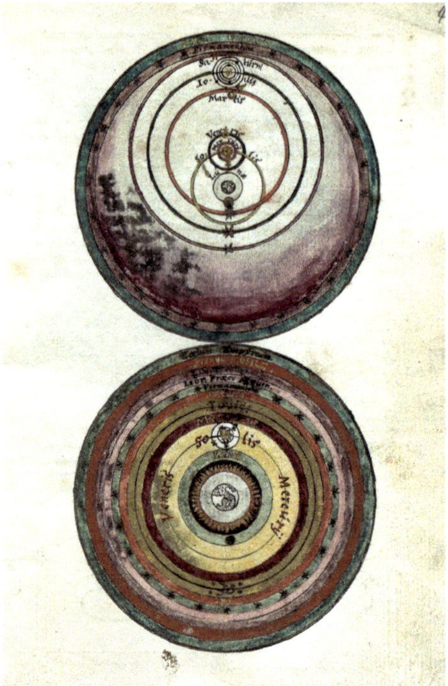

58 Schaubilder geozentrischer Weltbilder, in: Kosmographisch-mathematische Sammelhandschrift, 17. Jahrhundert, HAStK, Best. 7004, 116, fol. 4r

und eines, das dem Modells Clavius' ähnelt.[202] In der Darstellung der Weltkarte des *Speculum Cosmographicum* von 1640 haben sich die kosmografischen Diskussionen allerdings (noch) nicht niedergeschlagen. Außerdem sind „öffentliche Disputationen über die strittigen Weltmodelle [...] freilich erst im 18. Jahrhundert nachzuweisen".[203]

Neben der Weltkarte ist am oberen Rand des *Speculum Cosmographicum*, zwischen Überschrift und Zahlenkreis, eine Stadtansicht Kölns beigefügt, die wegen der Perspektive auf das linksrheinische Köln an berühmte Stadtansichten wie die von Anton Woensam von 1531 oder die Ansicht von Abraham Hogenberg von 1599 erinnern. Die Panoramadarstellung offenbart den Blick von der rechten Rheinseite aus mit ihren Häusern über den Rhein auf Köln mit Stadtmauer und den vielen Kirch- und Wehrtürmen. Eindeutig zu identifizieren sind der Bayenturm am linken Rand der Abbildung und der Kunibertsturm rechts. Auch der Dom beziehungsweise die Dombaustelle mit Baukran und die

202 Vgl. HAStK, Best. 7004, 116, fol. 1r–4v.
203 Quarg 1996b, S. 56.

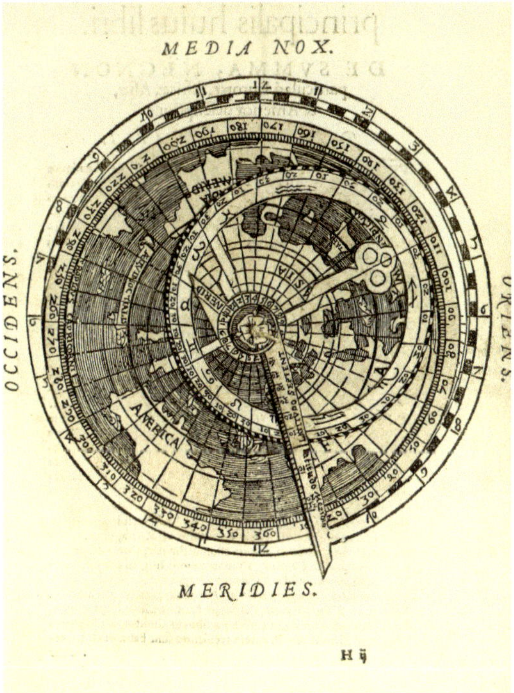

59 Peter Apian, *Speculum Cosmographicum*, in: Apian, Peter: *Cosmographia*, Antwerpen 1564, Getty Research Institute

Kirche Groß St. Martin können identifiziert werden, ebenso die Bottmühle, die sich bei der Severinstorburg im Süden befand, und die Kirche St. Kunibert mit ihren zwei Türmen im Norden. *Colonia* steht über der Weltkarte. Köln als jesuitische Niederlassung und Ort der Hundertjahrfeier wird also ikonografisch deutlich hervorgehoben.

Zum *Speculum Cosmographicum* gab es auf den folgenden Seiten umfangreiche Anweisungen, wie dieser zu bedienen sei. In zwei separaten Tabellen konnte der lateinkundige Betrachtende in Köln die Uhrzeit der jeweiligen Region und die Tätigkeiten der dortigen Ordensniederlassung um die jeweilige Zeit ablesen. Der *Speculum Cosmographicum* hat ein Vorbild in Peter Apians *Speculum Cosmographiae*, der 1529 in seinem *Liber Cosmographicum* veröffentlicht wurde und ganz ähnlich funktionierte (Abb. 59). Dabei handelte es sich um ein Astrolabium aus Papier, eine Volvelle, aber mit einer irdischen statt einer himmlischen Projektion. Auf einer Grundplatte liegt eine drehbare Scheibe mit einer aufgedruckten Weltkarte, umgeben von einer Grad- und einer Stundenskala am Rand. Darüber befinden sich die drehbaren Teile: Rund um den Nordpol verläuft ein kleiner Stundenkreis mit Zeiger. Ein Regler mit geografischer Breitenskala ist ebenfalls um den Mittelpunkt drehbar. Eine Ausgabe der *Cosmographia* wurde bereits 1574 mit Erweiterungen von Gemma Frisius in Köln gedruckt und für das Gymnasium

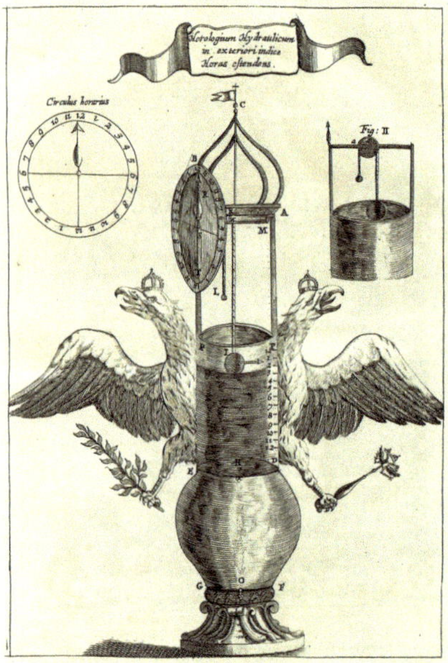

60 Athanasius Kircher, *Horologium Hydraulicum*, in: Sepibus, Georgius de: *Romani Collegii Societatis Iesu Musaeum Celeberrimum*, Amsterdam: Jansson-Waesberg, 1678, Getty Research Institute

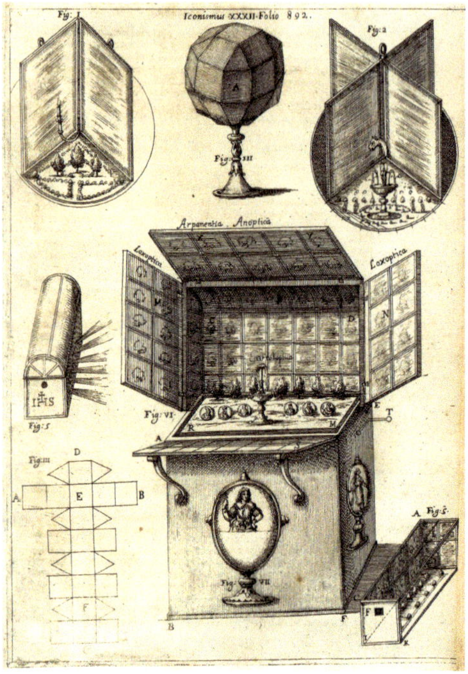

61 Athanasius Kircher, *Perspektivische Schaukästen*, in: Kircher, Athanasius: *Ars magna lucis et umbrae*, Rom 1646, Boston College

Tricoronatum angeschafft. Das Werk war Teil des Curriculums der Mathematik, zu dem der Geografieunterricht gehörte.[204]

Eine weitere inhaltliche Verbindung besteht zum Werk Athanasius Kirchers: In dessen 1646 veröffentlichter mehrteiliger Schrift *Ars magna lucis et umbrae*, die unter anderem Phänomene der Optik, Perspektivität, Gnomonik und Astronomie beinhaltete, befinden sich mehrere Apparaturen beziehungsweise Abbildungen davon, die den Kölner

204 Vgl. ebd., S. 72; Apian, Peter: Cosmographia Petri Apiani per Gemma Frisium apud Lovanienses medicum et mathematicum insignem iam demum ab ombinus vindicata mendis, ac nonnullis quoque locis aucta, et annotationibus marginalibus illustrata, Köln: Arnold Birckmann, 1574. USB-Signatur GB VIII/253d. Quarg meint diese Ausgabe, wenn er konstatiert, dass sich eine *Cosmographia* im Gymnasium Tricoronatum befunden hätte. Es findet sich jedoch kein jesuitischer Provenienzeintrag auf dem Titelblatt. Der Bibliothekskatalog von 1628 nennt ebenfalls eine *Cosmographia* von Apian und Frisius, allerdings aus dem Jahr 1584. Entweder handelt es sich dabei um einen Fehler, oder aber das Exemplar hat sich nicht erhalten. Unstrittig ist jedoch, dass sich ein Werk von Apians *Cosmographia* im Jesuitenkolleg befunden hat, das als Vorlage für den *Speculum Cosmographicum* diente. Vgl. HAStK, Best. 223, A 35, Catalogus generalis bibliothecae 1628, fol. 256v–257r.

Instrumenten zur Jahrhundertfeier inhaltlich oder funktional ähnlich sind. Das thematisch sehr weitläufige Werk in zehn Büchern enthielt Entwürfe verschiedener Sonnenuhren, zum Beispiel eine *Horoscopium Catholicum Societ. Iesu*, eine ausfaltbare Darstellung, mit deren Hilfe die Zeit in den Weltteilen, in denen die Jesuiten missionierten, abgelesen werden konnte. Die Idee entspricht dem Kölner *Speculum Cosmographicum*, in dem ebenso die Tätigkeiten von Jesuiten in allen Regionen der Welt sichtbar werden sollten. Überdies findet sich im Kapitel zur „Magia Horologica" eine *Horologium Hydraulicum*, die an der Außenseite die Uhrzeit durch einen *Circulus horarius* anzeigt (Abb. 60). Auch der hydraulische Mechanismus gleicht der Kölner Hydraulischen Uhr. Kirchers Darstellung der Apparatur ist jedoch ungleich aufwendiger und symbolischer, ist sie doch mit einem doppelköpfigen Adler als Verweis auf den Kaiser des Heiligen Römischen Reichs geschmückt. Zudem gibt es mehrere Abbildungen perspektivischer Schaukästen oder katoptrischer Apparaturen (Abb. 61), die die starke (und materielle) Auseinandersetzung Kirchers mit optischen und katoptrischen Phänomenen zeigen, aber auch auf die generell steigende Bedeutung der Optik in der Wissenschaft verweisen.[205] Sowohl die gnomonischen Instrumente als auch die katoptrischen Apparaturen befanden sich im *Musaeum Kircherianum* in Rom, wo sie zu den umfangreichen gleichnamigen Sammlungsteilen gehörten. Diese Vergleiche zeigen, dass aktuelle mathematisch-naturwissenschaftliche Themen und Debatten, die von unterschiedlichen, auch jesuitischen Akteuren verhandelt wurden, in die Kölner Apparaturen aufgenommen wurden und einflossen. Dass die Instrumente den theoretischen wie praktischen Maschinen Athanasius Kirchers aus dessen Werk *Ars magna* ähnelten, an dem dieser Anfang der 1640er-Jahre in Rom arbeitete, könnten Hinweise auf einen früheren (objektbezogenen) Austausch zwischen Köln und Rom, zwischen Johann Grothaus und Athanasius Kircher, oder auch innerhalb des Ordens generell sein, ebenso wie ein Verweis auf gemeinsame Vorbilder. In jedem Fall zeigt die thematische Ähnlichkeit die Aktualität der Kölner *Affixiones*.[206]

2.2.4 Zusammenfassung

Die Apparaturen, die in der *Affixio mathematica* zur Jahrhundertfeier des Jahres 1640 geschildert werden, sind die frühesten dokumentierten mathematischen Objekte, die im Lehrkontext des Kölner Jesuitenkollegs entstanden sind. Sie zeigen den Stellenwert der naturwissenschaftlichen Lehrinhalte, denn die Mathematiker konnten die Apparaturen

205 Vgl. dazu das Kapitel der Objektanalyse zu den Kölner (Spiegel-)Anamorphosen.

206 Vgl. dazu Kircher, Athanasius: Ars magna lucis et umbrae, Rom: Lodovico Grignani, 1646. Die Apparaturen wurden auch im Katalog des *Musaeum Kircherianum* aufgenommen, siehe Sepibus 1678. Zu ausgewählten Abbildungen aus Kirchers *Ars magna* vgl. zum Beispiel Mayer-Deutsch 2008; Asmussen, Tina/Burkart, Lucas/Rößler, Hole: Einführung, in: Athanasius Kircher. Musaeum Celeberrimum (1678). Mit einer wissenschaftlichen Einleitung von Tina Asmussen, Lucas Burkart und Hole Rößler und einem kommentierten Autoren- und Stellenregister von Frank Böhling, Hildesheim/Zürich/New York 2019, S. 9–108, hier S. 94f.

herstellen und während der Jubiläumsfeierlichkeiten prominent in der Jesuitenkirche platzieren. Der Inhalt war jesuitisch-christlich bestimmt und zielte in erster Linie auf die Präsentation und Verherrlichung der Jesuiten als global agierender und missionierender Orden. Gleichzeitig zeigen die sowohl mathematisch – darin inbegriffen Optik, Kalenderrechnung, Astronomie, Geografie und Hydraulik – als auch ikonografisch komplexen Apparaturen inhaltliche Schwerpunkte und den Stand des jesuitischen Unterrichts. In Abgleich mit jesuitischen Handschriften aus der Mitte des 17. Jahrhunderts, die im Kontext des mathematischen Unterrichts von Johann Grothaus entstanden sind, werden die Objekte und die mathematischen Themen, die ihnen inhärent sind, verständlich. Sowohl Astronomie, Geografie und Kalenderrechnung als auch die Optik spielten eine wichtige Rolle in der mathematischen Lehre. Wie in den vorangegangenen Kapiteln beschrieben wurde, sind die Inhalte über im Kolleg vorhandene Literatur sowie mittels Handschriften gelehrt worden. Die Konzeption und Herstellung der Objekte zum Ordensjubiläum können dabei als weitere Methoden genannt werden, das vorhandene mathematische Wissen anzuwenden und auch zu präsentieren. Die Objekte erfüllen dabei mehrere funktionale Ebenen: eine wissenschaftliche, eine künstlerische, eine repräsentative, eine jesuitische und eine didaktisch-pädagogische Ebene. Bei der Konzeption und Herstellung der Objekte und der Kartografie und Ikonografie ist eine klare Trennung zwischen naturwissenschaftlichem und künstlerischem Bestreben somit nicht angelegt. Kunst und Mathematik bedingen sich hier vielmehr gegenseitig. Während Planung und Umsetzung auf Professor Grothaus und seine Studenten zurückgehen, kann die bildliche Ausgestaltung, vor allem in der Festschrift, auch an Künstler delegiert worden sein, um den *Affixiones* die bestmögliche ästhetische Form zur Präsentation zu geben. Durch die Kombination verschiedener funktionaler Ebenen in den Objekten wurde Wissen sichtbar gemacht und im Jesuitenkolleg während der Feierlichkeiten weitergegeben und zur Schau gestellt. Naturwissenschaftliche und mathematische Objekte waren Teil der jesuitischen Wissenskultur und ihres Bildungswesens. Daneben standen sie – wie die Bildenden Künste auch – im Dienst der *Propaganda fidei* des Ordens[207] und nehmen somit eine besondere Rolle ein: Sie stehen zwischen *scientia* und *ars* und werden durch einen jesuitischen Kosmos erweitert.

207 Mateusz Kapustka verweist im Zusammenhang mit der bildlichen Propaganda des Jesuitenordens auf die „mediale Tradierung herrschaftlicher Gewalt […]. Es geht hier um eine kritische Beschreibung der jesuitischen Bilder als visuelle Werkzeuge der Grundlagenvermittlung und Subjektivierung, mit denen die weltweite Missionierung als eine historische Notwendigkeit präsentiert werden konnte". Kapustka, Mateusz: Mission Antarktis. Die vormoderne Sichtbarmachung der Welt als Problem einer historischen Kritik von Bildkulturen, in: Lucci, Antonio/Skowronek, Thomas (Hg.): Potential regieren. Zur Genealogie des möglichen Menschen, Paderborn 2018, S. 137–158, hier S. 139. Auch die mathematischen Apparaturen werden durch ihre Darstellung des global agierenden und missionierenden Ordens zu Instrumenten der Selbstvergegenwärtigung und der inneren und äußeren Legitimation.

2.3 Frühe mathematische Wissensdinge

Nachdem anhand der Person Johann Grothaus Spuren zu den frühen mathematischen Objekten dargelegt worden sind und diese detailliert beschrieben und kontextualisiert wurden, kann festgehalten werden, dass Anschaffung und Nutzung von Objekten in erster Linie an Personen und deren Engagement gebunden waren. Ein systematisches Sammeln konnte bis dato nicht erkannt werden. Dem Lehrplan und der allgemeinen naturphilosophischen Entwicklung entsprechend scheint der Fokus im Kölner Kolleg im 17. Jahrhundert auf Objekten aus den mathematischen Bereichen der Astronomie, Geometrie sowie Geografie und Gnomonik gelegen zu haben, wie auch im Escorial. Das Gros der frühen Objekte stammt aus dem 15., 16. und 17. Jahrhundert aus den Bereichen der Astronomie, Gnomonik und Geometrie. Dazu gehören Astrolabien, verschiedene Arten von Sonnenuhren, unterschiedliche Messgeräte, Zirkel und Globen. Auf Basis der Objektdaten und der Hinweise aus den Quellen können Instrumente benannt werden, die vermutlich bereits im 17. Jahrhundert im Kolleg vorhanden waren und benutzt worden sind. Im Folgenden werden diese frühen mathematischen Wissensdinge exemplarisch vorgestellt und ihre Einbindung in die Anfänge der Sammlungstätigkeit sowie in die mathematische Lehre aufgezeigt. Es schließt sich eine detaillierte Analyse von drei Objekten – einem großen Astrolabium vom Ende des 16. Jahrhundert und zweier Coronelli-Globen vom Ende des 17. Jahrhunderts – in zwei Fallstudien in Kapitel III an.

Zu den frühen mathematischen Objekten gehört zum Beispiel eine Weltzeitbestimmungstafel oder auch *Tabula Geographico-Horologa Universalis* (Abb. 62); eine Weltkarte auf Holz, mit deren Hilfe die Uhrzeit an verschiedenen Orten der Erde simultan zu betrachten und zu bestimmen war. Die Karte ist in mehrfacher Hinsicht interessant: Zum einen lässt sie sich aufgrund einer Aufschrift in das Jahr 1664 datieren, zum anderen offenbart sie einen klaren jesuitischen Kontext. Sie stellt die Welt sinozentrisch dar und wurde nach der Mercator-Projektion von 1569 erstellt. Zu erkennen ist, dass vor allem das Wissen über die südlichen Kontinente noch unvollständig war: die vermutete *Terra Australis Incognita* ist deutlich zu groß, der australische Kontinent fehlt und auch der amerikanische Kontinent und die Küstenverläufe Asiens sind ungenau wiedergegeben. Überdies sind die Proportionen der Kontinente nicht korrekt, was allerdings auch auf die Methode der Mercator-Projektion zurückzuführen sein könnte, in der alle Breitenkreise der Länge des Äquators entsprechen. Am linken Kartenrand sind strahlenförmige Linien angebracht, deren kürzester Strahl die 12 Stunden Tageslänge am Äquator bestimmt. Die in Richtung Nord- und Südhalbkugel verlaufenden Linien werden je nach Breite länger, sodass die Zahl der Tagesstunden im Verhältnis zum Äquator im Sommer zu addieren und im Winter zu subtrahieren ist. Auf der Karte steht eine Gebrauchsanweisung auf Latein (*Usus Tabulae*). Innerhalb des Kartenrahmens sind die geografischen Koordinaten am oberen Rand ablesbar. Die Breiten- und Längengrade überziehen die Karte. Orte gleicher Ortszeit liegen auf je einem Meridian, die sich jeweils senkrecht

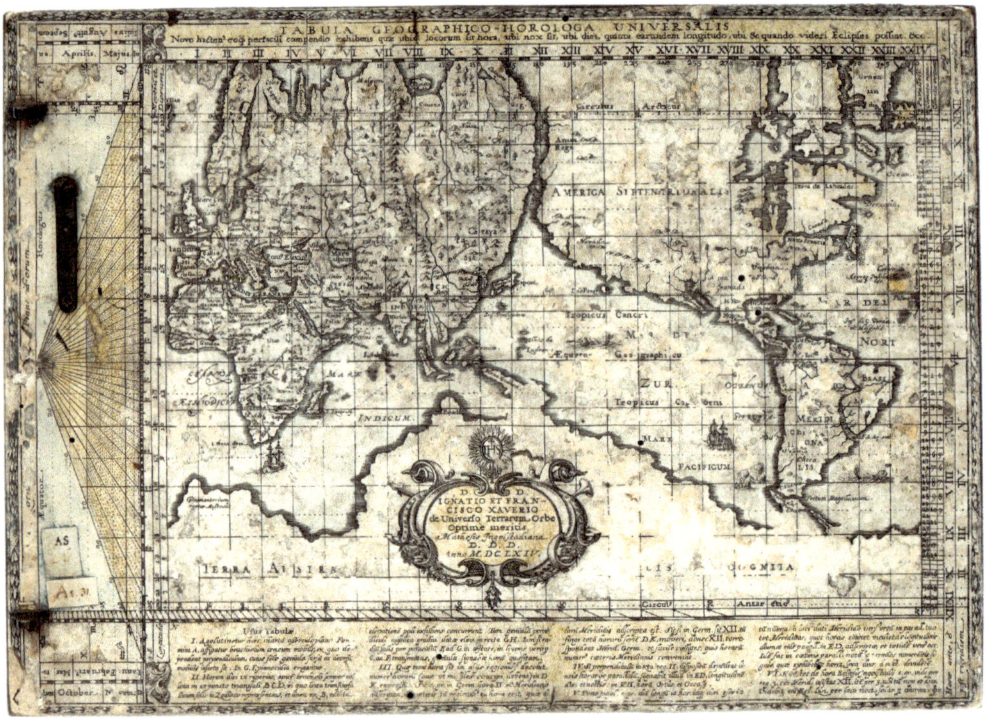

62 *Tabula Geographico-Horologa Universalis,* Weltzeitbestimmungstafel, 1664, Papier auf Holz, 23,3 × 32,8 cm, Kölnisches Stadtmuseum, Mathematisch-Physikalisches Kabinett, L 235

von Pol zu Pol erstrecken. Der Nullmeridian als Ausgangspunkt der Längengradzählung verläuft – anders als heute – noch durch die kanarischen Inseln. Erst seit 1884 läuft der Nullmeridian standardmäßig durch Greenwich in England.[208]

Die Weltzeitbestimmungstafel stammt aus Ingolstadt und wurde 1664 in Kupfer gestochen. In einer Kartusche, die von einem Strahlenkranz mit dem Jesuitenzeichen IHS gekrönt wird, ist eine Widmung zu lesen: Die Mathematiker des Ingolstädter Jesuitenkollegs widmeten diese Karte Ignatius von Loyola, dem Ordensgründer, und Franz Xaver, dem Vorreiter der christlichen Missionen in Süd- und Ostasien, und deren großen Verdiensten. Ingolstadt ist zudem auf dem europäischen Kontinent eingezeichnet und durch einen Stern markiert. Die Karte stammte von dem Ingolstädter Mathematikprofessor Johann Vogler, der zwischen 1652 und 1664 in Ingolstadt Mathematik gelehrt und 1659 auch ein illustriertes Buch zur Gnomonik veröffentlicht hatte.[209] Die Karte

208 Vgl. Schwarz, Uwe: Eine frühe Zeitzonenkarte von 1664, in: Schäfke, Werner (Hg.): Wie Zeit vergeht, Köln 1999, S. 106f. Siehe den Objektdatensatz in: https://www.kulturelles-erbe-koeln.de/documents/obj/05075393 [zuletzt aufgerufen am 07.04.2024].

209 Vgl. Vogler, Johann: Problema Gnomonicum. De Horologio Universali Diurno Ac Nocturno, Ingolstadt: Ostermayr, 1659.

geht zurück auf einen Druck, der vermutlich in einem gnomonischen Buch des Jahres 1630 eingebracht war. Auf dieser deutsch betitelten *Allgemeinen Landes- und Uhr Tafel* von 1630 von einem unbekannten Stecher fehlen die jesuitische Widmungskartusche und die Gebrauchsanweisungen.[210] Voglers Nachfolger im Amt, Adam Aigenler (1635–1673),[211] veröffentlichte die Karte 1668 im Rahmen einer Defensio des Johann Heinrich Menrad von Vorwaltner erneut in einem kleinen Traktat zur Kosmografie, Astronomie, Geografie und Gnomonik, das wie ein Handbuch der (praktischen) Kartografie funktionierte. Ein schwarz-weißer Druck der Weltzeitkarte war zum Ausklappen vorne in das Buch eingebracht. Im Anhang des Werks befanden sich aktuelle Daten zu Längen- und Breitengraden, die aus der *Geographia et Hydrographia Reformata* des Jesuiten Giovanni Battista Riccioli von 1661 entnommen waren und zu den aktuellsten der Zeit gehörten. Darunter waren zum Beispiel neue Koordinaten der Städte München, Mexiko-Stadt, Peking und vieler anderer Städte.

Adam Aigenler stammte aus Tirol und lehrte zwischen 1664 und 1672 in Ingolstadt Mathematik und Hebräisch. Er verfolgte das Ziel, als Missionar sowie Mathematiker nach China zu reisen, wie andere Jesuiten – beispielsweise Matteo Ricci oder Adam Schall von Bell – vor ihm. Im Handbuch werden 50 typische Probleme der Kartografie, Geografie und Navigation aufgeführt, die unter anderem mithilfe der speziellen Weltkarte und trigonometrischer Methoden gelöst werden können. Wegen seiner Kompaktheit und der Dichte an Informationen war das Handbuch weltweit verbreitet, nicht nur in Europa, sondern auch in China, Süd- und Nordamerika. Jesuitische Missionare benutzten die Schrift, um neue Messungen durchzuführen und verbesserten so bestehende Kartenwerke. Ein Beispiel dafür ist Eusebio Francisco Kino (1645–1711), ein ebenfalls aus Tirol stammender Jesuit, der in Ingolstadt bei Aigenler studiert hatte und im Anschluss als Missionar vor allem in Neuspanien (heute Mexiko) tätig wurde. Der in Mathematik und Naturwissenschaften begabte Kino vermaß und kartierte die Halbinsel *California* (heute Baja California) mithilfe eines Kompasses und eines Astrolabiums neu. Zudem benutzte er dafür Aigenlers Handbuch. Bereits auf der Weltzeitbestimmungstafel von 1664 ist *California* als Halbinsel dargestellt, entgegen vieler anderer zeitgenössischer Kartenwerke, auf denen *California* als eine Insel gezeigt ist, die vom Festland durch die Straße von Anian getrennt war. Dieser Name für die Nordwestpassage mit spanischem Ursprung bezeichnet nach damaligem Wissensstand die nördliche Verbindung zwischen dem Pazifischen und dem Atlantischen Ozean. 1701 veröffentlichte Kino eine neue

210 Vgl. Shirley, Rodney W.: The Mapping of the World. Early Printed World Maps 1472–1700, London 1983, S. 352–354 und S. 452–453.

211 Zu Adam Aigenler vgl. besonders Golvers, Noël: Aigenler, Adam, in: Santiago de Carvalho, Mário/Guidi, Simone (Hg.): Conimbricenses Encyclopedia, 2019, http://www.conimbricenses.org/encyclopedia/aigenler-adam [zuletzt aufgerufen am 28.01.2024]. Golvers, Noël: Foreign Jesuit Indipetæ. Mathematical Teachings and Mathematical Books at the Colégio das Artes in Coimbra in the 2nd Half of the 17th Century, in: Bulletin of Portuguese-Japanese Studies 14 (2007), S. 21–42, hier S. 27–32.

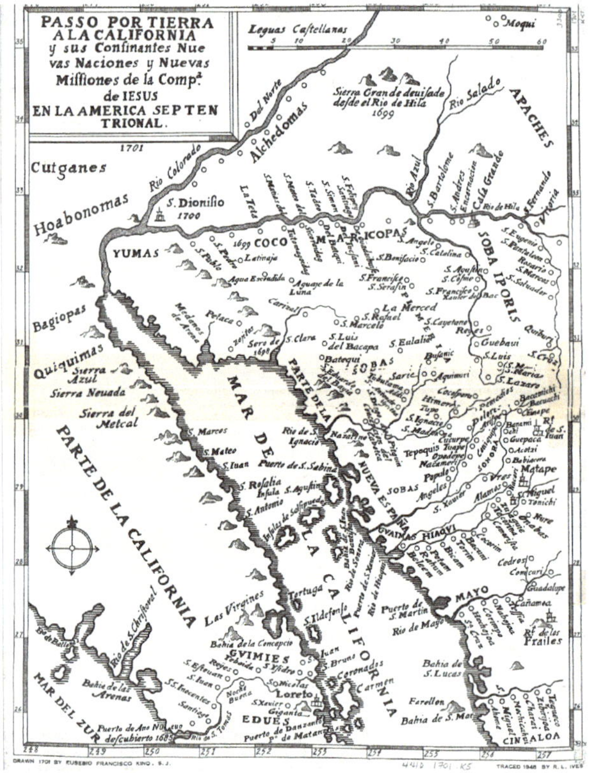

63 Eusebio Francisco Kino, *Passo por Tierra a la California*, 1701, Arizona State Library, Archives & Public Records

Karte der Region, *Passo por Tierra a la California*, die seine kartografische Arbeit dokumentierte und *California* deutlich als Halbinsel auswies (Abb. 63). Auch nach heutigen Maßstäben soll die Karte erstaunlich korrekt gewesen sein. Sie kann als direktes Ergebnis seiner Auseinandersetzung und Arbeit mit Aigenlers Handbuch gelten.[212]

Als Ingolstädter Mathematikprofessor korrespondierte Aigenler ab 1671 auch mit Athanasius Kircher in Rom. Nachdem er Kircher eine Ausgabe seines kartografischen Handbuchs gewidmet und nach Rom geschickt hatte, erfragte er in der Folge auch im

212 Vgl. Ives, Ronald L.: Adam Aigenler's Field Manual, in: The Journal of Geography 52/7 (1953), S. 291–299; Altic, Mirela: Encounters in the New World. Jesuit Cartography of the Americas, Chicago 2022, S. 98–101. Siehe ebenso Saladin, Irina: Karten und Mission. Die jesuitische Konstruktion des Amazonasraums im 17. und 18. Jahrhundert, Tübingen 2020, S. 56f.; Aguirre Lora, María Esther: Pioneros de las ciencias y las artes. Travesías culturales entre la península itálica y la Nueva España, siglos XVI a XVIII, Mexiko-Stadt 2021, S. 164–180; Clossey, Luke: Salvation and Globalization in the Early Jesuit Missions, Cambridge 2008, S. 73–76, S. 136–142 und S. 207–212. Luke Clossey beschreibt, wie sich der Jesuitenorden durch seine globalen, missionarischen Tätigkeiten eine imaginäre religiöse Landkarte geschaffen hätte, die sowohl durch Bilder der Mission sowie durch geografische und kartografische Bilder als auch durch erzählerische und visuelle Berichte über das Martyrium der Jesuiten bestimmt gewesen seien. Vgl. ebd., S. 89.

Hinblick auf andere Veröffentlichungen dessen Rat.[213] 1671 erhielt Aigenler schließlich die Erlaubnis, Ingolstadt zu verlassen und nach China aufzubrechen. Er reiste über Italien nach Portugal, wo er jedoch das Schiff nach China verpasste. Infolgedessen wurde er temporär in das Jesuitenkolleg von Coimbra in Portugal gesendet, um dort Mathematik und Hebräisch zu unterrichten. In Coimbra fertigte Aigenler nachweislich ein neuartiges mathematisches Instrument, eine *Rota Astronomica*, ein astronomisches Rad, das allerdings heute nicht mehr erhalten ist. Aigenler starb im August des Jahres 1673 bei der Überfahrt nach China auf See an der Pest.[214]

Wie und wann genau die Karte ins Jesuitenkolleg nach Köln gekommen ist, konnte bislang nicht geklärt werden. Es ist jedoch wegen des jesuitischen Kontextes mehr als wahrscheinlich, dass die Karte zum jesuitischen Bestand gehörte. Das Buch Aigenlers, in dem die Karte ausklappbar vorne eingebracht war, ist nicht im Bestand der Kölner Jesuitenbibliothek nachzuweisen. Eventuell ist sie als Geschenk nach Köln gelangt. Ebenso ist möglich, dass das Buch Aigenlers Bestandteil der Privatbibliothek eines Kölner Mathematikprofessors war und die Karte so in die Sammlung gelangt ist. Denn im Inventar von 1774 sind mehrere geografische Karten verzeichnet.[215]

Die Tafel ist auf einer dicken und relativ schweren Holzplatte befestigt. Diese Handhabung der Karte als *tabula* beschrieb Aigenler in seinem Buch als grundlegend für jede Nutzung. Zudem benannte er das Ziel seines Handbuchs: Sowohl Experten als auch Anfänger der Mathematik sollten die aufgeführten Probleme mithilfe der Karte und der Methoden lösen können. Die Tatsache, dass das Handbuch im Rahmen einer Defensio entstanden ist, verweist ebenfalls auf den Schulkontext. Die Weltzeitkarte wurde folglich vermutlich auch in Köln im Unterricht der Mathematik als Anschauungsmaterial in den Fächern Geografie und Gnomonik eingesetzt. Eine Besonderheit der Kölner Karte ist ihre Farbigkeit. Der Kupferstich, der ansonsten identisch zu den Karten im Aigenler-Handbuch ist, scheint aufwendig koloriert worden zu sein. Dies könnte als Zeichen dafür gelesen werden, dass es sich um ein Geschenk gehandelt hat.

Die jesuitische Weltzeitkarte ist ein gutes Beispiel für die Kombination aus Lehrinstrument und Forschungswerkzeug, das sich im Kolleg befunden hat. Außerdem offenbart das Instrument die Selbstdarstellung und auch die globale Selbstvergegenwärtigung des Jesuitenordens, die durch die Widmungskartusche und die jesuitischen Zeichen in die Karte eingeschrieben wurden. Hiermit verbreitete sich und erstarkte die imaginäre religiöse Weltkarte des Jesuitenordens, die sowohl aus Bildern der Mission und geografischen und kartografischen Bildern als auch aus erzählerischen und visuellen Berichten

213 Vgl. Golvers 2007, S. 28–30; Golvers 2019. Im Archivio della Pontificia Università Gregoriana sind insgesamt vier Briefe aus den Jahren 1671 bis 1673 erhalten, zwei wurden aus Ingolstadt, zwei aus Lissabon gesendet. Vgl. APUG, Epist. 560 und APUG, Epist. 565.

214 Vgl. Golvers 2007, S. 27–32; Golvers 2019.

215 Siehe Gersmann 2019, https://kabinett.mapublishing-lab.uni-koeln.de/inventare/inventar-1774 [zuletzt aufgerufen am 07.04.2024].

über das Martyrium der Jesuiten gebildet wurde.[216] Schon Athanasius Kircher hatte in seiner Schrift *Ars magna lucis et umbrae* 1646 eine *Horoscopium Catholicum Societ. Iesu* aufgenommen: eine ausfaltbare horologische Darstellung, mit deren Hilfe die Zeit in den Weltteilen, in denen die Jesuiten ihre Missionen durchführten, abgelesen werden konnte.[217] Die Karte ist damit ein erneutes Beispiel dafür, dass naturwissenschaftliche und mathematische Instrumente als Teil der jesuitischen Bildung sowie Wissenskultur angesehen wurden, aber auch im Kontext des Jesuitenordens als Instrumente und Mittel zur Verbreitung der Ordensideale verstanden werden müssen. Sie stammt von jesuitischen Mathematikprofessoren, ist in einem Jesuitenkolleg entstanden und wurde für die praktische Anwendung sowie die Nutzung zu Lehrzwecken optimiert und dann weltweit verbreitet. Die doppelte Rückbindung an den Jesuitenorden und seine Gründer und darüber hinaus an Ingolstadt als den Heimatort der Karte geschieht durch die Widmung und die Symbole, die sowohl für Jesuiten als auch für Studierende universal zu verstehen waren. Zudem kann anhand der Karte die globale Vernetzung der Jesuiten exemplarisch aufgezeigt werden.

> „The Society of Jesus at the time held a unique position in the global circulation of knowledge by virtue of the fact that it was 'plugged in' in many different networks at the same time. Aside from maintaining a smoothly running worldwide network of communication of its own, the Society also on a regular basis connected with the Spanish and Portuguese networks as well as with the Dutch, the French and the English ones. Thanks to this strategic position, it could mediate in the transmission of knowledge between far-flung parts of the globe, whether in the Americas, the Philippines, China, India or Europe."[218]

In der Entstehungszeit der Weltzeitkarte lehrte Werner Lottley (1621–1673) am Gymnasium Tricoronatum Mathematik, wobei die Tafel nicht in dieser Phase angeschafft worden sein muss. Der aus Boppard am Rhein stammende Lottley unterrichtete zwischen 1661 und 1672 Mathematik, nachdem er bereits in Köln studiert hatte. 1642 trat er in den Jesuitenorden ein und unterrichtete Philosophie in Paderborn, bevor er die Lehrstelle in Köln antrat. Auch Lottley war vielseitig begabt und betätigte sich auf den Gebieten der Geschichte und Theologie.[219] Weder in den Kölner Quellen noch in der Sekundärlitera-

216 Vgl. Clossey 2008, S. 89. Diese imaginäre religiöse Weltkarte verdeutlicht das jesuitische Narrativ der „religiösen wie auch herrschaftlichen Souveränität", die durch die Missionstätigkeiten erweitert und gestärkt wurde. Die tatsächliche und die imaginäre Weltkarte sind somit Teile der „mediale[n] Tradierung herrschaftlicher Gewalt […], mit denen die weltweite Missionierung als eine historische Notwendigkeit präsentiert werden konnte". Kapustka 2018, S. 139.

217 Siehe dazu Aranda, Marcelo: Deciphering the Ignatian Tree. The Catholic Horoscope of the Society of Jesus, in: Findlen, Paula (Hg.): Empires of Knowledge. Scientific Networks in the Early Modern World, London 2018, S. 106–125.

218 Davids, Karel: Dutch and Spanish Global Networks of Knowledge in the Early Modern Period: Structures, Connections, Changes, in: Roberts, Lissa (Hg.): Centres and Cycles of Accumulation in and Around the Netherlands during the Early Modern Period, Zürich [u. a.] 2011, S. 29–52, hier S. 45. Siehe dazu auch Clossey 2008; Davids, Karel: Global Ocean of Knowledge 1660–1860. Globalization and Maritime Knowledge in the Atlantic World, London 2020, S. 33–57.

219 Vgl. Hartzheim 1747, S. 314. Gemeinsam mit dem Jesuiten Jakob Masen entstand 1669 die theologische Schrift „Newe Weiß zur wahren Glaubens-Erkantnus, durch achtägige geistliche Ubung zu

tur kann viel über ihn gefunden werden. In einem Auktionskatalog der Wochenzeitung *La Gazette Drouot* ist jedoch ein astronomisches Manuskript Lottleys dokumentiert: *Progymnasmata mathematica* von Peter Werner Lottley, das während seiner Kölner Zeit 1662 und 1663 entstanden ist. Bei diesen mathematischen Vorübungen handelt es sich um eine reich illustrierte Handschrift mit 240 Seiten, die in Leder gebunden war. Es wird als wertvolles wissenschaftliches Manuskript beschrieben, das mit zahlreichen Tuschezeichnungen sowohl im Text, auf (ausklappbaren) Tafeln als auch außerhalb des Textes verziert ist. Das Buch ist in zwölf Kapitel über Arithmetik, Geometrie, Astronomie, Astrologie, Chronografie, Horografie, Optik usw. unterteilt. Laut Beschreibung ist das Manuskript zu Lottleys mathematischer Vorlesung entstanden, die er am Jesuitenkolleg in Köln gehalten hatte. Zwischen 1662 und dem 29. Mai 1663 (handschriftliches Datum auf dem letzten Folio) wurde die Vorlesung von einem seiner Studenten, Jakob Atzerath aus St. Vith in Belgien, dokumentiert. Weiter führt der Katalog auf, dass sich Lottley nicht gescheut habe, in dem Kapitel des Manuskripts, das der Astronomie gewidmet war, die Systeme von Ptolemäus und Kopernikus nebeneinander zu illustrieren.[220] Bedauerlicherweise konnte diese mathematische Handschrift nicht ausfindig gemacht werden. Die Beschreibung erinnert jedoch sowohl im Hinblick auf die inhaltliche Aufteilung als auch auf die bildliche Ausgestaltung an die umfangreich analysierte Handschrift Philipp Pfingsthorns, die die mathematische Vorlesung Johann Grothaus' aus dem Jahr 1641/1642 dokumentiert hat. Über die nachfolgenden Mathematikprofessoren Heinrich Georg, der zwischen 1686 und 1689 Mathematik lehrte, und Caspar Kerich (1652–1727), Professor zwischen 1690 und 1694, sind ebenfalls kaum Quellen vorhanden.[221]

Eine wichtige Institution für die mathematisch-naturwissenschaftliche Lehre im 18. Jahrhundert wurde bereits im Jahr 1676 eingerichtet: das Xaverianische Konvikt. Dabei handelte es sich um ein Internat, das vor allem adlige und wohlhabende Schüler und Studenten aufnahm. Schon im 16. Jahrhundert hatte es ein solches jesuitisches Internat in Köln gegeben, das allerdings geschlossen worden war. Probleme waren die hohen Unterhaltskosten, schwankende Schülerzahlen, aber auch der Konflikt zwischen dem jesuitischen Anspruch der kostenlosen Lehre und dem Schulgeld, das für das Internat erhoben wurde. Das wiedereröffnete Konvikt befand sich im alten Gymnasialgebäude. Es war das einzige jesuitische Internat in der niederrheinischen Provinz. Aber auch hier gab es zunächst Probleme mit der Finanzierung und bezüglich der Schülerzahlen. Erst

gelangen", die Lottley ins Deutsche übersetzt hatte. Daneben arbeitete er an einer Geschichte des Niederrheins.

220 Vgl. Catalogue de Alamanchs, in: La Gazette Drouot (o. J.). Der Katalog wurde im Juli 2022 online abgerufen. Das Manuskript „Progymnasmata mathematica" von Werner Lottley mit Nummer 209 ist auf S. 44 gedruckt. „Né à Boppard en 1621 et décédé à Cologne en 1673, Werner Lottley devait enseigner à Paderborn puis à Cologne où il fut nommé titulaire des chaires de mathématiques et d'éthique. Dans le chapitre du manuscrit consacré à l'Astronomie, Lottley n'hésite pas à illustrer côte à côte les systèmes de Ptolémée et de Copernic. Brunissure marginale très pâle aux prem. et dern. fts, et contreplat sup. Manuscrit en belle condition de conservation."

221 Zu Caspar Kerich vgl. HAStK, Best. 223, A 12, fol. 161r–161v.

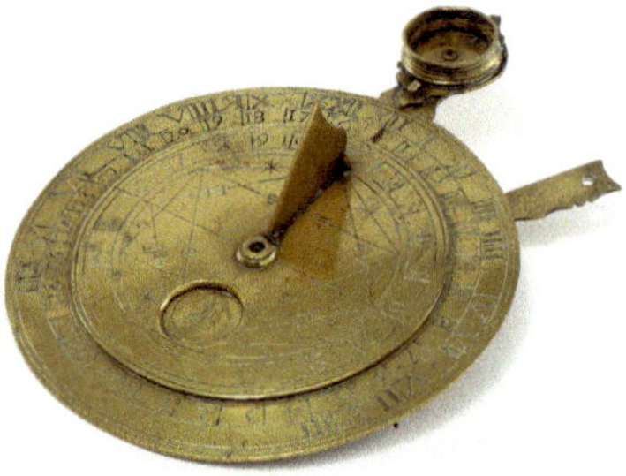

64 Sonnen-, Mond- und Sternenuhr, 1. Hälfte 18. Jahrhundert, Messing, Kölnisches Stadtmuseum, Mathematisch-Physikalisches Kabinett, L 180

im 18. Jahrhundert wurde das Konvikt durch die Stiftung Esser maßgeblich finanziell gesichert, wodurch ab 1749 auch bauliche Neuerungen und mehr Ausstattungen möglich waren. Dadurch konnte es im 18. Jahrhundert vor allem im Bereich der Lehre der Mathematik und Naturwissenschaften seine Bedeutung ausbauen, was noch zu zeigen sein wird.[222]

Eine Konstante des 17. Jahrhunderts scheint die Sonnenuhr zu sein. Bereits Kuckhoff weist darauf hin, dass die Sonnenuhr schon im frühen 17. Jahrhundert im Unterricht der Mathematik erklärt worden sei.[223] Folglich sind zum einen eine Reihe ganz unterschiedlicher Sonnenuhren belegt, zum anderen spielen sie auch in den Handschriften eine große Rolle. Bereits die Weltzeitbestimmungstafel ist ein Hybrid aus Messinstrument und Sonnenuhr. Daneben gibt es verschiedene Uhrtypen aus Messing, Glas, Holz sowie Pappe beziehungsweise Papier. Die Vielfalt soll an dieser Stelle nur skizziert werden, detaillierte Daten, Beschreibung, Funktionsweise oder Kontext finden sich objektspezifisch in der Datenbank *kulturelles-erbe-koeln.de*.[224]

Bei den Messinguhren des 17. Jahrhunderts handelt es sich um Ringsonnenuhren verschiedener Größe zum Aufhängen, die auf dem Prinzip der Äquatorialsonnenuhr basierten. Dabei liegt das Zifferblatt parallel zur Äquatorebene. Die Uhren können sowohl auf unterschiedliche Breitengrade als auch nach Daten eingestellt werden. Somit war die Bestimmung der Uhrzeit relativ genau. Die Kölner Ringsonnenuhren waren entsprechend dem lokalen Breitengrad meist auf 51° festgeklemmt. In der Sammlung befinden sich heute kleine Instrumente von geringen Durchmessern, aber ebenfalls größere

222 Vgl. Kuckhoff 1931a, S. 573–582; Quarg 1996b, S. 3f.
223 Vgl. Kuckhoff 1931a, S. 347.
224 Siehe „Mathematisch-Physikalisches Kabinett" in: https://www.kulturelles-erbe-koeln.de/gallery/encoded/eJzjYBJy52JLTy1OzC0RMnRKLS5JzEtR8A72tVLwTSzJSM1NLMksTs7QLcioLM7MTswBcVKLFbwTkzLzUktKpJgd_VyUmEtysrUYAIB9GCM [zuletzt aufgerufen am 07.04.2024].

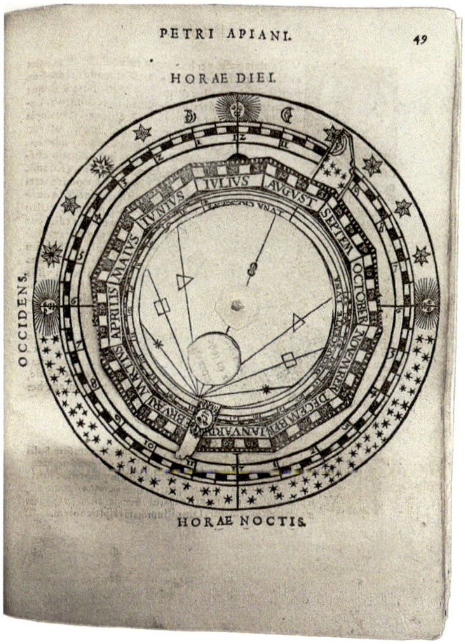

65 Peter Apian, *Horae Noctis*, in: Apian, Peter: *Cosmographia*, Köln: Arnold Birckmann, 1574, Universitäts- und Stadtbibliothek Köln, GB VIII/253d

Sonnenringe. Nicht nur durch den Schatten der Sonne, sondern auch anhand des Mondschattens oder anhand von Sternenbildern konnte die Uhrzeit bestimmt werden. Davon zeugen eine Monduhr, eine Hängesonnenuhr mit integrierter Sternenuhr und eine Taschenuhr, die die Funktionen der Sonnen-, Mond- und Sternenuhr vereinte.

Letztere Sonnen-, Mond- und Sternenuhr aus Messing ist ein besonders ausgestaltetes Exemplar. Auf der Grundscheibe sind Sonnen- und Monduhr angebracht, die hintere Seite zeigt die Sternenuhr, für deren Funktion zudem ein Kompass und die Öffnung in der Mitte vorhanden sind. Um die Uhrzeit bei Nacht zu bestimmen, wird die innere Scheibe auf den jeweiligen Tag des Mondmonats eingestellt. Der Schattenspender wird aufgeklappt und wirft dann einen Schatten auf die Skala. Besonders markant ist ein Detail: In einem Sichtfenster auf der Scheibe kann die jeweilige Beleuchtungsphase des zu- und abnehmenden Mondes abgelesen werden. Der Neumond ist dunkel dargestellt, während bei Vollmond ein Mondgesicht sichtbar wird (Abb. 64). Aufbau und Funktion dieser Uhr sind beispielsweise in einem gnomonischen Handbuch aus dem Ende des 17. Jahrhunderts beschrieben und mit Figuren erweitert, die identisch mit dem Kölner Uhrentyp sind.[225] Bereits in Peter Apians *Cosmographia* wird dieser Uhrentyp erklärt und dargestellt, allerdings ohne Mondgesicht (Abb. 65).[226] Daneben gibt es auch

225 Vgl. Welper, Eberhard/Sturm, Johann Christoph: Gnomonices oder gründlicher Unterricht und Beschreibung, wie man allerhand Sonnen-Uhren auf ebenen Orten künstlich aufreissen und leichtlich verfertigen soll, Nürnberg: Paul Fürst, 1681, S. 99–106.

226 Vgl. Apian 1574, S. 49.

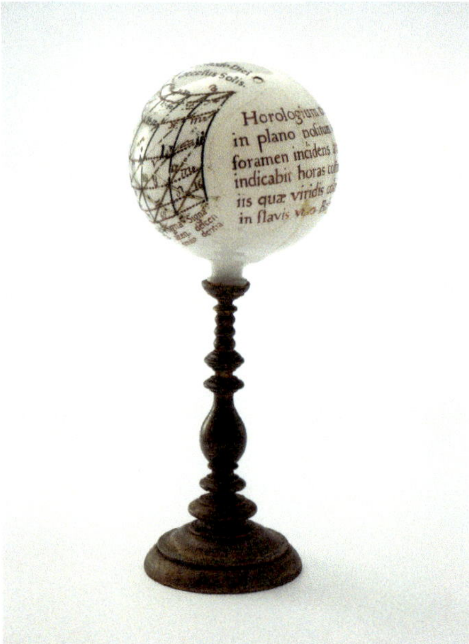

66 Kugelsonnenuhr *Horologium Occidentale*, 2. Hälfte 17. Jahrhundert, Holz, Milchglas, 35 × 14 cm, Kölnisches Stadtmuseum, Mathematisch-Physikalisches Kabinett, L 225

Instrumente, die nicht nur die Uhrzeit bestimmen, sondern auch zum Messen von Winkeln und Höhen benutzt werden konnten; sie sind also Hybride zwischen Sonnenuhren und Astrolabien. Leider waren für diese Messinguhren weder Hersteller zu ermitteln noch deren Anschaffungen zu belegen. Sie gehören jedoch mit hoher Wahrscheinlichkeit zum jesuitischen Bestand, da das Inventar von 1774 summarisch Sonnenuhren aus Messing aufführt und in der Straßburger Sammlung nur eine Taschensonnenuhr aus späterer Zeit belegt ist.[227]

Zwei Kugelsonnenuhren, eine aus rötlichem Glas und eine aus Milchglas, können einem jesuitischen Kontext zugeordnet werden. Beide sind jeweils auf einem kunstvoll gedrechselten Ständer aus Holz angebracht. Die *Horologium Meridionale* zeigt die Vormittags- und Mittagsstunden an, während die *Horologium Occidentale* die Mittags- und Nachmittagsstunden misst (Abb. 66).[228] Die Kugeln mussten so in die Sonne positioniert werden, dass der Lichtstrahl durch ein kleines Loch auf die Datumslinie einer Skala fällt, die aus mehreren Linien besteht. Die schwarze Linie gibt die Uhrzeit des jeweiligen Ortes an, die grüne Linie zeigt die Uhrzeit in italienischen Stunden – frühere Art der Zeitmessung in Italien, bei der der Beginn des Tages bei Sonnenuntergang war – und die gelbe Linie die Uhrzeit in babylonischen Stunden, die bei Sonnenaufgang beginnen.

227 Vgl. Roth, Bernhard: Sonnenuhren – Monduhren – Sternuhren, in: Schäfke, Werner (Hg.): Wie Zeit vergeht, Köln 1999, S. 61–79, hier S. 69–77.

228 Siehe den Objektdatensatz der kugelförmigen Sonnenuhr L 225: https://www.kulturelles-erbe-koeln.de/documents/obj/05748683 [zuletzt aufgerufen am 07.04.2024].

Möglicherweise liegt die Herkunft der italienischen Stundenteilung, die bis zur Mitte des 18. Jahrhunderts verbreitet war, in der islamischen Zeitrechnung und kam durch venezianische Handelsleute nach Italien. Wegen des Milchglases ist für die weiße Kugelsonnenuhr eine Herkunft aus Venedig wahrscheinlich, während für die rote Uhr eine Herkunft aus Italien nur vermutet werden kann.[229] Athanasius Kircher beschrieb in seinem Buch zu Licht und Schatten *Ars Magna Lucis et Umbrae* von 1646, das sich auch in der Kölner Jesuitenbibliothek befunden hat,[230] die Funktion und Anwendung verschiedener Sonnenuhren – darunter Kugelsonnenuhren und Uhren mit italienischen und babylonischen Stunden.[231] Auch in einer mathematisch-geografisch-astronomischen Sammelhandschrift aus dem Jahr 1695 werden verschiedene Typen von Sonnenuhren mit italienischen und babylonischen Stunden beschrieben und anhand von gezeichneten Zifferblättern und Skalen definiert.[232]

Neben diesen materiell kostbaren Kugelsonnenuhren sowie den Messinguhren haben sich eine Reihe von Horizontal- und Azimutsonnenuhren auf Papier erhalten, die im Kolleg hergestellt worden sein könnten. Es handelt sich dabei um farbige Zeichnungen von Sonnenuhren und Quadranten auf Pappe oder Holz. Sie sind weder datiert noch signiert, ähneln sich jedoch stark in Bezug auf Materialität, Herstellungsweise, Schriftart und Gestaltung. Es handelt sich um verschieden große auf Pappe oder Holz angebrachte Sonnenuhren nach den Prinzipien der Horizontal- oder Azimutsonnenuhren, die farbig beschrieben, gezeichnet und verziert sind. Auf der Rückseite einiger Uhren befinden sich Buntpapiere in diversen farbigen Formen mit figurativen Elementen wie Blumen, einem Vogel oder auch einer menschlichen Figur, bei denen es sich wahrscheinlich um Kleisterpapiere handelt. Das Papier könnte im Jesuitenkolleg selbst hergestellt worden sein.[233] Die Uhren sind für die Polhöhe 51° gefertigt, was dem Kölner Breitengrad entspricht. Eine vorhandene Aufschrift ist auf Latein. Drucke von Sonnenuhren oder Quadranten waren oft in Büchern enthalten, damit sie von den Lesenden ausgeschnitten und vor Ort in Handschriften oder für Instrumente benutzt oder auch abgezeichnet werden konnten

229 Vgl. ebd., S. 74f.; Roth, Bernhard/Roth, Daniel: Zwei ungewöhnliche Kugelsonnenuhren aus der physikalischen Sammlung des Kölnischen Stadtmuseums, in: Schriften des Historisch-Wissenschaftlichen Fachkreises „Freunde Alter Uhren" in der Deutschen Gesellschaft für Chronometrie 36 (1997), S. 224–228.

230 Vgl. Catalogus Novus Bibliothecae 1725, S. 376. Der Katalog von 1725 führt eine lange Liste von Büchern Kirchers auf, die sich 1725 in der Jesuitenbibliothek befunden haben. „Die ganze Sammlung von Kircherus" wurde allerdings im Zuge des französischen „Kunstraubs" in Köln bereits kurz nach der Besatzung Ende des Jahres 1794 nach Paris gebracht. Demnach befinden sich heute nur noch ausgewählte Werke Kirchers in Köln. Das Buch *Ars Magna lucis et umbrae* ist nicht vorhanden. Vgl. Wilkes, Carl und Rudolf Brandts: Denkschrift und Listen über den Kunstraub der Franzosen im Rheinland seit 1794, Bonn 1940, S. 166.

231 Vgl. Kircher 1646.

232 Vgl. HAStK, Best. 7004 (Handschriften (GB quart)), 117 A, fol. 65v–70r.

233 Vgl. Krauter, Anne: Die ›Digitale Kunstpforte‹. Eine interdisziplinäre Online-Plattform zur kunsttechnologischen Quellenforschung und ein altes Rezept zum Nachmachen, in: Gartmann, Thomas/Pauli, Christian (Hg.): Arts in Context – Kunst, Forschung, Gesellschaft, Bielefeld 2020, S. 90–101, hier S. 92–94. Siehe dazu auch Karr Schmidt 2011, S. 72–79.

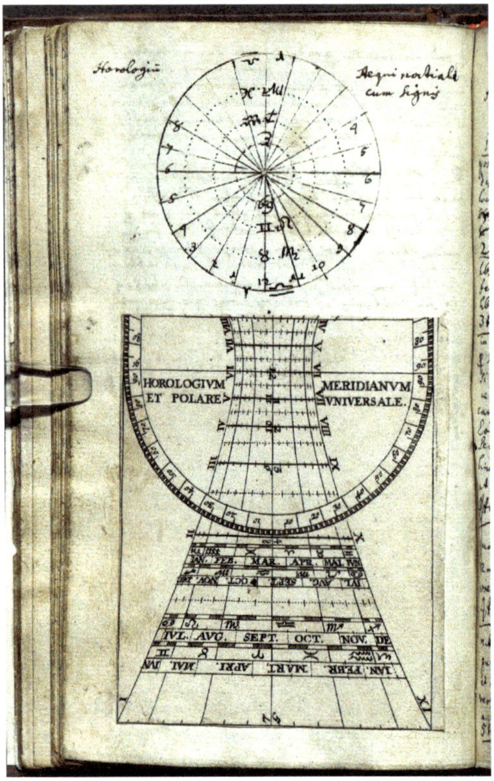

67 Eingeklebter Druck einer Sonnenuhr, in: Handschrift zur Optik, Anfang 18. Jahrhundert, HAStK, Best. 7008 (Handschriften (GB oktav)), 81, fol. 22v

(Abb. 67).[234] Außerdem deutet die einheitliche Gestaltung auf eine Herstellung in dem gleichen Kontext hin.

Wie gezeigt wurde, sind die Handschriften besonders interessant als Quelle für den mathematischen Unterricht. Fünf jesuitische (Sammel-)Handschriften zu mathematischen Themen haben sich im Historischen Archiv der Stadt Köln aus dem 17. Jahrhundert erhalten. Zwei dieser Quellen stammen mit Sicherheit von dem jesuitischen Mathematikprofessor Johann Grothaus, der von 1634 bis 1658 am Tricoronatum tätig war. Die anderen Schriften können nicht personalisiert und auch nur grob in die zweite Hälfte des 17. Jahrhunderts datiert werden. Sie geben jedoch durch die vielen Zeichnungen und Drucke von Instrumenten Hinweise darauf, welche Instrumente sich möglicherweise bereits im Verlauf des 17. Jahrhunderts oder im frühen 18. Jahrhundert im Kolleg befunden haben. Vor allem eine Handschrift über Gnomonik und Optik, die ein *Tractatus horographicus sive practica methodus describendi omnis generis horologia sciatherica* und einen Teil zur *Optica practica et speculativa* beinhaltet, führt sehr viele Zeichnungen

234 Vgl. Minow 1991, S. 89. Siehe dazu auch Karr Schmidt 2011, S. 72–79.

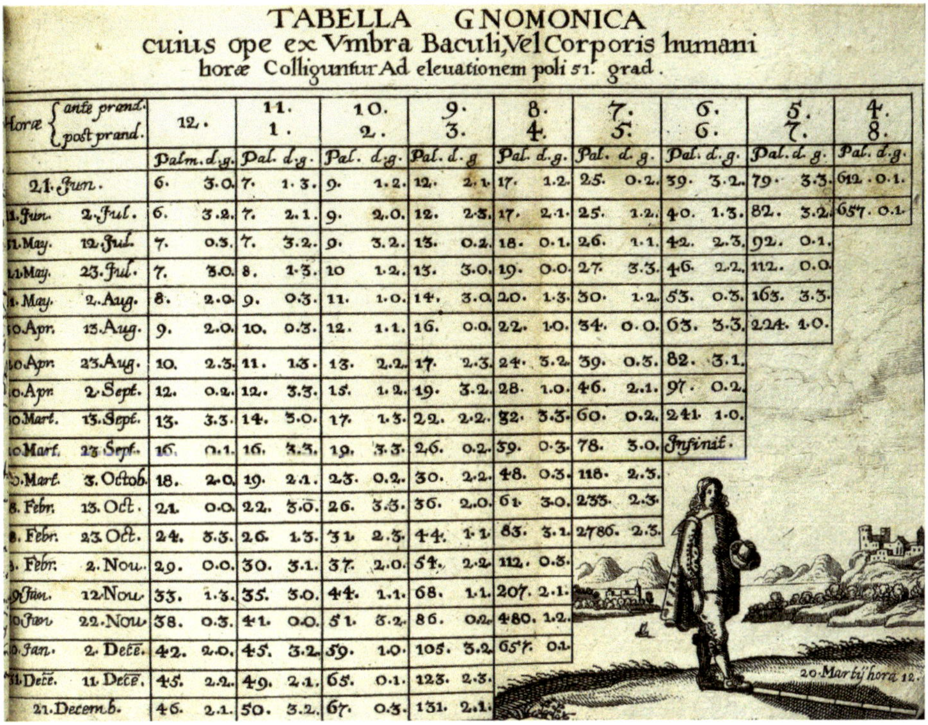

TABELLA GNOMONICA
cuius ope ex Vmbra Baculi, Vel Corporis humani
horæ Colliguntur Ad eleuationem poli 51. grad.

Horæ ante prand. / post prand.	12.	11. / 1.	10. / 2.	9. / 3.	8. / 4.	7. / 5.	6. / 6.	5. / 7.	4. / 8.
	Palm. d.g.	Pal. d.g.	Pal. d.g.	Pal. d.g	Pal. d.g.	Pal. d.g.	Pal. d.g.	Pal. d.g.	Pal. d.g.
21.Jun.	6. 3.0.	7. 1.3.	9. 1.2.	12. 2.1.	17. 1.2.	25. 0.2.	39. 3.2.	79. 3.3.	612. 0.1.
11.Jun. 2.Jul.	6. 3.2.	7. 2.1.	9. 2.0.	12. 2.3.	17. 2.1.	25. 1.2.	40. 1.3.	82. 3.2.	657. 0.1.
31.May. 12.Jul.	7. 0.3.	7. 3.2.	9. 3.2.	13. 0.2.	18. 0.1.	26. 1.1.	42. 2.3.	92. 0.1.	
21.May. 23.Jul.	7. 3.0.	8. 1.3.	10 1.2.	13. 3.0.	19. 0.0.	27. 3.3.	46. 2.2.	112. 0.0	
1.May. 2.Aug.	8. 2.0.	9. 0.3.	11. 1.0.	14. 3.0.	20. 1.3.	30. 1.2.	53. 0.3.	163. 3.3.	
0.Apr. 13.Aug.	9. 2.0.	10. 0.3.	12. 1.1.	16. 0.0.	22. 1.0.	34. 0.0.	63. 3.3.	224. 1.0.	
0.Apr. 23.Aug.	10. 2.3.	11. 1.3.	13. 2.2.	17. 2.3.	24. 3.2.	39. 0.3.	82. 3.1.		
0.Apr 2.Sept.	12. 0.2.	12. 3.3.	15. 1.2.	19. 3.2.	28. 1.0.	46. 2.1.	97. 0.2.		
0.Mart. 13.Sept.	13. 3.3.	14. 3.0.	17. 1.3.	22. 2.2.	32. 3.3.	60. 0.2.	241. 1.0.		
0.Mart. 23.Sept.	16. 0.1.	16. 3.3.	19. 3.3.	26. 0.2.	39. 0.3.	78. 3.0.	Infinit.		
0.Mart. 3.Octob.	18. 2.0.	19. 2.1.	23. 0.2.	30. 2.2.	48. 0.3.	118. 2.3.			
8. Febr. 13.Oct.	21. 0.0.	22. 3.0.	26. 3.3.	36. 2.0.	61. 3.0.	233. 2.3.			
8. Febr. 23.Oct.	24. 3.3.	26. 1.3.	31. 2.3.	44. 1.1.	83. 3.1.	2786. 2.3.			
Febr. 2.Nou.	29. 0.0.	30. 3.1.	37. 2.0.	54. 2.2.	112. 0.3.				
9.Jan. 12.Nou.	33. 1.3.	35. 3.0.	44. 1.1.	68. 1.1.	207. 2.1.				
0.Jan 22.Nou.	38. 0.3.	41. 0.0.	51. 3.2.	86. 0.2.	480. 1.2.				
0.Jan. 2.Dece.	42. 2.0.	45. 3.2.	59. 1.0.	105. 3.2.	657. 0.1.				
31.Dece. 11.Dece.	45. 2.2.	49. 2.1.	65. 0.1.	123. 2.3.					
21.Decemb.	46. 2.1.	50. 3.2.	67. 0.3.	131. 2.1.					

68 *Tabella Gnomonica*, in: Handschrift zur Optik, Anfang 18. Jahrhundert, HAStK, Best. 7008 (Handschriften (GB oktav)), 81, fol. 39IIr

sowie Drucke von Sonnenuhren und optischen Instrumenten wie Spiegel oder Mikroskope auf, die sich teilweise heute noch erhaltenen Objekten zuordnen lassen.[235] Das Verständnis und die Kenntnis verschiedener Instrumente und Apparaturen können als Lehrziele dieser Handschrift beschrieben werden. Bislang wurde sie zeitlich in das 17. Jahrhundert verortet. Aufgrund einer darin enthaltenen Ankündigung einer *Demonstratio Optica* wird die Handschrift allerdings neu datiert in das frühe 18. Jahrhundert.[236] Einige Kapitel der Handschrift sind mit *De faciendis* betitelt, beispielsweise *De faciendis tubis astronomicis et Telescopiis*, oder bieten praktische und detaillierte Beschreibungen

235 Vgl. HAStK, Best. 7008, 81.

236 Vgl. ebd. In der *„Demonstratio Optica"* werden zwei *„Nobiles et eruditi Domini"* genannt, welche das Thema vorgestellt haben: Cornelius Hermann Engelberg Coloniensis (eventuell: Cornelius Hermann Engelberg [1691–1747], 1722 bis 1746 Ratsherr der Stadt Köln) und Hermannus Mansteden Coloniensis (eventuell: Hermann Mansteden aus Stommeln bei Pulheim [1685 geboren]). Diejenigen, die inhaltlich dagegen argumentierten („Opponent"), waren Antonius Cetto aus Köln, Carolus Casparus Cramer aus Jülich sowie Godefridus Jacobus Dierna aus Köln. Letzterer kann eventuell als Verfasser von Büchern zwischen 1720 und 1740 identifiziert werden, nach fol. 50v.

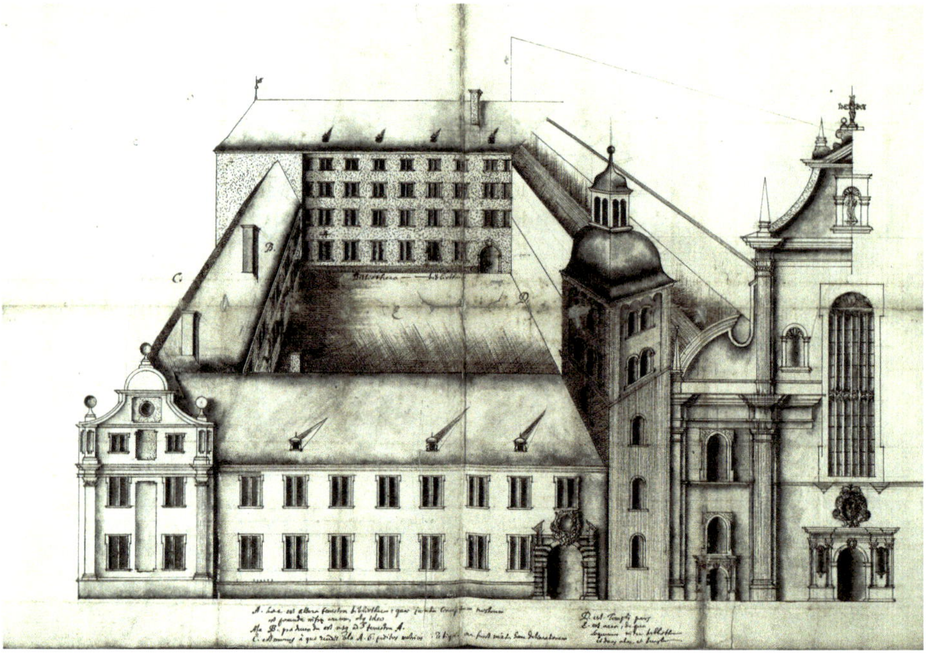

69 *Disegno in prospettiva per una modifica al fabbricato*, Aufriss des Kölner Jesuitenkollegs, um 1693, Zeichnung, in: ARSI, Fondo Gesuitico, Collegia 40, Busta: N. 40/1403, 9. Colonia, fol. 134

der einzelnen Sonnenuhrtypen. Daher kann davon ausgegangen werden, dass das Buch auch Anleitungen für die Praxis und zur eigenen Herstellung von Sonnenuhren und optischen Instrumenten gegeben hat und dass die Uhren aus Papier folglich auch im Kolleg erstellt worden sein könnten. Aber auch für Kugel- und Ringsonnenuhren gibt es in der Handschrift Vorlagen in Form von Drucken. Außerdem zeigt eine *Tabella Gnomonica* mit einer figürlichen Darstellung, wie an verschiedenen Tagen des Jahres die Uhrzeiten mithilfe eines Jakobsstabes und der eigenen Körpergröße an der Kölner Polhöhe ermittelt worden sind (Abb. 68), was wiederum den Bezug zum Kölner Kolleg offenbart.[237]

Die prominentesten Objekte, die aus dem 17. Jahrhundert stammen und auf der Schwelle zum neuen Jahrhundert ins Kolleg kamen, sind die Coronelli-Globen. Dabei handelt es sich um einen Erd- und einen Himmelsglobus des Italieners Vincenzo Maria Coronelli, die als Geschenk über den Kurfürsten Johann Wilhelm von der Pfalz im Jahr 1700 ins Kolleg gekommen sind. Sie werden in Kapitel III im Rahmen einer Fallstudie analysiert. Die Globen sind nicht nur wegen ihrer Größe und ihres imposanten und ästhetischen Aussehens interessant, sondern auch wegen ihrer verschiedenen Funktionen sowie ihres Aufstellungsortes. In den Quellen ist dokumentiert, dass die Globen

237 Vgl. ebd., fol. 39IIr.

in der Bibliothek des Kollegs aufgestellt worden sind,[238] ganz im Sinne des jesuitischen Bibliothekswissenschaftlers Claude Clément.[239] Die Bibliothek befand sich im Mitteltrakt des Kolleggebäudes. Dieses war Ende des 17. Jahrhunderts noch einmal umgebaut worden. Eine perspektivische Zeichnung aus dem ARSI zeigt die Kirche St. Mariä Himmelfahrt mit dem Flügelbau. Hier ist auch der Mitteltrakt mit der *Bibliotheca Maior* gekennzeichnet (Abb. 69).[240] Die Bibliothek befand sich im Erdgeschoss dieses langen Traktes und bestand aus einem Raum mit zwei Schiffen und einer gewölbten Decke, die in der Mitte von sechs kannelierten toskanischen Säulen getragen wurde. Barocke Stuckarbeiten verzierten sowohl die Säulen und Gewölbe als auch die hölzernen Bücherregale, die zwischen den Fenstern standen. In dieser barocken Bibliothek, von der Fotografien aus dem frühen 20. Jahrhundert erhalten sind – allerdings handelt es sich dabei um die spätere Bibliothek des Priesterseminars –, wurden die Coronelli-Globen im Jahr 1700 aufgestellt. Das jesuitische Bauensemble in der Marzellenstraße mit der barocken Kirche St. Mariä Himmelfahrt, dem umgebauten Kolleggebäude sowie dem gegenüberliegenden Gymnasium Tricoronatum ist ebenfalls auf einem Stich dokumentiert (Abb. 4). Die Fotografien des ehemaligen Jesuitenkollegs aus dem frühen 20. Jahrhundert, auf denen beispielsweise die Bibliothek und der Speisesaal zu sehen sind, bilden die barocke Einrichtung und die aufwendigen Verzierungen des jesuitischen Gebäudes ab.[241] In diesem Kolleg entstand Anfang des 18. Jahrhunderts das *Musaeum mathematicum*, womit die räumliche Grundlage des Mathematisch-Physikalischen Kabinetts gelegt wurde.

238 Vgl. HAStK, Best. 223, A 12, fol. 74v; HAStK, Best. 223, A 11, fol. 17v.
239 Vgl. Clément 1635, S. 386. „*V. Globus et sphaera in medio Bibliothecae ne deesto*".
240 Vgl. ARSI, Fondo Gesuitico, Collegia 40, Busta: N. 40/1403, 9. Colonia, fol. 134. „Disegno in prospettiva per una modifica al fabbricato" ist der Name der Zeichnung. Sie stammt eventuell aus dem Jahr 1693, da die Zahl auf die Rückseite aufgetragen, jedoch wieder durchgestrichen worden ist. Der Flügelbau des Kollegs soll 1689 fertiggestellt worden sein, bevor im Jahr 1715 erneute Umbauarbeiten starteten. Siehe dazu Clemen 1911, S. 166–169.
241 Vgl. Clemen 1911, S. 166–176; Knopp, Gisbert: Die Unterkünfte des Priesterseminars während zweieinhalb Jahrhunderten – Von der Glashütte zur funktionalen Vierflügelanlage, in: Trippen, Norbert (Hg.): Das Kölner Priesterseminar im 19. und 20. Jahrhundert. Festschrift zur Feier des 250jährigen Bestehens am 29. Juni 1988, Köln 1988, S. 1–22, hier S. 10–12.

3. Einrichtung, Erweiterung, Etablierung: Das 18. Jahrhundert

3.1 *Musaeum mathematicum*: Die Entwicklung des Sammlungszimmers

Das Mathematisch-Physikalische Kabinett im Sinne eines Ortes für die naturwissenschaftliche Sammlung im Jesuitenkolleg befand sich seit dem frühen 18. Jahrhundert im zweiten Obergeschoss des Ostflügels des Kolleggebäudes. In den jesuitischen Quellen ist er mit verschiedenen Bezeichnungen versehen: *Cubiculum mathematicum* (mathematische Räumlichkeit), *officina mathematica* (mathematischer Werkraum) und vor allem *Musaeum mathematicum*. Der letzte Begriff rekurriert auf das Museum als frühneuzeitliches Studierzimmer, als Ort der Sammlungen und des Studiums.[242]

Die Sekundärliteratur zum Mathematisch-Physikalischen Kabinett verweist seit 1931 darauf, dass das *Musaeum mathematicum* im Jahr 1702 eingerichtet und seitdem der Ort für die Sammlung und das Studium an den mathematischen und naturwissenschaftlichen Instrumenten gewesen sei.[243] Dass das *Musaeum mathematicum* mit dem Jahr 1702 in Verbindung gebracht wird, ist jedoch einzig einer sehr viel späteren Randglosse Hermann Joseph Hartzheims entnommen worden. Dieser fügte in den *Litterae Annuae* des Jahres 1754 neben der Beschreibung einer Schenkung Johann Adam von Stoesbergs (1682–1755) an das *Musaeum* am Rand ein, dass es in diesem Abschnitt um die Schenkung eben jenes Mannes ginge und schilderte kurz dessen Bildungsweg (Abb. 70).[244] Diese Randnotiz gibt Rätsel auf, sind doch vor allem die letzten Worte nicht eindeutig zu entziffern. *Munificentia D. Decani à Stoesberg Erga Musaeum mathematicum discipulus erat gymnasii tricoronati anno 1702 creatus [oder creatur] Mag[ister] ar[tium].*[245] Die bisherige Literatur bezieht die letzten Worte auf die Entstehung des *Musaeum mathematicum*, die folglich in das Jahr 1702 datiert wird. Jedoch ist auch eine andere Lesart denkbar und sogar aus mehreren Gründen wahrscheinlicher. Demnach beginnt die Notiz mit der Schenkung Stoesbergs an das *Musaeum mathematicum* und schließt eine knappe Schilderung über dessen Bildungsweg an. Johann Adam von Stoesberg war zunächst Schüler des Tricoronatums und erwarb erst im Jahr 1702 den Magistertitel.

242 Vgl. dazu zum Beispiel Mayer-Deutsch 2010, S. 86.

243 Zuerst bei Kuckhoff 1931a, S. 595. Außerdem wiedergegeben bei Brill 1952, S. 119; Quarg 1996b, S. 123; Spengler 2003, S. 23. Keine Festlegung auf die Jahreszahl 1702 bei Bellot 2000; Hauser, Ulrich: Georg Simon Ohm (1789–1854), das ohmsche Gesetz und das Physikalische Kabinett der alten Kölner Universität, in: Schwarzbach, Martin (Hg.): Naturwissenschaften und Naturwissenschaftler in Köln zwischen der alten und der neuen Universität (1798–1919), Köln 1985, S. 49–75; Schnippenkötter 1939; Klinkenberg, Josef (Hg.): Das Marzellen Gymnasium in Köln 1450–1911. Bilder aus seiner Geschichte. Festschrift dem Gymnasium anlässlich seiner Übersiedlung gewidmet von den ehemaligen Schülern, Köln 1911.

244 Vgl. HAStK, Best. 223, A 12, fol. 267r. Diese Randnotizen Hartzheims mit kurzen Stichworten oder auch längeren Anekdoten oder Zusätzen zur Übersichtlichkeit und nachträglichen Ergänzung der Jahresberichte befinden sich im kompletten Band der *Litterae Annuae* von 1675 bis 1754 (1761).

245 Ebd., fol. 267r. Für die fachkundige Beratung bei der Transkription und Interpretation dieser wichtigen Textpassage bedanke ich mich herzlich bei Dr. Lotte Kosthorst, Prof. Dr. Peter Orth und Björn Raffelsiefer vom Historischen Archiv der Stadt Köln.

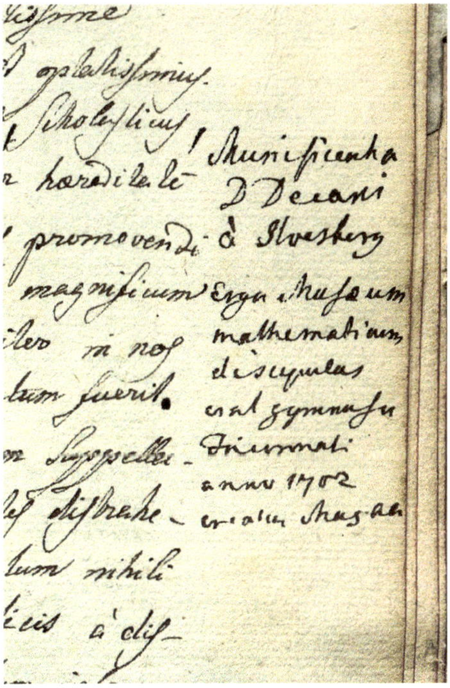

70 Randnotiz Hermann Joseph Hartzheims in den Kölner *Litterae Annuae*, 18. Jahrhundert, in: HAStK, Best. 223, A 12, fol. 267r

Leider fehlen die Promotionslisten des Jahres 1702 im Bestand der Artistenfakultät.[246] Jedoch wird Stoesberg im Dekanatsbuch in den Jahren 1700, 1701 und 1702 unter den *Nobiles* aufgeführt und zudem 1702 unter den *Magistri*, die von dem Professor Hermann Mylius zum Magister promoviert wurden.[247]

Ein weiterer wesentlicher Grund gegen eine Datierung der Einrichtung des mathematischen Sammlungszimmers in das Jahr 1702 ist, dass es keinen anderen Quellenbeleg dafür gibt. Weder im Kölner Jahresbericht von 1702 noch in dem von Köln nach Rom geschickten Bericht von 1702 wird die Einrichtung erwähnt. Im in Rom befindlichen Exemplar fehlen außerdem die Randglossen Hartzheims.[248] Ebenso lassen sich keinerlei andere Hinweise auf die Einrichtung des Museums oder spezifische Gründe dafür finden, nicht in den Ereignissen des Jahres 1702, nicht von den überlieferten Mathematikprofessoren der Jahre um 1700.[249] Die ersten eindeutigen Nennungen des Sammlungsortes sind deutlich später in den Quellen nachzuweisen: Der früheste Fund entstammt

246 Vgl. HAStK, Best. 150 (Universität), A 506.
247 Vgl. HAStK, Best. 150 (Universität), A 484, fol. 243v und 262v. Fol. 267r enthält die Bezeichnung als *Magister*.
248 Vgl. ARSI, Rhenania Inferior 66, fol. 17–18.
249 Vgl. HAStK, Best. 223, A 12; HAStK, Best. 223, A 11. Die *Historiae* des Jahres 1702 sind weder im Historischen Archiv der Stadt Köln noch im Jesuitenarchiv in Rom oder im Archiv der Zentraleuropäischen Provinz der Jesuiten in München erhalten.

einem Provenienzeintrag aus einem mathematischen Buch der Jesuitenbibliothek, die wegen der Masse an Büchern 1724 besser geordnet und neu aufgestellt wurde.[250] In diesem Zuge entstand ein Sonderstandort im Mathematisch-Physikalischen Kabinett. Im genannten Buch ist *Cubiculi Mathematici Soctis Jesu Coloniae. 1724* eingetragen, was zeigt, dass der mathematische Sammlungsraum bereits im Jahr 1724 bestanden haben muss.[251] Überdies gestattete der Provinzial in demselben Jahr, „daß die Gebühren für die Depositionen zum Teil, nämlich in der Höhe von 10 Reichstalern für die Beschaffung physikalischer Geräte Verwendung finden könnten."[252] Beim Bau der Sternwarte 1729 wird der Ort als *officina mathematica* bezeichnet, also als mathematischer Werkraum.[253] Die erste Bezeichnung als *Musaeum mathematicum* in den *Litterae Annuae* stammt erst aus den 1740er-Jahren.[254] Wie im Kapitel zum *Musaeum mathematicum* und der Entwicklung des Sammlungszimmers zu zeigen sein wird, kann anhand von biografischen Beschreibungen über den Mathematikprofessor Reiner Kylman geschlussfolgert werden, dass das Kabinett bereits vor 1716 eingerichtet worden ist. Somit gilt das Jahr 1716 als *terminus ante quem*. Als der reisende Büchersammler Zacharias Konrad von Uffenbach (1683–1734) allerdings im April 1711 das Kölner Jesuitenkolleg besuchte, wurde er ausschließlich durch die Bibliothek geführt und vermerkte dabei zwei Coronelli-Globen, nicht jedoch durch ein *Musaeum*. Zu seinem eigenen Erstaunen, berichtete er, hätte es keine Hinweise auf ein *Cabinet* in Köln gegeben, weder im Jesuitenkolleg noch in einer anderen Kloster-, Bildungs- oder privaten Einrichtung, obwohl er sich danach erkundigt hätte.[255] Nach der ausführlichen Untersuchung der Quellen ist das bislang mehrheitlich angenommene Entstehungsjahr 1702 des Mathematisch-Physikalischen Kabinetts der Jesuiten eindeutig infrage zu stellen. Es muss vielmehr davon ausgegangen werden, dass das Sammlungszimmer mit mathematischen Instrumenten und Büchern sich sukzessive entwickelt hat und zwischen April 1711 und 1716, auf jeden Fall jedoch vor 1724, eingerichtet wurde.

Zu dieser These der späteren Entstehung des Kabinetts passen zudem die wenigen Informationen, die über die Mathematikprofessoren des Jahrhundertwechsels erhalten sind, sowie die fehlende Bezugnahme ihrerseits auf ein *Musaeum*. Dass dennoch zu der Zeit Instrumente im mathematischen Unterricht benutzt worden sind, lässt sich ungeachtet dessen nachweisen: Von 1695 bis 1705 lehrte der aus Köln stammende Andreas

250 Vgl. HAStK, Best. 223 (Jesuiten), A 15, fol. 7v.

251 Vgl. Rodler, Hieronymus: Perspectiva. Eyn schön nützlich büchlin und underweisung der kunst des Messens/ mit dem Zirckel/ Richtscheidt oder Linial, Frankfurt am Main: Jacob, 1546. USB-Signatur GBVIII265+B. Dieses Buch am Sonderstandort kommt nicht im neuen Katalog der *Bibliotheca maior* vor. Vgl. Catalogus Novus Bibliothecae 1725.

252 Kuckhoff 1931a, S. 595.

253 HAStK, Best. 223, A 12, fol. 170v.

254 Vgl. ebd., [u. a.] fol. 220r und fol. 223v.

255 Vgl. Uffenbach, Zacharias Konrad von: Herrn Zacharias Conrad von Uffenbach Merkwürdige Reisen durch Niedersachsen, Holland und Engelland, 3 Bde., 3. Bd., Frankfurt/Leipzig: Gaum, 1754, S. 744–756.

Falckenberg (1663–1710) am Gymnasium Tricoronatum Mathematik. Falckenberg war bereits selbst Schüler am Tricoronatum gewesen. 1699 gab er ein eigenes Lehrbuch zur praktischen Arithmetik heraus,[256] das mit Übungsaufgaben und praktischen Regeln ausgestattet war. Dieses Lehrbuch wurde auch an der Universität Mainz eingeführt.[257] Überdies hat sich aus seinem ersten Lehrjahr 1695 eine Sammelhandschrift des Antonius Hansen erhalten, die Rückschlüsse auf Falckenbergs Unterricht geben kann. Nacheinander werden die Themen Arithmetik, Fortifikation, Geometrie, Gnomonik, Optik, Astronomie und Geografie aufgeführt. Darüber hinaus gibt es ein eigenes umfangreiches Kapitel zum Aufbau eines Astrolabiums und den verschiedenen Nutzungsmöglichkeiten mit Zeichnungen, was ein Hinweis auf die Verwendung von Astrolabien in Falckenbergs Unterricht sein könnte.[258] Über die darauffolgenden Mathematikprofessoren Ambrosius Wyrich (Professor 1699 bis 1702) und Theodorus Bordels (Professor 1702 bis 1704) können keine Informationen zur Kölner Zeit ermittelt werden. Bis November des Jahres 1702 war der aus Jülich stammende Heinrich Cuper (1629–1702) Regent, von dem Kuckhoff sagt, er habe „sich um den Bau und die Ausstattung der Schule hoch verdient gemacht".[259] Dazu gehört zum Beispiel die Mariensäule, die ab 1696 auf dem Schulhof des Gymnasiums errichtet wurde, ebenso wie der Bau des Theaters ab 1700, wobei vor allem bei letzterem der damalige Subregent Paul Aler (1656–1727) federführend gewesen sein dürfte. Dieser übernahm auch Ende des Jahres 1702 die Regentschaft.[260]

Die Nutzung von Instrumenten im Unterricht ist gleichfalls unter dem folgenden Mathematikprofessor Heinrich Venedien (1668–1735) belegt; der spätere Regent der Jahre 1724 bis 1735 lehrte zwischen 1707 und 1708 Mathematik. Aus dem Jahr 1708 ist eine *Demonstratio horographica* erhalten, die von Johannes Ludwig Doetsch und Johannes Schwielink vorgetragen wurde.[261] Am 17. Juli des Jahres stand neben der Theorie der Sonnenuhren vor allem die Praxis im Vordergrund, zum Beispiel die Berechnung von Sonnenstrahlen, die Bestimmung des Sonnenstands, der Uhrzeiten oder *facere Cylindros, Quadrantes, & annulos Horologos*.[262] Hier ist die Nutzung von Sonnenuhren in zylindrischer Form, als Quadranten und in Ringform belegt. Wahrscheinlich zum Zwecke der Hilfestellung sind der *Demonstratio* gedruckte Vorlagen für verschiedene Sonnenuhrtypen beigefügt (Abb. 71). In der heutigen Sammlung befinden sich Sonnenuhren

256 Siehe Falckenberg, Andreas/Kresa, Jakob: Arithmetica Practica: Tum Regulis Tum Quaestionibus Explanata, Köln: Hilden, 1699. USB-Signatur N3/28. Das Buch trägt keinen jesuitischen Provenienzvermerk.

257 Vgl. Quarg 1996b, S. 29; Kuckhoff 1931a, S. 598f.

258 Vgl. HAStK, Best. 7004, 117 A, fol. 82r–92v.

259 Kuckhoff 1931a, S. 277.

260 Vgl. ebd., S. 465–467 und S. 510. Zum Theaterspiel am Gymnasium Tricoronatum unter Paul Aler siehe besonders S. 499–536.

261 Vgl. Quarg 1996b, S. 100–101. Meuthen verweist darauf, dass Venedien nicht nur Regent und Mathematikprofessor gewesen sei, sondern auch Domprediger und Verfasser von Streitschriften gegen den Protestantismus sowie einer bedeutenden Predigtsammlung. Vgl. Meuthen 1988, S. 371.

262 Doetsch, Johann Ludwig: Demonstratio Horographica Theorema: Annulus Horologus Recte Monstrat Horas, Köln 1708.

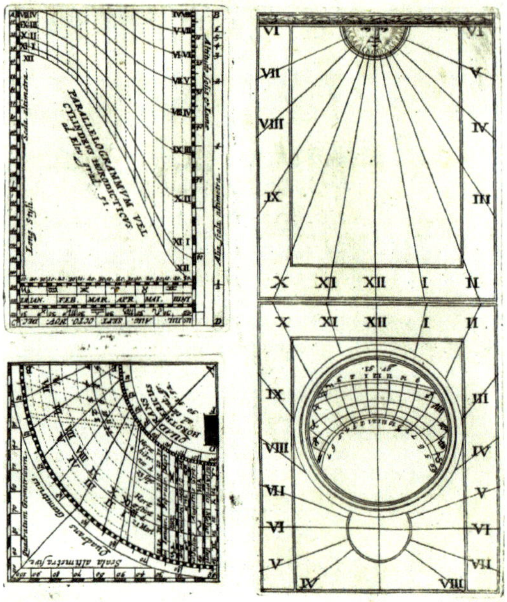

71 Darstellungen von Sonnenuhren in einer *Demonstratio horographica*, 17. Juli 1708, in: Doetsch, Johann Ludwig: *Demonstratio Horographica Theorema: Annulus Horologus Recte Monstrat Horas*, Köln 1708, Universitäts- und Stadtbibliothek Köln, GBXIII58

verschiedener Typen, zum Beispiel eine Säulensonnenuhr mit beschriebenem Papier aus dem Jahr 1756. Generell wurden im Verlauf des 18. Jahrhunderts mehrere Säulensonnenuhren aus unterschiedlichen Materialien angeschafft. Eine frühere geografische Übung unter Heinrich Venedien über den Erdglobus verweist ebenso auf die Nutzung von Instrumenten im mathematischen Unterricht.[263] Die Kugelgestalt der Erde, die daraus resultierende Krümmung der Oberfläche sowie die Gravitationskraft wurden anhand von Thesen erläutert, wie auch die Gestalt und Größe der Erde und die Kontinente und Klimazonen. Für derlei Informationen könnte der Erdglobus von Vincenzo Coronelli, der in der Bibliothek des Kollegs aufgestellt worden war, herangezogen worden sein. Außerdem gab es eine *Tabula Geographica* (Abb. 72), die wahrscheinlich in größerem Format vorhanden war, auf der die West- und Osthemisphären sowie zwei runde Grafiken aus Athanasius Kirchers Buch *Mundus subterraneus* dargestellt waren, welche vulkanische und hydro-geologische Vorkommen auf der Erde markierten.[264] In den Zwickeln sind jeweils trigonometrische und geometrische Messinstrumente wie Zirkel, Lineal, Messtisch, Quadrant und verschiedene halbkreisförmige Winkelmesser dargestellt. All diese Geräte für die praktische Geografie finden sich im Inventar des Jesuitenkollegs von 1774. Wahrscheinlich ist, dass sie auch um 1700 schon im Kolleg vorhanden und unter anderem von Heinrich Venedien benutzt worden sind.

263 Vgl. Gefasser, Christianus: Theses geographicae de globo terraqueo, Köln: Alstorff, 1707.
264 Vgl. Quarg 1996b, S. 75–80.

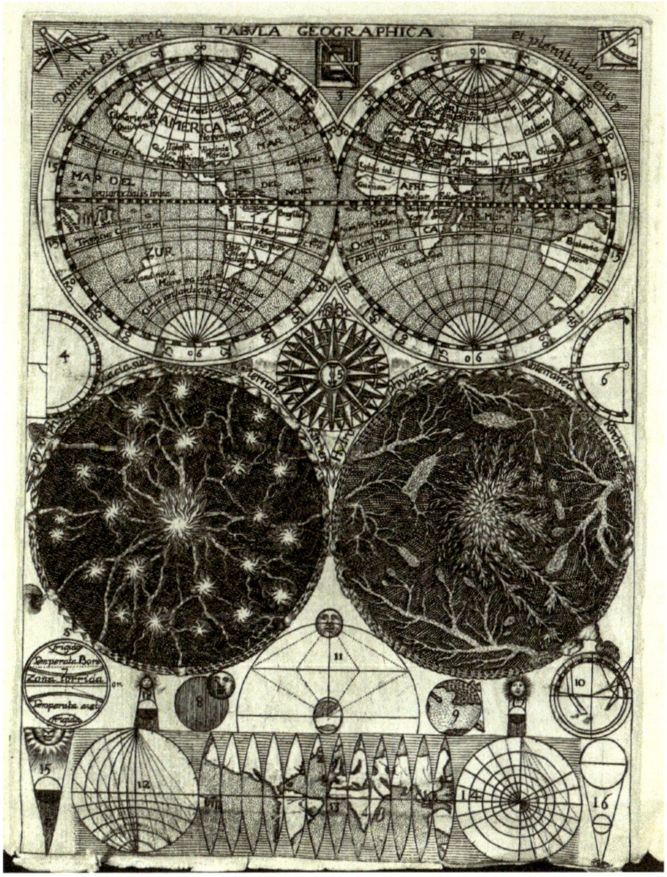

72 *Tabula Geographica*, 1707, in: Gefasser, Christianus: *Theses geographicae de globo terraqueo*, Köln: Alstorff, 1707, Universitäts- und Stadtbibliothek Köln, GBXIII58

Trotz dieser praktischen Ausrichtung des Unterrichts und der Nutzung von Objekten ist keine Erwähnung eines *Musaeum mathematicum* zu finden. Es wird angenommen, dass die Einrichtung demnach zunächst eher informeller Natur war. Das *Musaeum mathematicum* hat sich erst im Laufe der Zeit als fester Sammlungsraum etabliert, wahrscheinlich abhängig von dem Engagement der jeweils tätigen Mathematikprofessoren und der Erweiterung der Instrumentensammlung. Dennoch ist festzustellen, dass vor allem die ersten Jahrzehnte des 18. Jahrhunderts „am Gymnasium Tricoronatum die endgültige Anerkennung der mathematischen Wissenschaften [brachten]".[265] Diese Entwicklung wird im Folgenden anhand von vier Mathematikprofessoren und ihrer Arbeit dargestellt und geschildert.

265 Ebd., S. 27.

3.2 Bartholomäus Des Bosses und der „Aufschwung der edelsten Disziplin"

Der auf Venedien folgende Mathematikprofessor war Bartholomäus Des Bosses (1668–1738), der zwar nicht lange in dieser Position am Tricoronatum tätig war, allerdings sowohl wegen seiner Korrespondenztätigkeiten als auch aufgrund einer umfangreichen Buchschenkung von besonderem Interesse ist. Unter seinen Korrespondenzpartnern waren namhafte Jesuiten und Wissenschaftler wie Gottfried Wilhelm Leibniz oder der Jesuit Ferdinand Orban. Des Bosses wurde 1668 in Chaineux in Belgien geboren und war bereits Schüler und Student am Gymnasium Tricoronatum in Köln. Nachdem er im Mai 1686 in Trier in den Jesuitenorden eingetreten war, lehrte Des Bosses fast zwei Jahrzehnte lang an verschiedenen Kollegien unter anderem Mathematik, darunter in Trier, Aachen, Münster und Hildesheim.[266] Der früheste erhaltene Brief an Leibniz stammt vom 25. Januar 1706. Jedoch wird Des Bosses von Leibniz schon 1705 in einem Brief erwähnt. Zu dieser Zeit lehrte er in Hildesheim Kontroverstheologie und war Bibliothekspräfekt; ganz in der Nähe von Hannover, wo der Kontakt zu Leibniz entstanden ist. Daraufhin entwickelte sich ein langjähriger Briefkontakt und professioneller Austausch. Vom 29. Mai 1716, ein halbes Jahr vor Leibniz' Tod, ist der letzte Brief erhalten, der das Korpus von 130 Briefen beschließt.[267] Des Bosses war vom 9. November 1709 bis Oktober 1711 in Köln am Tricoronatum als Professor für Mathematik, Philosophie und Ethik tätig und promovierte an der Kölner Universität zum Doktor der Philosophie. Zwischen 1711 und 1713 lehrte er Theologie in Paderborn, bevor er im Oktober 1713 wieder nach Köln zurückkehrte und dort bis 1729 an der Universität die Professur für Moraltheologie und scholastische Theologie bekleidete und auch als Moraltheologe am Gymnasium Tricoronatum wirkte. Als Dekan der Theologie, der er zwischen 1730 und 1735 war, brachte er dem Jesuitenkolleg eine umfangreiche Buchschenkung von über 500 Werken bei. Es wird vermutet, dass die Bücher aus seiner privaten Bibliothek stammten, die er über die Jahrzehnte aufgebaut haben muss. Seine umfangreichen Korrespondententätigkeiten, in der auch Buchsendungen inbegriffen waren, werden zur Einrichtung dieser Privatbibliothek erheblich beigetragen haben.[268]

266 Zur Person Des Bosses vgl. Zehetner, Cornelius: Vinculum Substantiale: Der Briefwechsel zwischen Leibniz und Des Bosses. Einleitung, in: Ders. (Hg.): Gottfried Wilhelm Leibniz. Der Briefwechsel mit Des Bosses, Hamburg 2007, S. XXV–CXVII, hier S. CV–CXIV; Warnach, Walter: Ein philosophischer Korrespondent Leibniz'. P. Bartholomäus Des Bosses, Professor am Tricoronatum von 1709 bis 1711 und von 1713 bis 1738, in: Dreikönigsgymnasium Köln (Hg.): Tricoronatum. Festschrift zur 400-Jahr-Feier des Dreikönigsgymnasiums, Köln 1952, S. 126–138.

267 Im Rahmen dieser Arbeit wird auf die edierten, übersetzten und kommentierten Briefe zurückgegriffen, die 2007 von Cornelius Zehetner herausgegeben wurden. Die Briefe wurden auf Latein verfasst und beinhalteten französische Passagen. Vgl. Zehetner, Cornelius (Hg.): Gottfried Wilhelm Leibniz. Der Briefwechsel mit Des Bosses, Hamburg 2007.

268 Vgl. Zehetner 2007, S. CV–CVIII. Die Bücher der umfangreichen Schenkung, die heute noch in der Kölner Jesuitenbibliothek vorhanden sind, können hier eingesehen werden: https://jesuitensammlung.ub.uni-koeln.de/portal/search.html?l=de;page=1;profile=2545;ft4308=Des%20Bosses%2C%20Bartholom%C3%A4us [zuletzt aufgerufen am 28.01.2024].

Es können verschiedene Themenbereiche ausgemacht werden, mit denen sich Des Bosses und Leibniz in ihren Briefen beschäftigten: Beherrschend waren metaphysische und theologische Fragen, wie das Theodizeeproblem, die Frage nach der Gerechtigkeit Gottes. Darüber veröffentlichte Leibniz 1710 einen Essay, den Des Bosses ins Lateinische übersetzte. Außerdem waren philosophische Probleme der Leibnizschen Monadologie Thema, die Des Bosses und Leibniz im Jahr 1713 diskutierten und dabei den Begriff des *Vinculum substantiale* entwickelten, der für die späte Philosophie Leibniz' von hoher Bedeutung sein sollte.[269] Generell war Des Bosses sowohl inhaltlich für Leibniz tätig, als Intellektueller und Diskussionspartner auf Augenhöhe, als auch in organisatorischer Hinsicht, weil er Übersetzungen anfertigte und Manuskripte kommentierte. Des Bosses fungierte für Leibniz zudem als Verbindungsglied zum Jesuitenorden. Über ihn hielt Leibniz Kontakt mit anderen Gelehrten des Ordens, wie dem italienischen Jesuiten Giovanni Battista Tolomei (1653–1726), der Professor der Theologie und Philosophie und später Leiter des Collegium Romanum sowie des Collegium Germanico-Hungaricum in Rom war. Dessen Kontakt zu Leibniz ist daher interessant, weil Tolomei „einer der ersten und stärksten Vertreter der Modernisierung der peripatetisch-scholastischen Metaphysik [war], um sie mit experimentellen Naturwissenschaften und Mathematik verträglich zu machen".[270]

Durch Tolomei entstand außerdem der Kontakt zu Claudio Filippo Grimaldi (1638–1712), ein jesuitischer Philosoph und Theologe, der als Missionar und Mathematiker in China tätig war.[271] Die *chinesische Frage* war ein weiteres Thema, über das sich Des Bosses und Leibniz immer wieder austauschten. Dabei ging es um den Ritenstreit, der sich nach dem Verbot der chinesischen Bräuche in den jesuitischen Missionsgebieten in China unter Papst Clemens XI. 1704 verstärkte.

> „Ab 1709 gewinnt das Thema China rasch wachsende Bedeutung in dieser Korrespondenz [zwischen Des Bosses und Leibniz], an deren Ende Leibniz seinem Briefpartner mitteilt, er habe soeben seinen *Discours sur la theologie naturelle des Chinois* vollendet. In dieser Zeit bewirkt die unklare, tatsächlich aber negative Haltung von Papst Clemens XI. gegenüber der Gesellschaft Jesu und deren Mission in China eine rasante Verschlechterung der Situation im sogenannten Ritenstreit, so dass die ‚chinesische Frage' bald zu einem Kernthema des Briefwechsels wird. Rasch schalten sich auch andere, mit Leibniz befreundete Jesuitenpatres ein, um mit zusätzlichen Nachrichten aus dritter Hand zur Erhellung der aktuellen Lage beizutragen. Heute erweist sich dieses Netzwerk der Korrespondenten *in re Sinica*, in dem Des Bosses als Empfänger und Vermittler aller Briefe primär die Rolle des Postmeisters spielt, als Informationsquelle *par excellence.*"[272]

269 Vgl. dazu Look, Brandon: Leibniz and the „Vinculum Substantiale", Stuttgart 1999; Warnach 1952. Siehe zur „Libertas Philosophandi" auch Hellyer 2005, S. 165–168.

270 Zehetner 2007, S. 666.

271 Vgl. ebd., S. 572f.

272 Widmaier, Rita/Babin, Malte-Ludolf (Hg.): Gottfried Wilhelm Leibniz. Briefe über China (1694–1716). Die Korrespondenz mit Barthélemy Des Bosses S. J. und anderen Mitgliedern des Ordens, Hamburg 2017, S. XVII. Der Band führt 108 „Briefe über China" in Übersetzung aus dem Französischen, Italienischen und Lateinischen auf. Neben Des Bosses' sind Briefe der Jesuiten Ferdinand Orban, Giovanni Battista Tolomei, Theobald Isensehe, Giovanni Battista Messari,

Des Bosses' Rolle des „Postmeisters" oder „zentrale Poststelle" zeichnet ihn als Knotenpunkt in diesem transkonfessionellen Austausch aus. Gründe dafür sind auch die teils unsicheren Postwege zwischen den protestantischen Städten Hannover und Hildesheim und den katholischen Ordensniederlassungen.[273] Generell wurde die Korrespondenz zwischen Des Bosses und Leibniz von den Ordensoberen mindestens skeptisch betrachtet, wenn nicht sogar persönliche Treffen aktiv verhindert worden sind.

> „Tatsächlich ist nicht zu übersehen, dass die Superiores die Kommunikation zwischen Des Bosses und Leibniz mit Misstrauen und Sorge verfolgten. Eine offene Diskussion über kontroverstheologische Fragen, wie sie die Glaubensspaltung und die Missionstätigkeit in China aufgeworfen hatten, war unerwünscht und wurde zu jener Zeit in Rom rigoros im Sinne des Katholizismus entschieden."[274]

Anders als Leibniz riskierte Des Bosses somit durch den aktiven Austausch mit Leibniz und die Vermittlung der Briefe an Ordensmitglieder auch seine Position innerhalb des Jesuitenordens als Priester und Professor, was seine Aktivitäten wiederum hervorhebt.

Unter den weiteren jesuitischen Korrespondenzpartnern Des Bosses' mit Verbindung zu Leibniz ist der Jesuit Ferdinand Orban (1655–1732) hervorzuheben, der für seine umfangreichen Sammlungen an mathematisch-physikalischen Instrumenten, Kunstwerken, Mineralien, Naturalien, Münzen, außereuropäischen Objekten und Raritäten bekannt ist. Zwischen 1703 und 1719 wirkte er als Beichtvater für Johann Wilhelm von der Pfalz in Düsseldorf, wo er auch durch dessen Unterstützung seine Sammlung pflegte und erweiterte und die dortige Sternwarte des Jesuitenkollegs initiierte. Ab den 1720er-Jahren wurde Orban nach Ingolstadt versetzt, wo ihm mit dem Orbansaal ein eigener Museumsbau für seine Sammlung eingerichtet worden ist.[275] Die Korrespondenz

Romanus Hinderer, René Joseph de Tournemine, Caspar Castner, Giampaolo Gozani, Kilian Stumpf, Valentino Amartina sowie weitere Quellen ediert. Zur „chinesischen Frage" und deren Auswirkung auf Leibniz' Metaphysik siehe vor allem Widmaier, Rita: Einleitung: Metaphysik und die ‚chinesische Frage': Leibniz' Gespräch mit dem Jesuitenpater Des Bosses im Korrespondentenkreis des Ordens, in: Widmaier, Rita/Babin, Malte-Ludolf (Hg.): Gottfried Wilhelm Leibniz. Briefe über China (1694–1716). Die Korrespondenz mit Barthélemy Des Bosses S. J. und anderen Mitgliedern des Ordens, Hamburg 2017, S. XXI–CLXVI; Li, Wenchao: Cultus religiosus und cultus civilis – Leibniz und der Ritenstreit, in: Studia Leibnitiana 36/1 (2004), S. 109–127.

273 „Doch dieses postalische Netzwerk ‚darf nicht darüber hinwegtäuschen, was für Umwege man in Kauf nahm, um den Unsicherheiten der „ordentlichen" Post und ihren bisweilen sehr erheblichen, dabei selten nachprüfbaren Porti zu entgehen'. Zudem war in Hildesheim nicht nur aus staatspolitischen und juristischen Gründen, sondern vor allem wegen ‚der Verbitterung zwischen den Religionen' die Wahrung des Briefgeheimnisses gefährdet." Widmaier 2017, S. XXXIX. Der „postalische Mikrokosmos" zwischen Hannover, Hildesheim, Köln und Paderborn wird auf den S. XL–XLIV erläutert.

274 Ebd., S. XXXVII–XXXVIII.

275 Vgl. zu Ferdinand Orbans Sammlung Müller, Miriam: Geschenkte Schätze. Die Sammlung Orban im Kontext frühneuzeitlicher Patronage, in: Weigand, Katharina/Stein, Claudius (Hg.): Die Sammlungen der Ludwig-Maximilians-Universität München gestern und heute. Eine vergleichende Bestandsaufnahme 1573–2016, München 2019, S. 125–142; Stein 2018, S. 161–207. Die Sammlung und ihre Geschichte werden im Kapitel „Jesuitenkolleg Ingolstadt" beschrieben und kontextualisierend betrachtet; Widmaier/Babin 2017.

zwischen Orban und Leibniz ist umfangreich und bestand ab 1704 über zwölf Jahre lang. Teil dieser Korrespondenztätigkeit war das Versenden und Austauschen von mathematischen Instrumenten, Raritäten oder Kupferstichen. Nach einer zweijährigen Pause hatte Leibniz über Des Bosses 1707 erneut Kontakt zu dem für den Düsseldorfer Kurfürsten tätigen Jesuiten aufgenommen.[276]

Neben diesen metaphysischen, philosophischen und theologischen Fragestellungen tauschten sich Des Bosses und Leibniz über naturwissenschaftliche und mathematische Themen aus, die im Folgenden im Zentrum stehen sollen. Dabei tauschten sie zum Beispiel Manuskripte aus und diskutierten diese, rezipierten gerade erschienene Literatur und sendeten sich Bücher oder sprachen über Konkretes, wie die Vermittlung mathematisch begabter Schüler an die römischen Kollegien. Anteil an den mathematischen Diskussionen hatten des Öfteren der niederländische Mathematiker, Physiker und Instrumentenbauer Nicolas Hartsoeker (1656–1725) sowie Ferdinand Orban, die beide zur selben Zeit für den Düsseldorfer Kurfürsten tätig waren: Orban ab 1703 als Beichtvater, Hartsoeker ab 1704 als Hofmathematiker. Leibniz bat Des Bosses mehrfach um Sendung aktueller Werke Hartsoekers oder rezipierte dessen Schriften in seinen Briefen. In einem Brief vom 21. Juli 1707 bezieht er sich zum Beispiel auf Hartsoekers Buch *Conjectures physiques* und thematisiert Probleme der Materie und des Vakuums. Unter Verweis auf Newtons *Principia Mathematica* konstatiert er, dass es keine Experimente gäbe, durch welche diese Probleme zu lösen seien. Leibniz fordert Des Bosses auf, die Stelle bei Newton auf Seite 346 zu prüfen, denn Leibniz verfügte in seiner Privatbibliothek über das Werk.[277] Auch im Kölner Bibliothekskatalog von 1725 ist Newtons Buch zu finden.[278]

Am 15. Oktober 1709 berichtet Des Bosses an Leibniz, man hätte ihm heute befohlen, „von hier [das heißt von Hildesheim] nach Köln zu übersiedeln, um dort ein bisschen Mathematik zu unterrichten".[279] Das lateinische Original „hodie hinc Coloniam migrare jubeor, ut ibi aliquantis per mathesin doceam"[280] legt jedoch eher eine Übersetzung nahe, die die Aufgabe nicht herunterspielt – „aliquantis per mathesin" als „ein bisschen

276 Vgl. dazu vor allem Widmaier 2017, S. LXII–LXXII. „Im Zeitraum seiner Korrespondenz mit Leibniz war Des Bosses zugleich die zentrale Postadresse all jener Briefe, die Leibniz mit den Jesuitenpatres Tolomei in Rom, Tournemine in Paris, Papenbroch und Janninck in Antwerpen sowie Orban in Düsseldorf austauschte." Ebd., S. XXXIX. Brief Leibniz' an Des Bosses vom 31. Oktober 1707. Zitiert nach Zehetner 2007, S. 81f.

277 Brief Des Bosses' an Leibniz vom 18. Januar 1710. Zitiert nach Zehetner 2007, S. 170f.

278 Eine spätere Version der Schrift Hartsoekers befand sich in der Jesuitenbibliothek. Vgl. Hartsoeker, Nicolas: Eclaircissemens Sur Les Conjectures Physiques, Amsterdam: P. Humbert, 1710. USB-Signatur GBX51+A-ECLA; Im Bibliothekskatalog von 1725 wird ebenfalls Newtons *Principia Mathematica* aufgeführt, die heute nicht mehr Teil des Bestands ist. Siehe Catalogus Novus Bibliothecae 1725, S. 379; Brief Leibniz' an Des Bosses vom 21. Juli 1707. Zitiert nach Zehetner 2007, S. 74.

279 Brief Des Bosses' an Leibniz vom 15. Oktober 1709. Zitiert nach Zehetner 2007, S. 161.

280 Brief Des Bosses' an Leibniz vom 15. Oktober 1709. Zitiert nach Quarg, Gunter: Gottfried Wilhelm Leibniz (1646–1716). Eine Ausstellung zu Leben und Werk in Büchern und Dokumenten, Köln 1996, S. 60.

Mathematik" –, sondern eine zeitliche Einordnung intendiert: „um dort eine Zeit lang Mathematik zu unterrichten".[281] Diese Bedeutung passt auch besser zum darauffolgenden Inhalt in Des Bosses' Brief:

> „Was noch geschehen wird, werde ich ein anderes Mal schreiben, wenn ich in Köln angekommen bin. Ich bedaure sehr, nicht mehr Gelegenheit gehabt zu haben, Sie zu verabschieden und um Rat zu fragen, wie das mathematische Studium einzurichten ist, denn wie ich Ihnen meiner Erinnerung nach ein andermal geschrieben habe, bin ich noch sehr ungebildet und habe außer den in Französisch geschriebenen Elementen eines befreundeten Paters die von Ihnen so sehr erhellte neuere Mathematik kaum in den Anfängen kennen gelernt."[282]

Des Bosses bezieht sich auf den französischen Mathematiker Bernard Lamy (1640–1715), dessen mathematische Elementarbücher nach Leibniz „beide nicht zu verachten" und „recht gefällig" seien. Er empfiehlt Des Bosses zusätzlich die Werke der französischen Jesuiten Ignaz-Gaston Pardies (1636–1673) und Claude Dechales (1621–1678), mit denen Leibniz in Paris „ziemlich eng bekannt" gewesen sei.[283] „Hier finde ich sie (erstaunlicherweise) nirgends", antwortet Leibniz im Januar 1710.

> „Dechales ist vorhanden, aber in der ersten Auflage. [...] Bei Ozanams Elementen der Algebra würde ich gerne wissen, was Sie davon halten. Sie würden mir einen Gefallen erweisen, wenn Sie noch andere namhafte Größen vorschlagen. Newtons „Philosophiae Naturalis Principia Mathematica" und l'Hospitals Analyse des Unendlichen – beide Bücher besitze ich – sind für meinen Begriff noch zu hoch. Ich würde einen Führer zu diesem Heiligtum der Mathematik brauchen. Es war ein großer Nachteil für mich, nicht über Hannover gefahren zu sein, neben vielem anderen besonders deshalb, weil es möglich gewesen wäre, über dieses Studium einige Dokumente und Informationen über Autoren persönlich aus Ihrem Mund zu vernehmen."[284]

Dechales sei nicht gering zu schätzen – sein Fehler sei gewesen, dass er die höhere Analysis, die er nicht verstanden habe, nicht ernst genommen habe – und auch Ozanam sei nicht zu verachten, antwortet Leibniz. Des Weiteren empfiehlt er Grégorie de Saint Vincent, der zwar „die Quadratur des Kreises und der Hyperbel nicht gelöst hat, [...] doch die Geometrie um sehr schöne Wahrheiten erweitert [hat]".[285] Von letzterem befand sich 1725 ein Werk in der Jesuitenbibliothek.[286] Einige Monate später verweist Leibniz zudem auf das Buch über das *Musaeum Kircherianum* von Filippo Bonanni, das kurz zuvor erschienen und „sehr ansprechend" und lehrreich sei.[287] Der neue Katalog zum römischen Museum wurde kurz vor Wiedereröffnung der Museumsräume 1718 vom neuen Leiter Bonanni erstellt. Dass die Mathematik als Unterrichtsfach für Des Bosses nur ein Intermezzo war, zeigt sich bereits in seinem Brief vom 14. Juli 1710:

281 Bei „aliquantisper" handelt es sich um ein nachklassisches Wort. Vgl. aliquantisper, in: Georges, Karl Ernst (Hg.): Ausführliches lateinisch-deutsches Handwörterbuch, Bd. 1, Hannover 1913, Sp. 313.
282 Brief Des Bosses' an Leibniz vom 15. Oktober 1709. Zitiert nach Zehetner 2007, S. 161f.
283 Brief Leibniz' an Des Bosses vom 25. Oktober 1709. Zitiert nach ebd., S. 162f.
284 Brief Des Bosses' an Leibniz vom 18. Januar 1710. Zitiert nach ebd., S. 170f.
285 Brief Leibniz' an Des Bosses im Januar 1710. Zitiert nach ebd., S. 173f.
286 Vgl. Catalogus Novus Bibliothecae 1725, S. 386.
287 Brief Leibniz' an Des Bosses vom 2. Mai 1710. Zitiert nach Zehetner 2007, S. 179.

„[…] [I]ch bereitete mich auf die akademischen Grade vor, und es scheint so zu werden, dass ich, den mathematischen Kerkern gerade entronnen, den Kurs abzubrechen und meinen Geist der Theologie zuzuwenden gezwungen bin. Indessen sage ich Dank für die Information über die von Ihnen vorgeschlagenen bedeutenden Mathematiker, die, wenn nicht mir, so wenigstens anderen von Nutzen sein kann und wird."[288]

Des Bosses war in den Vorbereitungen zu seinem Doktor der Theologie, den er im Januar 1711 erwerben sollte. Er unterrichtete dennoch bis Oktober 1711 weiter Mathematik.

Im August des Jahres 1711 berichtet Des Bosses Leibniz, dass das Buch *Observationes mathematicae et physicae factae a Patre Francisco Noel ab anno 1684 ad 1708 in lucem datae Pragae anno 1710* in Köln eingetroffen sei. Dabei handelte es sich um mathematische und physikalische Beobachtungen, die der Autor, der jesuitische Wissenschaftler François Noël (1651–1729), als Missionar in Indien und China gemacht hatte. Zurückgekehrt nach Europa, lehrte er im Jesuitenkolleg beziehungsweise an der Karls-Universität in Prag, wo sich ebenfalls eine große Sammlung mathematisch-physikalischer Instrumente befand. Noël wollte laut Des Bosses im September 1711 ins Kölner Kolleg kommen.[289] Sein Exemplar schickte er Leibniz. Eine nachfolgende Version von 1717 schenkte er später der Jesuitenbibliothek.[290] Ebenso verhielt es sich mit einem mathematischen Werk des Niederländers Wijer Willem Muys (1682–1744),[291] über das Des Bosses Leibniz am 6. Oktober 1711 schrieb: „Es wird mir höchst willkommen sein, vom Erscheinen ähnlicher Bücher, die Sie gut heißen, unverzüglich unterrichtet zu werden."[292] Im Anschluss siedelte er nach Paderborn über, um dort scholastische Theologie zu lehren, bevor er 1713 nach Köln zurückkehrte.

Wie sehr Leibniz die jesuitischen Wissenschaftler in Bezug auf die Naturwissenschaften und Mathematik schätzte, ist an einem Passus aus Februar 1712 erkennbar:

„In Gedanken habe ich mir einmal gewünscht, dass mit Hilfe von Männern Eurer Sozietät, die in mathematischen Dingen bewandert sind, auf der ganzen Welt in jahrelang anhaltendem Studium und mit vereinter Kraft Beobachtungen der magnetischen Variation angestellt werden sollten, weil das eine Sache von höchstem Wert für die Geographie und die Navigation ist und von niemand anderem angemessener getan werden könnte. Nach dem Engländer Gilbert, der als erster die Grundlagen dieser Lehre aufstellte, hat sich niemand größere Verdienste um magnetische Beobachtungen erworben als Eure Cabeo, Kircher, Leotaud u. a., von denen auch triftige Werke vorliegen. Wenn nun die Euren auf der ganzen Welt, wo auch immer sie sich – sei es fest ortsansässig oder auf Reisen – als versierte Mathematiker betätigen, seit Kirchers Zeiten jedes Jahr beobachtet hätten, wie groß nun die magnetische horizontale Deklination und ebenso die vertikale Inklination sei, und die Beobachtungen schriftlich dargestellt hätten, besäßen wir heute einen Schatz an Beobachtungen, aus denen vielleicht schon jetzt, zumindest aber in einigen Jahren, gemutmaßt und vorhergesagt werden könnte, welche Variation an den meisten Orten stattfinden müsse. Damit könnte durch Beobachtung der Variation mitten auf dem Meer

288 Brief Des Bosses' an Leibniz von 14. Juli 1710. Zitiert nach ebd., S. 180.

289 Brief Des Bosses' an Leibniz vom 18. August 1711. Zitiert nach ebd., S. 211.

290 Noël, François: Observationes mathematicae, et physicae in India et China factae a Francisco Noël ab anno 1684 usque ad annum 1708, Prag: Kamenicky, 1717. USB-Signatur N3/30.

291 Muys, Wijer Willem: Elementa Physices Methodo Mathematica Demonstrata, Amsterdam: Jansson-Waesberg, 1711. USB-Signatur N5/72. Dieses Buch enthält einige Randbemerkungen und Notizen, die eventuell aus der Hand Des Bosses' und seinem Studium des Werks stammen.

292 Brief Des Bosses' an Leibniz vom 6. Oktober 1711. Zitiert nach Zehetner 2007, S. 214.

> in Verbindung mit dem Stand des Polarsterns ein Ort bestimmt werden, und schließlich die Bahnen, Umläufe, Gesetze der Variation, und vielleicht auch der Grund dieses großen Geheimnisses ermittelt werden. [...] Daher wage ich fast, Sie zu bitten, die Sache dem Ew. Pater Tolomei (mit nachdrücklichem Gruß von mir) zu übermitteln und um seinen Rat zu bitten."[293]

Leibniz würdigt die Errungenschaften der bisherigen jesuitischen Mathematiker, darunter Kircher, der, wie gezeigt wurde, auch von Johann Grothaus aus Köln Beobachtungsergebnisse und -daten erhalten hatte. Zudem erkennt er das große Potenzial der global agierenden jesuitischen Gelehrten für die Naturwissenschaft und Datenerhebung, welche seinem Vorschlag nach aus der Ordenszentrale in Rom organisiert werden könne. Des Bosses scheint hier eine Antwort schuldig geblieben zu sein.

Im September desselben Jahres 1712 wird es konkreter, als Leibniz berichtet, er habe von Ferdinand Orban erfahren, dass ein Experte in der praktischen Mathematik unter den Jesuiten gesucht werde, um die Nachfolge des jesuitischen Mathematikers und Missionars Caspar Castner (1655–1709) in China anzutreten.[294] Leibniz fragt Des Bosses nach geeigneten Kandidaten, worauf dieser auf die französische und englische Provinz sowie auf Jacobus Gooden aus Lüttich verweist.[295]

> „Unsere [niederrheinische] Provinz zählt wenige, die in diesem Studium hervorragen, denn Pater Heinrich Georgii ist schon ziemlich alt und emeritiert. Doch besteht Hoffnung, dass diese edelste Disziplin bald einen Aufschwung nimmt. Denn die Mathematikvorlesung, die bisher vor privaten Philosophiehörern stattfand und erst in diesem Jahr – auch ich war darum bemüht – aus dieser Enge herausgeholt wurde, wird nunmehr unter Leitung von Pater Quirorius Cunibert, einem beflissenen und eifrigen Mann, öffentlich vor einem allgemeinen Publikum gehalten."[296]

Des Bosses bezieht sich hier auf das Kölner Kolleg, obwohl er zu der Zeit noch in Paderborn lehrte. Heinrich Georg, der als Mathematikprofessor für die Jahre 1686 bis 1689 belegt ist,[297] scheint Des Bosses noch aus Köln zu kennen und daher seine Fähigkeiten an dieser Stelle hervorzuheben. Er erwähnt ebenso den auf diesen folgenden Mathematikprofessor Quirinus Cunibert, der offenbar den Unterricht verbessert habe. Was mit einem „allgemeinen Publikum" gemeint ist, kann an dieser Stelle nur gemutmaßt werden. Es scheint jedoch in Köln Bestrebungen gegeben zu haben, die Mathematikvorlesung für einen breiteren Kreis zu öffnen.

Seit dem 21. Oktober 1713 wohnte Des Bosses wieder in Köln und lehrte Theologie an der Universität und Moraltheologie am Tricoronatum. Aus den Jahren 1712 bis 1714 sind einige kurze Berichte über astronomische und mathematische Maschinen erhalten, worüber Leibniz sich im Wesentlichen mit Orban austauschte. Zudem kommt ein

293 Brief Leibniz' an Des Bosses vom Februar 1712. Zitiert nach ebd., S. 232f.
294 Brief Leibniz' an Des Bosses vom 20. September 1712. Zitiert nach ebd., S. 262.
295 Goodens Buch, das ebenfalls im Brief genannt wird, kam auch später als Schenkung Des Bosses' in die Kölner Jesuitenbibliothek. Vgl. Gooden, Jacobus: Trigonometria Plana Et Sphaerica, Löwen: Broncart, 1704. USB-Signatur N2/90.
296 Brief Des Bosses' an Leibniz vom 12. Dezember 1712. Zitiert nach Zehetner 2007, S. 270f.
297 Vgl. Kuckhoff 1931a, S. 279.

englischer Instrumentenbauer namens Sully zur Sprache.[298] 1715 wendet sich Leibniz wieder einem Problem des Magnetismus zu, das er mit einem Experiment entscheiden wollte, bei dem ihm nur Hartsoeker mit seiner Erfahrung sowie seinen Instrumenten helfen könne. Nach Darlegung des magnetischen Problems bat er Des Bosses, dieses an Hartsoeker weiterzugeben.[299] In den folgenden Monaten tauschten sich die drei Gelehrten intensiv dazu aus und diskutierten dabei auch die Einstellungen und Details der benutzten Instrumente Hartsoekers.[300] Dieser Briefaustausch zeigt, wie intensiv sie sich mit dem naturwissenschaftlichen Thema auseinandersetzten.

> „Nur führt die Diskussion, zwar kooperativ bei den lancierten Experimenten zum Magnetismus, nicht allzu weit, da Leibniz wie Des Bosses dem Naturwissenschaftler Hartsoeker, nicht ohne Süffisanz über seine »kindische Philosophie« und »Mutterliebe zum Fötus« der Elemententheorie (Atome und Fluidum), die Befähigung zu metaphysischen Einsichten absprechen. Trotzdem spielt Des Bosses als Vermittler oder Katalysator den Briefwechsel zwischen Hartsoeker und Leibniz zur Veröffentlichung an die Mémoires de Trévoux weiter."[301]

Bei den *Mémoires de Trévoux* handelte es sich um eine Art Wissenschaftsjournal, das von Mitgliedern des Jesuitenordens herausgegeben wurde und aktuelle Literatur verschiedener Wissenschaften sowie Rezeptionen und Künste vereinte.

Die dem umfangreichen Briefwechsel zwischen Des Bosses und Leibniz exemplarisch entnommenen Passagen verweisen auf Themen, welche die mathematische Lehre Des Bosses', das Kölner Jesuitenkolleg sowie seine private Büchersammlung und die späteren Schenkungen betreffen. Des Bosses wollte sich als Mathematikprofessor in Köln weiterbilden und fragte daher keinen geringeren als Leibniz um Rat, der bereits zeitlebens als Universalgelehrter sowie Aufklärer galt. Die Werke, die Leibniz empfahl, sind später über Schenkungen Des Bosses' in die Jesuitenbibliothek gelangt, wodurch diese nicht nur quantitativ erheblich anwuchs, sondern auch qualitativ. Der Zustand der Mathematik am Kölner Kolleg zu Beginn des 18. Jahrhunderts war nicht optimal, konnte unter Quirinus Cunibert allerdings verbessert werden. Besondere Instrumente, Fachbücher aus der Kölner Bibliothek und das *Musaeum mathematicum* werden gar nicht erwähnt. Das Kölner Kolleg profitierte demnach inhaltlich von den privaten beziehungsweise außerdienstlichen wissenschaftlichen Aktivitäten Bartholomäus Des Bosses', materiell durch seine eigenen Sammelinteressen und lokal durch die Funktion als Schaltstelle der umfangreichen Gelehrtenkorrespondenz. Er schenkte der Bibliothek mindestens 500 Bücher. Ein Werk von Gottfried Wilhelm Leibniz kann dabei exemplarisch hervorgehoben werden. Es handelt sich um sein *Essais De Theodicée* von 1710, das 1734 als Schenkung Des Bosses' ins Kolleg gekommen ist. Auf der Titelseite findet

298 Zitiert nach Zehetner 2007, S. 294, 306 und S. 311.

299 Brief Leibniz' an Des Bosses vom 15. März 1715. Zitiert nach ebd., S. 316f.

300 Brief Des Bosses' an Leibniz vom 6. April 1715. Zitiert nach ebd., S. 318–320. Brief Leibniz an Des Bosses vom 29. April 1715 mit einer Beilage eines Briefes an Hartsoeker. Zitiert nach ebd., S. 321–325. Des Bosses schickt noch im März 1716 eine Antwort Hartsoekers auf das magnetische Problem an Leibniz. Zitiert nach ebd., S. 345–349.

301 Zehetner 2007, S. XCIX.

sich folgender Eintrag: „P. Bartholomaeus Des Bosses Societatis Jesu cum duobus aliis exemplaribus donant illustris autor Godefridus Guilielmus Leibnitius". Außerdem ist das Exemplar voll mit Randbemerkungen zum Inhalt oder Anmerkungen und Verweise auf weitere Autoren. Es scheint sich also um ein Arbeitsexemplar Des Bosses gehandelt zu haben, in dem er Leibniz' Text redigierte.[302]

Besonders interessant sind ebenso die weiteren brieflichen Kontakte, die Des Bosses unterhielt, zum Beispiel zum Gelehrten, Mathematiker und Aufklärer Christian Wolff (1679–1754), der seit 1706 Professor der Mathematik und Philosophie an der Universität Halle war und zudem Mitglied in verschiedenen Wissenschaftsgesellschaften.[303] In Bezug auf mathematisch-physikalische Sammlungen ist vor allem der Austausch mit dem jesuitischen Sammler Ferdinand Orban von besonderer Bedeutung, da dieser bereits zu seiner Düsseldorfer Zeit zwischen 1703 und 1719 über eine umfangreiche Sammlung verfügte, die er mithilfe des Kurfürsten Johann Wilhelm von der Pfalz und einer ausgedehnten Tauschpraxis, die in seinen Korrespondenzen nachvollziehbar wird, erweiterte und die sich im dortigen Jesuitenkolleg befand. Aus verschiedenen Reiseberichten ist übermittelt, dass Ferdinand Orban Reisende durch seine Sammlung geführt hat. Ihnen ist zu entnehmen, dass sein Kunst- und Raritätenkabinett Anfang des 18. Jahrhunderts aus selbst angeschafften und hergestellten mechanischen und mathematischen Instrumenten, Uhren, Naturalien, Mineralien, botanischen und chemischen Präparaten, Antiken, Münzen und anderen Kuriositäten bestand. Über die in China tätigen jesuitischen Missionare erhielt Orban chinesische Raritäten für seine Sammlung.[304] Dass er eigene Maschinen konstruierte, hat sich bereits im Briefwechsel mit Des Bosses und Leibniz gezeigt. Zudem initiierte er die Sternwarte in Düsseldorf. „Wie sehr er sich um das naturwissenschaftliche Cabinet im Collegium verdient gemacht"[305] habe, zeigt

302 Leibniz, Gottfried Wilhelm: Essais De Theodicée Sur La Bonté De Dieu, La Liberté De L'Homme Et L'Origine Du Mal, Amsterdam: Troyel, 1710. USB-Signatur P13/8.

303 Zehetner 2007, S. CIX.

304 Widmaier 2017, S. LXXI–LXXII. Wegen des Umfangs der Sammlung geriet Orban immer wieder in Konflikt mit der Ordensleitung, waren die Jesuiten doch dem Armutsgelübde verpflichtet. 1708 wurde Orban sogar angeklagt – möglicherweise vom Kölner Nuntius – und sein „Fall" ging hinauf bis zum Papst Clemens XI. Nach Fürsprache vom Düsseldorfer Kurfürsten verblieb die Sammlung bei Orban. Er sollte sie später nach Vorbild des *Musaeum Kircherianum* als ein zugängliches Museum im Jesuitenkolleg installieren, wodurch er mehr als Kurator denn als Eigentümer wahrgenommen werden sollte. Vgl. Krempl, Ulla: Die Orbanische Sammlung. Eine Raritätenkammer des 18. Jahrhunderts, in: Münchner Jahrbuch der bildenden Kunst 3. Folge, 19 (1968), S. 169–184, hier S. 169f. An dieser Stelle sei Elisa Ludwig, LMU München, genannt, die aktuell zu Orbans Sammlung und Korrespondenzen, vor allem mit Leibniz, forscht und in diesem Zuge auch die These entwickelt hat, dass der Kölner Nuntius Orban 1708 nach einer Vorführung von mathematischen Objekten wegen seiner ausufernden Sammeltätigkeit in Rom gemeldet haben könnte. Ein großer Dank gilt Elisa Ludwig für den fruchtbaren und kollegialen Austausch und die „Orbansche Perspektive". Siehe dazu auch Duhr, Bernhard: Der kurpfälzische Hofbeichtvater P. Ferdinand Orban S. J., in: Historisch-politische Blaetter fuer das katholische Deutschland 168 (1921), S. 369–383, hier S. 381–383.

305 Kniffler, Gustav: Das Jesuiten-Gymnasium zu Düsseldorf. Ein Beitrag zur Geschichte des Königlichen Gymnasiums zu Düsseldorf, Düsseldorf 1892, S. 33. Die Schilderungen über Orbans

ein historischer Abriss über das Düsseldorfer Jesuitenkolleg und Gymnasium. Demnach könnte Orban nicht seine komplette Sammlung mit nach Ingolstadt genommen haben, sondern ein Teil ist möglicherweise im Düsseldorfer Kolleg verblieben.[306] Über den Briefaustausch zwischen Des Bosses und Orban könnten Impulse des jesuitischen Sammlers und späteren Ingolstädter Museumsgründers nach Köln gekommen sein, welche möglicherweise die Entwicklung des *Musaeum mathematicum* und der späteren Sternwarte geprägt haben.[307]

Dass der bereits erwähnte Quirinus Cunibert, der Mathematikprofessor der Jahre 1712 bis 1716, seine Vorlesungen öffentlich und vor einem allgemeinen Publikum hielt, schrieb Des Bosses Ende des Jahres 1712 an Leibniz und bescheinigte der Kölner Mathematik damit bessere und hoffnungsvolle Zeiten und einen „Aufschwung der edelsten Disziplin".[308] Cunibert muss seinen Kurs geöffnet haben, sodass er einer breiteren Zuhörerschaft offenstand. Möglicherweise bezieht sich Des Bosses damit auf die rege öffentliche Disputationspraxis, die anhand einer Reihe von Thesendrucken belegt ist.[309] Am Beispiel der Weltsysteme ist bereits gezeigt worden, dass das Modell nach Tycho Brahe Mitte des 17. Jahrhunderts von dem jesuitischen Mathematikprofessor Johann Grothaus sowie von anderen katholischen Wissenschaftlern bevorzugt wurde.[310] Diskussionen darüber fanden im 18. Jahrhundert verstärkt in Form dieser öffentlichen Disputationen in der Aula des Gymnasium Tricoronatum statt und sind daher immer wieder in den Handschriften und Quellen zu finden.

Ein Beispiel unter dem Mathematikprofessor Quirinus Cunibert ist eine *Exercitatio* über die Geografie, die 1715 stattgefunden hat. Darin wurde eine grafische Darstellung, eine *Tabula Cosmographica* (Abb. 73), benutzt, die die fünf Weltmodelle nach Ptolemäus, Tycho Brahe, Giovanni Battista Riccioli, Nikolaus Kopernikus und dem Jesuiten Honoré Fabri neben Symbolen der Tierkreiszeichen und Himmelskörper zeigte. Eine sechste große Abbildung enthielt eine Armillarsphäre. Vorlage war wahrscheinlich das bereits genannte Werk *Almagestum novum* von Riccioli, das die Jesuiten seit

Sammlung aus einem Reisebericht nach einem Freiherren von Vohenstein von 1707 bis 1709 befinden sich auf Seite 12f. Zum Düsseldorfer Jesuitenkolleg und Gymnasium gibt es generell sehr wenig Sekundärliteratur, wodurch Orbans Aktivitäten schwer greifbar werden.

306 „Der genaue Inhalt der Sammlung zu Orbans Lebzeiten lässt sich heute kaum rekonstruieren, da das einzige erhaltene Inventar des Orbansaals 1774 entstand, also erst über 40 Jahre nach seinem Tod. Es ist nicht darin verzeichnet, welche Veränderungen innerhalb dieses Zeitraums an der Sammlung vorgenommen worden waren. […] Angesichts dieser Hindernisse, den konkreten Inhalt des Orbansaals vor 1732 zu bestimmen, sind zeitgenössische Berichte umso bedeutsamer. Diese weisen darauf hin, dass die Sammlung weitestgehend einer barocken Raritäten- oder Kunstkammer entsprochen habe." Müller 2019, S. 128–129. Siehe außerdem ebd., S. 127–135.

307 Generell ist eine personelle Verflechtung zwischen Köln und Düsseldorf auszumachen, die vor allem durch die Nähe der beiden Rheinstädte und die Versetzungspraxis der Jesuiten zu erklären ist. Vgl. Kniffler 1892, S. 18–30.

308 Brief Des Bosses' an Leibniz vom 12. Dezember 1712. Zitiert nach Zehetner 2007, S. 270f.

309 Vgl. Kuckhoff 1931a, S. 599–604; Brill 1952, S. 119; Schwerhoff 2017, S. 310f.

310 Vgl. Friedrich 2018, S. 342–347.

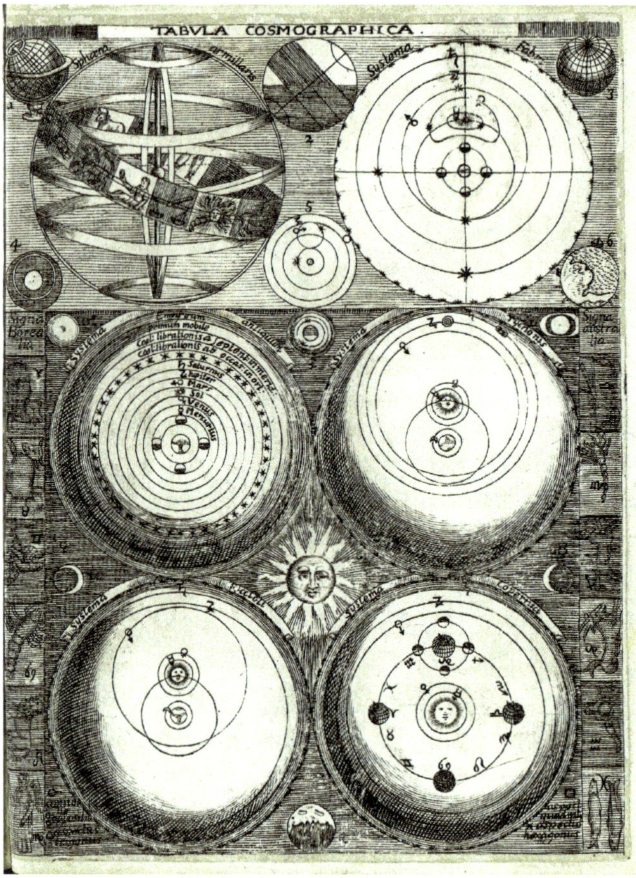

73 *Tabula Cosmographica*, 1715, in: Otten, Johann Friedrich Caspar: *Exercitatio Physico-Mathematica De Mundo et eius partibus*, Köln 1721, Universitäts- und Stadtbibliothek Köln, GBXIII58

1656 in ihrer Bibliothek hatten (Abb. 56).[311] Während bereits Quarg darauf hinwies, dass diese Darstellung „später zum gleichen Zweck noch wiederholt abgedruckt"[312] worden sei, konnte eine frühere Verwendung gefunden werden. In einer Handschrift, die bislang dem 17. Jahrhundert zugeordnet worden ist, findet sich ebenfalls ein Druck der Armillarsphäre nach Riccioli. Daher ist die Schrift sicher nach der Anschaffung des *Almagestum* 1656 entstanden. Aufgrund einer darin enthaltenen Ankündigung einer *Demonstratio Optica*, zu der ebenfalls eine *Tabula Optica* beigegeben ist, wird die Handschrift allerdings in

311 Vgl. Quarg 1996b, S. 56–61.
312 Ebd., S. 57.

das frühe 18. Jahrhundert datiert.[313] Die *Tabula Optica* ist dabei gleich gestaltet wie die kosmografische Tafel. Doch auch wenn die gedruckten Darstellungen über mehrere Jahrzehnte mehrfach benutzt und herangezogen wurden, so änderte sich doch die Bewertung des Dargestellten. Das ist besonders gut an einer *Exercitatio De Mundo et eius partibus* zum Thema aus dem Jahr 1721 unter dem folgenden langjährigen Mathematikprofessor Reiner Kylman (1678–1752) zu erkennen, in der ebenfalls die *Tabula Cosmographica* abgedruckt wurde.[314] Dort heißt es zum Beispiel übersetzt „Das ptolemäische System ist mit Vernunft und Erfahrung unvereinbar. Kopernikus ist einfach sowie geistreich, wird allen Phänomenen vollständig gerecht und kann daher als Hypothese verteidigt werden, muss aber nicht als Wahrheit anerkannt werden",[315] was Quarg als eine „geradezu revolutionäre Formulierung bezeichnet".[316] Dahingegen werden Ricciolis und Brahes Systeme als ungeeignet bezeichnet. Diese Neubewertung der Weltmodelle fand nicht nur in Köln statt, sondern auch beispielsweise an der Universität Löwen, wo das heliozentrische Weltbild seit den 1730er-Jahren als das bevorzugte bezeichnet und gelehrt wurde.[317]

Vonseiten der katholischen Kirche wurde das heliozentrische Weltbild nach Kopernikus und Galilei erst 1820 offiziell anerkannt. Dieses Beispiel zeigt, wie sich eine wissenschaftliche Kontroverse im Kölner Kolleg in der Lehre und folglich auch in den Quellen niedergeschlagen hat und wie diese in Text und Bild nachverfolgt werden kann oder auch nicht. Zudem verweist es auf die Entwicklung der mathematischen Vorlesungen in Köln, die unter Reiner Kylman weiter Aufschwung nehmen sollte.

3.3 Reiner Kylman und die Sternwarte

Mindestens von 1716 bis 1734 unterrichtete der aus Solingen stammende Reiner Kylman am Tricoronatum Mathematik. Bis zu seinem Lebensende 1752 übte er zudem seine Fähigkeiten auf dem Gebiet der Mechanik aus. Er war somit nicht nur Professor der Mathematik, sondern fertigte auch eigene mechanische Geräte an oder arbeitete an Instrumenten. Nach seinem Tod wurden im Jahresbericht von 1752 zu seinen Ehren seine Biografie sowie seine Verdienste ausführlich dargelegt: Kylman war am 22. März 1678 in Solingen geboren worden und besuchte bereits als Schüler das Kölner Gymnasium Tricoronatum, um anschließend in Trier und Aachen eine Zeit lang die *Humaniora, Rhetorica* und Teile des philosophischen Kurses zu lehren, bevor er 1716 am Tricoronatum Mathematikprofessor wurde. Während seiner Lehrzeit der Mathematik übte er mehrfach das Amt des Dekans der Artistenfakultät aus. Nach seiner Professorentätigkeit übernahm er

313 Vgl. HAStK, Best. 7008, 81, fol. 4r.
314 Vgl. Otten, Johann Friedrich Caspar: Exercitatio Physico-Mathematica De Mundo et eius partibus, Köln 1721.
315 Ebd., S. 12.
316 Quarg 1996b, S. 57.
317 Vgl. ebd., S. 57–60.

jahrelang den Posten als Präfekt der Jesuitenkirche St. Mariä Himmelfahrt. Das Kölner Kolleg und die Mathematik im Speziellen prägte er über 30 Jahre lang. Kylman starb am 12. April 1752. Sowohl die Sternwarte des Kollegs, die 1729 errichtet wurde, als auch der mathematische Sammlungsraum gingen zum großen Teil auf sein Engagement zurück. Es wird berichtet, dass er die Sternwarte sogar mit eigenen (Geld-)Mitteln erweitert und mit ganzem Einsatz geleitet habe. Das mathematische Zimmer (*Mathematicum cubiculum*) sei durch ihn um die edelsten Instrumente erweitert worden.[318] Auch im Nekrolog des Kollegs wird Reiner Kylman geehrt. Er wird als „Vir Scientiarium mathematicarum" mit einer besonderen Fähigkeit auf dem Gebiet der Mechanik bezeichnet. „Seiner Sorge und seinem Fleiß verdankt das Kolleg die Errichtung der astronomischen Sternwarte, die nicht wenig Kosten bedeutet hat, und die Vergrößerung und Ausschmückung des Musaeum mathematicum mit vielen Geräten."[319] Diese ausführlichen Beschreibungen der Person und des Wirkens Kylmans, vor allem im Hinblick auf die Mathematik, lassen auf die Bedeutung des Mathematikprofessors schließen. Anhand der Schilderungen ist zudem zu erkennen, dass das *Musaeum mathematicum* bereits vor 1716 bestand und dass Kylman aber einen maßgeblichen Anteil am Auf- und Ausbau des Sammlungsraumes hatte.

Einen Hinweis auf seine praktische Arbeit an Instrumenten gibt ein kurzer Aufsatz zu zwei Coronelli-Globenpaaren, die der Graf von Merode, Markgraf von Westerloo und Feldmarschall der kaiserlichen Armeen Karls VI., Jean Philippe Eugène (1674–1732), in den 1710er- und 1720er-Jahren für seinen Hof in Belgien erwerben wollte. Es handelte sich dabei um ein kleines, ca. 50 cm großes Globenpaar und eines der großen Paare von 108 cm. Jean Philippe Eugène de Merode-Westerloo hatte mit Vincenzo Coronelli selbst in Austausch gestanden und erwarb die gedruckten Globensegmente direkt bei ihm. Für das finale Erstellen und Zusammensetzen der Globen beauftragte der Graf den Kölner Mathematikprofessor Reiner Kylman. Dieser fertigte ab Mitte der 1720er-Jahre mindestens ein großes Globenpaar für Jean Philippe Eugène de Merode-Westerloo und versandte es nach Belgien. Für Kylmans Arbeit an den Globen wurden nur lobende Worte gefunden, sodass der Graf auch die Zusammensetzung des zweites Paares bei Kylman beauftragte. Aus Kostengründen vollendete er diese Arbeit jedoch nicht, denn Jean Philippe Eugène de Merode-Westerloo schuldete ihm Ende der 1720er-Jahre noch 150 Reichstaler.[320] Dieses Beispiel der praktischen Tätigkeiten Kylmans bei der Herstellung von Instrumenten verweist auf seine Fähigkeiten im Umgang mit naturwissenschaftlichen Objekten sowie auf seine überregionale Bekanntheit. Zudem offenbaren die

318 Vgl. HAStK, Best. 223, A 12, fol. 252r.

319 HAStK, Best. 223 (Jesuiten), A 25, fol. 36v.

320 Vgl. Bracke, Wouter: Jean Philippe Eugène de Merode and Vincenzo Coronelli on Globe Making, Conference: XIVth International Coronelli Society for the Study of Globes, Zürich 2019. Der Text bezieht sich auf Korrespondenzen, die sich im Archiv der Merode Familie befinden, das wiederum im Belgischen Staatsarchiv zu finden ist.

Auftragsarbeiten, auf welche Weise er seine finanziellen Ressourcen für die Anschaffung von Instrumenten für das Kölner Kolleg besorgt haben könnte.

Aus der Lehre des Reiner Kylman hat sich eine kleine gedruckte Publikation aus der Zeit um 1730 erhalten, die sich in erster Linie mit der praktischen Geometrie befasst. Der Anspruch des Lehrbuchs *Elementa Matheseos Philosophiae* ist es, die Geometrie durch ausgewählte einfachere Lehrsätze und Aufgaben zu vermitteln. Dieses Ziel wird auch im Vorwort ersichtlich, in dem es heißt, dass das Buch aus dem einzigen Grund gemacht worden sei, dem Lernenden („*tuo*") einen nutzbringenden Fortschritt in der Mathematik zu verschaffen. Die Erfahrung habe gezeigt, dass das Erlernen der verschiedenen naturwissenschaftlichen Gebiete wie Geometrie, Astronomie, Planetenlehre, Gnomonik, Optik etc. durch Unlust am Schreiben und das Fehlen von Bildern versäumt würde. Dabei sei es vor allem zu schwer für Lernende, Bilder, die vom Professor an die Tafel gemalt würden, richtig aufzufassen. Die Gesellschaft Jesu sei es seit ihrer Gründung gewöhnt, der Jugend diese naturwissenschaftlichen Fächer anhand christlicher Beispiele zu vermitteln.[321] Folglich ist das Buch als reines Lehrwerk für die Studenten gedacht; als Ergänzung zu den Ausführungen und praktischen Beispielen des Mathematikprofessors. Interessant ist, dass der Name Reiner Kylmans im Buch nicht genannt ist. Die Lehrsätze und Aufgaben aus der praktischen Geometrie werden durch Figuren und Schaubilder ergänzt. An geometrischen Instrumenten sind beispielsweise Jakobsstäbe, Messkreuze, Quadranten und andere Messgeräte aufgeführt, die zur Bestimmung von Längen, Höhen und Entfernungen benutzt werden sollten.

In einer optischen Sammelhandschrift aus dem 18. Jahrhundert, die im Historischen Archiv der Stadt Köln liegt, finden sich zudem weitere Hinweise auf Reiner Kylman. Das Manuskript mit Abbildungen ist dem Inhalt nach auf die Zeit ab 1730, im Anschluss an die Einrichtung der Sternwarte im Kolleg, zu datieren, thematisieren die Kapitel doch optische Instrumente in Theorie und Praxis, worunter vor allem verschiedene Teleskope, optische Tuben und das Herstellen optischer Linsen für dieselben beschrieben werden, aber auch Mikroskope, *Camerae obscurae, Laternae Magicae* und katoptrische und optische Phänomene, wie Zerrbilder und Anamorphosen mit Zylinderspiegeln.[322] Interessant ist, dass der Autor der Schrift auf verschiedene Fachliteratur verweist: Athanasius Kircher wird mehrfach aufgeführt und als Referenz herangezogen, ebenso der Jesuit Caspar Schott aus Würzburg und der Naturwissenschaftler und Schott-Schüler Johannes Zahn (1641–1707).[323] Zahn gilt als ein Vorreiter auf dem Gebiet der Optik. Seine Schrift *Oculus Artificialis Teledioptricus sive Telescopium* von 1685/86 befasst sich mit optischen Instrumenten und deren Anwendung. Ein Exemplar aus der Gymnasialbibliothek kann,

321 Vgl. Kylman, Reiner: Elementa Matheseos Philosophiae Auditoribus Explanata seu Introductio ad Disciplinas mathematicas per faciliora et selecta Theoremata et Problemata, Köln: Huisch, 1730, S. 2. Ein Exemplar aus der Bibliothek des gelehrten Pfarrers Johann Anton Hubert Harzheim aus Kraudorf befindet sich heute in der Dom- und Diözesanbibliothek Köln. Signatur BA 1670, 06.

322 Vgl. HAStK, Best. 7004 (Handschriften (GB quart)), 50.

323 Vgl. Quarg 1996b, S. 130.

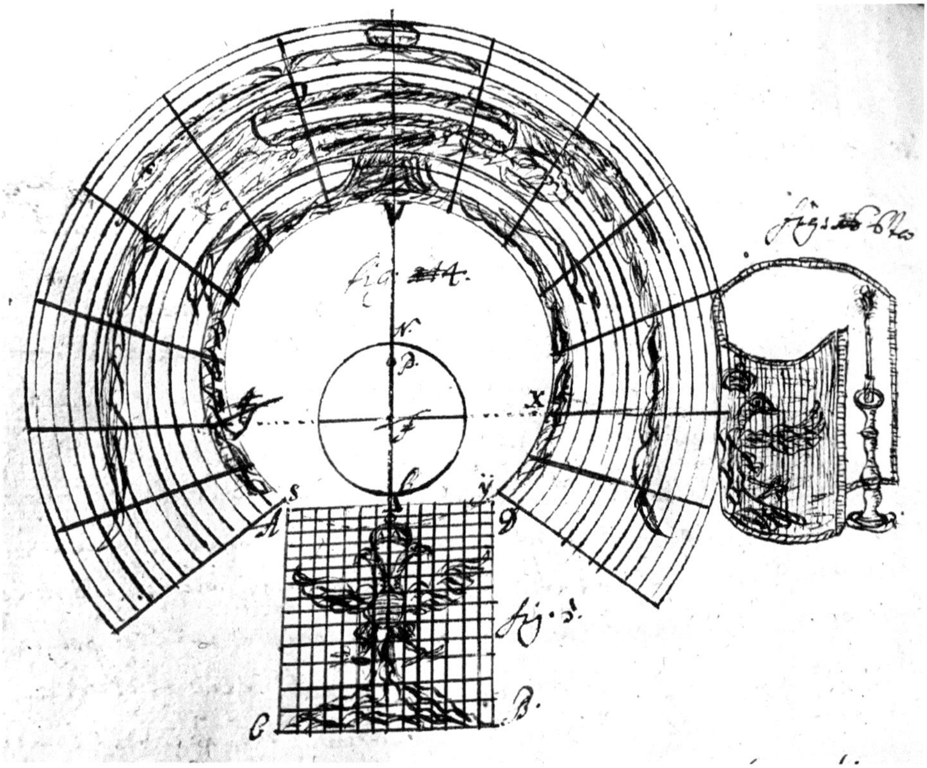

74 Zeichnung einer katoptrischen Anamorphose eines doppelköpfigen Adlers nach Athanasius Kircher, in: Zahn, Johannes: *Oculus Artificialis Teledioptricus sive Telescopium*, Würzburg: Quirinus Heyl, 1686, Universitäts- und Stadtbibliothek Köln, N1/76

auch wenn es keinen eindeutigen Provenienzeintrag zu den Kölner Jesuiten aufweist, der ehemaligen Kollegsbibliothek zugeordnet werden, da Zahn vermehrt als nachzuschlagendes Referenzwerk aufgeführt wird. Auf den letzten Seiten des Kölner *Oculus Artificialis* finden sich außerdem handschriftliche Zeichnungen von optischen Instrumenten, die auf eine weitere Auseinandersetzung mit Kircher hindeuten, sowie katoptrische Zerrbilder (Abb. 74 und Abb. 75) mit ebenfalls handschriftlichen Beschreibungen.[324] Als weitere Referenz wird in der optischen Sammelhandschrift auf das Werk *Elementis Matheseos R P Kilman Numero 9 problema X & XI*[325] hingewiesen, womit das Lehrwerk Reiner Kylmans gemeint ist. Da keine eindeutige inhaltliche und numerische Übereinstimmung zwischen den genannten Kapiteln und der in Köln erhaltenen *Elementa*

324 Vgl. Zahn, Johannes: Oculus Artificialis Teledioptricus sive Telescopium, Würzburg: Quirinus Heyl, 1686. USB-Signatur N1/76.
325 HAStK, Best. 7004, 50, S. 8.

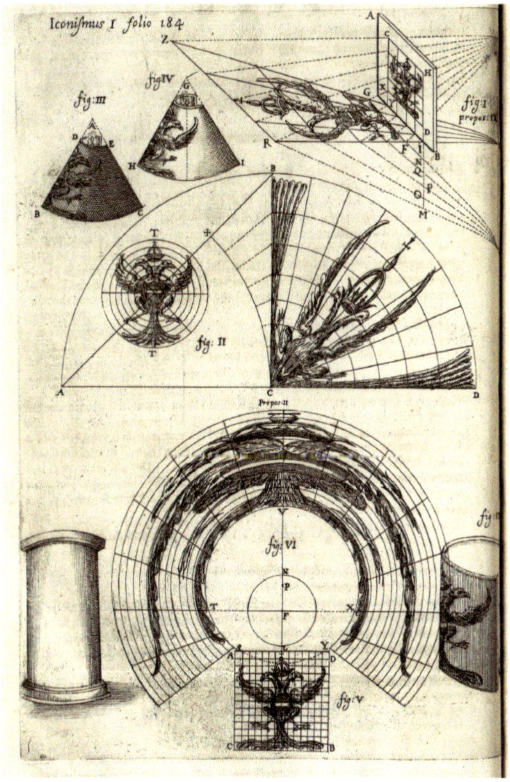

75 Athanasius Kircher, *Herstellung einer katoptrischen Anamorphose*, 1646, in: Kircher, Athanasius: *Ars magna lucis et umbrae*, Rom 1646, Boston College

Matheseos-Ausgabe erkannt werden konnte, erscheint es möglich, dass Kylman weitere Editionen der *Elementis Matheseos* mit Schwerpunkten auf den einzelnen Bereichen der Mathematik erstellt hatte.[326]

Im heutigen Bücherbestand der Jesuitenbibliothek können zwei Werke durch Provenienzeinträge sicher als Anschaffungen Reiner Kylmans ausgemacht werden: zum einen ein ins Deutsche übersetztes mathematisches Handbuch zum Umgang mit naturwissenschaftlichen Instrumenten aller Art[327] und zum anderen ein Sammelwerk zu astronomischen, physikalischen und geometrischen Grundlagen.[328] Beide Bücher beinhalten

326 Vgl. ebd., S. 6–8. Im Kapitel geht es um die Proportionen von Gläsern für den Einsatz in Teleskopen nach Johannes Zahn. Optische Themen werden jedoch in den überlieferten „Elementa Matheseos" Kylmans nicht bearbeitet. Vgl. dazu den Fokus auf der *Geometria Practica* in Kylman 1730.

327 Bion, Nicolas: Neu-eröffnete mathematische Werck-Schule oder Gründliche Anweisung, wie die mathematische Instrumenten zu gebrauchen, zu verfertigen sind, Nürnberg: Monath, 1721. USB-Signatur N3/31+2.

328 Gregory, David: Astronomiae, physicae & geometricae elementa, 2 Bde., Genf: Marc-Michel Bousquet et Socii, 1726. USB-Signatur N/101-1 und -2.

auffällig viele mathematische Figuren sowie Schaubilder und sind für den praktischen Gebrauch bestimmt. Im erstgenannten findet sich eine kleine Zeichnung auf dem ersten Blatt, die auf ein mathematisches Instrument verweisen könnte. Im zweitgenannten Werk lag ein zusätzliches Blatt mit weiteren naturwissenschaftlichen Schaubildern. In einem weiteren Buch lassen sich Hinweise auf eine Nutzung durch Reiner Kylman finden: Das Werk *Trigonometria Plana Et Sphaerica*[329] des jesuitischen Mathematikers Joseph Gooden aus Lüttich, den bereits Des Bosses Leibniz als herausragenden Mathematiker empfohlen hatte,[330] befand sich seit 1732 im Kolleg. Im Anschluss an die Titelseite sind zwei weitere Blätter hinzugefügt, die auf die Lehre im Tricoronatum verweisen. Eingeklebt ist eine *Exercitatio Geometria* aus dem Jahr 1726, die unter Kylmans Leitung stattfand und in der neben geometrischen auch trigonometrische Aufgaben mit einfachen Messgeräten und Berechnungen zu lösen waren. Daneben findet sich ein Blatt mit verschiedenen geometrischen Zeichnungen, wobei es sich um die gleiche Abbildung handelt, die auch in Kylmans geometrischem Lehrbuch von 1730, *Elementa Matheseos Philosophiae*, zu finden ist (Abb.76).[331] All diese Spuren in den Büchern geben sowohl Hinweise auf die praktische Anlage des jesuitischen Unterrichts im Allgemeinen als auch auf Reiner Kylmans Lehre im Besonderen, in der die Anschaulichkeit und die Anwendung von Instrumenten eine große Rolle gespielt zu haben scheinen.

Den maßgeblichen Anstoß zur Errichtung und Einrichtung der Sternwarte im Kölner Jesuitenkolleg hat Reiner Kylman gegeben. Der Jahresbericht von 1729 beschreibt detailliert die Anlage des Beobachtungsraumes und ihren Zweck sowie einige untergebrachte Instrumente:

> „Zur Mathematik kam in diesem Jahr [1729] ein großer Beobachtungspunkt hinzu: Eine Sternwarte wurde auf dem nördlichen Dach des Kolleggebäudes angefügt und durch die freigiebige Wohltätigkeit unserer Kollegen, die die Wissenschaften zu schätzen wissen, vollendet. Die Sternwarte ist zwölf kölnische Fuß breit und 15 lang, gepflastert mit Steinen, und ringsum umgeben von Säulen in himmelblauer Farbe. Von hier haben wir einen freien Blick auf den ganzen Himmel, um mit wunderbarer Bequemlichkeit nicht nur die Finsternisse der verschiedenen Planeten, den Aufgang und Untergang, sowie die Länge und Breite aller Gestirne zu beobachten, sondern auch die Höhe und Polhöhe dieser zu messen, und um wegen dieser unbegrenzten Verwendungen, die Astronomie, Geometrie, Aerometrie, Optik, und jede beliebige physikalische Wissenschaft besonderer Körper auszuführen. Die Instrumente, damit nicht das Tageslicht oder das Wetter sie beschädigt (von denen ein 24 Fuß langes Himmelsteleskop erwähnenswert ist) heben wir durch einen Krahn aus der darunter liegenden Kammer in die erhöhte Sternwarte hinauf, wie es beliebt, oder bewahren sie dort. Eine Wendeltreppe gewährt den Zugang zur angebundenen Sternwarte aus unserem mathematischen Werkraum heraus, der durch seine Fülle an Geräten die freie Zugänglichkeit der Sternwarte fast beeinträchtigt."[332]

329 Gooden 1704. USB-Signatur N2/90.
330 Brief Des Bosses' an Leibniz vom 12. Dezember 1712. Zitiert nach Zehetner 2007, S. 270f.
331 Siehe Kylman 1730.
332 Vgl. HAStK, Best. 223, A 12, fol. 170v; ARSI, Rhenania Inferior 41, fol. 426r–426v. Die *Litterae Annuae* des Jahres 1729 in Köln und Rom sind nahezu identisch.

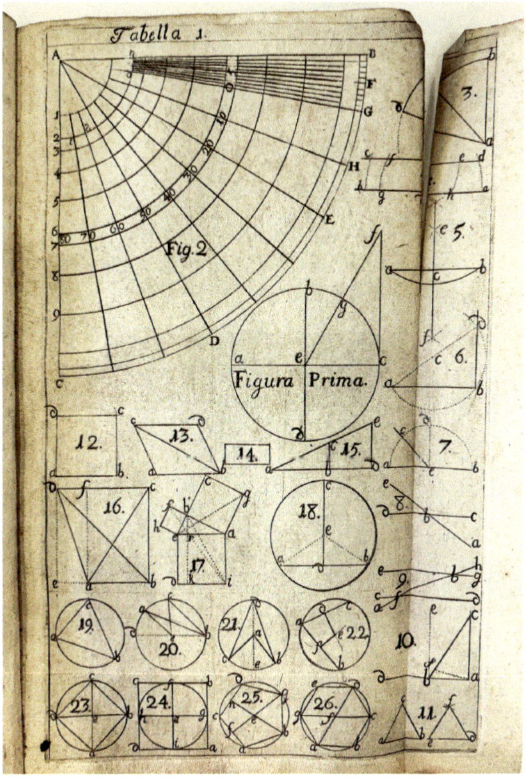

76 Mathematische Schaubilder, in: Kylman, Reiner: *Elementa Matheseos*, Köln: Huisch, 1730, Dom- und Diözesanbibliothek Köln, BA 1670, 06

Im Jahr 1744 wurde die Sternwarte renoviert und folglich nochmals ausführlich im Jahresbericht und den *Historiae* erwähnt. Regen, Wind und Wetter hatten das Observatorium so stark beschädigt, dass eine Renovierung und Befestigung nötig war. In diesem Zuge wurde die Sternwarte außerdem erweitert, sodass es „ausreichend Raum für die Anordnung und Aufbewahrung von astronomischen Instrumenten"[333] gab. Auf der Turmspitze der Sternwarte wurde ein Windmessgerät angebracht, auf dem die unterschiedlichen Windrichtungen abzulesen und zu lernen waren. Gunter Quarg vermutet, dass es eine Wetterbeobachtungsstation im Kolleg gegeben habe.[334] Da sich keine Hinweise auf eigene Räumlichkeiten finden lassen, wird davon ausgegangen, dass das Observatorium sowohl für astronomische als auch meteorologische Beobachtungen genutzt wurde. Das beschriebene Windmessgerät zusammen mit den im Inventar von 1774 aufgeführten Barometern und Thermometern, deren Anzahl sich durch die

333 HAStK, Best. 223, A 12, fol. 223r.
334 Vgl. Quarg 1991, S. 171. Quarg vermutet, dass es eine Wetterbeobachtungsstation im Kolleg gegeben hat, weil im jesuitischen Inventar von 1774 Barometer und Thermometer aufgeführt sind; Quarg 1996b, S. 69.

Ankäufe in französischer Zeit vergrößerte, und sich als ein eigener Bereich der Meteorologie herausbildete, lassen darauf schließen, dass gute Wetterbeobachtungen bereits bei den Jesuiten, sehr gute Vorhersagen jedoch vor allem in der französischen Bildungseinrichtung möglich waren, worauf an späterer Stelle einzugehen ist.[335]

Neben den baulichen Erweiterungen wurden die Sternwarte und das darunter liegende *Musaeum mathematicum* im Jahr 1744 ebenfalls um einige besondere und seltene Objekte ergänzt. Darunter befand sich zum Beispiel ein Spiegelteleskop nach Isaac Newton, das „kaum ein Fuß lang ist, aber so genau misst, dass man einen Mann, der drei Stunden entfernt ist, an seinem Gesicht erkennen kann".[336] Selbst kleinste Gegenstände seien mit den Augen durch die Klarheit und natürliche Lebendigkeit der Farben im Teleskop erkennbar.[337] Das Fernrohr stand auf einem beweglichen Fuß und wurde sowohl zu Beobachtungen des Himmels als auch der Erde benutzt. Bei diesem Instrument könnte es sich um das heute noch erhaltene Spiegelteleskop handeln, nach Bauart des englischen Physikers, Mathematikers und Astronomen Isaac Newton (1643–1727) (Abb. 77).[338]

Außerdem werden zwei hängende Uhren beziehungsweise Pendeluhren beschrieben, die für astronomische Beobachtungen insofern angepasst waren, als sie zeitlich auf Himmelsbewegungen eingestellt werden konnten und sechs Wochen lang die aktuelle Uhrzeit anzeigten. Zudem beinhalteten sie die Angaben der jeweiligen Mondphase. Im jesuitischen Inventar von 1774 wurden sogar drei dieser besonderen astronomischen Uhren aufgeführt: „Tria horologia observationibus astronomicis faciendis inservientia". Ein tragbarer astronomischer Quadrant war ebenso vorhanden, sodass

> „du alles zur Hand hättest, um die Höhen und Entfernungen der Sternbilder zu bestimmen, und auch um wie auch immer beschaffene trigonometrische Probleme zu lösen […]. Das einzige, was zur genauen Beobachtung von Sonnen- und Mondfinsternissen noch benötigt wird, ist das kürzlich entdeckte Mikrometer, das umso baldiger beschafft werden wird; sobald unsere mathematische Kasse, nachdem sie durch so viele Ausgaben geleert wurde, durch die Großzügigkeit der Mäzene, auf die wir hoffen, wieder aufgefüllt wird."[339]

Im jesuitischen Inventar von 1774 befanden sich dann schon „quatuor tubi astronomici iustae magnitudinis et valoris. Quorum duo et sua habent micrometra."

335 Vgl. Quarg 1994, S. 125f. Siehe dazu auch das Kapitel zum Kabinett in der französischen Zeit. Neben dem Inventar von 1774 werden auch ein großes und ein kleines Barometer in einem Fragment eines Möbelinventars aufgeführt, das vermutlich ebenfalls nach Auflösung des Jesuitenordens entstanden ist. Vgl. HAStK, Best. 223 (Jesuiten), A 2098, fol. 1r. Siehe das vollständige Inventar von 1774 in: Gersmann 2019, https://kabinett.mapublishing-lab.uni-koeln.de/inventare/inventar-1774 [zuletzt aufgerufen am 07.04.2024].

336 ARSI, Rhenania Inferior 59 I, fol. 221r. Historia Collegii Coloniensis 1744.

337 HAStK, Best. 223, A 12, fol. 223r.

338 Siehe den Objektdatensatz zum Spiegelteleskop L 226 in: https://www.kulturelles-erbe-koeln.de/documents/obj/05741537 [zuletzt aufgerufen am 07.04.2024].

339 Ebd., fol. 223v.

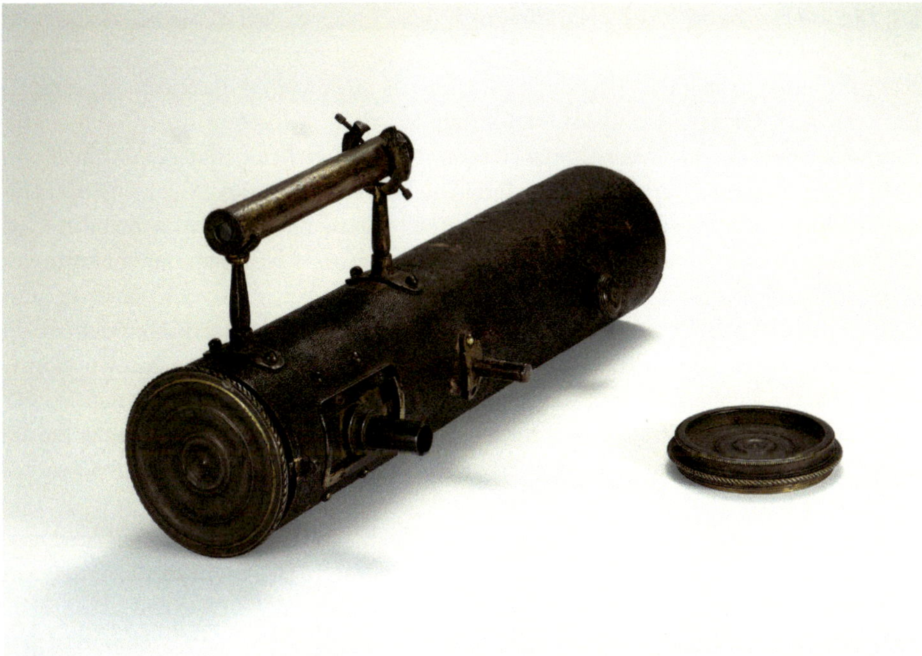

77 *Spiegelteleskop nach Isaac Newton*, Glas, Metall, Leder, 38,5 × 7,3 cm, Kölnisches Stadtmuseum, Mathematisch-Physikalisches Kabinett, L 266

Ein weiteres astronomisches Instrument der jesuitischen Sammlung ist in diesem Kontext interessant. Neben den Globen befand sich eine Armillarsphäre im Kolleg, die ebendort auch gefertigt worden war. Sie stammt von dem Kölner Johannes Antweiler (1695–1743), der als Handwerker auf Wanderschaft unter anderem am Palais und Garten des Prinzen Eugen von Savoyen (1663–1736) tätig gewesen war. Wieder zurück in Köln trat er 1727 in den Jesuitenorden ein und arbeitete fortan als Mechaniker für die Mathematikprofessoren sowie als Hausmeister am Kölner Kolleg. Außerdem kümmerte er sich um den Garten und arbeitete in der Küche. Seine Fähigkeiten auf dem Gebiet der Metalltechnik und Schmiedekunst müssen gut gewesen sein, wird doch auch sein Wirken in anderen Kollegien in Büren, Coesfeld oder Xanten aufgeführt. In Köln war Antweiler als mathematisch-mechanischer Gehilfe für die Herstellung und Reparatur von Instrumenten für Reiner Kylman und dessen Nachfolger im Amt des Mathematikprofessors, Heinrich Lohe, tätig. Antweilers Armillarsphäre wird als „besondere Zierde des mathematischen Museums“ beschrieben.[340]

340 Ebd., fol. 220f.

3.4 Die Ära Hermann Joseph Hartzheim

„Drei Regenten haben dem Tricoronatum mehr als alle anderen die Richtung gegeben. Der erste war Rethius, dann kam ein Jahrhundert nach ihm Adam Kasen, und wiederum nach einem Jahrhundert tritt uns Hermann Josef Hartzheim entgegen."[341] In der Tat war Hermann Joseph Hartzheim eine der prägendsten Figuren des 18. Jahrhunderts für die Geschichte der Kölner Jesuiten. Der aus Köln stammende Hartzheim gestaltete von 1735 bis 1759 über Jahrzehnte als Regent das Gymnasium Tricoronatum, betätigte sich selbst auf verschiedenen wissenschaftlichen Gebieten, allen voran der Historiografie, aber auch der Münzgeschichte, veröffentlichte zahlreiche Werke und machte sich um die Sammlungen und das Archiv des Jesuitenkollegs verdient. Nach einer kurzen biografischen Skizze sollen in diesem Kapitel wichtige Entwicklungen sowie Stationen während Hartzheims Regentschaft dargelegt werden, die für die Sammlungsgeschichte des Mathematisch-Physikalischen Kabinetts oder die Kölner Jesuitensammlungen generell relevant sind.

Hermann Joseph Hartzheim wurde am 11. Januar 1694 in Köln geboren und besuchte ebenso wie seine drei älteren Brüder das jesuitische Gymnasium Tricoronatum, wo er 1712 zum Magister der Philosophie ernannt wurde. Es folgte der Eintritt in den Jesuitenorden. Nach verschiedenen Lehrstationen in Trier und Luxemburg nahm er in Köln das Studium der Theologie auf, das er auf Vermittlung der Ordensoberen in Mailand weiterführte und vertiefte. In Italien soll sich Hartzheim unter den dortigen Gelehrten gut vernetzt haben. Er lernte beispielsweise in Modena den bedeutenden italienischen Historiker und damaligen Bibliothekar Ludovico Antonio Muratori (1672–1750) kennen.

> „Hartzheim nutzte seinen Italienaufenthalt zu einer Bildungsreise, wie sie in diesem Jahrhundert von zahlreichen Gelehrten unternommen wurde. Er besuchte nicht nur Bibliotheken und Archive, sondern nahm auch Kontakt auf mit mehreren bedeutenden Gelehrten wie dem Historiker Antonio Muratori, dem Orientalisten Joseph Simonius Assemani, seinen Mitbrüdern, dem Mathematiker und Dichter Tommaso Ceva und Kardinal Giovanni Tolomei, und Kardinal Domenico Passionei, der nicht eigentlich als Jesuitenfreund bekannt war. Ohne Zweifel nahm der an geistigen Dingen, speziell an historischen Fragen hoch Interessierte aus seinen Begegnungen mit den genannten Vertretern des ‚gelehrten Italiens' und aus den eigenen Archivstudien und Bibliotheksbesuchen zahlreiche wichtige Anregungen für seine spätere wissenschaftliche Laufbahn mit."[342]

Dieses Netzwerk, das sich Hartzheim zu Beginn der 1720er-Jahre während seines Italienaufenthalts aufbaute, sollte nicht nur für seine wissenschaftliche Karriere von Bedeutung sein, sondern möglicherweise auch für die Kölner Jesuitensammlungen, wie noch zu zeigen sein wird. Da sein älterer Bruder Franz Konrad Hartzheim (1684–1728), ebenfalls Mitglied des Jesuitenordens, von 1715 bis 1725 in Rom für den Orden tätig war, reichte

341 Kuckhoff 1931a, S. 536. Kuckhoff betitelt das Kapitel folglich mit „Das Zeitalter Hartzheims".
342 Sieben, Hermann Josef: Hermann Joseph Hartzheim (1694–1763), in: Cüppers, Sebastian (Hg.): Kölner Theologen. Von Rupert von Deutz bis Wilhelm Nyssen, Köln 2004, S. 264–283, hier S. 267.

Hartzheims italienisches Netzwerk von Mailand über Modena bis in die Ordenszentrale nach Rom. Daneben führte er sein Studium der Theologie fort und übernahm in Mailand Lehraufgaben des Hebräischen und Griechischen sowie Seelsorgetätigkeiten für deutsche Soldaten. „Nach dieser literarischen Reise kehrte er in seine Vaterstadt zurück, bereichert mit Kleinoden und Kostbarkeiten aus den unerschöpflichen Tiefen des Wissens"[343], berichtete Franz Joseph von Bianco im Jahr 1855. Dies ist ein erster Hinweis darauf, dass Hartzheim neben wissenschaftlichen Anregungen und Erkenntnissen aus den gelehrten Erfahrungsaustauschen auch Objekte, „Kleinoden und Kostbarkeiten" mit nach Köln ins Jesuitenkolleg gebracht hat. Auch wenn keine Objekte der (heute noch) in Köln vorhandenen Sammlungen direkt zugeordnet werden können, liegt aufgrund von Hartzheims Interessen die Vermutung nahe, dass es sich um Bücher, römische und griechische Münzen sowie möglicherweise einzelne Kunstkammerstücke oder italienische Grafiken gehandelt haben könnte.

Wieder zurück in Köln und in der Theologie promoviert, lehrte Hartzheim ab 1724 zunächst den philosophischen Kurs und ab 1730 Theologie am Tricoronatum. Ab 1727 übernahm er zudem das Amt des Subregenten, bevor er zwischen 1735 und 1759 über 20 Jahre lang Regent des Jesuitengymnasiums war. Während dieser langen Zeit führte er wichtige Veränderungen und Neuerungen in der Lehre und Organisation der Schule durch, worunter Reformen des Curriculums, eine Stärkung der schuleigenen Silentien, Vorschläge für die Anschaffung neuer Schulbücher in der niederrheinischen Provinz, die Einführung eines eigenen Geschichtsunterrichts auch in den unteren Klassen, die Stärkung des Griechischen, die Übernahme der deutschen Sprache in den Lehrplan sowie der Ausbau und die Erweiterung der Sammlungen um ein weiteres Museum, das *Musaeum antiquitatum et rerum naturalium tum artificalium curiosorum*, und die Einrichtung eines eigenen Münzkabinetts fallen.

Während der Erfolg des Gymnasium Tricoronatum Ende des 17. und vor allem zu Beginn des 18. Jahrhunderts zurückgegangen war, messbar vor allem an sinkenden Schüler- und Studentenzahlen, wurden unter Hartzheim dringende Reformen erdacht und umgesetzt, wodurch das Tricoronatum im Hinblick auf die Naturwissenschaft und Naturkunde, die Kunst und Musik sowie die generelle Ausstattung der Schule zu einem Vorreiter in Köln wurde. Viele Impulse, die während der Kölner Universitätsreform in den 1780er-Jahren aus der medizinischen Fakultät oder von Ferdinand Franz Wallraf gegeben worden sind, waren bereits am Tricoronatum praktiziert worden. Demnach vollzog die Schule im Verlauf des 18. Jahrhunderts einen starken Wandel:

343 Bianco, Franz Joseph von: Die alte Universität Köln und die spätern Gelehrten-Schulen dieser Stadt, nach archivarischen und andern zuverlässigen Quellen, Köln: Gehly, 1855, S. 717.

> „Bis in die erste Hälfte des 18. Jahrhunderts hat sich an den Lehrplänen und Lehraufgaben des Tricoronatums, wie sie seit dem Sieg der Ratio studiorum bestanden, nichts geändert. Dann aber pochte die neue Zeit mächtig an die Pforten der alten Jesuitenschulen. Das Tricoronatum kann es sich zur Ehre anrechnen, daß es frühzeitig und so bald wie möglich den neuen Forderungen nachkam."[344]

Allerdings betrafen diese Neuerungen des 18. Jahrhunderts nicht den theologischen Bereich, in dem die Jesuiten zum einen gegenüber aufklärerischen Ideen verschlossen blieben und zum anderen innerhalb der Kölner Universität zu den konservativen und dogmatischsten Vertretern gehörten. Die Bedeutung des jesuitischen Tricoronatums im Kölner beziehungsweise rheinländischen Bildungsgefüge des 18. Jahrhunderts bedurfte sicherlich gegenüber der älteren, oftmals zu unkritischen stadthistorischen Forschung einer Relativierung,[345] allerdings gehören die oben genannten Schulreformen Hermann Joseph Hartzheims sowie die Förderung der Naturwissenschaft, Naturkunde, Kunst und Musik sowie der Sammlungen zu den Belegen für eine Vorreiterrolle der jesuitischen Bildung in Köln.[346] Neben seinen bildungsreformerischen Tätigkeiten stehen seine wissenschaftlichen und historiografischen Veröffentlichungen. Hartzheim verfasste mehrere bedeutende Schriften zur (Personen-)Geschichte Kölns und des kurkölnischen Territoriums sowie eine eigene Münzkunde und bibliografische Standardwerke, wie die *Bibliotheca Coloniensis* als rheinisches Gelehrtenlexikon. Auch innerhalb des Jesuitenkollegs wirkte sich seine wissenschaftlich-historiografische Veranlagung insofern aus, als er das Archiv und die Akten des Kollegs pflegte und erweiterte sowie Ansätze einer Geschichte des Gymnasium Tricoronatum verfasste. Nach seiner Regententätigkeit wirkte Hartzheim als Domprediger und gab vier Bände seiner *Concilia Germaniae* heraus. Am 17. Januar 1762 starb er in Köln.[347]

Hartzheim hatte drei ältere Brüder, von denen zwei ebenfalls dem Jesuitenorden angehörten und unter anderem in Köln lehrten. Caspar Hartzheim (1678–1758) war 1698 in den Orden eingetreten und lehrte neben Köln auch in Trier, Koblenz und Paderborn. Zwischen 1735 und 1740 bekleidete er das Amt des Subregenten in Köln, während

344 Kuckhoff 1931a, S. 588.

345 Vgl. dazu den wichtigen Beitrag von Schmidt 2006. Ansätze einer vergleichenden Einordnung bei Freitäger, Andreas: Artisten und ‚humanistae', ‚Jesuiter' und Aufklärer. Die Universitäten Köln, Trier, Duisburg und Bonn vom Spätmittelalter bis zum Ende des 18. Jahrhunderts, in: Rutz, Andreas (Hg.): Das Rheinland als Schul- und Bildungslandschaft (1250–1750), Köln 2010, S. 55–78, hier S. 76.

346 Vgl. dazu den Abschnitt „Späte Blüte – die Schulreformen des Hermann Joseph Hartzheim" bei Schmidt 2006, S. 157–169.

347 Zur Biografie Hermann Joseph Hartzheims siehe vor allem Sieben 2004; Kemp, Jacob: Hermann Joseph von Hartzheim, in: Klinkenberg, Josef (Hg.): Das Marzellen Gymnasium in Köln 1450–1911. Bilder aus seiner Geschichte. Festschrift dem Gymnasium anlässlich seiner Übersiedlung gewidmet von den ehemaligen Schülern, Köln 1911, S. 140–147; Kuckhoff 1931a, S. 536–538. Zur Familiengeschichte vgl. HAStK, Best. 1146 (Geelen), A 198. Zu Hartzheims „Karte der deutschen Bistümer 1500–1760" von 1762 vgl. Meurer, Peter H.: Die Kölner Jesuiten Franz und Hermann Joseph Hartzheim als Kartographen, in: Annalen des Historischen Vereins für den Niederrhein, insbesondere das alte Erzbistum Köln 200 (1997), S. 107–133.

Hermann Joseph Hartzheim *Regens* war. Franz Konrad Hartzheim trat 1703 in Köln in den Jesuitenorden ein. Die Jahre zwischen 1715 und 1725 verbrachte er in Rom als Stellvertreter des damaligen deutschen Ordensassistenten Franz Retz (1672–1750), der 1730 zum 15. Ordensgeneral der Jesuiten gewählt werden sollte. In die niederrheinische Provinz zurückgekehrt, lehrte er bis zu seinem Tod 1728 am Jesuitenkolleg in Emmerich. Hartzheims ältester Bruder Gottfried Balthasar (1676–1731) wählte als einziger nicht den klerikalen Weg, sondern wurde Jurist, Beamter und Kölner Ratsherr.[348] Dennoch kann dieser Hartzheim mit den Kölner Jesuitensammlungen in Verbindung gebracht werden.

3.4.1 Das *Musaeum Hartzheimianum*

Ein möglicher Hinweis auf Hermann Joseph Hartzheims Wirken für die jesuitischen Sammlungen findet sich in den Sammlungstätigkeiten seines ältesten Bruders, des Juristen, Beamten und Ratsherren Gottfried Balthasar Hartzheim. *Musaeum Hartzheimianum* lautet der Name seines hauseigenen Museums. Diese Sammlung ist in einer Publikation aus dem Jahr 1732 überliefert,[349] die von einem Freund Gottfried Balthasar Hartzheims angefertigt wurde: Dabei handelte es sich um den ehemaligen Jesuiten, Naturwissenschaftler, Historiker, ersten Kölner Universitätsprofessor der Geschichte und späteren Publizisten Jean Ignace Roderique (1696–1756). Das *Musaeum Hartzheimianum* war eine Sammlung, die vor allem aus geologischen, mineralogischen, botanischen, zoologischen sowie einigen archäologischen, antiken und numismatischen Objekten und auch aus physikalisch-mathematischen Instrumenten bestand.

> „Der durch weite Reisen gebildete Mann [Gottfried Balthasar Hartzheim] legte ein umfangreiches Kunstkabinett an und sammelte als erster in Köln, dem Zuge seiner Zeit folgend, naturwissenschaftliche Seltenheiten. Diese Sammlungen kamen nach seinem Tod in den Besitz der Jesuiten. Ein Verzeichnis und eine Beschreibung der später zerstreuten wertvollen Stücke verdanken wir seinem Freunde, dem Geografen und Historiker Ignaz von Roderique",

schrieb Jacob Kemp 1911 in der Festschrift des Marzellengymnasiums.[350] Kuckhoff ergänzt weitere Informationen: „Wie sein Bruder Josef ihm im Nekrolog nachrühmte, war er der erste, der in Köln eine Sammlung physikalischer und naturwissenschaftlicher Geräte und Seltenheiten einrichtete und der öffentlichen Benutzung zugänglich machte."[351]

348 Vgl. Sieben 2004, S. 266.
349 Roderique, Johannes (Hg.): Musaeum Hartzheimianum sive naturae et artis operum rariorum, quae Godefridus Balthasar ab Hartzheim, Reipubliquae Colon. dum viveret, Censor & Quaestor, summa Diligentia collegit, Köln: Hilden, 1732, http://services.ub.uni-koeln.de/cdm/ref/collection/rheinmono/id/111539 [zuletzt aufgerufen am 02.04.2024].
350 Kemp 1911, S. 140.
351 Kuckhoff 1931a, S. 536f.

Bei diesem Bruder Josef muss es sich dem Namen nach um Hermann Joseph Hartzheim handeln, der folglich nach dem Tod seines Bruders Gottfried Balthasar Hartzheim einen Eintrag im Nekrolog verfasste. Ein Totenzettel gibt weiteren Aufschluss über das Leben sowie die Sammlung Gottfried Balthasar Hartzheims: Nach seinem Tod am 14. Dezember 1731 beschrieb ihn seine Familie als in allen Bereichen gebildeten Mann, der sowohl besondere musische, sprachliche, mathematische als auch philosophische Fähigkeiten besessen habe, die er bereits im Gymnasium Tricoronatum erlernt haben solle. Ausführlich wird seine politische und juristische Karriere gewürdigt genauso wie seine Tugendhaftigkeit und Integrität. Zudem habe er nach Rinken, Broelman sowie Helmann als erster in seiner Heimatstadt Köln in seinem Haus ein *Theatrum* für die physischen Wunder, geheimnisvollen Versteinerungen, Fossilien und Konchylien angelegt und für Interessierte zugänglich gemacht.[352]

Der ältere Bruder Hermann Joseph Hartzheims legte demnach im Laufe seines Lebens eine große Sammlung an, die laut Kemp den Weg in den Besitz der Jesuiten fand. Es lassen sich jedoch keine eindeutigen Hinweise auf eine direkte Übergabe oder Schenkung Gottfried Balthasar Hartzheims, einer seiner Brüder, eines seiner fünf Kinder oder Jean Ignace Roderiques an das Jesuitenkolleg finden, weder in den *Litterae Annuae*, im Nekrolog mit Ergänzungen zu *benefactores* noch in anderen Dokumenten.[353] Durch die familiäre Verbindung und die Verflechtung der Hartzheims mit der Kölner Jesuitenniederlassung kann jedoch davon ausgegangen werden, dass die Sammlung oder auch einzelne Objekte daraus ihren Weg in die jesuitischen Sammlungen im Kölner Kolleg gefunden haben. Als weiteres Argument dafür können die Überschneidungen in den Sammlungsbeständen angeführt werden, was anhand der Bestandslisten im weiteren Verlauf zu zeigen sein wird.

Die personelle Konstellation zwischen Hermann Joseph Hartzheim, seinem Bruder Gottfried Balthasar Hartzheim sowie dessen Freund Jean Ignace Roderique eröffnet darüber hinaus ein komplexes, aber hochinteressantes Gefüge: Hier treffen der in den 1720er-Jahren neu eingeführte Geschichtsunterricht der Kölner Jesuiten, ein

352 HAStK, Best. 322B (Schriftgut einiger Kölner Nuntien), B V/2, fol. 127r–128v.

353 Vgl. HAStK, Best. 223, A 12. Das Jahr 1731 beginnt ab fol. 173v. Im Nekrolog mit Zusätzen zu Wohltäterinnen und Wohltätern des Kollegs wird Gottfried Balthasar Hartzheim nicht aufgeführt. Ebenso gibt es keinen Hinweis auf eine Schenkung im zeitlichen Umfeld der Todesdaten der anderen Hartzheim-Brüder Franz Konrad oder Caspar. Sogar 1763 beim Tod Hermann Joseph Hartzheims ist nichts vermerkt außer sein Name und das Todesdatum. Das Nekrolog scheint demnach vor allem in den letzten Jahren nicht besonders gut gepflegt worden zu sein. Vgl. HAStK, Best. 223, A 25, S. 31, 38 und S. 39. Auch in Roderiques Testament aus dem Jahr 1751 ist keine Rede von naturkundlichen oder anderen Objekten, die aus dem *Musaeum Hartzheimianum* stammen könnten: HAStK, 110R (Testamente Buchstabe R), U 2/337. Die Inschrift auf Roderiques Epitaph im Klarissenkloster in Köln gibt ebenso keinen direkten Hinweis darauf, dass er Gottfried Balthasar Hartzheims Sammlung nach dessen Tod besessen habe. Es wird jedoch darauf verwiesen, dass er die Forschung verschiedener Wissenschaften vorangebracht und viele Bücher veröffentlicht habe. Vgl. Hüpsch, Adolf von: Epigrammatographie oder Sammlung von Inschriften der ältern, mittlern und neueren Zeiten der niederdeutschen Provinzen, Köln, Hans: 1801, S. 92.

geschichtswissenschaftlicher Streit zwischen dem Jesuiten Hartzheim und dem ehemaligen Jesuiten Roderique, die Einrichtung und Übernahme der ersten Professur für Geschichte an der alten Kölner Universität durch den Historiker Roderique sowie die Anfertigung der Publikation zu Gottfried Balthasar Hartzheims Sammlung ebenfalls durch Roderique und vor allem das *Musaeum Hartzheimianum* per se, dessen Zusammensetzung und Verbleib zusammen. Im Folgenden wird versucht, dieses Gefüge aufzulösen und daraus Ergebnisse für diese Arbeit abzuleiten. Ziel ist die detaillierte Einordnung und Kontextualisierung des *Musaeum Hartzheimianum*.

Ein wichtiger Akteur in diesem Gefüge war Jean Ignace Roderique, eine interessante, weil besonders vielfältige sowie ambivalente historische Persönlichkeit. Er wurde 1696 im belgischen Malmedy geboren und trat 1714 in den Jesuitenorden ein, verließ diesen doch 1725 wieder, ohne die Priesterweihe empfangen zu haben. In dieser Zeit lehrte er in den unteren Klassen an Jesuitenkollegien in Aachen, Neuss sowie Osnabrück. Anfang der 1720er-Jahre ist er in Münster und Köln als Theologiestudent dokumentiert. Bartholomäus Des Bosses zählte zu Roderiques Lehrern. Spätestens in Köln lernte Roderique auch den Historiker Johann Georg von Eckhart (1674–1730) kennen, der Leibniz' Sekretär gewesen war. Die Jahre 1723 und 1724 verbrachte von Eckhart in Köln, wo er womöglich gemeinsam mit dem Jesuitenpater Ludwig Henseler (1686–1728) und mithilfe des Rats der Stadt Köln versuchte, im Gymnasium Tricoronatum Vorlesungen über kanonisches Recht und Geschichte für alle Mitglieder der Universität abzuhalten, was die anderen Fakultäten aufgrund fehlender Zuständigkeit nicht tolerierten.[354] Eckart verließ Köln und lehrte fortan an der Universität in Würzburg, wohin er Roderique mitnahm, der ihn in Köln als Sekretär begleitet hatte. 1725 nahm auch Roderique seine Lehrtätigkeit an der Universität in Würzburg auf und dozierte Mathematik sowie Geografie.[355]

Zeitgleich begannen auch seine wissenschaftlichen Beschäftigungen und Veröffentlichungstätigkeiten. Ohne detaillierter darauf einzugehen, sei hier auf die zur Legende avancierten *Würzbürger Lügensteine* verwiesen, wobei es um den an der Würzburger Universität tätigen Paläontologen und Mediziner Johannes Bartholomäus Adam Beringer (1670–1738) geht, der von Studenten vermeintlich besondere und neuartige Versteinerungen aus dem Umland käuflich erworben und wissenschaftlich ausgewertet hatte. Es handelte sich allerdings um Fälschungen. Roderique sowie von Eckhart entdeckten dies zufällig und wiesen Beringer mithilfe eigener Fälschungen von Petrefakten darauf hin. Beringer ließ sich jedoch nicht überzeugen und veröffentlichte seine vermeintlichen Neuentdeckungen stattdessen mit dem Hinweis, Roderique und von Eckhart hätten

354 Vgl. Kuckhoff 1931a, S. 537–541; Kemp 1912; Kemp 1911, S. 144.

355 Vgl. Hömig 1978, S. 150–156. Zur Biografie Roderiques vgl. vor allem Hömig, Herbert: Jean Ignace Roderique (1696–1756), in: Gesellschaft für Rheinische Geschichtskunde (Hg.): Rheinische Lebensbilder, Bd. 9, Köln 1982, S. 159–178.

seine Forschung durch Fälschungen torpedieren wollen.[356] Neben diesem Schlaglicht auf Roderiques Persönlichkeit wird hier auch seine Auseinandersetzung mit und seine Kenntnis von Petrefakten offenbar, die sich ebenfalls in der Publikation zum *Musaeum Hartzheimianum* zeigen wird. Auf dem Gebiet der Geschichtswissenschaft veröffentlichte Roderique 1728 eine Arbeit „über den Ursprung der beiden Benediktiner-Abteien Stablo und Malmedy, die gleichermaßen die außerordentliche Begabung des ehemaligen Jesuitenzöglings zur historischen Forschung wie zur politischen Kontroverse erkennen läßt".[357] Es handelte sich dabei um einen alten Forschungsstreit, der schwerwiegende territoriale und juristische Zuständigkeiten tangierte. Roderique plädierte in seiner Publikation für den Vorrang seiner Heimat Malmedy und warf anderen Autoren Fälschung von Urkunden vor, was wiederum für ihn selbst juristische Konsequenzen hatte.[358] In diesem inhaltlichen Kontext steht auch die „wissenschaftliche Fehde"[359], die Roderique mit dem Kölner Jesuiten Hermann Joseph Hartzheim austrug. Ausgangspunkt war ebenso Roderiques Publikation zu den Klöstern Stablo und Malmedy, worin er konstatiert hatte, Köln sei im 8. Jahrhundert unter Karl dem Großen zum Erzbistum erhoben worden.

> „Hartzheim suchte demgegenüber in drei Abhandlungen die Richtigkeit der Volkstradition darzutun, dergemäß der hl. Maternus, der Sendbote des hl. Petrus, erster Metropolit Kölns war. Man wird in diesen Schriften Hartzheims große Belesenheit bewundern; in der Wertung und Interpretation der Quellen zeigt sich ihm Roderique in seiner durchaus sachlichen und ruhigen Gegenschrift überlegen."[360]

Trotz oder wegen der Kontroversen erlangte Roderique mit seinen Publikationen in der gelehrten Welt viel Aufmerksamkeit, aber auch Anerkennung für seine historiografischen Tätigkeiten. In Bezug auf Hermann Joseph Hartzheim ist anzunehmen, dass sich Roderique und er bereits aus den frühen 1720er-Jahren kannten, in denen sie eventuell

356 Vgl. Hömig 1978, S. 150–152. Siehe hier vor allem Fußnote 20 und die darin aufgeführte Forschungsliteratur. Vgl. dazu zum Beispiel auch das Kapitel „‚Wunder des Autors der Natur' – Die Würzburger Lügensteine (1726)" in: Doll, Martin: Fälschung und Fake: Zur diskurskritischen Dimension des Täuschens, Berlin 2012, S. 77–104.

357 Hömig 1978, S. 152.

358 Vgl. ebd., S. 151–154. „Wir können aber in Umrissen die größeren Zusammenhänge erkennen, in die Roderiques Engagement einzuordnen ist. Sein früherer Lehrer und Ordensbruder, der angesehene Kölner Philosophieprofessor Bartholomäus des Bosses (1668 bis 1738) hat schon beim Erscheinen der ersten Disceptationes die Vermutung ausgesprochen, daß Eckhart Roderique, den er diesem einst selbst empfohlen hatte, zu der Publikation inspiriert habe. Dies deutete auf die damals ebenfalls vielbeachtete Kontroverse zwischen Eckhart und dem Fuldaer Hofhistoriographen Johann Friedrich Schannat (1683—1739) wegen dessen Edition der Fuldaer Urkunden hin. Denn in diesem Streit, in dem es letztlich nicht nur um wissenschaftliche Fragen, sondern auch um handfeste Interessen — etwa um die Regelung der geistlichen Gerichtsbarkeit in den Gebieten zwischen Fulda und Würzburg — ging, hatte sich Martène auf die Seite Schannats gestellt. Auch für sie war Roderique nur ein Werkzeug Eckharts, der ebenso wie dieser die Prärogative seines Patrons verteidigte".

359 Kemp 1911, S. 144.

360 Ebd.

gemeinsam das Studium der Theologie verfolgten sowie am Tricoronatum wirkten. Wie die Freundschaft zwischen Gottfried Balthasar Hartzheim und Roderique zustande kam, ist hingegen weder belegt noch zu rekonstruieren. *a V. Cl. Amico I. R.* steht auf dem Titelblatt des *Musaeum Hartzheimianum* von 1732. Es kann vermutet werden, dass sich beide ebenso bereits in den frühen 1720er-Jahren in Köln kennengelernt hatten, denn Roderique kam erst 1730, ein Jahr vor Hartzheims Tod, zurück nach Köln. Als Johann Georg von Eckhart Anfang des Jahres 1730 verstarb und Roderique damit seinen Mentor und Fürsprecher verlor, verließ er Würzburg nicht unfreiwillig und siedelte nach Köln über. Der „Federkrieg" mit Hermann Joseph Hartzheim dauerte indessen an. Auf beiden Seiten wurden bis in die 1730er-Jahre hinein, als Roderique schon Geschichtsprofessor der Kölner Universität war, mehrere Schriften publiziert.[361] Anders als Hartzheim nach dem Tod von Eckharts vermutet hatte, war Roderique nicht „die Tinte ausgegangen",[362] sondern im Gegenteil bot sich ihm eine günstige Gelegenheit für die Übernahme der ersten kölnischen Professur für Geschichte.

Die Kontroverse um eine Reform der historischen Studien an der Universität zu Köln schwelte seit dem Jahr 1723, in dem von Eckhart und Henseler vermutlich den Anstoß aus dem Gymnasium Tricoronatum heraus gegeben hatten. Jedoch kam auch Druck von außen. An vielen anderen (jesuitisch geprägten sowie protestantischen) Universitäten des Alten Reichs in Ingolstadt, Dillingen, Wien, Freiburg oder Würzburg und in Göttingen oder Jena gab es bereits eigene Professuren für die Geschichtswissenschaft, die entweder an der juristischen Fakultät angesiedelt waren, um den Unterricht der Rechtslehre historisch zu flankieren und zu stützen, oder den artistischen Fakultäten angehörten. Der Wunschkandidat des Kölner Rates für diese Position, Ludwig Henseler, war 1728 verstorben und der bereits an der Fakultät tätige Gerhard Ernst Hamm (1692–1776) forderte ein zu hohes Gehalt. Nach der Übersiedlung nach Köln bot sich Roderique eigeninitiativ, aber mithilfe einflussreicher Fürsprecher aus seiner Studienzeit in Köln, an, die historischen Vorlesungen für einen sehr viel geringeren Lohn zu übernehmen, was zum Erfolg führte.[363]

Im Jahr 1733 wurde Jean Ignace Roderique nach einigen Verhandlungen schließlich erster Professor für die Geschichtswissenschaft an der alten Kölner Universität. Die Professur war an der Artistenfakultät angegliedert, was sowohl organisatorisch als

361 Hömig 1978, S. 154f. Siehe vor allem Fußnote 32.

362 Brief Hermann Joseph Hartzheims an Dom A. Tonnar vom 15. April 1730. Zitiert nach Halkin, Leon (Hg.): Correspondance de dom. Edmond Martène avec le baron G. de Crassier archéologue liègois, Brüssel: Société belge de librairie, 1898, S. 286f.

363 Vgl. dazu vor allem Kemp 1913. Siehe zwei Schriften Roderiques an den Rat der Stadt Köln und an die Mitglieder der Universität, in denen er zum Beispiel ausgehend von den historischen Studien und Professuren an anderen Universitäten die Bestrebungen der Kölner Universität um eine Professur lobt und sich anschließend für die Position bewirbt. Dabei führt er Johann Georg von Eckhart als seinen Mentor auf dem geschichtswissenschaftlichen Gebiet an, nicht ohne dabei auf dessen Konversion zum katholischen Glauben in Köln hinzuweisen: HAStK, Best. 150 (Universität), A 541, fol. 1r–4v.

auch inhaltlich besser passte. Roderique verstand die Geschichtswissenschaft weniger als Hilfswissenschaft für die Rechtslehre oder die Theologie, sondern als eigenständiges Fach. Seine Vorlesungen fanden in der Schola artium statt. Interessant ist, dass Roderique an mehreren Stellen seiner Bittschriften und Gesuche an den Rat der Stadt Köln sowie die Universität hervorhebt, wie wichtig die Einrichtung einer öffentlichen Bibliothek vor allem für die historischen Studien seien. Außerdem spricht er sich für die Anlage von Sammlungen und ihre Nutzung aus:

> „Tag für Tag werden viele unbekannte Dinge der Antike ausgegraben, die sowohl durch ihre Pracht bemerkenswert als auch für den Gebrauch geeignet sind. In unserem Zeitalter sind an vielen Orten öffentliche Bibliotheken zu den Universitäten hinzugekommen. Die Erfahrung sollte uns lehren, in den Bibliotheken dasselbe zu tun, wie wir in einer befestigten Stadt tun: eine reiche Waffenkammer anlegen."[364]

Inhaltlich fokussierte sich Roderique auf die Universalgeschichte. Im Bestand der Universität ist ein erster Entwurf seiner historischen Vorlesungen erhalten, in dem er seine Vorstellung einer Universalgeschichte ausbreitete. 1734 veröffentlichte Roderique zudem ein Lehrbuch zur Weltgeschichte.[365] Die dort enthaltene Widmung an den Erzbischof von Prag, den Grafen Johann Moritz Gustav von Manderscheid-Blankenheim (1676–1763), der als Förderer des Studiums in Köln galt und Anfang der 1730er-Jahre zudem Kanzler der Universität war, könnte einen Hinweis auf Roderiques Fürsprecher geben.[366] Roderique war zudem Teil der gelehrten Gesellschaft in Köln und sein Haus in der Glockengasse wurde ab den 1730er-Jahren zu einem neuen Treffpunkt, auch für internationales Publikum.[367]

Nach wenigen Semestern gab Roderique die Professur jedoch wieder ab und wandte sich stattdessen dem Zeitungs- und Publikationswesen zu. Nach Ankunft in Köln 1731 hatte er eine Witwe namens Sibylla Katharina Pöner (geborene Topsius) geheiratet, die das französische Druckrecht für eine Zeitung besaß, das er nunmehr einsetzte. In der Folge baute Roderique mit der *Gazette de Cologne* ein europaweites und einflussreiches politisches Magazin auf. Die Abkehr von der Universität hatte vermutlich rein persönliche Gründe, bot doch die Arbeit als Verleger und Publizist besondere Reize wegen der Vernetzung und des politischen Einflusses, die Roderique quasi zum Diplomaten avancieren ließen.

364 Zu Roderiques Verständnis der Geschichtswissenschaft vgl. vor allem Hömig 1978, S. 156–166; HAStK, Best. 150, A 541, fol. 3r und 5r.
365 Vgl. HAStK, Best. 150, A 541, fol. 7r–11v. Vgl. Roderique, Ignatius: Historiae universalis institutiones sive res praecipuae ab orbe condito ad saeculum a Chr. n. decimum medium, ordine chronologico digestae et excursibus philologico-politieis in mores, instituía, rem civilem, bellicam atque sacram praecipuorum populorum illustratae, Köln: Schlebusch, 1734. USB-Signatur GBXI293+B. Weitere Quellen zu seiner historischen Lehre gibt es wenige.
366 Vgl. Kemp 1913, S. 70.
367 Vgl. Bianco 1855, S. 774. Bianco berichtet außerdem von der „vortrefflichen Bibliothek" Roderiques.

„Bekanntlich war das Amt eines Universitätsprofessors damals noch nicht mit jener gesellschaftlichen Wertschätzung verbunden, die ihm in Deutschland erst die Humboldtsche Bildungsreform verleihen sollte. So verwundert es nicht, wenn ein so vielseitig gebildeter und interessierter Mann wie Roderique seine Fortune auf einem anderen Felde suchte. Das ausgeprägte politische Interesse des Historikers war offenbar mit einem zunehmenden Realitätssinn verbunden, der ihm immer neue Perspektiven eröffnete. Neben seiner Gazette de Cologne unterhielt er, ähnlich wie der Baron Grimm in Paris, eine vertrauliche diplomatische Korrespondenz in Form einer ‚Geschriebenen Zeitung', die besonders an den europäischen Fürstenhöfen verbreitet war. Diese Unternehmungen, die ihn bald zu einem wohlhabenden Mann machten, sichern ihm [...] einen festen Platz in der Geschichte der deutschen Presse und förderten das Ansehen Kölns als Umschlagplatz für Waren und Nachrichten im deutschen Nordwesten."[368]

Neben der Einrichtung der ersten Geschichtsprofessur, die von Roderique bekleidet wurde, war auch der Geschichtsunterricht am Gymnasium Tricoronatum gestärkt worden. Während die Geschichte vormalig Teil des Lateinunterrichts gewesen war, etablierte Hermann Joseph Hartzheim ab dem Jahr 1728 sowohl in den unteren als auch den oberen Klassen einen eigenen Geschichtsunterricht. Außerdem gab es historische Vorlesungen mit den Schwerpunkten der *historia iuris*, im *ius canonicum* und im *ius publicum* für die oberen Klassen.[369] Sowohl Hartzheim als auch Roderique nahmen entsprechend wichtige Rollen bei der Entwicklung und Etablierung der Geschichtswissenschaft als eigene Fachdisziplin an der alten Kölner Universität und den dazugehörenden Gymnasien ein. Ihre wissenschaftliche Auseinandersetzung lässt darauf schließen, dass die beiden in keinem guten Verhältnis miteinander gestanden haben. Anders muss es bei Gottfried Balthasar Hartzheim und Roderique gewesen sein, die zu Lebzeiten eine Freundschaft verbunden hatte.

Musaeum Hartzheimianum oder Katalog über die seltenen Werke der Natur und der Kunst, die Gottfried Balthasar von Hartzheim zu Lebzeiten in Köln, als Zensor und Quästor, mit höchster Sorgfalt sammelte; geordnet und erklärt von dem berühmten Mann und Freund Ignaz Roderique[370] steht auf dem Titelblatt der Sammlungspublikation, die 1732, ein Jahr nach dem Tod Gottfried Balthasar Hartzheims, von Roderique in Köln herausgegeben worden ist.

„Der durch weite Reisen gebildete Mann [Gottfried Balthasar Hartzheim] legte ein umfangreiches Kunstkabinett an und sammelte als erster in Köln, dem Zuge seiner Zeit folgend, naturwissenschaftliche Seltenheiten. Diese Sammlungen kamen nach seinem Tod in den Besitz der Jesuiten. Ein Verzeichnis und eine Beschreibung der später zerstreuten wertvollen Stücke verdanken wir seinem Freunde, dem Geographen und Historiker Ignaz von Roderique."[371]

Als Freund erstellte Roderique folglich nach dem Tod Hartzheims einen eigenen Sammlungskatalog des Kölner Ratsherren, der in Köln gedruckt wurde. In acht Klassen unterteilte Roderique die über 200 Sammlungsobjekte, die aus den Bereichen Schalentiere

368 Hömig 1978, S. 167.
369 Vgl. Kuckhoff 1931a, S. 588f.; Hömig 1978, S. 156.
370 Roderique 1732, Titelblatt.
371 Kemp 1911, S. 140.

(*Testacea* mit 19 Einträgen), Fossile Tierreste (*Lithozea* mit 50 Einträgen), Land- und Meerpflanzen (*Vegetabilia Terrestria & Marina* mit 21 Einträgen), Fossile Pflanzenreste (*Litophyta* mit zwölf Einträgen), Naturspiele (*Lusus Naturae* mit sechs Einträgen), Mineralien (*Mineralia & eo Spectantia* mit 32 Einträgen), Kristalle (*Chrystalli & eo Spectantia* mit 14 Einträgen) sowie Übriges (*Praetermissa & Parerga*) bestehen, worunter 47 Einträge zu finden sind. In der letzten Klasse finden sich neben zoologischen Präparaten – zum Beispiel einem Paradiesvogel, einer indischen Maus, dem Horn eines Nashorns sowie sieben Schlangen in Glasgefäßen oder zwei Zähnen eines Nilpferdes – einige antike Stücke, chinesische Fächer, Gipsbüsten antiker Götter sowie Kaiser und zudem einige physikalisch-mathematische Instrumente: eine *Camera Obscura*, eine *Laterna Magica* mit Bildern, ein perspektivisches Theater, mehrere Mikroskope, verschiedene Spiegel für Anamorphosen, unterschiedliche Brenngläser und ein mathematischer Kegel aus Holz. Bücher, Bronzeskulpturen und andere Schmuckstücke der Sammlung wurden aus Platzgründen erst gar nicht aufgeführt. Die acht Klassen resultieren aus den Schränken und Behältern, in denen Hartzheim seine Sammlung in seinem Haus aufbewahrt hatte. An den zahlreichsten und unterschiedlichsten Orten habe Hartzheim seine Mineralien, Petrefakte sowie Muscheln gesammelt und in Köln zusammengetragen, weiß Roderique zu berichten.[372]

Der Katalog gilt als einzige naturwissenschaftliche Publikation Roderiques. Neben der Auflistung der verschiedenen Objekte, Versteinerungen, Proben und Präparate verfasste Roderique außerdem eine Einleitung, in der er die Besonderheiten der geologischen Wissenschaften und Sammlungen erläuterte und die Sammlung Hartzheims in diesen Kontext einordnete: Er sprach den Sammlern und Geologen seine Wertschätzung aus für die hohe Sorgfalt und das Engagement, Naturalien aus der ganzen Welt in Europa in eigenen Sammlungen zusammenzutragen. Zentren der Geologie seien die Akademien in Wien, Paris, London oder Berlin, außerdem nannte er italienische und englische Sammler genauso wie Naturwissenschaftler des Alten Reichs wie zum Beispiel Johann Jacob Scheuchzer (1672–1733), Johann Jakob Baier (1677–1735) oder Johann Crafto Hiegell (1658–1736), die „jene ungeheuren Schätze, die die Natur über die ganze Welt verstreut, in den Winkeln der niedrigeren Berge versteckt hatte, in ihren Museen sammelten".[373] In diesen hochkarätigen Kontext setzte Roderique die Sammlungstätigkeiten Hartzheims. Außerdem ergänzte er innerhalb der Klassen und zu einzelnen Objekten weitere Informationen: Daher ist beispielsweise bekannt, dass Hartzheim mit dem Altdorfer Paläontologen Johann Jakob Baier Objekte tauschte. Außerdem ergänzte Roderique teilweise

372 Vgl. Roderique 1732. Die physikalisch-mathematischen Instrumente sind auf S. 20 in 14 Nummern aufgeführt, http://services.ub.uni-koeln.de/cdm/ref/collection/rheinmono/id/111539 [zuletzt aufgerufen am 07.04.2024]. Vgl. außerdem Langer, Wolfhart: Baron Hüpsch (1730–1805) und die geologiewissenschaftlichen Aktivitäten in Köln während des 18. und frühen 19. Jahrhunderts, in: Schwarzbach, Martin (Hg.): Naturwissenschaften und Naturwissenschaftler in Köln zwischen der alten und der neuen Universität (1798–1919), Köln 1985, S. 19–45, hier S. 21f.

373 Roderique 1732, S. 5.

die Herkunft von Objekten, den geografischen Fundort oder beschrieb einzelne Sammlungsstücke genauer.

„Die in unserem Zusammenhang [der Geologie] wichtigste Kölner Sammlung während der ersten Hälfte des 18. Jahrhunderts hat wohl der Kölner Ratsherr Gottfried Balthasar Hartzheim zusammengebracht", konstatiert Wolfhart Langer 1985.[374] Im Vergleich beispielsweise mit der Koblenzer Sammlung Johann Crafto Hiegells fällt auf, dass beide Sammlungen sowohl im Hinblick auf ihren Standort in den Wohnungen der Männer als auch im Hinblick auf die Zusammensetzung sehr ähnlich aufgebaut waren.[375] Somit ist das *Musaeum Hartzheimianum* ein frühes und wichtiges Beispiel für die Kölner Sammlungstätigkeiten auf den Gebieten der Naturkunde und Naturwissenschaften im 18. Jahrhundert und verweist auf die speziellen Kenntnisse sowie auf die Netzwerke, in denen Kölner Sammler lange vor Baron von Hüpsch und Ferdinand Franz Wallraf standen.

Der Aussage Jacob Kemps folgend und davon ausgehend, dass die Sammlung Gottfried Balthasar Hartzheims nach seinem Tod und der Katalogisierung durch Roderique vermutlich über einen der Brüder Hartzheims, wenn nicht Hermann Joseph Hartzheim selbst, ins Jesuitenkolleg gekommen ist, hätten die Jesuiten eine mit über 200 Objekten sehr umfangreiche und diverse naturkundliche Sammlung gewonnen.

> „Eine der ältesten Sammlungen Kölns zur „Mineralogie" [befand sich] vermutlich schon früh in dem von den Jesuiten geleiteten Gymnasium Tricoronatum. [...] Da die Jesuiten in ihren Lehrplänen bekanntlich auch die Naturwissenschaften berücksichtigten [...], kam es möglicherweise schon Ende des 17. Jahrhunderts zu einer ersten Naturaliensammlung, die vermutlich auch Mineralien enthielt."[376]

Das *Musaeum Hartzheimianum* könnte demzufolge sogar eine bereits bestehende Sammlung von Naturalien des Kollegs erweitert haben. Beim Vergleich des Katalogs Gottfried Balthasar Hartzheims mit dem jesuitischen Inventar von 1774 fällt auf, dass sich sowohl die Instrumente des Mathematisch-Physikalischen Kabinetts als auch die summarisch erfassten Naturalien des *Musaeum antiquitatum et rerum naturalium tum artificalium curiosorum* überschneiden. Auch das *Cubiculum Mathematicum* enthielt 1774 eine *Camera Obscura*, eine *Laterna Magica*, mehrere Mikroskope, verschiedene Spiegel für Anamorphosen, Gläser, einen Kegel sowie ein Prisma. Außerdem befanden sich im

> „Natural Zimmer, oder museum antiquitatum et rerum curiosarum, [...] 3. Eine Collection von allerhand Arten Achaten und Marmelen, 4. von seltenen Petrificatis, 5. von Meermuscheln, von Seegewächsen, 7. von insecten, 8. von heidnischen Gefäßen und vielen zu diesem Studio gehörigen Büchern etc. etc".

374 Langer 1985, S. 21.

375 Vgl. Langer, Wolfhart: Der Katalog des ehemaligen Museums von Johann Crafto Hiegell in Koblenz (1714), in: Kurtrierisches Jahrbuch 49 (2009), S. 269–285, hier S. 284f.; außerdem Schunk, Carl: Johann Crafto Hiegell, Professor der Medizin und Archäologie, in: Jahrbuch der Vereinigung „Freunde der Universität Mainz" (1955), S. 37–45.

376 Langer 1985, S. 20.

In der Apotheke wurde zudem eine „Sammlung von Muschelen, und Seltenheiten“[377] aufbewahrt. Da von den Naturalien heute keine Zeugnisse mehr erhalten sind, ist ein weiterer Abgleich nicht möglich. Diese Überschneidung der Objektbestände mit den jesuitischen Inventaren, die vielfältigen personellen Verflechtungen um die Brüder Hartzheim und Roderique sowie der Hinweis aus der Forschung legen die These nahe, dass das *Musaeum Hartzheimianum* nach 1732 ins Kölner Jesuitenkolleg gekommen ist und folglich die jesuitischen Sammlungen stark erweiterte, diversifizierte und nicht zuletzt ausschlaggebend für die Einrichtung eines weiteren Museums, des *Musaeum antiquitatum* oder auch *Natural Zimmer*, gewesen sein könnte.

3.4.2 Die Sammlungen und Wissenseinrichtungen der Kölner Jesuiten

Das Sammlungszimmer, das in den Quellen als *Musaeum antiquitatum et rerum naturalium tum artificalium curiosorum* bezeichnet wird, bestand wohl spätestens ab Mitte des 18. Jahrhunderts. Obwohl die Einrichtung nicht mit Sicherheit exakt zu datieren ist, ist es wahrscheinlich, dass sie in die Regentschaft Hermann Joseph Hartzheims fällt. Neben dem *Musaeum mathematicum* für die Instrumente, Apparaturen sowie Bücher der Mathematik und Naturwissenschaften beherbergte das *Musaeum antiquitatum* die im Laufe des 18. Jahrhunderts entstandenen anderen Sammlungen des Jesuitenkollegs: die Kollektion von Grafiken und Zeichnungen, die vielfältige Naturaliensammlung, Antiken und eine Münzsammlung. Darüber hinaus gab es neben diesen beiden Sammlungszimmern, der Stern- und Wetterwarte ein weiteres Museum im Sinne eines Studierzimmers mit eigenen naturwissenschaftlichen Instrumenten im angrenzenden jesuitischen Internat, dem Xaverianischen Konvikt; außerdem eine eigene Apotheke sowie einen Botanischen Garten. Im folgenden Kapitel werden diese Ausstattung und Sammlungen der Kölner Jesuiten in der Ära Hermann Joseph Hartzheims in der Mitte des 18. Jahrhunderts in ihrer Fülle skizziert und in den Kontext zum Mathematisch-Physikalischen Kabinett gesetzt.

Wie gezeigt worden ist, wurde das *Musaeum mathematicum* über Jahrzehnte bis weit in die 1730er-Jahre hinein durch den Mathematikprofessor Reiner Kylman geprägt, der auch die Stern- und Wetterwarte einrichtete. Möglicherweise wurden bereits in den 1730er-Jahren Instrumente aus dem ehemaligen *Musaeum Hartzheimianum* in die Sammlung integriert. Auf Kylman folgte die kurze und kaum dokumentierte Amtszeit des Mathematikprofessors Heinrich Lohe. Ab 1742 mit Unterbrechung durch Valentin Dahmen bis ins Jahr 1748 lehrte dann Ernst Mainone am Gymnasium Tricoronatum Mathematik. Mainone ist in der Forschung in erster Linie für seine umfangreichen Bücherschenkungen bekannt. 92 Titel sind heute noch in der Universitäts- und Stadt-

377 AEK, Monasteria, Generalia: Jesuiten. Das Naturalzimmer wird auf fol. 169r beschrieben. Das Inventar des Cubiculum mathematicum folgt auf fol. 169v–172r.

bibliothek erhalten, davon tragen 29 den Standortnachweis des *Musaeum mathematicum*, wie beispielsweise Bücher von Christiaan Huygens, Francis Bacon, Giovanni Domenico Cassini, Galileo Galilei oder Isaac Newton.[378] Ernst Mainone wurde 1712 in Ehrenbreitstein in der Nähe von Koblenz geboren und trat 1728 in Trier in den Jesuitenorden ein. Nach Lehrstationen in Düsseldorf und Koblenz studierte er schließlich in Köln Theologie und schloss seinen Doktor der Theologie 1745 mit *summa cum laude* ab. Als er zuvor 1742 am Gymnasium Tricoronatum begonnen hatte, Mathematik zu unterrichten, sei er sofort fasziniert und motiviert gewesen sich im Fach weiterzubilden, berichten die *Litterae Annuae* nach seinem krankheitsbedingt frühen Tod im Jahr 1749.[379] Neben seinen Bücherschenkungen, die von Mainones Belesenheit und Wissbegierde zeugen, ist nichts Inhaltliches aus seinem mathematischen Unterricht erhalten. In die Zeit der Professorenschaft der Mathematik Ernst Mainones sowie Valentin Dahmens fällt die Erweiterung der Sternwarte im Jahr 1744. Mainones Bücheranschaffungen passen zu den erworbenen Instrumenten für die Sternwarte. Die Pendeluhren sind im Observatorium beispielsweise um das einschlägige Werk Christiaan Huygens über den Bau von Pendeluhren, *Horologium oscillatorium*, ergänzt worden.[380] Objekte und das darüber in Büchern konservierte Wissen wurden demnach in dem naturwissenschaftlichen Museum zusammengedacht.

Weitere Spezialeinrichtungen der Naturkunde im Kölner Jesuitenkolleg, die im 18. Jahrhundert an Bedeutung gewannen und erweitert wurden, waren die Apotheke und der Botanische Garten. Eine eigene Apotheke mit einem dazugehörigen kleinen pharmazeutisch-chemischen Labor[381] gab es im Kolleg bereits seit 1642. Mehrere Mörser verschiedener Materialien wie Metall oder Stein, verschiedene Öfen und Destilliergeräte waren wohl bereits im 17. Jahrhundert vorhanden. Die Apotheke befand sich im Jesuitenkolleg und gehörte zu den Gebäudeteilen, die noch im Jahr 1715 umgebaut und erneuert wurden. In diesem Jahr wurden die alten Bauten, die zur Marzellenstraße hin gelegen waren, abgebrochen und durch einen Neubau des Westflügels an derselben Stelle ersetzt. Darin befanden sich neben der Apotheke ein kleines Krankenhaus, ein

378 Quarg nennt ausgewählte Bücher, die sich in der Fachbibliothek des *Musaeum mathematicum* befunden haben. Vgl. Quarg 1996b, S. 229–235. Vgl. außerdem das Suchergebnis der Provenienzeinträge des Ernst Mainone im Jesuitenportal der USB Köln: https://jesuitensammlung.ub.uni-koeln.de/portal/search.html?l=de;ft4308=Mainone%2C%20Ernst;page=1;profile=2545 [zuletzt aufgerufen am 03.02.2024].

379 Vgl. HAStK, Best. 223, A 12, fol. 241r.

380 Vgl. Huygens, Christiaan: Horologium oscillatorium, Paris: F. Muguet, 1672. USB-Signatur G27/2050.

381 Zu den Laboratorien der Frühen Neuzeit vgl. Schmidgen, Henning: Labor, in: Leibniz-Institut für Europäische Geschichte (IEG) (Hg.): Europäische Geschichte Online (EGO), Mainz 2011, http://www.ieg-ego.eu/schmidgenh-2011-de [zuletzt aufgerufen am 28.01.2024]. „Die Geschichte des Labors ist aufgrund ihrer Ausrichtung auf die materielle Praxis der Wissensgewinnung in enger Verbindung mit der Geschichte des Anatomischen Theaters, des Kuriositätenkabinetts, der Botanischen Gärten, der Sternwarten und anderer Wissensräume zu sehen."

Raum für die Armenpflege sowie die Goldschmiede und die Schreinerei.[382] Mit der Einrichtung des Mathematisch-Physikalischen Kabinetts Anfang des 18. Jahrhunderts entwickelte sich ein weiteres kleines Laboratorium, wie im Inventar von 1774 beschrieben ist.[383] Dass es am Jesuitenkolleg bereits im 17. Jahrhundert eine eigene Apotheke mit pharmazeutischer Ausstattung gab, ist wiederum eine Besonderheit innerhalb der Kölner Bildungs- sowie Medizingeschichte. Die Medizin und damit auch die Pharmazie als Teil der Chemie wurden an der Medizinischen Fakultät gelehrt. Hier versuchte der Medizinprofessor Johann Baptist van Lamzweerde, der zwischen 1685 und 1704 in Köln lehrte, im Jahr 1698 die Einrichtung eines chemischen Laboratoriums zu erwirken, was jedoch nicht gelang.[384] Die Einrichtung und Pflege eines Botanischen Gartens östlich des Jesuitenkollegs im 18. Jahrhundert kam wiederum der Apotheke zugute. Dort angebaute Heilpflanzen und Kräuter konnten in der Apotheke weiterverarbeitet werden.[385]

Einen Garten gab es östlich des Jesuitenkollegs und der Kirche St. Mariä Himmelfahrt bereits seit Einrichtung der Niederlassung. Im Jahr 1754 wurde dieser Garten einer aufwendigen Umgestaltung unterzogen, die im Jahresbericht dokumentiert ist. Darin wird beschrieben, dass der Jesuitengarten zuvor sowohl klein als auch nicht besonders ansehnlich und gepflegt gewesen sei, ganz im Gegensatz zu Kolleg und Kirche. Es war möglich, über schmale und schlammige Wege durch den Garten zu gehen, vorbei an Kräuterbeeten für die Apotheker und einfachen Gemüsebeeten. Nach der Umgestaltung des *Horti novi* 1754 sei der Garten nun voller Würde und Ansehen und würde allen gefallen. Der gesamte Garten war aufgeteilt in sechs Bereiche, durch die breite, sowohl schattige als auch sonnige Wege führten. In diesen Bereichen wurden unterschiedliche Pflanzen angebaut, daneben gab es verschiedene Bäume und Büsche. Im Garten befanden sich außerdem Stein- und Marmorkunstwerke, ebenso eine Sonnenuhr mit Gnomon und Pergolen, die unter anderem mit Allegorien der vier Jahreszeiten bemalt waren. Auch im Jesuitenkolleg selbst kam es in diesem Jahr zu Umgestaltungen; Flure und Zimmer wurden mit Gemälden ausgestattet.[386]

Der Garten übernahm verschiedene Funktionen, er belieferte die Apotheke, aber auch die Küche. Nach der Umgestaltung im Jahr 1754 wurde der Garten so verschönert, dass er zusätzlich zum Spaziergang und zu einem längeren Aufenthalt einlud. Außerdem scheint es zu einer systematischeren Anlage verschiedener Pflanzenarten gekommen zu sein, die wahrscheinlich auch zur Lehre der Botanik benutzt wurden. Neben den anderen drei Botanischen Gärten, dem der *Schola Artium*, dem in der Zeughausstraße

382 Vgl. HAStK, Best. 223, A 12, fol. 122r; ARSI, Rhenania Inferior 60 II, fol. 490v. *Historia* 1715; Schmidt, Alfred: Die Kölner Apotheken von der ältesten Zeit bis zum Ende der reichsstädtischen Verfassung, Köln 1931.

383 Vgl. AEK, Monasteria, Generalia: Jesuiten, fol. 171r. Schmidgen 2011. Das Laboratorium war wohl „in erster Linie eine Werkstatt, ein Ort des materiellen Herstellens".

384 Vgl. Quarg 1996b, S. 140–142. Zu Johann Baptist von Lamzweerde vgl. Hartzheim 1747, S. 159f.

385 Vgl. ARSI, Rhen. Inf. 66, fol. 15. Annuae 1754.

386 HAStK, Best. 223, A 12, fol. 265v–266r.

sowie dem Echtschen Garten, die im Kontext der alten Kölner Universität vor allem in der Medizinischen Fakultät im bescheidenen Rahmen genutzt wurden,[387] entwickelte sich der neben dem Jesuitenkolleg gelegene Garten spätestens mit der Neugestaltung Mitte des 18. Jahrhunderts zu einem weiteren wichtigen Ort für die Botanik in Köln. „War schon in der Medizinischen Fakultät die Beschäftigung mit der Botanik auf das Nötigste beschränkt, so wird man sich noch weniger an den Gymnasien mit diesem Fach abgegeben haben. Eine rühmliche Ausnahme bildet, wie fast immer, das Jesuitenkollegium, wo man [schon im 17. Jahrhundert] einige pflanzenkundliche Bücher erwarb",[388] schreibt Quarg. Das jesuitische Inventar von 1774 führt auf: „[E]ine Menge sauberer Lorber, Granaten und Oleaster Bäume, sammt vielen durch das Hauss und den Garten gesetzten Statuen, wobey die auf den Kämmeren zum Gebrauch der unsrigen sich vorfindenden sehr vielen Bücher wohl zu bemerken sind".[389] Der Jesuitengarten scheint somit ein relevanter Ort für das Kolleg gewesen zu sein, wäre er doch ansonsten nicht auf so aufwendige Weise umgestaltet worden. Vor allem im Hinblick auf die Apotheke diente der Garten als Produktionsstätte für (Heil-)Kräuter, die die Basis für Medikamente lieferten. Ob der Garten jedoch als Botanischer Garten im Sinne einer systematischen Anlage ausgewählter Pflanzenarten und -gruppen zu didaktischem Zweck und Nutzung im Lehrkontext bezeichnet werden kann, muss an dieser Stelle relativiert werden. Diese Rolle nahm der ehemalige Jesuitengarten nach erneuter Umgestaltung und Erweiterung erst in französischer Zeit ein, wie noch zu zeigen sein wird.

Als weitere besondere Ausstattung des Kölner Jesuitenkollegs kann das Xaverianische Konvikt, das jesuitische Internat, bezeichnet werden. „Ubrigens bestehet der ordinaire Trunck in Bier. Wer täglich aus Anordung seiner Elteren Wein haben will / muß solchen zahlen / die Maaß mit 20 Alb. Cölnisch",[390] heißt es in einem Verzeichnis über die zu erwartende Kost für die Convictores „in dem Xaverianischen Convikt Societatis Jesu binnen Cöln". Dieses als „vornehmes Institut"[391] beschriebene Internat für adlige und wohlhabende Schüler und Studenten bestand bereits seit 1676 und wurde spätestens ab Mitte des 18. Jahrhunderts zu einer Lehrstätte, in der die Naturwissenschaften und Mathematik speziell gefördert wurden. Neben der aus heutiger Sicht besonderen Getränkeauswahl sind weitere interessante Details aus dem Alltagsleben sowie der Lehre am Xaverianischen Konvikt in den Quellen erhalten.

Das Kölner Konvikt war das einzige jesuitische Internat der niederrheinischen Ordensprovinz und zählte im 18. Jahrhundert zwischen 30 und maximal 60 Konviktoren

387 Vgl. Quarg 1996b, S. 194–204; Napp-Zinn, Klaus: Die ‚Kölner Botanik' zwischen alter und neuer Universität, in: Schwarzbach, Martin (Hg.): Naturwissenschaften und Naturwissenschaftler in Köln zwischen der alten und der neuen Universität (1798–1919), Köln 1985, S. 119–168, hier S. 120–126. Klaus Napp-Zinn führt den Jesuitengarten nicht als Botanischen Garten auf.

388 Quarg 1996b, S. 203.

389 AEK, Monasteria, Generalia: Jesuiten, fol. 169v.

390 HAStK, Best. 150 (Universität), A 998/2.

391 Kuckhoff 1931a, S. 573.

in einer Blütezeit ab der Jahrhundertmitte. Nachdem die Finanzierung des Konvikts durch eine Stiftung der Schwestern des ehemaligen Lehrers und Präses des Konvikts, Andreas Esser (1680–1748), maßgeblich gestärkt worden war,[392] konnte das an das Gymnasium anschließende Konviktsgebäude umgebaut und 1751 in neuem und verbessertem Zustand genutzt werden: Neben 23 neuen Zimmern für die Konviktoren wurden zudem zwei *Musaea* und eine eigene physikalische Sammlung für zusätzliche wissenschaftliche Übungen eingerichtet.[393]

> „Insonderheit aber wird man nichts unterlassen, was die Erlernung der Wissenschaften nur einigermassen erleichtern oder befördern kann. Diejenigen, welcher zur Geometrie und Physik Lust und Genie haben, wird man öfters in das darzu eingerichtete physikalische und mathematische Kabinet führen, damit sie die Experimente einsehen und Instrumente selbst kennen und brauchen lernen."[394]

Zahlreiche Drucke von Thesen, Disputationen und Demonstrationen geben Einblicke in die Lehre des Xaverianischen Konvikts, in dem zusätzliche wissenschaftliche Übungen neben dem Programm des Kollegs abgehalten wurden.[395] Am Ende des Jahres fand zum Beispiel eine weitere wissenschaftliche Veranstaltung der Konviktoren in der Aula des Gymnasiums statt. Ein besonderer wissenschaftlicher Wettstreit wird im Jahresbericht 1753 beschrieben: An zwei Septembertagen wurden die Funktion und die Benutzung von Erdgloben, geografischen Karten und arithmetischen und geografischen Schaubildern diskutiert und erörtert. Im Oktober fanden weitere Demonstrationen zur Pyrotechnik, Militärarchitektur sowie über Heraldik, Arithmetik, Geometrie, Geografie und weitere Fächer der *Humaniora* und *Philosophia* statt.[396] Die Instrumente und das visuelle Lehrmaterial zur Übung befanden sich in der konvikteigenen Sammlung oder im Jesuitenkolleg. Wie das *Musaeum mathematicum* des Jesuitenkollegs wurde auch das *Musaeum* des Konvikts ein Jahr später, 1754, von Johann Adam von Stoesberg (1682–1755) mit einer Schenkung von „vielen und feinen Instrumenten bereichert".[397]

Dass besonderen Wert auf die (praktische) Vermittlung der naturwissenschaftlichen Fächer gelegt wurde, ist zum einen an der Ausstattung des Konvikts mit einem eigenen mathematischen Studienraum zu erkennen, aber auch an dem Anspruch, einen Fokus auf das Erlernen von besonderen Wissenschaften zu legen, die im Unterricht des Gymnasiums zu kurz kamen. So gab zum Beispiel Joseph Dael, der das Konvikt 1747 bis

392 Zur Finanzierung und den Stiftungen bezüglich des Xaverianischen Konvikts vgl. AEK, Monasteria Köln, St. Mariä Himmelfahrt, Nr. 22, unpaginiert. Die Zusammenstellung stammt aus dem Jahr 1774. Zu Andreas Esser siehe HAStK, Best. 223, A 12, fol. 238r–238v.

393 Vgl. Kuckhoff 1931a, S. 573–590. Auf diesen Seiten finden sich weitere alltagsgeschichtliche Schilderungen über das Sozialleben oder den Tagesablauf der Konviktoren.

394 HAStK, Best. 150, A 998/2. „Verzeichnis des Kostgelds/der Kost und übriger Bedürfnisse eines Xaverianischen Convictors".

395 Vgl. dazu zum Beispiel ebd.

396 HAStK, Best. 223, A 12, fol. 262r.

397 ARSI, Rhen. Inf. 59 I, fol. 373r, *Historia Collegii* 1754. Vgl. außerdem HAStK, Best. 223, A 12, fol. 267r.

1759 leitete, während seiner Zeit einen zusätzlichen Unterricht in Heraldik, Geografie, Baukunst, Militärwesen und Geschichte der Dichtung.[398] Zudem waren Übungen im Tanz, Fechten, in der Musik, Malerei und im Zeichnen sowie das Erlernen von weiteren Fremdsprachen möglich, sofern diese Tätigkeiten nicht den üblichen Lehrplan und die private Studierzeit beeinträchtigten.[399] Zur Erholung der Konviktoren in den Sommermonaten verfügte das Internat seit einer Schenkung 1754 außerdem über ein kleines Grundstück mit Garten in Merheim, wohin regelmäßige Ausfahrten organisiert wurden. Damit dabei die Lehrinhalte nicht ganz aus den Augen gerieten, waren die Decke und die Wände des dortigen Gebäudes von dem jesuitischen Maler Gereon Schuhmacher (1716–1792), der die Aufsicht über das *Musaeum antiquitatum et rerum naturalium tum artificalium curiosorum* führte und dessen Werke auch in der Kirche St. Mariä Himmelfahrt zu finden waren, mit farbigen Emblemen der Heraldik, Physik, Mathematik und Kriegskunst bemalt worden.[400] Hier ist wiederum das Emblem als zentrales Medium der jesuitischen Bildpädagogik zu erkennen, die versuchte, die Betrachtenden – in diesem Fall die Konviktoren – durch sinnbildliche Darstellungen in Kombination von Text und Bild zu beeinflussen und zu prägen. Physik und Mathematik zählten demnach zu besonders lohnenden und als wichtig erachteten Leitbildern, die sowohl im Konvikt als auch im Freizeitleben der Konviktoren Platz finden sollten. Doch der Fokus des jesuitischen Internats lag nicht nur auf den mathematischen Wissenschaften:

> „Alle, die in diese Haus aufgenommen seyn wollen, müssen sich nicht allein in allerhand Wissenschaften, als Z. E. Philosophie, Mathematik, Rhetorik, Poesie, Grammatik, Geographie, Arithmetik, Heraldik, u. d. g. zu üben, sondern auch in guten Sitten, und vornehmlich in der Tugend und Frömmigkeit hervorzuthun suchen."[401]

Nach der Auflösung des Jesuitenordens 1773 bestand das Xaverianische Konvikt als städtische Einrichtung fort. 1783 zogen die Räumlichkeiten des Internats in das Kolleggebäude, weil im ehemaligen Konvikt Lehrerwohnungen eingerichtet wurden, die bis ins 20. Jahrhundert bestanden. 1789 erfolgte die Schließung des Xaverianischen Konvikts.[402]

Über das *Musaeum antiquitatum et rerum naturalium tum artificalium curiosorum* ist, wie bereits erwähnt, in den jesuitischen Archivquellen wenig dokumentiert. Dass der jesuitische Maler Gereon Schuhmacher die Aufsicht über das *Musaeum antiquitatum* hatte und die Sammlungsobjekte des ehemaligen *Musaeum Hartzheimianum* dort untergebracht worden sein könnten, lässt die Breite dieses Museums erkennbar werden. Es handelte sich um einen Sammlungsraum, in dem sowohl die Sammlung von Druckgrafiken und Zeichnungen als auch eine Naturaliensammlung mit Mineralien, Präparaten und Steinen, antike Stücke sowie eine Münzsammlung aufbewahrt wurden.

398 Vgl. HAStK, Best. 223, A 12, fol. 266v.
399 Vgl. HAStK, Best. 150, A 998/2, unpaginiert.
400 Vgl. Kuckhoff 1931a, S. 582; Merlo 1895, Sp. 779.
401 HAStK, Best. 150, A 998/2, unpaginiert. Aus den „Satzungen des Xaverianischen Konvicts in dem ehemaligen Jesuiten Kollegium zu Köln am Rhein".
402 Vgl. Kuckhoff 1931a, S. 637f.

Ferdinand Franz Wallraf hat in seiner *Denkschrift über die Verluste, welche die freie Reichsstadt durch die Franzosen erlitten* von 1815 wohl am detailliertesten die fehlenden Sammlungsobjekte und -bücher der ehemaligen Jesuiten festgehalten. Wallrafs Dokumentation dessen, was in Köln fehlte, ist heute eine der wichtigsten Quellen für das, was einmal im Kölner Jesuitenkolleg vorhanden war.[403]

Während der Bestand an Grafiken und die Geschichte im Anschluss an die jesuitische Zeit sehr gut von der Forschung aufgearbeitet wurden,[404] gibt es über die Entstehung und Entwicklung der Sammlung immer noch viel Unklarheit. Der Beginn der Sammlung geht wohl in das 17. Jahrhundert zurück, in dem das Kolleg vor allem von Schenkenden und Stiftenden mit Büchern und vermutlich auch mit Druckgrafiken und Handzeichnungen bedacht wurde. Auch eigene Ankäufe von sogenannter Gebrauchsgrafik sind wahrscheinlich, wobei es sich um Reproduktionen von Originalen handelte. Eine zentrale Figur für die Entstehung der Sammlung war der Jesuitenpater Philipp Stolzen (1684–1757), der nach verschiedenen Stationen an Jesuitenkollegien der niederrheinischen Provinz von 1710 bis 1712 in Köln am Gymnasium Tricoronatum Theologie studierte und das Studium im Jahr 1713 mit der Promotion abschloss. Stolzen war 1724/25 noch einmal am Kölner Kolleg tätig, bevor er 1727 nach Rom ging, um dort das Amt des Prokurators der Deutschen Assistenz am Collegium Romanum zu bekleiden. Er war demnach im spirituellen und institutionellen Zentrum des Jesuitenordens in Rom für die Interessen der deutschen Niederlassungen zuständig. Aus Rom pflegte er enge Verbindungen in die niederrheinische Provinz, vor allem nach Köln. Während seiner dortigen Zeit betätigte sich Stolzen als Netzwerker und bald auch als Sammler. Er begann in Rom, Druckgrafiken und Zeichnungen aus der Stadt selbst, aus ganz Italien sowie aus anderen europäischen Ländern wie Holland oder Frankreich anzukaufen und (wohl auch für die Kölner Niederlassung) zu sammeln. Im Bestand waren folglich viele Druckgrafiken und Zeichnungen der Renaissance und des Barock, auch solche, die von oder nach „großen Meistern" wie Michelangelo oder Raffael gefertigt worden waren.[405]

Stolzens Kontaktperson im Kölner Kolleg war vermutlich Hermann Joseph Hartzheim. Beide entstammten einer Generation und waren zeitgleich am Gymnasium Tricoronatum Schüler und Studenten, weshalb sie sich dort kennengelernt haben müssen. Hartzheim hatte durch seinen eigenen Italienaufenthalt und die Tätigkeiten seines Bruders Franz Konrad Hartzheim beim deutschen Ordensassistenten in Rom vielfältige Verbindungen nach Italien und in das Wirkungszentrum Stolzens, was ihre Vernetzung wahrscheinlich macht. Hartzheim soll außerdem selbst Kleinode und Kostbarkeiten

403 Vgl. Wallraf, Ferdinand Franz: Denkschrift über die Verluste, welche die freie Reichsstadt durch die Franzosen erlitten, in: Richartz, Johann Heinrich (Hg.): Ausgewählte Schriften. Festgabe zur Einweihungsfeier des Museums Wallraf-Richartz, Köln: Dumont-Schauberg, 1861, S. 187–223.

404 Vgl. dazu Ausst. Kat. Köln 2019; Spengler 2003; Spengler 1995; Spengler 1993; Schwaighofer 2011; Bellot 2000.

405 Vgl. Spengler 2003, S. 44–55; Stein 2021c.

mit aus Italien nach Köln gebracht haben.[406] Stolzen starb 1757, kurz bevor Hartzheims Regentschaft endete. Es ist demnach sehr wahrscheinlich, dass Hartzheim einen maßgeblichen Anteil an der Erstellung der Sammlung von Grafiken und Zeichnungen im Kölner Kolleg hatte, was nicht zwangsläufig bedeutet, dass er sich auch um die Systematisierung der Blätter verdient gemacht hat. Neben Hartzheim stand Stolzen in (beruflichem) Austausch mit dem Düsseldorfer Maler und Akademiegründer Wilhelm Lambert Krahe (1712–1790), der in Rom für den Jesuitenorden zahlreiche Auftragsarbeiten ausführte und sich auch als Sammler vor allem von italienischen Zeichnungen hervortat. Der Kontakt zwischen Stolzen und Krahe ist wohl der Grund für den ansehnlichen Anteil italienischer Zeichnungen und Drucke in der Kölner Sammlung, die einige tausend Stück umfasste. Auch die eingangs beschriebene Zeichnung des Heiligen Paulus stammt aus diesem Konvolut.[407] Neben den römischen Protagonisten Stolzen und Krahe erweiterten auch Kölner Ordensbrüder die Sammlung. Sie kauften Blätter aus lokalen Sammlungen der Stadt oder auch aus dem überregionalen Kunsthandel. Zudem dürften einige Werke aus Schenkungen stammen. Teilweise gaben die Jesuiten eigene Druckgrafiken und Zeichnungen bei (Kölner) Künstlern in Auftrag, zum Beispiel, um Motivreihen zu vervollständigen oder um spezifische jesuitische Themen für den Einsatz in der Lehre abzubilden.[408]

Der Großteil der verschiedenen Druckgrafiken – Kupferstiche, Holzschnitte – und Handzeichnungen wurde im Kölner Jesuitenkolleg vermutlich nach der Mitte des 18. Jahrhunderts in 208 Bände verschiedener Formate eingeklebt, die in weißem Pergament und mit vergoldeten Rücktiteln hochwertig eingefasst waren. Die Grafiken in den einzelnen Bänden waren nach Technik, Künstler oder Thema sortiert. Wer diese Bände angelegt und demnach auch die Blätter systematisiert hat, ist nicht bekannt. Denkbar wäre der Maler Gereon Schuhmacher, der 1770 bis 1772 als *Praefectus Musei Antiquitatum* des Jesuitenkollegs genannt wird.[409] Die Sammlung hatte in erster Linie eine bildpädagogische Funktion. Ihre Bildwerke dienten als Anschauungsmaterial im Unterricht der Theologie, aber auch der Altertumskunde oder der Geschichte. Religiöse Werke wurden auch bei Exerzitien verwendet. Überdies fungierten die Blätter als Vorlagen für die künstlerische Ausbildung ihrer Schüler, denn die Kölner Jesuiten führten im 18. Jahrhundert Zeichen- und Malunterricht ein.[410]

Die Naturaliensammlung des *Musaeum antiquitatum* beschrieb Wallraf in seiner Verlustliste von 1815:

406 Bianco 1855, S. 717.
407 Vgl. Spengler 2003, S. 52–55.
408 Vgl. Spengler 1995, S. 38f.
409 Vgl. Merlo 1895, S. 779.
410 Vgl. Spengler 2003, S. 185–220.

„Die Sammlung von hundert und mehreren meistens aus Italien erhaltenen antiken Marmorplättchen und anderen, wobei auch Granite, Lazuli, Serpentin, Jaspis, Alabaster-Gattungen vorkamen, noch ein großer Vorrath von geschliffenen Achaten, Carneolen, deutschen Jaspis und Kieseln und ein paar Schiebládchen mit so genannten rohen und geschliffenen Edelsteinen waren (Werth 400 Fr.), Unter den Mineralien wählten [die französischen Kommissare] sich alles gegenwärtig Schönere, worunter peruanische und andere gediegene Goldstufen, ästicht, blättericht und eingesprengt, schöne solche Silbererze und andere Metalle und Halbmetalle, allerlei schöne Kristalle und Spathe, schöne hiesigländische Versteinerungen und Curiosa vorkamen. Aus der ansehnlichen Sammlung der Conchylien und Corallen, wozu die Missionare und mit den Jesuiten bekannte Liebhaber aus Holland sehr schöne hierher verschafft hatten, verflog Alles, was Kenner für das Beste des Cabinets gehalten hatten. Dazu mehrere Curiosa (Verlust 550 Fr.)."[411]

Wallrafs Schilderungen zeigen zum einen die Vielfalt dieser jesuitischen Naturaliensammlungen und zum anderen benannte er Herkünfte der Objekte aus Italien und Holland, aber auch aus hiesigen Gegenden. Mit dem *Musaeum Hartzheimianum* wurde in dieser Arbeit eine mögliche Herkunftsquelle einzelner Objekte – Versteinerungen, Korallen, Mineralien, Steinen etc. – aufgeführt. Ebenfalls römische Provenienzen sprach Wallraf auch Teilen der

„hoch als auch tief geschnittenen Antiken und anderen Cinquecenti Gemmen (Werth 560 Fr.) [zu]; unter dem daselbst befindlichen, größtenteils auch von den Jesuiten in Rom gesammelten Vorrathe alter Bronzen, Penaten, Schaalen, Gewichte, Lampen, Utensilien, Vasen, Thränengläser, Urnen verlor sich alles Beste weg (300 Fr.)".[412]

Da die Stücke nur größtenteils als römischen Ursprungs bezeichnet werden, ist ebenfalls eine Herkunft aus dem *Musaeum Hartzheimianum* möglich, welches, wie bereits aufgezeigt wurde, ebenso antike Objekte beinhaltete.

Während Hermann Joseph Hartzheims Anteil am Anlegen dieser Teilsammlungen nur vermutet werden kann, liegt sein Engagement für die Münzsammlung nicht zuletzt wegen seines wissenschaftlichen Interesses an der Numismatik nahe. Diese Sammlung befand sich im Museum in einem großen und reich verzierten Münzschrank und bestand aus mindestens 1.400 Münzen.

„Die hier aus dem Museum befindliche Sammlung alter und neuerer Münzen, wovon noch der ausgeleerte schöne Kasten die Lücken zeigt, wurde erbärmlich mitgenommen; an griechischen und römischen Münzen sind 1.398 der besten Stücke größere und kleinere silberne, Der sehr kleine Vorrath von goldenen aber ganz, und seltenen Münzen von Erz sorgsam weggesucht worden. Nach der Angabe der vorigen Besitzer und Kenner sollen viele rare, in Italien und hier zu Lande gesammelte Stücke darunter gewesen sein – Auch der Vorrath von anderen Silber- und Kupfermünzen des Mittelalters ist verschwunden. Nichts gutes mehr ist zurückgeblieben. (Verlust 320 Fr.).[413]

Wiederum benannte Wallraf sowohl italienische als auch lokale Provenienzen für die ehemalige jesuitische Sammlung. Eine (wissenschaftliche) Beschäftigung mit Münzen

411 Wallraf 1861a, S. 202f.
412 Ebd., S. 203.
413 Ebd.

im Kölner Jesuitenkolleg konnte im Rahmen dieser Arbeit bereits für die Mitte des 17. Jahrhunderts nachgewiesen werden. Der damalige Mathematikprofessor Johann Grothaus hatte in einem Brief des Jahres 1648 an seinen römischen Ordensbruder Athanasius Kircher zwei numismatische Stücke eines Kölner Ratsherren beschrieben und um Rat gefragt. Über 100 Jahre später schließlich ist eine eigene Münzsammlung im Kolleg dokumentiert, die im Jahr 1752 im Jahresbericht beschrieben wird.[414] Demnach sei in demselben Jahr eine bereits bestehende alte Kollektion von Münzen erweitert worden. Außerdem wird geschildert, dass die Münzen in diesem Jahr einen neuen, besonderen Platz, *specialem sedem*, im Jesuitenkolleg bekommen hätten. Diese würden in den kommenden Jahren reiches Material für philosophische Wettbewerbe liefern. Illustre Gäste hätten überdies nach Besichtigung des Ortes, der Kleinode und Münzen dieses Studium und folglich auch die Sammlung(en), die nach dem Vorbild der Kollegien in Rom, Wien, Paris und anderer Kollegien der Gesellschaft Jesu für die Wissensweitergabe an die Jugend eingerichtet worden seien, gelobt.[415] Interessant ist daran zum einen, dass es Mitte des 18. Jahrhunderts bereits eine Münzsammlung im Jesuitenkolleg gegeben hat. Zum anderen könnte es sich bei der Einrichtung des besonderen Ortes für die Münzsammlung sowie für andere Kleinode um das *Musaeum antiquitatum* selbst handeln, das demnach möglicherweise 1752 unter Hermann Joseph Hartzheim angelegt wurde.

Hartzheim hatte eine besondere wissenschaftliche Verbindung zur Numismatik, gehörte sie doch für ihn als Historiograf zu den historischen Hilfswissenschaften und war Teil der historischen Lehre. Kuckhoff berichtet, dass der Geschichtsunterricht in den unteren wie in den oberen Klassen unter Hartzheim maßgeblich um die Altertumskunde wie auch um die Numismatik erweitert worden sei. Unterrichtsinhalte sind zum Beispiel in einer Disputation aus dem Jahr 1746 überliefert, in denen die Schüler römische Münzen beschrieben und systematisierten. Dabei wurden auch Münzen aus der eigenen Jesuitensammlung erwähnt.[416] Überdies veröffentlichte Hartzheim 1754 eine eigene Münzkunde über die numismatische Geschichte Kölns und Kurkölns. Das reich bebilderte Werk (Abb. 78) zeugt von der intensiven Auseinandersetzung Hartzheims mit der lokalen Numismatik. Die detailreichen Darstellungen der einzelnen Münzen könnten nach Vorbildern aus der Sammlung entstanden sein. Die *Historia Rei Nummariae Coloniensis*

414 Vgl. HAStK, Best. 223, A 12, fol. 253r.

415 Ebd., fol. 253r. „Nummophylicium perelegans tessellato opere vestitum specialem sedem hoc anno in collegio obtenuit, in quod nummismata vetera a duobos collegis collecta iam coordinari caperunt uberem materiam philoligicis decertationibus in annos proximos suffectura. Perillustres hospites loco et cimelio et nummis inspectis commendarunt studium nostrum, quod exemplo Romani, Viennensis, Parisini, et plurium collegiorum societatis ad germanica juventutis animos hac etiam scientia ornandos institutimus". Vgl. dazu auch Kapitel I.2.1.2 „Korrespondenzen: Köln und Rom".

416 Vgl. Kuckhoff 1931a, S. 588f.

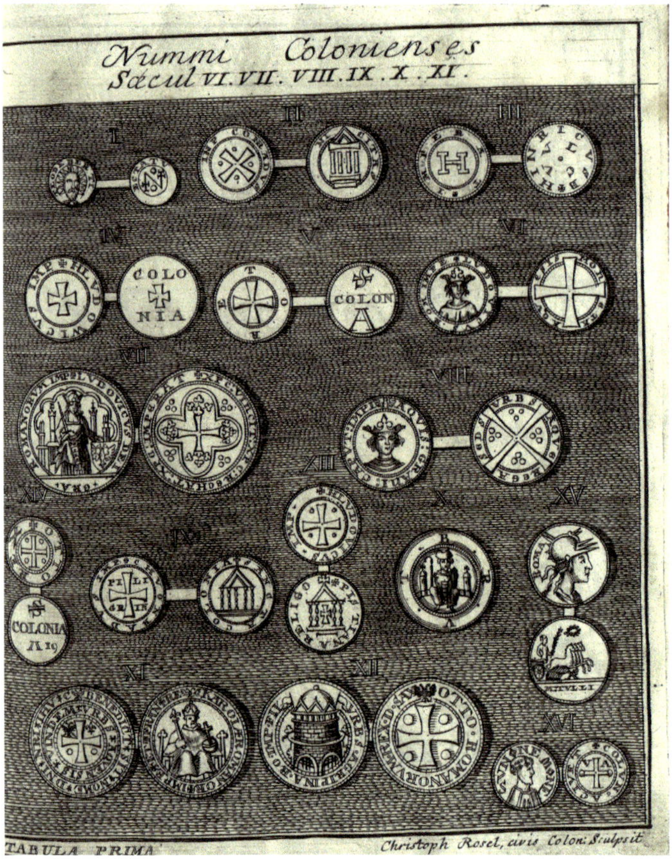

78 *Nummi Colonienses*, in: Hartzheim, Hermann Joseph: *Historia Rei Nummariae Coloniensis*, Köln: Krakamp & Simon, 1754, Universitäts- und Stadtbibliothek Köln, SB746

von 1754 ist in diesem Zusammenhang auch ein Beispiel für die wissenschaftliche Betätigung der Kölner Jesuiten respektive Hartzheims mit den kollegseigenen Sammlungen.[417]

Ebenfalls im Jahresbericht 1752 sind umfangreiche Nachträge Hermann Joseph Hartzheims niedergeschrieben, die Neuerungen im Studium der Diplomatik, der Geschichte, des Griechischen sowie der Mathematik dokumentieren; außerdem die Einführung des Unterrichts der deutschen Sprache. Das „Herz aller Reformbestrebungen"[418] war Hartzheim selbst.[419] Seine Förderung der Geschichte beschränkte sich allerdings

417 Vgl. Hartzheim 1754, http://services.ub.uni-koeln.de/cdm/ref/collection/rheinmono/id/860841 [zuletzt aufgerufen am 24.03.2024].

418 Kuckhoff 1931a, S. 591.

419 HAStK, Best. 223, A 12, fol. 253v.

nicht ausschließlich auf die Lehre, sondern betraf auch die Pflege und den Ausbau des kollegseigenen Archivs und die Sammlung von (wertvollen) Handschriften. Seine

> „Pflege der Geschichte hat sehr wertvolle Früchte getragen. Hartzheim hat zahlreiche eifrige Sammler geweckt, die wertvolle Reste alter Aktenstücke retteten und den späteren Geschlechtern aufbewahrten. Da sind nicht nur die beiden Jesuiten, Friedrich von Reiffenberg [...] und Augustinus Aldenbrück zu nennen, sondern vor allem auch Bartholomäus Joseph Blasius Alfter, der im Jahre 1728 geboren, Schüler Hartzheims am Tricoronatum gewesen ist."[420]

Dies ist ein weiteres Beispiel für Hartzheims Position in wissenschaftlichen Netzwerken, in denen das Sammeln von Wissen und Schriftgut einen hohen Stellenwert hatte.

Neben den verschiedenen Teilsammlungen befanden sich außerdem ausgewählte Fachbücher im *Musaeum antiquitatum*. Der Sonderstandort konnte beispielsweise in der *Kupfer-Bibel* des Naturwissenschaftlers und Arztes Johann Jacob Scheuchzer (1672–1733) nachgewiesen werden, die dem Kolleg 1767 „pro Museo antiquiti, et Rerum Curiosi" geschenkt wurde.[421] Nach der Beschreibung der Ausstattung und Sammlungen im Kölner Jesuitenkolleg Mitte des 18. Jahrhunderts müssen sowohl die Fülle an Sammlungen und besonderen Einrichtungen, die hohe Quantität an Einzelstücken als auch die Spezialisierung der einzelnen Sammlungsbereiche hervorgehoben werden.

Auch wenn es wenig Zeugnisse für eine direkte Förderung der Sammlungen und Einrichtungen durch Hermann Joseph Hartzheim gibt, kann er doch stets indirekt sowohl mit der Spezialisierung als auch mit dem Ausbau der jesuitischen Sammlungen in Verbindung gebracht werden. Nicht zuletzt sein großes, überregionales Netzwerk auch nach Italien wird für die Sammlungen nutzbringend gewesen sein. Im Hinblick auf das Mathematisch-Physikalische Kabinett besteht Hartzheims Verdienst unter anderem darin, gute Rahmenbedingungen für die Erweiterung der Sammlung sowie die Stärkung und den Ausbau des mathematischen Unterrichts geschaffen zu haben. Diese Art der Förderung lässt sich anhand einer höheren Frequenz des mathematischen Unterrichts belegen oder auch dadurch, dass Hartzheim Heinrich Frings, seit 1749 neuer Mathematikprofessor am Gymnasium Tricoronatum, 1752 zur Weiterbildung und zum vertiefenden Studium der Mathematik nach Wien sandte.[422] Kuckhoff beschreibt die Fülle der Sammlungen und (Spezial-)Einrichtungen unter Hartzheim, die dem Kolleg gehörten und dort untergebracht waren, aber zur Nutzung im jesuitischen Gymnasium Tricoronatum bestimmt waren, prägnant:

420 Kuckhoff 1931a, S. 590f.

421 Vgl. Scheuchzer, Johann Jacob: Kupfer-Bibel. In welcher die Physica Sacra, Oder Geheiligte Natur-Wissenschafft derer in Heil. Schrifft vorkommenden Natürlichen Sachen, deutlich erklärt und bewährt, Augsburg/Ulm: Christian Ulrich Wagner, 1733. USB-Signatur N1/105-1,TAF. Vgl. dazu auch Quarg, Gunter: Johann Jacob Scheuchzer »Kupfer-Bibel, in welcher die Physica sacra oder geheiligte Naturwissenschaft erklärt wird«, in: Lust und Verlust. Kölner Sammler zwischen Trikolore und Preußenadler. Ausst. Kat. Josef-Haubrich-Kunsthalle, Bd. 1, Köln 1995–1996, hg. von Hiltrud Kier/Frank Günter Zehnder, Köln 1995, S. 523, Kat. Nr. 37.

422 Vgl. HAStK, Best. 223, A 12, fol. 254v.

„Täglich gab man am Tricoronatum mathematischen Unterricht in den Oberklassen, und zwar morgens um 6 und abends um 7 Uhr; von Ostern bis zum Schluß des Schuljahres wurden Übungen veranstaltet. Dafür standen das Observatorium und die physikalischen Sammlungen zur Verfügung. Dergleichen Hilfsmittel gab es in Köln sonst nirgendwo. Das Tricoronatum aber verfügte über die nötigen Apparate für Mechanik, Elektrizität, Hydraulik, Hydrostatik und Optik. Nichts dergleichen gab es am Montanum und Laurentianum. Die Apparate waren in drei Sälen aufgestellt. Außerdem gab es ein naturwissenschaftliches Kabinett. In einem Saale standen Präparate und Schaustücke aus allen Gebieten, und sie wurden von auswärtigen Gelehrten häufig bewundert. Dazu kam eine reiche Sammlung römischer und griechischer, wie auch kurkölnischer Münzen und eine dazu gehörige Bibliothek. Die Kupferstichsammlung, die über 200 Bände umfaßte, hatte ihresgleichen nicht am ganzen Rhein. Ein im Druck erhaltenes Verzeichnis erregt unser aufrichtiges Staunen über den Umfang der Sammlung, die heute zum Teil in der Nationalbibliothek in Paris aufbewahrt wird. Da gab es 205 Blätter nach Gemälden Rafaels, 177 nach Michelangelo, 229 nach Rubens usw. Meist waren die Blätter nach sachlichen Gesichtspunkten geordnet. [...] Ähnlich ist es auch den Schätzen der Bibliothek ergangen; auch mit ihr konnte sich weit und breit keine Büchersammlung messen. Nicht vergessen darf man auch die Apotheke und das chemische Laboratorium, schließlich das Musikseminar für die Pflege der Tonkunst und des Gesanges."[423]

3.5 Heinrich Frings: Mathematiker und Physiker?

Der Jesuit Heinrich Frings (1718–1780) bekleidete von 1749 bis 1767 das Amt des Mathematikprofessors am Kölner Gymnasium Tricoronatum und wurde im Anschluss der letzte Regent des Jesuitengymnasiums vor der Aufhebung des Ordens 1773. Seine Rolle für die Entwicklung des Mathematisch-Physikalischen Kabinetts, der Sternwarte sowie der anderen Sammlungen scheint so bedeutsam gewesen zu sein wie sein Engagement für das Gymnasium Tricoronatum nach der Ordensaufhebung generell, als der Verbleib der Schule und der Sammlungen infrage stand. Auf den folgenden Seiten werden zunächst Frings' Biografie, seine Tätigkeiten als Mathematikprofessor und seine Arbeit für die Sammlungen bis 1773 geschildert, bevor sein schulpolitisches Engagement für den Erhalt des Gymnasium Tricoronatum nach 1773 im nächsten Kapitel eingebunden wird.

Die Biografie Heinrich Frings' ist sowohl in den archivalischen Quellen als auch in der Sekundärliteratur sehr gut dokumentiert, weil Frings zum Beispiel selbst in seinem umfangreichen Testament wichtige Stationen seines Lebens niedergeschrieben hatte.[424] Er wurde am 27. September 1718 in Ersdorf in der Eifel geboren und besuchte bis 1732 als Schüler das Jesuitenkolleg in Münstereifel. Im Anschluss ging er nach Köln, um am Gymnasium Tricoronatum den philosophischen Kurs zu studieren, den er 1737 mit dem *Magister Artium* abschloss. Das Fach Mathematik lernte er bei Reiner Kylman in einer Zeit, als dieser sowohl das *Musaeum mathematicum* als auch die Sternwarte bereits eingerichtet und für die Lehre nutzbar gemacht hatte. Der Einfluss Kylmans und die

423 Kuckhoff 1931a, S. 618f.

424 Das Testament inklusive Transkription aus dem Jahr 1844 befindet sich in HAStK, U L/79/1. Vgl. außerdem Frings 1952; Kuckhoff 1931a, S. 615; Quarg 1996b, S. 30–32.

Erfahrung des Lernens und Lehrens mittels mathematischer Instrumente war für seine eigene Entwicklung zum Mathematikprofessor mit Sicherheit von Bedeutung. Bereits zu dieser Zeit scheint Frings sich um die Neuorganisation der Studienstiftungen und die Verwaltung des Schulvermögens gekümmert zu haben, wie er es während seiner Regentschaft ebenfalls tat. 1737 trat Frings in den Jesuitenorden ein. Sein Noviziat führte ihn nach Trier und Koblenz, wo er Griechisch und Latein lehrte. Ab 1743 befand er sich erneut in Köln und studierte Theologie, nachdem er seine Lehrtätigkeiten aus gesundheitlichen Gründen hatte unterbrechen müssen. 1746 zum Priester geweiht, ging er nach Münster, um dort geistlichen Übungen und seelsorgerischen Tätigkeiten nachzugehen. Der Jesuitenorden beorderte Frings zurück nach Köln, wo er für kurze Zeit Geschichte, Geografie und Griechisch lehrte, bevor er mit 31 Jahren das Amt des Mathematikprofessors bis 1767 übernahm. Wegen seines Einflusses ist es naheliegend, dass Hermann Joseph Hartzheim für die Berufung Frings' nach Köln maßgeblich verantwortlich war. Von 1749 bis 1753 war Frings auch im Xaverianischen Konvikt als Lehrer tätig, während das Internat 1751 seinen Neubau erhielt und die Lehre neuorganisiert wurde.

> „[Das Konvikt] erlebte einen Aufschwung und befand sich nach wenigen Jahren in seiner höchsten Blüte. 1753 wurden 60 Konviktoren gezählt; darunter waren zwei Fürsten und ein Markgraf. In diesen Jahren des Aufschwungs nun wirkte Henricus Frings als Präses im Konvikt. In der Unterweisung und Erziehung des jungen Adels und der reichen Patriziersöhne aus angesehenen Familien hatte man dem jungen Mathematikprofessor ein Amt anvertraut, das der Orden immer als wichtig erachtete. Seit jeher hatte die große Zahl adliger Schüler dem Tricoronatum einen Vorsprung vor den anderen Kölner Gymnasien gegeben."[425]

Während dieser Zeit wurde Frings 1752, vermutlich auf Anraten Hartzheims selbst, für einen kurzen Aufenthalt nach Wien geschickt, um sich an der vor allem von den Jesuiten geprägten und dominierten Universität in der Mathematik weiterzubilden und das dortige *Musaeum mathematicum* sowie die Sternwarte zu besuchen. Neben der Tätigkeit als Mathematikprofessor in Köln übergab Hartzheim Frings 1756 zudem das Amt des Subregenten, wohl weil er ihn für geeignet hielt, die von ihm durch- und umgesetzten Reformen und Neuerungen nach seinem Rücktritt 1759 weiterzuführen.[426] Nach der kurzen Regententätigkeit Adolph Schmitz' und der Amtszeit Peter Salms, die 1762 begann und mit dessen Tod 1767 endete, übernahm Heinrich Frings schließlich als letzter Jesuit das Regentenamt des Gymnasium Tricoronatum.

Seit 1749 hatte Frings demnach angefangen,

425 Frings 1952, S. 9f.

426 „Aus zwei Gründen muß gerade zu diesem Zeitpunkt die Ernennung eines geeigneten Subregenten Hartzheim am Herzen gelegen haben: einmal hatte er dem Tricoronatum nach seiner geistigen Planung einen neuen Kurs gegeben; zum Subregenten mußte er nun einen Mann wählen, der in der Lage war, den von ihm angegebenen Kurs zu halten. Zum anderen hatte sich nach 26 Jahren umfangreicher Arbeit als Schulmann in Hartzheim offensichtlich der Gelehrte zu seinem Recht gemeldet […]. Im Hinblick auf seine wissenschaftlichen Vorhaben wohl legte Hartzheim dann 1759 seine Professur und die Leitung des Tricoronatums nieder." Ebd., S. 11.

> „fort […] die Mathematik im Gimnasyum der Dreien Kronen, ununterbrochen, ausgenommen, dass er im Jahre 1752 wegen dieser Wissenschaft Wien besuchet hat, bis auf das Jahr 1767 zu lehren, wo er den 4. Junius als Regens desselben Gimnasiums ist ernannt worden, in welchem Amte er grosse Mühe, viele Sorgen, Bekümmerniss, Traurigkeit, besonders nachdem im Jahre 1773 die Brüderbande der nützlichsten Gesellschaft Jesu sind zerissen worden, ausstehen müssen; jedoch hat es dem Vater aller Barmherzigkeit allergnädigst gefallen, das so berühmte Gimnasyum gegen alle Anfälle zu erhalten, welchem deswegen Ehre Lob und Benedeiung sei in alle Ewigkeit."[427]

Am 1. Januar des Jahres 1780 starb Heinrich Frings schließlich in Köln. Sein Testament dokumentiert verschiedene Verfügungen und Schenkungen zugunsten des Kölner Jesuitenkollegs und seiner Familie, vor allem seiner Schwestern und deren Kindern. Für diese zwei Schwestern Maria Gertrudis und Adelheidis richtete er eine Studienstiftung ein.[428]

Acht Monate lang, von Anfang Februar bis Ende September des Jahres 1752, absolvierte Heinrich Frings auf Kosten des Kölner Kollegs ein mathematisches Studium beim jesuitischen Mathematikprofessor Joseph Frantz (1704–1776) an der Universität in Wien, „dem berühmten Professor für Mathematik und experimentelle Physik", in dem Astronomie, Optik, Geometrie und statische Mechanik gelehrt wurden.[429] Diese Weiterbildungsreise Frings' wird in den *Litterae Annuae* des Jahres 1752 gemeinsam mit den anderen Reformen und didaktischen Neuerungen Hermann Joseph Hartzheims desselben Jahres, wie der Einführung des Unterrichts der deutschen Sprache, genannt. Nicht zuletzt deswegen ist davon auszugehen, dass Hartzheim Frings nach Wien geschickt hatte, um sich für den Unterricht der Mathematik bestmöglich weiterzubilden.

Der Jesuit Joseph Frantz war seit 1734 Professor der Mathematik, Experimentalphysik und Astronomie an der Universität Wien. Außerdem war er Rhetorik-, Physik- und Philosophielehrer für die habsburgisch-lothringischen Erzherzöge, vor allem für den späteren Kaiser Joseph II. (1741–1790).[430] An der Wiener Universität gab es bereits seit 1711 oder 1714 ein *Musaeum mathematicum*, das von dem damaligen Mathematikprofessor Ernst Vols eingerichtet worden war. Es befand sich im Akademischen Kolleg der Jesuiten und diente der Veranschaulichung mathematischer und physikalischer Prozesse. Dort fanden auch die Vorlesungen der Mathematik und Experimentalphysik statt, in denen mithilfe der Instrumente des Museums Experimente durchgeführt und so in die Lehre integriert wurden. Im Verlauf des 18. Jahrhunderts wurde das *Musaeum* unter anderem mit großer finanzieller Unterstützung Maria Theresia von Österreichs (1717–1780) erweitert, die 1752 Reformen des universitären und gymnasialen Unterrichts der

427 AEK, Monasteria Köln, St. Mariä Himmelfahrt, Nr. 10, Transkription, S. 34.
428 Vgl. Frings 1952, S. 1–13.
429 HAStK, Best. 223, A 12, fol. 254v.
430 Vgl. Pärr, Nora: Maximilian Hell und sein wissenschaftliches Umfeld im Wien des 18. Jahrhunderts, Nordhausen 2013, S. 63–65. „Frantz, der als Physiklehrer auch gerne mit Schauobjekten arbeitete, hat vermutlich prägenden Einfluss auf die naturwissenschaftlichen Interessen des späteren Kaiser Joseph II. gehabt. Er ließ eigens Instrumentarium aus Sammlungen zu Demonstrationszwecken heranschaffen, um den Unterricht eindrucksvoll zu gestalten und nicht auf bloßer Theorie basieren zu lassen." Ebd., S. 63.

Physik und Mathematik initiiert hatte. „In dieser mittels mehrerer Schenkungen ausgestatteten Einrichtung befanden sich Geräte und Apparaturen für Optik, Astronomie, Geografie, Geometrie, Sammlungen aus Naturgeschichte und Völkerkunde sowie eine Sammlung von Erd- und Himmelsgloben."[431] Von 1744 bis 1773 leitete Joseph Frantz das *Musaeum mathematicum,* das ungefähr aus 100 Objekten bestand. Gemeinsam mit seinem Assistenten Maximilian Hell (1720–1792) pflegte er nicht nur den Sammlungsbestand, sondern stellte auch selbst Instrumente her, wie Wasser- und Sonnenuhren. Zudem war er der erste Inhaber des 1744 neu eingerichteten Lehrstuhls für Experimentalphysik und wurde 1752 zum Direktor der Philosophischen Fakultät.[432]

Neben dem *Musaeum mathematicum* wurde 1733 nach dem Vorbild des privaten Observatoriums des Kaiserlichen Hofmathematikers Johann Jakob Marioni (1676–1755), aus dem später die Universitätssternwarte hervorging, ein ordenseigener Mathematischer Turm im Akademischen Kolleg eingerichtet. Hier wirkte ebenfalls Joseph Frantz zeitweilig als Leiter und führte jahrelang astronomische Beobachtungen durch, die er auch veröffentlichte.[433]

> „Das Instrumentarium [der Jesuitensternwarte] wies in seiner Grundausstattung zwei astronomische Messingkreise, eine drehbare Messingsphäre, Messingrohre, die später zu Fernrohren weiterverarbeitet werden sollten, auf. Weiters wird ein „horologium", ein Uhrwerk, erwähnt. Schließlich war die Sternwarte von einer erst später hinzugekommenen Armillarsphäre bekrönt. […] Die Jesuitensternwarte erhielt folgende Ausstattung: einen Mauerquadranten, eine Räderuhr, eine Camera Obscura, Himmelsgloben, ein Newtonfernrohr, sowie eine Pendeluhr. Zudem ließ man eine Luftpumpe sowie einen Erzglobus anfertigen. Das Jahr 1742 brachte den Ordensangehörigen Budgetprobleme. Im Jahr 1750/51 wurden für Wetterbeobachtungen zwei Barometer, drei Thermometer, zwei Hygrometer, ein Manometer sowie zwei Verdunstgefäße erworben."[434]

Deutlich sind die Parallelen zum Kölner Kolleg sowohl im Hinblick auf die mathematischen Einrichtungen als auch auf den Instrumentenbestand zu erkennen. Somit kann davon ausgegangen werden, dass Heinrich Frings sehr gute und zweckdienliche Anregungen aus seinem Aufenthalt in Wien mit nach Köln nahm und sein dort erworbenes Wissen über und seine Erfahrungen mit den Instrumenten direkt in seinen Unterricht der Mathematik sowie Astronomie und seine Leitung des hiesigen *Musaeum mathematicum* integrieren konnte. Darüber hinaus erweiterte sich durch den Wiener Aufenthalt auch das mathematische Netzwerk der Kölner Jesuiten, kam Heinrich Frings doch in Kontakt mit anderen Mathematikern und Naturwissenschaftlern, neben Joseph Frantz

431 Ebd., S. 12. Zu Kaiserin Maria Theresia vgl. zum Beispiel Quarg 1996b, S. 104.

432 Vgl. Pärr 2013, S. 11–17.

433 Zur jesuitischen Astronomie und dem Mathematischen Turm vgl. ebd., S. 80–83. Zur Universitätssternwarte, deren Leiter ab 1755 Maximilian Hell war, vgl. ebd., S. 100–122. Zu Maximilian Hell siehe auch die jüngste Publikation, die den jesuitischen Naturwissenschaftler in den Kontext der katholischen Aufklärung der Jesuiten im 18. Jahrhundert setzt Aspaas, Per Pippin/Kontler, László: Maximilian Hell (1720–92) and the Ends of Jesuit Science in Enlightenment Europe, Leiden/Boston 2020. Die beiden Veröffentlichungen offenbaren das Forschungspotenzial rund um jesuitische Naturwissenschaft(ler) und weitere vielfältige vergleichende Fragestellungen.

434 Pärr 2013, S. 81.

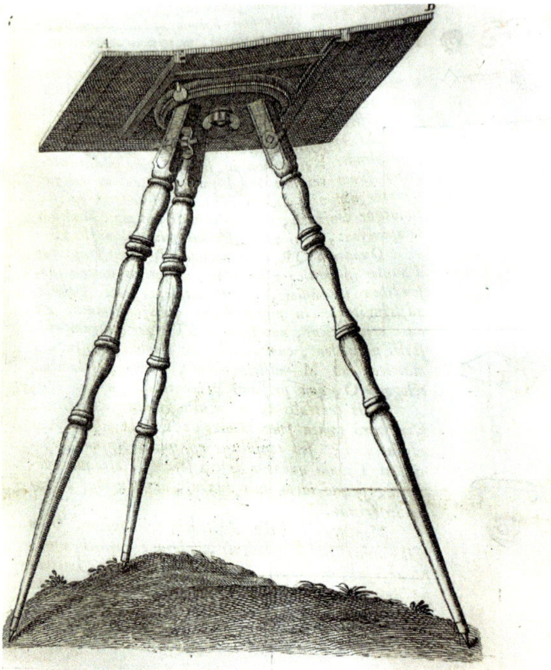

79 Gezeichnete Anmerkungen und Erweiterungen von Heinrich Frings an einem Schaubild eines Messtisches, in: Lecchi, Giovanni Antonio: *Elementa geometriae theoricae et practicae*, 2 Bde., Bd. 1, Mailand: Marellus, 1753, Universitäts- und Stadtbibliothek Köln, N2/131-1

möglicherweise auch mit Johann Jakob Marioni und dem italienischen Mathematiker Giovanni Antonio Lecchi (1702–1776), der die Nachfolge Marionis als kaiserlicher Mathematiker antrat. Zwei Bände dessen mathematischen Lehrwerks *Elementa Geometria theoricae et practicae* kamen als Schenkungen Lecchis an Heinrich Frings und Hermann Joseph Hartzheim in die Bibliothek des Kölner Jesuitenkollegs.[435] Frings muss das Werk, das in großen Teilen auf Euklid basierte, inhaltlich für so gut erachtet haben, dass er es 1758 in Köln neu drucken ließ „ad usum Universitatis Coloniensis", allerdings gewissermaßen als studentenfreundlichere Ausgabe, in verkürzter Form, im handlichen Format und mit komprimierten und angepassten Schaubildern. Frings' Buch weist dementsprechend viele Anmerkungen und Abbildungsverweise auf, darüber hinaus beispielsweise eine Anpassung in der Darstellung eines Messtisches (Abb. 79 und Abb. 80),

435 Vgl. Lecchi, Giovanni Antonio: Elementa geometriae theoricae et practicae, 2 Bde., Bd. 1, Mailand: Marellus, 1753. USB-Signatur N2/131-1. Der Band enthält folgende Provenienzvermerke: hs. Besitzvermerk „Liber e Musaei Mathematici in Collegio PP. Soc. Jesu Coloniae." und hs. Besitzvermerk „Reddatus P: H. Frings S. J. Coloniae"; Lecchi, Giovanni Antonio: Elementa geometriae theoricae et practicae, 2 Bde., Bd. 2, Mailand: Marellus, 1754. USB-Signatur N2/131-2. Laut Provenienzvermerk kam dieser Band über Hermann Joseph Hartzheim in die Bibliothek: hs. Besitzvermerk „Collegii S. J. Coloniae 1762. dono P. J. Hartzheim.". Von Gunther Quarg hat Meuthen den Hinweis erhalten, dass Lecchi sein Werk 1758 auch in Köln veröffentlicht habe. Lecchi habe die Mailänder Erstauflage von 1754 Heinrich Frings geschenkt. Vgl. Meuthen 1988, S. 377f. und S. 505. „Frings stand mit dem Italiener also in gutem Kontakt". Ebd., S. 378.

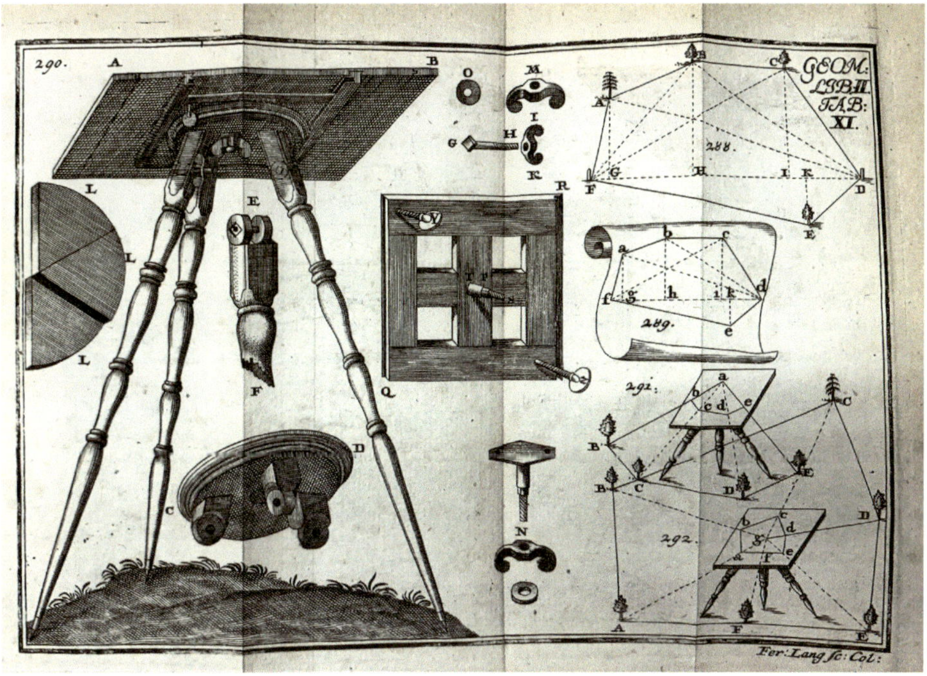

80 Neuer Druck des Messtisches mit Heinrich Frings' Änderungen, in: Lecchi: *Elementa geometriae theoricae et practicae*, Köln: Ludovicus Schorn, 1758, Universitäts- und Stadtbibliothek Köln, N2/131+2

der sich auch im Mathematisch-Physikalischen Kabinett befand, oder den Stich eines Kölner Fußmaßes. Das bearbeitete Exemplar stand später im *Musaeum mathematicum*.[436]

Unter der Leitung von Heinrich Frings wurde der Instrumentenbestand des Mathematisch-Physikalischen Kabinetts in Köln in den folgenden Jahren und Jahrzehnten deutlich erweitert. Für Ankäufe nutzte er ein Budget, das ihm von der Universität gestellt wurde.[437] Außerdem fertigte er auch selbst Objekte an, was Reste einer hölzernen Sonnenuhr aus dem Jahr 1767 bezeugen. Daneben erwarb Frings auf eigene Kosten einzelne Instrumente, wie zum Beispiel einen silbernen Sonnenring, den er noch in seinem Testament erwähnte.[438] Der Ausbau des Kabinetts erfolgte demnach durch Ankäufe aus Mitteln der Universität oder mit eigenen Mitteln, durch eigene Herstellung von Instrumenten sowie durch Schenkungen.

Zwei umfangreiche Schenkungen sowohl an das Mathematisch-Physikalische Kabinett des Jesuitenkollegs als auch an das des Xaverianischen Konvikts sind im Jahresbericht

436 Vgl. Quarg 1996b, S. 39–43; Frings' Überarbeitungen befinden sich in Lecchi 1753. USB-Signatur N2/131-1. Der Kölner Druck trägt die USB-Signatur N2/131+2: Lecchi, Giovanni Antonio: Elementa geometriae theoricae et practicae, Köln: Ludovicus Schorn, 1758.

437 Vgl. HAStK, Best. 150 (Universität), A 992.

438 HAStK, U L/79/1, Transkription, S. 27.

von 1754 dokumentiert: Der Dechant an St. Georg in Köln und päpstlicher Protonotar Johann Adam von Stoesberg (1668–1755) schenkte dem Jesuitenkolleg einen

> „ausgezeichneten Apparat an Instrumenten. Das Musaeum in unserem Convict wurde ebenso mit vielen und feinen Instrumenten bereichert. Neben diesen wurde auch ein kleines Landgut etwas außerhalb der Mauern angeschafft, zu dem die Convictoren an Tagen, an denen die litterarischen Spiele pausieren, hingeführt werden".[439]

Dabei handelte es sich wohl um das Grundstück mit Garten in Merheim, das bereits beschrieben worden ist. Johann Adam von Stoesberg war selbst Schüler und Student des Gymnasium Tricoronatum gewesen und war 1702 zum *Magister artium* promoviert worden.[440]

Seine Instrumentensammlung, die Stoesberg selbst geerbt habe, schenkte er 1754 dem mathematischen Museum des Kollegs,

> „um die Wissenschaften und kreativen Künste zu fördern; eine offensichtlich großartige und zu Recht geschätzte Aufgabe. [...] Der weise Mann hatte sich schon lange Gedanken gemacht, wie er am besten seine Sammlung überführen sollte, aus Angst, sie würde nach seinem Tod in Stücke gerissen, und nichts würde übrig bleiben außer Müll aus Messing und Eisenschrott".[441]

Dem kam Stoesberg zuvor, indem er seine vollständige Sammlung den Jesuiten schenkte. Teile dieser Schenkung waren verschiedene Spiegel, gebrannte Glasmalereien sowie Glasarbeiten aller Art neben unterschiedlichen Geräten und Instrumenten zum Schleifen von Glas, zum Ziselieren, Polieren und zur Bearbeitung getriebener Arbeiten aus Metall. Laut Kuckhoff enthält der heutige Bestand der Sammlung Objekte aus der Schenkung Stoesbergs.[442] Im jesuitischen Inventar von 1774 lassen sich verschiedene Spiegel und unterschiedliche Gläser nachweisen; außerdem „über 200 [eiserne] Schleifschalen zur Herstellung optischer Linsen, in schöner Ordnung unterteilt". Diese optischen Linsen wurden zur Verbesserung und Anpassung von Fernrohren und Mikroskopen benutzt.[443]

Die Sammlung an Instrumenten hatte Johann Adam von Stoesberg aus dem Erbe des Kölners Andreas Eschenbrender (1649–1717) erhalten. Eschenbrender war Kölner Offizial und kurkölnischer Hofratspräsident während des spanischen Erbfolgekrieges gewesen und hatte die Geschicke des Kölner Kurstaates für den in Paris lebenden Kölner Kurfürsten geleitet. Aus Unkel am Rhein stammend, hatte Eschenbrender am Gymnasium Tricoronatum seine Schulzeit verbracht und den philosophischen Kurs studiert. Es folgte ein Jurastudium mit Promotion, bevor er verschiedene Akademien in ganz Europa

439 ARSI, Rhen. Inf. 59 I, fol. 373r. *Historia Collegii* 1754.
440 HAStK, Best. 223, A 12, fol. 267r. Randnotiz Hartzheims.
441 ARSI, Rhen. Inf. 66, fol. 17–18. *Litterae Annuae* 1754. Vgl. dazu auch HAStK, Best. 223, A 12, fol. 267r.
442 Vgl. Kuckhoff 1931a, S. 598; HAStK, Best. 223, A 12, fol. 267r–267v.
443 Vgl. Quarg 1996b, S. 129. Siehe das vollständige Inventar von 1774 in: Gersmann 2019, https://kabinett.mapublishing-lab.uni-koeln.de/inventare/inventar-1774 [zuletzt aufgerufen am 07.04.2024].

bereiste. Auch seine politische Karriere führte ihn immer wieder an unterschiedliche Orte Europas. Hartzheim zeichnete Eschenbrenders politische Funktionen und Ämter in seiner *Bibliotheca Coloniensis* genau nach und beschrieb ihn als Patriot, als gebildeten und kultivierten Mann, ebenso wie als Mann der Kirche.[444]

Hartzheim schilderte des Weiteren, dass Eschenbrender Stunden damit verbracht habe, seine reiche Bibliothek und sein mathematisches Museum zu besichtigen, sowie die Instrumente und Maschinen, mit deren Eleganz und Fülle er sehr gut ausgestattet gewesen sei. Außerdem habe er auch selbst Probestücke einzelner Künste und Wissenschaften angefertigt, denn er sei bestrebt gewesen, alle Wissenschaften ganz zu begreifen. Demnach habe es keine Kunst gegeben, auch nicht die Mechanik, die Eschenbrender nicht verstanden und selbst ausgeführt habe. Als Eschenbrender 1717 starb, wurde er im Dom bestattet, wo noch heute ein Epitaph an ihn erinnert. Seine vollständige Bibliothek mit Werken des Rechts, der Theologie und anderer Fakultäten sowie das *Musaeum mathematicum* seien an seinen Erben, den Neffen seiner Schwester, den Dechanten Johann Adam von Stoesberg, übergegangen.[445]

Neben der Schenkung der mathematischen Instrumente an das Kolleg und das Konvikt im Jahr 1754 lässt sich außerdem zumindest ein Provenienznachweis in einem Buch aus der ehemaligen Jesuitenbibliothek finden. Es handelt sich um ein mathematisches Werk des Antwerpener Jesuiten André Tacquet, das 1759 von Heinrich Frings angeschafft worden ist. Es stammt aus „Ex libris Andreae Eschenbrender", was nahelegt, dass es nicht das einzige Buch Eschenbrenders war, das vermutlich über Stoesberg in die Jesuitenbibliothek gekommen ist.[446]

Heute haben sich 26 Bücher erhalten, die Heinrich Frings für das Jesuitenkolleg sowie das *Musaeum mathematicum* beschafft hat. Die Mehrheit der Titel lassen sich den mathematischen Wissenschaften zuordnen. Sie stammen von Christoph Clavius, dem französischen Naturwissenschaftler Jean-Antoine Nollet (1700–1770) oder dem Jesuiten, Naturwissenschaftler und Mathematikprofessor am Collegium Romanum Ruder Bošković (1711–1787).[447]

Zu Ehren der Schenkung Johann Adam von Stoesbergs hielten Schüler der *Physica* und *Logica* 1754 umfangreiche Disputationen ab, in denen verschiedene Bereiche der Mathematik thematisiert und bearbeitet wurden: Arithmetik, Analysis, (ebene und räumliche) Geometrie, (sphärische) Trigonometrie, Kegelschnitte und Optik. Stoesberg selbst war bei den öffentlichen Vorführungen in der Aula des Gymnasium Tricoronatum

444 Vgl. Hartzheim 1747, S. 16 und vor allem S. 364. Zu Andreas Eschenbrenders Rolle im Spanischen Erbfolgekrieg vgl. außerdem Schwerhoff 2017, S. 80–88.

445 Vgl. Hartzheim 1747, S. 364.

446 Vgl. Tacquet, André: Opera mathematica R. P. Andreae Tacquet Antverpiensis e societate Jesu, hg. von Simon Laurentius Veteranus, Antwerpen: Meursius, 1669. USB-Signatur N2/67.

447 Siehe das Suchergebnis im Jesuitenportal der USB: https://jesuitensammlung.ub.uni-koeln.de/portal/search.html?page=1;ft4308=Frings%2C%20Henricus;l=de;profile=2545 [zuletzt aufgerufen am 03.02.2024].

anwesend und wurde auf dem Titelblatt der Disputationen als Wohltäter, „Euergetes", hervorgehoben.[448] Die Breite der mathematischen Themen offenbart zum einen die didaktische Vielfalt der Mathematikvorlesungen und zum anderen das Spektrum des mathematischen Instrumentenbestands. Generell ist unter Heinrich Frings eine deutliche Zunahme der Disputationen zu verzeichnen. „Mit dem Amtsantritt von Heinrich Frings im Jahre 1749 begann also am Gymnasium Tricoronatum eine Zeit besonders intensiver Pflege der Mathematik, die ihren Ausdruck in den bis dahin umfangreichsten Disputationsschriften aus diesem Fach findet."[449]

Quarg führt eine Reihe von mathematisch-physikalischen Disputationen, öffentlichen Übungen und Prüfungen aus dieser Zeit in den Bereichen der Optik, Mechanik, Astronomie, Aerostatik sowie der Hydrostatik und Hydraulik an. Außerdem fanden für die Lizenziaten Zusatzkurse der Naturgeschichte über Mineralien, das Pflanzen- und Tierreich statt. Zu diesen Ereignissen und Kursen wurden mit den Objekten und Instrumenten Experimente durchgeführt, es fanden Vorführungen *ad oculum* statt oder es wurden neue Geräte gefertigt.

> „Es wäre interessant zu wissen, ob von Anlässen der eben beschriebenen Art abgesehen, die Instrumente nun zu jeder Physikstunde aus ihren Schränken geholt und vorgeführt wurden oder ob man sich im Interesse eines raschen Vorwärtskommens im Normalfall hier und auch andernorts mit Beschreibungen der Experimente begnügt hat. Auch über eine Verwendung der Sammlung für Forschungszwecke der Physikprofessoren gibt es praktisch keine Zeugnisse."[450]

An dieser Stelle zeigte sich bereits die zunehmende Differenzierung von Mathematik und Experimentalphysik als eigene Disziplinen der Philosophie, die sich von der Universität Göttingen oder auch von französischen Wissenschaftlern wie Jean-Antoine Nollet ausgehend vor allem in der zweiten Hälfte des 18. Jahrhunderts nach und nach im deutschsprachigen Gebiet ausbreitete. Auch wenn die Jesuiten in Köln um die Jahrhundertmitte in Teilen noch immer die aristotelische Naturphilosophie rezipierten, scheinen sie doch wiederum die Entwicklung der Physik relativ schnell aufgenommen und in ihre Lehre einfließen gelassen zu haben, wie die Prüfungsschriften und vor allem die Instrumente selbst nahelegen. Weil archivalische Quellen aus den letzten Jahrzehnten, vor allem die *Litterae Annuae* ab 1755, fehlen, bleibt diese Periode unscharf. Die vorhandenen Quellen, Instrumente und experimentelle Praktiken in der Lehre sowie die Entwicklung in anderen Jesuitenkollegien wie in Ingolstadt legen jedoch nahe, dass (experimental-)physikalische Vorlesungen schon zu dieser Zeit stattgefunden haben könnten.

448 Vgl. Quarg 1996b, S. 31.
449 Ebd., S. 30f. Eine Dokumentation der verschiedenen Disputationen zu unterschiedlichen Bereichen der Mathematik liefert Stauder, Peter: Die Hochschulschriften der alten Kölner Universität 1583–1798. Ein Verzeichnis, München 1990.
450 Quarg 1996b, S. 106. Quarg analysiert die Drucke der mathematisch-physikalischen Prüfungen und Demonstrationen detailliert, vgl. ebd., S. 100–112.

„Im Vergleich zu den geschilderten Verhältnissen [am Tricoronatum] wirkt das Wenige, was aus dem Bereich der beiden anderen Gymnasien zur Physik an Dokumenten erhalten ist, sehr konventionell, ja es scheint so, daß man sich dort noch nach 1750 durch bewußtes Beharren im Althergebrachten von den ‚neumodischen' Bestrebungen der konkurrierenden Jesuitenschule absetzen wollte."[451]

Als Frings 1767 das Amt des Regenten übernahm, wurde Johann Linzenich († 1788) sein Nachfolger. Dieser war bereits seit 1754 als Lehrer am Tricoronatum tätig und kümmerte sich in den folgenden Jahren als Leiter auch um das Mathematisch-Physikalische Kabinett. 1771 war er Dekan der Philosophischen Fakultät.

Nachdem Heinrich Frings am 1. Januar 1780 in Köln verstorben war, trat sein Testament in Kraft, das sowohl eine kleine Geldspende an das Jesuitenkolleg zum Unterhalt des Gymnasiums beinhaltete als auch die Stiftung im Namen seiner Schwestern Maria Gertrudis und Adelheidis und Anweisungen für deren Kinder. Außerdem umfasste es die Schenkung einiger mathematischer Instrumente sowie mathematischer und philosophischer Bücher an das *Musaeum mathematicum*:

„§ 3. Dem mathematischen Musäum legiere oder bescheide ich das grosse Besteck, welches die Gestalt eines Buchs in folio hat und will, dass es darin immer aufbehalten, auch kein einziges aus dem eingeschlossenen Instrument aus was fürley Vorwande veräussert werde, worüber ich das Gewissen des zeitlichen Professorius matheseos belästige; ebenso vermache ich demselben Musäum die mathematischen und philosophischen Bücher, wie auch noch einige andere mathematischen Instrumenten /: ausgenommen den silbernen Sonnenring :/ welche ich mir angekaufet habe, Diejenigen Bücher aber, so von der Rede und Dichtkunst handeln, oder dazu gehören, vermache ich dem Gymnasium zum Gebrauche der Professoren, und sollen mit den übrigen aufbehalten werden auf dem ersten Zimmer zur rechten Hand bei den Hauptstiegen im untersten Gange in den Bücherkasten, welchen ich zu dem Ende habe machen lassen."[452]

Der „zeitliche Professorius matheseos" war auch um 1780 noch Johann Linzenich. Zur Prüfung der Einhaltung des Testaments und der Einrichtung der Stiftungen verpflichtete Frings seinen Nachfolger im Amt des Regenten, Johann Matthias Carrich (1735–1813). „[D]ies verspreche ich mir von seiner Dienstfertigkeit, christlichen Liebe und unserer im Herrn gepflogenen Freundschaft. Zum Andenken wolle er gefälligst den von mir gekauften silbernen Sonnenring für sich behalten."[453]

Bei Inkrafttreten von Frings' Testament war Carrich, der den silbernen Sonnenring erhalten sollte, Regent des Gymnasium Tricoronatum, das nach der Auflösung des Jesuitenordens nach langen Verhandlungen als städtisches Gymnasium bestehen blieb. Frings war demnach der letzte *Regens* des jesuitisch geleiteten und geprägten Tricoronatums, dessen Geschichte im Jahr 1773 eine Zäsur erlebte.[454]

451 Ebd., S. 107.
452 Vgl. Testament Frings' HAStK, U L/79/1, fol. 2v und Transkription S. 27.
453 Ebd., fol. 21v und Transkription S. 38f.
454 Kuckhoff fasst zusammen: „All dieses zeigt uns das Tricoronatum im Mittelpunkt des Kölner Jesuitenkollegs auf der höchsten Höhe seiner Wirksamkeit: Leben und Streben an allen Ecken und Enden. Auch der äußere Rahmen zu all dem wurde geschaffen. Man baute den Garten mit Hallen und Grotten aus, schmückte ihn mit Figuren und modischen Anlagen. Die Räume des Kollegs und

4. 1773: Die Aufhebung des Jesuitenordens und die Folgen für das Kabinett

Am 21. Juli 1773 wurde der Jesuitenorden durch das Breve *Dominus ac Redemptor* des Papstes Clemens XIV. aufgehoben. Der Orden war inzwischen sowohl lokal in den Städten, Ländern und Reichen als auch global in den Kolonien in den Augen vieler zu mächtig geworden und stand wegen der Treue zum Papst im Konflikt mit europäischen Monarchen. Bereits seit Mitte des 18. Jahrhunderts hatte sich in Portugal, den portugiesischen Kolonien, Frankreich, Spanien und den spanischen Kolonien Widerstand gegen die Jesuiten formiert, auf deren Druck hin der Papst den Orden 1773 auflöste.[455] Die Aufhebung hatte globale Folgen und brachte auch einen tiefen Einschnitt in die Organisation des jesuitischen Gymnasium Tricoronatum in Köln mit sich. Die jesuitische „Erfolgsstory"[456] in der Marzellenstraße – im Hinblick auf die Lehre der Naturwissenschaften und die Sammlungen – wurde unterbrochen. In den folgenden Kapiteln werden die lokalen Folgen für Köln, das Gymnasium Tricoronatum sowie generell für die Sammlungen und im Speziellen für das Mathematisch-Physikalische Kabinett geschildert.

> „Aus Kölner Sicht mutet es fast wie eine Ironie des Schicksals an, dass 1773 mit dem Jesuitenorden eines der institutionellen Zentren einer vorsichtigen Bildungsreform zerschlagen wurde. Die Aufhebung des Ordens hatte überlokale, vornehmlich außerdeutsche Ursachen. Aber sie sollte doch das Bildungswesen in Köln nachhaltig beeinflussen und zum Katalysator einer verstärkten Dynamisierung werden. Direkt nach Bekanntwerden des päpstlichen Aufhebungsbreves Anfang September entspann sich ein weitläufiger Rechtsstreit über die wertvollen Hinterlassenschaften des Ordens: Da gab es den Kernkomplex des Ordenskollegs samt dem neu renovierten Gymnasium mit Konvikt und Schultheater sowie der Jesuitenkirche St. Mariä Himmelfahrt an der Marzellenstraße; hinzu kam umfangreicher Grundbesitz in der Stadt, im Erzstift sowie in den Herzogtümern Jülich und Berg. Allein das jährliche Einkommen des Kollegs aus Renten, Pachten und Gefällen belief sich im Jahr 1774 nach Abzug der Lasten auf rund 16000 Reichstaler. Schließlich repräsentierten auch Bibliothek, Sammlungen und Schulstiftungen einen erheblichen Wert, gar nicht zu reden von den stattlichen Einkünften aus dem

des Gymnasiums wurden mit zahlreichen Gemälden geschmückt; es ist erstaunlich, welche Masse von ihnen nach dem Ausweis der nach Aufhebung des Jesuitenordens aufgestellten Inventare in den Fluren und Sälen gehangen hat, welche Masse von Kostbarkeiten das Kupferstichkabinett, die Münzsammlung, das Kabinett für Mineralien und naturwissenschaftliche Seltenheiten aufwiesen. Nirgendwo zeigte sich eine Überalterung oder Ermüdung, sondern Fortschritt herrschte auf allen Gebieten, ohne daß auch nur eine leise Ahnung des so bald drohenden Unterganges aufgekommen wäre." Kuckhoff 1931a.

455 Vgl. dazu zum Beispiel Friedrich 2018, S. 524–546; für den Kölner Verlauf vgl. Kuckhoff 1931b; Kuckhoff 1931a, S. 619–642; Schwerhoff 2017, S. 313f.

456 In der älteren stadthistorischen Forschung (Kuckhoff/Brill) wurde die Geschichte des Gymnasium Tricoronatum unter den Jesuiten oft zu positiv dargestellt und gefärbt, was auch mit der Überlieferungsdichte zu diesem Gymnasium im Vergleich zu den anderen zu tun hat. „Jedenfalls wäre es falsch, über das Tricoronatum unter der Regie der Jesuiten in Form einer ungebrochenen Erfolgsstory berichten zu wollen." Schmidt 2006, S. 102. Im Hinblick auf die Mathematik und die Naturwissenschaften, die mathematische Lehre sowie Forschungsansätze und die jesuitischen Sammlungen und (Spezial-)Einrichtungen kann jedoch durchaus von einer Erfolgsgeschichte im 18. Jahrhundert gesprochen werden, die durch die Aufhebung des Jesuitenordens maßgeblich beeinträchtigt wurde.

florierenden Verkauf von Schulbüchern. Diese Werte waren vor allen Dingen notwendig, wollte man den Lehr- und Unterrichtsbetrieb des Dreikönigsgymnasiums unter den veränderten Bedingungen fortsetzen, woran sowohl der Rat wie auch die Exjesuiten großes Interesse hatten. Deshalb arbeiteten sie Hand in Hand."[457]

Nach Bekanntwerden der Aufhebung des Jesuitenordens in der Kölner Niederlassung verfasste der damalige Regent Heinrich Frings umgehend das Gutachten *Von der Notwendigkeit das Gymnasium Tricoronatum beyzubehalten*[458] und legte es dem Rat der Stadt Köln vor, mit dem Ziel, dass das Gymnasium als städtische Schule bestehen blieb. Neben diesem Gutachten baten die Professoren und Lehrer des Tricoronatums den Rat darum, die Schule in die städtische Trägerschaft zu übernehmen und zugleich sie selbst als städtische Lehrangestellte aufzunehmen. Außerdem erstellte Frings bereits 1773 mehrere Zählungen und Vermögensschätzungen der immobilen Güter sowie der Stiftungen des Jesuitenkollegs und des Gymnasiums und legte sie ebenfalls dem Rat vor.[459] Doch auch der Kölner Kurfürst Max Friedrich (1708–1784) erhob Ansprüche auf das jesuitische Vermögen, den Grundbesitz, Immobilien, Mobilien, Jesuitenkolleg und Tricoronatum. Die folgenden Monate und Jahre waren von (schul-)politischen und auch juristischen Auseinandersetzungen um das Erbe der Jesuiten vor dem kaiserlichen Reichshofrat in Wien bestimmt.[460]

4.1 Der Erhalt des Gymnasium Tricoronatum als städtische Schule

Das Gutachten *Von der Notwendigkeit das Gymnasium Tricoronatum beyzubehalten*[461] richtete Heinrich Frings sowohl an den Rat der Stadt Köln als auch an den Kurfürsten und Erzbischof Max Friedrich. Darin betonte Frings die Bedeutung des Tricoronatums für Köln gerade im Vergleich mit den anderen beiden Gymnasien. Er berief sich auch auf die Anfangsjahre nach der jesuitischen Übernahme der Schule, nach der das Gymnasium deutlich an Attraktivität und Bedeutung gewonnen habe, was die steigenden Schülerzahlen belegten. In insgesamt 24 Paragrafen schilderte Frings die Vorzüge der Lehre am Tricoronatum und die didaktischen und methodischen Errungenschaften. Eine maßgebliche Rolle in der Argumentation spielten dabei die jesuitischen Sammlungen sowie das Mathematisch-Physikalische Kabinett. Frings konstatierte zu Beginn:

457 Schwerhoff 2017, S. 313.
458 Vgl. HAStK, Best. 150, A 1000.
459 Vgl. HAStK, Best. 150, A 992, fol. 15r–37v. Unter Ausgaben werden zum Beispiel der Unterhalt der Kirche, des Xaverianischen Konvikts sowie *„nostra bibliotheca"* genannt, aber es finden sich keine Angaben zu regelmäßigen Ausgaben für die Museen oder Sammlungen.
460 Zum Rechtsstreit siehe besonders Kuckhoff 1931b.
461 Vgl. HAStK, Best. 150, A 1000.

„Weil 2. das Gymnasium Tricoronatum der Wohlfahrt Dieser Stadt, und der herumliegenden Länder so nothwendig ist: daß ohne dasselbige die Studien nach ihm heutigen reinen Geschenke der Gelehrten in ihren Flor nicht mögen erhalten worden. Man gehe nur der Ordnung nach von den unteren bis zu den höheren Schulen; So wird einem jeden diese Wahrheit in die Augen fallen müssen."[462]

Im Folgenden zählte er verschiedene didaktische Bereiche sowie die Ausstattung der Schule auf, in denen das Tricoronatum im Vergleich mit den anderen beiden Gymnasien Kölns Vorreiter sei:

„No. 3. Was die Augen dem unerfahren Leibe, das sind Der Historia die Chronologie und Geographie. Auch zu diesen wurden allein im Gymnasio Tricoronato die Schüler in den unteren und oberen Klassen angeführet; Zu welchen Ende die Landkarten in denselben aufgehangt sind, um die nach Belieben betrachten zu können.

No. 4. Die Nutzen und die Nothwendigkeit der Rechenkunst darf niemand, wessen Standes und Amtes er sey, in Zweifel ziehen. Zu derselben wird nur die im Gymnasio Tricoronato Studierende Jugend geübt, und zwar in den dreyen untersten Klassen in der gemeinen Jahren Reihungen, in der 4. und 5. dazu noch in der Algebra.

No. 5. Wir kommen zu den höheren Klassen. Zu dem ersten Philosophischen Jahre wurden vorgetragen Die gute und gereinigte Log. I. Zweitens die Metaphysik, Noch allein ihrer Theilen, [...] In dem zweyten Jahre wird den Schülern vorgelesen eine Gründliche, und aus dem unerschöpflichen Reiche der Natur hergeleiteten Physik, noch der Einrichtung der neuesten und Besten Authoren. In dem dritten Jahre werden die Ethischen Betrachtungen über das natürliche Recht, über die Wahrheit der Christlichen Religion, über die Schriften gegen Gott, gegen sich selbst, gegen die Nebenmenschen vorgehalten. Und diese beliebte Ordnung herrscht allein im Gymnasio trium Coronarum.

No. 6. Was die Mathematik angehet, wird solche während den Philosophischen Jahren täglich morgens in der 6ten, am Nachmittage in der 7ten Klasse öffentlich vorgelesen; überdies werden vom Frühlinge an bis zum Ende des Schuljahrs denen, so besondere Lust und Eifer zu diesen Wissenschaften hegen, private collegia gegeben: wodurch dann manchmal geschehen; daß die Schüler den ganzen Cursum Mathematicum zu ergreifen und öffentlich die Probe ihres Fortganges an Tag zu legen die Gelegenheit gehabt haben. Zu diesem Ende haben die Patres der vormaligen Gesellschaft nebst einem Observatorium, ein mit allen wesentlichen dazu gehörigen Instrumenten wohl versehenes Musaeum von unerdenklichen Jahren her sammt einem guten Vorrathe an ältern sowohl als neuern Mathematischen Büchern mit vielen Kosten errichtet. Nun ist die Mathematik im Gymnasio Tricoronato privative, das ist, in keinen andern Schulen, noch von jemandem in der Universität gelehrt worden.

No. 7. Damit aber die Naturlehre auf eine begreifliche und gründliche Art der studirenden Jugend möge beygebracht werden, sind die Physikalischen Instrumenten allerdings unentbehrlich. Die Patres haben sich die Mühe gegeben, einen ansehnlichen Vorrath davon, sammt den dazu erforderlichen besten Autoren anzuschaffen. Man wird kein Physikalisch Fach anweisen, wozu nicht die gehörigen wesentliche Instrumenten, um damit die Probe über die Lehrsätze zu machen, mögen vorgezeiget werden. Die Mechanik, die Pyrologia, und Elektrizität; die Aerometrie, Hydrostatik, Hydraulik; die Optik, Catop- und Dioptrik etc. alle sind wohl damit versehen. Hingegen haben die Collegia der H. Montaner, und Laurentianer gar nichts von dergleichen Physikalischen Maschinen.

No. 8. Wann ferner unsere erklärete Zeiten und das gemeine Wohl erfordern, daß die studirende Jugend zur Naturhistorie eingeleitet, und derselben eine Begierde und Geschmack dazu beygebracht werde, so muß man wieder einzig und allein die dazu dienliche Einrichtung im

462 Ebd., fol. 3r.

Gymnasio Tricoronato suchen, indem die Patres der vormaligen Gesellschaft ein großes Naturalienkabinet in einem besonderen Saale in so schöner ordnung errichtet, daß alle sowohl einheimische als fremde Gelehrte darüber ihr Vergnügen jederzeit bezeiget haben. Aus den dreyen Reichen der Natur sieht man eine große Anzahl schöner Schaustücke, welche zu der unterirdischen Geographie, zu der Mineralogie, Oryktographie etc. trefliche Dienste leisten können. [...]

No. 9. Die Sammlung der so wohl römischen, als kölnisch erzbischöflichen Medaillen, sammt den dazu gehörigen Autoren ist hinlänglich dem Verlangen der zu dieser Wissenschaft Lust tragenden Jugend völliges Vergnügen zu verschaffen. Viele andere Seltenheiten, so in dieser Kunstkammer zu sehen sind, gehen wir kürze halber vorbey.

No. 10. Jene aber von Kupferstichen, und Zeichnungen der besten Mahler aus allen Theilen Europas ist so zahlreich, so prächtig, daß man wenige, gewiß keine in den hiesigen Ländern vorzeigen werde, welche mit dieser Sammlung möge verglichen werden; maßen selbige aus mehr dann zweyhundert Bänden bestehet.

No. 11. Wir kommen zu dem schönsten Kleinod, und besten Schatze des Collegii der vormaligen Gesellschaft, nämlich zu der zahlreichen und herrlichen Bibliothek: dergleichen man vergeblich suchen wird nicht allein in dieser Stadt, sondern auch den herumliegenden Gegenden."[463]

Neben dieser Schilderung der Lehre und Lehrgegenstände verwies Frings auch auf die Organisation des Tricoronatums. Vier Professoren der Artistenfakultät gehörten zum Gymnasium Tricoronatum, darunter der Mathematikprofessor als Leiter des *Musaeum mathematicum* und der Sternwarte. „Es mögen noch zween andere zugesetzet werden, deren einer die experimental Physik, der andere das Naturalienkabinet unter seiner Aufsicht haben werden, und in gewissen Stunden in der Woche darüber die Lectionen geben sollen."[464] Daneben sollten auch Lehrer für Griechisch, Hebräisch und Deutsch eingestellt werden. Frings fasste demnach in seinem Gutachten die Lehre am Tricoronatum als *State of the art* zusammen, setzte sie in den Kontrast zu den anderen Gymnasien und nutzte direkt die Gelegenheit für weitere Reformvorschläge. Auch in Bezug auf das Gymnasialgebäude wurde mitgeteilt,

„daß der Zustand so sei, daß man ihn besser gar nicht wünschen könne. Die Klassenzimmer waren frisch gestrichen. Bänke, Katheder und die ganze Einrichtung der Aula waren vollständig neu. An Mobiliar besaß das Gymnasium sonst nichts, außer einer Bibliothek von Schulbüchern, einem Vorrat an Druckpapier [...], ferner 18 Gemälde in der Aula [...]. Die Sammlungen und die große Bibliothek waren wohl für die Bedürfnisse des Gymnasiums bestimmt, gehörten aber zum Kolleg. Da die Schule für Gehälter nichts zu zahlen hatte und die Unterhaltung aus den Einkünften geleistet wurde, die den Lehrern und dem Regenten aus den Gebühren der Universität zuflossen, so bedurfte das Haus nur geringer Zuschüsse. Der zu ihm gehörige Conviktus Xaverianus und das Musikseminar trugen sich selbst durch ihre Einkünfte aus Stiftungen."[465]

In einer wiederum von Heinrich Frings im Jahr 1774 verfassten Denkschrift über die Dozenten, Lehrer und Regenten der Artistenfakultät im Gymnasium Tricoronatum stellte er in 27 Paragrafen die Aufgaben, Ämter und das Engagement des ehemaligen jesuitischen Lehr- und Leitungspersonals innerhalb der Artistenfakultät heraus. Der

463 Ebd., fol. 3v–4v.
464 Ebd., fol. 5v.
465 Kuckhoff 1931a, S. 638f.

Adressat dieser Denkschrift ist nicht eindeutig zu bestimmen. Es wird allerdings vermutet, dass sie sich wiederum an den Rat der Stadt Köln richtete, um für das ex-jesuitische Personal und deren Leistungen innerhalb der Fakultät zu werben – deren Verhältnis zu den Jesuiten nie unproblematisch und frei von Konflikten gewesen war. Frings hob darin auch seine eigene Position als letzter jesuitischer Regent und seine Verdienste für Gymnasium und Fakultät hervor, wobei auch das Mathematisch-Physikalische Kabinett genannt wird:

> „Das Geld der Artistenfakultät für das Gymnasium Tricoronatum hat der Regent für die Ausstattung und die Vergrößerung des mathematischen Museums sowie die Bereicherung um seltene Instrumente und Bücher aufgewendet. Dies kann, wenn nötig, von jedem überprüft werden. Durch sein Engagement wurde das Studium der Mathematik bekannter gemacht als je zuvor; ebenfalls dadurch könnten verschiedene Männer, darunter Fürsten, Grafen, Barone und gelehrte Bürger aus anderen Ländern und Universitäten, ermuntert werden, das mathematische Museum mit ihrer Gegenwart zu beehren. Und die Schüler könnten in diesen Studien großen Fortschritt machen, was die öffentlichen Vorführungen jedes Jahr bezeugten."[466]

In Bezug auf den Umgang mit den Jesuitenkollegien als religiöse Ordensgemeinschaften nach der Aufhebung des Ordens richtete sich Frings außerdem noch einmal direkt mit einem Dokument an den Erzbischof und Kurfürsten Max Friedrich. Hier brachte er eine Reihe von Ideen vor, wie die Angelegenheiten der Gesellschaft Jesu in der Erzdiözese Köln geordnet und auf eine gewisse stabile Form gebracht werden könnten. Er unterbreitete Vorschläge, die nicht das Tricoronatum als Schule, sondern die Jesuitenkollegien als Ordensniederlassungen betrafen. Damit erhob Frings als Vertreter der größten Niederlassung der Erzdiözese Köln seine Stimme auch für die kleineren Kollegien der Provinz *Rhenania Inferiora*. Unter anderem bat er

> „untertänigst darum [...], dass es den Priestern und Lehrern, zumindest denen, die es wünschen, gestattet werden möge, weiterhin die Kollegien zu bewohnen und in der Gemeinschaft zu leben, wie sie es bisher in fast derselben Weise getan haben, [...]. Ein Grund, dies fortzuführen ist, dass man in der Gemeinschaft mit weniger Ausgaben lebt; aber vor allem, weil die Priester und Lehrer in den Kollegien, wo gemeinsam gelebt wird, einerseits wegen der Wachsamkeit der Oberen, wegen der guten Beispiele, der Anweisungen und Erwähnungen etc.; und andererseits wegen verschiedener wissenschaftlicher Ausstattung, wegen gepflegter Bibliotheken, physikalischer und mathematischer Instrumente, und wegen anderen Dinge dieser Art am meisten für den Fortschritt und Erfolg sowohl in der Wissenschaft als auch im Geiste beitragen."[467]

Im Oktober des Jahres 1774 wurde schließlich der Rechtsstreit zwischen der Stadt Köln und dem Kurfürsten vor dem kaiserlichen Reichshofrat in Wien zugunsten Kölns entschieden. Es dauerte jedoch noch bis zum Jahr 1777, bis sich die Parteien final einig wurden. „Ein Vergleich entschädigte den Kurfürsten mit auswärtigen Gütern und Rechten,

466 HAStK, Best. 150, A 992, fol. 6r–6v. Die Reibungen zwischen dem Gymnasium Tricoronatum und den Gymnasien Laurentianum und Montanum in der Artistenfakultät in (schul-)historischem Kontext beschreibt Kuckhoff immer wieder. Die Spannungen der Jahre nach der Ordensauflösung werden hier skizziert, vgl. Kuckhoff 1931a, S. 634–637.

467 AEK, Monasteria Köln, St. Mariä Himmelfahrt, Nr. 10.

während Kolleg und Kirche in die Verfügungsgewalt des Rates übergingen."[468] Das ex-jesuitische Schulvermögen – zu dem auch die Sammlungen gehörten – sollte für den Unterhalt des Tricoronatums als städtische Schule bestehen bleiben. Der Unterricht am Gymnasium Tricoronatum war bereits im November des Jahres 1774 wieder aufgenommen worden. Die ehemaligen Ordensbrüder konnten demnach weiter als Lehrer und Professoren tätig sein. In dieser Phase der Schulgeschichte war das Gymnasium Tricoronatum *de iure* und *de facto* eine städtische Schule sowie ein Teil der Artistenfakultät.[469]

4.2 Das jesuitische Inventar von 1774

Eine direkte Folge der Aufhebung des Jesuitenordens war die Inventarisierung der jesuitischen Güter, die unter anderem für die Verhandlung vor dem kaiserlichen Reichshofrat in Wien obligatorisch war. Am 19. April 1774 wurde eine ausführliche Liste erstellt, die einen detaillierten Einblick sowohl in die Ausstattung als auch in die Sammlungen des Jesuitenkollegs gibt. Vor allem im Hinblick auf das Mathematisch-Physikalische Kabinett, das in einem besonderen Verzeichnis aufgelistet wird, ist dieses Inventar eine wichtige Quelle mit hoher Aussagekraft in Bezug auf die Räumlichkeiten des Museums und die einzelnen Objekte. Als einziges Inventar aus der jesuitischen Sammlungsphase dokumentiert die Quelle den Instrumentenbestand jesuitischer Provenienz. Im Folgenden wird das vollständige Inventar des Jesuitenkollegs beschrieben, bevor das Verzeichnis des *Cubiculum Mathematicum* analysiert wird.

Bei der Erstellung des Inventars waren kurfürstliche und reichsstädtische Beamte ebenso anwesend wie Heinrich Frings, Prokurator Auer, Heinrich Cremer als Archivar und Gereon Schuhmacher vonseiten der Ex-Jesuiten. Im „Verzeichnis der Möbel, die in dem vormaligen Jesuitenkolleg zu Köln 1774 sind vorgefunden worden"[470] sind Möbel wie Tische, Stühle, Schränke, Kochgeschirr oder Bettzeug neben Vorräten an Getreide und Gemüse sowie Fässer und Eisenwaren aufgeführt. Schließlich seien die „verschiedenen Bibliotheken, Naturalien Zimmer, Werkstätten, Musaeo mathematico [sonderbar zu schätzen]; samt denen dazugehörigen Instrumenten".[471] An Möbeln, die im Kolleg

468 Schwerhoff 2017, S. 314. Siehe dazu vor allem Kuckhoff 1931b.

469 Vgl. Kuckhoff 1931a, S. 632–639. Zur innerkölnischen Auseinandersetzung zwischen dem ehemaligen Tricoronatum und den Gymnasien Laurentianum und Montanum um den Status der neuen städtischen Schule der Exjesuiten in der Artistenfakultät siehe besonders S. 635f. Vgl. dazu auch Heinrich Frings' „Promemoria de legentibus, docentibus, regentibus facultatem artium in gymnasio tricoronato" von August 1774: HAStK, Best. 150, A 992; Frings 1952, S. 12–30.

470 Eine Abschrift des Inventars findet sich im Archiv des Erzbistums in Köln vgl. AEK, Monasteria, Generalia: Jesuiten, fol. 165r–171v. Siehe außerdem die erst im Herbst 2022 wieder zugeordnete Akte im Historischen Archiv der Stadt Köln, die seit dem Einsturz als verloren galt: HAStK, Best. 223 (Jesuiten), A 17. Siehe Gersmann 2019, https://kabinett.mapublishing-lab.uni-koeln.de/inventare/inventar-1774 [zuletzt aufgerufen am 07.04.2024].

471 AEK, Monasteria, Generalia: Jesuiten, fol. 165v.

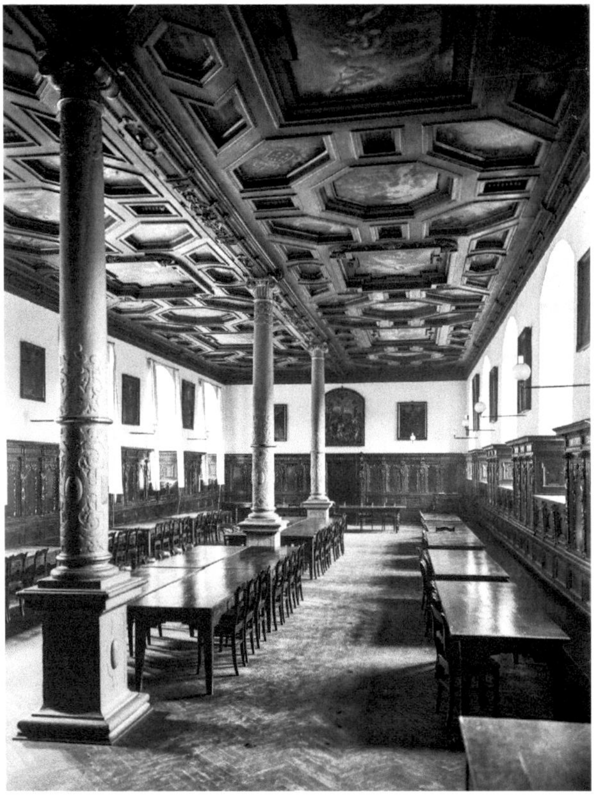

81 Fotografie des Speisesaals des ehemaligen Kölner Jesuitenkollegs, Anfang 20. Jahrhundert

aufgestellt waren, nennt das Inventar zum Beispiel „eine stehende Uhr beym unterem Musaeo" und „noch vier andere in den Werkstätten".[472]

Ebenso findet sich im Inventar eine Beschreibung der Gemälde, die sich im Jesuitenkolleg befunden haben. Demnach hingen Gemälde unterschiedlicher Größe in den einzelnen Fluren der Stockwerke, in der Bibliothek, im Speisesaal, in den Treppenaufgängen, in den Zimmern des ehemaligen Rektors und des Provinzials sowie „sechs beim Musaeo naturalium [im dritten Stock] wohlzubemerken, wie auch jene Zwölf schöne so auf gemaltem Musaeo stehen".[473] Daneben gab es auf den Gängen weitere 30 Stiche, große Landkarten sowie Kupferstiche von Kardinälen, römischen Kaisern, Königen und Fürsten. Insgesamt führt das Inventar über 200 Gemälde auf, leider fast ohne jede Nennung dessen, was die Gemälde zeigten. Es kann jedoch davon ausgegangen werden, dass Porträts von Personen der Ordensgeschichte, der Schulgeschichte und christliche Motive an den Wänden des Kollegs hingen. In Fotografien des frühen 20. Jahrhunderts sind zum einen Gemälde im Speisesaal des Jesuitenkollegs dokumentiert (Abb. 81) und

472 Ebd., fol. 167v.
473 Ebd., fol. 168r.

zum anderen Porträts einzelner Schulmänner mit geschweiften Rahmen in der Aula des Dreikönigsgymnasiums. 18 Gemälde hingen bereits in der Aula des jesuitischen Tricoronatums.[474]

Des Weiteren werden unter den „sonderbar zu schätzende Möbelen" aufgeführt:

> „1) Eine große bibliotheck, worin das nämliche Buch niemals zweyfach gefunden wird, mit einem vollständigen Register und sieben und zwanzig einige authores vorstellenden Gemälden, 2) Die Thurnbibliothek, dermalen noch nicht registriert, 3) Noch eine andere Bibliotheck im obersten Stock zum Gebrauch der Prediger und Lehrer ohne Register, 4) Ferner eine kleine, worin die verbothenen Bücher.
> 5) Das Natural Zimmer, oder Museum antiquitatum et rerum curiosarum, worin sich finden 1. eine ansehnliche Collection von mehr als dreyßig tausend raren Kupferstichen und vortreflichen Zeichnungen, 2. eine starke Collection von alten theils silbernen, theils kupfernen Römischen und Griechischen Münzen, 3. Eine Collection von allerhand arten achaten und marmelen, 4. von seltenen petrificatis, 5. von Meermuscheln, 6. von Seegewächsen, 7. von insecten, 8. von heidnischen Gefäßen und vielen zu diesem Studio gehörigen Büchern etc. etc.
> 6) Die Apothec worin gute Malerey, Sammlung von Muschelen, und Seltenheiten, und anderen Möbelen sind.
> Werkstätte so mit allen dazu gehörigen Instrumenten versehen sind: 1. die Schreinerey mit einem Vorrath sonderbar von Nussbaumen Holz, 2. die Zinnen gießerey mit kostbarem Werkzeug, 3. die Bänderey, 4. die Schlosserey, 5. Schusterey, 6. die Schneiderey, 7. das Back- und Brauhaus Letztlich: Eine Menge sauberer Lorber, Granaten und Oleaster Bäume, sammt vielen durch das Hauss und den Garten gesetzten Statuen, wobey die auf den Kämmeren zum Gebrauch der unsrigen sich vorfindenden sehr vielen Bücher wohl zu bemerken sind.
> Dann auch das Museum mathematicum mit vielen sehr kostbaren instrumenten, wovon eine sonderbare Verzeichnüß vorhanden ist."[475]

Nach dieser Liste der Bibliotheken, Sammlungen und Einrichtungen folgt die „Specificatio Cubiculi mathematici et Instrumentorum eo pertinentium", die der damalige Mathematikprofessor und Leiter des Mathematisch-Physikalischen Kabinetts, Johann Linzenich, bereits am 18. April anlegte.[476] Das lateinische Inventar führte den Instrumentenbestand teilweise summarisch, teilweise als Einzelobjekte auf. Schätzungsweise bis zu 350 Objekte (davon mindestens 200 Schleifschalen) wurden auf diese Weise erfasst. Gegliedert ist das Inventar nach den drei aufeinanderfolgenden und durchgängigen Räumlichkeiten, die das Mathematisch-Physikalische Kabinett bildeten. In einem ersten Vorraum, der erst kürzlich durch den Mathematikprofessor Heinrich Frings angelegt und auf eigene Kosten Linzenichs vollendet worden war, befand sich die kleine Fachbibliothek für die Mathematikprofessoren. Dabei handelt es sich um den Sonderstandort der Hauptbibliothek „Musaeum mathematicum", der klassifizierte mathematische

474 Zur Porträtsammlung des Kölner Gymnasial- und Stiftungsfonds aus jesuitischer Provenienz vgl. Wagner 2000; Schäfke (Hg.): Kölnischer Bildersaal, S. 407–435; sowie vor allem Skowronek 2021.

475 AEK, Monasteria, Generalia: Jesuiten, fol. 169r–169v. Siehe dazu auch: https://www.kulturelles-erbe-koeln.de/documents/obj/05210570 [24.03.2024].

476 Vgl. ebd., fol. 169v–171v. Das vollständig digitalisierte und transkribierte Inventar von 1774 befindet sich hier https://kabinett.mapublishing-lab.uni-koeln.de/inventare/inventar-1774 [zuletzt aufgerufen am 29.03.2024]. Im Folgenden wird aus dem Inventar zitiert, wenn nicht anders angegeben.

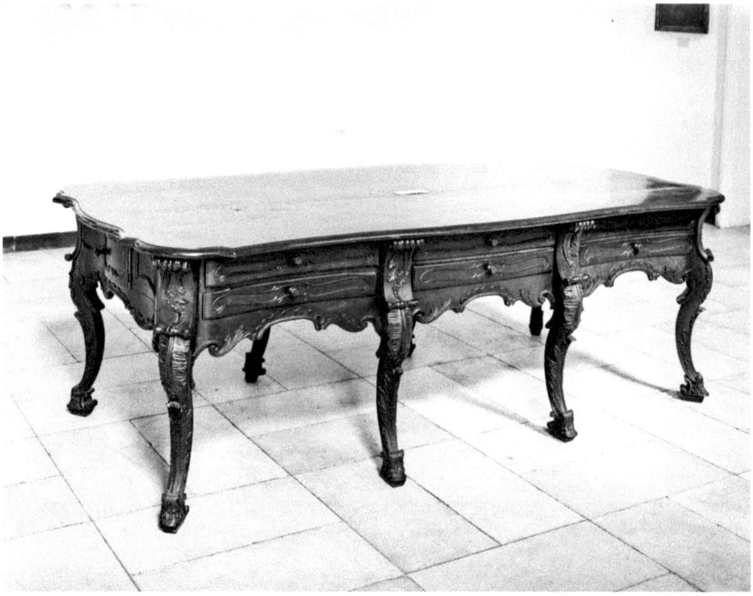

82 *Nussbaumtisch*, 18. Jahrhundert, Nussbaumholz, 249 × 120,5 × 82 cm, Kölnisches Stadtmuseum, Mathematisch-Physikalisches Kabinett, L 273

Bücher und Schriften umfasste. „Aber es gab nie einen Katalog der Bücher in dieser Bibliothek, denn sie ist nicht sehr kostbar", schrieb Linzenich. Der Vorraum beinhaltete zudem gläserne Behälter für eine Luftpumpe, die er für zwei Carolin gekauft hatte.

Der zweite Raum des Kabinetts war der eigentliche Sammlungsraum, der als sehr groß und besonders beschrieben wird. „Er ist mit einer Vielzahl von mathematischen Instrumenten ausgestattet", die in insgesamt neun Schränken untergebracht waren. Ein großer Holztisch mit acht Stühlen (Abb. 82) stand im Museum ebenso wie Rokoko-Regale (Abb. 83), wodurch sich eine Vorstellung des ursprünglichen Kabinetts ergibt.[477] Die Einteilung der Schränke richtete sich ungefähr nach den folgenden Disziplinen: Optik, Geometrie und Trigonometrie, Hydrostatik und Hydraulik, Gnomonik, Geografie, Astronomie sowie Elektrik und Chemie. Dabei wurden einige Objekte summarisch erfasst, wie zum Beispiel verschiedene Spiegel, Zirkel oder Uhren, andere hingegen explizit herausgestellt, wie ein spezielles Sonnenmikroskop.

Als Inhalte des ersten Schrankes werden Magnete, Magnetnadeln sowie Sonnenuhren, die aber nicht wertvoll gewesen seien, aufgeführt. Das Sonnenmikroskop bestimmte Gunter Quarg noch als dasjenige nach Art des schottischen Astronomen und Mathematikers Alexander Wilson (1714–1786), das Christian Kramp, der Professor

477 Siehe dazu L 273 https://www.kulturelles-erbe-koeln.de/documents/obj/05745896 und L 274 https://www.kulturelles-erbe-koeln.de/documents/obj/40036164 [zuletzt aufgerufen 29.03.2024].

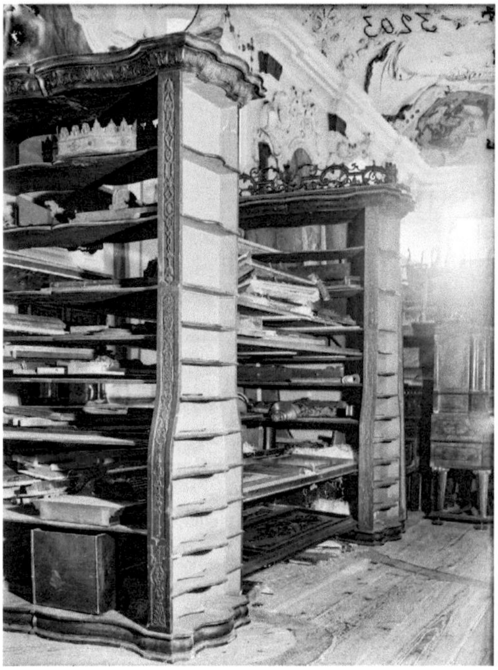

83 *Rokoko-Regal*, 18. Jahrhundert, Eiche, 300 × 230 × 85 cm, Kölnisches Stadtmuseum, Mathematisch-Physikalisches Kabinett, L 274

für Mathematik und Experimentalphysik an der späteren Kölner Zentralschule, als „la meilleur pièce"[478] des hiesigen Kabinetts beschrieb. Allerdings stammt das Sonnenmikroskop nach Wilson nicht aus jesuitischem Bestand, sondern kam 1799 aus Straßburg nach Köln. Über das jesuitische Sonnenmikroskop ist nichts weiter bekannt, als dass es mit vollständigem Zubehör vorhanden war. In diesem Schrank standen außerdem eine Luftpumpe, die von Linzenich angekauft worden war, und ein kupferner Quadrant.

Der zweite Schrank beinhaltete optische Instrumente, die vermutlich aus der Schenkung Stoesbergs stammten: eine Reihe von Spiegeln in verschiedenen Formationen, Glasarbeiten und Brenngläser; daneben eine Maschine für eine *Camera obscura* und unterschiedliche Linsen. Im dritten Schrank waren hölzerne und metallische Instrumente der Geometrie und Trigonometrie untergebracht, wie Zirkel oder Rechenbesteck für Zeichentische; außerdem ein Messtisch und verschiedene Messgeräte, wie Winkelmesser, ein Jakobsstab oder ein Messquadrant aus Messing. Unterschiedliche Messinginstrumente zur Kreisteilung, zur Konstruktion von Zahnrädern sowie andere

478 Kramp, Christian: Discours prononcé au temple decadaire à la fête de la Fondation de la République, le premier Vendémiaire de l'an VIII, Lequel a précédé la Distribution des prix décernés aux élèves de l'Université de Cologne, organisée en École centrale, Köln: Oedenkoven et Thiriart, 1799, S. 8.

Apparate, deren Funktionen Linzenich unbekannt zu sein scheinen, befanden sich im vierten Schrank.

Im fünften Schrank waren Instrumente der Hydrostatik und Hydraulik zu finden, wie Wasseruhren oder Brunnen, daneben ein zerlegbares Mikroskop, zwei große und aufwendig gearbeitete Spiegel und ein Kompass. Der sechste Schrank beinhaltete gezeichnete mathematische Figuren und Messingschablonen zur Erstellung dergleichen. Eine Reihe verschiedener Barometer und Thermometer mit zusätzlichen Röhren, aber „so gut wie nichts mit hohem Wert", befanden sich im siebten und achten Schrank.

Der neunte Schrank war für die Kunst der Gnomonik eingerichtet. Darin lagerten Instrumente aus Messing, Sonnenringe, Quadranten und eine Horizontalsonnenuhr. In den unteren Fächern der letztgenannten Schränke waren außerdem große und fein gearbeitete geografische Karten, ein Atlas des Himmels und der Erde sowie reparaturbedürftige Messinginstrumente untergebracht.

Außerhalb der Schränke im Sammlungsraum befanden sich

> „vier astronomische Fernrohre von gebührender Größe und Wert, davon zwei mit Mikrometereinteilung, ein englisches Newton-Teleskop, ein kleiner astronomischer Quadrant und ein großer astronomischer Quadrant, der mehr als 300 Florentiner wert ist. Ein Winkelmessinstrument, fein und wertvoll, in einer Schachtel, zwei Laternae magicae mit Zubehör, zwei Geräte zur Demonstration von Spiegelung und Brechung mit vielen gemalten Bildern, ein Beugungsmessgerät, eine Armillarsphäre sowie drei Uhren, die astronomischen Beobachtungen dienen."

Die genannten Instrumente wurden vermutlich oft im Kabinett benutzt, dienten als Anschauungsobjekte oder passten schlicht nicht in einen der Schränke. An dieser Stelle werden auch die astronomischen Geräte wie die Teleskope aufgeführt, die in der Sternwarte oberhalb des Raumes zur Anwendung kamen.

Der dritte Raum wird als Laboratorium bezeichnet, in dem sich verschiedene Öfen und weitere Instrumentenschränke befanden.

> „In allen oberen Schränken sowie auf den oberen beiden Seiten sind verschiedene schöne Instrumente aufbewahrt und Instrumente zum Bedienen der Öfen, sowohl nützlich als auch günstig. [...] In den Zwischenfächern der beiden oberen Schränke sind über 200 Schleifschalen zur Herstellung optischer Linsen in schöner Ordnung unterteilt."

Aus weiteren Angaben zu den Schleifschalen kann interpretiert werden, dass die Ausrüstung zum Glasschleifen von einzelnen Bürgern der Stadt für eigene Belange genutzt worden sein könnte.[479]

Erneut wird eine Luftpumpe genannt, ebenso wie zwei Elektrisiermaschinen mit vollständigem Zubehör, von denen eine von Linzenich angekauft worden sei. In einem Brief Christian Kramps aus dem Jahr 1799, vor dem Ankauf aus Straßburg, schilderte er, dass

479 Vgl. Quarg 1996b, S. 131.

„[i]n Cölln selbst bereits eine artige Sammlung physikalischer Sachen [sei]: eine Querickische Luftpumpe, von ihm selbst gemacht und im Jahre 1641 dem Magistrate von Cölln zum Präsent geschickt; eine neuere Nolletische, eine ganz neue Smeatonische, nebst dazu gehörigem, vollständigem Apparate".[480]

Es wurde gemutmaßt, ob es sich bei der „Querickischen Luftpumpe" um ein sehr frühes Exemplar der Luftpumpen des Magdeburger Physikers Otto von Guericke (1602–1686) handeln könnte, der unter anderem für seine Versuche mit Magdeburger Halbkugeln berühmt geworden ist. Weder in den archivalischen Quellen noch in der Sekundärliteratur lässt sich diese Vermutung jedoch verifizieren.[481] Auch in den Inventaren wird nichts von ihrer Herkunft eines Kölner Magistrats oder einer Bauart nach Otto von Guericke erwähnt. Im heutigen Objektbestand ist keine der Luftpumpen erhalten. Reste dieser Objekte sind in den Inventaren bis 1927 nachweisbar. Außerdem ist „1 Luftpumpe" auch unter den Apparaten aufgeführt, die noch im Dezember 1938 im Dreikönigsgymnasium zu finden waren.

„Die der Anstalt gehörenden geschichtlich wertvollen, für den Unterricht aber wertlosen Apparate sind als Leihgabe dem Rheinischen Museum in Köln überwiesen worden. Außer diesen befinden sich noch folgende Apparate von weit geringerem Wert in Besitz der Schule. Eine Überprüfung dieser Stücke hat ergeben, dass diese auch nicht ohne geschichtliche Bedeutung sind."[482]

Auch „2 Magdeburger Halbkugeln" befanden sich noch im Dreikönigsgymnasium, die nachweislich aus der Straßburger Sammlung stammen. Heute sind keine dieser Instrumente, die im Gymnasium verblieben sind, erhalten.

Laut jesuitischem Inventar von 1774 können zwei Luftpumpen nachgewiesen werden, die nicht näher bestimmt sind. Im Inventar von 1801 werden zwei Luftpumpen bezeichnet als „Pneumatische Pumpe mit horizontalem Hahn und Zylinder, mit einem Barometer: hergestellt in Trier" und „Pneumatische Pumpe mit Ventil und zwei Zylindern ohne Barometer: gemacht in Bonn von LeFevre". Die Zuordnung der zweiten Pumpe in die jesuitische Zeit ist allerdings fraglich, müsste der französische Wissenschaftler Louis Lefèvre-Gineau (1751–1829) doch bereits in jungen Jahren Luftpumpen eigener Bauweise entwickelt haben. Eine dritte und vierte 1801 aufgeführte Luftpumpe können im Inventar der Straßburger Sammlung nachgewiesen werden. Bei den jesuitischen Luftpumpen könnte es sich demnach um die genannten Instrumente aus Trier oder Bonn und / oder um „eine neuere Nolletische, eine ganz neue Smeatonische" handeln; also um Objekte, die nach dem französischen Wissenschaftler Jean-Antoine Nollet (1700–1770) und dem englischen Ingenieur John Smeaton (1724–1792) hergestellt worden sind. Mit

480 Zitiert nach Berthold, Gerhard: Die Kölner Luftpumpe v. J. 1641, in: Annalen der Physik 256/10 (1883), S. 345–359, hier S. 349. Ebenfalls abgedruckt in Hindenburg 1799, S. 232.

481 „[Kramp] erwähnt verschiedentlich einzelne besonders herausragende Stücke aus dem Altbestand der Instrumente, so z. B. die häufig zitierte Luftpumpe von Otto von Guericke, deren Zuschreibung aber nach heutiger Sicht als fraglich angesehen werden muß". Quarg 1996b, S. 126.

482 HAStK, Best. 560, A 240, fol. 3r. Alle Objekte, die nach Übergabe an das Rheinische Museum im Dreikönigsgymnasium verblieben sind, sind hier aufgeführt.

Sicherheit waren die jesuitischen Luftpumpen unterschiedlicher Machart; eine davon stammte aus Trier, eine hatte Johann Linzenich für das Kabinett erworben.

Zusätzlich zum *Cubiculum mathematicum* und neben den dort befindlichen Instrumenten führte Linzenich eine separate Mechanikerwerkstatt mit Werkzeugen sowie zwei Globenpaare auf. Letztere standen, wie geschildert wurde, in der Bibliothek. Außerdem waren „im oberen Gang des Kollegs mehr als 30 Schautafeln angebracht, auf denen Figuren für den Mathematik- und Physikunterricht gemalt sind. Sie sind zum größten Teil von meinem Vorgänger [Heinrich Frings]. Sie sind dann aber auch von mir mit größter Mühe vollendet worden." Am Ende des Inventars wandte sich Linzenich an den „zukünftigen Leiter der Sammlung" und bat im Voraus darum, dass ihm die Kosten für die selbst angekauften Instrumente erstattet würden.

Anhand der Beschreibung und Analyse des jesuitischen Inventars von 1774 kann die Sammlung näher charakterisiert werden: Schwerpunkte des Instrumentenbestands lagen auf der Geometrie und Trigonometrie, der Optik sowie der Gnomonik und Astronomie. Dieser Bestand gilt als typisch für ein *Musaeum mathematicum*, lassen sich doch deutliche Parallelen zum skizzierten Instrumentenbestand des mathematischen Museums der Jesuiten in Wien erkennen.[483] Weitere Kontextualisierungen unter anderem mit der jesuitischen Sammlung Ingolstadts erfolgen in Kapitel IV dieses Buches.

Zudem fällt auf, dass sich viele Instrumente zur Herstellung anderer Geräte nachweisen lassen, was Einblicke in die Tätigkeiten der Mathematikprofessoren gibt. Demnach wurden eigene Objekte gefertigt, entweder von den Lehrpersonen oder auch gemeinsam mit den Studenten. Für einige Instrumente wie die Armillarsphäre, die Globen, Luftpumpen, für ausgewählte Sonnenuhren sowie für die optischen Instrumente und Schleifschalen konnten mehr oder weniger eindeutige Herkünfte aus Schenkungen oder Anschaffungen ermittelt werden, die zumindest Ansätze einer Provenienzgeschichte erkennbar werden lassen. In der Sammlung befinden sich vor allem Instrumente aus Köln, dem rheinischen Umfeld, aber auch Objekte aus Italien oder anderen überregionalen Städten. An Personen konnten Hersteller einzelner Instrumente identifiziert werden: der Jesuit Heinrich Frings für eine hölzerne Sonnenuhr, der Jesuit Johannes Antweiler für die Armillarsphäre, Vincenzo Coronelli für die Globen, Johannes Brantröster aus Düren für den Messtisch, Peter Kintzing aus Neuwied für eine hölzerne Tischsonnenuhr. Als quantitativ große Erweiterung ist die Schenkung Johann Adam von Stoesbergs zu nennen, der einige Instrumente zugeordnet werden können, wie die Schleifschalen, Spiegel oder Gläser. Auch Instrumente, die mutmaßlich aus dem *Musaeum Hartzheimianum* stammen, können im jesuitischen Inventar wiedergefunden werden, zum Beispiel das Prisma, ein Kegel, eine *Laterna Magica*, die *Camera Obscura*, das Mikroskop oder Brenngläser.

Neben diesen objektbezogenen Analyseergebnissen nimmt das *Musaeum mathematicum* an sich eine klarere Form an: Drei Räume mit einem Experimentiertisch, Stühlen,

483 Vgl. Pärr 2013, S. 81. Siehe auch das Kapitel zu Heinrich Frings.

Regalen und Schränken mit den Instrumenten im dritten Stock des Kollegs bildeten den Kern dieser Sammlung, daneben gab es eine Werkstatt und die Bibliothek, in der die Globen standen. Merkwürdigerweise findet die Sternwarte im kompletten Inventar keine Erwähnung. Die Inventarisierung des *Cubiculum Mathematicum* und der jesuitischen Sammlungen war eine direkte Folge der Aufhebung des Jesuitenordens und der damit einhergehenden besitz- und eigentumsrechtlichen Unsicherheiten und Konflikte zwischen Jesuiten, dem Rat der Stadt Köln sowie dem Kurfürsten. Für die Sammlungsgeschichte ist beides von großer Bedeutung: der Eigentums- und damit auch Zuständigkeitswechsel des Mathematisch-Physikalischen Kabinetts und die Erstellung eines ersten Inventars, mit der die Dokumentation des Sammlungsraumes und des Objektbestands aus dem Jahr 1774 einherging.

II. Das Kulturelle Erbe der Jesuiten

Nach der Auflösung des Jesuitenordens begann die Phase der Schulgeschichte, in der das Gymnasium Tricoronatum und damit auch die Sammlungen zunächst in reichsstädtischer Obhut waren. 1798, in französischer Zeit, wurde das Gymnasium dann geschlossen, bevor mit der *École Centrale* und der Sekundärschule zweiten Grades französische Bildungseinrichtungen in Köln etabliert wurden. Das Mathematisch-Physikalische Kabinett verblieb stets an seinem Ort im Gebäude des ehemaligen Jesuitenkollegs, auch als die preußischen Truppen 1814 Köln einnahmen. Es wurde weiterhin im Lehrkontext genutzt, erweitert und ausgebaut. In dem folgenden Kapitel wird die Sammlungsgeschichte in diesen Zeiträumen dargestellt, bevor ein Ausblick auf das 19. und 20. Jahrhundert gegeben wird.

1. Die reichsstädtische Sammlungsphase

Als städtische Schule glich sich das Tricoronatum formal den anderen Gymnasien Laurentianum und Montanum an. Es hatte keinen Sonderstatus mehr, auch nicht innerhalb der Artistenfakultät. In diesem Zuge wurden beispielsweise die Sammlungen für die gesamte Artistenfakultät zugänglich gemacht, wie noch zu zeigen sein wird. Heinrich Frings starb 1780 und Johann Matthias Carrich (1735–1813), wie sein Vorgänger ein ehemaliger Jesuit, trat als Nachfolger das Amt des Regenten an. Er leitete das Tricoronatum bis zu dessen Schließung im Jahr 1798.

Das Erbe der Jesuiten respektive die ehemaligen jesuitischen Sammlungen wurden nach 1774 von verschiedenen Personen und Interessengruppen immer wieder instrumentalisiert oder als Argument herangezogen, für die Bedeutsamkeit der alten Kölner Universität oder der nachfolgenden Bildungseinrichtungen. Bereits Heinrich Frings hatte die Sammlungen im Allgemeinen sowie das Mathematisch-Physikalische Kabinett im Speziellen als Argumente für seinen Wunsch angeführt, dass die Schule bestehen bleiben sollte. Die Sammlungen stehen hier also als der Garant für die Bedeutung der Institution und ihre Vorreiterrolle im Bereich der Lehrmethodik innerhalb Kölns. In der Phase der städtischen Trägerschaft des Kabinetts wird diese Vorreiterrolle der Jesuiten teils gewürdigt, teils schlicht anhand der Sammlungen benannt. Es darf festgehalten werden, dass der Reichsstadt und der Universität Köln der Wert der Sammlungsbestände sowohl in wissenschaftlich-didaktischer als auch in monetärer Sicht erst nach Aufhebung des Ordens bewusst wurde. Das Kapitel zur reichsstädtischen Sammlungsphase gliedert sich in drei Abschnitte. Zunächst wird die Sammlung in den Kontext vergleichbarer Kölner Lehrsammlungen gesetzt, bevor die Rolle der jesuitischen Sammlungen bei der Universitätsreform herausgearbeitet wird. Das letzte Kapitel geht den Spuren nach der konkreten Nutzung des Mathematisch-Physikalischen Kabinetts am Ende des 18. Jahrhunderts nach.

1.1 Lehrsammlungen in Köln am Ende des 18. Jahrhunderts

Nach der Aufhebung des Jesuitenordens stand das Bildungssystem des Rheinlands vielerorts vor Herausforderungen, hatten die Jesuiten doch über Jahrhunderte einen großen Teil der (höheren) Bildung übernommen. Die Lehrinhalte und die Pädagogik der Jesuiten waren verrufen; sie galten als rückständig, was vor allem auf die theologische Lehre auch zutraf. Im Hinblick auf die Lehre der naturwissenschaftlichen Fächer sowie die Ausstattung und Sammlungen waren die Jesuitenkollegien des Rheinlands, allen voran dasjenige in Köln, jedoch Zentren des Fortschritts gewesen. Diese Argumentation vertraten bereits Zeitgenossen, zum Beispiel andere Sammler mit pädagogischem Anspruch, wie Ferdinand Franz Wallraf oder „Baron von Hüpsch", deren Sammlungstätigkeiten in Köln am Ende des 18. Jahrhunderts im Folgenden skizziert und kontextualisiert werden.

Johann Wilhelm Carl Adolph von Hüpsch (1730–1805), der als Jean Guillaume Fiacre Honvlez in der Nähe von Lüttich geboren worden war, bezeichnete sich selbst als Baron oder auch Freiherr von Hüpsch. Seine Selbstaristokratisierung reiht sich ein in eine Vielzahl biografischer Manipulationen und Hochstaplereien, die Honvlez/Hüpsch betrieb: von ausgedachten Adelstiteln über wissenschaftliche *Fake*-Leistungen und -Veröffentlichungen bis hin zu ganz und gar erfundenen Persönlichkeiten.[1] Neben diesen „Auswüchsen seiner Eitelkeit" war er ein international agierender Sammler und kann auch

1 Vgl. dazu vor allem Gersmann, Gudrun: Von „Honvlez" zum „Baron von Hüpsch": Die (auto)biographischen Metamorphosen eines Kölner Sammlers im 18. Jahrhundert, in: Geschichte in Köln 67 (2020), S. 145–172, hier S. 160–171. Honvlez/Hüpsch ist eine der interessantesten (kultur-) historischen Persönlichkeiten des 18. Jahrhunderts in Köln, trotz oder auch wegen dieser biografischen Täuschungen. Sein archivalischer Nachlass, der sich in der Universitäts- und Landesbibliothek Darmstadt befindet, wurde kürzlich mithilfe einer Fördermaßnahme der Kölner Sigurd und Irene Greven-Stiftung vollständig digitalisiert und erschlossen und ist nun online einsehbar: https://tudigit.ulb.tu-darmstadt.de/show/Huepsch [zuletzt aufgerufen am 03.02.2024]. Zu seiner Person siehe außerdem Jülich, Theo: Jean Guillaume Adolphe Fiacre Honvlez – alias Baron von Hüpsch, in: Lust und Verlust. Kölner Sammler zwischen Trikolore und Preußenadler. Ausst. Kat. Josef-Haubrich-Kunsthalle, Bd. 1, Köln 1995–1996, hg. von Hiltrud Kier/Frank Günter Zehnder, Köln 1995, S. 45–56; Die Sammlungen des Baron von Hüpsch. Ein Kölner Kunstkabinett um 1800. Ausst. Kat. Hessisches Landesmuseum/Schnütgen-Museum Köln, Köln 1964, hg. von Hessisches Landesmuseum Darmstadt, Köln 1964; Schmidt, Adolf: Baron Hüpsch und sein Kabinett. Ein Beitrag zur Geschichte der Hofbibliothek und des Museums zu Darmstadt, Darmstadt 1906.

> „als Gelehrter [bezeichnet werden], kundig in vielen Fremdsprachen und mit Kenntnissen auf den Gebieten der Naturkunde und der Altertumskunde ausgestattet [...]. Seine Persönlichkeit war jedoch zwiespältig. Auf der einen Seite stand der Menschenfreund, der sich für das Gemeinwohl tatkräftig engagierte, der Schulen förderte und unterstützte [...]. Auf der anderen Seite war er durch eine empfindliche Eitelkeit charakterisiert."[2]

Honvlez/Hüpsch war selbst Jesuitenschüler gewesen, zunächst in Aachen und spätestens ab 1749 in Köln am Gymnasium Tricoronatum.[3] Bis 1752 besuchte er dann die Artistenfakultät der alten Kölner Universität, studierte Natur- und Rechtswissenschaften, allerdings ohne einen Abschluss zu erlangen. Honvlez/Hüpsch legte bereits ab den 1760er-Jahren eine umfangreiche Sammlung verschiedenster Objekte, vor allem Naturalien, Mineralien und Versteinerungen, später auch Kunstwerke und Bücher, an. Für eine Reform des Lehr- und Schulwesens sprach er sich zeitlebens aus. Bereits in seinen frühen Schriften verwies er zum Beispiel auf die Bedeutung von Anschauungsobjekten und praktischen Lehrmaterialien an Schulen. Deshalb schenkte er Teile seiner eigenen Sammlungen an lokale Bildungseinrichtungen, zum Beispiel an das Kölner Gymnasium Montanum. Denn er erachtete es für sehr wichtig, dass Schulen „ein kleines Naturalien-, sowie ein physikalisches Kabinett besitzen".[4]

Wie sehr Honvlez/Hüpsch die Verbesserung der Schulen und der Lehre beschäftigte, ist unter anderem an dem anonym publizierten Buch *Der Reformationsgeist erschienen am Niederrheine* von 1773 zu ersehen.[5] Bei der Auswertung der Schrift im Kontext der Lehre und Sammlungen der Jesuiten können an vielen Stellen direkte oder indirekte Verweise auf das Kölner Jesuitenkolleg ausgemacht werden, auch wenn Honvlez/Hüpsch selbst keine Namen oder Orte direkt nannte. Dazu habe er sich bewusst entschieden, um „alle persönliche[n] Anzüglichkeiten, Beschimpfungen, etc. zu vermeiden".[6] Stattdessen benutzte er lediglich die Bezeichnungen „niederrheinisch" oder „unsere Gegenden".[7] Auch sein eigener Name kam nicht im Werk vor, sondern er veröffentlichte es anonym. Das Buch ist an den Kurfürsten von der Pfalz und Herzog von Jülich-Berg, Karl Theodor (1724–1799), adressiert. An einer Stelle erwähnte Honvlez/Hüpsch Düsseldorf, wo Kurfürst Karl Theodor kurz zuvor

2 Jülich 1995, S. 47f.

3 Vgl. ULB Darmstadt, Nachlass Hüpsch, Kasten II, Mappe 1, 28 und 31.

4 Vgl. Schmidt 1906, S. 39.

5 Vgl. Hüpsch, Adolf von: Der Reformationsgeist erschienen am Niederrheine, 2 Bde., Köln: Friederich Hochmuth, 1773. Ein weiteres Werk aus diesem Kontext ist Hüpsch, Adolf von: Die Niederrheinische Zuschauerin. Eine Sammlung von Schriften über das Reich der Sitten, Köln: Metternich, 1770. Siehe dazu zum Beispiel Wegener, Gertrud: Literarisches Leben in Köln 1750–1850, 3 Bde., Bd. 1: 1750–1814, Köln 2000, S. 57–62.

6 Hüpsch 1773, S. 11.

7 Ebd., S. 15. Auch Joseph Hansen bezieht die Äußerungen Hüpschs auf Köln und die hiesigen ehemaligen Jesuitensammlungen Hansen, Joseph (Hg.): Quellen zur Geschichte des Rheinlandes im Zeitalter der Französischen Revolution 1780–1801, 4 Bde., Bd. 1: 1780–1791, Düsseldorf 2003 (Nachdruck der Ausgabe Bonn 1931), S. 77f., Fußnote 6.

„in unseren Gegenden den ersten Grundstein (ein unsterbliches Denkmal und Wohlthat für unsere Gegenden!) [...] eine öffentliche Bibliothek hat errichten lassen. Hätten doch die übrigen Städte in unsren niederdeutschen Gegenden solche für das gemeine Wohl eifrige Mecänaten und Beförderer!"[8]

In *Der Reformationsgeist erschienen am Niederrheine* verteidigte Honvlez/Hüpsch die jesuitische Lehre der niederrheinischen Provinz nach der Auflösung des Jesuitenordens. Er stellte die Besonderheit der Lehrform gerade im Vergleich mit den anderen Schulen der Region heraus.

„Diese und überhaupt alle andre nützliche Wissenschaften werden in unsren andern Gymnasien auf einen unverantwortliche Art vernachläßiget, denn nur die Jesuiten haben hierinnen das besondre Verdienst, daß sie die neuere Naturlehre, die Erdbeschreibung, Mathematik der studierenden Jugend allein in den Schulen hiesiger Gegenden vorgetragen haben."[9]

Daraus folgend plädierte er dafür, die Jesuiten als Lehrkräfte an den Schulen zu belassen. Ein zentraler Vorschlag Honvlez'/Hüpschs war es zudem, die Bibliotheken, Kabinette und Sammlungen der ehemaligen Jesuiten zu öffentlichen Bibliotheken und Kunstkammern umzugestalten. „Ein jedes Collegium der Jesuiten könnte nach dieser nützlichen Einrichtung eine Akademie der Wissenschaften und eine litterarische Societät nach dem Beispiele einiger europäischer gelehrten Gesellschaften vorstellen."[10]

Auch wenn Honvlez/Hüpsch keine Ortsbezeichnungen zu seiner Verteidigung der jesuitischen Lehre hinzugefügt hat, so liegt es doch an mehreren Stellen nahe, dass er sich auf das Kölner Kolleg bezog, zum Beispiel:

„Die Jesuiten in x x x haben nebst einer ansehnlichen Bibliothek 1) eine weitläufige Sammlung von physicalischen Instrumenten, 2) eine starke Sammlung von mathematischen Instrumenten, 3) eine prächtige Sammlung von Kupferstichen, Medaillen, alle diese Sammlungen von Büchern, Instrumenten, Kupferstichen gehören zu einem gemeinen nützlichen Gebrauche, und können den größten Nutzen stiften [...]. Die theure Sammlungen [sind] ein wahres Kleinod der Wissenschaften und Künste, die allemal mit dem größtem Aufwand, Kosten, Mühe und Arbeit mühsam gesammelt werden, wie dies alle wahre Liebhaber wissen, welche sich Cabinete sammeln. Ich wiederhole es daher nochmals, daß es in Betrachtung auf das gemeine Wohl eine höchst tadelhafte Unternehmung wäre, wenn dergleichen Sammlungen von Büchern, Instrumenten,

8 Hüpsch 1773, S. 35f. Karl Theodor von der Pfalz hatte Honvlez/Hüpsch finanziell unterstützt, weshalb er den Kurfürsten hier besonders erwähnte. Vgl. Böhm, Elga: Das Besucherbuch des Freiherrn Johann Wilhelm Adolph von Hüpsch aus dem Jahr 1776 bis 1903, in: Lust und Verlust. Kölner Sammler zwischen Trikolore und Preußenadler. Ausst. Kat. Josef-Haubrich-Kunsthalle, Bd. 1, Köln 1995–1996, hg. von Hiltrud Kier/Frank Günter Zehnder, Köln 1995, S. 57–76, hier S. 57. Vgl. außerdem ULB Darmstadt, Nachlass Hüpsch, Kasten IV, Mappe 1, 54.

9 Hüpsch 1773, S. 21.

10 Ebd., S. 33–34. Im Nachlass Hüpsch haben sich Serienbriefe Honvlez'/Hüpschs erhalten, die er im November 1773 an die Rektoren der Jesuitenkollegien in Eichstätt, Wetzlar, Augsburg, Passau und Freiburg versandte. Darin wies er auf seine Schrift *Der Reformationsgeist erschienen am Niederrheine* hin und bat darum, diese in Frankfurt am Main direkt beim Buchhändler Heinrich Ludwig Brönner käuflich zu erwerben und sie außerdem Freunden weiterzuempfehlen. Als Argument führte Honvlez/Hüpsch zum Beispiel folgendes an: „Ich schmeichle mir sehr, dass dieselbe [Schrift] bei einigen fürstlichen Höfen einen Eindruck zu Gunst der Jesuiten machen wird, wie ich dies aus verschiedenen Briefen schon gemerkt habe". Siehe ULB Darmstadt, Nachlass Hüpsch, Kasten XIV, Mappe 4, 2–4, 17, 20, 28–29 und 42.

> Kupferstichen, etc. zerrissen würden, da dieselbe zur Unterweisung der studierenden Jugend ohnentbehrlich, und zu einem öffentlichen Gebrauche können gewidmet werden. Wäre es nicht weit allgemein nützlicher und eine nicht genug zu rühmende Veranstaltung, wenn verfüget würde, daß diese Sammlung von Büchern, Instrumenten, Kupferstichen, u.s.w. zu einer öffentlichen Bibliothek und Kunstkammer errichtet und den Jesuiten (als Weltgeistliche) solche zur Aufsicht, theils zur Unterweisung der Jugend, theils zum Vorzeigen für Liebhaber, Reisende, etc. überlassen würde. Welchen allgemeinen Nutzen und Ruhm würde man nicht der Stadt dadurch zuziehen."[11]

Ein weiterer Hinweis darauf, dass Köln und das Tricoronatum in dieser Schrift besondere Erwähnung gefunden haben, zeigt eine im Nachlass Hüpsch erhaltene, gedruckte Nachricht, die nach der Veröffentlichung des *Reformationsgeist erschienen am Niederrheine* und offenbar nach heftiger Kritik aus Köln ebendort publiziert wurde.[12] Darin bekräftigte Honvlez/Hüpsch wiederum anonym, dass die Absicht der Schrift „bloß dahin [ginge], unpartheilich und allgemein nützliche Vorschläge, die einen Einflus in die gemeine Wohlfahrt haben, dem unbefangenen Publico vorzulegen". Es würden „ohne Partheilichkeit und ohne Schmeichelung die Vortheile und der Nutzen bewiesen, den jeder Staat von den Jesuiten, als weltgeistlicher Lehrer zu hoffen habe". Als Beispiel dafür, dass auch an anderen Schulen „längst verschiedene nützliche Verbesserungen" vorgenommen worden seien, führte er das „Montaner Gymnasio in Cölln" an. „[D]urch die eifrige Veranstaltung und ruhmwürdige Anordnung des dasigen Herrn Regenten [ist] die deutsche und französische Sprachlehre, die Arithmetik, Geometrie, Geographie und andre mathematische Wissenschaften eingeführt worden."

Auch

> „[d]ie Professoren des Laurentianer Gymnasium in Cölln verdienen eben einen ungeschminkten Ruhm, da sie schon längst die neuere Weltweisheit in ihren Schulen eingeführt haben. Hierin haben vorzüglich die Professoren Decker, Felten und Broel das besondre Verdienst, daß sie die neuere Vernunftslehre, die experimental Naturkunde und andere verbesserte Theile der Philosophie in ihren Schulen vorgetragen [haben.] [...] [Sie] besitzen zu ihrem Fach allen Eifer, Fleis und Einsicht, und es hat ihnen nur, so wie in vielen andren Schulen, an reichlicher Unterstützung und nöthigen Hilfsmitteln; das ist, an physikalischen und mathematischen Instrumenten bisher gefehlt, um die Grundsätze der natürlichen Weltweisheit der studierenden Jugend begreiflicher zu machen. Dieser Mangel zu den Vorlesungen nothwendiger Instrumente kan man aber diesen geschickten Lehrern keineswegs übel ausdeuten, da billig ihnen ein schöner Vorrath nützlicher Werkzeuge zum gemeinen Gebrauche solte angeschafft werden."[13]

Zudem seien auch an der „cöllnischen Universität" zum Beispiel die griechische und auch orientalische Sprachen von anderen Ordensleuten gelehrt worden. Es erscheint plausibel, dass Honvlez/Hüpsch mit seinem Plädoyer für die Erhaltung der Jesuiten als Weltgeistliche im Bildungswesen am Niederrhein und der beispielhaften Beschreibung der Ausstattung des Gymnasium Tricoronatum, das offenbar auch ohne Namensnennung

11 Hüpsch 1773, S. 36f.

12 Vgl. ULB Darmstadt, Nachlass Hüpsch, Kasten VIII, Mappe 5, 9–10. Die folgenden wörtlichen Zitate stammen aus dieser Quelle.

13 Ebd., 9–10.

erkannt worden ist, den Ärger der anderen Kölner Bildungsinstitutionen auf sich gezogen hat. Um dieser Kritik zu begegnen, verfasste er neben der zitierten Nachricht über den Stand der anderen Gymnasien eine Nachschrift, in der er die Wichtigkeit der Naturgeschichte und der adäquaten Lehre mit Objekten betonte. „So ist ein Liebhaber der Wissenschaften geneigt eine starke Mineraliensammlung von besondrem Werth einem oder dem andren Gymnasio in Cölln ohnentgeldlich (nebst allem Unterricht, Anweisung der besten Schriften, etc.) zu schencken." Die Voraussetzung sei, dass es eine Vorlesung der Mineralogie gebe, in der die Sammlung „zum öffentlichen Gebrauche" genutzt werde.[14] Offenbar hat sich das Gymnasium Montanum an Honvlez/Hüpsch gewandt, denn dieser schenkte der Schule eine 139-Stück umfassende Mineraliensammlung „zum Behuf der öffentlichen Vorlesung über die Naturgeschichte dem Montaner Gymnasio".[15] Dieser Vorgang bietet einen interessanten Einblick in die Wahrnehmung und Rezeption der Kölner Jesuitensammlungen, die für Honvlez/Hüpsch als Sammler und ehemaliger Schüler als beispielhaft und fundamental angesehen wurden, und bei anderen lokalen Bildungsträgern offensichtlich Missgunst hervorriefen; vor allem weil eigene Lehrsammlungen fehlten.

Als ehemaliger Jesuitenschüler des Kölner Tricoronatums und ehemaliger Student der Kölner Universität kannte Honvlez/Hüpsch die Sammlungen und die Ausstattung des Kölner Kollegs und hatte wahrscheinlich selbst an und mit ihnen gelernt.[16] In diesen Lehrjahren könnte Honvlez/Hüpsch bereits den Anstoß zum eigenen Sammeln und zur Anlage einer eigenen umfangreichen und vielseitigen Sammlung erhalten haben, die er ab Mitte der 1760er-Jahre anlegte. Neben Wallraf wird er trotz seiner mindestens fragwürdigen biografischen Täuschungen als einer der wenigen „Fixsterne der Aufklärung"[17] im Köln des ausgehenden 18. Jahrhunderts beschrieben. Seine Sammlung von Kunstwerken wie Gemälden, Grafiken und Skulpturen, Antiken, Büchern, Handschriften, Münzen, vor allem aber von umfangreichen Naturalien und zoologischen Stücken befand sich in seinem Kölner Haus, dem Lützeroder Hof in der Johannisstraße. Dort versammelte er seine Objekte, die er durch Kauf oder im Tausch erwarb. „Schon wenige

14 Ebd., 9–10.

15 ULB Darmstadt, Nachlass Hüpsch, Kasten XV, Mappe 2, 109. Das Verzeichnis beinhaltet verschiedene Arten von Steinen, Gemmen oder Kristallen mit Fundort.

16 Generell scheinen sich im Nachlass Hüpsch kaum eindeutige Quellen zu befinden, in denen seine Zeit bei den Jesuiten thematisiert wird oder in denen er darauf rekurriert. In einem „Notizheft mit einem Verzeichnis von Sammlern und einigen ihrer Sammlungsobjekte" führte er die Sammlung der Jesuiten auf. Als Sammler benannte er an dieser Stelle „Frings". Siehe ULB Darmstadt, Nachlass Hüpsch, Kasten XXI, Mappe 1, 1. Dieses außerordentlich spannende Dokument bedarf weiterer wissenschaftlicher Untersuchungen und Kontextualisierungen, die im Rahmen dieser Abhandlung allerdings nicht durchgeführt werden konnten. Das Notizheft lässt mehr oder weniger eindeutige Rückschlüsse auf die Beschaffenheit von Sammlungen und die Vielzahl von (bislang vielleicht unbekannten) Sammlern zu, die Honvlez/Hüpsch an dieser Stelle erwähnenswert fand.

17 Gersmann 2020, S. 146; Schwerhoff 2017, S. 259–261; Wegener 2000, S. 61. Gertrud Wegener verweist auf Grundlage Honvlez'/Hüpschs Schriften darauf, dass er ein „gemäßigter Aufklärer freilich im Sinne einer katholischen Aufklärung" gewesen sei.

Jahre nach dem Beginn seiner Sammlerkarriere war Honvlez/Hüpsch zu einem äußerst aktiven und europäisch, wenn nicht sogar außer-europäisch breit vernetzen Mitglied der internationalen Sammlerszene des 18. Jahrhunderts aufgestiegen."[18] Sein Kabinett kann als eines der ersten Kölner Museen bezeichnet werden, denn es stand anderen Sammlern, Bürgern und interessierten Reisenden für Besichtigungen offen, was besonders gut an dem erhaltenen Besucherbuch zu rekonstruieren ist. Die Haushälterin Eva Mechthild Happertz (1725–1805) bot sogar Führungen in der Sammlung an.[19]

Trotz der Breite seiner Sammlung sind mathematisch-physikalische Instrumente wenn überhaupt nur in Einzelstücken vorhanden gewesen. Einen Hinweis auf Honvlez'/Hüpschs Auseinandersetzung mit physikalischen Themen geben einzelne seiner Abhandlungen, zum Beispiel über Nordlichter, oder auch archivalische Funde, wie zwei Briefe des Direktors eines physikalisch-mechanischen Kabinetts des Kurfürstentums Köln, Charles François Lefebure, von 1789, in dem er ihm ein selbst entwickeltes mechanisches Instrument beschrieb.[20] Es handelt sich dabei wahrscheinlich um eine naturwissenschaftliche Sammlung des Kurfürsten Maximilian Franz von Österreich (1756–1801, Erzbischof und Kurfürst von Köln 1784–1801) in Bonn. Im Nachlass konnte keine Antwort auf das Schreiben Lefebures gefunden werden. Einen deutlichen Schwerpunkt auf der Naturkunde und Naturgeschichte weisen sowohl die Sammlung als auch die umfangreichen Veröffentlichungen auf.[21]

Das enzyklopädisch angelegte Kabinett Honvlez'/Hüpschs war weder institutionell an eine Bildungseinrichtung angebunden noch gab es dort privat organisierten Unterricht,

18 Gersmann 2020, S. 149–151. Die Stadt Köln beeindruckte das mitnichten. Nach langen und zähen Verhandlungen mit der Stadt vermachte Honvlez/Hüpsch seine umfangreiche Sammlung schließlich kurz vor seinem Tod 1805 dem Landgrafen von Hessen Darmstadt. Vgl. dazu ebd., S. 154–156.

19 Vgl. ebd., S. 151. Zu Hüpschs Sammlung vgl. vor allem die neueren Publikationen von Gudrun Gersmann: ebd., S. 148–160. Siehe außerdem Ausst. Kat. Köln 1964; Böhm 1995; Schmidt 1906. Treffend beschrieb Theo Jülich Honvlez'/Hüpschs Sammlungsintention: Jülich 1995, S. 47: „Hüpsch gehörte zu jenen Sammlern der Aufklärung, die versuchten, mit einer klassifizierenden Methode die äußeren Erscheinungen der Welt enzyklopädisch zu erfassen. Diese Idee des Universalmuseums wurde gegen Mitte des 18. Jahrhunderts abgelöst von Überlegungen, die die inneren Strukturen und die Zusammenhänge der Dinge zu Ordnungskriterien erhoben. Die Folge daraus war, daß man sich auf das Sammeln von Beispielhaftem beschränken konnte. Hüpsch versuchte offenbar, beide Ansätze miteinander zu verknüpfen und scheiterte schließlich an der Menge des Materials".

20 Briefe Charles François Lefebures aus Bonn an Honvlez/Hüpsch vom 24. Mai und 26. Juni 1789 ULB Darmstadt, Nachlass Hüpsch, Kasten XII, Mappe 2, 43 und 44. Charles François Lefebure stellte sich in seinen Briefen als Direktor des Physikalischen und Mechanischen Kabinetts des Kurfürsten von Köln vor, wobei er zuvor Hüpschs Bekanntschaft gemacht haben muss, ebenso wie Mechthild Happertz', da er ihr Grüße ausrichten ließ. Er selbst sei in einem Dorf namens Roupy in der Nähe von Saint Quentin in der Picardie geboren worden und hätte sich immer für die Mechanik interessiert, für die er auch schon immer eine natürliche Neigung gehabt hätte. Lefebure stellte verschiedene mechanische und optische Geräte her. Seine Brenn- und parabolischen Spiegel befanden sich im Kabinett des Kölner Kurfürsten ebenso wie beispielsweise in Amsterdam oder in der Akademie der Wissenschaften in St. Petersburg. Vgl. Academiae Scientiarum Imperialis Petropolitanae (Hg.): Nova Acta Academiae Scientiarum Imperialis Petropolitanae, Bd. 3, Sankt Petersburg: Typis Academiae Scientiarum, 1788, S. 12f.

21 Jülich 1995, S. 50.

was die Sammlung von den ehemaligen jesuitischen Lehrsammlungen unterscheidet. Allerdings liegt seinen Sammlungstätigkeiten ein aufklärerischer Gedanke zugrunde und seine Veröffentlichungen zeugen von dem Bewusstsein der didaktisch-methodischen Rolle von Sammlungen im Bildungskontext:

> „Das Anliegen der Aufklärung, das Interesse für die naturhistorischen Zusammenhänge auch bei der Jugend zu wecken, führte Hüpsch über seine wissenschaftlichen Publikationen hinaus dazu, Mineralienkabinette an die Kölner Schulen abzugeben, den Schulklassen sein Kabinett zu öffnen und darauf hinzuweisen, daß ein Mineralienkabinett in jede Schule gehöre. Diese pädagogische Tätigkeit basierte auf dem Vorhandensein einer umfangreichen Sammlung, und durch diese und nicht durch seine Veröffentlichungen ist Hüpsch auch heute bedeutsam."[22]

Durch die biografische Anbindung an das Tricoronatum, die Anerkennung der Bedeutung der jesuitischen Sammlungen für das regionale Bildungswesen, die Förderung des Gymnasium Montanum mit einer Mineraliensammlung und die eigene Sammlungstätigkeit ist Honvlez/Hüpsch ein interessantes Beispiel für die Skizzierung des Kontexts von Lehrsammlungen in Köln am Ende des 18. Jahrhunderts. Es zeigt, dass die jesuitischen Sammlungen vor allem in Köln eine wichtige Rolle für einen zeitgemäßen Unterricht innehatten, weshalb es sie zu erhalten galt. Denn es gab wiederum auf der anderen Seite keine eigenen Bestrebungen vonseiten der Universität, der anderen Gymnasien oder auch der Stadt Köln, Lehrsammlungen anzuschaffen oder die nötigen Rahmenbedingungen zu schaffen. Das Anlegen von Sammlungen und die Sammeltätigkeit an sich war von Einzelpersonen abhängig oder bedurfte finanzieller Unterstützung oder Schenkungen von außen.

Die heute bekannteste Lehrsammlung am Ende des 18. Jahrhunderts in Köln legte Ferdinand Franz Wallraf an, und schuf damit letztlich den Grundstock der heutigen Kölner Museumslandschaft. Neben einer bedeutenden Sammlerpersönlichkeit war Wallraf auch Lehrer und Professor, Universitätsrektor, Stadthistoriker, Stadtreformer, vielseitig interessierter Literat und Erzbürger[23] der Stadt Köln. 1748 geboren, besuchte Wallraf als Schüler und Student der Artistenfakultät das Gymnasium Montanum, an dem er zunächst als Lehrer, ab 1769 als Professor tätig war. Wallraf verband eine enge Freundschaft mit dem Kölner Medizinprofessor Johann Georg Menn (1731–1781) und seiner Frau Dorothea Menn-Schauberg (1725–1789), in deren Haus er spätestens seit 1773 lebte. Menn ermunterte Wallraf, an der medizinischen Fakultät zu studieren, an der er letztlich ab 1786 bis zum Professor der Botanik, Naturgeschichte und Ästhetik aufstieg. Dorothea Menn-Schauberg leitete als Erbin die ansässige Universitätsbuchdruckerei Schauberg und war künstlerisch und musikalisch besonders interessiert. Sie war „eine

22 Ebd.

23 Zum Titel des Erzbürgers wird auf eine neue Publikation des Wallraf-Experten Sebastian Schlinkheider verwiesen, in der gezeigt wird, dass die Zuweisung des Titels „Erzbürger" ein geschichtskulturelles Alleinstellungsmerkmal Wallrafs in der Stadt Köln ist: Schlinkheider, Sebastian: Das Echo des ‚Erzbürgers'. Eine wissensgeschichtliche Analyse der geschichtskulturellen Rezeption des Kölner Sammlers Ferdinand Franz Wallraf (1748–1824), Köln 2024.

Frau von Talent, Witz und Weltkenntniß"[24], die ihrem Mann in Bildung wie sozialem Status in nichts nachstand. Das Ehepaar Menn kann einem Kreis von progressiv und modern denkenden Personen zugeordnet werden, die aufklärerische Ideen in das konservative Köln bringen wollten. Sie waren in der Domstadt und den umliegenden Städten wie Bonn sehr gut vernetzt und brachten den jungen Wallraf in Kontakt mit aufklärerischem Gedankengut und Gleichgesinnten. Darunter war zum Beispiel der Künstler Caspar Bernhard Hardy, der ein Verwandter und guter Freund Dorothea Menn-Schaubergs war. Wie Hardy war auch Menn-Schauberg selbst künstlerisch tätig, als Zeichnerin und Wachsbossiererin sowie als Malerin, worin Hardy sie unterrichtet hatte.[25] Im Hause Menn erhielt Wallraf Anregungen zum Anlegen einer Sammlung, denn das Ehepaar verfügte über eine Kunstsammlung, eine Sammlung medizinischer Instrumente und über eine medizinische Bibliothek.[26] Die Instrumentensammlung Menns zählte 1780 über 30 Stücke aus den Bereichen Physik, Chemie, Anatomie oder Optik, darunter ein Mikroskop, Spiegel und eine elektrische Maschine.

> „Der Sammeltätigkeit Menns lagen aufklärerische Ziele zugrunde. Andere Sammler, die Wallraf schon in frühen Jahren kannte, waren z. B. der Graf von Oettingen-Baldern oder der weit über Köln hinaus berühmte Baron von Hüpsch, dessen umfassend angelegtes Kabinett ebenfalls der Aufklärung dienen sollte. Beide lenkten sein Interesse vorzüglich in Richtung der Naturgeschichte."[27]

Seit Anfang der 1770er-Jahre sammelte Wallraf selbst, zunächst vor allem Naturalien, wie Steine, Fossilien oder Mineralien – möglicherweise angelehnt an Honvlez'/Hüpschs Sammlung, den er seit 1774 kannte –, dann auch Herbarien oder Muscheln sowie Bücher und Kupferstiche. Im späteren 18. Jahrhundert und vor allem in französischer Zeit kamen außerdem Antiken, Münzen und Kunstwerke aller Art hinzu. Schon 1778, als sich Wallraf für seine Baccalaureatsprüfung bei der medizinischen Fakultät anmeldete, verwies er auf seine naturgeschichtliche Sammlung, die er in seiner Lehre einsetzen wolle. Seine Objekte – in erster Linie seine Naturalien, aber auch Münzen und Kupferstiche – wurden nachweislich in seiner Lehre der Naturgeschichte als Anschauungsmaterial eingebunden. Den botanischen Unterricht hielt er vor Ort im Botanischen Garten

24 Wallraf, Ferdinand Franz: Ode an Hardy. Bei Gelegenheit der Feier seines Künstler-Jubiläums, zu Ende des 18. Jahrhunderts, in: Richartz, Johann Heinrich (Hg.): Ausgewählte Schriften. Festgabe zur Einweihungsfeier des Museums Wallraf-Richartz, Köln: Dumont-Schauberg, 1861, S. 358–376, hier S. 368.

25 Merlo 1895, S. 587.

26 Siehe den Katalog der Bibliothek Menns, in dem auf den letzten Seiten auch sein „Verzeichnis der zu der Bibliothek des Med. Doctoris Menn gehörigen chimischen medizinischen anatomischen instrumenten, und machinen" zu finden ist: Menn, Johann Georg: Katalog der Bibliothek des Kölner Mediziners Johann Georg Menn, Köln 1780, S. 167f. Vgl. außerdem Thierhoff, Bianca: Ferdinand Franz Wallraf. 1748–1824. Eine Gemäldesammlung für Köln, Köln 1997, S. 17f.

27 Thierhoff 1997, S. 25. Siehe die vollständige Sammlung Menns in: Menn 1780, https://digitale-sammlungen.ulb.uni-bonn.de/ulbbnhans/content/titleinfo/1629284 [zuletzt aufgerufen am 07.04.2024].

der Universität ab. In seiner Antrittsvorlesung[28] hatte er die Naturgeschichte sogar als Grundlage aller Wissenschaften bezeichnet und das Studium an Objekten der Natur als zentral beschrieben. Wie bei den Jesuiten, lag auch für Wallrafs Naturverständnis der Ursprung in der Schöpfung Gottes.[29] In seiner frühen Sammlungstätigkeit verfolgte er demnach sowohl eine praktisch-pädagogische als auch eine aufklärerische Intention. Dieses Bestreben könnte auch von der mangelnden Ausstattung des Montaner Gymnasiums herrühren, in dem Wallraf seine Schul- und Studienzeit verbracht hatte. Bevor Honvlez'/Hüpsch der Schule vermutlich nach 1773 eine Mineraliensammlung schenkte, hatte es dort keine Lehrsammlungen gegeben, was Wallraf später ebenso kritisierte wie die allgemein anspruchslosen und eher veralteten Disputationsinhalte.

> „Im Gymnasio Tricoronato der Jesuiten hatte dagegen der Geist der Wissenschaften schon lange vorher sich höher gehoben. Man lehrte daselbst bereits die logische Kritik und Analytik und bei einem ansehnlichen Instrumenten-Vorrathe, die fast vollständigen, für höhere Philosophie und Weltkenntnis so nöthigen mathematischen und physischen Wissenschaften."[30]

Diese Erfahrungen könnten ein weiterer Auslöser dafür sein, dass Wallraf seine Lehrsammlung vor allem mit naturgeschichtlichen Objekten und Büchern begann.

28 „Antrittsvorlesung von F. F. Wallraf als Professor der Botanik und der schönen Künste: Ueber die Naturgeschichte und Aesthetik, Köln, 14. November 1786", in: Hansen 2003. „Aber warum erstummt nicht vor ihr meine Vermessenheit, in meiner Vaterstadt als ein Apostel zwoer Wissenschaften aufzutreten, die ich größtenteils nur im Schoße derselbigen und durch den unsichern Weg des Privatstudiums und durch langsame, kostbare Anschaffung der notwendigen Hülfsmittel, welche man anderswo in überflüssigem, unbenutztem Vorrate antrifft, wenn ich es sagen darf nur in der Absicht angegriften hab, um vielleicht einmal meinen Mitbürgern dadurch nützlich sein zu können?" Zitiert nach Hansen. Ebd., S. 146.

29 Vgl. Schlinkheider, Sebastian: „Zwillingsschwestern unter verändertem Namen" – Ferdinand Franz Wallrafs (1748–1824) Bemühungen um eine integrative Verbindung von Naturgeschichte und Ästhetik in Köln, in: Kittelmann, Jana (Hg.): Botanik und Ästhetik: Internationales Symposium, Halle an der Saale, 14.–16. September 2017, Göttingen 2018, S. 79–94, hier S. 81–87; Lange, Edwin: Ferdinand Franz Wallraf und die rheinische Aufklärung. Wallrafs Entwicklung, Tätigkeit und Bedeutung bis zum Ende des 18. Jahrhunderts, Bonn 1949, S. 176–185. Zu Wallrafs frühen Sammlungsobjekten (mit heute erhaltenen Beispielen) und der Einbindung in die Lehre vgl. besonders Opgenoorth, Kim: Sammeln und Lehren vor 1800, in: Gersmann, Gudrun/Grohé, Stefan (Hg.): Ferdinand Franz Wallraf (1748–1824) – Eine Spurensuche in Köln, https://dx.doi.org/10.18716/map/00001, mapublishing 2016, https://wallraf.mapublishing-lab.uni-koeln.de/lehrobjekte-vor-1800/historischer-kontext/sammeln-und-lehren [zuletzt aufgerufen am 28.01.2024]; Opgenoorth, Kim: Sammlungsobjekte vor 1800, in: Gersmann, Gudrun/Grohé, Stefan (Hg.): Ferdinand Franz Wallraf (1748–1824) – Eine Spurensuche in Köln, https://dx.doi.org/10.18716/map/00001, mapublishing 2016, https://wallraf.mapublishing-lab.uni-koeln.de/lehrobjekte-vor-1800/historischer-kontext/sammlungsobjekte-vor-1800 [zuletzt aufgerufen am 28.01.2024]. Wallraf selbst gab 1779 im Gymnasium Montanum zudem Mathematikunterricht für die philosophischen Klassen. Vgl. Ennen 1857, S. 85. Siehe vor allem auch Quarg, Gunter: F. F. Wallraf (1748–1824) und die Naturgeschichte an der alten Kölner Universität, in: Schwarzbach, Martin (Hg.): Naturwissenschaften und Naturwissenschaftler in Köln zwischen der alten und der neuen Universität (1798–1919), Köln [u. a.] 1985, S. 1–18.

30 Wallraf, Ferdinand Franz: Biographie des als Stadtkölnischer Hauptpfarrer zu St. Marien im Capitol im Jahr 1810 verstorbenen H. H. Peter Anth, Köln 1810, S. 6.

„Alles in allem dokumentieren seine frühen Sammlungsobjekte die Herangehensweise eines Universalgelehrten, der sich keineswegs auf ein Themengebiet beschränkte. Wallraf schuf vielmehr eine klassische Lehrsammlung, wie er sie auch in seinem Reformvorschlag aus dem Jahre 1786 für die Kölner Universität idealtypisch umriss und einforderte."[31]

1.2 Das Kabinett im Kontext der Universitätsreform

In der zweiten Hälfte des 18. Jahrhunderts kam es an verschiedenen katholischen Universitäten des Alten Reichs zu Reformbestrebungen, die lokal mit unterschiedlichen Ambitionen umgesetzt wurden. Gemeinsame äußere Einflüsse für die Einsicht der Reformbedürftigkeit katholischer Universitäten waren zum einen generell die protestantischen Universitäten – zum Beispiel in Göttingen oder Halle –, deren Lehrpläne nicht nur schneller und flexibler auf Neuerungen in der Pädagogik und den Wissenschaften, allen voran den Naturwissenschaften, reagierten, sondern die zum Beispiel auch in puncto Ausstattung und (Lehr-)Sammlungen über moderne Einrichtungen verfügten. Dem gegenüber waren die katholischen Universitäten oftmals zu träge und im Kölner Fall zu konservativ, um kurzfristig auf neue Ansprüche in der Pädagogik und den praktischen Wissenschaften zu reagieren. Zum anderen war ein gemeinsamer Einflussfaktor, der sich vielerorts auf die Strukturen der alten katholischen Universitäten auswirken sollte, die Aufhebung des Jesuitenordens. Nicht nur in Köln, sondern beispielsweise auch in Mainz, Dillingen oder Bonn wurden dadurch sowohl Geldmittel frei als auch didaktisch-methodische Programme und Ressourcen, die entweder in die alten Universitätsstrukturen übernommen wurden, oder einen Anlass zu Reformen gaben. Beide Aspekte wirkten sich in den 1770er- und 1780er-Jahren auch auf die Kölner Universität aus, wenn sie hier nicht sogar besonders frappierend zutage traten, galt diese Universität doch als übermäßig rückständig.[32] Daneben gab es in Köln einen weiteren Einflussfaktor, der die Universität schließlich regelrecht zwang, zumindest einige Reformen durchzuführen: die Erhebung des Gymnasiums nach Übernahme der jesuitischen Besitztümer Kurkölns 1777 zunächst zur Akademie und schließlich 1786 zur Universität im benachbarten Bonn durch Kurfürst Max Franz von Österreich (1756–1801) und die daraus entstehende Konkurrenzsituation, die zur Abnahme der Studierendenzahlen führte.[33] Im Folgenden werden die direkten Auswirkungen der Faktoren auf die alte Kölner Universität skizziert und Reformvorschläge – unter anderem von Wallraf – und letztlich durch-

31 Opgenoorth 2016.

32 Vgl. Schwerhoff 2017, S. 304–321. Einen gewichtigen Anteil daran hatten auch die konservativen jesuitischen Theologen. Das Gymnasium Tricoronatum war in Bezug auf die Naturwissenschaften fortschrittlich, während das Bild im Bereich der Theologie differenzierter ausfiel. Vgl. dazu zum Beispiel Meuthen 1988, S. 263–391.

33 Vgl. dazu zum Beispiel Fiegenbaum 2016: „Nach 1760 kam es dennoch zu einem stufenweisen Rückgang der Einschreibungszahlen, der sich mit Gründung der Bonner Hochschule noch verstärkte und zwischen 1784 und 1788 mit 716 Immatrikulierten einen Tiefpunkt erreichte. Köln behauptete damit aber immer noch einen respektablen Platz im oberen Mittelfeld der deutschen Universitäten, freilich weit hinter Wien, Halle, Göttingen, Leipzig und Jena." Schwerhoff 2017, S. 306.

geführte Reformen beschrieben. Im Zentrum steht dabei stets die Rolle und der Umgang mit den ehemaligen jesuitischen Sammlungen und dem Mathematisch-Physikalischen Kabinett.

Als das Tricoronatum und die ehemaligen jesuitischen Sammlungen kurz nach Aufhebung des Ordens in die städtische Handhabung fielen, strebte auch der Rat der Stadt Köln Reformen an und ging

> „mit dem Plane um, Kolleg und Gymnasium mit ihrem ganzen Besitz der Universität einzuverleiben und diese dann von Grund auf zu reformieren. Für die Gymnasialklassen waren sieben Lehrer vorgesehen, denen neben freier Wohnung und Kost je 100 Reichstaler Jahresgehalt gezahlt werden sollten; dem Regenten sollten 200, dem Subregenten 150 Taler zustehen. Die Mathematiker und Physiker sollten 300 bzw. 400 Taler bekommen. Weil man bisher in Köln den Fehler gemacht hatte, daß die Philosophie nur für Schüler gelehrt wurde in einer Art, die Leute von reiferem Verstand verächtlich achteten, sollten besondere Lehrstühle für Philosophie außerhalb der Gymnasien errichtet werden. Ein zu berufender Professor der Eloquenz sollte lateinische und auch deutsche Rhetorik und Poesie lehren; ferner sollte Griechisch wieder an der Universität gelehrt werden sowie auch Hebräisch. Für juristische Professuren sollten gar 3000 Taler ausgeworfen, Bibliothek und Sammlungen sollten nicht nur erhalten, sondern auch den modernen Anforderungen entsprechend vermehrt werden. Solange aber der Rat nicht über die Renten der Exjesuiten verfügte, war das alles ein schöner Traum. Vorläufig mußte an allen Ecken gespart werden.“[34]

An dieser Situation änderte sich lange Zeit nichts, sodass auch die Sammlungen in der reichsstädtischen Sammlungsphase nicht nachweislich ausgebaut wurden. Im Gegensatz zu den frühen Plänen gab es sogar zwischenzeitlich Überlegungen, Teile der ehemaligen Jesuitensammlungen – im Speziellen die umfangreiche Grafiksammlung – aus finanziellen Gründen zu veräußern. 1778 erstellte der damalige Sammlungsleiter Jacob Heyder (1745–1798) einen Katalog, in dem die Grafiken systematisch erfasst und dokumentiert wurden.[35] Wer an dieser kunsthistorischen Klassifizierung mitgewirkt hat, ist nicht mit Sicherheit überliefert. Der Kölner Maler Johannes Bartholomäus de Peters soll Heyder geholfen haben. Möglich wäre auch ein Anteil Gereon Schuhmachers, der während der letzten jesuitischen Jahre Vorsteher der Sammlung gewesen war. In der russischen Kaiserin Katharina II. (1729–1796) hatte der Rat der Stadt Köln eine hochkarätige Kaufinteressentin, die 24.000 Taler für die Sammlung geboten haben soll, ebenso wie der Herzog Albert von Sachsen-Teschen (1738–1822). Schließlich entschied sich die Stadt doch dafür, die Sammlung in Köln zu behalten, „weil man die Sammlung als eine Zierde der Stadt und zum Gebrauche einer in Vorschlag gebrachten Kunst-Akademie

34 Kuckhoff 1931a, S. 637.

35 Eine Abschrift des Heyder-Katalogs befindet sich auch im Pariser Nationalarchiv, weil sie 1808 im Zuge der Rückführungsbestrebungen nach Paris gesendet wurde. AN, F/17/1093 (Instruction publique), Dossier 17, Pièce 177. Weitere Versionen sind im Kölner Stadtarchiv vorhanden: HAStK, Best. 608 (Kulturdezernat), A 24, hinter fol. 49. Siehe außerdem A 971/1 und A 971/2 im Best. 150 (Universität).

aufbewahren wollte"[36], berichtete Wallraf. Diese Idee wurde allerdings nicht umgesetzt. Das Beispiel lässt ein mangelndes Bewusstsein für den Wert der Grafiksammlung seitens der Stadt Köln erkennen – in kultureller und didaktischer Hinsicht. Es werden jedoch auch die finanziellen Probleme deutlich, welche die Stadt 1783 erneut dazu verleiteten, an einen Verkauf der Grafiken zu denken.[37] Im Kontext der Universitätsreform in den 1780er-Jahren sollte sich die Bewertung der jesuitischen Sammlungen generell ändern, nahmen sie doch eine wichtige Rolle dabei ein.

Die frühen Reformversuche aus der Kölner Universität heraus kamen ab 1776 aus der medizinischen Fakultät, deren Dekan Johann Georg Menn war. Die Reformen betrafen vor allem den Unterricht der Anatomie und Chemie. Durch Menns Einsatz wurde 1777 ein neuer medizinischer Hörsaal mit einem eigenen Laboratorium eingerichtet, um die ebenfalls neu etablierte Experimentalchemie anhand von Instrumenten und Experimenten zu lehren und zu demonstrieren. Eine weitere Maßnahme vor allem in Reaktion auf die bildungspolitischen Ereignisse in Bonn und auch an der Universität in Mainz, wo 1784 Neuerungen in der Organisations- und Lehrstruktur vorgenommen und zum Beispiel auch Protestanten als Studierende und Professoren zugelassen wurden, war die Veröffentlichung des detaillierten Vorlesungsverzeichnisses *Conspectus Praelegendorum*[38] für das Schuljahr 1784/85, in dem die Kurse der theologischen, juristischen, medizinischen und artistischen Fakultät sowie der Gymnasialklassen aufgeführt wurden, mit dem Ziel, Studierende in anderen Städten zu erreichen und für das Kölner Studium zu gewinnen. Für das Gymnasium Tricoronatum wurde die Nutzung von Karten und Globen im Unterricht der Geografie und die Abhaltung des mathematischen Unterrichts im *Musaeum mathematicum* angekündigt. Quarg stellt heraus, dass Köln in der Konkurrenzsituation mit den benachbarten Bildungseinrichtungen den wesentlichen Vorteil hatte, „daß viele Einrichtungen, die man in Bonn oder Mainz für notwendig hielt, wie Botanischer Garten, Chemisches Labor, Sternwarte, Physikalisches Kabinett und

36 Wallraf 1861a, S. 205. Vgl. dazu auch Spengler 2003, S. 27–29. „Offenbar unter dem Konkurrenzdruck der 1773 in Düsseldorf gegründeten ‚Zeichnungs-Academie', die sich auf die berühmte Handzeichnungssammlung ihres ersten Direktors Lambert Krahe (1712–1790), einem Protegé des Kurfürsten Carl Theodor (1724–1799), stützen konnte – vielleicht auch einer Lieblingsidee der in Ferdinand Franz Wallrafs Dunstkreis wirkenden, kunstbeflissenen Zirkeln folgend – entschlossen sich die Stadtoberen das Verkaufsgebot zurückzuziehen und die Absicht vorzuschieben, die Sammlung für eine zukünftige ‚Kunst-Akademie' zu verwenden. Weder eine Kunstakademie noch ein Städtisches Museum kamen zustande." Ebd., S. 28f.

37 Vgl. Kuckhoff 1931a, S. 619; Ketelsen, Thomas/Schwaighofer, Claudia-Alexandra/Venator, Michael: Die Wiederentdeckung der Zeichnungssammlung der Kölner Jesuiten – Zwischen historischem Geschick und Geschichte, in: Wir Glauben Kunst. Bildermacht und Glaubensfragen: Meisterzeichnungen aus der Kölner Jesuiten-Sammlung ‚Col.'. Ausst. Kat. Wallraf-Richartz-Museum & Fondation Corboud, Köln 2019, hg. von Thomas Ketelsen/Ricarda Hüpel, Köln 2019, S. 34–54, hier S. 36; Smith, Jeffrey Chipps: The Jesuit Artistic Diaspora in Germany after 1773, in: Studies in the History of Christian Traditions 178 (2015), S. 129–147, hier S. 145. Zu Joh. Bartholomäus de Peters, dem Vater des berühmteren Kölner Malers Anton de Peters, vgl. Merlo 1895, Sp. 669. Siehe auch Spengler 2003, S. 25–29.

38 Vgl. Conspectus praelegendorum in Alma Universitate Coloniensi 1784/85, Köln 1784.

die dort erst aufgebaut werden mußten, hier bereits vorhanden waren".[39] Die ehemaligen jesuitischen Einrichtungen des Gymnasium Tricoronatum bewährten sich demnach für die Universität.

Zur gleichen Zeit erhielt Ferdinand Franz Wallraf als Mitglied der Universität und eng vertraut mit den Reformbestrebungen Menns sowie den Ideen Honvlez'/Hüpschs den Auftrag vonseiten des Stadtrats, Vorschläge für eine Erneuerung und Verbesserung der Studiensituation in Köln zu erarbeiten. 1786 legte Wallraf seinen *Entwurf zur Verbesserung des stadtkölnischen Schulwesens überhaupt, wodurch die Universität zu mehrerem Ansehen, die Studien in bessere Blüte und die Erziehung unter eine genaue Zucht und aneinhangende Obsorge gebracht würde, insbesondere aber die öffentliche Erziehung mit der privaten und die Erziehung des Bürgers mit dem Universitätswesen auf eine für das gemeine Beste zuträgliche Art verbunden, im ganzen auch für bessere Bequemlichkeit der studierenden Jugend, für die Achtung, die Salarien und nützlichere Ausbildung der Professoren selbst gesorgt und endlich auf den Fonds der dazu nötigen Kosten Bedacht genommen wird, wobei dennoch der Grundverfassung unserer Universität nicht zu nahe getreten, sondern vielmehr ihrem Verfall vorgebeugt würde* vor.[40] Bereits der umfangreiche Titel verweist auf grundlegende Reformansätze Wallrafs: Er bezog sich nicht nur auf die Universitätsstrukturen, sondern strebte eine Neuorganisation des ganzen kölnischen Schulwesens an – von den Armen- und Pfarrschulen und Volks- und Realschulen, über die Silentien, bis zu den Gymnasien und den vier Fakultäten der Universität. Öffentliche Vorlesungen und die angemessene Ausbildung und Besoldung der Professoren waren weitere Kernpunkte seiner Schrift. Das Lateinische als Sprache der Gelehrsamkeit sollte nur noch an den Gymnasien, nicht an den unteren Schulen, vermittelt werden, wobei der deutschen Sprache auch an der Universität mehr Raum gegeben werden sollte. Für die Gymnasien schlug Wallraf eine Erweiterung auf sieben Einrichtungen vor, die sich über Köln verteilen sollten und in denen nach denselben Lehrplänen unterrichtet werden sollte. Zentral für die Ausstattung der Gymnasien seien Museen als Studienräume für die Schüler, in denen Materialien wie Bücher, Landkarten oder Grafiken zum Lernen zur Verfügung ständen. An der Universität solle es wieder öffentliche Vorlesungen geben. Für das ehemalige Jesuitenkolleg sah Wallraf einen besonderen Plan vor:

39 Quarg 1996b, S. 12. Vgl. außerdem ebd., S. 6–12.

40 Wallrafs Entwurf ist nicht vollständig erhalten, wohl aber in Auszügen bei Leonard Ennen abgedruckt. Vgl. Ennen 1857, S. 55–127. Siehe auch „Die ‚Schickung' genannte Kommission des Kölner Rates beschließt einige Reformen der Kölner Universität, und zwar der medizinischen, der juristischen und der theologischen Fakultät. 23., 26., 31. Oktober 1786, Köln": Hansen 2003, S. 133–145. Siehe außerdem die ausführliche Beschreibung des Reformplans, die Kontexte und unterschiedlichen Reaktionen bei Lange 1949, S. 113–174.

> „Das Exjesuitenkollegium erhebe man zu einem Universitätspalast, darin wäre die Universitätskirche und mit der Zeit eine öffentliche Bibliothek, Raum für drei oder vier Auditoria für die theologische, ebensoviel für die juristische und für die medizinische Fakultät, Apotheke, chemisches Auditorium und Laboratorium; der Botanische Garten mit daran schließenden Gewächshäusern und Auditorium, daneben das Naturalien-, das Altertümer-, das Kunst- und Kupferstichkabinett, der Experimentiersaal und das astronomische Observatorium."[41]

Auch wenn das umfangreiche Reformprogramm Wallrafs auf viel Gegenwind stieß – vor allem bei den Vertretern der drei höheren Fakultäten sowie bei den Gymnasialregenten, allen voran bei dem ehemaligen Jesuiten Johann Matthias Carrich, einem „Gegner Wallrafs"[42] – und daher nicht umgesetzt wurde, konnten doch partiell Neuerungen erreicht werden: Dazu gehörten zum Beispiel die Abfassung der Vorlesungsverzeichnisse in deutscher Sprache, die öffentliche Durchführung einiger philosophischer Vorlesungen und die Stärkung von Mathematik und Experimentalphysik. Nur Physik, Logik und Metaphysik wurden anschließend noch in jedem Gymnasium einzeln unterrichtet, andere Fächer wie die Elementar- und angewandte Mathematik, die Naturgeschichte und die Experimentalphysik standen für interessierte Studierende aller Gymnasien offen. Der Unterricht der Mathematik und Experimentalphysik fand im Gymnasium Tricoronatum statt.

> „Ganz so neu waren diese Ideen freilich nicht; sie lassen sich in Köln bis 1773 zurückverfolgen. In diesem Jahr hatte der damalige Regens des Gymnasium Tricoronatum, Heinrich Frings, in einem Gutachten, in dem er nach der Aufhebung des Jesuitenordens für die Beibehaltung des Gymnasiums plädierte, schon ziemlich konkret die Schritte vorgezeichnet und die Fächer benannt, die bei der Reform von 1786 berücksichtigt wurden"[43],

wertet Quarg treffend. Es zeigt sich also, dass das Mathematisch-Physikalische Kabinett und die ehemaligen Jesuitensammlungen in den verschiedenen Reformbestrebungen der 1770er- und 1780er-Jahre an der Kölner Universität eine zentrale Rolle spielten, waren sie doch ein Alleinstellungsmerkmal Kölns gegenüber den benachbarten Universitäten in Bonn oder Mainz.

In den Kontext dieser Reformbestrebungen fällt auch eine undatierte Quelle aus dem Bestand des Tricoronatums aus dem Archiv des Erzbistums Köln, in dem 13 Artikel mit „Gedanken zur Verbeßerung der kölnischen Universität" aufgeführt werden.[44] Ein Autor der Liste ist nicht vermerkt. Im Findbucheintrag wird Ferdinand Franz Wallraf als Urheber vermutet, allerdings wird dieser These aus inhaltlichen Gründen widersprochen. Die Quelle ist an den Kurfürsten gerichtet. In den 13 Artikeln setzte sich der Autor vor allem mit der Organisation sowie Besoldung der Professoren der Universität und der vier Fakultäten auseinander. Besonders interessant sind die Artikel, in denen das ehemalige

41 Zitiert nach Hansen 2003, S. 143.

42 Kuckhoff 1931a, S. 650. Zur Abwehr gegen die umfassenden Reformversuche Wallrafs siehe vor allem Quarg 1996b, S. 13–15; Lange 1949, S. 120–174, vor allem S. 161–163.

43 Quarg 1996b, S. 15. Vgl. dazu auch den Abschnitt „Ansätze zur Bildungsreform", der mit der Rolle der Jesuiten beginnt: Schwerhoff 2017, S. 308–317.

44 Vgl. AEK, Monasteria Köln, Universität, Tricoronatum, Nr. 51.

Jesuitenkolleg, seine Güter und das Gymnasium Tricoronatum vorkommen. Bereits in Artikel 5 schlägt der Urheber vor, zur Besoldung der weltlichen Professoren „die noch übrigen Jesuiten güther [einzuziehen], wo doch ein drittes Gymnasium für hiesige Stadt meines Ermessens überflüssig ist."

Weil das Gymnasium Tricoronatum für ihn in Köln überflüssig ist,

> „so könnte das den ehemaligen Jesuiten Collegio gegenübergelegenen schöne Gebäude am füglichsten zu denen öfentlichen Vorlesungen bestimmt, und umgetheilet werden. [...] Da in der untersten so genannten großen Aula eine öfentliche Bibliothek am herlichsten anzubringen wäre. [...] Auf selbige Art könnte einstens an Erweiterung des ehemaligen jesuitischen physicalischen und Naturalischen Kabinetts, an bessere Beflanzung des Horti Botanici, an Herstellung des Theatri Anatomici und was sonsten darin gehöret, gedacht zu werden".[45]

Die Quelle muss in jedem Fall nach der Aufhebung des Jesuitenordens 1773 und nach der Schlichtung des Besitzstreites zwischen der Stadt Köln und dem Kurfürsten um die ehemaligen Jesuitengüter 1777 entstanden sein. Inhaltlich ist sie weit weg von Wallrafs Reformversuch von 1786, in dem er eine Neuorganisation des Kölner Bildungswesens vorschlug, in dem er sich für mehr und nicht für weniger Gymnasien aussprach. Vermutet wird, dass die Liste an Verbesserungsvorschlägen an den Kurfürsten während der frühen Reformversuche an der Medizinischen Fakultät entstanden sein könnte, also zwischen 1776 und den frühen 1780er-Jahren. Möglich wäre zum Beispiel, dass Johann Georg Menn sich an den Kurfürsten gewandt hat, zu dem er ein gutes Verhältnis pflegte. Unabhängig vom Urheber der „Gedanken zur Verbeßerung der kölnischen Universität" zeigt diese Quelle eindeutig die Wichtigkeit der jesuitischen Sammlungen und ihrer Ausstattung, die sowohl für die Stadt und die Universität Köln als auch gegenüber dem Kurfürsten herausgestellt wurde.

1.3 Das Kabinett an der Universität

Das Mathematisch-Physikalische Kabinett und die ehemaligen jesuitischen Lehrsammlungen generell nahmen während der verschiedenen Reformbestrebungen der Universität der 1770er- und 1780er-Jahre eine wichtige Rolle ein und standen in Beziehungen zu anderen Kölner Lehrsammlungen Honvlez'/Hüpschs oder Wallrafs, sei es als didaktisch-methodisches Beispiel, Referenz oder auch Impulsgeber. Im Folgenden wird aufgezeigt, wie die Instrumente des Kabinetts und die anderen ehemaligen jesuitischen Sammlungsbestandteile nach Aufhebung des Ordens im städtischen Gymnasium Tricoronatum und an der alten Kölner Universität genutzt worden sind.

Nach der Aufhebung des Jesuitenordens sanken die Schüler- und Studentenzahlen des Gymnasium Tricoronatum in den ersten Jahren der städtischen Trägerschaft zunächst erwartungsgemäß und erst im Verlauf der 1780er-Jahre stabilisierten sie sich wieder, auch wenn frühere Zahlen aus jesuitischer Zeit nicht erreicht werden konnten.

45 Ebd.

Die abnehmenden Schülerzahlen betrafen dabei vor allem die unteren Klassen, während sich die Oberklassen als Teil der Artistenfakultät der Kölner Universität relativ stabil hielten, auch nach der Eröffnung der Universität in Bonn 1786.[46] Das Amt des Mathematikprofessors hatte seit 1776 der aus Büren stammende Jacob Heyder inne, der neben Mathematik auch die Experimentalphysik als eigenes Fach lehrte. Außerdem war er Leiter des Mathematisch-Physikalischen Kabinetts und der Sternwarte und scheint auch für andere Sammlungsteile verantwortlich gewesen zu sein, hatte er doch 1778 den Katalog der Druckgrafiken und Zeichnungen des Kollegs angelegt. 1761 in den Jesuitenorden eingetreten, war Heyder wahrscheinlich bereits um 1767 in Köln tätig und wurde nach Ordensaufhebung als ex-jesuitischer Professor 1784 sogar Dekan der Philosophischen Fakultät. Aus der Zeit der städtischen Sammlungsphase sind keine konkreten Ankäufe oder Erwerbungen für das Mathematisch-Physikalische Kabinett überliefert, allerdings schenkte Jacob Heyder der ehemaligen Jesuitenbibliothek nachweislich mehrere Bücher, auch aus dem mathematischen Bereich. Zudem nahmen die Instrumente in seiner Lehre einen hohen Stellenwert ein, weshalb gemutmaßt werden kann, dass er eigene Instrumente angeschafft oder gefertigt haben könnte.[47]

In der *Logica* lehrte Heyder Trigonometrie und Geometrie, in der *Physica* Stereometrie, Optik, Dioptrik, Katoptrik und Astronomie. Außerdem bot er als Leiter des Mathematisch-Physikalischen Kabinetts privaten Unterricht im *Musaeum mathematicum* an, wo die Instrumente immer bereitstünden, was im Vorlesungsverzeichnis von 1784/85 besonders hervorgehoben wurde. Neben Jacob Heyder hat zur selben Zeit auch der ehemalige jesuitische Professor Anton Everts Instrumente des Kabinetts in seinem philosophischen Unterricht der *Physica generalis* und *Physica particularis* benutzt, den er mit „Experimenten mithilfe von Instrumenten" erweiterte. Überdies wurden ausgewählte Instrumente wie Kartenwerke oder Erdgloben auch in den unteren Klassen in den Bereichen der Geografie, Kosmografie und Geschichte als Lehrmittel herangeführt, um das Verständnis der Welt und der Kontinente zu verbessern oder um die Historie der europäischen Bevölkerung zu erlernen. Auch mathematische Grundlagen – Arithmetik und Algebra – wurden in allen Stufen gelehrt; Algebra besonders zur Vorbereitung auf den philosophischen Kurs, „ohne deren Kenntnis man vergebens einen Fortschritt in physikalischen und mathematischen Dingen erwarten könne."[48]

Eine der wesentlichsten Neuerungen und Entwicklungen in der städtischen Sammlungsphase ist die zunehmende Herausbildung und Eigenständigkeit der Experimentalphysik, die sich auch in den Vorlesungsverzeichnissen nachvollziehen lässt: Ab 1786

46 Vgl. Kuckhoff 1931a, S. 652–654.

47 Siehe die vier erhaltenen Bücher Heyders mit entsprechendem Provenienzvermerk: https://jesuitensammlung.ub.uni-koeln.de/portal/search.html?num=20;l=de;page=1;srt=relevance_desc;st=1;bfs=AND;fs=heyder;profile=2545;f[fprov]=Heyder%2C%20Jacob [zuletzt aufgerufen am 03.02.2024]. Ein Buch kam bereits 1767 ins Kolleg, weshalb es naheliegt, dass Heyder schon zu der Zeit am Triconatum gewirkt hat.

48 Conspectus praelegendorum 1784, S. 9 und S. 15f.

wurden diese in deutscher Sprache veröffentlicht, eine der Neuerungen im Zuge der Kölner Universitätsreform. Ebenso fanden die naturwissenschaftlichen Vorlesungen in deutscher Sprache statt. An dieser Stelle muss jedoch herausgestellt werden, dass die jesuitischen Jahresberichte ab 1755 fehlen, wodurch eine für die Entwicklung des physikalischen Unterrichts wichtige Periode nur bedingt ausgeleuchtet werden kann. Die vorhandenen Quellen, die experimentellen Lehrpraktiken und die Objekte legen jedoch nahe, dass (experimental-)physikalische Vorlesungen möglicherweise schon vor den 1780er-Jahren unter Heinrich Frings im Gymnasium Tricoronatum stattgefunden haben.

Ein Novum in reichsstädtischer Zeit war die fakultätsübergreifende Vorlesung der Experimentalphysik, die Jacob Heyder ab 1786 bis 1798 für die Studierenden aller Gymnasien anbot. Daneben führte jede Schule weiterhin den Regelunterricht der Physik durch. Als Teil der Professorenkommission, die das Kölner Lehrprogramm überarbeitete, übernahm Heyder selbst eines der wichtigsten neuen Lehrangebote. Auch wenn 1786 eine große Reform im Sinne Wallrafs ausgeblieben war, gab es somit im Unterricht der Experimentalphysik interessante Neuerungen. Die Instrumente des Mathematisch-Physikalischen Kabinetts wurden durch die stärkere Einbindung in die Fakultät und die Öffnung des nunmehr städtischen Gymnasium Tricoronatum einem erweiterten Kreis an Studierenden zugänglich gemacht. Dreimal pro Woche – montags, mittwochs und freitags – fand Heyders Vorlesung „nach Erxlebens Handbuch und Lichtenbergs Zusätzen" statt, einem Buch des Göttinger Physikers Johann Christian Erxleben (1744–1777) mit Zusätzen des ebenfalls in Göttingen tätigen Georg Christoph Lichtenberg (1742–1799).[49] Beide lehrten seit den 1770er-Jahren (Experimental-)Physik und Mathematik an der

49 Vgl. Quarg 1996b, S. 17 und S. 118–120. Siehe dazu auch das Kapitel IV zur protestantischen Universitätssammlung Göttingen. Die Vorlesungsverzeichnisse von 1786–1794 sind online verfügbar: https://www.ub.uni-koeln.de/cdm/search/collection/vorlesalt/display/100/order/title/ad/asc [zuletzt aufgerufen am 16.03.2024]. Vgl. Verzeichnis der Vorlesungen, welche bei der Universität zu Köln am Rheine 1786 vom 14ten November an von den ordentlichen und außerordentlichen Professoren gehalten werden, Köln 1786; Verzeichnis der Vorlesungen, welche bei der Universität zu Köln am Rheine 1787 vom 14ten November an von den ordentlichen und außerordentlichen Professoren gehalten werden, Köln 1787; Verzeichnis der Vorlesungen, welche bei der Universität zu Köln am Rheine 1789 vom 14ten November an von den ordentlichen und außerordentlichen Professoren gehalten werden, Köln 1789; Verzeichnis der Vorlesungen, welche bei der Universität zu Köln am Rheine 1790 vom 14ten November an von den ordentlichen und außerordentlichen Professoren gehalten werden, Köln 1790; Verzeichnis der Vorlesungen, welche bei der Universität zu Köln am Rheine 1791 vom 14ten November an von den ordentlichen und außerordentlichen Professoren gehalten werden, Köln 1791; Verzeichnis der Vorlesungen, welche bei der Universität zu Köln am Rheine 1792 vom 14ten November an von den ordentlichen und außerordentlichen Professoren gehalten werden, Köln 1792; Verzeichnis der Vorlesungen, welche bei der Universität zu Köln am Rheine 1793 vom 14ten November an von den ordentlichen und außerordentlichen Professoren gehalten werden, Köln 1793. Zu Lichtenbergs Zusätzen zu Erxlebens „Anfangsgründen der Naturlehre" vgl. zum Beispiel Kliche, Dieter: ‚Zellen im fremden Stock'. Lichtenbergs Zusätze zu Erxlebens Anfangsgründen der Naturlehre, in: Welsh, Caroline/Willer, Stefan (Hg.): „Interesse für bedingtes Wissen". Wechselbeziehungen zwischen den Wissenskulturen, München 2007, S. 295–310.

progressiven Universität in Göttingen. Bei den *Anfangsgründen der Naturlehre* handelt es sich um Erxlebens Vorlesungsinhalte in einem Buch zusammengefasst und folgende Bereiche umfassend: 1. Einleitung in die Naturlehre; 2. Einige allgemeine Untersuchungen über die Körper überhaupt; 3. Von der Bewegung überhaupt; 4. Statik und Mechanik; 5. Hydrostatik; 6. Wirkungen der anziehenden Kraft bey flüssigen Körpern; 7. Von der Luft; 8. Vom Lichte; 9. Von der Wärme und Kälte; 10. Von der Elektricität; 11. Von der magnetischen Kraft; 12. Vom Weltgebäude und der Erde überhaupt; 13. Von der Erde insbesondere. Diese Inhalte erweiterte Lichtenberg um neue wissenschaftliche Erkenntnisse sowie neue Experimente, die er auch in seinen eigenen berühmten naturwissenschaftlichen Vorlesungen durchführte. Das Kapitel der Elektrizität wurde beispielsweise – äquivalent zur ansteigenden Bedeutung der Disziplin am Ende des 18. Jahrhunderts – doppelt so lang.[50] Das von Heyder benutzte Lehrbuch ist heute leider nicht erhalten.

Neben der Vorlesung der Experimentalphysik lehrte Jacob Heyder täglich die Elementarmathematik und angewandte Mathematik sowohl öffentlich – das heißt für die gesamte Fakultät – als auch privat. Als Material benutzte er hierfür „sein eigenes Handbuche". Heyder war von 1776 bis zum Ende des Tricoronatums in französischer Zeit als Professor der Mathematik und Physik tätig und brachte somit viel Erfahrung und Stabilität in die Fächer. Ab 1786 waren die fakultätsübergreifenden Vorlesungen der elementaren und angewandten Mathematik und Experimentalphysik – beide gehalten von Jacob Heyder – und die der Naturgeschichte, die Professor Wallraf „mit Vorzeigen der Körper und deren Anwendung" durchführte, zudem für die Logiker und Physiker verpflichtend. Der Hinweis, dass „[p]hysikalische, mechanische und mathematische Instrumente [...] Hr. Cremer auf der Ehrenstraße und H. Malchair bei den Augustinern [verfertigen]", war in den Vorlesungsverzeichnissen angefügt.[51] Besonders bei Engelbert Cremer (1759–1835) auf der Ehrenstraße gab es zu dieser Zeit eine große Auswahl an naturwissenschaftlichen und -geschichtlichen Instrumenten, Objekten und auch Büchern, an der beispielsweise auch Honvlez/Hüpsch interessiert war. Quarg schlussfolgert daraus, dass es ähnlich wie in Frankreich auch in Köln eine zunehmende Popularität von physikalischen Experimenten gegeben habe, nicht nur bei der universitären Klientel, sondern auch darüber hinaus.[52] Die Vorlesung der allgemeinen Geschichte und Geografie wurde

50 Vgl. Quarg 1996b, S. 117–120. „Im Zusammenhang damit war natürlich auch die Zahl der Experimente, die in der schließlich zu europäischem Ruhm gelangten Lichtenbergschen Vorlesung gezeigt wurden, gestiegen: Sie umfaßte an die 600 Versuche." Ebd., S. 120. Vgl. wiederum auch Kliche 2007.

51 Siehe Verzeichnis der Vorlesungen 1786/87; Verzeichnis der Vorlesungen 1787/88; Verzeichnis der Vorlesungen, welche bei der Universität zu Köln am Rheine 1788 vom 14ten November an von den ordentlichen und außerordentlichen Professoren gehalten werden, Köln 1788; Verzeichnis der Vorlesungen 1789/90; Verzeichnis der Vorlesungen 1790/91; Verzeichnis der Vorlesungen 1791/92; Verzeichnis der Vorlesungen 1792/93; Verzeichnis der Vorlesungen 1793/94. Vgl. außerdem Kuckhoff 1931a, S. 649–652.

52 Vgl. ULB Darmstadt, NL Hüpsch, K XV, M 2, 80 und 155. Im Nachlass ist ein „Verzeichnuß von Instrumenten, Zur Optic, Practischen Geometrie, Astronomie, Philosophie und Naturlehre, welche in dem Cremerischen Laboratorio vorräthig zu haben, oder auf Bestellung nach einer vorgeschriebenen

ebenso von 1786 bis 1794 von dem am Tricoronatum lehrenden Laurentius Chateau gehalten, der bereits seit 1773 in der Schule tätig war und 1793 zudem das Amt des Dekans innehatte. Es ist davon auszugehen, dass auch in dieser Vorlesung geografische und kartografische Lehrmittel aus dem Mathematisch-Physikalischen Kabinett benutzt wurden: Globen, Karten oder Atlanten, die im Inventar von 1774 aufgeführt worden waren.

Neben den naturwissenschaftlichen Instrumenten wurde auch die Ausstattung der Apotheke nach Aufhebung des Ordens und der Übernahme in die städtische Verwaltung vermehrt im Kontext der Universität und speziell in der medizinischen Fakultät benutzt. Dafür sorgte unter anderem Johann Georg Menn, Professor der Medizin mit Schwerpunkt Chemie in Köln und vor allem durch seine Reformversuche bekannt. Nach seiner Initiative wurde 1777 ein neuer medizinischer Hörsaal mit einem eigenen Laboratorium für die Fakultät eingerichtet – ein *Theatrum Anatomicum*. Sowohl die chemische Ausstattung als auch die Instrumente der ehemaligen Jesuitenapotheke kamen wohl bei den chemischen Vorlesungen Menns und der medizinischen Lehre generell zum Einsatz, wie eine archivalische Quelle vom 24. Juni 1777 nahelegt: Sie beinhaltet einen Entwurf, wie die „einem hochweisen Magistrat nun mehro untergebene apotheck der Vormaligen Jesuiten gemeinnützig und einträglicher gemacht werden könne." Im Text wird dargelegt, dass die praktischen Experimente zum Beweis „chemischer Wahrheiten" unbedingt nötig seien, vor allem, um nützliche Medikamente herstellen zu können. Dazu könnten die Produkte und Materialien „besagter apothecken" einverleibt werden, um im neuen Laboratorium öffentlich, also vor den Studierenden, benutzt zu werden. Mehrfach wird zudem auf die möglichen Einsparungen verwiesen, welche eine Weiterverwendung der bereits im ehemaligen Jesuitenkolleg vorhandenen Ausstattung bringen könne. Die Verfasser dieser Quelle – Johann Georg Menn und sein Nachfolger Peter Wilhelm Josef de Ginetti (1735–1804) – schrieben sogar, dass sie sich als „medicos des Collegii und Convikts der ehmaligen Jesuiten recommandieren".[53] Menn verfügte neben einer umfangreichen (medizinischen) Bibliothek ebenso über physikalisch-mathematische, aber in erster Linie chemische Instrumente, die er wahrscheinlich ebenso in seinen Vorlesungen einsetzte. Diese Sammlung wurde nach seinem Tod an den Kurfürsten und Erzbischof

Zeichnung mit der möglichsten Richtigkeit verfertiget werden, und um die billigste Preise zu haben sind" in doppelter Ausführung erhalten. Der Umfang der von Cremer zum Verkauf und Handel angelegten Sammlungen wird im Auktionskatalog seines Sohnes von 1836 deutlich: Sammlung von Büchern und Kupferstichen, mathematischen, physikalischen, optischen u. mechanischen Instrumenten, Magneten, Conchilien, aufgestopften Thieren etc. etc.: nebst einem Kabinett von Antiken, von meinem verstorbenen Vater, Rentner Engelbert Cremer, hg. von Heinr. Laur. Cremer, Köln: J. M. Heberle, 1836. Vgl. dazu auch Quarg 1996b, S. 113. Zur „Unterhaltungsmathematik" am Ende des 18. Jahrhunderts vgl. zum Beispiel Stafford 1994.

53 Und dies nicht ganz uneigennützig, wie Quarg vermerkt. Vgl. Quarg 1996b, S. 154f.; HAStK, Best. 150 (Universität), A 418, fol. 1r–3v.

Max Friedrich verkauft, der Menn so sehr geschätzt hatte, dass er ihm den Titel eines kurfürstlichen Hof- und Medicinalrathes verliehen hatte.[54]

Zu den Reformen der 1780er-Jahre gehörte auch der Plan, die ehemalige Jesuitenbibliothek zu einer öffentlichen Bibliothek umzuwandeln. Bereits im Oktober des Jahres 1785 wurde die städtische Kommission, die sich mit dem jesuitischen Erbe befasste, mit der Umsetzung beauftragt. Ein ehemaliger Jesuit sollte als Bibliothekar fungieren und einen neuen Katalog der Bücher anlegen. Als Besuchszeiten waren Dienstag, Donnerstag und Samstag geplant. Die Bücher konnten nur vor Ort eingesehen und benutzt, nicht jedoch ausgeliehen werden. Außerdem sollten die Bücherbestände modernisiert und erweitert werden. Die Bibliothek stand somit für kurze Zeit der ganzen Universität und auch einer wissenschaftlich interessierten Öffentlichkeit zur Verfügung.[55]

Obgleich die skizzierten Neuerungen in der Lehrorganisation der Universität, die mit den ehemaligen jesuitischen Sammlungen verbunden sind, wichtige und richtige Schritte waren, so können sie doch nicht darüber hinwegtäuschen, dass die Universität in den 1780er-Jahren zu wenige Reformen umgesetzt hat. Insgesamt sinkende Studentenzahlen, schlechte finanzielle Ausstattung und die zunehmende Konkurrenzsituation durch die benachbarten Bildungseinrichtungen übten stetigen Druck auf die Universität aus, die bereits von vielen Zeitgenossen als konservativ beschrieben wurde. Die Weiter- und Umnutzung der ehemaligen Jesuitensammlungen, die Integration der naturwissenschaftlichen Instrumente in schul- und fakultätsübergreifende Lehrveranstaltungen sowie die zunehmende Differenzierung der naturwissenschaftlichen Lehrinhalte der Mathematik und Physik sind vor diesem Hintergrund Positivbeispiele in der Universitätsgeschichte am Ende des 18. Jahrhunderts, die erneut auf die Personen und die Ausstattung des Tricoronatums zurückzuführen sind.

2. Die französische Sammlungsphase

Die knapp 20 Jahre umfassende französische Sammlungsphase begann mit einer Zäsur der Kölner Stadtgeschichte: dem Einmarsch der französischen Truppen im Oktober des Jahres 1794 in Köln. Bevor es 1798 zu den umfangreichen und einschneidenden Veränderungen im Kölner Bildungswesen kam – der Schließung der alten Universität und der Gymnasien und der Eröffnung der neuen französischen Institutionen – waren die klerikalen, kulturellen und auch pädagogischen Einrichtungen bereits durch den französischen „Kunstraub" geschädigt worden, währenddessen Kunst-, Kultur- und Bildungsgüter konfisziert und nach Paris gebracht worden waren. Auch das ehemalige Jesuitenkolleg wurde empfindlich getroffen und verlor große Teile seiner Sammlungen; nicht

54 Vgl. Menn 1780, S. 167f. Merlo, Johann Jakob: Menn, Johann Georg, in: Allgemeine Deutsche Biographie 21 (1885), S. 357–358, https://www.deutsche-biographie.de/pnd133910172.html#adbcontent [zuletzt aufgerufen am 28.01.2024].

55 Vgl. Kuckhoff 1931a, S. 651f.; HAStK, Best. 10B (Ratsprotokolle), A 232, fol. 244r; Spengler 2003, S. 29.

jedoch das Mathematisch-Physikalische Kabinett. Es verblieb in Köln und wurde in den ab 1798 neu entstehenden Bildungseinrichtungen im ehemaligen Kolleggebäude – der Zentralschule und der Sekundärschule zweiten Grades – zu einem zentralen Lehrelement, gewann an Bedeutung und wurde bis 1814 auf weit über 1.000 Objekte stark erweitert. Die zentrale Figur beim Ausbau, der Systematisierung und Pflege der Sammlung war Christian Kramp, der im Inventar von 1801 das *Cabinet de Mathématique et des Physique* in seiner Hochphase dokumentierte. Gemeinsam mit einem chemischen Labor, einer naturgeschichtlichen Sammlung, der Stern- und Wetterwarte sowie dem Botanischen Garten wird die Kölner Schule zu einer der am besten ausgestatteten Bildungseinrichtungen Frankreichs gehört haben, bevor Köln 1814 preußisch wurde.

Das folgende Kapitel beginnt mit einer Schilderung des französischen „Kunstraubs" in Köln und im ehemaligen Jesuitenkolleg, woran sich die Frage anschließt, warum das Kabinett nicht geraubt wurde. Im Anschluss wird die Rolle von Sammlungen und naturwissenschaftlicher Ausstattung im Rahmen der französischen Neuorganisation des Bildungswesens in Köln ab 1795 herausgearbeitet, bevor die Geschichte des Mathematisch-Physikalischen Kabinetts, die naturwissenschaftliche Lehre und die Erwerbungen *en détail* beschrieben und erläutert werden.

2.1 Der französische „Kunstraub" in Köln

> „Es ist wahr, dass wir dort [– gemeint ist das ehemalige Jesuitenkolleg in Köln –] einen guten Fang gemacht haben. Ich habe den Katalog der Bücher. Der Katalog der Antiken etc. wurde von mir an Barthelemy übergeben, der ihn mir nicht zurückgegeben hat. Ich habe auch den Katalog der Drucke und Zeichnungen. Was die Naturgeschichte, die Muscheln und die Münzen betrifft, so ist dies nicht meine Sache. Ich denke jedoch, dass alles hier angekommen ist"[56],

heißt es in einer Notiz aus den Pariser Archives Nationales, die nach Ankunft der aus Köln geraubten Kunst-, Natur- und Kulturgüter in Paris geschrieben worden ist. Der Quellenauszug ist auf mehreren Ebenen aussagekräftig, zeigt er doch die Zufriedenheit mit dem „Fang" oder auch der „Beute", französisch *capture*, auf französischer Seite, den man im Zuge des „Kunstraubs" in Köln im Herbst des Jahres 1794 gemacht hatte. Außerdem werden die ehemaligen Jesuitensammlungen beschrieben, aus denen die französischen Kommissare Objekte entwendet haben: Bücher, Antiken, Drucke, Zeichnungen sowie naturgeschichtliche Objekte, offenbar inklusive Sammlungskatalogen. Keine Rede ist hier von naturwissenschaftlichen Instrumenten oder dem Mathematisch-Physikalischen Kabinett.

56 AN, F/17/1276 (Instruction publique), Dossier 10, Pièces 315–343, fol. 325r. „Il est vrai qu'on a fait là une bonne capture. J'ai le catalogue des livres. Celui des antiques etc. a été remis par moi à Barthelemy qui ne me l'a pas rendu. J'ai aussi le catalogue des Estampes et dessins. Quant à l'Histoire naturelles, aux coquilles en escaliers et aux lingots ce n'est pas mon affaire. Cependant je pense que tout est arrivé ici".

Der französische „Kunstraub", der in einer ersten Welle zwischen 1794 und 1796 im Rheinland stattfand und den Auftakt für weitere Beutezüge unter Napoleon nach 1800 bildete, bedeutete eine tiefe Zäsur im kulturellen Leben Europas sowohl auf lokaler als auch internationaler Ebene. Die als „erzwungener Kulturtransfer"[57] beschriebenen Konfiszierungen hatten ihren Ursprung in den nach der Französischen Revolution durchgeführten Beschlagnahmungen und Verstaatlichungen klerikaler, adliger sowie königlicher Sammlungen und Kulturgüter in Frankreich. Unter dem Begriff des *patrimoine nationale,* des nationalen Kulturerbes, sollten die Sammlungen und Objekte zentralisiert gesammelt und inventarisiert werden, um sie für die (neu entstehenden) öffentlichen Museen und Kulturinstitutionen in Paris sowie für die öffentlichen Bildungseinrichtungen zugänglich zu machen. Die nunmehr französischen Kulturgüter wurden zu „befreitem Kulturerbe" deklariert; und das Konfiszieren und Zentralisieren von nationalem wie nach Kriegsbeginn und den Eroberungen nach 1792 internationalem Kulturgut zur Staatsräson erklärt. Diesem Freiheitsgedanken folgend, entstand eine Art Ideologie, nach der die „unter dem Joch des Despotismus leidenden Meisterwerke der Kunst im Ausland eine Art von Exil fristeten und dass die Revolution die Kunstwerke, indem sie sie in die Heimat der Freiheit rufe, dem Leben zurückgebe".[58] Nach den ersten militärischen Eroberungen während des ersten Koalitionskrieges begann das, was Bénédicte Savoy als „Patrimoine annexé" bezeichnete, nicht nur die Annektierung von ausländischen Gebieten und Ländern, sondern auch von fremden Kulturgütern, die durch die Zentralisierung und Systematisierung in Paris zum französischen Kulturerbe mit universalem Anspruch wurden. Die Pariser Kulturinstitutionen – das *Muséum central des arts de la République,* die *Bibliothèque nationale* sowie unter anderem das *Muséum de l'histoire naturell* – verfolgten das Ziel der systematischen Sammlung, Ordnung und Erfassung allen Wissens sowie aller Kunst- und Kulturgüter, um sie den freien Menschen und der öffentlichen Bildung zugänglich zu machen.

> „Die militärische Aneignung von Kulturschätzen außerhalb der französischen Staatsgrenze gestaltete sich ab Sommer 1794 wie eine natürliche Ausweitung der im Innern praktizierten Verstaatlichungen, und zwar im Namen universeller Werte und enzyklopädischer Ideale, unter Missachtung der nationalen Herkunft der begehrten Objekte."[59]

Neben den militärischen Expansionen wurden in Paris folglich auch die Konfiskationen auf dem zu erobernden Gebiet zentral geplant. Eine vom Nationalkonvent eingesetzte *Commission temporaire des arts* sandte nach Absprache mit den Verantwortlichen der Pariser Kulturinstitutionen eine Expertengruppe aus Kommissaren, um systematisch Kunst- und Kulturgüter zu sichten und einzuziehen. Nach den militärischen und kulturellen Eroberungen in Belgien und Holland kamen die Kommissare im Herbst des

57 Reichardt, Rolf: Rezension von: Bénédicte Savoy: Patrimoine annexé. Les biens culturels saisis par la France en Allemagne autour de 1800, 2 Bde., Paris 2003, in: sehepunkte 4/7–8 (2004), https://www.sehepunkte.de/2004/07/4917.html [zuletzt aufgerufen am 28.01.2024].

58 Savoy 2011, S. 28.

59 Ebd., S. 33.

Jahres 1794 auch in die linksrheinischen Städte Aachen, Köln, Bonn, Koblenz und Trier. Im Unterschied zu Frankreich und auch anders als beispielsweise in den großen fürstlichen Sammlungen des Heiligen Römischen Reichs Deutscher Nation in Berlin, Dresden, Kassel, Düsseldorf oder München hatte sich

> „die fürstliche Sammelleidenschaft in den 1794 besetzten Rheingebieten zwischen Maas, Mosel und Rhein […] nicht zu derselben Pracht entfaltet wie auf der anderen Flussseite. […] Von den vier großen Städten, denen die französischen Experten 1794 einen Besuch abstatteten, verfügte allein Bonn als Residenz des Kölner Kurfürsten über einige dynastische Sammlungen. In Koblenz, das dem Erzbischof und Kurfürsten von Trier unterstand, in Aachen, aber vor allem in Köln - die beiden letztgenannten waren bis zur französischen Besetzung freie Reichsstädte – präsentierte sich der überlieferte kulturelle Reichtum anders: Er beruhte zuallererst auf einem noch lockeren und wenig institutionalisierten Netz von Kabinetten und einzelnen Museen, und dann und vor allem auf einer fest verankerten kirchlichen Tradition mit einem dichten Netz von Kirchen und Klöstern und einer starken Präsenz der Jesuiten sowie dem humanistischen Erbe als Wiege der Druckkunst. Das Gebiet zeichnete sich im Jahre 1794 also weniger durch historisch gewachsene Kunstsammlungen als vielmehr durch seine architektonischen und bibliografischen Reichtümer aus."[60]

Die 1794 aus Paris ins Rheinland gesandten Kommissare waren der Geologe Barthélemy Faujas de Saint-Fond (1741–1814), der Botaniker André Thouin (1747–1823), der Bibliothekar Gaspard Michel, genannt Leblond (1738–1809), und der Architekt und Maler Charles Dewailly (1729–1798), die in den Herbst- und Winterwochen des Jahres 1794 die Kölner Kirchen und Klöster sukzessive und systematisch nach Objekten und Sammlungen durchsuchten. Es folgten zwei weitere Wellen 1796 maßgeblich durch Anton Keil (1768–nach 1818) und 1803 durch Jean-Baptiste Maugérard (1735–1815), die allerdings „nicht den Lebensnerv der Kölner Universität [trafen], deren Nachfolgeinstitute von den zahllosen konfiszierten Klosterbibliotheken sogar erheblich profitieren konnten".[61] Für das ehemalige Jesuitenkolleg war die erste Konfiskationswelle besonders einschneidend.

Unmittelbar nach Einmarsch der französischen Truppen in Köln am 6. Oktober des Jahres 1794 begannen die französischen Kommissare damit, in den klerikalen Zentren Kölns, aber auch im Zeughaus oder im Kölner Umland, Kunst-, Natur- und Kulturgüter zu konfiszieren. Das erste Kölner „Opfer" war die berühmte „Kreuzigung Petri" von Peter Paul Rubens, die in den ersten Tagen der Besatzung aus der Kirche St. Peter genommen und nach Paris gebracht wurde. Im November folgte die systematische Durchsuchung des ehemaligen Jesuitenkollegs, die ganze drei Wochen lang andauerte. Ein detaillierter Bericht ist im Archives Nationales überliefert, ebenso wie Schilderungen von

60 Ebd., S. 38f.

61 Pabst 1988, S. 9. Vgl. dazu vor allem Savoy 2011, S. 60–62 und S. 95–114; Reuß, Elisabeth: Raub oder Sicherstellung? Das Schicksal von Archiv- und Bibliotheksbeständen rheinischer bzw. stadtkölnischer Einrichtungen, in: Schönpflug, Daniel/Voss, Jürgen (Hg.): Révolutionnaires et Émigrés: Transfer und Migration zwischen Frankreich und Deutschland 1789–1806, Stuttgart 2002, S. 147–162; Vollmer, Bernhard: Die Entführung niederrheinischen Archiv-, Bibliotheks- und Kunstguts durch den französischen Kommissar Maugérard, in: Annalen des Historischen Vereins für den Niederrhein 131 (1937), S. 120–132.

Bücher-Beschlagnahmungen aus anderen Kölner Klöstern und Kirchen wie zum Beispiel aus St. Pantaleon, der Minoritenkirche, St. Maria im Kapitol, von den Augustinern oder Kartäusern.[62]

Nach Ankunft im ehemaligen Jesuitenkolleg versiegelten die Kommissare zunächst alle Säle mit interessanten Sammlungen, damit sie sie nacheinander begutachten konnten. Wachposten vor dem Kolleg stellten sicher, dass die Objekte in Kisten auf die Transportwagen der französischen Armee kamen. Man begann mit der Bibliothek und suchte mithilfe des Bibliothekskatalogs und durch Vorwissen der Kommissare über die Bestände die besten, in Paris fehlenden sowie weitere interessante und als wichtig erachtete Bücher, Manuskripte und Inkunabeln heraus. Dazu gehörten zum Beispiel alte Bibeln, eine hebräische Handschrift aus dem 13. Jahrhundert, alle Bücher des Jesuiten Athanasius Kircher oder auch originale Briefe von Gottfried Wilhelm Leibniz, vermutlich aus der Korrespondenz mit dem Jesuiten Bartholomäus Des Bosses. Auch den Katalog selbst nahmen die französischen Kommissare mit nach Paris.[63] Nach der Bibliothek im Mitteltrakt des Kollegs durchsuchten die Kommissare das „Cabinet rarêtés naturelles", wo sie – wohl ebenso mithilfe eines Katalogs – die Zeichnungen, Drucke, Naturalien, Antiken und Münzen sichteten und beinahe vollständig mitgenommen haben müssen. Die 209 Folio-Bände der Zeichnungen und Drucke waren den Kommissaren durch den Heyder-Katalog aus dem Jahr 1778 bekannt; fraglich ist, ob es auch eine Listung der übrigen Objekte gegeben hat. Neben den 1) 33.062 Grafiken und Zeichnungen wurden 2) alle Gold- und Silbermünzen in diesem Kabinett, von denen der größte Teil aus Kupfer bestand, 3) hunderte Stücke kostbaren Marmors und Achatsteinen, 4) Medaillen und Gemmen aus Gold und Silber, teils aus kleinen Goldkugeln, teils aus Achat und vielen Edelsteinen, in die Figuren eingraviert waren, 5) viele sehr seltene Stücke, Kristalle und Versteinerungen verschiedener Tierarten, zum Beispiel von Fischen, 6) verschiedene Antiquitäten wie Penaten, Vasen, etc. und 7) die seltensten Muscheln aus verschiedensten Formationen konfisziert. Das ehemalige jesuitische *Musaeum antiquitatum et rerum naturalium tum artificalium curiosorum* wurde wahrscheinlich nahezu vollständig ausgeräumt. „Da der Kommissar Le Blond den Eingang des Kabinetts beim Verlassen immer versiegelt hat, kann die Anzahl der aus dem Kabinett entfernten Gegenstände nicht genau bestimmt werden", heißt es am Ende des Rapports zum ehemaligen Kölner Jesuitenkolleg.[64] Die beschlagnahmten Güter aus Köln umfassten insgesamt 87 Kisten und weitere schwere Güter und Maschinen, die auf vier Wagen über Belgien nach Paris

62 Vgl. AN, F/17/1276, Dossier 10. Der Rapport über die Durchsuchung des ehemaligen Jesuitenkollegs findet sich auf fol. 326. Eine Abschrift findet sich auch in HAStK, Best. 350 (Französische Verwaltung (FV)), A 5899, fol. 100r–101v. Im Folgenden teilweise in Übersetzung wiedergegeben.

63 Vgl. AN, F/17/1277 (Instruction publique), Dossier 2 (Commission temporaire des arts), Pièces 27–36 (Envoi de Cologne, an III), fol. 29r.

64 AN, F/17/1276, Dossier 10, fol. 326.

gebracht wurden.[65] Ein sehr großer Anteil stammte aus dem ehemaligen Jesuitenkolleg. Bénédicte Savoy fasst die Verluste ebendort zusammen und ordnet sie treffend in den Gesamtkontext des französischen „Kunstraubs" im Jahr 1794 in Köln ein:

> „In Köln raubten [die Kommissare] im ehemaligen Jesuitenkloster die Sammlungen von Mineralien und kostbarem Marmor, von Fossilien, Muscheln und Korallen – Stücke, die im Laufe der Jahrhunderte von Ordensmissionaren aus allen Teilen der Welt zusammengetragen worden waren. Im Spannungsfeld von legitimer wissenschaftlicher Neugierde und rücksichtslosem Raub fremder Sammlungen schlug das Unternehmen der Konfiszierungen um: Auch wenn am übergeordneten Ziel – die Welt als Schaukasten – festgehalten wurde, wurde hier aus Forschung Räuberei und aus Sammeleifer Diebstahl. Zwei Praktiken und zwei Ideologien flossen hier ineinander: zum einen die der Reise, entfaltet und kodifiziert in Friedenszeiten, zum anderen die der Beschlagnahmung als unmittelbarer Kriegsfolge. Die Experten aus Paris beobachteten und berichteten. Als typische Repräsentanten des 18. Jahrhunderts sammelten sie die Teile des großen Ganzen und nahmen sie mit. Indem sie ihre Fangnetze über Modelle aus Handwerk und Manufakturen und in den Wäldern gefundene Proben warfen, aber auch mit demselben Eifer über Proben aus Vitrinen und seltene Drucke oder Handschriften aus Bibliotheken. Sie machten auch nicht Halt vor Unikaten und bemächtigten sich seltener Meisterzeichnungen oder antiker Sarkophage."[66]

Erneut fällt sowohl in den Quellen wie auch in der Literatur auf, dass die Objekte und der Sammlungsraum des Mathematisch-Physikalischen Kabinetts nicht aufgeführt werden. Folglich wurden auch keine Objekte nach Paris abtransportiert. Im Folgenden wird versucht, eine mögliche Erklärung dafür zu finden.

In den archivalischen Dokumenten in den Archives Nationales sowie in Köln finden sich keinerlei Spuren des Mathematisch-Physikalischen Kabinetts oder einzelner mathematisch-naturwissenschaftlicher Instrumente, die auf einen Grund hinweisen könnten, warum sich die französischen Kommissare gegen eine Mitnahme der Objekte entschieden haben. Eine mögliche Erklärung hängt mit den Verstaatlichungen von französischen Sammlungen aus klerikalem, adligem und natürlich königlichem Besitz zusammen, die ab 1789 stattfanden und entweder den Museen oder den Bildungseinrichtungen zugeführt wurden. Daneben kam es auch zu Enteignungen oder Konfiszierungen bestimmter privater Sammlungen, die in Pariser Quellen dokumentiert sind: Ein Beispiel ist die naturwissenschaftliche Sammlung des französischen Chemikers, Physikers und

65 Vgl. AN, F/17/1277, Dossier 2, fol. 144. Die Akte umfasst weitere Dokumente, Auflistungen und Berichte über die begutachteten und konfiszierten Kölner Güter. Gerade im Hinblick auf die Objekte und Proben aus dem ehemaligen jesuitischen *Musaeum antiquitatum* bieten diese Listen einen guten Anhaltspunkt dafür, welche Einzelstücke sich in der ehemaligen jesuitischen Naturaliensammlung befunden haben (könnten). Eine systematische Auswertung dieser Auflistungen ist im Rahmen dieser Doktorarbeit nicht zu leisten. Es wäre aber ein äußerst lohnenswertes Unterfangen, sich näher mit dieser jesuitischen Teilsammlung auseinanderzusetzen, die in erster Linie deswegen heute so unbekannt und unerforscht ist, weil alle Objekte in Paris verblieben sind, sodass es in Köln keine materiellen Zeugnisse mehr gibt. Die Dokumente legen außerdem nahe, dass auch aus dem ehemaligen Botanischen Garten der Jesuiten Proben sowie Samen von Pflanzen und Bäumen nach Paris mitgenommen worden sind. In Restitutionsdokumenten aus dem Jahr 1815 sind Rückgaben von Pflanzenproben an einen Botanischen Garten in Köln samt einer Liste erhalten. Vgl. AN, AJ/15/840.

66 Savoy 2011, S. 46f.

Beamten des Ancien Régime, Antoine Laurent de Lavoisier (1743–1794), die inklusive Inventar belegt ist. Die Sammlung wurde unter anderem der *École Centrale* in Paris zugeführt, nachdem Lavoisier wegen seiner Rolle als Steuerpächter im Ancien Régime 1794 hingerichtet worden war.[67] 1794 wurde die *Commission temporaire des arts* vom *Comité d'instruction publique* damit beauftragt, Instrumente und Maschinen für entstehende chemische Laboratorien sowie physikalische Kabinette für die *École Centrale* ausfindig zu machen und die Bestände im Nationaldepot zu sichten; inklusive der Bemächtigung, im Bedarfsfall solche Utensilien einzuziehen.[68]

In Paris befanden sich folglich Sammlungen der Mathematik, Chemie und Physik, deren Instrumente im Vergleich mit dem Stand der ehemaligen naturwissenschaftlichen Jesuitensammlung wohl deutlich fortschrittlicher waren, hatte die französische Naturwissenschaft doch vor allem im 18. Jahrhundert progressive Wissenschaftler wie zum Beispiel Jean-Antoine Nollet (1700–1770)[69] oder eben Antoine Laurent de Lavoisier vorzuweisen gehabt, die im produktiven paneuropäischen (Wissens-)Austausch mit anderen Gelehrten standen und so stets über aktuelles Wissen sowie Instrumente verfügten. Im Vergleich dazu war das Kölner Kabinett in den letzten 20 Jahren unter städtischer Obhut vermutlich nicht mehr bedeutend erweitert worden. Auch das *Cabinet de Physique*, das einige Jahre später 1799 für die Kölner Zentralschule angekauft werden sollte und die hiesige physikalische Sammlung um hochwertige und fortschrittliche Instrumente erweiterte, wie noch zu zeigen sein wird, stammte aus Straßburg. Es könnte sein, dass die Instrumente des Kölner Mathematisch-Physikalischen Kabinetts die französischen Kommissare bei ihrem Streifzug nach Objekten im Herbst 1794 schlicht nicht interessiert haben, weil es in Paris genug mathematisch-physikalische Sammlungsgüter besserer Qualität und ausreichender Quantität gab. Die naturwissenschaftliche Sammlung der ehemaligen Jesuiten scheint demnach innerhalb Kölns von großer Bedeutung gewesen zu sein, was noch acht Jahre zuvor, während der Reformversuche an der alten Kölner Universität um 1786 zu beobachten war. Im Vergleich mit anderen französischen Kabinetten und Sammlungen der Chemie und Physik waren die ehemaligen Jesuiteninstrumente jedoch möglicherweise veraltet und in wissenschaftlich-didaktischer Hinsicht eher uninteressant, weshalb sie in Köln verblieben.

2.2 Sammlungen im Kontext der französischen Bildungspolitik um 1800

Die Naturwissenschaften hatten im französischen Bildungssystem am Ende des 18. Jahrhunderts einen hohen Stellenwert inne, was sich zum Beispiel im Entstehen verschiedener technisch-naturwissenschaftlicher Spezialschulen im Zuge der Aufklärung

67 Vgl. AN, AF/II/80, fol. 20.
68 Vgl. ebd., fol. 26 und 50.
69 Zu Jean-Antoine Nollet und seiner Instrumentensammlung vgl. zum Beispiel Pyenson, Lewis/Gauvin, Jean-François (Hg.): L'art d'enseigner la physique. Les appareils de démonstration de Jean-Antoine Nollet 1700–1770, Sillery 2002.

offenbarte. Nach der Französischen Revolution wurden die Universitäten nach und nach aufgelöst und durch weitere Spezialschulen ersetzt, zum Beispiel die Pariser *École Polytechnique*, die vorbildhaft für andere Institutionen wurde. Für das niedere und höhere Schulwesen wurde über Jahre an einer allgemeinen republikanischen Bildungsreform gearbeitet, die an vorrevolutionäre Pläne anschließen sollte.[70] 1795 folgte schließlich die Einrichtung der Zentralschulen als Teil eines mehrstufigen Systems neben den Primär-, Sekundär- und Spezialschulen, in denen eine universale, enzyklopädische Bildung im Sinne der Republik erfolgen sollte – öffentlich und kostenfrei. In den *Écoles Centrales* sollten Schüler zwischen 12 und 18 Jahren über sechs Jahre in Naturgeschichte, Zeichnen und alten Sprachen (Sektion 1), Mathematik, experimenteller Physik und Chemie (Sektion 2) sowie in Grammatik, den schönen Künsten, Geschichte und Recht (Sektion 3) unterrichtet werden, wobei eine große Lehrfreiheit herrschte. In Artikel 4 des Schulgesetzes vom 3. Brumaire IV (25. Oktober 1795) wurde zudem festgelegt, dass jede Zentralschule über eine öffentliche Bibliothek, einen Botanischen Garten und über eigene Kabinette für die Naturgeschichte, Physik sowie Chemie verfügen sollte, und dass die naturwissenschaftlichen Fächer von einzelnen Fachlehrern zu unterrichten waren. In der Kölner Zentralschule im ehemaligen Jesuitenkolleg konnte man zur Erfüllung dieser französischen Vorgaben auf das bestehende Mathematisch-Physikalische Kabinett, das chemische Laboratorium, die Sternwarte, den Botanischen Garten sowie die (naturgeschichtlichen) Sammlungen Wallrafs, die in die Marzellenstraße überführt wurden, zurückgreifen.[71]

Diese Vorgaben bedeuteten eine deutliche Aufwertung der naturwissenschaftlichen Fächer zu einem gleichwertigen Bestandteil des Curriculums und zeigen den Anspruch sowohl an die Zentralschulen als auch an die Lehrkräfte, den Unterricht praktisch, anschaulich und experimentell zu gestalten. Im Gegensatz dazu hatten die Naturwissenschaften an den katholischen Universitäten und Gymnasien des Alten Reichs und auch an denen des Ancien Régimes in Frankreich in der Vergangenheit eine vergleichsweise kleine Rolle eingenommen. Einzelne Einrichtungen oder Lehrpersonen bildeten davon vielerorts – wie auch in Köln – freilich eine Ausnahme.[72] Auch wenn es bald nach Einführung Kritikpunkte am System der Zentralschulen gab, wie eine zu große Lehrfreiheit

70 Vgl. dazu zum Beispiel Harten, Hans-Christian: Das niedere Schulwesen in Frankreich am Übergang vom 18. zum 19. Jahrhundert. Schulentwicklung zwischen Reform und Revolution, in: Albrecht, Peter/Hinrichs, Ernst (Hg.): Kultur und Gesellschaft in Nordwestdeutschland zur Zeit der Aufklärung. Das niedere Schulwesen im Übergang vom 18. zum 19. Jahrhundert, 2 Bde., Bd. 2, Tübingen 1995, S. 25–48, hier S. 25–34.

71 Vgl. Pabst 1988, S. 12f.; Damesme 2003, S. 11–17; Quarg 1994, S. 113–115. Zur Bildungs- und Kulturgeschichte allgemein und zum Ende der Universität und zur Gründung der neuen französischen Bildungsanstalten siehe auch Müller 2005, S. 313–332.

72 „Une autre innovation d'une portée plus générale et plus haute, celle – là, fut l'introduction des sciences mathématiques, physiques et naturelles dans les matières d'enseignement. Dans les anciens collèges, dans ceux des Jésuites et des Oratoriens, aussi bien que dans ceux de l'Université, les études scientifiques se bornaient à quelques notions d'arithmétique et de géométrie." Duruy, Albert: L'instruction publique et la Révolution, Paris 1882, S. 218f.

und damit einhergehende Überforderung der Schüler, mangelnde Struktur und Vorbildung, war es doch „[e]iner der großen Verdienste der Zentralschule [...], die exakten Wissenschaften in den Fächerkanon eingeführt zu haben".[73] Außerdem sorgte die Reform für eine Homogenisierung und Zentralisierung des Bildungswesens in Frankreich[74] – und damit auch im Rheinland.

Im Zuge der Neustrukturierung des französischen Bildungssystems unter dem ersten Konsul und zukünftigen Kaiser Napoleon Bonaparte Anfang des 19. Jahrhunderts wurden die Zentralschulen zugunsten eines neuen und erweiterten Systems von Primär- und Sekundärschulen sowie Lyzeen aufgehoben. Das neue System, das während des Konsulats mit dem Floréal-Gesetz am 1. Mai 1802 im ganzen französischen Staatsgebiet eingeführt wurde, unterschied sich sowohl organisatorisch als auch inhaltlich stark vom vorherigen: Die Zentralschulen gingen teilweise in Sekundärschulen für die Schüler von 10 bis 14 Jahren, in denen Sprachen und die Grundlagen der Mathematik, Geschichte und Geografie gelehrt wurden, teilweise, aber deutlich seltener, in Lyzeen für Schüler ab 14 Jahren auf, die wiederum Sprachen, Rhetorik, Philosophie und höhere Mathematik beinhalteten. Daneben sollte eine Reihe von Spezialschulen des Rechts, der Medizin oder der Naturwissenschaften entstehen, die allerdings oft aus finanziellen Gründen nicht realisiert wurden. Die Sekundärschulen wie auch die Lyzeen hatten generell einen geringeren wissenschaftlichen Anspruch:

> „In beiden Schultypen wurden die Vorstellungen der Enzyklopädisten, vor allem die Vorherrschaft der angewandten Naturwissenschaften, aus den Lehrprogrammen entfernt. Naturwissenschaft wurde auf einige Grundelemente der Mathematik und Physik reduziert; an ihre Stelle traten wieder die alten Disziplinen und der rhetorische Formalismus der Gymnasien aus vorrevolutionärer Zeit. Das zeigte sich sogar bei den neuen Bezeichnungen der vier Jahrgangsklassen der Sekundärschule (Grammatik, Humanités und Rhetorik), die ganz aus der Tradition der alten Jesuitengymnasien stammten."[75]

Die zentrale Verwaltung und die curricularen Vorgaben kamen – anders als vorher – direkt vom Innenministerium in Paris, was die Lehrfreiheit erheblich einschränkte. Während die Kosten der Sekundärschulen von den Kommunen getragen wurden, waren die Lyzeen staatlich finanziert. Weil nur ein Lyzeum pro Appellationsgerichtsbezirk, der

73 Damesme 2003, S. 17. Siehe dazu auch Duruy 1882, S. 255.

74 „Das Schulwesen des Ancien Regime war durch eine große Heterogenität gekennzeichnet; es gab keine einheitlichen Verwaltungsstrukturen, der Charakter der Schulen änderte sich von Provinz zu Provinz; ebenso hing ihre Finanzierung von unterschiedlichen regionalen und lokalen Bedingungen ab." Harten 1995, S. 25. Zu den Écoles centrales urteilte Harten, dass „ein anspruchsvolles und modernes höheres Bildungswesen aufgebaut [wurde], das an die curricularen Konzeptionen der Enzyklopädisten anknüpfte." Ebd., S. 40. Da für die eigentlich kostenfreien Zentralschulen jedoch oft eine Vorbildung auf einer privaten Sekundärschule nötig war oder es zumindest starke Konkurrenz durch private Einrichtungen gab, sei es für Kinder aus einfacheren Verhältnissen jedoch schwer gewesen, in die Zentralschulen aufzusteigen. Damit wären „Postulate der Aufklärung aufgehoben" (S. 42) worden, wenn die Bildung letztlich einer finanziellen Elite zugutekäme. Zur Kritik an den Zentralschulen vgl. auch Pabst 1988, S. 43–47; Damesme 2003, S. 93–97.

75 Pabst 1988, S. 45.

aus mehreren Départements bestand, eingerichtet werden sollte, wurden viele Zentralschulen in der Folge zu Sekundärschulen heruntergestuft, wie es auch in Köln der Fall war.[76]

Wegen der Einführung des neuen Schulsystems wurde die Kölner Zentralschule im ehemaligen Jesuitenkolleg bereits nach fünf Jahren wieder geschlossen. Es folgte die Einrichtung einer Sekundärschule im ehemaligen Kölner Laurentianer Gymnasium am Minoritenkloster. 1805 wurde diese um eine weitere kommunale Sekundärschule *zweiten Grades* erweitert, die inhaltlich äquivalent zu einem Lyzeum war und auf die Sekundärschule *ersten Grades* folgte. Inhaltlich machte sich „[a]n beiden Schulen [...] eine deutliche Abkehr von den naturwissenschaftlichen Fächern bemerkbar, wohingegen alte Sprachen wieder stärker betont wurden. Es fand auch wieder eine religiöse Erziehung statt".[77]

Diesem Kompromiss von zwei Kölner Sekundärschulen waren lange Verhandlungen und große Eigeninitiative der städtischen Vertreter vorangegangen, bis Napoleon die Sondergenehmigung für die Eröffnung der Schule zweiten Grades im ehemaligen Jesuitenkolleg mit einem eigenen Schul- und Sondervermögen, festgehalten im Brumaire-Dekret vom 13. November 1805, genehmigte. Dadurch verblieben auch die Sammlungen in einem höheren Schul- und Bildungskontext. Ab 1811 wurde die Sekundärschule ersten Grades wegen Baumängeln aus dem ehemaligen Laurentianer Gymnasium ebenso in die Marzellenstraße verlegt, und zwar in das dem Kolleg mit Sekundärschule zweiten Grades gegenüberliegende ehemalige Gymnasium Tricoronatum. Die erneuten bildungspolitischen Änderungen ab 1808 während Napoleons Kaiserzeit, deren Kern ein einheitlich organisiertes Bildungsmonopol im Sinne einer Université Impériale war, brachten für Köln „lediglich einige organisatorische Veränderungen;"[78] zum Beispiel eine Umbenennung der Kölner Schulen in *École inférieure* und *École supérieure*, die gemeinsam und bis zum Ende der französischen Zeit in Köln das *Collège de Cologne* bildeten.

Zusammenfassend kann festgehalten werden, dass naturwissenschaftliche Sammlungen im Kontext der französischen Bildungspolitik vor allem in der frühen Phase bis zum Konsulat eine besondere Rolle einnahmen, als diese als notwendiger und obligatorischer Bestandteil der Zentralschulen definiert wurden. Parallel zu der geringeren Bedeutung der Naturwissenschaften im Schulwesen unter Napoleon gerieten auch Kabinette und Sammlungen in den Hintergrund, wenngleich viele Schulen durch die vorherige Gesetzgebung über solche Einrichtungen verfügten und diese wohl weiterhin im Unterricht einsetzten, wie es in Köln der Fall war. Ausgenommen von diesen Schwankungen waren gleichwohl die (technischen) Spezialschulen, die allerdings selten waren.

76 Vgl. ebd., S. 43–47; Damesme 2003, S. 93–95 und S. 208–210. Köln als Teil des Roer-Départements gehört ab 1805 nicht mehr zum Trierer, sondern zum Lütticher Appellationsgerichtshof.
77 Damesme 2003, S. 210. Siehe dazu vor allem ebd., S. 97–210.
78 Ebd., S. 219. Siehe dazu ebd., S. 211–234; Pabst 1988, S. 54–57.

In Köln gab es in der Zentralschule einen regelrechten *boost* für die naturwissenschaftlichen Sammlungen und Einrichtungen, der an der starken Erweiterung durch Objekte, der Ausdifferenzierung der Spezialgebiete und am grundlegenden Anteil der Sammlungen am naturwissenschaftlichen Unterricht zu erkennen ist, der auch in der Sekundärschule zweiten Grades bestehen blieb. Ein maßgeblicher Faktor dabei war neben den systemischen Voraussetzungen vor allem das Personal: Der Franzose Christian Kramp baute die naturwissenschaftliche Lehrsammlung der ehemaligen Jesuiten ab 1798 zu einem genuinen Mathematisch-Physikalischen Kabinett um, von dessen didaktischer wie wissenschaftlicher Qualität noch in preußischer Zeit die Entdeckung des Ohmschen Gesetztes des elektrischen Widerstands zeugt.

2.3 Christian Kramp: Die Genese des Mathematisch-Physikalischen Kabinetts

Die Eroberung Kölns durch die Franzosen 1794 brachte vielfältige und tiefgreifende Veränderungen auch für das Bildungswesen mit sich. Während die Vorlesungen an der Universität und den Gymnasien in den ersten Jahren der französischen Besatzung zunächst weiterliefen – trotz temporärer Nutzung der Gebäude durch das Militär und der herben Verluste durch den französischen „Kunstraub"[79] –, wurden die Kölner Institutionen am 28. April 1798 vom französischen Regierungskommissar Franz Joseph Rudler aufgehoben. Die Planungen für die Einführung des französischen Systems in Köln liefen bereits seit einigen Monaten und neben Primär- und Zentralschulen waren auch Spezialschulen für Medizin, Recht und Naturwissenschaften angedacht, die allerdings nicht verwirklicht wurden. Im November desselben Jahres 1798 schließlich wurde die Kölner Zentralschule als „Université de Cologne organisée en École centrale" im ehemaligen Jesuitenkolleg eröffnet, woran sich der Beginn der Vorlesungen im Januar 1799 anschloss.

Für das erste Schuljahr waren neben der französischen Sprache, den alten Sprachen, der Naturgeschichte und Botanik, der Philosophie, den schönen Künsten (unterrichtet von Wallraf), dem Recht und der Geburtshilfe die Fächer *Élemens de Mathématiques* und *Chymie et physique expérimentales* angekündigt. Als Mathematikprofessor hatte sich der Straßburger Arzt und Naturwissenschaftler Christian Kramp (1760–1828) beworben, der im folgenden Jahrzehnt zu einer der prägendsten Figuren sowohl im Bildungswesen der französischen Zeit als auch für das Mathematisch-Physikalische Kabinett werden sollte. Für Chemie und Physik war Paul Best – Mediziner, letzter von dem französischen Stadtkommissar Johann Rethel eingesetzter Rektor der alten Kölner Universität nach Wallrafs Eidverweigerung und Mitorganisator der Kölner Zentralschule[80] – von Rudler

79 Vgl. Pabst 1988, S. 8f. und S. 14; Damesme 2003, S. 25–28.

80 Siehe dazu zum Beispiel Pabst 1988, S. 8–28. „Im Zuge dieser Eingliederungspolitik forderten die französischen Behörden im Dezember 1797 von den deutschen Beamten des linken Rheinufers einen einfachen Treueid auf die Französische Republik […]. Während die meisten städtischen Beamten in Köln dieser Aufforderung ohne weiteres folgten, verweigerten Rektor Wallraf und die Dekane im

eingesetzt worden. Bereits im April 1799 wechselte der unzufriedene Best jedoch auf den Lehrstuhl für Innere Medizin, wodurch die Fächer Chemie und Experimentalphysik neu zu besetzen waren. Die Stelle übernahm Christian Kramp – weil er sich dabei „noch besser befinde, auch meine übrigen Kenntnisse besser dabey an Mann bringen kann"[81] –, während für die Mathematikprofessur der Mannheimer Mathematiker Heinrich Bürmann (?–1817) berufen wurde, der seit 1795 ebendort Vorlesungen über Handelswissenschaften gehalten hatte. Dieser wurde in den Vorlesungsprogrammen der Jahre 1799 bis 1804 aufgeführt und die Professorenversammlung der Zentralschule, die als Einrichtung der Selbstverwaltung der Schule vorgeschrieben war, kontaktierte Bürmann im September 1799 wegen der gemeinsamen Arbeit.[82] Dennoch scheint Bürmann wenn überhaupt nur wenige Monate in Köln tätig gewesen zu sein und die Zentralschule schon spätestens 1801 wegen fehlender Gehaltszahlungen oder privater Gründe wieder verlassen zu haben.[83] Nach einer temporären Vertretung durch den ehemaligen Laurentianer Schmitz übernahm Christian Kramp ab 1800 beide Lehrstühle und war fortan Professor der Mathematik, Chemie und Experimentalphysik bis 1809 und war in dieser Funktion auch für die naturwissenschaftlichen Sammlungen und Ausstattungen verantwortlich. Außerdem war Kramp bereits seit Februar 1799 in der Professorenversammlung tätig,

Namen der Universität diesen ‚Huldigungseid', da sie den in Rastatt geführten Verhandlungen über das Schicksal des Rheinlands nicht vorgreifen und nicht ohne Not auf die alten Privilegien ihrer Universität verzichten wollten. Nur einige Mediziner, unter ihnen der Mitpromovend Wallrafs von 1788, Paul Best, leisteten am 16. Dezember schließlich diesen heute als völkerrechtlich unbedenklich betrachteten Eid, bei dessen Verweigerung es Wallraf, wie sein späteres Verhalten zeigt, wohl auch mehr um den Erhalt der Universitätsprivilegien als um politische Bedenken gegangen war." Ebd., S. 10; Damesme 2003, S. 25–77; vor allem Jansen, Markus: Die Eidverweigerung der Universität, in: Gersmann, Gudrun/Grohé, Stefan (Hg.): Ferdinand Franz Wallraf (1748–1824) – Eine Spurensuche in Köln, https://dx.doi.org/10.18716/map/00001, mapublishing 2016, https://wallraf.mapublishing-lab.uni-koeln.de/wallraf-in-koeln/bildungswesen-im-umbruch/die-eidverweigerung-der-universitaet [zuletzt aufgerufen am 28.01.2024].

81 Brief Christian Kramps an den an der Universität Leipzig lehrenden Mathematiker und Naturwissenschaftler Carl Friedrich Hindenburg (1741–1808) vom 20. Floréal VII (9. Mai 1799). Zitiert nach Hindenburg 1799, S. 231.

82 Die *Programmes des Cours qui se feront à l'École centrale du Département de la Röer* befinden sich in: HAStK, Best. 350 (Französische Verwaltung (FV)), A 5910/1; HAStK, Best. 155A (Gymnasial- und Stiftungsfonds (GStF) – Akten), A 349/1, fol. 75r–75v. Zudem schrieb Christian Kramp in einem Brief vom 20. Floréal VII (9. Mai 1799) an Carl Friedrich Hindenburg, dass „[u]nser Freund Bürmann seit einem Monate Professor der Mathematik in Cölln [sei], an meiner Stelle; da hingegen ich das doppelte Fach der Physik und Chemie übernommen habe, als Professeur de Chymie et de Physique Expérimentale à l'Ecole Centrale du Département de la Roer; wobey ich mich noch besser befinde, auch meine übrigen Kenntnisse besser dabey an Mann bringen kann". Zitiert nach Hindenburg 1799, S. 231.

83 Vgl. Damesme 2003, S. 44; Pabst 1988, S. 26. Zu Bürmann siehe Cantor, Moritz: Bürmann, Heinrich, in: Allgemeine Deutsche Biographie 47 (1903), S. 392–394, https://www.deutsche-biographie.de/pnd117143715.html#adbcontent [zuletzt aufgerufen am 27.01.2024]; Feder, Heinrich von: Geschichte der Stadt Mannheim, Mannheim/Straßburg 1877, S. 60–65. Bürmann war später Direktor der Großherzoglich Badischen Handelsakademie in Mannheim. Kramp schrieb im Oktober 1800, dass Bürmann wegen „Familienangelegenheiten bislang daran gehindert [worden sei], seinen Posten anzutreten". AN, F/17/1337 (Instruction publique), Dossier 17, 4e Division, fol 215r.

ab Mai desselben Jahres sogar als deren Präsident, wodurch er sowohl inhaltlich als auch organisatorisch eine wichtige Rolle an der Kölner Zentralschule einnahm.

Am 10. Juli 1760 in Straßburg geboren, hatte Kramp ebendort die Universität besucht und Naturwissenschaften und Medizin studiert. Er war unter anderem Student des Straßburger Physikers Jakob Ludwig Schürer gewesen und wurde bei diesem 1782 mit einer Arbeit über die Brechung des Lichts promoviert,[84] bevor 1786 eine medizinische Dissertation über die Fieberlehre folgte.[85] Im Anschluss hatte Kramp als Arzt zunächst in Paris und dann in Meisenheim in der Pfalz und in Speyer als Stadtphysikus gearbeitet,[86] während er weiterhin naturwissenschaftlich publizierte; zum Beispiel eine Arbeit zur Geschichte der Aerostatik (1784–1786),[87] zur Mineralogie (1793) oder zur Strahlenbrechung (1798). Mehrere Aufsätze und Briefe mathematisch-physikalischen Inhalts sind zudem im *Archiv der reinen und angewandten Mathematik* veröffentlicht, herausgegeben vom an der Universität Leipzig lehrenden Carl Friedrich Hindenburg (1741–1808), mit dem Kramp in Korrespondenz stand. Hier präsentierte er beispielsweise auch ein selbst weiterentwickeltes Instrument: das Manometer zum Messen von Druckunterschieden.[88] Weil Kramp demnach Mathematik und Naturwissenschaften mehr zusagten als Medizin, hatte er sich 1798 um die Stelle des Mathematikprofessors in Köln beworben. Nach Ankunft in der nunmehr französischen Domstadt schrieb Kramp am 2. Frimaire VII (22. November 1798) an Hindenburg:

84 Siehe Kramp, Christian: Dissertatio mathematico-physica de diversa Lucis Refrangibilitate Praeside Ludovico Jacobo Schurer, Straßburg: Johannis Henricus Heitzius, 1782.

85 Siehe Kramp, Christian: *De vi vitali arteriarum diatribe. Addita nova de febrium indole generali conjectura*, Straßburg: In Bibliopolio Academico, 1786.

86 Vgl. Gothaische gelehrte Zeitungen 88 (1788), S. 713–720, hier S. 720; Gothaische gelehrte Zeitungen 1 (1797), S. 1–8, hier S. 8.

87 In einem Brief an Georg Christoph Lichtenberg vom 19. Juni 1785 nimmt Kramp Bezug auf eine Rezension seines ersten Bandes der „Geschichte der Aerostatik" in den „Gothaischen Gelehrten Zeitungen". Kramp bedankt sich, drückt mehrfach seine Hochachtung vor Lichtenberg und seinen wissenschaftlichen Verdiensten aus, nimmt Stellung zu einzelnen inhaltlichen Punkten und kündigt an, Lichtenberg weitere seiner Bücher und Manuskripte zu senden. Zitiert nach Georg Christoph Lichtenberg. Briefwechsel 1785–1792, 5 Bde., Bd. 3, hg. von Ulrich Joost/Albrecht Schöne, München 1990, S. 92f., Brief Nr. 1379. Siehe die Rezension „anonym von Kästner" in Gothaische gelehrte Zeitungen 99 (1784), S. 809–816, hier S. 812–814. Weitere Rezensionen zu anderen Werken Kramps finden sich in Gothaische gelehrte Zeitungen 87 (1796), S. 777–784; Gothaische gelehrte Zeitungen 17 (1797), S. 153–150; Gothaische gelehrte Zeitungen 27 (1797), S. 249–256.

88 Vgl. Hindenburg 1799, S. 230 und S. 233f.; außerdem Kramp, Christian: Geometrische Analysis des Krystalls, Hyodon genannt; eine Wiederlegung des Systems von Hauy, in: Archiv der reinen und angewandten Mathematik 5 (1796), S. 74–80; Kramp, Christian: Ueber den Mittelpunkt der Schwere im sphärischen Dreyecke, in: Archiv der reinen und angewandten Mathematik 7 (1798), S. 296–307.

> „Seit gestern Mittag befinde ich mich hier, und zwar zum erstenmale in meinem Leben in einem mir angemessenen Wirkungskreise. Ich bin Professor der Mathematik allhier. Cölln gefällt mir, und ich bin zufrieden mit meiner Lage. – Man spricht noch von mehrern guten Anstalten, die hier getroffen werden sollen, einer Ecole de Santé, Ecole de Génie, Ecole Naval, und Ecole de Commerce. Es ist hier noch viel zu thun; es fehlt nur noch an Arbeitern im Weinberge, der an sich vortrefflich ist."[89]

Wie geschildert wurde, übernahm Kramp bereits ab 1800 beide Lehrstühle und lehrte in den folgenden Jahren Mathematik, Chemie und experimentelle Physik bis 1809, bevor er als Mathematikprofessor und Dekan der naturwissenschaftlichen Fakultät an die Universität Straßburg wechselte und fortan dort tätig war.[90]

Direkt nach Ankunft in Köln hatte sich Christian Kramp gemeinsam mit den anderen Professoren der Zentralschule ein Bild der Räumlichkeiten im ehemaligen Jesuitenkolleg sowie der Sammlungen und der Ausstattung gemacht, denn es wurden schnell Maßnahmen ergriffen, um die Situation vor Ort zu verbessern und zu modernisieren, wie Kramp in einer Rede im September 1799 an der *Université de Cologne organisée en École centrale* rückblickend skizzierte und beschrieb. Die später gedruckte und nach Paris gesandte Festtagsrede[91] vom 1. Vendémiaire im Jahr VIII (23. September 1799) hielt Kramp aus Anlass des Gründungstags der Republik und zu der in der Zentralschule jährlich stattfindenden Preisverleihung an die Schüler mit den besten Leistungen.

In seiner Rede beschrieb er den Stand der Kölner Schule und die verschiedenen Fächer, wobei er diese „in den Rahmen eines umfassenden republikanisch-staatsbürgerlichen Erziehungsideals einordnete und auch in seinen eigenen naturwissenschaftlichen Arbeiten einen Beitrag zu einer solchen Erziehung der Jugend sah".[92] Direkt zu Beginn der Rede stellte Kramp die nationale Erziehung in unmittelbare Verbindung zur Gründung der Republik am 22. Februar 1792: „La fête de la fondation de la République est aussi celle de l'instruction nationale."[93] Die universale Bildung von Staatsbürgern, öffentlich und kostenfrei, sei somit das oberste Ziel der Zentralschulen. Es folgte eine Lobrede auf die Französische Republik, ihre militärische Stärke und die Errungenschaften auf verschiedenen wissenschaftlichen Gebieten. „L'Établissement des écoles centrales est un des

89 Brief Kramps an Hindenburg vom 2. Frimaire VII (22. November 1798). Zitiert nach Hindenburg 1799, S. 230.

90 Vgl. Günther, Siegmund: Kramp, Christian, in: Allgemeine Deutsche Biographie 17 (1883), S. 31–32, https://www.deutsche-biographie.de/pnd116379073.html#adbcontent [zuletzt aufgerufen am 28.01.2024]. Bereits im Jahr 1801 hatte Kramp an die Kölner Schulverwaltung geschrieben, dass er sich für verschiedene wissenschaftliche Positionen der Universität und an Spezialschulen in Straßburg beworben hätte, da er dort ein sehr viel besseres Gehalt als in Köln erhalten würde. Vgl. HAStK, Best. 350 (Französische Verwaltung (FV)), A 5870, fol. 41r–44v.

91 Siehe AN, F/17/1246 (Instruction publique), Dossier 1, Pièces 142–162"; ein gedrucktes Exemplar befindet sich auch in Köln vgl. Kramp 1799b.

92 Pabst 1988, S. 39f.

93 Kramp 1799b, S. 1. Im Folgenden wird aus Kramps Rede in Form von eigenen Übersetzungen ins Deutsche zitiert. Die Passagen zu den Sammlungen und Naturwissenschaften werden im Original in den Fußnoten wiedergegeben.

plus beaux monumens de la République",[94] begann Kramp den Teil der Rede, in der er die einzelnen Fächer in der Folge des Curriculums beschrieb: Die Kunst des Zeichnens und die schönen Künste generell seien die Grundlage für eine Vielzahl von Kunst und Handwerksberufen und zählten zu den beliebtesten Kursen. Als eigenständige Wissenschaft (autark von der Medizin) und als obligatorisches Fach sei die Naturgeschichte zuerst von den Franzosen anerkannt und eingerichtet worden. Kramp hebt die Bedeutung der alten Sprachen und der antiken Autoren hervor, die für das aktuelle Leben immer noch von so hoher Bedeutung wären. Frankreich sei vielleicht die einzige Nation, die sich aufgrund ihrer Meisterwerke der Poesie und Beredsamkeit in die Reihe mit der Antike stellen könnte. Während die anderen Fächer das Wissen der Schüler erweitern würden, ginge es bei den antiken Sprachen vor allem um die Gelehrsamkeit. Dann kommt Kramp zu den Naturwissenschaften:

> „Danach folgen die höheren Wissenschaften der Mathematik, der Chemie und der Experimentalphysik. Hier, Bürger, liegt der schönste Triumph des menschlichen Geistes im Allgemeinen und des achtzehnten Jahrhunderts im Besonderen. Nirgendwo ist die Überlegenheit der Modernen über die Alten so erstaunlich und so allgemein anerkannt wie hier."[95]

Ausführungen zur Philosophie, der französischen Sprache, den schönen Künsten und schließlich dem Recht schließen sich an.

> „Mit all diesen Vorkenntnissen wird der Schüler schließlich würdig sein, sich mit Ehrfurcht dem Heiligtum seines Vaterlandes zu nähern und den schönen Titel eines französischen Bürgers zu verdienen. Um dies zu erreichen, muss er noch die Gesetze des Staates studieren und den Sinn dieser erhabenen Verfassung, die unsere Freiheit bewahrt und unsere Unabhängigkeit garantiert, durchschauen."[96]

Die Erziehung zu Staatsbürgern ist folglich das Ziel des Curriculums der Zentralschulen.

Als Präsident der Professorenversammlung beschrieb Kramp im Folgenden die Organisation und finanzielle Einrichtung der Zentralschule, für die die Einkünfte der früheren Gymnasien und die Familienstiftungen zusammengeführt worden seien, was aufgrund von Rentenverpflichtungen und Schulden eine „schwierige Aufgabe" gewesen, die allerdings bewältigt worden sei. Nötige Geldmittel für Anschaffungen, Umbauten und Reparaturen seien zum Beispiel durch den Verkauf von altem Mobiliar aus dem ehemaligen Jesuitenkolleg beschafft worden. Auch hätten die Kölner Bürger der Zentralschule und der französischen Lehre zuerst skeptisch gegenübergestanden, doch das Vertrauen sei gewachsen und mittlerweile hätten viele Kurse zwischen 30 und 40 Schüler.

94 Ebd., S. 3.

95 Ebd., S. 4f. „Viennent ensuite les sciences plus élevées des Mathématiques, de la Chymie et de la Physique expérimentale. C'est ici, Citoyens, le plus beau triomphe de l'esprit humain en général, et du dix-huitième siècle en particulier. Nulle part la supériorité des modernes sur les anciens, n'est aussi étonnante ni aussi généralement reconnue qu'ici".

96 Ebd., S. 6. „L'élève muni de toutes ces connoissances préliminaires, sera digne enfin d'approcher avec respect du sanctuaire de sa patrie et de mériter le beau titre de Citoyen François. Pour y parvenir, il lui restera à étudier les lois de l'État, à pénétrer le sens de cette sublime constitution, conservatrice de notre liberté et garante de notre indépendance".

Nach der Einrichtung der Schule und

> „von dem Wunsch beseelt, Köln unter den Städten, in denen die Wissenschaften blühen, berühmt zu machen und es zu einem Theater des Geistes und der Vernunft zu machen, das auch Ausländer anzieht, erkundigten sich die Lehrer zunächst nach den literarischen und wissenschaftlichen Gegenständen, die sie für den Beginn ihrer Vorlesungen benötigten. [...] Die Erwartungen der Professoren waren [jedoch] weit davon entfernt, erfüllt zu werden."[97]

Laut Kramp sei die Bibliothek zwar reich an Gesetzbüchern, Kommentaren zum Kirchenrecht, Heiligenakten und Konzilsdekreten gewesen, „aber es gab kaum Werke, die dem Jahrhundert, in dem wir leben, würdig waren und den Wissenschaften entsprachen, die wir behandeln sollten." Die prächtige Sammlung von Grafiken hätte es nicht mehr gegeben und auch der Garten – zwar „recht geräumig und gut gelegen, sogar mit Statuen und einem schönen eisernen Gitter geschmückt" – hätte aber fast nur Gemüse und Kräuter beinhaltet.

Auch über die naturwissenschaftlichen Sammlungen, die Kramp in ein Kabinett der Physik, der Mathematik und Astronomie und der Mineralogie unterteilte, fiel sein Urteil eher bescheiden aus:

> „Es hätte, wie uns gesagt wurde, ein ziemlich gut ausgestattetes Physikalisches Kabinett gegeben. Das, was wir dort gesehen haben, verdiente jedoch kaum den Namen und war weit davon entfernt, für einen Physikkurs auszureichen. Die beiden pneumatischen Maschinen in diesem Kabinett waren absolut untauglich und wurden nach so fehlerhaften Prinzipien und von so unwissenden Künstlern gebaut, dass wir uns nicht vorstellen können, dass man sie jemals ernsthaft benutzen wollte. Anscheinend hatte man nie an Elektrizität gedacht, denn es gab nicht eine einzige elektrische Maschine, die den Namen verdient hätte. Wir fügen noch einige ganz gewöhnliche mechanische Gegenstände hinzu: eine Anzahl von Glasröhren, die dazu dienen, einige ganz gewöhnliche Sätze der Hydrostatik zu beweisen; zwei oder drei Hohlspiegel; zwei Prismen aus sehr schlechtem Glas; einige alte Teleskope; ein Sonnenmikroskop von Wilson, das noch immer das beste Stück des Kabinetts war; ein sehr wertloses Brennglas und einige sehr alte Barometer [...].
>
> Das mathematisch-astronomische Kabinett war vollständiger. Ein Quadrant mit einem Radius von drei Fuß, der mit einem recht guten Fernrohr und einer sehr einfachen Mechanik ausgestattet war, bildete das Hauptstück. Vier Globen mit einem Durchmesser von je vier Fuß, hergestellt von Vater Coronelli aus Venetien. Ein Kompass mit einem Durchmesser von zwei Fuß. Ein Winkelmessinstrument mit einem Durchmesser von fünfzehn Zoll. Es folgten mehrere Quadranten und kleinere Messinstrumente, eine große Anzahl von Astrolabien, von denen einige mit großer Sorgfalt hergestellt wurden, und schließlich eine noch größere Anzahl von Sonnenuhren, die den Eifer einiger Schüler des Kollegs widerspiegeln, die dort ihr Talent geübt zu haben scheinen. Trotz dieses Instrumentariums war es dem Astronomen aufgrund des Fehlens einer Uhr unmöglich, eine gute Beobachtung zu machen. Wenn man dies mit dem Mangel an einem bequemen Raum kombiniert, wird man zustimmen, dass das Astronomische Kabinett noch weit davon entfernt war, den Namen einer Sternwarte zu verdienen.
>
> Trotz der erheblichen Verluste, die unser mineralogisches Kabinett im Laufe des Krieges erlitten hatte, war das, was heute davon übrig ist, immer noch die wertvollste unserer wissenschaftlichen Sammlungen. Es ist nicht nach den Grundsätzen der Kunst eingerichtet, es ist weit davon

97 Ebd., S. 8. „Penétrés du désir de rendre Cologne celèbre parmi les villes où fleurissent les sciences, et d'en faire le théâtre de l'esprit et de la raison au point d'attirer les étrangers, vos professeurs se sont informés d'abord des objets littéraires et scientifiques dont ils avoient besoin pour commencer leurs cours. [...] Les espérances de vos professeurs ont été très-loin d'être réalisées".

> entfernt, vollständig zu sein, und die Räumlichkeiten sind keineswegs vorteilhaft, aber in der allgemeinen Knappheit, in der wir uns befanden, waren wir immer noch sehr glücklich, Erben dieses Kabinetts zu sein, egal wie mangelhaft es war."[98]

Die erste Sorge sei es demnach gewesen, die Zentralschule mit den adäquaten wissenschaftlichen Gegenständen auszustatten und die Sammlungen und die Bibliothek zu bereichern. Kramp schildert, welche Maßnahmen dafür ergriffen worden sind: Zuerst sei die Bibliothek um mehrere hundert Bände aktueller Literatur zum Recht, zur Naturwissenschaft – hier verwies er auf die Autoren John Theophilus Desaguliers, Pieter van Musschenbroek, Joseph-Aignan Sigaud de La Fond, Mathurin-Jacques Brisson oder Antoine François Comte de Fourcroy –, zur Naturgeschichte, Philosophie, Eloquenz und Geschichte erweitert worden. Durch den Ankauf neuer Werke, den Verkauf alter jesuitischer Bücher, die „nicht völlig nutzlos sind und zumindest nicht dem Zweck einer Zentralschule entsprechen" und die Zusammenlegung der alten Gymnasialbibliotheken und der Bücher der Kapuziner und Kartäuser hoffte Kramp, dass „eine Sammlung von fünfzig- bis sechzigtausend Bänden entsteht, die eine ausgewählte und umfangreiche Bibliothek bildet, die den Rang der berühmtesten Zentralschulen der öffentlichen Schule einnehmen kann."[99]

Unter der Leitung des Professors für Naturgeschichte sei außerdem der ehemalige Jesuitengarten „als echter botanischer Garten angelegt worden, der bereits eine lange Reihe wertvoller und seltener Pflanzen enthält, und wir warten nur noch auf die Rückkehr der Jahreszeit, um ihn in seiner Art perfekt zu machen. Die Pflege wurde einem geschickten Gärtner anvertraut." Außerdem sei das Gebäude reparaturbedürftig gewesen und hätte nicht den modernen Anforderungen einer öffentlichen Zentralschule entsprochen:

> „Es fehlte an großen Sälen, die für den öffentlichen Unterricht geeignet waren. [...] Der neue Saal, der gerade gebaut wurde und der als Ort für das Mathematische- und Physikalische Kabinett dienen wird, wird einer der schönsten der Stadt sein, aufgrund seiner Größe, seiner Proportionen, des Tageslichts, das er erhält, und der herrlichen Aussicht, die er auf das rechte Rheinufer bietet. Der angrenzende Hörsaal, regelmäßig, geräumig und hell, wird nicht hinter den erhabenen und wichtigen Wissenschaften zurückstehen, die dort behandelt werden."[100]

„La plus belle acquisition", die schönste Anschaffung, die sie gemacht hätten, sei jedoch die des Mathematisch-Physikalischen Kabinetts aus Straßburg gewesen, das in allen seinen Teilen vollständig und reichlich mit allen Geräten und Instrumenten ausgestattet gewesen sei. Gleichzeitig wurden die Instrumente der beiden anderen alten Kabinette der Mathematik, Astronomie und Physik repariert und fehlende Objekte hinzugefügt. Diese Sammlung sei nun so vollständig und vollkommen und auf dem aktuellen Level der Naturwissenschaft angekommen, „dass in dieser Hinsicht die Zentralschule in Köln

98 Ebd., S. 8f.
99 Ebd., S. 10f.
100 Ebd., S. 9f.

bald mit den ersten der Republik konkurrieren kann".[101] Abschließend lobte Kramp die Arbeit aller Professoren und Administratoren der Zentralschule, die den Unterricht auf eine republikanische Basis gestellt hätten und damit die Wohltat der großzügigen französischen Nation sichtbar und spürbar wachhalten würden.

Auch wenn die Beschreibungen Kramps sicherlich kein bloßes Abbild der Realität, sondern in Teilen negativ oder positiv übertriebene und beschönigende Darstellungen der Erfolge und Fortschritte der Zentralschule unter der französischen Verwaltung waren,[102] müssen dennoch bereits an dieser Stelle die wichtigen Erweiterungsmaßnahmen,

101 Ebd., S. 11. „La plus belle acquisition que nous ayons faite, est celle du cabinet de Physique venu de Strasbourg, complet dans toutes ses parties, richement pourvu de tous les appareils et instruments qui se rapportent à cette science. En même tems les instrumens des deux anciens cabinets de Mathématiques et de Physique ont été réparés, les pièces qui manquoient ont été ajoutées; Cette partie est complette aujourd'hui, elle répond tellement au dégré de perfection où cette science est montée, qu'à cet égard l'école centrale de Cologne pourra bientôt rivaliser avec les premières de la république".

102 Vgl. dazu auch den Reisebericht Friedrich Albert Klebes aus dem beginnenden 19. Jahrhundert, der sich inhaltlich in weiten Teilen mit der Rede Kramps deckt und in dem sich sogar ähnliche Formulierungen finden, weshalb geschlussfolgert werden kann, dass Klebe wohl die gedruckte Rede vorgelegen hat: „In einem andern Theile des Gebäudes befindet sich der neue Saal für die physikalischen und mathematischen Instrumente. Das von Straßburg angekommene physikalische Cabinet ist das beste, was die Universität besitzt, ganz vollständig, und mit allen Apparaten und Instrumenten versehen. Zu gleicher Zeit sind die alten mathematischen und physikalischen Instrumente (welche man hier fand, die aber ganz unbedeutend waren) reparirt, und mehrere fehlende Stücke dazu gekauft worden. Nach des B. Kramps Angabe ist dieser Theil völlig complett, und ganz dem Grade der Höhe, auf welchen diese Wissenschaft gestiegen ist, entsprechend. Der mathematische und astronomische Theil der hier befindlichen Instrumente ist weit geringer. Alles was man hier bei der Besitznehmung des Gebäudes fand, war ein Quadrant von 3 Fuß im Durchmesser vom Pater Coronelli, einem Venetianer, verfertigt; ferne eine Meer-Boussole von 2 Fuß Durchmesser, außerdem eine Quadranten, Astrolabien etc. Indessen macht es der Mangel einer Uhr unmöglich, Beobachtungen anzustellen, wozu überdies auch ein bequemes Local fehlt. Der Saal, worin die Instrumente aufgestellt sind, ist hell, geräumig und geschmackvoll dekorirt. Man hat aus demselben eine schöne Aussicht auf den Rhein. Das dazugehörige Auditorium ist ebenfalls hell, groß und regelmäßig. Auch eine mineralogische Sammlung ist in diesem Hause. Ob sie gleich nicht wissenschaftlich geordnet, und sehr mangelhaft ist, so hielten es doch die Lehrer für das beste, was sie von ihren Vorfahren erbten." Klebe, Friedrich Albert: Reise auf dem Rhein durch die Deutschen Staaten, von Frankfurt bis zur Grenze der Batavischen Republick, und durch die Französischen Departemente des Donnersbergs, des Rheins u. der Mosel und der Roer, im Sommer und Herbst 1800, 2 Bde., Bd. 2, Frankfurt am Main: Friedrich Esslinger, 1802, S. 386–388. Einzig bei der Beschreibung des Gartens weicht Klebe von Kramps Schilderungen ab, indem er beispielsweise einen Vergleich zu anderen Botanischen Gärten anstellte: „Der ehemalige Garten beim Jesuitengebäude ist in einen botanischen umgeschaffen worden. Er ist mit einer hohen Maier umgeben, hat aber nicht den vierten Theil des Umfangs von dem zu Halle oder Göttingen. Es bestanden sich jetzt einige Anpflanzungen von ausländischen Gewächsen darin, aber mehrere Beete fand ich noch mit Gemüse bepflanzt. Es ist bei diesem Garten jetzt ein eigener botanischer Gärtner angestellt, der unter der Aufsicht des Directors steht. – Der daran stoßende Dekadentempel, die ehemalige Kirche der Jesuiten ist ein prachtvolles Gebäude von großem Umfange." Ebd., S. 388. Reiseberichte der Frühen Neuzeit sind mitnichten objektive Erfahrungsberichte, sondern bestehen zu einem gewissen Teil aus Kompilationen bereits veröffentlichter Texte oder greifen auf bestimmte Topoi aus anderen Reiseberichten zurück – wie beispielsweise das „dreckige, verarmte, rückständige, konservative Köln" – wodurch sich Beschreibungen verbreiteten und zu gängigen Stereotypen wurden.

Neuerungen und Modernisierungen hervorgehoben werden, die die Ausstattung der Schule und insbesondere die naturwissenschaftlichen Sammlungen in das 19. Jahrhundert überführten. Die treibende Kraft dabei war Christian Kramp, der die ehemalige jesuitische Sammlung des *Musaeum mathematicum* in der Folge zu einem Mathematisch-Physikalischen Kabinett umbaute. Der erste wichtige Schritt dahin war der Ankauf eines vollständigen *Cabinet de Physique* aus Straßburg nach Köln, von Kramp als „la plus belle acquisition" bezeichnet.

2.3.1 „La plus belle acquisition": Aus Straßburg nach Köln

Kurz nachdem Christian Kramp Ende November 1798 in Köln angekommen und seine Stelle als Professor angetreten hatte, muss er sich um den Erwerb eines vollständigen Mathematisch-Physikalischen Kabinetts aus Straßburg nach Köln bemüht haben, das er im September 1799 im Rahmen der Erweiterungen und Modernisierungen des Gebäudes und der Sammlungen der Zentralschule als „la plus belle acquisition" bezeichnete.[103] „Zugleich habe ich gesorgt, daß ein hübsches Kabinet nach Cölln, in meine neue Vaterstadt komme", schrieb Kramp rückblickend im Mai 1799.

> „Glücklicherweise war das schöne physikalische Cabinet des Professors Schurer zu Strasburg noch beysammen, und zu verkaufen. Ich erstand es für die Centralschule, und befinde mich nunmehr hier, um das Einpacken und des Transport desselben zu besorgen. Es ist eine der schönsten und vollständigsten Sammlungen, die man sich denken kann, mit allem, was zur Nothwendigkeit, Nutzen und Vergnügen gehört, reichlich ausgesteuert."[104]

Gemeint ist die naturwissenschaftliche Sammlung des Straßburger Physikprofessors und Kramps ehemaligen Dozenten Jakob Ludwig Schürer, der 1792 verstorben war. Seine Lehrsammlung, anhand derer Kramp an der Universität die Naturwissenschaften gelernt haben wird, hatte dieser wohl spätestens in den 1760er-Jahren angelegt. 1799, als Kramp den Ankauf für die Kölner Zentralschule mit Schürers Witwe verhandelte, befanden sich über 500 Einzelobjekte in Schürers ehemaligem *Cabinet de Physique*.[105]

Das Leben Jakob Ludwig Schürers ist nur in Ausschnitten bekannt. 1734 in Straßburg geboren, starb er ebendort 1792. Schürer promovierte 1760 zum Doktor der Medizin und war ab 1762 Professor der Physik an der Universität Straßburg. Spätestens ab 1785 bekleidete er zudem das Amt des Rektors der Universität. An St. Thoma hatte er ein Kanonikat inne. Sein Sohn Friedrich Ludwig Schürer (1764–1794) war ebenso Mediziner und an der Straßburger Artillerieschule tätig.[106] Straßburg war vor allem wegen der

103 Kramp 1799b, S. 11.

104 Brief Christian Kramps an Carl Friedrich Hindenburg vom 20. Floreal VII (9. Mai 1799). Zitiert nach Hindenburg 1799, S. 231f.

105 Siehe das vollständige Straßburger Inventar von 1799 in: Gersmann 2019, https://kabinett.ma publishing-lab.uni-koeln.de/inventare/inventar-1799 [zuletzt aufgerufen am 07.04.2024].

106 Vgl. Pagel, Julius: Schurer, Jakob Ludwig, in: Hirsch, August (Hg.): Biographisches Lexikon der hervorragenden Aerzte aller Zeiten und Völker, Bd. 5, Wien/Leipzig 1884, S. 311f.; Poggendorff,

Universität, aber auch wegen der protestantischen Hochschule und der Artillerieschule reich an Sammlungen, die vor allem im Verlauf des 17. und 18. Jahrhunderts angelegt wurden. Neben einer umfangreichen und bedeutenden Stadt- und Universitätsbibliothek gab es Sammlungen von Münzen und Antiken, historischen Modellen, Gemälden und Kupferstichen.

> „Die überwiegend zu Vorbildern und Demonstrationszwecken bestimmten Präparate des Anatomischen Theaters hatten in den Jahrzehnten vor der Revolution durch Lobstein und Lauth ein mehr wissenschaftliches Gepräge erhalten. Eine schöne zoologische Sammlung war von Joh. Hermann aus eigenen Mitteln zustande gebracht worden; reichhaltige Gesteinsammlungen besassen Corvinus und Friedr. von Dietrich; ansehnliche physikalische Kabinette Jak. Ludw. Schurer und Friedr. Ludw. Ehrmann. Vielleicht einzig in ihrer Art konnte die Sammlung von Kriegsgeräth-Modellen des Stückgiesserei-Leiters J.-F. Dartein genannt werden."[107]

Der Mediziner und Professor der Anatomie und Chemie Johann Friedrich Lobstein (1736–1784) und dessen Nachfolger Thomas Lauth (1758–1826) leiteten folglich die medizinische Sammlung von Präparaten, während die Naturhistoriker Johann Hermann (1738–1800)[108] und Freiherr Philipp Friedrich von Dietrich (1748–1793) naturkundliche Sammlungen pflegten. Neben Schürer war Friedrich Ludwig Ehrmann (1741–1800) als außerordentlicher Professor der Physik tätig und legte eine eigene physikalische Sammlung an. Schürer scheint ein weit vernetzter Mann und Wissenschaftler gewesen zu sein. Er stand zum Beispiel in freundschaftlicher Beziehung zum Schriftsteller, Pädagogen und Gründer der Colmarer *École militaire*, Gottlieb Konrad Pfeffel (1736–1809), oder lernte den finnischen Astronomen und Mathematiker Anders Johan Lexell (1740–1784) kennen.[109] Und auch Wilhelm von Humboldt schrieb am 19. März 1790 an Friedrich Schiller:

Johann Christian: Schurer, Jacob Ludwig, in: Biographisch-literarisches Handwörterbuch zur Geschichte der exacten Wissenschaften, Bd. 2, Leipzig 1863, S. 869; Poggendorff, Johann Christian: Schurer, Friedrich Ludwig, in: Biographisch-literarisches Handwörterbuch zur Geschichte der exacten Wissenschaften, Bd. 2, Leipzig 1863, S. 869; Ludwig, Hermann: Straßburg vor 100 Jahren. Ein Beitrag zur Kulturgeschichte, Stuttgart 1888, S. 134; Quarg 1994, S. 115. In der Gedenkschrift für den verstorbenen Johann Friedrich Lobstein (1736–1784) ist Schurer als Rektor der Universität, Professor der Philosophie und Physik sowie Kanoniker an St. Thoma beschrieben. Vgl. Schurer, Jakob Ludwig: Memoriam viri … Johannis Friderici Lobsteinii medicinae doctoris et professoris publici celeberrimi Argentorati die XI Octobris MDCCLXXXIV pie defuncti Universitas Argentoratensis civibus et exteris commendat, Straßburg: Johannis Henricus Heitzius, 1785.

107 Ludwig 1888, S. 124.

108 Zum naturhistorischen Kabinett Hermanns vgl. die neue Studie von Rusque, Dorothée: Enseigner à partir des collections d'histoire naturelle au XVIIIe siècle. Les pratiques pédagogiques du professeur Jean Hermann, in: Marti, Hanspeter/Seidel, Robert (Hg.): Die Universität Straßburg zwischen Späthumanismus und Französischer Revolution, Köln 2018, S. 339–356. Gerade die praktisch-pädagogischen Einblicke und die Nutzung des naturhistorischen Kabinetts Hermanns böten eine interessante Vergleichsperspektive zum Beispiel zu Ferdinand Franz Wallrafs naturgeschichtlicher Lehre in Köln.

109 Vgl. Stén, Johan C.-E.: A Comet of the Enlightenment. Anders Johan Lexell's Life and Discoveries, Basel 2014, S. 197; Pfannenschmid, Heino (Hg.): Gottlieb Konrad Pfeffel's Fremdenbuch mit biographischen und culturgeschichtlichen Erläuterungen, Colmar: Pfannenschmid, 1892, S. 313.

> „Herr Schurer, Professor der Chemie beim Artilleriecorps in Strasburg, wünscht Ihre Bekanntschaft zu machen, und ich freue mich, dadurch Gelegenheit zu haben, Ihnen die seinige verschaffen. Sie werden an ihm nicht bloß einen Mann von Gelehrsamkeit, sondern auch einen sehr angenehmen, durch Umgang und Reisen gebildeten Gesellschafter finden. Er ist seit dem September in Paris und London gewesen, und kennt die interessantesten Männer daselbst. [...] Ihr Humboldt."[110]

Leider konnte weder über ein Treffen Schürers mit Humboldt noch mit Schiller etwas ermittelt werden.[111]

Die Straßburger Universität am Ende des 18. Jahrhunderts kann als gelehrter Treffpunkt bezeichnet werden. Neben Johann Wolfgang von Goethe studierte auch Johann Gottfried Herder eine Zeit lang dort. Der spätere Mediziner, Professor und Hofrath Johann Heinrich Jung-Stilling (1740–1817) beschrieb die Atmosphäre und das Netzwerk Straßburgs während seines Medizinstudiums 1770 bis 1772 folgendermaßen:

> „Zu Strasburg gerieth ich in einen Zirkel von Männern, der ausserordentlich viel zu meiner Ausbildung beytrug: Goethe studirte auch da, und speiste mit mir an einem Tisch, so auch der jezzige Inspector der Pfeffelischen Kriegsschule in Colmar, Herr Lerse, ferner Herr Lenz, und besonders der ehrwürdige Actuarius Salzmann; lauter Männer von vorzüglichem Geist und Herzen. Herder hielt sich auch eine Zeit lang dort auf, und ich hatte die Ehre genau mit ihm bekannt zu werden. Indessen hörte ich die treflichen Männer Spielmann und Lobstein, nebst Schurern, Ehrmann, und anderen geschickten Lehrern mehr [...]."[112]

In diesem fruchtbaren Umfeld legte Schürer vielleicht schon seit den 1750er-Jahren, spätestens in den 1760er-Jahren, ein eigenes *Cabinet de Physique* an. Neben dem nötigen Wissen und den praktischen und didaktischen Erfahrungen hatte er dafür auch ausreichend Geld[113] sowie ein passendes Netzwerk. So könnte er zum Beispiel Instrumente auf seinen Reisen nach London oder Paris erworben haben. Aber vor allem das Umfeld an der Straßburger Universität und den lokalen Hochschulen bot Schürer zahlreiche Gelegenheiten für die Bereicherung seiner Sammlung. Er kaufte beispielsweise 1772 die physikalischen Instrumente aus dem *Museum Grauelanium,* einer naturhistorischen Sammlung des ehemaligen Physikprofessors und Mediziners Jean-Philippe Grauel

Zum Stand der Sammlungen in Straßburg am Ende des 18. Jahrhunderts vgl. Ludwig 1888, S. 122–124. Zu den naturwissenschaftlichen Akteuren an der Universität vgl. ebd., S. 132–135.

110 Brief Wilhelm von Humboldts an Friedrich Schiller vom 19. März 1790. Zitiert nach Urlichs, Ludwig von (Hg.): Briefe an Schiller, Bd. 1, Stuttgart 1877, S. 100f.

111 Vgl. Schillers Werke: Briefe an Schiller. 1.3.1790–24.5.1794 (Anmerkungen), Bd. 34, Teil II, hg. von Ursula Naumann, Weimar 1997, S. 36f.

112 Zitiert nach Albrecht-Birkner, Veronika (Hg.): Johann Heinrich Jung-Stilling. „... weder Calvinist noch Herrnhuter noch Pietist". Fromme Populartheologie um 1800, Leipzig 2017, S. 57f.

113 Kramp schrieb 1799 während der Verhandlungen zum Ankauf der Sammlung, dass Schürer „einer der wenigen Gelehrten [gewesen sei], bei denen die Leidenschaft für die Wissenschaft durch das Glück unterstützt wurde. Ganz Straßburg weiß, dass er im Laufe von zehn Jahren mehr als 36.000 in seine Arbeit investiert hat". LHAK, Best. 241, 015, Nr. 701, S. 212. „[S]churer a été un des savans rares chez lesquels la passion pour la science étoit secondée par la fortune. Tout Strasbourg sait que dans le cours de dix années il y a mis plus de 36.000".

(1711–1761).[114] Über den Naturhistoriker Friedrich von Dietrich (1748–1793), der in verschiedenen akademischen Zirkeln gut vernetzt und zum Beispiel mit Lavoisier in Paris befreundet war, stand Schürer zudem in Verbindung zu wissenschaftlichen und experimentellen Neuerungen.[115] Und von Johann Jeremias Brackenhofer (1723–1789), Mathematiker an der protestantischen Hochschule und der Artillerieschule, gingen allein 50 Magnete und andere magnetische Geräte nach dessen Tod 1789 in Schürers Kabinett über, was den magnetischen Schwerpunkt und die Vollständigkeit in diesem Bereich erklärt.

„Das Kabinett des verstorbenen Prof. Schourer in Strasburg ist vielleicht eines der umfassendsten von allen, die es gibt. Ich bin mir sehr sicher, dass weder Nollet, noch Sigaud de La Fond, noch Priestley & Franklin je ein solches Kabinett gesehen haben."[116] So beschrieb Christian Kramp das Kabinett Schürers in einem Brief an seine Kollegen in der Professorenversammlung, um diese vom Ankauf aus Straßburg zu überzeugen. Er erläuterte ausführlich die Besonderheiten der Sammlung und verwies auf das vollständige Inventar, das er als weiteres Argument nachreichen würde: Er zählte die Instrumente der verschiedenen naturwissenschaftlichen Disziplinen auf, darunter mehrere Spezialgeräte französischer Wissenschaftler wie Jean-Antoine Nollet oder Antoine Laurent de Lavoisier. Dazu gehörte zum Beispiel ein Planetarium nach Nollet, das heute nicht mehr vorhanden ist. Daneben führte Kramp eine vollständige optische Abteilung, eine Vielzahl unterschiedlicher Teleskope und Mikroskope, Modelle der meisten Maschinen, mehrere Erd- und Himmelsgloben, Spiegel und „die schönste Sammlung von Magneten, die vielleicht jemals existiert hat", auf. „Dies ist das Ergebnis der sehr arbeitsintensiven und exakten Forschung, die Prof. Brackenhoffer über einen Zeitraum

114 Vgl. dazu den Katalog der umfangreichen naturhistorischen Sammlung, den Grauels Sohn Frédéric Grauel anlegte. Die physikalischen Instrumente sind nicht verzeichnet. Grauel, Frédéric: Museum Grauelianum, sive Collectionis regni mineralis praecipue historiam naturalem illustrantis, a beato domino Johanne Philippo Grauel magna solertia comparatae, Straßburg: Johannis Henricus Heitzius, 1772. Vgl. Benoît, Arthur: Collections et collectionneurs alsaciens, 1600–1820: antiquités, monnaies, médailles, tableaux, manuscrits, gravures, curiosités, etc., in: Revue d'Alsace 4 (1875), S. 54–79, hier S. 71.

115 „The local scientific community in Strasbourg has received little attention. Unlike other provincial centers such as Dijon, Montpellier, or Bordeaux, Strasbourg failed to develop a viable scientific academy in the eighteenth century. Nevertheless, the presence of its Protestant university and an artillery school provided the city with a group of distinguished men of science. Among those prominent in Dietrich's day and with whom he was surely acquainted were the noted chemist Jacob R. Spielmann, the naturalist Jean Hermann, and the physicists Jacques Louis Schurer and Friedrich Ludwig Ehrmann (who was reputed to have the most complete cabinet de physique in France). I believe that Dietrich, who divided his time between Strasbourg and Paris, was an important link between the local community and their counterparts in the capital, playing a part in the interest which Lavoisier's work, for example, generated among Alsatian scientists." Perrin, Carleton E.: A Lost Identity: Philippe Frédéric, Baron de Dietrich (1748–1793), in: Isis. A Journal of the History of Science Society 73/4 (1982), S. 545–551, hier S. 549.

116 „Le cabinet du feu Prof. Schourer de Strasbourg est un des plus complets peut être de tous ceux qui existent. Je suis très certain que ni Nollet, ni Sigaud de la Fond ni Priestley & Franklin peut être n'en vus pas en de semblable." LHAK, Best. 241, 015, Nr. 701, S. 212.

von mehr als 30 Jahren durchgeführt hat."[117] Neben den mathematisch-physikalischen Instrumenten wird außerdem ein vollständiges tragbares Chemielaboratorium genannt.

Auch eine vollständige Bibliothek nicht nur mit physikalischer, chemischer, mathematischer und astronomischer Fachliteratur, sondern auch mit Werken klassischer Autoren und Büchern der Geschichte, Geografie, Sprachwissenschaft sowie Literatur gehörte zum Kabinett: „Sie enthält unter anderem die vollständige Sammlung der Memoiren der Akademien von Paris, Petersburg, Bologna & Stockholm; Hier finden Sie die schönsten Ausgaben der gesammelten Werke von Newton, Leibnitz, Bernoulli, Euler, Bacon oder d'Alembert [...]." Eine „große Enzyklopädie" befände sich ebenfalls in der Sammlung.[118]

Als zusätzliches Argument für einen Ankauf des Straßburger Kabinetts gab Kramp in dem Brief die Konkurrenz zu den anderen Zentralschulen der linksrheinischen Départements in Bonn, Trier und Mainz an. Durch den Erwerb hätte Köln ein Alleinstellungsmerkmal, wäre demnach den anderen Zentralschulen auf dem Gebiet der Naturwissenschaften damit eindeutig überlegen und könne so Schüler von außerhalb nach Köln locken. Dies sei demnach eine einmalige Gelegenheit; auch um den Standort Köln für eine zukünftige Spezialschule der Polytechnik, Artillerie oder der Navigation zu stärken.[119]

Die Verhandlungen mit der Witwe Schürers liefen direkt über Christian Kramp. Gemeinsam mit dem damaligen Präsidenten der Kölner Professorenversammlung und Professor des Rechts an der Zentralschule, Anton Keil (1768–nach 1818), beantragte Kramp zudem die formale Bewilligung des Ankaufs durch den Regierungskommissar Franz Joseph Rudler beziehungsweise durch dessen Amtsnachfolger Jean Joseph Marquis (1747–1822), die letzterer am 8. April 1799 erteilte.[120] Die Sammlung wurde für 9.600 Francs angekauft, außerdem die dazugehörige naturwissenschaftliche Fachbibliothek für 1.800 Francs, wobei Kramp den Preis noch herunterhandeln konnte, obwohl dieser seiner Ansicht nach „nicht die Hälfte des tatsächlichen Werts" abbildete.[121] Finanziert wurde der Erwerb unter anderem durch den Verkauf von alten Möbeln aus dem Jesuitenkolleg.[122]

117 „La plus belle collection d'aimants qui ait jamais existé peutêtre. C'est le fruit des recherches très laboricules & exactes, que le Prof. Brackenhoffer a faites pendant plus de 30 années." Ebd., S. 213.

118 „Elle renferme entre autres, la collection complette des memoires des académies de Paris, de Petersbourg, de Bologna & de Stockholm; Vous y trouverez les plus belles éditions des oeuvres complettes de Newton, de Leibnitz, de Bernoulli, d'Euler, de Bacon, d'Alembert;" Ebd., S. 216.

119 Vgl. ebd., S. 215.

120 Vgl. Landeshauptarchiv Koblenz, Best. 241, 016 Regierungskommissar Marquis, Nr. 773, S. 1–7; Hansen, Joseph (Hg.): Quellen zur Geschichte des Rheinlandes im Zeitalter der Französischen Revolution 1780–1801, 4 Bde., Bd. 4: 1797–1801, Düsseldorf 2004 (Nachdruck der Ausgabe Bonn 1938), S. 1086.

121 LHAK, Best. 241, 016, Nr. 773, S. 1. Die Witwe Schürers hatte ursprünglich 12.000 Francs verlangt.

122 Vgl. LHAK, Best. 241, 015, Nr. 701, S. 207 und vor allem Landesarchiv NRW, Abteilung Rheinland, AA 0633 Roerdepartement, Nr. 2289, fol. 5r–5v, fol. 28r–65r und fol. 102r–103v.

Wie wissenschaftlich und finanziell wertvoll die Sammlung war, erläuterte Kramp vorab in mehreren Briefen an die Professoren und an die Départements-Verwaltung. Es sei die erste Notwendigkeit der Kölner Zentralschule, ein vollständiges Physikalisches Kabinett zu besitzen. Zudem setzte er die Naturwissenschaften und das Praktizieren der Wissenschaften mit Instrumenten erneut in einen politisch-republikanischen Kontext, wenn er schrieb:

> „Diese Wissenschaft umfasst die gesamte Natur, ist unabhängig von allen politischen Revolutionen, die das Universum erschüttern können, gehört allen Klassen der Gesellschaft und ist dazu bestimmt, als Grundlage für eine republikanische Ausbildung zu dienen. Sie war der Ruhm der französischen Nation vor der Revolution und hat alle revolutionären Stürme überlebt."[123]

Wegen dieser hohen Bedeutung für die Nation müssten auch öffentliche Gelder für die Beschaffung der sehr teuren Instrumente und Maschinen aufgewendet, und diese nicht auf die zuständigen Lehrkräfte ausgelagert werden. „Das Kabinett sollte nicht dem Professor gehören, der die Wissenschaft lehrt, sondern der Nation, die davon erleuchtet wird."[124]

Nach Kramps Beschreibungen der Besonderheiten des Schürerschen Kabinetts schickte er zudem gemeinsam mit der Professorenversammlung Ende Februar 1799 ein vollständiges Inventar an die zentrale Verwaltung des Roer-Départements, das sich heute im Landeshauptarchiv Koblenz befindet.[125] Der Katalog umfasst über 500 Einzelinstrumente in elf Bereichen: *Propriétés générales des corps & Mécanique* (40 Nummern), *Hydrostatique* (15 Nummern), *Aérométrie* (47 Nummern), *Acoustique* (3 Nummern), *Optique* (73 Nummern), *Pyrologie* (9 Nummern), *Électricité* (49 Nummern), *Aimant* (62 Nummern) – darunter 50 Nummern aus einer eigenen Magnetsammlung des Professors für Artillerie in Straßburg –, *Météorologie* (7 Nummern), *Géométrie pratique & Astronomie* (9 Nummern) und *Gazologie* (20 Nummern), wobei die Nummern oftmals mehrere Objekte beinhalten und die Anzahl nicht immer klar benannt ist. Außerdem wird chemisches Zubehör aufgeführt.

Die Objekte sind mal mehr, mal weniger detailreich beschrieben: Es sind zum Beispiel fünf Apparate nach dem niederländischen Naturwissenschaftler Willem Jacob's Gravesande (1688–1742) aufgeführt, außerdem Instrumente nach den englischen Elektrizitätswissenschaftlern Francis Hauksbee (1660–1713) und William Henley (?–um 1779), nach Nollet, Antoine Baumé, Horace Bénédict de Sassure, Martinus van Marum,

123 „Cette science embrasse la nature entière, indépendante comme elle de toutes les révolution politiques qui peuvent agiter l'univers, elle appartient à toutes les classes de la societé, elle est faite pour servir de base à une instruction républicaine. Elle avoit fait la gloire de la nation française avant la revolution, elle a survécu à tous les orages révolutionnaires." LHAK, Best. 241, 015, Nr. 701, S. 211.

124 „Le cabinet doit appartenir non par au professeur qui enseigne la science mais à la nation qui en est éclairée." Ebd., S. 211.

125 Vgl. ebd., S. 237–259. Siehe Gersmann 2019, https://kabinett.mapublishing-lab.uni-koeln.de/inventare/inventar-1799 [zuletzt aufgerufen am 07.04.2024].

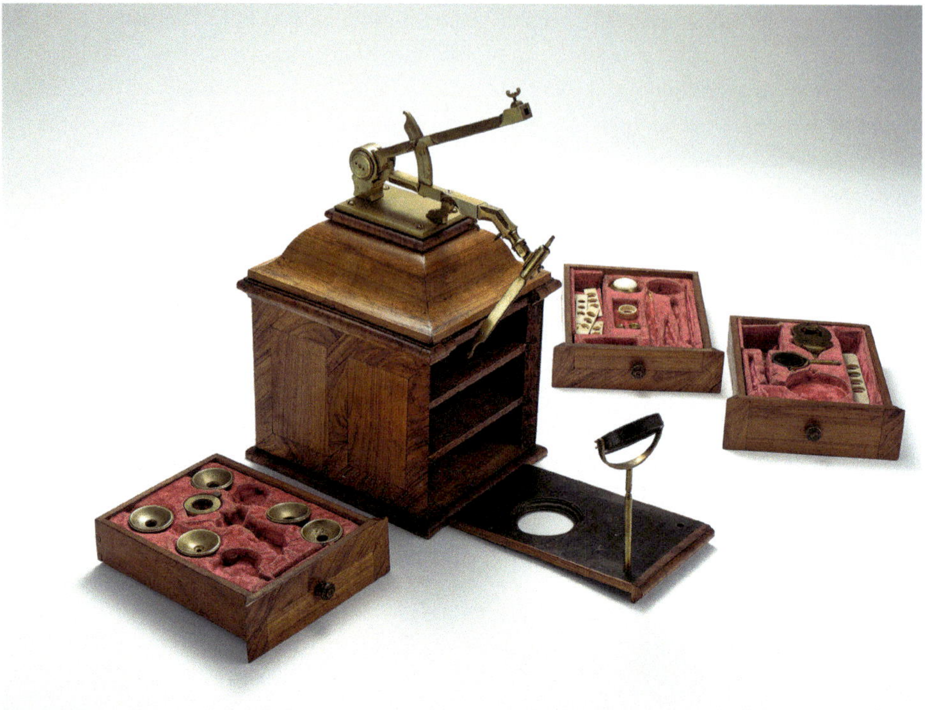

84 Fahlmer (Straßburg), *Mikroskop nach Gleichen*, 1772, Holz, Messing, 27,5 × 17,5 × 15 cm, Kölnisches Stadtmuseum, Mathematisch-Physikalisches Kabinett, L 243

Tiberius Cavallo, James Lind, oder Joseph-Aignan Sigaud de La Fond, ein Modell von Benjamin Franklins (1706–1790) „Cheminée" oder ein Eudiometer nach Alessandro Volta (1745–1827). Inwiefern die einzelnen Instrumente von den Wissenschaftlern selbst hergestellt oder doch von Mechanikern und Händlern stammen, bleibt an vielen Stellen offen. Wahrscheinlicher ist meist, dass die Objekte nach den Vorbildern der Wissenschaftler gefertigt wurden, wie beispielsweise in den Fällen des Fischbeinhygrometers nach de Luc, „fait par Haas à Londres", oder bei Nollets Planetarium, „fait par Engels à Strasbourg".

Neben der Werkstatt von Engels werden außerdem die Mechaniker Merlin, Renard und Fahlmer aus Straßburg mehrfach als Hersteller genannt (Abb. 84).[126] Aus Paris sind Instrumente der Optiker Gonichon oder Mossy aufgeführt, zwei Objekte stammen von dem Instrumentenhersteller Jacques Paul aus Genf und vom Augsburger Mechaniker Georg Friedrich Brander befand sich ein weiteres Hygrometer in der Sammlung. Eines

126 Siehe den Objektdatensatz zum Mikroskop L 243 aus der optischen Werkstatt Fahlmer in: https://www.kulturelles-erbe-koeln.de/documents/obj/05741530 [zuletzt aufgerufen am 07.04.2024].

der Thermometer von 1,5 Fuß, das Renard gefertigt hatte, war zudem von Jakob Ludwig Schürer selbst angepasst worden, sodass es von einer Skala mit Querbalken auf einem separaten Brett begleitet wurde. Schürer hat demnach auch selbst Veränderungen an Instrumenten vorgenommen, vermutlich um sie zu optimieren, sie besser anwenden zu können oder um sie zu reparieren. In der 50 Nummern umfassenden magnetischen Kollektion des Professors Brackenhofer befand sich außerdem ein großer künstlicher Magnet, der im Inventar mit dem Zusatz versehen wurde, Brackenhofer habe ihn veröffentlichen wollen, was allerdings wegen des plötzlichen Todes nicht mehr möglich gewesen sei. Dies ist ein Beispiel für die aktive Forschungsarbeit, die mit den Objekten des Straßburger Kabinetts getätigt worden ist.

Nach der Beschreibung und punktuellen Analyse der Schürerschen Sammlung kann übergreifend festgehalten werden, dass sie sowohl quantitativ als auch qualitativ einen großen Mehrwert für die Kölner Sammlung gebracht hat. Im Vergleich mit dem älteren jesuitischen Inventar fällt deutlich auf, dass in der alten Kölner Sammlung ein Schwerpunkt auf Mathematik, Astronomie und Optik lag; die elektrischen und mechanischen Geräte bildeten den kleineren Teil. Schürers Kabinett hingegen ist ein genuin physikalisches, nehmen doch beispielsweise die Bereiche der Elektrizität, Mechanik, Optik oder Aerometrie quantitativ einen sehr viel größeren Teil ein als die Geometrie und Astronomie mit gerade einmal neun Nummern. Außerdem offenbaren die Objekte nach bedeutenden Naturwissenschaftlern unterschiedlicher wissenschaftlicher Schwerpunkte und die verschiedenen europäischen Hersteller die breite Vernetzung und das Wissen des Physikers Schürer. Durch den Ankauf aus Straßburg nach Köln konnte Christian Kramp im Mai des Jahres 1799 somit die Kölner Sammlung um zentrale und hochwertige physikalische Objekte und dazugehörige Fachliteratur ergänzen, und sie damit zu einem tatsächlichen Mathematisch-Physikalischen Kabinett weiterentwickeln. Er war demnach nicht nur ein sehr gut ausgebildeter Naturwissenschaftler und Professor, sondern auch ein „hervorragende[r] Organisator seines Faches".[127]

2.3.2 Das „Cabinet de Mathématique et de Physique"

Nach dem Ankauf aus Straßburg richtete Kramp in der Kölner Zentralschule einen Saal für die erweiterte mathematisch-physikalische Sammlung ein. „Ich habe meine öffentlichen Lehrstunden nun eröffnet, und bin ungemein beschäftigt, einen der Säle unseren ehemaligen Jesuitencollegiums zum physischen Cabinette umzuändern. Unsere neue sehr schöne Bibliothek ist auch auf dem Wege. Die Anlage ist hier überhaupt herrlich", schrieb er am 24. Juni 1799.[128] Der neue Raum für die mathematisch-physikalische

127 Quarg 1994, S. 115. Vgl. außerdem zum Ankauf aus Straßburg ebd., S. 114–118; Pabst 1988, S. 38f.; Damesme 2003, S. 85f.; Quarg 1996b, S. 126f.

128 Brief Christian Kramps an Carl Friedrich Hindenburg vom 6. Messidor VII (24. Juni 1799). Zitiert nach Hindenburg 1799, S. 233.

Sammlung befand sich an derselben Stelle des alten *Musaeum mathematicum*: im zweiten Obergeschoss des Ostflügels, mit Blick auf den Rhein. Das vorher in mehrere kleine Einheiten unterteilte Sammlungszimmer wurde zu einem großen Instrumentenraum mit angrenzendem Hörsaal vergrößert. Die Sammlung war so direkt neben dem Ort der mathematischen und physikalischen Vorlesungen untergebracht. Auf derselben Etage befand sich zudem die Stern- und Wetterwarte, die ebenfalls in französischer Zeit weiterhin für den Unterricht genutzt wurde.[129]

Während seiner Professorentätigkeit der Mathematik, Experimentalphysik und Chemie verband Kramp seit seinem Lehrbeginn die Disziplinen und baute durch seine Ankäufe sowie gezielte Reparaturen und Anschaffungen die einzelnen Schwerpunkte der Sammlung aus. So bezeichnete Kramp diese als *Cabinet de Mathématique et de Physique*, als er 1801 ein neues Inventar der vereinigten Bestände des ehemaligen Tricoronatums und des Straßburger Kabinetts anlegte. Über die Vereinigung der Sammlungen und den Stand des Kölner Kabinetts schrieb Kramp im Mai 1799 an Carl Friedrich Hindenburg, wohl wissend, dass dieser die Briefe in seinem *Archiv der reinen und reinen angewandten Mathematik* veröffentlichen wird:

> „Unser angekauftes Cabinet, vorhin einem Manne zugehörig, der Physik und Mathematik in einem hohen Grade mit einander zu verbinden wußte, bietet mir die schönste Gelegenheit dazu dar. Der elektrische Apparat ist vorzüglich vollständig. Die Magnetensammlung ist mehr als vollständig; sie ist vielleicht die einzige ihrer Art. Es finden sich faisceaux magnétiques darunter, die bis zu anderthalb Centner Gewicht haben, und mit welchen sich dem Stahl in sehr kurzer Zeit eine außerordentliche starke magnetische Kraft dauerhaft mittheilen läßt. Auch bey dem Apparate für Luftarten fehlt nichts. Das physisch-chemische Laboratorium ist gleichfalls complet.
> In Cölln selbst ist bereits eine artige Sammlung physikalischer Sachen: eine Querickische Luftpumpe, von ihm selbst gemacht und im Jahre 1641 dem Magistrate von Cölln zum Präsent geschickt; eine neuere Nolletische, eine ganz neue Smeatomische, nebst dazu gehörigem, vollständigem Apparate; sehr viele Teleskope und Mikroskope; ein sehr schönes Sonnenmikroskop; viele zur Astronomie gehörige Instrumente; einen hübschen Quadranten von 42 Zoll im Radius; drey Globos caelestes und eben so viel terrestres von 40–48 Zoll im Diameter u.s.w. Kurz wir haben nunmehr eine der vollständigsten Sammlungen, die in der Republique anzutreffen."[130]

129 Auch Ferdinand Franz Wallraf verortete das Kabinett im Jahr 1815: „Die Treppe zum zweiten obern Stocke führt zu dem physikalischen und mathematischen Auditorio und Instrumenten-Saal, welche nun doch unbedingt vereinigt bleiben müssen. Hier ist also für die Mathematik und Physik der verlangte vierte Saal mit Bänken für 60 ad 70 Schüler, und wirklich geräumig für 100, schon angelegt." Brief Ferdinand Franz Wallrafs an Karl Friedrich August Grashof (1770–1841) vom 23. März 1815. Zitiert nach Limper, Wilhelm: Wallraf und Grashof. Zugleich ein Beitrag zur Geschichte des kölnischen Schulwesens, in: Jahrbuch des Kölnischen Geschichtsvereins 21 (1939), S. 111–141, hier S. 124; Kramp 1799b, S. 11; Schnippenkötter 1939, S. 103–107, siehe vor allem den Grundriss des zweiten Obergeschosses des ehemaligen Jesuitenkollegs mit dem Mathematisch-Physikalischen Kabinett im Osten von 1817 in: Ebd., S. 105.

130 Brief Christian Kramps an Carl Friedrich Hindenburg vom 20. Floréal VII (9. Mai 1799). Zitiert nach Hindenburg 1799, S. 232. Zur angeblichen Luftpumpe Otto von Guerickes vgl. Quarg 1996b, S. 126. „[Kramp] erwähnt verschiedentlich einzelne besonders herausragende Stücke aus dem Altbestand der Instrumente, so z. B. die häufig zitierte Luftpumpe von Otto von Guericke, deren Zuschreibung aber nach heutiger Sicht als fraglich angesehen werden muß." Ebd.

Vor dem Beginn der Vorlesungen des Jahres 1801 legte Kramp am 3. Oktober ein Inventar des *Cabinet de Mathématique et de Physique*[131] an, wahrscheinlich weil die großen Ankäufe getätigt, die Sammlung vereinigt und im neuen Instrumentensaal untergebracht war, und Kramp das Kabinett der Zentralschule damit als (vorläufig) vollendet ansah. In zwölf Bereichen listete er die 691 Nummern umfassende Sammlung auf: *Aérométrie* (83 Nummern), *Acoustique* (9 Nummern), *Méchanique* (88 Nummern), *Météorologie* (34 Nummern), *Géométrie* (35 Nummern), *Astronomie* (28 Nummern), *Électricité* (118 Nummern), *Optique* (140 Nummern), *Aimant* (60 Nummern), *Gazologie* (51 Nummern), *Pyrologie* (18 Nummern), *Hydrostatique* (27 Nummern). Insgesamt haben sich wohl weit über 1.300 Einzelstücke im Kabinett befunden, weil wiederum die Nummern oft mehrere und quantitativ nicht genau bezeichnete Objekte beinhalteten.

Eine Änderung im Vergleich zum Straßburger Inventar ist die einzelne Listung der Objekte der Géométrie und Astronomie, die zusammen 63 Nummern, darin über 100 Einzelstücke, umfassen, während beide Kategorien zusammengenommen in Straßburg nur neun Nummern, ca. 13 Objekte, ergaben. Dies zeigt den umfangreichen Schwerpunkt, den die Sammlung in jesuitischer Zeit angenommen und in städtischer Zeit weitergeführt hatte. Generell umfassen alle Gruppen im Kölner Inventar von 1801 mindestens doppelt so viele Instrumente. Es ist zu beobachten, dass die Beschreibungen der sich überschneidenden Objekte teilweise identisch sind, teilweise aber auch deutlich voneinander abweichen. Das Kölner Inventar ist detaillierter, umfasst zum Beispiel mehr Maßangaben, führt manche Nummern als Einzelinstrumente auf, aber gruppiert auch einige ähnliche Objekte. Der Magnetismus beinhaltet in Köln zum Beispiel 60 Nummern – also sogar weniger als in Straßburg –, es finden sich dort aber mehrere Objektgruppen, in denen ähnliche Instrumente zusammengefasst wurden, sodass der Bereich um die 140 Einzelstücke umfasste.

Die quantitativ umfassendsten Kategorien waren die Optik mit 140 Nummern, über 220 Einzelstücke, und die Elektrizität mit 118 Nummern, mindestens 190 Einzelobjekte, wobei der optische Bereich in Köln bereits in jesuitischer Zeit stark entwickelt war. Interessant ist, dass auch die Akustik und Meteorologie jeweils dreimal so viele Nummern beinhalteten wie in Straßburg. In Einzelinstrumenten lässt sich dieser deutliche Unterschied allerdings nur bei der Akustik ausmachen. Die Meteorologie besteht hingegen zum großen Teil aus Straßburger Objekten, die dort aber der Aerometrie zugeordnet waren. Im Gegensatz zu den vorherigen Inventaren von 1774 und 1799 werden 1801 keinerlei chemische Objekte oder Chemikalien aufgeführt, was damit zusammenhängt, dass Kramp als Chemieprofessor ein eigenes *Laboratoire de Chimie* einrichtete und betrieb, das im folgenden Kapitel beschrieben wird.

Neben den bereits genannten Straßburger Händlern und Instrumentenmachern Engels, Renard oder Fahlmer sind auch lokale oder regionale Hersteller zu finden, wie

131 Siehe das vollständige Inventar von 1801 in: Gersmann 2019, https://kabinett.mapublishing-lab.uni-koeln.de/inventare/inventar-1801 [zuletzt aufgerufen am 07.04.2024].

zum Beispiel der Kölner Andreas Rochus Bianchi, der aus Mailand stammte und 1777 das Bürgerrecht in Köln erworben hatte. Er vertrieb und reparierte in der Nähe des Heumarkts physikalische Instrumente. 1799 lieferte er der Zentralschule mehrere Objekte, darunter drei Barometer, ein Thermoskop und eine Waage, und reparierte mehrere Instrumente wie ein Thermometer, verschiedene Röhren, ein weiteres Thermoskop sowie andere Gegenstände.[132] Daneben finden sich Luftpumpen aus Trier und von „LeFevre aus Bonn", die beide womöglich schon vor der französischen Zeit angeschafft worden sind. Bei Letzterem könnte der (ehemalige) Leiter des physikalisch-mechanischen Kabinetts des 1801 verstorbenen Kölner Kurfürsten Maximilian Franz, Charles François Lefebure, gemeint sein, der mechanische Instrumente und Spiegel hergestellt hatte und Ende der 1780er-Jahre in Bonn ansässig war. Die Inventare des 19. Jahrhunderts bezeichnen die Ventilluftpumpe als „von Lefebvre zu Bonn".[133] Dies sind Zeichen der Vernetzung der Kölner Sammlungsleiter mit regionalen Instrumentenmachern, die – im Fall von Lefebure zumindest zeitweise eigene Kabinette lenkten und (weiter-)entwickelten – wiederum in wissenschaftlichen Netzwerken der Zeit aktiv waren, und deren Objekte sich in verschiedenen (höfischen und akademischen) Sammlungen befanden.

Neben dem großen Straßburger Ankauf wurden in französischer Zeit demnach weitere Erwerbungen und vor allem umfangreiche Reparaturarbeiten an den Objekten vorgenommen, die in den archivalischen Quellen durch eine Vielzahl an Rechnungen zu rekonstruieren sind. Im Juli und September des Jahres 1805 wurden beispielsweise zunächst ein galvanischer Apparat und später eine optische Maschine für das Brechverhältnis, sechs Tonscheiben von Spiegelglas mit einem Schraubstock für die Akustik sowie ein Sonnenquadrant und eine Marmorplatte mit Schrauben und Wasserwaage als Ergänzung zu einem bestehenden astronomischen Apparat erworben.[134] 1807 und 1808 kaufte Christian Kramp einen weiteren speziellen galvanischen Apparat und eine Schraubenmaschine,[135] und auch Kramps Nachfolger Alexis Lembert erwarb noch im September 1814 elektrische Instrumente, darunter zwei neue Leidener Flaschen mit Staniol belegt und eine Maschine mit Pulver, um Lichtenbergische Figuren zu machen.[136] 1812 hatte letzterer bereits 15 unterschiedliche Spiegel – zylindrische, prismatische, pyramidale, konische oder parabolische Spiegel, Brennspiegel und konkave Metallspiegel verschiedener Durchmesser – für 137 Francs erworben.[137] Die genannten Instrumente sind

132 Vgl. Küntzel, Astrid: Fremde in Köln. Integration und Ausgrenzung zwischen 1750 und 1814, Köln 2008, S. 77; Augel, Johannes: Italienische Einwanderung und Wirtschaftstätigkeit in rheinischen Städten des 17. und 18. Jahrhunderts, Norderstedt 2016, S. 328; Quarg 1994, S. 116; HAStK, Best. 350 (Französische Verwaltung (FV)), A 5902, fol. 25r.

133 Vgl. zu Lefebure ULB Darmstadt, NL Hüpsch, K XII, M 2, 43, 44; Academiae Scientiarum Imperialis Petropolitanae 1788, S. 12f. und das Kapitel zum Kabinett im Kontext der Universitätsreform.

134 Vgl. HAStK, Best. 350 (Französische Verwaltung (FV)), A 5899B, fol. 4r–4v; Gunter Quarg ergänzte die späteren Ankäufe der französischen Zeit zum Inventar von 1801, als er dieses 1994 publizierte. Vgl. Quarg 1994; Quarg 1995c.

135 Vgl. HAStK, Best. 350, A 5902, 13r–15v.

136 Vgl. ebd., fol. 51r–51v; Quarg 1995c; Quarg 1994.

137 Vgl. HAStK, Best. 350, A 5902, fol. 38r.

ausgewählte Beispiele einer größeren Anzahl angekaufter Objekte für das Mathematisch-Physikalische Kabinett und das chemische Laboratorium (zusätzlich zum Ankauf aus Straßburg), die sich bis 1814 schätzungsweise auf bis zu 100 Stücke beliefen.

Für die umfangreichen Reparaturarbeiten gab es in französischer Zeit einen eigenen Mechaniker, der die Instrumente des Kabinetts pflegte, reparierte und Instandhaltungen durch externe Handwerker organisierte. Nach Eröffnung der Zentralschule hatte der Schreiner und Möbelbauer Joseph Stephan diese Position inne, in der späteren französischen Zeit in der Sekundärschule zweiten Grades ab 1810 wird der „Ciselirer und Gürtler" Anton Pullack (?–1821) als zuständiger *Aide Mécanicien* erwähnt.[138] Im Oktober des Jahres 1806 nahm der *Menuisier* Stephan beispielsweise Reparaturen an Objekten des Kabinetts sowie an der Ausstattung des Hörsaals vor: Er bearbeitete und ölte einen Tisch, fertigte einen Griff für das große Teleskop oder reinigte die Magnete, wofür er 48 Francs in Rechnung stellte. Am 26. September 1807 stellte der *Mécanique* Stephan der Sekundärschule 94 Francs in Rechnung, weil er für Kabinett und Laboratorium unterschiedliche Instrumente, Stoffe und Geräte besorgt hatte, wie beispielsweise ein Kalorimeter, einen Kondensator, einen Apparat für Versuche des Galvanismus, Zubehör zu einer *Laterna Magica* oder mehrere Bleischalen. In einer Aufstellung von rund 50 Einzelstücken für das Mathematisch-Physikalische Kabinett und auch für das chemische Laboratorium vom 21. Oktober 1808 stellte Stephan der Sekundärschule ebenfalls 94 Francs in Rechnung, weil er im Auftrag Kramps verschiedene Instrumente teilweise gemacht, teilweise repariert und geliefert hatte; darunter zum Beispiel vier hessische Schmelztiegel, sechs Säcke mit Holzkohle, Schraubenmaschinen, verschiedene Gläser und Retorten.[139]

Eine Person, die ab 1806 in vielen Rechnungen genannt wird, ist der Kölner Buchdrucker Theodor Franz Thiriart (1770–1827), der Mitglied der Verwaltungskommission der Kölner Schul- und Stipendienfonds, der *Commission administrative*, war und seit 1806 als *Procureur-gérant*, also als Rendant oder Finanzprüfer, der Schulverwaltung

138 Johann Jakob Merlo schrieb, dass Pullack bei der Vollendung des „Herstellungswerkes des Reliquienkastens der h. drei Könige im hiesigen Dome" beteiligt gewesen sei. In preußischer Zeit war er zudem Eichmeister. Vgl. Merlo, Johann Jakob: Nachrichten von dem Leben und den Werken kölnischer Künstler, Köln 1850, S. 331. Der spätere Mathematiklehrer der Jahre 1815 bis 1817 am preußischen Katholischen Gymnasium an Marzellen, Johann Carl Friedrich Hauff (1766–1846), beschwerte sich über Pullack: „Teils die Bequemlichkeit, teils der Mangel an mechanischer Geschicklichkeit und Gewandtheit im Experimentieren hatte unter meinen Vorgängern zur Zeit der französischen Administration die Stiftung einer Stelle unter dem Titel eines Aide Mécanicien herbeigeführt, die in der neuesten Zeit von einem Menschen namens Pullack bekleidet wurde, der als der unwissende Sohn eines gemeinen hiesigen Gärtners für ein nicht unbedeutendes Gehalt nichts tut und nichts tun konnte als das, wozu ich ihn gerade nicht nötig hatte, – bei nicht anzustellenden Experimenten den Handlanger zu machen… Das beste Instrument des hiesigen Kabinetts, einen Theodoliten, hatte ich einem geschickten hiesigen Mechanikus, namens Holländer, auszubessern gegeben […]." Brief Johann Carl Friedrich Hauffs an den preußischen Schulminister vom 2. September 1817. Zitiert nach Schnippenkötter 1939, S. 78. Siehe auch Merlo 1895, Sp. 687.

139 Vgl. HAStK, Best. 350, A 5902, fol. 13r–19v.

fungierte. Folglich prüfte er die Rechnungen nach Freigabe durch die Professoren.[140] Neben Thiriart, den Professoren und den an den Schulen tätigen Mechanikern tauchen eine Reihe anderer Handwerker, Händler und Instrumentenhersteller in den Rechnungsdokumenten auf, die Objekte für die Schulen beschafften oder reparierten, wie der bereits genannte Andreas Rochus Bianchi. Im Jahr 1808 kaufte Kramp beispielsweise sechs runde Glasinstrumente für physikalische Experimente bei dem Glasermeister Guillaume Düssel, der später zwischen 1828 und 1829 Restaurierungen an den Glasfenstern des Kölner Doms vornahm. 1811 lieferte er erneut ein elektrisches Instrument.[141] Weitere Retorten und Gläser lieferte der Glas- und Porzellanhändler Antoin Götscher 1807. Aus dem Jahr 1811 gibt es Rechnungen von Instandsetzungsarbeiten des aus Bonn stammenden, aber in Köln ansässigen Schmiedes Joseph Anton Schugt (1773–1830), der mehrere pneumatische Maschinen ausbesserte beziehungsweise eine „Rundumerneuerung" machte und auch Eisenbeschläge und Schränke sowohl des Mathematisch-Physikalischen Kabinetts als auch der naturgeschichtlichen Sammlung reparierte.[142] In den archivalischen Rechnungsbelegen ebenfalls dokumentiert sind spezielle Büchererwerbungen für die Mathematik und Naturwissenschaften, wie zum Beispiel der Kauf von Werken der Physiker Joseph Priestley (1733–1804) oder Joseph-Aignan Sigaud de La Fond von 1800 oder der physikalischen Fachzeitschrift *Annalen der Physik* des Hallenser Physikprofessors Ludwig Wilhelm Gilbert (1769–1824) im Mai 1812.[143]

Dieser Quantität und Qualität des *Cabinet de Mathématique et de Physique* angemessen, war Kramps Unterricht in der Zentralschule wie auch in der Sekundärschule zweiten Grades experimentell-praktisch angelegt, was sich im Lehrprogramm ablesen

140 Theodor Franz Thiriart ist eine interessante Kölner Persönlichkeit der Zeit um 1800, weil er in dieser Umbruchzeit die Schulpolitik Kölns durch sein Amt prägte und gestaltete, bevor ihm in preußischer Zeit finanzielle Misswirtschaft vorgeworfen wurde. Wie Elisabeth Schläwe 2021 korrekterweise festgestellt hat, hat Thiriart „bislang noch keine tiefergehende Untersuchung erfahren". Ihre Quellenpublikation mit einführenden Beiträgen zu den „Umbrüchen im Kölner Bildungswesen" um 1800, in der Thiriart den roten Faden bildet, ist ein Anfang und Ausgangspunkt für weitere Forschungen: Schläwe 2021b.

141 Vgl. HAStK, Best. 350, A 5902, 12r und fol. 28r. Noël, Matthias Joseph de: La Cathédrale de Cologne. Description archéologico-historique de cette Église métropolitaine, Köln: DuMont-Schauberg, 1835, S. 9.

142 Vgl. HAStK, Best. 350, A 5902, fol. 16r, 31r–32v. Zu Joseph Anton Schugt siehe Zuccalmaglio, Anton Wilhelm Florentin von: Das Leben berühmter Werkmeister, Frankfurt am Main: Literarische Anstalt, 1853, S. 318–321. Außerdem finden sich einzelne Rechnungen über Lieferungen von Objekten oder Materialien für physikalische oder chemische Experimente und Reparaturen anderer Hersteller, die nicht weiter zu identifizieren sind: Rechnungen J. A. Westhaus' von 1804 (fol. 20r), Paul Neukirchens über Reparaturen geometrischer Instrumente von 1812 (fol. 34r–35v), außerdem Rechnungen des Schreiners Reiner Cremer (fol. 39r).

143 Vgl. HAStK, Best. 350, A 5902, fol. 8r und 21r; HAStK, Best. 350, A 5899, fol. 128r. Die in der französischen Zeit angeschafften Bücher der Naturwissenschaften scheinen – anders als zu jesuitischer Zeit – über kein sichtbares Merkmal der Zentral- oder Sekundärschule zu verfügen und geben damit keine Provenienzinformationen wieder. In der USB sind vier Bände der *Élémens de physique théorique et expérimentale* von Joseph-Aignan Sigaud de La Fond von 1787 vorhanden, bei denen es sich möglicherweise um die Bände handelt, die Kramp für 26 Francs angeschafft hat. USB-Signaturen N5/155-1–N5/155-4.

lässt. Bereits das Vorlesungsverzeichnis für das Schuljahr 1799 kündigte für den chemisch-physikalischen Kurs an:[144]

> „Er wird die physikalischen Wissenschaften in ihrer ganzen Breite umfassen. Alle interessanten und wesentlichen Experimente werden den Schülern vorgeführt, auch die neuesten, ohne ein einziges davon auszunehmen. Die Grundsätze der allgemeinen Chymie, die ein Teil der Physik ist, werden ebenfalls vermittelt."

Dazu empfahl Kramp den *Grundriss der Naturlehre* des an der Universität Halle tätigen und kurz zuvor verstorbenen Chemikers und Physikers Friedrich Albrecht Carl Gren (1760–1798), der die *Annalen der Physik* mitbegründet hatte, bevor er im kommenden Jahr seine eigene *traité élementaire de physique* fertiggestellt und diese dann dem Unterricht zugrunde legen werde. Ein physikalisches Lehrbuch Kramps ist jedoch nicht überliefert, weshalb es sich entweder um ein Manuskript oder ein nicht umgesetztes Projekt gehandelt haben muss. Denn im Jahr 1800 wurde das eigene physikalische Werk nicht mehr im Vorlesungsverzeichnis genannt. Ab da an verwies Kramp auch stetig darauf, dass er Privatkurse in Chemie gebe, in denen chemikalische Grundlagen für die Pharmazie und die Künste behandelt würden.

Für Bürmanns Mathematikkurs wurde im Jahr 1799 angekündigt, dass er die

> „gesamte Arithmetik einschließlich der Logarithmen, die Geometrie und die geradlinige Trigonometrie, die Prinzipien des Rechnens mit Buchstaben, die Lösungen unbestimmter Gleichungen ersten und zweiten Grades, das Binom von Newton, die Theorie der Parabel, die Anwendung der Algebra auf die Geometrie mithilfe von Lineal und Zirkel, schließlich der Elemente der Statik"

umfasse. Er empfahl dazu, die ersten beiden Bände des *Cours de Mathématique* des französischen Mathematikers Étienne Bézout (1730–1783) und das Werk zur Statik des französischen Naturwissenschaftlers Gaspard Monge (1746–1818) anzuschaffen. Die theoretischen Kenntnisse würden überdies im Frühjahr „durch die Praxis der Planerstellung ergänzt". Ab 1800 gebe es zudem zusätzlich einen zweiten, höheren Kurs der Mathematik für die Analysis und die Astronomie. Bereits für das Jahr 1800 kündigte Kramp zunächst als Vertretung Bürmanns die mathematischen Vorlesungen an, die denselben inhaltlichen Umfang wie zuvor hatten, denen Kramp aber wiederum sein eigenes mathematisches Lehrbuch zugrunde legte, das sich aktuell im Druck befinde. Gemeint ist die Schrift *Élémens d'Arithmétique*, die 1801 in Köln gedruckt wurde. Ein weiteres mathematisches Werk, die *Élémens De Géométrie*, veröffentlichte Kramp 1806.[145]

144 Siehe die *Programme des Cours qui se feront à l'École centrale du Département de la Roer* der Jahre 1799–1804 in: HAStK, Best. 350, A 5910/1. Im Folgenden wird – teilweise wörtlich in eigener Übersetzung – aus den Vorlesungsankündigungen zitiert, wenn nicht anders angegeben.

145 Siehe Kramp, Christian: Élémens d'Arithmétique, Köln: Oedenkoven et Thiriart, 1801; Kramp, Christian: Élémens de Géométrie, Köln: Hansen, 1806. Das geometrische Lehrbuch ist auch im Deutschen erschienen. Vgl. hierzu Quarg 1994, S. 120; Kramp sandte am 8. Oktober 1800 ein Manuskript der *Élemens d'Arithmétique* nach Paris, um das Werk zu präsentieren und offiziell freigeben zu lassen. Das Motiv des Briefes war die Anfrage, die Kölner Zentralschule aus Paris heraus finanziell besser auszustatten, und damit auch die Professoren besser zu bezahlen, als es

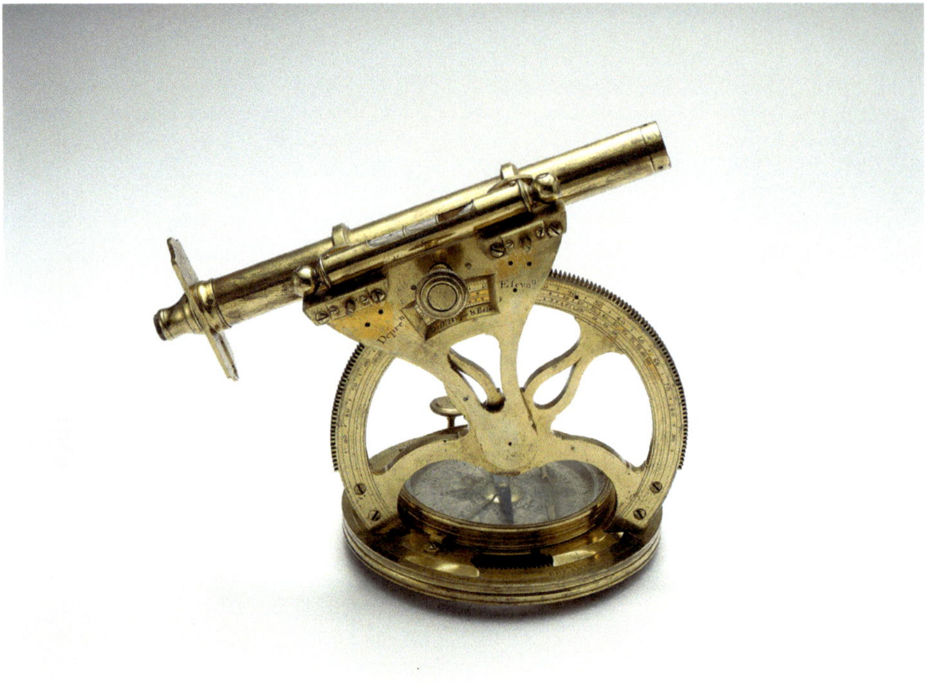

85 *Theodolit*, 18. Jahrhundert, Messing, 22 × 19 × 19 cm, Kölnisches Stadtmuseum, Mathematisch-Physikalisches Kabinett, L 202

Bürmann wurde noch bis 1804 in den Vorlesungsprogrammen als Professor der Mathematik genannt, wobei Kramp in dessen Abwesenheit als Mathematikprofessor agierte. Ab 1801 fand unter ihm ein weiterer Mathematikkurs statt, der die höhere Mathematik beinhaltete:

> „Er umfasst die Kurventheorie, die Prinzipien der Differential- und Integralrechnung, die Wissenschaft der unendlichen Reihen sowie die Anwendung der Geometrie und des Rechnens auf die physikalisch-mathematischen Wissenschaften wie Mechanik, Hydrodynamik, Aerometrie, Optik und Astronomie."

Kramp gab demnach einen zusätzlichen Kurs als Ergänzung oder Vorbereitung auf seine Vorlesungen der experimentellen Physik und Chemie. An Winterabenden wurde außerdem die Kenntnis der Gestirne erweitert, womit praktische Kurse in der Sternwarte

aktuell der Fall wäre. Als Argument nahm Kramp sein mathematisches Lehrbuch: „Ich bin froh, wenn dieses Werk Sie davon überzeugen kann, dass es in den vier neuen Departements Männer gibt, die nicht nur die Wissenschaften pflegen, sondern auch die edle Absicht haben, ihr Gebiet zu erweitern, indem sie auf den Entdeckungen ihrer Vorläufer aufbauen." AN, F/17/1337, Dossier 17, fol. 215r–215v. Des Weiteren schrieb Kramp, dass Bürmann sein Professorenamt wegen familiärer Gründe bislang nicht hätte antreten können und dass er vorübergehend dessen Posten einnehme.

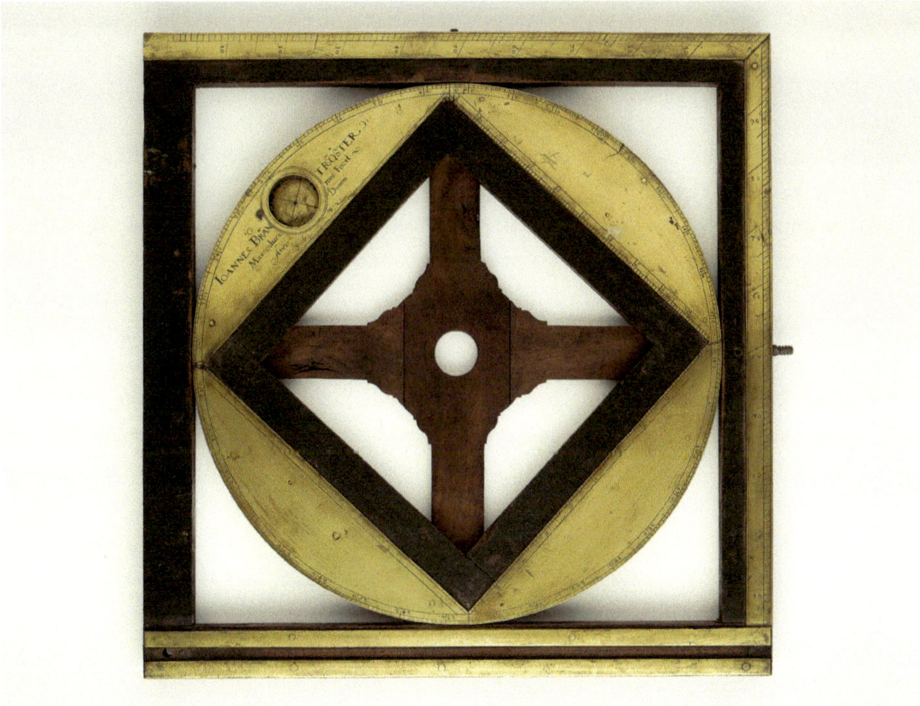

86 Johannes Brantröster, *Messtischplatte*, 1632, Holz, Messing 34,5 × 34,5 cm, Kölnisches Stadtmuseum, Mathematisch-Physikalisches Kabinett, L 198

gemeint waren, bei denen die astronomischen Beobachtungsinstrumente wie Teleskope, das Planetarium oder auch die Monduhr benutzt werden konnten.

Die Lehre der „praktischen Geometrie, die sich auf die Kunst der Planerstellung und der Höhenmessung bezieht", fand an „günstigen Tagen im Frühling und im Sommer" statt. Auch in diesem Teil des mathematischen Unterrichts waren mit Sicherheit Instrumente des Kabinetts essenziell: mehrere sogenannte Graphometer, das heißt spezielle Vermessungsinstrumente, Proportionszirkel oder ein Theodolit (Abb. 85), den Kramp als besonderes Stück hervorhob.[146] Zu den ältesten Stücken und damit wahrscheinlich mit jesuitischer Provenienz gehört zum Beispiel ein „Graphometer in Form eines Quadrats mit einer Länge von einem Fuß. Der Graph ist eine besondere Konstruktion, die für geometrische und astronomische Zwecke verwendet werden kann und von Brantisser 1632 hergestellt wurde." Dabei handelte es sich um einen Messtisch, von dem heute nur noch die Platte und ein Diopterlineal erhalten sind (Abb. 86). Er wurde 1632 von Johannes Brantröster hergestellt, ein Instrumentenmacher aus Düren, der in Köln

146 Siehe den Objektdatensatz des Theodolits L 202: https://www.kulturelles-erbe-koeln.de/documents/obj/05741425 [zuletzt aufgerufen am 07.04.2024].

ansässig war.[147] Dem mathematischen Unterricht legte Kramp ab 1803 sein eigenes Lehrbuch der Arithmetik zugrunde, ergänzt von Leonhard Eulers (1707–1783) Werk zur Algebra. 1803 kündigte Kramp außerdem an, dass der zweite Kurs der höheren Mathematik nur bei ausreichender Schülerzahl stattfinde, was ein Licht auf den höheren Mathematikunterricht zwischen Kramps Anspruch und der Kölner Wirklichkeit wirft.[148]

Für die Vorlesungen der *Chymie et Physique Expérimental* wurde bis 1804 auf Grens *Grundriss der Naturlehre* verwiesen. Ab 1801 kündigte Kramp neben den physikalischen Experimenten auch die Vorführung der „wichtigsten Chemie-Operationen" an, die „vor den Augen der Schüler" stattfänden. 1803 präzisierte Kramp seine Angaben zum praktischen Anteil seines Kurses noch weiter: „Alle wichtigen und interessanten Experimente, vor allem jene, die mit Elektrizität und Galvanismus zu tun haben, sowie die wichtigsten Operationen der pneumatischen Chymie, werden den Schülern vor Augen geführt."

Zudem gab es ab 1801 einen besonderen Kurs der theoretischen und praktischen Chemie und deren Zusammenhang mit der Medizin, dem Handel und den Künsten, der um sechs Uhr abends begann. Dies deutet darauf hin, dass dieser Kurs der angewandten Chemie auch von Erwachsenen gewissermaßen zur Weiterbildung besucht wurde. Darunter waren beispielsweise Kaufleute, wie die Kölner Unternehmer Charles und Johann Anton Farina, andere Professoren oder einzelne Adlige.[149] Ein gezieltes Angebot für erwachsene Teilnehmende der Physikvorlesungen gab es ab 1806, wobei das Jahresschulgeld zu entrichten war, was für die Schule einen guten Verdienst darstellte. Auch die Vorlesungen der Naturgeschichte, ab 1804 gehalten von Franz Peter Cassel (1784–1821) und die Botanik, Mineralogie und Zoologie, außerdem Pharmakologie

147 Siehe den Objektdatensatz des Messtisches von Johannes Brantröster L 198: https://www.kulturelles-erbe-koeln.de/documents/obj/05741511 [zuletzt aufgerufen am 07.04.2024].

148 Am 9. Ventôse VIII, also am 9. Februar 1800, schickte der neue Innenminister des kürzlich eingesetzten Konsulats und Bruder des ersten Konsuls Napoleon, Lucien Bonaparte, ein Schreiben an die Mathematikprofessoren aller Zentralschulen, in dem er wichtige mathematische Grundlagen nannte, die sowohl für die weitere Ausbildung an der École Polytechnique als auch für handwerklich-technische Berufe wichtig seien. Dazu zählten zum Beispiel die Algebra und die (praktische) Geometrie. Als Vorbild wird die Lehre zweier an der École Polytechnique tätigen Mathematiker angeführt: Joseph-Louis de Lagrange (1736–1813) und Pierre-Simon (Marquis de) Laplace (1749–1827), der kurz vorher außerdem selbst einige Wochen lang Innenminister unter dem Konsul Napoleon gewesen war. An dieser Stelle hob Lucien Bonaparte noch die Wichtigkeit der Lehrfreiheit an den Zentralschulen hervor und betonte, dass dieses Schreiben lediglich Verbesserungsvorschläge enthielte. Im Zuge der Bildungsreformen im Konsulat ab 1802 und vor allem in der Kaiserzeit Napoleons wurde jedoch die Lehrfreiheit eingeschränkt und die Angleichung und zentrale Steuerung der Unterrichtsinhalte in Frankreich angestrebt. Vgl. HAStK, Best. 350, A 5870, fol. 30.

149 Vgl. Pabst 1988, S. 50. Klaus Pabst verweist auf einen Brief aus dem heutigen Landesarchiv NRW vom 30. Mai 1805, in dem die erwachsenen Besucher der chemischen Vorlesungen Kramps dokumentiert sind: „[Z]u ihnen gehörten neben Kramps Kollegen Faber und Schönebeck die einschlägig tätigen Kölner Fabrikanten Charles und Johann Anton Farina, die Kaufleute J. Becker und Isaac Moll, der Aachener Pharmaziestudent Peter Joseph Monheim sowie – noch ganz im Stil adeliger Universitätsbesucher des 18. Jahrhunderts – ein Herzog Peter von Arenberg mit seinem Hofmeister Caspar Schug." Ebd.

und Wirtschaft umfassend, wurden von Erwachsenen besucht,[150] wie Wallraf es 1815 beschrieb: „Zu den Vorlesungen des Prof. Cassel kommen mehrere Liebhaber – Apotheker, Kaufleute, Juristen, sogar Theologen; und Gott gebe, daß diese Art Gelehrten sich nun immer mehr in andern Kollegien der Weisheit einfinden mögten!"[151]

In der Zeit der Sekundärschulen wurden die *Programmes des Cours Publics* für beide Bildungseinrichtungen zusammen veröffentlicht; im Unterschied zur Zentralschulzeit gab es allerdings keine inhaltlichen Vorschauen auf die Kurse. Christian Kramps Unterricht fokussierte sich in der Sekundärschule zweiten Grades auf die (Experimental-)Physik und Chemie sowie auf die Mathematik für ältere Schüler, während der Professor für Geografie und Geschichte, Prof. Jakob Heister (1780–1815), ebenfalls mathematische Kurse anbot, die einen arithmetischen Schwerpunkt hatten.[152] Nach Kramps Weggang im Oktober des Jahres 1809 war Heister zudem übergangsweise Professor der Physik und organisierte in dieser Funktion beispielsweise eine große Reparaturmaßnahme an verschiedenen Instrumenten und anderem Mobiliar aus dem Mathematisch-Physikalischen Kabinett, die der Mechaniker Pullack durchführte. Freigegeben wurde die Rechnung von 189 Francs von „Heister Profess. de Physique par interim".[153]

Am Ende jedes Schuljahres fanden öffentliche Prüfungen in allen Fächern statt, nach denen die besten Schüler mit Medaillen oder Büchern prämiert wurden. Die Fragen und Themen der meist mündlich, selten aber auch schriftlich abgehaltenen Examen wurden publiziert und bilden heute eine wertvolle Quelle für den Inhalt der Lehre und den

150 Vgl. Quarg 1994, S. 120; Pabst 1988, S. 50f. Die französischsprachigen Vorlesungsprogramme bis 1804 finden sich in: HAStK, Best. 350, A 5910/1. Die *Programme des Cours publics* der Sekundärschulen für das Schuljahr 1806/07 und 1807/08 finden sich in: HAStK, Best. 350 (Französische Verwaltung (FV)), A 6210B. Im Gegensatz zu den Ankündigungen der Zentralschule findet sich in den späteren Programmen der Sekundärschulen keine inhaltliche Beschreibung der Fächer mehr, sondern lediglich das Fach mit Professor und Vorlesungstermin.

151 Brief Ferdinand Franz Wallrafs an Karl Friedrich August Grashof (1770–1841) vom 23. März 1815. Zitiert nach Limper 1939, S. 124.

152 Vgl. HAStK, Best. 350, A 6210B; Thèmes proposés pour les exercices publics du Collège de Cologne/1808/09, Cologne 1809. Zu Jakob Heister siehe Steimel, Robert: Kölner Köpfe, Köln 1958, Sp. 178. Für den Unterricht der Mathematik, Physik und Chemie an der Sekundärschule zweiten Grades in Köln war ab 1805 folgendes Curriculum vorgesehen: „Les mathématiques commençant aux sections coniques où se termine l'enseignement de l'école de premier degré: l'analyse et son application à la géométrie le calcul différentiel et intégral, l'application de ce calcul à la statique, à la dynamique, à l'hydrodynamique, et aux différentes parties qui en sont susceptibles. La physique expérimentale, la chimie et son application aux arts, à la teinture et aux manufactures." „Die Mathematik beginnt mit den konischen Abschnitten, wo der Unterricht der Sekundärschule ersten Grades endet: Analyse und ihre Anwendung auf die Geometrie, Differential- und Integralrechnung, die Anwendung dieser Rechnung auf Statik, Dynamik, Hydrodynamik und die verschiedenen Teile, die dafür geeignet sind. Experimentalphysik, Chemie und ihre Anwendung auf die Künste, die Farbstoffe und die Manufakturen." HAStK, Best. 350 (Französische Verwaltung (FV)), A 6265, fol. 46v.

153 Vgl. HAStK, Best. 350, A 5902, fol. 23r–24v.

didaktischen und methodischen Umgang mit Objekten des Mathematisch-Physikalischen Kabinetts.[154]

Im Jahr 1799 dominierten zum Beispiel Fragen aus den Bereichen der Aerometrie, Hydrostatik oder der physikalischen Kräftelehre, für deren Beantwortung auch Instrumente und deren Kenntnis vonnöten waren: „Qu'est-ce que l'aréometre de Nicholson? Und wie wird es verwendet, um die spezifische Schwerkraft von festen und flüssigen Körpern zu bestimmen?" Oder „Qu'est-ce que le baromètre? [...] Qu'est-ce que la pompe pneumatique? Berichten Sie über die wichtigsten Experimente, die mithilfe dieser Maschine durchgeführt werden."[155] Ein Großteil der Barometer des Kabinetts stammte aus der Straßburger Sammlung, während die pneumatischen Pumpen überwiegend bereits in Köln waren. Das Aerometer nach Nicholson könnte eines der Instrumente aus Christian Kramps eigenem Repertoire sein. Auch wenn es darüber keine gesicherten Hinweise gibt, wird davon ausgegangen, dass der Wissenschaftler eigene Instrumente aus einem seiner Spezialgebiete, der Aerometrie, besaß.

In der Mathematik, deren Prüfungen vom *Citoyen* Schmitz übernommen wurden, „da der Citoyen Bürmann seinen Posten noch nicht antreten konnte", wurden unter anderem geometrische Grundlagen abgefragt. Die geometrischen Instrumente könnten dafür als Anschauungsstücke oder als grundlegende Hilfsmittel gedient haben, wie verschiedene Lineale, Quadrate und Winkel. Fast keines dieser Objekte stammte aus Straßburg, sondern vermutlich zum großen Teil noch aus jesuitischem Besitz.[156]

Die Prüfungsfragen des Jahres 1803 unterscheiden sich von den früheren insofern, als sie sowohl detaillierter gestellt als auch umfangreicher im Hinblick auf die Einbeziehung mehrerer Teilbereiche der Mathematik und Physik waren. Außerdem gab es auch chemische Fragen, wie zum Beispiel nach der Zusammensetzung von Stickstoff, Ammoniak oder dem Verhalten verschiedener brennbarer Stoffe. In der Experimentalphysik sollten die Schüler beispielsweise die allgemeinen Gesetze der Kräfte durch Anziehung, Abstoßung, Druck oder Widerstand erläutern und dabei die unterschiedliche Auseinandersetzung mit dem Kraftbegriff bei Newton und Leibniz zu Beginn des 18. Jahrhunderts erörtern, um schließlich das Gesetz der Anziehung nach Newton zu demonstrieren. Dies zeigt, dass große wissenschaftliche Kontroversen im Unterricht aufgearbeitet wurden, sowohl theoretisch als auch praktisch. In der siebten und umfangreichsten Aufgabe wurde der elektrische Bereich geprüft, indem im Experiment mit einer Leidener Flasche

154 Gunter Quarg analysiert in seinem 1994 erschienenen Aufsatz auf Basis der Prüfungsfragen und des Inventars von 1801 „den Stand der Ausbildung in den einzelnen physikalischen Disziplinen [...], wobei zweckmäßigerweise die Einteilung des Inventars von 1801 herangezogen wird, um zugleich auf besonders erwähnenswerte Instrumente eingehen zu können". Vgl. Quarg 1994, S. 122–136. Quargs Analyse wird im Folgenden beispielhaft ergänzt.

155 „Qu'est-ce que l'aréometre de Nicholson? [...] Qu'est-ce que le baromètre? [...] Qu'est-ce que la pompe pneumatique? Rapporter les principales expériences qu'on fait à l'aide de cette machine." Questions proposées par les Professeurs de l'université de Cologne organisée en École Centrale, Cologne 1799, S. 4f.

156 Ebd., S. 3.

unter anderem im Detail nachgewiesen werden sollte, wie sich die Substanz des Glases auf die elektrische Flüssigkeit ausübte, wodurch diese Flüssigkeit an einer der beiden Glasoberflächen kondensierte und was bei der Entladung genau geschah. Zuletzt sollte die Beziehung zwischen der Leidener Flasche und dem Elektrophor nach Volta erläutert werden. Beide Objekte stammten aus der Straßburger Sammlung. Am Ende der physikalischen Prüfungsfragen wurde bemerkt, dass

> „[d]er Lehrer den Eifer, den alle seine Schüler an den Tag gelegt hatten, und ihre Fortschritte in der Wissenschaft, die ihnen gelehrt worden waren, [lobte] und erklärte, dass er keine andere Ungleichheit zwischen ihnen feststellen konnte als die, die die natürliche Folge von Alter und Schuljahr ist. Allein aus diesem Grund überließ er die drei Preise dem Los, das unter den folgenden Schülern entschied."[157]

Die Schwerpunkte der Prüfungen im Jahr 1809, im letzten Schuljahr, in dem Christian Kramp in Köln an der Sekundärschule zweiten Grades lehrte, waren zum einen die „Angabe und Analyse der chemischen Prozesse, die verschiedenen Quecksilberpräparaten vorausgehen müssen", und zum anderen in der Physik die „analytische Darstellung der Phänomene der Elektrizität in Bezug auf den Unterschied zwischen elektrischen, galvanischen und magnetischen Flüssigkeiten." Bei den weiteren chemischen Übungen, in denen mit Metallen experimentiert wurde, kamen zudem Stoffe wie Natrium, Phosphor oder Silber vor. Die physikalische Prüfung umfasste erneut Aufgaben aus vielen Bereichen, wie Elektrik, Aerometrie, Hydrostatik, aber auch Magnetismus und Optik. Neben dem bereits genannten Barometer, dem Aerometer, der Luftpumpe, der Leidener Flasche und dem Elektrophor kamen zusätzlich nachweislich Pendel, Thermometer, eine Wasserwaage, magnetische Instrumente und Magnetnadeln sowie verschiedene Spiegel für die Demonstration von Lichtbrechungen, einfache und zerlegbare Mikroskope und Teleskope zum Einsatz. Die mathematischen Prüfungen wurden nicht von Kramp, sondern von dem Professor der Geschichte, Geografie und Mathematik Jakob Heister übernommen. Hier waren die mathematische Analysis und die Taylor-Formel im Speziellen Thema. In der Lehre übernahm Heister jedoch nur Teilbereiche der Mathematik für die jüngeren Klassen, zum Beispiel die Arithmetik.[158]

Nachdem Christian Kramp im Oktober 1809 Köln verlassen hatte und nach Straßburg gewechselt war, übernahm der aus der Eifel stammende und vorher am Lyzeum in Bonn tätig gewesene J. B. Alexis Lembert seine Position als Professor der Mathematik, Physik und Naturwissenschaften. Ab Amtsantritt hatte er auch die Leitung des *Cabinet de Mathématique et de Physique* inne, das er in der Folge weiterhin in der Lehre und auch in den Jahresprüfungen nutzte. Das Examen des Jahres 1811 beinhaltete beispielsweise Thesen zu den Gesetzen der Bewegung, zur Hydrostatik, der Aerometrie oder der Elektrizitätslehre, wobei die letzteren die Erklärung eines Aerometers und Experimente mit

157 Questions proposées aux élèves de Cologne organisée en École Centrale, Cologne 1803, o. S.
158 Exercices publics du Collège de Cologne, 1808/09, o. S. Vgl. dazu auch die Vorlesungsprogramme der Schuljahre 1807/08 und 1808/09: HAStK, Best. 350, A 6210B.

Leidener Flaschen einschlossen. Es gab keine separaten chemischen Thesen, während die mathematischen Prüfungen in drei Bereiche unterteilt waren: die analytische Geometrie und Algebra wurden von Lembert und die universelle Arithmetik von Heister geprüft, was ein Hinweis auf eine Arbeitsteilung der beiden Professoren der Sekundärschule zweiten Grades ist. Neben Prof. Lembert, der in den archivalischen Quellen ebenso als Prof. Alexius zu finden ist, scheint ein weiterer Professor Löhr für den mathematischen Unterricht am *Collège de Cologne* in der *École supérieur* in den 1810er-Jahren zuständig gewesen zu sein. Grundlegend für die Lehre war das Buch *Cours de Mathématique* des französischen Mathematikers Étienne Bézout, das auch in den ersten Vorlesungsprogrammen der Zentralschule aufgeführt wurde.[159]

Die Prüfungshefte der folgenden beiden Schuljahre sind insofern interessant, als Mathematik und Physik deutlich weiter hinten angeordnet sind, was als Zeugnis des Bedeutungsverlustes innerhalb des Schulprogramms gelesen werden kann. Zudem sind keine Professoren mehr genannt, was eine Zuordnung erschwert. Für die Auswahl und Durchführung der mathematischen und physikalischen Aufgaben wird jedoch hauptsächlich Lembert zuständig gewesen sein. 1812 und 1813 wurden beispielsweise erneut elektrische Phänomene und die Inhalte der Wärmelehre abgefragt, wobei die bemerkenswertesten elektrischen Instrumente und ein Kalorimeter von Antoine Laurent de Lavoisier benutzt und verwendet werden sollten. 1813 fand außerdem wieder eine kurze chemische Prüfung statt. Die Mathematik war in beiden Jahren erneut geteilt in die analytische Geometrie, die „transzendente Mathematik", womit Differential- und Integralrechnung gemeint waren, und die universelle Arithmetik, die möglicherweise wieder von Heister übernommen worden ist.[160]

Der Umfang der Prüfungsaufgaben war in den späteren Jahren der französischen Zeit generell kleiner als in der Frühphase, was am deutlichsten bei den Naturwissenschaften auffällt. Die Einbeziehung der Instrumente des *Cabinet de Mathématique et de Physique* in die Lehre war jedoch über die ganze französische Zeit hindurch konstant hoch. Neben dem Kabinett wurden auch die anderen wissenschaftlichen Einrichtungen in französischer Zeit ausgebaut und gepflegt, wie im Folgenden gezeigt wird.

159 Vgl. Collège de Cologne. Exercices publics des éléves, 1810/11, Cologne 1811, S. 1f. Grobe inhaltliche Überlegungen zum mathematischen Unterricht, vor allem die Arithmetik und Algebra betreffend, finden sich auch in: HAStK, Best. 350 (Französische Verwaltung (FV)), A 5909.

160 Collège de Cologne. Exercices publics des éléves 1811/12, Cologne 1812, S. 5f.; Collège de Cologne. Exercices publics des éléves, 1812/13, Cologne 1813, S. 4f. In den gedruckten Prüfungsunterlagen ab 1810 wurden neben den Aufgaben und Thesen der Sekundärschule zweiten Grades auch die der Sekundärschule ersten Grades aufgeführt, in denen jedoch wenn überhaupt nur Arithmetik und Geometrie geprüft wurden.

2.3.3 Die Sammlungen und Wissenseinrichtungen des *Collège de Cologne*

Neben dem Sammlungsraum mit angrenzendem Hörsaal für das *Cabinet de Mathématique et de Physique et de Mathématique* gab es im ehemaligen Jesuitenkolleg – in der Zentralschule und der Sekundärschule zweiten Grades – weitere wissenschaftliche Einrichtungen und Sammlungen, die aufbauend auf dem Erbe der Jesuiten in französischer Zeit ausgebaut und modernisiert wurden. Dazu gehören ein chemisches Labor, der Botanische Garten, die Stern- und Wetterwarte und die naturhistorischen Sammlungen, die sich seit jesuitischer Zeit im Kolleg befanden und auf deren Basis die Erweiterungen stattfanden. Die Entwicklung und Nutzung der Einrichtungen werden im Folgenden skizziert und ihre Rolle in den Bestrebungen der Kölner Schulverwaltung um die Gründung einer höheren Bildungseinrichtung, einer Medizinischen Spezialschule oder eines Lyzeums, sowie der Wiedereröffnung der Universität herausgearbeitet. Das Ziel ist, die Quantität und Qualität an wissenschaftlich-schulischen Einrichtungen und Sammlungen und die damit einhergehende Spezialisierung auf verschiedene Naturwissenschaftsbereiche zu demonstrieren, um den Stand der höheren Bildung in Köln in der französischen Zeit aufzuzeigen.

Für die Einrichtung eines *Laboratoire de Chimie*,[161] was wie ein Physikalisches Kabinett ebenso als obligatorische Einrichtung der Zentralschulen ausgegeben worden war, konnte in Köln auf das Laboratorium der ehemaligen Jesuiten zurückgegriffen werden, die ein solches mit chemischem Zubehör wie mehreren Öfen und dazugehörigen Instrumenten neben dem *Musaeum mathematicum* bereits Mitte des 18. Jahrhunderts angelegt hatten. Wie bereits anhand der Lehr- und Prüfungsunterlagen gezeigt worden ist, bestand Christian Kramps Unterricht der Chemie aus praktischen Experimenten, für die er zum einen chemische Spezialinstrumente und ein Labor benötigte und zum anderen Chemikalien. Spätestens mit dem Ankauf der Straßburger Sammlung muss sich Kramp um die Einrichtung beziehungsweise Erneuerung des Chemielabors gekümmert haben, in dem er die aus Straßburg beschafften chemischen Geräte einsetzen konnte.

Neben den Erwerbungen der Instrumente und Geräte sind auch Ankäufe chemischer Stoffe dokumentiert: Am 1. Januar 1807 gab es zum Beispiel eine umfangreiche Lieferung von „Drogues“ an die Sekundärschule „pour le service du Laboratoire de Chimie“, die die Schulverwaltung an Gerard Isaac Moll in Auftrag gegeben hatte. Der Droguiste Moll betrieb in der Straße vor St. Martin in der Nähe des Heumarkts ein Drogeriewarengeschäft ebenso wie in Antwerpen, die über mehrere Generationen bestanden. Er scheint der Hauptlieferant von Chemikalien und anderen physikalischen Materialien für die Kölner Sekundärschule zweiten Grades gewesen zu sein, taucht er doch in einigen

161 Zum Begriff des Laboratoriums und der „Laborrevolution“ zu Beginn des 19. Jahrhunderts im Zuge der Universitätsneugründungen zum Beispiel in Berlin vgl. Schmidgen 2011. „Nach 1800 sollten die Universitäten nicht mehr nur Orte des Sammelns und Ordnens von Wissen sein, sondern zunehmend auch Stätten der naturwissenschaftlichen und technischen Forschung werden.“ Das Kölner Labor war jedoch wohl noch keine „Produktionsstätte wissenschaftlichen Wissens“, sondern „in erster Linie eine Werkstatt, ein Ort des materiellen Herstellens.“ Ebd.

Belegen auf: 1807 lieferte er zum Beispiel Magnesium, Phosphor, Zink oder Braunstein ebenso wie spezielle Glasgefäße. Nachschub an Chemikalien und anderen Stoffen für die Anwendung im *Cabinet Physique et Chimique* – darunter beispielsweise verschiedene Holzarten und Salze, Weingeist oder Schwefel – stellte Moll 1808 in Rechnung.[162]

Daneben sind weitere Lieferanten und Handwerker dokumentiert, die für das chemische Laboratorium tätig waren: Der gebürtige Remscheider Gottfried Theodor Lutters kommt in einer Rechnung des Jahres 1812 vor, weil er aus seiner Baumwollmanufaktur auf der Liskirchenstraße zwei „Blasbalch" geliefert hatte.[163] Der Kölner Kupferschmied Heinrich Hemmerdin reparierte in den Jahren 1812 und 1813 zum Beispiel einen Destillierkolben, erneuerte Kupferrohre für einen Ofen, befestigte Hähne und ein Bleirohr an einem Blasebalg, polierte eine rostige Waage und befestigte zwei neue Kupferbecken daran. Professor Lembert gab die entstandenen Kosten von 60 Francs zwar frei, bemängelte allerdings, dass Hemmerdin die Preise für Gegenstände, die er geliefert oder repariert hat, viel höher hatte steigen lassen.[164] Auch eine Lieferung aus dem Kölner Handlungshaus Hermann Joseph Essing im Steinweg, in dem Materialwaren und Farbstoffe verkauft wurden, ist vom 23. November 1812 dokumentiert.[165] Mehrere Rechnungen über umfangreiche Reparaturarbeiten und Lieferungen einzelner Instrumente wie verschiedener Gläser und Retorten aus den Jahren 1810 bis 1814 sind zudem von dem *Aide-Mécanicien* Anton Pullack erhalten.[166]

Über den Standort des Labors ist indes lediglich bekannt, dass es sich im Garten befunden hat, vermutlich nordwärts an den Flügel angeschlossen, wie ein Brief an Georg Simon Ohm aus dem Jahr 1817 zeigt. Darin beschrieb ihm sein Freund, der Altphilologe und Lehrer für Latein am Marzellengymnasium Franz Göller, den hiesigen Lehrapparat und das Labor, um Ohm auf seine Stelle als Mathematiklehrer in Köln vorzubereiten: „Ein chemisches Laboratorium in dem schönen großen botanischen Garten, mit allem Nötigen versehen. Die Pumpe ist im Laboratorium selbst."[167] Zudem lassen Rechnungen

162 Vgl. HAStK, Best. 350, A 5902, fol. 1r–2v und 17r–17v.

163 Zu Gottfried Theodor Lutters siehe Milz, Herbert: Das Kölner Grossgewerbe von 1750 bis 1835, Köln 1962, S. 62; Feldkirchen, Wilfried: Aspekte der Bevölkerungs- und Sozialstruktur der Stadt Köln in der französischen Zeit (1794–1814), in: Rheinische Vierteljahrsblätter 44 (1980), S. 182–227, hier S. 200.

164 Vgl. HAStK, Best. 350, A 5902, fol. 42r–42v.

165 Vgl. ebd., fol. 41r. Anton Joseph Essing (1787–1864), ein Sohn und Erbe des Handlungshauses, legte eine umfangreiche Kunstsammlung mit Gemälden altdeutscher und vor allem altkölnischer Maler und Kunstgewerbe an, die sich heute unter anderem im Wallraf-Richartz-Museum befindet. Die Sammlung ist dokumentiert und kontextualisiert in Lust und Verlust II. Corpus-Band zu Kölner Gemäldesammlungen 1800–1860, Ausst. Kat. Josef-Haubrich-Kunsthalle, Bd. 2, Köln 1995–1996, hg. von Hiltrud Kier/Frank Günter Zehnder, Köln 1998, S. 414–443.

166 Vgl. HAStK, Best. 350, A 5902, fol. 17r, 23r–24v, 27r, 29r–30v, 33r, 36r–38v, 40r und 43r.

167 Brief des Altphilologen und Freundes Ohms, Franz Göller (1790–1853) an Georg Simon Ohm vom 17. September 1817. Zitiert nach Schnippenkötter 1939, S. 94 und S. 107. Nach Übernahme der Schule in die Obhut der preußischen Regierung wurde 1815 das Katholische Gymnasium an Marzellen eröffnet, die Lehrorganisation und das Curriculum leicht geändert und auch bauliche Anpassungen vorgenommen. Personell gab es zunächst eine hohe Kontinuität in den naturwissen-

von mehreren Bau- und Reparaturarbeiten vom 31. Dezember 1812, darunter Schreiner-, Zimmerer- und Maurerarbeiten für über 4.000 Francs, darauf schließen, dass es sich in einem eigenen kleinen Gebäude befunden hat. Im Labor war zum Beispiel ein Kamin aus Tuffstein fest installiert und mehrere (mobile) Öfen. 1812 und 1813 nahm der bereits genannte Schmied Joseph Anton Schugt weitere Schlosserarbeiten an der inneren Einrichtung vor.[168] Das chemische Labor wurde folglich ebenso wie das Mathematisch-Physikalische Kabinett in französischer Zeit sowohl baulich als auch mit Geräten und Instrumenten erweitert und entwickelte sich zu einer Spezialeinrichtung, die, wie die Auswertung der Lehr- und Prüfungsunterlagen sowie der stetigen Lieferung an Chemikalien zeigen, rege genutzt wurde.

Neben Mathematik, Physik und Chemie wurde auch im Unterricht der Naturgeschichte in französischer Zeit mit Objekten und Anschauungsmaterial gelehrt und gearbeitet: Für den Unterricht, der Naturgeschichte, Botanik, Zoologie und Mineralogie umfasste, stand zum einen der Botanische Garten zur Verfügung, der ebenfalls erweitert und teilweise neu angelegt wurde. Zum anderen hat es im ehemaligen Jesuitenkolleg ein eigenes Naturalienkabinett gegeben, womit entweder ein Kabinettschrank oder sogar ein eigener Ort gemeint sein könnte, in dem sich naturgeschichtliche Objekte befanden – möglicherweise zugleich Unterrichts- und Sammlungsraum und aufbauend auf dem jesuitischen *Musaeum antiquitatum*.[169] Eine Rechnung des Kölner Schmiedes Schugt von 1812 führt neben seinen Arbeiten für das *Cabinet de Physique* auch seine Tätigkeiten für die *Historie naturelle* an, die sich auf die Erneuerung eines Schlüssels zu einem Schrank und Rohrarbeiten beliefen.[170]

Der Professor der Naturgeschichte an der Zentralschule war der Mediziner und Wallraf-Schüler Johann Wilhelm Friedrich Stoll (1763–1807), der bereits an der alten

schaftlichen Fächern: Der Mathematik-, Physik- und Chemielehrer Alexis Lembert blieb vorerst am Gymnasium tätig ebenso wie Franz Peter Cassel und Ferdinand Franz Wallraf. Im neuen preußischen Gymnasium im ehemaligen Jesuitenkolleg sollten vier Lektionssäle eingerichtet werden, wobei Wallraf den neuen preußischen Direktor des öffentlichen Unterrichts, Karl Friedrich August Grashof (1770–1814), beriet. In einem Brief Wallrafs vom 23. März 1815 sprach er sich für die Weiternutzung der großen Auditorien im Nordostflügel des Kollegs aus französischer Zeit aus, von denen sich drei im Erdgeschoss und der vierte im zweiten Obergeschoss befanden. Der vierte Saal entspricht dabei dem physikalisch-mathematischen Auditorium. Diese Weiternutzung erzeuge laut Wallraf keine Kosten, keine großen Baumaßnahmen und wäre am besten geeignet, um die anderen Einrichtungen wie den Speisesaal oder die Sammlungsräume nicht ändern zu müssen. Wallrafs Ratschlägen wurde gefolgt, sodass in den ersten Jahren der preußischen Regierungszeit keine großen baulichen Änderungen am Mathematisch-Physikalischen Kabinett oder den anderen Einrichtungen vorgenommen worden sind. Brief Wallrafs an Grashof vom 23. März 1815. Zitiert nach Limper 1939, S. 122–126. Siehe dazu auch Milz, Heinrich: Geschichte des katholischen Gymnasiums an Marzellen zu Köln. Zweiter Teil. Die Zeit von 1630–1794 (Machthöhe und Sturz des Jesuitenordens), in: Ders. (Hg.): Programm des Königlichen Katholischen Gymnasiums an Marzellen zu Köln, Köln 1887.

168 Vgl. HAStK, Best. 350, A 5902, fol. 9r und 49r.

169 Mit „Kabinett" kann zum einen ein kleiner Raum, zum anderen aber auch ein Möbelstück gemeint sein. Zauzig 2021, S. 299.

170 Vgl. HAStK, Best. 350, A 5902, fol. 31r.

Kölner Universität gelehrt hatte. Auf ihn folgte in der Sekundärschule zweiten Grades Franz Peter Cassel (1784–1821), der zuvor in Göttingen studiert und an der Pariser Spezialschule für Medizin promoviert hatte. Bereits Cassels Vater Reiner Joseph Cassel (1747–1849) war Professor für Heilmittelkunde und Gerichtsmedizin an der alten Kölner Universität, ein Freund Wallrafs und Naturaliensammler gewesen. Seine Objekte werden seinem Sohn für die Lehre der Naturgeschichte zur Verfügung gestanden haben. Auch Cassel Junior verband daher eine Freundschaft mit Wallraf, der als sein „Mentor" beschrieben wird und ihm folglich vermutlich auch in Bezug auf den naturhistorischen Unterricht mit Objekten als weiteres Vorbild gedient hat.[171] Im Jahr 1810 war Cassel an der Taxierung der naturgeschichtlichen Sammlung Wallrafs beteiligt, die dieser 1811 der Schulverwaltung zum Kauf anbot. Die rund 10.000 Mineralien und Fossilien und 120 Steine wurden auf 12.000 Francs geschätzt, wobei der Verkauf nicht zustande kam. Der Entschluss Wallrafs, seine naturhistorische Sammlung der Schulverwaltung anzubieten, resultierte aus der Verlagerung seiner Interessen, die sich – äquivalent zu seiner Professorentätigkeit in französischer Zeit – von der Naturgeschichte zu Ästhetik und Kunst entwickelt hatten, was sich auch in seiner Sammlungstätigkeit niederschlug. Wohl aufgrund ihrer professionellen und persönlichen Verbindung scheinen auch naturhistorische Objekte Wallrafs im Unterricht der Naturgeschichte unter Cassel eingesetzt worden zu sein und sich im Kolleg befunden zu haben – neben den ohnehin im ehemaligen Jesuitenkolleg befindlichen naturgeschichtlichen Lehrmaterialien.[172] Denn trotz der herben Verluste im Zuge der ersten französischen Konfiskationswelle in Köln 1794, von der die naturhistorischen Gegenstände besonders betroffen waren, waren offenbar Objektreste aus dem Bereich Mineralogie im Kolleg verblieben, wie Christian Kramp 1799 schrieb:

> „Trotz der erheblichen Verluste, die unser mineralogisches Kabinett im Laufe des Krieges erlitten hatte, war das, was heute davon übrig ist, immer noch die wertvollste unserer wissenschaftlichen Sammlungen. Es ist nicht nach den Grundsätzen der Kunst eingerichtet, es ist weit davon entfernt, vollständig zu sein, und die Räumlichkeiten sind keineswegs vorteilhaft, aber in der allgemeinen Knappheit, in der wir uns befanden, waren wir immer noch sehr glücklich, Erben dieses Kabinetts zu sein, egal wie mangelhaft es war."[173]

171 Zur „Sammlung Cassel" siehe Quarg 1995e, S. 318f. Cassel Senior erwarb beispielsweise 1790 ebenso wie Wallraf einen großen Teil an Versteinerungen bei der Auktion der ehemaligen Naturaliensammlung des Domherrn und Professors Heinrich Joseph Anton von Geyr (1712–1789), dessen Katalog Wallraf angelegt hatte.

172 Vgl. Pabst 1988, S. 51. Zu Wallrafs Interessensverschiebung, aber auch den Wechselwirkungen zwischen Naturgeschichte und Ästhetik vgl. besonders Schlinkheider 2018, vor allem S. 87–92. Zur Taxierung Wallrafs naturhistorischer Sammlung siehe Quarg 1985, S. 15–17. Hauser schreibt sogar: „Außer dem Physikalischen Kabinett handelt es sich noch um eine Mineralogische Sammlung, zu der allein Ferdinand Franz Wallraf 10000 Exemplare beigetragen hat […]." Hauser 1985, S. 58.

173 Kramp 1799b, S. 9.

Aufbauend auf diesem *Cabinet de Mineralogie* versuchten die Professoren der Naturgeschichte in französischer Zeit ebenfalls, die Sammlung zu erweitern. Am 2. Juli 1801 beispielsweise teilte der Präfekt des Roer-Départements, Nicolas Sébastien Simon (1750–1802), der Kölner Zentralschule mit, dass der Innenminister die Professoren des *Muséum d'Histoire Naturelle* in Paris aufgefordert habe, der *École Centrale* Mineralien zur Verfügung zu stellen, die ihr fehlten und die sie zur Vervollständigung dieses Teils der öffentlichen Bildung benötige.[174] Für den Kurs der Naturgeschichte im Schuljahr 1807/08 erwarb der Professor Cassel zudem selbst eine Reihe zoologischer Präparate, die einen Einblick in die benutzten Unterrichtsmittel geben: Eine Sammlung von Insekten, einen Pfau, einen Papagei, andere Vögel und Fische wurden ebenso erworben wie Dinge zur Benutzung und Konservierung von Präparaten wie Weingeist, eine Wanne, Handtücher oder Instrumente für das Sezieren von Vierbeinern. Daneben stand eine zusätzliche Sammlung von Tieren, die in Weingeist konserviert wurden, auf der Rechnung, die 111 Francs umfasste.[175] Außerdem gibt es Hinweise, dass die verschiedenen Mikroskope des Mathematisch-Physikalischen Kabinetts im Kontext des naturgeschichtlichen Unterrichts benutzt worden sind, haben sich doch Objektträger mit Pflanzenproben oder kleinen Insekten erhalten, die durch Zahlen nummeriert und systematisiert wurden (Abb. 87).[176]

> „Die Schulverwaltung selber schätzte ihr mineralogisches Kabinett folgendermaßen ein: Es handele sich um ‚cabinet de minéraux à la vérité fort incomplet, mais qui au moyen d'échanges va acquérir un degré suffisant d'utilité locale.' Insofern läßt sich der Schluß ziehen, daß die Kölner Schulen über ein für ihre Unterrichtszwecke hinreichend ausgestattetes mineralogisches Kabinett verfügten, welches durch die privaten Sammlungen vervollständigt wurde."[177]

Neben dem naturhistorischen Kabinett und in Ergänzung dazu wurde auch der Botanische Garten[178] in französischer Zeit auf Basis des jesuitischen Vorgängers neu aufgebaut und systematisiert sowie stark erweitert. Den Impuls dafür gaben die Verwaltung und der Professor der Naturgeschichte der Zentralschule, die sich aus Platzgründen gegen die Erweiterung des Gartens an der ehemaligen Medizinischen Fakultät ausgesprochen hatten. In der Zeit der Zentralschule wurde der Garten maßgeblich von Professor

174 Brief Nicolas Sébastien Simons an die Professoren der Kölner Zentralschule vom 13. Messidor IX, HAStK, Best. 350 (Französische Verwaltung (FV)), A 5899/3, fol. 190r.

175 Vgl. HAStK, Best. 350, A 5902, fol. 18r.

176 Siehe den Objektdatensatz zur Sammelschachtel mit mikroskopischen Objekten L 213: https://www.kulturelles-erbe-koeln.de/documents/obj/05741528 [zuletzt aufgerufen am 07.04.2024].

177 Fasste Nathalie Damesme treffend zusammen: Damesme 2003, S. 87. Damesme zitiert aus einer Akte des Landesarchivs NRW, in der sich weitere Informationen zu den Sammlungen und der Ausstattung der Kölner Schulen in französischer Zeit befinden, wie zum Beispiel auch das Inventar Christian Kramps von 1801, siehe LAV NRW, R, AA 0633, Nr. 108, hier fol. 12r. Ein „Mineralienkabinett, das zwar sehr unvollständig ist, aber durch Tauschhandel einen ausreichenden Grad an lokalem Nutzen erlangen wird."

178 Zum Botanischen Garten aus theoretischer und praktischer Perspektive vgl. zum Beispiel Klemun, Marianne: Der Botanische Garten, in: Leibniz-Institut für Europäische Geschichte (IEG) (Hg.): Europäische Geschichte Online (EGO), Mainz 2015, http://www.ieg-ego.eu/klemunm-2015-de [zuletzt aufgerufen am 28.01.2024].

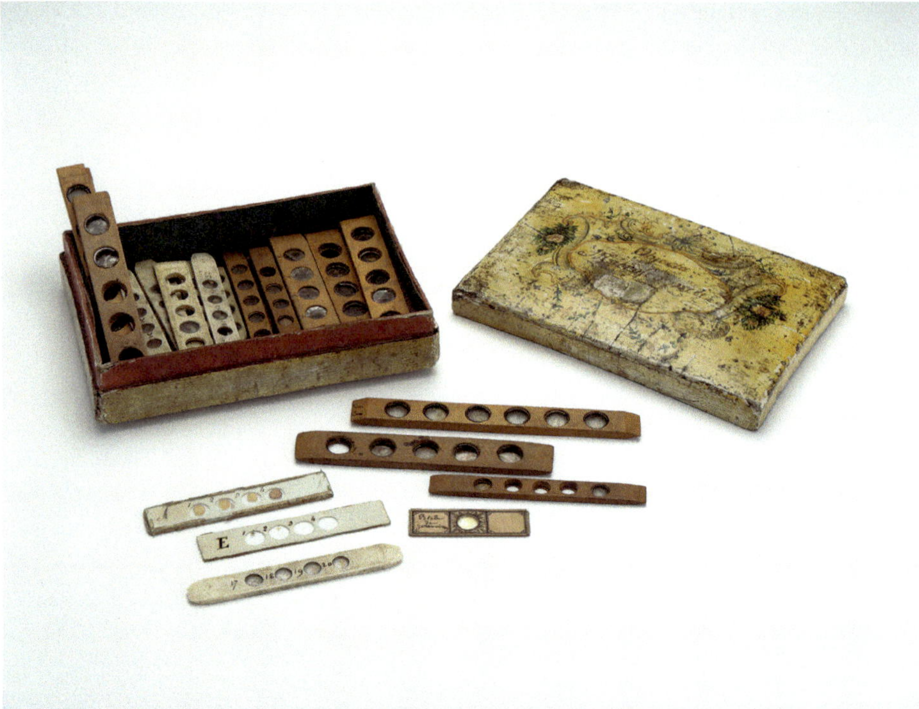

87 Sammelschachtel *Objecta Microscopia*, um 1800, Pappe, Holz, Bein, Glas, 4 × 12,5 × 18 cm, Kölnisches Stadtmuseum, Mathematisch-Physikalisches Kabinett, L 213

Stoll und mithilfe der angestellten Gärtner Maximilian Weyhe und dessen Nachfolger W.A. Berenkamp angelegt und ausgebaut. Nachdem die Professorenversammlung bereits zu Beginn des Jahres 1799 Pflanzen aus dem Umland für die Zentralschule bekommen hatte, führte der „botanische Gärtner bei der Centralschule" Weyhe in einem Verzeichnis vom 16. Oktober 1803 erneut eine Vielzahl verschiedener Pflanzen an, die aus umliegenden Orten wie Düsseldorf oder Brühl für Köln für 230 Francs angeschafft wurden.[179] Ein beheizbares Gewächshaus im ionischen Stil wurde eventuell nach Überlegungen Wallrafs erstellt, sicher jedoch vom Kölner Bauunternehmer Jean Batz errichtet. Nach der Übernahme in die Sekundärschule zweiten Grades wurden ab 1810 weitere Areale für den Garten erschlossen.[180]

Ein eindrückliches Dokument der Entwicklung des Pflanzenbestands des Botanischen Gartens ist der 1806 herausgegebene *Catalogue des plantes et arbustes cultivés au Jardin*

179 Vgl. HAStK, Best. 350, A 5899, fol. 131r.
180 Vgl. Müller 2005, S. 117 und S. 316f.; Pabst 1988, S. 37; Damesme 2003, S. 84–87.

Botanique de Cologne, der von Thiriart gedruckt und mit einem Vorwort versehen worden ist. In seinem Vorwort skizzierte er die jüngste Geschichte des Botanischen Gartens:

> „Kaum war der Botanische Garten in Köln fertig (1801), als die Stimmen des Volkes, der Zustrom junger Ärzte und Schüler den Zweck des Gartens erfüllten und Pharmaziestudenten seine Nützlichkeit bestätigten. Doch nach einigen Jahren wurde klar, dass dieser Garten seinen Zweck nur dann vollkommen erfüllen konnte, wenn das Wissen über die Pflanzen, die er enthält, allen Menschen zugänglich gemacht wurde. Die Forschung von Botanikern und die Neugier von Amateuren sollten durch den Garten gefördert werden."

Er beschrieb den Garten weiter:

> „Die Pflanzen sind in vier Serien unterteilt. Die erste Serie umfasst die ein- und zweijährigen Freilandpflanzen, die zweite die Stauden und Gräser, die dritte die Bäume, Sträucher und Büsche und die vierte die Pflanzen, die in Gewächshäusern kultiviert werden. Die Namen der Gattungen und Arten sind in lateinischer und französischer Sprache nach dem System von Carl von Linné und nach der letzten Ausgabe von Wildenow[181]; die Gattungsnamen der Pflanzen wurden jedoch nur ins Deutsche übersetzt. [...] Ich freue mich sehr, die Verdienste von Herrn Stoll, Doktor der Medizin und früherer Professor für Naturgeschichte an der Zentralschule, zu würdigen; unter seiner Leitung haben die beiden geschätzten Gärtner, die Herren Weyhe und Berenkamp, ihre Fähigkeiten und ihren Geschmack beim Entwerfen, Verteilen und Anlegen des Gartens eingesetzt. Es ist ihrem Eifer und ihrer Sorgfalt zu verdanken, dass die Anlage so reich und schön geworden ist und zu Recht als eines der wichtigsten Monumente der Stadt Köln gilt, das die Aufmerksamkeit der Bewohner und der Öffentlichkeit auf sich zieht. Die Stadt ist für die Neugierde von Ausländern bekannt."[182]

Die bauliche Situation und Anlage des Botanischen Gartens ist auf drei im Jahr 1811 entstandenen Planzeichnungen des ehemaligen Jesuitenkollegs – Grundrisse der einzelnen Etagen, ein Aufriss des Gebäudes und ein Lageplan des Botanischen Gartens – dokumentiert, die im Kontext der erdachten Umwandlung der Sekundärschule zweiten Grades in ein Lyzeum angelegt worden sind.[183] Die Pläne wurden vermutlich vom

181 Die Systematisierung und Klassifizierung der Botanik im 18. Jahrhundert ist eine Errungenschaft des schwedischen Naturforschers und Botanikers Carl von Linné (1707–1778), der mit seiner binären Nomenklatur die Grundlagen der modernen botanischen und zoologischen Taxonomie legte. In der USB ist ein Buch des Berliner Botanikers Carl Ludwig Willdenow (1765–1812) erhalten, auf das Thiriart hier rekurrieren könnte: Florae Berolinensis prodromus secundum systema Linneanum, Berlin 1787, USB-Signatur N10/103. Schon Wallraf hatte bei seinen Vorlesungen der Botanik an der alten Kölner Universität in den 1780er-Jahren auf Linné zurückgegriffen: „Wallraf scheint sich eng an den aktuell gängigen botanischen Modellen orientiert zu haben, etwa den Klassifikationen Carl von Linnés sowie der Unterscheidung zwischen ‚natürlichen' und ‚künstlichen' Systemen Johann Friedrich Blumenbachs." Schlinkheider 2018, S. 86f.

182 Thiriart, Theodor Franz (Hg.): Catalogue des plantes et arbustes cultivés au Jardin Botanique de Cologne, Köln: Thiriart, 1806, o. S. Siehe dazu auch Pabst 1988, S. 38. Pabst weist darauf hin, dass sogar der Botaniker André Thouin, ehemaliges Mitglied der Kommission, die 1794 die Beschlagnahmungen im linksrheinischen Gebiet und auch im ehemaligen Jesuitenkolleg vorgenommen hatte, 1808 zur Erweiterung des Gartens beitrug, indem er 288 Sorten seltener Pflanzen für den Botanischen Garten nach Köln schickte. Im Gegenzug fragte er nach dem Pflanzenkatalog, was „darauf schließen [lässt], daß die Existenz des Kölner Gartens auch in der Hauptstadt nicht unbeachtet geblieben war".

183 Vgl. AN, N/III/Roer/16/1–N/III/Roer/16/3. Plan du cidevant Colège des Jésuites à Cologne servant aujourd'hui Pensionnat, avec les Changemens projestés que l'on propose d'y faire pour la Conversion en Lycée. [Schmitz].

Kölner Stadtbaumeister und Architekten Peter Schmitz (1760–1822) erstellt und nach Paris geschickt, um die Fortschritte der verschiedenen Bauvorhaben im Gebäude und im Garten zu dokumentieren und zu skizzieren. Der spätere Lehrer Johann Peter Weyers (1794–1864), der in preußischer Zeit Schmitz' Nachfolger wurde, war 1797 von der französischen Verwaltung zum *Architecte du ville* und ab 1799 zum *inspecteur des bâtiments* ernannt worden und kümmerte sich um die öffentlichen Bauten in Köln.[184]

Das Erdgeschoss (Abb. 88) umfasste mehrere Auditorien mit Amphitheatern und Besuchsräumen, wobei die angestrebten Baumaßnahmen die Räume im Westtrakt vergrößern sollten. Sowohl die Bibliothek als auch das Refektorium und weitere Speisesäle befanden sich an derselben Stelle wie zu jesuitischer Zeit und unterlagen folglich der gleichen Nutzung und Tradition. Der Standort der ehemaligen Jesuiten- und nunmehr öffentlichen Bibliothek im Mitteltrakt des Kollegs wird besonders gut im Aufriss erkennbar, in dem die damals bereits historischen, barocken Bücherregale zusammen mit Porträts abgebildet sind, bei denen es sich um die teils bis heute erhaltenen Stifter- oder Rektorenporträts gehandelt haben wird (Abb. 89). Die Grundrisse der oberen Etagen zeigen zum Beispiel administrative Räumlichkeiten und das Zimmer des Schulleiters sowie Studienräume, Kabinette und auch Schlafräume (Abb. 90). Dabei fehlt leider der Plan des zweiten Geschosses, in dem sich das Mathematisch-Physikalische Kabinett und

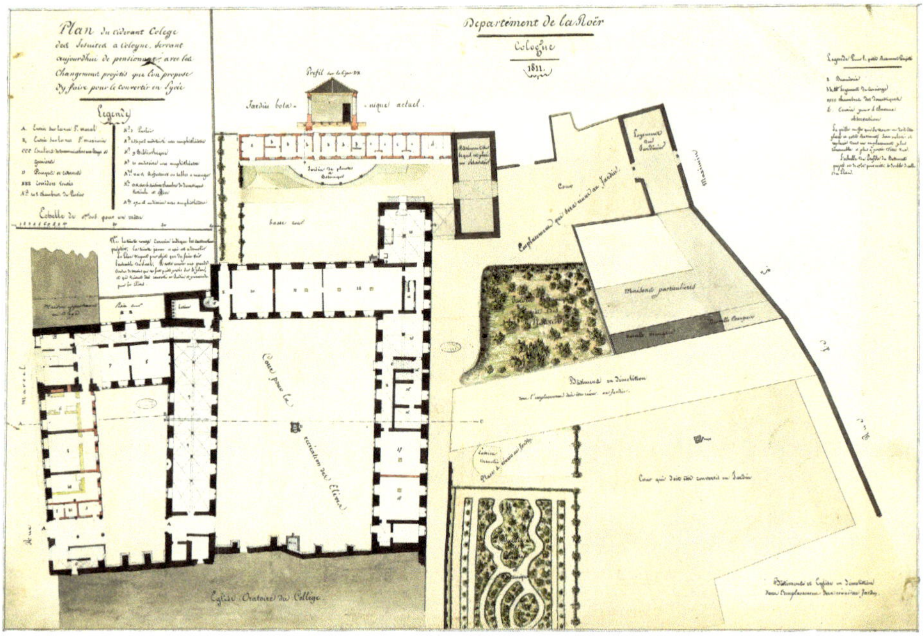

88 Grundriss des ehemaligen Jesuitenkollegs Köln, Erdgeschoss mit Botanischem Garten, 1811, in: Archives Nationales, N/III/Roer/16/1

184 Siehe zum Beispiel Merlo 1895, Sp. 769.

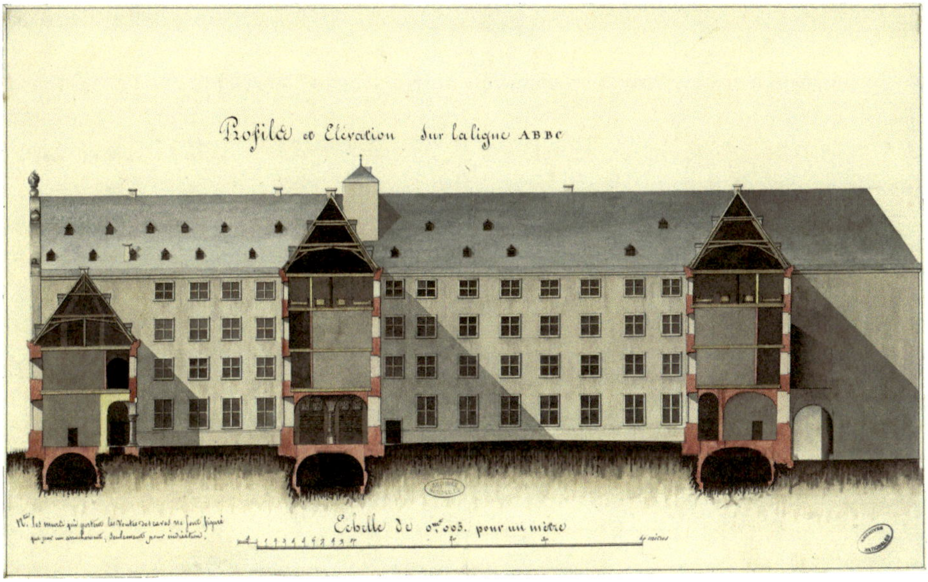

89 Aufriss des ehemaligen Jesuitenkollegs Köln, 1811, in: Archives Nationales, N/III/Roer/16/3

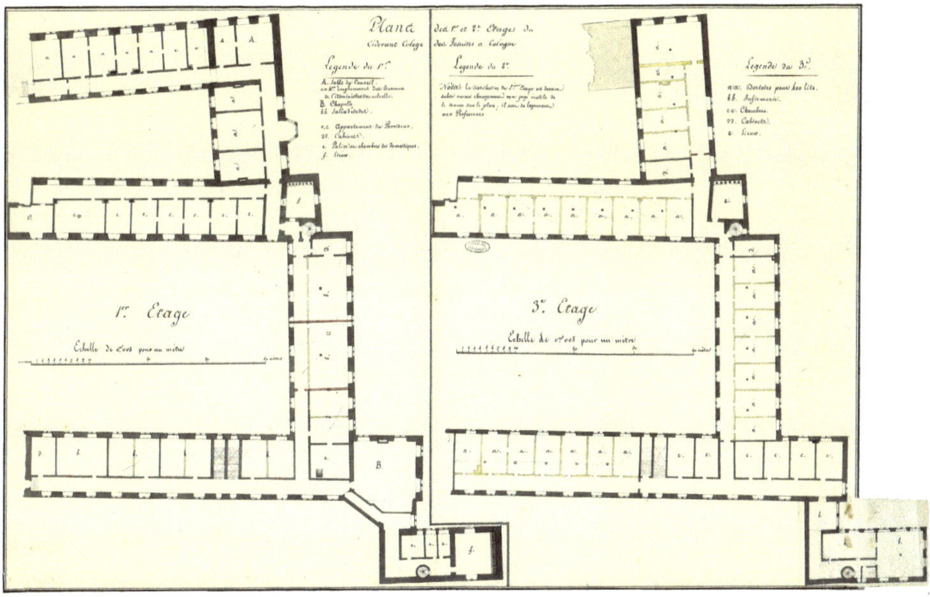

90 Grundriss des ehemaligen Jesuitenkollegs Köln, erste und dritte Etage, 1811, Archives Nationales, N/III/Roer/16/2

die Professorenwohnungen befunden haben, weil dort keine Umbaumaßnahmen geplant waren, waren diese doch um 1800 bereits vorgenommen worden.

Neben dem Gebäude zeigt die Zeichnung auch den aktuellen Stand und die Planungen des Botanischen Gartens (Abb. 88). Zwei große Grünflächen sind bereits für den *Jardin de Plantes et Botanique* eingezeichnet, was die doppelte Funktion als Botanischer Garten für wissenschaftlich-schulische Zwecke und als zur Erholung gedachter Pflanzengarten offenbar werden lässt. Neben den Gebäuden, die bereits existierten, wie die Wohnung des Gärtners, sind große Flächen und alte Bauten eingezeichnet, die in erster Linie für die Anlage neuer Gartenflächen, aber auch für eine neue Orangerie und ein weiteres Funktionsgebäude mit Waschküche, Hausmeisterwohnung, Dienstbotenzimmern und einem Stall für vier Pferde abgerissen werden sollten. Darüber hinaus wird darauf verwiesen, dass es noch eine große Anzahl von Grundstücken gebe, die nicht auf dem Plan verzeichnet sind und die in weitere Gartenflächen und Spazierwege für die Schüler umgewandelt werden sollen. Interessant ist ein aus dem Kollegstrakt hervortretender Gebäudeteil, der als *Bâtiment sur lequel est placé un observatoir* bezeichnet ist. Die Sternwarte hatte sich jedoch in jesuitischer Zeit oberhalb des *Musaeum mathematicum* befunden und auch zu Ohms Zeiten wurde sie in das zweite Obergeschoss verortet. Möglich ist, dass es sich bei diesem Observatorium um einen neuen kleinen Ableger der Warte, ein einzelnes, fest installiertes Instrument oder auch um die Wetterstation des Schulgebäudes gehandelt hat. In diesem Gebäude könnte sich das Laboratorium befunden haben.[185] Die drei Planzeichnungen sind ein interessantes Zeugnis aus der späteren Schulgeschichte der französischen Zeit in Köln, weil sie sowohl den *State of the art* dokumentieren, der durch die Maßnahmen um 1800 umgesetzt wurde, als auch Planungen für die kommenden Jahre skizzieren, die jedoch nicht umgesetzt wurden. Sie zeigen die vielfältigen Nutzungen des ehemaligen Jesuitenkollegs und die Spezialisierungen in verschiedene, auch wissenschaftliche Richtungen, die durchgeführt wurden; besonders gut erkennbar am Botanischen Garten.

Die bereits erwähnte Sternwarte wurde, wie anhand der Unterrichtspläne gezeigt, auch in französischer Zeit für das Beobachten und Erweitern der Kenntnis von Sternen in der Lehre genutzt, wobei astronomische Beobachtungsinstrumente benutzt wurden. Bereits in jesuitischer Zeit war die Sternwarte vermutlich auch als Wetterbeobachtungsstation genutzt worden. Durch die skizzierten umfangreichen Ankäufe unterschiedlicher Instrumente der Meteorologie konnten die Observationen in französischer Zeit jedoch deutlich verbessert werden und fanden auch Einschlag in die Lehre.[186] Wiederum im Briefwechsel zwischen Georg Simon Ohm und Franz Göller können Details zur Sternwarte gefunden werden: Von einem „sehr niedlichen Observatorium mit einigen vorzüglichen Instrumenten und einer unbeschreiblich schönen Aussicht" schrieb Göller

185 Vgl. AN, N/III/Roer/16/1–N/III/Roer/16/3. Zur Lokalisierung der Sternwarte in Ohms Zeiten vgl. Schnippenkötter 1939, S. 94, 105 und S. 107.
186 Vgl. Quarg 1994, S. 125f.

Ohm am 17. September 1817. Die Sternwarte befand sich im zweiten Obergeschoss, auf derselben Etage wie das Mathematisch-Physikalische Kabinett.[187]

In demselben Brief berichtete Göller außerdem von einer weiteren naturwissenschaftlich-optischen Einrichtung: „Zu optischen Untersuchungen ein großes, verfinstertes Zimmer von trefflicher Einrichtung." Dieses Zimmer habe Karl Hauff (1766–1846), vor Ohm für wenige Jahre Mathematiklehrer in Köln, ebenso wie die Sternwarte seinerzeit neu eingerichtet.[188] Genauso wie das Observatorium wird jedoch möglicherweise auch eine eigene Dunkelkammer schon früher bestanden haben. Bereits im jesuitischen Inventar ist eine *Machina pro Camera obscura* zu finden und auch im französischen Verzeichnis Kramps von 1801 gibt es einen Apparat Gravesandes, der Sonnenstrahlen in ein dunkles Zimmer leitete. Daneben befanden sich in französischer Zeit mehrere mobile *Chambres obscures* im Mathematisch-Physikalischen Kabinett.

Ein wissenschaftlich-didaktisches Zentrum der Kölner Schulen der französischen Zeit war außerdem die Bibliothek. Wiederum aufbauend auf der ehemaligen Jesuitenbibliothek beziehungsweise dem Restbestand, der nach den Beschlagnahmungen 1794 im Kolleg verblieben war, wurde die Bibliothek der Zentralschulen in den Folgejahren erweitert. Dabei sind zum einen Ankäufe von Einzelwerken oder auch ganzen Sammlungen zu verzeichnen, wie bereits am Beispiel Christian Kramps und der Erwerbung aus Straßburg aufgezeigt wurde. Daneben kamen 1809 Teile der handschriftlichen Sammlung des Kölner Vikars an der Stiftskirche St. Andreas Bartholomäus Josef Blasius Alfter (1729–1808), ein ehemaliger Jesuitenschüler des Gymnasium Tricoronatum, der unter anderem bei Hermann Joseph Hartzheim gelernt hatte, als *Museum Alfteriarum* in die Bibliothek. Alfter hatte vor allem Bücher, Urkunden und Manuskripte zur Kölner Geschichte gesammelt und dabei zuletzt auch von der Säkularisation profitiert. Zum anderen wurde die Bibliothek Anfang des 19. Jahrhunderts zu einem „Auffangbecken"[189] der Bücher und Bestände, die im Zuge der Säkularisation von Kölner Klöstern und Stiften beschlagnahmt worden waren und die nicht zu den ausgewählten kostbaren Werken gehörten, die erneut nach Paris gebracht wurden.[190] Außerdem kamen die ehemaligen

187 Brief Göllers an Ohm vom 20. September 1817. Zitiert nach Schnippenkötter 1939, S. 94 und S. 107. Möglicherweise wurde eine Wendeltreppe, die einen Zugang in einen ehemaligen weiteren Teil des Observatoriums in dem darüberliegenden Stockwerk bot, immer noch oder nicht mehr genutzt.

188 Brief Göllers an Ohm vom 20. September 1817. Zitiert nach ebd.

189 Schmitz 2000, S. 86.

190 Vgl. ebd., S. 86f. Eine zentrale Figur bei den Konfiskationen zu Beginn des 19. Jahrhunderts war der französische Benediktinermönch, Bibliothekar und Buchhändler Jean-Baptiste Maugérard (1735–1815), der seit 1766 immer wieder ausgewählte Kloster- und Stiftsbibliotheken der deutschsprachigen Gebiete nach wertvollen Büchern und Beständen durchkämmt hatte. Er war ein Bibliophiler und Experte für die Buchbestände des Alten Reichs, wandte aber auch fragwürdige Methodiken an, um an Bücher zu kommen, weshalb Schmitz ihn als „Büchermarder" bezeichnete (S. 86). 1802 wurde Maugérard zum Commissaire du gouvernement pur la recherche des objets d'art et de science dans le quatre nouveau départements du Rhin ernannt, wobei ihm seine jahrzehntelange Erfahrung und das Wissen um die Bestände in Kloster- und Stiftsbibliotheken von Nutzen waren. Welche Bücher Maugérard aus der ehemaligen Kölner Jesuitenbibliothek nach Paris gebracht hat,

Bibliotheken des Laurentianer und Montaner Gymnasiums dazu, sodass der Bestand insgesamt auf rund 50.000 Bände anwuchs, wobei die Provenienzen abgesehen von der jesuitischen Herkunft überwiegend (noch) nicht eindeutig auszumachen und wenn überhaupt nur in Einzelfällen belegt sind. Der Bibliothekar der Zentralschule war der *Citoyen* H. J. Cogels, auf den Professor Claude Antoine Marchand folgte. Ergänzend kam der Mediziner und Professor für antike Literatur Bernhard Konstantin von Schönebeck (1760–1835) hinzu, der 1804 auch eine Inventarisierung der Sammlung vornahm, nachdem ein Teil des Bestands nach Paris gebracht worden war.[191]

Neben der Hauptbibliothek im Mitteltrakt des Kollegs wird in der Zeit der Sekundärschule zudem ein *Museum* genannt, wobei es sich um einen besonderen Studier- und Lernraum gehandelt hat, in dem die Wiederholungs- und Vorbereitungskurse der Schüler sowie freie Lernzeiten zwischen den Vorlesungen stattfanden. In einem Schreiben der Schulverwaltungskommission an Wallraf vom 2. Dezember 1805 wurde verkündet, dass das neue „Musäum" der Sekundärschule zweiten Grades fertiggestellt und zum Anfang mit „einer wohlgewählten Büchersammlung" ausgestatten sei. Die Tatsache, dass die Kommission Wallraf im Besonderen darüber informierte und ihn anregte, die Neuigkeit weiterzutragen, damit das Museum besser genutzt und auch unterstützt würde, könnte ein Hinweis darauf sein, dass Wallraf zur Einrichtung beigetragen hat.[192] Leiter dieses Museums war im Schuljahr 1806/07 *Monsieur* Flatten, sprich der *Aide-Bibliothécaire* Engelbert Flatten (1757–1808), ehemaliger Lehrer des Kanonischen Rechts am Kloster St. Pantaleon in Köln.[193] Nach ihm hatte seit 1808 der ehemalige Französischprofessor Claude Antoine Marchand die Aufsicht über das Museum inne. Die Bibliothek im ehemaligen Jesuitenkolleg fungierte in französischer Zeit allerdings nicht nur als Schulbibliothek, sondern auch als öffentliche Bibliothek, wie es von der französischen Schulbehörde als verpflichtend für die Zentralschulen ausgegeben worden war.[194]

Die in französischer Zeit quantitativ und qualitativ erweiterten Sammlungen und die Ausstattung der Kölner Bildungseinrichtungen Zentralschule und Sekundärschule zweiten Grades gewannen ab 1804 an politischer Bedeutung, als sich die Kölner Verantwortlichen in Paris um die Gründung einer Spezialschule für Medizin und später

ist unbekannt. Sein Wirken steht im Zentrum einer Publikation über die „Begehrten Bücher", die im Rahmen des vom Kölner Gymnasial- und Stiftungsfonds geförderten Projekts von Professorin Gudrun Gersmann erstellt wird. Siehe außerdem Savoy 2011, S. 93–116.

191 Die Akten aus dem Bestand der französischen Verwaltung des Kölner Stadtarchivs, die die Entwicklung der Bibliothek(en) in französischer Zeit betreffen, sind zahlreich und bislang noch nicht systematisch ausgewertet: HAStK, Best. 350, A 5899, A 5896/2, A 5899, A 5899B, A 5899C, A 5900, A 5901, A 5899/2, A 5900C, A 5900E, A 5900D, A 5900A.

192 Ebd., fol. 52r–52v. Zum Museum siehe auch Pabst 2000, S. 52; Müller 2005, S. 322, und vor allem Damesme 2003, S. 190–193.

193 Vgl. Programme des Cours publics für das Schuljahr 1806/07 und 1807/08 in: HAStK, Best. 350, A 6210B; Pabst 1988, S. 52.

194 Vgl. zu den verschiedenen Überlegungen der (Neu-)Einrichtung der Bibliothek in französischer Zeit zum Beispiel Müller 2005, S. 316–319; Damesme 2003, S. 81–87; Schmitz 2000, vor allem S. 86f.

um eine Akademie bemühten. Vermutlich im Jahr 1804 wandten sich die Professoren der Naturwissenschaften und Medizin, namentlich der Physik- und Chemieprofessor Christian Kramp, der Naturhistoriker und Mediziner Johann Wilhelm Friedrich Stoll, der Professor der Geburtshilfe Johann Baptist Haas und Paul Best, Professor der klinischen Medizin, an den *Empéreur* Napoleon, um eine Medizinische Spezialschule für Köln zu erwirken.[195] Dabei beriefen sie sich sowohl auf die Kölner Universität und den Ruf der ehemaligen Medizinischen Fakultät als auch auf die aktuelle Lehre an der Zentralschule, an der Kurse der Anatomie, Chemie, Botanik, Geburtshilfe und klinischen Medizin weitergeführt worden seien. Bereits bei Einrichtung der Zentralschule hatte es in Köln, vor allem vorangetrieben von Paul Best, Bestrebungen um eine Medizinische Spezialschule gegeben, die allerdings in Mainz eröffnet wurde.[196] Nun versuchten es die Kölner Professoren erneut und sie führten dabei die wissenschaftlichen Einrichtungen als wichtiges Argument an:

> „In dieser Zeit wurden die wissenschaftlichen Schätze, die uns unsere Vorfahren hinterlassen hatten, weiter vermehrt. Ein Mathematisches und ein Physikalisches Kabinett, das in allen seinen Teilen sehr vollständig ist, wurde gekauft. Ein Laboratorium für Chemie wurde errichtet. Zwei [!] botanische Gärten wurden angelegt. Das Studium der Physik, der Chemie und der Naturgeschichte, das in der École Centrale erlaubt war, erforderte diese Einrichtungen und unser Fonds erlaubte es, die Ausgaben dafür zu tätigen."[197]

Neben der vorhandenen wissenschaftlichen Expertise und Erfahrungen sowie der Einrichtungen verfüge die Kölner Schulverwaltung demnach über eine solide finanzielle Situation und außerdem über eine günstige Lage am Rhein. Dennoch kam es erneut nicht zur Errichtung einer Medizinischen Spezialschule.

Im Jahr 1808 wandten sich die Kölner erneut bezüglich einer höheren Lehranstalt nach Paris. Unter der kaiserlich-napoleonischen *Université Impériale* als zentraler bildungspolitischer Organisationseinheit waren zuvor alle Akademien (hervorgegangen aus den Spezialschulen) und Schulen des französischen Reichs subsummiert worden, wobei Köln, wie bereits beschrieben worden ist, lediglich über eine *École inférieure* und *École supérieure* verfügte, die gemeinsam das *Collège de Cologne* bildeten. Eine Allianz aus Schulverwaltung, an deren Spitze Thiriart stand, Bürgermeister und Stadtrat kontaktierte ab 1808 mehrere französische Spitzenbeamte, darunter den Großmeister der Pariser Universität, Louis de Fontanes (1757–1821), und seine Majestät, Napoleon,

195 AN, F/17/1344/36 (Instruction publique), Dossier 20, 3e division, fol. 191r–192v. Das Dokument ist nicht datiert, wobei im digitalen Findbuch der Archives Nationales das Jahr 1805 geschätzt wird. Vermutlich fällt der Brief in die Zeit, als die Sekundärschule zweiten Grades im ehemaligen Jesuitenkolleg kurz vor der Einrichtung stand. Pabst 2000, S. 56.

196 Vgl. Pabst 1988, S. 28.

197 AN, F/17/1344/36, Dossier 20, fol. 192r. „Pendant cet intervalle on a augmenté encore les trésoirs littéraires que nous avaient laissés nos ancêtres. Un cabinet de Mathématiques et de Physique, trés complet dans toutes ses parties, à été acheté. Un Laboratoire de Chymie a été construit. Deux jardins botaniques ont été établis. L'étude de la Physique, de le Chymie et de l'histoire naturelle, autorisé dans l'ecole centrale exigeait, ces établissemens et nos fonds permittoient d'en faire le depense".

Prémier Empéreur des Français, Roi d'Italie, selbst und erbat die Errichtung einer Akademie in Köln. Federführend war Thiriart, der das *Projektportfolio* inklusive Motivationsschreiben, Konzeptpapier und Finanzierungsplan zusammenstellte, um eine Akademie mit fünf Fakultäten des Rechts, der Medizin, der Theologie, der Geistes- und der Naturwissenschaften einzufordern, wobei letztere wegen der Ausstattung in den Sekundärschulen ersten und zweites Grades eingerichtet werden sollten.[198] In den mehrfach ausgeführten Begründungen für die Errichtung einer Akademie in Köln wurde erneut auf die Geschichte der alten Kölner Universität verwiesen, auf die Größe der Stadt Köln mit rund 45.000 Bürgerinnen und Bürgern und auf die vorhandene Infrastruktur; auch im Gegensatz zu anderen Rheinstädten. Köln befand sich hier demnach wiederum in einer regionalen Konkurrenzsituation unter anderem mit den Städten Bonn, Koblenz, Trier und Lüttich. Durch die Eröffnung einer Akademie in Köln könnte außerdem die Schließung der alten Universität wiedergutgemacht werden. Des Weiteren waren die wissenschaftlichen Sammlungen zentraler Bestandteil der Argumentation:

> „Der dritte Vorteil ist, dass Köln für die V Fakultäten einer Akademie qualifiziert ist, so dass keine der Städte an den Ufern des Rheins ihr den Vorzug streitig machen kann: Ein Botanischer Garten, eine große Bibliothek, ein außergewöhnliches Physikalisches Kabinett; außerdem ein gutes Krankenhaus, ein Entbindungsheim, ein Handelsgericht, ein Gericht erster Instanz, ein gut ausgestattetes Seminar, aufgeklärte und sogar berühmte Männer in jeder Art von Wissenschaft, Familienstiftungen, die zum Teil für die Förderung des Genies und der Talente zur Verfügung stehen, zeichnen die Stadt aus."[199]

Auch in einem Brief des Kölner Stadtrats, der sich für die Eröffnung der Akademie einsetzte, argumentierten die Ratsherren mit den wissenschaftlichen Einrichtungen, den „collections d'objets d'arts et de sciences, un superbe Cabinet de Physique, une Bibliothèque riche".[200] Neben den (bildungs-)politischen Akteuren wurde auch Ferdinand Franz Wallraf aktiv. In Ergänzung zu Thiriarts Bestrebungen bot er sowohl der Schulverwaltung, der Stadt Köln als auch Fontanes selbst an, dass er seine Sammlungen an Gemälden, Grafiken, Antiken, Büchern, Münzen und Mineralien bei Einrichtung einer Akademie den Kölner Fakultäten überließe und diese ergänzend zu den bereits bestehenden Sammlungen, dem Botanischen Garten und den naturwissenschaftlichen Sammlungen, das Profil der Kölner Akademie erweiterten und stärkten. Als Gegenleistung

198 Eine umfangreiche Akte des Kölner Stadtarchivs beinhaltet die Dokumente der Verhandlungen bezüglich der Errichtung einer Akademie in Köln aus den Jahren 1808 bis 1813. Siehe HAStK, Best. 350, A 6265. Vgl. dazu auch Müller 2005, S. 326–329; Pabst 2000, S. 54–57.

199 HAStK, Best. 350, A 6265, fol. 7v. „Le troisième avantage qualifie Cologne pour les V Facultés d'une academie de manière qu'aucune des villes sur les river du Rhine ne pourra lui en disputer la préference. Un jardin botanique, une grande Bibliothèque, un Cabinet de Physique peu commun, un hôpital bien fondé, un hospice de maternité, un Tribunal de Commerce, un Tribunal de première Instance, un seminaire bien doté, des hommes éclairés et même célebres en tout genre de sciences, des fondations de familles en partie disponibles pour l'encouragement du génie et des talents distinguer".

200 Ebd., fol. 118r.

forderte er eine jährliche Rente von 2.000 Francs für 25 Jahre und ein Professorenamt an der neuen Akademie.[201]

Die Bemühungen der Kölner um eine *Académie de Napoléon* dauerten bis 1813 an, blieben letztlich jedoch unter anderem deswegen erfolglos, da der Lütticher Appellationsgerichtsbezirk, zu dem Köln formalrechtlich gehörte, bereits über eine Akademie in Lüttich selbst verfügte und daher keine weitere zulässig war. Das Entgegenkommen von französischer Seite beinhaltete die Verlegung der Rechtsschule von Koblenz nach Köln und die Zusage der Umwandlung der Sekundärschule zweiten Grades in ein Lyzeum, wie es bereits zu Beginn der französischen Zeit im Zuge der grundlegenden bildungspolitischen Veränderungen in Köln Ende des 18. Jahrhunderts gefordert worden war. Vor diesem Hintergrund sind Wallrafs geplante Umbenennungen der Marzellenstraße in *Rue de Lycée* und der Straße Am Hof in *Rue de l'Université* in seinem Straßenplan von 1813 zu verstehen, die allerdings wegen des Niedergangs des Kaiserreichs nicht umgesetzt wurden.[202]

Nach der Beschreibung der (Bestands-)Entwicklung und des *Cabinet de Mathématique et de Physique* zu Beginn des 19. Jahrhunderts und der Untersuchung der Einbeziehung in die Lehre an der Kölner Zentralschule und der Sekundärschule zweiten Grades kann ein Höhepunkt in der Sammlungsgeschichte in der französischen Zeit festgestellt werden. Nicht nur quantitativ, sondern auch qualitativ wurde die Sammlung stark erweitert, neu systematisiert und in einem erneuerten, modernisierten Raum mit angrenzendem Hörsaal untergebracht, was die primäre Funktion als Lehrsammlung unterstreicht. Die starke Nutzung von Objekten im Unterricht vor allem der Physik, aber auch der Mathematik und Chemie konnten anhand der Schulprogramme und der Prüfungsdokumente herausgestellt werden. Es hat sich gezeigt, dass die Sammlung und die einzelnen Instrumente als maßgeblicher und notwendiger Bestandteil der mathematisch-naturwissenschaftlichen Lehre verstanden wurden. Während die Sammlung in der städtischen Zeit wahrscheinlich kaum erweitert worden war, schaffte es der Professor Christian Kramp in französischer Zeit im günstigen Moment der Gründung der Zentralschule, eine umfangreiches und stärker auf das Gebiet der Physik fokussiertes Kabinett aus Straßburg anzuschaffen, das die Kölner Sammlung ergänzte und den bisherigen mathematischen Schwerpunkt um physikalische Bereiche erweiterte: Sie hatte sich von einem mathematischen Museum der Frühen Neuzeit zu einer physikalisch-naturwissenschaftlichen Sammlung mit einem breiten Spektrum an wissenschaftlich aktuellen Instrumenten und einem eigenen Auditorium entwickelt. Diese Entwicklung steht auch im Kontext der zunehmenden Ausdifferenzierung der Naturwissenschaften im Allgemeinen.

201 Vgl. Müller 2005, S. 328. Siehe dazu vor allem die nach Paris gesandten Dokumente, die eine Auflistung der Bestände Wallrafs und einer Kostenschätzung beinhalten. AN, F/17/1093 (Instruction publique), Dossier 16, fol. 179r–186v.

202 Vgl. Müller 2005, S. 328f. Siehe zu Kölns Bestrebungen um eine Akademie außerdem Pabst 2000, S. 54–64.

Flankiert wurde das Mathematisch-Physikalische Kabinett dabei von den anderen (natur-)wissenschaftlichen Einrichtungen, dem Chemielabor, dem Naturalienkabinett, dem Botanischen Garten, der Sternwarte und der Bibliothek, allesamt basierend auf jesuitischen Vorgängern, die in französischer Zeit ebenso in die Lehre eingebunden und stark ausgebaut und modernisiert wurden.[203] Folglich bemühte sich die Kölner Schulverwaltung Anfang des 19. Jahrhunderts nicht unbegründet, aber letztlich vergebens um die Gründung einer Medizinischen Spezialschule und einer Akademie. Die Wiedereröffnung der Kölner Universität, die seit ihrer Schließung und nach Übernahme der preußischen Regierung erneut leidenschaftlich verfolgt wurde, blieb verwehrt. Diese übergreifenden bildungspolitischen Entscheidungen stehen im Gegensatz zum qualitativ und quantitativ hohen Stand der naturwissenschaftlichen Sammlungen und Ausstattungen, die im ehemaligen Jesuitenkolleg in der Marzellenstraße untergebracht waren, und deren überregionaler Bedeutung.

3. Ausblick: Das Kabinett im 19. und 20. Jahrhundert

Nach der detaillierten Untersuchung und Schilderung der jesuitischen, städtischen und französischen Sammlungsphasen des Mathematisch-Physikalischen Kabinetts wird im Folgenden ein Ausblick auf die Entwicklungen im weiteren Verlauf des 19. und im 20. Jahrhundert gegeben. Intendiert ist dabei keine umfassende Analyse, sondern eine kurze Darstellung übergreifender Entwicklungen und prägender Ereignisse, wobei an vielen Stellen Forschungsdesiderate offenbar werden.

3.1 Georg Simon Ohm und die preußische Sammlungsphase

Mit dem Beginn der preußischen Regierungszeit richtete die neue Schulverwaltung im ehemaligen Jesuitenkolleg ab 1815 wieder ein katholisches Gymnasium ein: das Königliche katholische Gymnasium an Marzellen. In diesem Kontext wurden die Lehrorganisation und das Curriculum leicht geändert und auch bauliche Anpassungen vorgenommen. Personell gab es zunächst eine hohe Kontinuität in den naturwissenschaftlichen Fächern: Der Mathematik-, Physik- und Chemielehrer Alexis Lembert blieb kurze Zeit am Gymnasium tätig ebenso wie Franz Peter Cassel und Ferdinand Franz Wallraf. Im neuen preußischen Gymnasium im ehemaligen Jesuitenkolleg sollten vier Lektionssäle

203 „Abgesehen von den zahlreichen Sonderanschaffungen waren die laufenden Mittel, die die Schulverwaltung für ihre wissenschaftlichen Einrichtungen zahlte, nicht einmal besonders hoch. 1806 betrugen die jährlichen Sachausgaben für das Physikalische Kabinett 300, für das Chemische Laboratorium 200, für die Bibliothek 700 und für den Botanischen Garten 400, insgesamt also 1400 Fr. Hinzu kamen ebenfalls für 1806 die Bezüge des ‚mécanicien', der zur Betreuung des Physikalischen Kabinetts angestellt war, mit 800 und des ‚jardinier botaniste' mit 1800 Fr., was immerhin einem guten Professorengehalt der Sekundärschule zweiten Grades entsprach." Pabst 1988, S. 39.

eingerichtet werden, wobei Wallraf dem neuen preußischen Direktor des öffentlichen Unterrichts, Karl Friedrich August Grashof (1770–1814), beriet. In einem Brief Wallrafs vom 23. März 1815 sprach er sich für die Weiternutzung der großen Auditorien im Nordostflügel des Kollegs aus französischer Zeit aus, von denen sich drei im Erdgeschoss und das vierte im zweiten Obergeschoss befanden. Der vierte Saal entsprach dabei dem physikalisch-mathematischen Auditorium. Laut Wallraf erzeuge die Weiternutzung keine Kosten, keine großen Baumaßnahmen und wäre am besten geeignet, um andere Einrichtungen wie den Speisesaal oder die Sammlungsräume nicht verändern zu müssen. Wallrafs Ratschlägen wurde gefolgt, sodass in den ersten Jahren der preußischen Regierungszeit keine großen baulichen Änderungen am Mathematisch-Physikalischen Kabinett oder den anderen Einrichtungen vorgenommen worden sind.[204]

Die preußische Schulverwaltung nutzte das Mathematisch-Physikalische Kabinett weiter, das in der Folge neben einer Lehr- auch zu einer Forschungssammlung werden sollte. Vermutlich bei Übernahme des Kabinetts in das preußische Marzellengymnasium wurde ein Verzeichnis angelegt, das wohl auf Kramps französischem Inventar von 1801 basierte und mit deutschen Anmerkungen und Zusätzen versehen war: Es umfasste 13 Rubriken und 752 Nummern, die teils mehrere Objekte beinhalteten. Dieses Inventar scheint jedoch verloren gegangen zu sein.[205]

Nachdem zwischen 1815 bis 1817 Johann Carl Friedrich Hauff (1766–1846) übergangsweise als Mathematiklehrer am preußischen Katholischen Gymnasium gearbeitet hatte, kam ab 1817 Georg Simon Ohm (1789–1854) aus Erlangen nach Köln, der Lehrer der Mathematik, Physik und Leiter der naturwissenschaftlichen Sammlung wurde. Er war aus Hoffnung auf eine Professorenstelle an der potenziell wiederzueröffnenden Kölner Universität in die Rheinstadt gekommen, die sich jedoch bekanntlich nicht erfüllte.[206] Die sehr gute (Lehr-)Ausstattung des Gymnasiums und der gute Ruf des Mathematisch-

204 Brief Wallrafs an Grashof vom 23. März 1815. Zitiert nach Limper 1939, S. 122–126.

205 Das Inventar konnte in den einschlägigen Archiven in Köln, Duisburg, Koblenz, Paris und Berlin nicht gefunden werden. Vgl. auch Quarg 1994, S. 118. Auch Quarg hat das Inventar nicht gefunden; Schnippenkötter 1939, S. 169, Fußnote S. 319. Dass es das Verzeichnis gegeben hat, ist aus einem späteren Brief aus dem Jahr 1827 bekannt, in dem es um den Auszug des Kabinetts aufgrund des Einzugs des Priesterseminars geht. Darin schrieb das Provinzialschulkollegium in Koblenz an den preußischen Minister über das Kabinett: „Der vorhandene, in vier verschiedenen, sehr weit voneinander entfernten Lokalen untergebrachte Apparat ist sehr bedeutend, indem derselbe, wie aus dem in französischer Sprache mit deutschen Nachträgen und Anmerkungen abgefaßten Inventarium hervorgeht, unter 13 Rubriken 752 Nummern enthält, von denen sehr viele complexive eine Menge von Einzelheiten umfassen." Da das Krampsche Inventar lediglich 12 Rubriken beinhaltete, ist es möglich, dass als 13. Rubrik die Chemie aufgenommen worden ist; ebenso wie es im Inventar von 1829 der Fall ist.

206 Vgl. Fiegenbaum 2016; Pabst 1988, S. 64–77. Nach 20-jährigen Bemühungen um eine Wiedereröffnung der Kölner Universität endeten die Hoffnungen der Kölner mit der Eröffnung der Rhein-Universität in Bonn am 18. Oktober 1818. Ein Grund der Absage an Köln waren fehlende Modernisierungsbestrebungen im Wissenschaftsbetrieb im Sinne des protestantischen Preußens. Die naturwissenschaftlichen Einrichtungen der Marzellenstraße waren immer wieder als Argumente für die Universitätsniederlassung in Köln angeführt worden.

Physikalischen Kabinetts waren weitere Gründe, die ihn zum Unterrichten in Köln bewegt hatten. Mehrere erhaltene Briefe zwischen dem Altphilologen und Lehrer für Latein am Marzellengymnasium Franz Göller und Ohm zeigen, wie sie sich vor Ohms Amtsantritt über die wissenschaftlichen Einrichtungen austauschten: Göller schrieb am 20. September 1817:

> „Die Stadt ist für uns aus dem schönen Bamberg kommende von unbeschreiblich düsterem Eindruck. Die Gegend ist ganz von allem Einladendem entblößt, was einem das Leben angenehm machen kann. Wir sind gezwungen, uns untereinander das Leben angenehm zu machen. [...] Aber der Mensch ist ein Tier der Gewohnheit; es läßt sich auch hier eingewöhnen. Die Einwohner sind gutmütig, gefällig, zutraulich. Die Wohnung ist in dem herrlichen Jesuitengebäude. [...] Die Zimmer sind schön. Im botanischen Garten können wir uns ergehen. Ihr Lehrapparat ist so beschaffen, daß Sie ihn nach dem Ausdruck Ihres Vorgängers auf wenigen Universitäten so treffen. In dem Gange, wo Sie wohnen, gehen Sie durch die Quarta und kommen in den wunderschön gelegenen Saal. Hier ist der Apparat aufgestellt. Ich will Ihnen das Wichtigste davon nennen. Nr. 1. Drei Luftpumpen mit sehr vollständigem Apparat. 2. Ein vortrefflicher Gasapparat. 3. Ein magnetischer Apparat von seltener Vollkommenheit. 4. Zu optischen Untersuchungen ein großes, verfinstertes Zimmer von trefflicher Einrichtung dicht bei Ihrem Zimmer. Wir haben den ganzen nördlichen Flügel in dieser zweiten Etage für uns. 5. Vier Schränke voll optischer Instrumente. 6. Ein sehr ansehnlicher, mehr als vollständiger elektrischer Apparat. 7. Eine nicht unbedeutende Sammlung von Modellen zur Mechanik. 8. Zwei Globen von 4 Fuß Durchmesser. 9. Ein sehr niedliches Observatorium mit einigen vorzüglichen Instrumenten und einer unbeschreiblich schönen Aussicht. 10. Ein chemisches Laboratorium in dem schönen großen botanischen Garten, mit allem Nötigen versehen. Die Pumpe ist im Laboratorium selbst. Die Bibliothek, welche 60.000 Bände stark war, ist leider ganz zerstreut und verschleudert. Ich bin dabei employiert und bestimmt, den Katalog mitzufertigen. Für die Bibliothek und den Apparat sind Summen ausgesetzt."[207]

„Der Apparat, schön vortrefflich! Fast macht Ihre gar zu einladende Schilderung mich ungläubig. Das Observatorium, denk ich, wird am wenigsten durch mich in Unruhe versetzt werden, ich habe die Ruhe im Schlafe zu lieb; doch wer weiß", schrieb Ohm am 30. September 1817. Und Göller antwortete prompt am 7. Oktober desselben Jahres:

> „Der Apparat ist noch besser als ich ihn beschrieben, da ich doch nur das Merkwürdige angezeigt. Das Observatorium müssen Sie denn doch benutzen, da Sie von der Regierung ein eigenes, bedeutendes Gehalt erhalten werden, meteorologische Beobachtungen anzustellen, wenn Sie wollen."[208]

Unter Ohms Nutzung ab 1817 wurden die Instrumente des Kabinetts erstmals nicht nur in der Lehre, sondern auch dezidiert als Forschungsinstrumente genutzt. In Erlangen und dem benachbarten Bamberg hatte Ohm zuvor als Privatdozent Mathematik gelehrt. Als Leiter des Mathematisch-Physikalischen Kabinetts in Köln legte er seinen Schwerpunkt vermehrt von der Mathematik auf die Physik. Er erweiterte die Sammlung um zentrale Instrumente für seine Forschungen oder fertigte selbst Apparaturen und baute dadurch den Bereich der Elektrizität und Mechanik aus. Auch für seine theoretische Weiterbildung bot das Kabinett Ohm die passende Fachliteratur. Ab 1821 beschäftigte er

207 Brief Göllers an Ohm vom 20. September 1817. Zitiert nach Schnippenkötter 1939, S. 94f.
208 Zitiert nach ebd., S. 98–100.

sich vor allem mit elektromagnetischen Erscheinungen. Das bekannte Ohmsche Gesetz des elektrischen Widerstands entwickelte er 1826 unter Nutzung der Instrumente des Mathematisch-Physikalischen Kabinetts.[209]

Außerdem erarbeitete er in der Kölner Zeit sechs weitere Schriften, die er erst ab 1825 veröffentlichte. Der Grund für die Verzögerung könnte die große Lehrbelastung am Kölner Gymnasium gewesen sein. Ohm war ein fachlich sehr guter und bei den Schülern geschätzter Lehrer, der neben seinen 18 obligatorischen Unterrichtsstunden weitere freiwillig übernahm. Im Kabinett hielt er den praktischen und experimentellen Teil der Lehre ab. Welche Qualität er in der Lehre erbrachte, lässt sich auch an der Anzahl seiner Schüler erkennen, die ihrerseits zu Dozenten der Mathematik und Physik aufstiegen, unter anderem an der Rhein-Universität in Bonn. Zudem hatten sich die Kölner im Jahr 1822 um eine Bonuszahlung des preußischen Unterrichtsministeriums von 100 Talern an Ohm eingesetzt, um ihm für seinen Lehreinsatz zu danken und ihn in Köln zu halten.[210] Im Jahr 1826 fasste Ohm dennoch den Entschluss, Köln zu verlassen, da ihm die vielen Lehrverpflichtungen und zu hohe Schülerzahlen zusetzten. Auch wenn aus privaten und dienstlichen Briefen hervorgeht, dass Ohm Freude am Lehren hatte, war er doch in erster Linie Forscher. Er bewarb sich mit einer Abhandlung über elektroskopische Erscheinungen in Berlin um ein einjähriges Forschungsstipendium. 1827 verließ Ohm Köln endgültig. In diesem Jahr publizierte er *Die galvanische Kette, mathematisch bearbeitet*, in der er das Ohmsche Gesetz mathematisch herleitete und begründete. Erst im Jahr 1852 erhielt Ohm schließlich eine Professur in München, um die er sich schon lange Zeit beworben hatte.[211]

Nach dem Weggang Ohms wurde das Mathematisch-Physikalische Kabinett zunächst verkleinert und der Bestand verlor im Laufe des 19. Jahrhunderts zu einem gewissen Teil an didaktischer und wissenschaftlicher Bedeutung. Aufgrund ihres Alters waren viele Apparaturen kaputt, unbrauchbar oder sie wurden zur Anschaffung neuer, modernerer Lehrmittel verkauft. Dieser Prozess startete 1827, als das erzbischöfliche Priesterseminar gegen den Willen des Verwaltungsrats des Schul- und Stiftungsfonds mit in die Räumlichkeiten des ehemaligen Jesuitenkollegs einzog, und zwar in den nordöstlichen Trakt. Das Gebäude beherbergte folglich Teile des Marzellengymnasiums, Lehrerwohnungen, Verwaltungsräume für den Schul- und Stiftungsfonds, Lehr- und Studierräume und Nutzräume im Westen sowie das Priesterseminar im östlichen Trakt (Abb. 91). Nachdem die Instrumente zunächst zwischengelagert worden waren, erhielt

209 Vgl. Füchtbauer, Heinrich von: Georg Simon Ohm. Ein Forscher wächst aus seiner Väter Art, Bonn 1947, S. 122–152; Schnippenkötter 1939, S. 64–69; Hauser 1985, S. 49–75.

210 Vgl. Zenneck, Jonathan: Georg Simon Ohm, Berlin 1939, S. 35 und S. 48–50; Schnippenkötter 1939, S. 32–137; Füchtbauer 1947, S. 132f.

211 Vgl. Schnippenkötter 1939, S. 148–168. Als Ohm Köln verlassen hatte, begann ein Ringen um seine Bezüge. Das Königlich-Preußische Ministerium übernahm bis März 1828 Ohms Besoldung. Bis zu der Aufnahme seiner Lehrtätigkeit an der polytechnischen Schule in Nürnberg 1833 gab Ohm immer wieder Lehrveranstaltungen als Privatmann in Berlin, um seine Forschungen zu finanzieren. Vgl. Hauser 1985, S. 62–75.

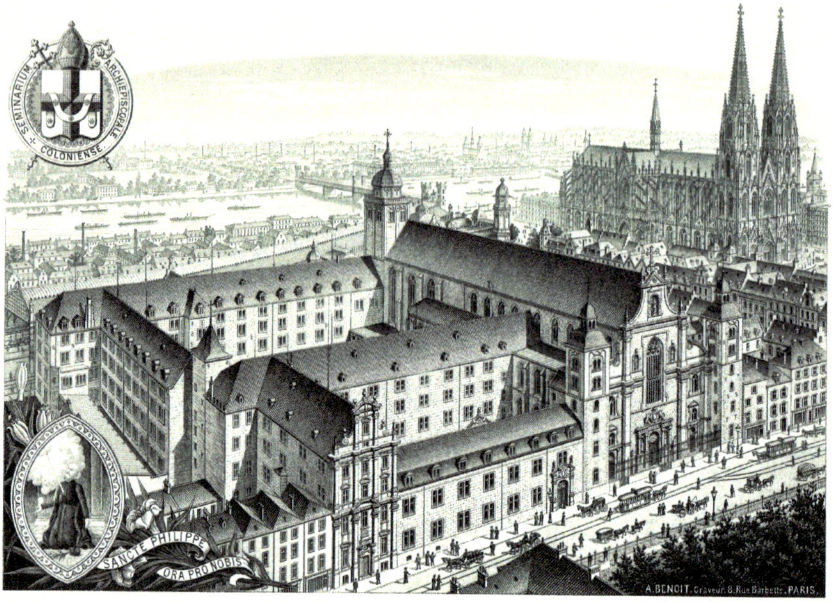

91 Das ehemalige Kölner Jesuitenkolleg mit Priesterseminar, 1897, in: Historisches Archiv des Erzbistums Köln, Grafiksammlung 1259

das Mathematisch-Physikalische Kabinett einen neuen Raum mit angrenzendem Lehr- und Hörsaal im gegenüberliegenden Gebäude, das inzwischen zum Marzellengymnasium gehörte und 1829 vom Stadtbaumeister Johann Peter Weyer renoviert worden war. 1860 zog das komplette Gymnasium schließlich endgültig aus dem ehemaligen Jesuitenkolleg aus und in das gegenüberliegende Marzellengymnasium ein.[212]

Ein Inventar aus dem Jahr 1829, das nach der Neuaufstellung im Gymnasialgebäude angelegt wurde, verdeutlicht den aktuellen, teils schlechten Zustand des Mathematisch-Physikalischen Kabinetts: Das Verzeichnis nannte die noch vorhandenen Instrumente und führte neue Nummern auf, da bereits einige Objekte fehlten. Darüber hinaus wurde bei rund zwei Drittel der Instrumente ein Schaden notiert oder deren Unbrauchbarkeit dokumentiert.[213] Insgesamt befanden sich noch rund 550 Instrumente im Kabinett. Ein

212 Vgl. Schnippenkötter 1939, S. 168–172; Ahrendt 2000, S. 71f.; Knopp 1988, S. 10–12. Zum Priesterseminar vgl. Reckers, Ernst: Geschichte des Kölner Priesterseminars bis zum Untergang der alten Erzdiözese, Köln 1929, S. 262.

213 Vgl. HAStK, Best. 155A, A 361, S. 1–35.

Teil davon wurde 1830 bei einem Doublettenverkauf an die kurz zuvor eröffnete Höhere Bürgerschule in Köln veräußert.[214]

Im März des Jahres 1845 brach ein Feuer im Marzellengymnasium aus, das die Schule stark beschädigte. Das Kabinett konnte rechtzeitig geräumt werden. Im selben Jahr kurz vor dem Brand war eine Revision des Instrumentenbestands von 1829 vorgenommen worden. Nach dem Unglück und der Wiederaufstellung der Instrumente in der Schule im Jahr 1864 erfolgte eine erneute Revision der Bestände. Nur drei Instrumente wiesen laut Verzeichnis einen Brandschaden auf.[215]

Auch wenn es scheint, dass das Kabinett im 19. Jahrhundert seinen Höhepunkt überschritten hatte, fanden Reparaturen und Anpassungen der Sammlung statt. Einzelne Objekte fanden noch immer im Unterricht Verwendung.[216] Außerdem wurden Ankäufe getätigt, die sowohl der heutige Objektbestand abbildet als auch die historischen Jahresprogramme des königlichen katholischen Gymnasium an Marzellen zu Köln ab 1888 dokumentieren. Dabei handelt es sich zum einen um Käufe technischer Apparate und Instrumente der Elektrizität oder Optik sowie Erwerbungen und auch Schenkungen von naturhistorischen Objekten der Botanik oder Zoologie. Sie werden zusammengefasst als „Physikalisch-naturwissenschaftliche Sammlung", woraus zu schließen ist, dass die Objekte gemeinsam aufgestellt waren.[217] In der heutigen Sammlung befindet sich beispielsweise eine Lötlampe des Kölner Mechanikers und Optikers Michael Hilt, der zwischen 1838 und 1882 in der großen Budengasse 13 eine Werkstatt unterhielt, weshalb

214 Vgl. HAStK, Best. 155A, A 361, S. 43 (nicht paginiert). Siehe das vollständige Inventar von 1829 in: https://kabinett.mapublishing-lab.uni-koeln.de/inventare/inventar-1829 [zuletzt aufgerufen am 07.04.2024]. Vgl. zur Höheren Bürgerschule, später Realgymnasium an der Kreuzgasse, in dem ein Physikalisches Kabinett aufgebaut wurde: Städtisches Gymnasium und Realgymnasium in der Kreuzgasse zu Köln 1928; Schwarzbach, Martin: Caspar Garthe (1796–1876). Mit einem Anhang über das Physikalische Kabinett des Gymnasiums in der Kreuzgasse, in: Ders. (Hg.): Naturwissenschaften und Naturwissenschaftler in Köln zwischen der alten und der neuen Universität (1798–1919), Köln 1985, S. 77–88.

215 Vgl. HAStK, Best. 155A, A 361. Siehe das vollständige Inventar von 1845 in: Gersmann 2019, https://kabinett.mapublishing-lab.uni-koeln.de/inventare/inventare-1845 [zuletzt aufgerufen am 07.04.2024].

216 Vgl. ebd. Als Unterrichtsmittel werden eine Luftpumpe und ein Messingbrunnen genannt; HAStK, Best. 560 (Dreikönigsgymnasium 1815–1972), A 180 beinhaltet überdies Schriftwechsel zu Neuanschaffungen und Vernichtungen von Instrumenten.

217 Siehe dazu Programme des Königlichen Katholischen Gymnasiums an Marzellen zu Köln 1887–1903, hg. vom Direktor des Gymnasiums, Köln 1887–1903, Schuljahr 1889/90, S. 41; 1891/92, S. 37; 1892/93, S. 43; 1893/94, S. 31; 1894/95, S. 25; 1895/96, S. 38; 1896/97, S. 23; 1897/98, S. 23, 1898/99, S. 21; 1899/1900, S. 23; 1900/01, S. 51; 1901/02, S. 23; 1902/03, S. 24. Die Sammlung wird meist als „Physikalisch-naturwissenschaftliche Sammlung" bezeichnet, teilweise aber auch als „Physikalisch-naturhistorische Sammlung". In beiden Fällen werden physikalische und naturhistorische Objekte gemeinsam aufgezählt. Siehe des Weiteren bis zum Umzug des Gymnasiums 1911 Jahresbericht des Königlichen Katholischen Gymnasiums an Marzellen zu Cöln 1906–1911, hg. vom Direktor des Gymnasiums, Köln 1906–1911, Schuljahr 1906, S. 16f.; 1907, S. 15; 1908, S. 11; 1911, S. 18f.

das Objekt in diesem Zeitraum angekauft worden sein muss.[218] Weitere Anschaffungen des 19. Jahrhunderts sind das Modell einer Dampfmaschine und das Hygroskop des Berliner Physikers Ernst Ferdinand August (1795–1870).

Im Jahresbericht des Umzugs der Schule an den Thürmchenswall 1911 wurde zur Physikalisch-naturwissenschaftlichen Sammlung vermerkt: „Gelegentlich des Umzugs wurde eine größere Anzahl von unbrauchbaren Apparaten ausrangiert und mehrere Apparate wurden umgearbeitet."[219] Dabei handelt es sich um einen großen Teil der heutigen Objekte, die Ende der 1920er-Jahre schließlich ins Historische Museum gegeben wurden, wie noch zu zeigen ist.

Der Vergleich des Mathematisch-Physikalischen Kabinetts des Marzellengymnasiums und seiner Entwicklung im 19. Jahrhundert mit demjenigen der 1828 eröffneten Höheren Bürgerschule zeigt auf den ersten Blick einen deutlichen Unterschied in der Modernität der Bestände und der Aufbaugeschwindigkeit. Die Bürgerschule war unter der Prämisse gegründet worden, Mathematik, Naturwissenschaften und Technik ins Zentrum des Unterrichts und Lehrplans zu stellen. 1830 konstituierte sich dort auf Basis des Doublettenankaufs vom Marzellengymnasium eine physikalische Sammlung, die im 19. Jahrhundert durch private, städtische und staatliche Gelder reich mit modernen Geräten erweitert wurde und somit Anfang des 20. Jahrhunderts über 1.200 Apparate zählte, darunter Transformatoren und Gasmotoren.[220]

Die Sammlung des Marzellengymnasiums entwickelte sich aufgrund ihres historischen und sehr viel heterogeneren Bestands im 19. Jahrhundert anders. Vor dem Hintergrund der technischen Weiterentwicklungen und Spezialisierungen der Naturwissenschaften verloren viele Instrumente ihre einst fortschrittliche Funktionalität, was Neuanschaffungen nötig machte, um auf dem Gebiet der Lehre die Bedeutung zu bewahren. Entgegen der bisherigen Darstellungen, die die Sammlungsgeschichte des 19. Jahrhunderts als eine reine Geschichte des Verfalls beschreiben,[221] kann auf Grundlage der dokumentierten Neuanschaffungen und Reparaturen, der heute erhaltenen Objekte aus dem 19. Jahrhundert und der gezielten Aussortierung der „unbrauchbaren" Apparate 1911 jedoch festgehalten werden, dass sich die Sammlung stark veränderte, dass zwar große Teile veräußert, aber auch viele neue Instrumente ob ihrer kontinuierlichen didaktischen Funktion und Einbeziehung in die Lehre angeschafft wurden. Zu Beginn des

218 Auch das Gymnasium an der Kreuzgasse erhielt in der ersten Hälfte des 19. Jahrhunderts Objekte vom Mechaniker Hilt. Vgl. zu den anderen in Köln tätigen Werkstätten des 19. Jahrhunderts Städtisches Gymnasium und Realgymnasium in der Kreuzgasse zu Köln 1928, S. 123.

219 Jahresbericht Marzellengymnasium 1911, S. 19.

220 Städtisches Gymnasium und Realgymnasium in der Kreuzgasse zu Köln 1928, S. 117–128; Schwarzbach 1985.

221 Vgl. Quarg 1994, S. 136. Gersmann 2019; Skowronek, Vanessa: Kabinett im Wandel: Das 19. Jahrhundert, in: Gersmann, Gudrun (Hg.): Das Physikalische Kabinett – Von der jesuitischen Lehrsammlung zum kulturellen Erbe, https://dx.doi.org/10.18716/map/00004, mapublishing 2019, https://kabinett.mapublishing-lab.uni-koeln.de/3-musealisierung/kabinett-im-wandel-das-19-jahrhundert [zuletzt aufgerufen am 28.01.2024].

20. Jahrhunderts wurde dann eine Reihe historisch wertvoller, aber für den Unterricht „unbrauchbarer" Objekte aussortiert, um Platz zu schaffen für die physikalische Lehre im neuen Gymnasialgebäude. In der detaillierten Auswertung der Inventare des 19. Jahrhunderts und der archivalischen Quellen der Schulgeschichte und der didaktischen Einbindung der Instrumente steckt demnach ein ebenso großes Forschungspotenzial.

Auch die anderen wissenschaftlichen Einrichtungen wurden durch die Entwicklungen des 19. Jahrhunderts beeinträchtigt: Die Sternwarte und der Botanische Garten mussten Mitte des Jahrhunderts im Zuge des Baus des Kölner Hauptbahnhofs abgerissen werden, doch schon zuvor hatte ihre Nutzung im Lehrkontext abgenommen. Die Sternwarte wurde beim Einzug des Priesterseminars geräumt und auch der Botanische Garten verlor ab Ende der 1820er-Jahre seine didaktische Funktion, obwohl dieser im ersten Jahrzehnt der preußischen Regierungszeit unverändert bedeutender Teil der Schule blieb. Dies lag vor allem an der personellen Kontinuität, denn der langjährige Gärtner Berenkamp war weiterhin für den Garten verantwortlich. Nach dessen Tod 1826 legte der Apotheker, Chemiker und Mineralienhändler Georg Friedrich Heis, der auch selbst über eine Naturaliensammlung verfügte, ein Protokoll des Gartens an, das dessen hohe Qualität dokumentiert. Weil jedoch kein wissenschaftlicher Botaniker mehr am Gymnasium tätig und für den Garten zuständig war, wurde er zunehmend nicht mehr in der Lehre eingesetzt.[222]

Das Naturalienkabinett scheint in preußischer Zeit zunächst neu aufgestellt und zwischenzeitlich um naturgeschichtliche Objekte Wallrafs erweitert worden zu sein, schrieb dieser doch 1815 an Grashof: „Links auf dem ersten Stocke [des ehemaligen Jesuitenkollegs] im Gang rechter Hand würden nun die Naturalien-Kabinette angelegt, welche 3 ad 4 Zimmer Raum erfordern, und worüber ich mit Ew. Wohl. alles mündlich überlegen muß."[223] Neben Teilen seiner Naturalien befanden sich außerdem Wallrafs Antiquitätensammlung und auch seine Gemälde zu Beginn des 19. Jahrhunderts in der Marzellenstraße. Der Apotheker Heis legte nach Wallrafs Tod 1824/25 ein Verzeichnis von dessen Fossilien und Mineralien an, das über 10.000 Stücke umfasste.[224] 1827 mussten die naturgeschichtlichen Objekte, die in Schränken untergebracht waren, ebenso ausgelöst durch den Einzug des Priesterseminars umziehen. Aus Platzmangel beschloss die Schulleitung, die Naturalien zeitweise an das 1827 neu entstandene Wallrafsche Museum im Kölner Hof zu übergeben, wo sie bleiben sollten, bis im Gymnasium ein geeigneter Ort gefunden sei. Letztlich waren die Naturalien im *Wallrafianum* mit der Mineralien- und Münzsammlung Wallrafs vereinigt worden, um dann teilweise an die

222 Vgl. zur Sternwarte Reckers 1929, S. 266. Zur Entwicklung des Botanischen Gartens siehe vor allem Napp-Zinn 1985, S. 133–137. Der ehemalige Professor der Naturgeschichte Cassel wurde bereits 1817 nach Gent berufen. Das Protokoll mit der „Entwicklung der Pflanzenbestände des Kölner Botanischen Gartens 1806–1826 findet sich auf S. 133.

223 Brief Wallrafs an Grashof vom 23. März 1815. Zitiert nach Limper 1939, S. 124.

224 Vgl. Deeters, Joachim: Der Nachlass Ferdinand Franz Wallraf (Best. 1105), Köln 1987, S. 353; Quarg 1995e, S. 318; Quarg 1985, S. 15f.

Höhere Bürgerschule gegeben zu werden, sodass die Rückgabe an das Marzellengymnasium erst im Jahr 1851 erfolgte.[225] Beim Auszug der Naturalien des Kollegs (ohne Wallrafs Stücke) am 1. August 1827 legte wiederum der Apotheker Georg Friedrich Heis, der offenbar während dieser Zeit mehrfach als Experte für naturgeschichtliche Sammlungen herangezogen wurde, eine Liste der Objekte an, die „aus dem Jesuiten-Gebäude" erhalten worden seien. Darunter finden sich beispielsweise 32 Gläser mit in Weingeist aufbewahrten Schlangen, Fischen und Insekten, ausgestopfte Vögel in schlechtem Zustand, acht Schubladen mit Conchylien, Seepflanzen, eine Münzsammlung, eine etwa 400 Stück umfassende Mineraliensammlung, Versteinerungen, Insekten und ein großer Nussbaumtisch.[226] Nach Rückgabe der naturgeschichtlichen Objekte wurde die Sammlung im Marzellengymnasium in der zweiten Hälfte des 19. Jahrhunderts durch

225 Dieser Vorgang ist hochinteressant, weil er Einblicke sowohl in die Handhabung und Zusammensetzung der Naturaliensammlung des ehemaligen Jesuitenkollegs in preußischer Zeit als auch in die frühe Geschichte des *Wallrafianum* ab 1827 gibt. Eine weiterführende Auseinandersetzung ist im Rahmen dieser Arbeit jedoch nicht möglich. Siehe Landeshauptarchiv Koblenz, Best. 405, Nr. 4536.

226 Ebd., ohne Foliierung. „Abschrift. Aus dem Jesuiten-Gebäude erhalten: Ein zusammengesetzter Kasten, welcher ehemals die vier Seiten eines hiezu passenden Zimmers einnahm. Er besteht aus 20 Abtheilungen, und ebenso vielen Untergestellen, wovon die oberen Theile oberhalb mit offenen Gestellen sind, und die unteren ebenso mit Schubladen und Gefächern, welche letztere sich mit Flügelthüren zuschließen. Hierzu befanden sich die unten bezeichneten Sachen zum Theil oben auf angebrachten Gestellen an den Seiten oder pyramidenförmig in der Mitte gelagert, theils unten in den Schubladen auf Gefächern. 32 Gläser mit in Weingeist aufbewahrten Schlangen, Fischen, Insekten und anderen. Der Weingeist war bei den meisten im Abnehmen; im Wiederauffüllen derselben und Ausreinigung liegt ihre fernere Erhaltung. Eine Parthie ausgestopfter Vögel, die meisten ganz verdorben, oder dem Verderben nahe, alle außer Werth und unbrauchbar. Acht Schubladen mit Conchylien, dabei einige größere dergleichen in den Obergestellen aufgestellt. Ein Schubladen mit Corallen, Fischen, Amphibien u.s.f. Einige dergleichen ausgestellt, nebst einer Schildkrötenschaale von 2 Fuß Durchmesser, ein Elendsfuß und ein paar Hörner. Ein Schubladen mit Seepflanzen. Ein oberer Theil eines Kastens bildet eine Münzsammlung in hierzu schicklichen schmalen Schublädchen, woran oben die Pokale größtentheils entleert waren, worin sich in der dabei befindlichen Collection der Gipsabdrücke viele Lücken befanden. In der Mineralien-Sammlungen befanden sich etwa 400 Stück der Wasser-, der Erd-, und Steinarten angehörend theils in Schubladen oder in den Kästen ausgestellt. Hierunter kein besonders ausgezeichnete, alte Teils mittelmäßige und größtenteils geringfügige Exemplare, viele mehrfach, wie z. B. der Kalksinteren, Amathissen, Marmorplättchen und dergleichen. Dann in der Klasse der brennbaren Stoffe etwa 30 Stücke, bestehend in Braun- und Steinkohlen. Dabei einige Salze, und ferner in der Klasse der Metalle etwa 300 Stücke größtentheils bestehend in Blei, Zink, Spießglanz, Braunstein, Kupfer und Eisen, beide letzten am zahlreichsten auch mitunter in massigen Stücken meistens doppelt und vielfach und im Ganzen nicht sonderbar bedeutende Exemplare. Acht Schubladen mit Versteinerungen nebst einigen aufgestellten dergleichen, doch fehlen die seltenen Exemplare gänzlich; anbei eine große Menge Ostraziten, Echeniten, Belemniten und dergleichen. Gebirgsarten – Eine Sammlung des Siebengebirgs von Noeggerath etwa 100 Stück und einige anderen. Paar Kästchen mit Insecten aber verdorben – Walfischgräte, – verwachsenes Holz und dergleichen. Ein großer nußbaumener Tisch." Cöln, 1. August 1827, von Georg Friedrich Heis. Am Rande befinden sich Bemerkungen, welche Teile sich in der Höheren Bürgerschule befanden und „gegen Vergütung der auf ihre Instandsetzung und Erhaltung verwendeten Kosten zurückgenommen werden" konnten und welche sich im „Lokale des Wallrafschen Museums" befanden und zurückgegeben werden konnten. Der genannte Carl Noeggerath war ein lokaler (Tausch-)Händler für Mineralien.

weitere Ankäufe und einige Schenkungen vor allem zoologischer Objekte erweitert. Die Spuren der Sammlung verlaufen sich um die Jahrhundertwende. Möglich ist, dass sie ebenso wie Wallrafs Naturaliensammlung (teilweise) in das 1892 eröffnete Naturkundemuseum übernommen wurden.[227] Ein Dokument des Dreikönigsgymnasiums aus den 1920er-Jahren zeigt jedoch, dass sich auch zu der Zeit noch eine „zoologische Sammlung" in der Schule befunden hat, die instandgesetzt und „nachkonserviert" wurde, darunter mehrere Präparate von Fischen, Schlangen und Insekten in Gläsern.[228]

3.2 Musealisierung in Phasen

Viele der historischen naturwissenschaftlichen Instrumente des Marzellengymnasiums, die aus jesuitischer und auch französischer Zeit stammten, verloren im Verlauf des 19. Jahrhunderts an Bedeutung in der praktischen Lehre oder wurden teilweise verkauft. Im Kontext des Umzugs des Marzellengymnasiums an den Thürmchenswall wurden 1911 über 100 „unbrauchbare"[229] Objekte aussortiert, die in zwei Listen, eine handschriftlich und eine maschinenschriftlich, ohne Systematik aufgeführt wurden. Dabei handelt es sich zum großen Teil um den heutigen erhaltenen Bestand an historischen Instrumenten, die zwischenzeitlich sogar verkauft werden sollten.[230] Dieser Vorgang dokumentiert den vorangegangenen Funktionswandel, den die Objekte vollzogen hatten: von Lehrinstrumenten zu veralteten und unbrauchbaren Gegenständen der praktischen Naturwissenschaften. Zu Beginn des 20. Jahrhunderts deutete sich dann ein weiterer Funktionswechsel an, als die Instrumente zunehmend als kultur- und technikhistorisch interessante Objekte wahrgenommen wurden. Vor dem Hintergrund der Genese von Technikmuseen in Deutschland um die Jahrhundertwende wandelten sich historische naturwissenschaftliche Instrumente und Geräte zu Museums- und Ausstellungsobjekten.[231] Dieser Prozess der Musealisierung kann übergreifend als Veränderung von Subjekten im Umgang mit Objekten beschrieben werden, „wobei letztere einer Kontextveränderung unterliegen, meist hervorgerufen durch Entfunktionalisierung oder einen Deklarationsakt durch Entzeitlichung oder eventuell Enträumlichung".[232] Auch die

Vgl. Engländer, Hans: Das Naturkundemuseum in Köln (1892–1944) und seine Vorgänger, in: Schwarzbach, Martin (Hg.): Naturwissenschaften und Naturwissenschaftler in Köln zwischen der alten und der neuen Universität (1798–1919), Köln 1985, S. 185–199, hier S. 186.

227 Vgl. Quarg 1995e, S. 318. Zum Naturkundemuseum siehe Hilburg, Carl: Führer durch das Museum für Naturkunde im Stapelhause zu Cöln, Köln: Steven, 1904; Engländer 1985.

228 Vgl. HAStK, Best. 560, A 240, fol. 13r.

229 Jahresbericht Marzellengymnasium 1911, S. 19.

230 Vgl. HAStK, Best. 560, A 651, fol. 36r. Siehe die vollständige maschinenschriftliche Liste von 1912 in: Gersmann 2019, https://kabinett.mapublishing-lab.uni-koeln.de/inventare/inventar-1912 [zuletzt aufgerufen am 07.04.2024].

231 Vgl. Kift/Schmidt 2016, S. 124.

232 Menzel, Ulrich: Musealisierung des Technischen. Die Gründung des ‚Deutschen Museums von Meisterwerken der Naturwissenschaft und Technik' in München, Technische Universität Braunschweig 2002, 10.24355/dbbs.084-200511080100-696 [zuletzt aufgerufen am 17.03.2024], S. 19

Intentionen der Subjekte unterlagen einem Wandel. Die Instrumente des Mathematisch-Physikalischen Kabinetts waren nicht mehr Gebrauchsstücke und Lehrmittel der verschiedenen naturwissenschaftlichen Disziplinen oder Werkzeuge mit einem praktischen Nutzen, sondern sie wurden von den Verantwortlichen als materielle Zeugnisse der Kultur- und Technikgeschichte angesehen, die präsentations- und bewahrungswürdig waren.

Das wohl prominenteste Beispiel der Musealisierung von naturwissenschaftlichen Objekten und Sammlungen zu Beginn des 20. Jahrhunderts ist die Gründung des Deutschen Museums München im Jahr 1903.[233] Die Initiatoren, unter denen vor allem der Ingenieur Oskar von Miller hervorzuheben ist, nahmen sich zum Leitziel, anhand von Meisterwerken aus Naturwissenschaft und Technik zum einen die Bedeutung der Erfinder und Protagonisten der einzelnen Disziplinen herauszustellen und zum anderen die Entwicklung moderner Industrien anhand historischer Vorläufer zu erklären.[234] Objekte aus fast allen Bereichen der Naturwissenschaft wurden in Vitrinen und auf Podesten ausgestellt und somit aus ihrem ursprünglichen Funktionszusammenhang genommen. Die Historisierung der Objekte stand dabei auch im Zusammenhang mit der sich vollziehenden Modernisierung von Gesellschaft und Technik. Diese Prozesse führten zu schnellen Veränderungen im Leben der Menschen, was teils Verunsicherung und eine Suche nach Stabilität mit sich brachte. Vor diesem Hintergrund kann die Musealisierung der Technik als Mittel bezeichnet werden, naturwissenschaftliche Phänomene durch das zeitliche und inhaltliche Ordnen von Objekten rational verständlich zu machen. Darüber hinaus zeigte sich bei der musealen Präsentation im Deutschen Museum der Stolz auf die technischen Errungenschaften des modernen deutschen Kaiserreichs.[235]

Bei der Beschaffung der Museumsobjekte starteten die Verantwortlichen eine nationale Initiative. Instrumente, Lehrmodelle und Apparaturen wurden von fachmännischen Referenten der einzelnen Disziplinen gesichtet, dem Vorstand zum Erwerb vorgeschlagen und im Anschluss bei den jeweiligen Institutionen als Spende, Stiftung oder Schenkung erfragt. Ab 1904 wurden dazu briefliche Anfragen, sogenannte Stifterbriefe, an die entsprechenden Institutionen übersendet. Ein großer Teil der Sammlung des Deutschen Museums generierte sich aus der Königlichen Bayerischen Akademie der Wissenschaften. Darüber hinaus wurden bis 1909 70 Stiftungen verzeichnet, sodass das Museum bis zu diesem Jahr bereits 2000 Objekte erworben hatte.[236] Vor diesem Hintergrund wurden im Jahr 1915 auch ausgewählte Instrumente aus dem Mathematisch-Physikalischen Kabinett in Köln angefragt. In einem Brief aus dem Herbst 1915 leitete das zuständige

und S. 135–140; Ulrich Menzel bezieht sich auf Sturm, Eva: Konservierte Welt. Museum und Musealisierung, Berlin 1991.

233 Zur Gründung und zum Aufbau des Deutschen Museums München siehe zum Beispiel Menzel 2002, S. 72–195.

234 Vgl. Kift/Schmidt 2016, S. 124.

235 Vgl. Menzel 2002, S. 19f.

236 Vgl. ebd., S. 153–164.

Provinzialschulkollegium Koblenz das Gesuch an das Dreikönigsgymnasium in Köln weiter – die Umbenennung von Marzellengymnasium zu Dreikönigsgymnasium war im Zuge des Umzugs der Schule im Jahr 1911 an den Thürmchenswall erfolgt. In dem Brief wurden zwölf astronomische Objekte aufgeführt, die „unentgeltlich, jedoch gegen Erstattung der Verpackungskosten überlassen werden [sollten]".[237] Dazu lagen mehrere Frachtbriefe bei.[238] Auf welche Weise die Münchner Verantwortlichen genaue Kenntnis von den ausgewählten Instrumenten erhalten hatten, ist nicht belegt. Bereits im Dezember desselben Jahres folgte die Antwort des städtischen Schulbeamten Kahl, der gegen die Übersendung der Objekte nach München Einspruch erhob. Er verwies allerdings an dieser Stelle auf die geplante Überführung der Sammlung an das Historische Museum der Stadt Köln.

Dieser Vorgang zeigt zum einen die nationale Bedeutung der aufgeführten astronomischen Objekte, die in der entsprechenden Abteilung in München ausgestellt werden sollten.[239] Zum anderen belegt die Absage der Stadt Köln, dass es schon in den 1910er-Jahren Bestrebungen gab, die Instrumente des Mathematisch-Physikalischen Kabinetts als Museumsobjekte an das Historische Museum in Köln zu übergeben.[240] Dieses befand sich nach seiner Gründung im Jahr 1888 in der Hahnen- und Eigelsteintorburg. Während des Ersten Weltkriegs wurde das Museum geschlossen. Der damalige Direktor, Joseph Hansen, suchte bereits seit längerem nach einem passenden Gebäude für eine Museumserweiterung. Diese konnte erst ab 1927 realisiert werden, als das Rheinische Museum in Deutz eröffnet wurde.[241] Im selben Jahr wurden die Instrumente des Mathematisch-Physikalischen Kabinetts schließlich an das Museum übergeben. Ein offizielles Dokument aus dem Jahr 1938 beschloss den Dauerleihvertrag zwischen dem Dreikönigsgymnasium und dem Haus der Rheinischen Heimat, wie das Museum inzwischen hieß. Zu diesem Anlass wurde erneut ein Inventar angefertigt, das einen Grundstein der heutigen wissenschaftlichen Forschungen über das Mathematisch-Physikalische Kabinett legte.[242]

237 HAStK, Best. 560, A 651, fol. 46r.

238 Vgl. ebd., fol. 47v–50r.

239 Vgl. ebd., fol. 47v–50r. Einige Instrumente des Mathematisch-Physikalischen Kabinetts der Universität Würzburg wurden beispielsweise 1905 und 1909 an das Deutsche Museum München übergeben. Vgl. http://www.universitaetssammlungen.de/sammlung/1193 [zuletzt aufgerufen am 03.02.2024].

240 Vgl. ebd., fol. 53r–53v. Die Absage ist an eine höhere Instanz, an das Ministerium für Unterrichtsangelegenheiten in Berlin, gesendet worden. Erkennbar wird in dem Brief zudem, dass die Besitzverhältnisse am Mathematisch-Physikalischen Kabinett sehr umstritten waren. Die Stadt Köln machte ihren Eigentumsanspruch an der Sammlung deutlich und verwies auf zwei Urteile von 1895 und 1896. Vgl. Quarg 1991, S. 161.

241 Zum Rheinischen Museum in Deutz siehe zum Beispiel Hieke, Katrin: Im Spannungsfeld von Politik, Innovation und Tradition. Das Rheinische Museum/Haus der Rheinischen Heimat in Köln 1925–1956, Berlin 2018.

242 Vgl. Verzeichnis der Leihgaben 1938, https://kabinett.mapublishing-lab.uni-koeln.de/inventare/inventar-1938 [zuletzt aufgerufen am 07.04.2024].

Ebenfalls in Deutz – in den kurz zuvor eröffneten Messehallen – fand im Jahr 1925 eine andere Großausstellung statt: die Jahrtausendfeier der Rheinlande. Wenngleich im ganzen Rheinland dezentral kleinere und teilweise auch private Ausstellungen und Veranstaltungen durchgeführt wurden, richtete Köln die zentrale Jahrtausendausstellung aus. Vor dem Hintergrund der Rheinlandbesetzungen infolge des Ersten Weltkriegs durch die Alliierten sollte die das Rheinland übergreifende Ausstellung dessen Zugehörigkeit zum Deutschen Reich zeigen und einen identitätsstiftenden Charakter entfalten.[243]

> „Im Spannungsfeld zwischen [der Politik des passiven Widerstands gegen die Besatzung] der Reichsregierung und der Separatismusgefahr im Rheinland selbst erwuchsen die Pläne für eine großangelegte geschichtspolitische Operation, welche die ‚untrennbare' Verbundenheit der besetzten Gebiete mit dem deutschen Staat zum Ausdruck bringen sollte. Man griff weit in die Geschichte zurück, um eine sehr moderne Form der Identitätskonstruktion zu vollbringen: die Erfindung eines völkischen Kollektivs."[244]

Als Anlass wurde ein historisches Jubiläum gewählt: die 1000-jährige Eingliederung der Rheinlande (respektive des mittelfränkischen Lotharingiens) in das Deutsche Reich (respektive das ostfränkische Reich) durch König Heinrich I. im Jahr 925. Die konkrete Ausstellungsorganisation war jedoch ohne klare politische Provokationen geplant und verfolgte auch andere Ziele, wie den Ausbau des Tourismus. Die Ausrichtung der zentralen Jahrtausendausstellung sollte „kulturhistorisch-wissenschaftlich und aufklärend über die rheinisch-deutsche Geschichte" sein, obwohl sich auch „eine deutliche Instrumentalisierung der historischen Forschung und des Ausstellungsgedankens"[245] erkennen ließ.[246]

Die Initiatoren der Jahrtausendfeier waren Kölner Politiker, besonders der in Berlin gut vernetzte und einflussreiche Kölner Bürgermeister Konrad Adenauer. Unter den Organisatoren der Jahrtausendausstellung der Rheinlande in Deutz, die in den Sommermonaten des Jahres 1925 stattfand, sind der Neusser Museumsdirektor Wilhelm Ewald und der Kölner Wirtschaftshistoriker Bruno Kuske als Leiter hervorzuheben. Daneben waren Historiker und andere Wissenschaftler maßgeblich beteiligt.[247] Sie realisierten

243 Vgl. Haude, Rüdiger: Die ‚Jahrtausendausstellungen' in Köln und Aachen 1925, in: Internetportal Rheinische Geschichte, http://www.rheinische-geschichte.lvr.de/Epochen-und-Themen/Themen/die-jahrtausendausstellungen-in-koeln-und-aachen-1925/DE-2086/lido/57d1357ad31239.21169195 [zuletzt aufgerufen am 28.01.2024].

244 Ebd.

245 Förster, Cornelia: Zur Problematik kulturhistorischer Ausstellungen am Rhein. Jahrtausendausstellung Köln 1925. Gesolei Düsseldorf 1926. Stadtjubiläum Düsseldorf 1988, in: Schneider, Ulrich (Hg.): Festschrift für Gerhard Bott zum 60. Geburtstag, Darmstadt 1987, S. 159–167, hier S. 160.

246 Zur politischen Ausrichtung und Rezeption der Jahrtausendausstellung siehe zum Beispiel den Sammelband von Cepl-Kaufmann, Gertrude (Hg.): Jahrtausendfeiern und Befreiungsfeiern im Rheinland. Zur politischen Festkultur 1925 und 1930, Essen 2009.

247 Vgl. Theis, Kerstin: Die Historiker und die Rheinische Jahrtausendfeier von 1925, in: Geschichte im Westen (GiW) 20 (2005), S. 23–48. Kerstin Theis analysiert die Gruppe der beteiligten Historiker und deren Wirken in prosopografischer wie wissenschaftsgeschichtlicher Hinsicht.

eine rund 10.000 Objekte umfassende Ausstellung, die in zwei Abteilungen aufgeteilt war. Abteilung A zeigte in 52 Räumen die historische, politische und künstlerische Entwicklung des Rheinlands auf, während sich in Abteilung B die Wirtschaft, soziale Einrichtungen und Kommunen präsentierten. Die Qualität und Quantität der Ausstellung auf kunst- und kulturgeschichtlicher Ebene machen deutlich, dass die Jahrtausendausstellung auch und vor allem eine (antifranzösische) Leistungsschau und Bühne der rheinländischen Selbstrepräsentation war.[248]

Durch den Katalog der Jahrtausendausstellung sind die Aufstellung aller Ausstellungsstücke und auch ihre Herkunft dokumentiert. Die Objekte des Mathematisch-Physikalischen Kabinetts waren in Abteilung A in Raum 41, Koje 1, in der Kategorie Schule und Unterrichtswesen ausgestellt.[249] In zwei Schränken und auf anderen Ablagemöglichkeiten wurden Instrumente der verschiedenen Bereiche der Physik – Optik, Astronomie, Gnomonik, Mechanik etc. – gezeigt, die die „Entwicklung der Lehrmittel- und Unterrichtsgegenstände für den physikalisch-naturwissenschaftlichen Unterricht"[250] veranschaulichen sollten. Neben recht jungen Apparaturen vor allem aus dem Gymnasium an der Kreuzgasse und zeitgenössischen Stücken rheinländischer Firmen demonstrierten die älteren Objekte des Dreikönigsgymnasiums die historische Genese und Entwicklung der Techniken. Sonnenuhren, Astrolabien und Messgeräte wurden im Katalog summarisch aufgeführt, während das Newtonsche sowie ein Gregorysches Spiegelfernrohr und ein historisches Mikroskop des 17. Jahrhunderts separat genannt sind. Das historische Gymnasium Tricoronatum scheint keine besondere Erwähnung auf der Jahrtausendfeier gefunden zu haben. Bei der Präsentation der Objekte aus dem Kabinett war nur an einer Stelle die Provenienz „altes Jesuitenkloster"[251] angegeben. Der Jesuitenorden selbst wurde in einer Rubrik mit der evangelischen Kirche präsentiert. Im Mittelpunkt stand das überregionale Wirken des Ordens durch theologische Schriften, Kirchenbilder und Personendarstellungen. Auch die Porträts bedeutender Kölner Jesuiten wie Johannes Rethius und Joseph Hartzheim, die dem Kölner Gymnasial- und Stiftungsfonds gehören, waren ausgestellt. Auf die ehemalige große Bedeutung des

248 Vgl. Cepl-Kaufmann, Gertrude: Die Jahrtausendfeiern. Ein Fall für die Kulturwissenschaft. Statt einer Einleitung, in: Dies. (Hg.): Jahrtausendfeiern und Befreiungsfeiern im Rheinland. Zur politischen Festkultur 1925 und 1930, Essen 2009, S. 11–34; Schmidt, Hans M.: Die Jahrtausend-Ausstellungen in Aachen, Düsseldorf, Köln sowie Koblenz und Mainz, in: Cepl-Kaufmann, Gertrude (Hg.): Jahrtausendfeiern und Befreiungsfeiern im Rheinland. Zur politischen Festkultur 1925 und 1930, Essen 2009, S. 229–262, hier S. 243–262.

249 Vgl. Katalog der Jahrtausendausstellung der Rheinlande in Köln 1925, Köln 1925, hg. von Bruno Kuske/Wilhelm Ewald, Köln 1925. Zum Mathematisch-Physikalischen Kabinett in der Jahrtausendausstellung der Rheinlande vgl. vor allem Schlinkheider, Sebastian: Die Jahrtausendausstellung der Rheinlande von 1925, in: Gersmann, Gudrun (Hg.): Das Physikalische Kabinett – Von der jesuitischen Lehrsammlung zum kulturellen Erbe, https://dx.doi.org/10.18716/map/00004, mapublishing 2019, https://kabinett.mapublishing-lab.uni-koeln.de/3-musealisierung/die-jahr tausendausstellung-der-rheinlande-von-1925 [zuletzt aufgerufen am 28.01.2024].

250 Kuske/Ewald 1925, S. 370.

251 Ebd., S. 371.

jesuitischen Kölner Gymnasiums hingegen gab es keinen Verweis.[252] Wenngleich die Jahrtausendausstellung der Rheinlande überaus reich fotografisch dokumentiert worden war, sodass auf dieser Grundlage später das Rheinische Bildarchiv gegründet wurde, konnten keine Abbildungen der ausgestellten physikalischen Objekte gefunden werden. Dies könnte ein Zeichen der vergleichsweise geringen Bedeutung der Kategorie Unterrichtswesen innerhalb der Ausstellungsthemen sein. Generell muss jedoch die Jahrtausendausstellung als erste museale Präsentation ausgewählter Objekte des Mathematisch-Physikalischen Kabinetts hervorgehoben werden. Der Funktionswandel von Instrumenten und Lehrmitteln zu Museumsobjekten war vollzogen.

Im Anschluss an die Jahrtausendfeier der Rheinlande wurde die „Sammlung des alten Tricoronatums" schließlich 1927 an das Historische Museum der Stadt Köln übergeben, wobei neben den mathematisch-physikalischen Objekten auch Porträts aus dem Gymnasium Tricoronatum übergeben wurden.[253] Das *Verzeichnis der Leihgaben für das Haus der Rheinischen Heimat Köln* vom 2. November 1938 dokumentierte die Dauerleihgabe schließlich endgültig, was die Musealisierung abschloss und Raum für wissenschaftliche Forschung und museale Präsentationen eröffnete.[254]

252 Ebd., S. 100–103.

253 Vgl. dazu HAStK, Best. 560, A 681. Siehe das vollständige Inventar von 1927 in: Gersmann 2019, https://kabinett.mapublishing-lab.uni-koeln.de/inventare/inventare-1927 [zuletzt aufgerufen am 07.04.2024].

254 Vgl. Verzeichnis der Leihgaben 1938. Siehe das vollständige Inventar von 1938 in: Gersmann 2019, https://kabinett.mapublishing-lab.uni-koeln.de/inventare/inventar-1938 [zuletzt aufgerufen am 07.04.2024]. Vor diesem Hintergrund ist eine Liste vom 27. Dezember 1938 interessant, die dokumentiert, dass die „der Anstalt gehörenden geschichtlich wertvollen, für den Unterricht aber wertlosen Apparate als Leihgabe dem Rheinischen Museum in Köln überwiesen worden [sind]. Außer diesen befinden sich noch folgende Apparate von weit geringerem Wert in Besitz der Schule. Eine Überprüfung dieser Stücke hat ergeben, dass diese auch nicht ohne geschichtliche Bedeutung sind. 1] 3 alte Gewichtssätze, 2) 1 Reibungselektrisiermaschine, 3] 1 Spiegelteleskop, 4) 2 Magdeburger Halbkugeln, 5] 2 Holzgestelle mit Aufhängevorrichtung, 6) 1 Walzenelektrisiermaschine, 7] 1 Rutorte aus Messing, 8) 2 Kupferringe mit Zodiakus (Spiegelschrift), 9] 1 ‚Goldwaage', 10) 1 Luftpumpe, 11] 4 Magnete." Diese Objekte sind wie alle im Dreikönigsgymnasium untergebrachten Lehrmittel im Zuge des Zweiten Weltkriegs zerstört worden. Siehe HAStK, Best. 560, A 240, fol. 3r. Die Objekte aus dem Mathematisch-Physikalischen Kabinett überstanden den Zweiten Weltkrieg hingegen größtenteils unbeschadet. Eine wichtige Station im Kontext der wissenschaftlichen Aufarbeitung des Mathematisch-Physikalischen Kabinetts in der zweiten Hälfte des 20. Jahrhunderts war das Universitätsjubiläum im Jahr 1988. Eine nennenswerte Sonderausstellung, bei der fast 20 Instrumente präsentiert worden sind, war die Schau „Lust und Verlust. Kölner Sammler zwischen Trikolore und Preußenadler" vom Herbst 1995 bis zum Frühjahr 1996. Zudem waren ausgewählte Objekte des Mathematisch-Physikalischen Kabinetts in der alten Dauerausstellung des Zeughauses zu sehen. Aktuell sind keine Instrumente ausgestellt. Die durch das Projekt des Kölner Gymnasial- und Stiftungsfonds erarbeiteten (Forschungs-)Publikationen und digitalen Objektpräsentationen bieten jedoch hoffentlich die Grundlage dafür, dass das Mathematisch-Physikalische Kabinett in Zukunft museal eingebunden wird.

III. Objektanalysen

Nach der Schilderung der Sammlungsgeschichte des Mathematisch-Physikalischen Kabinetts sollen im Folgenden ausgewählte Objekte im Zentrum stehen. In chronologischer Reihenfolge werden in fünf Kapiteln Einzelobjekte beschrieben und mithilfe der Grafik (Abb. 7) analysiert. Die Auswahl ist insofern repräsentativ, als die Objekte aus verschiedenen mathematisch-physikalischen Bereichen stammen und sie jesuitische oder französische Provenienzen aufweisen.[1]

1. Astronomie und Kosmologie: Astrolabium

1.1 Materielle Beschreibung

Das große Astrolabium (Abb. 92) im Kölnischen Stadtmuseum gehört zu den Prunkstücken des Mathematisch-Physikalischen Kabinetts. Mit 46 cm Durchmesser ist das scheibenförmige Messgerät aus Messing nicht nur wegen seiner Größe, sondern auch wegen seines Stils in kunstgeschichtlicher Hinsicht eines der wichtigsten (astronomischen) Instrumente der Sammlung. Mit einer Stärke von 12 mm wiegt das Messinstrument fast 8 kg und war somit als Anschauungs- und (Re-)Präsentationsinstrument und nicht als täglich zu benutzendes Messgerät konstruiert.[2]

Die Vorderseite des Astrolabiums ist mit einer aufwendig geschwungenen Rete mit 40 Fixsternen verziert und von einem erhöhten Rand mit Stunden- und Gradeinteilung in Antiqua-Schrift eingefasst (Abb. 92), während das Dorsum ein Gradnetz mit einer Abbildung des Sternenhimmels in einer universellen stereometrischen Projektion zeigt

1 Siehe die komplette Sammlung in: https://www.kulturelles-erbe-koeln.de/gallery/encoded/eJzjYBJy42JLTy1OzC0RMlDySi0uzSxJzQNyc3NK89KVFBz9XBSUAjIqizOzE3Myi5MzUosVvBOTMvNSS0qUpJiB0krMJTnZWgwAXHAXHA [zuletzt aufgerufen am 26.03.2024]. Es wird empfohlen, die jeweiligen Objekte in der Datenbank aufzurufen, um alle Abbildungen und weitere Informationen zu bekommen.

2 Vgl. Dieckhoff, Reiner: Cosmographia planisphaeria. Ein ‚Arsenius-Astrolabium' des späten 16. Jahrhunderts im Kölnischen Stadtmuseum, in: Kölner Museums-Bulletin: Berichte und Forschungen aus den Museen der Stadt Köln (1990), S. 23–44. Die Detailaufnahmen zur Analyse des Astrolabiums finden sich, wenn nicht anders angegeben, im Objektdatensatz zum Astrolabium L 184: in: https://www.kulturelles-erbe-koeln.de/documents/obj/05741414 [zuletzt aufgerufen am 26.03.2024].

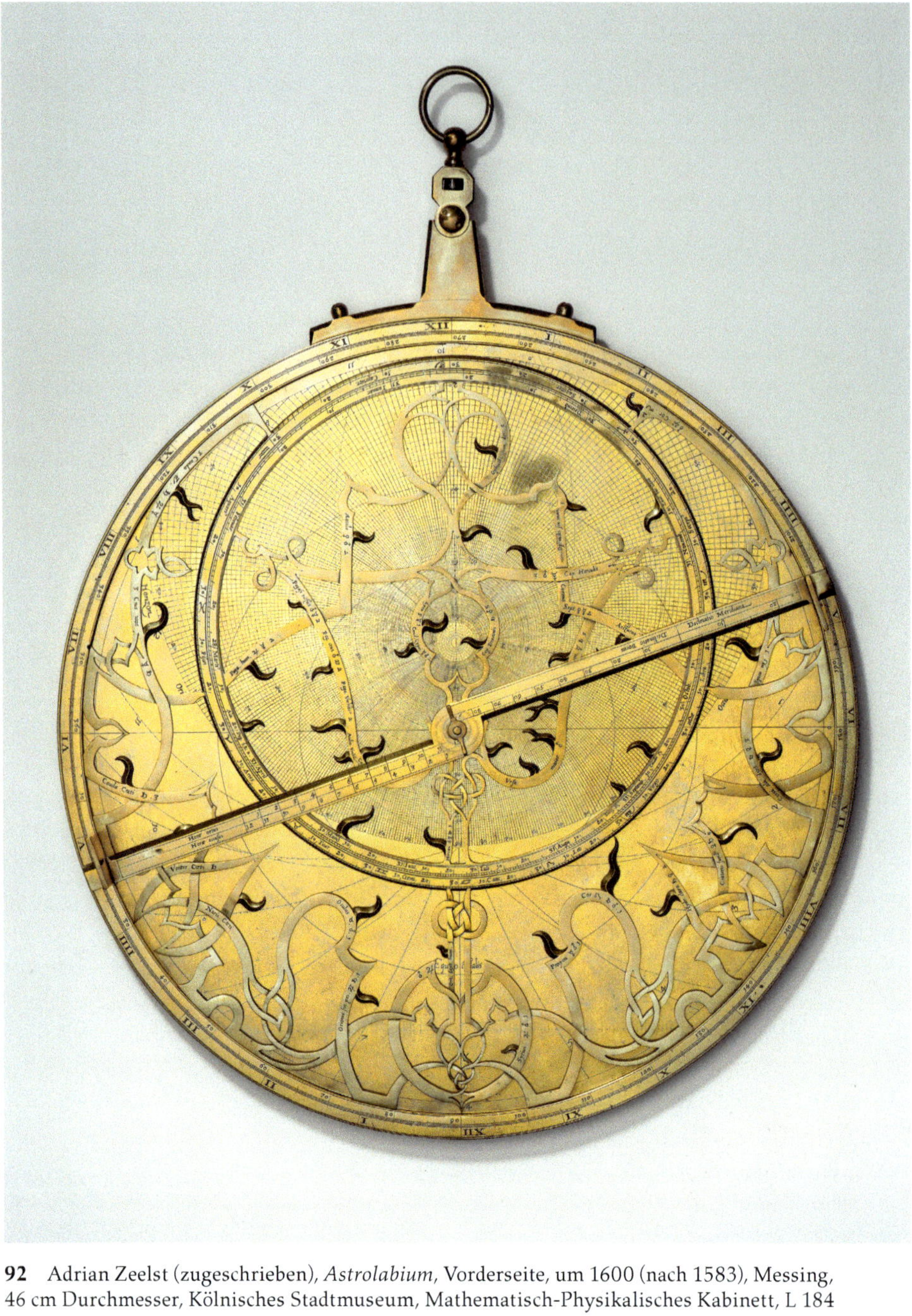

92 Adrian Zeelst (zugeschrieben), *Astrolabium*, Vorderseite, um 1600 (nach 1583), Messing, 46 cm Durchmesser, Kölnisches Stadtmuseum, Mathematisch-Physikalisches Kabinett, L 184

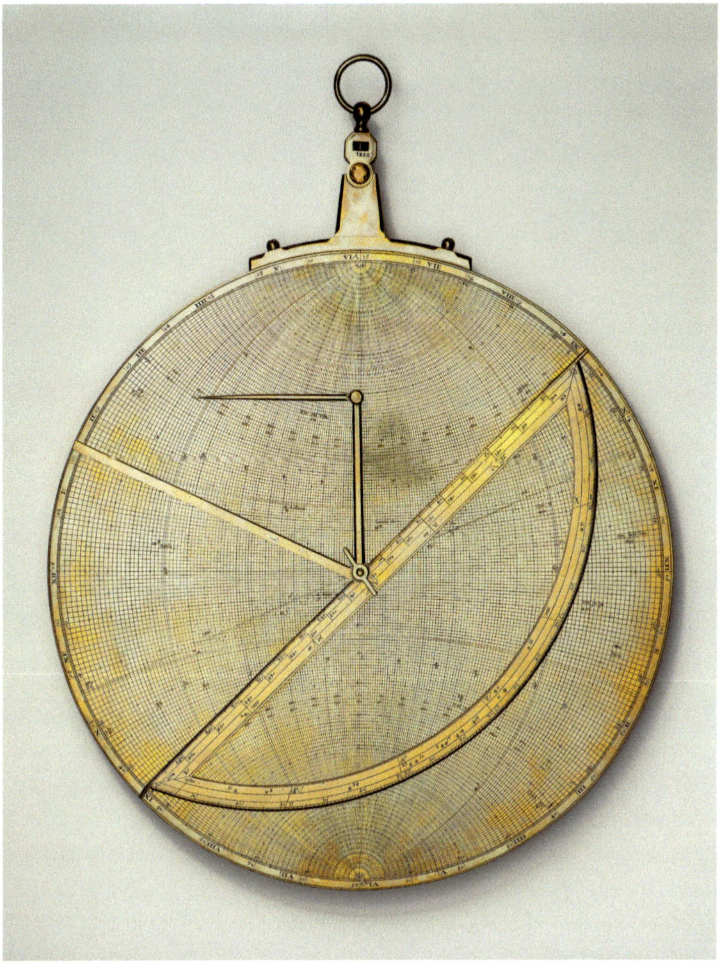

93 Adrian Zeelst (zugeschrieben), *Astrolabium*, Rückseite, um 1600 (nach 1583), Messing, 46 cm Durchmesser, Kölnisches Stadtmuseum, Mathematisch-Physikalisches Kabinett, L 184

(Abb. 93). Zu dem Astrolabium gehören zwei austauschbare runde Scheiben sowie ein Lineal, ein Zirkel, ein elliptisches Ableselineal und eine Alhidade. Die beiden Scheiben enthalten stereografische Projektionen für die Breitengrade 51° und 52°, auf den Rückseiten zum einen Umrechnungsdiagramme für Stunden, Schattenquadrate, eine Horizontaltafel; zum anderen die Scheitelpunkte der zwölf Tierkreiszeichen.[3] Während die

3 Vgl. ebd., S. 32f. Eine detaillierte Beschreibung des Astrolabiums findet sich bei Cleempoel, Koenraad van: A Catalogue Raisonné of Scientific Instruments from the Louvain School, 1530–1600, Turnhout 2002, S. 218–221.

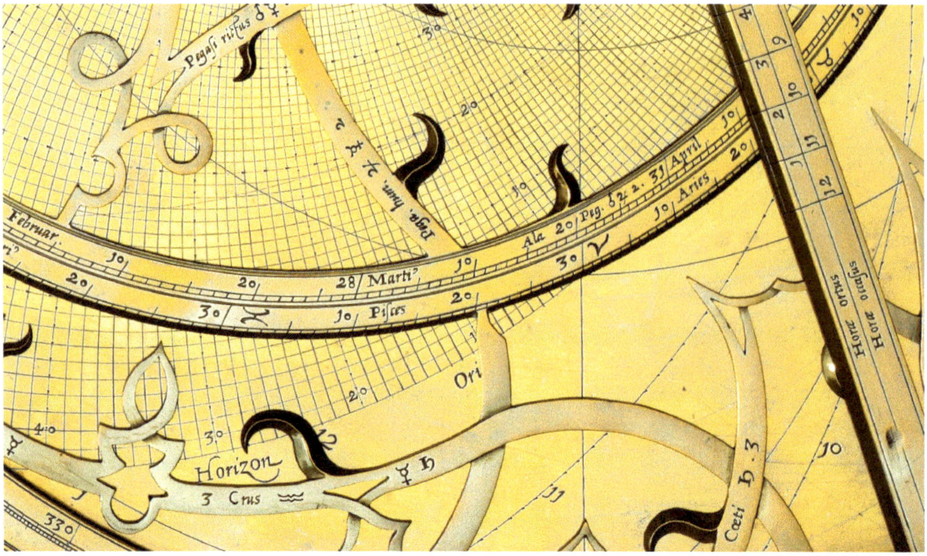

94 Adrian Zeelst (zugeschrieben), *Astrolabium*, Vorderseite (Detail), um 1600 (nach 1583), Messing, 46 cm Durchmesser, Kölnisches Stadtmuseum, Mathematisch-Physikalisches Kabinett, L 184

Bestandteile demnach vollständig erhalten sind, fehlt die ursprüngliche Aufhängevorrichtung, von der noch Bohrungen im Rand erkennbar sind. Somit findet sich auf dem Astrolabium weder eine Signatur noch ein genaues Entstehungsdatum, waren diese doch vermutlich auf der Aufhängevorrichtung angebracht. Anhand der Sternenkonstruktion kann jedoch das Jahr 1583 als *Terminus post quem* ermittelt werden, da das neue Datum des Frühlingsanfangs nach der Kalenderreform unter Papst Gregor XIII. bereits eingearbeitet wurde – der 20. März liegt auf dem Aries-Punkt 0° (Abb. 94).[4] 1990 wurde eine neue Aufhängevorrichtung angebracht. Gebrauchsspuren weist das Objekt nicht auf, jedoch ist die Messingoberfläche partiell angelaufen.

Das Astrolabium entstammt der sogenannten Löwener Schule des Instrumentenbaus des 16. und Anfang des 17. Jahrhunderts, was vor allem anhand der Tulpenform der Rete zu erkennen ist. Es ist zudem für die Breitengrade 51° und 52° konzipiert, wobei 51° den Breitengraden von Köln und Löwen entspricht. Über die Zuschreibung zu einem Künstler herrscht in der Forschung jedoch Unklarheit. Das Kölner Astrolabium galt als ein Werk des Löwener Künstlers Gualterus Arsenius (ca. 1530–1579), bevor 2002 eine Neuzuschreibung zu Adrian Zeelst (vor 1545–nach 1624) vorgenommen wurde. Ferner ist bislang nicht geklärt, wie das Astrolabium nach Köln gelangte.

4 Vgl. Dieckhoff 1990, S. 33; Cleempoel 2002, S. 218–221.

1.2 Funktionsweise

Die Ursprünge des Astrolabiums sind bereits in der antiken Wissenschaft zu finden. Das Instrument in seiner frühen Form war um die Jahrtausendwende aus dem islamischen Raum über Spanien und Sizilien nach Zentraleuropa gekommen und verbreitete sich in Europa schnell als Universalinstrument zur Bestimmung der Uhrzeit, zur Höhenmessung und zur Beobachtung des Sternenhimmels. Der Hauptbestandteil des Astrolabiums ist eine kreisförmige Platte, die meist durch einen angefügten Ring gehalten oder auf einen Fuß aufgestellt werden kann. Diese als Mater bezeichnete Grundplatte hat zwei Seiten, von denen die vordere mit verschiedenen Scheiben mit Koordinatennetzen bedeckt werden kann und am erhöhten Rand Stunden- und Gradeinteilungen aufweist. Über dem Koordinatennetz werden ein Zeiger und eine drehbare Rete, in deren flachem Muster die Jahresbahn der Sonne (Ekliptik) und die Fixsterne von einer Himmelskugel durch stereografische Projektion fixiert sind, befestigt. Dadurch können die Sterne und deren Rotation des (meist nördlichen) Himmels auf einer Scheibe abgebildet und beobachtet werden. Die als Dorsum bezeichnete Rückseite des Maters zeigt eine Gradskala mit einem drehbaren Zeiger, der Alhidade, womit Berechnungen von Sternen- aber auch beispielsweise Gebäudehöhen vorgenommen werden können.

Das Astrolabium war besonders im Spätmittelalter und der Renaissance sehr beliebt, sodass im Laufe der Zeit verschiedene Formen von Astrolabien entstanden sind: einfache und komplexe, eher funktionale oder sehr prunkvolle und große Werke. Sie wurden sowohl in der Wissenschaft als auch im repräsentativen, höfischen Kontext angeschafft und angewandt. Nach 1500 entstanden in Nürnberg und vor allem in Löwen[5] zwei Zentren der Astrolabienherstellung nördlich der Alpen. Besonders die kunstvollen Reten der Löwener Meister Gemma Frisius (1508–1555) und seines Neffen Gualterus Arsenius wirkten stilprägend für andere Städte wie Prag oder Augsburg. Die angesehenen Löwener Astrolabien wurden europaweit angekauft und gesammelt und finden sich dadurch noch heute in den großen naturwissenschaftlichen Sammlungen Europas. Im Laufe des 17. Jahrhunderts verlor das Astrolabium vor dem Hintergrund technischer Neuerungen und wissenschaftlicher Ausdifferenzierungen der Instrumente für astronomische Messungen zunehmend an Bedeutung.[6]

5 Vgl. Cleempoel 2002, S. 1–269; Dieckhoff 1990, S. 27–32.

6 Vgl. Plaßmeyer, Peter: Das Astrolabium, in: Weltenglanz. Der Mathematisch-Physikalische Salon Dresden zu Gast im Maximilianmuseum Augsburg. Ausst. Kat. Maximilianmuseum, Augsburg 2009, hg. von ders., Berlin 2009, S. 66–68; Dieckhoff 1990, S. 39–44; Zinner 1967, S. 135–154.

1.3 Objektbiografie

Dass das Astrolabium aus der Löwener Schule des Instrumentenbaus stammt, ist unumstritten. Zum Künstler wurden in der Forschung zwei Vorschläge präsentiert. Reiner Dieckhoff konstatiert 1990, „eine Entdeckung im eigenen Bestand",[7] respektive im Kölnischen Stadtmuseum, gemacht zu haben, und schreibt das Astrolabium dem Löwener Künstler Gualterus Arsenius zu. Die Zuschreibung und Bezeichnung als ‚Arsenius'-Astrolabium wurde später von Quarg übernommen.[8] Arsenius stammte aus einer Familie von Astronomen und Instrumentenherstellern, wobei seine Objekte zu den berühmtesten gehören. Sein Onkel war der Astronom, Mathematiker und Instrumentenbauer Gemma Frisius, von dem er sein Wissen und seine Fertigkeiten erlernt haben könnte. Arsenius lebte und arbeitete in den 1550er- bis 1570er-Jahren in Löwen und fertigte verschiedene Arten von Instrumenten an: Armillarsphären, Sonnenringe, Sonnenuhren sowie Astrolabien. Heute werden Arsenius allein 43 Astrolabien zugeschrieben, was ein Zeichen seiner hohen Produktivität ist. Auch die gleich bleibend hohe Qualität seiner Arbeiten wird betont, aber auch die Wiederholung von Formen und Modellen. Eines der prominentesten Beispiele ist das im Durchmesser fast 60 cm große Astrolabium für Philipp II., König von Spanien (1527–1598) (Abb. 95).

> „Mit dem von Gemma entwickelten und von Walter Arsenius höchst artifiziell in Präzision und Dekoration umgesetzten neuen Typ von Astrolabium erreichte dessen Produktion einen technischen und ästhetischen Höhepunkt, der dazu führte, daß Löwen und das benachbarte Antwerpen in der zweiten Hälfte des 16. Jahrhunderts zum Zentrum der Instrumentenherstellung in Europa wurden und damit die lange Vorherrschaft Süddeutschlands (Nürnberg, Augsburg) ablösten. Flämische Astrolabien, in erster Linie die des Arsenius, der im Vertrieb offenbar die Verbindungen des berühmten Antwerpener Druckers Christoph Plantin zu nutzen wußte (in dessen Rechnungsbüchern mehrere von Arsenius gefertigte Instrumente erwähnt werden), wurden als hochbegehrte und teuer gehandelte Erzeugnisse für Besteller aus London, Paris und Madrid gefertigt."[9]

Das aufwendig gearbeitete und große Astrolabium für Philipp II. von 1566, das sich heute im archäologischen Museum in Madrid befindet, und ein kleineres Exemplar von 1559, welches 1988 bei Christie's in London verkauft worden ist, waren die Ausgangspunkte für die Zuschreibung des Kölner Instruments. Durch den stilistischen und formalen Vergleich der Reten dieser Instrumente mit dem Kölner Exemplar schlussfolgert Dieckhoff die Zuordnung zu Arsenius' Werk. Die Rete des Kölner Astrolabiums weise demnach die typische Löwener Tulpenform auf.[10] Da sich die Signaturen und Datumsangaben bei den Vergleichsobjekten auf den Aufhängevorrichtungen befanden, wurde angenommen, dass diese Angaben auch auf dem verlorenen Stück in Köln zu finden

7 Dieckhoff 1990, S. 27.

8 Vgl. Quarg, Gunter: „Arsenius"-Astrolabium, in: Lust und Verlust. Kölner Sammler zwischen Trikolore und Preußenadler. Ausst. Kat. Josef-Haubrich-Kunsthalle, Bd. 1, Köln 1995–1996, hg. von Hiltrud Kier/Frank Günter Zehnder, Köln 1995, S. 519, Kat. Nr. 23; Quarg 1996b, S. 128.

9 Dieckhoff 1990, S. 28.

10 Siehe dazu Cleempoel 2002, S. 32.

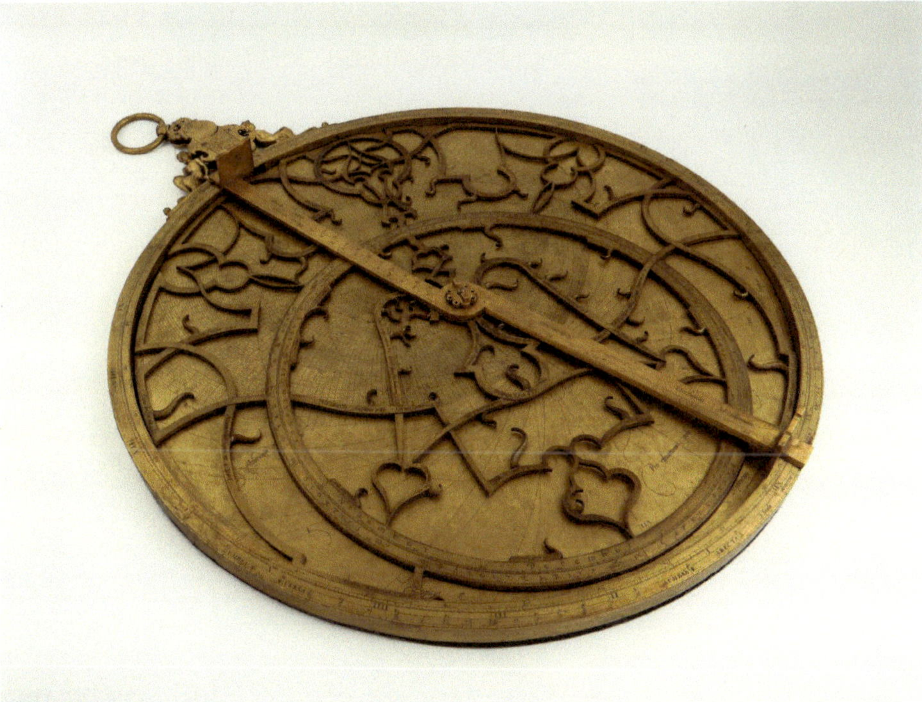

95 Replik von: Gualterus Arsenius, *Astrolabium Philipps II.*, Löwen, 1566, Messing, 59 cm Durchmesser, Replik von 1876, Science Museum Group, Elkington and Company, The Board of Trustees of the Science Museum, 1877-7

gewesen seien. Darüber hinaus zeigt das Kölner Astrolabium auf der Mater ein *Quadratum nauticum*, eine quadratische Abbildung zur Standortbestimmung auf dem Meer und zur Bestimmung von Kursen, wenn Breiten und Längengrad bekannt sind (Abb. 96). Das *Quadratum nauticum* beruht auf einem Holzschnitt von Gemma Frisius und befindet sich in allen Astrolabien seines Neffen Arsenius. Die Rete charakterisiert Dieckhoff als die „schönste schlechthin", „noch ausgereifter und virtuoser gestaltet" als die des Astrolabiums für Philipp II. Somit hebt Dieckhoff es aus dem Gesamtwerk des Arsenius deutlich hervor.[11]

Zum Zeitpunkt und zur Art des Zugangs in das Mathematisch-Physikalische Kabinett kann Dieckhoff nur mutmaßen.

> „Wie und wann das prächtige Astrolabium in unsere Stadt gelangt ist (wenn es nicht sogar hier entstanden sein sollte), ist nicht belegt. Vielleicht war es von Anfang an für das Kölner Tricoronatum als Demonstrationsobjekt für den naturkundlichen Unterricht gedacht [...]. Die seit alters her engen wirtschaftlichen und kulturellen Beziehungen zwischen der Rheinmetropole und den flandrischen Städten lassen das Astrolabium keineswegs als Fremdling in

11 Ebd., S. 33. Vgl. auch S. 32–34.

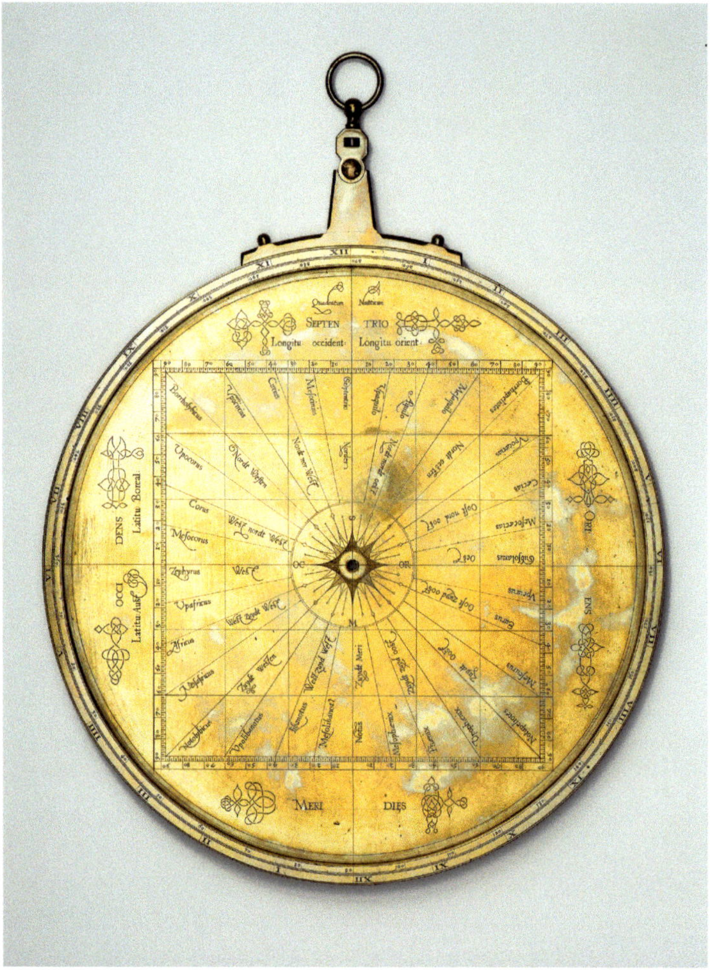

96 Adrian Zeelst (zugeschrieben), *Astrolabium, Quadratum Nauticum,* um 1600 (nach 1583), Messing, 46 cm Durchmesser, Kölnisches Stadtmuseum, Mathematisch-Physikalisches Kabinett, L 184

> Köln erscheinen. Löwen, die Heimatstadt des Arsenius, unterhielt eine Universität (Gerhard Mercator sowie Gemma Frisius hatten auf ihr studiert bzw. auch gelehrt), die der Kölner schwesterlich verbunden war – rund ein Drittel ihrer Studenten pflegten aus den Niederlanden zu kommen."[12]

Neben diesen wirtschaftlichen, kulturellen und universitären Verbindungen zwischen Köln und Löwen können auch persönliche sowie professionelle Beziehungen der Kölner Jesuiten nach Flandern im 16. und 17. Jahrhundert ausgemacht werden. In den

12 Ebd., S. 34.

Jahresberichten sind beispielsweise Geldschenkungen und Stiftungen aus Antwerpen oder Löwen nachzuweisen.[13] Im Zuge der kriegerischen Auseinandersetzungen in der zweiten Hälfte des 16. Jahrhunderts flohen zudem viele Menschen aus den Spanischen Niederlanden nach Köln, worunter sich auch Wissenschaftler, Künstler und Gelehrte befanden.[14] Ein frühes Beispiel des Kultur- und Wissensaustauschs und der jesuitischen Netzwerke ins heutige Belgien ist bereits bei Johannes Rethius zu finden. Dieser beteiligte sich Anfang der 1570er-Jahre an der Edition einer polyglotten Bibel beim Antwerpener Drucker Christoph Plantin, die von Philipp II. beauftragt worden war. Dafür stand Rethius sowohl mit Bibelexegeten, Übersetzern als auch Druckern und Verlegern in Korrespondenz, darunter mit dem spanischen Theologen Benedictus Arias Montanus (1527–1598), dem Kölner Verleger, Drucker und Buchhändler Arnold Mylius (1540–1604), der als Vertreter der Kölner Druckerei Birckmann in Antwerpen tätig war, sowie mit Christoph Plantin selbst. Thema dieses humanistischen Netzwerks war Anfang der 1570er-Jahre die mehrsprachige Bibeledition. Wissenschaftliche Instrumente und mathematisch-naturwissenschaftliche Publikationen waren jedoch ebenso beliebte Themen derartiger Netzwerke, in denen auch Bücher und Objekte ausgetauscht und gehandelt wurden.[15]

Neben Dieckhoff analysiert der belgische Kunstgeschichtsprofessor Koenraad van Cleempoel das Kölner Astrolabium 2002 im Kontext eines Katalogs von wissenschaftlichen Instrumenten der Löwener Schule. Van Cleempoel nimmt eine Neuzuschreibung vor, indem er unter anderem die Tulpenform der Kölner Rete als viel ornamentaler charakterisiert als die des Arsenius. Sie sei ein „work of art in its own right"[16] (Abb. 97). Er schreibt das Astrolabium stattdessen dem Künstler Adrian Zeelst (vor 1545–nach 1624) zu, einem „overlooked Louvain master".[17] Zeelst wurde vor 1545 geboren und studierte ab 1561 an der Universität in Löwen. Bereits Ende der 1560er-Jahre schuf er erste Astrolabien, ebenso Grafiken und Karten. Zeelst fertigte in der Folge auch andere astronomische Instrumente wie Sonnenringe und andere Sonnenuhrformen. Als Mitglied der Löwener Universität brachte er ab 1572 Vorschläge zur Reform des julianischen Kalenders mit ein, die in Rom großen Anklang fanden. Van Cleempoel beschreibt Zeelsts Instrumente als

13 Vgl. ARSI, Rhen. Inf. 59 I. Zum Beispiel fol. 70r–72v. Fundationes. Catalogus quorumdam bonorum nos perpetuorum 16. Dec. 1573.

14 „Der vorübergehenden oder dauernden Ansiedlung einiger niederländischer Gelehrter und Künstler unter den zeitweilig 2000 Flüchtlingen, die die niederländische Kolonie bildeten, verdankt Köln etwa, daß es ab 1570 für ca. 40 Jahre zum Zentrum der Kartographie in Deutschland wurde." Dieckhoff 1990, S. 32. Vgl. dazu auch Meurer, Peter H.: Atlantes Colonienses: Die Kölner Schule der Atlaskartographie 1570–1610, Bad Neustadt an der Saale 1988.

15 Vgl. dazu Dávila Pérez, Antonio: Correspondencia latina inédita entre Benito Arias Montano y Juan Rethio (1572–1573), in: Humanistica Lovaniensia 64 (2015), S. 138–165. Siehe außerdem HAStK, Best. 150, A 977 und A 978. Vgl. dazu zum Beispiel auch Davids 2011; Imhof, Dirk: Christophe Plantin's Correspondence: Perspectives on Life and Work as a Publisher in 16th-Century Europe, Gent 2020.

16 Cleempoel 2002, S. 219.

17 Ebd., S. 57. Zu Adrian Zeelst und seiner untergeordneten Rolle in der Forschung siehe ebd., S. 57–65.

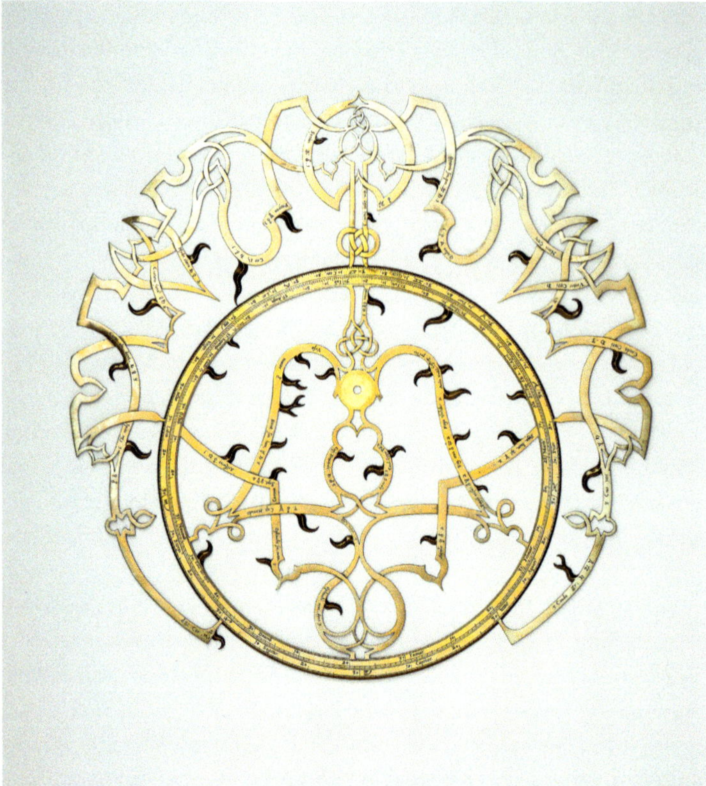

97 Adrian Zeelst (zugeschrieben), *Astrolabium, Rete*, um 1600 (nach 1583), Messing, 46 cm Durchmesser, Kölnisches Stadtmuseum, Mathematisch-Physikalisches Kabinett, L 184

innovativ in Bezug auf die Einbeziehung von neuen wissenschaftlichen Erkenntnissen sowie in stilistischer Hinsicht. Gualterus Arsenius hingegen habe keine solche Innovationskraft und Variantenreichtum in seinen Instrumenten entfaltet, sondern in seinen vielen Astrolabien auf ein Formenrepertoire zurückgegriffen.[18] Schon Dieckhoff hat

18 „When one looks at the entire panorama of Renaissance instrument making workshops, it is tempting to discern two categories or profiles. First, there were those makers whom we would now label as ‚innovative mathematicians' and who transformed their research and their own ideas into brass objects. This category includes makers such as Gerard Mercator, Adrianus Zeelst, Michel Piquer, and Michiel Coignet. Their instruments – and in some cases their extant manuscripts – bare witness to their invention of new and original scales and projections. On the other hand, there was a group of makers that concentrated on producing a large number of instruments of technical and aesthetical refinement, but who did not necessarily add new technologies. Gualterus Arsenius, with his over 45 preserved instruments, would seem to fall into this category." Cleempoel, Koenraad van: The Migration of Instrumental Knowledge from Flanders to Spain. The Role of Sixteenth-Century Flemish Instrument Maker Petrus ab Aggere, in: Lüthy, Christoph Herbert/Dupré, Sven (Hg.):

das Astrolabium wegen des Stils und der künstlerischen Gestaltung der Rete aus dem Gesamtwerk des Arsenius hervorgehoben. Van Cleempoel macht die Innovationskraft Zeelsts unter anderem an der kunstvollen und besonders ornamentalen Anlage der Rete, der benutzten und ausgestalteten astronomischen Universalprojektion auf dem Dorsum des Astrolabiums sowie der speziellen Formen der Antiqua-Buchstaben fest.[19] Während die Anlage eines großen *Quadratum nauticum* typisch für die Löwener Schule ist, stellt van Cleempoel die Rete anderen Werken Zeelsts gegenüber und erkannte Gemeinsamkeiten in der feinen Ausgestaltung und dem ornamentalen Detailreichtum.[20]

> „The design of the elaborate rete follows the pattern of Zeelst's earlier astrolabes with the typical decorative additions on the doubled strapwork. Inside the mater is a large *quadratum nauticum*, a typical feature of the Louvain astrolabes by Mercator and Arsenius that were produced in Louvain, where Zeelst must have learned the craft of instrument making."[21]

Darüber hinaus zieht er über die Biografie des Künstlers eine Verbindung nach Köln. Zeelst unterhielt ab Ende des 16. Jahrhunderts engere Kontakte zum Hof des Kölner Kurfürsten und Erzbischofs Ernst von Bayern (1554–1612) in Lüttich. Dieser interessierte sich für Wissenschaft und Kunst, in besonderem Maße für Mathematik, Astronomie und Musik, und stand im Austausch mit fähigen Mathematikern und Künstlern wie dem Jesuiten Christoph Grienberger, Tycho Brahe oder Galileo Galilei. Auch Kaiser Rudolf II. in Prag war Teil dieses Netzwerks.[22]

Um 1600 erarbeitete Zeelst zusammen mit Ernst von Bayerns Hofmathematiker Gerard Stempel (1546–1619) eine umfassende wissenschaftliche Abhandlung über Astrolabien. Gerard Stempel stammte aus Gouda, verließ jedoch Holland aufgrund der religiösen Auseinandersetzungen im Zuge des Achtzigjährigen Krieges. Er studierte ebenso wie sein Bruder Cornelius an der Kölner Universität und promovierte 1579 zum Doktor der Theologie. Er war Mathematiker, Kartograf, Verleger und zudem Domvikar

Silent Messengers. The Circulation of Material Objects of Knowledge in the Early Modern Low Countries, Münster 2011, S. 69–88, hier S. 70. Siehe außerdem S. 34.

19 Siehe die detaillierte Beschreibung bei Cleempoel 2002, S. 218–222.

20 Siehe Cleempoel 2002, S. 37.

21 Cleempoel, Koenraad van: The Transmission of Materialized Knowledge: A Medieval *Saphea* with Islamic Projections, Re-engraved in the Renaissance, in: Giletti, Ann/Hasse, Dag Nikolaus (Hg.): Mastering Nature in the Medieval Arabic and Latin Worlds. Studies in Heritage and Transfer of Arabic Science in Honour of Charles Burnett, Turnhout 2023, S. 231–252. Ein großer Dank gilt an dieser Stelle Koenraad van Cleempoel, der das noch unveröffentlichte Manuskript des Aufsatzes für die Erstellung dieser Publikation zur Verfügung gestellt hat.

22 Vgl. Cleempoel 2002, S. 61–67; Bock, Martin: Ernst von Bayern, in: Internetportal Rheinische Geschichte, http://www.rheinische-geschichte.lvr.de/Persoenlichkeiten/ernst-von-bayern-/DE-2086/lido/57c6a55da11372.14570538 [zuletzt aufgerufen am 27.01.2024]. Zur Rolle Ernst von Bayerns als Musik-Mäzen siehe Corswarem, Emilie/Schiltz, Katelijne/Vendrix, Philippe: Der Lütticher Fürstbischof Ernst von Bayern als Musik-Mäzen (1580–1612), in: Pietschmann, Klaus (Hg.): Das Erzbistum Köln in der Musikgeschichte des 15. und 16. Jahrhunderts, Berlin 2009, S. 1–23. Zur wissenschaftlichen Ausrichtung seines Hofes vgl. besonders Halleux, Robert/Bernès, Anne-Catherine: La cour savante d'Ernest de Bavière, in: Archives Internationales d'Histoire des Sciences 134 (1995), S. 3–29.

in Köln und hatte ab 1588 ein Kanonikat an St. Georg inne.[23] Gemeinsam mit Adrian Zeelst und im Auftrag von Ernst von Bayern erstellte er das Werk *Utriusque astrolabii tam particularis quam universalis fabrica et usus* als Gebrauchs- und Herstellungsanweisung von Astrolabien, das 1602 herausgegeben wurde. Ein Ziel des Werks war es, das besondere Astrolabium, das der süddeutsche Mathematiker Johann Stöffler (1452–1531) in seinem Werk *Elucidatio fabricae ususque Astrolabii* von 1513 beschrieben hatte, und das universelle Instrument nach Gemma Frisius, erklärt in seinem Buch *De Astrolabio catholico* von 1556, in einem Astrolabium zu vereinen. Während es bei der Anwendung des Instruments nach Stöffler für jeden Breitengrad einer eigenen grafischen Projektion auf einer Scheibe bedarf, ist das Universalinstrument nach Frisius durch eine stereografische Projektion an allen Breitengraden benutzbar. Stempel und Zeelst entwickelten in ihrem Buch eine vereinfachte Version eines Astrolabiums, das die Funktionen beider vereinte. Es entstand laut Vorwort am Hof Ernst von Bayerns in Lüttich, dem das Traktat gewidmet war. Auch die astronomischen Beobachtungen, die als Grundlage genommen wurden, wurden 1599 in Lüttich durchgeführt. Im Werk waren detaillierte Illustrationen eines Astrolabiums und seiner einzelnen Komponenten enthalten, die von Zeelst stammen und eine frappierende Ähnlichkeit zum Kölner Astrolabium aufweisen (Abb. 98). Das Buch ist auch in der Kölner Jesuitenbibliothek vorhanden, allerdings ohne die Abbildungen. Es wurde im Jahr 1622, ein Jahr nach dem Brand, angeschafft und in einem Sammelband gebunden. Möglich ist, dass es sich dabei um einen Ersatz des im Brand zerstörten illustrierten Werks handelt.[24] Daneben befanden sich auch die beiden anderen bedeutenden Bücher zur Genese des Astrolabiums von Stöffler und Frisius in der Jesuitenbibliothek.[25] Obwohl es keine eindeutigen Schriftquellen über eine Präsentation von Stempels und Zeelsts Traktat vor Ernst von Bayern an seinem Hof gab, vermutet van Cleempoel, dass zu diesem Zweck ein Astrolabium von Zeelst als Anschauungsstück geschaffen worden sein könnte, bei dem es sich mutmaßlich um das Kölner Exemplar handelte.[26]

23 Vgl. Meurer, Peter H.: Bausteine zur Kartographenbiographie des 16. Jahrhunderts aus der Kölner Universitätsmatrikel, in: Rheinische Vierteljahresblätter 56 (1992), S. 333–337, hier S. 336; Merlo 1895, Sp. 827f.

24 Siehe Stempel, Gerhard/Zelstius, Adrianus: Utriusque astrolabii tam particularis quam universalis fabrica et usus, Löwen: Ouwerx, 1602. USB-Signatur N4/62. Der Provenienzeintrag „Collegij Societatis JESV Coloniae 1622" kennzeichnet das Buch als jesuitischen Ursprungs ebenso wie das „IHS"-Symbol auf der Vorderseite. Auch die drei anderen Werke, mit denen Stempels und Zeelsts Traktat von den Jesuiten zusammengebunden wurde, thematisieren Astrolabien bzw. Astronomie und Arithmetik. Van Cleempoel weist darauf hin, dass es nur wenige erhaltene Exemplare mit den vollständigen Illustrationen gebe, unter anderem in Oxford, Lüttich, London oder Paris. Die gezeigte Abbildung stammt aus dem Exemplar der Bayerischen Staatsbibliothek in München, vgl. auch die anderen Abbildungen in: urn:nbn:de:bvb:12-bsb10053145-2 [zuletzt aufgerufen am 27.03.2024]. Vgl. Cleempoel 2002, S. 67.

25 Vgl. HAStK, Best. 223, A 35, Catalogus generalis bibliothecae 1628, fol. 265r, 279r und fol. 279v.

26 Vgl. Cleempoel 2002, S. 67.

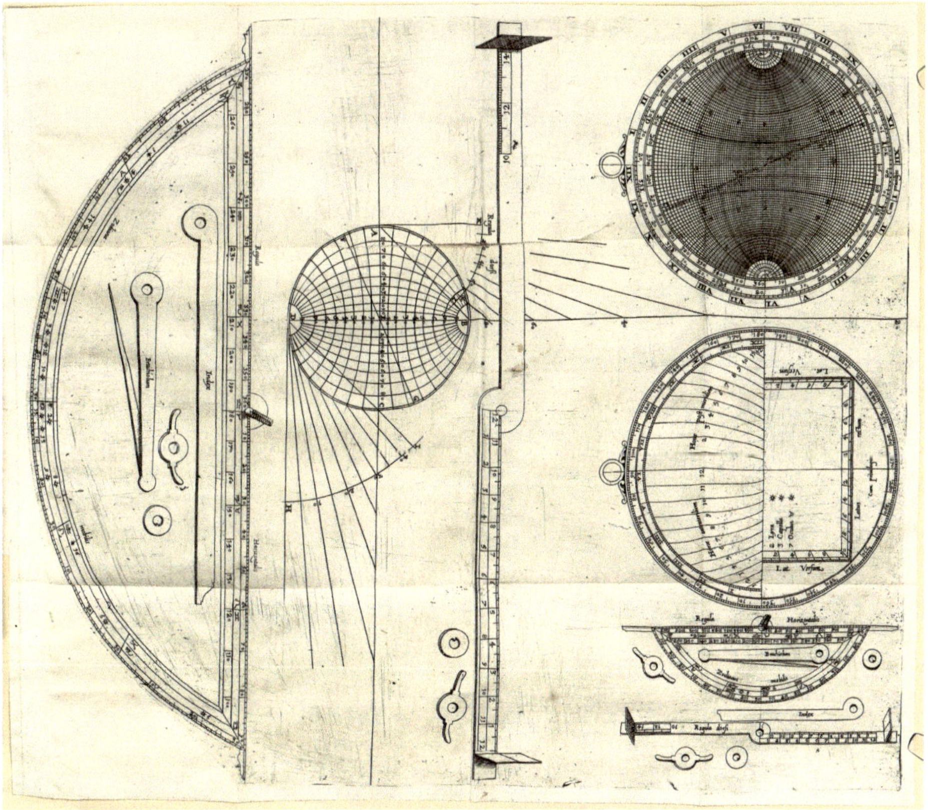

98 Abbildung eines Astrolabiums und seiner Bestandteile, in: Stempel, Gerhard/Zelstius, Adrianus: *Utriusque astrolabii tam particularis quam universalis fabrica et usus*, Löwen: Ouwerx, 1602, München, Bayerische Staatsbibliothek, 4 Math.a. 292

Diesem Gedanken folgend, könnte das Astrolabium über Ernst von Bayern ins Kölner Kolleg gekommen sein. Der Kurfürst und Erzbischof hatte eine jesuitische Bildung in Ingolstadt und Rom genossen und auch (religions-)politisch nahmen die Jesuiten als Orden der Katholischen Reform eine wichtige Rolle ein. Durch sein ausgeprägtes Interesse an Mathematik und Astronomie wurde er zum Mäzen für Stempel, Zeelst und andere Mathematiker und Wissenschaftler, die für ihn Bücher und Instrumente fertigten. Wie Rudolf II. legte auch Ernst von Bayern in seinem Palast in Lüttich eine große Sammlung an, in der ein Hauptfokus auf mathematisch-astronomischen Instrumenten wie Astrolabien, Quadranten, Fernrohren, Globen, Zirkeln und Kompassen lag.

„Au château de Prague, Rudolphe II entasse les trésors de la natur, de l'art et de la science. Ernest fait de sa cour liégeoise un Prague en réduction. La réputation internationale du cabinet d'ernest se fonde, en premier, sur la collection d'instruments scientifique."[27]

Zum Kölner Jesuitenkolleg stand Ernst von Bayern nicht nur in regelmäßigem Kontakt, sondern er setzte den Startpunkt für die umfangreiche finanzielle sowie materielle Förderung der Wittelsbacher Kurfürsten und Erzbischöfe, die vor allem von seinem Neffen Ferdinand von Bayern (Amtszeit 1612–1650), der sogar Jesuitenschüler am Tricoronatum gewesen war, und Maximilian Heinrich von Bayern (Amtszeit 1650–1688) weitergeführt werden sollte sowie durch den Herzog von Bayern, Wilhelm V. (1548–1626), der ihn 1583 finanziell bei der Eroberung des Kölner Erzbistums unterstützt hatte. Die umfangreichen Baumaßnahmen der Kirche St. Mariä Himmelfahrt und des Kolleggebäudes ab 1618 hätten ohne diese monetäre Förderung nicht realisiert werden können. Ernst von Bayern sowie die bayerischen Erzbischöfe und Herzöge waren demnach Mäzene des Kollegs und schenkten den Jesuiten nachweislich kirchliche und liturgische Geräte. Dass Ernst von Bayern auch an den Lehrtätigkeiten der Kölner Jesuiten interessiert war, zeigt zum Beispiel seine Teilnahme an Disputationen.[28] In diesem Gesamtzusammenhang erscheint es sehr wahrscheinlich, dass auch ein Astrolabium als Schenkung eines Wittelsbachers ins Kölner Jesuitenkolleg gekommen sein könnte, auch wenn sich dieser Vorgang nicht in den erhaltenen Archivquellen findet.

Als der Mathematiker und Verfasser des Traktats für Ernst von Bayern, Gerard Stempel, im Jahr 1619 verstarb, kam eine Schenkung von Büchern an den Kölner Mathematiker und Astronomen Caspar Hersbach, der für kurze Zeit Lehrer am Gymnasium Montanum war. Auf Hersbach geht ein Werk über die Kometenerscheinungen in Köln des Jahres 1618 zurück ebenso wie eine astronomische Karte dieses Ereignisses. Zur Beobachtung dieser Himmelsphänomene hatte er laut Vorwort die „Instrumente des Ehrwürdigen Herrn Gerardi Stempelii Goudani" benutzt. Zwei Bücher aus der Schenkung

27 Halleux/Bernès 1995, S. 7. Vgl. außerdem vor allem Cleempoel 2002, S. 65–69.

28 Zur finanziellen Förderung Ernst und Ferdinand von Bayerns vgl. Kuckhoff 1931a, S. 203f., 235f. und S. 274f. „[Ernst und Ferdinand von Bayern] waren durch die Schule der Jesuiten gegangen, und sie bewährten sich, besonders der letztere, der auch ein persönlich frommer Mann war, als deren treueste Förderer. In Köln hatte auch, seitdem dieses reiche Fürstenhaus half, alle wirtschaftliche Sorge für das Kolleg und das Gymnasium ein Ende. Zusammen mit dem Erwerb umfangreicher Haus- und Grundbesitzungen in Köln und in seiner Nachbarschaft hatten große Geld-Geschenke der Bayrischen Fürsten die Kölner Jesuiten durchaus gesichert. Im Jahre 1594 bezahlte Herzog Wilhelm alle Schulden in der Höhe von 17 201 Talern, bis 1614 wurden im ganzen von dieser Seite 24.754 Taler geschenkt, später folgten auch noch namhafte Spenden, besonders nachdem der Bau der Kirche und des Kollegs in Angriff genommen worden war. Die offenbare Freundschaft des mächtigen Fürstenhauses stärkte das Selbstgefühl der Kölner Jesuiten. Ihr Ansehen mußte sich nicht wenig steigern, als im Jahre 1609 Herzog Wilhelm, der schon lange der Regierung zugunsten Maximilians entsagt hatte und frommen Werken lebte, sechs Tage lang Gast des Kollegs war, mit den Patres zusammen aß und nur dann den ersten Platz einnahm, wenn andere vornehme Besucher anwesend waren. In der Hand des Jesuitenschülers Ferdinand, des Kölner Erzbischofs, befanden sich auch die Bistümer Lüttich, Münster und Paderborn. Nun gab es für die Ausbreitung der Jesuiten am Rhein, insbesondere für den Ausbau ihres Schulwesens keine Hindernisse mehr." Ebd., S. 203f.

Stempels an Hersbach kamen im Jahr 1626 und 1627 schließlich in die Bibliothek des Kölner Jesuitenkollegs, was eine weitere mögliche Verbindung offenbar werden lässt.[29]

Folglich sprechen sowohl astronomische und stilistische Argumente für eine Zuschreibung des Astrolabiums zu Adrian Zeelst als auch biografische und prosopografische. In einem kürzlich von Koenraad van Cleempoel veröffentlichten Aufsatz untermauert er zudem die Zuschreibung des Kölner Astrolabiums zu Zeelst, indem er es eingehender mit einem aus dem Mittelalter stammenden Astrolabium vergleicht, das von Zeelst um 1600 neu graviert wurde. Dieses Oxford *Saphea* befindet sich heute im History of Science Museum in Oxford und weist Ähnlichkeiten zum Kölner Exemplar auf. Vor allem die Ekliptik in Form eines Auges ist identisch, was durch die Überlagerung der Ekliptikbahnen der Nord- und der Südhalbkugel zustande kommt.

> „[I]t is the universal projection on the back that relates this spectacular astrolabe to the Oxford *Saphea*. The projected ecliptic on an arc extending towards the edge of the plate, in combination with the still present rule and brachiolum, is identical to the illustration of the 1602 treatise. Even the engraved stars are positioned identically. We are left to guess how the transmission occurred: was the re-engraved medieval astrolabe first, followed by the treatise and then the Cologne astrolabe? Perhaps the [Cologne?] astrolabe was made on the occasion of the publication of the treatise of 1602 as an official gift for the prince-bishop who had commissioned the treatise."[30]

Nach der Erörterung der Argumente erscheint die Zuschreibung des Astrolabiums zu Adrian Zeelst wahrscheinlicher; vor allem wegen der Verbindungen nach Köln und in das Jesuitenkolleg. Auch im Jubiläumsband des Kölner Gymnasial- und Stiftungsfonds wurde diese Zuschreibung aufgenommen.[31]

So wenig Sicheres wie über den Eingang des Astrolabiums in die Sammlung des Kölner Jesuitenkollegs bekannt ist, so können auch über den Verbleib und die konkrete Aufbewahrung und Nutzung in jesuitischer Zeit nur Vermutungen angestellt werden. Einen Hinweis auf das Löwener Astrolabium gibt eine Aussage Christian Kramps aus dem Jahr 1799, in der er „un grand nombre d'astrolabes, dont quelques uns faits avec beaucoup de soin"[32] beschrieb. Im Inventar von 1774 kann es nicht identifiziert werden; ebenso wenig wie die anderen erhaltenen Astrolabien der Sammlung.[33] Es muss jedoch

29 Siehe Rojas Sarmiento, Juan de: Commentaria in astrolabium, Paris: Michel Vascosan, 1550. USB-Signatur N4/21. „Ex liberali donatione H.D. Gerardi Stempelij Goudani Mathematici Clariss. Magistri sui quondam percharvi hunc librum possidet Casparus Hersbach Agrippinas. Ao 1619"; Finck, Thomas: Geometria Rotundi, Basel: Sebastian Henricpetri, 1583. USB-Signatur N2/14. „Ex liberali donatione D. Gerardi Stempelij Dondami Mathematici Clarissimi Quondam sui in Mathematicis Magistri perquam dilecti hunc [lidonum?] possidet M. Casparus Hersbach apud ubros Gymnasici Montij professor. 1619".

30 Cleempoel 2023.

31 Vgl. Bellot 2000, S. 142; Dieckhoff hat noch im Jahr 1999 seine Zuschreibung des Astrolabiums zu Arsenius' Werk bekräftigt. Vgl. Dieckhoff, Reiner: Das Astrolabium, in: Schäfke, Werner (Hg.): Wie Zeit vergeht, Köln 1999, S. 53–59, hier S. 59.

32 Kramp 1799b, S. 9.

33 Vgl. Quarg 1996b, S. 128. Vgl. hier und im Folgenden die publizierten Inventare in: https://kabinett.mapublishing-lab.uni-koeln.de/inventare [zuletzt aufgerufen am 07.04.2024].

aus dem jesuitischen Besitz stammen, denn aus Straßburg ist kein Astrolabium nach Köln gekommen.[34] Im Inventar von 1801 wird ein „Astrolabe en cuivre de seize pouces de diametre"[35] genannt, wobei die Größenangabe auf dem Pariser Zoll von 2,71 cm basiert, womit das Astrolabium 44 cm Durchmesser betrug. Die Angabe „16 Zoll" zieht sich durch die Inventare des 19. Jahrhunderts, obwohl sich das Zollmaß unter preußischer Herrschaft änderte.

Die Musealisierung des Astrolabiums begann in den 1920er-Jahren. Bemerkenswert ist, dass es zuvor keine Anfrage bezüglich dieses großen Stücks vom Deutschen Museum in München gegeben hatte. Im schriftlichen Gesuch von 1915 wurden „zwei kleine Astrolabien in Kupfer"[36] angegeben, wozu das Löwener Astrolabium definitiv nicht gehörte. Wahrscheinlich ist allerdings, dass das Objekt auf der Jahrtausendausstellung der Rheinlande in Köln 1925 in der Rubrik Unterrichtswesen ausgestellt worden ist. In einem Schrank wurde es zusammen mit anderen Messgeräten des Dreikönigsgymnasiums und einer Sternenkarte präsentiert; vielleicht in auseinandergesetzter Form. Es kann jedoch nicht ausgeschlossen werden, dass hier ein anderes der Kölner Astrolabien gezeigt wurde.[37] Im Inventar von 1927 wird es schlicht und einfach als „Astrolabium"[38] aufgeführt. Als Kunstobjekt wurde es folglich lange nicht als herausragend angesehen und bewertet. Spätestens nach dem Universitätsjubiläum 1988 und der Publikation Dieckhoffs erhielt das Astrolabium besondere Aufmerksamkeit. Innerhalb dieses Kontextes wurde 1990 die neue Hängevorrichtung mit Ring angebracht. In dieser Form war es bis 2017 in der Dauerausstellung des Kölnischen Stadtmuseums ausgestellt.

Die bisherige Analyse des Astrolabiums legt einen früh einsetzenden Funktionswandel von einem hochwertigen wissenschaftlichen sowie künstlerischen Messinstrument des 16. und beginnenden 17. Jahrhunderts zu einem veralteten Gerät des 19. Jahrhunderts nahe, mit dem vermutlich ein Bedeutungswandel und auch ein -verlust innerhalb der Schule einherging. Dafür sprechen die simplen Angaben in den Inventaren, in denen lediglich die Bezeichnung und die Größe genannt werden. Erst in den letzten Jahrzehnten hat das Astrolabium museale und wissenschaftliche Aufmerksamkeit erhalten, wobei sehr große Potenziale offenbar geworden sind. An dieser Stelle muss die heutige Wichtigkeit des kunstvollen, als „spectacular"[39] beschriebenen Objekts deutlich herausgehoben werden. Dieckhoff kennzeichnet das Astrolabium als qualitätsvollstes dieser Art in Deutschland. „Über seine Schönheit und seine Bedeutung für die Wissenschaftsgeschichte hinaus behauptet es im Kölnischen Stadtmuseum zugleich seinen Platz im Gedächtnis der Stadt."[40]

34 Vgl. LHAK, Best. 241, 015, Nr. 701.
35 LAV NRW, R, AA 0633, Nr. 108, fol. 21v.
36 HAStK, Best. 560, A 651, fol. 46r.
37 Vgl. Kuske/Ewald 1925, S. 371.
38 HAStK, Best. 560, A 681, fol. 4r.
39 Cleempoel 2002, S. 221.
40 Dieckhoff 1990, S. 34.

Neben dem großen Löwener Astrolabium befanden sich im Mathematisch-Physikalischen Kabinett noch weitere, jedoch deutlich kleinere Exemplare. Von einem Stück ist nur noch die Rete vorhanden, während ein weiteres Astrolabium von 1400 in gutem Zustand erhalten ist. Beide Instrumente sind auf den ersten Blick durch die gotische Schrift als deutlich älter als das Löwener Werk zu bestimmen. Das kleine Astrolabium von 1400 ist schlichter ausgeführt und zeigt nur 17 Fixsterne auf der Rete. Außerdem verfügt es nicht über weitere Einlegescheiben. Die Sternenkonstruktionen waren demnach nur auf Basis der Projektion auf der Mater möglich, die für einen Breitengrad von 50° konzipiert wurde „– eine Breite, auf der etwa Amiens, Mainz oder Prag liegen, doch käme wegen der auf dem recht simplen Gerät kaum auszumachenden Differenz ebenso Köln in Betracht".[41] Zusätzlich zu den scheibenförmigen Astrolabien gab es in der jesuitischen Lehrsammlung verschiedene Typen von astronomischen Sonnenringen zur Bestimmung der Uhrzeit in unterschiedlichen Formaten.

1.4 Kontext

Dass das Löwener Astrolabium – wie die anderen astronomischen Messgeräte auch – zum alten Bestand des Kölner Jesuitenkollegs gehört, gilt als sicher. Die Löwener Provenienz des Stücks fügt sich in die ohnehin guten historischen Beziehungen zwischen Köln und Löwen auf ökonomischer und universitärer Ebene ein.[42] Gemma Frisius', Professor für Mathematik und Medizin an der Universität in Löwen, und Peter Apians Schrift *Cosmographia* von 1529 befand sich zum Beispiel im Gymnasium Tricoronatum und wurde unter anderem im geografischen Unterricht eingesetzt. In der Gymnasialbibliothek sind mehrere Exemplare erhalten geblieben. Daneben wurde nachweislich auch Frisius' arithmetisches Lehrwerk verwendet.[43]

Wegen seiner Größe und dem Gewicht von rund 8 kg fungierte das Löwener Astrolabium vermutlich als Anschauungsobjekt und könnte ab 1729 in der Sternwarte gehangen haben.[44] Für die Nutzung im Mathematikunterricht könnten die anderen, weniger aufwendig ausgearbeiteten Astrolabien mit geringeren Durchmessern benutzt worden sein. Die astronomischen Instrumente wurden in der Lehre der Astronomie, Geografie und angewandten Mathematik eingesetzt. Dabei ging es um astronomische Beobachtungen und Vorhersagen und auch um das generelle Verständnis des Planetensystems. Schaubilder in astronomischen Sammelhandschriften aus dem 17. Jahrhundert geben einen Einblick, wie Planetenkonstellationen und verschiedene Weltsysteme gelehrt wurden

41 Ebd., S. 27, siehe außerdem S. 23–27. Zum kleinen Astrolabium L 181 vgl. zudem Schäfke, Werner: Astrolabium (L 181), in: Mittelalter in Köln. Eine Auswahl aus den Beständen des Kölnischen Stadtmuseums, Köln 2010, S. 284–285. Siehe auch: https://www.kulturelles-erbe-koeln.de/documents/obj/05741413 [zuletzt aufgerufen am 07.04.2024].

42 Vgl. Quarg 1996b, S. 110–113.

43 Vgl. ebd., S. 23 und S. 72.

44 Vgl. Dieckhoff 1990, S. 34.

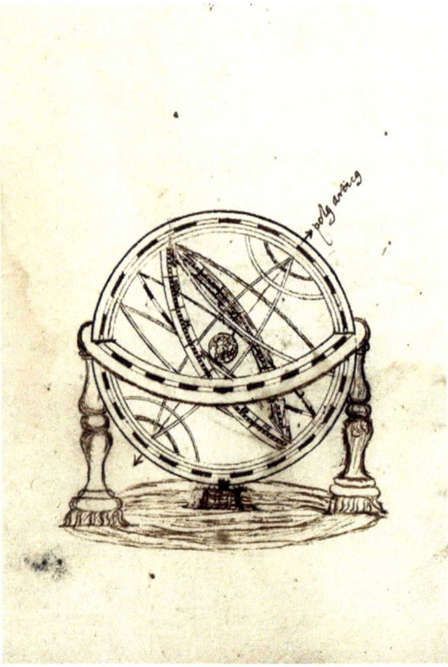

99 Zeichnung einer Armillarsphäre, in: Mathematisch-astronomische Sammelhandschrift, 17. Jahrhundert, HAStK, Best. 7004 (Handschriften (GB quart)), 157, fol. 49v

(Abb. 57 und Abb. 58). Zusätzlich standen im Gymnasium Tricoronatum im 18. Jahrhundert Globen, Atlanten und eine selbst gebaute Armillarsphäre zur Verfügung, die wie ein dreidimensionales Astrolabium funktioniert und in den Handschriften vermehrt vorkommt (Abb. 99).[45] Daneben fungierten die Astrolabien im Mathematikunterricht als Höhen- und Distanzmesser. Auch davon zeugen Schaubilder in Handschriften, auf denen Berge und Gebäude vermessen werden. Besonders interessant ist die Zeichnung des Kölner Bayenturms, dessen Höhe berechnet wird (Abb. 14). Dies könnte ein Hinweis auf praktische Vermessungskurse außerhalb des Gymnasiums im Kölner Stadtgebiet sein.[46]

Eine Sammelhandschrift aus dem Jahr 1695 zu den Themen Arithmetik, Fortifikation, Geometrie, Gnomonik, Optik, Astronomie und Geografie beinhaltet zudem ein eigenes Kapitel zum Aufbau eines Astrolabiums und den verschiedenen Nutzungsmöglichkeiten, wie die Bestimmung von Sternenpositionen zu bestimmten Zeitpunkten oder umgekehrt die Bestimmung von Uhrzeiten und Himmelsrichtungen anhand von Sternenpositionen.[47] Dies ist ein Hinweis auf die Nutzung von Astrolabien zu Unterrichtszwecken in der Zeit,

45 Vgl. Kuckhoff 1931a, S. 596; Quarg 1996b, S. 123. Siehe vor allem HAStK, Best. 7004, 157, fol. 39r–56v.
46 Vgl. HAStK, Best. 7004, 157, fol. 33v.
47 Vgl. HAStK, Best. 7004, 117 A, fol. 82r–95v.

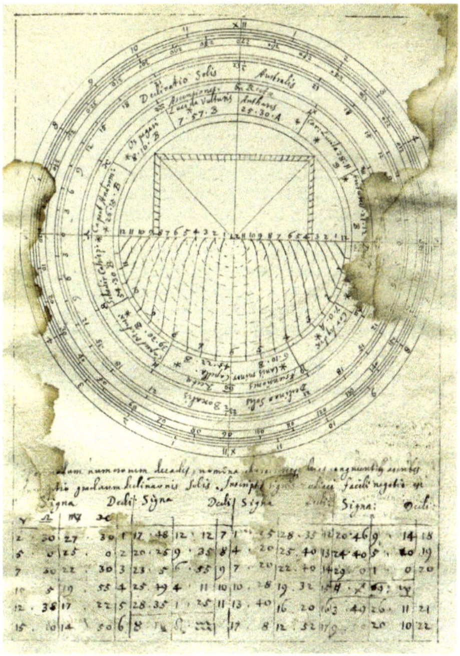

100 Bestandteil eines Astrolabiums aus einer jesuitischen Sammelhandschrift, 1695, in: HAStK, Best. 7004, 117 A, fol. 86r

als Andreas Falckenberg Professor der Mathematik war. Darin werden zum Beispiel verschiedene Bestandteile der Instrumente – die unterschiedlichen Kreisscheiben mit Darstellungen des Horizonts, des horizontalen Koordinatensystems (*Alucantarath*), der Azimute und Stunden, der Rand mit Einteilung von 360° (Limbus) und der Volvelle mit Zeiger und Alhidade – erläutert (Abb. 100). Die heute noch in der Sammlung enthaltenen Astrolabien eigneten sich sehr gut für die Demonstration im Unterricht, weil es unterschiedliche Größen an Instrumenten gab. Bereits im Verlauf des 18. Jahrhunderts und vor allem in französischer Zeit wurden die Astrolabien dann aber vermutlich durch speziellere und genauere Messgeräte im Unterricht ersetzt.

Astrolabien in verschiedenen Größen und Formen haben Eingang gefunden in adlige und königliche Sammlungen, aber waren auch in Lehrsammlungen wie den Jesuitensammlungen keine Seltenheit. Sowohl im Augsburger Jesuitenkolleg,[48] in Rom im Museum Athanasius Kirchers[49] sowie in Brüssel[50] gab es beispielsweise nachweisbar Astrolabien. Die großen, prunkvollen Exemplare wie das Löwener Instrument zählen

48 Seelig, Lorenz: Astrolabium, in: Rom in Bayern: Kunst und Spiritualität der ersten Jesuiten. Ausst. Kat. Bayerisches Nationalmuseum München, München 1997, hg. von Reinhold Baumstark, München 1997, S. 341–343.

49 Vgl. Calisi, Marinella: Astrolabio, in: Athanasius Kircher. Il Museo del Mondo, Ausst. Kat. Palazzo di Venezia, Rom 2001, hg. von Eugenio Lo Sardo, Rom 2001, S. 159f.

50 Vgl. Halleux/Bernès 1995, S. 8f.

jedoch zu den typischen mathematischen Instrumenten, die von vornherein sowohl eine wissenschaftlich-didaktische als auch repräsentative und künstlerische Funktion innehatten.

2. Geografie und Astronomie: Globenpaar

Die Fallstudie zu den Coronelli-Globen basiert in erster Linie auf Abbildungen des Rheinischen Bildarchivs und nicht auf Untersuchungen an den Globen selbst, da diese nach wie vor eingelagert sind und bis Abschluss der Arbeit nicht zugänglich waren. Während der Himmelsglobus zumindest in schwarz-weiß Fotografien und einzelnen farbigen Aufnahmen dokumentiert ist, existieren vom Erdglobus nur zwei farbige Detailaufnahmen. Deswegen wird auf Vergleichsobjekte aus Prag und Trier zurückgegriffen, von denen auf Basis der bildlichen Gestaltung angenommen werden kann, dass sie fast identisch mit den Kölner Globen sind. Die beiden Exemplare gehören zu einer Serie von Globen Coronellis, die sich nur durch einzelne Variationen und farbliche Modifikationen unterscheiden. Ein Prager Globenpaar ist in einer virtuellen Kartensammlung in 3D-Format und höchster Auflösung zu sehen und wird für diese Arbeit vergleichend herangezogen.[51] Darüber hinaus sind die Karten und ikonografischen Darstellungen in Coronellis *Libro dei Globi* überliefert, das zuerst 1693 veröffentlicht und für diese Arbeit als Faksimile benutzt wurde.[52]

2.1 Materielle Beschreibung

Bei den Coronelli-Globen handelt es sich um einen Himmels- und einen Erdglobus mit jeweils 108 cm Durchmesser (Abb. 101). Um beide Kugeln herum laufen Meridianringe aus Messing. Beim Erdglobus zeigt der mit der Gradeinteilung beschriebene Ring den Nord- und Südpol, während er beim Himmelsglobus den nördlichen und südlichen Himmelspol markiert. Die Kugeln stehen auf mit Pflanzenmotiven und Löwengesichtern verzierten Holzsockeln in Goldoptik, die einen hexagonalen Grund haben. Diese Sockel werden wiederum von einem Unterbau mit sechs nach außen ragenden Löwenfüßen getragen. Mit den Sockeln haben die Globen eine Höhe von ungefähr 1,50 m. Vier Eisenbögen laufen von der Basis aus um die Kugeln herum und tragen einen hölzernen Äquatorring, der sich auf der Mitte der Kugelhöhen befindet und nach außen ebenfalls hexagonal geformt ist. Auf dem Ring des Himmelsglobus sind überdies geschichtliche

51 Vgl. Virtual Map Library, http://chartae-antiquae.cz/en/globes/superresolution/76911 [zuletzt aufgerufen am 07.04.2024]. Vor allem die figürlichen und motivischen Darstellungen wurden auf Basis der Detailaufnahmen aus der „Virtual Map Library" analysiert. Außerdem wird folgende Publikation zu den Trierer Coronelli-Globen vergleichend betrachtet. Vgl. Seggewiß, Wilhelm: Die Coronelli-Globen – Barocke Pracht und Wissenschaft, Trier 2015.

52 Vgl. Theatrum Orbis Terrarum Ltd. (Hg.): Vincenzo Coronelli: Libro dei Globi. Venice 1693, 1701. With an Introduction by Dr. Helen Wallis, Chicago 1969.

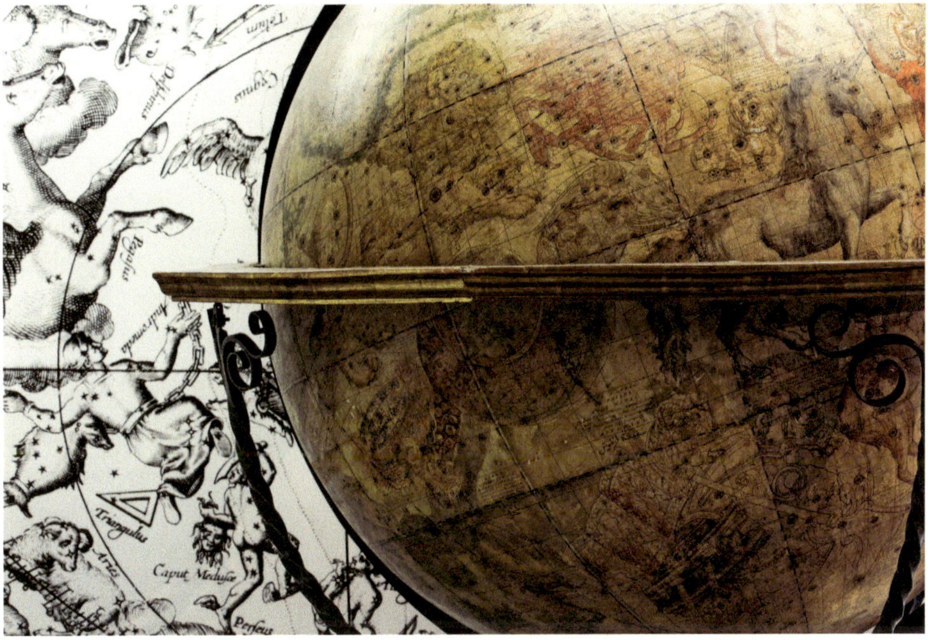

101 Vincenzo Maria Coronelli, *Himmelsglobus*, um 1692, Grafiken auf Holzgestell, Pappe, 108 cm Durchmesser, Kölnisches Stadtmuseum, Mathematisch-Physikalisches Kabinett, L 228

Hintergründe zur Astronomie und ein Kalender auf Papier angebracht. Darauf waren zum Beispiel wegweisende astronomische Beobachtungen einzelner Wissenschaftler wie des Jesuiten Christoph Scheiner (1575–1650) oder Pierre Gassendi (1592–1655) oder Sonnen- und Mondfinsternisse festgehalten. Die beiden Globen bestehen im Kern aus einer hölzernen Konstruktion aus kreisförmig gebogenen Holzsegmenten. Darüber wurde zunächst eine Pappe befestigt, worüber dann eine Leinwand gespannt worden ist. Durch das Auftragen eines Gemischs aus Kreide und Knochenleim bildete sich eine glatte Oberfläche. Die eigentliche bildliche Darstellung der Erde und des Himmels wurde auf jeweils 50 Kupferstichsegmente übertragen, die aufgeleimt und im Anschluss manuell koloriert und mit einer Firnisschicht überzogen worden sind. Die Gesamtfläche einer Kugel entspricht 3,66 Quadratmetern.[53] Die Globen mussten in den Jahren 1952 bis 1953 wegen starker Kriegsschäden fast vollständig restauriert werden, sowohl die Stiche, die Konstruktion als auch die barocken Füße. Dabei wurden auch die Kupferstiche ausgebessert und die Farbe erneuert. Die Holzkonstruktion im Inneren musste

53 Vgl. Seggewiß 2015, S. 22–24 und S. 40.

teilweise erneuert werden, ebenso die Sockel. Der Erdglobus hatte stärkere Zerstörung erlitten als der Himmelsglobus.[54]

Der Hersteller des Globenpaares war der venezianische Kosmograf Vincenzo Maria Coronelli, der 1650 in Venedig geboren wurde. Der um die Jahrhundertwende europaweit bekannte Coronelli vereinte in seiner Person kartografisches und kosmografisches Fachwissen und ein barockes Kunstverständnis, das er in seinen Globen offenbarte. Coronelli gehörte dem lokalen Orden der Franziskaner-Minoriten an. Er hatte in Rom Theologie, Kosmografie und Mathematik studiert und promovierte später in Theologie. Sein Hauptinteresse war allerdings die Globenkunde, der er sich ab seinem 28. Lebensjahr widmete.[55]

Durch einen frühen Auftrag für den Herzog von Parma, Ranuccio II. Farnese, Ende der 1670er-Jahre wurde der Sondergesandte des französischen Königs Ludwig XIV. in Rom, Kardinal César d'Éstrées (1628–1714), auf Coronellis Arbeiten aufmerksam. Dieser entstammte einer traditionsreichen französischen Adelsfamilie, die durch Verwandtschaft und Übernahme von Ämtern Kontakte zum Königshaus aufgebaut hatte.[56] Die Familie d'Estrées vertrat zu der Zeit die französischen Interessen in Italien. César d'Estrées hatte jedoch auch eigene politische Ambitionen. Durch öffentliches Engagement versuchte er, in der Gunst des Königs zu steigen und seine Position zu verbessern. Der familiäre Background und sein diplomatisches Amt garantierten d'Estrées sowohl ein sehr gutes Netzwerk als auch finanzielle Mittel, dennoch musste er Schulden abbezahlen, die er und seine Familie durch ihren ausschweifenden Lebensstil angehäuft hatten.[57] Während seiner ersten Zeit in Rom Ende der 1660er und in den 1670er-Jahren arbeitete d'Estrées für die Belange Jean-Baptiste Colberts sowie der *Académie des Sciences*. Er besorgte beispielsweise Instrumente und warb italienische Wissenschaftler für die Akademie an, wie Giovanni Domenico Cassini. Daneben war er auch selbst naturwissenschaftlich und besonders astronomisch interessiert.[58] Vor dem Hintergrund seiner vielfältigen Beziehungen zur Akademie, seinem persönlichen Interesse an den Naturwissenschaften und den politisch-beruflichen Ambitionen d'Estrées' war wohl der Plan entstanden, ein riesiges Globenpaar errichten zu lassen und dieses an Ludwig XIV. zu verschenken. Colbert soll diesen Plan der Herstellung eines repräsentativen Globenpaares mit aktuellen kartografischen und astronomischen Darstellungen der Erde und

54 Vgl. Knubben, Franz: Restaurierte Erd- und Himmelsgloben von Vincenzo Coronelli (1650–1718) in Köln, in: Der Globusfreund 10 (1961), S. 34–37.

55 Vgl. Seggewiß 2015, S. 16–19.

56 Vgl. Pelletier, Monique: La famille d'Estrées et les globes de Coronelli, in: Hofmann, Catherine/Richard, Hélène (Hg.): Les globes de Louis XIV. Étude artistique, historique et matérielle, Paris 2012, S. 34–51, hier S. 36.

57 Vgl. ebd., S. 30 und S. 40f.; Pelletier, Monique: Wissenschaftliche Kontakte, Bestrebungen und finanzielle Probleme der Familie d'Estrées, in: Der Globusfreund 55/56 (2009), S. 160–168, hier S. 162–167.

58 Vgl. Pelletier 2009, S. 160–162; Pelletier, Monique: Les cartes des Cassini. La sciences au service de l'État et des provinces, Paris 2013, S. 77.

des Himmels für den König unterstützt haben. Das Geschenk passte in die Ausrichtung der *Académie des Sciences*, in der die Globen schließlich gefertigt werden sollten.[59] D'Estrées sah die Globenschenkung zudem als Mittel, um den König einmal mehr von sich zu überzeugen.[60] Nachdem er während einer Reise durch norditalienische Städte im Jahr 1681 auf den Globenbauer Coronelli getroffen war,[61] erteilte d'Estrées Coronelli den Auftrag, einen Erd- und einen Himmelsglobus als Geschenk für Ludwig XIV. herzustellen, welche die Globen von Parma sowohl an Größe als auch an ikonografischer Ausgestaltung übertreffen sollten. Er beabsichtigte, die Riesengloben im Schloss von Versailles aufstellen zu lassen. Für die Fertigung lud er Coronelli nach Paris ein.[62]

Coronelli, seine Mitarbeiter sowie Mitglieder der königlichen Akademien schufen folglich im *Hôtel d'Estrées* in Paris bis 1683 die nach ihrem Aufstellungsort benannten Marly-Globen für den König; einen Erd- und einen Himmelsglobus, die jeweils einen Durchmesser von fast 4 m haben und begehbar sind.[63] Paris und vor allem die *Académie des Sciences* waren das erstarkende Zentrum der Kartografie am Ende des 17. Jahrhunderts in Europa.[64] Coronelli erhielt vor Ort kartografische Informationen aus der *Académie des Sciences* und wurde bei der Gestaltung von Malern und Kupferstechern der *Académie de Peinture et de Sculpture* unterstützt. Auch wenn Coronelli als Hersteller der Riesengloben für Ludwig XIV. gilt, war die künstlerische und wissenschaftliche Umsetzung doch ein französisches Projekt.[65] Coronelli erhielt dort aktuelle kartografische Informationen,[66] vor allem vom Hofastronomen Gian Domenico Cassini, und hatte Zugang zu Zeichnungen in höchster Qualität, die in der höfischen Werkstatt Charles Le Bruns (1619–1690) gefertigt worden waren. Die fertiggestellten Globen wurden Ludwig XIV. im November des Jahres 1683 präsentiert. Da der erdachte Aufstellungsort Versailles noch in der Bauphase war, blieben die Globen zunächst bis 1703 bei Kardinal d'Estrées.[67] Im Jahr 1703 schließlich, als d'Estrées von einer diplomatischen Reise aus

59 Vgl. Pelletier, Monique: La géographie du roi sous le règne de Louis XIV, in: Hofmann, Catherine/Richard, Hélène (Hg.): Les globes de Louis XIV. Étude artistique, historique et matérielle, Paris 2012, S. 17–33, hier S. 32; Pelletier 2009, S. 160–162 und S. 167; Turner, Anthony: Un fastueux présent: pour quels enjeux?, in: Hofmann, Catherine/Richard, Hélène (Hg.): Les globes de Louis XIV. Étude artistique, historique et matérielle, Paris 2012, S. 52–63, hier S. 53–55.

60 Pelletier 2009, S. 164f.; Pelletier 2012a, S. 44f.

61 Vgl. Pelletier 2012a, S. 42f.

62 Vgl. Seggewiß 2015, S. 16f.

63 Zu den Globen für den Sonnenkönig siehe Hofmann, Catherine/Richard, Hélène (Hg.): Les globes de Louis XIV. Étude artistique, historique et matérielle, Paris 2012.

64 Vgl. Pelletier 2013, S. 15–84.

65 Vgl. Milanesi, Marica: Vincenzo Coronelli. Eine Karriere, in: Das Bild der Welt. Ausst. Kat. Biblioteca Nazionale Marciana, Venedig 2018, hg. von dies., Wien 2018, S. 16–39, hier S. 29.

66 Zur Geschichte und Bedeutung der Académie des Sciences am französischen Hof siehe zum Beispiel Sciences & curiosités à la cour de Versailles. Ausst. Kat. château de Versailles, Versailles 2010–2011, hg. von Béatrix Saule, Paris 2010.

67 Vgl. Hofmann, Catherine: ‚Unvergleichliche' Globen oder ‚Alte Geräte – so sperrig wie nutzlos'? Die Wechselfälle der grossen Coronelli-Globen zwischen 1683 und 1915, in: Der Globusfreund 53/54 (2007), S. 25–43, hier S. 25–29; Turner 2012, S. 57f. Gründe dafür können zum einen sein, dass d'Estrées selbst in der Zeit als Diplomat in Rom und nicht selbst vor Ort in Paris war. Zum anderen

Madrid zurückberufen wurde, entschloss sich der König, die Riesengloben im Schloss von Marly, das Anfang des 18. Jahrhunderts zu seinem ersten Wohnsitz wurde, aufzustellen. Der Hofarchitekt Ludwigs XIV., Jules Hardouin-Mansart (1646–1708), baute in der Folge zwei eigene Pavillons und Halterungen für die Globen, die dort bis 1715, bis zum Tod des Königs, ausgestellt werden sollten. Aus Briefen Ludwigs XIV. an d'Estrées geht hervor, dass er die Globen vor allem als künstlerische Objekte wertschätzte.[68]

Mit gewonnenen Erfahrungen, den Erwerbungen der kartografischen und grafischen Vorlagen sowie viel Prestige ging Coronelli 1683 mit 33 Jahren zurück nach Venedig und richtete im Konvent eine Arbeitsstätte ein. Der Auftrag der Globen für Ludwig XIV. führte zu einem europaweiten Auftragsboom. Coronelli besuchte hohe Adelige in ganz Europa und verkaufte ihnen Atlanten und Globen. Bis zu seinem Tod im Jahr 1718 legte er fünf Serien von Globenpaaren in unterschiedlicher Größe auf und verkaufte sie vor allem nach Italien, Deutschland und Frankreich. Die Globen der kleinsten Serie haben Durchmesser von 5 cm, während die größte Serie, zu der auch die Kölner Globen gehören, 108 cm-Globen umfassen. Von den großen Exemplaren hat Coronelli rund 100 Exemplare produziert beziehungsweise produzieren lassen. Dabei setzte er auf einen arbeitsteiligen Fertigungsprozess. Als kartografische Vorlagen nahm er die Globen für den französischen König und Werke anderer europäischer Kartografen. Lokale Kupferstecher übertrugen diese auf Papiersegmente, bevor Maler die Grafiken kolorierten und die Firnisschicht auftrugen. Die Globen mit 108 cm Durchmesser waren stark an die königlichen Globen angelehnt und daher als Repräsentationsobjekte sehr beliebt. Der königliche Auftrag garantierte aktuelle Informationen und die prachtvollste Ausgestaltung der Kugeln.[69] Für die regionale Vermarktung und den Vertrieb hatte Coronelli selbstständige Vertreter, die sich in den europäischen Ländern vor Ort gewissermaßen beim Kunden befanden. Das Konzessionsgebiet nördlich der Alpen hatte seit 1692 der Venezianer Matteo Alberti (1647–1735) inne, der in Düsseldorf lebte und arbeitete und auch als Baumeister tätig war.[70] Neben seiner unternehmerischen Tätigkeit war Coronelli ebenso ein aktiver Autor astronomisch-geografischer Bücher und gründete 1684 mit der *Accademia Cosmografica degli Argonauti* die erste geografische Gesellschaft. Deren Mitglieder wurden für Coronelli wichtige Subskribenten zur Finanzierung der Kupferstichplatten, Globen und Atlanten. Im Laufe der Zeit kam es jedoch auch zu Problemen bei der Herstellung und Lieferung, die vor allem auf finanziellen Druck zurückzuführen waren. Um 1700 nahm die Nachfrage nach Globen zudem deutlich ab,

war am 6. September 1683 Colbert verstorben, die rechte Hand Ludwigs XIV., der das Globen-Projekt wahrscheinlich unterstützt hatte. Im Zuge der Neubesetzungen von Colberts Positionen auch durch Mitglieder der konkurrierenden Familie Le Tellier geriet die Frage der Globenaufstellung vermutlich in den Hintergrund. Wegen der fehlenden Fürsprache Colberts und des neuen Einflusses der Mitglieder der Familie Le Tellier verloren die Globen an Bedeutung.

68 Hofmann 2007, S. 28f.

69 Vgl. Milanesi 2018b, S. 24.

70 Vgl. Kuhn, Hans Wolfgang: Die Montierung von Coronelli-Globen in Düsseldorf und deren Vertrieb durch Matteo Alberti, in: Düsseldorfer Jahrbuch 65 (1994), S. 17–48, hier S. 24.

was zu weiteren finanziellen Engpässen führte. Außerdem waren Coronellis kartografische Darstellungen bald veraltet. Trotz großer Bemühungen hatte er im 18. Jahrhundert seinen beruflichen Zenit überschritten. Coronelli starb im Jahr 1718 in Venedig.[71] Es folgen detaillierte ikonografische Beschreibungen sowie Ansätze der Interpretation und Kontextualisierung der beiden Globen.

2.1.1 Ikonografie des Himmelsglobus

Coronelli fertigte mehrere Editionen der großen Himmelsgloben an, die vor allen in den Details variieren. Die erste Auflage wurde in Paris von dem königlichen Kupferstecher Jean-Baptiste Nolin gestochen und war teils handbemalt; sie wurde jedoch erst 1693 vollendet. Der Kölner Himmelsglobus ist wahrscheinlich 1692 in Venedig entstanden (Abb. 101). Denn in dem Jahr veröffentlichte Coronelli ebendort einen Himmelsglobus, dessen Darstellung der Sterne und Sternbilder der Perspektive von der Erde entspricht, was beim Kölner Exemplar der Fall ist. 1698 entstand eine weitere Version der großen Globen. Coronellis Vertriebsmann für den Markt nördlich der Alpen, Matteo Alberti, erhielt 1692 40 fertige Globen aus Venedig, die er an Fürsten- und Königshöfen präsentierte. Ab 1695 entstand eine eigene Herstellung von Globen in Düsseldorf, wo die aus Venedig entsandten bedruckten Globensegmente verarbeitet wurden. Wegen der zeitlichen Datierung in das Jahr 1692 wird angenommen, dass der Kölner Himmelsglobus noch in Venedig zusammengesetzt und per Schiff ins Rheinland gekommen ist.[72]

Zu dieser Annahme passt auch, dass der Himmelsglobus eine Widmung an den venezianischen Dogen Francesco Morosini (1618–1694) trägt (Abb. 102), der von 1688 bis 1694 Staatsoberhaupt der Republik Venedig war. Somit ist der Globus mit Sicherheit vor 1694 in Venedig gefertigt worden. In einer reich verzierten Kartusche mit floralen Elementen findet sich die Widmung an den Dogen, in der Coronelli die Globen als *Teatro* für die ehrenvollen Taten Morosinis bezeichnet. Außerdem legte er dar, wie er durch seine Globen den Ruhm Venedigs in der Welt vergrößert habe. In drei weiteren Kartuschen, in denen Coronelli seinen Leser, seinen *Amico Lettore*, einmal direkt ansprach, erläuterte er, woher seine Quellen für die Gestaltung des Globus sowie für die Sternpositionen und neu aufgebrachte Sterne des Südhimmels stammten. Zur weiteren Information verwies er den Leser auf seine anderen kartografischen Werke wie seinen *Atlante Veneto*, der erstmalig im Jahr 1691 erschienen war.[73]

71 Vgl. ebd., S. 31–42; Milanesi 2018b, S. 24–27.

72 Vgl. Dekker, Elly: Einige Hintergrundinformationen zu den Himmelsgloben von Vincenzo Coronelli, in: Milanesi, Marica (Hg.): Vincenzo Coronelli (1650–1718): Das Bild der Welt. Ausst. Kat. Venedig, Biblioteca Nazionale Marciana, Wien 2018, S. 130–155, hier S. 142; Seggewiß 2015, S. 22. Detailaufnahmen zur Analyse des Himmelsglobus finden sich in: https://www.kulturelles-erbe-koeln.de/documents/obj/05741342 [zuletzt aufgerufen am 07.04.2024]

73 Vgl. Seggewiß 2015, S. 25–28.

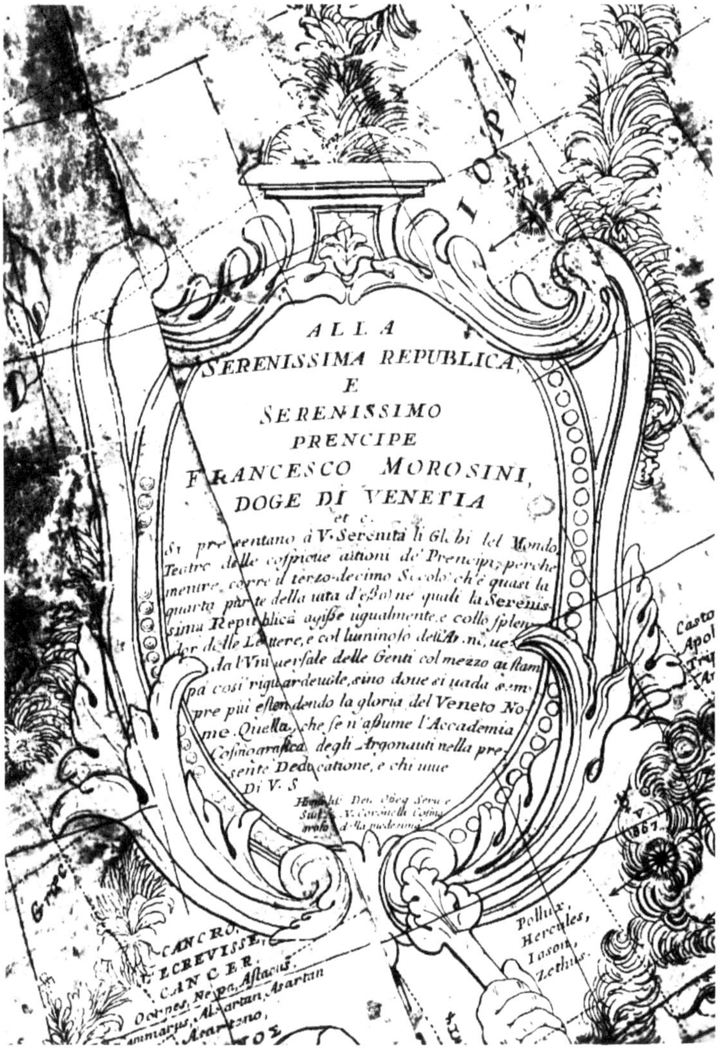

102 Vincenzo Maria Coronelli, *Himmelsglobus* (Detail Widmungskartusche), um 1692, Grafiken auf Holzgestell, Pappe, 108 cm Durchmesser, Kölnisches Stadtmuseum, Mathematisch-Physikalisches Kabinett, L 228

Der Himmelsglobus zeigt 75 farbige Sternbilder, deren Sterne im Wesentlichen auf einem Sternenkatalog des französischen Astronomen Voituret Anthelme (1618–1683) von 1679 basierten, der wiederum auf das Wissen aus früheren Katalogen von Astronomen wie Johannes Bayer (1572–1625) von 1603 oder Tycho Brahe (1546–1601) von 1602 zurückgegriffen hatte. Zusätzlich nahm Coronelli teilweise neue Sternendaten des südlichen Himmels auf, die ebenfalls 1679 von dem englischen Astronomen Edmond Halley

(1656–1742) veröffentlicht worden waren, oder kombinierte diese Daten mit denen Anthelmes. Ein eigener Sternenkatalog Coronellis mit 1.886 Sternen erschien im Jahr 1693 in seinem kosmografischen Handbuch *Epitome Cosmografica*. Ein Exemplar aus dem Jahr 1713 kam vermutlich 1738 durch die Schenkung eines Caspar Joseph Collignon in die Jesuitenbibliothek.[74] Coronellis Himmelsgloben gehören zu den umfangreichsten und komplexesten Kompilationen aus verschiedenen astronomischen Quellen am Ende des 17. Jahrhunderts.[75] Neben den zwölf Tierkreisbildern werden 29 Sternbilder am Nord- und 34 am Südhimmel gezeigt. Die aufwendige figürliche Ausgestaltung wird durch eine Nomenklatur in den fünf Sprachen Italienisch, Französisch, Lateinisch, Griechisch und Arabisch ergänzt. Zudem finden sich Kurzbeschreibungen und zusätzliche Texte in vier ornamental verzierten Kartuschen. Koordinatennetze, Kometendarstellungen mit kleinen Schweifen und die Milchstraße sind ebenfalls auf dem Himmelsglobus abgebildet.[76] Aus dieser dichten Gesamtdarstellung sollen im Folgenden einige Ausschnitte exemplarisch erläutert werden.

Die ikonografische Ausgestaltung der Sternbilder begründet die eigentliche Pracht des Himmelsglobus, zeigte Coronelli doch eine dichte Ansammlung barocker Tier- und Menschendarstellungen, deren Form und (ursprüngliche) Farbigkeit von Lebendigkeit durchzogen sind. Die Ikonografie der Sternbilder basierte dabei auf einem festen motivischen Repertoire an Darstellungstraditionen, die Coronelli in seine Globen aufnahm, wobei er jedoch großen Wert auf eine eigene künstlerische Ausgestaltung legte. Sternbilder entstammen der Antike und sind bereits von Ptolemäus im 2. Jahrhundert nach Christus zusammengestellt worden. Durch die Kombination der Sternenpositionen mit antiken Figuren und Sagen sollten die himmlischen Konstellationen besser zu merken und zu vergegenwärtigen sein. Ptolemäus veröffentlichte in seinem Katalog 48 Sternbilder, die aus 917 Sternen bestanden. Die restlichen damals bekannten 108 Sterne blieben ungeformt. Im 16. und 17. Jahrhundert entstanden auf Basis neuer Sternenbeobachtungen im Zuge globaler Entdeckungsreisen und des wachsenden Wissenstransfers neue Sternbilder. Ende des 17. Jahrhunderts existierten 77 Konstellationen, die von Wissenschaftlern in Himmelsgloben und Sternenkatalogen veröffentlicht und verbreitet wurden.[77] Zu nennen sind hier zum Beispiel der niederländische Astronom und Theologe Petrus Plancius (1552–1622), Johannes Bayer oder der Danziger Astronom Johannes Hevelius (1611–1687). Das Sternbild Einhorn geht zum Beispiel auf Plancius zurück, ebenso wie neue Sternbilder rund um den Südpol, von denen eines als *Piscis volans* bezeichnet wurde. Auf den farbig dokumentierten Detailaufnahmen der antiken-ptolemäischen Sternbilder Schütze und Leier beziehungsweise Lyra

74 Vgl. Coronelli, Vincenzo: Epitome Cosmografica, O Compendiosa Introduttione All'Astronomia, Geografia, & Idrografia. Per l'Uso, e Delucidatione De' Globi, E Tavole Geografiche, Particolarmente degli stampati, Venedig 1713. USB-Signatur GBVIII173+C.

75 Vgl. Dekker 2018, S. 142–146.

76 Vgl. Seggewiß 2015, S. 28–40.

77 Vgl. Dekker 2018, S. 145.

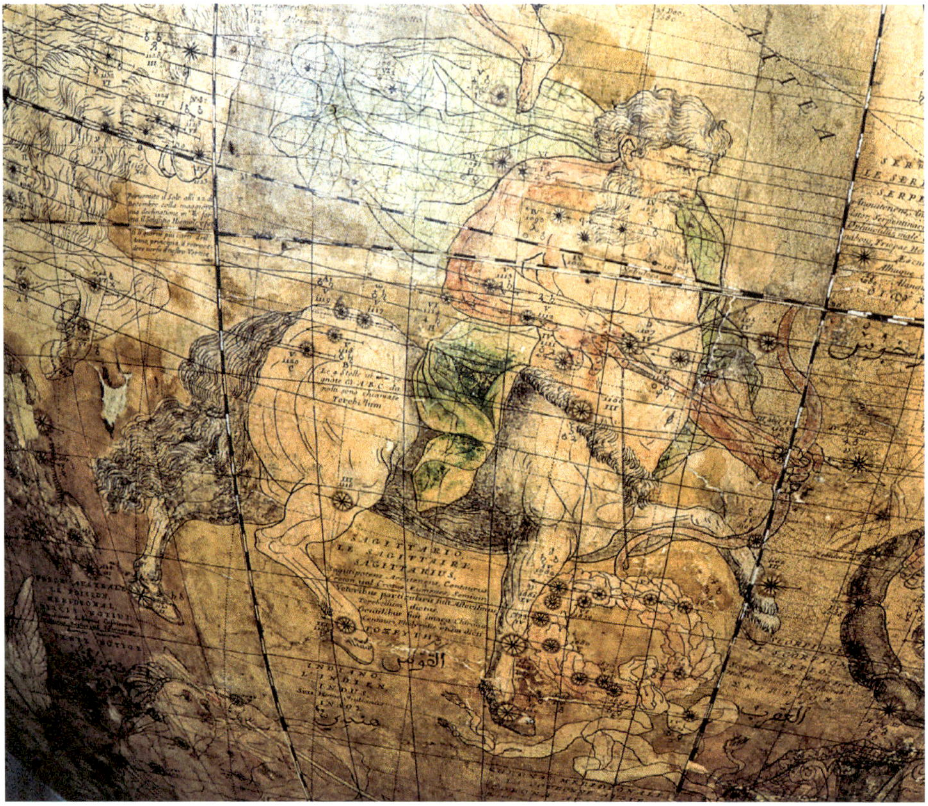

103 Vincenzo Maria Coronelli, *Himmelsglobus* (Detail Sternbild Schütze), um 1692, Grafiken auf Holzgestell, Pappe, 108 cm Durchmesser, Kölnisches Stadtmuseum, Mathematisch-Physikalisches Kabinett, L 228

(Abb. 103 und Abb. 104) sind sowohl die Detailgenauigkeit der astronomischen Darstellung wie auch die ikonografische Ausgestaltung der Figuren sehr gut zu erkennen. Schütze tritt als Zentaur mit Pfeil und Bogen auf: Der rötliche Oberkörper wird von einem grünen wallenden Tuch umfangen. Ein brauner Adler, der ebenso das Sternbild Adler symbolisiert, hält die Leier in seinem Schnabel und mit seinen Krallen fest. Die Farbigkeit des Kölner Himmelsglobus scheint im Laufe der Jahrhunderte stark zurückgegangen zu sein, sodass nur noch einzelne Partien kräftig koloriert erscheinen. Dennoch ist die Nomenklatur in verschiedenen Sprachen und die Auflistung der einzelnen Sterne aus der Konstellation ersichtlich. Das ebenfalls bereits von Ptolemäus überlieferte Sternbild des Großen Bären ist naturalistisch ausgeformt. Scheinbar gelassen bewegt sich der braune Bär fort und scheint dabei die Betrachtenden direkt anzublicken. Der Stier hingegen richtet seine Hörner in großer Anspannung seines muskulösen Körpers gegen Orion, der mit einem goldenen Schild in der Rechten und einer Keule in der linken erhobenen Hand gegen den Stier anzukämpfen scheint. Orion ist in antiker Rüstung mit einem

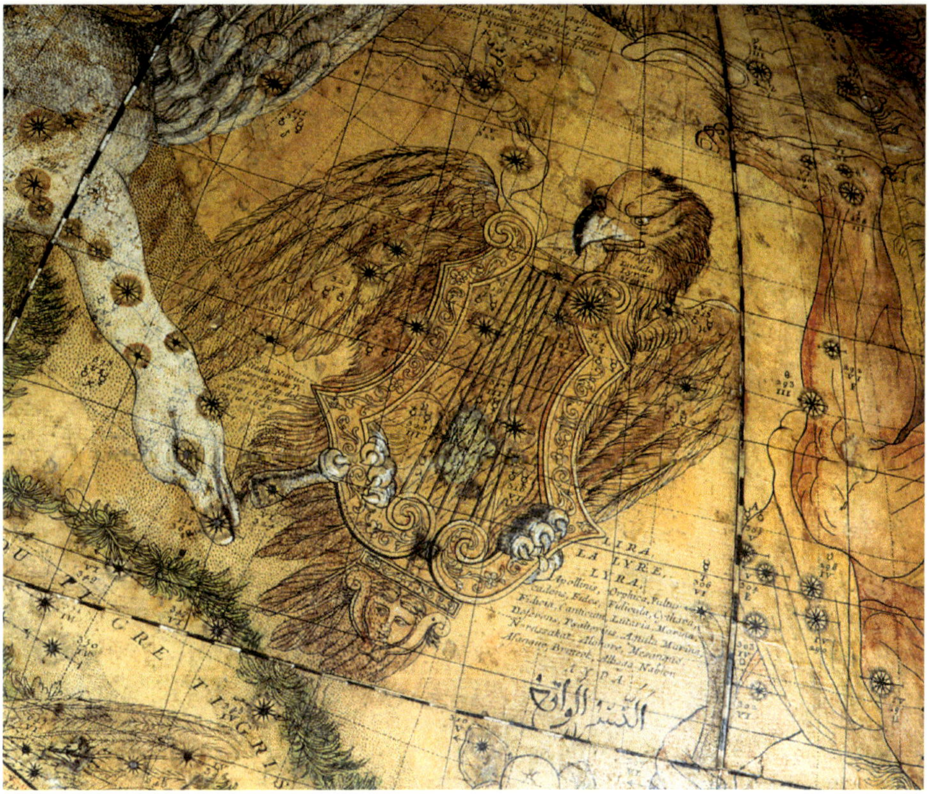

104 Vincenzo Maria Coronelli, *Himmelsglobus* (Detail Greifvogel mit Leier), um 1692, Grafiken auf Holzgestell, Pappe, 108 cm Durchmesser, Kölnisches Stadtmuseum, Mathematisch-Physikalisches Kabinett, L 228

roten Umhang, Helm und einem Schwert dargestellt. Sein in eine Ledersandale gehüllter Fuß verschwindet hinter der Abbildung des Flusses Eridanus, der von üppigen grünen Uferpflanzen und Steinen umgeben ist. Alle Figuren sind übersäht mit kleinen Sternen, die durch Zahlen und Namen erläutert werden. Eine prägende Darstellungsform des Kölner Globus ist die Projektion des Sternenhimmels aus der Perspektive der Erde. So zeigt der Schwanz des Großen Bären nach Westen, genauso wie bei einer Beobachtung von der Erde aus. Typischer beim Bau von Globen war jedoch die Projektion vom Himmel herab auf den Globus, was zu einer spiegelverkehrten Darstellung führt. Diese gebräuchlicheren, umgekehrten Sternbilder sind auch auf anderen Editionen der 108 cm-Himmelsgloben Coronellis nachweisbar. Somit variierte Coronelli hier seine Darstellungsform, was mit den Vermarktungs- und Verkaufserfolgen zusammenhängen könnte.[78] Bereits in

78 Vgl. Seggewiß 2015, S. 32; Dekker 2018, S. 145.

diesen Kurzbeispielen wird die Fülle an Informationen deutlich, die Coronelli auf seinen Himmelsgloben vereinte und die ihre Besonderheit ausmachen.

> „Zu dieser charakteristischen Heterogenität in der Produktion Coronellis kommt eine gewisse Fähigkeit, bildliche, textuelle und paratextuelle Elemente in einer dekorativen Fülle zu organisieren und zu arrangieren, welche die Information paradoxerweise nicht behindert, sondern sie abwechslungsreich, anschaulich und fesselnd macht, was nur ein äußerst begabter Kommunikationsexperte vermag."[79]

2.1.2 Ikonografie des Erdglobus

Der Kölner Erdglobus (Abb. 105) ist zwischen 1686 und 1692 in Venedig gefertigt worden. Im Unterschied zum großen Himmelsglobus gibt es von den Erdgloben eine Basisauflage, die in verschiedenen Varianten individuell erweitert wurde; mit Unterschieden vor allem in der Darstellung oder Nicht-Darstellung der Mäzene in den dafür vorgesehenen Medaillons.[80] Obwohl eine exakte Datierung wegen der fehlenden Detailaufnahmen und Untersuchung am Objekt nicht möglich war, wird davon ausgegangen, dass es sich um die Version von 1692 – äquivalent zum als Paar konzipierten Himmelsglobus von 1692 – handelt. Der Erdglobus ist von einem Koordinatennetz mit Abständen von fünf Grad überzogen. Der Äquator, die Wendekreise und der Nullmeridian, der zurückgehend auf den antiken Kosmografen Ptolemäus durch die Kanareninsel El Hierro verlief, sind in schwarz-weißen Linien abgebildet. Die Erdkarte entspricht dem kartografischen Stand des 17. Jahrhunderts, was vor allem auf Coronellis Aufenthalt am französischen Hof zurückzuführen ist. Er stützte sich insbesondere auf die geografischen Darstellungen des italienischen Astronomen und Jesuiten Giovanni Battista Riccioli. Überdies benutzte er kartografische und auch ikonografische Vorlagen des Niederländers Joan Blaeu (1596–1673) und des Franzosen Nicolas Sanson (1600–1667), die er mit weiteren Informationen aus dem Kreis der *Académie des Sciences* anreicherte. Die innovativsten kartografischen Entdeckungen der Akademie jedoch, die auf Berechnungen Cassinis und Philipp de La Hires aus dem Jahr 1682 basierten, nahm Coronelli zugunsten der zuverlässigen Geografie der Jahrhundertmitte noch nicht in seine Globen auf.[81] Durch den weiteren naturwissenschaftlichen Fortschritt galten die Globen um 1700 in kartografischer Hinsicht bereits als veraltet, was ihrer wissenschaftlichen Rezeption schadete.

79 Marini, Giorgio: Grafik und Stil in den Globen von Vincenzo Coronelli, in: Vincenzo Coronelli (1650–1718): Das Bild der Welt. Ausst. Kat. Biblioteca Nazionale Marciana, Venedig 2018, hg. von Marica Milanesi, Wien 2018, S. 156–185, hier S. 169.

80 Vgl. Milanesi, Marica: Der große Erdglobus (1686–1689), in: Das Bild der Welt. Ausst. Kat. Biblioteca Nazionale Marciana, Venedig 2018, hg. von dies., Wien 2018, S. 106–129, hier S. 114. Zum Kölner Erdglobus vgl. den Datensatz in: https://www.kulturelles-erbe-koeln.de/documents/obj/05741343 [zuletzt aufgerufen am 07.04.2024]. Weitere Detailaufnahmen zur Analyse des Erdglobus finden sich in: http://chartae-antiquae.cz/en/globes/superresolution/76911 [zuletzt aufgerufen am 07.04.2024].

81 Vgl. ebd., S. 114f.

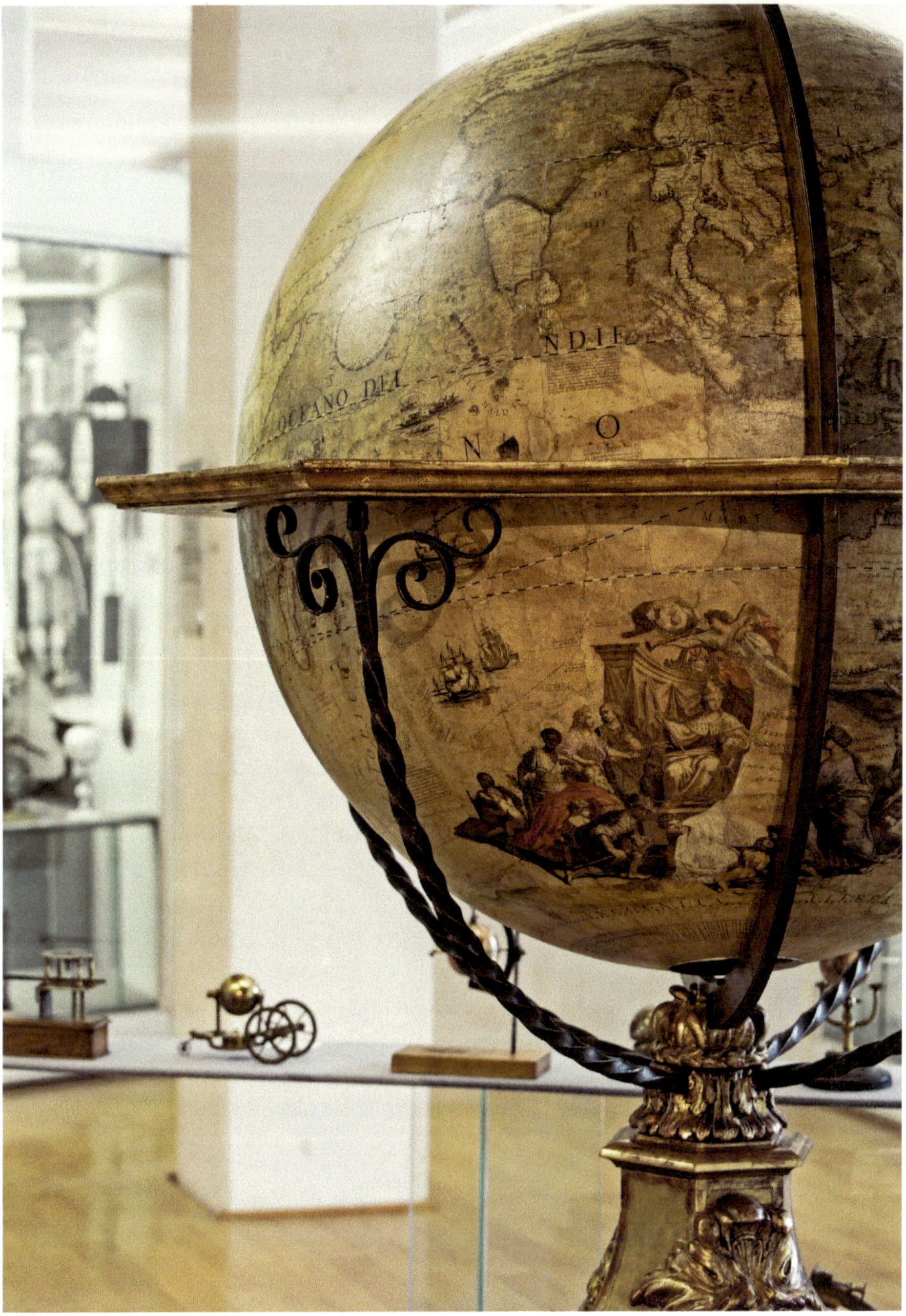

105 Vincenzo Maria Coronelli, *Erdglobus*, zwischen 1686 und 1692, Grafiken auf Holzgestell, Pappe, 108 cm Durchmesser, Kölnisches Stadtmuseum, Mathematisch-Physikalisches Kabinett, L 229

Sie wurden nunmehr in erster Linie als Kunstobjekte wahrgenommen.[82] Neben der wissenschaftlich-kartografischen Grunddarstellung verfügt der Globus über weitere ikonografische Ebenen, die in der Ausgestaltung der Länder, Kontinente und Meere (Stichwort *Geographia specialis*[83]), der historischen Kontextualisierung und im repräsentativen, allegorischen Schmuck sichtbar werden. Diese Ebenen sollen im Folgenden anhand mehrerer Beispiele analysiert werden.[84]

Ein gutes Beispiel, wie Coronelli zeitgenössische wissenschaftliche Diskussionen im Erdglobus aufnahm und sowohl kartografisch, historisch als auch allegorisch umgesetzt hat, ist *California* in Amerika. Wie bereits anhand der jesuitischen Weltzeitbestimmungstafel von 1664 in Kapitel I aufgezeigt wurde, gab es Ende des 17. Jahrhunderts Unklarheit darüber, ob es sich bei *California* um eine Insel oder eine Halbinsel gehandelt hat. Auf der *Tabula Geographico-Horologa Universalis* war California bereits als Halbinsel dargestellt, während auf vielen anderen zeitgenössischen Kartenwerken eine Insel abgebildet war, vom Festland durch die Straße von Anian getrennt. Dies ist auch auf Coronellis Erdglobus der Fall, unabhängig von den einzelnen Varianten. Die *Isola di California* ist als Insel dargestellt. Im Vergleich mit Eusebio Francisco Kinos Karte der Region *Passo por Tierra a la California*, von 1701 – diese hatte er mithilfe eines Kompasses, eines Astrolabiums und unter anderem Adam Aigenlers Handbuch, in der sich die Ingolstädter Weltzeitbestimmungstafel befunden hat, erstellt[85] – wird der Unterschied deutlich (Abb. 63). Diese kartografische Diskussion sowie die Geschichte der Region stellt Coronelli ebenso auf dem Globus dar: Unterhalb der Insel ist ein Text angebracht, der von einem Kranz umgeben ist: Einige hätten geglaubt, dass California eine Halbinsel sei, die an Neu-Mexiko anschlösse, das 1534 von Cortese (Hernán Cortés) im Namen des Königs von Spanien entdeckt worden sei. 1539 hätte dieser Francesco de Ulloa ausgesandt, um die Straße von Anian zu erkunden, Hernando de Alarcon sei 1540 gefolgt. Dabei war bereits die These aufgestellt worden, dass es sich um eine Halbinsel handelte. Giovanni Roderigo Cabrillo (Juan Rodríguez Cabrillo) hätte das Gebiet ab 1542 schließlich genauer erkundet.

82 Vgl. Milanesi 2018a. Siehe dazu auch Milanesi, Marica: Eine ‚spezielle Geographie' für den König – Tiere und Menschen auf dem von Vincenzo Coronelli für Ludwig XIV. angefertigten Erdglobus (1681–1683), in: Der Globusfreund 53/54 (2007), S. 11–24. „Meiner Meinung nach ist der spätere Erfolg der Coronelli-Globen Beweis dafür, daß der Hof bei der Beurteilung solcher Objekte mehr Wert auf die ‚Spezielle Geographie' als auf ihre mathematischen (oder symbolischen) Aspekte gelegt hat." Ebd., S. 15.

83 Vgl. Milanesi 2007, S. 14.

84 Vgl. „Virtual Map Library", http://chartae-antiquae.cz/en/globes/superresolution/76911 [zuletzt aufgerufen am 07.04.2024]. Die Coronelli-Globen können in der Virtual Map Library in hochauflösender Qualität angesehen und untersucht werden. Siehe auch den detaillierten Bericht einer Restaurierung eines Erdglobus nach Coronelli aus der norditalienischen Stadt Faenza, in dem sich eine Vielzahl von Detailaufnahmen sowie Transkriptionen der Textfelder und Beschreibungen befinden Scianna, Nicolangelo: Rifare la terra. Il rifacimento del globo terrestre faentino di Vincenzo Coronelli, Faenza 2020.

85 Vgl. Ives 1953; Altic 2022, S. 98–109.

Diese historische Einordnung und die kartografische Darstellung der Insel *California* werden ergänzt durch eine allegorische Ebene: Oberhalb von *California*, zwischen Amerika und Asien, dort wo sich die Straße von Anian befunden haben soll, ist ein großer Block auf einer Insel zu sehen, auf dem sich ein Textfeld befindet. Darüber ist ein Spruchband angebracht, auf dem die Überschrift *Dello stretto d'Anian* steht. Im Textfeld werden folglich die Geschichte und die vergeblichen Versuche der Entdeckung und des Durchsegelns der Straße von Anian beschrieben. Es wird geschildert, welche Schwierigkeiten sich beim Segeln entlang der Küste in Richtung Norden ergeben hätten und warum eine Reihe von Expeditionen mit verschiedenen Schiffstypen gescheitert sei, auf Kosten der Besatzung. Außerdem werden die verschiedenen Ambitionen europäischer Königshöfe – Frankreichs, Englands, Hollands, Portugals, Spaniens – aufgeführt, die aber bislang erfolglos waren. Überdies wird das ökonomische Potenzial, das man sich durch die Durchquerung der Straße von Anian erhoffte – die Verkürzung der Seewege – thematisiert, wobei auch in dieser Hinsicht die Expeditionen der letzten Jahrzehnte fehlgeschlagen seien. Das Textfeld scheint gerade durch einen Engel, einen großen weißen Vogel (Pelikan) sowie durch Hermes, den Gott des Handels und der Reisenden, von einem roten Tuch freigelegt worden zu sein. Der Akt des Freilegens und Entdeckens, der dadurch ins Bild gesetzt wird, passt inhaltlich zu den Bemühungen der Seefahrt, die Straße von Anian zu erkunden. Ein schwarzer Hund, möglicherweise als Symbol des Fährtenlesens, Aufspürens sowie des Beschützens, kommt unter dem Tuch zum Vorschein.

Links davon befindet sich zudem eine allegorische Figurengruppe. Das Bindeglied bildet eine weibliche Figur mit grünem Umhang, die unter anderem wegen der kräftigen Sonnenstrahlen auf ihrem Kopf als Allegorie der Sonne zu bestimmen ist. Mit ihrer linken Hand zeigt sie auf den Text und verweist damit auf die historischen Hintergründe, während ihre Rechte auf ein Schiff deutet, das sich unter ihr befindet und gestrandet zu sein scheint. Zu sehen ist nur der Heckspiegel, über Ruder und Kajütenfenster ist eine Heiligenfigur im roten Gewand eingebracht. Unterhalb der Sonne liegt eine nackte weibliche Figur mit überlangen blonden Haaren, die sich um ihren Körper sowie die Insel windet. Die Figur hält mit ihrer Rechten eine Horizontalsonnenuhr in Richtung der allegorischen Sonne empor, die an ihrem Schattenspender in Dreiecksform zu erkennen ist. Mit der linken Hand stützt sie sich auf eine Landkarte auf. Hinter ihr kommt ein runder Kompass mit Nadel zum Vorschein. Die Figuren und Attribute verweisen demnach auf die Seefahrt und die Navigation auf See mit Instrumenten, die sich am Stand der Sonne orientieren. Zwei männliche Figuren erweitern die Darstellung: Ein älterer Mann mit langem Bart und großen Flügeln scheint sich um einen jüngeren mit kurzem Bart zu sorgen, der, eingehüllt in ein rotes Tuch und einen Vogel in seiner Hand, auf der Insel zusammengesunken ist. Dabei handelt es sich um die mythologischen Figuren Daedalus und Ikarus, die nach dem Absturz des Ikarus ins Bild gesetzt sind. Ikarus befindet sich direkt unterhalb der Sonne, seine Flügel sind bereits geschmolzen, der ruhende Vogel in seinem Arm verweist darauf, dass er nicht fliegen wird. Zu Füßen des Ikarus liegen eine Sense und eine Sanduhr, Motive des Todes sowie im Falle der Sanduhr Symbol der Seefahrt. Durch die mythologischen Figuren wird der Hochmut der Menschen sowie der Tod in Folge dieser Hybris ins Bild gesetzt. Dies könnte sich auf den Hochmut der europäischen Mächte beziehen, welche trotz erheblicher Verluste von Besatzung und Material die Expeditionen auf der Suche nach der verhängnisvollen Straße von Anian fortsetzten. Das Beispiel *California* und der Straße von Anian offenbart die verschiedenen, sich überschneidenden Dimensionen, die in Coronellis Erdglobus zu erkennen sind: eine wissenschaftlich-kartografische, eine historische sowie eine allegorische Dimension.

Auch die geografische Dimension ist vielgestaltig auf den Globus gebracht: Die Länder, Kontinente und Meere sind – je nach Grad des Wissens und der Kenntnis über die Gebiete – mit bildlichen Informationen zur Geografie, Topografie sowie zur Flora und Fauna und der indigenen Bevölkerung ausgestaltet. Der afrikanische Kontinent zeigt verschiedene Gebirgsketten und Wälder sowie Flussläufe. Im Osten der Landmasse, unterhalb des Königreichs Nubien, findet sich wiederum eine allegorische Darstellung, die ein Textfeld rahmt. Hier geht es um den Fluss Nil und seine geografischen Ursprünge, die schon seit der Antike gesucht worden seien. Nach Entdeckungen portugiesischer Geografen seien die Quellen im Kaiserreich Abessinien vermutet worden (heutiges Äthiopien und Eritrea). Abauri sei der Name des Nils bei den Abessiniern. Unter dem Text liegt die Figur des Flussgottes Nil, ein Paddel in der einen Hand, ein Krug, aus dem Wasser strömt, in der anderen. Er ist umgeben von grünen Pflanzen, die über seinen Kopf hinauswachsen. Aus dem symbolischen Wasserstrom, der sich aus dem Krug ergießt, kommt ein grünes Nilkrokodil als typisches Tier der Region zum Vorschein. Weitere Tiere des afrikanischen Kontinents sind auf der Landmasse dargestellt: mehrere Elefanten, Löwen, andere Raubtiere, Strauße sowie ein Gürteltier (Abb. 106). Außerdem wird eine Jagdszene gezeigt, in der mehrere nackte Personen, teils zu Pferd, teils zu Fuß, mit Pfeil, Bogen und Speeren Löwen und Strauße jagen. Dass dies auch für die Jagenden tödlich enden kann, ist durch eine blutende Person am Boden ins Bild gesetzt. Die Darstellung als nackte Personen verweist auf die „Wildheit", die den indigenen Personen zugeschrieben wurde. Diese ethnografischen, geografischen und topografischen Informationen werden erneut erweitert durch allegorische sowie historische Dimensionen. Am Kap der Guten Hoffnung weist ein kurzer Text auf die Entdeckungsgeschichte hin: Der portugiesische Seefahrer Bartola Diaz (Bartolomeu Dias, 1450–1500) hätte 1486 das Kap entdeckt. Er umsegelte in den kommenden Jahren als erster Europäer die Südspitze Afrikas. Der Name des Kaps der Guten Hoffnung würde vom portugiesischen König Johann II. stammen. Die Holländer hätten dort eine Befestigungsanlage. Außerdem ist dort ein holländisches Frachtschiff auf dem Weg in Richtung Orient dargestellt, das von fliegenden Fischen sowie Doraden umgeben ist, die den Schiffen gerne gefolgt seien.

In allen Ozeanen finden sich Darstellungen verschiedener Schiffstypen, die auf historische Entdeckungsreisen verweisen, sowie Abbildungen von Fischfang und Jagdszenen mit Walen oder anderen Seewesen. Zudem sind Schiffsrouten von bedeutenden (historischen) Expeditionen eingezeichnet und mit Kommentaren versehen. Dies lässt

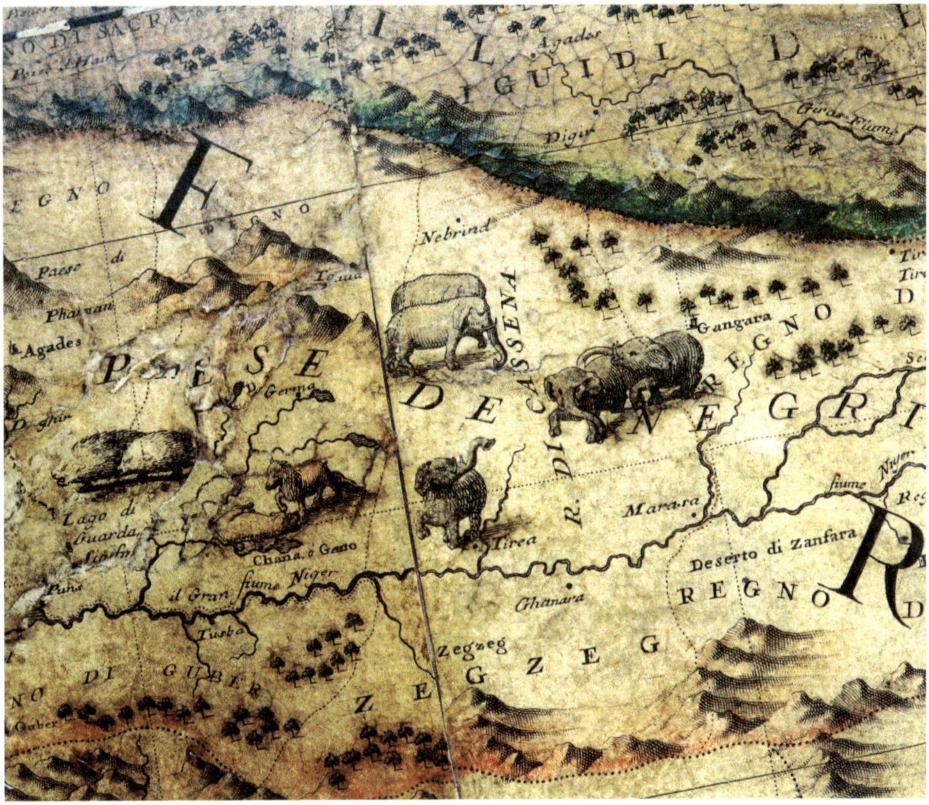

106 Vincenzo Maria Coronelli, *Erdglobus* (Detail Flora und Fauna Afrikas), zwischen 1686 und 1692, Grafiken auf Holzgestell, Pappe 108 cm Durchmesser, Kölnisches Stadtmuseum, Mathematisch-Physikalisches Kabinett, L 229

sich auch auf den wenigen Abbildungen des Kölner Globus erkennen (Abb. 107). Ein weiteres Beispiel der bildlichen Informationen, die Coronelli in den Globus setzte, ist die Darstellung der Region Bresile, des heutigen Brasiliens. Wiederum wird die Topografie anhand von Bergketten und Bäumen gezeigt; daneben die indigene Bevölkerung erneut beim Jagen. Anders als auf dem afrikanischen Kontinent war über die Lebensweisen der Indigenen mehr Wissen vorhanden, weshalb auch Szenen aus der Landwirtschaft, der Essenszubereitung oder verschiedenen Behausungen dargestellt sind. Zudem werden Kämpfe und Gewaltszenen zwischen Menschen gezeigt, die auf Unruhen und kriegerische Auseinandersetzungen verweisen. Das Wissen darüber stammte aus historischen oder ethnografischen Werken sowie Reiseberichten.[86]

Die noch unbekannten Erdteile blieben auf dem Erdglobus frei oder wurden mit barocken Stilelementen wie wundersamen Tierdarstellungen, Allegorien oder aufwendig

86 Vgl. Seggewiß 2015.

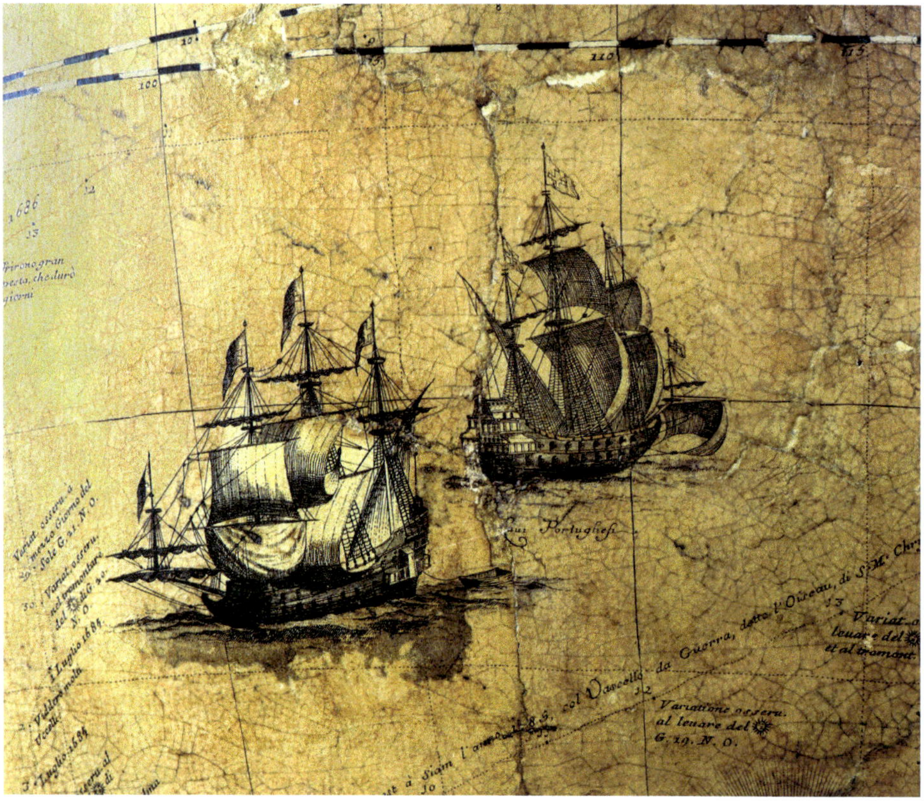

107 Vincenzo Maria Coronelli, *Erdglobus* (Detail Schiffe und Routen), zwischen 1686 und 1692, Grafiken auf Holzgestell, Pappe, 108 cm Durchmesser, Kölnisches Stadtmuseum, Mathematisch-Physikalisches Kabinett, L 229

gestalteten Kartuschen gefüllt.[87] Die Antarktis oder auch *Magellanica*, die noch nicht entdeckte südliche Erde, wurde allein durch einen Schriftzug am südlichen Wendekreis Tierra d'Austro – *La Terra Magellanica Australe Meridionale Incognatica* – sowie textliche Elemente auf den Globus gesetzt. Die Magellanstraße ist erneut durch eine figurale Szene dargestellt: In einer Kartusche wird die Entdeckungsgeschichte der Magellanstraße beschrieben, umgeben von der Person Ferdinand Magellans, Hermes als Gott des Handels und der Reisenden sowie verschiedenen Tieren. Ferdinand Magellan war am 10. August 1519 mit einer Flotte von fünf Schiffen von Sevilla aufgebrochen, um eine kürzere Route nach Ostasien zu finden. Er durchquerte die Meerenge am 31. März 1520

87 Vgl. Milanesi 2018a, S. 115; Weyers, Christian: Venedig und die Vermessung der Neuen Welt. Eine Hommage anlässlich des 365. Geburtstages von Vincenzo Maria Coronelli, in: Brunetti, Simone/ Klingebeil-Schieke, Josephine/Pedron, Chiara Maria (Hg.): Versprachlichung der Welt. Il mondo in parole, Tübingen 2016, S. 567–588, hier S. 574–576.

und gab ihr den Namen Magallanes. Dementsprechend deutet die Figur des Gottes Hermes mit seiner linken Hand auf einen Globus, der unter einem üppigen Umhang Ferdinand Magellans zum Vorschein kommt.

Die größte sowie die für den Erdglobus vielleicht bedeutendste allegorische Darstellung des Erdglobus ist auf der gegenüberliegenden Seite, zwischen der *Terra australis incognita* und dem heutigen Australien, positioniert. Sie stammt von dem Augsburger Kupferstecher Philipp Kilian (1628–1693), den Coronelli vermutlich bereits 1686 in Augsburg kennengelernt hatte.[88] Abgebildet ist ein großes weißes Tuch mit einer niedergeschriebenen Widmung an die Republik Venedig und ihren Dogen Francesco Morosini (Abb. 102). Wie das virtuelle Abbild eines gleichen Globus zeigt, befindet sich am unteren Tuchende, halb verdeckt, ein Porträt Coronellis, dessen ovaler Rahmen von drei bekränzten Putti freigelegt wird. Sowohl auf dem Rahmen als auch auf dem Tuchende hinterließ Coronelli seinen Namen. Zudem liegen unterhalb des Porträts Bücher und Schriftrollen Coronellis, auf denen sich zwei Putti abstützen, wie zum Beispiel der *Atlante Veneto* von 1691.

Der Kölner Erdglobus weist hingegen an dieser Stelle eine weiße Übermalung auf, die sowohl das Porträt als auch die Schrift vollständig überdeckt (Abb. 108). Wann und warum diese Bearbeitung vorgenommen worden ist und ob sie mit der Restaurierung zu Beginn der 1950er-Jahre zusammenhängt, kann an dieser Stelle nicht eindeutig geklärt werden. Es wird jedoch die Vermutung aufgestellt, dass die Übermalung von Matteo Alberti in Düsseldorf vorgenommen beziehungsweise beauftragt worden sein könnte. Dieser reiste 1696 nach Holland, um den schleppenden Verkauf der Globen voranzutreiben. Coronelli selbst genoss jedoch in Holland kein gutes Ansehen. Weil Alberti zu Verkaufszwecken auch eine holländische Widmung auf das Tuch nachtragen ließ, ist denkbar, dass er zudem das Porträt Coronellis übermalen ließ, um die Globen attraktiver für potenzielle Abnehmer zu machen.[89]

Das große Widmungstuch wird von Putti gehalten und von verschiedenen allegorischen Figuren umrahmt, sodass sich eine mehrdimensionale und komplexe Darstellung ergibt. Links neben dem Schrifttuch befindet sich eine gebogene Nische aus Stein, die von einem Gesims nach oben abgeschlossen wird und von innen mit Tüchern behangen ist. In dieser Nische thront eine weibliche Figur. Es handelt sich um die Allegorie Venedigs mit Krone, Hermelinkragen und Zepter (Abb. 108). Zur Rechten Venedigs erkennt man ihr Attribut, das Gesicht eines Löwen. Der Allegorie ist der Globus gewidmet. Die Nische wird von einer Verzierung gekrönt, welche das Emblem des Dogen Morosini umfasst, der als Zweiter adressiert wird. Wiederum auf der Nische scheint ein weiblicher

88 Vgl. Kuhn 1994, S. 25.

89 Vgl. ebd., S. 31–42, hier vor allem S. 34 und S. 38; Im Reisebericht des Herrn von Blainville wird Coronelli unter anderem als Schwätzer bezeichnet. Vgl. Blainville, J. de: Reisebeschreibungen durch Holland, Oberdeutschland und die Schweiz besonders aber durch Italien, 5 Bde., Bd. 1. 1, Lemgo: Meyer, 1764, S. 87. Detailaufnahmen zur Analyse des Erdglobus finden sich in: http://chartae-antiquae.cz/en/globes/superresolution/76911 [zuletzt aufgerufen am 07.04.2024].

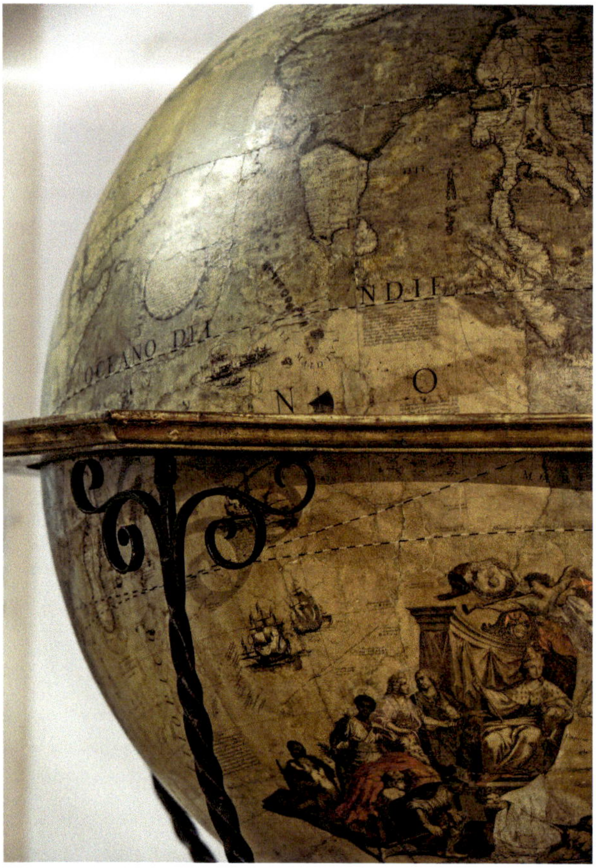

108 Vincenzo Maria Coronelli, *Erdglobus* (Detail Allegorie), zwischen 1686 und 1692, Grafiken auf Holzgestell, Pappe, 108 cm Durchmesser, Kölnisches Stadtmuseum, Mathematisch-Physikalisches Kabinett, L 229

Engel zu sitzen, der in eine Fanfare bläst. Daran ist eine wehende Fahne angebracht, die das Wappen der *Accademia Cosmografica degli Argonauti* trägt, der geografischen Gesellschaft Coronellis. Das Zeichen besteht aus einem grünen Kranz, der von einem Spruchband umwickelt wird. In der Mitte befindet sich das Abbild einer Weltkugel, auf der ein überdimensional großes Seefahrtschiff zu fahren scheint. Die Akteure werden in unterschiedlichen Modi abgebildet. Der Hersteller des Globus, Coronelli, ist doppelt repräsentiert, zum einen durch ein Porträt und zum anderen durch das Wappen der von ihm gegründeten geografischen Gesellschaft. Die Adressaten des Schrifttuchs, Venedig selbst und der Doge Morosini, werden symbolisch durch ein Wappen und eine allegorische Frauengestalt verbildlicht.

Die thronende Venedigfigur hat zudem eine weitere allegorische Ebene. Sie verkörpert den Kontinent Europa, der durch zwei weitere allegorisierte Kontinente ergänzt wird. Links neben der Nische befinden sich fünf Figuren, die aus verschiedenen allegorischen Kontexten stammen. Ganz links außen, am Ende der Frauenreihe, steht Afrika mit schwarzer Haut und einem Balsamzweig in der rechten Hand, der das typische Exportgut des Kontinents symbolisiert. Hinter dem Kopf der Figur strahlt eine Sonne als Hinweis auf das in Afrika herrschende Klima. Zudem hält sie zwei Pfeile in der Hand als Zeichen der vermeintlichen Wildheit der indigenen Bevölkerung. Zur Linken Afrikas steht eine leicht erhöhte Frauengestalt in einem blassen rosa Gewand, deren Kopf mit einem Stern geschmückt ist. Sie hält das charakteristische Exportgut des Kontinents Asien. Während die rechte Hand Zweige eines Balsambaumgewächses umfassen, reicht Asien mit ihrer Linken ein Gefäß mit Weihrauch in Richtung der thronenden Europa. Bei der Positionierung der drei Kontinente werden die Hierarchie und der Machtanspruch Europas unmittelbar deutlich. Sie ist das irdische Zentrum. Klar entfernt und untergeordnet stehen Asien und Afrika, wobei letztere sogar den Kopf abwendet. Fehlende Kontinente, die das Trio auf anderen Grafiken im kartografischen Kontext ergänzen, wie zum Beispiel Amerika und Mexiko auf dem Titelkupfer des *Theatrum orbis terrarum* von Abraham Ortelius, finden sich nicht auf Coronellis Erdglobus.

Neben der Darstellung der Kontinente werden weitere symbolische Ebenen in den Figuren präsentiert. Die Ikonografie geht dabei vor allem auf Cesare Ripas *Iconologia* zurück, die seit der ersten bebilderten Auflage im Jahr 1603 (Erstausgabe 1593) mehrfach mit neuen Illustrationen aufgelegt und in andere Sprachen übersetzt worden ist. Unmittelbar neben der Allegorie Venedigs steht eine Frau, deren Gewand in der Detailansicht von Sternen übersäht ist. Zudem trägt sie ein mit Sternen besetztes Haarband, was sie als *Astronomia* kennzeichnet. Die Astronomie blickt auf die Figur Asiens und scheint sie anzuweisen, das Weihrauchgefäß in Richtung Europas darzubieten. Die deiktische Geste ihrer linken Hand bestärkt diese Intention. Somit kann die Astronomie als eine Art Mittlerin zwischen den Kontinenten gelesen werden, welche gewissermaßen die Hegemonie Europas als kosmische Ordnung bestätigt. Die allegorische Dimension wird durch die Sterne auf dem Haupt Asiens und auf dem Haupt der zu Füßen Europas knienden männlichen Person mit Bart und rotem Umhang erweitert. Die Figuren sind als Orient und Okzident, als Morgenstern und Abendstern, zu deuten, deren demütige Gesten Europa wiederum als kosmisches Zentrum hervorheben.

Neben dem Bärtigen mit rotem Mantel kniet ein weiterer Mann in einer Rüstung. Dieser Ritter verbeugt sich ebenfalls, er wendet jedoch seinen Kopf vom Thron ab. Die beiden männlichen Figuren können den Kardinaltugenden zugeordnet werden. Der Ritter verkörpert die Tapferkeit, *fortitudo*, während der bärtige Mann die Gerechtigkeit, *iustitia*, symbolisiert, trägt er doch einen hellen Gürtel mit der Abbildung einer Waage.[90] Die Darstellungen der beiden Kardinaltugenden charakterisieren die Adressaten Venedig und besonders den Dogen Morosini. Zur Rechten des Widmungstuchs befinden sich drei weitere allegorische Frauenfiguren, von denen eine in prominenter Position vor das Tuch gesetzt wurde. Diese ist als Allegorie der Akademie zu lesen, die als Attribute eine Feile und Granatäpfel trägt. Sie kann als Personifizierung der *Accademia Cosmografica degli*

90 Vgl. Milanesi 2018a, S. 114.

Argonauti verstanden werden, welche Venedig direkt anblickt und dabei mit einer deiktischen Geste auf den Widmungstext verweist. Hinter ihr ergänzen die Allegorien der Geografie mit einem Zirkel und der Geschichte mit einer Mauerkrone[91] das Trio und demonstrieren so den wissenschaftlichen Anspruch der Akademie Coronellis.

Die Globen Coronellis können nach der Beschreibung und ikonografischen Analyse ausgewählter Beispiele als Stücke mit hohem wissenschaftlichen und künstlerischen Anspruch eingeordnet werden.

> „Die grafischen Darstellungen, die in erster Linie holländischen Atlanten entnommen waren und eine Fülle an Anmerkungstexten und Ornamenten enthielten, [waren dabei] äußerst heterogen und eklektisch […]. Bei der dekorativen Organisation beweist Coronelli, dass er mit dem Einsatz von Emblemen und Allegorien, die vorrangig auf die visuelle Sprache des Barock zurückgreifen, vertraut ist. Unter dem Blickwinkel einer möglichen ‚kartografischen Ästhetik' lässt sich jedoch paradoxerweise feststellen, dass der einheitliche Nenner seiner zahlreichen Aktivitäten, der so genannte „Coronelli-Stil", in einer kohärenten und wiedererkennbaren Form lag, einer Art von ‚grafischem Esperanto', das er unter Vermischung verschiedener Sprachen – jener von Kupferstich, Kartografie, figurativen Elementen und Text – entwickelte."[92]

Obwohl die Globen in erster Linie als höfische Repräsentationsobjekte konzipiert waren, beinhalten sie verschiedene Wissensebenen über einzelne Kontinente und Regionen: kartografische, geografische, topografische, ethnografische, historische, allegorische, astronomische sowie ikonografische Ebenen. Als wissenschaftliche Instrumente verwiesen sie auch auf die Kennerschaft und das globale Wissen der Besitzenden, bildeten sie doch Ende des 17. Jahrhunderts den *State of the art* der barocken Kartografie, Astronomie und Globenkunde ab. Außerdem können sie wegen ihrer Widmungen auch als politische Objekte bezeichnet werden.

> „Es stimmt […], dass es sich bei den Globen des venezianischen Kosmographen zweifellos um Stücke von symbolischem Wert handelte. Sie waren Darstellungen von Macht, Objekte, in denen sich neue geografische Erkenntnisse mit einem „politischen" Wert vereinten und die gemeinsam die expansionistischen Unternehmungen der Republik feierten, die diese ja tatsächlich förderte und finanzierte. Wissenschaftliche Instrumente, gleichzeitig jedoch auch Werke, die der Betrachtung und Bewunderung dienen sollten, kommunizierten sie gleichwohl auch das Ansehen ihres Herstellers und ihres Auftraggebers. Neben einem unmittelbaren praktischen Nutzen boten sie folglich auch einen schlicht dekorativen Wert, der auf höchst erfreuliche Weise eine Botschaft vermittelte, bei der mit dem wissenschaftlichen Zweck auch eine gewisse Propaganda mitschwang, was dem Effekt der visuellen Darstellung als universell zugängliche Sprache zuzuschreiben war."[93]

2.2 Funktionsweise

Die Coronelli-Globen sind als Globenpaar konzipiert. Diese Art der Darstellung des Himmels und der Erde gab es vermehrt ab dem 15. Jahrhundert und vor allem im 16. Jahrhundert, wobei Nürnberg ein frühes Zentrum der Produktion war. Im Laufe des 16. Jahr-

91 Vgl. ebd.
92 Marini 2018, S. 170.
93 Ebd., S. 168.

hunderts verschob sich dies und es bildeten sich neue Hochburgen am Niederrhein und in den Niederlanden, wo die berühmtesten Kartografen und Globenhersteller wie Gerhard Mercator, Abraham Ortelius, die Blaeu-Dynastie oder Jodocus Hondius wirkten. Globen wurden bereits in der Antike hergestellt und zunächst vor allem als praktische Instrumente in der Seefahrt genutzt: Die Globen dienten zur Berechnung von Kursen und zur Positionsbestimmung, was sie notwendig für die Navigation machte und damit ihre Produktion vor allem im 16. Jahrhundert ansteigen ließ. Die historischen Expeditionen und Entdeckungsreisen sind ohne Globen in der Form nicht denkbar. Außerdem wurden sie im Handel mit Waren und Gütern aus fernen Ländern verwendet, um die Herkunft zu verstehen und zu verorten sowie (potenzielle) Kund:innen zu verdeutlichen. Während Globen demnach aus praktischem Interesse entstanden und verbreitet wurden, entwickelten sie sich zunehmend auch zu Repräsentationsobjekten. Als Statussymbole und zur Vergegenwärtigung der eigenen Macht wurden sie in höfische und adlige Kunstkammern, Bibliotheken und Sammlungen aufgenommen. Ab dem 17. Jahrhundert weitete sich diese Praxis auch auf Bürger und Kaufleute aus, die ihre Häuser und Sammlungen nach höfischem Vorbild mit Globen ausstatteten. Das frühneuzeitliche Zentrum der Globenproduktion waren die Niederlande, wo bereits ab der ersten Hälfte des 16. Jahrhunderts verschiedene Arten von Globen produziert wurden. Als Hersteller können Gemma Frisius (1508–1555), Gerhard Mercator oder Jacobus Florentius van Langren genannt werden, bevor im 17. Jahrhundert die Offizin Blaeu oder Jodocus Hondius (1563–1612) in Amsterdam aufzuführen sind.[94] Jedoch entwickelten sich auch in Frankreich, England sowie Italien eigene bedeutende Globenproduktionen, von denen der Kosmograf Coronelli und die *Accademia Cosmografica degli Argonauti* ein berühmtes Beispiel ist.[95]

Mit dem Funktionswandel der Globen und der zunehmenden Verschiebung von praktischen Instrumenten der Navigation auf See zu Repräsentations- oder Demonstrationsobjekten änderten sich auch die Globen selbst. Im Verlauf des 17. Jahrhunderts wurden die Globen immer größer sowie ästhetisch und ikonografisch ausgefeilter. Durch personalisierte Widmungen entstanden individuelle Objekte und Sammlerstücke.[96] Diese Entwicklung von einem naturwissenschaftlich genutzten astronomisch-kartografischen Instrument hin zu einem künstlerischen Dekorationsobjekt mit naturwissenschaftlicher Basis vollzogen die Globen immer weiter, sodass sie spätestens im 18. Jahrhundert in erster Linie repräsentative Objekte zwischen Naturwissenschaft und Kunst waren und von neueren Navigationsinstrumenten abgelöst worden waren. Eine weitere Funktion war eine didaktische: Anhand von Globen konnten sowohl basale als auch komplexe Phänomene der Erde und des Himmels auf eine sehr anschauliche Art und Weise und sogar in einem räumlichen und zeitlichen Zusammenhang vermittelt werden. Dass nicht mehr Globen aus dem Lehrkontext erhalten sind, scheint vor allem an den hohen

94 Vgl. Koller 2014a, S. 65–69.
95 Vgl. Seggewiß 2015, S. 6–15; Dekker 2018, S. 142.
96 Vgl. Koller 2014a, S. 68.

Ankaufskosten gelegen zu haben. Denn auch in Köln hatten die Jesuiten die Globen nicht selbst erworben, sondern sie als Schenkung erhalten.

Globenpaare können als eine sehr vielseitige Objektgruppe beschrieben werden, weil sie zum einen sehr unterschiedlich genutzt wurden: als Repräsentationsobjekte, als Navigationsinstrumente, dreidimensionale Sternkarten oder auch als Objekte der Selbstvergewisserung der eigenen Macht oder des eigenen Anspruchs. Zum anderen boten sie die Möglichkeit, nicht nur die kartografischen Grundlagen der Erde und die astronomischen Positionen der Himmelskörper zu zeigen, sondern beides historisch, ikonografisch, allegorisch oder symbolisch frei auszugestalten und dadurch die Dimensionen der Globen zu erweitern.

2.3 Objektbiografie

Das Kölner Globenpaar aus dem Ende des 17. Jahrhunderts wurde in Venedig gefertigt und kam mit dem Schiff ins Rheinland und schließlich ins Jesuitenkolleg. Es ist nicht nur wegen seines künstlerischen Werts, sondern auch wegen des überlieferten Erwerbungskontextes ein bedeutender Teil des Mathematisch-Physikalischen Kabinetts. Nachdem die Globen Anfang der 1690er-Jahre von Coronellis Werkstatt in Venedig gefertigt worden waren, wurden sie kurz nachher aus Italien an den Niederrhein gebracht. Im Jahr 1700 fanden die Globen Eingang in die jesuitische Sammlung. Der Orden erhielt den Erd- und den Himmelsglobus durch den Kurfürsten und von Jesuiten erzogenen Johann Wilhelm von der Pfalz (1658–1716). In der Literatur herrschte lange Unklarheit darüber, ob im Jahr 1700 nicht nur eins, sondern gleich zwei Globenpaare Coronellis von Düsseldorf nach Köln geschenkt worden waren. Dass sich tatsächlich vier Globen, also zwei Paare, im Kölner Jesuitenkolleg befunden haben, wird im Folgenden anhand der Quellen chronologisch hergeleitet und mit den Argumenten aus der Forschung erörtert. Die Basis dafür bildet der kleine Beitrag des damaligen Archivars und späteren Direktors des Historisches Archivs der Stadt Köln, Erich Kuphal, von 1928.[97]

Der Italiener Matteo Alberti war nicht nur der lokale Händler Coronellis in Holland und am Niederrhein, sondern er war auch Baumeister des Kurfürsten Johann Wilhelm von der Pfalz. Ein Auftrag war der Neubau des Bensberger Schlosses, der im Jahr 1700 erteilt wurde.[98] In einem Brief vom 21. Juni 1700 an den Kölner Bürgermeister und Rat bat der Kurfürst darum, dass dem in Düsseldorf ansässigen Alberti während der Bauzeit in Köln das dortige Wohnrecht und sonstige Unterstützung und Protektion gewährt werden solle. Gewissermaßen als Unterstützung dieses Gesuchs wurde Alberti

97 Vgl. Kuphal, Erich: Der Beginn des Bensberger Schloßbaues, in: Jahrbuch des Kölnischen Geschichtsvereins 10 (1928), S. 171–174.

98 Zur Baugeschichte des Bensberger Schlosses mit Fokus auf Alberti siehe Gamer, Jörg: Matteo Alberti. Oberbaudirektor des Kurfürsten Johann Wilhelm von der Pfalz, Herzogs zu Jülich und Berg etc., Düsseldorf 1978, S. 57–115. Vgl. außerdem Dobisch, Werner: Das Neue Schloss zu Bensberg, Düsseldorf 1938.

„zugleich gnädigst aufgegeben, in unserm namen euch von denenjenigen mathematischen kugeln, welche mit höchstem fleiss und sonderbarem studio in der accademie der Argonauten zu Venedig (als wovon er einer der vornehmsten directorn ist) erfunden worden, zwei grosse davon zu praesentieren. Zweiflen dahero gnädigst nit, ihr werdet solchs zu unserer gedächtnus auf das rathhaus daselbst um so mehreres aufstellen als ihre kais. und königl. Maj. so wohl als alle chur- und fürsten des reichs, wohin obgen. graf sothane kuglen praesentiert, an solch artifitieusem und kunstreichem werk, alle satisfaction und contentem von sich verspüren lassen, ihm auch zugleich als unsern ministrum consideriren und diese unsere recommendation würcklich und in der tat verspüren lassen, und wir sind euch mit gnädigstem auch nachbarlichem guten willen auch churf. hulden wohl beigetan."[99]

Alberti scheint dem Rat der Stadt Köln folglich zwei Coronelli-Globen vorgestellt und im Anschluss – wohl auf eigene Kosten – überbracht zu haben.[100] Der Rat gewährte ihm das Wohnrecht und übermittelte als Dank für das Globenpaar 1000 Taler – „Was blieb den Kölner Ratsherren anderes übrig als die feudale Nötigung zu honorieren? Sie ließen sich nicht lumpen und zahlten dem kurfürstlichen Protegé ein ‚Gegengeschenk' von 1.000 Talern [...]".[101] Dieser Vorgang ist in den Rechnungsbüchern des historischen Archivs zu finden.[102] Dieses Paar von Coronelli-Globen schenkte Alberti folglich 1700 im Auftrag vom Kurfürsten an die Stadt Köln, den Bürgermeister und die Ratsherren, zur Aufstellung im Rathaus. Es handelte sich demnach um ein politisches Geschenk; ein Mittel für Johann Wilhelm von der Pfalz, um seine lokalen Interessen durchzusetzen. Laut Erich Kuphal sollen die Globen an das Kölner Jesuitenkolleg weitergegeben worden sein, vielleicht aus Platzmangel oder „weil sie am besten mit diesen Dingen umzugehen verstanden".[103]

Für den 23. Juni 1700, also nur zwei Tage nach dem Brief des Kurfürsten, ist ein Eintrag in jesuitischen Quellen überliefert, die Kuphal wörtlich zitiert: Es wird beschrieben, dass die Jesuiten zwei mathematische Globen „von bemerkenswerter Größe und Wertigkeit" von Johann Wilhelm von der Pfalz aus Düsseldorf geschenkt bekommen hätten und dass diese, durch den Rektor des Düsseldorfer Jesuitenkollegs, Heinrich Nolden,[104] per Schiff hierhin nach Köln gebracht und bereits am nächsten Tag in der Bibliothek aufgestellt worden seien. Für diese Arbeit hatte Heinrich Nolden einen Balthasar Walter mitgeschickt, der die Globen begleiten sollte.[105] In einem weiteren Eintrag aus den *Historia* des Jahres 1700 ist überliefert, dass die jesuitische Bibliothek 1700 durch den Kurfürsten um zwei große und besonders elegante sowie wertvolle Globen angereichert worden ist.

99 Zitiert nach Kuphal 1928, S. 173. Kuphal gibt die Quelle des Briefes als „Stadtarchiv Köln, Briefeingänge" an. Im digitalen Lesesaal des Historischen Archivs der Stadt Köln konnte der Brief bislang nicht ermittelt werden.

100 Vgl. Kuhn 1994, S. 39f.

101 Ebd., S. 37f.

102 Vgl. HAStK, Best. 70 (Rechnungen (R)), A 147, fol. 153v–154r; HAStK, Best. 70 (Rechnungen (R)), A 160. fol. 47r. Der Betrag für die Globen wird allerdings mit 1.121 Talern angegeben.

103 Kuphal 1928, S. 171.

104 Vgl. Kniffler 1892, S. 26. Heinrich Nolden war nur von 1699 bis 1701 Rektor in Düsseldorf.

105 Vgl. Kuphal 1928, S. 174. Kuphal zitiert hier wörtlich aus der Handschrift „Benefactores bibliothecae collegii soc. Jesu Coloniensis ab incendio anni 1621", die heute nicht mehr nachzuweisen ist und nicht gefunden werden konnte.

Zur Aufstellung der Globen hätte der Jesuit Franz Schmitz ein Lobgedicht vorgetragen.[106] Die *Litterae Annuae* des Kölner Kollegs aus dem Jahr 1700 beschreiben ebenfalls, dass Johann Wilhelm von der Pfalz der Bibliothek zwei besonders schöne und große Globen geschenkt hätte.[107]

Die Globen werden auch in verschiedenen zeitgenössischen Reiseberichten erwähnt, von denen hier einige exemplarisch aufgeführt werden: Herr von Blainville besuchte am 13. März 1705 das Jesuitenkolleg und berichtete von „ein paar [sic!, gemeint sind mehrere,] Erd- und Himmelskugeln, vier Fuß im Durchmesser".[108] Auch der Sammler Zacharias Konrad von Uffenbach reiste im April 1711 durch Köln. Er berichtete, dass er im Rathaus zu Köln große Coronelli-Globen gesehen habe, die allerdings weniger gut konserviert seien als andere, die er auf seiner Reise betrachtet habe.[109] In der Bibliothek des Jesuitenkollegs, die er als mittelmäßig bewertete, habe er ebenfalls zwei Coronelli-Globen in der Mitte gesehen, die nach Aussage eines Jesuitenpaters 1000 Gulden gekostet hätten.[110] Friedrich Albert Klebe berichtete im Jahr 1800 von vier Coronelli-Globen von je 4 Fuß Durchmesser, die sich bereits vor dem Ankauf aus Straßburg in Köln befunden hätten.[111]

Das jesuitische Inventar von 1774 nennt „duo globorum caelestium et terrestrium paria", „zwei Paar Himmels- und Erdgloben",[112] wobei keine Zuordnung zu Coronelli vorgenommen wurde. Das Inventar von 1801 führt explizit ein Globenpaar auf, während 1829 wieder mehrere zu finden sind.[113] Christian Kramp berichtete in seinem *Discours* von 1799, dass es vier Globen von Coronelli im Kolleg gegeben hätte: „Quatre globes de quatre pieds de diamètre chacun, faits par le père Coronelli, Vénitien."[114] Und 1804, als die Zentralschule im Begriff war zu einer Sekundärschule umgewandelt zu werden, wurde festgehalten, dass sich Globen in der Bibliothek und im Mathematisch-Physikalischen Kabinett befunden hätten.[115]

106 Die *Historia*, auf die Kuphal verweist, befinden sich heute nicht (mehr) in Köln. Auch im ARSI, im römischen Jesuitenarchiv, sind die Historia des Jahres 1700 aus dem Collegium Coloniense nicht überliefert, weshalb das Zitat nicht geprüft werden kann. Vgl. ARSI, Rhen. Inf. 59 I; ARSI, Rhenania Inferior 59 II. Die Bände enthalten die Historiae sowie *Litterae Annuae* dieser Jahre aus der Provinz Rhenania Inferior. Allerdings fehlt das Jahr 1700 aus Köln. Auf Nachfrage beim zuständigen Archivar wurde dies mit Überlieferungslücken oder fehlenden Sendungen erklärt; für die lateinische Transkription vgl. Kuphal 1928, S. 174.

107 Vgl. HAStK, Best. 223, A 12, fol. 74v; HAStK, Best. 223, A 11, fol. 17v.

108 Blainville 1764, S. 87.

109 Vgl. Uffenbach 1754, S. 388.

110 Vgl. ebd., S. 748f. Zu Zacharias Konrad von Uffenbach siehe auch Friedrich, Markus/Müller, Monika (Hg.): Zacharias Konrad von Uffenbach. Büchersammler und Polyhistor in der Gelehrtenkultur um 1700, Berlin 2020.

111 Vgl. Klebe 1802, S. 387.

112 AEK, Monasteria, Generalia: Jesuiten, fol. 171v.

113 Vgl. LAV NRW, R, AA 0633, Nr. 108, fol. 21r; HAStK, Best. 155A, A 361, S. 12.

114 Kramp 1799b, S. 8f.

115 Vgl. HAStK, Best. 350 (Französische Verwaltung (FV)), A 5903, fol. 3v.

Auch in der Forschung herrschte lange Unklarheit: Kuphal legt 1928 überzeugend dar, dass es zwei Paare im Kolleg gegeben hätte, da er das zweite Paar lokalisiert. Darauf bezieht sich auch Josef Kuckhoff 1931, ohne allerdings die Quellen noch einmal aufzuführen.[116] Josef Schnippenkötter berichtet 1939 allerdings von „Zwei Globen von 4 Fuß Durchmesser."[117] Gunter Quarg bezieht sich 1996 ebenfalls auf Kuphal und schreibt von zwei Globenpaaren.[118] Erich Meuthen nennt hingegen 1988 „einen Erd- und einen Himmelsglobus von jeweils über 1 Meter Durchmesser."[119] Hans Wolfgang Kuhn gibt 1994 an, dass die Frage noch zu beantworten sei.[120]

Während bereits die Quellen aus dem Jahr 1700 dafürsprechen, dass zwei unterschiedliche Globenpaare vom Kurfürsten Johann Wilhelm von der Pfalz aus Düsseldorf nach Köln gekommen sind, konnte auf Basis Kuphals ein Beweis für die Existenz von vier Globen im Jesuitenkolleg in Köln gefunden werden, von denen ein Paar heute allerdings nicht mehr vorhanden ist. Dieses zweite Globenpaar ist es, das Kuphal 1928 noch in der Bibliothek des Priesterseminars im ehemaligen Jesuitenkolleg in der Marzellenstraße aufbewahrt weiß – „wenn auch leider in recht schadhaftem Zustande".[121] Und tatsächlich konnten die Kugeln auf historischen Aufnahmen aus der Bibliothek des Priesterseminars entdeckt werden, die um 1910 aufgenommen worden sind (Abb. 109). Zu der Zeit waren nur noch die Kugeln erhalten, ohne Sockel, die sich auf den Türsimsen der beiden Eingangstüren in den Bibliothekstrakt befanden, die stark ausgeprägt und von Säulen flankiert waren. Zu erkennen ist der Erdglobus, der anhand der südlichen Ansicht mit der Kartusche des Magellan identifiziert werden konnte. Auf Basis einer weiteren Raumaufnahme wird angenommen, dass sich die Kugel des Himmelsglobus auf dem gegenüberliegenden Türsims befunden hat. Ob das zweite Globenpaar bereits im Jahr 1700 oder vielleicht erst später in das Jesuitenkolleg gekommen ist, kann nicht mit Sicherheit gesagt werden. Es ist gut möglich, dass die Globen bis zum Jahr 1716 vom Rathaus in das Jesuitenkolleg gekommen sind, denn Matteo Alberti lebte während der Bauzeit des Bensberger Schlosses bis 1710 in Köln in der Schmierstraße, heutige Komödienstraße. 1715 war er zudem für die Kölner Jesuiten selbst als Architekt tätig. Ihm wird die Giebelfassade des nordwestlichen Trakts des Kolleggebäudes zugeschrieben, die 1715 in kurzer Bauzeit errichtet worden ist.[122] Heute ist das zweite Paar verschollen, weil es im Zuge der Bombardierung des Priesterseminars am 20. Oktober 1944 zerstört wurde, wie auch die Reste der schönen barock ausgestalteten ehemaligen Jesuitenbibliothek. Das noch erhaltene Globenpaar war in den 1920er-Jahren bereits in den Museumsräumen des

116 Vgl. Kuckhoff 1931a, S. 591.
117 Schnippenkötter 1939, S. 95.
118 Vgl. Quarg 1996b, S. 75.
119 Meuthen 1988, S. 377.
120 Vgl. Kuhn 1994, S. 31– 42.
121 Kuphal 1928, S. 171.
122 Clemen 1911, S. 166–169; Gamer 1978, S. 37 und S. 261–266.

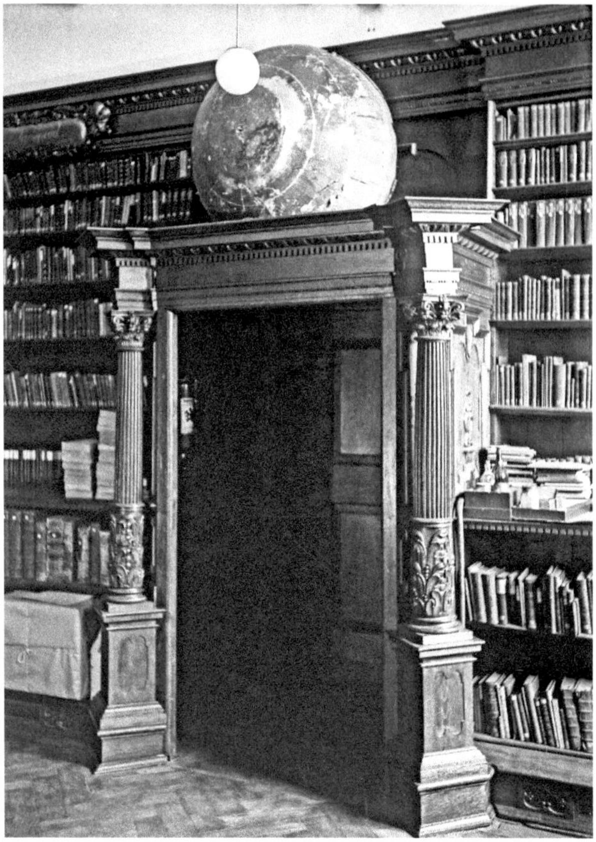

109 Fotografie der ehemaligen Jesuitenbibliothek mit Kugel des Erdglobus, um 1910

Historischen Museums in der Hahnentorburg untergebracht. Es hat den Zweiten Weltkrieg im Haus der Rheinischen Heimat in Deutz überstanden.

Nachdem das heute noch erhaltene Globenpaar im Jahr 1700 ins Jesuitenkolleg gekommen war, ist es in der barock ausgestalteten Bibliothek des Kollegs im Mitteltrakt aufgestellt worden. Das Inventar von 1774 führt zuletzt unter dem Bereich „Instrumenta alia, quae pertinent ad cubiculum" auf, dass es „duo globorum caelestium et terrestrium paria"[123] gegeben habe, wobei nicht genannt ist, wo im Kolleg sie sich befunden haben. Es wird allerdings davon ausgegangen, dass sie nach wie vor in der Bibliothek aufgestellt waren. Im Jahr 1801 nennt das französische Inventar erneut keinen Aufstellungsort und listet die Globen – explizit zwei – im Bereich der Astronomie auf. „[D]eux Grands Globes, l'un celeste, l'autre térrestre, de quatre pieds de diametre, mobiles dans le sens

123 AEK, Monasteria, Generalia: Jesuiten, fol. 171v. Siehe hier und im Folgenden die publizierten Inventare in: https://kabinett.mapublishing-lab.uni-koeln.de/inventare [zuletzt aufgerufen am 07.04.2024].

vertical, équatorial et horizontal, fait Par le pere Coronelli à Venise."[124] „Ein paar Globen [sic!] (Erd- u[nd] Himmels) jeder 4 Fuß Durchmesser, mit horizontaler, vertikaler und Aequatorial Bewegung, von Coronelli in Venedig"[125] ist 1829 aufgeführt, wobei auf derselben Seite ein weiteres kleines Globenpaar steht. Die Coronelli-Globen werden überdies als eine „Hauptzierde der Sammlung" bezeichnet. Der Erdglobus hatte zu der Zeit bereits eine kleine Beschädigung.[126] Nur ein Globenpaar findet sich 1845: „Ein Erd- und ein Himmelsglobus, jeder von 4′ Durchmesser mit horizontaler, vertikaler und Aequatorial-Bewegung von Coronelli in Venedig unter dem Dogen Franc[esco] Morosini, dem Kurfürsten von der Pfalz Joh[ann] Wilhelm gesandt."[127] In den Listen des Jahres 1912 tauchen die Coronelli-Globen nicht auf, da sie nicht aussortiert werden sollten. Im Inventarium der Sammlung des alten Tricoronatums wurden sie schlicht als „ein Himmelsglobus, ein Erdglobus"[128] bezeichnet, was dem Stil des Inventars entspricht, in dem die Objekte nur grob und mit einer gewissen Unkenntnis gelistet wurden. Auch das Übergabeinventar von 1938 nennt nur einen Himmelsglobus und einen Erdglobus, beide 110 cm. Die Reichsmark-Angaben von 3000 RM pro Stück verweisen nur bedingt auf ihren tatsächlichen Wert.[129]

Mit der Schenkung der Globen hatte das Jesuitenkolleg repräsentative Objekte gewonnen. Das Paar wurde in der Bibliothek im Kolleggebäude aufgestellt, sodass es gut sichtbar für Besuchende und Reisende war, denen es als besondere Sehenswürdigkeit präsentiert wurde. Die beiden Globen fungierten demnach auch als Repräsentationsobjekte.[130] Daneben wurden sie jedoch auch als Lehr- und Unterrichtsmittel der Fächer Geografie und Astronomie eingesetzt. Aus dem Jahr 1707 ist beispielsweise eine geografische Übung unter dem damaligen Mathematikprofessor Heinrich Venedien erhalten, in der unter anderem die Kugelgestalt der Erde, die daraus resultierende Krümmung der Oberfläche sowie die Gravitationskraft erläutert wurden.[131] Die Coronelli-Globen sind seit ihrer Entstehung wechselseitig von politischen Ereignissen beeinflusst. Wie alle Objekte des Kabinetts unterlagen sie dem Wandel der politischen Herrschaftsverhältnisse in Köln. Darüber hinaus waren sie aber auch ein politisches Mittel, anhand dessen der Kurfürst seine Interessen in Köln bekräftigte und durchsetzte. Nach der Herstellung in Venedig wurde das Paar dem Unterhändler Alberti nach Düsseldorf überbracht. Sie waren als Lehr- und Lern-, aber auch als Repräsentationsobjekte von Wissen und Macht konzipiert. Von Kurfürst Johann Wilhelm von der Pfalz und Matteo Alberti

124 LAV NRW, R, AA 0633, Nr. 108, fol. 21r.
125 HAStK, Best. 155A, A 361, S. 12.
126 Ebd., S. 46r.
127 HAStK, Best. 155A, A 361.
128 HAStK, Best. 560, A 681, fol. 2r.
129 Verzeichnis der Leihgaben 1938, S. 4.
130 Vgl. zum Beispiel die negative Beschreibung des Herrn von Blainville, in welcher der Hersteller Coronelli selbst als dreist und arrogant bezeichnet wurde: Blainville 1764, S. 87. Vgl. auch Klebe 1802, S. 386f.
131 Vgl. Gefasser 1707.

wurden die Globen als politisches Instrument benutzt, bevor sie im Jesuitenkolleg wieder die ursprüngliche Bedeutung als Anschauungsobjekte und prächtige Kabinettstücke erhielten.[132]

Die Phase der Musealisierung der Coronelli-Globen begann Anfang des 20. Jahrhunderts. Die Anfrage des Deutschen Museums München von 1915 bezog sich neben Astrolabien, diversen Sonnenuhren und dem Planetarium auch auf die Globen des Dreikönigsgymnasiums: auf die Coronelli-Globen sowie den kleinen Globus von Blaeu.[133] Diese Objekte entstammten alle dem Bereich der Astronomie, was Sammlungsintentionen auf Münchner Seite vermuten lässt. Zudem zeigt sich hier, dass die astronomischen Instrumente offensichtlich als (kulturell) wertvoll erachtet wurden. Im Jahr 1927 wurden die Globen in das Historische Museum der Stadt Köln überführt, was den Funktionswandel zu reinen Museumsobjekten endgültig abschloss. Während des Zweiten Weltkriegs kam es zu starken Beschädigungen. In den frühen 1950er-Jahren fand infolgedessen eine umfangreiche Restaurierung statt, sodass das Globenpaar bei der Eröffnung des Kölnischen Stadtmuseums im Zeughaus 1958 die Eingangstür schmücken konnte. Die Globen bilden bis heute schon wegen ihrer Größe die Prunkstücke des Mathematisch-Physikalischen Kabinetts. Bis 2017 waren sie in der Dauerausstellung des Kölnischen Stadtmuseums im ersten Obergeschoss zu sehen (Abb. 1).

Neben dem bekannten Coronelli-Globenpaar gab es in der Sammlung des Jesuitenkollegs weitere Globen und Globenpaare anderer Hersteller, die nicht minder berühmt waren: Heute noch erhalten ist ein kleiner Himmelsglobus mit 23,5 cm im Durchmesser. Auf einer alten Fotografie ist die Kugel ohne Fuß abgebildet; ein Meridianring umgibt den Globus vollständig. Durch einen Hinweis im Inventar von 1845 kann der Himmelsglobus keinem geringeren als Willem Janszoon Blaeu (*Wilh. Janssenius Blaeu*) zugeordnet werden, dem Begründer der niederländischen Blaeu-Dynastie in Amsterdam.[134] Bei dem Kölner Exemplar handelt es sich um den zweiten Himmelsglobus, den Blaeu 1602 als Globenpaar in Amsterdam herausgegeben hat. Nach der Bestätigung eines zweiten Coronelli-Globenpaares können alle Globen im jesuitischen Inventar von 1774 identifiziert werden.[135] Folglich stammt der Blaeu-Globus aus der Straßburger Sammlung Schürers, denn 1799 sind ebenfalls „plusieurs globes Célestes et terrestres"[136] nach Köln gekommen. Bereits seit dem beginnenden 20. Jahrhundert bis heute ist nur noch der kleine Blaeu-Himmelsglobus vorhanden. Ein Verzeichnis der Globen Blaeus von 1921 zeigt, wie wenige der kleinen Blaeu-Globen von 1602 noch vorhanden sind. Das Kölner

132 Vgl. Kuphal 1928, S. 171–174.
133 Vgl. HAStK, Best. 560, A 651, fol. 46r. Brief vom 27. Oktober 1915, Berlin.
134 Vgl. HAStK, Best. 155A, A 361, S. 19; Zögner, Lothar/Klemp, Egon Hg.): Verzeichnis der Kartensammlungen in Deutschland, Wiesbaden 1998, S. 306. Zu den Erd- und Himmelsgloben der Blaeu-Offizin vgl. auch Koller 2014a, S. 65–69.
135 AEK, Monasteria, Generalia: Jesuiten, fol. 171v.
136 LHAK, Best. 241, 015, Nr. 701, S. 254.

Exemplar wird darunter nicht aufgeführt.[137] Für die Sammlungsgeschichte des Mathematisch-Physikalischen Kabinetts interessant ist, dass sowohl Werke der traditions- und einflussreichen niederländischen Globenkunde wie auch die venezianischen Stücke in Köln vorhanden waren.

Die alte Fotografie des Rheinischen Bildarchivs bestimmt den Globus als „nach Tycho Brahe". Dies stimmt insofern, als Willem Blaeu bei dem Astronomen Tycho Brahe studiert hatte. Als 24-jähriger reiste er im Herbst 1596 auf die dänische Insel Hven, wo Brahe an der Erstellung seines bedeutenden Sternenkatalogs arbeitete. Hier erhielt Blaeu eine Kopie Brahes astronomischer Beobachtungen, die er, zurückgekehrt nach Alkmaar, zur Konzipierung seines ersten Himmelsglobus benutzte. Dies war etwas Besonderes, weil alle Himmelsgloben zuvor auf den Beobachtungen des antiken Astronomen Ptolemäus basierten. Brahes vollständiger Sternenkatalog wurde 1602 veröffentlicht. Blaeus früher Himmelsglobus ist nur in Teilen als Kopie erhalten, allerdings ist bekannt, dass seine Darstellung des südlichen Sternenhimmels nicht vollständig war, wohingegen ein Himmelsglobus seines Konkurrenten Jodocus Hondius von 1600 bereits umfangreicher war. Den ersten Erdglobus mit 34 cm Durchmesser veröffentlichte Blaeu 1599. Nachdem er nach Amsterdam übergesiedelt war, stellte er 1602 die 23 cm-Globenpaare her, deren Himmelsgloben neue Sterne umfassten sowie den Südhimmel detaillierter zeigten. Ikonografisch und textlich war die kleine Serie weniger ausgestaltet. Die Exemplare sind mit Guiliemus Janssonius Blaeu signiert, die Stiche stammen von Jan Pietersz. Saenredam, der ebenfalls eine Signatur auf dem Globus hat. 1603 brachte Blaeu seinen 34 cm-Himmelsglobus in überarbeiteter Fassung auf den Markt. Die beiden frühen Globenpaare können als Vorboten des Erfolgs der Blaeu-Dynastie in der Kartografiegeschichte der Niederlande in der Frühen Neuzeit bezeichnet werden. Sie waren also eine gute Gesellschaft für die Coronelli-Globen.[138] Im Hinblick auf die äußere Gestaltung kann festgestellt werden, dass Blaeus früher Globus weniger üppig bedeckt war, sowohl was die Ikonografie der Sternbilder als auch die textlichen Elemente anging. Dies ist in erster Linie auf die Entstehungszeit um 1600 zurückzuführen, standen Blaeus Arbeiten doch am Beginn der Entwicklung von hybriden Kartenwerken und Globen, die sowohl naturwissenschaftlich als auch mehr und mehr als künstlerische Objekte genutzt wurden.

137 Vgl. Stevenson, Edward Luther: Terrestrial and Celestial Globes. Their History and Construction Including a Consideration of their Value as Aids in the Study of Geography and Astronomy, New Haven 1921, S. 252f. In Nürnberg konnten 1921 fünf Blaeu-Globen mit 24 cm von 1602 nachgewiesen werden, ein Globenpaar in der Stadtbibliothek und ein Paar sowie ein Himmelsglobus im Germanischen Nationalmuseum. In der *Accademia dei Concordia in Rovigo*, Italien, gab es ein Globenpaar, in Rüdlingen in der Schweiz einen Erdglobus.

138 Vgl. Warner, Deborah J.: The First Celestial Globe of Willem Janszoon Blaeu, in: Imago Mundi 25/1 (1971), S. 29–38.

2.4 Kontext

Wie bereits geschildert, wurden die Coronelli-Globen in der Bibliothek des Jesuitenkollegs aufgestellt und verblieben dort, auch nach Einrichtung des Mathematisch-Physikalischen Kabinetts. Sie waren demnach in erster Linie Repräsentationsobjekte, gehörten aber auch zur traditionellen Ausstattung von Bibliotheken. Sie wurden auswärtigen Reisenden präsentiert sowie von den Besuchenden und Nutzenden der Bibliothek – den jesuitischen Professoren, Lehrern, *Patres* sowie fortgeschrittenen Studierenden – studiert und rezipiert. Daneben fungierten die Globen auch als Anschauungsobjekte und Lehrmittel der Fächer Geografie und Astronomie. Das Wissen über die Form der Erde und der Kontinente sowie die Stellung der Erde zu anderen Himmelskörpern war für den Geografieunterricht basal und wurde durch die Globen *greifbar*.[139] Durch die Benennungen und (historischen) Beschreibungen Coronellis waren die Globen überdies didaktisch gut geeignet. Daneben gab es weiteres didaktisches Anschauungsmaterial im Mathematisch-Physikalischen Kabinett, das den Einsatz der großen Coronelli-Globen ergänzen konnte, wie der wesentlich kleinere Himmelsglobus von Willem Blaeu, der 1799 nach Köln kam (Abb. 42). Auch dieser war ursprünglich Teil eines Globenpaares gewesen. Zu nennen ist außerdem die gestochene Weltkarte auf Holz von 1664 mit jesuitischem Kontext (Abb. 62). Das Inventar von 1774 verweist zudem auf Schaukarten an den Wänden des Kabinetts. Diese visuellen Lehrmaterialien wurden ergänzt durch (Fach-)Bücher aus der Jesuitenbibliothek oder Handschriften der Lehrpersonen. Im Xaverianischen Konvikt fanden zudem spezielle Demonstrationen mit Erdgloben statt.[140] Die Globen wurden bis in die französische Zeit im Unterricht verwendet, obwohl die kartografische Wissenschaft bis zu diesem Zeitraum große Fortschritte gemacht hatte. In den Prüfungen des Jahres 1804 wurden beispielsweise die Planetenstellungen des Sonnensystems abgefragt, wofür neben den Globen wohl vor allem ein aus Straßburg erhaltenes Planetarium von Jean-Antoine Nollet oder die Kölner Armillarsphäre genutzt worden sind.

Nach der Analyse des Kölner Globenpaares kann resümiert werden, dass die Objekte einen hohen Stellenwert innerhalb der physikalischen Sammlung hatten und heute immer noch haben. Das Paar ist noch vor der Einrichtung des eigentlichen Sammlungsraums und in einem rekonstruierbaren Vorgang in das Jesuitenkolleg gekommen. Die Globen fungierten als Lehrmaterial, ergänzten so die Fachliteratur und bereicherten den Unterricht als Anschauungsmittel. Darüber hinaus zieht sich der repräsentative Charakter durch ihre Rezeptionsgeschichte, wurden sie doch stets auch einer Öffentlichkeit präsentiert. Im Zuge der Musealisierung im 20. Jahrhundert wurden die Globen im Historischen Museum ausgestellt und haben nach dem Krieg auch im neuen Stadtmuseum im Zeughaus einen prominenten Platz erhalten. Nach der Umgestaltung des Museums zu Beginn der 1980er-Jahre kamen die Globen in die Dauerausstellung des Zeughauses.

139 Vgl. Kuckhoff 1931a, S. 613.
140 Vgl. ebd., S. 574; HAStK, Best. 150, A 998/2.

Trotz oder gerade wegen der seriellen Produktion der Coronelli-Globen und der weiten Verbreitung in Europa ist das Globenpaar sowohl unter wissenschaftlichen als auch künstlerischen Gesichtspunkten besonders: Coronelli vermochte es als frühneuzeitlicher Unternehmer mit seiner *Accademia Cosmografica degli Argonauti* aus Venedig heraus ein europaweit agierendes Vertriebsnetz für verschiedene kartografisch-kosmografische Objekte sowie Fachbücher aufzubauen und seine Produkte sowohl an bedeutende Fürsten- und Königshöfe sowie an Lehranstalten und Universitäten zu platzieren. Neben Köln befanden sich allein in Jesuitenkollegien nördlich der Alpen in Trier, Prag und Wien weitere Coronelli-Globenpaare, die ebenfalls in den Bibliotheken aufgestellt waren. Die Bedeutung von Erd- und Himmelsgloben und ihr Erfolg ist wohl vor allem auf die Multifunktionalität und Hybridität der Instrumente zurückzuführen. Unterschiedliche Nutzungskontexte sowie verschiedene den Globen inhärente Dimensionen der Astronomie, Geografie, Kartografie, Ikonografie, Symbolik, Allegorie, Ethnografie, Historiografie und Politik machen frühneuzeitliche Globen(-paare) zu äußerst vielschichtigen und hybriden Objekten, die sich stets zwischen *ars* und *scientia* bewegten.

3. Gnomonik: Sonnenuhren

3.1 Materielle Beschreibung

Im Mathematisch-Physikalischen Kabinett in Köln befindet sich eine Äquatorialsonnenuhr, die wahrscheinlich um das Jahr 1750 entstanden ist. Sie besteht aus Messing, Silber und partiell aus vergoldeten Elementen (Abb. 110) und stammt von dem Augsburger Instrumentenhersteller und *Kompassmacher* Johann Georg Vogler (1720–1765). Augsburger Äquatorialsonnenuhren dieses Typs waren Mitte des 18. Jahrhunderts die beliebtesten und am weitesten verbreiteten Sonnenuhren, da sie als Taschen- oder Reisesonnenuhren konzipiert und besonders einfach in der Handhabung waren. Johann Georg Vogler fertigte ausschließlich diese Art von Sonnenuhren an, gravierte sie mit aufwendig ausgeformten Blattornamenten und verkaufte sie regional wie überregional. Auch sein jüngerer Bruder Andreas Vogler (um 1730–1800) war Kompassmacher.[141]

Die Sonnenuhr besteht aus einer 8 cm langen, achteckigen Grundplatte, die reich mit Akanthus- und Pflanzenmotiven ziseliert wurde. Darin ist ein runder Kompass aufgenommen, der von verziertem Messing eingerahmt wird. Durch weitere Verzierungen am Kompassrand und den Außenrändern ergibt sich ein stimmiges und hochwertiges Gesamtbild. Die Funktionsweise der Sonnenuhr galt dagegen als einfach. Am südlichen

141 Vgl. Bobinger 1966, S. 186–190. Zu einer Äquatorialsonnenuhr Andreas Voglers von 1770 im Mathematisch-Physikalischen Salon in Dresden siehe Plaßmeyer, Peter: Äquatorialsonnenuhr, in: Weltenglanz. Der Mathematisch-Physikalische Salon Dresden zu Gast im Maximilianmuseum Augsburg. Ausst. Kat. Maximilianmuseum, Augsburg 2009, hg. von ders., Berlin 2009, S. 212f., Kat. Nr. 64. Detailaufnahmen zur Analyse der Äquatorialsonnenuhr finden sich in: https://www.kulturelles-erbe-koeln.de/documents/obj/05748694 [zuletzt aufgerufen am 07.04.2024].

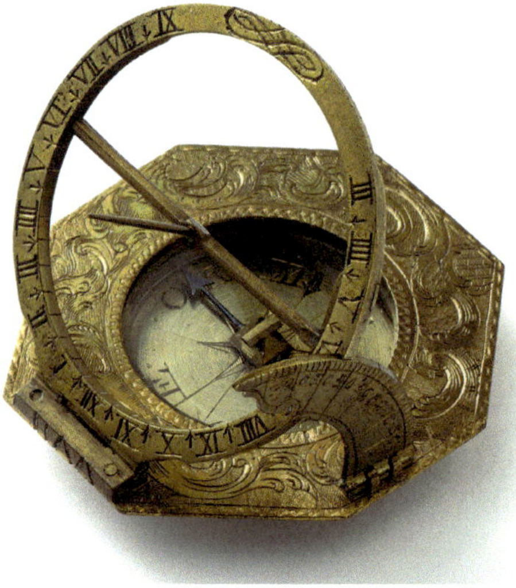

110 Johann Georg Vogler, *Äquatorialsonnenuhr*, um 1750, Messing, Silber, teils vergoldet, 8 cm Durchmesser, Kölnisches Stadtmuseum, Mathematisch-Physikalisches Kabinett, L 200

Teil der Sonnenuhr wurde mithilfe eines Scharniers ein Zifferblattring angebracht, der durch die Skala des vertikal aufgestellten Höhenbogens auf die Polhöhe des Messortes (Köln 51°) eingestellt werden konnte, sodass der Zifferblattring parallel zum Himmelsäquator lag. Darauf sind römische Zahlen angebracht, die von kleinen Strichen im Abstand von 15° am inneren Rand des Rings ergänzt werden, welche die Stunden des Tages anzeigen. Der Polstab muss orthogonal zum Ring angebracht werden, damit er gen Himmelsnordpol weist. Die eigentlichen Messvorrichtungen konnten also bequem auf- und eingestellt werden, was die Uhr als Reise- und Taschensonnenuhr auszeichnete. Der Kompass, der mit Schrauben unter die Grundplatte gesetzt ist, ergänzt die Zeitmessung. Am Kompassboden findet sich eine typische Inschrift *Elev. Poli. / Lisbon39Rom / 42Venedig45Wien / AugspuMünche / 48NürnbHeidelb / Regensp49Rig / Moscau 57 / IGV* [Johann Georg Vogler], in der die Polhöhen ausgewählter Städte und eine Signatur zu finden sind (Abb. 111). Zu dieser Sonnenuhr gehörten ein Lederetui und möglicherweise auch eine Benutzungsanleitung auf Deutsch und Französisch, die heute jedoch beide nicht mehr vorhanden sind.[142]

Der aus Süddeutschland stammende Johann Georg Vogler kam 1745 nach Augsburg, wo er als Sägmüller oder auch Branntweiner in den städtischen Quellen auftaucht, aber nicht explizit als Kompassmacher. Die vergleichsweise geringe Anzahl von (rund) 45 Instrumenten – ausschließlich Äquatorialsonnenuhren – geht auf Vogler zurück, was ein Indiz dafür ist, dass er kein Handwerksmeister war, sondern dass die Herstellung von Sonnenuhren ein Nebengewerbe gewesen sein könnte. Der jüngere Bruder Andreas Vogler hingegen ist als Kompassmacher dokumentiert. 1766, kurz nach dem

142 Vgl. Roth 1999, S. 71; Bobinger 1966, S. 275 und S. 378.

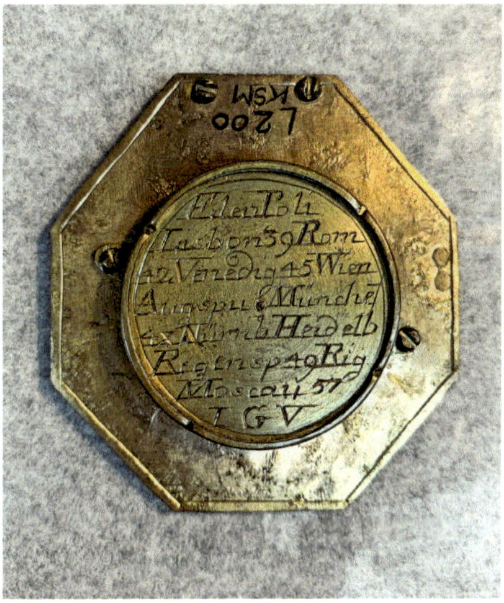

111 Johann Georg Vogler, *Äquatorialsonnenuhr* (von unten), um 1750, Messing, Silber, teils vergoldet, 8 cm Durchmesser, Kölnisches Stadtmuseum, Mathematisch-Physikalisches Kabinett, L 200

Tod Johann Georg Voglers, erwarb er das Bürgerrecht in Augsburg; vielleicht mit der Intention, die Werkstatt seines Bruders zu übernehmen. Rund 130 Sonnenuhren verschiedener Formen und Funktionen stellte Andreas Vogler her, darunter ebenfalls den Augsburger Typ der Äquatorialsonnenuhr. Über seine Kontakte zu lokal verwurzelten, aber international agierenden und vernetzten Kaufleuten des Handelszentrums Augsburg vertrieb er zum einen seine Uhren, zum anderen gehörte diese Klientel auch zu seiner Kundschaft. „Nicht wenige der Augsburger Handelsherren benutzten ihre auswärtigen Geschäftsverbindungen, um auch Augsburger Sonnenuhren an das Ausland zu vertreiben, nach Frankreich, Spanien, besonders nach Italien. […] Die als „horologetti Tedeschi" bezeichneten Kompaßuhren waren sehr begehrt."[143]

3.2 Funktionsweise

Das Prinzip der Äquatorialuhr basiert auf der parallelen Positionierung eines kreisrunden Zifferblattes zur Äquatorebene. Um diese Parallelität zu erreichen, wird das Zifferblatt gegenüber der waagerechten Grundplatte so geneigt, dass es in eine zum Äquator parallele Lage kommt. Da dieser Winkel je nach der geografischen Breite des Beobachtungsortes variiert, sind verschiedene Städte mit ihrer geografischen Breite auf der Rückseite des Kompasses angegeben. Die jeweiligen Grade können am Quadranten eingestellt werden. In der Mitte des ringförmigen Zifferblattes wird ein Polstab senkrecht aufgestellt, der dadurch parallel zur Erdachse und gen Himmelsnordpol ausgerichtet ist und als Schattenwerfer fungiert. Um das ganze Jahr schattenrichtig zu sein, muss der

143 Bobinger 1966, S. 191–194.

Polstab im Frühling und Sommer, wenn die Sonne oberhalb des Äquators steht, schräg nach oben zum Himmelsnordpol schauen, im Herbst und Winter nimmt er die entgegengesetzte Lage ein. Das Zifferblatt ist linear skaliert, sodass der Winkel zwischen den Stundenmarken immer 15° beträgt. Bei Sonnenschein wandert nun der Stabschatten im Laufe eines Tages auf dem Kreis herum. Äquatorialuhren gehörten zu den am weitesten verbreiteten Funktionsweisen von Sonnenuhren.[144]

Die Technik der Kölner Äquatorialsonnenuhr war wegen ihrer Nutzung als Reise- oder Taschensonnenuhr vergleichsweise einfach. Durch den Kompass konnte die Uhr direkt in Nord-Süd-Richtung ausgerichtet werden. Die beweglichen Elemente wurden aufgestellt, wobei der Zifferblattring auf die Polhöhe Kölns auf 51° eingestellt werden musste. Dadurch wurde erreicht, dass das Zifferblatt parallel zum Himmelsäquator lag. Der Polstab war dann orthogonal zum Ring anzubringen, wodurch der Schatten auf das Zifferblatt fiel und die Uhrzeit abzulesen war.

Die Augsburger Äquatorialsonnenuhren, die heute „in fast allen Sammlungen zu finden sind",[145] entwickelten sich seit der Mitte des 17. Jahrhunderts, dominierten schnell die lokale Sonnenuhrproduktion und wurden im Gefolge zu einer international verbreiteten „Augsburger Spezialität"[146]. Generell war Augsburg ein Zentrum der Herstellung mathematischer und astronomischer Instrumente, deren Angebot sich stetig erweiterte und sich sowohl an die Fortschritte der Disziplinen als auch an die Entwicklung des Marktes anpasste.[147] Das *Kompassmachen* wurde in Augsburg wirtschaftlich als freie Kunst gewertet und unterlag somit keiner Handwerksgerechtigkeit oder formalen Vorgaben. Während ab dem 15. und frühen 16. Jahrhundert eine Vielzahl an Sonnenuhrenformen, Mond- und Sternenuhren, aber auch andere astronomische Instrumente wie Quadranten und Astrolabien hergestellt wurden, ist ab dem 17. Jahrhundert eine Spezialisierung der Produzenten auf den Typ der vieleckigen Äquatorialsonnenuhr mit

144 Vgl. Roth 1999, S. 70f.; Bobinger 1966, S. 17–23.

145 Rohde, Alfred: Die Geschichte der wissenschaftlichen Instrumente vom Beginn der Renaissance bis zum Ausgang des 18. Jahrhunderts, Leipzig 1923, S. 27.

146 Bobinger 1966, S. 408.

147 „Zu den ersten Kunsthandwerkern in Augsburg zählten die Uhrmacher, die ihr Handwerk bald zu großer Blüte brachten. Schon im 16. Jahrhundert bauten sie in Zusammenarbeit mit den Goldschmieden auch kunstvolle Automaten. Daneben wurden vor allem mathematische und astronomische Geräte hergestellt: Astrolabien, Armillarsphären (Ringkugeln), Globen, Sonnenuhren, Zirkel, Maßstäbe, Schrittzähler und Geschütz-aufsätze zum Richten der Kanonen. Der Quadrant war das beliebteste astronomische Instrument, mit dem man die Position der Sterne messen konnte. Im 17. Jahrhundert kamen die optischen Instrumente hinzu. Um 1608 wurden Fernrohr und Mikroskop erfunden und fanden schnelle Verbreitung. In die Camera obscura wurde eine Linse eingesetzt und mit der Laterna magica konnten einem staunenden Publikum farbige Bilder an die Wand geworfen werden. Die Erfindung von Thermometer, Barometer und Luftpumpe erweiterte das Spektrum um die ersten physikalischen Apparate. Im 18. Jahrhundert folgten dann vor allem noch die elektrischen Geräte." Keil, Inge: Augsburger Instrumentenmacher, in: Weltenglanz. Der Mathematisch-Physikalische Salon Dresden zu Gast im Maximilianmuseum Augsburg. Ausst. Kat. Maximilianmuseum, Augsburg 2009, hg. von Peter Plaßmeyer, Berlin 2009, S. 32–36, hier S. 32.

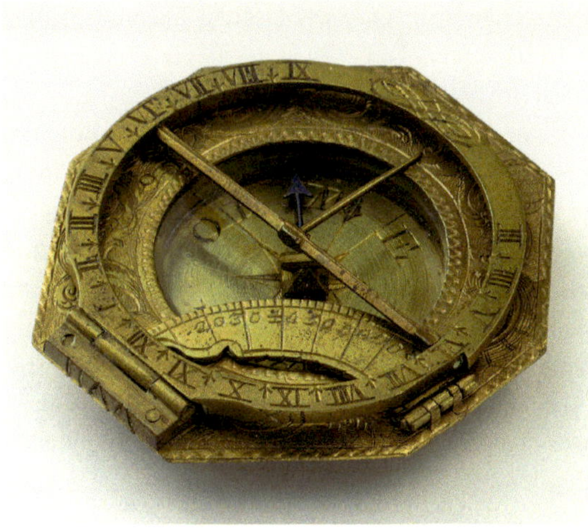

112 Johann Georg Vogler, *Äquatorialsonnenuhr*, zusammengeklappt für die Reise, um 1750, Messing, Silber, teils vergoldet, 8 cm Durchmesser, Kölnisches Stadtmuseum, Mathematisch-Physikalisches Kabinett, L 200

Kompass im Reise- oder Taschenformat in verschiedenen stilistischen Varianten auszumachen; zum Beispiel mit oder ohne Lotwaage, mit oder ohne Füße. Johann Martin (1642–1721) und Nikolaus III. Rugendas (1665–1745) werden als Urheber dieses Typs genannt, während Instrumentenhersteller wie Philipp Pepfenhauser (1657–1733) oder Johann Christoph Schöner (vor 1660–1709) und sein Sohn Josef Anton Schöner (1689–1732) den Typ variierten und weiterentwickelten, wobei die Kompassmacher ihre Uhren stets signierten. So entstand ein breites Angebot an Äquatorialsonnenuhren in der Freien Reichsstadt und Handelshochburg Augsburg, deren Absatz in erster Linie auf den Export ausgerichtet war.[148]

Die Brüder Johann Georg und Andreas Vogler gehörten zu einer neuen Generation von Kompassmachern des 18. Jahrhunderts, die den Ursprungstyp formal nur leicht veränderten oder spezifizierten und die Uhren zudem mit Etuis und Gebrauchsanweisungen versahen, wodurch sie die Nutzung vereinfachten und den hohen Absatz des „Exportschlagers“[149] aufrechterhielten oder sogar noch steigerten. Bedeutend entwickelten die Instrumentenhersteller, die oftmals keine Meister, sondern eher Facharbeiter waren, die Äquatorialsonnenuhren funktional jedoch nicht weiter. Die Uhren der Brüder Vogler ragen aus der Produktionsvielzahl des 18. Jahrhunderts qualitativ hinaus, wobei vor allem die Gravuren Johann Georg Voglers, von dem auch die Kölner Uhr stammt, zu betonen sind. Auch wenn Innovationen im 18. Jahrhundert ausblieben, hatte der Äquatorialsonnenuhrentyp nach wie vor einen guten Ruf als hochwertiges und präzises, aber auch praktikables Instrument auf Reisen (Abb. 112). Neben den Brüdern Vogler gehören

148 Vgl. dazu zudem Keil 2009; Plaßmeyer, Peter: Aus den Werkstätten der Kompassmacher, in: Weltenglanz. Der Mathematisch-Physikalische Salon Dresden zu Gast im Maximilianmuseum Augsburg. Ausst. Kat. Maximilianmuseum, Augsburg 2009, hg. von ders., Berlin 2009, S. 204f.

149 Keil 2009, S. 33.

Instrumentenmacher wie Ludwig Theodor Müller (1710–1770) oder später auch Johann Schrettegger (1764–1843) zu dieser Phase der Uhrenproduktion, die vereinzelt sogar noch im 19. Jahrhundert stattfand.[150]

Der Augsburger Typ der Äquatorialsonnenuhr erfuhr seit dem 17. Jahrhundert eine breite Nutzung sowohl in der Wirtschaft und im Alltag auf Reisen als auch in höfisch-repräsentativen Sammlungen sowie im Bildungskontext. Die Sonnenuhren wurden demnach parallel als Gebrauchsgegenstände, Sammlungsobjekte, Kunstkammerstücke und als Lehrmittel verwendet, was die Multifunktionalität in verschiedenen Kontexten verdeutlicht. Zu Zeiten der Brüder Vogler im 18. Jahrhundert „verlangte man dann vor allem Instrumente für die neu gegründeten Sternwarten und physikalischen Kabinette an den Akademien, Universitäten oder in den Klöstern."[151] Beinahe identische Äquatorialsonnenuhren von Johann Georg Vogler befinden sich heute neben Köln in Sammlungen in Stockholm, Prag, München, Traunstein, Ulm und Augsburg selbst. Andere Varianten Voglers sind überdies in Paris, Zürich, Bern, Breslau, Greenwich, Cambridge, Oxford, Lüttich, Mainz, Hannover oder Dresden zu finden.[152]

Generell gehören die Augsburger Äquatorialsonnenuhren ob ihrer weiten Verbreitung und vielseitigen Nutzung zu den „Massenprodukten" der Frühen Neuzeit. Als typische Kunstkammerstücke fanden sie beispielsweise Eingang in den Mathematisch-Physikalischen Salon in Dresden – wo sich unter anderem eine um eine Lotwaage erweiterte Sonnenuhr Andreas Voglers befindet[153] –, in die Kunstkammer der württembergischen Herzöge in Stuttgart, in die Berliner, Prager oder Wiener Kunstkammer. Heute sind sie in kulturhistorischen Museen, Stadt-, Landes- oder speziellen Uhren- oder Technikmuseen bewahrt wie im Germanischen Nationalmuseum, im Landesmuseum Württemberg in Stuttgart, im Deutschen Museum München, in den Uhrenmuseen in Furtwangen oder Saarbrücken oder auch in internationalen Sammlungen wie im Science Museum in London, in Stockholm oder Prag. Dabei sind individuelle Merkmale der Sonnenuhren zu erkennen, wie die Verwendung unterschiedlicher Materialien, besondere Verzierungen einzelner Bestandteile, den Zusatz einer Lotwaage oder das Anbringen von Balusterfüßen für einen besseren Stand. Auch im Kölnischen Stadtmuseum findet sich eine weitere Reise-Äquatorialsonnenuhr, die dem Augsburger Typ sehr ähnlich ist. Sie stammt allerdings von dem in Köln tätigen Johann Jacob Ardin, der seit 1701 Meister in der lokalen Uhrmacherzunft war. Dies zeigt, dass der beliebte Augsburger Äquatorialsonnenuhrtyp auch in anderen Städten (stil-)prägend war und als Vorbild für eigene Fertigungen diente.[154] Die lange Herstellungszeit des Uhrentyps unter Ausgestaltung verschiedener, kreativer Varianten bei gleichbleibender Grundfunktion vom 17. bis ins 19. Jahrhundert, die weite regionale wie internationale Verbreitung und

150 Vgl. Bobinger 1966, S. 408–410. Zu den einzelnen Herstellern vgl. ebd.; Keil 2009.
151 Keil 2009, S. 35.
152 Vgl. Bobinger 1966, S. 377f.; Keil 2009.
153 Vgl. Plaßmeyer 2009b.
154 Vgl. Roth 1999, S. 71.

die Multifunktionalität sind besondere Merkmale der Äquatorialsonnenuhr aus dem Mathematisch-Physikalischen Kabinett.[155]

3.3 Objektbiografie

Die Äquatorialsonnenuhr ist Mitte des 18. Jahrhunderts, sicher jedoch vor 1765, in Augsburg gefertigt worden. Obwohl sie sich innerhalb der Kölner Sammlung wegen ihres kleinen Formats und des angesetzten Kompasses deutlich von den anderen Sonnenuhren abhebt, kann sie in den Inventaren des Mathematisch-Physikalischen Kabinetts nicht konkret identifiziert werden. Zudem ist nicht bekannt, wann genau und auf welche Art und Weise die Uhr in die Sammlung gekommen ist. Es ist jedoch davon auszugehen, dass sie bereits zum jesuitischen Bestand gehört hat, denn im Straßburger Sammlungsinventar ist sie mit Sicherheit nicht verzeichnet.[156]

Der Musealisierungsprozess der Äquatorialsonnenuhr setzte möglicherweise bereits in den 1910er-Jahren ein. Im Gesuch des Deutschen Museums München wurde eine Sonnenuhr aus Messing angegeben, bei der es sich vielleicht um die Uhr Voglers handelte.[157] Daneben wurde sie eventuell auf der Jahrtausendausstellung der Rheinlande 1925 zusammen mit anderen Sonnenuhren des Jesuitenkollegs präsentiert.[158] In der Forschung ist die Sonnenuhr recht verbreitet. 1979 wurde ein kleiner Beitrag im Kölner Museums-Bulletin veröffentlicht,[159] während Bernhard Roth 1999 einen zentralen Aufsatz über die Sonnenuhren des Jesuitenkollegs beiträgt.[160] Außerdem wurde sie in die Standardwerke zu astronomischen Instrumenten von Ernst Zinner und Maximilian Bobinger aufgenommen und in den Kontext der Sonnenuhren des gleichen Typs gestellt. Darüber hinaus war die Kölner Äquatorialsonnenuhr bis 2017 Exponat in der Dauerausstellung des Kölnischen Stadtmuseums.

Die Äquatorialsonnenuhr ist nur eine unter einer großen Anzahl an Sonnenuhren, die sich im Gymnasium Tricoronatum und den Folgeeinrichtungen bereits seit dem 17. Jahrhundert befunden haben. Sie wird in diesem Kapitel stellvertretend für den Sammlungsbereich Gnomonik genauer analysiert, der im heutigen Bestand mit 31 Objekten am umfangreichsten ist und der daher einen maßgeblichen Anteil an der Außenwirkung des Mathematisch-Physikalischen Kabinetts einnimmt. Die erhaltenen Sonnenuhren gehören wahrscheinlich fast vollständig zum jesuitischen Teil der Sammlung; nur eine Uhr

155 Vgl. Zinner 1967, S. 572.

156 Siehe das Inventar von 1799 in: LHAK, Best. 241, 015, Nr. 701, S. 239–258. Möglicherweise wurde sie in den Inventaren des 19. Jahrhunderts als „Horizontaluhr mit Boussole" beschrieben, was zwar eine falsche Bestimmung der Äquatorialsonnenuhr wäre, aber eines der Hauptmerkmale, den Kompass, beinhaltet.

157 Vgl. HAStK, Best. 560, A 651, fol. 46r.

158 Vgl. Kuske/Ewald 1925, S. 371f.

159 Bader, Ute: Als die Uhren noch anders gingen…, in: Bulletin der Museen der Stadt Köln 4 (1979), S. 1711f.

160 Vgl. Roth 1999.

stammt nachweislich aus dem Straßburger Kabinett und kam erst 1799 nach Köln. Die Uhren der Sammlung sind aus Messing, anderen Metallen, Holz, Glas, Alabaster, Pappe oder Papier gefertigt und umfassen verschiedene Funktionen: Neben Stern- und Monduhren überwiegen die Sonnenuhren, von denen es Äquatorial-, Horizontal-, Azimut-, Ring-, Säulen- und Kugelsonnenuhren gibt, die teilweise um die Funktionen von Quadranten oder Winkelmessern erweitert wurden.[161] Dies offenbart einen Schwerpunkt auf astronomische Uhren in der jesuitischen Sammlung, der sich auch in der Lehre niederschlug.

3.4 Kontext

Die Gnomonik, die Lehre von der Sonnenuhr, war Teil des mathematischen, genauer des optischen, astronomischen und auch geometrischen, Unterrichts. Sie fungierte gewissermaßen als Hilfswissenschaft, die sowohl anhand von verschiedenen gnomonischen Standardwerken in der Jesuitenbibliothek – als Teil von mathematischen Kompendien oder von den Jesuiten Athanasius Kircher,[162] Giovanni Riccioli oder Christoph Clavius – als auch durch eigene Manuskripte vermittelt wurde. Ein eindrückliches Beispiel ist eine gnomonisch-optische Sammelhandschrift aus dem frühen 18. Jahrhundert: Der *Tractatus horographicus sive practica methodus describendi omnis generis horologia sciatherica*, die „Horographische Abhandlung oder praktische Methode zur Beschreibung aller Arten wissenschaftlicher Uhrmacherei", umfasste verschiedenste Uhren mit Figuren, „bei der die Sonne und der Schatten die Stunden anzeigen. Es gibt verschiedene Uhren und eine Vielzahl von (astronomischen) Ebenen, auf denen sie geschrieben sind: Wir behandeln freilich horizontale, vertikale, meridiane, polare, äquatoriale, italische, babylonische, weg- und zugeneigte, solare, lunare, universelle, konkave, konvexe, zurückgewandte, tragbare und unbewegliche der Reihe nach."[163]

Diese Bandbreite an (Sonnen-)Uhrenformen und -funktionen wird in der Handschrift beschrieben und anhand von Zeichnungen oder eingeklebten Drucken illustriert, wobei entweder vollständige Instrumente oder nur verschiedene Zifferblätter dargestellt sind. Dazu passende Objekte befanden sich in der Jesuitensammlung. Daneben gab es in der Handschrift Praxisaufgaben und Fragen, in denen die Herstellung einzelner

161 Einen guten Überblick über die Vielfalt und Funktionen der astronomischen Uhren der ehemaligen Kölner Jesuiten gibt ebd., S. 70–79.

162 An dieser Stelle ist das 10. Buch von Kirchers Schrift *Ars magna lucis et umbrae* zur *Magia horographica* hervorzuheben, war es doch prägend für den theoretischen wie praktischen Umgang mit verschiedenen Sonnenuhren: Kircher 1646, S. 675–702.

163 HAStK, Best. 7008, 81, fol. 1v. „Tractatus Horographicus sive practica methodus describendi omnis generis horologia sciatherica. Horologium Sciathericum e figura, in qua sol et Umbram styli horas demonstrat. Sunt varia horologia et varietate planorum quibus inscribunt; nimirum horizontalia, verticalia, meridiana, polaria, aequatoctialia, italica, babylonica, declinata, inclinata, solaria lunaria, universalia, concava, convexa, reflexa, portabilia, immobilia et solaria de quibus ordine agemus".

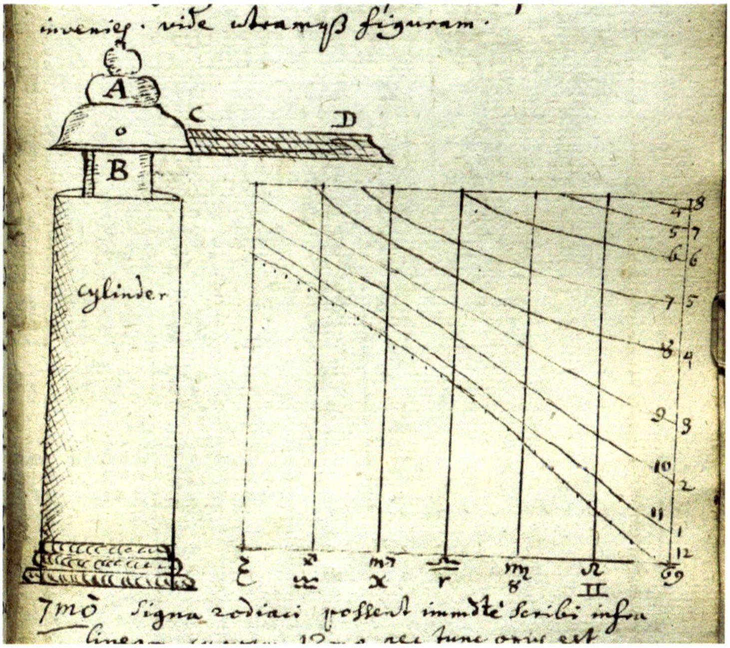

113 Zeichnung einer Zylindersonnenuhr, in: Handschrift zur Optik, Anfang 18. Jahrhundert, HAStK, Best. 7008 (Handschriften (GB oktav)), 81, fol. 38r

Uhren und spezifische Fragen zur Konstruktion und Funktion erläutert wurden, was auf einen didaktisch-methodischen Einsatz hinweist. Das Verständnis und die Kenntnis verschiedener horologischer Instrumente können als Lehrziele dieser Handschrift beschrieben werden. Darüber hinaus gab die Schrift auch Anleitungen zur konkreten Nutzung und zur eigenen Herstellung von Sonnenuhren, sind doch an vielen Stellen Hinweise auf den Breitengrad Kölns bei 51° gegeben, etwa bei der Zeitmessung mit der eigenen Körpergröße oder einem Jakobsstab, die in einer *Tabella Gnomonica* demonstriert wird (Abb. 68), oder bei der Gebrauchsbeschreibung einer Zylindersonnenuhr.[164] Von Letzterer sind Zeichnungen des Instruments selbst und des Zifferblatts beigegeben, die den heute erhaltenen drei Zylinder- oder Säulensonnenuhren der Sammlung entsprechen (Abb. 113). Die drei Uhren bestehen aus Holz, Messing oder Papier und konnten hängend oder stehend benutzt werden. Auf einer auf das Jahr 1756 datierbaren Zylindersonnenuhr findet sich die lateinische Inschrift *Mors Ultima Linea Rerum*, zu Deutsch „Der Tod steht am Ende aller Dinge", wobei es sich um ein Zitat aus den Briefen des antiken Dichters Horaz handelt (Hor. ep. 1, 16, 79). Die Sonnenuhr als Zeitmessinstrument wird so um ein *Vanitas*-Symbol erweitert, um auf die Vergänglichkeit des

164 Vgl. ebd., fol. 37v–38v.

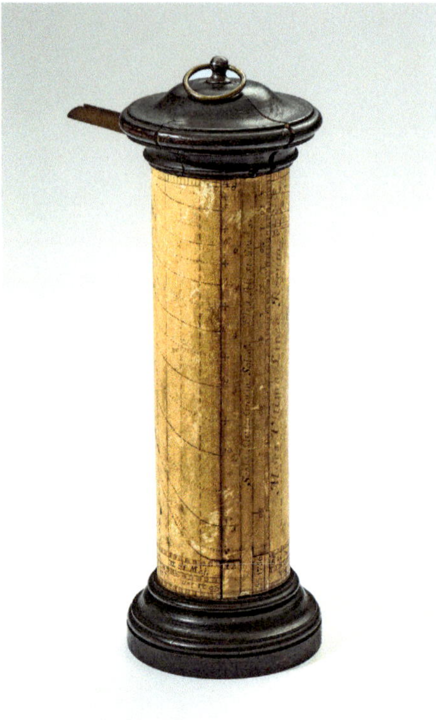

114 Zylindersonnenuhr mit *Vanitas*-Aufschrift *Mors Ultima Linea Rerum*, 1756, Holz, Papier, Kölnisches Stadtmuseum, Mathematisch-Physikalisches Kabinett, L 222

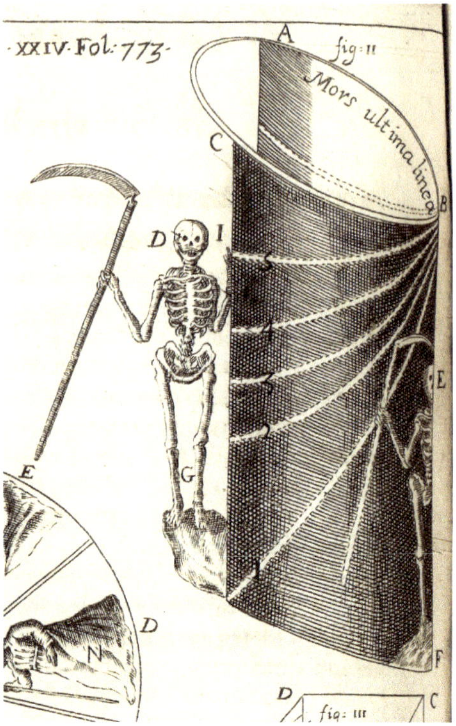

115 Sonnenuhr mit *Vanitas*-Motiv in Kirchers *Ars magna*, 1646, in: Kircher, Athanasius: *Ars magna lucis et umbrae*, Rom 1646, S. 667, Boston College

Lebens hinzuweisen (Abb. 114), was bereits in Athanasius Kirchers *Ars magna lucis et umbrae* als Motiv vorkam (Abb. 115).[165] Das gezeichnete Zifferblatt einer *Horologium ad Lunam et Stellam polarem* entspricht der erhaltenen Monduhr, während der zweifache Hängesonnenring sich in gedruckter Form in der Handschrift findet (*De Annulo Universali*). Derlei Abbildungen waren durch entsprechende Fachliteratur und Kompendien zu astronomischen Uhren weit verbreitet und wurden, neben den Instrumenten selbst, als Vorbild für die Zeichnungen herangezogen.[166] Ein weiterer Beleg für die Anwendung von Hängesonnenringen im Unterricht ist die *Demonstratio horographica*, die der damalige jesuitische Mathematikprofessor Heinrich Venedien 1708 abhielt: *Facere Cylindros, Quadrantes, et annulos Horologos*, war die letzte Praxisaufgabe, wobei mit *facere* hier

165 Siehe den Datensatz in: https://www.kulturelles-erbe-koeln.de/documents/obj/05748695 [zuletzt aufgerufen am 07.04.2024].

166 Sie finden sich heute beispielsweise auch im Standardwerk zu den Augsburger Kompassmachern von Maximilian Bobinger, wo sie als Illustration der Objekte beziehungsweise des Umgangs mit den alten Instrumenten dienen. Siehe Bobinger 1966, S. 36 und S. 38.

sowohl ausüben oder anwenden gemeint sein kann als auch machen oder selbst herstellen.[167]

Während es sich bei den Uhren aus Messing, den Hängesonnenringen und auch den Zylindersonnenuhren um professionell hergestellte und angeschaffte Instrumente handelt, wurden im Jesuitenkolleg auch eigene Sonnenuhren verschiedener Funktionen gefertigt. Mehrere Beispiele aus Pappe und Holz sind heute erhalten, wobei nur eine davon im Inventar von 1938 als Schülerarbeit gekennzeichnet ist. Aufgrund der Ähnlichkeit ihrer Anlage und der benutzten Materialien wird jedoch davon ausgegangen, dass sie alle im Jesuitenkolleg entstanden sind. Es handelt sich dabei um Horizontal- und Azimutsonnenuhren sowie Quadranten, deren Zifferblätter auf Papier gezeichnet, teilweise farbig bemalt und dann auf Pappe oder Holz angebracht wurden. Sie sind weder datiert noch signiert, ähneln sich jedoch stark in Bezug auf Materialität, Herstellungsweise, Schriftart und Gestaltung. Auf der Rückseite einiger Uhren befinden sich Buntpapiere in diversen farbigen Formen mit figuralen Elementen wie Blumen, einem Vogel oder auch einer menschlichen Figur, bei denen es sich wahrscheinlich um Kleisterpapiere handelt. Die Uhren sind alle für die Kölner Polhöhe von 51° gefertigt; die einheitliche Gestaltung deutet zudem auf eine Herstellung in dem gleichen Kontext hin. Dass eigene Sonnenuhren im Jesuitenkolleg angefertigt wurden, belegt eine als *Machina horologiographica* bezeichnete Uhr, die der jesuitische Mathematikprofessor Heinrich Frings im Jahr 1761 erstellt hat (Abb. 116).

Astronomische Uhren wurden demnach sowohl theoretisch als auch praktisch in den mathematischen Unterricht des Gymnasium Tricoronatum eingebunden. Die Bandbreite der im Mathematisch-Physikalischen Kabinett vorhandenen Sonnen-, Mond- und Sternuhren wird durch einen Vergleich der Augsburger Äquatorialsonnenuhr mit einer hölzernen Sonnenuhr (Abb. 117) besonders deutlich, die zu den vermutlich selbst hergestellten Instrumenten zählt. Beide Objekte konnten zusammengeklappt werden und waren demnach für die Reise bestimmt. Die rechteckige, bemalte Holzsonnenuhr war jedoch deutlich einfacher in der Herstellung und basierte als Horizontalsonnenuhr auf einer anderen Technik. Das Kölner Exemplar unterscheidet sich folglich deutlich von der Sonnenuhr aus dem Augsburger Kunsthandwerk.[168]

Mit „Vielfalt und Präzision" beschreibt Bernhard Roth 1999 einen Textauszug zur Entwicklung von Sonnen-, Mond- und Sternuhren in der Frühen Neuzeit, die er auch anhand der Uhren aus dem Jesuitenkolleg erläutert.[169] Dies charakterisiert die verschiedenen astronomischen Uhrenformen überaus treffend, bildete sich doch eine Vielzahl verschiedener formaler und funktionaler Typen aus, deren Präzision sowohl in technischer als auch in kunsthandwerklicher und kreativer Hinsicht anstieg.[170] Während

167 Vgl. Quarg 1996b, S. 100f.
168 Vgl. HAStK, Best. 7008, 81, fol. 39r. Für weitere Informationen zu den anderen Sonnenuhren des Gymnasium Tricoronatum aus Messing und Glas siehe auch Roth 1999.
169 Roth 1999, S. 69f.
170 Vgl. Plaßmeyer 2009c, S. 68.

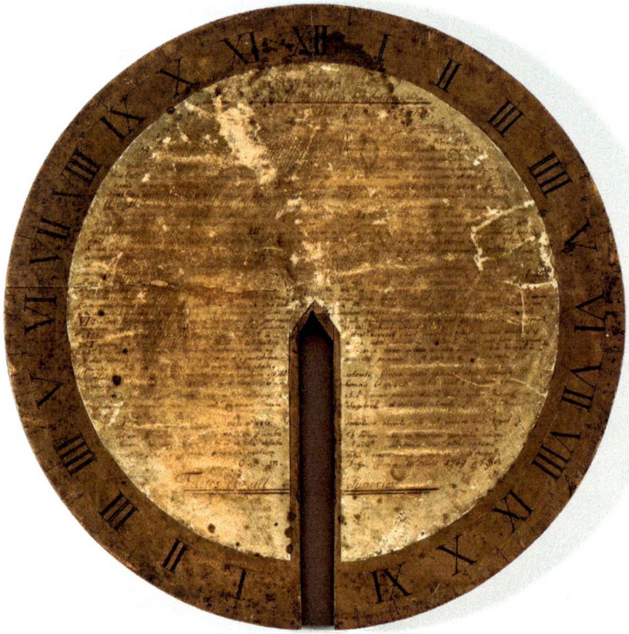

116 Heinrich Frings, *Machina horologiographica*, 1761, Holz, Papier, Kölnisches Stadtmuseum, Mathematisch-Physikalisches Kabinett, L 261

Erfurt und Nürnberg bereits im 15. Jahrhundert bekannte Herstellungsorte waren, entwickelte sich Augsburg in den darauffolgenden Jahrhunderten zu einem beständigen Zentrum der Sonnenuhrenproduktion. Dort entstanden vor allem Uhren aus Metallen, die in arbeitsteiligen Prozessen hergestellt wurden. Weil die verschiedenen, spezialisierten Arten von (hochwertigen und eher praktischen) Sonnenuhren einen breiten Absatz in vielen Tätigkeitsfeldern wie im Handel oder der Seefahrt hatten, aber auch an Höfen und in adligen Sammlungen sowie im Bildungskontext genutzt wurden, entwickelten sich auch in anderen Städten wie München, Löwen oder Rom weitere Subzentren der *Kompassmacher*, der Hersteller von Sonnenuhren.[171]

Die Vielzahl der verschiedenen astronomischen Uhren im Kölner Kabinett resultiert demnach aus ihrer weiten Verbreitung und vielfältigen Nutzung in der Frühen Neuzeit, die auf ihre universale Bedeutung als Zeitmessgerät verweist. Daneben gab es im Jesuitenkolleg drei Wasseruhren und zwei Pendeluhren. Ab Ende des 18. Jahrhunderts und in französischer Zeit verschoben sich vor dem Hintergrund technischer Neuerungen

171 Vgl. Zinner 1967, S. 572; Bobinger 1966, S. 15–57; Ausst. Kat. Augsburg 2009; Roth 1999, S. 69f.

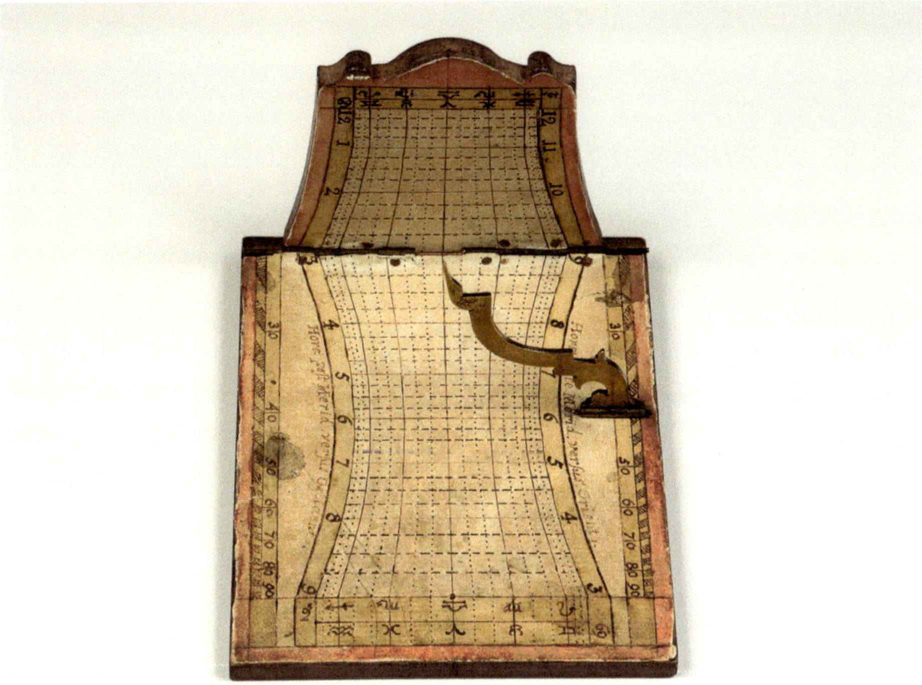

117 *Sonnenuhr*, Ende 17. Jahrhundert, Holz, Papier, Kölnisches Stadtmuseum, Mathematisch-Physikalisches Kabinett, L 224

die Prioritäten der Sammlung, wobei der Bereich der Gnomonik nicht weiter ausgebaut wurde. Die Sonnenuhren verloren ihre Wichtigkeit als Zeitmessinstrument erst durch die technische Weiterentwicklung und die Verbreitung der mechanischen Räderuhr im Laufe des 19. Jahrhunderts. Die Augsburger Äquatorialsonnenuhr aus dem Mathematisch-Physikalischen Kabinett Kölns ist wegen ihres langen Herstellungszeitraums, ihrer weiten Verbreitung und verschiedenen Nutzungen in unterschiedlichen Anwendungsbereichen ein signifikantes Beispiel für die Geschichte astronomischer Uhren generell.

> „Die Augsburger Kompaßmacher halfen mit ihren tragbaren Sonnen, Mond- und Sternuhren die Zeitperiode zu überbrücken, die sich erstreckt von den Anfängen der Räderuhr im 15. Jahrhundert bis zum Beginn das 19. Jahrhunderts, als endlich eine handliche, verläßliche Taschenräderuhr, wenngleich zu hohem Preise, angeboten wurde. Die Sonnenuhr war in dieser Epoche aber noch unentbehrlich zur Korrektur der ungenau gehenden Räderuhren."[172]

172 Bobinger 1966, S. 408.

4. Optik: (Spiegel-)Anamorphosen

4.1 Materielle Beschreibung

Eine Anamorphose ist eine absichtlich perspektivisch verzerrte bildliche Darstellung, die erst aus einem speziellen Blickwinkel oder mithilfe bestimmter geometrischer Spiegel zu entschlüsseln ist. Der visuelle Inhalt erschließt sich nicht direkt, sondern muss zuvor entzerrt werden. Die Entzerrung passiert entweder durch einen Perspektivwechsel der Betrachtenden, um den richtigen Blickwinkel beispielsweise auf eine Längenanamorphose zu generieren, oder durch sogenannte Entzerrungsspiegel: Spiegel einer bestimmten geometrischen Form werden so auf einen in der Abbildung markierten Punkt positioniert, dass sich das zumeist im Kreis verformte Abbild im Spiegel entzerrt und ohne Verformung sichtbar wird. Dabei können den Spiegeln verschiedene geometrische Formen zugrunde liegen. Es wird unterschieden zwischen katoptrischen Anamorphosen, die ein reflektierender Säulen- oder Kegelspiegel entzerrt, und dioptrischen Anamorphosen, die beispielsweise durch ein lichtbrechendes Prisma sichtbar werden.[173]

Im Mathematisch-Physikalischen Kabinett in Köln befanden sich verschiedene Arten von Anamorphosen mit dazugehörigen, geometrischen Spiegeln. Bis heute haben sich 47 farbige, auf Pappe gemalte Bilder erhalten, die anhand der Positionsmarkierungen unterschiedlichen Spiegeltypen oder auch Linsen zugeordnet werden können, die in den Inventaren verzeichnet sind. Davon ist ein zylindrisch geformter Spiegel erhalten geblieben, der in dem letzten maschinenschriftlichen Inventar von 1938 als Entzerrungsspiegel bezeichnet wurde. Der zur Hälfte in Metall eingefasste Säulenspiegel hat eine Gesamthöhe von 28 cm und einen Durchmesser von 5,3 cm und weist überdies leichte Gebrauchsspuren auf (Abb. 118).[174]

173 Vgl. Hick, Ulrike: Geschichte der optischen Medien, München 1999, S. 101–104. Siehe dazu auch Eser, Thomas: Augsburger Anamorphosen des 18. Jahrhunderts, in: Paas, John Roger (Hg.): Augsburg. Die Bilderfabrik Europas. Essays zur Augsburger Druckgraphik der Frühen Neuzeit, Augsburg 2001, S. 173–188. „Formal läßt sich die Bildgattung ‚Anamorphose' recht einfach definieren. Es handelt sich um Graphiken oder Gemälde, deren Darstellungsinhalt vom Betrachter bei normaler Ansicht von vorne nicht – oder nur teilweise – erkannt werden soll. Es sind somit Bilder, die sich der Grundintention jeden Abbildens, nämlich der Erkennbarkeit des Dargestellten, vorderhand verweigern." Ebd., S. 173. Grundlegend für die Auseinandersetzung mit Anamorphosen sind die Arbeiten von Jurgis Baltrušaitis: Baltrušaitis, Jurgis: Anamorphic Art, Cambridge 1977; Baltrušaitis, Jurgis: Anamorphoses ou Thaumaturgus opticus, Paris 1996. Siehe den vollständigen Bestand der Anamorphosen und Detailaufnahmen zur Analyse in: https://www.kulturelles-erbe-koeln.de/documents/obj/05741533 [zuletzt aufgerufen am 07.04.2024].

174 Siehe den Datensatz in: https://www.kulturelles-erbe-koeln.de/documents/obj/05741533 [zuletzt aufgerufen am 07.04.2024].

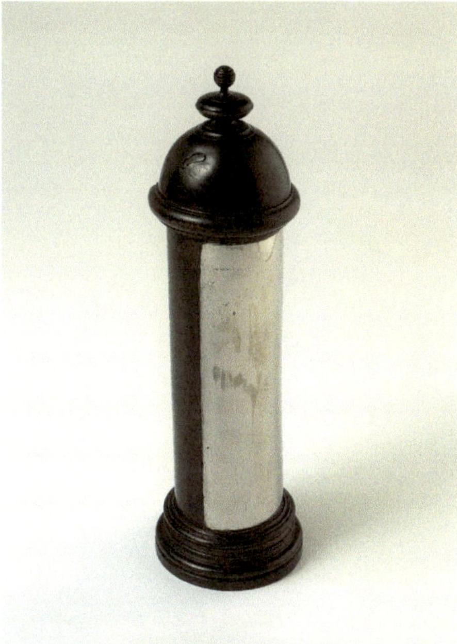

118 *Entzerrungsspiegel für katoptrische Anamorphosen*, 18. Jahrhundert, Holz, Eisenblech, 28 cm hoch, Kölnisches Stadtmuseum, Mathematisch-Physikalisches Kabinett, L 231

Das Verzeichnis von 1938 beinhaltet eine weitere Information: „Dazu gehören 42 Schülerarbeiten".[175] Damit sind die erhaltenen Abbildungen auf Pappe gemeint, die sich heute im Grafikdepot des Kölnischen Stadtmuseums befinden. Ihre Anzahl beläuft sich allerdings auf 47 Anamorphosen, die zu verschiedenen Spiegeln und Linsen gehörten. Darüber hinaus sind sie auch in ihrer Machart sehr heterogen: Es gibt 20 rechteckige, 15 quadratische und zwölf runde Zerrbilder. Bei einem großen Teil handelt es sich jedoch mitnichten um „Schülerarbeiten", sondern vermutlich um professionelle Anamorphosen, die von Herstellern optischer Instrumente produziert und in Sets mit dazu passenden Spiegeln verkauft worden sind. Für einen kleinen Teil der Zerrbilder ist vorstellbar, dass sie im Unterricht von Lehrern und Schülern mathematisch konstruiert und dann malerisch auf Pappen umgesetzt worden sein könnten. Eine zeitliche Einordnung ist nur grob zu treffen, wobei sie wohl in der Hochphase der Beliebtheit und Verbreitung von Anamorphosen im 18. Jahrhundert angefertigt worden sind.

Die 47 erhaltenen Anamorphosen unterscheiden sich in ihrer Größe, der Ikonografie und in den geometrischen Formen der dazugehörigen Spiegel oder Linsen, deren korrekte Position durch einen Umriss auf der Pappe festgelegt ist. Es gibt sieben rechteckige und vier runde Pappen mit sechseckigen Markierungen, während zwölf rechteckige, acht runde und 15 quadratische Pappen mit Kreisen vorliegen, die für zylindrische oder

175 Verzeichnis der Leihgaben 1938, https://kabinett.mapublishing-lab.uni-koeln.de/inventare/inventar-1938 [zuletzt aufgerufen am 07.04.2024].

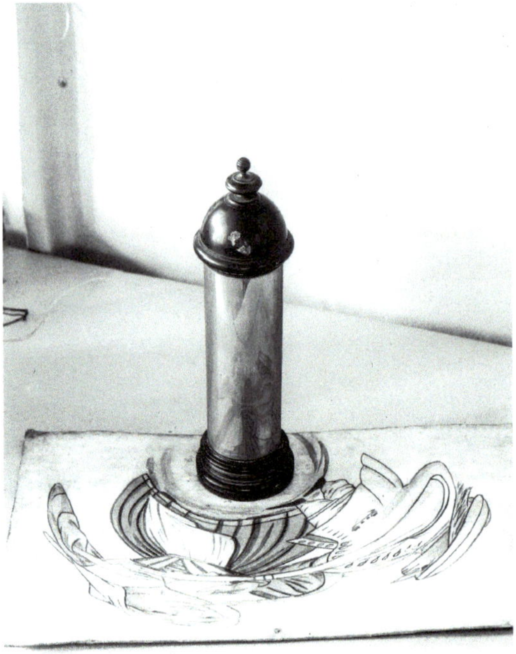

119 *Entzerrungsspiegel auf einer katoptrischen Anamorphose,* 18. Jahrhundert, Kölnisches Stadtmuseum, Mathematisch-Physikalisches Kabinett

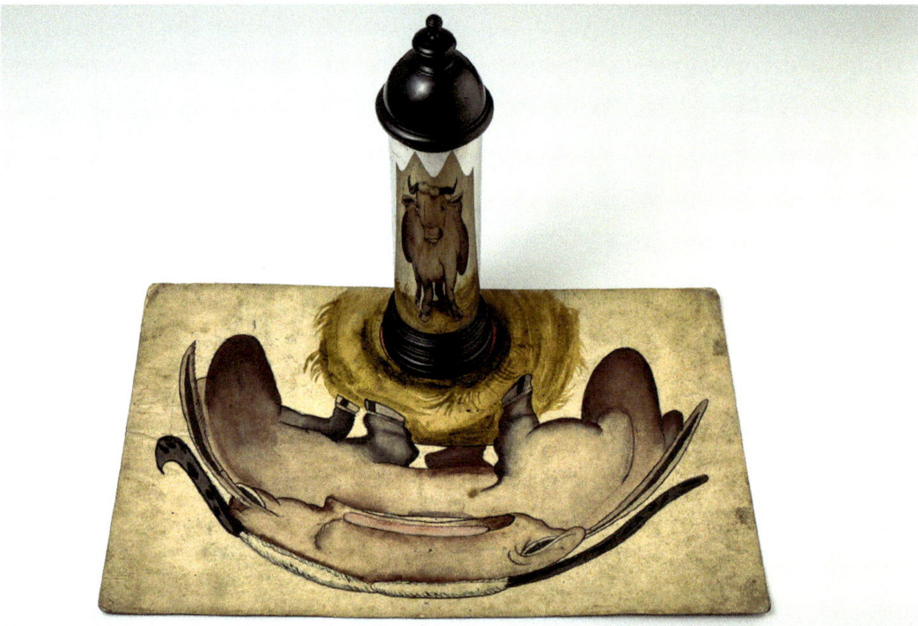

120 *Entzerrungsspiegel auf einer katoptrischen Anamorphose einer Kuh,* 18. Jahrhundert, Kölnisches Stadtmuseum, Mathematisch-Physikalisches Kabinett, L 231-14

konische Spiegel konzipiert worden sind. Die 47 Anamorphosen zeigen sowohl Personen- und Tierdarstellungen als auch Gegenstände und scheinbar abstrakte Farbfelder und decken damit ein breites Themenspektrum ab. Zudem weisen sie große stilistische Unterschiede auf. Weil nicht alle Anamorphosen angesehen, eingehend untersucht und anhand von Spiegeln entzerrt werden konnten, müssen einige Darstellungen verzerrt und unentschlüsselt bleiben.

13 rechteckige Anamorphosen gehörten wegen ihrer stilistischen Homogenität einem gemeinsamen Set an. Mithilfe einer Abbildung des erhaltenen Säulenspiegels auf einer dieser Anamorphosen (Abb. 119) konnten die Objekte einander zugeordnet werden. Das Set aus heute 13 erhaltenen Anamorphosen zeigt Menschen- und Tierdarstellungen (Abb. 120). Sie sind halbrund konstruiert, weshalb die Position des Spiegels an der Längsseite liegt. Auf zehn dieser verzerrten Bilder scheinen stereotypische Personen dargestellt zu sein, die aufgrund ihrer Kleidung ins 18. Jahrhundert verortet werden. Neben einem Geistlichen mit Schriftstück und Gehstock, der durch seinen braunen Mantel mit Kapuze und sein fehlendes Schuhwerk als Bettelmönch identifiziert wird, und einer Ordensfrau mit schwarzem Habit und einem Buch in der Hand finden sich weltliche Figuren wie ein Soldat und eine Magd, die Gebäck trägt. Die Kleidung und Attribute geben nur bedingt Auskunft darüber, welchem Kontext die Personen entstammen könnten und wen oder was sie repräsentierten. Der Soldat beispielsweise ist durch das Gewehr über seiner rechten Schulter und den Säbel an seinem Gürtel eindeutig

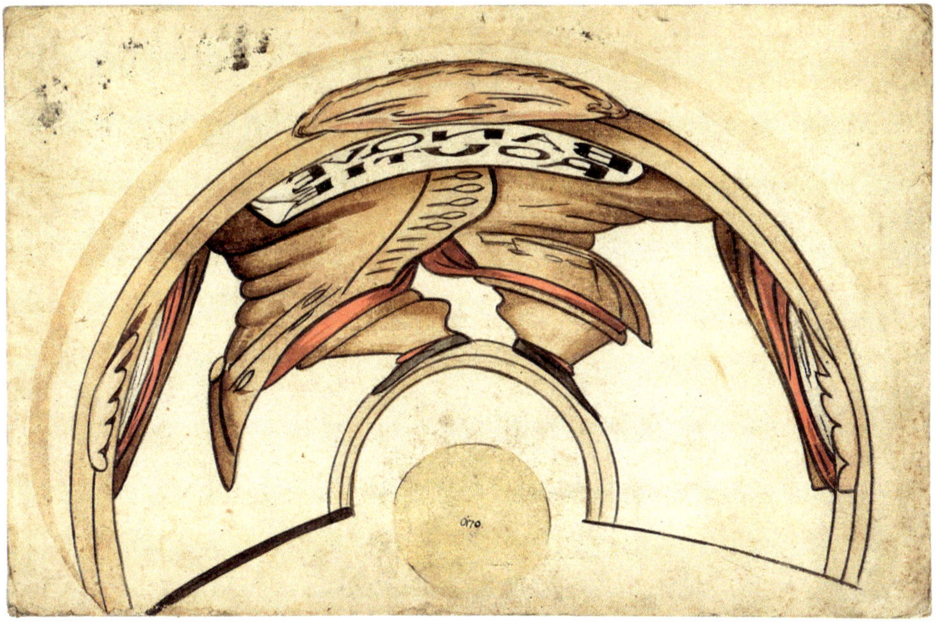

121 Gaudemont (zugeschrieben), *Zylinderanamorphose Banque routie*, um 1750, Aquarell und Tusche (?) auf Pappe, Kölnisches Stadtmuseum, Mathematisch-Physikalisches Kabinett, L 231-11

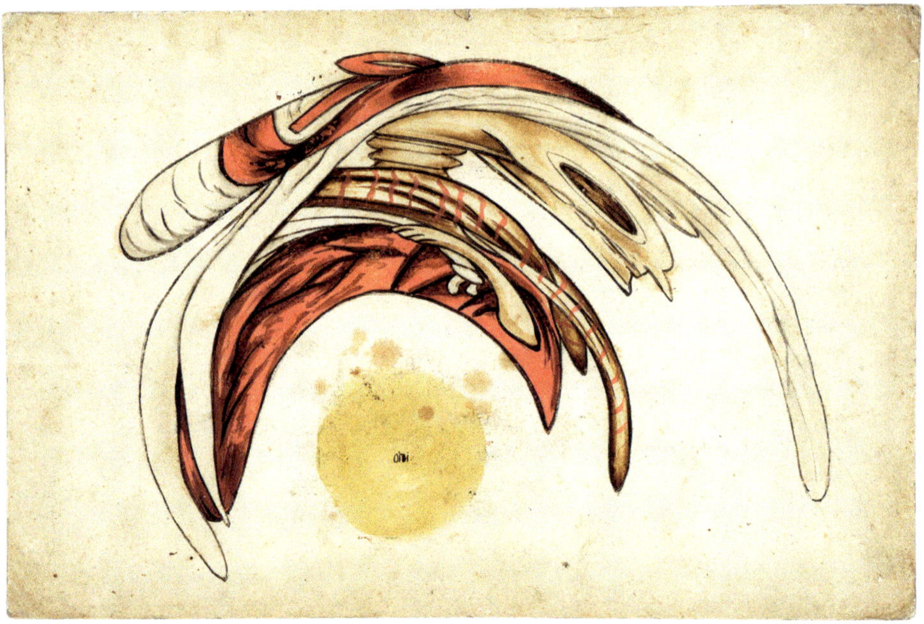

122 Gaudemont (zugeschrieben), *Zylinderanamorphose eines Skeletts im Kleid*, um 1750, Aquarell und Tusche (?) auf Pappe, Kölnisches Stadtmuseum, Mathematisch-Physikalisches Kabinett, L 231-12

gekennzeichnet. Die Uniform hingegen kann nicht genau bestimmt werden. In dem Schnurrbart, dem Federschmuck, der Längsform der Kopfbedeckung und dem Säbel könnten Elemente eines Husaren erkannt werden. Die Einfachheit der künstlerischen Umsetzung verweist jedoch darauf, dass das Ziel der Abbildung nicht die Detailgenauigkeit, sondern die Darstellung einer stereotypen Person war. Ein wegen einer französischen Aufschrift interessantes Zerrbild zeigt einen Mann in einer roten Kniebundhose, über der er eine beige längere Jacke mit Knopfleiste trägt (Abb. 121). Sein Kopf und seine Hände sind in einem Joch fixiert. Der Grund dafür findet sich auf seiner Brust auf einem Tuch unterhalb des Jochs. Der junge Mann ist bankrott (*banque routie*) und wurde somit wegen seiner Zahlungsunfähigkeit auf dieser Anamorphose bildlich an den Pranger gestellt. Neben diesen figuralen Darstellungen beinhaltet das rechteckige Anamorphosen-Set überdies eine amüsante Darstellung einer Kuh mit Hörnern (Abb. 120) und das symbolhafte Bild eines Skeletts, dessen Oberkörper in ein üppiges, spätbarock anmutendes Frauenkleid gehüllt ist (Abb. 122). Dieses Skelett als Zeichen der Vergänglichkeit in einem prunkvollen, wahrscheinlich zeitgenössischen Kleid verbildlicht den Ausdruck *memento mori*.[176]

176 Stafford 1994, S. 65–69. *Vanitas*-Motive tauchen zum Beispiel auch in der „Unterhaltungsmathematik" des Nürnberger Dichters und Literaturtheoretikers Georg Philipp Harsdörffer (1607–1658) auf.

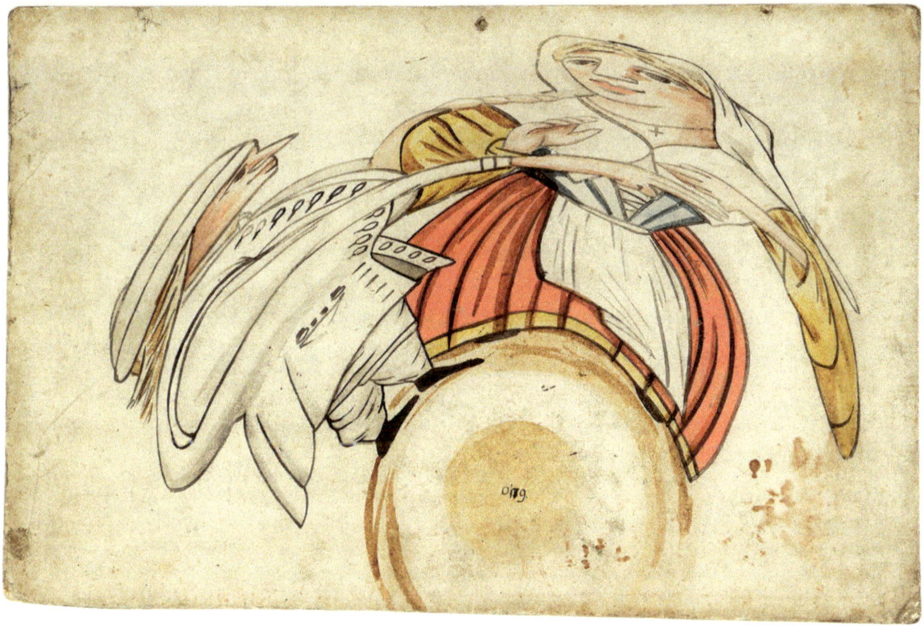

123 Gaudemont (zugeschrieben), *Zylinderanamorphose eines Paares*, um 1750, Aquarell und Tusche (?) auf Pappe, Kölnisches Stadtmuseum, Mathematisch-Physikalisches Kabinett, L 231-16

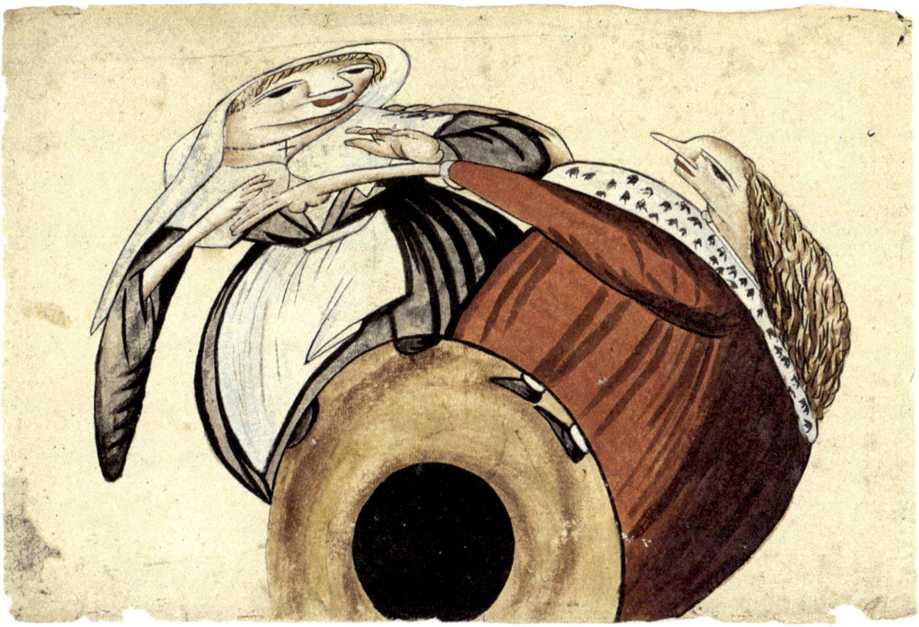

124 Gaudemont (zugeschrieben), *Zylinderanamorphose eines Paares*, um 1750, Aquarell und Tusche (?) auf Pappe, Collection La Cinémathèque française, Paris, AP-94-502

Auf den Rückseiten einiger Pappen sind Reste handschriftlicher Berechnungen zur Optik in französischer Sprache zu finden, wobei dies kein Argument für eine Herkunft aus der Straßburger Sammlung ist, war doch Französisch Anfang des 19. Jahrhunderts auch in Köln Amts- und Schulsprache. Neben Rechnungen und Konstruktionszeichnungen gibt es eine ausführlichere Beschreibung „pour le Microscope double" und Vergleiche mit anderen zusammensetzbaren Mikroskopen; außerdem ein Schaubild der Mondphasen. Deutliche Hinweise für die Entstehung in Frankreich geben zum einen die französische Beschriftung in der Darstellung des bankrotten Mannes am Pranger (*banque routie*) und zum anderen Vergleichswerke anderer Sammlungen in Paris, Florenz oder Coimbra, die sich sowohl stilistisch als auch motivisch gleichen und auf die Mitte des 18. Jahrhunderts datiert werden (Abb. 123 und Abb. 124). Als Hersteller wird der Franzose Gaudemont genannt, der einer Inschrift nach seinen Handel beziehungsweise seine Werkstatt an der Brücke nahe Notre Dame unterhielt, über den darüber hinaus nicht mehr bekannt ist.

> „[Gaudemont] scheint jedoch einer der wichtigsten Hersteller von katoptrischen Anamorphosen populärer Themen im Frankreich der Mitte des 18. Jahrhunderts gewesen zu sein. Das Gesamtwerk dieses Autors ist ein gutes Beispiel dafür, wie schwierig es ist, die Produktion dieser Art von Bildern zu erfassen. Einige von ihnen sind in verschiedenen Versionen, in unterschiedlichen Sammlungen und mit leichten Variationen erhalten. Andere tauchen im Laufe des 19. Jahrhunderts immer wieder auf und werden von der Verlagsbranche wiederverwendet."[177]

Demnach stammen die 13 rechteckigen Kölner Anamorphosen aus Frankreich und sind um 1750 entstanden. Die Pappen sind in Aquarell und Tusche gemalt, während der dazugehörige Spiegel ein standardmäßiger und weit verbreiteter Zylinderspiegel war. Weil sie keine Inschriften tragen, können die Anamorphosen dem Hersteller Gaudemont nicht mit Sicherheit zugeschrieben werden. Sie sind jedoch mindestens motivisch und stilistisch an die Zerrbilder Gaudemonts angelehnt. Noch im 19. Jahrhundert wurden dessen Motive wiederholt, mit leichten farblichen Veränderungen oder thematisch abgewandelt, die ob ihrer häufigen Verwendung und ihrer europaweiten Verbreitung zu Standards der katoptrischen Anamorphosen geworden zu sein scheinen.[178]

177 „No hemos encontrado referencia alguna sobre este autor, más allá de la información que proporciona la inscripción en la misma imagen. Parece ser, sin embargo, uno de los mayores productores de anamorfosis catóptricas de temas populares en la Francia de mediados del XVIII. La obra de este autor es un buen ejemplo de la dificultad que supone inventariar la producción de este tipo de imágenes. De algunas de ellas se conservan diferentes versiones, en diferentes colecciones y con ligeras variaciones. Otras reaparecen una y otra vez, a lo largo del XIX, reutilizadas en la industria editorial." Hernández Machancoses, José Luis: La anamorfosis como acontecimiento visual, Universitat de Valencia (Spanien) 2015, S. 391. In der Studie werden die heute noch erhaltenen Anamorphosen vieler europäischer wie außereuropäischer Sammlungen aufgeführt. Sie bietet damit einen guten Überblick über Vergleichswerke. Mehrere Beispiele zeigen die gleichen Motive wie die der Kölner Anamorphosen, zum Beispiel auf den Seiten 391, 394, 395, 430 und 431.

178 Vgl. dazu Mannoni, Laurent: Le mouvement continué. Catalogue illustré de la collection des appareils de la Cinémathèque française, Milano 1996, S. 124–127; Hernández Machancoses 2015, S. 390–393.

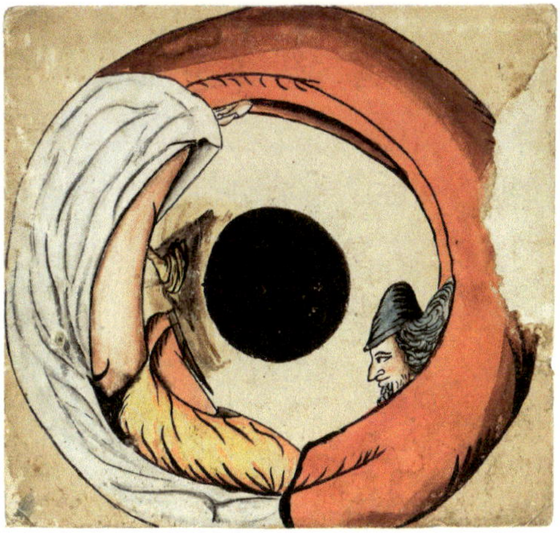

125 *Anamorphose eines Mannes, der seine Notdurft verrichtet*, 18. Jahrhundert?, Aquarell und Tusche (?) auf Pappe, Kölnisches Stadtmuseum, Mathematisch-Physikalisches Kabinett, L 231-35

Neben den rechteckigen Werken kann ein Set aus elf erhaltenen vollrunden Anamorphosen auf quadratischen Pappen identifiziert werden, auf denen die Spiegelpositionen des dazugehörigen Kegelspiegels schwarz markiert sind. Weil der Spiegel fehlt, können die Darstellungen nicht genau bestimmt werden. Sie ähneln jedoch in ihrer Machart den rechteckigen Anamorphosen aus Frankreich. Es handelt sich erneut um verschiedene Einzelpersonen einheitlichen Stils, zum Beispiel um einen Mann mit Trommel, eine Frau mit Hund oder einen älteren Herrn, der seine Notdurft verrichtet (Abb. 125); darüber hinaus um ein Schiff, möglicherweise ein Kirchengebäude und einen Elefanten. Auch bei diesem Set finden sich auf einigen Rückseiten teilweise handschriftliche Rechnungen in französischer Sprache. Über die Herkunft können nur Mutmaßungen angestellt werden, wobei auch in diesen Fällen motivische Topoi erkennbar sind, die in mehreren Anamorphosen vorkommen: darunter der Mann, der seine Notdurft verrichtet. Dieses Bild findet sich zum Beispiel in einem Set, das um 1830 ebenso in Frankreich entstanden ist. Es wird daher ein französischer Ursprung und eine Entstehungszeit in der Mitte des 18. Jahrhunderts für die elf vollrunden Anamorphosen auf quadratischen Pappen vermutet.

Zu acht weiteren vollrunden Anamorphosen gehörten verschiedene konische Entzerrungsgeräte. Die Spiegelpositionen auf zwei Pappen sind mit farbigem Papier beklebt, wovon ein Zerrbild den Schädel eines Skeletts zu zeigen scheint, welches wiederum als *Vanitas*-Motiv zu lesen ist (Abb. 2). Die Anamorphose eines Globus (Abb. 126) konnte auf Basis einer Vergleichsabbildung aus dem ehemaligen Physikalischen Kabinett der Göttinger Universität entschlüsselt werden (Abb. 127), die in die erste Hälfte des 18. Jahrhunderts zu datieren ist und Teil eines Sets aus 13 Zerrbildern war.[179] Wiederum in der Göttinger

179 Vgl. Georg Christoph Lichtenberg. Gesammelte Schriften. Instrumentenverzeichnis, 7 Bde., Bd. 6, hg. von Akademie der Wissenschaften zu Göttingen und der Technischen Universität Darmstadt, Göttingen 2017, S. 362 und S. 370–377. Die Zerrbilder befinden sich heute im Städtischen Museum

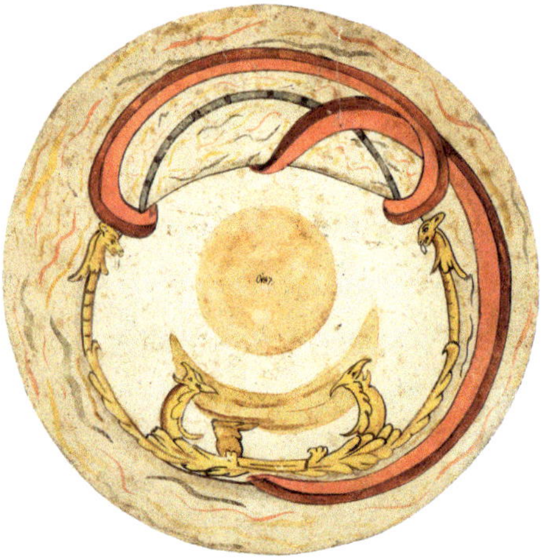

126 *Anamorphose eines Globus*, 18. Jahrhundert, Aquarell und Tusche (?) auf Pappe, Kölnisches Stadtmuseum, Mathematisch-Physikalisches Kabinett, L 231-20

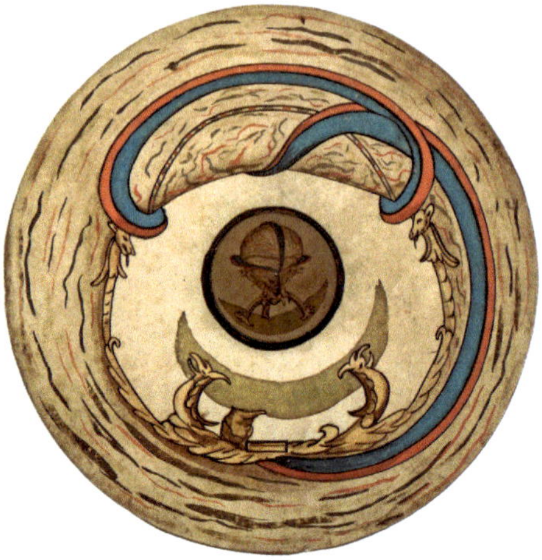

127 *Anamorphose eines Globus* (ehemalige Sammlung Johann Friedrich von Uffenbachs), 1. Hälfte 18. Jahrhundert, Aquarell und Tusche (?) auf Pappe, Städtisches Museum Göttingen

Sammlung haben sich die vollrunden Anamorphosen eines Pik und eines Kreuzes erhalten (Abb. 128), die der Göttinger Professor der Experimentalphysik Georg Christoph Lichtenberg „in der Vorlesung demonstriert [hat]. Vielleicht hat er sie auch selbst angefertigt; eine Anleitung für eine anamorphotische Zeichnung des Pikass bei [Jean-Antoine] Nollet ist ihm sicher bekannt gewesen".[180] Anhand dieser Vergleichsinstrumente können mindestens zwei weitere runde Zerrbilder in Köln bestimmt werden (Abb. 129): Die zwei mit schwarzem Rand bemalten Pappen zeigen demnach ein Pik und ein Kreuz und sind in das Ende des 18. Jahrhunderts zu datieren, nach der Erscheinung des dreibändigen Werks *L'Art des expériences* von 1770 in Paris, in der sich die anamorphotische Zeichnung des Piks befand (Abb. 130).

Während die bisher beschriebenen Zerrbilder auf Basis von Vergleichswerken zumindest andeutungsweise zugeschrieben oder datiert werden konnten, sind die restlichen Anamorphosen aufgrund fehlender Informationen nur schwer einzuordnen, weshalb die Analyse auf der deskriptiven Ebene verbleiben muss: Ein weiteres Set rechteckiger Anamorphosen mit sechseckigen Spiegeln zeigt mehrere Personen mit asiatischer Kleidung, mal als Ganzkörperfigur, mal als Brustbild (Abb. 131). Die Entzerrung erschließt sich jedoch nicht auf den ersten Blick, sind doch die Figuren formal korrekt und bloß über die Pappe verteilt angeordnet. Vier runde Anamorphosen, von denen eine die Malerei

Göttingen. Das Anamorphosen-Set stammte vermutlich aus der Schenkung des Frankfurter Sammlers und Politikers Johann Friedrich Armand von Uffenbach (1687–1769). Vgl. Meyerhöfer 2020, S. 387. Siehe dazu auch das Kapitel „Eine protestantische Universitätssammlung: Göttingen".

180 Lichtenberg 2017a, S. 364.

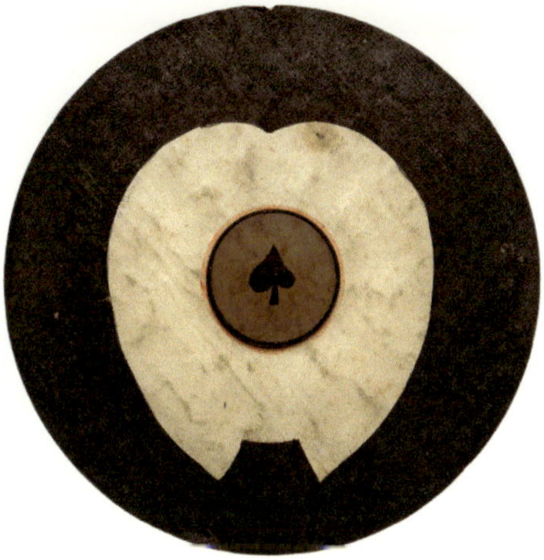

128 *Anamorphose der Kartenfarbe Pik* (ehemalige Sammlung Georg Christoph Lichtenbergs), 18. Jahrhundert, Aquarell und Tusche (?) auf Pappe, Städtisches Museum Göttingen

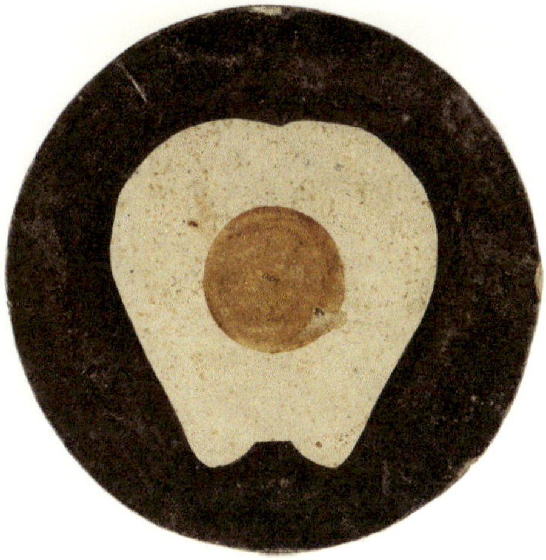

129 *Anamorphose der Kartenfarbe Pik*, 18. Jahrhundert, Aquarell und Tusche (?) auf Pappe, Kölnisches Stadtmuseum, Mathematisch-Physikalisches Kabinett, L 231-21

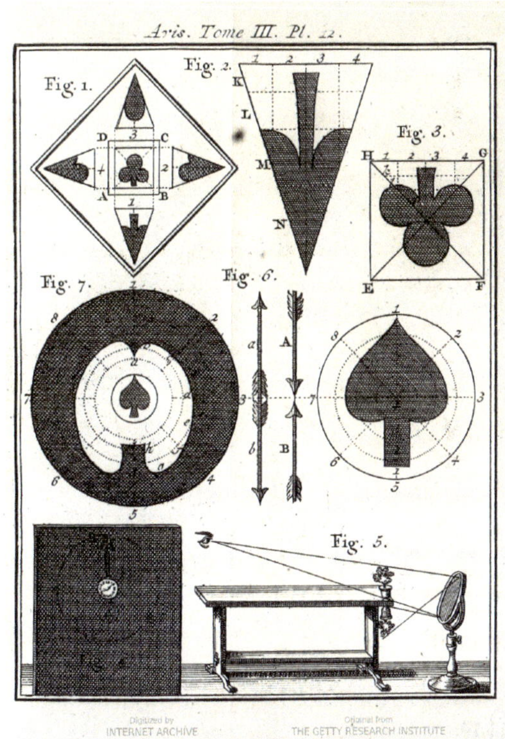

130 Jean-Antoine Nollet, *Konstruktion von Anamorphosen von Kartenfarben*, 1770, in: Nollet, Jean-Antoine: *L'Art des expériences*, Paris 1770, Getty Research Institute

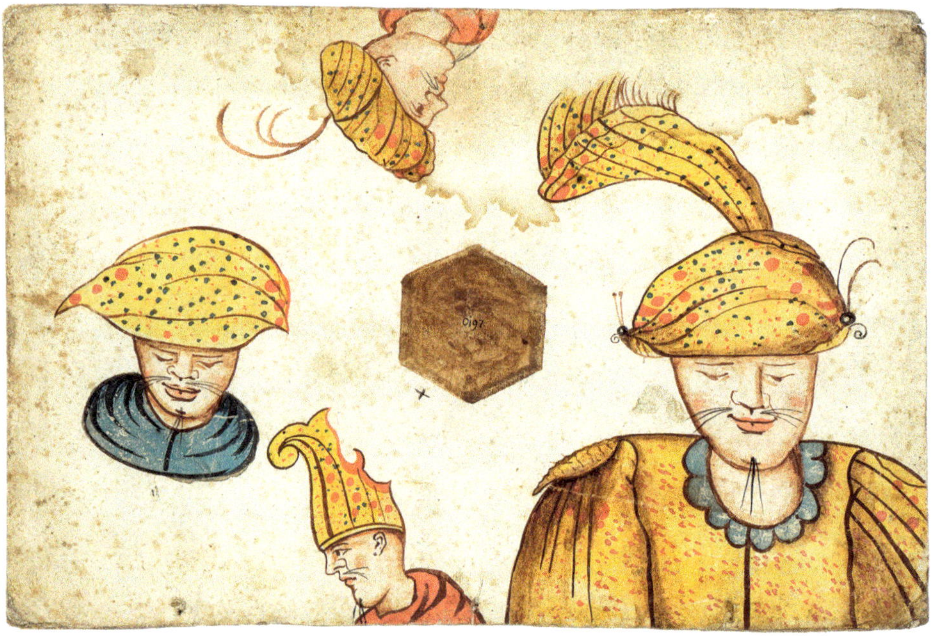

131 *Anamorphose*, 18. Jahrhundert?, Aquarell und Tusche (?) auf Pappe, Kölnisches Stadtmuseum, Mathematisch-Physikalisches Kabinett, L 231-26

eines Froschs und eine andere die eines Auges zeigt, haben ebenso sechseckige Markierungen für Spiegel oder Linsen. Abschließend sind weitere vier vollrunde Anamorphosen auf viereckigen Pappen erhalten, die ohne den dazugehörigen Kegelspiegel nicht zu erkennen sind und daher wie abstrakte Farbfelder wirken. Nach der überblicksartigen Beschreibung der Anamorphosen-Sets und einzelner Zerrbilder wird die ikonografische Vielfalt der Darstellungen deutlich. Im Vergleich mit Anamorphosen des 17. Jahrhunderts zeigen die heute in Köln vorhandenen Exemplare alltägliche und genreartige Sujets, was ihre Datierung ins 18. Jahrhundert bestätigt.[181]

4.2 Funktionsweise

Den Kölner Anamorphosen im Sinne von festen Sets von handlichen katoptrischen und dioptrischen Zerrbildern mit dazugehörigen Spiegeln zu Demonstrations- oder Unterrichtszwecken, die Teil von naturwissenschaftlichen (Lehr-)Sammlungen waren, ging eine lange Entwicklungsgeschichte von anamorphotischen Darstellungen in Kunst, Wissenschaft und Philosophie voraus, die im Folgenden anhand ausgewählter Beispiele umrissen wird.

181 Vgl. Baltrušaitis 1977, S. 131–158.

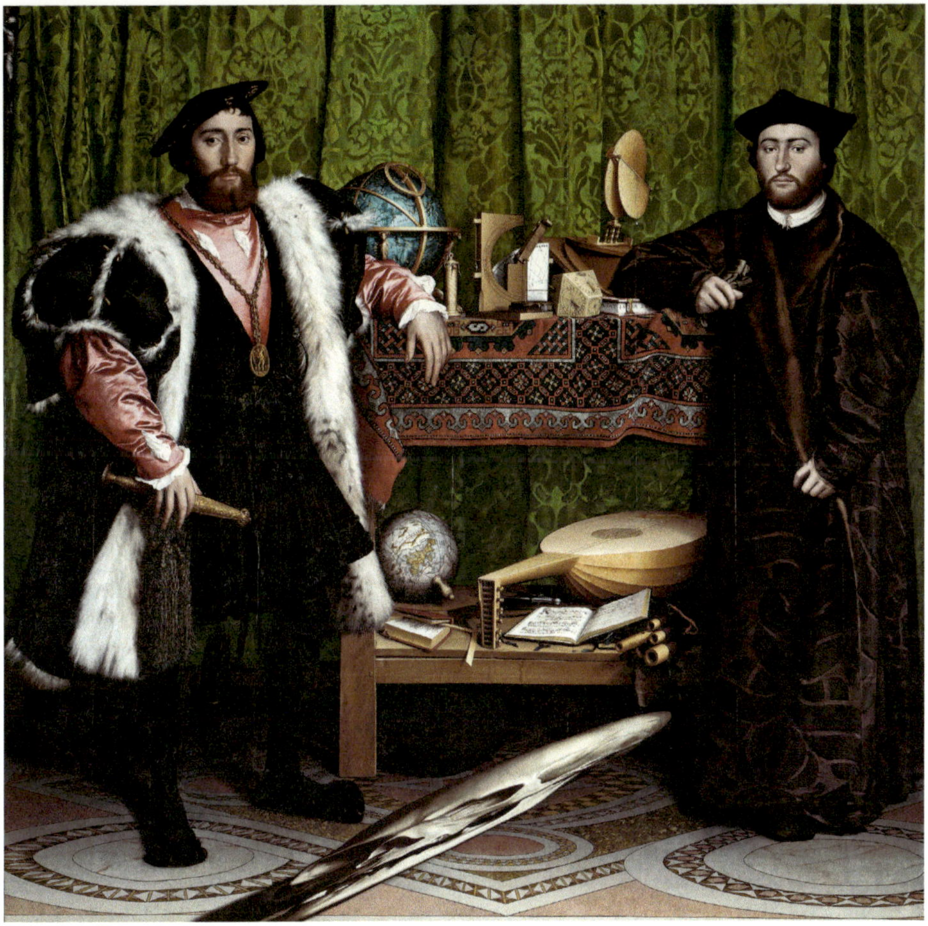

132 Hans Holbein der Jüngere, *Die Gesandten*, 1533, Öl auf Holz, 207 × 209,5 cm, National Gallery London

Bereits in der Kunst der Renaissance kamen Anamorphosen zum Einsatz, um im Kontext von Perspektivität und Illusionismus mit optischen Phänomenen zu experimentieren. Beispiele für Längenanamorphosen sind bei Leonardo da Vinci oder in der Theorie auch bei Albrecht Dürer zu finden.[182] Eine der berühmtesten Anamorphosen der Kunstgeschichte ist in Hans Holbeins d. J. (1497/1498–um 1543) Gemälde der *Gesandten* von 1533 abgebildet (Abb. 132), das die französischen Diplomaten Jean de Dinteville und Georges de Selve am Hof Heinrichs VIII. von England zeigt. Die Ganzkörperfiguren stehen neben einem hohen Tisch, auf dem auf einem ornamental gestalteten und

182 Vgl. ebd., S. 91–108; Elffers, Joost/Leeman, Fred/Schuyt, Michael: Anamorphosen. Ein Spiel mit der Wahrnehmung, dem Schein und der Wirklichkeit, Köln 1981, S. 10–38.

kostbar wirkenden Tuch mehrere mathematische Instrumente detailliert abgebildet sind: Sonnenuhren verschiedener Funktionen, geometrische Messgeräte, ein Torquetum, ein Quadrant und ein Himmelsglobus. Im Unterregal sind ein Erdglobus, mehrere Bücher und eine Laute dargestellt. Am unteren Bildrand, unterhalb der Füße der Porträtierten, ist die Längenanamorphose eines Totenschädels abgebildet, die die Zentralperspektive des Doppelporträts konterkariert. Zugleich setzt das *Vanitas*-Motiv des Totenkopfes das Moment des *memento mori* ins Bild, das den Gesandten die Vergänglichkeit des menschlichen Lebens vor Augen führen soll.

> „Daß das *memento mori* hier jedoch nicht, wie üblich, zwischen den Symbolen der Wissenschaften und Künste platziert ist, sondern vom Betrachter erst durch einen Wechsel seines Standpunkts enträtselt werden muß, zeigt eine Krise des Glaubens wie auch der Wahrnehmung an. Deren allegorische Darstellung ist der Gegenstand des Gemäldes. [...] Gründe für die makabre Teilung des Gemäldes gab es genug, denn wie das Bild, so zerfiel 1533 auch die Welt, wenn auch in mehr als zwei Teile. [...] Die humanistische Vorstellung von einer besseren Welt begann in den Wirren von Reformation und Gegenreformation zu versinken. Um die neue Machtkonstellation, die damit im Raum stand, ging es bei der Mission der von Holbein porträtierten Jean Dinteville und Georges de Selves. Holbeins Gemälde reflektiert diesen Zerfall der Welt durch die virtuos inszenierte Zweiteilung des Bildes und greift dabei auf die im 15. Jahrhundert wiedererfundene Kunst der Perspektive und ihre Sonderform der Anamorphose zurück. Sie erst erlaubt die Veranschaulichung zweier Wirklichkeitsebenen durch die Überlagerung von zwei perspektivischen Konstruktionen mit getrennten Standpunkten in einem Bild."[183]

Die Anamorphose als Darstellungsform und optische Konstruktion wird in Holbeins Gemälde bewusst für die Inszenierung einer bildimmanenten Botschaft genutzt. Die Verzerrung an sich und nicht nur das verzerrte Motiv ist folglich von Bedeutung für das Verständnis des Bildes und die Erkenntnisse, die sich daraus gewinnen lassen sollen. Damit ging das eigentliche Phänomen der Optik in die Bereiche der Bildenden Kunst und auch der Philosophie über, indem die Anamorphose als Mittel zur Darstellung und Reflexion über erkenntnistheoretische Fragen benutzt wurde.[184]

Im Verlauf des 17. Jahrhunderts stiegen die Beliebtheit und die Verbreitung der Anamorphosen europaweit an. In Frankreich bildete sich ein Zentrum der wissenschaftlichen Auseinandersetzung mit *Wundern* der Optik, zu denen die Anamorphosen gehörten, und deren geometrischen Erscheinungen um den Mathematiker und Künstler Jean-François Niceron (1613–1646), in dem ebenso die Philosophie und die Erkenntnistheorie vor allem René Descartes' (1596–1650) diskutiert wurden. Jurgis Baltrušaitis, Experte für Anamorphosen in der Kunst, konstatiert, Niceron und sein Kreis hätten den cartesianischen

183 Nelle, Florian: Künstliche Paradiese. Vom Barocktheater zum Filmpalast, Würzburg 2005, S. 47f. Siehe zu Holbeins „Gesandten" und dem anamorphotischen Totenschädel außerdem Roberts, Daniela: „Imago Mundi": Eine ikonographische und mentalitätsgeschichtliche Studie, ausgehend von Hans Holbein d. J. „The Ambassadors", Hildesheim 2009, S. 219–249; North, John D.: The Ambassadors' Secret: Holbein and the World of the Renaissance, London 2002, S. 125–141.

184 Siehe dazu vor allem Cha, Kyung-Ho/Rautzenberg, Markus: Einleitung: Im Theater des Sehens. Anamorphose als Bild und Philosophische Metapher, in: Dies. (Hg.): Der entstellte Blick. Anamorphosen in Kunst, Literatur und Philosophie, München 2008, S. 7–22, hier S. 7–13; Baltrušaitis 1977, S. 91–108.

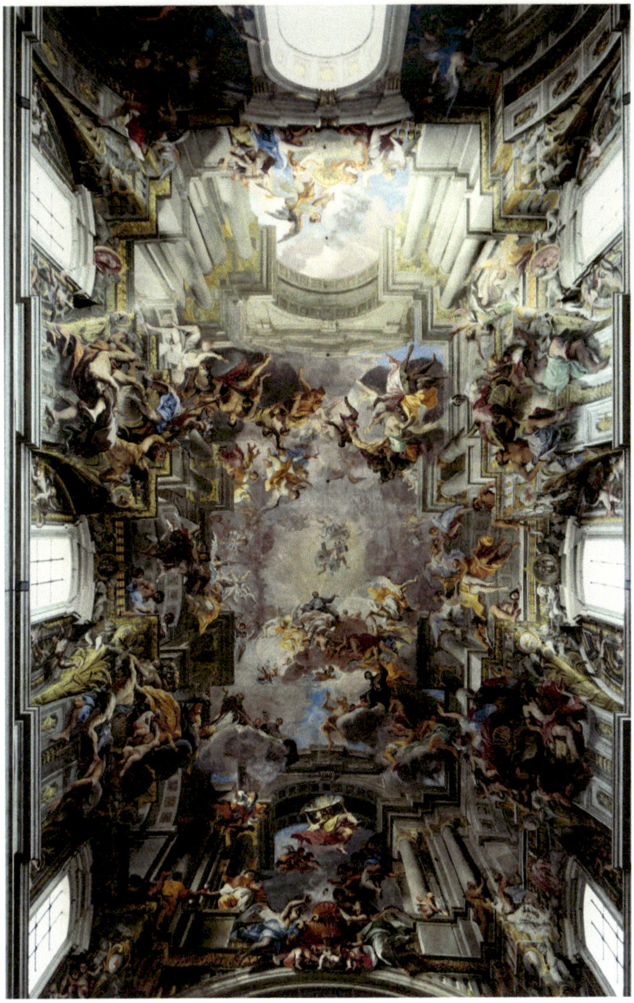

133 Andrea Pozzo, *Deckenfresko im Mittelschiff der Jesuitenkirche S. Ignazio in Rom, Apotheose des heiligen Ignatius,* Ende des 17. Jahrhunderts

Zweifel an allem Sichtbaren in ihre Werke aufgenommen und reflektiert, wonach sich in der „Anamorphose die Kritik am Evidenzcharakter des empirischen Wissens"[185] manifestiert hätte; eine Verbindung, die bei Descartes selbst jedoch nicht zu finden ist.[186] Ein direkter Rezipient der Anamorphosen in der Philosophie war hingegen Gottfried Wilhelm Leibniz, der Descartes' erkenntnistheoretische Fragestellungen in seinen Schriften weiterentwickelte. In seinem Werk *Theodizee* benutzte Leibniz die Anamorphosen und die menschliche Wahrnehmung verzerrter Bilder beispielsweise als Vergleich zu der Art

185 Cha/Rautzenberg 2008, S. 10.
186 Vgl. ebd., S. 9f. Baltrušaitis 1996, S. 83–99. Siehe zu Niceron auch Hick 1999, S. 90–101.

und Weise, wie eingeschränkt der menschliche Verstand die Welt generell erfasse und wo die Grenzen der Erkenntnis und demnach auch der Empirie lägen.[187]

Neben diesen philosophischen Rezeptionen der Anamorphosen wurde die eigentliche Technik der Verzerrung im Laufe des 17. Jahrhunderts weiterentwickelt und verfeinert. Mithilfe mathematischer Berechnungen und perspektivischer, projektiver Geometrie konnte theoretisch jede Abbildung deformiert werden.[188] Sowohl in Gemälden, Zeichnungen und Druckgrafiken fanden Anamorphosen mehr und mehr Einzug als auch in Decken- und Wandgemälden. Berühmte illusionistisch verzerrte Deckenfresken schuf bekanntlich Andrea Pozzo (1642–1709) in der Jesuitenkirche *S. Ignazio* in Rom Ende des 17. Jahrhunderts (Abb. 133). Und auch an dieser Stelle, an der die Erfolgsgeschichte des Jesuitenordens, die Rolle im Kontext der Katholischen Reform, die Missionstätigkeiten und der Einfluss auf Kunst, Wissenschaft und Bildung verbildlicht wurden und an der ein Triumphzug der Ordensheiligen in den Himmel, allen voran des Ordensgründers Ignatius von Loyola, inszeniert wurde, erhielten die verzerrten Darstellungen eine religiös bestimmte, erkenntnistheoretische Dimension, die letztlich die Grenzen des jesuitischen Bildgebrauchs offenlegten:

> „[Andrea Pozzos] Fresken erheben weder konzeptuell noch innerlogisch den Anspruch, eine wirklich glaubhafte Illusion erzeugen zu können oder auch nur zu wollen. Im Gegenteil wollte Pozzo sowohl visuell als auch intellektuell vermitteln, dass jede Annäherung an das Jenseits nur durch diesseitige, also künstlerische Vermittlung geschehen kann und dass das vom Auge erfasste äußere, artifizielle Bild auch und gerade in Sant'Ignazio, also selbst noch bei seiner bis zur Perfektion gesteigerten optischen Illusionskraft, zwar dem Aufbau eines inneren Bildes hilfreich dienen, diesem aber ebenso wenig entsprechen kann wie dem von ihm dargestellten Empyreum. Diese Einsichten körperlich und optisch erfahrbar zu machen, dafür taugte ihm nichts besser als der faktisch unausweichlich zu entlarvende Illusionismus seiner anamorphotischen Fresken […].“[189]

187 Cha/Rautzenberg 2008, S. 11. „Der Eindruck der Verworrenheit der Welt täusche also und bilde sich nur im menschlichen Verstand ab, der innerhalb der Grenzen des empirischen Wissens verbleiben muss. Der anamorphotische Standpunkt liegt damit unerreichbar außerhalb der menschlichen Sphäre. Ausschließlich im göttlichen Spiegel würden sich die Deformationen auflösen und das Bild der prästabilierten Harmonie aufscheinen. Für Leibniz wäre die Anamorphose ohne die Annahme einer universalen Perspektive, welche nur Gott zur Verfügung steht, undenkbar.“

188 Vgl. Hick 1999, S. 90–101.

189 Blunk, Julian: Andrea Pozzos Anamorphosen des religiösen Bildes. Metamalerei in Sant'Ignazio, in: Bleyl, Matthias (Hg.): Quadratura: Geschichte, Theorien, Techniken, Berlin [u. a.] 2011, S. 237–251, hier S. 248. Siehe darüber hinaus auch Elffers/Leeman/Schuyt 1981, S. 44–52. Andrea Pozzos theoretisches Werk über die Perspektive vom beginnenden 18. Jahrhundert befand sich in der Bibliothek des *Musaeum mathematicum* und könnte Anwendung im Unterricht der angewandten Mathematik gefunden haben. Quarg, Gunter: Andrea Pozzo„Perspectiva pictorum et architectorum“, in: Lust und Verlust. Kölner Sammler zwischen Trikolore und Preußenadler. Ausst. Kat. Josef-Haubrich-Kunsthalle, Bd. 1, Köln 1995–1996, hg. von Hiltrud Kier/Frank Günter Zehnder, Köln 1995, S. 517, Kat. Nr. 19. Für weitere Auseinandersetzungen mit Pozzos jesuitischen Fresken sei verwiesen auf Zierholz, Steffen: Räume der Reform. Kunst und Lebenskunst der Jesuiten in Rom 1580–1700, Berlin 2019, S. 168–221.

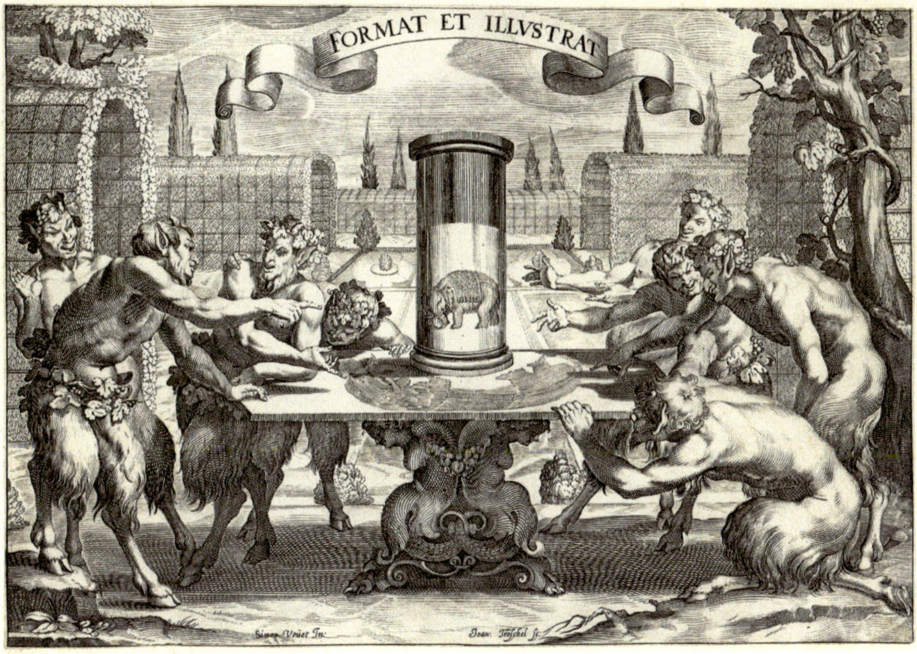

134 Hans Tröschel nach Simon Vouet, *Satyrn, die die Anamorphose eines Elefanten bewundern*, 17. Jahrhundert, Druckgrafik, 24,3 × 34,5 cm, Rijksmuseum Amsterdam

Auch die katoptrischen (Spiegel-)Anamorphosen und ihre Anwendung wurden in Werke der Bildenden Kunst aufgenommen, wie beispielsweise in das Frontispiz von Jean-François Nicerons zweiter Auflage seines anamorphotischen Fachbuchs *La Perspective curieuse*, das 1652 in Paris veröffentlicht wurde. Die Druckgrafik *Satyrn, die die Anamorphose eines Elefanten bewundern* (Abb. 134) wurde nach einer Vorlage des niederländischen Malers und Zeichners Simon Vouet (1590–1649) von Hans Tröschel erstellt. Darauf betrachtet eine Gruppe acht staunender Satyrn einen zylindrischen Spiegel in der Mitte der Szene, in dem das Bild eines Elefanten von einer davor befindlichen, halbrund verzerrten Zeichnung in der Spiegeloberfläche entzerrt dargestellt wird. Die der griechischen Mythologie entstammenden Satyrn stehen hier als Sinnbilder einer ursprünglichen Kultur, in der die *Wunder* der optischen Wissenschaften noch für Staunen und Neugier sorgten. In seiner ersten Auflage von *La Perspective curieuse* von 1638 hatte Niceron als einer der ersten umfassend, sowohl theoretisch als auch praktisch, die Herstellung von Spiegelanamorphosen beschrieben.[190] Die Kölner Anamorphose eines Elefanten kann ein motivischer Hinweis und eine Rezeption dieses berühmten Vorbilds sein (Abb. 135).

190 Vgl. Gronemeyer, Nicole: Optische Magie. Zur Geschichte der visuellen Medien in der Frühen Neuzeit, Bielefeld 2004, S. 168–172.

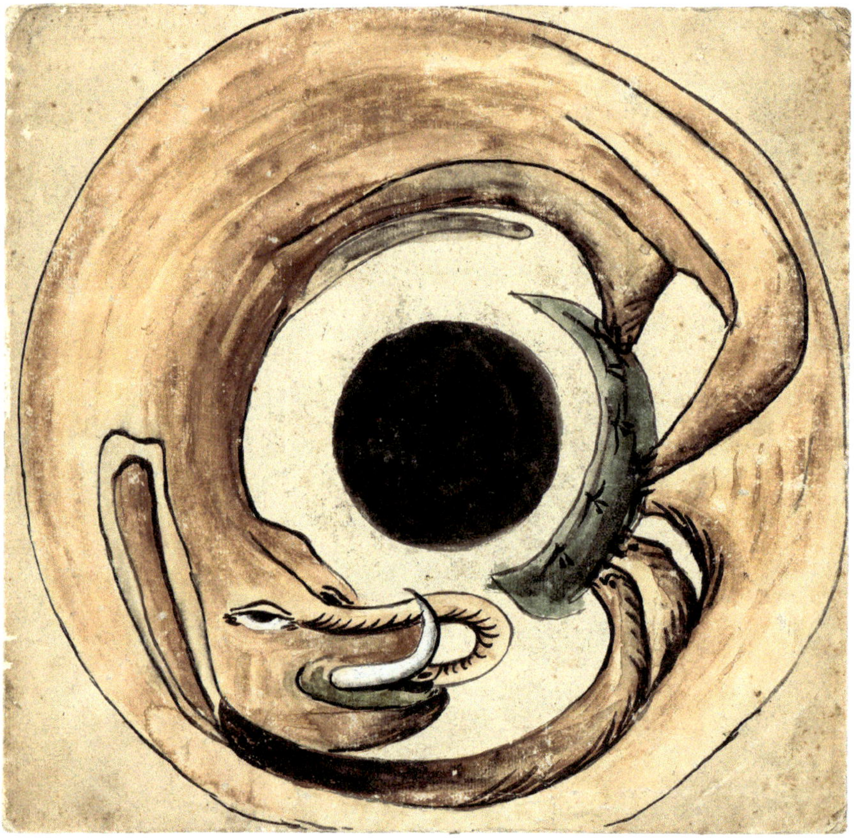

135 *Anamorphose eines Elefanten*, 18. Jahrhundert, Aquarell und Tusche (?) auf Pappe, Kölnisches Stadtmuseum, Mathematisch-Physikalisches Kabinett, L 231-42

Im jesuitischen Kontext tauchte der Begriff der Anamorphose zum Beispiel in einer Schrift des (Natur-)Wissenschaftlers Caspar Schott auf, der am Jesuitenkolleg in Würzburg gelehrt und über einen langen Zeitraum bis 1655 mit Athanasius Kircher zusammen am Collegium Romanum geforscht hatte. In Rom, einem der wissenschaftlichen Forschungszentren der Zeit, hatte er Kircher bei zahlreichen Publikationen assistiert. Nachdem er nach Würzburg zurückgekehrt war, fasste Schott 1657 sein in Rom erlerntes Wissen aus den Bereichen der Optik, Akustik, Mechanik und Astronomie in einer eigenen Schrift zusammen und kommentierte die bisherige Forschung. Mit *Magia universalis naturae et artis* schuf er ein Grundlagenwerk zur sogenannten optischen Magie, das sich auch in der Kölner Jesuitenbibliothek befand.[191] Anamorphosen wurden im ersten

191 Vgl. Stafford 1994, S. 62–65.

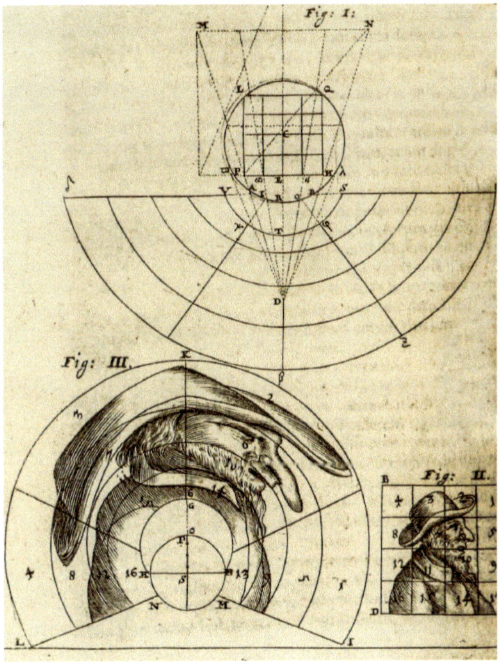

136 Caspar Schott, *Konstruktionsdarstellung einer Anamorphose*, 1657, aus: Schott, Caspar: *Magia Universalis Naturae et Artis*, 4 Bde., Bd. 1, Bamberg: Schönwetter, 1677, München, Bayerische Staatsbibliothek, Res/4 Phys.m. 82-1

Band ausführlich beschrieben und erläutert, was beispielhaft an einer Konstruktionsgrafik für eine halbrunde Anamorphose eines Mannes mit Hut gezeigt werden kann (Abb. 136).[192] Bereits 1646 hatte Athanasius Kircher in seinem Werk *Ars magna lucis et umbrae* in den Kapiteln zu optischen Strahlen und zur Katoptrik die theoretischen und praktischen Grundlagen für Spiegelanamorphosen gelegt (Abb. 75). Auch im *Musaeum Kircherianum* befand sich eine eigene Abteilung für optische, katoptrische und dioptrische Experimente, die anhand unterschiedlicher Spiegel – plane, sphärische, zylindrische, konische und elliptische – durchgeführt wurden. Darüber hinaus stellte Kircher eigene perspektivische Guckkästen und ein sogenanntes *Theatrum Catoptricum* her, wodurch darin enthaltene Szenen durch Spiegelreflexionen in scheinbare Unendlichkeit vervielfältigt wurden. Auch beim Ordensjubiläum 1640 in Köln wurde ein perspektivischer Schaukasten mit katoptrischem Einsatz von Spiegeln hergestellt, was die frühe Auseinandersetzung mit optischen Illusionen und verzerrten Bildern in Köln belegt.[193]

192 Vgl. Gronemeyer 2004, S. 90–104; Baltrušaitis 1977, S. 79–89. Siehe darüber hinaus auch das Werk Schotts, das sich in der Jesuitenbibliothek in Köln befunden hat: Schott, Caspar: Magia Universalis Naturae et Artis, 4 Bde., Frankfurt am Main, Schönwetter, 1657–1659. USB-Signatur N1/58-3.

193 Siehe vor allem Kircher 1646, S. 116–143 und S. 734–787. „Liber II, Pars Secunda de actinobolismo Optico seu de radiation visuali, qua totius opticae disciplinae radix et fundamentum est" und „Liber X, Pars tertia, Magia Catoptrica sive de prodigiosa rerum exhibitione per Specula". Zu

Baltrušaitis verweist in diesem Kontext darauf, dass die jesuitischen Wissenschaftler, allen voran Kircher und Schott, die Anamorphosen auf Basis von Nicerons Schrift weiterentwickelt und vor allem verbreitet hätten, wenngleich zum Beispiel Kircher auch noch auf die veraltete und ungenaue Technik der Erstellung eines Zerrbildes durch Kerzenlicht anstelle geometrischer Methoden hingewiesen habe (Abb. 75).

> „The spread of catoptric anamorphoses was principally due to the Jesuits who doubtless also helped to perfect them. Up to the end of the seventeenth century, the principal new works on the subject by [Mario] Bettini, [Jean] Du Breuil, Kircher and Schott, bear the same stamp of origin. [...] But the German Jesuits – Kircher and his disciple Schott – in the Ars magna (1646) and the Magia universalis (1657) collected the main correct methods and were responsible for their distribution."[194]

Am Ausgang des 17. Jahrhunderts und vor allem im 18. Jahrhundert wurden visuelle Kuriosa und optische Spielereien zunehmend populärer und verbreiteten sich auch über Wissenschaft und Kunst hinaus. Unter optischen Geräten wie den *Laternae magicae* oder *Camerae obscurae* sind die Anamorphosen hervorzuheben, die ab dem 18. Jahrhundert kommerziell hergestellt und verbreitet wurden und sich so zu den beliebtesten „optischen Bildbelustigungen"[195] entwickelten. Die verzerrten Bilder wurden zusammen mit dem dazugehörigen Spiegel angeboten und verkauft, da sie exakt aufeinander abgestimmt sein mussten. Als Produzenten und Verleger betätigten sich Künstler und Grafiker, aber auch Mathematiker und vor allem professionelle Hersteller optischer Instrumente. Die Anamorphosen dienten zum einen als Lehrmittel für den mathematisch-physikalischen Unterricht und für die Vermittlung optischer Phänomene und deren mathematischer Konstruktion in Universitäten und Schulen. Daneben zielten sie vor allem auf Unterhaltung ab und zeigten mit religiösen, mythologischen, historischen sowie alltäglichen oder karikaturistischen Darstellungen eine große Bandbreite an Sujets. Dabei variierte ihr künstlerischer Wert.[196] „Die Anamorphose war nun, beinahe entleert von ihren magischen Bezügen, ein populäres Medium des intelligenten Zeitvertreibs geworden, das die steigende Nachfrage nach visuellen Unterhaltungen befriedigte."[197]

Zentren der Anamorphosenproduktion waren beispielsweise Paris oder im deutschsprachigen Gebiet Augsburg, wo die Zerrbilder in Sets mit passenden Spiegeln oder Linsen neben anderen optischen Geräten und physikalisch-mathematischen Instrumenten hergestellt und gemeinsam teils europaweit an Physikalische Kabinette, Sternwarten und höfische, kirchliche sowie universitäre Sammlungen geliefert wurden.[198]

Schott und Kircher vgl. Baltrušaitis 1977, S. 79–90. Vgl. Asmussen/Burkart/Rößler 2019, S. 94f. Vgl. auch das Kapitel zum perspektivischen Schaukasten in diesem Buch.

194 Baltrušaitis 1977, S. 153.

195 Eser 2001, S. 179.

196 Ehret, Gloria: Stilkunde: Anamorphosen, in: Weltkunst 110 (2016), S. 96f.

197 Gronemeyer 2004, S. 174f.

198 Vgl. Eser 2001; Ehret 2016.

4.3 Objektbiografie

Die Kölner Anamorphosen gehörten zum Sammlungsbereich der Optik, der bereits in der jesuitischen Sammlungsphase einen wichtigen Stellenwert eingenommen hatte, und durch die Ankäufe zu Beginn des 19. Jahrhunderts schließlich zum größten Teilbereich des Mathematisch-Physikalischen Kabinetts wurde. Um die Schwierigkeit der Zuordnung der Objekte zu den Inventaren und dadurch die Problematik ihrer Datierung aufzuzeigen, soll der *Lebensweg* der Anamorphosen im Folgenden rekonstruiert werden:

Sowohl in der jesuitischen Sammlung als auch im Straßburger Kabinett Jakob Ludwig Schürers haben sich Anamorphosen und dazu passende Spiegel befunden. Bereits im Inventar von 1774 war im zweiten Schrank eine Vielzahl von Spiegeln mit verschiedenen geometrischen Formen aufgeführt, worunter sich auch zwei *Cylindrica* befanden. Zudem wurden außerhalb der Schränke zwei katoptrische und dioptrische Geräte mit vielen gemalten Bildern (*cum pluribus imaginibus depictis*) aufgeführt, die von zwei *Laternae magicae* und mehreren Fernrohren sowie Mikroskopen ergänzt wurden. Da Details zur Technik durch die Bezeichnung als *depictis* gegeben sind, kann vermutet werden, dass einige der erhaltenen Anamorphosen bereits aus dem Jesuitenkolleg stammen.[199] Dass es am Kölner Jesuitenkolleg eine lange Tradition der Auseinandersetzung mit optischen Phänomenen und Perspektivität gegeben hat, zeigt der als Zeichnung erhaltene perspektivische Schaukasten (Abb. 52), der im Rahmen des hundertjährigen Ordensjubiläums 1640 von Schülern der Mathematik hergestellt worden ist. Im Inneren waren vier szenische Darstellungen aus der jesuitischen Ordensgeschichte zu sehen, die durch eine bestimmte Anbringung von Spiegeln und durch katoptrische Reflexion in verschiedenen Perspektiven erblickt werden konnten und einen „ins Unendliche" vervielfältigten Eindruck gaben.[200]

Aus der Sammlung Schürers sind ebenso mehrere Spiegel mit Anamorphosen nach Köln gekommen, worunter jeweils zwei zylindrische, konische und prismatische aufgeführt wurden. Zu den zylindrischen Spiegeln gehörten 18 Figuren (*fig.*), während für die beiden anderen Spiegelformen je sechs Abbildungen verzeichnet sind.[201] Auf Basis der Zuschreibung des erhaltenen Sets von 13 katoptrischen Anamorphosen zum französischen Instrumentenhersteller Gaudemont und der mutmaßlichen Herkunft der elf vollrunden Anamorphosen aus Frankreich wird angenommen, dass es sich dabei um die genannten Figuren aus dem Straßburger Inventar handelt.

Im Kölner französischen Inventar von 1801 wurden die Sammlungsbestände zusammen aufgeführt, wobei die große Menge des optischen Bereichs noch einmal deutlich wird, was auf die Bedeutung innerhalb der physikalischen Lehre verweist. Je zwei zylindrische

199 AEK, Monasteria, Generalia: Jesuiten, fol. 169v. Vgl. hier und im Folgenden die publizierten Inventare in: https://kabinett.mapublishing-lab.uni-koeln.de/inventare [zuletzt aufgerufen am 07.04.2024].

200 Vgl. dazu auch das Kapitel zum perspektivischen Schaukasten in diesem Buch.

201 LHAK, Best. 241, 015, Nr. 701, S. 245.

und konische Spiegel mit jeweils 20 Figuren sowie zwei prismatische mit sechs und zwei pyramidale mit zehn Abbildungen sind der anamorphotischen Technik zuzuordnen, während weitere Spiegel, Prismen und Linsen ähnlicher geometrischer Formen genannt werden.[202] Im Inventar des Jahres 1829 fehlen bereits beide prismatischen Spiegel mit sechs Figuren, je ein zylindrischer und ein konischer Spiegel, die zudem je eine anamorphotische Abbildung missen lassen und daher auf 19 pro Spiegel kommen, während beide Pyramidalspiegel mit zehn Figuren noch vorhanden sind. Dies ändert sich in den Inventaren aus der Mitte des 19. Jahrhunderts. Ein prismatischer Spiegel ist nun wieder mit „später zu ordnen[den]"[203] Anamorphosen vorhanden.

Ein pyramidaler und ein konischer Spiegel wurden 1864 vermisst. Zudem ist 1864 ein Zylinderspiegel aus Metall mit 20 Anamorphosen verzeichnet, wobei es sich um das noch heute erhaltene Exemplar handelt.[204] Je ein prismatischer und ein pyramidaler Spiegel, eventuell zusammen mit Anamorphosen, wurden zudem im 19. Jahrhundert an die Höhere Bürgerschule verkauft. In der Liste unbrauchbarer Objekte, die im Jahr 1912 beim Umzug des Dreikönigsgymnasiums angelegt wurde, sind zwei Zylinderspiegel und 29 Anamorphosen aufgeführt.[205] 1927 wurden noch „52 Pappkartons"[206] aufgeführt, wobei vor dem Hintergrund der generell simplen Objektbezeichnungen in diesem Inventar sicher ist, dass damit die Anamorphosen gemeint sind. Die heute vorhandenen Objekte wurden schließlich im maschinenschriftlichen Inventar von 1938 genannt: „ein Entzerrungsspiegel aus der projektiven Geometrie mit 42 dazugehörigen Schülerarbeiten"[207]. Vermutlich handelt es sich dabei um einen Schreibfehler, waren doch 1927 noch 52 Pappen vorhanden und bis heute haben sich 47 Anamorphosen im Kölnischen Stadtmuseum erhalten.

Die Schilderung der Entwicklung der Zerrbilder mit dazugehörigen Spiegeln in den Inventaren legt einen durchgehenden Gebrauch der Anamorphosen nahe und zeigt somit die Bedeutung der optischen Zerrbilder im Lehrkontext. Es ist festzuhalten, dass derartige optische Kuriositäten im 18. Jahrhundert sowohl im Jesuitenkolleg als auch in Straßburg in der Sammlung Schürer vorhanden und in didaktischer Benutzung waren, was ihre Popularität und ihre weite Verbreitung auch im Bildungsbereich deutlich macht. Konträr zu diesem Befund steht die Entwicklung der Kölner Anamorphosen im 20. und auch 21. Jahrhundert. Die Zerrbilder mit Spiegeln waren kein aktiver Teil des Musealisierungsprozesses; sie wurden bislang weder ausgestellt noch erforscht. Ein Grund dafür könnte der fragile Erhaltungszustand der Pappen sein, der vom Kölnischen Stadtmuseum festgestellt wurde; eine Restaurierung blieb jedoch aus. Dies offenbart eine starke Ambivalenz zu der (überregionalen) Beliebtheit dieser optischen Unterhaltungsmittel sowie

202 Vgl. LAV NRW, R, AA 0633, Nr. 108, fol. 26r.
203 HAStK, Best. 155A, A 361, S. 28.
204 Vgl. HAStK, Best. 155A, A 361, S. 27.
205 Vgl. HAStK, Best. 560, A 651, fol. 33r.
206 HAStK, Best. 560, A 681, fol. 5r.
207 Verzeichnis der Leihgaben 1938, S. 4.

der Rolle von Anamorphosen im Bildungskontext generell und in der Kölner Lehre im Speziellen über das 18. Jahrhundert hinaus und markiert einen Bedeutungswandel der erhaltenen Objekte zum Negativen. Trotz ihres Potenzials als „optische Bildbelustigungen“[208] sind die Anamorphosen bereits seit der Übernahme ins Stadtmuseum 1927 ebendort eingelagert.

Die verschiedenen Zerrbilder mit dazugehörigen Spiegeln waren nur ein kleiner Teil der sehr umfangreichen und heterogenen Objektgruppe der Optik. Zu diesem Sammlungsbereich, der in französischer Zeit quantitativ am umfangreichsten im Mathematisch-Physikalischen Kabinett war, gehörten zum Beispiel weitere Spiegel verschiedener Formen, darunter Brenn- oder Planspiegel, Prismen, Polyeder, künstliche Augen oder optische Apparaturen wie ein Vitrometer, ebenso mehrere *Laternae magicae*, unterschiedliche Mikroskope, Teleskope und verschiedenste Linsen. Ein großer Anteil optischer Geräte ist bereits in der jesuitischen Sammlung nachzuweisen, gab es doch zum Beispiel schon in der Sternwarte diverse Teleskope und durch die Schenkung Johann Adam von Stoesbergs im Jahr 1754 kamen weitere optische Instrumente wie Linsen oder Schleifschalen in die Sammlung. Durch den Ankauf aus Straßburg wurde die Optik um rund 100 Objekte erweitert, darunter allein acht Mikroskope, eine tragbare *Camera obscura* und zwei *Laternae Magicae*. Diesem großen quantitativen Anteil entsprechend war auch der Stellenwert der Optik in der Lehre gewichtig.

4.4 Kontext

Die katoptrischen und dioptrischen (Spiegel-)Anamorphosen der Kölner Sammlung sind motivisch und ikonografisch interessant, aber auch wissenschafts- und bildungsgeschichtlich, fanden sie doch didaktische und methodische Benutzung im Unterricht der Mathematik und Physik: Zum einen dienten die angeschafften Sets professioneller Zerrbilder als Vorbilder und Anschauungsmaterial, zum anderen wurden auf Basis mathematisch-physikalischer Optik und projektiver Geometrie eigene Anamorphosen hergestellt und auch gemalt, was die Fülle und Vielfalt der heutigen Bilder erklärt. Die Herstellung von Spiegelanamorphosen beruhte auf mathematischen Berechnungen und der Konstruktion eines geometrischen Rasters, mithilfe dessen Bilder aller Art verzerrt werden konnten. Bereits im 17. und 18. Jahrhundert wurde die Technik im Gymnasium Tricoronatum gelehrt und erlernt. Der Unterricht der Optik als Teil der Mathematik hatte einen hohen Stellenwert am Kolleg, wofür neben der quantitativen Größe des Sammlungsbereichs im *Musaeum mathematicum* auch die Verbreitung in handschriftlichen Traktaten Beleg ist. Die Grundlagen der physiologischen Optik waren im Jahr 1716 zum Beispiel Thema einer Disputation, in der mithilfe eines Schaubildes (Abb. 137) der Aufbau des menschlichen Auges und Reflexionen an verschiedenen Spiegelformen erklärt

208 Eser 2001, S. 179.

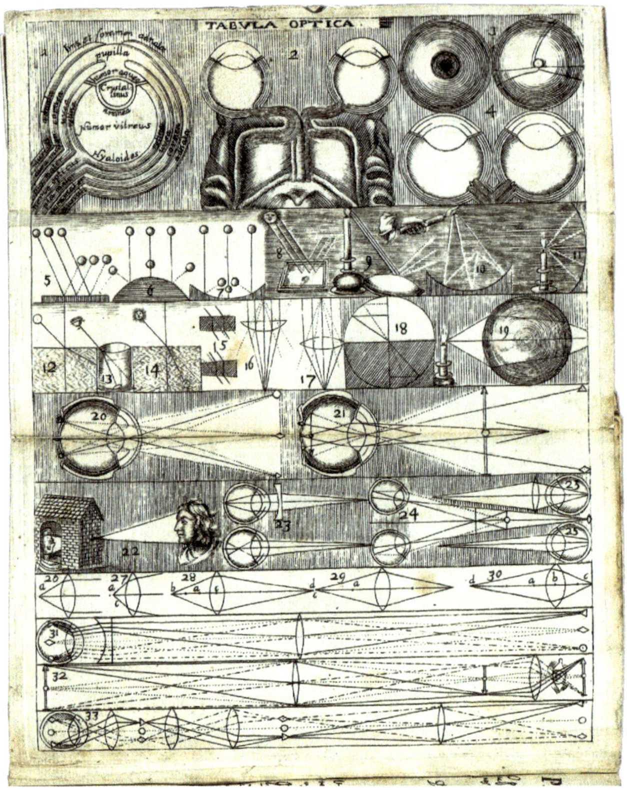

137 *Tabula Optica,* in: Handschrift zur Optik, Anfang 18. Jahrhundert, HAStK, Best. 7008 (Handschriften (GB oktav)), 81, fol. 50v

werden mussten,[209] während in französischer Zeit für diese Inhalte zwei Modellaugen und eine Vielzahl anderer optischer Geräte zur Verfügung standen.[210]

In einer Handschrift über Gnomonik und Optik aus dem frühen 18. Jahrhundert, die einen Teil zur *Optica practica et speculativa* beinhaltet, befinden sich Zeichnungen optischer Instrumente wie Spiegel oder Mikroskope, die sich teilweise heute noch erhaltenen Objekten zuordnen lassen. Eine *Demonstratio Optica*[211], deren Inhaltsübersicht in die Handschrift eingeklebt wurde und die zu Beginn des 18. Jahrhunderts stattgefunden hat, behandelte beispielsweise die Beschaffenheit und Beschreibung von Spiegeln, die Rolle des Lichts und der Perspektive bei Sehprozessen und die Reflexion von Objekten auf verschiedenen Spiegeloberflächen. In den praktischen Aufgaben kamen dann alle Arten von Spiegeln und Reflexionen vor, daneben *Lucernae magicae* oder katoptrische

209 Vgl. Quarg 1996b, S. 99–104; HAStK, Best. 7008, 81, fol. 50v. Nach Quarg ähnelt das Schaubild einer Darstellung aus René Descartes' Werk *Dioptrice* von 1656.

210 Vgl. Quarg 1994, S. 131f. Weil Christian Kramp, Professor für Mathematik, Physik und Chemie, selbst vor allem auf dem Gebiet der Optik geforscht und publiziert hatte, hatte der Fachbereich einen bedeutenden Stellenwert in der französischen Lehre in Köln.

211 HAStK, Best. 7008, 81, Einklebung der *Demonstratio Optica* nach fol. 50v.

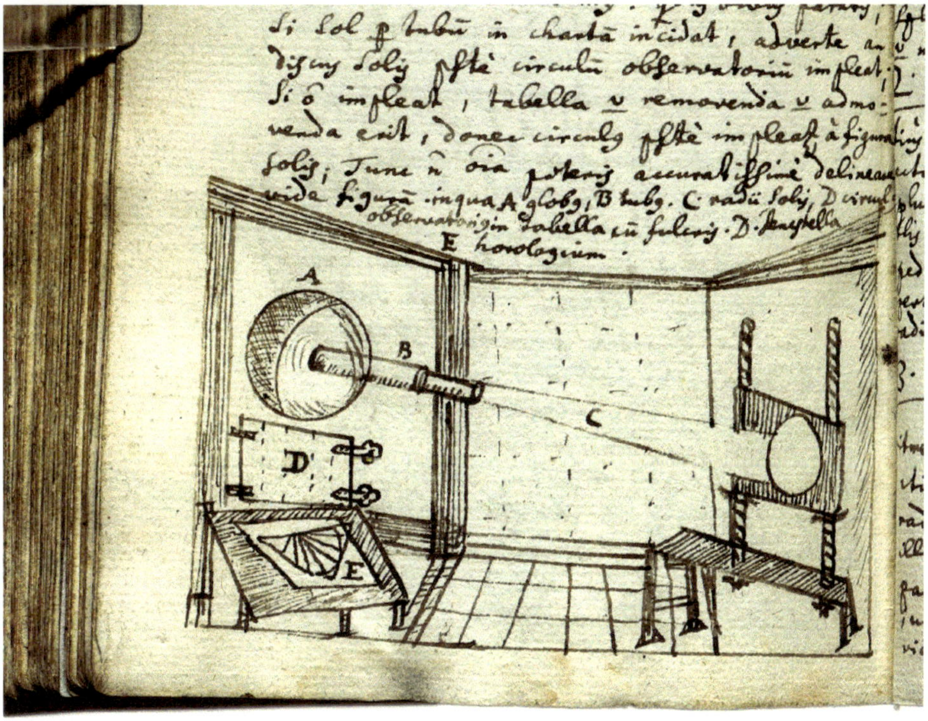

138 Zeichnung eines Apparats zur Beobachtung unter anderem von Sonnenflecken, in: Handschrift zur Optik, Anfang 18. Jahrhundert, HAStK, Best. 7008 (Handschriften (GB oktav)), 81, fol. 105v

Truhen, womit Objekte gleich einer *Camera obscura* gemeint waren. Weitere Anforderungen der *Demonstratio* waren die Vorbereitungen aller Arten von Teleskopen, astronomischen Röhren und Mikroskopen sowie das Beobachten von Sonnenflecken und anderen Himmelskörpern, wozu in einem späteren Kapitel über die Ausführung von Teleskopen und astronomischen Tuben eine perspektivische Zeichnung mit einer Versuchsvorrichtung abgebildet ist (Abb. 138): Dargestellt ist ein Dunkelzimmer, eine *Camera obscura*, wie es in der Beschreibung des Experiments heißt, in der mithilfe einer astronomischen Röhre die Sonnenstrahlen gebündelt und auf einen Punkt versammelt werden konnten, wodurch zum Beispiel Sonnenflecken sichtbar wurden. Zur besseren Einordnung befand sich zudem eine Horizontalsonnenuhr in dem gezeichneten Raum, die durch eine Klappe in der Wand zu beleuchten war.[212] Die Zeichnung zeigt, wie eine *Camera obscura* zu einem Helioskop eingerichtet werden konnte und geht zum einen auf eine Darstellung des Danziger Astronomen Johannes Hevelius (1611–1687) in dessen Werk *Selenographia* von 1647 zurück, das sich in der Jesuitenbibliothek befand

212 Vgl. ebd., fol. 103r–105v.

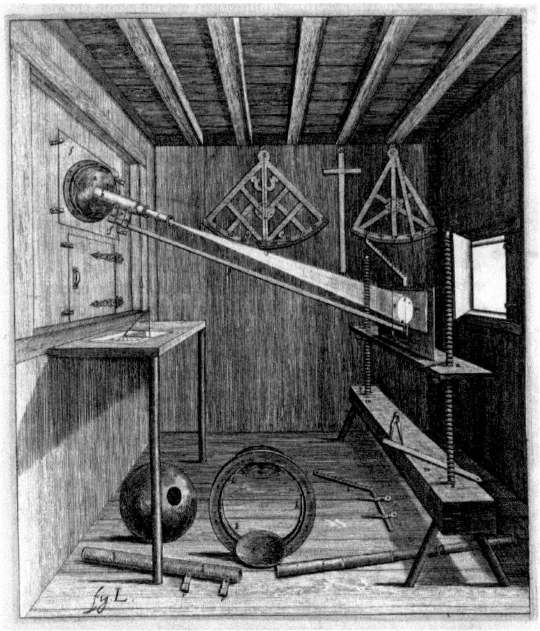

139 *Machina Helioscopia*, in: Hevelius, Johannes: *Selenographia sive lunae descriptio*, Danzig: Hünefeld, 1647, nach S. 98, ETH-Bibliothek Zürich, Rar 8932

(Abb. 139),[213] und zum anderen auf die *Machina Helioscopia* des zeitweise in Ingolstadt tätigen jesuitischen Astronomen Christoph Scheiner. Sie gibt einen Hinweis darauf, dass es ein eigenes Dunkelzimmer, wie es zu Ohms Zeiten im Jahr 1817 beschrieben wurde,[214] bereits Anfang des 18. Jahrhunderts im Jesuitenkolleg gegeben haben könnte. Denkbar ist zudem, dass derartige optisch-astronomische Versuche ab 1729 in der Sternwarte vorgenommen worden sind.

Die letzte Aufgabe der *Demonstratio Optica* aus dem frühen 18. Jahrhundert beinhaltete die Herstellung von Anamorphosen: *Deformare imagines, qua in cylindrico Speculo conformes appareant.* Passend dazu folgte ein Kapitel über die „Art, Bilder zu verformen, die in einem zylindrischen Spiegel gleichförmig erscheinen" („Modus difformandi imaginem quae in speculo cylindrico apparet conformis"), worin eine schematische Rasterzeichnung für die Herstellung einer fast runden Anamorphose mit Zylinderspiegel abgebildet ist (Abb. 140).[215] Weitere Schaubilder aus jesuitischen Handschriften veranschaulichen, wie die mathematische Geometrie zur Anamorphosenherstellung genutzt

213 Hevelius, Johannes: Selenographia sive lunae descriptio, Danzig: Hünefeld, 1647. USB-Signatur N4/107. Catalogus Novus Bibliothecae 1725, S. 375. Vgl. auch Breidbach, Olaf/Engelhardt, Kerrin von/Müller, Matthias: Camera Obscura. Die Dunkelkammer in ihrer historischen Entwicklung, Stuttgart 2013, S. 132f.

214 Brief Franz Göllers an Georg Simon Ohm vom 20. September 1817. Zitiert nach Schnippenkötter 1939, S. 94 und S. 107.

215 Vgl. HAStK, Best. 7008, 81, fol. 84r–86v.

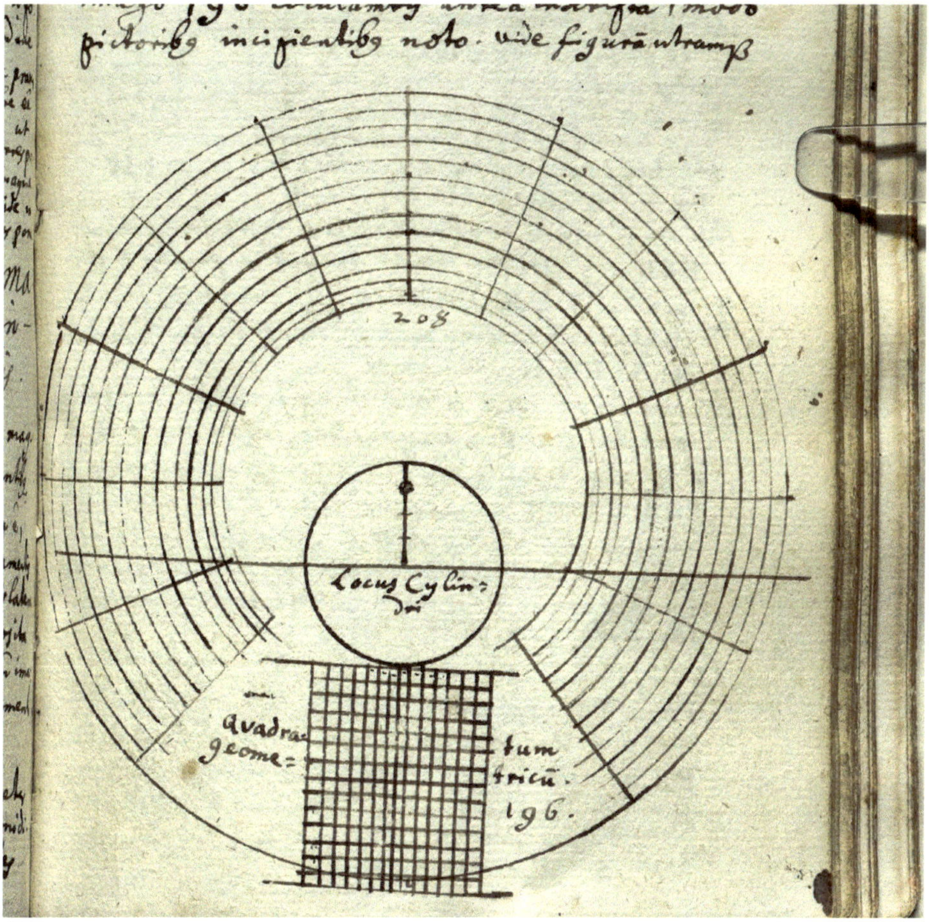

140 *Konstruktionszeichnung einer Anamorphose*, in: Handschrift zur Optik, Anfang 18. Jahrhundert, HAStK, Best. 7008 (Handschriften (GB oktav)), 81, fol. 86r

und die Verfahren gelehrt wurden, sodass die Schüler theoretisch und praktisch selbstständig Bilder verzerren konnten. In einer Sammelhandschrift des 18. Jahrhunderts finden sich verschiedene Raster und gleiche schematische Konstruktionszeichnungen für Zylinderanamorphosen, außerdem ein zu einer Längenanamorphose verzerrtes IHS-Monogramm und das Schaubild einer zylindrischen Anamorphose des Jesuitenzeichens IHS mit einem Kreuz (Abb. 141).[216] Neben den eigenen Handschriften gab es im Jesuitenkolleg zudem (jesuitische) Fachliteratur der Optik, zum Beispiel alle vier Bände von Caspar Schotts *Magia universalis* oder auch Athanasius Kirchers *Ars magna lucis*

216 Vgl. HAStK, Best. 7004, 50, nach fol. 108v.

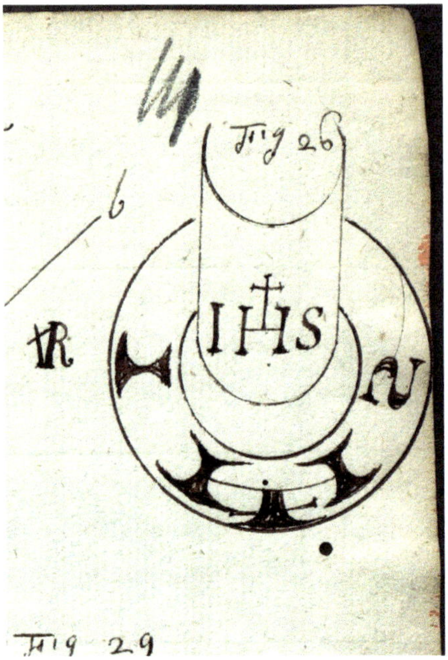

141 *Schaubild einer Anamorphose mit IHS-Zeichen und dazugehörigem Säulenspiegel,* in: *Tractatus de optica tum practica tum speculativa,* 18. Jahrhundert, HAStK, Best. 7004 (Handschrift (GB quart)), 50, nach fol. 108v

et umbrae, auf das in einer optischen Handschrift verwiesen wird.[217] Überdies befand sich wahrscheinlich das Werk *Oculus Artificialis Teledioptricus sive Telescopium* des Naturwissenschaftlers und Schülers Caspar Schotts, Johannes Zahn, von 1685/86 in der Jesuitenbibliothek. Auf den letzten Seiten des Kölner Exemplars wurden Zeichnungen von optischen Instrumenten sowie des katoptrischen Zerrbildes mit dem habsburgischen Doppeladler nach Athanasius Kircher eingebracht (Abb. 74).[218] Keine Hinweise gibt es hingegen darauf, dass das Buch *La Perspective curieuse* von Jean-François Niceron Teil der Bibliothek gewesen ist.

Neben der weiten Verbreitung und vielfältigen (populären) Nutzung der Anamorphosen im 18. Jahrhundert in Europa, woran die Jesuiten einen maßgeblichen Anteil hatten, brachten jesuitische Missionare katoptrische und dioptrische Anamorphosen ebenso nach China, wo sie am Kaiserhof in Peking verwendet wurden.

217 Vgl. Schott 1657–1659. USB-Signaturen N1/58-1/2, N1/58-3 und N1/58-4. Das mehrbändige Traktat wurde zu einem Grundlagenwerk des Themas und befand sich auch wegen der jesuitischen Autorenschaft im Buchbestand des Jesuitengymnasiums. HAStK, Best. 7008, 81. Der Hinweis auf Athanasius Kirchers *Ars magna lucis et umbrae* findet sich auf fol. 103v. Die Werke Kirchers aus der ehemaligen Jesuitenbibliothek befinden sich heute nicht mehr in Köln, wurden sie doch in französischer Zeit nach Paris abtransportiert, wie geschildert wurde. Siehe dazu Catalogus Novus Bibliothecae 1725, S. 376.

218 Siehe Zahn 1686. USB-Signatur N1/76.

„We are reaching the period of widest dissemination. Anamorphoses, which had been shown previously in scientific circles, collections of curiosities, Wunderkammern or in the houses of the great as private masterpieces now became popular toys but without losing any of their magical fascination. They could be found throughout Europe and were available at every price. But, in the meantime, the Jesuits had carried them as far as China. [...] How strange was this spread of anamorphic perspective to a monastery at the other end of the world! [...] Thus, those selected for the Chinese mission were predominantly scholars, astronomers, physicists and mathematicians. Peking became an important scientific centre provided with a Wunderkammer. Doubtless the experiments and demonstrations which took place there were conducted in the spirit of intellectual conquest and within the framework of a civilizing mission. As treated by the Jesuits, anamorphosis became in some way an instrument for conversion to Christianity. [...] The truth was that China had its own tradition of mirror anamorphoses."[219]

Baltrušaitis führt aus, dass sich auch in China während der Ming-Dynastie (1368–1644) Spiegelanamorphosen entwickelt hätten, die sowohl funktional als auch motivisch den europäischen ähnelten. Sowohl in Bezug auf Motive als auch auf Positionsmarkierungen für die Zylinderspiegel sind Ähnlichkeiten zu erkennen, was eine gegenseitige Beeinflussung der Regionen, möglicherweise ausgelöst oder vorangetrieben durch jesuitische Missionare, nahelegt. Die Entwicklung der katoptrischen Anamorphose im 17. Jahrhundert in Europa, als die missionarischen und wissenschaftlichen Tätigkeiten der Jesuiten in Peking florierten, deutet auf einen (Wissens-)Austausch hin, der an beiden Orten rezipiert wurde. Vor diesem Hintergrund betont Baltrušaitis die Bedeutung des Elefanten-Motivs, eines charakteristischen Symbols Asiens, das sich auch in vielen chinesischen Anamorphosen findet. Nicht nur in der Grafik für Jean-François Nicerons Buch *La Perspective curieuse* von 1652 bewundern die Satyrn einen Elefanten, sondern auch in der Kölner Sammlung befindet sich die Anamorphose eines Elefanten. „Whatever the explanation, the depiction of the elephant in the mirror is of prime importance in the story of the transmission of these objects from China to the Bosporus and from the Bosporus to the whole of Europe."[220] Auch die sechs in Köln erhaltenen Anamorphosen, die Figuren asiatischen Aussehens und Kleidung zeigen, erhalten durch diesen Kontext eine neue Lesart, könnten sie doch möglicherweise auf diesen reziproken Wissenstransfer zwischen Asien und Europa, hergestellt und geprägt durch die Jesuiten, hinweisen und diesen rezipieren.

Der Fach- und Sammlungsbereich der Optik hatte auch nach der Auflösung des Jesuitenordens einen hohen Stellenwert inne. Im Jahr 1782 fand beispielsweise eine Disputation zu geometrischen, trigonometrischen, stereometrischen, optischen, katoptrischen,

219 Baltrušaitis 1977, S. 157f.

220 Ebd., S. 168. „Executed in Italy by a German, after a picture by a Frenchman connected with a group of scholars preoccupied with the problems of anamorphosis, the oldest picture we have of a mirror cylinder marks the intersection of roads that lead towards the centres of its greatest propagation – centres which were also fed by more direct contributions. Introduced on favourable soil and at the time when these optical diversions were increasingly popular, mirror anamorphosis spread in the West like wildfire and became so completely integrated with Western systems that there could be no question of foreign origin." Ebd., S. 168f. Siehe besonders das Kapitel „Chinese prestidigitation" auf den S. 159–169.

dioptrischen, astronomischen und gnomonischen Themen unter Jacob Heyder statt, wobei dieser selbst ein Lehrbuch zur Optik verfasst hatte, das allerdings nicht gedruckt wurde.[221] Ebenfalls ein Experte auf dem Gebiet der Optik war der Mathematik-, Physik- und Chemieprofessor der französischen Zeit, Christian Kramp, der bereits seine Dissertation bei Jakob Ludwig Schürer 1782 über Phänomene der Lichtbrechung, und bei Amtsantritt an der Kölner Zentralschule ein weiteres optisch-astronomisches Werk *Analyse des Réfractions Astronomiques et Terrestres* verfasst hatte.[222] Durch den quantitativ umfangreichen Zukauf optischer Instrumente aus Straßburg, worunter sich auch eine Reihe von Anamorphosen befand, kann davon ausgegangen werden, dass diese im Kontext optischer Reflexionen und projektiver Geometrie weiterhin verwendet wurden.[223] Ein Beleg dafür findet sich in den Aufgaben der Abschlussprüfungen des Schuljahres 1808/1809:

> „Licht, die geradlinige Bewegung von Lichtstrahlen und ihre Geschwindigkeit; Die Reflexion von Licht, von Spiegeln; Die Brechung des Lichts, das konstante Verhältnis zwischen dem Einfalls- und dem Brechungswinkel; Das Auge, das Sehen, einfache und zusammengesetzte Mikroskope, Teleskope"

waren hier Teil der physikalischen Prüfungen, was auf eine theoretische und auch praktische Einbindung von optischen Instrumenten generell und der Anamorphosen im Besonderen hinweist.[224]

Die Tatsache, dass die erhaltenen Anamorphosen keine Reste von Rasterzeichnungen oder anderen geometrischen Zeichnungen auf den Bildern zeigen, könnte ein Hinweis darauf sein, dass die Anamorphosen-Sets im Unterricht vor allem als Vorbilder und Anschauungsmaterial benutzt worden sind. Auf zwei der einfacheren Kegelspiegelanamorphosen sind Spuren von Zeichnungen zu finden, die eine Konstruktion im Jesuitenkolleg oder auch in französischer Zeit nahelegen. Für eine eigene Anfertigung von Anamorphosen in Köln sprechen zudem die beiden erhaltenen Exemplare mit den Farben eines französischen Kartenspielblatts Pik und Kreuz, die wohl nach dem Vorbild einer Konstruktionsanleitung und Abbildung (Abb. 130) in Jean-Antoine Nollets *L'Art des Expériences* von 1770 entstanden sind. Das dreibändige Werk befand sich bereits seit 1771 in der Bibliothek des Jesuitenkollegs und ist bis heute erhalten.[225] Auch in der Sammlung Georg Christoph Lichtenbergs sind sehr ähnliche Anamorphosen erhalten,

221 Vgl. Quarg 1996b, S. 35.
222 Siehe Kramp 1882; Kramp, Christian: Analyse des Réfractions Astronomiques et Terrestres, Leipzig/Paris: Dannbach, 1799.
223 Vgl. Quarg 1994, S. 131f.
224 Vgl. Exercices publics du Collège de Cologne/1808/09, o. S. „7. La lumière, le mouvement rectiligne des rayons de lumière, leur vitesse. 8. La réflexion de la lumière, les miroirs. 9. La réfraction de la lumière, rapport constant entre le sinus d'incidence et de réfraction. 10. L'oeil, la vision, les microscopes tant simples que composés; les télescopes."
225 Nollet, Jean-Antoine: L'Art des Expériences ou avis aux amateurs de la physique, sur le choix, la construction et l'usage des instruments; sur la préparation et l'emploi des drogues qui servent aux expériences, 3 Bde., Paris: Durand, 1770. USB-Signatur N5/125-1–N5/125-3. Die Abbildung findet sich in Band 3, S. 266–270 und Pl. 12, Fig 7.

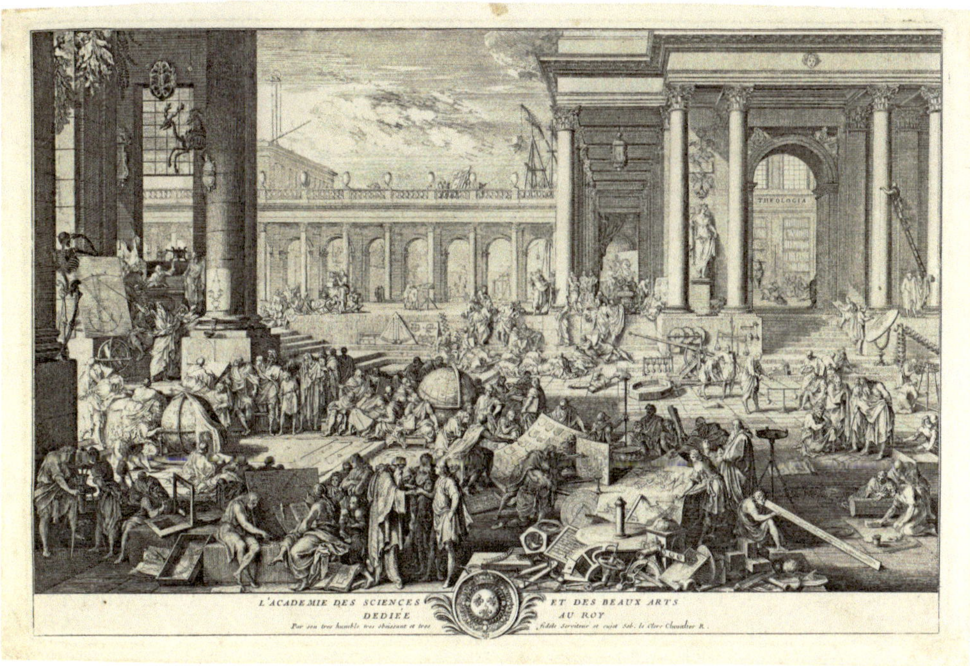

142 Sébastien Le Clerc, *L'Académie des sciences et des beaux arts*, 1698, Druckgrafik, 25 × 38,5 cm, Rijksmuseum Amsterdam

die er selbst möglicherweise nach Vorbild Nollets angefertigt hat. Unabhängig von der Herstellung benutzte Lichtenberg die gleichen Anamorphosen in seiner Vorlesung der Experimentalphysik in den 1780er- und 1790er-Jahren an der Universität Göttingen.[226] Die gleichen Lehrpraktiken sind durch die Anamorphosen auch für den Kölner Unterricht der Experimentalphysik nachzuweisen. Unklar ist hingegen, ob diese Anamorphosen aus eigener Herstellung stammen, entweder aus der französischen Sammlungsphase oder bereits aus der späten jesuitischen oder städtischen Zeit unter Jacob Heyder. Der Ursprung des Motivs liegt in jedem Fall erneut in Frankreich.

Wegen der großen Popularität und der langen Herstellungszeit von Anamorphosen-Sets bei gleichbleibenden Motiven im 18. und 19. Jahrhundert waren die Zerrbilder mit dazugehörigen Spiegeln in vielen Sammlungen vertreten und wurden sowohl im Lehrkontext als auch zur „optischen Bildbelustigung"[227] benutzt. Eines der größten erhaltenen Sets von Anamorphosen von dem Pariser Hersteller Gaudemont befindet sich

226 Der Naturforscher und Theologe Gottlieb Gamauf (1772–1841) schrieb in seinen Erinnerungen aus Lichtenbergs Vorlesungen: „Auf diese Art [das heißt als Anamorphose für einen konischen Spiegel] kann man die Spadille [Pik] und Basta [Kreuz] zeichnen, die der größte L'hombrespieler nicht kennen würde." Zitiert nach Lichtenberg 2017a, S. 364.

227 Eser 2001, S. 179.

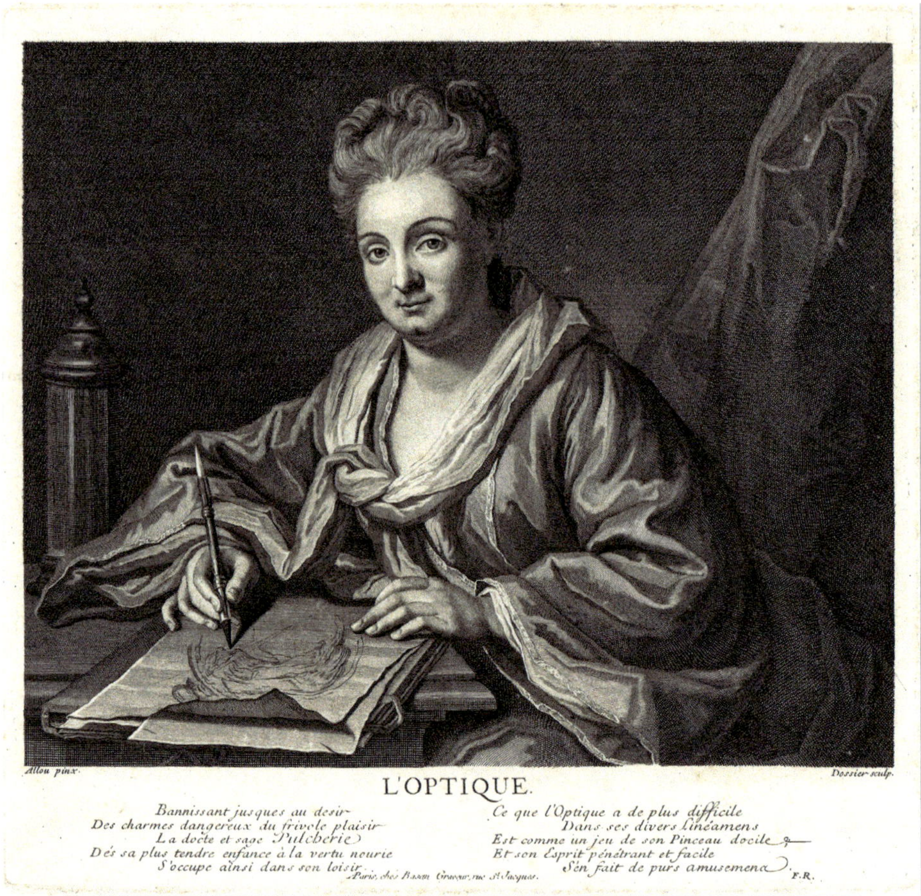

143 Michel Dossier, *L'Optique*, 18/19. Jahrhundert, Druckgrafik, 33 × 37,8 cm, Rijksmuseum Amsterdam

neben weiteren Sets in der Sammlung cineastischer Geräte des *Centre national du cinéma et de l'image animée (CNC)* in Paris. Daneben gibt es einzelne Anamorphosen in ehemaligen höfischen Sammlungen wie in Dresden oder Kassel, aber auch in kulturhistorischen Museen wie beispielsweise im Germanischen Nationalmuseum in Nürnberg. Aufgrund ihrer Heterogenität und der generell schlechten Forschungs- und Dokumentationslage der Anamorphosen sind nur in Einzelfällen Vergleichsobjekte zu finden wie erfreulicherweise die Zerrbilder Gaudemonts.[228]

228 Siehe den Überblick über Anamorphosen und Zerrbilder in Hernández Machancoses 2015, S. 279–458. Ein Erklärungsversuch für die vergleichsweise schlechte wissenschaftliche Aufarbeitung von Anamorphosen ist, dass die Objekte zwischen den Gattungen der Grafik und der wissenschaft-

Es gibt eine große Bandbreite an anamorphotischen Werken in der Kunst-, Kultur- und Technikgeschichte: Die erhaltenen katoptrischen Anamorphosen der Kölner Sammlung haben die gleichen Grundfunktionen und werden nur mithilfe verschiedener Spiegel entzerrt. Ihre Ikonografie, ihre Herstellungskontexte und -motivationen sowie ihre Nutzungen variieren jedoch stark. Anamorphosen-Sets von Herstellern optischer Instrumente wurden ab dem 18. Jahrhundert europaweit und unter leichten farblichen Anpassungen oder motivischen Variationen noch im 19. Jahrhundert verkauft. Zerrbilder mit Säulenspiegeln scheinen dabei am weitesten verbreitet gewesen zu sein, sodass sie sich auch als gängiges Motiv für die Darstellung der Wissenschaft der Optik in der Kunstgeschichte herausgebildet haben: Die prominente Darstellung eines Zylinderspiegels auf einer vollrunden Anamorphose in Sébastien Le Clercs (1637–1714) Druckgrafik *L'Académie des sciences et des beaux arts* von 1698 (Abb. 142) und das Herstellen eines Zerrbildes samt dargestelltem Säulenspiegel in der allegorischen Darstellung *L'Optique* von Michel Dossier (1684–1750) (Abb. 143) sind nur zwei Beispiele. Der gezeigte Säulenspiegel, der zum Inbegriff der Optik, zum Attribut der allegorischen Frauenfigur, geworden ist, ähnelt dabei frappierend dem Kölner Exemplar, was ihn als Standardinstrument der Optik kennzeichnet, wobei sich die Anamorphosen(-Sets) durch ihre Variationen auszeichnen.

5. Elektrizität: Donnerhäuschen

5.1 Materielle Beschreibung

Aus dem Mathematisch-Physikalischen Kabinett ist ein Donnerhäuschen erhalten, das 1799 aus der Straßburger Sammlung nach Köln transferiert wurde. Das Gerät mit der Inventarnummer L 203 ist ein 15 mal 24 cm großes Modell eines Holzhauses mit einer Höhe von 34 cm (Abb. 144). Es wurde nach Form und Aussehen eines Backsteinhauses gefertigt und zeigt die naturalistische Farbigkeit der roten Backsteine zusammen mit Details wie leicht eingelassenen Fenstern, einem Treppenvorsprung, einer Bogentür mit Türknopf und den aufgemalten dunkelgrauen und abgerundeten Dachpfannen. Die Bemalung ist heute in Teilen beschädigt. Auf dem Schornstein des Häuschens befindet sich eine Messingkugel. Im Inneren sind Reste von Versuchsvorrichtungen erhalten (Abb. 145).[229]

In der Kölner Sammlung befanden sich ab 1799 zwei Donnerhäuschen. Das heutige Exemplar wurde bisher für das Modell des schottischen Arztes James Lind (1716–1794)

lichen Instrumente stehen. Auch im Kölnischen Stadtmuseum wurde die Sammlung auseinandergezogen, sodass sich die Anamorphosen zum größten Teil in der Grafischen Sammlung befinden und nicht bei der historischen Instrumentensammlung. Die Verbindung zwischen Spiegel und Darstellung ist somit aufgehoben und das generelle Verständnis der Bilder wird erschwert.

229 Weitere Abbildungen des Donnerhäuschens finden sich auch in der Datenbank: https://www.kulturelles-erbe-koeln.de/documents/obj/05736251 [zuletzt aufgerufen am 29.03.2024].

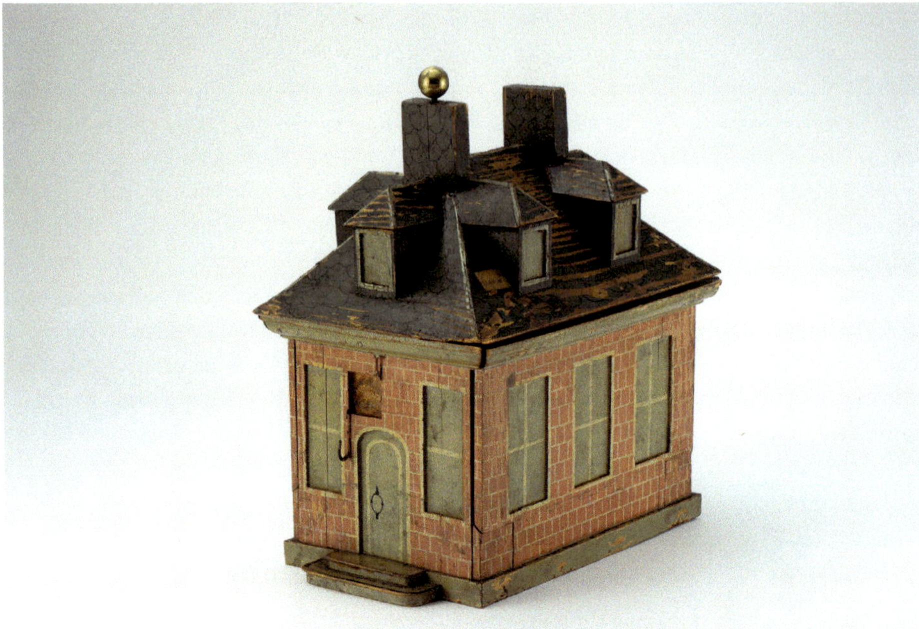

144 Joseph-Aignan Sigaud de La Fond, *Donnerhäuschen*, spätes 18. Jahrhundert, Bemaltes Holz, elektrische Entladevorrichtung aus Messing (Kugel), 15,5 × 24 × 34 cm, Kölnisches Stadtmuseum, Mathematisch-Physikalisches Kabinett, L 203

gehalten. Der Aufkleber mit der Nummer „Electr. 70" und die Inventare identifizieren es jedoch eindeutig als das Modell des französischen Wissenschaftlers Joseph-Aignan Sigaud de La Fond (1730–1810). Sigaud de La Fond wurde im französischen Bourges geboren und besuchte das lokale *Collège royal de l'Université*, das von den Jesuiten geleitet wurde. Nach seiner Ausbildung ging er nach Paris und arbeitete am *Collège Louis-le-Grand* als Lehrer für Philosophie und Mathematik, während er selbst die mathematisch-physikalischen Vorlesungen und den Experimentalphysikunterricht Jean-Antoine Nollets besuchte. Ein Schwerpunkt des berühmten französischen Experimentalphysikers lag auf der Elektrizitätslehre. Ab Mitte der 1750er-Jahre schaffte sich Sigaud de La Fond eigene Instrumente und Maschinen an, die er in seiner Funktion als Demonstrator für Experimentalphysik, Anatomie und Physiologie am *Collège Louis-le-Grand* benutzte. Als Nachfolger von Nollet betätigte er sich in der Folge sowohl als Lehrer und Pädagoge als auch auf dem wissenschaftlichen Gebiet: Er veröffentlichte eine Reihe von Werken zur theoretischen und praktischen Experimentalphysik sowie Lehrbücher, die ob ihres Erfolgs in mehrere Sprachen übersetzt wurden, und war zudem Mitglied in unterschiedlichen Gelehrtengesellschaften und Akademien Frankreichs und Europas. Trotz mehrerer Bewerbungen wurde er jedoch nie in die *Académie des Sciences* in Paris aufgenommen. Neben dem Unterricht am Pariser *Collège* gab Sigaud de La Fond Privatunterricht

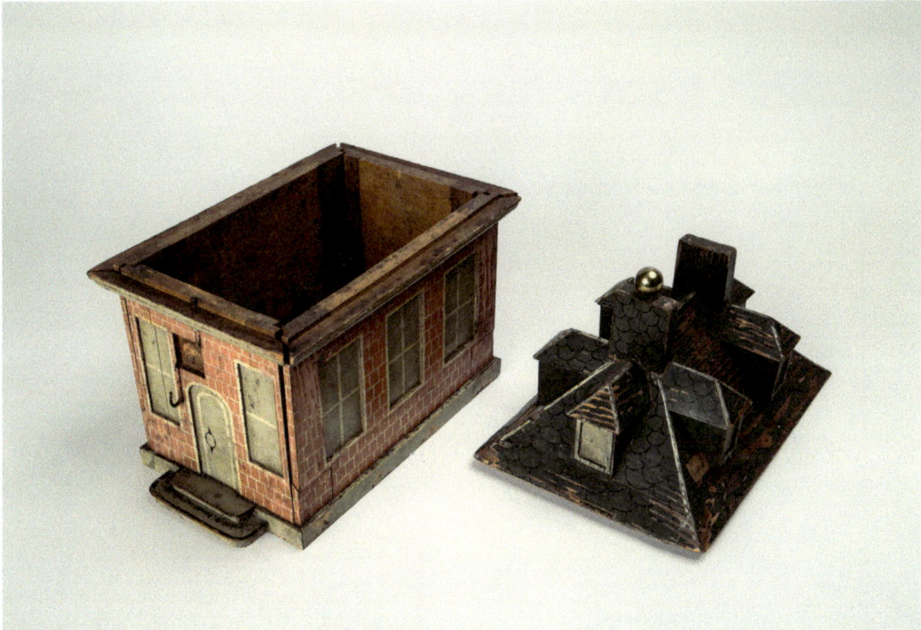

145 Joseph-Aignan Sigaud de La Fond, *Donnerhäuschen* (geöffnet), spätes 18. Jahrhundert, Bemaltes Holz, elektrische Entladevorrichtung aus Messing (Kugel), 15,5 × 24 × 34 cm, Kölnisches Stadtmuseum, Mathematisch-Physikalisches Kabinett, L 203

in seinem Haus, an dem auch Frauen teilnahmen. Ab Ende der 1770er-Jahre kehrte er nach Bourges zurück und unterrichtete fortan am dortigen *Collège royale* Experimentalphysik und Mathematik. Als die Jesuiten 1762 von dort vertrieben worden waren, hatten sie mathematische Instrumente in einem kleinen Sammlungsraum hinterlassen, auf dessen Basis Sigaud de La Fond sein neues *Cabinet de Physique* in einem eigenen Haus einrichtete. Im Zuge der Französischen Revolution war auch das ehemalige königliche *Collège* in eine *École Centrale* umgewandelt worden, in der Sigaud de La Fond Professor für Experimentalphysik wurde und seine Vorlesungen und Demonstrationen öffentlich abhielt. Seine Instrumente des *Cabinet de Physique* vermachte er der Schule in Bourges, bevor er 1810 verstarb.[230]

Sigaud de La Fond fertigte zahlreiche Instrumente selbst an oder entwickelte Apparate anderer Wissenschaftler wie Nollet weiter, wobei ein Fokus auf dem Bereich der Elektrizitätslehre, aber auch auf Magnetismus oder Mechanik lag. Im Zentrum seiner theoretischen und praktischen Beschäftigung mit der Experimentalphysik stand stets

230 Vgl. Brenni, Paolo: Jean-Antoine Nollet et les instruments de physique expérimentale, in: Pyenson, Lewis/Gauvin, Jean-François (Hg.): L'art d'enseigner la physique. Les appareils de démonstration de Jean-Antoine Nollet 1700–1770, Sillery 2002, S. 11–27, hier S. 22f.

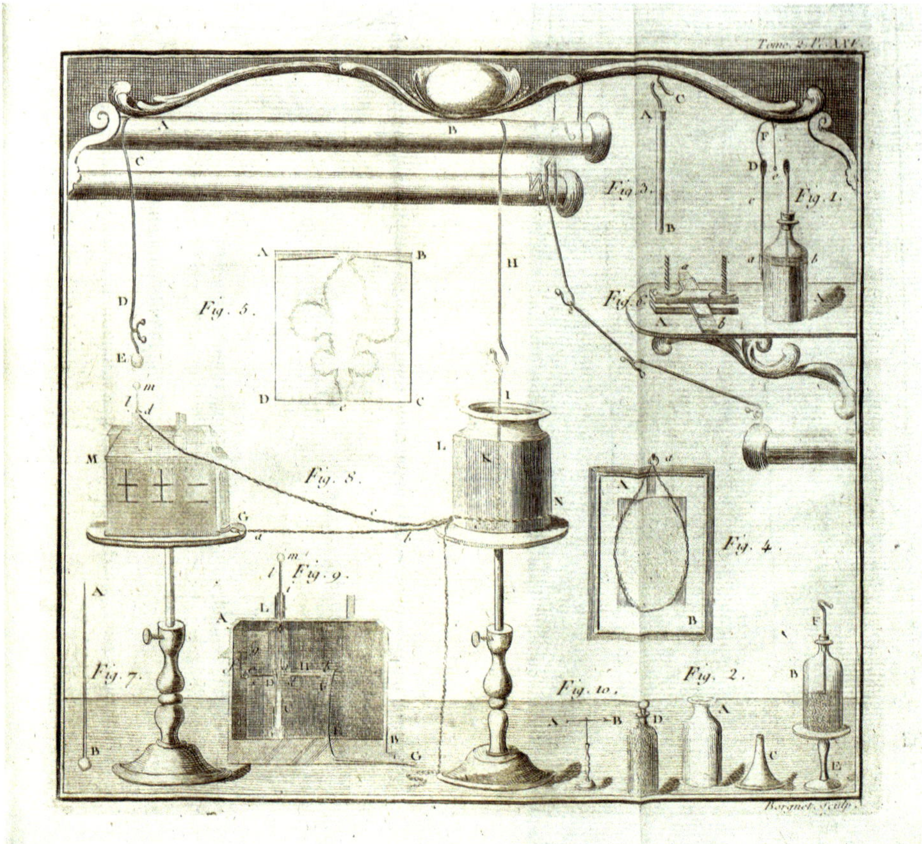

146 Joseph-Aignan Sigaud de La Fond, *Schaubild eines Donnerhäuschens*, 1775, in: Sigaud de La Fond, Joseph-Aignan: *Description et usage d'un cabinet de physique experimentale*, 2 Bde., Bd. 2, Tours 1795/96, Pl. XXV, ETH-Bibliothek Zürich, Rar 955

die Lehre, denn die Apparaturen und Experimente sollten die Lernenden begeistern und anregen. So war es auch sein Ziel, die Instrumente und Versuchsvorrichtungen sowohl ästhetisch als auch anschaulich zu gestalten. Ein Beleg für diese Praxis geben die detaillierten Figuren, die beispielsweise in Sigaud de La Fonds vierbändigem Werk *Description et usage d'un cabinet de physique experimentale* abgebildet sind und verschiedene seiner Apparaturen und experimentellen Vorrichtungen zeigen.[231] Im zweiten Band findet sich eine Darstellung eines Donnerhäuschens und der Versuche, die damit durchgeführt werden konnten. Bei dem Kölner Modellhaus handelt es sich um ein solches Exemplar, das seit 1799 in der Zentralschule war (Abb. 146).

231 Vgl. Sigaud de La Fond, Joseph-Aignan: Description et usage d'un cabinet de physique experimentale, 2 Bde., Bd. 2, Paris: P. Fr. Gueffier, 1775.

5.2 Funktionsweise

Sigaud de La Fond beschrieb die Funktion des Donnerhäuschens mehrfach in seinen verschiedenen wissenschaftlichen Veröffentlichungen, zum Beispiel im vierbändigen Werk *Description et usage d'un cabinet de physique experimentale:*[232] Das Modellhaus wurde demnach entwickelt, um die Nützlichkeit von Metallleitern für den Schutz von Gebäuden vor Blitzschlag zu demonstrieren. Neben dem Häuschen werden für den Versuch verschiedene Leiter und eine Elektrisiermaschine benötigt, zum Beispiel eine Reibungselektrisiermaschine. Sigaud de La Fond erläuterte den Versuchsaufbau und die Verwendung folgendermaßen: Das Dach und die Wände des Hauses sind ab- und herausnehmbar, sodass im Inneren diverse Leiter angebracht werden können. Auf einem der Schornsteine des Dachs befindet sich eine Konduktorkugel aus Messing, die mithilfe einer spannungserzeugenden Elektrisiermaschine – hier ein mit Zinn umwickelter Glaszylinder – aufgeladen wird. Davon gab es im Mathematisch-Physikalischen Kabinett in Köln mehrere Geräte wie Leidener Flaschen oder später auch eine Voltasche Säule.[233] Von dieser Messingkugel wird die Ladung über einen Leiter zurück über den Glaszylinder zum Boden geleitet und somit geerdet. Wenn dieser Metallleiter zur Erdung nicht angebracht wird, setzt sich die elektrische Ladung im Haus frei: Sie wird durch die im Inneren gelegten Leiter an einen mit Schießpulver gefüllten Zylinder geführt. Bei Kontakt entzündet sich das Pulver und sprengt den Zylinder so in die Luft, dass das Dach hochgeschleudert wird und die Wände herabfallen. „Dies gibt eine Vorstellung von der Verwüstung, die der Blitz anrichtet, wenn er in ein Gebäude einschlägt, das nicht durch einen Leiter gesichert ist, der ihn aus dem Inneren des Gebäudes herausleitet."[234]

Nach dieser Versuchsbeschreibung bot das Donnerhäuschen spektakuläre Experimente, die den wirksamen Schutz eines Blitzableiters eindrücklich veranschaulichten. Der Blitzableiter war Mitte des 18. Jahrhunderts durch den amerikanischen Politiker und Naturwissenschaftler Benjamin Franklin (1706–1790) erfunden worden. Dieser hatte zunächst festgestellt, dass Blitze einer elektrostatischen Entladung gleichkamen, die von metallischen Spitzen wie an Türmen, Schiffsmasten, Schornsteinen, aber auch von Bäumen oder Bergen angezogen würden. Mithilfe seines sogenannten „Sentry box experiment" (Schilderhaus-Experiment), bei dem ein Schilderhaus mit einer hohen Eisenstange auf einem Turm angebracht wurde, wollte Franklin die elektrische Entladung des Blitzes demonstrieren. Bei einem weiteren Experiment im Jahr 1752 soll Franklin einen Drachen mit Metall versehen und in eine Gewitterwolke steigen gelassen haben. Die Schnur zum Drachen war feucht und leitete demnach die elektrische Energie hinunter zu einem am Ende angebrachten Metallschlüssel. Auf diese Weise

232 Vgl. ebd., S. 377–396. Siehe außerdem die umfangreiche Erläuterung in Sigaud de La Fond, Joseph-Aignan: Élémens de physique théorique et expérimentale, 4 Bde., Bd. 4, Paris: P. Fr. Gueffier, 1787, S. 424–475; Sigaud de La Fond, Joseph-Aignan: Dictionnaire de Physique, 4 Bde., Bd. 3, Paris: Rue et Hôtel Serpente, 1781, S. 103–105.

233 Vgl. Quarg 1994, S. 127–130.

234 Sigaud de La Fond 1787, S. 396. Vgl. die vollständige Beschreibung auf S. 391–396.

soll Franklin am Boden mithilfe einer Leidener Flasche Funken erzeugt haben. Durch diese Experimente entwickelte Franklin die Idee des Blitzableiters – des Einfangens von Blitzen über Metallleiter, um sie gefahrlos in die Erde abzuleiten. Die kontrovers diskutierte Genese des Blitzableiters wurde vor allem in England und Frankreich rezipiert. In der Folge kam es zu einer Flut an Experimenten zur Demonstration der Wirkung von Blitzen und der Funktionsweise von Blitzableitern.[235]

In diesem Kontext sind die Donnerhäuschen entstanden, die in verschiedenen, teils simplen, teils sehr aufwendigen Ausführungen am Ende des 18. Jahrhunderts gebaut und verbreitet wurden. Als Erfinder gilt der Schotte James Lind.[236] Aber auch andere Wissenschaftler wie der in Neapel geborene und in London tätige Physiker Tiberius Cavallo (1749–1809), der mit Lind zusammengearbeitet hatte, oder eben Joseph-Aignan Sigaud de La Fond konstruierten diese Modellhäuser.[237] So entstanden verschiedene Typen von Donnerhäuschen, naturalistisch oder eher funktional gestaltet, mit einer Konduktorkugel oder einem spitz endenden Stab als Elektrode: Während die Häuser von oder nach Sigaud de La Fond ein zusätzliches Instrument zur Erzeugung der elektrischen Ladung benötigten und im Fall des Blitzeinschlags ohne Erdung vermeintlich komplett zerstört wurden, indem das Dach abhob und die Wände aus den Angeln sprangen, funktionierten die Donnerhäuschen nach James Lind etwas anders: Sie bestanden oft nur aus einer hölzernen Bodenplatte, auf der senkrecht eine Häuserfassade mit einer Konduktorkugel auf dem Giebel nachgebildet wurde. Dabei gab es Modelle, auf denen die Elektrisiervorrichtung in Form einer Leidender Flasche mit einem Leiter bereits auf der Holzplatte befestigt war, wodurch das Modell deutlich kompakter war. Die Auswirkung der Entladung eines Blitzes ohne Erdung wurde durch das Abfallen eines kleinen Holzklotzes in Form eines Fensters in der Fassade demonstriert. Wenn die Erdung des Blitzableiters intakt war, floss die elektrische Ladung harmlos ab. War die Erdung jedoch nicht gegeben, entzündete der Funke das an der Fassade angebrachte Pulver und das Fenster wurde weggesprengt. Außerdem gab es vollständige Donnerhäuschen rein aus Holz, bei denen der

235 Vgl. dazu Boudreau, George W.: The Philadelphia Years, 1723–1757, in: Waldstreicher, David (Hg.): A Companion to Benjamin Franklin, Malden/Oxford 2012, S. 25–45, hier S. 40–42; Rigal, Laura: Benjamin Franklin, the Science of Flow, and the Legacy of the Enlightenment, in: Waldstreicher, David (Hg.): A Companion to Benjamin Franklin, Malden/Oxford 2012, S. 308–334, hier S. 318–333.

236 Vgl. zum Beispiel Hutton, Charles: A Philosophical and Mathematical Dictionary, 2 Bde., Bd. 2, London: F. C. and J. Rivington et al, 1815, S. 514f. Der Eintrag „Thunder House" beinhaltet eine detaillierte Funktionsbeschreibung. Auch wenn das Donnerhäuschen in den medizinischen Publikationen Linds selbst keine Erwähnung findet, wird er als Erfinder dieses Modelltyps in Schriften anderer zeitgenössischer Naturwissenschaftler erwähnt und der Versuch beschrieben, zum Beispiel bei dem Schotten James Ferguson (1710–1776): Ferguson, James: An Introduction to Electricity in Six Sections, London: Printed for W. Strahan, and T. Cadell (successor to Mr. Millar,) in the Strand, S. 82–86.

237 Vgl. Martius, Johann Nikolaus: Unterricht in der natürlichen Magie, oder zu allerhand belustigenden und nützlichen Kunststücken, 20 Bde., Bd. VII, Berlin/Stettin: Nicolai, 1793, S. 42–45; Cavallo, Tiberius: A Complete Treatise Of Electricity, in Theory And Practice. With Original Experiments, London: Printed for Edward and Charles Dilly, 1777, S. 282–286.

Metallleiter durch einen Holzklotz verlief, der ins Haus eingesetzt oder herausgenommen werden konnte. Bei Fehlen des Klotzes wurde die Leitung unterbrochen, wodurch sich der Blitz entlud und die Wände des Modellhauses komplett auseinanderfielen.[238]

Die Verbreitung der Donnerhäuschen und der damit verbundenen beeindruckenden Experimente steht im Kontext barocker Wunder und Spektakel und bildet ein physikalisches Äquivalent zu den „optischen Bildbelustigungen“[239] des 18. Jahrhunderts, wie den Anamorphosen. Die „Unterhaltungsmathematik“[240] und das Vorführen kurioser Apparate und „Lernmaschinen“[241] fand in einem Spannungsfeld zwischen ernsthaftem Experimentieren und erstaunendem, amüsierendem Zeitvertreib statt. So hielten Sigaud de La Fond und auch schon Jean-Antoine Nollet experimentelle Physikvorträge in ihren *Cabinets de Physique* ab, in denen Erwachsene wie auch junge Menschen durch das praktische, spielerische Vorführen elektrischer Maschinen unterhalten wurden, sie aber auch die physikalischen Theorien erlernten. Theorie und Praxis sollten in der „Kunst des Experimentierens“ vereint werden.[242] Diese Entwicklung vollzog sich im 18. Jahrhundert in ganz Europa, die Zentren waren jedoch England und Frankreich. Versuche mit Donnerhäuschen wurden außerdem abseits der Kabinette auf Marktplätzen oder anderen öffentlichen Treffpunkten vorgeführt, um die Zuschauenden zu unterhalten, aber vor allem um sie durch die eindrucksvolle Schutzwirkung sowie durch Abschreckung vor Blitzeinschlag zum Kauf von Blitzableitern zu animieren.

5.3 Objektbiografie

Aus den genannten Zentren England und Frankreich stammen auch die Kölner Donnerhäuschen, die 1799 aus der Straßburger Sammlung in die Domstadt kamen. Wie Jakob Ludwig Schürer in den Besitz der Modellhäuser gekommen ist, konnte nicht ermittelt werden. Sicher ist jedoch, dass sie bereits an der Straßburger Universität im Unterricht der Physik als Lehrinstrumente benutzt wurden. Das Straßburger Inventar von 1799 nennt ein „[Maisonnete d'épreuve] de tonnére de Sigaud de la Fond“[243], das als „Maisonnette de tonnere, de Sigaud de la Fond“[244] 1801 aufgeführt wird. 1829 wird es als „Donnerhaus nach Sigaud de La Fond“[245] bezeichnet und bereits mit dem Vermerk „beschädigt“ versehen. Auch in den 1860er-Jahren ist das „Donnerhaus nach Sigaud de

238 Siehe dazu auch die erhaltenen hölzernen Modellhäuser aus dem Museo Galileo: https://catalogue.museogalileo.it/multimedia/LightningRod.html [zuletzt aufgerufen am 02.04.2024].
239 Eser 2001, S. 179.
240 Stafford 1994, S. 45.
241 Ebd., S. 211.
242 Vgl. ebd., S. 71–76; Brenni 2002.
243 LHAK, Best. 241, 015, Nr. 701, S. 250. Vgl. hier und im Folgenden die publizierten Inventare in: https://kabinett.mapublishing-lab.uni-koeln.de/inventare [zuletzt aufgerufen am 07.04.2024].
244 LAV NRW, R, AA 0633, Nr. 108, fol. 23v.
245 HAStK, Best. 155A, A 361, S. 16.

la Fond"[246] vorhanden, stets daneben aufgeführt wird das elektrische Modellhaus von Lind, das deutlich kleiner gewesen sein muss. Erst in den beiden Listen des Jahres 1912 ist nur noch ein Haus aufgeführt, das in der maschinenschriftlichen Liste fälschlicherweise als „Donnerhaus nach Lind"[247] bezeichnet wird. Ein „Haus aus Holz zum Aufklappen"[248] findet sich im Inventar von 1927, während es 1938 korrekt als „Donnerhäuschen"[249] beschrieben wird. Das Instrument war sowohl in der Dauerausstellung des Kölnischen Stadtmuseums als auch als Leihgabe in anderen Museen zu sehen, wie etwa in der Bundeskunsthalle in Bonn.[250] Neben dem Donnerhäuschen befanden sich außerdem mehrere physikalische Fachbücher Sigaud de La Fonds in der Bibliothek, zum einen aus der Straßburger Sammlung stammend und zum anderen direkt von Professor Kramp angeschafft.[251]

5.4 Kontext

Der naturwissenschaftliche Bereich der Elektrizitätslehre wurde in der Kölner Sammlung nach Kramps Ankäufen unter anderem der Straßburger Instrumente deutlich erweitert. Zwar hatte es bereits in jesuitischer Zeit zwei vollständige Elektrisiermaschinen im Kolleg gegeben, doch durch die Objekte Schürers und durch weitere Ankäufe moderner Spezialgeräte in den Jahren nach 1800 wurde die Elektrizitätslehre die quantitativ zweitgrößte und darüber hinaus „wichtigste und zukunftsträchtigste Teildisziplin der Physik im späten 18. und frühen 19. Jahrhundert"[252] im Mathematisch-Physikalischen Kabinett. Heute ist davon nur noch ein Bruchteil erhalten; neben dem Donnerhäuschen lediglich eine Presse, die ursprünglich zu einem Cavallo-Universalentlader gehört haben könnte. Nicht nur in der Sammlung, sondern auch in der Lehre stieg die Bedeutung des Bereichs Elektrizität ab 1800 stark an, wobei das Donnerhäuschen hier stellvertretend für diesen Bereich steht. Schon im Jesuitenkolleg waren physikalisch-elektrische Lehrbücher angeschafft worden, aber erst durch den Ankauf von Instrumenten waren praktische Experimente möglich, die auch außerhalb der Universität im gebildeten Teil der Gesellschaft beliebt waren.[253] Es ist gut vorstellbar, dass gerade die Versuche mit den Donnerhäuschen Interesse weckten, war doch die Funktion des Blitzableiters über die Wissenschaft hinaus für das Alltagsleben relevant. Die elektrischen Instrumente per se waren jedoch in Köln nicht für spielerische Vorführungen intendiert, sondern hatten

246 HAStK, Best. 155A, A 361, S. 23.
247 HAStK, Best. 560, A 651, fol. 33r.
248 HAStK, Best. 560, A 681, fol. 4r.
249 Verzeichnis der Leihgaben 1938, S. 3.
250 Vgl. Andreae, Stephan: Demonstration en miniature. Donnerhäuschen, in: Wetterbericht. Über Wetterkultur und Klimawissenschaft, Ausst. Kat. Bundeskunsthalle Bonn, Bonn 2017–2018, hg. von Bundeskunsthalle Bonn, Dortmund 2017, S. 276.
251 Vgl. Kramp 1799b, S. 10f. HAStK, Best. 350, A 5902, fol. 21r.
252 Quarg 1994, S. 127.
253 Vgl. Quarg 1996b, S. 112f.

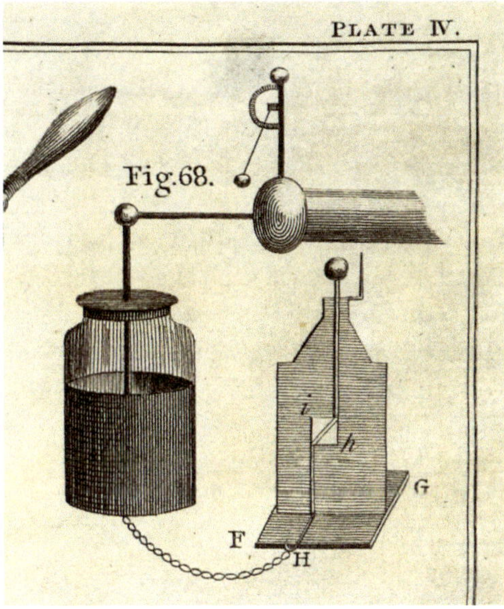

147 Darstellung eines einfachen Donnerhäuschens, in: Adams, George: *An Essay on Electricity, Explaining the Principles of that Useful Science*, London 1799, Plate IV, ETH-Bibliothek Zürich, Rar 757

einen gewichtigen Anteil an der Lehre und an der Forschung in preußischer Zeit. Sie wurden zur Grundlage für die Modernisierung und die hohe Qualität der Sammlung Anfang des 19. Jahrhunderts, die für Georg Simon Ohm 1817 ein ausschlaggebender Faktor für die Standortwahl Köln war.[254]

Das Kölner Donnerhaus wirkt durch seine äußere Erscheinung lebensnah und vermittelt den Eindruck, als könne es die Funktion eines Blitzableiters spielerisch leicht vermitteln. Dies fällt gerade im Vergleich zu anderen Donnerhäusern auf, die teilweise in erster Linie funktional, teilweise ebenso naturalistisch gestaltet sind. In heutigen naturwissenschaftlichen Sammlungen sind verschiedene Typen von elektrischen Modellhäusern des 18. Jahrhunderts erhalten: Ein *Thunder House* aus der Sammlung des britischen Königs George III. (1738–1820), das Ende des 18. Jahrhunderts von dem königlichen Mathematiker und Instrumentenhersteller George Adams (1709–1772) gefertigt wurde, deutet den Aufbau eines Hauses an, allerdings ohne architektonische oder ikonografische Ausgestaltung. Außerdem ist bereits eine Elektrisiervorrichtung auf dem Modell angebracht (Abb. 147). Es handelt sich folglich um ein Modell nach James Lind, in dem die Auswirkung der Entladung eines Blitzes durch das Herausfallen des kleinen Holzklotzes in Form eines Fensters demonstriert wird. Es befindet sich heute im Science Museum in London.[255] Weitere derartige Donnerhäuschen aus Holz befinden

254 Vgl. Quarg 1994, S. 127–130.

255 Vgl. Morton/Weiss 1993, S. 515. Siehe dazu auch Adams' Essay zur Elektrizität mit einer Abbildung des Hauses: Adams, George: An Essay on Electricity. In Which the Theory and Practice of That Useful Science, Are Illustrated by a Variety of Experiments, Arranged in a Methodical Manner. To Which is Added an Essay on Magnetism, London 1784, S. 138–150. Auf Adams' Verkaufsliste an Instrumenten

sich in vielen europäischen und auch US-amerikanischen Sammlungen, wie im heutigen Museo Galileo in Florenz oder in Harvard. In Florenz sind gleich fünf Modelle erhalten, die vom offenen Typ mit enthaltener Elektrisiermaschine bis zum vollständigen Holzhaus reichen, dessen Wände herunterfallen, wenn der Blitz vermeintlich einschlägt.[256]

Es gibt jedoch auch andere Exemplare, die ebenso wie das Kölner Häuschen naturalistisch und fast narrativ ausgestaltet sind: Die mathematisch-physikalische Sammlung in Kassel beinhaltet beispielsweise ein Donnerhäuschen des Herstellers Martin Berschitz, das vor 1781 entstanden ist. Es handelt sich dabei um eine Art Wachhäuschen; rechts neben dem Eingang ist die Figur eines Soldaten auf die Fassade gemalt. Zwei Konduktoren mit unterschiedlich geformten Spitzen haben sich in der Kasseler Sammlung erhalten, was auf die zeitgenössische wissenschaftliche Diskussion um die am besten geeignete Form des Konduktors verweist. Benjamin Franklin hatte sich für die Form einer Spitze ausgesprochen, während auf dem Kölner Donnerhäuschen von Sigaud de La Fond eine Konduktorkugel angebracht ist. Das Aussehen des Kasseler Modells als Wachhäuschen könnte zudem eine Anlehnung an das Schilderhaus-Experiment Franklins darstellen. Es fällt bei der Simulation des Blitzeinschlags vollständig auseinander. Weitere naturalistische Donnerhäuschen sind auch aus dem 19. Jahrhundert erhalten, wie Beispiele im Science Museum in Oxford und im National Museum in Schottland zeigen. Unter den Donnerhäuschen aus dem 18. Jahrhundert scheinen die einfach gestalteten und eher funktionalen Holzexemplare zu überwiegen. Eine Version des naturalistischen Kölner Donnerhäuschens des französischen Wissenschaftlers Sigaud de La Fond in Backsteinoptik befindet sich beispielsweise im Pariser Musée des Arts et Métiers.[257]

werden unter anderem Konduktoren aufgeführt, die Schiffe vor Blitzeinschlägen schützen. Siehe dazu auch https://collection.sciencemuseumgroup.org.uk/objects/co1690/thunder-house-by-george-adams-lightning-conductors-physics-demonstration-equipment [zuletzt aufgerufen am 02.04.2024].

256 Siehe zur Veranschaulichung https://www.youtube.com/watch?v=faeTcX-g-WA [zuletzt aufgerufen am 17.03.2024].

257 Siehe das Kasseler Beispiel http://datenbank.museum-kassel.de/235376/ [zuletzt aufgerufen am 02.04.2024] oder die vielen verschiedenen hölzernen Exemplare des Museo Galileo in Florenz: https://catalogue.museogalileo.it/multimedia/LightningRod.html [zuletzt aufgerufen am 02.04.2024].

IV. Das Kabinett im Kontext

An die Untersuchung der mathematisch-physikalischen Lehrsammlung in der jesuitischen, städtischen und französischen Sammlungsphase und die Analyse ausgewählter und für eine spezifische Objektgruppe repräsentativer Objekte schließt sich im Folgenden eine Kontextualisierung des Kabinetts an. Dafür weitet sich der Blick über Köln hinaus, indem das Mathematisch-Physikalische Kabinett zu anderen thematisch ähnlichen Sammlungen in Bezug gesetzt wird. Diese komparatistische Kontextualisierung verfolgt in erster Linie das Ziel, die überregionale Bedeutung des Kölner Kabinetts und sowohl die Sammlungsgeschichte als auch den Objektbestand besser verorten und einordnen zu können. Sie erhebt dabei keinen Anspruch auf Vollständigkeit oder tiefergehende methodische Reflexion, sondern dient als Spiegel für das Mathematisch-Physikalische Kabinett. Gerade vor dem Hintergrund der in hohem Maße stadthistorisch geprägten Forschung sorgt eine Weitung des Blicks nach außen für eine Konturierung des Kölner Kabinetts und eine Schärfung der Spezifika. Zunächst werden dafür die mathematischen Objekte des römischen *Musaeum Kircherianum* umrissen und seine vielfach ausgegebene Vorbildfunktion für jesuitische Sammlungen erörtert. Als weitere herangezogene Bezugspunkte wurden zum einen die mathematisch-physikalische Sammlung des ehemaligen Ingolstädter Jesuitenkollegs und zum anderen die Sammlung des Professors der Experimentalphysik der protestantischen Universität in Göttingen, Georg Christoph Lichtenberg, ausgewählt.

Bei der Auswahl waren verschiedene Faktoren ausschlaggebend:[1] Die wesentliche Voraussetzung war eine überdurchschnittlich gute Erforschung der herangezogenen Sammlungen und eine vergleichbare Quellensituation, wobei das Vorhandensein publizierter Inventare Bedingung war. Was die Kölner, Ingolstädter und Göttinger Sammlungen eint, ist die inhaltliche Ausrichtung auf die Mathematik und Physik und die Anwendung im Kontext einer (universitären) Lehranstalt. Funktion und Typ der Sammlungen sind demnach gleich, ebenso wie die grobe geografische Verortung. Natürlich wären auch internationale Sammlungen wie die Physikalischen Kabinette der Jesuitenkollegien in Lissabon, Coimbra, Paris, Prag, Linz oder Leiden oder von Universitäten

1 Nach Rückgriff auf Kaelble, Hartmut: Historisch Vergleichen. Eine Einführung, Frankfurt am Main/New York 2021.

in Stockholm reizvoll für eine komparatistische Betrachtung gewesen, was allerdings vor allem im Hinblick auf die Quellensituation und vorhandene Forschungsliteratur den Rahmen dieser Arbeit gesprengt hätte. Überdies ist die Ingolstädter Niederlassung zu der Kölns insofern ähnlich, als beide zu den großen Kollegien der germanischen Provinzen des Jesuitenordens gehörten und (unter anderem) den philosophischen Kurs der jeweiligen Universität lehrten neben der Leitung eines Jesuitengymnasiums.[2] Die Sammlung einer protestantischen Universität wurde auch vor dem Hintergrund des in der Forschung konstatierten Gefälles zwischen der naturwissenschaftlichen Lehre und Forschung und vor allem der Ausstattung mit Sammlungen und „Wissensdingen" zwischen den „neuen" Universitäten der protestantischen Gebiete und den katholischen Universitäten des Alten Reichs ausgewählt.[3]

Forschungsfragen, die mit der Kontextualisierung umrissen werden, sind: War die römische Sammlung ein Vorbild für die Einrichtung des Kölner Kabinetts und, wenn ja, woran ist dies festzumachen? Gibt es spezifisch jesuitische Sammlungsformen oder Objekte, die gleichermaßen in Rom, Ingolstadt und Köln vorkamen? Gab es Parallelen im Umgang mit den Objekten? Wie unterscheiden sich die Sammlungen der Kollegien in den deutschen Provinzen? Wie ist das Kölner Kabinett in die Genese spezifisch jesuitischer mathematisch-physikalischer Sammlungen einzuordnen? In welchem Bezug steht die Kölner Sammlung zu der der progressiven Göttinger Universität? Welche Spezifika lassen sich für das Kölner Kabinett herausarbeiten? Gibt es etwas typisch *Kölsches*?

Weitere Perspektiven auf die Kölner Sammlung in französischer Zeit bietet die Kontextualisierung mit der Göttinger Sammlung Georg Christoph Lichtenbergs. Hier ist vor allem der Objektbestand und der Einsatz in der Lehre interessant, ist doch in Köln Ende des 18. Jahrhunderts eine Öffnung des Curriculums in Richtung Experimentalphysik erkennbar, nach Vorbild protestantischer Universitäten und privater Akademien. Vor diesem Hintergrund soll die vielfach präsentierte Forschungsmeinung, das Kabinett sei eines der vollständigsten seiner Art gewesen, hinterfragt werden.

2 Vgl. zu den Jesuiten in Ingolstadt Jesuiten in Ingolstadt 1549–1773. Ausst. Kat. Stadtarchiv Ingolstadt, Wissenschaftliche Stadtbibliothek, Stadtmuseum Ingolstadt, Ingolstadt 1991–1992, hg. von Stadtarchiv Ingolstadt, Ingolstadt 1991; Ettelt, Beatrix: Das Jesuitengymnasium in Ingolstadt, in: Jesuiten in Ingolstadt 1549–1773. Ausst. Kat. Stadtarchiv Ingolstadt, Wissenschaftliche Stadtbibliothek, Stadtmuseum Ingolstadt, Ingolstadt 1991–1992, hg. von Stadtarchiv Ingolstadt, Ingolstadt 1992, S. 105–123; Hengst 1981, S. 80–109.

3 Vgl. zum Beispiel Hauser 1985, S. 56. „Die Existenz eines so hervorragenden apparativ wie räumlich ausgestatteten Physikalischen Kabinetts als Relikt der alten Universität erscheint höchst verwunderlich, wenn nicht gar paradox, wenn man den Niedergang des geistigen Lebens in der Stadt und der Universität zum Ende des 18. Jahrhunderts betrachtet und diesen Zustand mit demjenigen einer gleichaltrigen Universität wie Leipzig vergleicht". Meuthen 1988, S. 450f.

1. Jesuitensammlungen

Mathematisch-physikalische Sammlungen in Jesuitenkollegien waren kein singuläres Phänomen, vielmehr entstanden in vielen jesuitischen Niederlassungen bereits seit dem 17. Jahrhundert mathematische und (natur-)wissenschaftliche Sammlungen und Einrichtungen: Neben Köln wurden beispielsweise in den italienischen und den großen europäischen Jesuitenkollegien in Paris, Lissabon, Wien, Prag oder in Ingolstadt bereits im 17. Jahrhundert mathematische Instrumente gesammelt und in der Lehre angewendet. Das *Clementinum* in Prag richtete zum Beispiel im Jahr 1722 ein *Musaeum mathematicum Collegii Clementini* ein, dessen Grundstock im 17. Jahrhundert zusammen mit einer Büchersammlung gelegt worden war, während das *Musaeum mathematicum* in Wien seit 1711 oder 1714 bestand.[4] Zudem existierten mehr oder weniger umfangreiche naturwissenschaftliche Sammlungen in den meisten großen Jesuitenkollegien der deutschsprachigen Gebiete wie in Freiburg, Dillingen, München, Linz, Graz, Würzburg, Mainz oder Mannheim.[5] Die Kollegien waren stets Teil der lokalen Universitäten. Während beispielsweise in Köln sowie in Ingolstadt, Mainz und vielen anderen Orten die Artistenfakultäten oder einzelne Lehrstühle von Jesuiten teils mitgestaltet, teils auch übernommen wurden,[6] entstanden in Dillingen und Paderborn regelrechte Jesuitenuniversitäten.[7] Die Rolle der Mathematik nahm in der jesuitischen Lehre generell im Verlauf des 17. Jahrhunderts und vor allem im 18. Jahrhundert zu, wobei sich die (Experimental-)Physik als Disziplin, losgelöst von der aristotelischen Naturphilosophie, im 18. Jahrhundert zunehmend herausbildete. Bei einer übergreifenden Betrachtung der Jesuitenkollegien im deutschsprachigen Raum stellt Marcus Hellyer fest, dass die

4 Vgl. Pärr 2013, S. 11–17. Siehe dazu das Kapitel I dieser Arbeit. Vgl. zur Prager Sammlung Oulíková, Petra: Clementinum. Kunstführer, Prag 2006, S. 35–64. Der Jesuit Caspar Pflieger (1665-1730) gilt als Begründer des *Musaeum mathematicum*. Zur Gründung des Kollegs und der frühen Entwicklung der Mathematik im Clementinum siehe zum Beispiel Schuppener, Georg: Jesuitische Mathematik in Prag im 16. und 17. Jahrhundert (1556–1654), Leipzig 1999. Für die italienischen Jesuitenkollegien stellte Paula Findlen fest, dass im Verlauf des 17. Jahrhunderts fast alle über Museen verfügten. „By the seventeenth century, most Jesuit colleges had museums, less famous perhaps than the one at the Roman College, the showpiece of the Jesuit educational system, but nonetheless evident." Findlen 1994, S. 99.

5 Vgl. dazu vor allem Hellyer 2005; Friedrich 2018, S. 314f. Kraus, Andreas: Das Gymnasium der Jesuiten zu München (1559–1773). Staatspolitische, sozialgeschichtliche, behördengeschichtliche und kulturgeschichtliche Bedeutung, München 2001; Rupp, Berthold/May, Rüdiger (Hg.): 450 Jahre Universität Dillingen: 1549–1999, München 1999; Hantschel, Oskar: Das Linzer ‚Museum physicum' I. Geschichte des physikalischen Kabinetts am Linzer Staatsgymnasium und seiner Kustoden vom Jahre 1754 bis zur Gegenwart nebst einer Wiedergabe des Inventars vom Jahre 1775, in: Jahresbericht des Kaiserlich-königlichen Staats-Gymnasiums zu Linz (1910)), S. 1–27; Hantschel, Oskar: Das Linzer ‚Museum physicum' Schluß. Geschichte des physikalischen Kabinetts am Linzer Staatsgymnasium und seiner Kustoden vom Jahre 1754 bis zur Gegenwart nebst einer Wiedergabe des Inventars vom Jahre 1775, in: Jahresbericht des Kaiserlich-königlichen Staats-Gymnasiums zu Linz (1911), S. 1–30; Müller 2019; Udías, Augustín: Searching the Heavens and the Earth: The History of Jesuit Observatories, Dordrecht 2003.

6 Vgl. Hengst 1981, S. 80–109; Hellyer 2000, S. 539.

7 Vgl. Hengst 1981, S. 168–204.

Integration der Physik als eigenständige Disziplin in die *Ratio studiorum* bis Mitte des 18. Jahrhunderts angedauert und lokal auf verschiedene Weise ihre Umsetzung gefunden habe. Ein praktischer, experimenteller Physikunterricht musste demnach zunächst einen Platz in der schrift- und theoriefixierten jesuitischen Lehre finden. Hellyer beschreibt weiter, dass dieser Prozess im Allgemeinen bis ca. 1730 angedauert habe und auch der Aufbau naturwissenschaftlicher Sammlungen zu Unterrichtszwecken erst Mitte des 18. Jahrhunderts ernsthaft betrieben worden sei.[8] Im Hinblick auf die Mathematik und die im Unterricht integrierten mathematischen Teilbereiche der Geometrie, Astronomie, Kosmografie, Gnomonik, Optik, Mechanik oder Hydraulik liegt die Genese der mathematischen Sammlungen deutlich früher. Obgleich die Sammlungsräume – wie in Köln auch – zumeist erst im 18. Jahrhundert eingerichtet und die Objekte dort *gesammelt* und so auch institutionalisiert wurden, besorgten und benutzten die einzelnen lokalen Akteure, in erster Linie die Mathematikprofessoren, schon im 17. Jahrhundert mathematische Instrumente für den Unterricht.

Das *Musaeum mathematicum* des Kölner Jesuitenkollegs ist demnach mit einer Entstehungszeit vor 1716 ein charakteristisches Beispiel für das weit verbreitete Phänomen des 18. Jahrhunderts, mathematische Museen oder andere Einrichtungen wie Sternwarten oder Labore in Jesuitenkollegien anzulegen. Auffällig ist hingegen, dass es der aktuellen Forschungsliteratur entsprechend in der niederrheinischen Provinz wenig andere vergleichbare mathematische Sammlungen oder auch Observatorien und Wissenseinrichtungen an Jesuitenkollegien gegeben hat: nicht an der Jesuitenuniversität in Paderborn, nicht in Trier, Neuss, Bonn, Koblenz oder Aachen.[9] Aufgrund der Verbreitung ist jedoch viel wahrscheinlicher, dass die Spuren der mathematischen Instrumente oder (kleinerer) Sammlungen heute entweder verloren oder von der (lokalen) Forschung noch nicht aufgearbeitet worden sind. Ein Beispiel dafür ist das Jesuitenkolleg Düsseldorf, das vor allem Anfang des 18. Jahrhunderts, als der jesuitische Sammler Ferdinand Orban am Hof des Kurfürsten Johann Wilhelm von der Pfalz tätig war, über eine mathematische Sammlung verfügte. Orban stellte seine Sammlung in den Räumen des Kollegs auf und initiierte sogar eine Sternwarte in Düsseldorf. Auf Basis der alten Forschungsliteratur kann vermutet werden, dass Objekte Orbans in Düsseldorf verblieben sind und dass die Jesuiten davon ausgehend möglicherweise weiter gesammelt haben. Ein weiteres Beispiel für vorhandene Objekte im dortigen Kolleg ist der Transfer der Coronelli-Globen im Jahr 1700 ins Kölner Jesuitenkolleg, die vom Kurfürsten geschenkt

8 Vgl. Hellyer 2005, S. 542f. Hellyer untersucht in seiner Monografie vor allem die Jesuitenkollegien Würzburg, Ingolstadt und Mainz.

9 In der Forschungsliteratur zur Paderborner Jesuitenuniversität ist von liturgischen und künstlerischen Sammlungen die Rede, nicht jedoch von mathematisch-physikalischen. Vgl. Meyer zu Schlochtern, Josef (Hg.): Die Academia Theodoriana. Von der Jesuitenuniversität zur Theologischen Fakultät Paderborn 1614–2014, Paderborn 2014; Königliches Friedrich Wilhelms-Gymnasium zu Trier (Hg.): Königliches Friedrich Wilhelms-Gymnasium zu Trier 1563–1913. Festschrift zur Feier des 350-jährigen Jubiläums der Anstalt, Trier 1913, S. 188f.

worden waren. Diese Faktoren – die Tätigkeit des Sammlers Orban in Düsseldorf, die Nähe und Verbindung zum Hof des kunst- und wissenschaftsaffinen und Jesuiten-nahen Kurfürsten Johann Wilhelm von der Pfalz sowie die Hinweise auf Instrumente und eine Sternwarte – zeigen, dass mathematische Objekte im Düsseldorfer Jesuitenkolleg und Gymnasium vorhanden waren und verhandelt wurden.[10] Im Folgenden werden zwei (mathematische) Sammlungen aus Rom und Ingolstadt exemplarisch skizziert und in den Kontext der jesuitischen Sammeltätigkeit mathematischer Objekte und in Bezug zum Kölner Jesuitenkolleg gesetzt.

1.1 *Musaeum Kircherianum*

Das *Musaeum Kircherianum* ist heute nicht nur eine der bekanntesten Jesuitensammlungen, sondern auch in der Forschung weit verbreitet. In Bezug auf den konkreten Objektbestand gibt es jedoch große Forschungslücken, denn die historische Sammlung wurde im Laufe der Jahrhunderte auseinandergenommen und einzelnen Institutionen zugeordnet, weshalb sie als solche heute nicht mehr sichtbar wird. Einzelne Reste der astronomischen Objekte befinden sich heute im *Museo Astronomico e Copernicano*. 2002 wurden ehemalige Sammlungsobjekte aus dem *Musaeum Kircherianum* in einer größer angelegten Ausstellung in Rom versammelt, die Anlass zur weiteren wissenschaftlichen Aufarbeitung gab.[11]

Wegen der Verortung in die Ordenszentrale in Rom ist das *Musaeum Kircherianum* als Sonderfall zu betrachten – wirkungsreich für die Genese jesuitischer Sammlungen[12] –, weshalb es sich nur eingeschränkt für komparatistische Betrachtungen in Bezug auf Anlage, Organisation oder Räumlichkeiten anbietet. Im Folgenden werden die Sammlungsgebiete der Mathematik und der Physik in den Katalogen und Listen von 1678, 1699 und 1718 skizziert, um vor diesem Hintergrund Ähnlichkeiten im konkreten Objektbestand zur Kölner Sammlung auszumachen, zum Beispiel anhand von Einzelobjekten oder jesuitischen Spezifika. Im Anschluss wird die Vorbildhaftigkeit des römischen Museums für Jesuitensammlungen generell und das Kölner Kabinett im Besonderen umrissen.

Bereits in den 1590er-Jahren existierte am Collegium Romanum ein mathematisches Museum, das in erster Linie von Christoph Clavius und Christoph Grienberger[13] angelegt, genutzt und kultiviert wurde. In Clavius' Zimmer befanden sich Lehrmaterialien, theoretische Schriften und mathematische Instrumente, anhand derer erste Experimente durchgeführt wurden. Für astronomisch-mathematische Berechnungen bedurfte es beispielsweise besonderer Instrumente wie Fernrohre oder Messgeräte.

10 Vgl. Kniffler 1892.
11 Siehe den wichtigen Ausstellungskatalog Athanasius Kircher. Il Museo del Mondo, Ausst. Kat. Palazzo di Venezia, Rom 2001, hg. von Eugenio Lo Sardo, Rom 2001.
12 Vgl. dazu Kapitel „Die Anfänge des Kabinetts: Das 17. Jahrhundert".
13 Für die frühe Arbeit mit mathematischen Objekten vgl. besonders Gorman 2003.

Bereits im Jahr 1612 benutzte Clavius am Collegium Romanum Teleskope in der Lehre. Als Athanasius Kircher in den 1630er-Jahren nach Rom kam, knüpfte er daran an und leitete das *Musaeum Kircherianum*, das 1651 offiziell gegründet wurde, bis zu seinem Tod 1680. Mithilfe von Stiftungen und Schenkungen wurde eine umfangreiche Sammlung zusammengetragen, die aus Büchern und Schriftgut, Antiken, Porträts, Grafiken, Münzen, Medaillen, historischen und ethnografischen Objekten, Naturalien, Kuriositäten und einer Vielzahl an naturwissenschaftlichen Instrumenten bestand, die er zum Teil selbst kreierte und herstellte. Dazu gehörten zudem eine Bibliothek, Laboratorien und ein Botanischer Garten.[14]

Der Sammlungskatalog von 1678[15] beschreibt die einzelnen Bereiche mehr oder weniger ausführlich, nennt dabei aber nicht alle Objekte wie in einem Inventar, sondern erfasst die Sammlung summarisch oder hebt besondere Einzelstücke heraus. Der gedruckte Katalog, der wohl erst nach 1725 in die Kölner Jesuitenbibliothek gekommen ist,[16] führt eine „große und kostbare Vielzahl" mathematischer Instrumente in der Klasse der Naturphilosophie auf, die überwiegend aus Messing, Holz und Schiefer bestanden. Darunter sind astronomische Mess- und Beobachtungsinstrumente sowie diverse Uhren zu finden, ebenso wie zwei große Globen, die jedoch ähnlich wie in Köln wegen ihrer Größe in der Bibliothek des Collegium Romanum standen. Weitere Globen und eine detailreiche Armillarsphäre, unterschiedliche Astrolabien – davon zwei mit arabischen Schriftzeichen und eines von Christoph Grienberger stammend –, zwei Quadranten aus Schiefer und Zypressenholz und eine Reihe geometrischer Instrumente werden genannt, beispielsweise ein Pantometer nach Kircher, wobei es sich um einen speziellen Messtisch handelte, ein Jakobsstab und „szenographische" Instrumente. In weiteren eigenen Kapiteln sind „Magnete, magnetische Maschinen und Verfahren", Instrumente für „optische, katoptrische und dioptrische Experimente", „hermetische Experimente", womit frühe chemische Versuche gemeint sind, „Thermometer, Mikroskope, Hygrometer", „Uhren" und hydraulische und hydrostatische Maschinen aufgeführt. In Bezug auf die Kölner Sammlung und den optischen Schwerpunkt durch die Schenkung Johann Adam von Stoesbergs ab Mitte des 18. Jahrhunderts ist der umfangreiche optische Bestand in Rom interessant, in dem katoptrische Spiegelanamorphosen, andere Spiegelformen und Linsen sowie *Laternae magicae*, Teleskope und Mikroskope genannt werden. Auch die Sonnenuhren, die im Kölner mathematischen Museum zahl- und variantenreich vorhanden waren, nahmen im Museum einen großen Raum ein, wobei auf eigene Fertigungen

14 Es ist an dieser Stelle nicht das Ziel, eine Sammlungsgeschichte des *Musaeum Kircherianum* zu schreiben, daher wird auf die entsprechende Literatur verwiesen: Mayer-Deutsch 2010; Bartola 2004; Asmussen/Burkart/Rößler 2019; Findlen 1994.

15 Die Arbeit am Katalog begann Kircher selbst schon in den 1650er-Jahren. Letztlich ist dieser jedoch „arbeitsteilig" entstanden, was „typisch für die Kircher'sche Wissens- und Publikationsproduktion" (S. 30) ist. Vgl. Asmussen/Burkart/Rößler 2019, S. 18–44.

16 Vgl. Sepibus 1678. USB-Signatur GBIIA/399e. Das Buch findet sich nicht im Bibliothekskatalog von 1725: Catalogus Novus Bibliothecae 1725, S. 376 und S. 384f. Im Folgenden wir aus der Edition des Sammlungskatalogs zitiert. Vgl. Kircher 2019.

Kirchers aus seiner Schrift *Ars magna lucis et umbrae* verwiesen wurde. Aufgeführt sind des Weiteren Sonnenuhren verschiedener Formen und Wasseruhren, die es ebenfalls im Kölner Jesuitenkolleg gab; außerdem eine mit Wasser betriebene hydraulische Uhr, bei der es sich um die *Horologium Hydraulicum* mit einem doppelköpfigen Adler, ebenfalls in der *Ars magna* abgedruckt (Abb. 60), handeln könnte.[17]

Nach Kirchers Tod übernahm der Wissenschaftler Filippo Bonanni die Sammlungsleitung und begann mit einer neuen Systematisierung. In einer kurzen Notiz aus dem Jahr 1699, die sich im Historischen Archiv der Gregoriana in Rom befindet, wurden die Werke des Museums grob und summarisch erfasst und dokumentiert. Folgende mathematische Objekte sind zum Beispiel zu finden: Einer der 60 Schränke war „voll mit mathematischen Instrumenten", ein weiterer „voller optischer Instrumente, Brillen und Mikroskope verschiedener Erfindungen", daneben Metall- und Glasspiegel unterschiedlicher Formen. Einen eigenen Raum gab es hingegen für die Apparaturen, die der Mechanik, Hydraulik und Statik zugeordnet und an denen Demonstrationen vorgenommen wurden. Außerdem wird eine katoptrische Voliere aufgeführt, in der 35 Vögel optisch auf ein Vielfaches vermehrt dargestellt wurden und sogar Gesang von sich geben konnten. Die knappe Liste endet mit folgendem Verweis: Für die Vervollkommnung und Sammlung der Wissenschaft „zur Zufriedenheit und zum Nutzen der Gelehrten vieler Untertanen, zu diesem Zweck wurde das Museum eingerichtet, zu dessen Erhaltung Papst Clemens XI. eine Verfügung erlassen hat, die es verbietet, etwas aus dem Museum zu veräußern".[18]

Bereits im Jahr 1709, vor der Wiedereröffnung der Museumsräume 1718, veröffentlichte Bonanni einen neuen Sammlungskatalog des *Musaeum Kircherianum*, der im Zuge der Neuaufstellung angefertigt worden war. Aus diesen Schriften lassen sich konkrete Objekte und deren Aufstellung und Ordnung teilweise rekonstruieren.[19] Die naturwissenschaftlichen Instrumente decken sich überwiegend mit der Darstellung im Sammlungskatalog von 1678. Sie umfassen wiederum die Hauptgruppen Mathematik, Mechanik, Hydraulik, Hydrostatik, Musikinstrumente und katoptrische und dioptrische Maschinen.[20] Letztere werden wieder sehr ausführlich in einer eigenen Kategorie beschrieben, was für ihren Stellenwert spricht, wobei die katoptrischen Anamorphosen erneut hervorgehoben werden müssen. Eine Anamorphose stellte das Gesicht des Papstes Alexander VII. (1599–1667) dar, der von 1655 bis 1667 im Amt war, als Kircher noch

17 Siehe die Beschreibung der Sammlung in Kircher 2019, S. 76–108; Mayer-Deutsch 2010, S. 117–185, hier vor allem S. 165–185.

18 APUG, 35rec. Eine Transkription befindet sich auch in Bartola 2004, S. 351–354.

19 Vgl. zu den Schriften als Quellen Mayer-Deutsch 2010, S. 107–115. Die Rekonstruktion der vollständigen Sammlung findet sich auf den S. 117–185 und die der Instrumente auf den S. 165–185.

20 Bonanni 1709, S. 302–315. Die Bereiche der Klasse umfassen: Instrumenta Mathematica; De Machinis quae ad Mechanicam pertinent; Machinae hydraulicae; Machina vi attractive Aquam spargens; Fons qui tantum aquas refundit crateri quantum ebibitur; Motum ex condensatione aeris exhibere; Machinae in quibus motus perpetuus adumbratur; Instrumenta musica et authomata diversa; Machina catoptricae et dioptricae.

das Museum leitete. Das Zerrbild wird funktional beschrieben, woran sich die Erläuterung eines weiteren Zylinderspiegels anschließt, der von Kircher selbst benutzt worden sein soll. Der Verweis auf Kircher erfolgt im Katalog an mehreren Stellen, was für eine besondere Auszeichnung der Instrumente spricht. Unter den *Instrumenta Mathematica* sind sowohl die geometrischen als auch die astronomischen Instrumente aufgeführt, wie beispielsweise Winkelmessgeräte oder Zirkel. Daneben werden verschiedene astronomische Röhren und Teleskope und deren Funktion als Beobachtungsinstrumente genannt. Auffällig ist, dass nur einzelne Sonnenuhren in dieser Aufstellung vorkommen. In Bezug auf die Kölner Jesuitensammlung der Mathematik sind erneut die Globen hervorzuheben, die sich nach wie vor in der Bibliothek befunden haben, daneben mehrere Astrolabien, Proportionszirkel, geometrische Formen wie Kegel oder Kuben und Quadranten. An dieser Stelle wird auf die Nutzung durch Athanasius Kircher sowie Caspar Schott verwiesen.[21]

Dass die mathematischen Objekte des *Musaeum Kircherianum* auch in der Lehre am Collegium Romanum benutzt wurden, zeigt ein Einblick in die Handschriften des Kollegs beziehungsweise des Gregoriana-Archivs: Die praktische Geometrie und Trigonometrie und der Einsatz von Objekten werden in Handschriften anhand von Zeichnungen veranschaulicht, beispielsweise die Höhenbestimmung und Entfernung eines Kirchturms mit einem Quadranten.[22] Eine mathematische Abhandlung zur *Geometria practica* und dem Einsatz eines Proportionszirkels entstand 1719 von einem unbekannten Autor. Direkt zu Beginn des Buchs gibt es eine Abbildung eines Proportionszirkels, eines der wichtigsten Instrumente der praktischen Geometrie, das in Rom und auch in der Kölner Sammlung dokumentiert ist.[23] Es handelt sich um einen Druck, auf dem Vorder- und Rückseite des Zirkels zu sehen sind. Auf der Vorderseite ist der Zirkel signiert und datiert. Am Verbindungsstück, das mit einem floralen Muster gekennzeichnet ist, steht: „Jacobus Lusuerg Mutinensis faciebat prope Coll. Rom. A° 1666" (Giacomo Lusverg aus Modena hat diesen Zirkel in der Nähe vom Collegium Romanum gemacht im Jahr 1666). Im Museo di Fisica Antonio Maria Traversi in Venedig gibt es einen sehr ähnlichen Proportionszirkel mit fast identischer Inschrift bei anderer Datierung („Iacobus Lusuerg Mutinensis faciebat prope Coll. Rom. A° 1677").[24] Der Instrumentenhersteller Giacomo Lusverg (oder Luswergh, ca. 1636–1689) unterhielt eine Werkstatt auf der *Piazza del Collegio Romano*, wo er mathematische Instrumente sowie Sonnenuhren herstellte. Seine Werkstatt wurde von seinem Neffen Domenico Lusverg (1699–1744) und

21 Vgl. ebd.

22 Vgl. eine Handschrift zur theoretischen und praktischen Trigonometrie APUG, FC, 2052, fol. 7r. Siehe außerdem die Tractati de altitudinis, longitudinis, latitudinis von 1630: APUG, Curia, FC, 1651 Brec (VII).

23 Vgl. APUG, Curia, Fondo Curio, 1719rec, fol. 1r.

24 Vgl. Malfi, Pierandrea: Compasso di proporzione di G. Lusverg, in: Ders., Museo di Fisica „Antonio Maria Traversi". Sezione virtuale, https://www.museotraversi.it/museoreale/db/scheda.phtml?Inv=13 [zuletzt aufgerufen am 28.01.2024].

seinen Nachfolgern weitergeführt, die bis in die zweite Hälfte des 19. Jahrhunderts tätig waren und ebenfalls verschiedene Geräte für das Studium und den Unterricht der Physik herstellten. Die Tatsache, dass eine Abbildung des Proportionszirkels nach Giacomo Lusverg in dieser mathematischen Abhandlung aus dem Jahr 1719 abgedruckt ist, lässt darauf schließen, dass sich dieses Instrument aus dem Jahr 1666 schon sehr viel früher im *Musaeum Kircherianum* befunden hat. Wegen der Nähe von Lusvergs Werkstatt zum Collegium Romanum dürften mehrere Gebrauchsinstrumente, zu denen auch dieser Zirkel gehört, für die Sammlung angekauft worden seien. Im mathematischen Traktat wird überdies die Benutzung verschiedener Instrumente für die praktische Geometrie und die Arithmetik erläutert, zum Beispiel die des Proportionszirkels und des Pantometers nach Athanasius Kircher. Am Ende des Textes folgen gezeichnete Figuren zu den einzelnen praktischen Aufgaben, die im Text aufgeführt sind.[25]

In einem weiteren trigonometrischen Traktat aus dem 18. Jahrhundert wird die Benutzung eines Quadranten in den Fokus genommen: Das Werk beginnt mit den Grundlagen der Trigonometrie, woran sich die theoretische Einführung und das zweite Kapitel zum Gebrauch der Quadranten anschließen: „Usus quadrantis Geometrici pro angulis dimetiendis, atque eorum sinibus inveniendis."[26] Danach werden einzelne Fragestellungen aufgeführt, die entweder durch eine „Solutio per tabulas (Schreibtafel) oder eine „Solutio per Quadrans" zu lösen sind.[27] Die Quelle gibt einen authentischen Einblick in den Schulalltag am Collegium Romanum im 18. Jahrhundert und zeigt auf, wie im Unterricht der praktischen Geometrie beziehungsweise Mathematik sowohl die theoretische als auch die praktische Behandlung von trigonometrischen Aufgaben gelehrt wurde. Die Objekte – in diesem Fall der Quadrant, der in den Sammlungskatalogen nachzuweisen ist – nehmen einen wichtigen Stellenwert ein und werden von der Lehrperson und vom Schüler benutzt. Daneben verweist eine Handschrift aus dem 18. Jahrhundert mit Schulnotizen zur Geografie auf die Einbindung von Karten und Globen in den Unterricht.[28]

Nach der ausschnitt- und skizzenhaften Vorstellung der mathematischen Bestände des *Musaeum Kircherianum* Ende des 17. und Anfang des 18. Jahrhunderts und ihrer Einbindung in den mathematischen Unterricht am Collegium Romanum können deutliche Parallelen zur Kölner Sammlung und der Nutzung der Instrumente ausgemacht werden. In Bezug auf die Mathematik ist die Benutzung und eigene Herstellung bestimmter Instrumente Kirchers wie seines Pantometers, eines katoptrischen Spiegels oder einer *Lucerna Magica* hervorzuheben, ebenso wie der experimentelle Charakter vieler seiner Apparaturen, wie der hydraulischen Uhr, die 1640 für das hundertjährige Ordensjubiläum auch von Kölner Mathematikern am Jesuitenkolleg entworfen wurde.

25 Vgl. APUG, Curia, FC, 1719rec.
26 APUG, Curia, Fondo Curio, 1399rec, fol. 8r.
27 Ebd., fol. 21r–30v.
28 Vgl. APUG, Fondo Curio, 1679rec.

„[L]ike all of his contemporaries, Kircher concerned himself with the problem of how to gain experience of things, but he did not use the experimental method solely to elaborate and explain the natural world. This was the strict domain of experimentation for those scholars of his generation who applied themselves to the physico-mathematical sciences only. Kircher instead also experimented with time. For him, the relevant questions lay no longer in understanding and critiquing Aristotelian cosmology, as they had been in Clavius' day. Instead for Kircher, both as a cleric and as a participant in the Roman scholarly community, the burning issue was sacred chronology: how should he reconcile this traditional Christian cosmology with the new science of biblical exegesis, the further elaboration of ancient and pagan history, the recent acquisitions from other civilizations (particularly those from China), and the earliest data about the history of the earth? His work and his museum – that unique inquiry he conducted – charted a path both from the subterranean world to the superlunary spheres and from Rome to its peripheries, all within a rediscovered Christian chronology. Kircher studied both fossils and obelisks not because his interests were varied, but because he wished to plot an intellectual course between the two, one that would end by attributing the same meaning to the mark of time embedded in stone that fashioned both of them. In this sense, traveling through time and reasoning chronologically, Kircher metaphorically speaking fused the relations between these two objects. Without a doubt, the Kircherian research program, both arrogant and utopian, was a project on the scale of Rome eternal itself."[29]

Das *Musaeum Kircherianum* ist demnach zum einen aus der spezifischen Situation der Jesuiten in Rom[30] und der wissenschaftlich-didaktischen Vorleistungen Clavius' und Grienbergers heraus entstanden sowie zum anderen im besonderen Maße durch die Einzelperson Athanasius Kircher bestimmt, der einen wissenschaftlich-metaphysischen Mikrokosmos schuf, mit dem Anspruch, den universalen Makrokosmos und die göttliche Ordnung abzubilden – letztlich einen jesuitischen Kosmos. Darüber hinaus repräsentierte

29 Romano, Antonella: Epilogue. Understanding Kircher in Context, in: Findlen, Paula (Hg.): Athanasius Kircher: The Last Man who Knew Everything, New York 2004, S. 405–419, hier S. 416. Zur Charakterisierung Kirchers als arrogant und utopisch führt Antonella Romano aus: „Before the Society became a teaching order, and later involved itself in intellectual and even scientific activities, it was founded as a missionary order. It is precisely the influence of this activity on the Society's identity that I would like to evoke here as a legacy for Kircher. Like the Jesuits who preceded him and those who succeeded him, Kircher carried with him, and in him, the heritage aptly summarized by Jérôme Nadal's superb formula: Totus mundus nostra habitatio fit (Our home is all the world). To be sure, arrogance is mixed with utopia in this saying, but it also indicates the scale on which the Society intended to operate from the start. Kircher is a worthy inheritor of both this arrogance and the utopia. He made the whole world of knowledge his home." Ebd., S. 410.

30 „The Rome of the 1630s in which Kircher arrived was undergoing profound intellectual and architectural changes. It was a city that continued to attract European scholars because it harbored not only artistic but also scientific treasures. Finally, it was also a city in which the Society of Jesus occupied a visible place but no longer the unique one it had held for the previous fifty years. To be sure, the Society was the only institutional actor, in this city as in many others, that was capable of intervening in many different levels of intellectual life, from the education of the lay elite to the international training of the clergy, and from the production lay missionaries to that of experts in all areas for the papacy. But particularly, in this most cosmopolitan and aristocratic of cities, the Society multiplied the means by which its presence was felt within the various social networks, working to consolidate its prestige and its own image of power." Ebd., S. 412f. Paula Findlen beschreibt zudem die spezifische wissenschaftliche Kultur im Italien der Renaissance und des Barock, in der Museen und Sammlungen ein Ausdruck der (natur-)wissenschaftlichen Auseinandersetzung und gleichzeitig Räume der Kommunikation, des sozialen und repräsentativen Handelns und auch religiöser und politischer Aushandlungen waren. Vgl. Findlen 1994.

die Sammlung die jesuitische Wissenskultur, die vom Ordenszentrum sowohl in das direkte Umfeld Roms und in das globale Jesuitennetzwerk ausstrahlte als auch durch Kommunikation und Austausch von Wissen und Objekten wieder in die Sammlung zurückwirkte.[31] Die Sammlung war demnach ein Ort mit vielen Funktionen: Kontemplation, Veranschaulichung, Wissensvermittlung, Wissenserzeugung sowie (göttliche und jesuitische) Repräsentation.

Zudem wird Kirchers Museum stets als vorbildhaft für jesuitische Sammlungen anderer Niederlassungen beschrieben, auch für das *Musaeum mathematicum* des Kölner Jesuitenkollegs.[32] Wie bereits aufgezeigt wurde, entfaltete es Vorbildwirkung im Hinblick auf den Umgang mit diversen Objekten und Sammlungen im Kontext der jesuitischen Bildung und Pädagogik. Das *Musaeum Kircherianum* war demnach vor allem ein ideengeschichtliches Vorbild für jesuitisches Sammeln, das von den einzelnen Jesuitenkollegien außerhalb der Ordenszentrale jedoch praktisch auf unterschiedliche Weise rezipiert wurde beziehungsweise werden konnte.

In Bezug auf mathematisch-physikalische Sammlungen hatte bereits die frühere Lehre und Wissenschaft unter Einbeziehung von Objekten in Rom, die unter Christoph Grienberger und vor allem unter Christoph Clavius, „[t]he key figure of beginning of Jesuit teaching of mathematics",[33] ab Ende des 16. Jahrhunderts am Collegium Romanum kultiviert worden war, einen maßgeblichen Einfluss entfaltet: Ebenso ab Ende des 16. Jahrhunderts wurden mathematische Objekte in den Jesuitenkollegien in Lissabon, Prag oder Ingolstadt in die Wissenschaft und auch in die Lehre eingebunden.[34] Das *Musaeum Kircherianum* basierte sowohl kulturell als auch materiell darauf, wurden doch die frühen Lehrobjekte Teil des Museums und Athanasius Kircher Nachfolger Clavius' im Amt des Mathematikprofessors. In Bezug auf die Mathematik und Physik verlor das Museum als jesuitische Auslegung einer barocken Kunst- und Wunderkammer jedoch im Verlauf des 18. Jahrhunderts an Einfluss, vor allem vor dem Hintergrund der Weiterentwicklung der Fächer und der Genese wissenschaftlicher Spezialsammlungen für Forschung und Lehre.

Im Kölner Jesuitenkolleg könnte das übergeordnete ideengeschichtliche Vorbild des *Musaeum Kircherianum* vor allem in der Parallelität der verschiedenen Wissenseinrichtungen – des *Musaeum mathematicum*, des *Musaeum antiquitatum et rerum naturalium tum artificalium curiosorum* mit den unterschiedlichen Sammlungsteilen, der Sternwarte, des Botanischen Gartens und des Labors – erkannt werden, allerdings besteht ein wesentlicher Unterschied in der (räumlichen und inhaltlichen) Spezifizierung der einzelnen Sammlungsbereiche. Vom universalen Anspruch des *Musaeum Kircherianum*

31 Vgl. dazu Kapitel I dieser Arbeit. Außerdem Mayer-Deutsch 2010, S. 79–89; Grote 1994b, S. 11; Leinkauf 1994, S. 539 und S. 543–547; Asmussen 2016, S. 38–47.

32 Vgl. Quarg 1996b, S. 122; Bellot 2000, S. 121f. Gersmann 2019.

33 Udías 2003, S. 18.

34 Vgl. dazu Schuppener 1999; Schaff, Josef: Geschichte der Physik an der Universität Ingolstadt, Erlangen 1912.

weicht Köln insofern ab, als das mathematische Museum als genuine Spezialsammlung mit eigener Fachbibliothek angelegt wurde, der jeweilige Mathematikprofessor als Leiter fungierte und sich das Museum im Laufe des 18. Jahrhunderts zu einem Lehr- und Lernort entwickelte. Dass es in den mathematischen Objektbeständen große Überschneidungen gibt, resultiert auch aus der Konformität der mathematischen Lehre in den Jesuitenkollegien.

1.2 Jesuitenkolleg Ingolstadt

> „Er ist in der That ein rechter P. Kircher, welches ihm gar wohl gefiel, als ich es ihm sagte. Seine Sachen bestehen aus dreyerley, erstlich in mathematischen und physicalischen Instrumenten, zweytens in Gemählden und andern Kunstsachen, und drittens in einigen Naturalien."[35]

Mit dieser viel zitierten Beschreibung charakterisierte der Patrizier und Büchersammler Zacharias Konrad von Uffenbach 1711 den Jesuitenpater Ferdinand Orban (1655–1732) und dessen damals berühmte Sammlung, die sich Anfang des 18. Jahrhunderts in Düsseldorf befand und später in Ingolstadt zur Errichtung eines eigenen Galeriebaus (*Museum Orbaneum*) für die Sammlungbestände führte.[36]

> „Es ist sich zu verwundern, wie er diese viele und kostbare Sachen zusammen gebracht, es scheinet aber, daß er alles von grossen Herren, und sonst zusammen gebettelt, theils auch von seinen Herren Confratribus ihme von allen Orten und Enden zugeschickt worden."[37]

35 Uffenbach 1754, S. 736.

36 Hofmann, Siegfried: Das Orban'sche Museum in Ingolstadt, in: Grote, Andreas (Hg.): Macrocosmos in Microcosmo. Die Welt in der Stube. Zur Geschichte des Sammelns 1450–1800, Wiesbaden 1994, S. 661–694; Die Forschungsliteratur zum Jesuiten Ferdinand Orban und seiner Sammlung ist umfangreich und immer wieder Teil aktueller Untersuchungen, zuletzt vor allem im Kontext von Universitätssammlungen, ging das Orbansche Museum doch als Teil der Ingolstädter Universität nach deren Verlegung zunächst nach Landshut und schließlich nach München im 19. Jahrhundert auch in verschiedenen Universitätssammlungen auf. Aktuell entstehen Forschungsarbeiten zu Orban von Elisa Ludwig, LMU München, und Claudius Stein, Universitätsarchiv LMU München. Bereits an dieser Stelle sei Elisa Ludwig herzlich für den produktiven Austausch zu den Sammlungen der Jesuitenkollegien Köln und Ingolstadt im Kontext gedankt. Vgl. außerdem Müller 2019; Weigand/Stein 2019; Stein, Claudius: Das Antiquarium der Universität Ingolstadt. Eine Schenkung des Augsburger Fürstbischofs Johann Egolph von Knöringen, in: Weigand, Katharina/Stein, Claudius (Hg.): Die Sammlungen der Ludwig-Maximilians-Universität München gestern und heute. Eine vergleichende Bestandsaufnahme 1573–2016, München 2019, S. 117–124; Krempl 1968; Stein 2018; Hofmann, Siegfried: Das Orban-Museum, in: Jesuiten in Ingolstadt 1549–1773. Ausst. Kat. Stadtarchiv Ingolstadt, Wissenschaftliche Stadtbibliothek, Stadtmuseum Ingolstadt, Ingolstadt 1991–1992, hg. von Stadtarchiv Ingolstadt, Ingolstadt 1992, S. 300–306; Duhr 1921; Brunbauer, Wolfgang: Ein Landshuter Bauernsohn tauscht hochgelehrte Briefe mit Wilhelm Gottfried Leibniz, in: Charivari 6/4 (1980), S. 8–19; Gilles, Stephanie: Pater Ferdinand Orban (1655–1732). Gelehrter – Sammler – Jesuit. Eine Bestandsaufnahme, in: Sammelblatt des Historischen Vereins Ingolstadt 118 (2009), S. 289–304. Vgl. auch die Arbeit zum „sammelnden Professor", in der Orban als Beispiel herangeführt wird. Müller 2020, S. 55–62.

37 Uffenbach 1754, S. 739. Der protestantische Büchersammler von Uffenbach charakterisierte seine Gastgeber oft negativ, fast beleidigend. Auch Orban wurde als „durchtriebener Jesuit" bezeichnet. (S. 733). Vgl. Gilles 2009, S. 130.

Die Auszüge aus den Reisebeschreibungen Uffenbachs geben erste Hinweise auf die Zusammensetzung der Orbanschen Sammlung: Der Jesuit legte nach dem Prinzip der Kunst- und Raritätenkammer eine breite Sammlung aus wissenschaftlichen Instrumenten, außereuropäischen Objekten, Büchern, Kunstgegenständen, Kuriositäten, Münzen, Waffen, Antiken, Naturalien und Mineralien an, die an das Vorbild des römischen Museums Athanasius Kirchers anknüpfte. Auch stehen diese Sammlungsaktivitäten in direkter Verbindung zu Orbans großem Netzwerk: Innerhalb des Ordens griff Orban auf ein regionales, nationales und sogar global agierendes jesuitisches Gelehrten- und Missionarsnetzwerk zurück. Zugleich stand er aufgrund seiner Tätigkeiten als Hofprediger im engen Austausch mit weltlichen Gelehrten, Fürsten und Adligen. In diesem Netzwerk erhielt, tauschte und sammelte Orban über Jahrzehnte verschiedene Objekte, für deren Eigentumsrechte er regelmäßig einstand. Dass er die kostbare Sammlung stets als sein Eigentum betrachtete – anders als der *„Kurator"* Kircher in Rom es getan hatte –, kritisierten die Ordensoberen in Rom mehrmals scharf und versuchten, ihn zur Abgabe der Sammlung zu bewegen oder zu sanktionieren, vor allem weil der kostbare Besitz gegen das Armutsgelübde verstoße.[38] Das Anlegen einer eigenen Sammlung ohne direkte pädagogische Funktion oder Anbindung an ein Jesuitenkolleg war demnach die Hauptintention Orbans, was einen Unterschied zu den Lehrsammlungen anderer Jesuitenkollegien darstellte.[39]

Ferdinand Orban trat 1672 in den Jesuitenorden ein, studierte unter anderem in Ingolstadt und war ab 1688 Mathematikprofessor am Kolleg in Innsbruck. Ein Jahr später begann seine höfische Tätigkeit als herzoglicher Hofprediger in Innsbruck, wo er nachweislich Objekte von Herzog Karl V. von Lothringen (1643–1690) erhielt. Es folgten weitere mathematische Lehrtätigkeiten und priesterliche Aufgaben in Ingolstadt und an anderen bayerischen Jesuitenkollegien. Zwischenzeitlich sollte er als Mathematiker an die in Bezug auf die Naturwissenschaften angesehenen Jesuitenkollegien in Cadiz und Coimbra wechseln, was allerdings wegen gesundheitlicher Probleme nicht möglich war. Der Mathematiker und Mathematikprofessor Orban hatte demzufolge bereits im 17. Jahrhundert mathematisch-naturwissenschaftliche Instrumente in seiner Sammlung, die er möglicherweise im Unterricht benutzte. 1703 wurde er Beichtvater des Wittelsbacher Kurfürsten Johann Wilhelm von der Pfalz in Düsseldorf, wohin er seine Sammlung transferierte und sie in den kommenden Jahren stark erweitern sollte. Nach dem Tod des Kurfürsten ging Orban erst 1719 nach Landshut in Bayern zurück, wurde jedoch 1722 nach Ingolstadt versetzt. Hier errichtete der Orden einen neuen Kollegsteil

38 Kritisiert wurde außerdem, dass Orban seine Sammlung auch „vornehmen Frauen" gezeigt hätte. Darüber hinaus war er während seiner Zeit am Düsseldorfer Hof an der Umsetzung von Bauprojekten beteiligt, wie an der Errichtung eines Armenhospitals. Derlei Tätigkeiten verstießen gegen die Vorgabe der Bescheidenheit des Jesuitenordens. Siehe dazu zum Beispiel Müller 2019, S. 135–139; Gilles 2009, S. 290–295; Krempl 1968, S. 169f.; Stein 2018, S. 161–162.

39 Der Sammler Orban ist damit ein Hybrid zwischen Gelehrten-Sammler und einem Sammler im höfischen Kontext. Siehe Pomian 1994, S. 114.

eigens für die Unterbringung der Sammlung, der fortan seinem Eigentümer – nicht Kurator – entsprechend als Orbansaal (*Museum Orbaneum*) bezeichnet wurde. Zeitgenössische Reisebeschreibungen aus der zweiten Hälfte der 1720er-Jahre legen nahe, dass sich Orban zunehmend weniger um die Sammlung gekümmert hat, was wohl auch auf sein Alter zurückzuführen ist. Nach dem Tod des Sammlers 1732 ging die umfangreiche Kunst- und Raritätenkammer schließlich in den Besitz des Ingolstädter Jesuitenkollegs über.[40]

Eine für das Sammeln besonders relevante Periode war die Zeit Orbans in Düsseldorf, wo er seine Objekte im lokalen Jesuitenkolleg aufstellte und die Sammlung über seine Funktion als Beichtvater am kurfürstlichen Hof vermutlich massiv erweiterte. Zum einen fungierte der Kurfürst als Patron des Jesuiten und schenkte ihm eine Reihe von Objekten für seine Sammlung. Zum anderen konnte Orban durch seine Tätigkeit als Beichtvater am Hof auf Begleitreisen mit dem Kurfürsten und durch seine diplomatischen Tätigkeiten andere wichtige Patronageverhältnisse aufbauen oder Schenkungen erhalten.[41] Diplomatische Kontakte und höfische Geschenke erhielt er dabei nicht nur von „grossen Herren" und Fürsten, sondern auch von *großen Frauen* wie von der Kurfürstin Sophie von Hannover oder der Prinzessin Karoline von Brandenburg-Ansbach. Zudem stellte Orban eigene mathematische Objekte her, wie ein pneumatisches „Windbett", und initiierte die Einrichtung einer Sternwarte im Düsseldorfer Kolleg.[42]

Ebenfalls zu dieser Zeit im Jahr 1704 begann der Briefwechsel zwischen dem Jesuiten Orban und dem protestantischen Gelehrten und Wissenschaftler Gottfried Wilhelm Leibniz, der bis zu dessen Tod 1716 bestand und in dem auch der in Köln tätige Jesuit Bartholomäus Des Bosses als Vermittler involviert war, wie anhand seiner Korrespondenz in dieser Arbeit gezeigt wurde. Hauptthemen der Korrespondenz zwischen Orban und Leibniz waren mathematisch-naturwissenschaftliche und philosophische Fragen, wobei auch (aktuelle) Instrumente und deren Benutzung Erwähnung fanden und diese nachweislich ausgetauscht wurden. So schickte Leibniz Orban beispielsweise mathematische Instrumente aus Frankreich. Teil des Netzwerks um den Düsseldorfer Hof war auch der Hofmathematiker Nicolas Hartsoeker, dessen Werke in der Korrespondenz mit Des Bosses erwähnt wurden. Der umfangreiche und lang andauernde Briefkontakt zwischen Orban und Leibniz zeugt von der Bedeutung des gegenseitigen Austauschs zweier an (Fürsten-)Höfen tätiger Gelehrter, Mathematiker und Sammler. Des Weiteren tauschten sie sich über den Wissenstransfer zwischen den chinesischen Missionsgebieten und Europa aus, an dem beide partizipierten und ein besonderes Interesse hatten. Die Kommunikation mit Orban bot Leibniz demnach, ähnlich wie die mit Des Bosses, einen

40 Vgl. zur Biografie Orbans vor allem Gilles 2009; Müller 2019; Krempl 1968; Hofmann 1994.

41 Vgl. dazu Müller 2019, S. 127–135; Krempl 1968; Gilles 2009, S. 295–301.

42 Zum Düsseldorfer Jesuitenkolleg und Gymnasium gibt es generell sehr wenig Sekundärliteratur, wodurch Orbans Aktivitäten schwer greifbar werden. Hinweise gibt Kniffler 1892, S. 33. Die Schilderungen über Orbans Sammlung aus einem Reisebericht nach einem Freiherren von Vohenstein von 1707 bis 1709 befinden sich auf Seite 12f.

Zugang zu ordensinternen Informationen und Netzwerken zu den wissenschaftlich tätigen Missionaren in China.[43]

Orbans innerjesuitisches Gelehrtennetzwerk, in dem (naturwissenschaftliches) Wissen und Objekte ausgetauscht wurden, erstreckte sich bereits im 17. Jahrhundert über die europäischen Jesuitenkollegien hinaus bis in die vorderasiatischen Missionsgebiete, nicht zuletzt weil Ingolstadt ein traditioneller Ausbildungsort für angehende Missionare war. Orban stand neben Des Bosses beispielsweise in Kontakt mit dem Linzer Mathematikprofessor Ernst Vols[44] und mit Mitgliedern der „berühmten Gruppe der Pekinger Hofjesuiten"; allen voran mit dem Mathematiker Caspar Castner, den er Anfang des 18. Jahrhunderts auf Besuch in Europa in Seligenthal in Bayern traf und dabei mehrere Bücher und Objekte aus Asien erhielt, wie eine Tracht, einen Perlmuttlöffel mit chinesischem Motiv oder Gegenstände aus Elfenbein.[45] Dieses Beispiel zeigt, wie Orban mithilfe seiner Kontakte zu den *„Confratribus"* außereuropäische Objekte, Raritäten, aber auch mathematische Instrumente sammelte. Nach der (Straf-) Versetzung Orbans nach Ingolstadt 1722 wurde seine Sammlung ab 1724 ebenfalls dorthin transferiert und im entstehenden Orbansaal aufgestellt. Wegen eines bisher fehlenden vollständigen Inventars des Saals aus Orbans Zeit können Umfang, Aufstellung und Zusammensetzung nicht eindeutig bestimmt werden.[46] Grundgedanke der Sammlung war jedoch das Prinzip der Kunst- und Raritätenkammer mit einer Aufteilung in *Artificialia, Naturalia* und *Scientifica,* die sowohl eine starke jesuitische als auch eine weltlich-höfische Prägung zeigte.[47] Im Verlauf des 18. Jahrhunderts sollte die repräsentative Ausstattung des Orbansaals mit einem Bildprogramm erfolgen. Zudem wurde er einerseits von

43 Vgl. Gilles 2009, S. 299–301. Zu den Briefen über die Chinamission siehe Widmaier/Babin 2017; Widmaier 2017.

44 Vgl. zur Linzer mathematischen Sammlung Hantschel 1910; Hantschel 1911.

45 Gilles 2009, S. 301–304. Zur Intention des Besuchs Castners schreibt Stephanie Gilles: „Caspar Castner gehörte zur ‚berühmten Gruppe der Pekinger Hofjesuiten'. Als er 1697 nach China kam, waren die Jesuiten auf dem Höhepunkt ihrer Einflusssphäre. Kaiser Kangxi ließ sich von ihnen in Mathematik, Geometrie und europäischer Philosophie unterrichten und es bestanden berechtigte Hoffnungen, den Kaiser von China zum Christentum bekehren zu können. Bereits 1692 hatte Kangxi das Toleranzedikt zur Verbreitung der christlichen Religion in China erlassen. Doch die jesuitische Akkomodationsmethode – also die weitestmögliche Anpassung an die Kultur der jeweilig zu missionierenden Gebiete, beispielsweise auch durch Kleidung und Haartracht – missfiel vielen katholischen Priestern und auch dem Papst. Es war Caspar Castner, der im Januar 1702 mit seinem belgischen Mitbruder François Noël nach Europa reiste, um das drohende Akkomodationsverbot durch Intervention beim Papst zu verhindern." (S. 302). Als im Jahr 1712 eine Nachfolge des jesuitischen Mathematikers und Missionars Castner in Peking gesucht wurde, tauschten sich sowohl Orban und Leibniz als auch Leibniz und Des Bosses über mögliche jesuitische Mathematiker für diesen Posten aus. Siehe zum Beispiel den Brief Leibniz' an Des Bosses vom 20. September 1712. Zitiert nach Zehetner 2007, S. 262. Siehe außerdem Widmaier/Babin 2017.

46 Es gibt eine Reihe unvollständiger und nur skizzenhaft entstandener Inventarlisten, welche nicht die vollständige Sammlung, aber Ausschnitte wiedergeben. Zu den Archivquellen siehe Stein 2018, S. 201–205.

47 Zur Zusammensetzung, Aufteilung und Nutzung des Orbansaals vgl. vor allem Krempl 1968; Hofmann 1994. Siehe außerdem Pomian 1994, S. 114f.

Reisenden und Adligen besucht und andererseits in zeitgenössischen museografischen Fachbüchern rezipiert, wie in der *Museographia* von Caspar Friedrich Jenckel.[48]

> „Das ‚Gesamtkunstwerk' des Museums mit dem Saalbau, mit Stuckierung, Ölbildern, den geplanten Fresken sowie der Sammlung, auch wenn sie aus Zufälligkeiten und grenzenloser Sammelleidenschaft entstanden war, ergab ein Himmel und Erde umspannendes System, eine Weltsicht, die in den vorgesehenen Deckenbildern die vier Elemente, die Künste und Wissenschaften und die Theologie in ihrer Unterordnung unter die göttliche Weisheit umgriff. Als P. Ferdinand Orban am 30. Dezember 1732 starb, widmeten ihm die *Litterae annuae* einen Nachruf, der alle ordensinternen Reibereien mit P. Orban vergessen ließ und in den Satz mündete: Reliquit collegio Ingolstadiensi praeter virtutum thesauros Museum varis rebus physicis, historicis, mathematicis mechanisque ac alis visu dignissimis adeo a se instructum, ut non tam Anglipolis Romae Kircherianum quam Roma Anglipoli Orbanicum invidere possit"[49]: „Orban hinterließ dem Ingolstädter Kolleg außer den Schätzen der Tugenden ein Museum, das er selbst so mit verschiedenen physikalischen, historischen, mathematischen, mechanischen und anderen sehenswerten Dingen eingerichtet hatte, sodass nicht Ingolstadt Rom um Kircher, sondern vielmehr Rom Ingolstadt um Orban beneiden könnte."

Die mathematisch-physikalischen Objekte wurden wohl recht bald nach dem Tod Orbans, spätestens jedoch 1754, aus dem nach ihm benannten Ausstellungsraum herausgenommen und in die bereits aus dem 17. Jahrhundert stammende eigene mathematische Sammlung des Ingolstädter Jesuitenkollegs sowie in die Sternwarte transferiert. Schon im 16. Jahrhundert hatten der an der Ingolstädter Universität tätige Peter Apian und im Anschluss sein Sohn Philipp, als dessen Nachfolger als Professor der Mathematik und Astronomie, wissenschaftliche Instrumente, vor allem Globen und Planetarien, in ihren Vorlesungen verwendet, die im Hörsaal aufbewahrt wurden. Nachdem die Jesuiten die Artistenfakultät übernommen und als eigene Spezialschule in ihr Jesuitenkolleg integriert hatten, wurden ebendort auch die bereits vorhandenen mathematischen Objekte aufgenommen. Zu Beginn des 17. Jahrhunderts erlebten Mathematik und Astronomie an der jesuitischen Artistenfakultät eine Hochphase, als der Jesuit Christoph Scheiner (1573–1650) zwischen 1610 und 1616 dort als Professor tätig war und unter anderem die Erforschung von Sonnenflecken maßgeblich voranbrachte. Für astronomische Beobachtungen nutzte Scheiner gemeinsam mit seinem Studenten Johann Baptist Cysat 1611 ein Turmzimmer ist der Jesuitenkirche. Spätestens ab 1637 existierte im Kolleg ein eigener mathematischer Turm.[50] „In Scheiner vereinigten sich in glücklicher Weise konstruktive Ideen und die zur Ausführung nötige mechanische Handfertigkeit", stellt schon Josef Schaff 1912 fest, bevor er Scheiners mathematische Instrumente und

48 „Unbestritten liegt dieser Programmatik eine jesuitische Gedankenwelt zugrunde, ob hier aber nicht eher die jesuitisch geprägte Erziehung gepaart mit der Kunstsinnigkeit des Kurfürsten entscheidend waren, werden weiterführende Studien erweisen." Gilles 2009, S. 304.

49 Hofmann 1992, S. 300.

50 Vgl. dazu vor allem die immer noch grundlegende Arbeit von Schaff 1912. Außerdem Zedelmaier, Helmut: Die Mathematisch-Physikalischen Sammlungen der Universität Ingolstadt im Kontext, in: Weigand, Katharina/Stein, Claudius (Hg.): Die Sammlungen der Ludwig-Maximilians-Universität München gestern und heute. Eine vergleichende Bestandsaufnahme 1573–2016, München 2019, S. 313–328.

Apparaturen wie den Ellipsenzirkel, den Storchschnabel beziehungsweise Pantografen, die *Machina Helioscopia*, das *Heliotropium*, ein magnetisches Deklinatorium und seine Experimente mit Fernrohren, Linsenkonstruktionen und *Camerae Obscurae* schilderte.[51] Die berühmte Darstellung Scheiners bei der Beobachtung der Sonnenflecken mit seiner *Machina Helioscopia* aus seinem Hauptwerk *Rosa Ursina sive sol* zeigt den Jesuiten in einer Sternwarte, umgeben von mathematisch-astronomischen Instrumenten wie Astrolabien, einem Zirkel, einem Lineal, einem Zylinderspiegel, einer Sonnenuhr, einem Quadranten und einer Armillarsphäre. Obgleich es sich um eine idealisierte und keine naturalistische Abbildung handelt, benutzte Scheiner ähnliche Instrumente auch in seinen Forschungen und Vorlesungen in Ingolstadt.

Auch vor und nach Scheiners Professorentätigkeiten fanden mathematische, geometrische, optische, astronomische und magnetische Objekte in der Lehre breite Anwendung.[52] Dennoch gab es im Ingolstädter Jesuitenkolleg keinen eigenen Ankaufsetat, das Armarium, der Ort für die Aufstellung der mathematischen Instrumente, entwickelte sich vielmehr im Verlauf des 17. Jahrhunderts von einer Ansammlung privat von den Professoren angeschaffter Lehr- und Forschungsobjekte (zuerst möglicherweise in einem Schrank) zu einem Sammlungsraum, dem Philosophischen Armarium im 18. Jahrhundert. Erweitert wurde die kollegseigene mathematische Sammlung durch Erbschaften und Stiftungen von jesuitischen Ordensbrüdern oder auch von Adligen. Mit den mathematisch-physikalischen Instrumenten aus dem Orbansaal kam Mitte des 18. Jahrhunderts, spätestens 1754, ein quantitativ beachtliches Konvolut in das Armarium, wenngleich zeitgenössische Quellen auf einen teils sehr schlechten Zustand und fehlende Funktionalität der Geräte hinweisen. Die Einführung einer eigenen Professur für Experimentalphysik 1748 sorgte für die notwendige Bestandserweiterung des Armariums um neue Objekte, welche Anwendung in den Vorlesungen finden sollten.[53] Am Kölner Jesuitenkolleg ist keine eigene Professur für die Experimentalphysik nachweisbar, wenngleich experimentelle Inhalte vom Mathematikprofessor gelehrt und demonstriert wurden. Erst nach Aufhebung des Ordens in den 1780er-Jahren bot der ehemalige Jesuit Jacob Heyder Kurse zur Experimentalphysik an.

51 Schaff 1912, S. 111–127, Zitat S. 112. Vgl. ebenso Goercke, Ernst: Christoph Scheiner, in: Jesuiten in Ingolstadt 1549–1773. Ausst. Kat. Stadtarchiv Ingolstadt, Wissenschaftliche Stadtbibliothek, Stadtmuseum Ingolstadt, Ingolstadt 1991–1992, hg. von Stadtarchiv Ingolstadt, Ingolstadt 1992, S. 140–159. Scheiners diverse Veröffentlichungen zur Astronomie und Mathematik befanden sich auch bereits Mitte des 17. Jahrhunderts in der Kölner Jesuitenbibliothek HAStK, Best. 223, A 35, Catalogus generalis bibliothecae 1628, fol. 278v; Catalogus Novus Bibliothecae 1725, S. 384.

52 Schaff beschreibt die Nutzung einzelner Instrumente detailliert anhand der jeweiligen Professoren und verschiedener zeitlicher Phasen: Schaff 1912.

53 Vgl. Zedelmaier 2019, S. 323f. Schaff 1912, S. 206–208. „Trotzdem nach 1750 wiederholt Beträge für das Armarium bereitgestellt wurden und ein eigener Mechaniker zur Verfügung stand, war im Jahre 1763 die Sammlung in einem sehr schlechten Zustand." (S. 206).

Nach der Aufhebung des Jesuitenordens 1773 wurden die ehemaligen jesuitischen Sammlungen mit denen der Universität[54] vereinigt und gingen in deren Besitz über, weshalb sie in verschiedenen Inventaren erfasst wurden. Die Listen dokumentieren die Bibliothek, den Orbansaal, in dem das kollegseigene Naturalienkabinett und auch die universitäre Knöringen-Kunstkammer eingegliedert worden waren, das mathematisch-physikalische Armarium und separat den Objektbestand der Sternwarte, einer Apotheke und eines Labors, wobei Provenienzen nicht (eindeutig) zu identifizieren sind.[55] Das Inventar des Orbansaals umfasste demzufolge Raritäten (insgesamt 185 Nummern), Conchylien oder Muscheln (101 Nummern), zoologische Objekte (121 Nummer), botanische Objekte (42 Nummern), Mineralien (390 Nummern), Gemälde (102 Nummern), Geschirr (10 Nummern), eine Vielzahl verschiedener Bücher, Karten und Kupferstiche und 16 Nummern wissenschaftliche Instrumente, darunter mehrere Globen, Spiegel, Sonnenuhren, eine Armillarsphäre, eine Wasseruhr und ein Kompass. Daneben führt das „Inventarium über die Instrumenten, und so anderen Sachen, welche in dem Philosophischen Armarien zu Ingolstadt vorhanden sind" 199 Nummern und das „Inventarium über die Mobilien, und Instrumenten in dem Mathematischen Observatorium zu Ingolstatt" 75 Nummern auf, die jedoch oft mehrere Stücke beinhalteten. Jeweils rund 50 Nummern befanden sich außerdem in der Apotheke und im Labor. Daneben wurden die Objekte und Geräte einer Materialkammer und einer Schreinerei aufgeführt.[56] All diese (Spezial-)Sammlungen wurden 1800 im Zuge der Verlegung der Universität ebenfalls nach Landshut transferiert und 1826 erneut nach München umgesiedelt. Heute haben sie sich teilweise in verschiedenen Universitätssammlungen der Ludwig-Maximilians-Universität München erhalten,[57] sind in verschiedene museale Einrichtungen übergegangen oder verloren. Rund 150 mathematisch-physikalische Instrumente aus jesuitischem Kontext gingen 1904 nach der Gründung in das Deutsche Museum München über und befinden sich dort bis heute.[58]

54 Vgl. zur Kunstkammer des Augsburger Fürstbischofs und Domherrn Johann Egolph von Knöringen, die seit einer Schenkung an die Universität im 16. Jahrhundert in Ingolstadt war: Stein 2018; Stein 2019.

55 Vgl. dazu den Beitrag Claudius Steins und Serena Parisis, die die Inventare des Orbansaals und der naturwissenschaftlichen Sammlungen aus dem Universitätsarchiv der LMU München und dem Bayerischen Hauptstaatsarchiv München publiziert und kontextualisiert haben. Ein herzlicher Dank gilt Claudius Stein für die Bereitstellung des Arbeitsstands für dieses Buch. Vgl. Stein, Claudius/Parisi, Serena: Das Inventar des Orban-Saals und der naturwissenschaftlichen Sammlungen des Jesuitenkollegs Ingolstadt von 1774, in: Righetti-Templer, Stephanie (Hg.): Die Universität Ingolstadt. Ein wissenschaftlicher Begleitband zum 550-jährigen Jubiläum, Ingolstadt 2024, S. 102–197.

56 Vgl. ebd. Die Inventare des Armariums, der Sternwarte, der Apotheke, des Labors, der Materialkammer und der Schreinerei befinden sich im Bayerischen Hauptstaatsarchiv München: BayHStA, Jesuitica 1948.

57 Siehe dazu vor allem Weigand/Stein 2019.

58 Vgl. Zedelmaier 2019, S. 325–317; Hagmann, Johannes-Geert: Das Physikalische Kabinett der Ludwigs-Maximilians-Universität im 19. und frühen 20. Jahrhundert, in: Weigand, Katharina/

Der Kernbestand der mathematisch-physikalischen Sammlung im Armarium und in der Sternwarte belief sich gemäß der Inventare auf 274 Nummern, die meist mehrere Einzelstücke umfassten, was den Kölner jesuitischen Bestand von 1774, der mit nur 74 Nummern erfasst wurde, um ein Vielfaches überstieg. Dennoch weisen die Sammlungen große Ähnlichkeiten auf. Zu finden waren beispielsweise (katoptrische) Spiegel, Zylinderspiegel, gemalte, jedoch nicht näher definierte Figuren, mehrere Mikroskope, darunter ein Sonnenmikroskop wie in Köln, vier hölzerne Sonnenuhren, eine *Camera Obscura*, eine *Laterna magica* neben vielen Instrumenten der Hydraulik, Hydrostatik, Aerometrie oder Elektrizität. Wegen der im Gegensatz zu Köln relativ frühen Einführung einer Professur für Experimentalphysik im Jahr 1748 waren letzte Objektgruppen vermutlich stärker vertreten, so wie auch der elektrische Bestand größer war und beispielsweise Magdeburger Halbkugeln oder Elektrisiermaschinen umfasste. In der Sternwarte gab es zum Beispiel mehrere große und kleine Globen, ein Gregorianisches und ein Newtonsches Teleskop, mehrere Armillarsphären, über zehn Fernrohre, zwei Astrolabien, mehrere Pantometer (nach Kircher) und weitere Messtische, 20 „meist verbrochene Sonnenuhren", eine *Laterna Magica*, eine *Camera obscura*, sechs Mikroskope oder mehrere Zirkel, was dem Ort entsprechend Objekte der Astronomie, Gnomonik, aber auch der Optik, Geometrie und Trigonometrie waren. Auffällig ist, dass einige der Nummern mit Zustandsbeschreibungen wie „schlecht", „unbrauchbar" oder „alt" versehen sind, obwohl es ab Mitte des 18. Jahrhunderts einen eigenen Mechaniker für das Armarium gab, was auf einen starken Gebrauch der Instrumente schließen lässt und zudem auf die lange Sammlungsgeschichte verweist.[59]

Eine regionale Einordnung und Bewertung der mathematisch-physikalischen Sammlungen der Universität Ingolstadt im 18. Jahrhundert nimmt Helmut Zedelmaier 2019 vor, die sich demnach

> „verglichen mit ihrer näheren Umgebung, mit den Sammlungen der bayerischen Klöster [...] oder mit denen der 1759 gegründeten Bayerischen Akademie der Wissenschaften [...] als ein eher kleines, überschaubares Ensemble [erwiesen]. Sie enthielten zwar in einzelnen Phasen ihrer Geschichte Instrumente und Apparate auf dem jeweils neuesten Stand der Technik, die das Interesse zeitgenössischer Besucher weckten. Doch waren Zustand und Qualität der Sammlungen jeweils abhängig von den besonderen Initiativen einzelner herausragender Gelehrter wie Peter und Philipp Apian oder Christoph Scheiner",[60]

was Zedelmaier jedoch als typisches Phänomen historischer mathematisch-physikalischer Sammlungen beschreibt.

Die Skizzierung der Geschichte der (mathematisch-physikalischen) Sammlung(en) des Ingolstädter Jesuitenkollegs ergab deutliche Parallelen aber auch Unterschiede zum Kölner Kolleg. Sowohl in Köln als auch in Ingolstadt gab es im 18. Jahrhundert verschiedene

Stein, Claudius (Hg.): Die Sammlungen der Ludwig-Maximilians-Universität München gestern und heute. Eine vergleichende Bestandsaufnahme 1573–2016, München 2019, S. 357–366.

59 Vgl. Stein/Parisi 2024. Siehe dazu auch das Kölner Inventar von 1774.

60 Zedelmaier 2019, S. 323.

Sammlungen und Einrichtungen von Wissensdingen, die in erster Linie für die Lehre angelegt worden waren: ein mathematisches Museum beziehungsweise Armarium, eine Sternwarte, ein Labor und eine Apotheke neben einer Bibliothek und dem ehemaligen Orbansaal mit weiteren Objekten der Naturgeschichte, Bildenden Kunst, Kunsthandwerk, Numismatik, (außereuropäischen) Raritäten und Antiquitäten. Im Armarium und der Sternwarte sind Überschneidungen im Hinblick auf die Objekte festzustellen, wobei jede naturwissenschaftliche Sammlung separat aufgestellt, verzeichnet und folglich als Spezialsammlung verstanden wurde.

Einen großen Unterschied gibt es hingegen in der Entwicklungsgeschichte dieser Wissenseinrichtungen generell und der mathematischen Sammlung im Speziellen und deren Funktion, wurden sie doch sehr viel früher, bereits zu Beginn des 17. Jahrhunderts, angelegt und nicht nur in der Lehre, sondern auch zu Forschungszwecken benutzt. Vor allem unter Christoph Scheiner erlebten der (angewandte) Mathematikunterricht und die Forschung eine Hochphase mit der Entwicklung eigener Instrumente und der Neuentdeckung astronomischer Phänomene in einer Sternwarte, wodurch das Ingolstädter Jesuitenkolleg europaweit als eines der frühen Beispiele mathematischer Sammlungs- und Forschungstätigkeit gilt. Im Gegensatz dazu lassen Berichte aus dem 18. Jahrhundert darauf schließen, dass der mathematische Objektbestand zwar umfangreich, jedoch schlecht erhalten oder gepflegt war. Diese Abnutzungserscheinungen können jedoch auch auf eine andauernde intensive Nutzung hinweisen, weil die einzelnen naturwissenschaftlichen Sammlungen der Mathematik im Armarium, der Astronomie in der Sternwarte, der Chemie im Laboratorium und der Chemie und Naturgeschichte in der Apotheke sich nicht nur räumlich spezialisierten, sondern auch neue Instrumente hinzukamen, die die Auseinandersetzung mit neuen Techniken erkennen lassen. Dies ist zum Beispiel im größeren elektrischen Bestand des Armariums im Vergleich zu Köln zu erkennen. Anders als in Köln ist für das Ingolstädter Armarium belegt, dass Studenten erst ab dem Abschluss des Lizenziats die Sammlungsgegenstände nutzen konnten, was in der Domstadt ebenso vorstellbar ist.

Eine weitere Besonderheit war das Orbansche Museum, das dem Ingolstädter Jesuitenkolleg viel Bekanntheit unter den Jesuiten und über die Ordensgrenzen hinaus und eine umfangreiche Sammlung verschiedenster Gegenstände einbrachte. In der Sammlung werden zum einen Spezifika des Jesuitenordens wie das interne Netzwerk, der intensive Austausch mit den Missionsgebieten und auch die jesuitische Wissenskultur und die Affinität zum Anlegen einer „jesuitischen Kunst- und Wunderkammer" in der Tradition Kirchers erkennbar, zum anderen ist sie auch ein nur in Teilen erhaltenes materielles Zeugnis der breiten externen und auch transkonfessionellen Vernetzung eines jesuitischen Akteurs, der seine religiösen Tätigkeiten am Hof dazu nutzte, die Sphären seines geistlichen Einflussbereichs in die höfische Diplomatenpraxis zu erweitern und so eine intensive Tauschpraxis und einen Transfer von Gaben, Wissen und auch Gunst zu erwirken.[61] Die in Ingolstadt aufgestellte Sammlung dieses eigenwilligen Jesuitenpaters Ferdinand Orban erhielt einen repräsentativen Museumssaal, dem ein eigener Kustos vorstand und der im 18. Jahrhundert außerdem mit Porträts berühmter jesuitischer (Natur-)Wissenschaftler, Mathematiker und *Sammler* wie Christoph Scheiner, Athanasius Kircher oder Ferdinand Orban selbst ausgestattet wurde. Das Museum war jedoch kein Ort der Lehre oder der Objektanwendung generell, da das Wissen um Funktionen und Besonderheiten durch die personelle Bindung der Sammlung an Orban nach dessen Tod oftmals verloren gegangen war. Die mathematischen Objekte hingegen wurden wahrscheinlich recht bald nach Orbans Tod, spätestens jedoch 1754, in das Armarium überführt und in dieser Sammlung zumindest für die Lehre der oberen Klassen verwendet.

> „Der Weg führte auch der Orban'schen Sammlung einerseits zum Laboratorium wie im Fall der Ausgliederung der mathematisch-physikalischen Geräte, andererseits zu wissenschaftlichen Spezialsammlungen in der Zuweisung an einzelne Universitätsinstitute. Der enzyklopädische Entwurf, die Idee des Mikrokosmos als Vergegenwärtigung des Makrokosmos verfing nicht mehr."[62]

Das Sammeln von mathematischen Instrumenten und das Anlegen von Sammlungen kann folglich als übergreifendes Phänomen in Jesuitenkollegien beschrieben werden, wobei es anscheinend große Parallelen in den Objektbeständen gegeben hat. Gewisse Standardobjekte gehörten zur typischen Ausstattung mathematischer Museen, zum Beispiel astronomische Instrumente wie Globen, Armillarsphären und Astrolabien, außerdem astronomische Uhren und geometrische Messgeräte aller Art. Was gesammelt wurde, war demnach in Bezug auf Objektgruppen sowie Einzelobjekte oft ähnlich. Am Beispiel von Ingolstadt ist aber auch deutlich geworden, wie unterschiedlich einzelne Kollegien sammelten und wie kontext- und in erster Linie akteursabhängig dies geschah.

61 Vgl. dazu vor allem die aktuell entstehenden Arbeiten von Elisa Ludwig, München, und Müller 2019. „Insgesamt zeigen die Konflikte [mit den Ordensoberen], die sich durch Orbans Leben ziehen, dass er eine von seinem Orden möglichst unabhängige, hofnahe Tätigkeit anstrebte. Hierfür war er sogar bereit, gegen die Vorschriften des Jesuitenordens zu verstoßen und ein schlechtes Verhältnis mit seinen Vorgesetzten zu riskieren. Seine Sammlung war ein essentieller Bestandteil seiner höfischen Identität. In der Sammlung waren seine adeligen Patrone in Form verschiedenster Geschenke präsent, die wie ein materieller Beweis für die ihm zuteilgewordene Anerkennung bei Hof wirkten. Daher sollten diese Objekte für Sammlungsbesucher als persönliche Geschenke an Orban erkennbar sein, und nicht für Stiftungen an den Jesuitenorden gehalten werden, was ihn in die Rolle eines Kurators zurückgedrängt hätte. Nach Orbans Tod verlor die Sammlung ihre Funktion als Instrument zum Aufbau eines sozialen Status und zur Pflege von Patronageverhältnissen. Die Sammlungsstücke, vor allem die Geschenke, waren zu eng mit Orban als Person verbunden, als dass ihre späteren Verwalter am Ingolstädter Jesuitenkolleg sie für ähnliche Zwecke hätten nutzen können. Als der Orbansaal 1773 in den Besitz der Universität Ingolstadt überging, entsprach seine Konzeption als Kunst- und Raritätenkammer auch nicht mehr den zeitgenössischen Ansprüchen an eine wissenschaftliche Sammlung, die für Lehre und Forschung nutzbar sein sollte." (S. 139).

62 Hofmann 1994, S. 673. Vgl. dazu auch Krempl 1968, S. 177.

2. Eine protestantische Universitätssammlung: Göttingen

Die mathematisch-physikalischen Instrumentensammlungen der Göttinger Universität gehören zu den am besten wissenschaftlich aufgearbeiteten naturwissenschaftlichen Universitätssammlungen der deutschsprachigen Gebiete, was zum einen damit zusammenhängt, dass ein Großteil des Objektbestands heute erhalten und sowohl digital als auch museal präsent ist,[63] und zum anderen auf die enge Verknüpfung eines Teils der Sammlung mit dem berühmten Naturwissenschaftler Georg Christoph Lichtenberg (1742–1799) zurückzuführen ist. In den letzten Jahren sind nicht nur zwei Dissertationen zu den Göttinger mathematisch-physikalischen Sammlungen entstanden, sondern auch eine mehrbändige Edition zu Lichtenbergs Vorlesungen und seinem Instrumentenverzeichnis, die analog und auch digital abrufbar ist.[64] Oliver Zauzig konstatiert 2021: „[B]isher ist keine physikalische Universitätssammlung so gut erforscht wie die Göttinger."[65] Somit bildet das Göttinger Physikalische Kabinett Georg Christoph Lichtenbergs sehr gute Voraussetzungen für eine Kontextualisierung mit der Kölner Sammlung.

Zauzig stellt ebenso fest, das Physikalische Kabinette im deutschsprachigen Gebiet in ihrer Breite bislang in der Forschung eher vernachlässigt worden seien, was vor

63 Siehe dazu die historischen Instrumente im Sammlungsportal der Georg-August-Universität Göttingen: Physicalisches Cabinet, in: Sammlungsportal der Georg-August-Universität Göttingen, https://sammlungen.uni-goettingen.de/sammlung/slg_1020/ [zuletzt aufgerufen am 16.03.2024]. Mit der Eröffnung des interdisziplinären Universitätsmuseums „Forum Wissen" in Göttingen im Jahr 2022 gewinnt die deutsche Museumslandschaft ein neuartiges Museum, das „das Wissen-Schaffen selbst und seine Ergebnisse sichtbar" macht, wobei auch die mathematisch-physikalischen Instrumente als Wissen schaffende und vermittelnde Ausstellungsobjekte inbegriffen sind.

64 Vgl. Georg Christoph Lichtenberg. Gesammelte Schriften. Lichtenberg online, 7 Bde., hg. von Akademie der Wissenschaften zu Göttingen, Göttingen 2017, https://lichtenberg.adw-goe.de/ [zuletzt aufgerufen am 31.07.2024]. „Den Kern der Ausgabe bilden die in den Bänden 3 bis 5 mit textkritischen Anmerkungen und Sacherläuterungen versehenen ‚Notizen und Materialien' zu Lichtenbergs Vorlesungen. Band 1 ist der Abdruck des Handexemplars des von Lichtenberg in den Vorlesungen verwendeten Lehrbuchs mit seinen Randbemerkungen, Band 2 die Neuausgabe einer Nachschrift eines seiner Studenten. Band 6 enthält eine illustrierte Edition des Verzeichnisses von Lichtenbergs physikalischen Geräten." Zauzig 2022; Zauzig 2021; Meyerhöfer 2020. Verwiesen sei auch auf die ältere, aber grundlegende Literatur von Friedrich Hund: Hund, Friedrich: Die Geschichte der Göttinger Physik, Göttingen 1987. Neben der Sammlung und den wissenschaftlichen und didaktischen Tätigkeiten Georg Christoph Lichtenbergs sei auch auf die jüngsten Forschungen zur Lehre und der Instrumentensammlung des älteren Bruders Ludwig Christian Lichtenberg (1737–1812) hingewiesen: Kleinert, Andreas: Wie originell ist die Gothaer Vorlesung zur Naturlehre? Ludwig Christian Lichtenbergs Manuskript und die Élemens de physique théorique et expérimentale von Joseph-Aignan Sigaud de La Fond, in: Schmidt-Funke, Julia Annette/Berg, Gunhild/Mulsow, Martin (Hg.): Das Schloss als Hörsaal. Ludwig Christian Lichtenbergs „Vorlesung über die Naturlehre" und die residenzstädtische Wissensproduktion um 1800, Stuttgart 2021, S. 183–192. Ludwig Christian Lichtenberg war ebenso Naturwissenschaftler und wirkte am Hof Ernst II. von Sachsen-Gotha-Altenburg, wo er im Schloss Friedenstein das Physikalische Kabinett maßgeblich prägte und um physikalische Instrumente erweiterte, wodurch die Gothaische Sammlung sehr gut ausgestattet war. Den „sammelnden Professor" Lichtenberg untersuchte Miriam Müller kürzlich im Kontext anderer personeller Beispiele: Müller 2020.

65 Zauzig 2021, S. 311.

allem mit der schlechten Überlieferungslage der Instrumente und mit dem Umgang mit ihnen zusammenhänge, waren diese doch Gebrauchsgegenstände und wurden im 19. und 20. Jahrhundert wegen fehlender oder überholter Funktionalität noch vor der Entstehung technischer Museen aussortiert. In seinem Aufsatz skizziert er verschiedene universitäre Physikalische Kabinette in Rostock, Würzburg, Ingolstadt, Tübingen, Marburg, Freiburg, Leipzig und Heidelberg und kommt zu dem Schluss, dass diese Kabinette meist in lokalhistorischen Arbeiten thematisiert und bislang weniger unter aktuellen Forschungsfragen bearbeitet worden seien. Auffällig ist, dass die von Zauzig benannten Beispiele aus Würzburg, Ingolstadt und Freiburg auf jesuitische mathematisch-physikalische Sammlungen zurückgehen und in den dem Jesuitenorden unterstehenden universitären Einrichtungen angelegt oder entscheidend ausgestaltet wurden, was den jesuitischen Einfluss auf das mathematisch-physikalische Sammeln und die experimentelle Anwendung von Instrumenten im Unterricht in der Frühen Neuzeit unterstreicht.[66]

Zauzig unterscheidet dabei nicht zwischen katholischen und protestantischen Universitäten, sondern untersucht Kabinette als übergreifendes Phänomen. Ob und inwiefern das in der (Kölner) Literatur vielfach festgestellte Gefälle zwischen den protestantischen und den katholischen Universitäten des Alten Reichs auch im Hinblick auf Wissenseinrichtungen generell und Physikalische Kabinette im Besonderen zutrifft oder ob es parallele Entwicklungen gibt, wird anhand der Beispiele Köln und der „Reformuniversität" Göttingen ausschnitthaft beleuchtet. Auf einer Metaebene ergibt sich ein differenzierteres Bild, das lokale Kontexte und personelle Besonderheiten ebenso mitbedenken muss wie übergreifende und parallele wissenschaftsgeschichtliche Entwicklungen. „In short, the situation of universities in eighteenth-century Germany cannot be reduced to one in which a monolithic Catholic bloc faced a similarly unified Protestant one."[67]

66 Ebd., S. 304–310. Die Ursprünge der Würzburger Sammlung liegen im 17. Jahrhundert und gehen möglicherweise auf Caspar Schott zurück, den Schüler Athanasius Kirchers, der ab 1655 Mathematik- und Physikprofessor an der Würzburger Universität war. In Freiburg war der Jesuit Ignaz Zanner (1725–1801) als Mathematik- und Physikprofessor maßgeblich mit dem Aufbau und auch der Anwendung des spätestens seit Mitte des 18. Jahrhunderts bestehenden Kabinetts verbunden.

67 Hellyer 2005, S. 216. Ulrich Hauser vergleicht das Kölner Mathematisch-Physikalische Kabinett mit dem der 1409 gegründeten Universität Leipzig, in der ab 1710 physikalische Instrumente im Unterricht der Experimentalphysik Anwendung fanden, die jedoch ebenso aus den Sammlungen der Professoren stammten. Ab 1785 wurde ein eigenes „Physikalisches Kabinett" eingerichtet. Ein jährliches Budget und einen angestellten Mechaniker gab es ab 1809. Hauser zufolge waren viele katholische Universitäten des Alten Reichs wie Köln, Heidelberg oder auch Erfurt nach dem Dreißigjährigen Krieg „geistig ausgezehrt und zunehmend erstarrt in der scholastischen Tradition", während sich die Universität Leipzig wirtschaftlich erholt habe und im Zuge der Aufklärung aufgeblüht sei. Hauser 1985, S. 56f. Zur Leipziger Sammlung vgl. ebenso Zauzig 2021, S. 309f. Siehe zum Unterschied katholischer und protestantischer Universitäten im Alten Reich generell auch Dickerhof, Harald: Die katholischen Universitäten im Heiligen Römischen Reich deutscher Nation des 18. Jahrhunderts, in: Hammerstein, Notker (Hg.): Universitäten und Aufklärung, Göttingen 1995, S. 21–47. Die alte Kölner Universität findet hier allerdings keine Erwähnung. Schindling, Anton: Die protestantischen Universitäten im Heiligen Römischen Reich deutscher Nation im Zeitalter der Aufklärung, in: Hammerstein, Notker (Hg.): Universitäten und Aufklärung, Göttingen

Die Sammlung historischer physikalischer Instrumente, das sogenannte *Physicalische Cabinet* der 1734 von Georg II. (1683–1760), König von Großbritannien und als Georg August auch Kurfürst von Hannover, gegründeten Göttinger Universität blickt auf eine vergleichsweise kurze universitäre Sammlungsgeschichte zurück. Im Folgenden steht die Periode des Professors der Experimentalphysik, Georg Christoph Lichtenberg, im Zentrum: Der in der Nähe von Darmstadt geborene Lichtenberg studierte bereits an der Universität Göttingen und besuchte zwischen 1763 und 1767 die mathematischen und physikalischen Vorlesungen Abraham Gotthelf Kästners (1719–1800), der auch Leiter der Universitätssternwarte war. Bereits in seinem Elternhaus soll Lichtenberg mit physikalischen Instrumenten in Berührung gekommen sein, die sein Vater, der protestantische Pfarrer Johann Conrad Lichtenberg (1689–1751) seinen Söhnen vorgeführt hatte. Nach seinem Studium unternahm er mehrere Reisen unter anderem nach England, interessierte sich besonders für Astronomie und besuchte beispielsweise die königliche Sternwarte in London. 1778 begann Lichtenberg seine Vorlesungen der Experimentalphysik, die er von dem zuvor verstorbenen Johann Christian Polycarp Erxleben (1744–1777) übernommen hatte und auf Basis von dessen Buch *Anfangsgründe der Naturlehre* fortführte und maßgeblich weiterentwickelte. Bereits vor der Aufnahme der Vorlesungen hatte Lichtenberg begonnen, aus eigenen finanziellen Mitteln neueste physikalische Instrumente für seinen Unterricht zu erwerben und diese in seinem Auditorium zu bewahren. Diese Sammlung übergab Lichtenberg 1789, vor allem wegen seines schlechten Gesundheitszustands, an die Göttinger Universität und erhielt dafür eine Leibrente von 200 Talern pro Jahr. Bis zu seinem Tod im Jahr 1799 hielt er seine Vorlesung der Experimentalphysik, in der er sowohl die selbst gesammelten als auch an der Universität vorhandene Instrumente vorführte.[68]

Die just gegründete Göttinger Universität profitierte zu Beginn von zwei Schenkungen von Sammlungen: zum einen direkt im Gründungsjahr der „Reformuniversität" 1734 von dem ehemaligen königlich-britischen Staatsminister und Geheimen Rat Joachim Heinrich von Bülow (1650–1724) und zum anderen 1736 von dem Frankfurter Patrizier Johann Friedrich von Uffenbach (1687–1769). Das Gros beider Sammlungen bildeten Bücher, daneben Handschriften und mathematische und physikalische Objekte. Uffenbach hatte 1709 bis 1711 zusammen mit seinem Bruder, dem Bibliophilen Zacharias Konrad von Uffenbach, eine ausgedehnte Reise durch Europa unternommen, die später in dem mehrbändigen Werk *Merkwürdige Reisen* beschrieben wurde. Beide

1995, S. 9–19. Eine konfessionsübergreifende Betrachtung von „Wissensdingen" an Universitäten des Alten Reichs unter Herausstellung von Spezifika und Parallelen bietet Müller 2020.

68 Vgl. zur Vorlesung Lichtenbergs zum Beispiel die Einleitung in Georg Christoph Lichtenberg. Gesammelte Schriften. Vorlesungen zur Naturlehre. Lichtenbergs annotiertes Handexemplar der vierten Auflage von Johann Christian Polykarp Erxleben: „Anfangsgründe der Naturlehre", 7 Bde., Bd. 1, hg. von Akademie der Wissenschaften zu Göttingen und der Technischen Universität Darmstadt, Göttingen 2005.

legten Sammlungen an. Johann Friedrich von Uffenbach versprach sein Konvolut bereits 1736 der Göttinger Universität, übergab die Schenkung allerdings erst 1769/1770.[69]

Weil an der neuen Universität zunächst kein fester Platz für eine mathematisch-physikalische Sammlung vorgesehen war, wurden die Objekte Bülows vorerst gemeinsam mit seiner Büchersammlung in der Bibliothek untergebracht, die eine maßgebliche Basis des Buchbestands bildete. Bis zur Jahrhundertwende gab es keinen festgelegten Ort für die Einrichtung eines Physikalischen Kabinetts, auch weil die Professoren der Experimentalphysik – Erxleben und Lichtenberg – ihre eigenen Sammlungen anlegten, diese (zum großen Teil) selbst finanzierten und direkt im Auditorium aufbewahrten. Erxleben benutzte in seinen Vorlesungen der Experimentalphysik ab Ende der 1760er-Jahre bis zu seinem frühen Tod 1777 eigene Instrumente, die seine Witwe – zum großen Unmut Lichtenbergs – als Sammlung von 90 Objekten und einem „Vorrath von allerley mechanischen, statischen, hydrostatischen, astronomischen, optischen und mathematischen Instrumente[n]" verkaufte.[70] Der Mathematikprofessor Kästner hatte einige Instrumente, viele aus der Bülowschen Schenkung, zwischenzeitlich im Observatorium aufbewahrt, bevor 1763 die sogenannte Königliche Modellkammer fest eingerichtet wurde und die Objekte, ab 1770 auch solche aus der Uffenbachschen Schenkung, darin Platz fanden. Die Modellkammer existierte neben dem *Physicalischen Cabinet* Lichtenbergs, das ebenso Instrumente Uffenbachs enthielt und sich erst nach dem Tod des Professors der Experimentalphysik 1799 schließlich institutionalisierte.[71]

Lichtenbergs Nachfolger Johann Tobias Mayer (1752–1830) übernahm sowohl die Vorlesung als auch die Sammlung, die Anfang des 19. Jahrhunderts gemeinsam mit der Modellkammer in das neue universitäre Willichsche Haus überführt wurde und dort im sogenannten Museum neben einem physikalischen Auditorium aufgestellt wurde.[72] Lichtenbergs Objekte wurden auch zu Beginn des 19. Jahrhunderts noch stark in der Lehre eingesetzt und erst nach und nach teilweise durch neuere abgelöst und ersetzt. 1849 wurde schließlich ein Großteil der zu der Zeit bereits historischen Instrumente aussortiert oder zerstört, an Schulen abgegeben oder weiterverkauft, wodurch einige der historischen Instrumente im Städtischen Museum in Göttingen gelandet sind.[73]

Interessant sind die Praktiken, anhand derer Georg Christoph Lichtenberg seine Instrumentensammlung anlegte, denn er kaufte sie nicht nur mit eigenen finanziellen Mitteln und stellte sie zusammen, sondern fertigte auch eigene Instrumente oder baute sie nach Vorlagen nach. Dafür gab es einen Mechaniker, der für die Konstruktion

69 Vgl. Lichtenberg 2017a, S. XLIII–LI. Über die Motive der Schenkung, den langen Weg der Übergabe der Sammlung an die Universität Göttingen und die Zusammensetzung der Sammlung vgl. Meyerhöfer 2020; Meyerhöfer, Dietrich: Lichtenberg und die Sammlung der wissenschaftlichen Geräte des Frankfurter Patriziers Johann Friedrich Armand von Uffenbach, in: Lichtenberg-Jahrbuch 11/12 (1987), S. 113–160.

70 Lichtenberg 2017a, S. LXX.

71 Vgl. dazu die neue Publikation von Oliver Zauzig: Zauzig 2022.

72 Vgl. Lichtenberg 2017a, S. LXXIV–XCIX und S. CXIII–CXXVIII; Zauzig 2022, S. 101–112.

73 Vgl. Zauzig 2021, S. 313.

von Instrumenten zuständig war sowie bei der Vorführung der Experimente während der Vorlesung assistiert hat. Ein Beispiel für Instrumente aus eigener Herstellung sind die bereits beschriebenen Anamorphosen der Spielkartenfarben Pik und Kreuz, die er vermutlich durch Jean-Antoine Nollets *L'Art des expériences* kannte (Abb. 128 und Abb. 129). Die Anfertigung führte Lichtenberg entweder selbst aus, oder er wurde dabei von dem Mechaniker unterstützt, möglicherweise von dem Optiker Johann Christian Baumann (1711–1782).[74]

Auch der gelernte Uhrmacher Johann Andreas Klindworth (1742–1813) war für Lichtenberg tätig und soll Thermometer, Elektrisiermaschinen, Elektroskope, Pyrometer und Uhren im Auftrag angefertigt haben. Neben der Herstellung und Assistenz in Vorlesungen kümmerte er sich auch um die Pflege der Sammlung.[75] Zuletzt war Johann Hermann Seyde (1768–1813) seit 1792 für Lichtenberg tätig, der ebenfalls Instrumente herstellte, instand hielt und assistierte. Lichtenberg übertrug ihm sogar die Unteraufsicht über das Physikalische Kabinett, das er zu der Zeit bereits der Universität übergeben hatte. Seyde arbeitete auch unter Johann Tobias Mayer weiter für das Kabinett. Wenngleich Lichtenberg Mechaniker und Assistenten zur Verfügung gestanden haben, war deren Finanzierung nicht durchgängig gut und gesichert, sodass er sie teilweise selbst anstellte.[76]

Die von Lichtenberg in seiner Vorlesung benutzten Instrumente sind durch mehrere Verzeichnisse belegt. Im Folgenden wird die Sammlung und ihre Zusammensetzung summarisch erfasst, wobei einzelne Objektgruppen, die sich auch im Kölner Bestand nachweisen lassen, exemplarisch benannt werden. Im Jahr 1789 legte Lichtenberg ein Inventar seiner eigenen Sammlung an, um sie für die Übergabe an die Universität Göttingen zu dokumentieren und zu revidieren. Bei Übernahme der Vorlesungen Erxlebens 1777 hatte er nur über wenige Instrumente verfügt und vergrößerte seine Lehrsammlung in den folgenden Jahren deutlich: Das Verzeichnis umfasst 343 Nummern,[77] wobei erneut teilweise einzelne, teilweise mehrere Stücke pro Nummer erfasst werden. Die Sammlung ist dabei in 13 verschiedene Rubriken unterteilt, die auf dem Inhalt der Vorlesungsschrift *Anfangsgründe der Naturlehre* basierten:

Nach einer Einleitung folgt ein zweiter Abschnitt mit Instrumenten „Über die Körper überhaupt" (18 Nummern), woran sich drittens der Abschnitt „Von der Bewegung" (6 Nummern), viertens „Statik und Mechanik" (27 Nummern), fünftens „Hydrostatik" (22 Nummern), sechstens der Abschnitt zur „Wirkung der anziehenden Kraft bei flüssigen Körpern"

74 Vgl. Lichtenberg 2017a, S. 363–369; Zauzig 2021, S. 313.

75 Zur Rolle von Mechanikern und Assistenten für Physikalische Kabinette generell und zum (professionellen) Verhältnis zwischen Lichtenberg und Klindworth vgl. vor allem Müller 2020, S. 160–164. Miriam Müller beschreibt treffend die Wichtigkeit von Assistenten und Mechanikern und die gegenseitigen Abhängigkeitsverhältnisse, die dadurch entstanden. So konnte Lichtenberg ohne Assistenz Klindworths einige Experimente nicht durchführen. Er übernahm im Krankheitsfall sogar die Vorlesungen Lichtenbergs. Wegen zu vieler paralleler beruflicher Verpflichtungen und Aufträge kam es schließlich zum Bruch zwischen Lichtenberg und seinem Assistenten.

76 Vgl. Lichtenberg 2017a, S. XCIX–CIII; Zauzig 2021, S. 313.

77 Vgl. Lichtenberg 2017a, S. 1–278.

(8 Nummern) und siebtens die Instrumente „Von der Luft“ (102 Nummern) anschließen, wobei letzterer der quantitativ umfangreichste Abschnitt ist und beispielsweise mehrere Luftpumpen, große Magdeburger Halbkugeln, Instrumente für Experimente mit Vakuum und Barometer sowie Manometer enthält. Der achte Abschnitt befasst sich mit den Instrumenten „Vom Lichte“ (53 Nummern), in dem zum Beispiel Spiegel verschiedener Arten, darunter Anamorphosen mit zwei Zylinderspiegeln, Prismen, ein künstliches Auge, viele Fernrohre, ein Gregorianisches Spiegelteleskop und Mikroskope aufgeführt sind. Der neunte Abschnitt beinhaltet Instrumente „Von der Wärme und der Kälte“ (21 Nummern), während die „Elektricität“ (60 Nummern) den zehnten Abschnitt unter anderem mit mehreren Elektrisiermaschinen, Leidener Flaschen, Konduktoren, Elektrometern und den Lichtenbergfiguren bildet. Im elften Abschnitt werden die Instrumente des „Magnetismus“ (16 Nummern) aufgeführt, wie künstliche Magnete oder magnetische Kompasse. Der zwölfte und letzte Abschnitt schließlich versammelte Geräte der „Physik“ und Sonstiges (10 Nummern), darunter zum Beispiel ein Donnerhäuschen.[78]

Nach dieser Revision und formalen Übergabe an die Universität schaffte Lichtenberg zwischen den Jahren 1789 und 1799 weitere Instrumente an und benutzte sie in der Lehre. Ein Dokument dieser neuen Objekte und weitere, die „von anderen Orten zu gekommen sind, und noch nicht verzeichnet waren“ sowie Nachträge aus demselben Zeitraum umfassen noch einmal 133 Nummern, die in dieselben inhaltlichen Abschnitte unterteilt sind, wobei der Bereich „Von der Luft“ erneut der umfangreichste ist.[79] Dieses als Anhang mit verschiedenen Nachträgen bezeichnete Dokument legte Johann Tobias Mayer bei Übernahme des Lehrstuhls der Experimentalphysik an. Zu finden sind zum Beispiel Thermometer, unterschiedliche Luftpumpen, ein Hygrometer, Leidener Flaschen, ein Astrolabium, mehrere Globen, die zuvor in der Bibliothek gestanden hatten, eine Sonnenuhr, eine Bussole oder verschiedene geometrische Modelle.

Viele der von Lichtenberg angekauften und benutzten Instrumente stammen aus England oder von englischen Herstellern wie beispielsweise Nairne & Blunt, den Herren Hurter und Haas, John und Peter Dolland, Edward Adriaan Troughton oder William Deane, die in London tätig waren. Bei seinen Reisen ins britische Königreich hat sich Lichtenberg demnach sowohl gute Kenntnisse über die englischen Instrumente der Physik angeeignet als auch Kontakte zu dortigen Herstellern und Händlern aufgebaut.[80] Des Weiteren befanden sich beispielsweise mehrere Instrumente von Georg Friedrich Brander, Renard aus Berlin oder Jacques Paul aus Genf in der Sammlung, von denen ebenso Objekte im Kölner Kabinett nach 1799 zu finden waren.

78 Vgl. ebd.
79 Vgl. ebd., S. 435–563.
80 Bei seinen Englandreisen hatte Lichtenberg sogar die experimentalphysikalischen Vorlesungen des schottischen Physikers und Astronomen James Ferguson (1710–1776) in London besucht. Vgl. Lichtenberg 2005, S. XVII. Bereits während dieser Reisen soll Lichtenberg die „werthvollsten Instrumente“ dort angekauft haben. Lichtenberg 2017a, S. XCV.

Neben den eigens erworbenen oder hergestellten Instrumenten Lichtenbergs nutzte er auch die mathematisch-physikalischen Objekte aus der Uffenbachschen Schenkung in seinen Vorlesungen. 1791 wurde ein „Verzeichniß dessen, was aus dem Uffenbachischen Apparat zu der physicalischen Instrumentensammlung an Herrn Hofrath Lichtenberg ist abgegeben worden" angelegt.[81] Es umfasst 234 Nummern, wobei rund 20 Objekte bereits in die Modellkammer ausgelagert und circa zehn als fehlend angegeben werden. Dieser Uffenbachsche Teil der Sammlung folgt einer anderen Ordnung: Die Instrumente sind in die Gruppen Arithmetik, allgemeine geometrische Instrumente, Mechanik, Optik und Perspektive, Gnomonik, Instrumente der Architektur und Artillerie und sonstige Objekte unterteilt. Dabei nimmt die Gruppe der geometrischen Instrumente den umfangreichsten Teil ein, da sie aus 33 Nummern besteht, wobei eine Nummer ein Objekt mit sechs Schubladen umfasst, in dem jeweils mehrere kleine Instrumente wie Lineale, Quadranten, Zirkel oder Winkel untergebracht sind. Des Weiteren beinhaltet der Bereich Geometrie zum Beispiel Astrolabien von Le Fevre in Paris, Messinstrumente oder Graphometer. Auch die Gruppe der Optik und Perspektive ist sehr gewichtig und umfasst Mikrometer, verschiedene astronomische Tuben, Fernrohre, Mikroskope mit unterschiedlichen Objektträgern, mehrere *Camerae obscurae*, das Modell eines Auges, eine *Laterna magica*, eine Reihe von Spiegeln, Brenngläser und ein Set von Anamorphosen, von denen eines Uffenbachs Wappen zeigte und sich damit als eine Auftragsarbeit oder eine eigene Fertigung des Frankfurter Patriziers erweist (Abb. 148).[82] Die Abteilung der Gnomonik beinhaltet Kompasse, verschiedene Sonnenuhren, einen Sonnenring, Zylinder- und horizontale Sonnenuhren, aus Holz und Messing, und eine Sternenuhr. Zuletzt werden sonstige zur Naturforschung gehörigen Stücke aufgeführt, unter denen sich zum Beispiel Magneten, mehrere Globen und zwei Armillarsphären befinden. Die Globen stammten einerseits von Johann Gabriel Doppelmayr in Nürnberg aus dem Jahr 1728 und zwei kleine Exemplare mit vier Zoll im Durchmesser andererseits von Vincenzo Coronelli.[83]

Im Hinblick auf den großen Umfang unterschiedlichster Instrumente und auch an Quellenmaterial zu Lichtenbergs Vorlesungen, das zum einen von ihm selbst, zum anderen von seinen Hörern und Studenten stammt – zum Beispiel von dem ungarischen Studenten Gottlieb Gamauf (1772–1841), der seine *Erinnerungen aus Lichtenbergs Vorlesungen* auf Basis seiner Vorlesungsmitschriften zwischen 1793 bis 1796 verfasste und ab 1808 in mehreren Bänden herausgab[84] – werden im Folgenden beispielhafte

81 Vgl. Lichtenberg 2017a, S. 279–434. Vgl. zur Sammlung und dem Inventar außerdem Meyerhöfer 2020; Meyerhöfer 1987.
82 Vgl. Lichtenberg 2017a, S. 370–377.
83 Vgl. ebd., S. 420–426.
84 Vgl. dazu die Edition und die Einleitung in Georg Christoph Lichtenberg. Gesammelte Schriften. Vorlesungen zur Naturlehre. Gottlieb Gamauf: „Erinnerungen aus Lichtenbergs Vorlesungen". Die Nachschrift eines Hörers, 7 Bde., Bd. 2, hg. von Akademie der Wissenschaften zu Göttingen und der Technischen Universität Darmstadt, Göttingen 2008, S. XXXV–XL. Weitere „Zeugnisse über

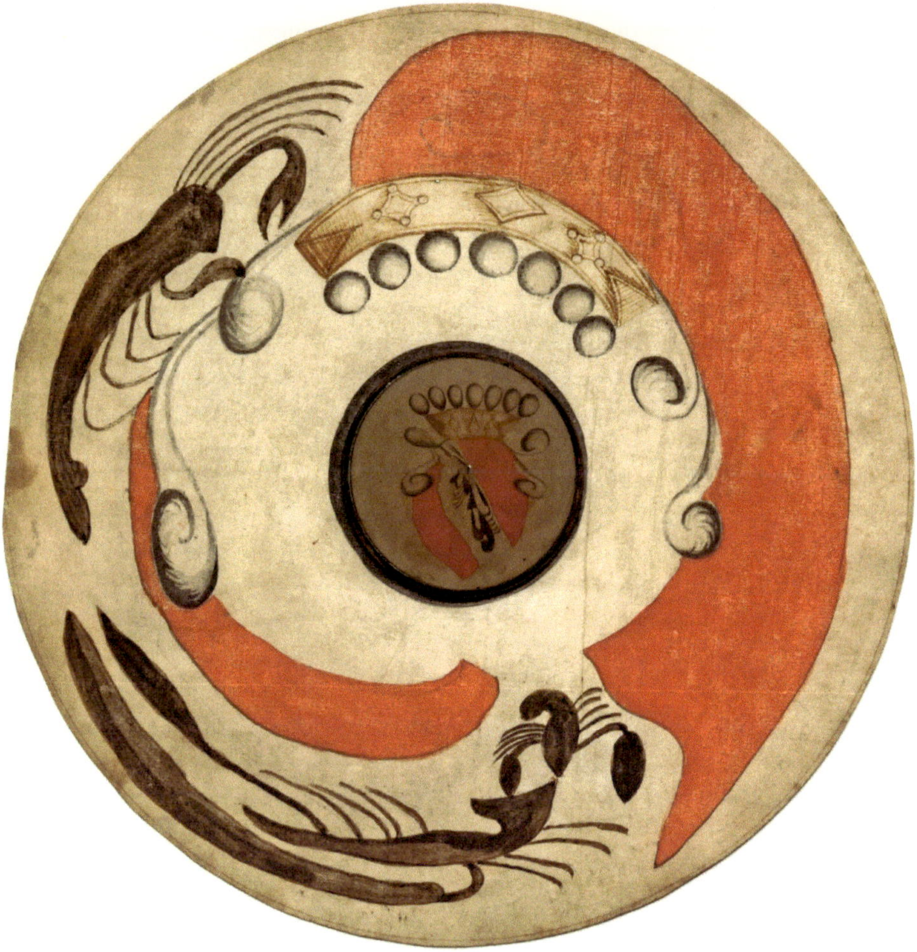

148 Anamorphose des Wappens Johann Friedrich von Uffenbachs (ehemalige Sammlung Johann Friedrich von Uffenbachs), 1. Hälfte 18. Jahrhundert, Städtisches Museum Göttingen

Nutzungen der in dieser Arbeit ausgewählten Objektgruppen herausgegriffen und pars pro toto umschrieben:

Wenngleich sich mehrere Astrolabien in Lichtenbergs Objektbestand finden, gibt es keine direkten Hinweise auf eine Benutzung in der Vorlesung. In den *Anfangsgründen der Naturlehre* werden sie im Kapitel *Vom Weltgebäude und der Erde überhaupt* neben Armillarsphären aufgeführt und ihre Funktion „von den sinnlichen Vorstellungen des

Lichtenberg als akademischer Lehrer" finden sich auf S. XLIX–LXXXII. Lichtenbergs eigene Notizen und Materialien zur Experimentalphysik bilden die Bände 3 bis 5 ab.

Weltgebäudes und der astronomischen Rechnung" beschrieben.[85] Dagegen ist die Heranziehung von Erd- und Himmelsgloben in Lichtenbergs Vorlesungen dokumentiert. Gamauf dokumentierte beispielsweise im Unterricht der Sphärischen Astronomie über die Fachbegriffe: „Es ist unumgänglich nothwendig, sich mit all diesen Kreisen und Ausdrücken wohl bekannt zu machen. Dieß kann theils durch einen Globus, theils durch eine Zeichnung geschehen. Am besten ists; wenn es am Himmel selbst geschieht."[86] Überdies besaß Lichtenberg noch „zwey kleine englische Globi", bei denen es sich möglicherweise um Exemplare von James Ferguson gehandelt hat.[87] „Auf Sonnenuhren kam Lichtenberg regelmäßig in der Vorlesung im Zusammenhang mit der wahren Sonnenzeit zu sprechen, ohne daß er – abgesehen von dem Hinweis auf die Äquinoktialuhr – das Thema weiter ausführte."[88] Die Äquinoktialsonnenuhr respektive Äquatorialsonnenuhr scheint in der Tat ein Favorit innerhalb der Gnomonik gewesen zu sein, die er immer wieder in seiner Vorlesung „Vom Weltgebäude und der Erde überhaupt" erwähnte und auch zeichnete. Aus der Uffenbachschen Sammlung befand sich ein „Sonnen Uhr Ring" aus Messing unter Lichtenbergs Leihnahmen, bei dem es sich um einen typischen Äquatorialsonnenring handelt, wie es ihn auch im Kölner Kabinett gab.[89] Der Göttinger Sonnenring stammte von Metz in Amsterdam, wobei der Sonnenuhrentyp extrem weit verbreitet war und zu einem Standardinstrument verschiedener europäischer Hersteller gehörte.

In Bezug auf Anamorphosen und katoptrische und dioptrische Instrumente kann festgestellt werden, dass sie einen sehr großen Stellenwert in den Vorlesungen „Vom Lichte" einnahmen. Dabei stellte Lichtenberg, wie bereits geschildert, auch selbst Anamorphosen her. Gamauf erinnerte den Unterricht zu „Bauchspiegeln" folgendermaßen: „Auf eine ähnliche Art verändern auch cylindrische Spiegel die Gestalten der um sie herliegenden Bilder. Es kömmt also darauf an, ein verzerrtes Bild zu verzeichnen, das in einem Spiegel von gegebener Art, Größe und Stellung, dem Auge aus einem gegebenen Gesichtspunkte regelmäßig erscheine", bevor er zur Schilderung der Erstellung einer Anamorphose der Kartenfarben Pik und Kreuz überging (Abb. 128).[90] Theoretische Grundlagen befinden sich in den „Anfangsgründen der Naturlehre":

85 Lichtenberg 2005, S. 702f.
86 Lichtenberg 2008, S. 592f.
87 Lichtenberg 2017a, S. 269.
88 Georg Christoph Lichtenberg. Gesammelte Schriften. Vorlesungen zur Naturlehre. Notizen und Materialien zur Astronomie und Physischen Geographie, 7 Bde., Bd. 5, hg. von Akademie der Wissenschaften zu Göttingen und der Technischen Universität Darmstadt, Göttingen 2013, S. 56.
89 Ebd., S. 13–57; Lichtenberg 2017a, S. 386f.
90 Lichtenberg 2008, S. 363f. Vgl. dazu auch Lichtenberg 2017a, S. 362–377.

„Cylindrische und conische erhobne Spiegel stellen daher der Länge nach die Gegenstände in der ordentlichen Größe [...]. Indessen kann man leicht einsehen, daß gewisse Bilder so gezeichnet werden können, daß sie zwar dem bloßen Auge sehr unförmlich, aber im Spiegel völlig ordentlich erscheinen."[91]

Dass es ein Donnerhäuschen im *Physicalischen Cabinet* Göttingens gegeben hat, ist in den Quellen dokumentiert. Allerdings kann das hölzerne Haus Lichtenbergs Sammlung nicht eindeutig zugeordnet werden und ist zudem heute nicht mehr erhalten.[92] Versuche mit Blitzableitern haben allerdings in Lichtenbergs Vorlesung stattgefunden: So erwähnte er oft und lobend Benjamin Franklin, der als Erfinder des Blitzableiters gilt, wegen seiner Erfindungen. Über die „Gewitter-Ableiter" referierte Lichtenberg im Abschnitt „Von der Erde insbesondere", wobei er anhand von Schaubildern die Funktion und den Nutzen von Blitzableitern bildlich umschrieb. In der zeitgenössischen Diskussion um die beste Form des Konduktors sprach sich Lichtenberg gemäß Franklin für die Spitze aus: „Wie sind Gewitter-Ableiter einzurichten? Spitz oder stumpf. Der Streit ist neuerlich mit groser Hitze geführt, und was selten unter den Umständen geschieht entschieden worden, und zwar für die Spitzen."[93]

In über 20 Jahren professoraler Tätigkeit legte Georg Christoph Lichtenberg eine über 500 Instrumente umfassende mathematisch-physikalische Sammlung an, deren Hauptintention die Anwendung in seinen Vorlesungen der Experimentalphysik war, die er aber auch für seine Forschungen und Veröffentlichungen nutzte. Wie er es als Student Kästners und in den Vorlesungen Erxlebens gesehen und erfahren hatte, so sammelte er selbst Instrumente zur Verwendung in seiner Vorlesung. Dazu kamen die rund 200 mathematisch-physikalischen Objekte aus der Uffenbachschen Schenkung, die Lichtenberg auslieh und verwendete, sodass nach seinem Tod rund 700 Objekte zum täglichen Bestand im Auditorium der Experimentalphysik zur Verfügung gestanden haben.[94]

Die verschiedenen Bereiche und Abschnitte der Verzeichnisse zeigen die Breite der Sammlung und ihre (historische) Zusammensetzung: Während die Uffenbachsche Sammlung einen großen mathematischen Schwerpunkt mit vielen geometrischen, gnomonischen und astronomischen Instrumenten aufweist – typisch für eine frühneuzeitliche

91 Lichtenberg 2005, S. 364. In Lichtenbergs Notizen zur Vorlesung werden zylindrische und konische Spiegel und ihre Reflexionen aufgeführt: Georg Christoph Lichtenberg. Gesammelte Schriften. Vorlesungen zur Naturlehre. Notizen und Materialien zur Experimentalphysik. Teil I, 7 Bde., Bd. 3, hg. von Akademie der Wissenschaften zu Göttingen und der Technischen Universität Darmstadt, Göttingen 2007, S. 52–54.

92 Vgl. Lichtenberg 2017a, S. 273–275.

93 Georg Christoph Lichtenberg. Gesammelte Schriften. Vorlesungen zur Naturlehre. Notizen und Materialien zur Astronomie und Physischen Geographie, 7 Bde., Bd. 5, hg. von Akademie der Wissenschaften zu Göttingen und der Technischen Universität Darmstadt, Göttingen 2013, S. 476, außerdem S. 475–481. Siehe ebenso Lichtenberg 2007, S. 40; Lichtenberg 2008, S. 913–919.

94 Vgl. dazu die kontextualisierende Einleitung zu den „Göttinger Universitätssammlungen physikalischer und mathematischer Instrumente von der Gründung der Universität bis zur zweiten Hälfte des 19. Jahrhunderts" und die gedruckten und kommentierten Inventare: Lichtenberg 2017a.

Sammlung, die maßgeblich vor der Mitte des 18. Jahrhunderts angelegt worden ist –, weisen die Instrumente Georg Christoph Lichtenbergs einen eindeutigen physikalischen Schwerpunkt auf. Durch seine intensiven Kontakte nach England und die daraus resultierenden Kenntnisse, die er während seiner beiden (Forschungs- beziehungsweise Bildungs-)Reisen knüpfte und erlangte, sind in seiner Sammlung viele Instrumente aus England oder von englischen Herstellern, die auch die Göttinger Universität besuchten, vorhanden. Mithilfe der Assistenten und angestellten Mechaniker wurden zudem Instrumente nachgebaut und angefertigt. Nicht unterschätzt werden darf darüber hinaus die Vorlesung Lichtenbergs selbst als Motor für den Austausch der Instrumente und den Handel mit diesen, war sie doch international bekannt und wurde von europäischen Fachleuten und solchen, die es werden wollten, besucht.[95]

In kontextualisierender Betrachtung zu Köln ist interessant, dass sich um die gleiche Zeit, nämlich kurz vor der Jahrhundertwende vom 18. ins 19. Jahrhundert, umfangreiche Sammlungen in den jeweiligen Institutionen bildeten, da Lichtenbergs vormals private Sammlung 1799 final an die Göttinger Universität überging und damit institutionalisiert wurde. In Köln gab es durch den umfangreichen Ankauf des Straßburger *Cabinet de Physique* ebenfalls im Jahr 1799 einen regelrechten „boost" für die institutionelle Sammlung und Lehre der Experimentalphysik und Mathematik. Nach der Skizzierung des Objektbestands, mit dem Lichtenberg unterrichtete und der auch unter dessen Nachfolger Mayer Anwendung fand, gewinnt der Straßburger Ankauf unter Christian Kramp noch einmal an Bedeutung, weil allein auf dieser Basis ansatzweise vergleichbare Vorlesungen in Köln überhaupt nur möglich waren. Als Erxleben seine experimentalphysikalischen Vorlesungen Ende der 1760er-Jahre begann und Lichtenberg diese 1778 übernahm, war die jesuitische mathematische Sammlung mit einzelnen Instrumenten der Experimentalphysik gerade in die städtische Handhabung übergegangen. Erst in den 1780er-Jahren und angetrieben von der Konkurrenzsituation von außen, hielt der ehemalige Jesuit Jacob Heyder im Tricoronatum Vorlesungen der Experimentalphysik nach Göttinger beziehungsweise Lichtenbergs Vorbild[96], wobei es keine Quellen für eine institutionelle oder private Anschaffung neuer spezieller Instrumente dafür gibt, bis Christian Kramp 1799 mit (umfangreichen) Ankäufen und Reparaturmaßnahmen der Sammlung begann.

95 Zur Kritik an Lichtenbergs Vorlesungen, die zum Beispiel von Kästner immer wieder formuliert wurde, siehe vor allem Müller 2020, S. 115f. Die Kritik richtete sich in erster Linie gegen die „physikalische Schaustellerei", die experimentalphysikalischen Vorlesungen immer wieder unterstellt wurde. So entstand vielerorts eine „Kluft zwischen legitimer gelehrter Wissenspraxis und unterhaltsamem Unterricht. […] Die Experimentalphysik blieb damit vorerst ein Universitätsfach, das überhaupt erst die Möglichkeit nachweisen musste, über visuelle Eindrücke gelehrtes Wissen kommunizieren zu können." Trotz hoher Besuchszahlen und internationaler Hörer, die aufgrund des Hörergelds für die Anschaffung von Instrumenten unerlässlich waren, musste sich auch Lichtenberg rechtfertigen. Vgl. dazu auch S. 108–116.

96 Vgl. Quarg 1996b, S. 17 und S. 118–120.

Neben den verschiedenen physikalisch-mathematischen Sammlungen, die sich in der Göttinger Universität im 18. und frühen 19. Jahrhundert befanden, gab es noch weitere Wissenseinrichtungen naturwissenschaftlicher Art: zum Beispiel ab 1751 eine eigene Sternwarte, die Kästner über Jahrzehnte leitete, ebenso wie einen Botanischen Garten und eine chemische und eine medizinische Sammlung. König Georg II. stiftete im gleichen Jahr die Göttinger Akademie der Wissenschaften.[97] Zudem leitete der klassische Philologe Christian Gottlob Heyne ab 1764 für Jahrzehnte die Universitätsbibliothek. In Göttingen lag demzufolge eine besondere Mischung aus einer vergleichsweise jungen Universitätsgründung im Zeichen der Aufklärung gepaart mit einer herausragenden personellen Zusammensetzung – darunter in Auswahl Erxleben, Lichtenberg, Heyne und im frühen 19. Jahrhundert Carl Friedrich Gauß –, die als bekannte wissenschaftshistorische Persönlichkeiten die naturwissenschaftlichen Fächer geprägt haben.

Doch auch beim Göttinger *Physicalischen Cabinet* fehlte eine (durchgängige) institutionelle Finanzierung. Die Sammlung ist zum einen durch frühe und umfangreiche Schenkungen zusammengekommen und zum anderen durch die Anlage sowie Finanzierung einer eigenen Sammlung durch Georg Christoph Lichtenberg, die nach seinem Tod 1799 an die Universität überging. Auch das *Physicalische Cabinet* in Göttingen ist demzufolge stark durch das Engagement[98] von Einzelpersonen geprägt und hat sich akteursabhängig entwickelt.

Zauzig wagt 2021 zu vermuten, denn vergleichende Studien gibt es bislang nur in Ansätzen, dass universitäre Physikalische Kabinette „doch alle sehr ähnlich ausgestattet waren. Im Grunde unterschieden sich die früheren physikalischen Apparate vor allem in Umfang, Qualität und Herkunft der Geräte und Instrumenten".[99] Im Hinblick auf die Kölner mathematisch-physikalische Sammlung der französischen Zeit gibt es in der Tat Ähnlichkeiten, zum Beispiel im Umfang oder bei Einzelobjekten, und der ehemalige Jesuit Jacob Heyder hielt in der städtischen Sammlungsphase seine Vorlesungen der Experimentalphysik „nach Erxlebens Handbuch und Lichtenbergs Zusätzen" ab,[100] woran ersichtlich wird, dass sich die Lehrinhalte an katholischen und protestantischen Universitäten nicht zwingend stark voneinander unterscheiden mussten.[101] Anders

97 Siehe dazu die Hinweise in Lichtenberg 2017a, S. XXXIV–XL und S. LXIX, XLII. Außerdem geben die erhaltenen medizinisch-naturwissenschaftlichen Universitätssammlungen Göttingen einen guten Überblick über die historischen „Wissensdinge": Präsidentin der Georg-August-Universität Göttingen 2013, S. 42–109.

98 Siehe dazu Müller 2020, S. 143–146. Vgl. dazu auch verschiedene Motive der Institutionalisierung oder bewussten Privatisierung von Universitätssammlungen auf S. 167–227, vor allem S. 171–197.

99 Zauzig 2021, S. 315. Ein „Vergleich historischer physikalischer Sammlungen" ist in der Tat vielversprechend, hat doch die kontextualisierende Betrachtung der Kölner Sammlung mit Rom, Ingolstadt und Göttingen parallele Entwicklungen und individuelle Spezifika erkennbar werden lassen. Vor diesem Hintergrund wäre auch eine vergleichende Betrachtung der ehemaligen Kölner Jesuitensammlung mit den Franckeschen Stiftungen in Halle vermutlich äußerst interessant und lohnenswert, vor allem wegen der konfessionellen Prägungen.

100 Vgl. Quarg 1996b, S. 17 und S. 118–120.

101 Müller 2020, S. 103f.

als Lichtenberg kündigte Heyder die Durchführung von „Experimenten mithilfe von Instrumenten" an und warb damit für seinen experimentellen Kurs, der an der Kölner Universität der 1780er-Jahre ein Alleinstellungsmerkmal war, wohingegen Lichtenberg in den Vorlesungsverzeichnissen nicht auf seinen Apparat hinwies, wahrscheinlich weil es aufgrund der großen Bekanntheit nicht notwendig war.[102] In Bezug auf Qualität und Zusammensetzung des Objektbestands, die Anwendung und die Qualität der experimentalphysikalischen Vorlesungen war und ist das Göttinger Beispiel jedoch einzigartig und richtungsweisend: ein Physikalisches Kabinett internationalen Rangs.

102 Vgl. ebd., S. 106.

Schluss

Lehre – Sammlung – Objekt: Anhand dieser drei Faktoren wurde das Mathematisch-Physikalische Kabinett des ehemaligen Jesuitenkollegs in Köln detailliert untersucht. Die Anfänge sind im 17. Jahrhundert zu finden, während sich die Einrichtung, Erweiterung und Etablierung der Lehrsammlung im 18. Jahrhundert vollzogen und eine Spezialisierung sowie ein systematischer Ausbau zu Beginn des 19. Jahrhunderts erkannt werden konnte. Festzustellen ist zum einen, dass die Sammlungsgeschichte durch vielfältige politische wie (kirchen-)historische Ereignisse und Einflüsse bestimmt wurde, die sich auch auf die innere Organisation, Nutzung und Zusammensetzung ausgewirkt haben. Zum anderen wurde das Kabinett maßgeblich durch die größere wissenschaftshistorische und epistemologische Entwicklung von einer aristotelisch-scholastischen Naturphilosophie zu einer auf Experimenten und Beobachtungen basierenden Physik und Mathematik bestimmt und hat diesen Wandel im Kleinen aktiv mitgestaltet. In dieser Arbeit konnte gezeigt werden, dass die Sammlung und die Objekte – „Wisseneinrichtungen" und „Wissensdinge" – in dieser Entwicklung zu wirkmächtigen Bestandteilen der Wissenserzeugung, Wissensvermittlung und Wissenslegitimierung wurden.

Überdies wurde herausgearbeitet, dass sich das Kabinett parallel zu anderen naturwissenschaftlichen Einrichtungen entwickelt hat, wie einer Sternwarte, einem chemischen Labor, einer Naturaliensammlung, einem Botanischen Garten, einer Apotheke und einer Grafik-, Münz-, Antiquitäten- sowie einer Büchersammlung. Dies belegt sowohl die Quantität als auch die Qualität der ehemaligen jesuitischen Sammlungen, Wissensdinge und Wisseneinrichtungen und bildet eine Besonderheit innerhalb Kölns, muss aber auch überregional als Charakteristikum betont werden.

Gerade im Vergleich mit den anderen Kölner Gymnasien Montanum und Laurentianum und der alten Kölner Universität hat sich gezeigt, dass das Mathematisch-Physikalische Kabinett und die jesuitischen Wisseneinrichtungen eine Sonderstellung einnehmen. Im Hinblick auf die Lehre der Mathematik und Physik sowie die anschauliche und experimentelle Ausgestaltung nimmt das jesuitische Gymnasium Tricoronatum eine progressive Vorreiterrolle ein – ähnlich wie die Aktivitäten Ferdinand Franz Wallrafs oder Johann Georg Menns –, die vor allem im Zuge der Universitätsreform in den 1780er-Jahren offenbar wurden. Die Kölner Universitätsgeschichte im 18. Jahrhundert erhält demzufolge durch den Einbezug des Mathematisch-Physikalischen Kabinetts als eine der ersten Universitätssammlungen eine neue Facette.[1]

In Bezug auf die Lehre wurde die Benutzung von Objekten zunächst in mathematischen und ab Ende des 18. Jahrhunderts auch in (experimental-)physikalischen Vorlesungen anhand von Objektbeispielen, Handschriften mit evidenten (Schau-)Bildern, Lehrbüchern, Selbstzeugnissen, Lehr- und Prüfungsdokumenten aufgezeigt, wobei die Intensität der Einbindung gemäß der epistemologischen Entwicklung der Naturwissenschaften anstieg. Dabei konnte gezeigt werden, dass dies jedoch maßgeblich vom Engagement einzelner Professoren abhängig war.[2] Überdies wurde die Verwendung von Instrumenten in jesuitischer Zeit auch zu Forschungszwecken erstmals nachgewiesen: Anhand des Beispiels des Jesuiten Johann Grothaus, mit Unterbrechungen Mathematikprofessor der Jahre 1634 bis 1658, wurde dargelegt, dass bereits um 1640 mathematische Instrumente im Jesuitenkolleg vorhanden waren und diese sowohl im Rahmen der Lehre – wie anhand von Vorlesungsmitschriften exemplarisch aufgezeigt wurde – als auch für astronomisch-wissenschaftliche Beobachtungen benutzt wurden. Durch die Tatsache, dass Grothaus mit Athanasius Kircher in Austausch stand und in dessen Auftrag astronomische Beobachtungen durchführte und darüber korrespondierte, konnten sowohl Forschungsaktivitäten mit Wissensdingen im Kölner Jesuitenkolleg als auch die Einbeziehung in und aktive Mitwirkung an global agierenden jesuitischen (naturwissenschaftlichen) Gelehrtennetzwerken Mitte des 17. Jahrhunderts nachgewiesen werden. Auch im 18. Jahrhundert sind mit Bartholomäus Des Bosses, Hermann Joseph Hartzheim und auch Heinrich Frings die Teilnahme an überregionalen und europäischen jesuitischen Netzwerken der (Natur-)Wissenschaft sowie ein transkonfessioneller (Wissens-)Austausch festzustellen.

Die bereits um das Jahr 1640 benutzten astronomischen Beobachtungs- und Messobjekte – Kompass, Sonnenuhr, Fernrohr – wurden wahrscheinlich von den Akteuren Johann Grothaus und Lubert Middendorf eigeninitiativ und durch eigene Anschaffung oder Tauschpraxis sowie im Zuge kleinerer Schenkungen oder Erbschaften erworben. Des Weiteren konnte die eigene Herstellung mathematischer Apparaturen in Form von *Affixiones* (Schülerarbeiten) im Kontext des hundertjährigen Ordensjubiläums 1640 belegt werden. Die erstellten Objekte mathematischer, optischer, gnomonischer und hydraulischer Art sind weitere frühe dokumentierte Wissensdinge, auch wenn sie lediglich in Zeichnungen erhalten sind. Diese Objekte, für die zudem ein direkter Nutzungs-

1 Vgl. Schwerhoff 2017, S. 304–321 und S. 456–463. Dieser Befund gilt jedoch nur für die Naturwissenschaften und die Wissenseinrichtungen. Einen gewichtigen Anteil an der Rückständigkeit der Universität im 18. Jahrhundert hatten auch die konservativen jesuitischen Theologen. Das Gymnasium Tricoronatum war in Bezug auf die Naturwissenschaften fortschrittlich, während das Bild im Bereich der Theologie differenzierter ausfällt. Vgl. dazu Schmidt 2006, S. 136–156.

2 Nicht nur Miriam Müller betont die Rolle des persönlichen Engagements. Vgl. dazu Müller 2020, S. 143–146. Siehe dazu auch Zauzig 2022, S. 388; Zauzig 2021; Häner, Flavio: Dinge sammeln, Wissen schaffen. Die Geschichte der naturhistorischen Sammlungen in Basel 1735–1850, Bielefeld 2017, S. 361–371.

kontext überliefert ist, demonstrieren zum einen den Stand der Lehre und die Themengebiete, die Teil des mathematischen Unterrichts Johann Grothaus' um 1640 in Köln waren. Sie zeigen zum anderen die jesuitische Auseinandersetzung mit zeitgenössischen mathematisch-naturphilosophischen Erkenntnissen und wie diese in Apparaturen mit einer bezugsreichen, allegorischen Ikonografie und Bildstrategie verhandelt und in die ordenseigenen Narrative und die *Propaganda fidei* eingebunden wurden. Dass mathematische und physikalische Instrumente, die Teil der Lehre und anderer sozialer und kommunikativer Kontexte waren, dadurch auch zu Mitteln des im Grunde eurozentristischen und hegemonialen Machtanspruchs der katholischen Kirche generell und des Jesuitenordens im Besonderen *instrumentalisiert* wurden, muss sowohl im Gesamtzusammenhang als auch im Einzelfall mitbedacht werden.[3]

Hinsichtlich der Kölner Apparaturen konnten beispielsweise Bezüge zu den von Athanasius Kircher selbst erstellten Maschinen und Instrumenten hergestellt werden, was auf parallele oder wechselseitige Entwicklungen und den Wissenstransfer über Bücher, Bilder und Briefe hindeutet. Überdies zeigte sich, dass (wissenschaftliche) Darstellungen und ordenseigene Symbole von jesuitischen Autoren wie Kircher, Caspar Schott oder Giovanni Battista Riccioli benutzt und in Köln als Vorbilder bei der Erstellung von Figuren in mathematischen Sammelhandschriften und Büchern herangezogen wurden.

Die mathematische Sammlung des Collegium Romanum und das *Musaeum Kircherianum* bildeten zudem, wie aufgezeigt wurde, einen ordensinternen Referenzrahmen für jesuitisches Sammeln, das Präsentieren und Herstellen von Wissensdingen sowie die Wissenslegitimierung über eine religiöse und spirituelle Verortung des Mikrokosmos des Wissens in einen Makrokosmos göttlicher Ordnung. Dabei wurde auch die historisch gewachsene und stark personell geprägte Einzigartigkeit des römischen Museums herausgestellt, das stets in den spezifischen Kontext des frühneuzeitlichen Roms und ganz Italiens gesetzt werden muss, in dem eine (natur-)philosophische Kultur und das Sammeln durch Patronagebeziehungen und barocke Schaulust gefördert, kultiviert und wiederum durch jesuitische Symbole, Wissensdinge und narrative Topoi der Ordensakteure wirkmächtig mitbestimmt wurde.[4]

In Bezug auf die Sammlung kann des Weiteren festgestellt werden, dass ihre Anfänge im 17. Jahrhundert zu finden sind und sich zu Beginn des 18. Jahrhunderts ein eigener Raum für die Wissensdinge entwickelte, der in den jesuitischen Quellen meist als *Musaeum mathematicum* bezeichnet wird. Das in der älteren Sekundärliteratur immer wieder genannte Gründungsdatum im Jahr 1702 wurde auf Grundlage archivalischer Quellen widerlegt, wobei kein anderer fester Zeitpunkt, sondern ein Zeitraum

3 Siehe dazu zum Beispiel Kapustka 2018. Siehe die vollständigen *Affixiones* in: HAStK, Best. 150, A 1061, https://historischesarchivkoeln.de/document/Vz_80BB72E7-5EC1-4A74-B003-6297B4FD23EB [zuletzt aufgerufen am 07.04.2024].

4 Siehe dazu vor allem Findlen 1994; Asmussen 2016.

der Entstehung ermittelt werden konnte. Wie gezeigt wurde, erfolgte die Einrichtung zwischen April 1711 und 1716 beziehungsweise spätestens 1724. Das mathematische Museum hat sich demnach äquivalent zu anderen jesuitischen oder mathematisch-physikalischen Sammlungen, beispielsweise in Ingolstadt und Rom, sukzessive entwickelt: Aus den im 17. Jahrhundert von einzelnen Akteuren der Mathematik erworbenen und genutzten Instrumenten entstand über die Jahre eine *Ansammlung* von Wissensdingen, die jedoch je nach Mathematikprofessor mehr oder weniger in der Lehre Anwendung gefunden haben werden.

Das Kabinett entstand demnach nicht als Ergebnis eines durchgängigen, systematischen Sammlungsprozesses, sondern bildete sich sukzessive aus. Dieser in erster Linie durch Personen geprägte Vorgang umfasste den Erwerb mathematischer Instrumente, die oft unplanmäßige Beigabe durch Schenkungen oder Erbschaften – manchmal ohne didaktischen Nutzen –, die *Ansammlung* an einem Ort im Jesuitenkolleg und schließlich die Einrichtung eines mathematischen Raumes. Zunächst als *Cubiculum* oder *Officina* benannt, wird die Bezeichnung *Musaeum mathematicum*, in dem neben Instrumenten auch Fachbücher und Studienmaterial zu finden waren, in den erhaltenen und herangezogenen archivalischen Quellen erst in den 1740er-Jahren verwendet. Das *Framing* als Sammlung erfolgte demzufolge vor allem ex post, nachdem sich die einzelnen Wissensdinge akteurs-, kontext- und nutzungsgebunden an einem Ort angesammelt und dort etabliert hatten. Ein solcher Entstehungsprozess ist ein typisches Merkmal vieler historischer wissenschaftlicher Sammlungen.[5]

Maßgebliche Gründe für diese sukzessive Herausbildung waren – neben dem Personal – die oft fehlende (durchgängige) Finanzierung und ein mangelndes Bewusstsein für die Notwendigkeit der Aktualisierung und Pflege von Wissensdingen zu Lehr- und gegebenenfalls Forschungszwecken. Auch in Köln erfolgte der Ankauf von Instrumenten im 17. und frühen 18. Jahrhundert über die Mathematikprofessoren selbst oder wurde teilweise von außen bezuschusst.[6] Erst nach Etablierung des *Musaeum mathematicum* im Verlauf des 18. Jahrhunderts wurden auch Finanzmittel der Artistenfakultät für den Ankauf von Instrumenten benutzt, wenngleich noch die letzten jesuitischen Mathematikprofessoren Heinrich Frings und Johann Linzenich mehrfach dokumentierten, dass sie eigenes Geld für die Anschaffung von Objekten aufgewendet hätten.[7]

Im Gegensatz zum Orbansaal in Ingolstadt oder Lichtenbergs *Physicalischem Cabinet* in Göttingen wurden die Wissensdinge in Köln jedoch meist nicht als Eigentum bestimmter jesuitischer Mathematikprofessoren deklariert, sondern sie scheinen für das *Musaeum mathematicum* oder die (eigene) Benutzung im Jesuitenkolleg und im Gymnasium Tricoronatum angeschafft worden zu sein. Dies zeigen wiederum die Beispiele der Jesuiten

5 Vgl. dazu Zauzig 2021; Zauzig 2022; Müller 2020.
6 Vgl. Kuckhoff 1931a, S. 595.
7 Vgl. HAStK, U L/79/1, fol. 21r. HAStK, Best. 150, A 992, fol. 6r–6v; AEK, Monasteria, Generalia: Jesuiten, fol. 169v–171v.

Frings und Linzenich. Während Frings mehrere Instrumente für das Museum erworben und auch selbst angefertigt hat, übergibt er in seinem Testament dennoch wenige bestimmte Objekte an das Museum, wenngleich er einen besonderen Sonnenring an den Regenten vermacht. Linzenich nutzte hingegen nach umfangreichen Ankäufen aus eigener Tasche das Inventar von 1774, um bei potenziellen neuen Eigentümern der Sammlung nachträglich Ausgaben erstattet zu bekommen. Im Fall von Reiner Kylman, der über Jahrzehnte am Kolleg gewirkt und das Museum und die Sternwarte mit viel Engagement geprägt hat, ist es sehr wahrscheinlich, dass er seine selbst angeschafften Instrumente direkt an die Wissenseinrichtungen und seinen jahrelangen Wirkungsort übergeben hat. Demnach erfolgte die Institutionalisierung der Wissensdinge in der jesuitischen Sammlungsphase in erster Linie beiläufig.[8]

Durch die Aufhebung des Jesuitenordens ging das Mathematisch-Physikalische Kabinett zwar formal in die städtische Handhabung über, faktisch verblieb es jedoch in den Räumlichkeiten im ehemaligen Jesuitenkolleg. Es wurde von ex-jesuitischem Personal benutzt und als Sammlung und in der Lehre der Artistenfakultät insofern weiterentwickelt, als damit in den 1780er-Jahren Vorlesungen der Experimentalphysik nach Erxlebens beziehungsweise Lichtenbergs *Anfangsgründen der Naturlehre* angeboten wurden. Die fehlenden Bestrebungen der Institutionalisierung vonseiten der Universität sind dabei nicht nur bei den ehemaligen Jesuitensammlungen, sondern auch bei den privat angelegten und ausgebauten (Lehr-)Sammlungen der Professoren Ferdinand Franz Wallraf und Johann Georg Menn erkennbar. Die alte Kölner Universität und auch die Stadt Köln verließen sich demnach auf das persönliche Engagement und den finanziellen Einsatz einzelner Professoren im Hinblick auf die Anlage von Sammlungen.[9] Ob dies allein aus mangelndem Bewusstsein für die Bedeutung von wissenschaftlichen Sammlungen und Wissensdingen für die universitäre Lehre und Forschung oder aus fehlenden finanziellen Ressourcen resultierte, kann auf Basis der Quellen nicht beantwortet werden.

Durch den Einmarsch der französischen Truppen in Köln und die Schließung der Kölner Universität geriet die Handlungsmacht über die Sammlungen und Wissenseinrichtungen in französische Hände. Wie gezeigt wurde, profitierten die naturwissenschaftlichen und naturkundlichen Fächer von dem beschriebenen Bedeutungswandel unter der französischen Regierung, die Sammlungen und Wissenseinrichtungen als institutionell obligatorisch erklärt hatte. Wenngleich die Finanzierung des Ausbaus der jesuitischen Sammlung zum *Cabinet de Mathématique et de Physique* in der Theorie gesichert war, bedurfte es dennoch eines außerordentlichen organisatorischen, bürokratischen und fachlichen Einsatzes des Professors Christian Kramp. Durch das Engagement des Franzosen wurde nicht nur das ehemalige jesuitische mathematische Museum zu einer Mathematisch-Physikalischen Lehrsammlung im *State of the art* erweitert,

8 Vgl. dazu vor allem Müller 2020, S. 143–146 und S. 167–227.
9 Vgl. ebd., S. 167–227.

sondern auch ein chemisches Labor eingerichtet. Andere engagierte Akteure sorgten für den Ausbau des Botanischen Gartens und der Naturaliensammlung. Die Grundlagen dieser Wissenseinrichtungen stammten allesamt aus jesuitischer Zeit und waren von jesuitischen Akteuren im 17. Jahrhundert begonnen und im 18. Jahrhundert eingerichtet, erweitert und etabliert worden, allen voran von Reiner Kylman, Hermann Joseph Hartzheim und Heinrich Frings.

> „Zunehmend lehrten und forschten Universitätsgelehrte an und mit Objekten, die sie als Wissensträger und Werkzeuge zur Wissensvermittlung – als Wissensdinge – verstanden. Als Lehrmaterialien gewannen sie eine derart hohe Bedeutung für den Universitätsbetrieb, dass nach dem Entstehen umfangreicher Sammlungen im Professorenbesitz ab der zweiten Hälfte des Jahrhunderts auch immer mehr universitätseigene Sammlungen eingerichtet wurden. Daneben entstanden weitere Einrichtungen wie chemische Laboratorien oder Sternwarten an den Universitäten, während bereits vorhandene wie botanische Gärten und anatomische Theater erweitert und ausgebaut wurden. Am Ende des 18. Jahrhunderts hatte sich die Universitätslandschaft im Alten Reich damit deutlich verändert. Nicht nur besaßen die Universitäten nun mehr eigene Gebäude mit genannten Einrichtungen und Sammlungen. Auch die Praktiken der Wissensvermittlung, die den Einsatz von Wissensdingen erforderten, schienen aus zahlreichen Disziplinen kaum mehr wegzudenken. Allerdings ist nicht zu unterschätzen, welche Bedeutung diese universitären Wissensdinge spezifisch für das 18. Jahrhundert besaßen. Letztendlich hatten die Ausdifferenzierung der Universitätsfächer und die erneute Aufwertung theoretischen Wissens im 19. Jahrhundert zur Folge, dass die vorher so allgegenwärtigen Sammlungen einzelnen Disziplinen untergeordnet wurden und aus anderen fast völlig verschwanden."[10]

Durch die Kontextualisierung des Kölner Kabinetts mit der Göttinger und den Ingolstädter Sammlungen konnten neben Ähnlichkeiten in der Sammlungsentwicklung und Institutionalisierung auch parallele und unterschiedliche Praktiken erkannt werden: Alle Sammlungen sind nicht nur stark von Personen geprägt, sondern waren auch von externen und unregelmäßig erfolgenden Geldzahlungen, Gunstbezeugungen oder Geschenken abhängig. In Köln hat die große Schenkung Johann Adam von Stoesbergs einen gewichtigen mathematischen Instrumentenbestand ins Jesuitenkolleg gebracht, während außerdem das *Musaeum Hartzheimianum* als mögliche Gabe identifiziert werden konnte. In französischer Zeit hätte der wichtige Ankauf der Straßburger Sammlung ohne institutionelle Finanzmittel nicht getätigt werden können. Diese wurden von der Professorenversammlung und der Départements-Verwaltung letztlich vor allem freigegeben, weil gleichzeitig jesuitische Möbel verkauft und die Kosten damit gegenfinanziert werden konnten.

Im Unterschied beispielsweise zu Lichtenberg galten für die jesuitischen Sammler zudem die Ordensgelübde der Armut und Bescheidenheit, obgleich Ferdinand Orban hier eine Ausnahme bildet. Die Jesuiten hatten damit ein besonderes Sammlerprofil und haben viele Wissensdinge auch über eine ordensinterne wie -externe Tauschpraxis erhalten, wofür Bartholomäus Des Bosses' Korrespondenz mit Gottfried Wilhelm Leibniz ein Beispiel ist. Daneben stellten sie auch eigene Objekte wie Sonnenuhren und möglicherweise Anamorphosen her, was jedoch auch bei Lichtenberg gezeigt werden

10 Ebd., S. 10. Vgl. dazu auch Zedelmaier 2019, S. 317.

konnte. Ähnlich war zudem die Besuchspraxis von reisenden Gelehrten oder Sammlern in Wissenseinrichtungen, wobei in Köln der Fokus auf der Bibliothek gelegen zu haben scheint und das *Musaeum mathematicum* weniger repräsentativ gezeigt worden ist wie in Ingolstadt. Ähnlichkeiten gab es auch bei der parallelen Entwicklung verschiedener Wissenseinrichtungen in den Institutionen, was auf die Etablierung des Umgangs mit Wissensdingen in der Lehre verweist. Die Beschäftigung von Mechanikern und Gehilfen für die Pflege der Sammlungen und die Herstellung von Instrumenten ist eine weitere Entsprechung, wobei diese Praxis in Köln mit Johannes Antweiler, Conrad Rath und den *Aide-Mécanicien* ab der jesuitischen Sammlungsphase zu finden ist. Darüber hinaus erkennt Miriam Müller keine Besonderheit jesuitischen Sammelns oder jesuitischer Sammlungen an den Universitäten des Alten Reichs.[11] In Köln können jedoch Spezifika in einzelnen jesuitisch geprägten Objekten, wie der Weltzeitbestimmungstafel, in der Nutzung jesuitischer Symbole und Bildstrategien, etwa bei den *Affixiones* oder in den Handschriften, oder im Einsatz jesuitischer Kompilationen und Fachbücher festgestellt werden.

Spätestens ab den 1780er-Jahren wurde in Köln eine experimentalphysikalische Vorlesung nach „Erxlebens Handbuch mit Lichtenbergs Zusätzen" von dem ehemaligen Jesuiten Jacob Heyder angeboten, was eine vergleichsweise späte Entwicklung ist. An dieser Stelle muss jedoch festgehalten werden, dass die Kölner Sammlung, vor allem zur jesuitischen Zeit, einen deutlichen Mangel an Selbstzeugnissen aufweist, anhand derer das Sammeln und die Wissens- und Lehrpraktiken noch greifbarer untersucht und bestimmt werden könnten. Zudem fehlen die Jahresberichte ab 1755, wodurch eine für die Entwicklung des physikalischen Unterrichts wichtige Periode wenig ausgeleuchtet werden kann. Die vorhandenen Quellen und die Entwicklung in anderen Jesuitenkollegien wie in Ingolstadt legen nahe, dass (experimental-)physikalische Vorlesungen schon vor den 1780er-Jahren im Gymnasium Tricoronatum stattgefunden haben könnten. Experimentelle Praktiken in der Lehre Heinrich Frings' konnten nachgewiesen werden und wurden sowohl von jesuitischen wie auch von nicht-jesuitischen Akteuren betont.

Heinrich Frings betonte 1773:

> „Damit aber die Naturlehre auf eine begreifliche und gründliche Art der studirenden Jugend möge beygebracht werden, sind die Physikalischen Instrumenten allerdings unentbehrlich. Die Patres haben sich die Mühe gegeben, einen ansehnlichen Vorrath davon, sammt den dazu erforderlichen besten Autoren anzuschaffen. Man wird kein Physikalisch Fach anweisen, wozu nicht die gehörigen wesentliche Instrumenten, um damit die Probe über die Lehrsätze zu machen, mögen vorgezeiget werden."[12]

11 Vgl. Müller 2020, S. 55–62. Für die Untersuchung Müllers wurden die folgenden neun Universitäten herangezogen: Göttingen, Jena, Leipzig, Tübingen, Helmstedt, Halle, Erlangen und die jesuitisch geprägten Universitäten Ingolstadt und Freiburg.

12 HAStK, Best. 150, A 1000, fol. 5r.

Und auch der Sammler und Professor Ferdinand Franz Wallraf urteilte:

> „Im Gymnasio Tricoronato der Jesuiten hatte dagegen der Geist der Wissenschaften schon lange vorher sich höher gehoben. Man lehrte daselbst bereits die logische Kritik und Analytik und bei einem ansehnlichen Instrumenten-Vorrathe, die fast vollständigen, für höhere Philosophie und Weltkenntnis so nöthigen mathematischen und physischen Wissenschaften."[13]

Gerade durch die Untersuchung der römischen und auch der Ingolstädter Sammlungen der Mathematik und Physik konnte die jesuitische Sammlungsphase des Kölner Mathematisch-Physikalischen Kabinetts geschärft werden. Vor dem Hintergrund der skizzierten weiten Verbreitung mathematisch-physikalischer Sammlungen in Jesuitenkollegien kann das Kabinett als typisches Beispiel für ein jesuitisches mathematisches Museum bezeichnet werden. Dennoch nahm Köln innerhalb der niederrheinischen Provinz der Jesuiten wohl eine besondere Position ein, sind doch gemäß dem aktuellen Forschungsstand wenige bis keine vergleichbaren Sammlungen in der Region nachzuweisen; vor allem im Hinblick auf die Parallelität der verschiedenen Wissenseinrichtungen, die sich im Kölner Kolleg entwickelt haben.

In Bezug auf die Objekte konnte im Rahmen der Untersuchung der einzelnen Sammlungsphasen und in den fünf beispielhaften Objektanalysen gezeigt werden, dass sich im Kabinett sowohl Standardinstrumente wie die Augsburger Äquatorialsonnenuhr, katoptrische Spiegel als auch repräsentative Wissensdinge wie die Globen oder das Astrolabium befanden, die als Schenkungen ins Kolleg kamen. Überdies bestand die Sammlung aus vielen für mathematische Museen oder Physikalische Kabinette typischen Objekten, wohingegen auch Einzelstücke wie das große Astrolabium und selbst gefertigte Sonnenuhren identifiziert werden konnten. Die ersten Instrumente wurden in jesuitischer Zeit im frühen 17. Jahrhundert angeschafft und in der mathematischen Lehre und sogar für Beobachtungen und Forschungen verwendet. Außerdem stellten die Professoren und Studierenden eigene Objekte her. Mit den *Affixiones*, selbst gebauten Sonnenuhren oder Anamorphosen haben sich im heutigen Bestand Beispiele dafür erhalten. Viele Objekte oder ganze Konvolute wurden zudem an das Jesuitenkolleg geschenkt und in der Lehre benutzt.

Was die Wissensdinge eint, ist zum einen ihre Lehrfunktion und die Einbindung in mathematische und (experimental-)physikalische Vorlesungen, Disputationen, Prüfungen und teilweise auch in Forschungspraktiken. Zum anderen verbindet die Objekte aber auch ein Funktions- und Bedeutungswandel, der sich im Laufe ihrer Objektbiografien vollzieht. Mit der Musealisierung zu Beginn des 20. Jahrhunderts verloren sie spätestens ihre ursprüngliche naturwissenschaftlich-technische Funktion. Anhand der Untersuchung des Objektbestands und der Entwicklung vom ersten jesuitischen Inventar im

13 Wallraf 1810, S. 6. „Wissenschaftliche Leistungen in diesem Sinne – und sie zählten jetzt vor allem – hat die von den Jesuiten eingeleitete Dynamik an der Kölner Universität selbst zwar nicht mehr gezeitigt. Dennoch hat sich ihre Gerätesammlung überraschenderweise als epochal bedeutend erwiesen; benutzte doch 1826 Georg Simon Ohm Teile daraus, als er das berühmte Gesetz entdeckte, das seinen Namen trägt." Meuthen 1988, S. 379.

18. Jahrhundert bis zum beginnenden 19. Jahrhundert konnte zudem die große Bandbreite der Herkünfte dargelegt werden, stammen sie doch aus unterschiedlichen Städten des Alten Reichs wie Augsburg, Bonn, Trier oder Ingolstadt, aber auch Städten Europas wie Paris, London, Rom, Genf oder Löwen. Durch Ankäufe bei lokalen und überregionalen Händlern und Instrumentenherstellern oder durch Schenkungen, Erbschaften oder Tauschpraxis sind diese vielfältigen Objekte ins Kolleg gekommen, wobei zum Teil vorherige Provenienzen und Besitzketten aufgezeigt werden konnten.

Der Objektbestand entwickelte sich von rund 300 Instrumenten im Jahr der Ordensaufhebung 1773 zu über 1.300 Objekten zu Beginn des 19. Jahrhunderts. Während das jesuitische Inventar die Instrumente noch nach räumlichen Kriterien aufführte, erfolgte 1801 unter Christian Kramp eine systematische Erfassung des *Cabinet de Mathématique et de Physique* und eine damit verbundene Einteilung in die zwölf Bereiche Aerometrie, Akustik, Mechanik, Meteorologie, Geometrie, Astronomie, Elektrizität, Optik, Magnetismus, Gazologie, Pyrologie und Hydrostatik, was die Breite der Sammlung offenbar werden lässt.[14]

Die (politische) Wirkmacht der Kölner Wissensdinge und -einrichtungen nach innen wie nach außen wurde immer wieder argumentativ für bestimmte Ziele benutzt. Nach der Aufhebung des Jesuitenordens wurden die Sammlungen und Einrichtungen mehrfach von Ordensangehörigen gegenüber politischen Vertretern erwähnt, um die Singularität innerhalb Kölns und die besondere Fortschrittlichkeit der jesuitischen Lehre zu betonen. Auch die Sammler „Baron von Hüpsch" und Ferdinand Franz Wallraf bezeugten die Vorreiterrolle der Wissenseinrichtungen innerhalb Kölns und des Rheinlands und ihre Bedeutung für die Lehre – vor allem nach der Ordensaufhebung und im Zuge der Reformbestrebungen an der alten Kölner Universität in den 1780er-Jahren. In der französischen Zeit entfalteten die Wissensdinge und Wissenseinrichtungen eine besondere Wirkmacht, waren sie doch ein Zeichen der wissenschaftlichen Spezialisierung und des Fortschritts, der durch die französische Regierung vorgegeben und maßgeblich von lokalen Akteuren ermöglicht und vorangebracht wurde. Demzufolge wurden die Wissenseinrichtungen und vor allem das Mathematisch-Physikalische Kabinett sowie das chemische Labor auch im Kontext der Kölner Bemühungen um die Einrichtung eines Lyzeums, verschiedener (technischer) Spezialschulen und letztlich um die Wiedereröffnung der Kölner Universität als gewichtige Argumente für den Standortvorteil Kölns angeführt.

Die von Christian Kramp mehrfach betonte „Vollständigkeit" des *Cabinet de Mathématique et de Physique* in französischer Zeit ist vor dem Hintergrund ihrer Entstehungsgeschichte und Zusammensetzung sehr wahrscheinlich, wurde doch die komplette Sammlung des französischen Physikers Jakob Ludwig Schürer, der sie in seinen Vorlesungen

14 Siehe den vollständigen Objektbestand in: https://www.kulturelles-erbe-koeln.de/gallery/encoded/eJzjYBJy52JLTy1OzC0RMnRKLS5JzEtR8A72tVLwTSzJSM1NLMksTs7QLcioLM7MTswBcVKLFbwTkzLzUktKpJgd_VyUmEtysrUYAIB9GCM [zuletzt aufgerufen am 07.04.2024].

der Experimentalphysik in Straßburg benutzt hatte, angekauft. Darüber hinaus fanden weitere Erwerbungen sowie Reparaturmaßnahmen statt, sodass Kramps Aussagen über die Vollständigkeit der Sammlung, beispielsweise in seiner Rede in der Zentralschule 1799 und in seiner Korrespondenz[15] – unabhängig von seinen direkten Motiven wie Repräsentation des Kabinetts und seiner Erfolge nach innen wie nach außen –, plausibel erscheinen.

Entscheidend ist, dass sich die zu einem Teil aus mathematischen Instrumenten bestehende jesuitische Sammlung des *Musaeum mathematicum* im Verlauf der zweiten Hälfte des 18. Jahrhunderts und vor allem in französischer Zeit zu einem tatsächlichen Kabinett der Mathematik *und* der Physik entwickelte. Der Beginn dieser Entwicklung liegt in der jesuitischen Sammlungsphase, in der bereits physikalische Instrumente angeschafft und angewendet wurden. Die entscheidenden strategischen Schritte beim Ausbau der Sammlung wurden allerdings in früher französischer Zeit durch die Schlüsselfigur Christian Kramp unternommen, der das Mathematisch-Physikalische Kabinett in das 19. Jahrhundert führte. Die quantitative und qualitative Zusammensetzung der Sammlung steht in direkter Beziehung zu der experimentellen Ausgestaltung der Lehre der Physik, Mathematik sowie der Chemie in französischer und in früher preußischer Zeit.

Dass das Kabinett nach dem Weggang Georg Simon Ohms 1826 nicht weiter in demselben Maße gepflegt und erneuert wurde wie zuvor, verweist auf die Bedeutung einzelner Personen für die Sammlung, die Nutzung und die Pflege. Die zentrale Rolle dieser Akteure wird auch in der inneren Strukturierung dieses Buches erkennbar, die die Sammlungsphasen chronologisch und bezogen auf ihre Schlüsselfiguren wiedergibt. Dabei wurde auch der prägende Einfluss bislang eher unbekannter oder weniger erforschter Personen wie Johann Grothaus, Reiner Kylman, Heinrich Frings oder Christian Kramp neben bekannteren Akteuren wie Georg Simon Ohm, Bartholomäus Des Bosses oder Hermann Joseph Hartzheim herausgestellt. Dieser personelle Faktor durchzieht die komplette Sammlungsgeschichte des Mathematisch-Physikalischen Kabinetts von seinen Anfängen letztlich bis heute.

Resümiert werden kann zuletzt, dass das Mathematisch-Physikalische Kabinett zu Unrecht bislang in der überregionalen Forschung zu Jesuitensammlungen oder auch Physikalischen Kabinetten wenig bis keinen Platz gefunden hat. Dieses Buch füllt nicht nur diese Lücke, sondern hat auch weitere Forschungspotenziale offenbar werden lassen, zum Beispiel im Hinblick auf die Sammlungsgeschichte des 19. Jahrhunderts, aber auch auf eine systematische, vergleichende Betrachtung frühneuzeitlicher naturwissenschaftlicher Sammlungen in einem größeren, europäischen Kontext.

15 Vgl. Kramp 1799b; Hindenburg 1799.

Literatur- und Quellenverzeichnis

Literaturverzeichnis

Ausst. Kat. Augsburg 2009
Weltenglanz. Der Mathematisch-Physikalische Salon Dresden zu Gast im Maximilianmuseum Augsburg. Ausst. Kat. Maximilianmuseum, Augsburg 2009, hg. von Peter Plaßmeyer, Berlin 2009

Ausst. Kat. Bonn 2010–2011
Napoleon und Europa. Traum und Trauma. Ausst. Kat. Kunst- und Ausstellungshalle der Bundesrepublik Deutschland, Bonn 2010–2011, hg. von Bénédicte Savoy und Yann Potin, München 2010.

Ausst. Kat. Ingolstadt 1991–1992
Jesuiten in Ingolstadt 1549–1773. Ausst. Kat. Stadtarchiv Ingolstadt, Wissenschaftliche Stadtbibliothek, Stadtmuseum Ingolstadt, Ingolstadt 1991–1992, hg. von Stadtarchiv Ingolstadt, Ingolstadt 1991.

Ausst. Kat. Köln 1925
Katalog der Jahrtausendausstellung der Rheinlande in Köln 1925, Ausst. Kat. Köln 1925, hg. von Bruno Kuske/Wilhelm Ewald, Köln 1925.

Ausst. Kat. Köln 1964
Die Sammlungen des Baron von Hüpsch. Ein Kölner Kunstkabinett um 1800. Ausst. Kat. Hessisches Landesmuseum/Schnütgen-Museum Köln, Köln 1964, hg. von Hessisches Landesmuseum Darmstadt, Köln 1964.

Ausst. Kat. Köln 1995
Lust und Verlust. Kölner Sammler zwischen Trikolore und Preußenadler. Ausst. Kat. Josef-Haubrich-Kunsthalle, Bd. 1, Köln 1995–1996, hg. von Hiltrud Kier/Frank Günter Zehnder, Köln 1995.

Ausst. Kat. Köln 1998
Lust und Verlust II. Corpus-Band zu Kölner Gemäldesammlungen 1800–1860, Ausst. Kat. Josef-Haubrich-Kunsthalle, Bd. 2, Köln 1995–1996, hg. von Hiltrud Kier/Frank Günter Zehnder, Köln 1998.

Ausst. Kat. Köln 2019
Wir Glauben Kunst. Bildermacht und Glaubensfragen: Meisterzeichnungen aus der Kölner Jesuiten-Sammlung ‚Col.'. Ausst. Kat. Wallraf-Richartz-Museum & Fondation Corboud, Köln 2019, hg. von Thomas Ketelsen/Ricarda Hüpel, Köln 2019.

Ausst. Kat. Rom 2001
Athanasius Kircher. Il Museo del Mondo, Ausst. Kat. Palazzo di Venezia, Rom 2001, hg. von Eugenio Lo Sardo, Rom 2001.

Ausst. Kat. Versailles 2010
Sciences & curiosités à la cour de Versailles. Ausst. Kat. château de Versailles, Versailles 2010–2011, hg. von Béatrix Saule, Paris 2010.

Adams 1784
Adams, George: An Essay on Electricity. In Which the Theory and Practice of That Useful Science, Are Illustrated by a Variety of Experiments, Arranged in a Methodical Manner. To Which is Added an Essay on Magnetism, London 1784.

Aguirre Lora 2021
Aguirre Lora, María Esther: Pioneros de las ciencias y las artes. Travesías culturales entre la península itálica y la Nueva España, siglos XVI a XVIII, Mexiko-Stadt 2021.

Ahrendt 2000
Ahrendt, Tanja: 200 Jahre Kölner Gymnasial- und Stiftungsfonds. Die zentrale Verwaltung der Studienstiftungen und des alten Schulvermögens, in: Kölner Gymnasial- und Stiftungsfonds (Hg.): Bildung stiften, Köln 2000, S. 58–83.

Albrecht-Birkner 2017
Albrecht-Birkner, Veronika (Hg.): Johann Heinrich Jung-Stilling. „… weder Calvinist noch Herrnhuter noch Pietist". Fromme Populartheologie um 1800, Leipzig 2017.

Altic 2022
Altic, Mirela: Encounters in the New World. Jesuit Cartography of the Americas, Chicago 2022.

Andreae 2017
Andreae, Stephan: Demonstration en miniature. Donnerhäuschen, in: Wetterbericht. Über Wetterkultur und Klimawissenschaft, Ausst. Kat. Bundeskunsthalle Bonn, Bonn 2017–2018, hg. von Bundeskunsthalle Bonn, Dortmund 2017, S. 276.

Aranda 2018
Aranda, Marcelo: Deciphering the Ignatian Tree. The Catholic Horoscope of the Society of Jesus, in: Findlen, Paula (Hg.): Empires of Knowledge. Scientific Networks in the Early Modern World, London 2018, S. 106–125.

Arnulf 2003
Arnulf, Arwed: Das Titelbild der Tabulae Rudolphinae des Johannes Kepler. Zu Entwurf, Ausführung, dichterischer Erläuterung und Vorbildern einer Wissenschaftsallegorie, in: Zeitschrift des Deutschen Vereins für Kunstwissenschaft 54/55 (2000–2001) (2003), S. 176–198.

Asmussen/Burkart/Rößler 2019
Asmussen, Tina/Burkart, Lucas/Rößler, Hole: Einführung, in: Athanasius Kircher. Musaeum Celeberrimum (1678). Mit einer wissenschaftlichen Einleitung von Tina Asmussen, Lucas Burkart und Hole Rößler und einem kommentierten Autoren- und Stellenregister von Frank Böhling, Hildesheim/Zürich/New York 2019, S. 9–108.

Asmussen 2016
Asmussen, Tina: Scientia Kircheriana: Die Fabrikation von Wissen bei Athanasius Kircher, Affalterbach 2016.

Aspaas/Kontler 2020
Aspaas, Per Pippin/Kontler, László: Maximilian Hell (1720–92) and the Ends of Jesuit Science in Enlightenment Europe, Leiden/Boston 2020.

Augel 2016
Augel, Johannes: Italienische Einwanderung und Wirtschaftstätigkeit in rheinischen Städten des 17. und 18. Jahrhunderts, Norderstedt 2016.

Bader 1979
Bader, Ute: Als die Uhren noch anders gingen…, in: Bulletin der Museen der Stadt Köln 4 (1979), S. 1711f.

Baltrušaitis 1977
Baltrušaitis, Jurgis: Anamorphic Art, Cambridge 1977.

Baltrušaitis 1996
Baltrušaitis, Jurgis: Anamorphoses ou Thaumaturgus opticus, Paris 1996.

Bartola 2004
Bartola, Alberto: Alle Origini del Museo del Collegio Romano, in: Nuncius (2004), S. 297–356.

Beer 1997
Beer, Manuela: Buchbesprechung: Hiltrud Kier/Frank Günter Zehnder (Hg.): Lust und Verlust. Kölner Sammler zwischen Trikolore und Preußenadler, in: Geschichte in Köln 41 (1997), S. 141–143.

Bellot 2000
Bellot, Christoph: Für Auge und Verstand. Grafische Sammlung und physikalisches Kabinett des ehemaligen Kölner Jesuitenkollegs, in: Kölner Gymnasial- und Stiftungsfonds (Hg.): Bildung stiften, Köln 2000, S. 120–147.

Bellot 2015
Bellot, Christoph: Köln, ehemalige Jesuitenkirche St. Mariae Himmelfahrt, Lindenberg 2015 (Kleine Kunstführer).

Bennett/Talas 2013
Bennett, Jim/Talas, Sofia (Hg.): Cabinets of Experimental Philosophy in Eighteenth-Century Europe, Leiden 2013.

Benoît 1875
Benoît, Arthur: Collections et collectionneurs alsaciens, 1600–1820: antiquités, monnaies, médailles, tableaux, manuscrits, gravures, curiosités, etc., in: Revue d'Alsace 4 (1875), S. 54–79.

Bérard 2020
Bérard, Julien: Kommunikation, Wissensproduktion und Kartographie. Abraham Ortelius und die Kartenproduktion im Antwerpen des späten 16. Jahrhunderts, Baden-Baden 2020.

Bergerfurth 2010
Bergerfurth, Yvonne: Jesuitica im Historischen Archiv der Stadt Köln, in: Geschichte in Köln 57 (2010), S. 39–56.

Bergerfurth 2018
Bergerfurth, Yvonne: Die Bruderschaften der Kölner Jesuiten 1576 bis 1773, Siegburg 2018.

Bergerhausen 2010
Bergerhausen, Hans-Wolfgang: Köln in einem eisernen Zeitalter. 1610–1686, Köln 2010 (Geschichte der Stadt Köln 6).

Berthold 1883
Berthold, Gerhard: Die Kölner Luftpumpe v. J. 1641, in: Annalen der Physik 256/10 (1883), S. 345–359.

Bischoff 2015
Bischoff, Michael: Weltenträger, Kontinente, Land und Meer. Zur Ikonographie der gestochenen Titelblätter frühneuzeitlicher Atlanten, in: Bischoff, Michael/Lüpkes, Vera/Crom, Wolfgang (Hg.): Kartographie der Frühen Neuzeit. Weltbilder und Wirkungen, Marburg 2015, S. 193–209.

Blum 1952
Blum, Hans: Die Kölner Gymnasialbibliothek, in: Dreikönigsgymnasium Köln (Hg.): Tricoronatum. Festschrift zur 400-Jahr-Feier des Dreikönigsgymnasiums, Köln 1952, S. 122–125.

Blunk 2011
Blunk, Julian: Andrea Pozzos Anamorphosen des religiösen Bildes. Metamalerei in Sant'Ignazio, in: Bleyl, Matthias (Hg.): Quadratura: Geschichte, Theorien, Techniken, Berlin [u. a.] 2011, S. 237–251.

Bobinger 1966
Bobinger, Maximilian: Alt-Augsburger Kompassmacher. Sonnen-, Mond- und Sternuhren, astronomische und mathematische Geräte, Räderuhren, Augsburg 1966.

Bock o. J.
Bock, Martin: Ernst von Bayern, in: Internetportal Rheinische Geschichte, http://www.rheinische-geschichte.lvr.de/Persoenlichkeiten/ernst-von-bayern-/DE-2086/lido/57c6a55da11372.14570538 [zuletzt aufgerufen am 27.01.2024].

Böhm 1995
Böhm, Elga: Das Besucherbuch des Freiherrn Johann Wilhelm Adolph von Hüpsch aus dem Jahr 1776 bis 1903, in: Lust und Verlust. Kölner Sammler zwischen Trikolore und Preußenadler. Ausst. Kat. Josef-Haubrich-Kunsthalle, Bd. 1, Köln 1995–1996, hg. von Hiltrud Kier/Frank Günter Zehnder, Köln 1995, S. 57–76.

Böhm 1999
Böhm, Gottfried: Bilder als Instrumente der Erkenntnis, in: Huber, Jörg/Heller, Martin (Hg.): Konstruktionen, Sichtbarkeiten, Zürich 1999, S. 215–228.

Boschung/Kreuz/Kienlin 2015
Boschung, Dietrich/Kreuz, Patric-Alexander/Kienlin, Tobias (Hg.): Biography of Objects. Aspekte eines kulturhistorischen Konzepts, Paderborn 2015.

Boudreau 2012
Boudreau, George W.: The Philadelphia Years, 1723–1757, in: Waldstreicher, David (Hg.): A Companion to Benjamin Franklin, Malden/Oxford 2012, S. 25–45.

Bracke 2019
Bracke, Wouter: Jean Philippe Eugène de Merode and Vincenzo Coronelli on Globe Making, Conference: XIVth International Coronelli Society for the Study of Globes, Zürich 2019.

Bräunlein 2012
Bräunlein, Peter J.: Material Turn, in: Georg-August-Universität Göttingen (Hg.): Dinge des Wissens. Die Sammlungen, Museen und Gärten der Universität Göttingen, Göttingen 2012, S. 30–44.

Bredekamp 2007
Bredekamp, Horst: Antikensehnsucht und Maschinenglauben: Die Geschichte der Kunstkammer und die Zukunft der Kunstgeschichte, Berlin 2007.

Breidbach/Engelhardt/Müller 2013
Breidbach, Olaf/Engelhardt, Kerrin von/Müller, Matthias: Camera Obscura. Die Dunkelkammer in ihrer historischen Entwicklung, Stuttgart 2013.

Brenni 2002
Brenni, Paolo: Jean-Antoine Nollet et les instruments de physique expérimentale, in: Pyenson, Lewis/Gauvin, Jean-François (Hg.): L'art d'enseigner la physique. Les appareils de démonstration de Jean-Antoine Nollet 1700–1770, Sillery 2002, S. 11–27.

Brill 1952
Brill, Franz: Das optisch-physikalische Kabinett des Tricoronatums, in: Dreikönigsgymnasium Köln (Hg.): Tricoronatum. Festschrift zur 400-Jahr-Feier des Dreikönigsgymnasiums, Köln 1952, S. 118–121.

Brunbauer 1980
Brunbauer, Wolfgang: Ein Landshuter Bauernsohn tauscht hochgelehrte Briefe mit Wilhelm Gottfried Leibniz, in: Charivari 6/4 (1980), S. 8–19.

Büttner 2000
Büttner, Nils: Die Erfindung der Landschaft. Kosmographie und Landschaftskunst im Zeitalter Bruegels, Göttingen 2000.

Calisi 2001
Calisi, Marinella: Astrolabio, in: Athanasius Kircher. Il Museo del Mondo, Ausst. Kat. Palazzo di Venezia, Rom 2001, hg. von Eugenio Lo Sardo, Rom 2001, S. 159f.

Cantor 1903
Cantor, Moritz: Bürmann, Heinrich, in: Allgemeine Deutsche Biographie 47 (1903), S. 392–394, https://www.deutsche-biographie.de/pnd117143715.html#adbcontent [zuletzt aufgerufen am 27.01.2024].

Carolino 2018
Carolino, Luís Miguel: Astronomy, Cosmology and the Jesuit Discipline, 1540–1758, in: Županov, Ines (Hg.): The Oxford Handbook of the Jesuits, New York 2018, S. 670–707.

Casalini 2018
Casalini, Cristiano: Rise, Character, and Development of Jesuit Education: Teaching the World, in: Županov, Ines (Hg.): The Oxford Handbook of the Jesuits, New York 2018, S. 152–176.

Cepl-Kaufmann 2009a
Cepl-Kaufmann, Gertrude: Die Jahrtausendfeiern. Ein Fall für die Kulturwissenschaft. Statt einer Einleitung, in: Dies. (Hg.): Jahrtausendfeiern und Befreiungsfeiern im Rheinland. Zur politischen Festkultur 1925 und 1930, Essen 2009, S. 11–34.

Cepl-Kaufmann 2009b
Cepl-Kaufmann, Gertrude (Hg.): Jahrtausendfeiern und Befreiungsfeiern im Rheinland. Zur politischen Festkultur 1925 und 1930, Essen 2009.

Cha/Rautzenberg 2008
Cha, Kyung-Ho/Rautzenberg, Markus: Einleitung: Im Theater des Sehens. Anamorphose als Bild und Philosophische Metapher, in: Dies. (Hg.): Der entstellte Blick. Anamorphosen in Kunst, Literatur und Philosophie, München 2008, S. 7–22.

Chaix 2021
Chaix, Gérald: Köln im Zeitalter von Reformation und katholischer Reform. 1512/13–1610, Köln 2021 (Geschichte der Stadt Köln 5).

Cleempoel 2002
Cleempoel, Koenraad van: A Catalogue Raisonné of Scientific Instruments from the Louvain School, 1530–1600, Turnhout 2002.

Cleempoel 2011
Cleempoel, Koenraad van: The Migration of Instrumental Knowledge from Flanders to Spain. The Role of Sixteenth-Century Flemish Instrument Maker Petrus ab Aggere, in: Lüthy, Christoph Herbert/Dupré, Sven (Hg.): Silent Messengers. The Circulation of Material Objects of Knowledge in the Early Modern Low Countries, Münster 2011, S. 69–88.

Cleempoel 2023
Cleempoel, Koenraad van: The Transmission of Materialized Knowledge: A Medieval *Saphea* with Islamic Projections, Re-engraved in the Renaissance, in: Giletti, Ann/Hasse, Dag Nikolaus (Hg.): Mastering Nature in the Medieval Arabic and Latin Worlds. Studies in Heritage and Transfer of Arabic Science in Honour of Charles Burnett, Turnhout 2023, S. 231–252.

Clemen 1911
Clemen, Paul (Hg.): Die Kunstdenkmäler der Stadt Köln. Band II: Die kirchlichen Denkmäler der Stadt Köln: St. Gereon – St. Johann Baptist – Die Marienkirchen – Groß St. Martin, Düsseldorf 1911 (Die Kunstdenkmäler der Rheinprovinz 7/1).

Clossey 2008
Clossey, Luke: Salvation and Globalization in the Early Jesuit Missions, Cambridge 2008.

Cohen 2010
Cohen, Floris: Die zweite Erschaffung der Welt. Wie die moderne Naturwissenschaft entstand, Frankfurt am Main 2010.

Collet 2007
Collet, Dominik: Die Welt in der Stube. Exotische Objekte in europäischen Kunstkammern zwischen projektiver Ethnographie und ‚New Science' (1650–1720), Göttingen 2007.

Cordez 2012
Cordez, Philippe: Werkzeuge und Instrumente in Kunstgeschichte und Technikanthropologie, in: Ders./Krüger, Matthias (Hg.): Werkzeuge und Instrumente, Berlin 2012, S. 1–19.

Corswarem/Schiltz/Vendrix 2009
Corswarem, Emilie/Schiltz, Katelijne/Vendrix, Philippe: Der Lütticher Fürstbischof Ernst von Bayern als Musik-Mäzen (1580–1612), in: Pietschmann, Klaus (Hg.): Das Erzbistum Köln in der Musikgeschichte des 15. und 16. Jahrhunderts, Berlin 2009, S. 1–23.

Damesme 2003
Damesme, Nathalie: Öffentliche Schulverwaltung in der Stadt Köln von 1794–1814, Köln/Weimar/Wien 2003.

Davids 2011
Davids, Karel: Dutch and Spanish Global Networks of Knowledge in the Early Modern Period: Structures, Connections, Changes, in: Roberts, Lissa (Hg.): Centres and Cycles of Accumulation in and Around the Netherlands during the Early Modern Period, Zürich [u. a.] 2011, S. 29–52.

Davids 2020
Davids, Karel: Global Ocean of Knowledge 1660–1860. Globalization and Maritime Knowledge in the Atlantic World, London 2020.

Dávila Pérez 2015
Dávila Pérez, Antonio: Correspondencia latina inédita entre Benito Arias Montano y Juan Rethio (1572–1573), in: Humanistica Lovaniensia 64 (2015), S. 138–165.

Deeters 1987
Deeters, Joachim: Der Nachlass Ferdinand Franz Wallraf (Best. 1105), Köln 1987.

Dekker 2018
Dekker, Elly: Einige Hintergrundinformationen zu den Himmelsgloben von Vincenzo Coronelli, in: Vincenzo Coronelli (1650–1718): Das Bild der Welt. Ausst. Kat. Biblioteca Nazionale Marciana, Venedig 2018, hg. von Marica Milanesi, Wien 2018, S. 130–155.

Dickerhof 1995
Dickerhof, Harald: Die katholischen Universitäten im Heiligen Römischen Reich deutscher Nation des 18. Jahrhunderts, in: Hammerstein, Notker (Hg.): Universitäten und Aufklärung, Göttingen 1995, S. 21–47.

Dieckhoff 1990
Dieckhoff, Reiner: Cosmographia planisphaeria. Ein ‚Arsenius-Astrolabium' des späten 16. Jahrhunderts im Kölnischen Stadtmuseum, in: Kölner Museums-Bulletin: Berichte und Forschungen aus den Museen der Stadt Köln (1990), S. 23–44.

Dieckhoff 1999
Dieckhoff, Reiner: Das Astrolabium, in: Schäfke, Werner (Hg.): Wie Zeit vergeht, Köln 1999, S. 53–59.

Dimler 1999
Dimler, G. Richard: Jakob Masen's Critique of the Imago Primi Saeculi, in: Manning, John/Vaeck, Marc van (Hg.): The Jesuits and the Emblem Tradition, Turnhout 1999, S. 279–295.

Dobisch 1938
Dobisch, Werner: Das Neue Schloss zu Bensberg, Düsseldorf 1938.

Doll 2012
Doll, Martin: Fälschung und Fake: Zur diskurskritischen Dimension des Täuschens, Berlin 2012.

Dreikönigsgymnasium Köln 1952
Dreikönigsgymnasium Köln (Hg.): Tricoronatum. Festschrift zur 400-Jahr-Feier des Dreikönigsgymnasiums, Köln 1952.

Duhr 1921
Duhr, Bernhard: Der kurpfälzische Hofbeichtvater P. Ferdinand Orban S. J., in: Historisch-politische Blaetter fuer das katholische Deutschland 168 (1921), S. 369–383.

Duminuco 2021
Duminuco, Vincent (Hg.): The Jesuit Ratio Studiorum of 1599: 400th Anniversary Perspectives, New York 2021.

Duruy 1882
Duruy, Albert: L'instruction publique et la Révolution, Paris 1882.

Ehret 2016
Ehret, Gloria: Stilkunde: Anamorphosen, in: Weltkunst 110 (2016), S. 96f.

Elffers/Leeman/Schuyt 1981
Elffers, Joost/Leeman, Fred/Schuyt, Michael: Anamorphosen. Ein Spiel mit der Wahrnehmung, dem Schein und der Wirklichkeit, Köln 1981.

Engländer 1985
Engländer, Hans: Das Naturkundemuseum in Köln (1892–1944) und seine Vorgänger, in: Schwarzbach, Martin (Hg.): Naturwissenschaften und Naturwissenschaftler in Köln zwischen der alten und der neuen Universität (1798–1919), Köln 1985, S. 185–199.

Eser 2001
Eser, Thomas: Augsburger Anamorphosen des 18. Jahrhunderts, in: Paas, John Roger (Hg.): Augsburg. Die Bilderfabrik Europas. Essays zur Augsburger Druckgraphik der Frühen Neuzeit, Augsburg 2001, S. 173–188.

Ettelt 1992
Ettelt, Beatrix: Das Jesuitengymnasium in Ingolstadt, in: Jesuiten in Ingolstadt 1549–1773. Ausst. Kat. Stadtarchiv Ingolstadt, Wissenschaftliche Stadtbibliothek, Stadtmuseum Ingolstadt, Ingolstadt 1991–1992, hg. von Stadtarchiv Ingolstadt, Ingolstadt 1992, S. 105–123.

Feder 1877
Feder, Heinrich von: Geschichte der Stadt Mannheim, Mannheim/Straßburg 1877.

Feldhay 2000
Feldhay, Rivka: The Cultural Field of Jesuit Science, in: O'Malley, John W. [u. a.] (Hg.): The Jesuits. Cultures, Sciences, and the Arts 1540–1773, Toronto 2000, S. 107–130.

Feldkirchen 1980
Feldkirchen, Wilfried: Aspekte der Bevölkerungs- und Sozialstruktur der Stadt Köln in der französischen Zeit (1794–1814), in: Rheinische Vierteljahrsblätter 44 (1980), S. 182–227.

Fellmann 1999
Fellmann, Dorothea: Das Gymnasium Montanum in Köln 1550–1798, Köln/Weimar/Wien 1999.

Fiegenbaum 2016
Fiegenbaum, Thea: Die Konkurrenz der Städte Köln und Bonn um eine Universität, in: Gersmann, Gudrun/Grohé, Stefan (Hg.): Ferdinand Franz Wallraf (1748–1824) – Eine Spurensuche in Köln, https://dx.doi.org/10.18716/map/00001, mapublishing 2016, https://wallraf.mapublishing-lab.uni-koeln.de/wallraf-in-koeln/bildungswesen-im-umbruch/konkurrenz-der-staedte-koeln-und-bonn-um-eine-universitaet/ [zuletzt aufgerufen am 27.01.2024].

Findlen 1994
Findlen, Paula: Possessing Nature. Museums, Collecting, and Scientific Culture in Early Modern Italy, Berkeley [u. a.] 1994.

Findlen 2003
Findlen, Paula: Scientific Spectacle in Baroque Rome: Athanasius Kircher and the Roman College, in: Feingold, Mordechai (Hg.): Jesuit Science and the Republic of Letters, Cambridge/London 2003, S. 225–284.

Findlen 2004
Findlen, Paula: The Last Man who Knew Everything… or Did He?: Athanasius Kircher S. J. (1602–1680), in: Dies. (Hg.): Athanasius Kircher: The Last Man who Knew Everything, New York 2004, S. 1–50.

Finger 2006
Finger, Heinz: Weltkirche, Ortskirche von Köln und Jesuitenorden im Todesjahr des hl. Ignatius, in: Die Anfänge der Gesellschaft Jesu und das erste Jesuitenkolleg in Köln. Ausst. Kat. Erzbischöfliche Diözesan- und Dombibliothek Köln in Zusammenarbeit mit der deutschen Provinz der Jesuiten, Köln 2006, hg. von Heinz Finger, Köln 2006, S. 59–70.

Fischer 2004
Fischer, Klaus: Die neue Ordnung des Wissens. Experiment – Erfahrung – Beweis – Theorie, in: Dülmen, Richard van/Rauschenbach, Sina (Hg.): Macht des Wissens. Die Entstehung der modernen Wissensgesellschaft, Köln 2004, S. 155–185.

Fleming 1974
Fleming, Edward McClung: Artifact Study: A Proposed Model, in: Winterthur Portfolio 9 (1974), S. 153–173.

Fletcher 2011
Fletcher, John Edward: A Study of the Life and Works of Athanasius Kircher, „Germanus Incredibilis". With a Selection of His Unpublished Correspondence and an Annotated Translation of His Autobiography, Leiden/Boston 2011.

Förster 1987
Förster, Cornelia: Zur Problematik kulturhistorischer Ausstellungen am Rhein. Jahrtausendausstellung Köln 1925. Gesolei Düsseldorf 1926. Stadtjubiläum Düsseldorf 1988, in: Schneider, Ulrich (Hg.): Festschrift für Gerhard Bott zum 60. Geburtstag, Darmstadt 1987, S. 159–167.

Freist 2015
Freist, Dagmar: Materielle Praktiken in der Frühen Neuzeit. Einführung, in: Brendecke, Arndt (Hg.): Praktiken der Frühen Neuzeit. Akteure – Handlungen – Artefakte, Köln 2015, S. 267–274.

Freitäger 2010
Freitäger, Andreas: Artisten und ‚humanistae', ‚Jesuiter' und Aufklärer. Die Universitäten Köln, Trier, Duisburg und Bonn vom Spätmittelalter bis zum Ende des 18. Jahrhunderts, in: Rutz, Andreas (Hg.): Das Rheinland als Schul- und Bildungslandschaft (1250–1750), Köln 2010, S. 55–78.

Friedrich/Müller 2020
Friedrich, Markus/Müller, Monika (Hg.): Zacharias Konrad von Uffenbach. Büchersammler und Polyhistor in der Gelehrtenkultur um 1700, Berlin 2020.

Friedrich 2008
Friedrich, Markus: Circulating and Compiling the Litterae Annuae. Towards a History of the Jesuit System of Communication, in: Archivum historicum Societatis Iesu 77/153 (2008), S. 3–40.

Friedrich 2018
Friedrich, Markus: Die Jesuiten. Aufstieg, Niedergang, Neubeginn, München 2018.

Frings 1952
Frings, Käthe: Henricus Frings. Der letzte Jesuiten-Regent am Tricoronatum, Köln 1952.

Fritz 1911
Fritz, Alfons: Paulus Aler, in: Klinkenberg, Josef (Hg.): Das Marzellen Gymnasium in Köln 1450–1911. Bilder aus seiner Geschichte. Festschrift dem Gymnasium anlässlich seiner Übersiedlung gewidmet von den ehemaligen Schülern, Köln 1911, S. 123–139.

Füchtbauer 1947
Füchtbauer, Heinrich von: Georg Simon Ohm. Ein Forscher wächst aus seiner Väter Art, Bonn 1947.

Funiok/Schöndorf 2000
Funiok, Rüdiger/Schöndorf, Harald (Hg.): Ignatius von Loyola und die Pädagogik der Jesuiten: Ein Modell für Schule und Persönlichkeitsbildung, Donauwörth 2000.

Füssel 2016
Füssel, Marian: Die Praxis der Disputation. Heuristische Zugänge und theoretische Deutungsangebote, in: Gindhart, Marion/Marti, Hanspeter/Seidel, Robert (Hg.): Frühneuzeitliche Disputationen. Polyvalente Produktionsapparate gelehrten Wissens, Köln/Weimar/Wien 2016, S. 27–48.

Gamer 1978
Gamer, Jörg: Matteo Alberti. Oberbaudirektor des Kurfürsten Johann Wilhelm von der Pfalz, Herzogs zu Jülich und Berg etc., Düsseldorf 1978.

Gatto 2018
Gatto, Romano: Jesuit Mathematics, in: Županov, Ines (Hg.): The Oxford Handbook of the Jesuits, New York 2018, S. 637–669.

Georges 1913
Georges, Karl Ernst (Hg.): Ausführliches lateinisch-deutsches Handwörterbuch, Bd. 1, Hannover 1913.

Gersmann 2020
Gersmann, Gudrun: Von „Honvlez" zum „Baron von Hüpsch": Die (auto)biographischen Metamorphosen eines Kölner Sammlers im 18. Jahrhundert, in: Geschichte in Köln 67 (2020), S. 145–172.

Gersmann 2019
Gersmann, Gudrun (Hg.): Das Physikalische Kabinett – Von der jesuitischen Lehrsammlung zum kulturellen Erbe, https://dx.doi.org/10.18716/map/00004, mapublishing 2019 https://kabinett.mapublishing-lab.uni-koeln.de/ [zuletzt aufgerufen am 28.01.2024].

Gersmann 2021
Gersmann, Gudrun (Hg.): Bücher, Bilder, Lehrobjekte: Die Sammlungen der ehemaligen Kölner Jesuiten, https://dx.doi.org/10.18716/map/00008, mapublishing 2021, https://jesuiten.mapublishing-lab.uni-koeln.de/ [zuletzt aufgerufen am 28.01.2024].

Gilles 2009
Gilles, Stephanie: Pater Ferdinand Orban (1655–1732). Gelehrter – Sammler – Jesuit. Eine Bestandsaufnahme, in: Sammelblatt des Historischen Vereins Ingolstadt 118 (2009), S. 289–304.

Gindhart/Kunder 2010
Gindhart, Marion/Kunder, Ursula (Hg.): Disputatio. 1200–1800. Form, Funktion und Wirkung eines Leitmediums universitärer Wissenskultur, Berlin 2010.

Goercke 1992
Goercke, Ernst: Christoph Scheiner, in: Jesuiten in Ingolstadt 1549–1773. Ausst. Kat. Stadtarchiv Ingolstadt, Wissenschaftliche Stadtbibliothek, Stadtmuseum Ingolstadt, Ingolstadt 1991–1992, hg. von Stadtarchiv Ingolstadt, Ingolstadt 1992, S. 140–159.

Golvers 2019
Golvers, Noël: Aigenler, Adam, in: Santiago de Carvalho, Mário/Guidi, Simone (Hg.): Conimbricenses Encyclopedia, 2019, http://www.conimbricenses.org/encyclopedia/aigenler-adam [zuletzt aufgerufen am 28.01.2024].

Golvers 2007
Golvers, Noël: Foreign Jesuit Indipetæ. Mathematical Teachings and Mathematical Books at the Colégio das Artes in Coimbra in the 2nd Half of the 17th Century, in: Bulletin of Portuguese-Japanese Studies 14 (2007), S. 21–42.

Gorman 2003
Gorman, Michael John: Mathematics and Modesty in the Society of Jesus: The Problems of Christoph Grienberger, in: Feingold, Mordechai (Hg.): The New Science and Jesuit Science: Seventeenth Century Perspectives, Dordrecht 2003, S. 1–120.

Gorman 2020
Gorman, Michael John: The Scientific Counter-Revolution. The Jesuits and the Invention of Modern Science, London 2020.

Grigo 2021
Grigo, Simon: Büchersammlung, in: Gersmann, Gudrun (Hg.): Bücher, Bilder, Lehrobjekte: Die Sammlungen der ehemaligen Kölner Jesuiten, https://dx.doi.org/10.18716/map/00008, mapublishing 2021, https://jesuiten.mapublishing-lab.uni-koeln.de/sammlungen/buechersammlung [zuletzt aufgerufen am 28.01.2024].

Gronemeyer 2004
Gronemeyer, Nicole: Optische Magie. Zur Geschichte der visuellen Medien in der Frühen Neuzeit, Bielefeld 2004.

Groß 2005
Groß, Konrad: Goswin Nickel SJ (1582–1664). Skizzen zu Leben und Werk. Zum 400jährigen Ordenseintritt und zum 340jährigen Todestag, in: Analecta Coloniensia. Jahrbuch der Diözesan- und Dombibliothek Köln 4 (2005), S. 270–285.

Grote 1994a
Grote, Andreas (Hg.): Macrocosmos in Microcosmo. Die Welt in der Stube. Zur Geschichte des Sammelns 1450–1800, Wiesbaden 1994.

Grote 1994b
Grote, Andreas: Vorrede – Das Objekt als Symbol, in: Ders. (Hg.): Macrocosmos in Microcosmo. Die Welt in der Stube. Zur Geschichte des Sammelns 1450–1800, Wiesbaden 1994, S. 11–20.

Günther 1883
Günther, Siegmund: Kramp, Christian, in: Allgemeine Deutsche Biographie 17 (1883), S. 31–32, https://www.deutsche-biographie.de/pnd116379073.html#adbcontent [zuletzt aufgerufen am 28.01.2024].

Habermann 2012
Habermann, Katharina (Hg.): Die Kalenderbriefe des Georg Albrecht Hamberger im Kontext der Kalenderreform von 1700, Göttingen 2012.

Hagmann 2019
Hagmann, Johannes-Geert: Das Physikalische Kabinett der Ludwigs-Maximilians-Universität im 19. und frühen 20. Jahrhundert, in: Weigand, Katharina/Stein, Claudius (Hg.): Die Sammlungen der Ludwig-Maximilians-Universität München gestern und heute. Eine vergleichende Bestandsaufnahme 1573–2016, München 2019, S. 357–366.

Hahn 2015
Hahn, Hans Peter: Dinge sind Fragmente und Assemblagen, in: Boschung, Dietrich/Kreuz, Patric-Alexander/Kienlin, Tobias (Hg.): Biography of Objects. Aspekte eines kulturhistorischen Konzepts, Paderborn 2015, S. 11–34.

Hahn 2019
Hahn, Hans Peter: Materielle Kultur? Fragestellungen, Entwicklungen, Potenziale, in: MEMO 5 (2019): Perspektiven auf Materielle Kultur. 50 Jahre Institut für Realienkunde des Mittelalters und der frühen Neuzeit (2019), S. 5–19.

Halleux/Bernès 1995
Halleux, Robert/Bernès, Anne-Catherine: La cour savante d'Ernest de Bavière, in: Archives Internationales d'Histoire des Sciences 134 (1995), S. 3–29.

Häner 2017
Häner, Flavio: Dinge sammeln, Wissen schaffen. Die Geschichte der naturhistorischen Sammlungen in Basel 1735–1850, Bielefeld 2017.

Hantschel 1910
Hantschel, Oskar: Das Linzer ‚Museum physicum' I. Geschichte des physikalischen Kabinetts am Linzer Staatsgymnasium und seiner Kustoden vom Jahre 1754 bis zur Gegenwart nebst einer Wiedergabe des Inventars vom Jahre 1775, in: Jahresbericht des Kaiserlich-königlichen Staats-Gymnasiums zu Linz (1910), S. 1–27.

Hantschel 1911
Hantschel, Oskar: Das Linzer ‚Museum physicum' Schluß. Geschichte des physikalischen Kabinetts am Linzer Staatsgymnasium und seiner Kustoden vom Jahre 1754 bis zur Gegenwart nebst einer Wiedergabe des Inventars vom Jahre 1775, in: Jahresbericht des Kaiserlich-königlichen Staats-Gymnasiums zu Linz (1911), S. 1–30.

Harris 1995
Harris, Steven J.: Les chaires de mathématiques, in: Giard, Luce (Hg.): Les Jésuites à la Renaissance. Système éducatif et production du savoir, Paris 1995, S. 239–262.

Harris 1996
Harris, Steven J.: Confession-Building, Long-Distance Networks, and the Organization of Jesuit Science, in: Early Science and Medicine. Jesuits and the Knowledge of Nature 1/3 (1996), S. 287–318.

Harten 1995
Harten, Hans-Christian: Das niedere Schulwesen in Frankreich am Übergang vom 18. zum 19. Jahrhundert. Schulentwicklung zwischen Reform und Revolution, in: Albrecht, Peter/Hinrichs, Ernst (Hg.): Kultur und Gesellschaft in Nordwestdeutschland zur Zeit der Aufklärung. Das niedere Schulwesen im Übergang vom 18. zum 19. Jahrhundert, 2 Bde., Bd. 2, Tübingen 1995, S. 25–48.

Haude [2011]
Haude, Rüdiger: Die ‚Jahrtausendausstellungen' in Köln und Aachen 1925, in: Internetportal Rheinische Geschichte, http://www.rheinische-geschichte.lvr.de/Epochen-und-Themen/Themen/die-jahrtausendausstellungen-in-koeln-und-aachen-1925/DE-2086/lido/57d1357ad31239.21169195 [zuletzt aufgerufen am 28.01.2024].

Hauser 1985
Hauser, Ulrich: Georg Simon Ohm (1789–1854), das ohmsche Gesetz und das Physikalische Kabinett der alten Kölner Universität, in: Schwarzbach, Martin (Hg.): Naturwissenschaften und Naturwissenschaftler in Köln zwischen der alten und der neuen Universität (1798–1919), Köln 1985, S. 49–75.

Hellyer 2000
Hellyer, Marcus: Jesuit Physics in Eighteenth-Century Germany: Some Important Continuities, in: O'Malley, John [u. a.] (Hg.): The Jesuits I: Cultures, Sciences, and the Arts, 1540–1775, Toronto 2000, S. 538–554.

Hellyer 2003
Hellyer, Marcus (Hg.): The Scientific Revolution. The Essential Readings, Malden 2003.

Hellyer 2005
Hellyer, Marcus: Catholic Physics. Jesuit Natural Philosophy in Early Modern Germany, Notre Dame 2005.

Hengst 1981
Hengst, Karl: Jesuiten an Universitäten und Jesuitenuniversitäten. Zur Geschichte der Universitäten in der Oberdeutschen und Rheinischen Provinz der Gesellschaft Jesu im Zeitalter der konfessionellen Auseinandersetzung, Paderborn/München 1981.

Hernández Machancoses 2015
Hernández Machancoses, José Luis: La anamorfosis como acontecimiento visual, Universitat de Valencia 2015, https://roderic.uv.es/items/690d37be-8e06-4603-b6f6-f2c42ba109ec [zuletzt aufgerufen am 11.09.2024].

Hick 1999
Hick, Ulrike: Geschichte der optischen Medien, München 1999.

Hieke 2018
Hieke, Katrin: Im Spannungsfeld von Politik, Innovation und Tradition. Das Rheinische Museum/Haus der Rheinischen Heimat in Köln 1925–1956, Berlin 2018.

Hilger 1982
Hilger, Hans Peter: Die ehemalige Jesuitenkirche St. Mariae Himmelfahrt in Köln, in: Ders./Mainzer, Udo (Hg.): Die Jesuitenkirche St. Mariae Himmelfahrt in Köln. Dokumentation und Beiträge zum Abschluß ihrer Wiederherstellung 1980, Düsseldorf 1982, S. 9–30.

Hilger/Mainzer 1982
Hilger, Hans-Peter/Mainzer, Udo (Hg.): Die Jesuitenkirche St. Mariae Himmelfahrt in Köln. Dokumentation und Beiträge zum Abschluß ihrer Wiederherstellung 1980, Düsseldorf 1982.

Hofmann/Richard
Hofmann, Catherine/Richard, Hélène (Hg.): Les globes de Louis XIV. Étude artistique, historique et matérielle, Paris 2012.

Hofmann 2007
Hofmann, Catherine: ‚Unvergleichliche' Globen oder ‚Alte Geräte – so sperrig wie nutzlos'? Die Wechselfälle der grossen Coronelli-Globen zwischen 1683 und 1915, in: Der Globusfreund 53/54 (2007), S. 25–43.

Hofmann 1992
Hofmann, Siegfried: Das Orban-Museum, in: Jesuiten in Ingolstadt 1549–1773. Ausst. Kat. Stadtarchiv Ingolstadt, Wissenschaftliche Stadtbibliothek, Stadtmuseum Ingolstadt, Ingolstadt 1991–1992, hg. von Stadtarchiv Ingolstadt, Ingolstadt 1991, S. 300–306.

Hofmann 1994
Hofmann, Siegfried: Das Orban'sche Museum in Ingolstadt, in: Grote, Andreas (Hg.): Macrocosmos in Microcosmo. Die Welt in der Stube. Zur Geschichte des Sammelns 1450–1800, Wiesbaden 1994, S. 661–694.

Höhener 2019
Höhener, Hans-Peter: Die jesuitische Weltkarte Johann Baptist Cysats von 1619, in: Cartographica Helvetica. Fachzeitschrift für Kartengeschichte 58. Missionskartographie (2019), S. 16–24.

Hömig 1978
Hömig, Herbert: Jean Ignace Roderique und die Anfänge der Geschichtswissenschaft an der Kölner Universität, in: Annalen des Historischen Vereins für den Niederrhein 180 (1978), S. 146–168.

Hömig 1982
Hömig, Herbert: Jean Ignace Roderique (1696–1756), in: Gesellschaft für Rheinische Geschichtskunde (Hg.): Rheinische Lebensbilder, Bd. 9, Köln 1982, S. 159–178.

Hund 1987
Hund, Friedrich: Die Geschichte der Göttinger Physik, Göttingen 1987.

Imhof 2015
Imhof, Dirk: Ein Theater der Welt. Atlaskartographie in den Niederlanden des 16. Jahrhunderts, in: Weltvermesser. Das Goldene Zeitalter der Kartographie. Ausst. Kat. Weserrenaissance-Museum Schloss Brake, Lemgo 2015, hg. von Michael Bischoff/Vera Lüpkes/Rolf Schönlau, Dresden 2015, S. 60–75.

Imhof 2020
Imhof, Dirk: Christophe Plantin's Correspondence: Perspectives on Life and Work as a Publisher in 16th-Century Europe, Gent 2020.

Ives 1953
Ives, Ronald L.: Adam Aigenler's Field Manual, in: The Journal of Geography 52/7 (1953), S. 291–299.

Jansen 2016
Jansen, Markus: Die Eidverweigerung der Universität, in: Gersmann, Gudrun/Grohé, Stefan (Hg.): Ferdinand Franz Wallraf (1748–1824) – Eine Spurensuche in Köln, https://dx.doi.org/10.18716/map/00001, mapublishing 2016, https://wallraf.mapublishing-lab.uni-koeln.de/wallraf-in-koeln/bildungswesen-im-umbruch/die-eidverweigerung-der-universitaet [zuletzt aufgerufen am 28.01.2024].

Jülich 1995
Jülich, Theo: Jean Guillaume Adolphe Fiacre Honvlez – alias Baron von Hüpsch, in: Lust und Verlust. Kölner Sammler zwischen Trikolore und Preußenadler. Ausst. Kat. Josef-Haubrich-Kunsthalle, Bd. 1, Köln 1995–1996, hg. von Hiltrud Kier/Frank Günter Zehnder, Köln 1995, S. 45–56.

Kaelble 2021
Kaelble, Hartmut: Historisch Vergleichen. Eine Einführung, Frankfurt am Main/New York 2021.

Kapustka 2018
Kapustka, Mateusz: Mission Antarktis. Die vormoderne Sichtbarmachung der Welt als Problem einer historischen Kritik von Bildkulturen, in: Lucci, Antonio/Skowronek, Thomas (Hg.): Potential regieren. Zur Genealogie des möglichen Menschen, Paderborn 2018, S. 137–158.

Karr Schmidt 2011
Karr Schmidt, Suzanne: Printed Scientific Objects, in: Altered and Adorned: Using Renaissance Prints in Daily Life, Ausst. Kat. The Art Institute of Chicago, Chicago 2011, hg. von dies./Kimberly Nichols, New Haven 2011, S. 73–92.

Keil 2009
Keil, Inge: Augsburger Instrumentenmacher, in: Weltenglanz. Der Mathematisch-Physikalische Salon Dresden zu Gast im Maximilianmuseum Augsburg. Ausst. Kat. Maximilianmuseum, Augsburg 2009, hg. von Peter Plaßmeyer, Berlin 2009, S. 32–36.

Kemp 1911
Kemp, Jacob: Hermann Joseph von Hartzheim, in: Klinkenberg, Josef (Hg.): Das Marzellen Gymnasium in Köln 1450–1911. Bilder aus seiner Geschichte. Festschrift dem Gymnasium anlässlich seiner Übersiedlung gewidmet von den ehemaligen Schülern, Köln 1911, S. 140–147.

Kemp 1912
Kemp, Jacob: Das Studium der Geschichte an der Kölner Universität I, in: Jahrbuch des Kölnischen Geschichtsvereins 1 (1912), S. 52–78.

Kemp 1913
Kemp, Jacob: Das Studium der Geschichte an der Kölner Universität II, in: Jahrbuch des Kölnischen Geschichtsvereins 2 (1913), S. 53–74.

Kern 2010a
Kern, Ralf: Wissenschaftliche Instrumente in ihrer Zeit. Vom Compendium zum Einzelinstrument, 17. Jahrhundert, 6 Bde., Bd. 2, Köln 2010.

Kern 2010b
Kern, Ralf: Wissenschaftliche Instrumente in ihrer Zeit. Streben nach Genauigkeit in Zeit und Raum, 18. Jahrhundert, 6 Bde., Bd. 3, Köln 2010.

Kessler 2000
Kessler, Stephan: Die ‚Geistlichen Übungen' des Ignatius von Loyola und die Studienordnung der Jesuiten: Pädagogik aus den Exerzitien, in: Funiok, Rüdiger/Schöndorf, Harald (Hg.): Ignatius von Loyola und die Pädagogik der Jesuiten: Ein Modell für Schule und Persönlichkeitsbildung, Donauwörth 2000, S. 44–53.

Ketelsen/Schwaighofer/Venator 2019
Ketelsen, Thomas/Schwaighofer, Claudia-Alexandra/Venator, Michael: Die Wiederentdeckung der Zeichnungssammlung der Kölner Jesuiten – Zwischen historischem Geschick und Geschichte, in: Wir Glauben Kunst. Bildermacht und Glaubensfragen: Meisterzeichnungen aus der Kölner Jesuiten-Sammlung ‚Col.'. Ausst. Kat. Wallraf-Richartz-Museum & Fondation Corboud, Köln 2019, hg. von Thomas Ketelsen/Ricarda Hüpel, Köln 2019, S. 34–54.

Kift/Schmidt 2016
Kift, Dagmar/Schmidt, Martin: Technik- und Industriemuseen, in: Walz, Markus (Hg.): Handbuch Museum. Geschichte, Aufgaben, Perspektiven, Stuttgart 2016, S. 123–128.

Kistenich 2010
Kistenich, Johannes: Geistliche Orden und öffentliches Schulwesen im Rheinland 1250–1750, in: Rutz, Andreas (Hg.): Das Rheinland als Schul- und Bildungslandschaft (1250–1750), Köln 2010, S. 119–152.

Kleinert 2021
Kleinert, Andreas: Wie originell ist die Gothaer Vorlesung zur Naturlehre? Ludwig Christian Lichtenbergs Manuskript und die Élemens de physique théorique et expérimentale von Joseph-Aignan Sigaud de La Fond, in: Schmidt-Funke, Julia Annette/Berg, Gunhild/Mulsow, Martin (Hg.): Das Schloss als Hörsaal. Ludwig Christian Lichtenbergs „Vorlesung über die Naturlehre" und die residenzstädtische Wissensproduktion um 1800, Stuttgart 2021, S. 183–192.

Klemun 2015
Klemun, Marianne: Der Botanische Garten, in: Leibniz-Institut für Europäische Geschichte (IEG) (Hg.): Europäische Geschichte Online (EGO), Mainz 2015, http://www.ieg-ego.eu/klemunm-2015-de [zuletzt aufgerufen am 28.01.2024].

Kliche 2007
Kliche, Dieter: ‚Zellen im fremden Stock'. Lichtenbergs Zusätze zu Erxlebens Anfangsgründen der Naturlehre, in: Welsh, Caroline/Willer, Stefan (Hg.): „Interesse für bedingtes Wissen". Wechselbeziehungen zwischen den Wissenskulturen, München 2007, S. 295–310.

Klinkenberg 1911a
Klinkenberg, Josef (Hg.): Das Marzellen Gymnasium in Köln 1450–1911. Bilder aus seiner Geschichte. Festschrift dem Gymnasium anlässlich seiner Übersiedlung gewidmet von den ehemaligen Schülern, Köln 1911.

Klinkenberg 1911b
Klinkenberg, Josef: Zur Geschichte des Marzellengymnasiums, in: Ders. (Hg.): Das Marzellen Gymnasium in Köln 1450–1911. Bilder aus seiner Geschichte. Festschrift dem Gymnasium anlässlich seiner Übersiedlung gewidmet von den ehemaligen Schülern, Köln 1911, S. 11–21.

Kniffler 1892
Kniffler, Gustav: Das Jesuiten-Gymnasium zu Düsseldorf. Ein Beitrag zur Geschichte des Königlichen Gymnasiums zu Düsseldorf, Düsseldorf 1892.

Knopp 1982
Knopp, Gisbert: Avita fide – zur wittelsbachschen Hausmacht- und Kirchenpolitik am Ende des 16. und in der ersten Hälfte des 17. Jahrhunderts, in: Hilger, Hans-Peter/Mainzer, Udo (Hg.): Die Jesuitenkirche St. Mariae Himmelfahrt in Köln. Dokumentation und Beiträge zum Abschluß ihrer Wiederherstellung 1980, Düsseldorf 1982, S. 135–154.

Knopp 1988
Knopp, Gisbert: Die Unterkünfte des Priesterseminars während zweieinhalb Jahrhunderten – Von der Glashütte zur funktionalen Vierflügelanlage, in: Trippen, Norbert (Hg.): Das Kölner Priesterseminar im 19. und 20. Jahrhundert. Festschrift zur Feier des 250jährigen Bestehens am 29. Juni 1988, Köln 1988, S. 1–22.

Knubben 1961
Knubben, Franz: Restaurierte Erd- und Himmelsgloben von Vincenzo Coronelli (1650–1718) in Köln, in: Der Globusfreund 10 (1961), S. 34–37.

Koller 2014a
Koller, Ariane: Weltbilder und die Ästhetik der Geographie. Die Offizin Blaeu und die niederländische Kartographie der Frühen Neuzeit, Affalterbach 2014.

Koller 2014b
Koller, Edith: Strittige Zeiten. Kalenderreformen im Alten Reich 1582–1700, Berlin/Boston 2014.

Kölner Gymnasial- und Stiftungsfonds 2000
Kölner Gymnasial- und Stiftungsfonds (Hg.): Bildung stiften – Kölner Gymnasial- und Stiftungsfonds. Anlässlich des 200-jährigen Jubiläums des Kölner Gymnasial- und Stiftungsfonds, Köln 2000.

Königliches Friedrich Wilhelms-Gymnasium zu Trier 1913
Königliches Friedrich Wilhelms-Gymnasium zu Trier (Hg.): Königliches Friedrich Wilhelms-Gymnasium zu Trier 1563–1913. Festschrift zur Feier des 350-jährigen Jubiläums der Anstalt, Trier 1913.

Korey 2007
Korey, Michael (Hg.): Die Geometrie der Macht, die Macht der Geometrie. Mathematische Instrumente und fürstliche Mechanik um 1600 aus dem Mathematisch-Physikalischen Salon, München/Berlin 2007.

Kraus 2001
Kraus, Andreas: Das Gymnasium der Jesuiten zu München (1559–1773). Staatspolitische, sozialgeschichtliche, behördengeschichtliche und kulturgeschichtliche Bedeutung, München 2001.

Krauter 2020
Krauter, Anne: Die ›Digitale Kunstpforte‹. Eine interdisziplinäre Online-Plattform zur kunsttechnologischen Quellenforschung und ein altes Rezept zum Nachmachen, in: Gartmann, Thomas/Pauli, Christian (Hg.): Arts in Context – Kunst, Forschung, Gesellschaft, Bielefeld 2020, S. 90–101.

Krempl 1968
Krempl, Ulla: Die Orbanische Sammlung. Eine Raritätenkammer des 18. Jahrhunderts, in: Münchner Jahrbuch der bildenden Kunst. 3. Folge, 19 (1968), S. 169–184.

Krogt 2015
Krogt, Peter van der: Das Goldene Zeitalter der niederländischen Kartographie, in: Weltvermesser. Das Goldene Zeitalter der Kartographie. Ausst. Kat. Weserrenaissance-Museum Schloss Brake, Lemgo 2015, hg. von Michael Bischoff/Vera Lüpkes/Rolf Schönlau, Dresden 2015, S. 76–89.

Kuckhoff 1929
Kuckhoff, Josef: Johannes Rethius. Der Organisator des katholischen Schulwesens in Deutschland im 16. Jahrhundert, Düsseldorf 1929.

Kuckhoff 1931a
Kuckhoff, Josef: Die Geschichte des Gymnasium Tricoronatum: Ein Querschnitt durch die Geschichte der Jugenderziehung in Köln vom 15. bis zum 18. Jahrhundert, Köln 1931.

Kuckhoff 1931b
Kuckhoff, Josef: Kurfürst Max Friedrich und der Streit um den Besitz des Kölner Jesuitenkollegs (1773–1777), in: Annalen des Historischen Vereins für den Niederrhein 118/1 (1931), S. 72–104.

Kuhn 1994
Kuhn, Hans Wolfgang: Die Montierung von Coronelli-Globen in Düsseldorf und deren Vertrieb durch Matteo Alberti, in: Düsseldorfer Jahrbuch 65 (1994), S. 17–48.

Kuhn 1970
Kuhn, Thomas S.: Die Struktur wissenschaftlicher Revolutionen, 2. Aufl., Frankfurt am Main 1970.

Kuhn-Forte 1998
Kuhn-Forte, Brigitte: Antikensammlungen in Rom, in: „Außer Rom ist fast nichts schönes in der Welt". Römische Antikensammlungen im 18. Jahrhundert. Ausst. Kat. Winckelmann-Gesellschaft Wörlitz, Kulturstiftung Dessau-Wörlitz und Winckelmann-Museum Stendal, Wörlitz/Stendal 1998, hg. von Max Kunze, Mainz 1998, S. 30–66.

Küntzel 2008
Küntzel, Astrid: Fremde in Köln. Integration und Ausgrenzung zwischen 1750 und 1814, Köln 2008.

Kuphal 1928
Kuphal, Erich: Der Beginn des Bensberger Schloßbaues, in: Jahrbuch des Kölnischen Geschichtsvereins 10 (1928), S. 171–174.

Lange 1949
Lange, Edwin: Ferdinand Franz Wallraf und die rheinische Aufklärung. Wallrafs Entwicklung, Tätigkeit und Bedeutung bis zum Ende des 18. Jahrhunderts, Bonn 1949.

Langer 1985
Langer, Wolfhart: Baron Hüpsch (1730–1805) und die geologiewissenschaftlichen Aktivitäten in Köln während des 18. und frühen 19. Jahrhunderts, in: Schwarzbach, Martin (Hg.): Naturwissenschaften und Naturwissenschaftler in Köln zwischen der alten und der neuen Universität (1798–1919), Köln 1985, S. 19–45.

Langer 2009
Langer, Wolfhart: Der Katalog des ehemaligen Museums von Johann Crafto Hiegell in Koblenz (1714), in: Kurtrierisches Jahrbuch 49 (2009), S. 269–285.

Latour/Woolgar 1979
Latour, Bruno/Woolgar, Steve: Laboratory Life. The Social Construction of Scientific Facts, Beverly Hills 1979.

Latour 1987
Latour, Bruno: Science in Action. How to Follow Scientists and Engineers Through Society, Cambridge 1987.

Lauert 2021
Lauert, Markus: Gottfried Wilhelm Leibniz: Zu Besuch bei Ferdinand von Fürstenberg, in: Neuwöhner, Andreas/Wolfram, Lars (Hg.): Leben am Hof zu Neuhaus. Biografische Skizzen zur Hofkultur einer fürstbischöflichen Residenz, Paderborn 2021, S. 163–184.

Leinkauf 1994
Leinkauf, Thomas: ‚Mundus combinatus' und ‚ars combinatoria' als geistesgeschichtlicher Hintergrund des Museum Kircherianum in Rom, in: Grote, Andreas (Hg.): Macrocosmos in Microcosmo. Die Welt in der Stube. Zur Geschichte des Sammelns 1450–1800, Wiesbaden 1994, S. 535–554.

Lelková/Findlen/Sutherland 2020
Lelková, Iva/Findlen, Paula/Sutherland, Suzanne: Kircher's Bohemia: Jesuit Networks and Habsburg Patronage in the Seventeenth Century, in: Erudition and the Republic of Letters 5/2 (2020), S. 163–206.

Lewejohann 2014
Lewejohann, Stefan: ‚Cöllen wär von Ketzerey nunmehr gantz eingenohmen.' Die Jesuiten im Köln des 17. Jahrhunderts, in: Ders. (Hg.): Köln in unheiligen Zeiten. Die Stadt im dreißigjährigen Krieg, Köln 2014, S. 185–192.

Li 2004
Li, Wenchao: Cultus religiosus und cultus civilis – Leibniz und der Ritenstreit, in: Studia Leibnitiana 36/1 (2004), S. 109–127.

Limper 1939
Limper, Wilhelm: Wallraf und Grashof. Zugleich ein Beitrag zur Geschichte des kölnischen Schulwesens, in: Jahrbuch des Kölnischen Geschichtsvereins 21 (1939), S. 111–141.

Limper 1952
Limper, Wilhelm: Das Gymnasium in der Zeit der Franzosenherrschaft, in: Dreikönigsgymnasium Köln (Hg.): Tricoronatum. Festschrift zur 400-Jahr-Feier des Dreikönigsgymnasiums, Köln 1952, S. 41–48.

Look 1999
Look, Brandon: Leibniz and the „Vinculum Substantiale", Stuttgart 1999.

Lossen 1884
Lossen, Max: Masius, Andreas, in: Allgemeine Deutsche Biographie 20 (1884), S. 559–562, https://www.deutsche-biographie.de/pnd118578685.html#adbcontent [zuletzt aufgerufen am 28.01.2024].

Lourenço/Gessner 2012
Lourenço, Marta C./Gessner, Samuel: Documenting Collections: Cornerstones for More History of Science in Museums, in: Science & Education. Contributions from History, Philosophy and Sociology of Science and Mathematics 23/4 (2012), S. 727–745.

Lourenço 2011
Lourenço, Marta C.: Royal Cabinets of Physics in Portugal and Brazil: An Exploratory Study, in: Opuscula Musealia 19 (2011), S. 71–85.

Ludwig 1888
Ludwig, Hermann: Straßburg vor 100 Jahren. Ein Beitrag zur Kulturgeschichte, Stuttgart 1888.

MacGregor 1994
MacGregor, Arthur: Die besonderen Eigenschaften der ‚Kunstkammer', in: Grote, Andreas (Hg.): Macrocosmos in Microcosmo. Die Welt in der Stube. Zur Geschichte des Sammelns 1450–1800, Wiesbaden 1994, S. 61–106.

Mackensen 1991
Mackensen, Ludolf von: Die naturwissenschaftlich-technische Sammlung. Geschichte, Bedeutung und Ausstellung in der Kasseler Orangerie, Kassel 1991.

Maget Dominicé/Stein/Wolf 2021
Maget Dominicé, Antoinette/Stein, Claudius/Wolf, Niklas (Hg.): Lehr- und Schausammlungen im Wandel: Archive, Displays, Objekte, Heidelberg 2021, https://doi.org/10.11588/arthistoricum.908 [zuletzt aufgerufen am 28.01.2024].

Mährle 2000
Mährle, Wolfgang: Academia Norica: Wissenschaft und Bildung an der Nürnberger Hohen Schule in Altdorf (1575–1623), Stuttgart 2000.

Malfi o. J.
Malfi, Pierandrea: Compasso di proporzione di G. Lusverg, in: Ders., Museo di Fisica „Antonio Maria Traversi". Sezione virtuale, https://www.museotraversi.it/museoreale/db/scheda.phtml?Inv=13 [zuletzt aufgerufen am 28.01.2024].

Mannoni 1996
Mannoni, Laurent: Le mouvement continué. Catalogue illustré de la collection des appareils de la Cinémathèque française, Milano 1996.

Marini 2018
Marini, Giorgio: Grafik und Stil in den Globen von Vincenzo Coronelli, in: Vincenzo Coronelli (1650–1718): Das Bild der Welt. Ausst. Kat. Biblioteca Nazionale Marciana, Venedig 2018, hg. von Marica Milanesi, Wien 2018, S. 156–185.

Marti 2015
Marti, Hanspeter: Die Disputationsschriften – Speicher logifizierten Wissens, in: Grunert, Frank/Syndikus, Anette (Hg.): Wissensspeicher der Frühen Neuzeit. Formen und Funktionen, Berlin/Boston 2015, S. 203–242.

Marx/Neuhausen 2019
Marx, Peter W./Neuhausen, Hubertus: Nicht nur Perlen der Weisheit: Schätze der Universität zu Köln, in: Dies. (Hg.): Schätze der Universität zu Köln, Köln 2019, S. 12–17.

Mayer-Deutsch 2008
Mayer-Deutsch, Angela: The Ideal Museum Kircherianum and the Ignatian Exercitia spiritualia, in: Schramm, Helmar/Schwarte, Ludger/Lazardzig, Jan (Hg.): Instruments in Art and Science. On the Architectonics of Cultural Boundaries in the 17th Century, Berlin 2008, S. 235–256.

Mayer-Deutsch 2010
Mayer-Deutsch, Angela: Das Musaeum Kircherianum. Kontemplative Momente, historische Rekonstruktion, Zürich 2010.

Menzel 2002
Menzel, Ulrich: Musealisierung des Technischen. Die Gründung des ‚Deutschen Museums von Meisterwerken der Naturwissenschaft und Technik' in München, Technische Universität Braunschweig 2002, 10.24355/dbbs.084-200511080100-696 [zuletzt aufgerufen am 17.03.2024].

Merlo 1850
Merlo, Johann Jakob: Nachrichten von dem Leben und den Werken kölnischer Künstler, Köln 1850.

Merlo 1885
Merlo, Johann Jakob: Menn, Johann Georg, in: Allgemeine Deutsche Biographie 21 (1885), S. 357–358, https://www.deutsche-biographie.de/pnd133910172.html#adbcontent [zuletzt aufgerufen am 28.01.2024].

Merlo 1895
Merlo, Johann Jakob: Kölnische Künstler in alter und neuer Zeit, Düsseldorf 1895.

Meurer 1988
Meurer, Peter H.: Atlantes Colonienses: Die Kölner Schule der Atlaskartographie 1570–1610, Bad Neustadt an der Saale 1988.

Meurer 1992
Meurer, Peter H.: Bausteine zur Kartographenbiographie des 16. Jahrhunderts aus der Kölner Universitätsmatrikel, in: Rheinische Vierteljahresblätter 56 (1992), S. 333–337.

Meurer 1997
Meurer, Peter H.: Die Kölner Jesuiten Franz und Hermann Joseph Hartzheim als Kartographen, in: Annalen des Historischen Vereins für den Niederrhein, insbesondere das alte Erzbistum Köln 200 (1997), S. 107–133.

Meuthen 1988
Meuthen, Erich: Kölner Universitätsgeschichte, Bd. 1: Die alte Universität, Köln/Wien 1988.

Meuthen 1989
Meuthen, Erich: Die Artesfakultät der alten Kölner Universität, in: Zimmermann, Albert (Hg.): Die Kölner Universität im Mittelalter. Geistige Wurzeln und soziale Wirklichkeit, Berlin [u. a.] 1989, S. 366–393.

Meuthen 1998
Meuthen, Erich: Kleine Kölner Universitätsgeschichte, Köln 1998.

Meyer zu Schlochtern 2014
Meyer zu Schlochtern, Josef (Hg.): Die Academia Theodoriana. Von der Jesuitenuniversität zur Theologischen Fakultät Paderborn 1614–2014, Paderborn 2014.

Meyerhöfer 1987
Meyerhöfer, Dietrich: Lichtenberg und die Sammlung der wissenschaftlichen Geräte des Frankfurter Patriziers Johann Friedrich Armand von Uffenbach, in: Lichtenberg-Jahrbuch 11/12 (1987), S. 113–160.

Meyerhöfer 2020
Meyerhöfer, Dietrich: Johann Friedrich von Uffenbach. Sammler – Stifter – Wissenschaftler, Georg-August-Universität Göttingen 2020, http://dx.doi.org/10.53846/goediss-7957 [zuletzt aufgerufen am 16.03.2024].

Miguel Alonso/Sánchez Manzano 1993
Miguel Alonso, Aurora/Sánchez Manzano, María Asunción: La Biblioteca de El Escorial según la descripción del P. Claude Clement, S. J., in: Campos, Francisco Javier/Sevilla, Fernández de (Hg.): La ciencia en el Monasterio del Escorial, Madrid 1993, S. 617–648.

Milanesi 2007
Milanesi, Marica: Eine ‚spezielle Geographie' für den König – Tiere und Menschen auf dem von Vincenzo Coronelli für Ludwig XIV. angefertigten Erdglobus (1681–1683), in: Der Globusfreund 53/54 (2007), S. 11–24.

Milanesi 2018a
Milanesi, Marica: Der große Erdglobus (1686–1689), in: Vincenzo Coronelli (1650–1718): Das Bild der Welt. Ausst. Kat. Biblioteca Nazionale Marciana, Venedig 2018, hg. von dies., Wien 2018, S. 106–129.

Milanesi 2018b
Milanesi, Marica: Vincenzo Coronelli. Eine Karriere, in: Vincenzo Coronelli (1650–1718): Das Bild der Welt. Ausst. Kat. Biblioteca Nazionale Marciana, Venedig 2018, hg. von dies., Wien 2018, S. 16–39.

Milz 1887
Milz, Heinrich: Geschichte des katholischen Gymnasiums an Marzellen zu Köln. Zweiter Teil. Die Zeit von 1630–1794 (Machthöhe und Sturz des Jesuitenordens), in: Ders. (Hg.): Programm des Königlichen Katholischen Gymnasiums an Marzellen zu Köln, Köln 1887.

Milz 1962
Milz, Herbert: Das Kölner Grossgewerbe von 1750 bis 1835, Köln 1962.

Minow 1991
Minow, Helmut (Hg.): Geometria Practica. Vermessungstechnische Lehrbücher aus drei Jahrhunderten. Eine illustrierte Bibliographie, Wiesbaden 1991.

Morton/Weiss 1993
Morton, Alan Q./Weiss, Jane A.: Public & Private Science. The King George III Collection, Oxford 1993.

Mrozik 2018
Mrozik, Dagmar: The Jesuit Science Network: A Digital Prosopography on Jesuit Scholars in the Early Modern Sciences, Bergische Universität Wuppertal 2018, urn:nbn:de:hbz:468-20181211-142016-1 [zuletzt aufgerufen am 16.03.2024].

Müller 2005
Müller, Klaus: Köln von der französischen zur preußischen Herrschaft. 1794–1815, Köln 2005 (Geschichte der Stadt Köln 8).

Müller 2019
Müller, Miriam: Geschenkte Schätze. Die Sammlung Orban im Kontext frühneuzeitlicher Patronage, in: Weigand, Katharina/Stein, Claudius (Hg.): Die Sammlungen der Ludwig-Maximilians-Universität München gestern und heute. Eine vergleichende Bestandsaufnahme 1573–2016, München 2019, S. 125–142.

Müller 2020
Müller, Miriam: Der sammelnde Professor. Wissensdinge an Universitäten des Alten Reichs im 18. Jahrhundert, Stuttgart 2020.

Napp-Zinn 1985
Napp-Zinn, Klaus: Die ‚Kölner Botanik' zwischen alter und neuer Universität, in: Schwarzbach, Martin (Hg.): Naturwissenschaften und Naturwissenschaftler in Köln zwischen der alten und der neuen Universität (1798–1919), Köln 1985, S. 119–168.

Naredi-Rainer 2013
Naredi-Rainer, Paul von: Die Zahl 4 in Kunst, Architektur und Weltvorstellung, in: Greub, Thierry (Hg.): Das Bild der Jahreszeiten im Wandel der Kulturen und Zeiten, München 2013, S. 17–48.

Nebelung 2016
Nebelung, Alexandra: Wallrafs Konzept für eine Schulreform von 1786, in: Gersmann, Gudrun/Grohé, Stefan (Hg.): Ferdinand Franz Wallraf (1748–1824) – Eine Spurensuche in Köln, https://dx.doi.org/10.18716/map/00001, mapublishing 2016, http://wallraf.mapublishing-lab.uni-koeln.de/wallraf-in-koeln/alte-universitaet/wallrafs-konzept-fuer-eine-schulreform/ [zuletzt aufgerufen am 28.01.2024].

Nelle 2005
Nelle, Florian: Künstliche Paradiese. Vom Barocktheater zum Filmpalast, Würzburg 2005.

Nieveler 2014
Nieveler, Peter: Goswin Nickel aus Koslar, 1582–1664. 10. Generaloberer der Gesellschaft Jesu (1652–1664), Koslar 2014.

Nordhoff 1879
Nordhoff, Josef Bernhard: Grothus, Johannes, in: Allgemeine Deutsche Biographie 9 (1879), S. 766–767, https://www.deutsche-biographie.de/pnd136142257.html#adbcontent [zuletzt aufgerufen am 28.01.2024].

North 2002
North, John D.: The Ambassadors' Secret: Holbein and the World of the Renaissance, London 2002.

O. A.
Jesuitenkolleg St. Mariä Himmelfahrt, in: KuLaDig, Kultur.Landschaft.Digital, https://www.kuladig.de/Objektansicht/O-15191-20110822-2 [zuletzt aufgerufen am 03.02.2024].

O'Keefe 1998
O'Keefe, Joseph M.: The Pedagogy of Persuasion: The Culture of the University of Pont-à-Mousson, in: Paedagogica Historica 34/2 (1998), S. 421–442.

Opgenoorth 2016a
Opgenoorth, Kim: Sammeln und Lehren vor 1800, in: Gersmann, Gudrun/Grohé, Stefan (Hg.): Ferdinand Franz Wallraf (1748–1824) – Eine Spurensuche in Köln, https://dx.doi.org/10.18716/map/00001, mapublishing 2016, https://wallraf.mapublishing-lab.uni-koeln.de/lehrobjekte-vor-1800/historischer-kontext/sammeln-und-lehren [zuletzt aufgerufen am 17.03.2024].

Opgenoorth 2016b
Opgenoorth, Kim: Sammlungsobjekte vor 1800, in: Gersmann, Gudrun/Grohé, Stefan (Hg.): Ferdinand Franz Wallraf (1748–1824) – Eine Spurensuche in Köln, https://dx.doi.org/10.18716/map/00001, mapublishing 2016, https://wallraf.mapublishing-lab.uni-koeln.de/lehrobjekte-vor-1800/historischer-kontext/sammlungsobjekte-vor-1800 [zuletzt aufgerufen am 18.03.2024].

Oulíková 2006
Oulíková, Petra: Clementinum. Kunstführer, Prag 2006.

Pabst 1988
Pabst, Klaus: Der Kölner Universitätsgedanke zwischen Französischer Revolution und Preussischer Reaktion (1794–1818), in: Heimbüchel, Bernd/Ders. (Hg.): Kölner Universitätsgeschichte, Bd. 2: Das 19. und 20. Jahrhundert, Köln 1988, S. 1–100.

Pabst 2000
Pabst, Klaus: Das Ende der freien Reichsstadt Köln. Gesellschaftliche und bildungspolitische Umbrüche in der Franzosenzeit, in: Kölner Gymnasial- und Stiftungsfonds (Hg.): Bildung stiften, Köln 2000, S. 40–57.

Pagel 1884
Pagel, Julius: Schurer, Jakob Ludwig, in: Hirsch, August (Hg.): Biographisches Lexikon der hervorragenden Aerzte aller Zeiten und Völker, Bd. 5, Wien/Leipzig 1884, S. 311f.

Pärr 2013
Pärr, Nora: Maximilian Hell und sein wissenschaftliches Umfeld im Wien des 18. Jahrhunderts, Nordhausen 2013.

Pavur 2005
Pavur, Claude: The "Ratio Studiorum": The Official Plan for Jesuit Education. Trans. and Annotated by Claude Pavur S. J., Saint Louis 2005.

Pavur 2019
Pavur, Claude: In the School of Ignatius. Studious Zeal and Devoted Learning, Chestnut Hill 2019.

Pelletier 2009
Pelletier, Monique: Wissenschaftliche Kontakte, Bestrebungen und finanzielle Probleme der Familie d'Estrées, in: Der Globusfreund 55/56 (2009), S. 160–168.

Pelletier 2012a
Pelletier, Monique: La famille d'Estrées et les globes de Coronelli, in: Hofmann, Catherine/Richard, Hélène (Hg.): Les globes de Louis XIV. Étude artistique, historique et matérielle, Paris 2012, S. 34–51.

Pelletier 2012b
Pelletier, Monique: La géographie du roi sous le règne de Louis XIV, in: Hofmann, Catherine/Richard, Hélène (Hg.): Les globes de Louis XIV. Étude artistique, historique et matérielle, Paris 2012, S. 17–33.

Pelletier 2013
Pelletier, Monique: Les cartes des Cassini. La sciences au service de l'État et des provinces, Paris 2013.

Perrin 1982
Perrin, Carleton E.: A Lost Identity: Philippe Frédéric, Baron de Dietrich (1748–1793), in: Isis. A Journal of the History of Science Society 73/4 (1982), S. 545–551.

Physicalisches Cabinet, in: Sammlungsportal der Georg-August-Universität Göttingen, https://sammlungen.uni-goettingen.de/sammlung/slg_1020/ [zuletzt aufgerufen am 16.03.2024].

Plaßmeyer 2009a
Plaßmeyer, Peter: Aus den Werkstätten der Kompassmacher, in: Weltenglanz. Der Mathematisch-Physikalische Salon Dresden zu Gast im Maximilianmuseum Augsburg. Ausst. Kat. Maximilianmuseum, Augsburg 2009, hg. von ders., Berlin 2009, S. 204f.

Plaßmeyer 2009b
Plaßmeyer, Peter: Äquatorialsonnenuhr, in: Weltenglanz. Der Mathematisch-Physikalische Salon Dresden zu Gast im Maximilianmuseum Augsburg. Ausst. Kat. Maximilianmuseum, Augsburg 2009, hg. von ders., Berlin 2009, S. 212f., Kat. Nr. 64.

Plaßmeyer 2009c
Plaßmeyer, Peter: Das Astrolabium, in: Weltenglanz. Der Mathematisch-Physikalische Salon Dresden zu Gast im Maximilianmuseum Augsburg. Ausst. Kat. Maximilianmuseum, Augsburg 2009, hg. von ders., Berlin 2009, S. 66–68.

Poggendorff 1863a
Poggendorff, Johann Christian: Schurer, Friedrich Ludwig, in: Biographisch-literarisches Handwörterbuch zur Geschichte der exacten Wissenschaften, Bd. 2, Leipzig 1863, S. 869.

Poggendorff 1863b
Poggendorff, Johann Christian: Schurer, Jacob Ludwig, in: Biographisch-literarisches Handwörterbuch zur Geschichte der exacten Wissenschaften, Bd. 2, Leipzig 1863, S. 869.

Pomian 1994
Pomian, Krzysztof: Sammlungen — eine historische Typologie, in: Grote, Andreas (Hg.): Macrocosmos in Microcosmo. Die Welt in der Stube. Zur Geschichte des Sammelns 1450 bis 1800, Wiesbaden 1994, S. 107–126.

Porteman 1996
Porteman, Karel: Emblematic Exhibitions (affixiones) at the Brussels Jesuit College (1630–1685). A Study of the Commemorative Manuscripts (Royal Library, Brussels), Turnhout 1996.

Porteman 2000
Porteman, Karel: The Use of the Visual in Classical Jesuit Teaching and Education, in: Paedagogica Historica 36/1 (2000), S. 178–196.

Präsidentin der Georg-August-Universität Göttingen 2013
Präsidentin der Georg-August-Universität Göttingen (Hg.): Die Sammlungen, Museen und Gärten der Universität Göttingen, Göttingen 2013.

Pyenson/Gauvin 2002
Pyenson, Lewis/Gauvin, Jean-François (Hg.): L'art d'enseigner la physique. Les appareils de démonstration de Jean-Antoine Nollet 1700–1770, Sillery 2002.

Quarg 1985
Quarg, Gunter: F. F. Wallraf (1748–1824) und die Naturgeschichte an der alten Kölner Universität, in: Schwarzbach, Martin (Hg.): Naturwissenschaften und Naturwissenschaftler in Köln zwischen der alten und der neuen Universität (1798–1919), Köln [u. a.] 1985, S. 1–18.

Quarg 1991
Quarg, Gunter: Die Sammlungen des Kölner Jesuitenkollegiums nach der Aufhebung des Ordens 1773, in: Jahrbuch des Kölnischen Geschichtsvereins 62 (1991), S. 153–173.

Quarg 1994
Quarg, Gunter: Das Physikalische Kabinett und der Physik-Unterricht in Köln von der Gründung der Ecole Centrale 1799 bis zum Ende der Franzosenzeit 1814, in: Jahrbuch des Kölnischen Geschichtsvereins 65 (1994), S. 113–136.

Quarg 1995a
Quarg, Gunter: Andrea Pozzo „Perspectiva pictorum et architectorum", in: Lust und Verlust. Kölner Sammler zwischen Trikolore und Preußenadler. Ausst. Kat. Josef-Haubrich-Kunsthalle, Bd. 1, Köln 1995–1996, hg. von Hiltrud Kier/Frank Günter Zehnder, Köln 1995, S. 517, Kat. Nr. 19.

Quarg 1995b
Quarg, Gunter: „Arsenius"-Astrolabium, in: Lust und Verlust. Kölner Sammler zwischen Trikolore und Preußenadler. Ausst. Kat. Josef-Haubrich-Kunsthalle, Bd. 1, Köln 1995–1996, hg. von Hiltrud Kier/Frank Günter Zehnder, Köln 1995, S. 519, Kat. Nr. 23.

Quarg 1995c
Quarg, Gunter: Ein Inventar des Kölner Physikalischen Kabinetts aus dem Jahre 1801, in: Jahrbuch des Kölnischen Geschichtsvereins 66 (1995), S. 81–83.

Quarg 1995d
Quarg, Gunter: Johann Jacob Scheuchzer „Kupfer-Bibel, in welcher die Physica sacra oder geheiligte Naturwissenschaft erklärt wird", in: Lust und Verlust. Kölner Sammler zwischen Trikolore und Preußenadler. Ausst. Kat. Josef-Haubrich-Kunsthalle, Bd. 1, Köln 1995–1996, hg. von Hiltrud Kier/Frank Günter Zehnder, Köln 1995, S. 523, Kat. Nr. 37.

Quarg 1995e
Quarg, Gunter: Naturwissenschaftliche Sammlungen in Köln, in: Lust und Verlust. Kölner Sammler zwischen Trikolore und Preußenadler. Ausst. Kat. Josef-Haubrich-Kunsthalle, Bd. 1, Köln 1995–1996, hg. von Hiltrud Kier/Frank Günter Zehnder, Köln 1995, S. 315–321.

Quarg 1996a
Quarg, Gunter: Gottfried Wilhelm Leibniz (1646–1716). Eine Ausstellung zu Leben und Werk in Büchern und Dokumenten, Köln 1996.

Quarg 1996b
Quarg, Gunter: Naturkunde und Naturwissenschaften an der alten Kölner Universität, Köln 1996.

Reckers 1929
Reckers, Ernst: Geschichte des Kölner Priesterseminars bis zum Untergang der alten Erzdiözese, Köln 1929.

Reichardt 2004
Reichardt, Rolf: Rezension von: Bénédicte Savoy: Patrimoine annexé. Les biens culturels saisis par la France en Allemagne autour de 1800, 2 Bde., Paris 2003, in: sehepunkte 4/7–8 (2004), https://www.sehepunkte.de/2004/07/4917.html [zuletzt aufgerufen am 28.01.2024].

Rekus/Mikhail 2013
Rekus, Jürgen/Mikhail, Thomas: Neues schulpädagogisches Wörterbuch, Weinheim 2013.

Repgen 2015
Repgen, Konrad: Dreißigjähriger Krieg und Westfälischer Friede. Studien und Quellen, Paderborn 2015.

Reuß 2002
Reuß, Elisabeth: Raub oder Sicherstellung? Das Schicksal von Archiv- und Bibliotheksbeständen rheinischer bzw. stadtkölnischer Einrichtungen, in: Schönpflug, Daniel/Voss, Jürgen (Hg.): Révolutionnaires et Émigrés: Transfer und Migration zwischen Frankreich und Deutschland 1789–1806, Stuttgart 2002, S. 147–162.

Rigal 2012
Rigal, Laura: Benjamin Franklin, the Science of Flow, and the Legacy of the Enlightenment, in: Waldstreicher, David (Hg.): A Companion to Benjamin Franklin, Malden/Oxford 2012, S. 308–334.

Roberts 2009
Roberts, Daniela: „Imago Mundi": Eine ikonographische und mentalitätsgeschichtliche Studie, ausgehend von Hans Holbein d. J. „The Ambassadors", Hildesheim 2009.

Rohde 1923
Rohde, Alfred: Die Geschichte der wissenschaftlichen Instrumente vom Beginn der Renaissance bis zum Ausgang des 18. Jahrhunderts, Leipzig 1923.

Romano 1999
Romano, Antonella: La contre-réforme mathématique. Constitution et diffusion d'une culture mathématique jésuite à la Renaissance (1540–1640), Rom 1999.

Romano 2004
Romano, Antonella: Epilogue. Understanding Kircher in Context, in: Findlen, Paula (Hg.): Athanasius Kircher: The Last Man who Knew Everything, New York 2004, S. 405–419.

Romano 2006
Romano, Antonella: Teaching Mathematics in Jesuit Schools: Programs, Course Content, and Classroom Practices, in: O'Malley, John [u. a.] (Hg.): The Jesuits II: Cultures, Sciences, and the Arts, 1540–1773, Toronto 2006, S. 355–370.

Roth/Roth 1997
Roth, Bernhard/Roth, Daniel: Zwei ungewöhnliche Kugelsonnenuhren aus der physikalischen Sammlung des Kölnischen Stadtmuseums, in: Schriften des Historisch-Wissenschaftlichen Fachkreises „Freunde Alter Uhren" in der Deutschen Gesellschaft für Chronometrie 36 (1997), S. 224–228.

Roth 1999
Roth, Bernhard: Sonnenuhren – Monduhren – Sternuhren, in: Schäfke, Werner (Hg.): Wie Zeit vergeht, Köln 1999, S. 61–79.

Rovelstad 1991
Rovelstad, Mathilde V.: Claude Clement's Pictorial Catalog: A Seventeenth-Century Proposal for Physical Access and Literature Evaluation, in: The Library Quarterly: Information, Community, Policy 61/2 (1991), S. 174–187.

Rupp/May 1999
Rupp, Berthold/May, Rüdiger (Hg.): 450 Jahre Universität Dillingen: 1549–1999, München 1999.

Rusque 2018
Rusque, Dorothée: Enseigner à partir des collections d'histoire naturelle au XVIIIe siècle. Les pratiques pédagogiques du professeur Jean Hermann, in: Marti, Hanspeter/Seidel, Robert (Hg.): Die Universität Straßburg zwischen Späthumanismus und Französischer Revolution, Köln 2018, S. 339–356.

Saladin 2020
Saladin, Irina: Karten und Mission. Die jesuitische Konstruktion des Amazonasraums im 17. und 18. Jahrhundert, Tübingen 2020.

Sander 2020
Sander, Christoph: Magnes: Der Magnetstein und der Magnetismus in den Wissenschaften der Frühen Neuzeit, Leiden 2020.

Saussy 2004
Saussy, Haun: Magnetic Language: Athanasius Kircher and Communication, in: Findlen, Paula (Hg.): Athanasius Kircher: The Last Man who Knew Everything, New York 2004, S. 263–282.

Savoy 2011
Savoy, Bénédicte: Kunstraub. Napoleons Konfiszierungen in Deutschland und die europäischen Folgen, Wien/Köln/Weimar 2011.

Schaff 1912
Schaff, Josef: Geschichte der Physik an der Universität Ingolstadt, Erlangen 1912.

Schäfke 2010
Schäfke, Werner: Astrolabium (L 181), in: Mittelalter in Köln. Eine Auswahl aus den Beständen des Kölnischen Stadtmuseums, Köln 2010, S. 284–285.

Schäfke 2016
Schäfke, Werner (Hg.): Kölnischer Bildersaal. Die Gemälde im Bestand des Kölnischen Stadtmuseums einschließlich der Sammlung Porz und des Kölner Gymnasial- und Stiftungsfonds, bearb. von Rita Wagner, Köln 2016.

Schilling 1988
Schilling, Lothar: Die Anfänge der Kölner Jesuitenstudien, in: Geschichte in Köln 23 (1988), S. 119–158.

Schindling 1995
Schindling, Anton: Die protestantischen Universitäten im Heiligen Römischen Reich deutscher Nation im Zeitalter der Aufklärung, in: Hammerstein, Notker (Hg.): Universitäten und Aufklärung, Göttingen 1995, S. 9–19.

Schläwe 2021a
Schläwe, Elisabeth: Neue Herausforderungen – Schulwesen nach französischem Vorbild, in: Dies. (Hg.): Umbrüche im Kölner Bildungswesen: Quellen zur napoleonischen und preußischen Zeit (1801–1825), https://dx.doi.org/10.18716/map/00007, mapublishing 2021, https://umbrueche.mapublishing-lab.uni-koeln.de/neue-herausforderungen [zuletzt aufgerufen am 28.01.2024].

Schläwe 2021b
Schläwe, Elisabeth (Hg.): Umbrüche im Kölner Bildungswesen: Quellen zur napoleonischen und preußischen Zeit (1801–1825), https://dx.doi.org/10.18716/map/00007, mapublishing 2021, https://umbrueche.mapublishing-lab.uni-koeln.de/neue-herausforderungen [zuletzt aufgerufen am 28.01.2024].

Schlinkheider 2018
Schlinkheider, Sebastian: „Zwillingsschwestern unter verändertem Namen" – Ferdinand Franz Wallrafs (1748–1824) Bemühungen um eine integrative Verbindung von Naturgeschichte und Ästhetik in Köln, in: Kittelmann, Jana (Hg.): Botanik und Ästhetik: Internationales Symposium, Halle an der Saale, 14.–16. September 2017, Göttingen 2018, S. 79–94.

Schlinkheider 2019
Schlinkheider, Sebastian: Die Jahrtausendausstellung der Rheinlande von 1925, in: Gersmann, Gudrun (Hg.): Das Physikalische Kabinett – Von der jesuitischen Lehrsammlung zum kulturellen Erbe, https://dx.doi.org/10.18716/map/00004, mapublishing 2019, https://kabinett.mapublishing-lab.uni-koeln.de/3-musealisierung/die-jahrtausendausstellung-der-rheinlande-von-1925 [zuletzt aufgerufen am 28.01.2024].

Schlinkheider 2024
Schlinkheider, Sebastian: Das Echo des ‚Erzbürgers'. Eine wissensgeschichtliche Analyse der geschichtskulturellen Rezeption des Kölner Sammlers Ferdinand Franz Wallraf (1748–1824), Köln 2024.

Schmidgen 2011
Schmidgen, Henning: Labor, in: Leibniz-Institut für Europäische Geschichte (IEG) (Hg.): Europäische Geschichte Online (EGO), Mainz 2011, http://www.ieg-ego.eu/schmidgenh-2011-de [zuletzt aufgerufen am 28.01.2024].

Schmidt 1906
Schmidt, Adolf: Baron Hüpsch und sein Kabinett. Ein Beitrag zur Geschichte der Hofbibliothek und des Museums zu Darmstadt, Darmstadt 1906.

Schmidt 1931
Schmidt, Alfred: Die Kölner Apotheken von der ältesten Zeit bis zum Ende der reichsstädtischen Verfassung, Köln 1931.

Schmidt 2009
Schmidt, Hans M.: Die Jahrtausend-Ausstellungen in Aachen, Düsseldorf, Köln sowie Koblenz und Mainz, in: Cepl-Kaufmann, Gertrude (Hg.): Jahrtausendfeiern und Befreiungsfeiern im Rheinland. Zur politischen Festkultur 1925 und 1930, Essen 2009, S. 229–262.

Schmidt 2006
Schmidt, Siegfried: Das Gymnasium Tricoronatum unter der Regentschaft der Kölner Jesuiten, in: Die Anfänge der Gesellschaft Jesu und das erste Jesuitenkolleg in Köln. Ausst. Kat. Erzbischöfliche Diözesan- und Dombibliothek Köln in Zusammenarbeit mit der deutschen Provinz der Jesuiten, Köln 2006, hg. von Heinz Finger, Köln 2006, S. 71–186.

Schmitz 2000
Schmitz, Wolfgang: Die Kölner Gymnasialbibliothek. Buchbestände und Handschriften aus sechs Jahrhunderten, in: Kölner Gymnasial- und Stiftungsfonds (Hg.): Bildung stiften, Köln 2000, S. 84–93.

Schnippenkötter 1939
Schnippenkötter, Josef: Ohm in Köln. Beiträge zur Geschichte der Mathematik und Physik zu Beginn des 19. Jahrhunderts, in: Kölnischer Geschichtsverein, Universität zu Köln und Staatliches Dreikönigs-Gymnasium Köln (Hg.): Georg Simon Ohm als Lehrer und Forscher in Köln, 1817 bis 1826. Festschrift zur 150. Wiederkehr seines Geburtstages, Köln 1939, S. 63–172.

Schramm/Schwarte/Lazardzig 2003
Schramm, Helmar/Schwarte, Ludger/Lazardzig, Jan (Hg.): Kunstkammer — Laboratorium — Bühne. Schauplätze des Wissens im 17. Jahrhundert, Berlin/New York 2003.

Schunk 1955
Schunk, Carl: Johann Crafto Hiegell, Professor der Medizin und Archäologie, in: Jahrbuch der Vereinigung „Freunde der Universität Mainz" (1955), S. 37–45.

Schuppener 1999
Schuppener, Georg: Jesuitische Mathematik in Prag im 16. und 17. Jahrhundert (1556–1654), Leipzig 1999.

Schwaighofer 2010
Schwaighofer, Claudia-Alexandra: Die druckgraphische Sammlung des ehemaligen Kölner Jesuitenkollegs, in: Castor, Markus A. [u. a.] (Hg.): Druckgraphik. Zwischen Reproduktion und Invention, Berlin/München 2010, S. 393–402.

Schwaighofer 2011
Schwaighofer, Claudia-Alexandra: col. – „ENVOI de COLOGNE". Die Graphische Sammlung des ehemaligen Kölner Jesuitenkollegs in Paris, unveröffentlichtes Manuskript, München 2011.

Schwarz 1999
Schwarz, Uwe: Eine frühe Zeitzonenkarte von 1664, in: Schäfke, Werner (Hg.): Wie Zeit vergeht, Köln 1999, S. 106f.

Schwarzbach 1985
Schwarzbach, Martin: Caspar Garthe (1796–1876). Mit einem Anhang über das Physikalische Kabinett des Gymnasiums in der Kreuzgasse, in: Ders. (Hg.): Naturwissenschaften und Naturwissenschaftler in Köln zwischen der alten und der neuen Universität (1798–1919), Köln 1985, S. 77–88.

Schwerhoff 2020
Schwerhoff, Astrid: Jubeljahre und Freudenfeiern. Studien zum katholischen Jubiläum in der Frühen Neuzeit, Technische Universität Dresden 2020, https://nbn-resolving.org/urn:nbn:de:bsz:14-qucosa2-728816 [zuletzt aufgerufen am 16.03.2024].

Schwerhoff 2017
Schwerhoff, Gerd: Köln im Ancien Régime. 1686–1794, Köln 2017 (Geschichte der Stadt Köln 7).

Scianna 2020
Scianna, Nicolangelo: Rifare la terra. Il rifacimento del globo terrestre faentino di Vincenzo Coronelli, Faenza 2020.

Seelig 1997
Seelig, Lorenz: Astrolabium, in: Rom in Bayern: Kunst und Spiritualität der ersten Jesuiten. Ausst. Kat. Bayerisches Nationalmuseum München, München 1997, hg. von Reinhold Baumstark, München 1997, S. 341–343.

Seggewiß 2015
Seggewiß, Wilhelm: Die Coronelli-Globen – Barocke Pracht und Wissenschaft, Trier 2015.

Shirley 1983
Shirley, Rodney W.: The Mapping of the World. Early Printed World Maps 1472–1700, London 1983.

Sieben 2004
Sieben, Hermann Josef: Hermann Joseph Hartzheim (1694–1763), in: Cüppers, Sebastian (Hg.): Kölner Theologen. Von Rupert von Deutz bis Wilhelm Nyssen, Köln 2004, S. 264–283.

Siegel 2006
Siegel, Steffen: Die „gantz accurate" Kunstkammer. Visuelle Konstruktion und Normierung eines Repräsentationsraums in der Frühen Neuzeit, in: Schneider, Pablo/Bredekamp, Horst (Hg.): Visuelle Argumentationen. Die Mysterien der Repräsentation und die Berechenbarkeit der Welt, München 2006, S. 157–182.

Skowronek 2019
Skowronek, Vanessa: Kabinett im Wandel: Das 19. Jahrhundert, in: Gersmann, Gudrun (Hg.): Das Physikalische Kabinett – Von der jesuitischen Lehrsammlung zum kulturellen Erbe, https://dx.doi.org/10.18716/map/00004, mapublishing 2019, https://kabinett.mapublishing-lab.uni-koeln.de/3-musealisierung/kabinett-im-wandel-das-19-jahrhundert [zuletzt aufgerufen am 28.01.2024].

Skowronek 2021
Skowronek, Vanessa: Porträtsammlung, in: Gersmann, Gudrun (Hg.): Bücher, Bilder, Lehrobjekte: Die Sammlungen der ehemaligen Kölner Jesuiten, https://dx.doi.org/10.18716/map/00008, mapublishing 2021, https://jesuiten.mapublishing-lab.uni-koeln.de/portraetsammlung [zuletzt aufgerufen am 28.01.2024].

Smith 2015
Smith, Jeffrey Chipps: The Jesuit Artistic Diaspora in Germany after 1773, in: Studies in the History of Christian Traditions 178 (2015), S. 129–147.

Snyders 1964
Snyders, Georges: La pédagogie en France aux XVIIe et XVIIIe siècles, Paris 1964.

Sobiech 2021
Sobiech, Frank: Friedrich Spee als Gefängnisseelsorger und die Neuhäuser Drostenfamilie Oeynhausen, in: Neuwöhner, Andreas/Wolfram, Lars (Hg.): Leben am Hof zu Neuhaus. Biografische Skizzen zur Hofkultur einer fürstbischöflichen Residenz, Paderborn 2021, S. 87–104.

Söderlund 2010
Söderlund, Inga Elmqvist: Taking Possession of Astronomy. Frontispieces and illustrated Title Pages in 17th-Century Books on Astronomy, Stockholm 2010.

Spengler 1993
Spengler, Dietmar: … apportés de Cologne. Zeichnungen und Graphiken aus der ehemaligen Kölner Jesuitensammlung in Paris wiederentdeckt, in: Kölner Museums-Bulletin: Berichte und Forschungen aus den Museen der Stadt Köln (1993), S. 18–28.

Spengler 1996
Spengler, Dietmar: Die „Ars Jesuitica" der Gebrüder Wierix, in: Wallraf-Richartz-Jahrbuch, 57 (1996), S. 161–194.

Spengler 1995
Spengler, Dietmar: Die Graphische Sammlung des ehemaligen Jesuitenkollegs in Köln, in: Lust und Verlust. Kölner Sammler zwischen Trikolore und Preußenadler. Ausst. Kat. Josef-Haubrich-Kunsthalle, Bd. 1, Köln 1995–1996, hg. von Hiltrud Kier/Frank Günter Zehnder, Köln 1995, S. 37–43.

Spengler 2003
Spengler, Dietmar: Spiritualia et pictura. Die Graphische Sammlung des ehemaligen Jesuitenkollegs in Köln. Die Druckgraphik, Köln 2003.

Städtisches Gymnasium und Realgymnasium in der Kreuzgasse zu Köln 1928
Städtisches Gymnasium und Realgymnasium in der Kreuzgasse zu Köln (Hg.): Städtisches Gymnasium und Realgymnasium in der Kreuzgasse zu Köln. 1828–1928. Festschrift zur Jahrhundertfeier der Anstalt 13. bis 15. Oktober 1928, Köln 1928.

Stafford 1994
Stafford, Barbara Maria: Kunstvolle Wissenschaft. Aufklärung, Unterhaltung und der Niedergang der visuellen Bildung, Amsterdam/Dresden 1994.

Statistisches Amt der Stadt Köln 1961
Statistisches Amt der Stadt Köln (Hg.): Verwaltungsbericht der Stadt Köln 1961, Köln 1961.

Stauder 1990
Stauder, Peter: Die Hochschulschriften der alten Kölner Universität 1583–1798. Ein Verzeichnis, München 1990.

Steimel 1958
Steimel, Robert: Kölner Köpfe, Köln 1958.

Stein/Parisi 2024
Stein, Claudius/Parisi, Serena: Das Inventar des Orban-Saals und der naturwissenschaftlichen Sammlungen des Jesuitenkollegs Ingolstadt von 1774, in: Righetti-Templer, Stephanie (Hg.): Die Universität Ingolstadt. Ein wissenschaftlicher Begleitband zum 550-jährigen Jubiläum, Ingolstadt 2024, S. 102–197.

Stein 2018
Stein, Claudius: Die Kunstkammern der Universität Ingolstadt. Schenkungen des Domherrn Johann Egolph von Knöringen und des Jesuiten Ferdinand Orban, München 2018.

Stein 2019
Stein, Claudius: Das Antiquarium der Universität Ingolstadt. Eine Schenkung des Augsburger Fürstbischofs Johann Egolph von Knöringen, in: Ders./Weigand, Katharina (Hg.): Die Sammlungen der Ludwig-Maximilians-Universität München gestern und heute. Eine vergleichende Bestandsaufnahme 1573–2016, München 2019, S. 117–124.

Stein 2021a
Stein, Henrike: Das Physikalische Kabinett der Kölner Jesuiten. Neue Perspektiven auf eine alte Sammlung, in: Seidl, Ernst/Steinheimer, Frank/Weber, Cornelia (Hg.): Eine Frage der Perspektive. Objekte als Vermittler von Wissenschaft, Berlin 2021.

Stein 2021b
Stein, Henrike: Das Physikalische Kabinett der Kölner Jesuiten. Von der universitären Lehrsammlung zum digitalen Transfer. Ein Pilotprojekt, in: Keller-Drescher, Lioba/Kluth, Eckhard (Hg.): Tagungsband „Transferzonen – Universität | Sammlung | Öffentlichkeit" der 11. Sammlungstagung, Münster 2021, S. 189–200.

Stein 2021c
Stein, Henrike: Druckgraphik- und Zeichnungssammlung, in: Gersmann, Gudrun (Hg.): Bücher, Bilder, Lehrobjekte: Die Sammlungen der ehemaligen Kölner Jesuiten, https://dx.doi.org/10.18716/map/00008, mapublishing 2021, https://jesuiten.mapublishing-lab.uni-koeln.de/sammlungen/graphiksammlung [zuletzt aufgerufen am 28.01.2024].

Stén 2014
Stén, Johan C.-E.: A Comet of the Enlightenment. Anders Johan Lexell's Life and Discoveries, Basel 2014.

Steuer 1984
Steuer, Heiko: Physikalisches Kabinett, in: Kölnisches Stadtmuseum (Hg.): Kölnisches Stadtmuseum. Auswahlkatalog, Köln 1984, S. 279–283.

Stevenson 1921
Stevenson, Edward Luther: Terrestrial and Celestial Globes. Their History and Construction Including a Consideration of their Value as Aids in the Study of Geography and Astronomy, New Haven 1921.

Strano 2009
Strano, Giorgio [u. a.] (Hg.): European Collections of Scientific Instruments, 1550–1750, Leiden 2009.

Sturm 1991
Sturm, Eva: Konservierte Welt. Museum und Musealisierung, Berlin 1991.

Tekath 1988
Tekath, Karl-Heinz: 250 Jahre Kölner Priesterseminar: 1738–1988, in: 250 Jahre Kölner Priesterseminar. Ausst. Kat. Dom- und Diözesanbibliothek zu Köln, Köln 1988, hg. vom Erzbischöflichen Priesterseminar Köln, Köln 1988.

Tewes 1993
Tewes, Götz-Rüdiger: Die Bursen der Kölner Artisten-Fakultät bis zur Mitte des 16. Jahrhunderts, Köln 1993.

Tewes 2000
Tewes, Götz-Rüdiger: Das höhere Bildungswesen im alten Köln. Zu den Bursen und Gymnasien der alten Kölner Universität, in: Kölner Gymnasial- und Stiftungsfonds (Hg.): Bildung stiften, Köln 2000, S. 8–33.

Theatrum Orbis Terrarum Ltd. 1969
Theatrum Orbis Terrarum Ltd. (Hg.): Vincenzo Coronelli: Libro dei Globi. Venice 1693, 1701. With an Introduction by Dr. Helen Wallis, Chicago 1969.

Theis 2005
Theis, Kerstin: Die Historiker und die Rheinische Jahrtausendfeier von 1925, in: Geschichte im Westen (GiW) 20 (2005), S. 23–48.

Thierhoff 1997
Thierhoff, Bianca: Ferdinand Franz Wallraf. 1748–1824. Eine Gemäldesammlung für Köln, Köln 1997.

Trippen 1988
Trippen, Norbert (Hg.): Das Kölner Priesterseminar im 19. und 20. Jahrhundert. Festschrift zur Feier des 250jährigen Bestehens am 29. Juni 1988, Köln 1988.

Trippen 2006
Trippen, Norbert: Die Förderer der ersten Jesuiten in Köln: Johannes Gropper und die Kartäuser, in: Die Anfänge der Gesellschaft Jesu und das erste Jesuitenkolleg in Köln. Ausst. Kat. Erzbischöfliche Diözesan- und Dombibliothek Köln in Zusammenarbeit mit der deutschen Provinz der Jesuiten, Köln 2006, hg. von Heinz Finger, Köln 2006, S. 35–38.

Turner 1987
Turner, Anthony John: Early Scientific Instruments. Europe 1400–1800, London 1987.

Turner 2012
Turner, Anthony: Un fastueux présent: pour quels enjeux?, in: Hofmann, Catherine/Richard, Hélène (Hg.): Les globes de Louis XIV. Étude artistique, historique et matérielle, Paris 2012, S. 52–63.

Udías 2003
Udías, Augustín: Searching the Heavens and the Earth: The History of Jesuit Observatories, Dordrecht 2003.

Udías 2015
Udías, Augustín: Jesuit Contribution to Science: A History, Cham/Heidelberg/New York 2015.

Urlichs 1877
Urlichs, Ludwig von (Hg.): Briefe an Schiller, Bd. 1, Stuttgart 1877.

Valentini 2016
Valentini, Laura: Die Bursen und die alte Universität, in: Gersmann, Gudrun/Grohé, Stefan (Hg.): Ferdinand Franz Wallraf (1748–1824) – Eine Spurensuche in Köln, https://dx.doi.org/10.18716/map/00001, mapublishing 2016, https://wallraf.mapublishing-lab.uni-koeln.de/wallraf-in-koeln/alte-universitaet/die-bursen-und-die-alte-universitaet [zuletzt aufgerufen am 28.01.2024].

Virnich 1911
Virnich, Therese: Leonhard Kessel, der erste Obere der Kölner Jesuiten-Niederlassung (1544–1574), in: Annalen des Historischen Vereins für den Niederrhein 90 (1911), S. 1–37.

Vogel 2006
Vogel, Christine: Der Untergang der Gesellschaft Jesu als europäisches Medienereignis (1758–1773). Publizistische Debatten im Spannungsfeld von Aufklärung und Gegenaufklärung, Mainz 2006.

Vogts 1911
Vogts, Hans: Die Bauten des Gymnasium Tricoronatum, in: Klinkenberg, Josef (Hg.): Das Marzellen Gymnasium in Köln 1450–1911. Bilder aus seiner Geschichte. Festschrift dem Gymnasium anlässlich seiner Übersiedlung gewidmet von den ehemaligen Schülern, Köln 1911, S. 269–285.

Vollmer 1937
Vollmer, Bernhard: Die Entführung niederrheinischen Archiv-, Bibliotheks- und Kunstguts durch den französischen Kommissar Maugérard, in: Annalen des Historischen Vereins für den Niederrhein 131 (1937), S. 120–132.

Wagner 2000
Wagner, Rita: „Hier van Godt allein die Ehre". Die Porträts des Kölner Gymnasial- und Stiftungsfonds, in: Kölner Gymnasial- und Stiftungsfonds (Hg.): Bildung stiften, Köln 2000, S. 100–119.

Wallace 1991
Wallace, William A.: Galileo, the Jesuits and the Medieval Aristotle, London 1991.

Warnach 1952
Warnach, Walter: Ein philosophischer Korrespondent Leibniz'. P. Bartholomäus Des Bosses, Professor am Tricoronatum von 1709 bis 1711 und von 1713 bis 1738, in: Dreikönigsgymnasium Köln (Hg.): Tricoronatum. Festschrift zur 400-Jahr-Feier des Dreikönigsgymnasiums, Köln 1952, S. 126–138.

Warner 1971
Warner, Deborah J.: The First Celestial Globe of Willem Janszoon Blaeu, in: Imago Mundi 25/1 (1971), S. 29–38.

Weber 2012
Weber, Cornelia: Universitätssammlungen, in: Leibniz-Institut für Europäische Geschichte (IEG) (Hg.): Europäische Geschichte Online (EGO), Mainz 2012, http://www.ieg-ego.eu/weberc-2012-de [zuletzt aufgerufen am 28.01.2024].

Wegener 2000
Wegener, Gertrud: Literarisches Leben in Köln 1750–1850, 3 Bde., Bd. 1: 1750–1814, Köln 2000.

Weigand/Stein 2019
Weigand, Katharina/Stein, Claudius (Hg.): Die Sammlungen der Ludwig-Maximilians-Universität München gestern und heute. Eine vergleichende Bestandsaufnahme 1573–2016, München 2019.

Werz 2021
Werz, Joachim: Bernhard von Clairvaux auf der Bühne der Jesuiten: Edition und Übersetzung der „Divi Bernardi Tragicomœdia" aus dem Kölner Gymnasium Tricoronatum, Münster 2021.

Weyers 2016
Weyers, Christian: Venedig und die Vermessung der Neuen Welt. Eine Hommage anlässlich des 365. Geburtstages von Vincenzo Maria Coronelli, in: Brunetti, Simone/Klingebeil-Schieke, Josephine/Pedron, Chiara Maria (Hg.): Versprachlichung der Welt. Il mondo in parole, Tübingen 2016, S. 567–588.

Widmaier/Babin 2017
Widmaier, Rita/Babin, Malte-Ludolf (Hg.): Gottfried Wilhelm Leibniz. Briefe über China (1694–1716). Die Korrespondenz mit Barthélemy Des Bosses S. J. und anderen Mitgliedern des Ordens, Hamburg 2017.

Widmaier 2017
Widmaier, Rita: Einleitung: Metaphysik und die ‚chinesische Frage': Leibniz' Gespräch mit dem Jesuitenpater Des Bosses im Korrespondentenkreis des Ordens, in: Widmaier, Rita/Babin, Malte-Ludolf (Hg.): Gottfried Wilhelm Leibniz. Briefe über China (1694–1716). Die Korrespondenz mit Barthélemy Des Bosses S. J. und anderen Mitgliedern des Ordens, Hamburg 2017, S. XXI–CLXVI.

Wilkes/Brandts 1940
Wilkes, Carl/Brandts, Rudolf: Denkschrift und Listen über den Kunstraub der Franzosen im Rheinland seit 1794, Bonn 1940.

Wittekind 2015
Wittekind, Susanne: Versuch einer kunsthistorischen Objektbiographie, in: Boschung, Dietrich/Kreuz, Patric-Alexander/Kienlin, Tobias (Hg.): Biography of Objects. Aspekte eines kulturhistorischen Konzepts, Paderborn 2015, S. 143–172.

Wolf 2000
Wolf, Christof: Jesuitentheater in Deutschland, in: Funiok, Rüdiger/Schöndorf, Harald (Hg.): Ignatius von Loyola und die Pädagogik der Jesuiten: Ein Modell für Schule und Persönlichkeitsbildung, Donauwörth 2000, S. 172–199.

Zauzig 2021
Zauzig, Oliver: Vom wissenschaftlichen Apparat zum Sammelsurium. Universitäre physikalische Kabinette des 18. Jahrhunderts im Schatten der Sammlung von Georg Christoph Lichtenberg, in: Schmidt-Funke, Julia Annette/Berg, Gunhild/Mulsow, Martin (Hg.): Das Schloss als Hörsaal. Ludwig Christian Lichtenbergs „Vorlesung über die Naturlehre" und die residenzstädtische Wissensproduktion um 1800, Stuttgart 2021, S. 297–318.

Zauzig 2022
Zauzig, Oliver: Die königliche Modellkammer der Georg-August-Universität Göttingen. Analyse der historischen Praxis einer universitären Lehrsammlung unter Einbeziehung der heute noch vorhandenen Objekte, Humboldt-Universität zu Berlin 2022, https://doi.org/10.18452/24676 [zuletzt aufgerufen am 16.03.2024].

Zedelmaier 2019
Zedelmaier, Helmut: Die Mathematisch-Physikalischen Sammlungen der Universität Ingolstadt im Kontext, in: Weigand, Katharina/Stein, Claudius (Hg.): Die Sammlungen der Ludwig-Maximilians-Universität München gestern und heute. Eine vergleichende Bestandsaufnahme 1573–2016, München 2019, S. 313–328.

Zehetner 2007
Zehetner, Cornelius: Vinculum Substantiale: Der Briefwechsel zwischen Leibniz und Des Bosses. Einleitung, in: Ders. (Hg.): Gottfried Wilhelm Leibniz. Der Briefwechsel mit Des Bosses, Hamburg 2007, S. XXV–CXVII.

Zenneck 1939
Zenneck, Jonathan: Georg Simon Ohm, Berlin 1939.

Zierholz 2019
Zierholz, Steffen: Räume der Reform. Kunst und Lebenskunst der Jesuiten in Rom 1580–1700, Berlin 2019.

Zinner 1943
Zinner, Ernst: Entstehung und Ausbreitung der Coppernicanischen Lehre, Erlangen 1943.

Zinner 1967
Zinner, Ernst: Deutsche und niederländische astronomische Instrumente des 11.–18. Jahrhunderts, München 1967.

Zittel 2005
Zittel, Claus: Trügerische Evidenz. Bild-Lektüren in wissenschaftlichen Werken der Frühen Neuzeit, in: Grenzbereiche des Lesens: Kulturwissenschaftliche Beiträge (2005), S. 1–32, urn:nbn:de:hebis:30-7426 [zuletzt aufgerufen am 28.01.2024].

Zögner/Klemp 1998
Zögner, Lothar/Klemp, Egon (Hg.): Verzeichnis der Kartensammlungen in Deutschland, Wiesbaden 1998.

Quellenverzeichnis

Ungedruckte Quellen

Archiv des Erzbistums Köln (AEK), Monasteria, Generalia: Jesuiten.

AEK, Monasteria Köln, St. Mariä Himmelfahrt, Nr. 10.

AEK, Monasteria Köln, St. Mariä Himmelfahrt, Nr. 22.

AEK, Monasteria Köln, Universität, Tricoronatum, Nr. 51.

Archives Nationales (AN), AF/II/80.

AN, AJ/15/840.

AN, F/17/1093 (Instruction publique), Dossier 16.

AN, F/17/1093 (Instruction publique), Dossier 17.

AN, F/17/1246 (Instruction publique), Dossier 1, Pièces 142–162.

AN, F/17/1276 (Instruction publique), Dossier 10, Pièces 315–343.

AN, F/17/1277 (Instruction publique), Dossier 2 (Commission temporaire des arts), Pièces 27–36 (Envoi de Cologne, an III).

AN, F/17/1337 (Instruction publique), Dossier 17, 4e Division.

AN, F/17/1344/36 (Instruction publique), Dossier 20, 3e division.

AN, N/III/Roer/16/1–N/III/Roer/16/3.

Archivio della Pontificia Università Gregoriana (APUG), 35rec.

APUG, Curia, Fondo Curio, 1399rec.

APUG, Curia, Fondo Curio, 1651 Brec (VII).

APUG, Curia, Fondo Curio, 1719rec.

APUG, Epist. 557.

APUG, Epist. 567.

APUG, Fondo Curio, 1679rec.

APUG, Fondo Curio, 2052.

Archiv der Deutschen Provinz der Jesuiten, Abt. 41 (Schriftgut verschiedener Provenienz (vor 1773)), Nr. 11 Köln (Tricoronatum).

Archivum Romanum Societatis Iesu (ARSI), Collegium Romanum 150-I.

ARSI, Epp. NN. 115.

ARSI, Fondo Gesuitico, Collegia 40, Busta: N. 40/1403, 9. Colonia.

ARSI, Manuscripta Antiquae Societatis, Rhen. Inf. 75 Fundat. I.

ARSI, Rhenania Inferior 41.

ARSI, Rhenania Inferior 50.

ARSI, Rhenania Inferior 59 I.

ARSI, Rhenania Inferior 59 II.

ARSI, Rhenania Inferior 60 II.

ARSI, Rhenania Inferior 66.

Catalogue de Alamanchs, in: La Gazette Drouot (o. J.).

Catalogus Novus Bibliothecae 1725.

Catalogus Novus Et Auctior Bibliothecae Maioris Collegii Societatis Iesu Coloniae 1725.

Historisches Archiv der Stadt Köln (HAStK), 110R (Testamente Buchstabe R), U 2/337.

HAStK, Best. 10B (Ratsprotokolle), A 232.

HAStK, Best. 40 (Kirchensachen), A 17.

HAStK, Best. 70 (Rechnungen (R)), A 147.

HAStK, Best. 70 (Rechnungen (R)), A 160.

HAStK, Best. 150 (Universität), A 418.

HAStK, Best. 150 (Universität), A 484.

HAStK, Best. 150 (Universität), A 506.

HAStK, Best. 150 (Universität), A 541.

HAStK, Best. 150 (Universität), A 992.

HAStK, Best. 150 (Universität), A 998/2.

HAStK, Best. 150 (Universität), A 1000.

HAStK, Best. 150 (Universität), A 1048.

HAStK, Best. 150 (Universität), A 1050.

HAStK, Best. 150 (Universität), A 1061.

HAStK, Best. 155A (Gymnasial- und Stiftungsfonds (GStF) – Akten), A 349/1.

HAStK, Best. 155A (Gymnasial- und Stiftungsfonds (GStF) – Akten), A 361 (Zwei Inventare des sogenannten Physikalischen Kabinetts des Gymnasiums).

HAStK, Best. 155A (Gymnasial- und Stiftungsfonds (GStF) – Akten), A 361 (Zwei Inventare des sogenannten Physikalischen Kabinetts des Gymnasiums), unpaginiert.

HAStK, Best. 155A (Gymnasial- und Stiftungsfonds (GStF) – Akten), A348/3 (Öffentlicher Unterricht, 1800–1814).

HAStK, Best. 223 (Jesuiten), A 9.

HAStK, Best. 223 (Jesuiten), A 11.

HAStK, Best. 223 (Jesuiten), A 12.

HAStK, Best. 223 (Jesuiten), A 15.

HAStK, Best. 223 (Jesuiten), A 17.

HAStK, Best. 223 (Jesuiten), A 25.

HAStK, Best. 223 (Jesuiten), A 35, Catalogus generalis totius bibliothecae collegii Col. S. J. anno 1628.

HAStK, Best. 223 (Jesuiten), A 36, Catalogus generalis totius bibliothecae collegii Col. S. J. anno 1634.

HAStK, Best. 223 (Jesuiten), A 2098.

HAStK, Best. 322B (Schriftgut einiger Kölner Nuntien), B V/2.

HAStK, Best. 350 (Französische Verwaltung (FV)), A 5870.

HAStK, Best. 350 (Französische Verwaltung (FV)), A 5899.

HAStK, Best. 350 (Französische Verwaltung (FV)), A 5899/3.

HAStK, Best. 350 (Französische Verwaltung (FV)), A 5899B.

HAStK, Best. 350 (Französische Verwaltung (FV)), A 5902.

HAStK, Best. 350 (Französische Verwaltung (FV)), A 5903.

HAStK, Best. 350 (Französische Verwaltung (FV)), A 5909.

HAStK, Best. 350 (Französische Verwaltung (FV)), A 5910/1.

HAStK, Best. 350 (Französische Verwaltung (FV)), A 6210B.

HAStK, Best. 350 (Französische Verwaltung (FV)), A 6265.

HAStK, Best. 560 (Dreikönigsgymnasium 1815–1972), A 180.

HAStK, Best. 560 (Dreikönigsgymnasium 1815–1972), A 240.

HAStK, Best. 560 (Dreikönigsgymnasium 1815–1972), A 651.

HAStK, Best. 560 (Dreikönigsgymnasium 1815–1972), A 681.

HAStK, Best. 608 (Kulturdezernat), A 24.

HAStK, Best. 1146 (Geelen), A 198.

HAStK, Best. 7004 (Handschriften (GB quart)), 50.

HAStK, Best. 7004 (Handschriften (GB quart)), 116.

HAStK, Best. 7004 (Handschriften (GB quart)), 117 A.

HAStK, Best. 7004 (Handschriften (GB quart)), 157.

HAStK, Best. 7008 (Handschriften (GB oktav)), 81.

HAStK, Best. 7008 (Handschriften (GB oktav)), 179.

HAStK, Best. 7020 (Handschriften (W*)), 441.

HAStK, U L/79/1.

Verzeichnis der Leihgaben 1938.

Kölnisches Stadtmuseum, Verzeichnis der Leihgaben für das Haus der Rheinischen Heimat, Köln. Gegenstände aus dem Dreikönigsgymnasium in Köln (Jesuitensammlung) vom 3. November 1938 (Handakten Kölnisches Stadtmuseum).

Landesarchiv NRW (LAV NRW), Abteilung Rheinland, AA 0633 Roerdepartement, Nr. 108.

LAV NRW, Abteilung Rheinland, AA 0633 Roerdepartement, Nr. 2289.

Landeshauptarchiv Koblenz (LHAK), Best. 241, 015 Regierungskommissar Rudler, Nr. 701.

LHAK, Best. 241, 016 Regierungskommissar Marquis, Nr. 773.

LHAK, Best. 405, Nr. 4536.

Universitäts- und Landesbibliothek Darmstadt (ULB Darmstadt), Nachlass Hüpsch, Kasten II, Mappe 1.

ULB Darmstadt, Nachlass Hüpsch, Kasten IV, Mappe 1.

ULB Darmstadt, Nachlass Hüpsch, Kasten VIII, Mappe 5.

ULB Darmstadt, Nachlass Hüpsch, Kasten XII, Mappe 2.

ULB Darmstadt, Nachlass Hüpsch, Kasten XIV, Mappe 4.

ULB Darmstadt, Nachlass Hüpsch, Kasten XV, Mappe 2.

ULB Darmstadt, Nachlass Hüpsch, Kasten XXI, Mappe 1.

Gedruckte, edierte und sonstige Quellen

Academiae Scientiarum Imperialis Petropolitanae 1788
Academiae Scientiarum Imperialis Petropolitanae (Hg.): Nova Acta Academiae Scientiarum Imperialis Petropolitanae, Bd. 3, Sankt Petersburg: Typis Academiae Scientiarum, 1788.

Acquaviva 1600
Acquaviva, Claudio (Hg.): Ratio Atq.// Institvtio// Stvdiorvm// Societatis// Iesv, Mainz: Lippius, 1600.

Acquaviva 1606
Acquaviva, Claudio (Hg.): Ratio atque institutio studiorum Societatis Jesu, Rom: Colleg. Rom. eiusd. Societ., 1606.

Annus secularis Societatis Iesu 1640
Annus secularis Societatis Iesu, adumbratus ex anno temporali a Gymnasio Tricoronato Ubiorum: Anno confirmatae Societatis centesimo, salutis humanae MDCXL, Köln: Hermann Mylius, 1640.

Apian 1574
Apian, Peter: Cosmographia Petri Apiani per Gemma Frisium apud Lovanienses medicum et mathematicum insignem iam demum ab ombinus vindicata mendis, ac nonnullis quoque locis aucta, et annotationibus marginalibus illustrata, Köln: Arnold Birckmann, 1574.

Bianco 1855
Bianco, Franz Joseph von: Die alte Universität Köln und die spätern Gelehrten-Schulen dieser Stadt, nach archivarischen und andern zuverlässigen Quellen, Köln: Gehly, 1855.

Bion 1721
Bion, Nicolas: Neu-eröffnete mathematische Werck-Schule oder Gründliche Anweisung, wie die mathematische Instrumenten zu gebrauchen, zu verfertigen sind, Nürnberg: Monath, 1721.

Blainville 1764
Blainville, J. de: Reisebeschreibungen durch Holland, Oberdeutschland und die Schweiz besonders aber durch Italien, Bd. 1. 1, Lemgo 1764.

Bolland 1640
Bolland, Johannes [u. a.]: Imago primi Saeculi Societatis Iesu, Antwerpen: Plantin, 1640.

Bonanni 1709
Bonanni, Filippo: Musaeum Kircherianum, sive, Musaeum a P. Athanasio Kirchero in Collegio Romano Societatis Jesu, Rom: Typis Georgii Plachi Caelaturam, 1709.

Cavallo 1777
Cavallo, Tiberius: A Complete Treatise Of Electricity, in Theory And Practice. With Original Experiments, London: Printed for Edward and Charles Dilly, 1777.

Clément 1635
Clément, Claude: Musei, sive bibliothecae tam privatae quam publicae extructio, instructio, cura, usus, 4 Bde., Lyon: Prost, 1635.

Copernicus 1617
Copernicus, Nicolaus: Astronomia instaurata. De revolutionibus orbium coelestium, hg. von Nicolaus Mulerius, Amsterdam: Willem Jansz Blaeu, 1617.

Coronelli 1713
Coronelli, Vincenzo: Epitome Cosmografica, O Compendiosa Introduttione All'Astronomia, Geografia, & Idrografia. Per l'Uso, e Delucidatione De' Globi, E Tavole Geografiche, Particolarmente degli stampati, Venedig 1713.

Cremer 1836
Sammlung von Büchern und Kupferstichen, mathematischen, physikalischen, optischen u. mechanischen Instrumenten, Magneten, Conchilien, aufgestopften Thieren etc. etc.: nebst einem Kabinett von Antiken, von meinem verstorbenen Vater, Rentner Engelbert Cremer, hg. von Heinr. Laur. Cremer, Köln: J. M. Heberle, 1836.

Doetsch 1708
Doetsch, Johann Ludwig: Demonstratio Horographica Theorema: Annulus Horologus Recte Monstrat Horas, Köln 1708.

Ennen 1857
Ennen, Leonard: Zeitbilder aus der neueren Geschichte der Stadt Köln mit besonderer Rücksicht auf Ferdinand Franz Wallraf, Köln: DuMont-Schauberg, 1857.

Falckenberg/Kresa 1699
Falckenberg, Andreas/Kresa, Jakob: Arithmetica Practica: Tum Regulis Tum Quaestionibus Explanata, Köln: Hilden, 1699.

Ferguson 1770
Ferguson, James: An Introduction to Electricity in Six Sections, London: Printed for W. Strahan, and T. Cadell (successor to Mr. Millar,) in the Strand, 1770.

Finck 1583
Finck, Thomas: Geometria Rotundi, Basel: Sebastian Henricpetri, 1583.

Gassendi 1656
Gassendi, Pierre: Institutio astronomica iuxta hypotheses tam veterum quam Copernici et Tychonis, Den Haag: Vlacq, 1656.

Gefasser 1707
Gefasser, Christianus: Theses geographicae de globo terraqueo, Köln: Alstorff, 1707.

Gothaische gelehrte Zeitungen 87 (1796), S. 777–784.

Gothaische gelehrte Zeitungen 1 (1797), S. 1–8.

Gothaische gelehrte Zeitungen 17 (1797), S. 153–150.

Gothaische gelehrte Zeitungen 27 (1797), S. 249–256.

Gothaische gelehrte Zeitungen 99 (1784), S. 809–816.

Gothaische gelehrte Zeitungen 88 (1788), S. 713–720.

Gooden 1704
Gooden, Jacobus: Trigonometria Plana Et Sphaerica, Löwen: Broncart, 1704.

Grauel 1772
Grauel, Frédéric: Museum Grauelianum, sive Collectionis regni mineralis praecipue historiam naturalem illustrantis, a beato domino Johanne Philippo Grauel magna solertia comparatae, Straßburg: Johannis Henricus Heitzius, 1772.

Gregory 1726
Gregory, David: Astronomiae, physicae & geometricae elementa, 2 Bde., Genf: Marc-Michel Bousquet et Socii, 1726.

Halkin 1898
Halkin, Leon (Hg.): Correspondance de dom. Edmond Martène avec le baron G. de Crassier archéologue liègois, Brüssel: Société belge de librairie, 1898.

Hansen 2003
Hansen, Joseph (Hg.): Quellen zur Geschichte des Rheinlandes im Zeitalter der Französischen Revolution 1780–1801, 4 Bde., Bd. 1: 1780–1791, Düsseldorf 2003 (Nachdruck der Ausgabe Bonn 1931).

Hansen 2004
Hansen, Joseph (Hg.): Quellen zur Geschichte des Rheinlandes im Zeitalter der Französischen Revolution 1780–1801, 4 Bde., Bd. 4: 1797–1801, Düsseldorf 2004 (Nachdruck der Ausgabe Bonn 1938).

Hartsoeker 1710
Hartsoeker, Nicolas: Eclaircissemens Sur Les Conjectures Physiques, Amsterdam: P. Humbert, 1710.

Hartzheim 1747
Hartzheim, Hermann Joseph: Bibliotheca Coloniensis, Köln: Odendall, 1747.

Hartzheim 1754
Hartzheim, Hermann Joseph: Historia Rei Nummariae Coloniensis, Et Dissertationes De Eadem: Pars prima, De Nummis Archiepiscoporum Coloniensium, Pars Secunda, De Nummis Ducum Juliacensium & Montensium, & Agnatorum Genti Juliacensi, Pars Tertia. De Nummis Civitatis Coloniensis, Köln: Krakamp & Simon, 1754, http://services.ub.uni-koeln.de/cdm/ref/collection/rheinmono/id/860841 [zuletzt aufgerufen am 24.03.2024].

Hevelius 1647
Hevelius, Johannes: Selenographia sive lunae descriptio, Danzig: Hünefeld, 1647.

Hilburg 1904
Hilburg, Carl: Führer durch das Museum für Naturkunde im Stapelhause zu Cöln, Köln: Steven, 1904.

Hindenburg 1799
Hindenburg, Carl Friedrich: Auszüge aus Briefen, verschiedene Nachrichten und Anzeigen. Aus einem Brief von Herrn Dr. Kramp an den Herausgeber, in: Archiv der reinen und angewandten Mathematik 9 (1799), S. 223–234.

Hotson/Lewis o. J.
Hotson, Howard/Lewis, Miranda: Mapping the Republic of Letters: The Correspondence of Athanasius Kircher', in: Early Modern Letters Online [EMLO], http://emlo-portal.bodleian.ox.ac.uk/collections/?catalogue=athanasius-kircher [zuletzt aufgerufen am 03.02.2024].

Hüpsch 1770
Hüpsch, Adolf von: Die Niederrheinische Zuschauerin. Eine Sammlung von Schriften über das Reich der Sitten, Köln: Metternich, 1770.

Hüpsch 1773
Hüpsch, Adolf von: Der Reformationsgeist erschienen am Niederrheine, 2 Bde., Köln: Friederich Hochmuth, 1773.

Hüpsch 1801
Hüpsch, Adolf von: Epigrammatographie oder Sammlung von Inschriften der ältern, mittlern und neueren Zeiten der niederdeutschen Provinzen, Köln, Hans: 1801.

Hutton 1815
Hutton, Charles: A Philosophical and Mathematical Dictionary, 2 Bde., Bd. 2, London: F. C. and J. Rivington et al, 1815.

Huygens 1672
Huygens, Christiaan: Horologium oscillatorium, Paris: F. Muguet, 1672.

Jahresbericht Marzellengymnasium 1906–1911
Jahresbericht des Königlichen Katholischen Gymnasiums an Marzellen zu Cöln 1906–1911, hg. vom Direktor des Gymnasiums, Köln 1906–1911.

Kircher 1641
Kircher, Athanasius: Magnes sive de arte magnetica, Rom: H. Scheus, 1641.

Kircher 1646
Kircher, Athanasius: Ars magna lucis et umbrae, Rom: Lodovico Grignani, 1646.

Kircher 2019
Athanasius Kircher. Musaeum Celeberrimum (1678). Mit einer wissenschaftlichen Einleitung von Tina Asmussen, Lucas Burkart und Hole Rößler und einem kommentierten Autoren- und Stellenregister von Frank Böhling, Hildesheim/Zürich/New York 2019.

Klebe 1802
Klebe, Friedrich Albert: Reise auf dem Rhein durch die Deutschen Staaten, von Frankfurt bis zur Grenze der Batavischen Republick, und durch die Französischen Departemente des Donnersbergs, des Rheins u. der Mosel und der Roer, im Sommer und Herbst 1800, 2 Bde., Bd. 2, Frankfurt am Main: Friedrich Esslinger, 1802.

Kramp 1872
Kramp, Christian: Dissertatio mathematico-physica de diversa Lucis Refrangibilitate Praeside Ludovico Jacobo Schurer, Straßburg: Johannis Henricus Heitzius, 1782.

Kramp 1786
Kramp, Christian: De vi vitali arteriarum diatribe. Addita nova de febrium indole generali conjectura, Straßburg: In Bibliopolio Academico, 1786.

Kramp 1796
Kramp, Christian: Geometrische Analysis des Krystalls, Hyodon genannt; eine Wiederlegung des Systems von Hauy, in: Archiv der reinen und angewandten Mathematik 5 (1796), S. 74–80.

Kramp 1798
Kramp, Christian: Ueber den Mittelpunkt der Schwere im sphärischen Dreyecke, in: Archiv der reinen und angewandten Mathematik 7 (1798), S. 296–307.

Kramp 1799a
Kramp, Christian: Analyse des Réfractions Astronomiques et Terrestres, Leipzig/Paris: Dannbach, 1799.

Kramp 1799b
Kramp, Christian: Discours prononcé au temple decadaire à la fête de la Fondation de la République, le premier Vendémiaire de l'an VIII, Lequel a précédé la Distribution des prix décernés aux élèves de l'Université de Cologne, organisée en École centrale, Köln: Oedenkoven et Thiriart, 1799.

Kramp 1801
Kramp, Christian: Élémens d'Arithmétique, Köln: Oedenkoven et Thiriart, 1801.

Kramp 1806
Kramp, Christian: Élémens de Géométrie, Köln: Hansen, 1806.

Kylman 1730
Kylman, Reiner: Elementa Matheseos Philosophiae Auditoribus Explanata seu Introductio ad Disciplinas mathematicas per faciliora et selecta Theoremata et Problemata, Köln: Huisch, 1730.

Lecchi 1753–1754
Lecchi, Giovanni Antonio: Elementa geometriae theoricae et practicae, 2 Bde., Bd. 1, Mailand: Marellus, 1753.

Lecchi 1753–1754
Lecchi, Giovanni Antonio: Elementa geometriae theoricae et practicae, 2 Bde., Bd. 2, Mailand: Marellus, 1754.

Lecchi 1758
Lecchi, Giovanni Antonio: Elementa geometriae theoricae et practicae, Köln: Ludovicus Schorn, 1758.

Leibniz 1710
Leibniz, Gottfried Wilhelm: Essais De Theodicée Sur La Bonté De Dieu, La Liberté De L'Homme Et L'Origine Du Mal, Amsterdam: Troyel, 1710.

Lichtenberg 1990
Georg Christoph Lichtenberg. Briefwechsel 1785–1792, 5 Bde., Bd. 3, hg. von Ulrich Joost/Albrecht Schöne, München 1990.

Lichtenberg 2005
Georg Christoph Lichtenberg. Gesammelte Schriften. Vorlesungen zur Naturlehre. Lichtenbergs annotiertes Handexemplar der vierten Auflage von Johann Christian Polykarp Erxleben: „Anfangsgründe der Naturlehre", 7 Bde., Bd. 1, hg. von Akademie der Wissenschaften zu Göttingen und der Technischen Universität Darmstadt, Göttingen 2005.

Lichtenberg 2008
Georg Christoph Lichtenberg. Gesammelte Schriften. Vorlesungen zur Naturlehre. Gottlieb Gamauf: „Erinnerungen aus Lichtenbergs Vorlesungen". Die Nachschrift eines Hörers, 7 Bde., Bd. 2, hg. von Akademie der Wissenschaften zu Göttingen und der Technischen Universität Darmstadt, Göttingen 2008.

Lichtenberg 2007
Georg Christoph Lichtenberg. Gesammelte Schriften. Vorlesungen zur Naturlehre. Notizen und Materialien zur Experimentalphysik. Teil I, 7 Bde., Bd. 3, hg. von Akademie der Wissenschaften zu Göttingen und der Technischen Universität Darmstadt, Göttingen 2007.

Lichtenberg 2013
Georg Christoph Lichtenberg. Gesammelte Schriften. Vorlesungen zur Naturlehre. Notizen und Materialien zur Astronomie und Physischen Geographie, 7 Bde., Bd. 5, hg. von Akademie der Wissenschaften zu Göttingen und der Technischen Universität Darmstadt, Göttingen 2013.

Lichtenberg 2017a
Georg Christoph Lichtenberg. Gesammelte Schriften. Instrumentenverzeichnis, 7 Bde., Bd. 6, hg. von Akademie der Wissenschaften zu Göttingen und der Technischen Universität Darmstadt, Göttingen 2017.

Lichtenberg 2017b
Georg Christoph Lichtenberg. Gesammelte Schriften. Lichtenberg online, 7 Bde., hg. von Akademie der Wissenschaften zu Göttingen, Göttingen 2017, https://lichtenberg.adw-goe.de/ [zuletzt aufgerufen am 31.07.2024].

Martius 1793
Martius, Johann Nikolaus: Unterricht in der natürlichen Magie, oder zu allerhand belustigenden und nützlichen Kunststücken, 20 Bde., Bd. VII, Berlin/Stettin: Nicolai, 1793.

Menn 1780
Menn, Johann Georg: Katalog der Bibliothek des Kölner Mediziners Johann Georg Menn, Köln 1780, https://digitale-sammlungen.ulb.uni-bonn.de/ulbbnhans/content/titleinfo/1629284 [zuletzt aufgerufen am 07.04.2024].

Mercator 1613
Mercator, Gerhard: Atlas sive cosmographicae meditationes de fabrica mundi et fabricati figura, Amsterdam: Hondius, 1613.

Muys 1711
Muys, Wijer Willem: Elementa Physices Methodo Mathematica Demonstrata, Amsterdam: Jansson-Waesberg, 1711.

Noël 1717
Noël, François: Observationes mathematicae, et physicae in India et China factae a Francisco Noël ab anno 1684 usque ad annum 1708, Prag: Kamenicky, 1717.

Noël 1835
Noël, Matthias Joseph de: La Cathédrale de Cologne. Description archéologico-historique de cette Église métropolitaine, Köln: DuMont-Schauberg, 1835.

Nollet 1770
Nollet, Jean Antoine: L'Art des Expériences ou avis aux amateurs de la physique, sur le choix, la construction et l'usage des instruments; sur la préparation et l'emploi des drogues qui servent aux expériences, 3 Bde., Paris: Durand, 1770.

O. A. 1775
O. A.: Verzeichniß einer zahlreichen Sammlung schätzbarer Münzen und Medaillen aus Schweidnitz in Schlesien, welche zu Hamburg … öffentlich auctioniert werden sollen, Hamburg: Johann Philipp Christian Reuß, 1775.

Otten 1721
Otten, Johann Friedrich Caspar: Exercitatio Physico-Mathematica De Mundo et eius partibus, Köln 1721.

Peuerbach 1603
Peuerbach, Georg von: Theoricae novae planetarum Georgii Purbachii Germani, Köln: Mylius, 1603.

Pfannenschmid 1892
Pfannenschmid, Heino (Hg.): Gottlieb Konrad Pfeffel's Fremdenbuch mit biographischen und culturgeschichtlichen Erläuterungen, Colmar: Pfannenschmid, 1892.

Programme Marzellengymnasium 1887–1903
Programme des Königlichen Katholischen Gymnasiums an Marzellen zu Köln 1887–1903, hg. vom Direktor des Gymnasiums, Köln 1887–1903.

Riccioli 1651
Riccioli, Giovanni Battista: Almagestum novum, Bonn: Victorius Benatius, 1651.

Ripa 1603
Ripa, Cesare: Iconologia Overo Descrittione Di Diverse Imagini cauate dall'antichità, & di propria inuentione, Rom: Appresso Lepido Facij, 1603.

Roderique 1734
Roderique, Ignatius: Historiae universalis institutiones sive res praecipuae ab orbe condito ad saeculum a Chr. n. decimum medium, ordine chronologico digestae et excursibus philologico-politieis in mores, instituía, rem civilem, bellicam atque sacram praecipuorum populorum illustratae, Köln: Schlebusch, 1734.

Roderique 1732
Roderique, Johannes (Hg.): Musaeum Hartzheimianum sive naturae et artis operum rariorum, quae Godefridus Balthasar ab Hartzheim, Reipubliquae Colon. dum viveret, Censor & Quaestor, summa Diligentia collegit, Köln: Hilden, 1732, http://services.ub.uni-koeln.de/cdm/ref/collection/rheinmono/id/111539 [zuletzt aufgerufen am 02.04.2024].

Rodler 1546
Rodler, Hieronymus: Perspectiva. Eyn schön nützlich büchlin und underweisung der kunst des Messens/ mit dem Zirckel/ Richtscheidt oder Linial, Frankfurt am Main: Jacob, 1546.

Rojas Sarmiento 1550
Rojas Sarmiento, Juan de: Commentariorum in astrolabium, Paris: Michel Vascosan, 1550.

Rothschild 1780
Rothschild, Meyer Amschel (Hg.): Verzeichnis einer Anzahl rarer Cabinetsthaler nach des Herrn von Maday vollständigen Thaler-Cabinet numerirt, wie auch eine Anzahl sehr rarer Gold- und Silber-Münzen und Medaillen, Gold und silberne römische, griechische, antique und heydnische Münzen, Frankfurt am Main: Rothschild, 1780.

Sacrobosco 1610
Sacrobosco, Johannes de [u. a.]: Sphaera Joannis de Sacrobosco emendata aucta et illustrata, Köln: Petrus Cholinus, 1610.

Scheuchzer 1733
Scheuchzer, Johann Jacob: Kupfer-Bibel. In welcher die Physica Sacra, Oder Geheiligte Natur-Wissenschafft derer in Heil. Schrifft vorkommenden Natürlichen Sachen, deutlich erklärt und bewährt, Augsburg/Ulm: Christian Ulrich Wagner, 1733.

Schiller 1997
Schillers Werke: Briefe an Schiller. 1.3.1790–24.5.1794 (Anmerkungen), Bd. 34, Teil II, hg. von Ursula Naumann, Weimar 1997.

Schott 1657–1659
Schott, Caspar: Magia Universalis Naturae et Artis, 4 Bde., Frankfurt am Main: Schönwetter, 1657–1659.

Schurer 1785
Schurer, Jakob Ludwig: Memoriam viri […] Johannis Friderici Lobsteinii medicinae doctoris et professoris publici celeberrimi Argentorati die XI Octobris MDCCLXXXIV pie defuncti Universitas Argentoratensis civibus et exteris commendat, Straßburg: Johannis Henricus Heitzius, 1785.

Schwenter 1618
Schwenter, Daniel: Geometriae Practicae Novae, 3 Bde., Nürnberg: Halbmayer, 1618.

Sepibus 1678
Sepibus, Georgius de: Romani Collegii Societatis Iesu Musaeum Celeberrimum. Cuius magnum Antiquariae rei, statuarum, imaginum, picturarumque partem ex Legato Alphonsi Donini, S. P. Q. R. A. Secretis, Munifica Liberalitate relictum, Amsterdam: Jansson-Waesberg, 1678.

Sigaud de La Fond 1775
Sigaud de La Fond, Joseph-Aignan: Description et usage d'un cabinet de physique experimentale, 2 Bde., Bd. 2, Paris: P. Fr. Gueffier, 1775.

Sigaud de La Fond 1781
Sigaud de La Fond, Joseph-Aignan: Dictionnaire de Physique, 4 Bde., Bd. 3, Paris: Rue et Hôtel Serpente, 1781.

Sigaud de La Fond 1787
Sigaud de La Fond, Joseph-Aignan: Élémens de physique théorique et expérimentale, 4 Bde., Bd. 4, Paris: P. Fr. Gueffier, 1787.

Stempel/Zelstius 1602
Stempel, Gerhard/Zelstius, Adrianus: Utriusque astrolabii tam particularis quam universalis fabrica et usus, Löwen: Ouwerx, 1602.

Tacquet 1669
Tacquet, André: Opera mathematica R. P. Andreae Tacquet Antverpiensis e societate Jesu, hg. von Simon Laurentius Veteranus, Antwerpen: Meursius, 1669.

Thiriart 1806
Thiriart, Theodor Franz (Hg.): Catalogue des plantes et arbustes cultivés au Jardin Botanique de Cologne, Köln: Thiriart, 1806.

Uffenbach 1754
Uffenbach, Zacharias Konrad von: Herrn Zacharias Conrad von Uffenbach Merkwürdige Reisen durch Niedersachsen, Holland und Engelland, 3 Bde., 3. Bd., Frankfurt/Leipzig: Gaum, 1754.

Vogler 1659
Vogler, Johann: Problema Gnomonicum. De Horologio Universali Diurno Ac Nocturno, Ingolstadt: Ostermayr, 1659.

Wallraf 1810
Wallraf, Ferdinand Franz: Biographie des als Stadtkölnischer Hauptpfarrer zu St. Marien im Capitol im Jahr 1810 verstorbenen H. H. Peter Anth, Köln 1810.

Wallraf 1861a
Wallraf, Ferdinand Franz: Denkschrift über die Verluste, welche die freie Reichsstadt durch die Franzosen erlitten, in: Richartz, Johann Heinrich (Hg.): Ausgewählte Schriften. Festgabe zur Einweihungsfeier des Museums Wallraf-Richartz, Köln: Dumont-Schauberg, 1861, S. 187–223.

Wallraf 1861b
Wallraf, Ferdinand Franz: Ode an Hardy. Bei Gelegenheit der Feier seines Künstler-Jubiläums, zu Ende des 18. Jahrhunderts, in: Richartz, Johann Heinrich (Hg.): Ausgewählte Schriften. Festgabe zur Einweihungsfeier des Museums Wallraf-Richartz, Köln: Dumont-Schauberg, 1861, S. 358–376.

Welper/Sturm 1681
Welper, Eberhard/Sturm, Johann Christoph: Gnomonices oder gründlicher Unterricht und Beschreibung, wie man allerhand Sonnen-Uhren auf ebenen Orten künstlich aufreissen und leichtlich verfertigen soll, Nürnberg: Paul Fürst, 1681.

Wichmannshausen 1746
Wichmannshausen, Johann Georg Burckhardt von: Catalogus von theils alten raren Griechisch und Römischen Müntzen in Gold Silber und Erzt, o. A. 1746.

Zahn 1686
Zahn, Johannes: Oculus Artificialis Teledioptricus sive Telescopium, Würzburg: Quirinus Heyl, 1686.

Zehetner 2007
Zehetner, Cornelius (Hg.): Gottfried Wilhelm Leibniz. Der Briefwechsel mit Des Bosses, Hamburg 2007.

Zuccalmaglio 1853
Zuccalmaglio, Anton Wilhelm Florentin von: Das Leben berühmter Werkmeister, Frankfurt am Main: Literarische Anstalt, 1853.

Sonstige Quellen

Vorlesungsverzeichnisse und Prüfungsunterlagen
Collège de Cologne. Exercices publics des éléves/1810/11, Cologne 1811.

Collège de Cologne. Exercices publics des éléves/1811/12, Cologne 1812.

Collège de Cologne. Exercices publics des éléves/1812/13, Cologne 1813.

Conspectus praelegendorum 1784
Conspectus praelegendorum in Alma Universitate Coloniensi 1784/85, Köln 1784.

Questions proposées par les Professeurs de l'université de Cologne organisée en École Centrale, Cologne 1799.

Questions proposées aux élèves de Cologne organisée en École Centrale, Cologne 1803.

Thèmes proposés pour les exercices publics du Collège de Cologne/1808/09, Cologne 1809.

Verzeichnis der Vorlesungen, welche bei der Universität zu Köln am Rheine 1786 vom 14ten November an von den ordentlichen und außerordentlichen Professoren gehalten werden, Köln 1786.

Verzeichnis der Vorlesungen, welche bei der Universität zu Köln am Rheine 1787 vom 14ten November an von den ordentlichen und außerordentlichen Professoren gehalten werden, Köln 1787.

Verzeichnis der Vorlesungen, welche bei der Universität zu Köln am Rheine 1788 vom 14ten November an von den ordentlichen und außerordentlichen Professoren gehalten werden, Köln 1788.

Verzeichnis der Vorlesungen, welche bei der Universität zu Köln am Rheine 1789 vom 14ten November an von den ordentlichen und außerordentlichen Professoren gehalten werden, Köln 1789.

Verzeichnis der Vorlesungen, welche bei der Universität zu Köln am Rheine 1790 vom 14ten November an von den ordentlichen und außerordentlichen Professoren gehalten werden, Köln 1790.

Verzeichnis der Vorlesungen, welche bei der Universität zu Köln am Rheine 1791 vom 14ten November an von den ordentlichen und außerordentlichen Professoren gehalten werden, Köln 1791.

Verzeichnis der Vorlesungen, welche bei der Universität zu Köln am Rheine 1792 vom 14ten November an von den ordentlichen und außerordentlichen Professoren gehalten werden, Köln 1792.

Verzeichnis der Vorlesungen, welche bei der Universität zu Köln am Rheine 1793 vom 14ten November an von den ordentlichen und außerordentlichen Professoren gehalten werden, Köln 1793.

Datenbanken
Rheinisches Bildarchiv Köln: Mathematisch-Physikalisches Kabinett, in: Datenbank Kulturelles Erbe Köln, https://www.kulturelles-erbe-koeln.de/gallery/encoded/eJzjYBJy52JLTy1OzC0RMnRKLS5JzEtR8A72tVLwTSzJSM1NLMksTs7QLcioLM7MTswBcVKLFbwTkzLzUktKpJgd_VyUmEtysrUYAIB9GCM [zuletzt aufgerufen am 07.04.2024].

Universitäts- und Stadtbibliothek Köln: Jesuitensammlung Köln, https://jesuitensammlung.ub.uni-koeln.de/ [zuletzt aufgerufen am 03.02.2024].

Virtual Map Library, http://chartae-antiquae.cz/en/globes/superresolution/76911 [zuletzt aufgerufen am 07.04.2024].

Bildnachweis

1: © Rheinisches Bildarchiv Köln, Sabrina Walz, rba_d040443_03; **2**: © Rheinisches Bildarchiv Köln, Tobias Kreusler, rba_d058318_01; **3, 69**: © Archivum Romanum Societatis Iesu; **4**: © Rheinisches Bildarchiv Köln, Marion Mennicken, rba_d064339; **5**: © Rheinisches Bildarchiv Köln, Tobias Kreusler, rba_d058200_02; **6, 7**: Eigene Grafik; **8, 59, 60**: Public Domain, Courtesy of HathiTrust, Digitized by and Original from The Getty Research Institute; **9, 10, 12–15, 17–21, 23–26, 28–33, 35–40, 43–47, 49–50, 52–54, 57–58, 67–68, 70, 99, 100, 113:** Historisches Archiv der Stadt Köln; **11, 16, 41**: CC0, Rijksmuseum, Amsterdam; **22**: München, Bayerische Staatsbibliothek, Rar. 441, Frontispiz, urn:nbn:de:bvb:12-bsb10857873-1; **27, 71–73, 78:** gemeinfrei, Universitäts- und Stadtbibliothek Köln; **34**: © Archivio della Pontificia Università Gregoriana; **42**: © Rheinisches Bildarchiv Köln, rba_08417149; **48**: Zentralbibliothek Zürich, Re 404, https://doi.org/10.3931/e-rara-26127; **51**: © Rheinisches Bildarchiv Köln, Sabrina Walz, rba_c014805; **55**: Collection Het Scheepvaartmuseum/ National Maritime Museum, Amsterdam, S.0864 **56**: Public Domain, The Metropolitan Museum of Art, New York, The Elisha Whittelsey Collection, The Elisha Whittelsey Fund, 1959, 59.608.27; **61, 75, 115**: Public Domain, Courtesy of HathiTrust, Digitized by and Original from Boston College; **62**: © Rheinisches Bildarchiv Köln, Tobias Kreusler, rba_d058222_02; **63**: Public Domain, State of Arizona Research Library- Arizona State Library, Archives and Public Record; **64**: © Rheinisches Bildarchiv Köln, Tobias Kreusler, rba_d058163_02; **65, 74, 76, 79, 80, 111**: Fotografien der Autorin; **66:** © Rheinisches Bildarchiv Köln, Tobias Kreusler, rba_d058154_02; **77**: © Rheinisches Bildarchiv Köln, Tobias Kreusler, rba_d058248_03; **81**: © Rheinisches Bildarchiv Köln, rba_600951; **82**: © Rheinisches Bildarchiv Köln, rba_rhm 011127; **83**: © Rheinisches Bildarchiv Köln, rba_rhm003203; **84**: © Rheinisches Bildarchiv Köln, Michael Albers rba_d058230_04; **85:** © Rheinisches Bildarchiv Köln, Tobias Kreusler, rba_d058185_02; **86:** © Rheinisches Bildarchiv Köln, Marion Mennicken, rba_d058181_01; **87:** © Rheinisches Bildarchiv Köln, Michael Albers, rba_d058195_02; **88–90**: Archives Nationales France; **91**: Mit freundlicher Genehmigung des Historischen Archivs des Erzbistums Köln; **92**: © Rheinisches Bildarchiv Köln, Michael Albers, rba_d058151_01; **93**: © Rheinisches Bildarchiv Köln, Michael Albers, rba_d058151_02; **94**: © Rheinisches Bildarchiv Köln, Michael Albers, rba_d058151_01 (Detail); **95**: Science Museum Group © The Board of Trustees of the Science Museum, https://collection.sciencemuseumgroup.org.uk/objects/co56280/european-astrolabe-by-arsenius-1566-astrolabe-replica-electrotype; **96**: © Rheinisches Bildarchiv Köln, Michael Albers, rba_d058151_03; **97**: © Rheinisches Bildarchiv Köln, Michael Albers, rba_d058151_07; **98**: München, Bayerische Staatsbibliothek, 4 Math.a. 292, Abb. 4, urn:nbn:de:bvb:12-bsb10053145-2**;** **101**: © Rheinisches Bildarchiv Köln, Sabrina Walz, rba_d040444; **102**: © Rheinisches Bildarchiv Köln, rba_mi06547e09; **103, 104, 106, 107**: Kölner Gymnasial- und Stiftungsfonds; **105, 108**: © Rheinisches Bildarchiv Köln, Sabrina Walz, rba_d040443_01, rba_d040443_02; **109**: © Rheinisches Bildarchiv Köln, rba_600189; **110**: © Rheinisches Bildarchiv Köln, Michael Albers, rba_d058183_01; **112**: © Rheinisches Bildarchiv Köln, Michael Albers, rba_d058183_03; **114:** © Rheinisches Bildarchiv Köln, Michael Albers, rba_d058203_02; **116:** © Rheinisches Bildarchiv Köln, Tobias Kreusler, rba_d058244_01; **117:** © Rheinisches Bildarchiv Köln, Tobias Kreusler, rba_d058205_02; **118:** © Rheinisches Bildarchiv Köln, Michael Albers, rba_d058310_01; **119:** © Rheinisches Bildarchiv Köln, rba_083948; **120:** © Rheinisches Bildarchiv Köln, Michael Albers, rba_d058310_03; **121:** © Rheinisches Bildarchiv Köln, Tobias Kreusler, rba_d058321_01; **122:** © Rheinisches Bildarchiv Köln, Tobias Kreusler, rba_d058322_01; **123**: © Rheinisches Bildarchiv Köln, Tobias Kreusler, rba_d058326_01; **124**: Collection La Cinémathèque française Paris, Stéphane Dabrowski, AP-94-502; **125:** © Rheinisches Bildarchiv Köln, Tobias Kreusler, rba_d058343_01; **126**: © Rheinisches Bildarchiv Köln, Tobias Kreusler, rba_d058330_01; **127, 128, 148**: Städtisches Museum Göttingen; **129**: © Rheinisches Bildarchiv Köln, Tobias Kreusler, rba_d058331_01; **130**: Public Domain, Courtesy of HathiTrust, Digitized by Internet Archive and Original from The Getty Research Institute; **131:** © Rheinisches Bildarchiv Köln, Tobias Kreusler, rba_d058336_01; **132**: Photo courtesy of The National Gallery, London **133**: CC-BY-SA-4.0, Myriam Thyes, Wikimedia Commons, https://commons.wikimedia.org/wiki/File:Decke-santignazio-rom.jpg; **134, 142, 143:** Rijksmuseum Amsterdam **135:** © Rheinisches Bildarchiv Köln, Tobias Kreusler, rba_d058351_01; **136**: München, Bayerische Staatsbibliothek, Res/4 Phys.m. 82-1, urn:nbn:de:bvb:12-bsb10908668-8; **137, 138, 140, 141**: Historisches Archiv der Stadt Köln **139**: ETH-Bibliothek Zürich, Rar 8932, https://doi.org/10.3931/e-rara-238; **144:** © Rheinisches Bildarchiv Köln, Michael Albers, rba_d058186_01; **145**: Rheinisches Bildarchiv Köln, Rico Burgmann, rba_d045397_02; **146**: ETH-Bibliothek Zürich, Rar 955, https://doi.org/10.3931/e-rara-12500; **147**: ETH-Bibliothek Zürich, Rar 757, https://doi.org/10.3931/e-rara-11485.

Personenregister